スクーグ 分析化学

小澤 岳昌 訳

東京化学同人

Fundamentals of Analytical Chemistry
Ninth Edition

Douglas A. Skoog
Stanford University

Donald M. West
San Jose State University

F. James Holler
University of Kentucky

Stanley R. Crouch
Michigan State University

© 2014, 2004 Cengage Learning

ALL RIGHTS RESERVED. No part of this work covered by the copyright herein may be reproduced, transmitted, stored, or used in any form or by any means graphic, electronic, or mechanical, including but not limited to photocopying, recording, scanning, digitizing, taping, Web distribution, information networks, or information storage and retrieval systems, except as permitted under Section 107 or 108 of the 1976 United States Copyright Act, without the prior written permission of the publisher.

まえがき

"スクーグ分析化学（原著Fundamentals of Analytical Chemistry 第9版）"は，おもに2学期制課程の1期または2期分の講義で学ぶ化学専攻の学生向けに書かれた入門書である．第8版の刊行以降，分析化学の分野・領域は広がり続けており，われわれは今回の版に生物学，医学，材料科学，生態学，法医学，その他関連分野へのさまざまな応用をつけ加えることにした．前版同様に，例題，演習問題を多数取入れた．若干古くなった記述は改訂し，最新の機器と技術について新たに加えた．また，読者などからの多くの意見に応えて，化学の教育課程のできるだけ早い時期に，質量分析に関する重要なテーマについて詳細に学べるよう，一章を加えた．本書の姉妹編である"Applications of Microsoft® Excel in Analytical Chemistry（第2版）"は，分析化学における表計算ソフトの使い方に関する学生向けのチュートリアルガイドであり，スプレッドシートの多くの操作方法を紹介している．

分析化学という科目は教育機関によって異なり，利用できる設備や機器，化学の教育課程で分析化学に配分される時間，教員の指導方針に左右されるとわれわれは考えている．それゆえに本書は，本文の記述，図版，実例，興味深く適切なコラム，オンライン学習などから，教員が必要に応じて利用でき，学生が分析化学の概念をそれぞれのレベルに合わせて学習できるように構成した．

本書第8版の制作から，新版の企画執筆の義務と責任はわれわれ二人（F.J. HollerとS.R. Crouch）が引継ぐことになった．上述の，あるいは以下に述べる多くの変更や改善を行うと同時に，初版から第8版までの基本的な考え方や構成はそのままに，旧版の特色である高い水準を保つよう努力した．

目 的

本書の第一の目的は，分析化学にとって特に重要な化学の原理に対する体系的な基礎知識を与えることである．第二に，われわれは学生諸君に，実験データの確度と精度を評価するという難しい問題を正しく理解し，分析データに統計処理を用いることで確度と精度の評価をどのように記述するか示してもらいたい．第三に，分析化学に有用な最新技術から古典的技術まで，幅広く紹介する狙いがある．第四に，本書が一助となって，学生が分析の問題を定量的に解くために必要なスキルを身につけ，必要に応じて問題解決に表計算ソフトという強力なツールを使い，計算を行い，化学現象の模擬実験を行えるようになることを望む．最後に，学生に実験技術を指導し，高品質の分析データを得る能力に対する自信を与えるとともに，そのようなデータ取得において細部に注意を払うことの大切さを強調する．

対象範囲と構成

本書の題材は，化学分析の基礎的な面と実用的な面の両方を取扱う．関連するテーマによって章を分類し，部にまとめた．簡潔な序論である第1章に続いて，大きな七つの部がある（訳者注：日本語版では，内容を取捨選択し，全20章からなる五つの部にまとめ直した．以下，日本語版に収載しなかった部分についての記述は省略した）．

- 第I部は分析化学のツールを扱い，四つの章からなる．第2章では化合物の濃度や化学量論など分析化学の基本的な計算を総括する．また，化学平衡の基礎を説明する．第3, 4章では分析化学において重要な統計学やデータ分析のトピックを紹介し，スプレッドシートを用いる計算を取入れている．分散分析（ANOVA）や標定，校正は第4章に含まれ，試料の採取については第5章に詳述する．
- 第II部は定量分析における化学平衡の原理と応用を扱う．また，古典的な重量分析や容量分析の化学を取扱う数章をまとめた．重量分析については第6章に述べる．第7章は化学平衡への電解質の影響を論じ，複雑な系の平衡問題に取組む体系的なアプローチを題材とする．第8～12章では酸塩基滴定，

沈殿滴定，キレート滴定など分析における滴定法の理論と実際を述べる．平衡に対する体系的アプローチを利用し，計算にはスプレッドシートを活用する．

- 第Ⅲ部は電気化学的方法にあてる．第13章で電気化学を紹介した後，第14章で電極電位の多くの用途を述べ，酸化還元滴定への応用も題材とする．第15章では分子種やイオン種の濃度測定に用いられる電位差測定法を紹介する．
- 第Ⅳ部は分析における分光学的方法を紹介する．第16章は光の性質と光と物質の相互作用を説明し，分光装置とその構成要素についても取扱う．第17章は吸光分光法のさまざまな応用を詳細に論じ，さらに蛍光分光法，またいろいろな原子分光法までを扱う．第18章はこの版に新たに加えられた質量分析法に関する章で，イオン源，質量分析部，イオン検出器の概要を説明する．原子および分子の質量分析の両方を扱う．
- 第Ⅴ部は分析化学における分離を扱う二つの章を含む．第19章ではイオン交換クロマトグラフィーほか，さまざまなクロマトグラフィーを含めた分離法を紹介する．第20章ではガスクロマトグラフィーと高速液体クロマトグラフィーについて論じる．
- 原著第Ⅶ部は分析化学の実用面を扱う四つの章からなる．これらの章は本書のウェブサイト http://www.cengage.com/cgi-wadsworth/course_products_wp.pl?fid=M20b&product_isbn_issn=9780495558286&token=（2018年11月現在）で公開されている．第35章（原著）では実際の試料を考察し，理想試料と比較する．第36章（原著）では試料の調製法を論じ，第37章（原著）では試料の分解と溶解の技術を取扱う．本書最後の第38章（原著）は，これまでの章で論じた原理や応用の多くを取扱う実験手順の詳細を説明する．

柔 軟 性

本書は部に分かれているので，題材の使い方にはかなり柔軟性がある．部の多くは単独で，あるいは順序を変更して使用できる．たとえばなかには，電気化学より分光法を先に扱いたい，あるいは分光法より先に分離を教えたい教員もいるかもしれない．

特　色

この版は学生の学習経験を向上させ，教員が多目的に使える教材を提供することを意図して，多くのコラムや例題を取入れている．

重要な式：最も重要と思われる式は，強調し，また，復習しやすくするため背景色をつけてハイライト表示した．

数学的な難易度：本書で説明した化学分析の原理は，一般に大学レベルの代数学に基づいている．説明した概念のいくつかは基礎的な微分積分学を必要とする．

解答つき例題：多数の例題は，分析化学の概念を理解する手助けになる．この版では見分けやすいよう例題に見出しをつけた．第8版同様に，化学的計算には単位を含め，正しいかチェックするのに係数ラベル法を用いる慣例に従う．例題は，ほとんどの章の最後にある問題の模範解答でもある．これらの多くは，次で述べるように，スプレッドシート計算を使用している．例題の解答に該当する場合は，**解答**という語で明示した．

スプレッドシート計算：本書の至るところで，問題の解法，グラフによる分析，その他多くの用途にスプレッドシートを取入れた．この計算には PC 版 Microsoft Excel® を標準として採用したが，他の表計算ソフトにも容易に適用可能である．姉妹編の "Applications of Microsoft® Excel in Analytical Chemistry（第2版）" にはその他多数の詳細な例題が掲載されている．それぞれ独立したスプレッドシートにはそれぞれの計算式と記載項目の説明を示すようにした．

章末問題：第1章以外の章末には，多数の問題がついている．約半数の問題の解答は巻末に掲載されており，問題番号に色をつけて示した．

発展問題：ほとんどの章には通常の章末問題の後に発展問題がある．この問題は決まった解答がなく，通常よりも難しいがやりがいのある調査型問題を意図している．発展問題は多くの課題から構成され，それらが相互に関係し，情報を探すために図書館やインターネット検索を要する場合もある．この発展問題により議論が活性化し，章の題材が新しい領域に広がることを期待する．教員には，グループ研究や探究型学習課題，事例研究型討論などの革新的な方法での，発展問題の使用を薦める．なお，多くの発展問題は自由解答

で複数の解答がありうるため，解答例や説明は掲載しない．

コラム： 本書の至るところに囲み枠で強調した一連のコラムがある．このコラムには現代社会における分析化学の興味深い応用，式の導出，難しい論点の説明，歴史的な備考が含まれる．たとえば"スチューデント"（W.S. Gosset）（第4章），抗酸化剤（第14章），フーリエ変換赤外分光計（第16章），LC/MS/MS（第20章）などがある．

図版と写真： 写真，絵，模式図その他の視覚教材は学習過程の大きな助けになる．そのため学生に役立つ新たな最新版の視覚教材を取入れた．図の大多数は情報量を増やし，図の重要な部分を強調するため二色刷りとした．写真と口絵は，高名な化学写真家の Charles Winters が，絵では説明が難しい概念，器具，手順の説明を目的に本書のために撮影したものである．

図説明： 図の説明文を読むことによって，概念の多くに対してさらなる知識が得られるよう，必要に応じて詳しい記述をつけるようにした．Scientific American 誌の図版のように，図のみの場合もある．

付録と見返し： 付録には，分析化学の文献に対する最新の手引き，化学定数や電極電位，標準物質の調製に推奨される化合物の一覧，対数の使用法や，指数表現，規定度と当量（これらの用語自体は本書で使われない）に関する項目，誤差の伝播式の導出などが含まれる．本書の見返しには，周期表，IUPAC原子量表，分析化学で特に注目される化合物のモル質量表を示した．

改訂情報

第8版の読者は，この第9版が文体や書式だけでなく内容も多数変更されていることに気づくだろう．

内容： 本書を増補するための内容上の変更がいくつか行われている．

- 多くの章にスプレッドシート例，用途，問題を加筆して増補した．姉妹編の "Applications of Microsoft® Excel in Analytical Chemistry（第2版）" には多くのチュートリアルが載っており，その多くは修正，更新，増補済みである．
- 第2章では，モル濃度の定義を現行のIUPAC慣用法に従って変更した．モル濃度や分析モル濃度など関連する用語は本書全体に多出している．
- 統計学に関する章（第3，4章）を改訂し，最新の統計学の用語に準拠した．分散分析（ANOVA）は第4章に含まれている．ANOVAは最新の表計算ソフトできわめて簡単に実行でき，分析化学の問題を解くのに非常に役立つ．
- 第4章では，外部標準法，内部標準法，標準添加法の説明を明確にした．標定と校正における最小二乗法の使用には特に注意を払っている．
- 第7章に新たな導入部と物質収支の説明を書き加えた．
- 第12章をキレート滴定と沈殿滴定の両方が含まれるように書き直した．
- 電気化学セルとセル電圧に関する第13～15章について，明確で統一された論述になるよう改訂した．
- 第18章では原子の質量分析法および分子の質量分析法の両方を紹介し，その類似点と相違点を取扱う．質量分析の紹介から，質量分析計による検出器を備えたクロマトグラフィーなど，質量分析と組合わせた技術に力点を置いた別の章（第19，20章）に進むことができる．
- 発展問題は必要に応じて更新や拡張，変更を行った．
- 分析化学の参考文献は必要に応じて更新，修正した．
- 一次文献の引用のほとんどにデジタルオブジェクト識別子（DOI）を付記した．この恒久的な識別子はウェブサイト www.doi.org にリンクされているので，論文を探す手間を格段に省いてくれる．DOIをホームページ上のフォームに入力し，識別子を送信すると，ブラウザに発行元ウェブサイト上の論文が直接表示される．たとえばフォームに 10.1351/goldbook.C01222 と入力すると，ブラウザにはIUPACの濃度に関する論文が表示される．あるいはDOIをブラウザのURLアドレスバーに http://dx.doi.org/10.1351/goldbook.C01222 と直接入力する．学生，教員は文献に対するアクセス権が閲覧に必要なことに注意してほしい．

文体と書式： 文章をより読みやすくし，学生が利用しやすくなるように文体と書式の変更を行っている．

- 短い文章を使うよう心がけて各章を執筆した．
- 本文と図の表題を交互に読まなくても学生が図の意味を理解できるよう，必要に応じて図に説明文を

加えた.
- ほとんどの章で，分子構造の美しさへの関心を高め，また一般化学や専門課程で教わる分子構造の概念や記述的化学の補助となるよう分子モデルを多用した.
- 旧版の時代遅れになった図版を新しい図にいくつか取替えた.
- 本書のために特別に撮影された写真を用いて重要な技術，装置，操作を説明した.
- 最近議論されている概念を強調したり，鍵となる情報を補強したりするため，いろいろなところに脚注をつけた.
- 重要な用語のいくつかは本書全体を通して脚注で定義した.
- 例題にはすべて，問題とその解答や解決法を記述した.

補助教材

本書の学生，教員向け教材に関する情報は www.cengage.com/chemistry/skoog/fac9（2018年11月現在）を参照してほしい.

謝辞

執筆に先立ち第8版を，また現行の第9版のさまざまな段階の原稿を査読してくれた多くの方々からいただいた意見や提案に対し感謝申し上げる.

査読者

Lane Baker（Indiana University）
Gary Rice（College of William and Mary）
Heather Bullen（Northern Kentucky University）
Kathryn Severin（Michigan State University）
Peter de Boves Harrington（Ohio University）
Dana Spence（Michigan State University）
Jani Ingram（Northern Arizona University）
Scott Waite（University of Nevada, Reno）
R. Scott Martin（St. Louis University）

David Zellmer 教授（California State University, Fresno）のご助力には特に感謝する．彼は本書の正確さを検証してくれた．分析化学に対する Dave の深い知識と，細部に対する隙のない集中力，問題解決能力とスプレッドシートの腕前は，われわれのチームにとって強力な財産である．われわれは故 Bryan Walker にとりわけお世話になった．彼は Dave Zellmer の分析化学課程の学生であったとき，第8版で Dave（とわれわれ）が見つけられなかった多数の誤植を喜々として報告してくれた．Bryan の人柄の良さ，学究的能力，細部への気配りは，Dave がわれわれとこの版の作業をしているときの励みになった．St. Louis University の James Edwards には，本書巻末にある章末問題の解答をすべて点検してくれたことに感謝の意を表する．また，多くのオンラインチュートリアルを用意してくれた the State University of New York, Oneonta の Bill Vining 教授と，本書の写真と口絵の多くを提供してくれた Charles M. Winters の素晴らしい仕事に感謝する.

執筆チームは the University of Kentucky Science Library の優秀なテクニカルレファレンス専門司書である Janette Carver の助力を得ている．彼女は本書制作にあたり，参考文献の点検，文献検索，図書館間貸出の手配など，いろいろな支援をしてくれた．彼女の才能と熱意，気さくな人柄に感謝する.

本書制作を実質的に支援してくれた Cengage 社のスタッフの多くの方々に感謝する．企画担当編集者の Chris Simpson は，このプロジェクトの期間中，素晴らしい指導力を発揮し激励してくれた．本書は編集制作担当主任 Sandi Kiselica との4冊目の本である．彼女はいつものようにプロジェクトを差配・計画し，継続性を保ち，多くの重要な意見や提案を述べてくれた．一言で言えば彼女は一流であり，われわれはその仕事ぶりに心から感謝している．校訂編集者の James Corrick には整合性と細部への気配りに対し感謝する．彼の鋭い目と優秀な編集技術は本書の質に大いに貢献した．Alicia Landsberg はさまざまな補助教材の整理に見事な仕事をした．また写真リサーチャーの Jeremy Glover は新しい写真を見つけて取入れ，図版の使用許可を得る多数の仕事に対処した．PreMediaGlobal 社のプロジェクトマネージャーである Erin Donahue は制作過程全体を調整しながら毎日予定を連絡し，スケジュールを頻繁に更新してプロジェクトを進行させた．同じく Cengage 社のコンテンツプロジェクトマネージャーの Jennifer Risden は編集作業をとりまとめた．最後に，この版の Cengage 社メディア編集者の

Rebecca Berardy Schwartz に感謝する.

　本書はわれわれの先任の共著者 Douglas A. Skoog と Donald M. West のスキルや指導, 助言なしに書かれた Fundamentals of Analytical Chemistry の初めての版である. Doug は 2008 年に亡くなり, Don も 2011 年にこの世を去った. Doug は Don が Stanford University の大学院生であったときの指導教員であり, 1950 年代から一緒に分析化学の教科書を執筆し始めた. 45 年以上にわたって 20 版を重ねたベストセラーの教科書を 3 冊出版した. 分析化学に対する Doug の広い知識と申し分のない執筆の腕と, Don の体系的な専門知識と細部への注意力とが結びつき, 見事に補完しあった. われわれは Skoog と West から受継いだものを頼りに, 彼らの卓越した高水準を保ちたいと強く願っている. 本書の方針, 構成, 執筆, その他の明らかな貢献に敬意を表し, 彼らの名前をタイトルの上部に掲げることにした. 第 8 版の刊行以来, チームはもう一人のパートナー, Judith B. Skoog を失った. 彼女は Doug の妻であり, 2010 年に亡くなった. Judy は世界に誇る編集助手であり, 100,000 ページをゆうに超える 20 版分の本 3 冊 (および教員用の手引き書のほとんど) をタイプし, 校正した. 彼女の正確さ, すばやさ, 粘り強さ, 快活さ, 美しい原稿作成に込められた友情が惜しまれる.

　最後に, われわれの妻 Vicki Holler と Nicky Crouch に対して, 本書の執筆と制作準備にかかった数年間にわたる助言と忍耐, 支援に深く感謝する.

F. James Holler
Stanley R. Crouch

訳者まえがき

　本書は，スタンフォード大学のDouglas A. Skoog教授らの"Fundamentals of Analytical Chemistry（第9版）"の翻訳版であるが，同著者らの"Introduction to Analytical Chemistry（初版）"の目次に準じて，内容を取捨選択し，まとめ直したものである．"Fundamentals of Analytical Chemistry"は世界的に高い評価を得ていながらも，これまで日本国内では訳本がなく，内容が専門的であるゆえに，分析化学研究者を除けばあまり認知されていなかったと思われる．しかし，その要点をまとめた"Introduction to Analytical Chemistry"は，大学生が初めて分析化学を学ぶうえでの基礎知識が体系的かつコンパクトにまとめられており，分析法の基本原理とその応用について，現代の先端研究やトピックをコラムに交え，やさしく解説した名著である．大学学部生が分析化学を学ぶための初学書として，また分析化学実験を行ううえでの参考書として，分析化学の基礎概念を修得し実践応用しやすいよう配慮されている．本書は，いわば両者の"いいとこどり"をして，簡にして要を得た教科書である．

　現代科学において，分析化学はあらゆる研究分野・領域で用いられており，いわばセントラルサイエンスの役割を担っている．実際，合成物質の特性評価，河川や環境汚染物質の分析，血液中のグルコース濃度の測定，薬の体内動態の解析，食品に付着した農薬の成分分析など，分析化学は理学，工学，農学，薬学，医学，環境科学など多分野にわたる．しかし分析対象となる物質の構成分子，構造，状態はさまざまであっても，分離・検出の基本原理はいくつかの共通した概念に基づいている．本書では，分析に共通した基本概念とデータの統計的な処理の仕方について，具体的な応用例を含め，第Ⅰ部で解説する．第Ⅱ部では，物質の定量分析の基礎となる化学平衡の原理と応用について，化学量論的な容量分析を中心に解説する．第Ⅲ部では，電気化学分析法を取扱う．電気化学分析は身の回りのさまざまなセンサーに使われており，また工業や基礎研究の現場においても重要な分析法の一つである．ここでは電気化学分析を構成する要素について概説し，滴定や電位差測定の原理とその実践応用について解説する．第Ⅳ部には，分光学を用いた化学分析法について，体系的にかつ特定課題を取上げ，具体例とともに記す．質量分析法は分光学の範疇ではないが，現代の分析には不可欠な方法であり，近年飛躍的な発展を遂げた技術である．本書では，分子を同定する機器分析として，質量分析法を分光法の部内に含めることとした．第Ⅴ部は分離法である．分析化学は分離と検出の二本柱から構成されており，分離法を理解することは，検出法の理解と並び，きわめて重要である．この部では，分離分析の基礎概念を解説し，さまざまなクロマトグラフィーの関連技術について紹介する．上記の五つの部構成は，分析化学を体系的に網羅すべき教科内容の基本要素であり，大学の学部教育で教授されるべき内容である．

　翻訳にあたり，少しでも修学価値が高まるよう訳者はさまざまな創意工夫をこらした．一つ目は，項目の選定において，全体の構成は"Introduction to Analytical Chemistry"に準じたが，これに加え以下の項目は残した．まず，修学者がデータ処理を正確に行えるよう，統計学によるデータ処理の方法を残して，丁寧な説明を加えた．また，分光化学分析

ならびに分離法では，語句だけでは理解しがたい内容が含まれているため，訳者が独自に図を加えて解説することとした．さらに質量分析法の項目を分光化学分析の部に含め，装置の基本構成と得られる情報に関する内容を丁寧に解説した．そのほか，5部構成の各部において，分析化学の基礎を学習するうえで重要と思われる項目を挿入している．二つ目は語句の統一である．分析の専門用語や慣用語句はできるかぎり統一した表現とし，初学者にわかりやすく平易な表現で解説することを心がけた．また分析化学修学者は，国際的な場での活躍が今後ますます増えるであろう．そのため，専門用語には英語表記を併せて掲示することとした．三つ目は，付録である．教科書のみならず，本書は実験の参考書としても利用されることを期待している．そのため，分析化学実験を行ううえで必要となる重要な定数や，基本的な数学的・化学的計算方法を付録にすべて残すとともに，標準添加法に関する解説を加えた．四つ目は，索引である．読者の視点で，索引の語句の解説あるいは重要な用例箇所のみを記し，検索に無駄な時間を割かぬよう配慮した．五つ目は，全体の構成を二段組とすることで，文字と図が同一ページで読みやすくなるように工夫している．最後は，原著に散見された誤記について，翻訳の段階でできるかぎりの修正を行った．教育者と読者の両視点に立ったこれらの創意工夫により，本書は原著の直訳よりかなりわかりやすくなったと自負している．なお，最終的な訳文の正確さ，読みやすさなどは，すべて小澤の責任である．もし誤りや読みにくい点などを見つけたときは，読者のご助言とご指摘を賜れば幸いである．

　本書の訳出には，天野千尋氏（1～6, 16, 17, 19, 20章）と門間桃代氏（7～15章）に多大なるご協力をいただいた．ここに心から厚く御礼申し上げる．

　最後に本書の出版にあたり，機会を与えていただいた東京化学同人編集部の住田六連氏，編集にあたり多大な助言と協力をいただいた平田悠美子氏と杉本夏穂子氏，また叱咤激励していただいた石田勝彦氏に深甚の謝意を表する．

2018年11月

小 澤 岳 昌

要約目次

1　分析化学とは

第Ⅰ部　分析化学のツール
2　化学測定の基本概念と化学平衡の基礎
3　分析化学における誤差と統計処理
4　統計学によるデータ処理
5　試　料　採　取

第Ⅱ部　化学平衡の原理と応用
6　重　量　分　析　法
7　化学平衡論と電解質の影響 —— 複雑な系の計算法
8　滴　　定 —— 化学量論的反応を利用した容量分析法
9　酸塩基滴定の原理 —— 酸，塩基，緩衝液の pH 決定法
10　複雑な酸塩基滴定
11　酸塩基滴定の応用
12　キレート滴定と沈殿滴定 —— 錯形成試薬と沈殿試薬の活用法

第Ⅲ部　電気化学的方法
13　電気化学の基礎
14　標準電極電位と酸化還元滴定の応用
15　電位差測定 —— イオンと分子の濃度測定法

第Ⅳ部　分光化学分析
16　分光分析法の基礎と光学機器
17　分光法による原子と分子の分析
18　質　量　分　析　法

第Ⅴ部　分　離　法
19　分離分析の基礎
20　クロマトグラフィーと関連技術

目　次

1. **分析化学とは**……………………………………1
   - 1・1　分析化学の役割…………………………2
   - 1・2　定量分析法………………………………2
   - 1・3　一般的な定量分析………………………2
   - 1・4　分析化学が果たす重要な役割 ——
       フィードバック制御システム…5
   - コラム 1・1　シカの死 —— 毒性学の課題を解決する
       ために分析化学が活用された事例研究…6

第Ⅰ部　分析化学のツール

2. **化学測定の基本概念と化学平衡の基礎**………11
   - 2・1　重要な測定単位…………………………11
   - 2・2　溶液と濃度………………………………14
   - 2・3　化 学 量 論………………………………18
   - 2・4　水溶液の化学組成………………………20
   - 2・5　化 学 平 衡………………………………23
   - コラム 2・1　統一原子質量単位とそのモル……13
   - コラム 2・2　係数ラベル法を用いたアプローチ…14
   - コラム 2・3　錯イオンの逐次生成定数および
       全生成定数…25
   - コラム 2・4　[H_2O]が水溶液の平衡定数式に
       現れない理由…26
   - コラム 2・5　共役酸塩基対の相対的な強さ……29
   - コラム 2・6　逐次近似法………………………31

3. **分析化学における誤差と統計処理**……………37
   - 3・1　重要な用語………………………………38
   - 3・2　系 統 誤 差………………………………40
   - 3・3　偶然誤差の本質…………………………42
   - 3・4　偶然誤差の統計処理……………………44
   - 3・5　計算結果の標準偏差……………………51
   - 3・6　計算結果の記載方法……………………54
   - コラム 3・1　コイントス ——
       ガウス曲線を説明するための学生向け課題…45
   - コラム 3・2　ガウス曲線の下側面積の計算……47
   - コラム 3・3　自由度の重要性…………………48
   - コラム 3・4　プールされた標準偏差の計算式……50

4. **統計学によるデータ処理**………………………59
   - 4・1　信 頼 区 間………………………………59
   - 4・2　帰 無 仮 説………………………………62
   - 4・3　分散分析による多重比較………………68
   - 4・4　大誤差の検出……………………………72
   - 4・5　標定と校正………………………………73
   - 4・6　分析方法の特性…………………………76
   - コラム 4・1　"スチューデント"(W.S. Gosset)………61

5. **試 料 採 取**……………………………………82
   - 5・1　分析試料と分析方法……………………82
   - 5・2　試 料 採 取………………………………83
   - 5・3　試料処理の自動化………………………89

第Ⅱ部　化学平衡の原理と応用

6. **重量分析法**………………………………………95
   - 6・1　沈殿重量法………………………………95
   - 6・2　重量分析データの結果の計算…………102
   - 6・3　重量分析の応用…………………………104
   - コラム 6・1　コロイドの比表面積………………99

7. **化学平衡論と電解質の影響 ——**
       複雑な系の計算法……109
   - 7・1　化学平衡に対する電解質の影響………109
   - 7・2　活 量 係 数………………………………111
   - 7・3　複数の化学平衡が関与する問題を
       系統的方法論で解く…115
   - 7・4　系統的方法論による溶解度の計算……118
   - 7・5　沈殿試薬濃度の調節によるイオンの分離…124
   - コラム 7・1　平均活量係数……………………112
   - コラム 7・2　水に対する CaC_2O_4 の溶解度を
       計算するのに必要な代数方程式…121
   - コラム 7・3　免疫測定法（イムノアッセイ）——
       薬物の特異的定量における平衡…122

8. **滴定 —— 化学量論的反応を利用した容量分析法**…129
   - 8・1　容量滴定に用いられる用語……………129
   - 8・2　標　準　液………………………………130

8・3	容量分析計算法 130	コラム 12・2	EDTA 溶液に存在する化学種 188
8・4	滴定曲線 134	コラム 12・3	防腐剤としての EDTA 190
コラム 8・1	例題 8・6(a) の別解法 133	コラム 12・4	マスキング剤および脱マスキング剤を用いた EDTA 滴定の選択性の向上 197
コラム 8・2	表 8・1 の 1 列目に示された NaOH の体積の計算方法 136	コラム 12・5	水の硬度測定キット 198

9. 酸塩基滴定の原理 ── 酸, 塩基, 緩衝液の pH 決定法 139

- 9・1 酸塩基滴定の溶液と指示薬 139
- 9・2 強酸と強塩基の滴定 141
- 9・3 緩衝液 143
- 9・4 強塩基による弱酸の滴定曲線 149
- 9・5 強酸による弱塩基の滴定曲線 151
- 9・6 酸塩基滴定中の溶液の組成 152
- コラム 9・1 電荷均衡の式を用いた滴定曲線の作図 142
- コラム 9・2 滴定曲線の計算における有効数字 143
- コラム 9・3 ヘンダーソン・ハッセルバルヒの式 144
- コラム 9・4 酸性雨と湖の緩衝能 147
- コラム 9・5 弱酸と弱塩基の解離定数の決定 150
- コラム 9・6 アミノ酸の pK_a 値の決定 153

10. 複雑な酸塩基滴定 158

- 10・1 多価の酸/塩基 158
- 10・2 NaHA 溶液の pH 計算 159
- 10・3 多塩基酸の滴定曲線 161
- 10・4 多価の塩基の滴定曲線 164
- 10・5 pH に依存した多塩基酸溶液の組成 166
- コラム 10・1 硫酸の解離 164
- コラム 10・2 アミノ酸の酸塩基としての振舞い 165
- コラム 10・3 α 値の一般式 167

11. 酸塩基滴定の応用 169

- 11・1 酸塩基滴定の試薬 169
- 11・2 酸塩基滴定の代表的な応用例 172
- コラム 11・1 血清総タンパク質の定量 173
- コラム 11・2 有機窒素のその他の定量法 173

12. キレート滴定と沈殿滴定 ── 錯形成試薬と沈殿試薬の活用法 181

- 12・1 錯形成 181
- 12・2 無機錯形成試薬による滴定 183
- 12・3 有機錯形成試薬 187
- 12・4 アミノカルボン酸による滴定 187
- コラム 12・1 アクリロニトリル用プラント配管流路を流れるシアン化水素の定量 184

第Ⅲ部　電気化学的方法

13. 電気化学の基礎 203

- 13・1 酸化還元反応の特性 203
- 13・2 電気化学セル 205
- 13・3 電極電位 208
- コラム 13・1 酸化還元式の釣り合わせ方 204
- コラム 13・2 重力電池(ダニエル電池) 207
- コラム 13・3 絶対的な電極電位を測定できない理由 210
- コラム 13・4 古い文献の符号規約 215
- コラム 13・5 表 13・1 にはなぜ Br_2 の電極電位が 2 種類あるのか？ 216

14. 標準電極電位と酸化還元滴定の応用 220

- 14・1 電気化学セル電圧の計算 220
- 14・2 酸化還元平衡定数の計算 223
- 14・3 酸化還元滴定曲線の作成 225
- 14・4 酸化還元指示薬 229
- 14・5 電位差測定法による終点 231
- 14・6 補助酸化剤, 補助還元剤 231
- 14・7 標準還元剤の適用の仕方 233
- 14・8 標準酸化剤の適用の仕方 235
- コラム 14・1 生物学での酸化還元系 222
- コラム 14・2 水試料中のクロムの定量 236
- コラム 14・3 抗酸化剤 240

15. 電位差測定 ── イオンと分子の濃度測定法 250

- 15・1 一般原理 250
- 15・2 参照電極 251
- 15・3 液間電位差 252
- 15・4 指示電極 253
- 15・5 セル電圧の測定機器 262
- 15・6 電位差測定法 262
- 15・7 電位差滴定 265
- コラム 15・1 簡単に作れる液膜イオン選択性電極 259
- コラム 15・2 臨床現場での即時検査 ── 血液中のガス, 血中電解質の携帯計測 261

第 IV 部　分光化学分析

16. 分光分析法の基礎と光学機器 ……………… 273
- 16・1　電磁波の特性 …………………………… 273
- 16・2　電磁波と物質の相互作用 ……………… 275
- 16・3　電磁波の吸収 …………………………… 277
- 16・4　分光装置を構成する要素 ……………… 284
- 16・5　紫外・可視光度計と分光光度計 ……… 290
- 16・6　赤外分光計 ……………………………… 294
- コラム 16・1　赤色の水溶液はなぜ赤いのか？ ……… 282
- コラム 16・2　フーリエ変換赤外分光計の原理 ……… 292

17. 分光法による原子と分子の分析 …………… 298
- 17・1　紫外・可視吸光分光法 ………………… 298
- 17・2　赤外分光法 ……………………………… 308
- 17・3　蛍光法 …………………………………… 311
- 17・4　原子分光法 ……………………………… 315
- コラム 17・1　FT-IR 分光計による赤外スペクトル測定 … 309
- コラム 17・2　神経生物学における蛍光プローブの使用 —— 分析対象をプローブにより可視化 … 314
- コラム 17・3　冷蒸気方式による原子吸光分析法による水銀の定量 … 317

18. 質量分析法 …………………………………… 324
- 18・1　質量分析法の原理 ……………………… 324
- 18・2　質量分析計 ……………………………… 325
- 18・3　原子の質量分析法 ……………………… 327
- 18・4　分子の質量分析法 ……………………… 329

第 V 部　分　離　法

19. 分離分析の基礎 ……………………………… 335
- 19・1　沈殿による分離 ………………………… 335
- 19・2　蒸留による分離 ………………………… 335
- 19・3　抽出による分離 ………………………… 336
- 19・4　イオン交換によるイオンの分離 ……… 338
- 19・5　クロマトグラフィーによる分離 ……… 339
- コラム 19・1　(19・2) 式の導出 ……………………… 336
- コラム 19・2　理論段数と理論段高という用語の由来 … 345

20. クロマトグラフィーと関連技術 …………… 350
- 20・1　ガスクロマトグラフィー ……………… 350
- 20・2　高速液体クロマトグラフィー ………… 359
- コラム 20・1　血液中の薬物代謝物同定を目的とする GC/MS の利用 … 357
- コラム 20・2　LC/MS および LC/MS/MS …………… 363

付　録 ……………………………………………… 370
1. 分析化学の参考文献 ………………………… 370
2. 溶解度積 ……………………………………… 373
3. 酸解離定数 …………………………………… 374
4. 生成定数 ……………………………………… 376
5. 標準電極電位と式量電位 …………………… 378
6. 指数と対数の使い方 ………………………… 381
7. 規定度と当量を用いた容量分析計算 ……… 383
8. 元素の標準液調製に用いられる化合物 …… 387
9. 誤差伝播方程式の導出 ……………………… 388
10. 標準添加法 …………………………………… 391

章末問題の解答 …………………………………… 393
和文索引 …………………………………………… 406
欧文索引 …………………………………………… 412

口絵 1 化学平衡 1: pH 1 でのヨウ素とヒ素との反応．(a) 1 mmol の I_3^- を 1 mmol の H_3AsO_3 に加える．(b) 3 mmol の I^- を 1 mmol の H_3AsO_4 に加える．(a) と (b) の溶液の組合わせは，いずれも最終的には同じ平衡状態となる（§2・5・1, p.23 参照）．

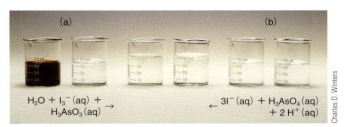

口絵 2 化学平衡 2: 口絵 1 と同じ反応を pH 7 で行った場合，口絵 1 とは異なる平衡状態となる．ただし，(a) の反応が進行しても，(b) の逆反応が進行しても，同じ平衡状態に到達する（§2・5・1, p.23 参照）．

口絵 3 化学平衡 3: ヨウ素とヘキサシアノ鉄酸イオンとの反応．(a) 1 mmol の I_3^- を 2 mmol の $[Fe(CN)_6]^{4-}$ に加える．(b) 3 mmol の I^- を 2 mmol の $[Fe(CN)_6]^{3-}$ に加える．(a) と (b) の溶液の組合わせは，いずれも最終的には同じ平衡状態となる（§2・5・1, p.23 参照）．

口絵 4 共通イオン効果．左の試験管には酢酸銀 AgOAc の飽和溶液が含まれる．試験管内では次の平衡が成り立つ．
$$AgOAc(s) \rightleftharpoons Ag^+(aq) + OAc^-(aq)$$
試験管に $AgNO_3$ を加えると，平衡は左に移動し，右側の試験管のようにより多くの AgOAc が形成される（§2・5・5b, p.27 参照）．

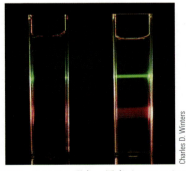

口絵 5 チンダル現象．写真は二つのセルを示しており，左は水のみを，右はデンプンの溶液を含む．二つのセルに赤と緑のレーザー光線を当てると，左では光線が水を透過するため見ることができないが，右では，溶液中のデンプンのコロイド粒子が二つの光線を散乱させるため，二色の光線を目視できる（§6・1・2, p.96 参照）．

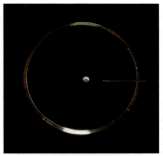
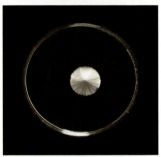

口絵 6 過飽和溶液からの酢酸ナトリウムの結晶化（§6・1・2, p.96 参照）．化合物の過飽和溶液を含むペトリ皿の中心に，小さな種晶（たねしょう）を滴下する．毎秒約 1 回撮影された時系列写真には，酢酸ナトリウムの美しい結晶の成長が写されている．

口絵7 左のビーカーに示す弱塩基性の $Ni^{2+}(aq)$ の溶液にジメチルグリオキシムを添加すると，右のビーカーに見られるような $[Ni(C_4H_7N_2O_2)_2]$ の鮮やかな赤色沈殿物が生成する（§6・3・3, p.105 参照）．

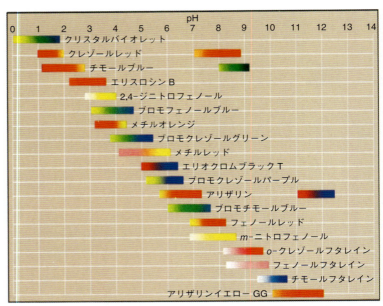

口絵9 おもな酸塩基指示薬と変色域．示されているpH範囲は概算値である．変色域は，指示薬を用いる溶媒に依存する（§9・1・2, p.141 参照）．

口絵8 フェノールフタレインを指示薬とした酸塩基滴定の終点．フェノールフタレインのピンク色をかろうじて感知できるあたりで終点に達する．左端のフラスコはあと1/2滴足らずの滴下で終点に達する状態を，中央のフラスコは終点を，右端のフラスコは塩基がわずかに過剰に加えられた状態を示す．右端の溶液は濃いピンク色に変わり，終点を過ぎている（§8・1・1, p.130 参照）．

口絵10 酸塩基指示薬とその変色域（§9・1・2, p.141 参照）

口絵 11　Ag^+ は銅との直接反応により還元され，銀樹を形成する（図 13・1, p.204 参照）．

口絵 12　ダニエル電池の構成（コラム 13・2, p.207 参照）

$2Fe^{3+} + 3I^- \rightleftharpoons 2Fe^{2+} + I_3^-$

口絵 13　鉄とヨウ素の反応．各ビーカーの溶液の色から，含まれる化学種がわかる．Fe^{3+} は淡黄色，I^- は無色，I_3^- は鮮やかな橙赤色である（§13・3・6, p.214 の脚注参照）．

口絵 14　過マンガン酸イオンとシュウ酸イオンとの酸化還元反応の時間依存性（§14・8, p.237 参照）

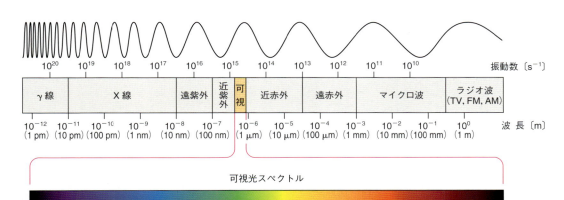

口絵 15　電磁波のスペクトル．スペクトルは，高エネルギー（高振動数）の γ 線から低エネルギー（低振動数）のラジオ波にまで及ぶ（§16・2・1, p.275 参照）．可視領域はスペクトル全体のほんの一部であることに注意してほしい．可視領域を拡大すると紫色（約 380 nm）から赤色（約 800 nm）領域まで広がっている［D. Ebbing, S.D. Gammon, "General Chemistry, 10th Ed.", Cengage Learning (2013) より．著者のご厚意による］

口絵 16　1,10-フェナントロリンを発色試薬として用いた Fe^{2+} の分光光度測定のための一連の標準液（左）と二つの未知濃度の試料（右）（§17・1・2, p.301 および章末問題 17・25 参照）．着色は錯体 $[Fe(phen)_3]^{2+}$ 由来である．標準液の吸光度を測定し，最小二乗法を用いて解析することで直線の検量線の式が得られる（§4・5・1 参照）．次にその式に測定された吸光度を代入して未知の溶液の濃度を決定する．

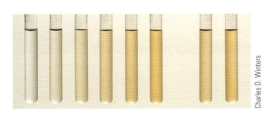

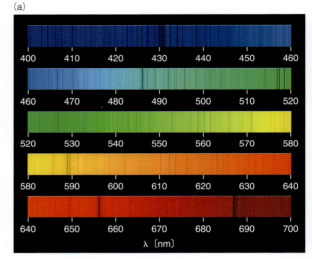

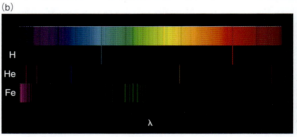

口絵 17 白色光のスペクトルと主要元素の発光スペクトル (§17・4・1, p.316 参照)

口絵 18 太陽光のスペクトル．(a) のスペクトルに見られる莫大な数の暗い吸収線は，太陽のすべての元素による光吸収である．ナトリウムの D 線（約 589 nm）のようないくつかの有名な線が見つけられるだろう．(b) は (a) の太陽光スペクトルの縮小版と，水素，ヘリウム，鉄の発光スペクトルとの比較．太陽光スペクトルの吸収線に対応する水素と鉄の発光スペクトル線は比較的容易に見つかるが，ヘリウムのスペクトル線はかなり不明瞭である．しかし，ヘリウムも，水素や鉄のスペクトル線が太陽光スペクトル内に観測されたときに同時に発見されている［D. Mickey 博士が作成, University of Hawaii Institute for Astronomy from National Solar Observatory spectral data/ NSO/Kitt Peak FTS data, NSF/NOAO より］

口絵 19 (a) 水銀蒸気による原子吸光の実験．(b) 右側の光源からの白色光は，フラスコ上の水銀蒸気を通過し，左側の蛍光スクリーンには影が現れない．一方，水銀原子に特徴的な波長の紫外線を含む左側の水銀ランプからの光は，フラスコ内およびフラスコ上の蒸気に吸収されるため，右側のスクリーンに立ちのぼる水銀蒸気の影ができる（§17・4・2 参照）．

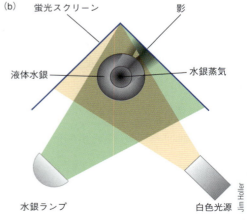

1 分析化学とは

　分析化学は揺るぎない理論と方法からなる計測科学であり，科学，工学，医学などすべての分野において活用されている．たとえば米国航空宇宙局（NASA）の火星探査では，分析化学の技術力と重要性が実証され続けている．1997年7月4日，宇宙船パスファインダーは探査機ソジャーナを火星表面へ降ろし，分析機器を用いて岩石や土壌の化学組成に関する情報を取得した．探査機による分析の結果，火星はかつて温暖で，水により地表が湿っており，大気中には水蒸気が存在していたことが示唆された．2004年1月には火星探査機スピリットおよびオポチュニティが3カ月にわたるミッションのため火星に到着した．スピリットの α 粒子 X 線分光計（alpha particle X-ray spectrometer, APXS）およびメスバウアー分光計によるおもな成果は，高密度なケイ素の堆積物が存在すること，そして高濃度の炭酸塩が異なる場所から見つかったことである．スピリットは2010年まで探査を行ってデータを送信し続け，予想をはるかに超える寿命をまっとうした．さらに驚くべきはオポチュニティである．2012年3月まで火星表面を33.8 km以上移動し続け，クレーターや低い丘，その他特徴的な地形を探索し画像を送信した．

　2011年の終わりに，探査機キュリオシティ（図 1・1a）を搭載したマーズ・サイエンス・ラボラトリーが打上げられた．多くの分析機器を載せ，2012年8月6日に火星に到着した（図 1・1b）．化学カメラ装置にはレーザー誘起ブレークダウン分光計（laser-induced breakdown spectrometer, LIBS）とリモートマイクロイメージャー（remote microimager）が含まれる．LIBS 機器は試料調製をせずにさまざまな元素を同定することができる．主成分や希少な成分，また微量元素の同定および含量の測定が可能であり，含水鉱物も検出できる．試料分析装置には四重極型質量分析計（第18章），ガスクロマトグラフィー（第19章），波長可変型の分光光度計（第16章）が含まれる．これらの装置を用い，炭素化合物源の調査，生命にとって重要な有機化合物の探索，個々の元素の化学的状態と同位体の存在状態の解明，火星大気の組成の同定，そして貴ガスや軽元素同位体の探索を行っている[1]．

　このような例から，分析には定性と定量の両方の情報が必要であることがわかる．試料中の化学種を同定することを **定性分析**（qualitative analysis）という．また，それら化学種〔または **分析対象**（analyte）〕の相対量を数値で測定することを **定量分析**（quantitative analysis）という．探査機に搭載された各分析機器のデータは定性分析と定量分析の両方の情報を含んでいる．多くの分析機器に共通しているように，ガスクロマトグラフィーおよび質量分析計は分析過程の必須部分として分離工程が装置に組込まれている．一方，ここであげた APXS や LIBS などの分析機器は，岩石中の元素の化学的分離操作は必要としない．なぜならこれらの方法では，優れた化学的選択性をもつ情報が得られるからである．本書では，定量分析法，分離法およびそれら操作の原理について述べる．多くの場合，定性分析は分離工程に欠くことのできない過程であり，分析対象の種類を決定することは定量分析と同様に大変重要である．

図 1・1 （a）マーズ・サイエンス・ラボラトリーの探査機キュリオシティ．（b）キュリオシティが捉えたゲールクレーターからの火星風景（2012年8月）．

[1)] **用語** **定性分析** とは試料中の元素および化合物を同定すること．**分析対象** とは試料中の測定対象とする成分．**定量分析** とは試料中の各成分の量を決定すること．

1) マーズ・サイエンス・ラボラトリーミッションおよび探査機キュリオシティについての詳細は米国航空宇宙局（NASA）の HP（http://www.nasa.gov.）を参照．

1・1 分析化学の役割

分析化学は，産業，医学およびすべての科学分野において応用されている．いくつかの例をあげて説明しよう．たとえば，膨大な量の血液試料の酸素濃度や二酸化炭素濃度が毎日測定されており，病気の診断や治療に用いられている．また，車の排気ガス中の炭化水素や窒素酸化物，一酸化炭素の量を測定し，排ガス抑制装置の有効性を評価している．血清中のカルシウムイオンの定量測定は，ヒトの副甲状腺疾患の診断に役立てられている．食品中の窒素の定量測定はタンパク質含量，すなわちその食品の栄養価を決定する．鉄鋼を生産工程中に解析することにより，炭素，ニッケル，クロムなどの成分濃度の調整が可能となり，望みの強度，硬度，耐食性，延性が得られる．家庭用ガスには危険なガス漏れが感知できるように適度な悪臭がつけられており，その悪臭成分であるチオール含量は継続的にモニターされている．農家は，植物や土壌の定量分析を行って植物の状態を判断し，成長期にはその変化に合わせて肥料と水やりのスケジュールを調整している．

定量分析はまた，化学，生化学，生物学，地質学，物理学およびその他の科学分野のさまざまな研究活動において重要な役割を果たしている．たとえば，動物の体液中のカリウムイオン，カルシウムイオン，ナトリウムイオン濃度の定量分析から，生理学者は神経シグナル伝達におけるイオンの役割，さらに筋肉の収縮と弛緩に関する研究を行っている．また化学者は，反応速度から反応機構を明らかにすることができる．化学反応中の反応物の減衰速度または生成物の生成速度は，正確な時間間隔で行う定量分析により算出される．不純物濃度を $1 \times 10^{-6} \sim 1 \times 10^{-9}$% の範囲に抑える必要のある半導体機器の研究において，材料科学者は結晶ゲルマニウムおよび結晶シリコンの定量分析を頼りにしている．考古学者はさまざまな場所で採取した試料中の微量成分の濃度を測定し，火山ガラス（黒曜石）の原産地を特定する．この知見により，黒曜石でつくられた道具や武器の先史時代の交易ルートをたどることができる．

多くの化学者，生化学者および創薬化学者は，彼らの研究において重要で興味深い研究対象に関する定量的な情報を得るために，研究室で多くの時間を費やしている．図 1・2 にさまざまな分野における分析化学の主要な役割を示した．分析化学はさまざまな科学分野に対して同じような役割を担っており，化学のすべての分野で分析化学の概念や技術が利用されている．化学はしばしばセントラルサイエンスとよばれるが，"化学"を図の最上部中央に，"分析化学"を中心に配置し，本図ではそれぞれの重要性を強調してある．こうした分析化学の分野横断的な特性ゆえに，病院，企業，公的機関，大学といった世界中の研究所において分析化学は不可欠なツールになっている．

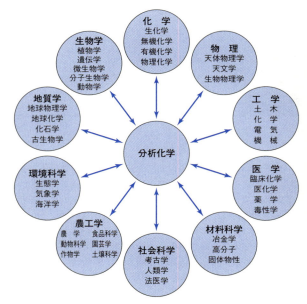

図 1・2 分析化学と化学の他分野，およびその他の科学との関係性．中心に分析化学をおいて，その重要性および他の多くの領域との広範な相互関係を示してある．

1・2 定量分析法

一般的に，2 通りの測定によって定量分析の結果を算出することができる．一つ目は分析しようとする試料の質量または体積の測定である．二つ目はその試料中の分析対象の量に比例する数値の測定，たとえば質量，体積，光度または電荷の測定である．通常はこの二つ目の測定により分析が終了する．また，この測定の特性に従って分析方法を分類することが一般的である．

重量分析法 (gravimetric method) は，分析対象またはそれに化学的に関連した化合物の質量を決定する方法である．**容量分析法** (volumetric method) では，分析対象と完全に反応するのに十分な量の試薬を含む溶液の体積を測定する方法である．**電気分析法** (electroanalytical method) は電位，電流，抵抗，電荷量などの電気的性質を測定する方法である．**分光法** (spectroscopic method) は，電磁波と分析対象である原子や分子または分析対象からの電磁波の放出との相互作用を調べる方法である．そのほか混合型の手法で測定されるものとして，質量分析によるイオンの質量電荷比，放射性物質の壊変速度，反応熱，反応速度，熱伝導率，光学活性および屈折率などがあげられる．

1・3 一般的な定量分析

一般的な定量分析は図 1・3 のフローチャートに示すような，一連のステップからなる．このうちいくつかのス

テップを省くこともできる．たとえば，試料がすでに液体であった場合，"溶解"のステップは省ける．本書では図1・3の最後の三つのステップに注目する．"特性Xの測定"のステップでは，§1・2でふれた物理的性質の一つを測定する．"結果の算出"のステップでは，試料中の分析対象の相対量を算出する．最後のステップでは，結果の質を評価し，それらの信頼性を見積もる．

§1・3・1から，図1・3に示した九つのステップそれぞれについて概説する．そして，コラム1・1では，重要で実用的な分析上の問題を解決していくうえで，これらのステップがどのように用いられるかを説明する．コラム内の詳細な事例は，これから先，分析化学を勉強する際に探究する方法やアイディアを多く示している．

である．高い信頼性を得るにはたいてい多くの時間が必要となる．そこで通常は，求められる正確さと分析にかけられる時間および経費の間で折り合いをつけて，分析方法を選択することになる．

経済的な要因に関係して次に考慮することは，分析試料数である．試料が多数ある場合，装置や機器の組立てや校正（標準試料を用いて装置が真の値を示すように調整すること）および標準液の調製などの予備実験に，ある程度の時間を費やしても差し支えない．しかし，一つまたはわずかな試料しかない場合は，このような基本的な操作を省略したり最小限に抑える方が適切なこともある．つまり，分析方法の選択には，試料の複雑さおよび試料内の成分数が，常にある程度は影響する．

1・3・2 試料の採取

定量分析の2番目のステップは"試料の採取"である．意味のある情報を得るために，採取された原料と同じ成分を含む試料を分析する必要がある．全体量が大きく**不均一**◁1（heterogeneous）であった場合，代表的な試料を得るのは容易ではない．たとえば，銀鉱石を積んだ積載荷重25,000,000 gの貨車を思い浮かべてほしい．その鉱石の売り手と買い手は値段で合意しなければならないが，価格はおもに積み荷の銀含有量に基づいて決定される．銀鉱石そのものは，不均一で大きさや銀の含量が異なる多くの塊からできている．この積み荷の**検定**（assay）は約1 gの試料で◁2行う．分析に意味をもたせるには，この小さな試料が積み荷である25,000,000 gの鉱石の組成を反映していなければならない．この25,000,000 gもある大きな原料の平均的な組成を正確に反映する1 gの試料（標本という）を分離するには，積み荷全体を系統立てて慎重に操作する必要があり，困難である．**試料採取**（sampling，サンプリング）とは，目的の原料の大部分の組成を正確に反映するような少量の試料を採取する工程のことである．試料採取の詳細については第5章で述べる．

試料採取に関する二つ目の問題として，生物資源からの試料の採取があげられる．血中ガス測定のためのヒトの血液の試料採取は，複雑な生体システムから代表的な試料を得る難しさを示すよい例である．血液中の酸素濃度および二酸化炭素濃度は，さまざまな生理学的および環境的な要因に左右される．たとえば，止血帯の不適切な装着や患者による腕の屈曲は酸素濃度を変化させる可能性がある．血中ガスの分析結果をもとに医師は生死に関わる決断をするので，医療現場における試料採取や試料の輸送については

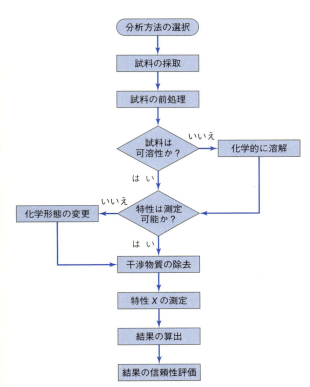

図1・3 定量分析におけるステップを示したフローチャート．定量分析のステップには考えうる多くの経路がある．最も単純な例を中央に縦に示した（分析方法を選ぶ→試料を採取し前処理する→試料を適切な溶媒に溶解させる→分析対象の特性を調べる→結果を算出する→結果の信頼性を評価する）．試料の複雑さおよび選択した分析方法により，必要な工程はさまざまに変化する．

1・3・1 分析方法の選択

定量分析において重要な第1ステップは，"分析方法の選択"である．分析方法の選択はときに困難で，経験だけでなく直感も必要とする．このステップではじめに考慮しなければならない課題の一つが，求められる正確さの程度

---

1) 用語 物質の構成要素を目視または顕微鏡を用いて区別できる場合，その物質は**不均一**であるという．石炭や動物の組織，土壌は不均一である．

2) 用語 **検定**とは試料中に分析対象がどれだけの量含まれているかを測定する過程のこと．たとえば亜鉛合金に含まれる亜鉛の量の測定も検定の一つである．なお検定結果は数値で表される．

1) 厳格な手順が定められている．これらの手順により，試料が採取時の患者の状態を反映しており，かつ分析が行われるまでその完全性が保たれることが保証される．

その他の試料採取に関する問題は，これらの二つに比べるとより容易に解決できる．しかしながら，試料採取が容易か複雑かにかかわらず，分析を進める前に実験室試料が全体を反映したものであるかどうかを確認しなくてはならない．試料採取は分析のなかで最も困難な工程であることが多く，大きな誤差の原因にもなる．最終的な分析結果の信頼度が試料採取工程の信頼性を超えることはけっしてない．

1・3・3 試料の前処理

定量分析の3番目のステップは"試料の前処理"である．一定の条件下では，測定前に試料の前処理が不必要な場合もある．たとえば，川や湖，海から採取した水の試料はそのまま pH を測定できる．しかし多くの場合は，試料は何らかの方法で処理する必要がある．通常，試料の前処理の最初の工程は"実験室試料の準備"である．

a. 実験室試料の準備 固体の実験室試料は分析前にすりつぶして粒径を小さくし，均一にするために混合し，必要ならば一定期間保存する．実験環境の湿度に応じて各ステップで吸湿や脱水が起こる可能性がある．含水量の変化は固体の化学組成を変化させるので，分析を始める直前に試料を乾燥させることが好ましい．あるいは，分析時に試料の含水量を別の分析方法で測定することもできる．

液体試料においても，似たような問題が試料準備の工程に存在する．液体試料を非密閉容器に放置すると，溶媒が蒸発し，分析対象の濃度が変化する可能性がある．分析対象が液体に溶解した気体である場合，血液試料中の気体（ガス）の例のように，大気の混入を防ぐため，分析の全工程において試料容器を別の密封された容器中に保存する必要がある．また，試料の完全性を保持するために，試料の取扱いや測定を不活性な条件下で行うなどの特別な処置が必要となる場合がある．

2) **b. 複製試料の定義** 多くの化学分析は**複製試料** (replicate samples) を用いて複数回行う．複製試料とは，分析用てんびんや精密な測容器を用いて慎重に質量や体積を測定した試料である．試料の複製により結果の質が向上し，信頼性が増す．複製試料の定量測定は，通常平均化され，さまざまな統計的検定を行い，信頼性を確保する．

c. 溶液調製: 化学的および物理的変化 多くの定量分析は適切な溶媒で調製された試料溶液を用いて行う．理想的には，分析対象を含めたすべての試料が，速やかにそして完全に溶媒中で溶解することが望ましい．分析対象が失われないよう，溶解は十分に穏和な条件で行う．図1・3のフローチャート中，試料が溶媒中に溶解しているか否かの設問がある．残念なことに，分析を行う多くの物質が一般的な溶媒には溶解しない．ケイ酸塩鉱物，高分子量ポリマーや動物組織の試料がその例である．このような物質の場合はフローチャートの右に進み，より厳しい化学条件下にて溶解を行わなければならない．このような分析対象を可溶化させる過程が，分析工程のなかでしばしば最も難しく時間を必要とする．強酸，強塩基，酸化剤，還元剤あるいはこれらの試薬をいくつか組合わせた水溶液とともに試料を加熱するのが必要なときもある．大気中または酸素中での試料の加熱や，種々の融剤の存在下での試料の高温融解が必要になることもある．分析対象を可溶化させた後は，試料の特性が分析対象の濃度に比例するか，そして測定可能かどうかが問われる．もし異なる場合には，図1・3に示すように，分析対象を測定に適した形態に変化させるために別の化学的なステップを要するかもしれない．たとえば鉄鋼中のマンガンの測定では，着色した溶液の吸光度を測定するために，マンガンを事前に MnO_4^- に酸化させておく．フローチャートのこの段階で，直接測定に進んでもよい場合もあるが，たいていの場合はフローチャートにあるように干渉物質を除去した後に測定を行う．

1・3・4 干渉物質の除去

溶液状態の試料を調製し，分析対象を測定に適した形態に変換できたら，次のステップは測定を妨害する可能性がある物質を試料から取除くことである．測定に重要な化学的または物理的性質が，分析対象にのみ特有な性質であることはほとんどない．用いた反応や測定する特性が化合物を構成する元素や官能基の特徴である場合が一般的である．分析対象以外の物質で最終的な測定に影響を及ぼすものを**干渉物質** (interference, interferent; **妨害物質**ともいう) とよぶ．最終測定を行う前に，分析対象を妨害物質から分離する工程を考えなくてはならない．妨害物質の除去において，"鉄則"は存在しない．この問題は分析の最も骨の折れる部分であることは間違いない．分離法の詳細については，第18～19章で述べる．

1・3・5 校正と濃度の測定

すべての分析結果は，分析対象となる原子や分子の化学的あるいは物理的性質を測定した値 X により示される．この分析対象の性質を示す測定値 X は，既知の再現可能な分

---

1) われわれは試料を分析し，目的の成分を測定する．たとえば，血中のガスや糖などさまざまな物質の濃度を測定するために，血液試料を分析する．したがって，血中ガスや血糖を測定するといい，血中ガスや血糖を分析するとはいわない．
2) 用語 **複製試料**とは，同一試料を同じ方法で一度に従ってほぼ同じサイズ（質量）に分けた試料のことである．
3) 用語 一つの分析対象にのみ作用する技術または反応を**特異的** (specific) であるという．限られた分析対象のみに作用する技術または反応を**選択的** (selective) であるという．
4) 用語 **干渉物質**とは，分析対象の測定値を増加または減少させ，分析に誤差を与える化学種である．

析法により測定され，分析対象の濃度 c_A と相関していなくてはならない．理想的には，この性質の測定値 X は下式のように濃度に比例する．

$$c_A = kX$$

ここで k は比例定数である．いくつかの例外を除き，分析においては，c_A が既知の標準物質を用いて k を実験的に決定する必要がある[2]．k を決定する過程は多くの分析対象において重要であり，この操作を**校正**（calibration）という．校正の方法は第4章で詳しく述べる．

1・3・6 結果の算出

コンピューターを用いれば，実験値から分析対象の濃度を計算するのは比較的容易である．このステップは図1・3のフローチャートの最後から2番目に示した．これらの計算結果は，測定段階で収集した生データと，測定機器の特性，および分析反応の化学量論に基づく．計算の例は本書全体を通じて扱う．

1・3・7 結果の信頼性評価

図1・3の最終ステップが示すように，分析結果はその信頼性の評価をもって完結する．実験データに何らかの数値が含まれる場合，実験者は，計算結果に付随する不確かさを評価しなくてはならない．第3，4章では分析工程最後の重要なステップを担う方法を詳細に紹介する．

1・4 分析化学が果たす重要な役割 ―― フィードバック制御システム

分析化学はふつうそれ自体が目的ではなく，分析結果が活用される，より大きな枠組みの一部であることが多い．たとえば，患者の体調管理を助けたり，魚に含まれる水銀の量を管理したり，製品の品質を管理したり，化学合成の状態を判断したり，火星に生物がいるかどうかを調べたり，このような過程に分析化学は組込まれる．これらの例すべて，そしてその他の多くの例においても，分析化学は測定という役割を担う．血糖値の測定と制御における定量分析の役割について考えてみよう．図1・4にフローチャートを示す．インスリン依存型糖尿病患者は，血糖値が正常の範囲である 65～100 mg/dL を超えるような高血糖をひき起こす．そこでまず，目標とする状態を血糖値が 100 mg/dL 未満であると設定する．多くの患者は血糖値モニターのため，定期的に医療機関に血液を提出するか，家庭用の血糖値測定器を用いて自分で測定する必要がある．

モニタリングの最初のステップは，患者から血液試料を採取し，血糖値を測定することにより，実際の患者の状態を把握することである．図1・4に示すように測定結果を

開示し，実際の状態と目標とを比較する．もし測定した血糖値が 100 mg/dL を超えている場合には，制御可能な物理量であるインスリン濃度を注射により上昇させる．その後インスリンの効果が現れるのを待ち，血糖値を再度測定し，目標の血糖値に到達したか確認する．血糖値が基準値以下であった場合，インスリン濃度が維持されているのでそれ以上のインスリン投与の必要はない．適切な時間をおいた後，血糖値を再度測定し，同様のサイクルを繰返す．この方法では，患者の血液中のインスリン値，および血糖値を閾値以下に維持し，患者の代謝状態を管理することができる．

このような継続的な測定とその制御の過程を，しばしば**フィードバックシステム**（feedback system）とよぶ．そして，測定，比較，制御のサイクルを**フィードバックループ**（feedback loop）とよぶ．こうした概念は生物学や生物医学のシステム，機械システム，電子機器において広く応用されている．鉄鋼中のマンガン濃度を測定して制御することや，スイミングプールの塩素濃度を適切に維持することなど，分析化学はさまざまなフィードバックシステムにおいて中心的な役割を果たしている．

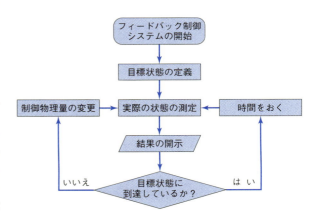

図1・4 フィードバックシステムのフローチャート．システムの目標状態を定義し，実際の状態を測定して，二つの状態を比較する．二つの状態の差を考慮し，制御可能な物理量を用いてシステムの状態を変化させる．同じシステムに対して定量測定を再度行い，繰返し比較する．システムの目標状態と更新された状態の新たな差を考慮し，さらに必要な場合はシステムの状態を変える．この工程により，管理可能な物理量の継続的な監視と維持のためのフィードバックを行い，ひいては実際の状態を適切なレベルに保つことが可能となる．

---

1) [用語] **校正**とは，分析対象の濃度と測定量の比例関係を決定する過程のことである．
2) 信頼性の評価が行われていない分析結果は何の価値もない．
2) 二つの例外が重量分析法（第6章）と電量分析（クーロメトリー）法である．どちらの方法でも k は既知の物理定数から算出可能である．

コラム1・1　シカの死 —— 毒性学の課題を解決するために分析化学が活用された事例研究

分析化学は，環境調査において有力な手法となっている．ケンタッキー州国立保養地内の野生オジロジカ（図1C・1）の群れにおいて，死亡要因となった物質を定量分析により特定した事例を紹介しよう．この課題に対して，図1・3に示したフローチャートに従って分析上の問題点をどのように克服したかを説明する．またこの事例研究は，図1・4に示したフィードバック制御システムの非常に重要な要素として，化学分析がいかに用いられているかを幅広い視点で示すよい実例でもある．

図1C・1　オジロジカは米国内のさまざまな場所に生息している

課題

ことのはじめは，ケンタッキー州東部の国立保養地内の池の近辺で，自然保護官がオジロジカの死体を発見したことだった．シカのさらなる犠牲を防ぐため，自然保護官は州立獣医診療所の化学者に死亡原因の特定を依頼した．

自然保護官と化学者は，ひどく腐敗したシカの死体の発見場所付近を慎重に調査した．腐敗がかなり進行していたため，状態のよい臓器組織の試料は採取できなかった．最初の調査から数日後，さらに2頭の死亡したシカが同じ場所付近で発見された．死体発見現場に化学者をよび，公園保護官とともにトラックにシカを載せ，獣医診療所に輸送した．さらに，死亡原因を特定する手がかりを見つけるべく，周辺を慎重に調査した．

調査は池を囲む 0.8 ha の範囲に及んだ．そして，近辺の電柱付近の芝がしおれて変色しているのを見つけた．そこで，芝生に除草剤が使われたのではないかと疑われた．除草剤の一般的な成分は亜ヒ酸，亜ヒ酸ナトリウム，メチルアルソン酸一ナトリウム，メチルアルソン酸二ナトリウムを含むヒ素系の種々の化合物である．四つ目の化合物はメチルアルソン酸 $CH_3AsO(OH)_2$ の二ナトリウム塩で可溶性が高く，多くの除草剤の有効成分として使用されている．メチルアルソン酸二ナトリウムの除草作用は，アミノ酸であるシステイン中のSH基に対する反応活性に起因している．植物酵素内のシステインがヒ素化合物と反応すると酵素機能が阻害され，植物が枯れる．しかし不幸にも，同様の化学的な影響が動物の体内でも起こってしまう．そこで化学者らは，死亡したシカの臓器の試料と変色して枯れた芝の試料を採

取した．これらの試料を分析してヒ素の有無を確認し，存在が確認されればその濃度を測定する計画であった．

分析方法の選択

生物試料中のヒ素の定量測定の手順は公認分析化学者協会（Association of Official Analytical Chemists, AOAC）により承認された分析方法で行った[3]．ヒ素をアルシン AsH_3（図1C・2）として可溶化し，比色法により測定を行う方法である．

図1C・2　アルシン AsH_3 は非常に毒性が強く，不快なニンニク臭のする無色の気体である．アルシン生成を伴う分析操作は適切な換気下で慎重に行うこと．

試料の前処理: 代表的な試料の採取

実験室でシカを解剖し，分析用に腎臓を取出した．腎臓を選んだ理由は，疑われる毒物（ヒ素）が泌尿器系により速やかに動物の体内から排泄されるためである．

試料の前処理: 実験室試料の準備

腎臓を細かく刻み，高速ミキサーで均一化する．この工程は組織片を小さくし，得られる実験室試料を均一化するために行う．

試料の前処理: 複製試料の定義

それぞれのシカから均一化した組織 10 g を三つ用意し，磁性るつぼに入れた．これらを分析用の複製試料とした．

化学変換: 試料の溶解

試料溶液を得るため，試料中の有機物を乾式灰化（dry ashing）により二酸化炭素と水に変換した．この工程では各るつぼと試料を直火で試料から煙が出なくなるまで慎重に加熱し，その後るつぼを加熱炉に入れ 555 ℃ で 2 時間加熱した．これにより有機物が除去され，分析対象を五酸化二ヒ素に変換した．各るつぼ内の乾燥固形物を希塩酸に溶かし，As_2O_5 を可溶性の H_3AsO_4 に変換した．

干渉物質の除去

ヒ素は，H_3AsO_3 溶液を亜鉛で処理することによりアルシン AsH_3（有毒，無色の気体）に変換され，分析を妨害しそうな他の物質から容易に分離できる．シカおよび芝生の試料から得られた溶液を Sn^{2+} と混合し，触媒として微量のヨウ素イオンを加え，以下の反応に従い H_3AsO_4 を H_3AsO_3 へ還元した．

$$H_3AsO_4 + SnCl_2 + 2HCl \rightarrow H_3AsO_3 + SnCl_4 + H_2O$$

そして，金属亜鉛を加えて以下のように H_3AsO_3 を AsH_3 に変換した．

$$H_3AsO_3 + 3Zn + 6HCl \rightarrow AsH_3(g) + 3ZnCl_2 + 3H_2O$$

---

[3] "Official Methods of Analysis, 18th ed.", Method 973.78, Association of Official Analytical Chemists, Washington, D.C. (2005).

すべての反応はストッパーと送達管を備えたフラスコ内で行い，図1C・3のようにアルシンが吸着剤溶液中に回収されるようにした．この装置により，干渉物質は反応フラスコ中に残り，アルシンのみがセルとよばれる特別な透明の容器内の吸着剤に確実に回収された．

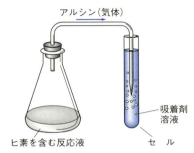

図1C・3　アルシン AsH_3 生成のための簡易装置

アルシンはセル内の溶液に通気され，ジエチルジチオカルバミン酸銀と反応し，以下の式に従い有色の錯体を形成する．

$$AsH_3 + 6Ag^+ + 3\begin{bmatrix}C_2H_5\\C_2H_5\end{bmatrix}N-C\begin{matrix}S\\S\end{matrix}^- \longrightarrow$$

$$As\begin{bmatrix}C_2H_5\\C_2H_5\end{bmatrix}N-C\begin{matrix}S\\S\end{matrix}_3 + 6Ag + 3H^+$$

分析対象量の測定

各試料内のヒ素量は，セル内に生成した赤色の強度を分光光度計とよばれる機器を用いて測定する．第16, 17章で述べるように，分光光度計は**吸光度**（absorbance）とよばれる数値を示し，吸光度は着色の強度と比例する．すなわち呈色をひき起こす物質の濃度に比例することになる．吸光度を分析目的で使用するには，濃度既知の分析対象を含む複数の溶液の吸光度を測定し，検量線を作成する必要がある．図1C・4（上部）は着色が濃くなると標準液のヒ素含量が0から25 ppm（百万分率，parts per million）上昇することを示している．

濃度の算出

図1C・4のグラフは，ヒ素濃度が既知の標準液を用いて吸光度をプロットした検量線である．プロットした点に対応する溶液を，それぞれグラフの上に示す．各溶液の色の濃さは，検量線の縦軸にプロットした吸光度で表されている．ヒ素の濃度が0〜25 ppmに増加すると吸光度も0〜0.72に増加しているのがわかる．図のように各標準液のヒ素濃度が検量線の縦軸の目盛りに対応している．この直線を利用して図右上に示した未知の二つ

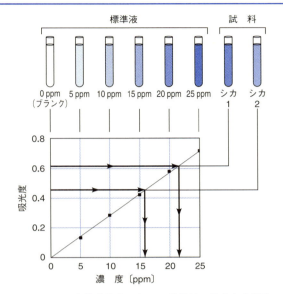

図1C・4　ヒ素濃度決定のための検量線の作成と使用法．分光光度計を用いてセル内の溶液の吸光度を測定し，グラフに示したように，得られた吸光度をセル内の溶液の濃度に対してプロットする．最後に，矢印で示すように，未知試料の濃度をプロットから読み取る．

の溶液のヒ素濃度を決定した．まず，未知濃度の試料の吸光度をグラフの吸光度軸上で探し，対応する濃度を濃度軸から読み取る．二つのシカ試料のヒ素濃度は，それぞれ16 ppmと22 ppmであることがわかる．

動物の腎組織中のヒ素濃度は約10 ppmのレベルを超えると有毒であり，よってシカはヒ素化合物を摂取したことにより死亡したと考えられる．検査により芝生の試料にも約600 ppmのヒ素が含まれていたことがわかった．このように非常に高濃度のヒ素が検出されたため，芝生にヒ素系除草剤が散布されていたことが示唆された．そしてシカは汚染された芝生を食べたことにより死亡したと結論づけられた．

データの信頼性評価

第3, 4章で述べる統計的手法を用いてこれらの実験から得られたデータを解析した．各ヒ素標準液およびシカの試料について三つの測定値の平均を計算した．複製試料の平均吸光度は単一の測定値と比べ，より信頼性の高いヒ素濃度の測定値といえる．最小二乗法解析（§4・5参照）を用いて標準液のデータ点を結ぶ最適な直線を導き出し，未知試料の濃度を統計的不確かさおよび信頼限界とともに計算する．

結論

この分析では，反応生成物の呈色反応を利用して，ヒ素の存在可能性の確認と，シカや芝生の試料中の濃度を確実に推測できた．この結果をふまえ，植物を食べる可能性のあるシカやその他の動物を守るため，野生動物生息地におけるヒ素系除草剤の使用禁止が提言された．

コラム1・1の事例では，分析化学が環境中の毒性化学物質の同定や量の測定にどのように用いられているのかを述べた．この種の環境や毒性に関する研究には，必要不可欠な情報を得るために分析化学のさまざまな方法や機器が日常的に使われている．図1・4のフィードバックシステムのフローチャートは，この事例にも適用できる．まず，目標値には毒性量以下のヒ素濃度があてはまる．実際の状態，つまり環境中のヒ素濃度を決定するのに定量分析が用いられ，得られた値と目標値が比較される．そして，その差を考慮して適切な処置（ヒ素系の農薬使用量の削減など）を講じ，自然環境中の異常量のヒ素によりシカが侵されることがないようにしなければならない．これがこの事例における制御システムになる．その他の多くの事例についても，本書全体を通じて本文やコラムでふれていく．

第Ⅰ部
分析化学の
ツール

2 化学測定の基本概念と化学平衡の基礎

　本章では，定量分析の結果を計算するために用いられる方法について説明する．はじめに SI 単位および質量と重量の違いを示す．次に化学物質の量の尺度であるモルについて説明した後，溶液の濃度を表すいくつかの方法について論じる．最後に，化学量論を扱う．また，化学組成の計算や一価の酸塩基系の平衡濃度計算を含む化学平衡の基本的な取扱い方を紹介する．

2・1 重要な測定単位

2・1・1 SI 単位

◀1⟩ 世界各国の科学者は，**国際単位系**（SI, International System of Units）として知られる標準化された単位系を使用している．SI は，表 2・1 に示す七つの基本単位に基づいている．ボルト，ヘルツ，クーロン，ジュールなど他の多くの有用な単位は，これら基本単位から導出される（SI 組立単位）．

　必要最小限の桁数で広範な測定量を表すために，これらの基本単位および組立単位とともに接頭語が使用される．表 2・2 に示すように，SI 接頭語は，単位に 10 のさまざまな累乗を掛ける．たとえば，炎光光度法によるナトリウムの定量に使用される黄色の発光波長は，約 5.9×10^{-7} m であるが，より簡便に 590 nm（ナノメートル）と表すことができる．クロマトグラフィーカラムに注入される液体の体積は，通常およそ 50×10^{-6} L，つまり 50 µL（マイクロリットル）と表される．また，あるコンピューターのハードディスク上のメモリー量は約 20×10^{9} B（バイト），もしくは 20 GB（ギガバイト）と表される． ◀2⟩

　分析化学では，質量測定によって化学種の量を決定することが多い．このような測定には，キログラム（kg），グラム（g），ミリグラム（mg），マイクログラム（µg）が使用される．液体の体積は，リットル（L），ミリリットル（mL），マイクロリットル（µL），ときにはナノリットル（nL）で測定される．体積の単位であるリットルは正確に 10^{-3} m³ ◀3⟩ と定義されており，ミリリットルは 10^{-6} m³，すなわち 1 cm³ と定義されている．

2・1・2 質量と重量の区別

　質量と重量の違いを理解することは大変重要である．**質量**（mass）はある物体の物質の量で，不変的な量である．**重量**（weight）は，物体とその周囲，おもに地球との間の引力（重力）である．重力は地理的位置によって変化するため，物体の重量は測定した場所によって異なる（図 2・1）．たとえば，るつぼの重量は，アトランティック・シティーよりもデンバー（両都市はほぼ同じ緯度にある）においてより軽くなる．なぜなら，るつぼと地球との間の引力は，より標高の高いデンバーで，より小さくなるからである． ◀4⟩

表 2・1　SI 基本単位

物理量	単位名	記号
質量	キログラム	kg
長さ	メートル	m
時間	秒	s
温度	ケルビン	K
物質量	モル	mol
電流	アンペア	A
光度	カンデラ	cd

表 2・2　単位に用いる接頭語

接頭語	記号	乗数	接頭語	記号	乗数
yotta-（ヨタ）	Y	10^{24}	deci-（デシ）	d	10^{-1}
zetta-（ゼタ）	Z	10^{21}	centi-（センチ）	c	10^{-2}
exa-（エクサ）	E	10^{18}	milli-（ミリ）	m	10^{-3}
peta-（ペタ）	P	10^{15}	micro-（マイクロ）	µ	10^{-6}
tera-（テラ）	T	10^{12}	nano-（ナノ）	n	10^{-9}
giga-（ギガ）	G	10^{9}	pico-（ピコ）	p	10^{-12}
mega-（メガ）	M	10^{6}	femto-（フェムト）	f	10^{-15}
kilo-（キロ）	k	10^{3}	atto-（アト）	a	10^{-18}
hecto-（ヘクト）	h	10^{2}	zepto-（ゼプト）	z	10^{-21}
deca-（デカ）	da	10^{1}	yocto-（ヨクト）	y	10^{-24}

1⟩ SI はフランス語の "Système International d'Unités" の略語である．

2⟩ 用語　**オングストローム** Å は，X 線のような非常に短い電磁波の波長を表すために広く使用されている，長さを表す非 SI 単位である（1 Å＝0.1 nm＝10^{-10} m）．典型的な X 線は，0.1～10 Å の範囲にある．

3⟩ リットルは非 SI 単位であるが，SI との併用が認められている．L は SI 単位では dm³ と表す．

4⟩ 用語　**質量** m は物質の量で，不変量である．**重量** w は，物質と地球との間に働く重力の大きさである．

図2・1 1969年7月，アームストロング（Neil Armstrong）が撮影したオルドリン（Edwin "Buzz" Aldrin）の写真．アームストロングの姿が反射して，オルドリンのヘルメットのバイザーに写っているようだ．1969年，アポロ11号の月へのミッション中，アームストロングとオルドリンが着用した宇宙服はかなり大きいものだった．しかし，月の質量は地球の1/81，重力加速度は地球上の1/6にすぎないため，月での宇宙服の重さは地球上の重さのわずか1/6だった．しかし，宇宙服の質量はいずれの場所でも同じである．

同様に，るつぼの**重量**は，パナマよりもシアトル（両都市は同じ海抜にある）においてより重くなる．その理由は，地球が極付近ではやや平らになっているため，引力が緯度とともに多少増加するためである．しかし，るつぼの**質量**は，測定場所にかかわらず一定である．

重量と質量の関係は有名な次式によって表される．

$$w = mg$$

ここで，w は物体の重量，m はその質量，g は重力加速度を示す．

化学分析は常に質量に基づいて行うため，得られる結果は測定場所に依存しない．てんびんを使用して，対象物質の質量を質量標準の質量と比較する．g は未知の物質と既知の物質の両方に等しく影響するため，対象物質の質量は比較対象とした質量標準と等しくなる．

日常生活において，質量（mass）と重量（weight）の違いを意識することは少なく，質量を比較する過程は weighing と一般的によばれる．加えて，質量測定に使用される質量標準（分銅）も計量の結果もどちらも，weight とよぶことが多い．しかし，分析データは重量ではなく質量に基づいていることに常に注意しなくてはならない．したがって，本書では，物質や物体の量を表すために重量ではなく質量を使用する．そして，物体の質量を決定することを"秤量"という．

2・1・3 モル

[1] **モル**（mole，単位記号としては mol で表す）は，化学物質の量（**物質量**）を表す SI 単位である．原子，分子，イオン，電子，粒子など，化学式で表されるような特定の物質に対してモルは用いられる．1 mol は，アボガドロ定数 $N_A = 6.02214076 \times 10^{23}$ の粒子を含む物質の量である．**モル質量**（molar mass）M は，ある物質 1 mol 分の質量（g）である．化学式に記されるすべての原子の原子量を合計することによってモル質量が計算できる．たとえば，ホルムアルデヒド CH_2O のモル質量は， [2]

$$M_{CH_2O} = \frac{1 \text{ mol C}}{\text{mol CH}_2\text{O}} \times \frac{12.0 \text{ g}}{\text{mol C}} + \frac{2 \text{ mol H}}{\text{mol CH}_2\text{O}} \times \frac{1.0 \text{ g}}{\text{mol H}}$$
$$+ \frac{1 \text{ mol O}}{\text{mol CH}_2\text{O}} \times \frac{16.0 \text{ g}}{\text{mol O}}$$
$$= 30.0 \text{ g/mol CH}_2\text{O}$$

であり，グルコース $C_6H_{12}O_6$ のモル質量は，

$$M_{C_6H_{12}O_6}$$
$$= \frac{6 \text{ mol C}}{\text{mol C}_6\text{H}_{12}\text{O}_6} \times \frac{12.0 \text{ g}}{\text{mol C}} + \frac{12 \text{ mol H}}{\text{mol C}_6\text{H}_{12}\text{O}_6} \times \frac{1.0 \text{ g}}{\text{mol H}}$$
$$+ \frac{6 \text{ mol O}}{\text{mol C}_6\text{H}_{12}\text{O}_6} \times \frac{16.0 \text{ g}}{\text{mol O}}$$
$$= 180.0 \text{ g/mol C}_6\text{H}_{12}\text{O}_6$$

である．したがって，ホルムアルデヒド 1 mol の質量は 30.0 g，グルコース 1 mol の質量は 180.0 g となる．

2・1・4 ミリモル

モルではなく，ミリモル（mmol）で計算する方が便利な場合もある．ミリモルはモルの 1/1000 であり，1 ミリモル当たりの質量（g）であるミリモル質量（mM）も同様にモル質量の 1/1000 となる． [3]

---

[1] **1 mol** の化学種は，$6.02214076 \times 10^{23}$ 個の原子，分子，イオン，イオン対，または亜原子粒子を含む．1 mol の定義は "12 g の ^{12}C に含まれる炭素原子数と同数の粒子を含む物質の量" から，本文のとおり "アボガドロ定数個の粒子を含む物質の量" と改訂された（2018年11月16日改訂，2019年5月20日より施行）．

[2] モル質量が M_X である物質 X の質量 m_X における物質量 n_X は，

$$n_X = \frac{m_X}{M_X}$$

で求められる．物質量の単位は，以下のようになる．

$$\text{mol X} = \frac{\text{g X}}{\text{g X/mol X}} = \text{g X} \times \frac{\text{mol X}}{\text{g X}}$$

ミリモルの場合は，以下で与えられる．

$$\text{mmol X} = \frac{\text{g X}}{\text{g X/mmol X}} = \text{g X} \times \frac{\text{mmol X}}{\text{g X}}$$

この種の計算を行うときには，この章を通して行っているように，すべての単位を計算に含めるべきである．そうすれば式を立てる際に間違いに気づくことができる（コラム 2・2 参照）．

[3] 1 mmol = 10^{-3} mol であり，10^3 mmol = 1 mol である．

2・1・5 物質量の計算

以下の二つの例題を用いて，ある化学種の物質量（mol または mmol）をその質量（g）もしくは関連する化学種の質量から決定する方法を説明する．

例題 2・1
安息香酸（$M=122.1$ g/mol，図 2・2）2 g に含まれる物質量（mol および mmol）を求めよ．

図 2・2 安息香酸 C_6H_5COOH の分子モデル．安息香酸は自然界，特に果実に広く存在する．食品，脂肪，フルーツジュースの防腐剤として，生地を染色する際の媒染剤として，熱量測定や酸塩基分析の標準物質として広く使用されている．

解 答
安息香酸を HBz とすると，1 mol の HBz の質量は 122.1 g である．よって，

HBz の物質量（mol）

$$= n_{HBz} = 2.00 \text{ g HBz} \times \frac{1 \text{ mol HBz}}{122.1 \text{ g HBz}} \quad (2 \cdot 1)$$

$$= 0.0164$$

mmol を単位とする物質量はミリモル質量（0.1221 g/mmol）で割ると求められる．

HBz の物質量（mmol）

$$= 2.00 \text{ g HBz} \times \frac{1 \text{ mmol HBz}}{0.1221 \text{ g HBz}} = 16.4$$

例題 2・2
Na_2SO_4（142.0 g/mol）25.0 g に含まれる Na^+（22.99 g/mol）は何 g か．

解 答
化学式から 1 mol の Na_2SO_4 には 2 mol の Na^+ が含まれていることがわかる．これを式で表すと，

$$Na^+ \text{の物質量} = n_{Na^+} = 1 \text{ mol Na}_2\text{SO}_4 \times \frac{2 \text{ mol Na}^+}{\text{mol Na}_2\text{SO}_4}$$

Na_2SO_4 が何 mol かを求めるため，例題 2・1 と同様に，

Na_2SO_4 の物質量

$$= n_{Na_2SO_4} = 25.0 \text{ g Na}_2\text{SO}_4 \times \frac{1 \text{ mol Na}_2\text{SO}_4}{142.0 \text{ g Na}_2\text{SO}_4}$$

この式と最初の式を組合わせると，

Na^+ の物質量 $= n_{Na^+}$

$$= 25.0 \text{ g Na}_2\text{SO}_4 \times \frac{1 \text{ mol Na}_2\text{SO}_4}{142.0 \text{ g Na}_2\text{SO}_4} \times \frac{2 \text{ mol Na}^+}{\text{mol Na}_2\text{SO}_4}$$

Na_2SO_4 25.0 g に含まれる Na^+ の質量を求めるため，Na^+ の物質量（mol）に Na^+ のモル質量（22.99 g/mol）を掛ける．よって，

$$Na^+ \text{の質量} = \text{mol Na}^+ \times \frac{22.99 \text{ g Na}^+}{\text{mol Na}^+}$$

前記の式に代入すると Na^+ の質量が g 単位で得られる．

Na^+ の質量 $= 25.0 \text{ g Na}_2\text{SO}_4 \times \dfrac{1 \text{ mol Na}_2\text{SO}_4}{142.0 \text{ g Na}_2\text{SO}_4}$

$$\times \frac{2 \text{ mol Na}^+}{\text{mol Na}_2\text{SO}_4} \times \frac{22.99 \text{ g Na}^+}{\text{mol Na}^+}$$

$$= 8.10 \text{ g Na}^+$$

コラム 2・1　統一原子質量単位とそのモル

元素の質量は，統一原子質量単位（u）またはドルトン（Da）を用いて表記した相対質量である．統一原子質量単位（原子質量定数ともいう）は，^{12}C 炭素同位体 1 原子の質量を正確に 12 u と定義し，それを基準にした相対尺度である．したがって，1 u は ^{12}C 原子の質量の 1/12 である．また，^{12}C のモル質量 M は，^{12}C の 6.022×10^{23} 原子の質量と定義され，正確に 12 g である．同様に，他の元素のモル質量は，その元素の 6.022×10^{23} 原子の質量であり，u 単位で表される元素の原子質量と数値上等しくなる．したがって，天然に存在する酸素の原子質量は 15.999 u であり，そのモル質量は 15.999 g である．

図 2C・1　およそ 1 mol のさまざまな元素．左上から時計回りに銅ビーズ 64 g，丸めたアルミニウム箔 27 g，鉛弾 207 g，マグネシウムチップ 24 g，クロム塊 52 g，硫黄粉末 32 g．ビーカーの容量は 50 mL である．

コラム2・2　係数ラベル法を用いたアプローチ

問題を解く際，解答で求めたい単位が得られるまで，前項の分子の単位を打消すような単位を後に続く項の分母に用いて，答えを省略せずに書き出していくと，わかりやすいことに気づいただろうか．この方法は，**係数ラベル法** (factor-label method)，**次元解析** (dimensional analysis)，または**ピケットフェンス法** (picket fence method) とよばれている．たとえば，例題2・2では，解答の単位が g Na^+，与えられた単位が g Na_2SO_4 である．したがって，

$$25.0 \text{ g Na}_2\text{SO}_4 \times \frac{\text{mol Na}_2\text{SO}_4}{142.0 \text{ g Na}_2\text{SO}_4}$$

と書けたら，まず，mol Na_2SO_4 を打消し，

$$25.0 \text{ g Na}_2\text{SO}_4 \times \frac{\text{mol Na}_2\text{SO}_4}{142.0 \text{ g Na}_2\text{SO}_4} \times \frac{2 \text{ mol Na}^+}{\text{mol Na}_2\text{SO}_4}$$

ついで mol Na^+ を打消す．結果は次のようになる．

$$25.0 \text{ g Na}_2\text{SO}_4 \times \frac{1 \text{ mol Na}_2\text{SO}_4}{142.0 \text{ g Na}_2\text{SO}_4} \times \frac{2 \text{ mol Na}^+}{\text{mol Na}_2\text{SO}_4}$$
$$\times \frac{22.99 \text{ g Na}^+}{\text{mol Na}^+} = 8.10 \text{ g Na}^+$$

2・2 溶液と濃度

2・2・1 溶液の濃度

溶液の濃度を表記する基本的な方法には，モル濃度，パーセント濃度，溶液希釈率，対数関数を用いた表記などがある．

a. モル濃度　溶質 X の溶液の**モル濃度** c_X (molar concentration) は，溶液1 L 中に含まれる（溶媒1 L ではない）溶質の物質量である．溶質の物質量 n_X，溶液の体積 V を用いて，

$$\text{モル濃度 } c_X = \frac{\text{溶質の物質量 } n_X}{\text{溶液の体積 } V} \quad (2 \cdot 2)$$

と表される．モル濃度の単位は**M**と表記し（モーラーとよむ），mol/L，mol L^{-1}，mol/dm^3 と定義されている．モル濃度はまた，溶液1 mL 当たりの mmol 単位の溶質の物質量でもある．

$$1 \text{ M} = 1 \text{ mol L}^{-1} = 1 \frac{\text{mol}}{\text{L}} = 1 \text{ mmol mL}^{-1} = 1 \frac{\text{mmol}}{\text{mL}}$$

例題2・3

C_2H_5OH (46.07 g/mol) 2.30 g を含む水溶液 3.50 L 中のエタノールのモル濃度を求めよ．

解答（例題2・3つづき）

モル濃度を計算するには，エタノールの物質量と溶液の体積の両方を求めなくてはならない．体積は 3.50 L と記載されているので，エタノールの質量を対応する mol 単位に変換すればよい．

C_2H_5OH の物質量

$$= n_{C_2H_5OH} = 2.30 \text{ g C}_2\text{H}_5\text{OH} \times \frac{1 \text{ mol C}_2\text{H}_5\text{OH}}{46.07 \text{ g C}_2\text{H}_5\text{OH}}$$

$$= 0.04992 \text{ mol C}_2\text{H}_5\text{OH}$$

モル濃度 $c_{C_2H_5OH}$ を得るには，物質量を体積で割ればよい．よって，

$$c_{C_2H_5OH} = \frac{2.30 \text{ g C}_2\text{H}_5\text{OH} \times \frac{1 \text{ mol C}_2\text{H}_5\text{OH}}{46.07 \text{ g C}_2\text{H}_5\text{OH}}}{3.50 \text{ L}}$$

$$= 0.0143 \text{ mol C}_2\text{H}_5\text{OH/L} = 0.0143 \text{ M}$$

b. 分析モル濃度　溶液の**分析モル濃度** (molar analytical concentration，あるいは単に**分析濃度** analytical concentration) は，溶液中の溶質 X の総物質量 (mol/L) を示す．つまり，分析モル濃度によって，溶解中に生じうる溶質の変化とは無関係に，溶液を調製する方法を示すことができる．例題2・3において，溶質のエタノール分子は溶解前後で変化がないため，求めたモル濃度は分析モル濃度 $c_{C_2H_5OH} = 0.0143$ M でもある．

一方，1.0 mol すなわち 98 g の H_2SO_4 を水に溶解させ，その酸を正確に 1.0 L に希釈することによって，分析モル濃度が $c_{H_2SO_4} = 1.0$ M である硫酸溶液を調製したとしよう．H_2SO_4 は溶解すると硫化物イオンになるため，エタノールの例とは大きな違いがあることがわかるだろう．

c. 平衡モル濃度　**平衡モル濃度** (molar equilibrium concentration，あるいは単に**平衡濃度** equilibrium concentration) は，平衡状態にある溶液中の特定の化学種のモル濃度をさす．溶質の平衡モル濃度を決定するには，その溶質が溶媒に溶解した際の挙動を知る必要がある．たとえば，分析モル濃度 $c_{H_2SO_4} = 1.0$ M である溶液中の H_2SO_4 の平衡モル濃度は，実際には 0.0 M である．なぜなら，硫酸が H^+, HSO_4^-, SO_4^{2-} のイオンに完全に解離するので，この溶液にはほとんど H_2SO_4 分子が存在しないからである．ちなみに，これらのイオンの平衡モル濃度は，それぞれ 1.01, 0.99, 0.01 M である．

---

[1] 用語　**分析モル濃度**とは，溶液1 L 中に含まれる溶質の総モル数で，溶質がどんな化学種の状態にあっても構わない．分析モル濃度は，記載濃度の溶液の調製方法を表しているともいえる．

[2] 用語　**平衡モル濃度**は，溶液中の特定の物質のモル濃度である．

平衡モル濃度は，通常，[ ]内に化学式を記して表す．したがって，分析モル濃度が $c_{H_2SO_4}=1.0\ M$ である H_2SO_4 溶液については，以下のように表記する．

$$[H_2SO_4] = 0.00\ M \qquad [H^+] = 1.01\ M$$
$$[HSO_4^-] = 0.99\ M \qquad [SO_4^{2-}] = 0.01\ M$$

例題 2・4

トリクロロ酢酸 Cl_3CCOOH（163.4 g/mol）285 mg を含む水溶液 10.0 mL の分析モル濃度と平衡モル濃度を求めよ（トリクロロ酢酸は水中で 73% がイオン化している，図 2・3）．

図 2・3 トリクロロ酢酸 Cl_3CCOOH の分子モデル．トリクロロ酢酸のかなり強い酸性度は，酸性プロトンの反対側の分子末端に結合した三つの塩素原子の電子求引効果に起因する．カルボキシ基の電子密度は電子が求引されて低いので，H^+ が解離して形成されるトリクロロ酢酸イオンが安定化される．トリクロロ酢酸は，タンパク質の沈殿剤として，また皮膚科の治療に角質溶解剤として使用される．

解 答

例題 2・3 と同様，Cl_3CCOOH（HA とする）が何 mol かを計算し，溶液の体積（10.0 mL または 0.0100 L）で割ればよい．よって，

$$HA の物質量 = n_{HA}$$
$$= 285\ mg\ HA \times \frac{1\ g\ HA}{1000\ mg\ HA} \times \frac{1\ mol\ HA}{163.4\ g\ HA}$$
$$= 1.744 \times 10^{-3}\ mol\ HA$$

分析モル濃度 c_{HA} は，

$$c_{HA} = \frac{1.744 \times 10^{-3}\ mol\ HA}{10.0\ mL} \times \frac{1000\ mL}{1\ L}$$
$$= 0.174\ \frac{mol\ HA}{L} = 0.174\ M$$

この溶液中，73% の HA が H^+ と A^- に解離しており，

$$HA \rightleftharpoons H^+ + A^-$$

の式より，HA の平衡モル濃度は c_{HA} の 27% である．

$$[HA] = c_{HA} \times (100-73)/100 = 0.174 \times 0.27$$
$$= 0.047\ mol/L = 0.047\ M$$

（例題 2・4 解答つづき）

A^- の平衡モル濃度は HA の分析モル濃度の 73% に等しくなるので，

$$[A^-] = \frac{73\ mol\ A^-}{100\ mol\ HA} \times 0.174\ \frac{mol\ HA}{L} = 0.127\ M$$

1 mol の A^- につき 1 mol の H^+ が生成するので，以下のようにも書くことができる．

$$[H^+] = [A^-] = 0.127\ M$$

そして，c_{HA} は次のように求められる．

$$c_{HA} = [HA] + [A^-] = 0.047 + 0.127 = 0.174\ M$$

例題 2・5

$BaCl_2 \cdot 2H_2O$（244.3 g/mol）を用いて 0.108 M $BaCl_2$ 溶液を 2.00 L 調製する方法を述べよ．

解 答

溶解する溶質の質量（g）を求める．溶液は 2.00 L に希釈し，1 mol の $BaCl_2 \cdot 2H_2O$ には 1 mol の $BaCl_2$ が含まれるので，

$$2.00\ L \times \frac{0.108\ mol\ BaCl_2 \cdot 2H_2O}{L}$$
$$= 0.216\ mol\ BaCl_2 \cdot 2H_2O$$

が必要になる．そして $BaCl_2 \cdot 2H_2O$ の質量は，

$$0.216\ mol\ BaCl_2 \cdot 2H_2O \times \frac{244.3\ g\ BaCl_2 \cdot 2H_2O}{mol\ BaCl_2 \cdot 2H_2O}$$
$$= 52.8\ g\ BaCl_2 \cdot 2H_2O$$

となる．よって，$BaCl_2 \cdot 2H_2O$ 52.8 g を水に溶解させ，2.00 L に希釈すればよい．

例題 2・6

固体の $BaCl_2 \cdot 2H_2O$（244.3 g/mol）を用いて 0.0740 M Cl^- 溶液を 500 mL 調製する方法を述べよ．

解 答

必要な $BaCl_2 \cdot 2H_2O$ の質量

$$= \frac{0.0740\ mol\ Cl^-}{L} \times 0.500\ L \times \frac{1\ mol\ BaCl_2 \cdot 2H_2O}{2\ mol\ Cl^-}$$
$$\times \frac{244.3\ g\ BaCl_2 \cdot 2H_2O}{mol\ BaCl_2 \cdot 2H_2O} = 4.52\ g\ BaCl_2 \cdot 2H_2O$$

4.52 g の $BaCl_2 \cdot 2H_2O$ を水に溶解させ，0.500 L または 500 mL に希釈する．

---

1) 溶液中の物質 A の物質量 n_A (mol) は $n_A = c_A \times V_A$，単位は，
$$mol\ A = \frac{mol\ A}{L} \times L$$
で与えられる．式中，V_A は溶液の体積 (L) である．

d. パーセント濃度 化学者はしばしば濃度をパーセント,%(百分率)で示す.しかしながら,溶液のパーセントの構成はさまざまな手段で表現可能なため,この習慣はあいまいさの原因となる.一般的な方法が3種類ある.

[1]

$$\text{重量\%濃度(w/w)} = \frac{\text{溶質の質量}}{\text{溶液の質量}} \times 100\%$$

$$\text{体積\%濃度(v/v)} = \frac{\text{溶質の体積}}{\text{溶液の体積}} \times 100\%$$

$$\text{重量/体積\%濃度(w/v)} = \frac{\text{溶質の質量(g)}}{\text{溶液の体積(mL)}} \times 100\%$$

これらの式のそれぞれの分母は,溶媒ではなく溶液の質量(または体積)であることに注意が必要である.また,最初の二つの式は,分子と分母に同じ単位が使用されている限り,重量(質量)に使用される単位に依存しない.3番目の式では,分子と分母で打ち消されない単位があるため,単位を定義する必要がある.三つの式のうち,重量%濃度のみが温度に依存しないという利点がある.

重量%濃度は,市販の水溶性の試薬の濃度を表すためにしばしば使用される.たとえば,硝酸は70%(w/w)溶液として販売されている.すなわち,この試薬溶液100g当たり70gのHNO_3が含まれる(例題2・10参照).

体積%濃度は,一般に,純粋な液体化合物を別の液体で希釈することによって調製される溶液の濃度を表すために使用される.たとえば,5%(v/v)メタノール水溶液は,通常,5.0 mLの純メタノールを十分な水で希釈して100 mLにすることによって調製された溶液を示す.

重量/体積%濃度は,固体試薬を希釈して作製した水溶液の組成を表記するためにしばしば使用される.たとえば,5%(w/v)硝酸銀水溶液は,多くの場合,硝酸銀5gを十分な水に溶解させて100 mLの溶液を得ることによって調製された溶液をさす.

正確を期すため,扱っているパーセントの構成を明確に[2]指定することを忘れてはならない.この情報が示されていない場合,研究者は,どの方法で表された数値なのか直感的に決定しなければならなくなる.間違った%表記を選択すれば,著しい誤差が生じる可能性がある.たとえば,1 L当たり763gの$NaOH$を含有する市販の50%(w/w)水酸化ナトリウム溶液は,76.3%(w/v)の水酸化ナトリウム溶液に相当する.

e. 百万分率,十億分率 きわめて希薄な溶液の濃度は,**百万分率**(**ppm**,parts per million)で表記するとよい.

[3]

$$c_{ppm} = \frac{\text{溶質の質量}}{\text{溶液の質量}} \times 10^6 \text{ ppm}$$

ここで,c_{ppm}は百万分率濃度である.質量単位は分母と分子で一致させ,打消すようにする.さらに希薄な溶液では,10^6 ppmではなく10^9 ppbを上式に当てはめて,**十億分率**(**ppb**,parts per billion)単位の表記にできる.**千分率**(**ppt**,parts per thousand)も,特に海洋学で用いられる.

例題 2・7

63.3 ppm の $K_3[Fe(CN)_6]$(329.3 g/mol)を含む溶液のK^+のモル濃度を求めよ.

解 答

この溶液は非常に薄いので,密度は1.00 g/mLと見積もってもよい.そこで,(2・2)式に従い,

63.3 ppm $K_3[Fe(CN)_6]$ = 63.3 mg $K_3[Fe(CN)_6]$/L

$$\frac{K_3[Fe(CN)_6]\text{の物質量(mol)}}{L}$$

$$= \frac{63.3 \text{ mg } K_3[Fe(CN)_6]}{L} \times \frac{1 \text{ g } K_3[Fe(CN)_6]}{1000 \text{ mg } K_3[Fe(CN)_6]}$$

$$\times \frac{1 \text{ mol } K_3[Fe(CN)_6]}{329.3 \text{ g } K_3[Fe(CN)_6]}$$

$$= 1.922 \times 10^{-4} \frac{\text{mol}}{L} = 1.922 \times 10^{-4} \text{ M}$$

$$[K^+] = \frac{1.922 \times 10^{-4} \text{ mol } K_3[Fe(CN)_6]}{L}$$

$$\times \frac{3 \text{ mol } K^+}{1 \text{ mol } K_3[Fe(CN)_6]}$$

$$= 5.77 \times 10^{-4} \frac{\text{mol } K^+}{L} = 5.77 \times 10^{-4} \text{ M}$$

---

[1] 重量%濃度は,より正確には質量%濃度であり,m/mと略記されるべきである.しかし,"重量%濃度"という用語は化学文献で広く使用されているため,本書中でも使用することとする.IUPACでは質量分率を,日本化学会では質量%濃度の用語を用いている.

[2] 濃度をパーセント表記する際は,その構成(w/w,v/v,w/v)を必ず指定すること.特に指定がない場合,本書では%(w/w)とする.

[3] 百万分率を計算する際,密度が約1.00 g/mLである希薄水溶液では,1 ppm=1.00 mg/Lであることを覚えておくと便利である.

$$c_{ppm}(ppm) = \frac{\text{溶質の質量(g)}}{\text{溶液の質量(g)}} \times 10^6 = \frac{\text{溶質の質量(mg)}}{\text{溶液の体積(L)}} \quad (2\cdot 3)$$

単位は,

$$\frac{g}{g} = \underbrace{\frac{g}{g}}_{\text{溶液の比重}} \times \underbrace{\frac{g}{mL}}_{} \times \underbrace{\frac{10^3 \text{ mg}}{1 \text{ g}}}_{\text{換算係数}} \times \underbrace{\frac{10^3 \text{ mL}}{1 \text{ L}}}_{\text{換算係数}} = 10^6 \frac{\text{mg}}{L}$$

となる.つまりg/gで表される質量濃度はmg/Lで表される質量濃度よりも10^6倍大きくなる.したがって質量濃度をppmで表したい場合,単位がmg/Lであれば単にppmと表記する.g/gで表されている場合は,比に10^6 ppmをかける必要がある.

同様にppbで質量濃度を表現したい場合は,単位を$\mu g/L$に変換してppbを使用する.

$$c_{ppb}(ppb) = \frac{\text{溶質の質量(g)}}{\text{溶液の質量(g)}} \times 10^9 = \frac{\text{溶質の質量}(\mu g)}{\text{溶液の体積(L)}}$$

f. 溶液希釈率　希釈溶液の組成は，濃縮された原液の体積とそれを希釈する際に使用した溶媒の体積を用いて表されることがある．前者と後者の体積はコロンで区切る．したがって，1：4のHCl溶液は，濃塩酸の1体積に対して4体積の水を含有する．この表記法は，もとの溶液の濃度が常に明確に示されているとは限らないため，しばしばあいまいさを生む．さらに，状況によっては，1：4は3体積で1体積を希釈することを意味する．このような不明瞭さゆえ，溶液希釈率の使用は避けた方がよい．

g. 対数表記　化学種の濃度を**対数関数**(p-function, pX)を用いて表すことがある．化学種のモル濃度の常用対数（底10に対する）にマイナスを付して，

$$pX = -\log [X]$$

と表す．以下の例題に示すように，10桁以上変化する濃度を小さな正の数で表現できるという利点がある．

例題2・8と例題2・9では，有効数字の規則に従って結果を丸めてある（§3・6参照）．

2・2・2　溶液の密度と比重

密度と比重は，分析の文献に頻出する関連した用語である．物質の**密度**(density)は単位体積当たりの質量，**比重**[1](specific gravity)は等体積の4℃の水の質量に対する質量[2]比である．密度の単位は，kg/L または g/mL となる．比重は無次元であるため，特定の単位系に依存しない．このため，商品の説明には比重が広く使用されている．水の密度が約1.00 g/mLであり，本書では密度と比重を同じ意味で使用する．代表的な濃酸と濃塩基の比重を表2・3に示す．

例題2・8

NaCl 濃度が 2.00×10^{-3} M で HCl 濃度が 5.4×10^{-4} M である混合溶液に含まれる各イオンの濃度（pH，pNa，pCl）を求めよ．

解　答

$$pH = -\log [H^+] = -\log (5.4 \times 10^{-4}) = 3.27$$

pNa を求めるには，

$$pNa = -\log [Na^+] = -\log (2.00 \times 10^{-3})$$
$$= 2.699 \approx 2.70$$

Cl^- の総濃度は2種類の溶質の濃度の和になるので，

$$[Cl^-] = 2.00 \times 10^{-3} \text{ M} + 5.4 \times 10^{-4} \text{ M}$$
$$= 2.00 \times 10^{-3} \text{ M} + 0.54 \times 10^{-3} \text{ M}$$
$$= 2.54 \times 10^{-3} \text{ M}$$

$$pCl = -\log[Cl^-] = -\log (2.54 \times 10^{-3}) = 2.595$$
$$\approx 2.60$$

表2・3　市販の濃酸と濃塩基の比重

試薬	濃度〔%(w/w)〕	比重
酢　酸	99.7	1.05
アンモニア	29.0	0.90
塩　酸	37.2	1.19
フッ化水素酸	49.5	1.15
硝　酸	70.5	1.42
過塩素酸	71.0	1.67
リン酸	86.0	1.71
硫　酸	96.5	1.84

例題2・10

比重1.42の 70.5%(w/w) HNO_3 溶液中における HNO_3 (63.0 g/mol) のモル濃度を求めよ．

解　答

はじめに濃溶液1L当たりの酸の質量を求める．

$$\frac{HNO_3(g)}{溶液(L)} = \frac{1.42 \text{ kg 溶液}}{\text{L 溶液}} \times \frac{10^3 \text{ g 溶液}}{\text{kg 溶液}}$$
$$\times \frac{70.5 \text{ g } HNO_3}{100 \text{ g 溶液}} = \frac{1001 \text{ g } HNO_3}{\text{L 溶液}}$$

これから，モル濃度を求める．

$$c_{HNO_3} = \frac{1001 \text{ g } HNO_3}{\text{L 溶液}} \times \frac{1 \text{ mol } HNO_3}{63.0 \text{ g } HNO_3}$$
$$= \frac{15.9 \text{ mol } HNO_3}{\text{L 溶液}} \approx 16 \text{ M}$$

例題2・9

pAg が 6.372 である溶液の Ag^+ のモル濃度を求めよ．

解　答

$$pAg = -\log [Ag^+] = 6.372$$
$$\log [Ag^+] = -6.372$$
$$[Ag^+] = 4.246 \times 10^{-7} \approx 4.25 \times 10^{-7} \text{ M}$$

---

1) **用語**　**密度**は単位体積当たりの物質の質量を表す．kg/L または g/mL の単位で表される．

2) **用語**　**比重**は，物質の質量と，等体積の水の質量との比である．

例題 2・11

比重 1.18 の 37%(w/w) HCl (36.5 g/mol, 図 2・4) の濃溶液を用いて 6.0 M HCl を 100 mL 調製する方法を述べよ.

図 2・4 塩化水素 HCl の分子モデル. 塩化水素は, 異核二原子分子の気体で, 水にきわめて溶けやすい. HCl ガスは溶液に溶解するだけで速やかに解離し, H_3O^+ と Cl^- からなる塩酸水溶液が得られる. H_3O^+ の性質に関しては図 2・7 を参照.

解 答

例題 2・10 と同様に, まず濃溶液のモル濃度を求める. 次に, 希薄溶液を調製するのに必要な酸が何 mol かを求める. 最後に後者を前者で割ると必要な濃溶液の体積が得られる. 濃溶液の濃度を求めるには,

$$c_{HCl} = \frac{1.18 \times 10^3 \text{ g 溶液}}{\text{L 溶液}} \times \frac{37 \text{ g HCl}}{100 \text{ g 溶液}} \times \frac{1 \text{ mol HCl}}{36.5 \text{ g HCl}}$$
$$= 12.0 \text{ M}$$

必要な HCl の物質量は,

$$\text{HCl の物質量} = 100 \text{ mL} \times \frac{1 \text{ L}}{1000 \text{ mL}} \times \frac{6.0 \text{ mol HCl}}{\text{L}}$$
$$= 0.600 \text{ mol}$$

となる. 最後に濃溶液の体積を得るため,

$$\text{濃溶液の体積} = 0.600 \text{ mol HCl} \times \frac{1 \text{ L 溶液}}{12.0 \text{ mol HCl}}$$
$$= 0.0500 \text{ L} = 50.0 \text{ mL}$$

よって, 濃溶液 50 mL を希釈して 100 mL にすればよい.

2・3 化 学 量 論

化学量論 (stoichiometry) とは, 反応する化学種間の量的関係のことである. 本節では, 化学量論の概要とその化学計算への応用について述べる.

2・3・1 実験式と分子式

実験式 (empirical formula) は化合物中の原子の最も単純な整数比を表す. それに対して, **分子式** (molecular formula) は分子内の原子数を表す. 異なる分子式をもつ複数の物質が同じ実験式で表されることもある. たとえば, CH_2O は, ホルムアルデヒドの実験式かつ分子式であると同時に, 酢酸 $C_2H_4O_2$, グリセルアルデヒド $C_3H_6O_3$, グルコース $C_6H_{12}O_6$ をはじめとする 6 個以下の炭素原子を含む 50 以上のさまざまな物質の実験式でもある. 化合物の実験式は組成比から計算できる (それゆえ実験式は**組成式**, composition formula ともよばれる). 一方, 分子式を決定するには化合物のモル質量を明らかにする必要がある.

構造式 (structural formula) からはさらに多くの情報が得られる. たとえば, 分子式はどちらも同じ C_2H_6O で表される, 化学的に異なるエタノールおよびジメチルエーテルは, 構造式がそれぞれ C_2H_5OH, CH_3OCH_3 で表記され, 共通する分子式では表せないこれらの化合物の構造的な違いを明らかにすることができる.

2・3・2 化学量論計算

収支のとれた化学反応式は, 反応物と生成物の相対比, すなわち化学量論比 (単位は mol) を与える. したがって,

$$2NaI(aq) + Pb(NO_3)_2(aq) \rightarrow PbI_2(s) + 2NaNO_3(aq)$$

の式は, 2 mol のヨウ化ナトリウム (aq) が 1 mol の硝酸鉛と結合して, 1 mol のヨウ化鉛 (s) および 2 mol の硝酸ナトリウム (aq) が生成することを示している[1].

例題 2・11 の解答は, 以下の重要な関係式に基づいており, この式は以後何度も使用する.

$$V_{濃溶液} \times c_{濃溶液} = V_{希薄溶液} \times c_{希薄溶液} \quad (2・4)$$

ここで, 左辺の 2 項は濃溶液の体積およびモル濃度であり, この溶液を希釈して得られる希薄溶液の体積と濃度が, それぞれ対応する右辺の項に示されている. この式は, 希薄溶液中の溶質の物質量が濃試薬中の物質量と等しいという事実に基づいている. 両溶液で同じ単位が使用されている限り, 体積は mL または L のいずれで示してもよい.

---

1) (2・4) 式は, L と mol/L, または mL と mmol/mL を使用する. したがって, 以下のようになる.

$$\text{L}_{濃溶液} \times \frac{\text{mol}_{濃溶液}}{\text{L}_{濃溶液}} = \text{L}_{希薄溶液} \times \frac{\text{mol}_{希薄溶液}}{\text{L}_{希薄溶液}}$$

$$\text{mL}_{濃溶液} \times \frac{\text{mmol}_{濃溶液}}{\text{mL}_{濃溶液}} = \text{mL}_{希薄溶液} \times \frac{\text{mmol}_{希薄溶液}}{\text{mL}_{希薄溶液}}$$

2) 反応の**化学量論**とは反応物と生成物の物質量の関係であり, 収支のとれた化学式で表される.
3) 化学式に記載された物質の物理的な状態は, 気体を (g), 液体を (l), 固体を (s), 水溶液状態を (aq) で示すことが多い.
1) この例では, 化合物として反応を示す方がわかりやすい. 実際に反応する化学種に着目する場合は次のイオン式を用いるとよい.

$$2I^-(aq) + Pb^{2+}(aq) \rightarrow PbI_2(s)$$

例題 2・12 では，化学反応において反応物と生成物の質量がどのように関連しているかを示す．図 2・5 に示すように，このような計算は，(1) g 単位で表記された物質の質量を相当する物質量に変換する，(2) 物質量に化学量論で示された係数をかける，(3) 物質量を質量の単位に戻す，の 3 段階で行う．

図 2・5　化学量論計算を行うためのフローチャート．(1) 反応物または生成物の質量が既知の場合，モル質量を用いて物質量を求める．(2) 化学反応式によって与えられる化学量論比を使用して，質量既知の反応物と結合するもう一方の反応物の物質量や生成物の物質量を求める．(3) 最後に，他の反応物や生成物の質量をそのモル質量から計算する．

例題 2・12

(a) Na_2CO_3 (106.0 g/mol) 2.33 g を Ag_2CO_3 に変換するために必要な $AgNO_3$ (169.9 g/mol) の質量を求めよ．
(b) 生成する Ag_2CO_3 (275.7 g/mol) の質量を求めよ．

解　答

(a) $Na_2CO_3(aq) + 2AgNO_3(aq)$
　　　　　　　$\rightarrow Ag_2CO_3(s) + 2NaNO_3(aq)$

ステップ 1.

Na_2CO_3 の物質量 = $n_{Na_2CO_3}$

$= 2.33 \text{ g Na}_2\text{CO}_3 \times \dfrac{1 \text{ mol Na}_2\text{CO}_3}{106.0 \text{ g Na}_2\text{CO}_3}$

$= 0.02198 \text{ mol Na}_2\text{CO}_3$

ステップ 2.
化学反応式から，

$AgNO_3$ の物質量 = n_{AgNO_3}

$= 0.02198 \text{ mol Na}_2\text{CO}_3 \times \dfrac{2 \text{ mol AgNO}_3}{1 \text{ mol Na}_2\text{CO}_3}$

$= 0.04396 \text{ mol AgNO}_3$

この例では，化学量論比は $(2 \text{ mol AgNO}_3)/(1 \text{ mol Na}_2\text{CO}_3)$ である．

ステップ 3.

$AgNO_3$ の質量

$= 0.04396 \text{ mol AgNO}_3 \times \dfrac{169.9 \text{ g AgNO}_3}{\text{mol AgNO}_3}$

$= 7.47 \text{ g AgNO}_3$

(例題 2・12 解答つづき)
(b) Ag_2CO_3 の物質量 = Na_2CO_3 の物質量 = 0.02198 mol

Ag_2CO_3 の質量

$= 0.02198 \text{ mol Ag}_2\text{CO}_3 \times \dfrac{275.7 \text{ g Ag}_2\text{CO}_3}{\text{mol Ag}_2\text{CO}_3}$

$= 6.06 \text{ g Ag}_2\text{CO}_3$

例題 2・13

25.0 mL の 0.200 M $AgNO_3$ と 50.0 mL の 0.0800 M Na_2CO_3 を反応させた際に生成する Ag_2CO_3 (275.7 g/mol) の質量を求めよ．

解　答

これら 2 種類の溶液を反応させた場合，次の三つのいずれか（ただ一つ）の状態になる．
(a) 反応終了後，過剰の $AgNO_3$ が残る
(b) 反応終了後，過剰の Na_2CO_3 が残る
(c) いずれの物質も残らない（つまり，Na_2CO_3 の物質量が $AgNO_3$ の物質量のちょうど 2 倍である）

まずはじめに混合前の反応物の量 (mol 単位) を計算し，いずれの状態に該当するか判断する．
開始時の量は，

$AgNO_3$ の物質量

$= n_{AgNO_3} = 25.0 \text{ mL AgNO}_3 \times \dfrac{1 \text{ L AgNO}_3}{1000 \text{ mL AgNO}_3}$

$\times \dfrac{0.200 \text{ mol AgNO}_3}{\text{L AgNO}_3}$

$= 5.00 \times 10^{-3} \text{ mol AgNO}_3$

Na_2CO_3 の物質量

$= n_{Na_2CO_3} = 50.0 \text{ mL Na}_2\text{CO}_3 \times \dfrac{1 \text{ L Na}_2\text{CO}_3}{1000 \text{ mL Na}_2\text{CO}_3}$

$\times \dfrac{0.0800 \text{ mol Na}_2\text{CO}_3}{\text{L Na}_2\text{CO}_3}$

$= 4.00 \times 10^{-3} \text{ mol Na}_2\text{CO}_3$

1 分子の CO_3^{2-} が 2 原子の Ag^+ と反応するので，開始時の Na_2CO_3 と反応するには $2 \times 4.00 \times 10^{-3} = 8.00 \times 10^{-3}$ mol の $AgNO_3$ が必要となる．$AgNO_3$ が必要量に満たないため，(b) の状態が該当し，生成する Ag_2CO_3 量は $AgNO_3$ の量で決まることになる．よって，

Ag_2CO_3 の質量 = 5.00×10^{-3} mol $AgNO_3$

$\times \dfrac{1 \text{ mol Ag}_2\text{CO}_3}{2 \text{ mol AgNO}_3} \times \dfrac{275.7 \text{ g Ag}_2\text{CO}_3}{\text{mol Ag}_2\text{CO}_3}$

$= 0.689 \text{ g Ag}_2\text{CO}_3$

例題 2・14

25.0 mL の 0.200 M $AgNO_3$ を 50.0 mL の 0.0800 M Na_2CO_3 と反応させた際の溶液における Na_2CO_3 の分析モル濃度を求めよ.

解 答

例題 2・13 から, 5.00×10^{-3} mol の $AgNO_3$ を反応させるには 2.50×10^{-3} mol の Na_2CO_3 が必要であることがわかっている. 未反応の Na_2CO_3 の物質量は,

$$n_{Na_2CO_3} = 4.00 \times 10^{-3} \text{ mol } Na_2CO_3$$
$$- 5.00 \times 10^{-3} \text{ mol } AgNO_3 \times \frac{1 \text{ mol } Na_2CO_3}{2 \text{ mol } AgNO_3}$$
$$= 1.50 \times 10^{-3} \text{ mol } Na_2CO_3$$

定義より, 分析モル濃度は(Na_2CO_3 の物質量〔mol〕)/L となるので,

$$c_{Na_2CO_3} = \frac{1.50 \times 10^{-3} \text{ mol } Na_2CO_3}{(50.0 + 25.0) \text{ mL}} \times \frac{1000 \text{ mL}}{1 \text{ L}}$$
$$= 0.0200 \text{ M } Na_2CO_3$$

2・4 水溶液の化学組成

水は地球上で最も豊富な溶媒であり, 容易に精製され, 無毒であるため, 化学分析に使用されている.

2・4・1 電解質の分類方法

本書で扱う溶質の多くは**電解質**(electrolyte)で, 水(または他の特定の溶媒)に溶解するとイオンを形成し, 電気を伝導する溶液を生成する. **強電解質**(strong electrolyte)は基本的に溶媒中で完全にイオン化するのに対し, **弱電解質**(weak electrolyte)は一部しかイオン化しない. すなわち弱電解質の溶液は, 同じ濃度の強電解質を含む溶液ほどには電気を伝導しないことを意味している. 表 2・4 に, 水中で強電解質や弱電解質として作用するさまざまな溶質を示す. 表には, 強電解質として, 酸, 塩基および**塩**(salt)[1] があげてある.

2・4・2 酸 と 塩 基

1923 年, デンマークのブレンステッド (J.N. Brønsted) と英国のローリー (J.M. Lowry) は, 分析化学において重要となる酸塩基反応の理論を別々に提唱した. ブレンステッド–ローリー理論によれば, **酸** (acid) は水素イオン[2,3] (プロトン) 供与体であり, **塩基** (base) はプロトン受容体である. ある分子が酸として作用するためには, プロトン受容体 (すなわち塩基) に遭遇しなければならない. 同様に, プロトンを受入れることができる分子は, 酸に遭遇し[4]たときに塩基として振舞う.

図 2・6 スウェーデンの化学者アレニウス (Svante Arrhenius, 1859~1927) は, 溶液中のイオン解離に関する初期の理論の多くを定式化したが, 彼の考えは当初受入れられなかった. 事実, 彼は 1884 年に博士号取得に必要な最も低い成績で学位を取得している. 1903 年, アレニウスは革新的な理論を評価されノーベル化学賞を受賞した. 彼は大気中の二酸化炭素の量と地球温暖化との関係を示唆した最初の科学者の一人であり, これはのちに**温室効果**として知られるようになった現象である. アレニウスの原著論文 '大気中の炭酸が地上温度に与える影響について', *London Edinburgh Dublin Philos. Mag. J. Sci.*, **41**, 237-276 (1896) を読むとよい.

表 2・4 電解質の分類

強 い	弱 い
1) HNO_3, $HClO_4$, H_2SO_4†, HCl, HI, HBr, $HClO_3$, $HBrO_3$ などの無機酸 2) アルカリ金属およびアルカリ土類金属の水酸化物 3) 多くの塩	1) H_2CO_3, H_3BO_3, H_3PO_4, H_2S, H_2SO_3 を含む多くの無機酸 2) 多くの有機酸 3) アンモニアと多くの有機塩基 4) Hg, Zn, Cd のハロゲン化物, シアン化物およびチオシアン酸塩

† H_2SO_4 は HSO_4^- および H_3O^+ に完全に解離するため強電解質に分類される. しかし, HSO_4^- は弱電解質であり, SO_4^{2-} と H_3O^+ への解離は限定的である.

---

1) 用語 **塩**は, 酸と塩基が反応し生成される. NaCl, Na_2SO_4, $NaOOCCH_3$ (酢酸ナトリウム) などがその例である.
2) 用語 **酸**がプロトンを供与し, **塩基**がプロトンを受容する.
3) アレニウス (図 2・6) の定義によれば, 水中で水素イオンを放出する物質が酸. 水酸化物イオンを放出する物質が塩基である.
4) 酸はプロトン受容体 (塩基) の存在下でのみプロトンを供与する. 同様に, 塩基はプロトン供与体 (酸) の存在下でのみプロトンを受容する.

a. 共役酸および共役塩基 ブレンステッド-ローリー理論の重要な特徴は，酸がプロトンを放出した際に形成される生成物は潜在的なプロトン受容体であるという考えで
[1] ある．この生成物をもとの酸に対して**共役塩基** (conjugate base) とよぶ．たとえば，酸$_1$がプロトンを放出すると，下記反応式に示すように，塩基$_1$が形成される．

$$酸_1 \rightleftharpoons 塩基_1 + プロトン$$

そして，酸$_1$および塩基$_1$を**共役酸塩基対** (conjugate acid-base pair)，または単に**共役対** (conjugate pair) とよぶ．
[2] 同様に，すべての塩基はプロトンを受容して**共役酸** (conjugate acid) を生成する．つまり，

$$塩基_2 + プロトン \rightleftharpoons 酸_2$$

となる．これらの二つの過程が組合わされると，酸塩基反
[3] 応，または**中和** (neutralization) となる．

$$酸_1 + 塩基_2 \rightleftharpoons 塩基_1 + 酸_2$$

この反応の進行の程度は，二つの塩基の相対的なプロトン受容能（または二つの酸の相対的なプロトン供与能）に依存する．共役酸塩基反応の例を (2・5) 式〜(2・8) 式に示す．

多くの溶媒は，プロトン供与体またはプロトン受容体であるため，それらに溶解した溶質を塩基または酸として作用させることができる．たとえば，アンモニア水では，水はプロトン供与体として働き，溶質 NH$_3$ に対して酸として作用する．

$$\underset{塩基_1}{NH_3} + \underset{酸_2}{H_2O} \rightleftharpoons \underset{共役酸_1}{NH_4^+} + \underset{共役塩基_2}{OH^-} \quad (2・5)$$

この反応では，アンモニア（塩基$_1$）が酸として働く水（酸$_2$）と反応して，共役酸であるアンモニウムイオン（酸$_1$）と水の共役塩基である水酸化物イオン（塩基$_2$）を生成する．

一方，水は亜硝酸水溶液中ではプロトン受容体すなわち塩基として作用する．

$$\underset{塩基_1}{H_2O} + \underset{酸_2}{HNO_2} \rightleftharpoons \underset{共役酸_1}{H_3O^+} + \underset{共役塩基_2}{NO_2^-} \quad (2・6)$$

酸である HNO$_2$ の共役塩基は亜硝酸イオンで，水の共役酸は H$_3$O$^+$ と表された水和プロトンである．H$_3$O$^+$ は**オキソニウムイオン** (oxonium ion) や**ヒドロニウムイオン** (hydronium ion) とよばれ，プロトンが一つの水分子に共有結合している．プロトンを含む水溶液中には，より水和度の高い H$_5$O$_2^+$，H$_9$O$_4^+$ や図 2・7 に示す十二面体ケージ構造なども存在する．しかし，便宜上，水和プロトンを含む化学反応式を書くときには，H$_3$O$^+$，あるいはさらに単純に H$^+$ という表記を使用するのが一般的である．

プロトンを供与した酸は，プロトンを受容してもとの酸に戻ることができる共役塩基となる．同様に，プロトンを受容した塩基は，プロトンを供与してもとの塩基を形成することができる共役酸となる．したがって，亜硝酸からのプロトンの損失によって生成される亜硝酸イオンは，適切な供与体からプロトンを受取ることが可能なプロトン受容体である．この反応によって，亜硝酸ナトリウムの水溶液はわずかに塩基性となる．

$$\underset{塩基_1}{NO_2^-} + \underset{酸_2}{H_2O} \rightleftharpoons \underset{共役酸_1}{HNO_2} + \underset{共役塩基_2}{OH^-}$$

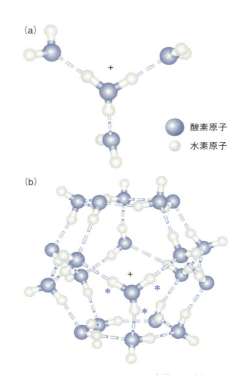

図 2・7 オキソニウムイオンの推定構造．(a) H$_9$O$_4^+$ は固体状態で観察されるが，水溶液中でも重要な役割を果たしていると考えられる．(b) (H$_2$O)$_{20}$H$^+$ は，十二面体のケージ構造を呈する．構造中の余分なプロトン（*の三つのうちのいずれか一つ）は，隣接する水分子に移動することによって十二面体構造の表面を自由に移動することができる．水色の破線は水素結合を示す．

---

[1] **用語** 共役塩基は，酸がプロトンを失ったときに生成する．たとえば，酢酸イオンは酢酸の共役塩基である．
[2] **用語** 共役酸は，塩基がプロトンを受容するときに生成する．たとえば，アンモニウムイオンは塩基であるアンモニアの共役酸である．
[3] 物質が酸として作用するのは塩基の存在下のみであり，逆もまた同様である．

2・4・3 両性化合物

酸性と塩基性の両方の性質をもつ化合物を**両性**(amphoteric, amphiprotic)であるという．リン酸二水素イオン $H_2PO_4^-$ はその一例であり，H_3O^+ のようなプロトン供与体の存在下では塩基として働く．

$$H_2PO_4^- + H_3O^+ \rightleftharpoons H_3PO_4 + H_2O$$
$$\text{塩基}_1 \quad \text{酸}_2 \quad \text{酸}_1 \quad \text{塩基}_2$$

ここで，H_3PO_4 はもとの塩基の共役酸である．しかし，OH^- のようなプロトン受容体の存在下では，$H_2PO_4^-$ は酸として振舞い，プロトンを供与して共役塩基 HPO_4^{2-} を形成する．

$$H_2PO_4^- + OH^- \rightleftharpoons HPO_4^{2-} + H_2O$$
$$\text{酸}_1 \quad \text{塩基}_2 \quad \text{塩基}_1 \quad \text{酸}_2$$

単純なアミノ酸は，弱酸および弱塩基の両方の官能基を含む，重要な両性化合物である．水に溶解すると，アミノ酸(グリシンなど)は，一種の分子内酸塩基反応を受けて，正電荷と負電荷の両方をもつ**両性イオン**(amphoteric ion, **双性イオン** zwitterion ともいう)を生成する．したがって，

$$NH_2CH_2COOH \rightleftharpoons NH_3^+CH_2COO^-$$
$$\text{グリシン} \qquad \text{両性イオン}$$

となる．この反応は，カルボン酸とアミン間の酸塩基反応に類似している．

$$R'COOH + R''NH_2 \rightleftharpoons R'COO^- + R''NH_3^+$$
$$\text{酸}_1 \quad \text{塩基}_2 \quad \text{塩基}_1 \quad \text{酸}_2$$

2,3) 水は，**両性溶媒**(amphiprotic solvent)の典型的な例であり，溶質によって，酸(2・5式)または塩基(2・6式)として作用することができる溶媒である．その他の一般的な両性溶媒には，メタノール，エタノール，無水酢酸がある．たとえばメタノールの場合，水の平衡式〔(2・5)式および(2・6)式〕に相当する平衡式は，

$$NH_3 + CH_3OH \rightleftharpoons NH_4^+ + CH_3O^- \quad (2・7)$$
$$\text{塩基}_1 \quad \text{酸}_2 \quad \text{共役酸}_1 \quad \text{共役塩基}_2$$

$$CH_3OH + HNO_2 \rightleftharpoons CH_3OH_2^+ + NO_2^- \quad (2・8)$$
$$\text{塩基}_1 \quad \text{酸}_2 \quad \text{共役酸}_1 \quad \text{共役塩基}_2$$

で表される．

2・4・4 自己プロトリシス

4) 両性溶媒は，**自己プロトリシス**(autoprotolysis)または**自己解離**(self-ionization)を経てイオン対を形成する．自己プロトリシスは酸塩基反応のさらに別の例で，以下の式で示すようなものである．

塩基$_1$	+ 酸$_2$	$\rightleftharpoons$ 酸$_1$	+ 塩基$_2$
H_2O	+ H_2O	$\rightleftharpoons$ H_3O^+	+ OH^-
CH_3OH	+ CH_3OH	$\rightleftharpoons$ $CH_3OH_2^+$	+ CH_3O^-
$HCOOH$	+ $HCOOH$	$\rightleftharpoons$ $HCOOH_2^+$	+ $HCOO^-$
NH_3	+ NH_3	$\rightleftharpoons$ NH_4^+	+ NH_2^-

水が室温で自己プロトリシスを受ける程度は限定的で，純水中のオキソニウムイオンおよび水酸化物イオンの濃度はわずか約 10^{-7} M である．10^{-7} という濃度は非常に低いが，この解離反応が水溶液の振舞いを理解するうえできわめて重要である．

2・4・5 酸と塩基の強さ

図2・8は，いくつかの一般的な酸の水中での解離反応を示している．最初の二つは**強酸**(strong acid)とよばれる．なぜなら，溶媒との反応が完全に終了していて，解離していない溶質分子が水溶液中に残らないからである．そのほかは**弱酸**(weak acid)であり，水との反応は不完全で，もとの酸とその共役塩基の両方が一定量存在する溶液を与える．このとき酸は，陽イオン性，陰イオン性，または電気的に中性でもよい．塩基についても同様である．

図2・8の酸は上から下へしだいに弱くなっている．過塩素酸と塩酸は完全に解離するが，酢酸($HC_2H_3O_2$)では

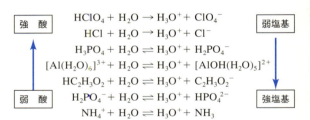

図2・8 代表的な酸とその共役塩基の解離反応と相対強度．HCl と $HClO_4$ は水中で完全に解離することに注意．

---

1) 用語 **両性イオン**とは，正電荷と負電荷の両方をもつイオンのことである．
2) 水は酸または塩基のどちらとしても作用できる．
3) 用語 **両性溶媒**は，塩基性溶質の存在下では酸として，酸性溶質の存在下では塩基として作用する．
4) 用語 **自己プロトリシス**は，ある物質の分子が自発的に一対のイオンを生成する反応のことである．
5) 用語 **オキソニウムイオン**は，水が酸と反応すると形成される水和プロトンである．通常は H_3O^+ と表記されるが，図2・8に示すように，さらに高次の水和物もいくつか存在する．
6) 本書では，酸塩基平衡や酸塩基平衡計算を扱う章では H_3O^+ の表記を用いる．それ以外の章では，H^+ という表記が水和したプロトンを代表するという理解をもって，簡便な H^+ という表記を使用する．
7) 一般的な強塩基として $NaOH$，KOH，$Ba(OH)_2$ および水酸化第四級アンモニウム塩 R_4NOH（式中，R は CH_3 または C_2H_5 のようなアルキル基を表す）があげられる．
8) 一般的な強酸として HCl，HBr，HI，$HClO_4$，HNO_3，H_2SO_4（第一解離），および有機スルホン酸 RSO_3H があげられる．

わずか約 1% が解離しているにすぎない．アンモニウムイオンはさらに弱い酸であり，約 0.01% がオキソニウムイオンとアンモニア分子に解離しているのみである．図 2・8 から読み取れるもう一つの特徴は，最も弱い酸が最も強い共役塩基を形成するということである．すなわち，アンモニアはその上に記載したいずれの塩基よりもプロトンに対してはるかに強い親和性をもつ．また，過塩素酸イオンおよび塩化物イオンは，プロトンに対して親和性をもたない．

プロトンを受容または供与する溶媒の性質が，それに溶解した溶質の酸または塩基の強度を決定する．たとえば，過塩素酸および塩酸は，水中では強酸となる．しかし，水より弱いプロトン受容体である無水酢酸が溶媒となった場合，どちらの酸も完全に解離しない．代わりに，以下のような平衡が確立される．

$$CH_3COOH + HClO_4 \rightleftharpoons CH_3COOH_2^+ + ClO_4^-$$
塩基$_1$　　　酸$_2$　　　　酸$_1$　　　　塩基$_2$

しかしながら，過塩素酸は無水酢酸中で塩酸より約 5000 倍強い酸である．このように，酢酸は，塩酸と過塩素酸の固有の酸性度の差を明らかにして，二つの酸を識別する溶媒として作用する．一方，水中では，過塩素酸，塩酸，硝酸，三つすべてが完全にイオン化され，すべてオキソニウムイオンとして作用するから酸性度に差が見られない．これを**水平化効果** (leveling effect) とよぶ．

2・5 化学平衡

分析化学で用いる多くの反応において，反応物がすべて生成物へ変換することはなく，反応物と生成物の濃度の比が一定となる**化学平衡** (chemical equilibrium) の状態に達する．**平衡定数式** (equilibrium-constant expression) は，平衡状態にある反応物と生成物との濃度関係を表す**代数式**である．とりわけ，この平衡定数式を用いれば，平衡到達時に残っている未反応の分析対象から生じる分析誤差を計算することができる．

以下では，一つまたは二つの平衡式が存在する系に関する情報を，平衡定数式を用いて得る方法について扱う．第 7 章では，その方法を複数の平衡式が同時に存在する系に拡張する．分析化学において，このような複雑な系を扱うことは珍しくない．

2・5・1 平衡状態

以下の化学反応について考えてみる．

$$H_3AsO_4 + 3I^- + 2H^+ \rightleftharpoons H_3AsO_3 + I_3^- + H_2O \tag{2・9}$$

三ヨウ化物イオン I_3^- の橙赤色の出現を観察することによって，この反応の速度，および反応が右へ進んだ度合いを知ることができる（反応に含まれる他の物質は無色である）．たとえば，ヨウ化カリウム 3 mmol を含む溶液 100 mL にヒ酸 H_3AsO_4 1 mmol を加えると直ちに三ヨウ化物イオンの橙赤色が現れる．そして数秒以内に，色の濃さは一定になり，三ヨウ化物イオン濃度が一定になったことがわかる（口絵 1b および 2b 参照）．

三ヨウ化物イオン 1 mmol を含む溶液 100 mL に亜ヒ酸 H_3AsO_3 1 mmol を添加することにより，同じ濃さの色（したがって同じ三ヨウ化物イオン濃度）の溶液を生成することもできる（口絵 1a 参照）．この場合，はじめは前述の溶液よりも色が濃くなるが，以下の反応の結果，急激に色が薄くなり，最終的には二つの溶液の色は同じになる．

$$H_3AsO_3 + I_3^- + H_2O \rightleftharpoons H_3AsO_4 + 3I^- + 2H^+$$

これら四つの反応物をさまざまに組合わせて反応を起こしても，前述の溶液とほぼ同じ色の溶液となる．

口絵 1〜3 に示された実験の結果は，化学平衡に到達した点での濃度関係（すなわち，平衡の位置）は，平衡状態へ至る過程に依存しないことを示している．しかし，この関係は系にストレスをかけることによって変化する．そのようなストレスとしては，温度，圧力（反応物または生成物の一つが気体である場合），反応物もしくは生成物の全濃度の変化などがあげられる．これらが与える影響は，**ル シャトリエの原理** (Le Châtelier's principle) から定性的に予測できる．この原理は，化学平衡の位置が，常に付加されたストレスの影響を緩和する方向に移動することを述べている．たとえば，系の温度の上昇では熱を吸収する方向の反応が進み，圧力の増加は占める体積の小さい物質の生成を有利にする．

分析においては，反応系に反応物または生成物を追加した際の影響が特に重要である．生じたストレスは，添加された物質を反応し尽くす方向へ平衡を移動することによって緩和される．したがって，前述の (2・9) 式の平衡状態では，ヒ酸 H_3AsO_4 または水素イオンを添加すると，三ヨウ化物イオンと亜ヒ酸が生成され，着色が濃くなる．亜ヒ酸の添加は逆の効果をもつ．関与する反応物または生成物のうち 1 種類の量を変化させることによってもたらされる平衡移動は，**質量作用の効果** (mass-action effect) とよばれる．

分子レベルでの反応系の理論的および実験的研究から，平衡状態到達後でも物質間の反応が続くことが示されてい

---

1) 強酸のうち，メタノールやエタノール中でも強酸性を示すのは過塩素酸のみである．すなわちメタノールやエタノールも酸を識別できる溶媒である．
2) [用語] **ルシャトリエの原理**では，平衡の位置は系に与えられたストレスを緩和する方向へ常に移動する．
3) [用語] **質量作用の効果**とは，反応物または生成物の一つを系に加えることによって生じる平衡位置の移動のことである．

1) る。順方向反応と逆方向反応の速度が完全に同じなので，反応物と生成物の濃度比が一定となるのである．つまり，化学平衡は，順方向反応と逆方向反応が同一速度で起こっている動的状態である．

図 2・9 グルベルグ (Cato Guldberg, 1836〜1902) とボーゲ (Peter Waage, 1833〜1900) は熱力学をおもに研究したノルウェーの化学者で，1864 年に，(2・11) 式の関係 (質量作用の法則) が平衡状態で成り立つことを最初に提唱した．

2・5・2 平衡定数式

2) 濃度または圧力 (反応に気体が含まれる場合) が化学平衡の位置に与える影響は，化学熱力学から導かれる平衡定数式によって定量的かつ簡便に記述される．平衡定数式は，化学反応が進む方向と進む度合いの予測を可能とするため

3) 重要である．しかし，平衡定数式から反応速度に関する情報は得られない．そのため，分析をするうえで非常に好ましい平衡定数をもつ反応を見つけても，反応速度が非常に遅いため実際の分析には向かないという場合がある．このような欠点は，平衡の位置は変化させずに反応を加速させる触媒の使用によって克服することができる．

化学平衡を一般化した式について考えてみる．

$$w\text{W} + x\text{X} \rightleftharpoons y\text{Y} + z\text{Z} \quad (2 \cdot 10)$$

ここで，大文字は反応物と生成物の化学式を表し，小文字のイタリック文字は上式の平衡時の濃度比を示す整数を表す．したがって，この式は，w mol の W が x mol の X と反応して y mol の Y と z mol の Z が生成することを表している．この反応の平衡定数は，

$$K = \frac{[\text{Y}]^y[\text{Z}]^z}{[\text{W}]^w[\text{X}]^x} \quad (2 \cdot 11)$$

となる (図 2・9)．ここで，角括弧は，
1. 溶解した溶質の場合はモル濃度
2. 反応物または生成物が気体である場合は大気圧下における分圧．この場合には，大気中の気体 Z の分圧を表す記号 p_Z で，角括弧で囲まれた項 (2・11 式では [Z]) を置き換えることがよくある．

(2・11) 式中の反応物または生成物が純粋な液体，純
4) 粋な固体または過剰に存在する溶媒である場合，これらに関する項は平衡定数式に加えない．たとえば (2・11) 式の Z を溶媒 H_2O とすると，平衡定数式は，

$$K = \frac{[\text{Y}]^y}{[\text{W}]^w[\text{X}]^x}$$

に単純化される．この根拠については，次節で説明する．

(2・11) 式の定数 K は，平衡定数とよばれる温度依存性の数値である．慣例により，前記の式のとおり生成物の濃度は常に分子に，反応物の濃度は常に分母に記載する．

実は，(2・11) 式は熱力学的平衡定数の近似式にすぎず，正確な式は (2・12) 式 (脚注 5) で与えられる．しかし，(2・12) 式は計算に手間と時間がかかるため，通常は近似式を使用している．ただし §7・2 で述べるように，(2・11) 式の使用は平衡計算上の重大な誤差につながる可能性があり，その場合，(2・12) 式を修正し使用する．

2・5・3 分析化学で扱う平衡定数の種類

表 2・5 に，分析化学において重要な化学平衡および平衡定数の種類を示す．以下の三つの項で，このうちいくつかの平衡定数の基本的な活用方法を説明する．

2・5・4 水のイオン積の活用

水溶液には，水の解離反応の結果として，少量のオキソニウムイオンと水酸化物イオンが含まれている．

$$2\text{H}_2\text{O} \rightleftharpoons \text{H}_3\text{O}^+ + \text{OH}^- \quad (2 \cdot 13)$$

この反応の平衡定数は (2・14) 式のように表される．

$$K = \frac{[\text{H}_3\text{O}^+][\text{OH}^-]}{[\text{H}_2\text{O}]^2} \quad (2 \cdot 14)$$

---

1) 平衡は動的な過程である．化学反応は平衡状態で停止しているように見えるが，実際には，順方向反応と逆方向反応が完全に同じ速度で進み，反応物と生成物の量が変化していない状態である．
2) 用語 化学熱力学 (chemical thermodynamics) とは，化学反応における熱やエネルギーの流れを扱う化学分野である．化学平衡の位置は，反応のエネルギー変化に関係づけられる．
3) 平衡定数式には反応速度に関する情報が含まれていないため，分析操作に有用な反応であるかどうかは平衡定数式から判断することができない．
4) Z が気体の場合，(2・11) 式中の [Z]^z は大気中の p_Z に置き換えられる．Z が純粋な固体，純粋な液体，または希薄溶液の溶媒である場合，Z の項は式に含まない．
5) 注意：(2・11) 式は，平衡定数の近似式にすぎない．正確な式は，

$$K = \frac{a_\text{Y}^y a_\text{Z}^z}{a_\text{W}^w a_\text{X}^x} \quad (2 \cdot 12)$$

の形をとる．ここで，a_Y, a_Z, a_W, a_X は Y, Z, W, X の活量という (§7・2 参照)．

表 2・5　分析化学において重要な平衡と平衡定数

平衡の種類	平衡定数の名前と記号	典型例	平衡定数式
水の解離	水のイオン積, K_w	$2H_2O \rightleftharpoons H_3O^+ + OH^-$	$K_w = [H_3O^+][OH^-]$
飽和溶液中の難溶性の物質とそのイオン間の不均一系平衡	溶解度積, K_{sp}	$BaSO_4(s) \rightleftharpoons Ba^{2+} + SO_4^{2-}$	$K_{sp} = [Ba^{2+}][SO_4^{2-}]$
弱酸または弱塩基の解離	解離定数, K_a または K_b	$CH_3COOH + H_2O \rightleftharpoons H_3O^+ + CH_3COO^-$ $CH_3COO^- + H_2O \rightleftharpoons OH^- + CH_3COOH$	$K_a = \dfrac{[H_3O^+][CH_3COO^-]}{[CH_3COOH]}$ $K_b = \dfrac{[OH^-][CH_3COOH]}{[CH_3COO^-]}$
錯イオンの生成	生成定数, β_n	$Ni^{2+} + 4CN^- \rightleftharpoons [Ni(CN)_4]^{2-}$	$\beta_4 = \dfrac{[Ni(CN)_4^{2-}]}{[Ni^{2+}][CN^-]^4}$
酸化還元平衡	K_{redox}	$MnO_4^- + 5Fe^{2+} + 8H^+ \rightleftharpoons Mn^{2+} + 5Fe^{3+} + 4H_2O$	$K_{redox} = \dfrac{[Mn^{2+}][Fe^{3+}]^5}{[MnO_4^-][Fe^{2+}]^5[H^+]^8}$
非混和性溶媒間の溶質の分配平衡	K_d	$I_2(aq) \rightleftharpoons I_2(org)$	$K_d = \dfrac{[I_2]_{org}}{[I_2]_{aq}}$

コラム 2・3　錯イオンの逐次生成定数および全生成定数

$[Ni(CN)_4]^{2-}$ の形成（表 2・5）は，下記のように段階的（逐次的）に起こるという点で典型的である．なお，**逐次生成定数**は $K_1, K_2 \cdots$ などと表される．K の表式では錯体の化学式としての [ ] は省く．

$Ni^{2+} + CN^- \rightleftharpoons [Ni(CN)]^+ \qquad K_1 = \dfrac{[Ni(CN)^+]}{[Ni^{2+}][CN^-]}$

$[Ni(CN)]^+ + CN^- \rightleftharpoons [Ni(CN)_2] \qquad K_2 = \dfrac{[Ni(CN)_2]}{[Ni(CN)^+][CN^-]}$

$[Ni(CN)_2] + CN^- \rightleftharpoons [Ni(CN)_3]^- \qquad K_3 = \dfrac{[Ni(CN)_3^-]}{[Ni(CN)_2][CN^-]}$

$[Ni(CN)_3]^- + CN^- \rightleftharpoons [Ni(CN)_4]^{2-} \qquad K_4 = \dfrac{[Ni(CN)_4^{2-}]}{[Ni(CN)_3^-][CN^-]}$

全生成定数は記号 β_n で示される．

$Ni^{2+} + 2CN^- \rightleftharpoons [Ni(CN)_2] \qquad \beta_2 = K_1 K_2 = \dfrac{[Ni(CN)_2]}{[Ni^{2+}][CN^-]^2}$

$Ni^{2+} + 3CN^- \rightleftharpoons [Ni(CN)_3]^- \qquad \beta_3 = K_1 K_2 K_3 = \dfrac{[Ni(CN)_3^-]}{[Ni^{2+}][CN^-]^3}$

$Ni^{2+} + 4CN^- \rightleftharpoons [Ni(CN)_4]^{2-} \qquad \beta_4 = K_1 K_2 K_3 K_4 = \dfrac{[Ni(CN)_4^{2-}]}{[Ni^{2+}][CN^-]^4}$

しかし，希薄水溶液中の水の濃度は，オキソニウムイオンおよび水酸化物イオンの濃度と比較してきわめて大きいため，(2・14) 式の $[H_2O]^2$ は一定とみなすことができ，

$$K[H_2O]^2 = K_w = [H_3O^+][OH^-] \qquad (2 \cdot 15)$$

と表せる．この定数 K_w には**水のイオン積**（ion-product constant for water）という特別な呼び名が与えられている．

25 ℃における水のイオン積は 1.008×10^{-14} である．便宜上，室温での K_w の近似を 1.00×10^{-14} として使用している．表 2・6 は，K_w が温度にどのように依存するかを示している．水のイオン積を用いれば，水溶液中のオキソニウムイオン濃度および水酸化物イオン濃度を容易に算出できる．

表 2・6　温度による K_w の変化

温　度 [℃]	K_w
0	0.114×10^{-14}
25	1.008×10^{-14}
50	5.47×10^{-14}
75	19.9×10^{-14}
100	49×10^{-14}

---

[1] (2・15) 式の両辺につき常用対数をとりマイナスを付すと，非常に有用な関係式が得られる．
　　　$-\log K_w = -\log[H_3O^+] - \log[OH^-]$
§2・2・1g に示した対数表記を用いて，
$$pK_w = pH + pOH \qquad (2 \cdot 16)$$
となる．25 ℃ で $pK_w = 14.00$ である．

コラム2・4　[H_2O]が水溶液の平衡定数式に現れない理由

希薄水溶液では，水のモル濃度は，

$$[H_2O] = \frac{1000 \text{ g } H_2O}{\text{L } H_2O} \times \frac{1 \text{ mol } H_2O}{18.0 \text{ g } H_2O} = 55.6 \text{ M}$$

である．水1Lに0.1 molのHClを添加すると，(2・13)式の平衡は左へ移動することになる．しかし，添加したプロトンを消費するOH^- はもともと10^{-7} mol/Lしか存在していないので，すべてのOH^- がH_2Oに変換されたとしても，水の濃度の増加は，1×10^{-7} mol/Lのみである．すなわち，

$$[H_2O] = 55.6 \frac{\text{mol } H_2O}{\text{L } H_2O} + 1 \times 10^{-7} \frac{\text{mol } OH^-}{\text{L } H_2O}$$
$$\times \frac{1 \text{ mol } H_2O}{\text{mol } OH^-} \approx 55.6 \text{ M}$$

である．水の濃度の変化率は，

$$\frac{10^{-7} \text{ M}}{55.6 \text{ M}} \times 100\% = 2 \times 10^{-7}\%$$

であり，ほとんど影響がない．したがって(2・14)式の $K[H_2O]^2$ は，事実上一定と考えられ，すなわち，

$$K(55.6)^2 = K_w = 1.00 \times 10^{-14} \text{ (25 °C)}$$

となる．

例題2・15

25℃と100℃の純水中のオキソニウムイオンと水酸化物イオンの濃度を求めよ．

解　答

OH^- とH_3O^+ は水の解離でのみ生成するので，これらの濃度は等しくなる．

$$[H_3O^+] = [OH^-]$$

この等式を(2・15)式に代入すると，

$$[H_3O^+]^2 = [OH^-]^2 = K_w$$
$$[H_3O^+] = [OH^-] = \sqrt{K_w}$$

25℃では，

$$[H_3O^+] = [OH^-] = \sqrt{1.008 \times 10^{-14}} = 1.00 \times 10^{-7} \text{ M}$$

表2・6より，100℃では

$$[H_3O^+] = [OH^-] = \sqrt{49 \times 10^{-14}} = 7.0 \times 10^{-7} \text{ M}$$

例題2・16

25℃における0.200 M NaOH水溶液中のオキソニウムイオン濃度，水酸化物イオン濃度，pH, pOHを求めよ．

解　答

NaOHは強電解質なので，この水溶液中の[OH^-]への寄与は0.200 mol/Lである．例題2・15にあるように，OH^- とH_3O^+ は水の解離から同じ量生成する．よって，

$$[OH^-] = 0.200 + [H_3O^+]$$

ここで，[H_3O^+]は水の解離により生成する[OH^-]と等しい．水からの[OH^-]への寄与は0.200と比べて無視できるほど少ないので，

$$[OH^-] \approx 0.200$$
$$\text{pOH} = -\log 0.200 = 0.699$$

(2・15)式を用いて[H_3O^+]を求める．

$$[H_3O^+] = \frac{K_w}{[OH^-]} = \frac{1.00 \times 10^{-14}}{0.200} = 5.00 \times 10^{-14} \text{ M}$$
$$\text{pH} = -\log(5.00 \times 10^{-14}) = 13.301$$

また，近似による誤差が答えに与える影響は以下のように小さいので無視できる．

$$[OH^-] = 0.200 + 5.00 \times 10^{-14} \approx 0.200 \text{ M}$$

2・5・5　溶解度積の活用

すべてではないがほとんどの難溶性塩は，飽和水溶液中で塩の一部が溶解し，溶解した塩は完全に解離する．たとえば，過剰のヨウ素酸バリウム $Ba(IO_3)_2$ が水中で平衡に達する場合，その解離過程は下式のように記述できる．

$$Ba(IO_3)_2(s) \rightleftharpoons Ba^{2+}(aq) + 2IO_3^-(aq)$$

そして，(2・11)式を用いて，

$$K = \frac{[Ba^{2+}][IO_3^-]^2}{[Ba(IO_3)_2(s)]}$$

となる．分母は，<u>固体中の $Ba(IO_3)_2$ のモル濃度</u>を表す．この固体は飽和水溶液と接触している別の相にある．そして，固体状態の化合物の濃度は一定である．言い換えれば，$Ba(IO_3)_2$ の物質量を固体 $Ba(IO_3)_2$ の<u>体積</u>で割ったものは，過剰の固体がどれだけ存在しても一定である．したがって，前式は，

$$K[Ba(IO_3)_2(s)] = K_{sp} = [Ba^{2+}][IO_3^-]^2 \quad (2 \cdot 17)$$

という式に書き直せる．この定数 K_{sp} は**溶解度積定数**(solubility-product constant)または**溶解度積**(solubility

[1] product)とよばれる．これは重要な点であるが，(2・17)式が示しているのは，固体は少しでも溶液に存在しさえすればよく，平衡の位置は $Ba(IO_3)_2$ の<u>物質量</u>と無関係であるということである．つまり，固体の量が数 mg か数 g かということは問題にならない．

さまざまな無機塩の溶解度積を付録 2 に示した．溶解度積の一般的な使用方法を以降の例題を用いて示す．さらなる応用については後の章で説明する．

a. 純水中の沈殿物の溶解度　溶解度積を用いると，水中で完全にイオン化する難溶性物質の溶解度を計算できる．

例題 2・17
25 ℃ の水 500 mL に溶解可能な $Ba(IO_3)_2$ (487 g/mol) の質量 (g) を求めよ．

解答
$Ba(IO_3)_2$ の溶解度積は 1.57×10^{-9} である（付録 2 参照）．固体と溶液中のイオン間の平衡は次式で表される．

$$Ba(IO_3)_2(s) \rightleftharpoons Ba^{2+} + 2IO_3^-$$

つまり，

$$K_{sp} = [Ba^{2+}][IO_3^-]^2 = 1.57 \times 10^{-9}$$

平衡式より，1 mol の $Ba(IO_3)_2$ が溶解すると 1 mol の Ba^{2+} が生成することがわかる．よって，

[2] $Ba(IO_3)_2$ の溶解度 $= [Ba^{2+}]$

1 mol の Ba^{2+} が生ずるごとに 2 mol の IO_3^- が生成する．IO_3^- 濃度は Ba^{2+} 濃度の 2 倍になるので，

$$[IO_3^-] = 2[Ba^{2+}]$$

この式を平衡定数式に代入すると，

$$[Ba^{2+}](2[Ba^{2+}])^2 = 4[Ba^{2+}]^3 = 1.57 \times 10^{-9}$$
$$[Ba^{2+}] = \left(\frac{1.57 \times 10^{-9}}{4}\right)^{1/3} = 7.32 \times 10^{-4} \text{ M}$$

1 mol の $Ba(IO_3)_2$ から 1 mol の Ba^{2+} が生成するので，

$$\text{溶解度} = 7.32 \times 10^{-4} \text{ M}$$

溶液 500 mL に溶解する $Ba(IO_3)_2$ の物質量を求めるには，

$$Ba(IO_3)_2 \text{ の物質量 (mmol)}$$
$$= 7.32 \times 10^{-4} \frac{\text{mmol } Ba(IO_3)_2}{\text{mL}} \times 500 \text{ mL}$$

500 mL 中の $Ba(IO_3)_2$ の質量は，

$$Ba(IO_3)_2 \text{ の質量} = (7.32 \times 10^{-4} \times 500) \text{ mmol } Ba(IO_3)_2$$
$$\times 0.487 \frac{\text{g } Ba(IO_3)_2}{\text{mmol } Ba(IO_3)_2}$$
$$= 0.178 \text{ g}$$

b. 沈殿物の溶解度に与える共通イオン効果　沈殿物中のイオンのいずれか一種を含む可溶性化合物を溶液に添加すると，イオン性沈殿物の溶解度が低下する（口絵 4 参照）．この現象は**共通イオン効果** (common-ion effect) とよばれる．共通イオン効果は，ルシャトリエの原理から予測される質量作用の効果である．以下の例題を用いて説明する．

例題 2・18
$Ba(NO_3)_2$ の濃度が 0.0200 M である溶液中の $Ba(IO_3)_2$ の溶解度 (M) を求めよ．

解答
この場合，$Ba(NO_3)_2$ も Ba^{2+} の供給源であるため，$Ba(IO_3)_2$ の溶解度は $[Ba^{2+}]$ と等しくならない．一方，$[IO_3^-]$ と溶解度には以下の関係が認められる．

$$Ba(IO_3)_2 \text{ の溶解度} = \tfrac{1}{2}[IO_3^-]$$

Ba^{2+} は $Ba(NO_3)_2$ と $Ba(IO_3)_2$ の二つから供給される．$Ba(NO_3)_2$ 由来の $[Ba^{2+}]$ は 0.0200 M で，$Ba(IO_3)_2$ 由来の $[Ba^{2+}]$ は溶解度，つまり $\tfrac{1}{2}[IO_3^-]$ に等しい．

$$[Ba^{2+}] = 0.0200 + \tfrac{1}{2}[IO_3^-]$$

これらの値を溶解度積の式に代入すると，

$$\left(0.0200 + \tfrac{1}{2}[IO_3^-]\right)[IO_3^-]^2 = 1.57 \times 10^{-9}$$

となる．

三次方程式となってしまうので，仮定を導入し，より簡便に $[IO_3^-]$ を求めることにする．K_{sp} の値が小さいので，$Ba(IO_3)_2$ の溶解度は比較的小さいことが示唆され，これは例題 2・17 の結果からも確認できる．さらに，$Ba(NO_3)_2$ 由来のバリウムイオンは $Ba(IO_3)_2$ の溶解を抑制すると考えられる．よって，近似値を得るために，0.0200 は $\tfrac{1}{2}[IO_3^-]$ と比べて十分に大きいと考えることにする．そこで，$\tfrac{1}{2}[IO_3^-] \ll 0.0200$ と仮定し，

$$[Ba^{2+}] = 0.0200 + \tfrac{1}{2}[IO_3^-] \approx 0.0200 \text{ M}$$

もとの式は，次のように簡略化できる．

$$0.0200 [IO_3^-]^2 = 1.57 \times 10^{-9}$$
$$[IO_3^-] = \sqrt{1.57 \times 10^{-9}/0.0200}$$
$$= \sqrt{7.85 \times 10^{-8}} = 2.80 \times 10^{-4} \text{ M}$$

---

[1] (2・17) 式が成り立つためには，固体がわずかでも存在する必要がある．溶液に接触する $Ba(IO_3)_2(s)$ がない場合，(2・17) 式は適用されないことに注意しなくてはならない．

[2] 用語　一般に**溶解度**は，一定量の溶媒に溶解しうる溶質の最大量を単位 g で表す．溶液 1 L に溶けている溶質の量を mol で表す場合は，**モル溶解度**という．本書では，モル溶解度も単に溶解度として表記する．

(例題 2・18 解答つづき)

$Ba(IO_3)_2$ の解離から生じる Ba^{2+} の量,すなわち $\frac{1}{2}[IO_3^-] = \frac{1}{2} \times 2.80 \times 10^{-4}$ は,0.0200 の約 0.7% でしかないため,生じる誤差は小さい.通常,このような仮定は,誤差が 10% 未満となる場合に採用する[2].よってこの仮定を採用し,

$$Ba(IO_3)_2 \text{ の溶解度} = \frac{1}{2}[IO_3^-] = \frac{1}{2} \times 2.80 \times 10^{-4}$$
$$= 1.40 \times 10^{-4} \text{ M}$$

この結果を純水中のヨウ素酸バリウムの溶解度(例題 2・17)と比較すると,共通のイオンが少量存在することで,$Ba(IO_3)_2$ の溶解度が約 5 分の 1 になっていることがわかる.

例題 2・19

0.0100 M $Ba(NO_3)_2$ 200 mL と 0.100 M $NaIO_3$ 100 mL を混合した溶液中の $Ba(IO_3)_2$ の溶解度を求めよ.

解 答

まず,平衡状態において過剰に存在している反応物があるかを調べる.出発物質中の存在量は,

Ba^{2+} の物質量 = 200 mL × 0.0100 mmol/mL
$\qquad\qquad\quad = 2.00$ mmol

IO_3^- の物質量 = 100 mL × 0.100 mmol/mL
$\qquad\qquad\quad = 10.0$ mmol

$Ba(IO_3)_2$ の生成が完了すると,

過剰な $NaIO_3$ の物質量 = 10.0 − 2×2.00 = 6.0 mmol

よって,

[1] $[IO_3^-] = \dfrac{6.0 \text{ mmol}}{200 \text{ mL} + 100 \text{ mL}} = \dfrac{6.0 \text{ mmol}}{300 \text{ mL}} = 0.0200$ M

例題 2・17 にあるように,

$$Ba(IO_3)_2 \text{ の溶解度} = [Ba^{2+}]$$

この場合,

$$[IO_3^-] = 0.0200 + 2[Ba^{2+}]$$

ここで,$2[Ba^{2+}]$ は難溶性 $Ba(IO_3)_2$ 由来の IO_3^- を表している.例題 2・18 で $[IO_3^-] \approx 0.0200$ と仮定して近似値を求めた.よって,

$$Ba(IO_3)_2 \text{ の溶解度} = [Ba^{2+}] = \dfrac{K_{sp}}{[IO_3^-]^2} = \dfrac{1.57 \times 10^{-9}}{(0.0200)^2}$$
$$= 3.93 \times 10^{-6} \text{ M}$$

近似値は 0.0200 M に比べて 4 桁近く小さいので,仮定は許容され,得られた解答もこれ以上の補正は必要ない.

例題 2・18 および例題 2・19 の解答は,$Ba(IO_3)_2$ の溶解度を低下させるには過剰のヨウ素酸イオンの方が同量のバリウムイオンよりも効果的であることを示している. [2]

2・5・6 酸解離定数,塩基解離定数の活用

弱酸や弱塩基が水に溶解すると,部分解離が起こる.したがって,亜硝酸については,

$$HNO_2 + H_2O \rightleftharpoons H_3O^+ + NO_2^- \qquad K_a = \dfrac{[H_3O^+][NO_2^-]}{[HNO_2]}$$

と書くことができ,ここで K_a は亜硝酸の**酸解離定数**(acid dissociation constant)である.同様の方法で,アンモニアの**塩基解離定数**(base dissociation constant)は,

$$NH_3 + H_2O \rightleftharpoons NH_4^+ + OH^- \qquad K_b = \dfrac{[NH_4^+][OH^-]}{[NH_3]}$$

となる.特筆すべき点は,いずれの式の分母にも $[H_2O]$ が含まれていないことである.これは,水の濃度が弱酸または弱塩基の濃度に比べて非常に大きいので,解離により $[H_2O]$ がほとんど変化しないからである(コラム 2・4 参照).水のイオン積と同様に,$[H_2O]$ は平衡定数 K_a および K_b に含まれている.弱酸の解離定数は付録 3 に示した.

a. 共役酸塩基対の解離定数 アンモニアの塩基解離定数とその共役酸であるアンモニウムイオンの酸解離定数について考える.

$$NH_3 + H_2O \rightleftharpoons NH_4^+ + OH^- \qquad K_b = \dfrac{[NH_4^+][OH^-]}{[NH_3]}$$

$$NH_4^+ + H_2O \rightleftharpoons NH_3 + H_3O^+ \qquad K_a = \dfrac{[NH_3][H_3O^+]}{[NH_4^+]}$$

二つの平衡定数式を掛け合わせることにより,$K_a K_b$ が得られる.

$$K_a K_b = \dfrac{[NH_3][H_3O^+]}{[NH_4^+]} \times \dfrac{[NH_4^+][OH^-]}{[NH_3]} = [H_3O^+][OH^-]$$

---

[1] $[IO_3^-]$ の不確かさは,有効数字から 6.0 の場合は 0.1,60 の場合は 1 となるので,0.0200(1/60) = 0.0003 となり,丸めて 0.0200 M とする.

[2] 0.02 M 過剰の Ba^{2+} は,$Ba(IO_3)_2$ の溶解度を約 5 分の 1 に減少させる.同量の過剰な IO_3^- は,溶解度を約 200 分の 1 に低下させる.

2) 10% 誤差はいくぶん恣意的なカットオフであるが,10% 以上の誤差を生じさせることが多い活量係数を今回の計算では考慮していないので,今回のカットオフは合理的と考えられる.一般的な化学および分析化学の書籍では,5% 以内の誤差が適切であると記されていることが多いが,誤差の設定は計算の目的に基づいて行うべきである.正確な解答が必要な場合はコラム 2・6 に示す逐次近似法を用いるとよい.複雑な計算には表計算ソフト(スプレッドシート)を用いる.

ただし，

$$K_w = [\text{H}_3\text{O}^+][\text{OH}^-]$$

であるため，

$$K_w = K_a K_b \quad (2\cdot18)$$

となる．この関係は，すべての共役酸塩基対について当てはまる．平衡定数を扱う多くの場合，酸解離定数のみが示されている．それは，(2・18)式を用いれば塩基解離定数を容易に計算できるからである．たとえば付録3には，アンモニアの解離に関するデータは示されていないが（他の塩基についても同様である），代わりに共役酸であるアンモニウムイオンの酸解離定数が示されている．すなわち，

$$\text{NH}_4^+ + \text{H}_2\text{O} \rightleftharpoons \text{H}_3\text{O}^+ + \text{NH}_3$$

$$K_a = \frac{[\text{H}_3\text{O}^+][\text{NH}_3]}{[\text{NH}_4^+]} = 5.70 \times 10^{-10}$$

であり，

$$\text{NH}_3 + \text{H}_2\text{O} \rightleftharpoons \text{NH}_4^+ + \text{OH}^-$$

[1] $K_b = \dfrac{[\text{NH}_4^+][\text{OH}^-]}{[\text{NH}_3]} = \dfrac{K_w}{K_a} = \dfrac{1.00 \times 10^{-14}}{5.70 \times 10^{-10}} = 1.75 \times 10^{-5}$

と計算できる．

コラム2・5　共役酸塩基対の相対的な強さ

図2・8で，共役酸塩基対の酸が弱くなるにつれてその共役塩基がより強くなり，逆もまた同様であることを示したが，(2・18)式はそれを裏づけるものである．すなわち，解離定数が 10^{-2} の酸の共役塩基の解離定数は 10^{-12} であり，解離定数が 10^{-9} の酸は，解離定数が 10^{-5} の共役塩基をもつ．

例題2・20

以下の平衡の K_b を求めよ．

$$\text{CN}^- + \text{H}_2\text{O} \rightleftharpoons \text{HCN} + \text{OH}^-$$

解答

付録3より HCN の K_a は 6.2×10^{-10} であるので，

$$K_b = \frac{K_w}{K_a} = \frac{[\text{HCN}][\text{OH}^-]}{[\text{CN}^-]}$$

$$= \frac{1.00 \times 10^{-14}}{6.2 \times 10^{-10}} = 1.61 \times 10^{-5}$$

---

b. 弱酸溶液のオキソニウムイオン濃度　弱酸 HA が水に溶解すると，二つの平衡反応によりオキソニウムイオンが生成する．

$$\text{HA} + \text{H}_2\text{O} \rightleftharpoons \text{H}_3\text{O}^+ + \text{A}^- \quad K_a = \frac{[\text{H}_3\text{O}^+][\text{A}^-]}{[\text{HA}]}$$

$$2\text{H}_2\text{O} \rightleftharpoons \text{H}_3\text{O}^+ + \text{OH}^- \quad K_w = [\text{H}_3\text{O}^+][\text{OH}^-]$$

通常，一つ目の反応から生成したオキソニウムイオンは，二つ目の平衡から生成するオキソニウムイオンの寄与が無視できる程度に，水の解離を抑制する．このような状況下では，A^- 1 個につき 1 個の H_3O^+ が生成し，

$$[\text{A}^-] \approx [\text{H}_3\text{O}^+] \quad (2\cdot19)$$

となる．さらに，この溶液には他の A^- の供給源がないので，弱酸とその共役塩基のモル濃度の合計は，酸の分析モル濃度 c_{HA} と等しくなければならない．したがって，

$$c_{\text{HA}} = [\text{A}^-] + [\text{HA}] \quad (2\cdot20)$$

となる．(2・20)式の $[\text{A}^-]$ を (2・19)式より $[\text{H}_3\text{O}^+]$ で置き換えて，

$$c_{\text{HA}} = [\text{H}_3\text{O}^+] + [\text{HA}]$$

が得られ，変形して以下の式が得られる．

$$[\text{HA}] = c_{\text{HA}} - [\text{H}_3\text{O}^+] \quad (2\cdot21)$$

次に，平衡定数式の $[\text{A}^-]$ と $[\text{HA}]$ を (2・19)式と (2・21)式の等価な項で置き換えると，

$$K_a = \frac{[\text{H}_3\text{O}^+]^2}{c_{\text{HA}} - [\text{H}_3\text{O}^+]} \quad (2\cdot22)$$

になり，

$$[\text{H}_3\text{O}^+]^2 + K_a[\text{H}_3\text{O}^+] - K_a c_{\text{HA}} = 0 \quad (2\cdot23)$$

と書き換えられる．この二次方程式の正の解は，

$$[\text{H}_3\text{O}^+] = \frac{-K_a + \sqrt{K_a^2 + 4 K_a c_{\text{HA}}}}{2} \quad (2\cdot24)$$

である．(2・24)式を使用する代わりに，コラム2・6に示すように，(2・23)式を逐次近似法で解くことも可能である．

(2・21)式は，解離により HA のモル濃度は著しく低下しないという仮定をさらに行うことによって，しばしば単純化することができる．すなわち，$[\text{H}_3\text{O}^+] \ll c_{\text{HA}}$, $c_{\text{HA}} - [\text{H}_3\text{O}^+] \approx c_{\text{HA}}$ とすると，(2・22)式は

$$K_a = \frac{[\text{H}_3\text{O}^+]^2}{c_{\text{HA}}} \quad (2\cdot25)$$

---

[1] 25 ℃ の水中での塩基解離定数を求めるには，共役酸の解離定数を調べ，1.00×10^{-14} を K_a で割る．

すなわち，

$$[H_3O^+] = \sqrt{K_a c_{HA}} \quad (2 \cdot 26)$$

となる.

表 2・7 に $[H_3O^+] \ll c_{HA}$ と仮定した場合の誤差を示す. HA のモル濃度が小さくなるにつれ，また解離定数が大きくなるにつれて，誤差は増加することがわかる．c_{HA}/K_a 比が 10^4 の場合，仮定を導入することにより生じる誤差は約 0.5%，c_{HA}/K_a 比が 10^3 の場合の誤差は約 1.6%，比が 10^2 の場合の誤差は約 5%，比が 10 になると誤差は約 17% に増加する．その影響を図 2・10 に示す．c_{HA}/K_a 比が 1 以下の場合，近似を用いて計算される H_3O^+ の濃度が酸のモル濃度以上になり，実質的な意味をもたなくなることに注意が必要である．

式の単純化のために仮定を導入し，$c_{HA} \approx [H_3O^+]$ として試行値を計算することは一般的に有意義であるといえる．試行値を用いた際の [HA] の変化量が許容誤差範囲内であれば，得られた試行値を採用する．しかし満足する結果が得られなかった場合，(2・24) 式の二次方程式を解き，$[H_3O^+]$ のよりよい値を算出することになる．あるいは，逐次近似法（コラム 2・6 参照）を使用してもよい．

例題 2・21
0.120 M 亜硝酸溶液中のオキソニウムイオン濃度を求めよ．

解 答

主要な平衡は，

$$HNO_2 + H_2O \rightleftharpoons H_3O^+ + NO_2^-$$

よって（付録 3 参照），

$$K_a = 7.1 \times 10^{-4} = \frac{[H_3O^+][NO_2^-]}{[HNO_2]}$$

(2・19) 式と (2・21) 式に代入すると，

$$[NO_2^-] = [H_3O^+]$$
$$[HNO_2] = 0.120 - [H_3O^+]$$

解離定数式にこれらの関係を代入すると，

$$K_a = \frac{[H_3O^+]^2}{0.120 - [H_3O^+]} = 7.1 \times 10^{-4}$$

$[H_3O^+] \ll 0.120$ と仮定すると，

$$\frac{[H_3O^+]^2}{0.120} = 7.1 \times 10^{-4}$$

$$[H_3O^+] = \sqrt{0.120 \times 7.1 \times 10^{-4}} = 9.2 \times 10^{-3} \text{ M}$$

$0.120 - 0.0092 \approx 0.120$ と仮定した場合の誤差は約 8% である．一方，$[H_3O^+]$ の相対誤差はこの数値よりも小さい [$\log(c_{HA}/K_a)$ を計算すると 2.2 で，図 2・10 で示されているように誤差は約 4% である]．より正確な数値が必要な場合は二次方程式を解き，オキソニウムイオン濃度 8.9×10^{-3} M という解答が得られる．

例題 2・22
アニリン塩酸塩 $C_6H_5NH_3Cl$ の濃度が 2.0×10^{-4} M である溶液中のオキソニウムイオン濃度を求めよ．

解 答

水溶液中で，塩は Cl^- と $C_6H_5NH_3^+$ へ完全に解離する．弱酸である $C_6H_5NH_3^+$ は以下のように解離する．

表 2・7　H_3O^+ 濃度は (2・22) 式の c_{HA} に対して相対的に小さいという仮定により生じる誤差

K_a	c_{HA}	仮定を用いた場合の $[H_3O^+]$ (2・26) 式	$\dfrac{c_{HA}}{K_a}$	より正確な式を用いた場合の $[H_3O^+]$ (2・24) 式	誤差 [%]
1.00×10^{-2}	1.00×10^{-3}	3.16×10^{-3}	10^{-1}	0.92×10^{-3}	244
	1.00×10^{-2}	1.00×10^{-2}	10^0	0.62×10^{-2}	61
	1.00×10^{-1}	3.16×10^{-2}	10^1	2.70×10^{-2}	17
1.00×10^{-4}	1.00×10^{-4}	1.00×10^{-4}	10^0	0.62×10^{-4}	61
	1.00×10^{-3}	3.16×10^{-4}	10^1	2.70×10^{-4}	17
	1.00×10^{-2}	1.00×10^{-3}	10^2	0.95×10^{-3}	5.3
	1.00×10^{-1}	3.16×10^{-3}	10^3	3.11×10^{-3}	1.6
1.00×10^{-6}	1.00×10^{-5}	3.16×10^{-6}	10^1	2.70×10^{-6}	17
	1.00×10^{-4}	1.00×10^{-5}	10^2	0.95×10^{-5}	5.3
	1.00×10^{-3}	3.16×10^{-5}	10^3	3.11×10^{-5}	1.6
	1.00×10^{-2}	1.00×10^{-4}	10^4	9.95×10^{-5}	0.5
	1.00×10^{-1}	3.16×10^{-4}	10^5	3.16×10^{-4}	0.0

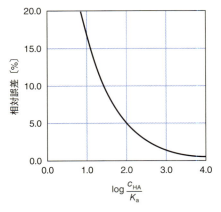

図 2・10　(2・22) 式において $[H_3O^+] \ll c_{HA}$ と仮定した場合の相対誤差

(例題 2・22 解答つづき)
$$C_6H_5NH_3^+ + H_2O \rightleftharpoons C_6H_5NH_2 + H_3O^+$$

$$K_a = \frac{[H_3O^+][C_6H_5NH_2]}{[C_6H_5NH_3^+]}$$

付録 3 を参照すると,$C_6H_5NH_3^+$ の K_a は 2.51×10^{-5} とわかるので,例題 2・21 と同様に,

$$[H_3O^+] = [C_6H_5NH_2]$$
$$[C_6H_5NH_3^+] = 2.0\times10^{-4} - [H_3O^+]$$

$[H_3O^+] \ll 2.0\times10^{-4}$ と仮定し,解離定数式の $[C_6H_5NH_3^+]$ に 2.0×10^{-4} を代入すると(2・25 式参照),

$$\frac{[H_3O^+]^2}{2.0\times10^{-4}} = 2.51\times10^{-5}$$
$$[H_3O^+] = \sqrt{5.02\times10^{-9}} = 7.09\times10^{-5}\ \text{M}$$

7.09×10^{-5} と 2.0×10^{-4} を比較すると,$[H_3O^+] \ll c_{C_6H_5NH_3^+}$ と仮定したことにより大きな誤差が生じている(図 2・10 によると,この誤差は約 20% になる).よって,$[H_3O^+]$ の近似値だけで十分という場合を除き,より正確な(2・22)式での計算が必要になる.

$$\frac{[H_3O^+]^2}{2.0\times10^{-4} - [H_3O^+]} = 2.51\times10^{-5}$$

これを変形して二次方程式を解く.

$$[H_3O^+]^2 + 2.51\times10^{-5}[H_3O^+] - 5.02\times10^{-9} = 0$$

$$[H_3O^+] = \frac{-2.51\times10^{-5} + \sqrt{(2.51\times10^{-5})^2 + 4\times5.02\times10^{-9}}}{2}$$
$$= 5.94\times10^{-5}\ \text{M}$$

二次方程式はコラム 2・6 に示した逐次近似法により解くこともできる.

コラム 2・6　逐次近似法

問題を簡単にするため,例題 2・22 の二次方程式を,$x = [H_3O^+]$ として,

$$x^2 + 2.51\times10^{-5}x - 5.02\times10^{-9} = 0$$

と書き直す.

まず,方程式を

$$x = \sqrt{5.02\times10^{-9} - 2.51\times10^{-5}x}$$

の形に書き換える.次に,方程式の右辺の x が 0 であると仮定し,暫定解 x_1 を計算する.

$$x_1 = \sqrt{5.02\times10^{-9} - 2.51\times10^{-5}\times0} = 7.09\times10^{-5}$$

この値をもとの方程式に代入し,第 2 の値 x_2 を求める.

$$x_2 = \sqrt{5.02\times10^{-9} - 2.51\times10^{-5}\times7.09\times10^{-5}}$$
$$= 5.69\times10^{-5}$$

この計算を繰返すと,

$$x_3 = \sqrt{5.02\times10^{-9} - 2.51\times10^{-5}\times5.69\times10^{-5}}$$
$$= 5.99\times10^{-5}$$

となる.同じように続けると以下のようになる.

$$x_4 = 5.93\times10^{-5}$$
$$x_5 = 5.94\times10^{-5}$$
$$x_6 = 5.94\times10^{-5}$$

3 回繰返した x_3 は 5.99×10^{-5} であるが,これは最終値 5.94×10^{-5} M の約 0.8% 以内に収まっている.

逐次近似法は,三次以上の方程式を解く必要のある場合に特に有用である.

反復解(x_n)は市販の表計算ソフト(スプレッドシート)を使うと非常に簡便に求めることができる.

c. 弱塩基溶液のオキソニウムイオン濃度　前述の手法を用いて,弱塩基溶液中の水酸化物イオンまたはオキソニウムイオン濃度を計算できる.

アンモニア水は以下の反応の結果,塩基性となる.

$$NH_3 + H_2O \rightleftharpoons NH_4^+ + OH^-$$

この溶液中で最も濃度が高いのはもちろん NH_3 である.それにもかかわらず,NH_3 ではなく NH_4OH が塩基の非解離形であると誤まって考えられていたことがかつてあったため,アンモニア水が水酸化アンモニウムとよばれることがある.反応の平衡定数は以下で表される.

$$K_b = \frac{[NH_4^+][OH^-]}{[NH_3]}$$

例題 2・23

0.0750 M NH_3 溶液の水酸化物イオン濃度を求めよ.

解　答

主要な平衡は,

$$NH_3 + H_2O \rightleftharpoons NH_4^+ + OH^-$$

§2・5・6a に示したように,

$$K_b = \frac{[NH_4^+][OH^-]}{[NH_3]} = \frac{1.00\times10^{-14}}{5.70\times10^{-10}} = 1.75\times10^{-5}$$

化学式から,

$$[NH_4^+] = [OH^-]$$

(例題 2・23 解答つづき)
NH_4^+ と NH_3 のどちらも 0.0750 M の溶液由来なので，

$$[NH_4^+] + [NH_3] = c_{NH_3} = 0.0750 \text{ M}$$

式中の $[NH_4^+]$ に $[OH^-]$ を代入し，書き換えると，

$$[NH_3] = 0.0750 - [OH^-]$$

これらの式を塩基解離定数の式に代入すると，

$$\frac{[OH^-]^2}{7.50 \times 10^{-2} - [OH^-]} = 1.75 \times 10^{-5}$$

これは弱酸に対する (2・22) 式の類似式となる．$[OH^-] \ll 7.50 \times 10^{-2}$ と仮定すると，上式は以下のように簡略化できる．

$$[OH^-]^2 \approx 7.50 \times 10^{-2} \times 1.75 \times 10^{-5}$$
$$[OH^-] = 1.15 \times 10^{-3} \text{ M}$$

得られた $[OH^-]$ と 7.50×10^{-2} を比較すると，$[OH^-]$ の誤差は 2% 未満であることがわかる．必要であれば，二次方程式を解き，より正確な $[OH^-]$ 値を得る．

例題 2・24

0.0100 M 次亜塩素酸ナトリウム溶液中の水酸化物イオン濃度を求めよ．

解答

次亜塩素酸イオン OCl^- と水との間の平衡は，

$$OCl^- + H_2O \rightleftharpoons HOCl + OH^-$$

と表され，

$$K_b = \frac{[HOCl][OH^-]}{[OCl^-]}$$

となる．付録 3 から，HOCl の酸解離定数は 3.0×10^{-8} とわかるので，(2・18) 式は，

$$K_b = \frac{K_w}{K_a} = \frac{1.00 \times 10^{-14}}{3.0 \times 10^{-8}} = 3.33 \times 10^{-7}$$

と表され，例題 2・23 と同様に，

$$[OH^-] = [HOCl]$$
$$[OCl^-] + [HOCl] = 0.0100$$
$$[OCl^-] = 0.0100 - [OH^-] \approx 0.0100$$

となる．このとき，$[OH^-] \ll 0.0100$ と仮定し，平衡定数式に代入すると，

$$\frac{[OH^-]^2}{0.0100} = 3.33 \times 10^{-7}$$
$$[OH^-] = 5.8 \times 10^{-5} \text{ M}$$

と求まる．最後に近似による誤差が小さいことを確認する．

章末問題

2・1 次の言葉の定義を述べよ．
(a) ミリモル
(b) モル質量
(c) ミリモル質量
(d) 百万分率

2・2 SI 基本単位から導出される組立単位を 2 例あげよ．

2・3 適切な接頭語を単位に用いて以下の値をより簡便な表現に書き換えよ．
(a) 3.2×10^8 Hz   (b) 4.56×10^{-7} g
(c) 8.43×10^7 μmol   (d) 6.5×10^{10} s
(e) 8.96×10^6 nm   (f) 48,000 g

2・4 1 g が，統一原子質量単位の質量の物体 1 mol 分であることを示せ．

2・5 Na_3PO_4 2.92 g に含まれる Na^+ の数を求めよ．

2・6 K_2HPO_4 3.41 mol に含まれる K^+ の数を求めよ．

2・7 以下の物質に青字の元素は何 mol 含まれるか．
(a) B_2O_3 8.75 g
(b) $Na_2B_4O_7 \cdot 10H_2O$ 167.2 mg
(c) Mn_3O_4 4.96 g
(d) CaC_2O_4 333 mg

2・8 以下の物質に，青字の元素は何 mmol 含まれるか．
(a) P_2O_5 850 mg
(b) CO_2 40.0 g
(c) $NaHCO_3$ 12.92 g
(d) $MgNH_4PO_4$ 57 mg

2・9 以下の物質中，溶質は何 mmol 含まれるか．
(a) 2.00 L の 0.0555 M $KMnO_4$
(b) 750 mL の 3.25×10^{-3} M KSCN
(c) $CuSO_4$ を 3.33 ppm 含む溶液 3.50 L
(d) 250 mL の 0.414 M KCl

2・10 以下の物質中，溶質は何 mmol 含まれるか．
(a) 226 mL の 0.320 M $HClO_4$
(b) 25.0 L の 8.05×10^{-3} M K_2CrO_4
(c) $AgNO_3$ を 6.75 ppm 含む水溶液 6.00 L
(d) 537 mL の 0.0200 M KOH

2・11 以下の物質の質量を mg 単位で求めよ．
(a) 0.367 mol の HNO_3
(b) 245 mmol の MgO
(c) 12.5 mol の NH_4NO_3
(d) 4.95 mol の $(NH_4)_2[Ce(NO_3)_6]$ (548.23 g/mol)

章末問題

2·12 以下の物質の質量を g 単位で求めよ．
(a) 3.20 mol の KBr
(b) 18.9 mmol の PbO
(c) 6.02 mol の $MgSO_4$
(d) 10.9 mmol の $Fe(NH_4)_2(SO_4)_2 \cdot 6H_2O$

2·13 以下の物質中の溶質の質量を mg 単位で求めよ．
(a) 16.0 mL の 0.350 M スクロース (342 g/mol)
(b) 1.92 L の 3.76×10^{-3} M H_2O_2
(c) $Pb(NO_3)_2$ を 2.96 ppm 含む溶液 356 mL
(d) 5.75 mL の 0.0819 M KNO_3

2·14 以下の物質中の溶質の質量を g 単位で求めよ．
(a) 250 mL の 0.264 M H_2O_2
(b) 37.0 mL の 5.75×10^{-4} M 安息香酸 (122 g/mol)
(c) $SnCl_2$ を 31.7 ppm 含む溶液 4.50 L
(d) 11.7 mL の 0.0225 M $KBrO_3$

2·15 以下の各イオンの濃度を対数表記で (§2·2·1g 参照，pNa，pOH などのように) 求めよ．
(a) NaCl を 0.0635 M と NaOH を 0.0403 M 含む溶液中の Na^+, Cl^-, OH^-
(b) $BaCl_2$ を 4.65×10^{-3} M と $MnCl_2$ を 2.54 M 含む溶液中の Ba^{2+}, Mn^{2+}, Cl^-
(c) HCl を 0.400 M と $ZnCl_2$ を 0.100 M 含む溶液中の H^+, Cl^-, Zn^{2+}
(d) $Cu(NO_3)_2$ を 5.78×10^{-2} M と $Zn(NO_3)_2$ を 0.204 M 含む溶液中の Cu^{2+}, Zn^{2+}, NO_3^-
(e) $K_4[Fe(CN)_6]$ を 1.62×10^{-7} M と KOH を 5.12×10^{-7} M 含む溶液中の K^+, OH^-, $[Fe(CN)_6]^{4-}$
(f) $Ba(ClO_4)_2$ を 2.35×10^{-4} M と $HClO_4$ を 4.75×10^{-4} M 含む溶液中の H^+, Ba^{2+}, ClO_4^-

2·16 pH が以下の数値となる溶液中の H_3O^+ のモル濃度を求めよ．
(a) 4.31   (b) 4.48   (c) 0.59   (d) 13.89
(e) 7.62   (f) 5.32   (g) −0.76   (h) −0.42

2·17 以下の溶液に含まれる各イオンの濃度を対数表記 (pX) で求めよ．
(a) NaBr を 0.0300 M 含む溶液
(b) $BaBr_2$ を 0.0200 M 含む溶液
(c) $Ba(OH)_2$ を 5.5×10^{-3} M 含む溶液
(d) HCl を 0.020 M と NaCl を 0.010 M 含む溶液
(e) $CaCl_2$ を 8.7×10^{-3} M と $BaCl_2$ を 6.6×10^{-3} M 含む溶液
(f) $Zn(NO_3)_2$ を 2.8×10^{-8} M と $Cd(NO_3)_2$ を 6.6×10^{-7} M 含む溶液

2·18 以下の対数表記した濃度をモル濃度に変換せよ．
(a) pH = 1.020   (b) pOH = 0.0025
(c) pBr = 7.77   (d) pCa = −0.221
(e) pLi = 12.35   (f) pNO_3 = 0.034
(g) pMn = 0.135   (h) pCl = 9.67

2·19 海水は平均で 1.08×10^3 ppm の Na^+ と 270 ppm の SO_4^{2-} を含んでいることを踏まえて，以下の数値を求めよ．
(a) 海水の平均密度が 1.02 g/mL であるとき，Na^+ と SO_4^{2-} のモル濃度
(b) 海水の pNa と pSO₄

2·20 平均的なヒトの血液には血漿 1 L 当たり 300 nmol，全血 1 L 当たり 2.2 mmol のヘモグロビン (Hb) が含まれている．以下の値を求めよ．
(a) 血漿と全血中の Hb のモル濃度
(b) ヒト血漿中の pHb

2·21 5.76 g の $KCl \cdot MgCl_2 \cdot 6H_2O$ (277.85 g/mol) を水に溶かし，2.000 L とした水溶液について，次の値を求めよ．
(a) 水溶液中の $KCl \cdot MgCl_2$ の分析モル濃度
(b) Mg^{2+} のモル濃度
(c) Cl^- のモル濃度
(d) $KCl \cdot MgCl_2 \cdot 6H_2O$ の重量/体積%濃度
(e) この溶液 25.0 mL に含まれる Cl^- の物質量 (mmol)
(f) K^+ の百万分率 (ppm)
(g) この溶液の pMg
(h) この溶液の pCl

2·22 1210 mg の $K_3[Fe(CN)_6]$ (329.2 g/mol) を水に溶かし，775 mL とした水溶液について，次の値を求めよ．
(a) $K_3[Fe(CN)_6]$ の分析モル濃度
(b) K^+ のモル濃度
(c) $[Fe(CN)_6]^{3-}$ のモル濃度
(d) $K_3[Fe(CN)_6]$ の重量/体積%濃度
(e) この溶液 50.0 mL に含まれる K^+ の物質量 (mmol)
(f) $[Fe(CN)_6]^{3-}$ の百万分率 (ppm)
(g) この溶液の pK
(h) この溶液の $pFe(CN)_6$

2·23 6.42% (w/w) $Fe(NO_3)_3$ (241.86 g/mol) 溶液の密度が 1.059 g/mL であるとき，次の値を求めよ．
(a) この溶液中の $Fe(NO_3)_3$ の分析モル濃度
(b) この溶液中の NO_3^- のモル濃度
(c) この溶液 1 L に含まれる $Fe(NO_3)_3$ の質量 (g)

2·24 12.5% (w/w) $NiCl_2$ (129.61 g/mol) 溶液の密度が 1.149 g/mL であるとき，次の値を求めよ．
(a) この溶液中の $NiCl_2$ のモル濃度
(b) この溶液中の Cl^- のモル濃度
(c) この溶液 1 L に含まれる $NiCl_2$ の質量 (g)

2·25 以下の溶液の調製方法を示せ．
(a) 500 mL の 4.75% (w/v) 含水エタノール (C_2H_5OH, 46.1 g/mol)
(b) 500 g の 4.75% (w/w) 含水エタノール
(c) 500 mL の 4.75% (v/v) 含水エタノール

2·26 以下の溶液の調製方法を示せ．
(a) 2.50 L の 21.0% (w/v) グリセリン水溶液 ($C_3H_8O_3$, 92.1 g/mol)
(b) 2.50 kg の 21.0% (w/w) グリセリン水溶液
(c) 2.50 L の 21.0% (v/v) グリセリン水溶液

2·27 比重が 1.71 である市販の 86% (w/w) H_3PO_4 溶液から 750 mL の 6.00 M H_3PO_4 溶液を調製する方法を示せ．

2·28 比重が 1.42 である市販の 70.5% (w/w) HNO_3 溶

2・29 以下の溶液の調製方法を示せ.
  (a) 500 mL の 0.0750 M $AgNO_3$ を固体の $AgNO_3$ から
  (b) 1.00 L の 0.285 M HCl を 6.00 M HCl 溶液から
  (c) K^+ が 0.0810 M となる溶液 400 mL を固体の $K_4[Fe(CN)_6]$ から
  (d) 600 mL の 3.00%(w/v) $BaCl_2$ 水溶液を 0.400 M $BaCl_2$ 溶液から
  (e) 2.00 L の 0.120 M $HClO_4$ を市販試薬〔71.0%(w/w) $HClO_4$, 比重 1.67〕から
  (f) Na^+ が 60.0 ppm となる溶液 9.00 L を固体の Na_2SO_4 から

2・30 以下の溶液の調製方法を示せ.
  (a) 5.00 L の 0.0500 M $KMnO_4$ を固体試薬から
  (b) 4.00 L の 0.250 M $HClO_4$ を 8.00 M $HClO_4$ 溶液から
  (c) I^- が 0.0250 M となる溶液 400 mL を MgI_2 から
  (d) 200 mL の 1.00%(w/v) $CuSO_4$ 水溶液を 0.365 M $CuSO_4$ 水溶液から
  (e) 1.50 L の 0.215 M NaOH を市販の濃試薬〔50%(w/w) NaOH, 比重 1.525〕から
  (f) K^+ が 12.0 ppm となる溶液 1.50 L を固体の $K_4[Fe(CN)_6]$ から

2・31 50.0 mL の 0.250 M La^{3+} と 75.0 mL の 0.302 M IO_3^- とを混合した際に生成する固体 $La(IO_3)_3$ (663.6 g/mol) の質量を求めよ.

2・32 200 mL の 0.125 M Pb^{2+} と 400 mL の 0.175 M Cl^- とを混合した際に生成する固体 $PbCl_2$ (278.10 g/mol) の質量を求めよ.

2・33 正確に 0.2220 g ある純粋な Na_2CO_3 を 100.0 mL の 0.0731 M HCl に溶解させた.
  (a) 放出された CO_2 の質量 (g) を求めよ.
  (b) 過剰な反応物 (HCl または Na_2CO_3) のモル濃度を求めよ.

2・34 正確に 25.0 mL ある 0.3757 M Na_3PO_4 溶液を 100.00 mL の 0.5151 M $HgNO_3$ 溶液と混合した.
  (a) 生成される固体 Hg_3PO_4 の質量を求めよ.
  (b) 反応終了後の未反応物 (Na_3PO_4 または $HgNO_3$) のモル濃度を求めよ.

2・35 正確に 75.00 mL ある 0.3132 M Na_2SO_3 溶液と 150.0 mL の 0.4025 M $HClO_4$ 溶液を反応させた後, 加熱し生成した SO_2 を除去した.
  (a) 除去された SO_2 の質量 (g) を求めよ.
  (b) 反応終了後の未反応物 (Na_2SO_3 または $HClO_4$) の濃度を求めよ.

2・36 200.0 mL の 1.000%(w/v) $MgCl_2$ 溶液と 40.0 mL の 0.1753 M Na_3PO_4 溶液と過剰な NH_4^+ を反応させたときに沈殿する $MgNH_4PO_4$ の質量を求めよ. 沈殿終了後の過剰な反応物 (Na_3PO_4 または $MgCl_2$) のモル濃度を求めよ.

2・37 24.32 ppt の KI を含む溶液 200.0 mL 中のすべての I^- を沈殿させるのに必要な 0.01000 M $AgNO_3$ の体積を求めよ.

2・38 480.4 ppm の $Ba(NO_3)_2$ を含み正確に 750.0 mL ある溶液と 0.03090 M $Al_2(SO_4)_3$ 溶液 200.0 mL を混合した.
  (a) 生成される固体 $BaSO_4$ の質量を求めよ.
  (b) 未反応物〔$Al_2(SO_4)_3$ または $Ba(NO_3)_2$〕のモル濃度を求めよ.

2・39 発展問題 Kenny ら[3] によると, 超高純度なケイ素の単結晶を研磨して作製した球に関する測定値を用い, アボガドロ定数 N_A は以下の式から求められる.

$$N_A = \frac{n M_{Si} V}{m a^3}$$

ここで,
  N_A = アボガドロ定数
  n = ケイ素結晶の単位格子当たりの原子数
     = 8
  M_{Si} = ケイ素のモル質量
  V = ケイ素球の体積
  m = ケイ素球の質量
  a = 格子定数
     = $d(220) \sqrt{2^2 + 2^2 + 0^2}$

  (a) アボガドロ定数の式を導け.
  (b) 作製した球 AVO28-S5 に関する Andreas ら[4] による最近のデータを以下の表に記した. これから, ケイ素の密度とその誤差を求めよ. 誤差の計算は第3章を学習した後でもよい.

変 数	値	相対誤差
球の体積〔cm^3〕	431.059059	23×10^{-9}
球の質量〔g〕	1000.087560	3×10^{-9}
モル質量〔g/mol〕	27.97697026	6×10^{-9}
面間距離 $d(220)$〔pm〕	543.099624	11×10^{-9}

  (c) アボガドロ定数とその誤差を求めよ.
  (d) 本問には, Andreas らの報告に記載された二つの球のデータのうち一つのみを示したが, 脚注3)に記載のもう一つの球 AVO28-S8 のデータを使って再度 N_A を求めよ. 第4章を学習した後, 求めた二つの N_A 値を比較し, その差が統計的に有意であるか判断せよ. また, 二つの球から求めたアボガドロ定数の平均値とその誤差を求めよ.
  (e) 表に示した変数のうち, 算出した値に最も影響を与えるものは何か? その理由とともに述べよ.
  (f) 表に示した値はどのような実験的手法を用いて測定したものか述べよ.
  (g) 各測定値の誤差の原因となっている可能性のある実

---

3) M.J. Kenny, et al., IEEE Trans. Instrum. Meas., **50**, 587 (2001), DOI: 10.1109/19.918198.
4) B. Andreas, et al., Phys. Rev. Lett., **106**, 030801 (2011), DOI: 10.1103/PhysRevLett.106.030801.

験要因を考察せよ．
(h) アボガドロ定数を求めるよりよい方法を示せ．
(i) 2014 CODATA（科学技術データ委員会）が推奨するアボガドロ定数とその不確かさは，$N_A=6.022140857(74) \times 10^{23}$ mol^{-1} であった．算出した値と比較せよ．その差について考察し，差異が生じる原因をあげよ．
(j) 超高純度なケイ素の獲得を容易にした，ここ数十年の技術革新とは何か述べよ．ほぼ完全な球を製作するために使用するケイ素中の不純物由来の誤差を最小限化するために近年行っていることは何か述べよ[5]．

2・40 以下の語句を簡単に説明または定義し，例をあげよ．
(a) 弱電解質
(b) ブレンステッド-ローリー酸
(c) ブレンステッド-ローリー塩基の共役酸
(d) 中和（ブレンステッド-ローリー理論の観点から）
(e) 両性溶媒
(f) 両性イオン
(g) 自己プロトリシス
(h) 強酸
(i) ルシャトリエの原理
(j) 共通イオン効果

2・41 以下の語句を簡単に説明または定義し，例をあげよ．
(a) 両性溶質
(b) 水平化効果
(c) 質量作用の効果

2・42 化学平衡のイオン式では，水や純粋な固体の項の表記が（どちらか一方でも両方でも）あるにもかかわらず，平衡定数式中にはいずれの項も記載しない．それはなぜか．簡単に説明せよ．

2・43 以下の式中の，左辺の酸と右辺の共役塩基を示せ．
(a) $HOCl + H_2O \rightleftharpoons H_3O^+ + OCl^-$
(b) $HONH_2 + H_2O \rightleftharpoons HONH_3^+ + OH^-$
(c) $NH_4^+ + H_2O \rightleftharpoons NH_3 + H_3O^+$
(d) $2HCO_3^- \rightleftharpoons H_2CO_3 + CO_3^{2-}$
(e) $PO_4^{3-} + H_2PO_4^- \rightleftharpoons 2HPO_4^{2-}$

2・44 問題 2・43 の式中の，左辺の塩基と右辺の共役酸を示せ．

2・45 以下の物質の自己プロトリシスの平衡式を書け．
(a) H_2O (b) CH_3COOH
(c) CH_3NH_2 (d) CH_3OH

2・46 平衡定数式を書き，各定数の値を求めよ．
(a) アニリン $C_6H_5NH_2$ の塩基解離定数
(b) 次亜塩素酸 HClO の酸解離定数
(c) メチルアミン塩酸塩 CH_3NH_3Cl の酸解離定数
(d) $NaNO_2$ の塩基解離定数
(e) H_3AsO_4 の H_3O^+ と AsO_4^{3-} への解離定数
(f) $C_2O_4^{2-}$ と H_2O から $H_2C_2O_4$ と OH^- ができる反応

2・47 以下の物質の溶解度積の式を示せ．
(a) CuBr   (b) HgClI
(c) $PbCl_2$ (d) $La(IO_3)_3$
(e) Ag_3AsO_4

2・48 問題 2・47 の各物質の溶解度積を溶解度 S(M) を用いて表せ．

2・49 以下の物質の溶解度積を求めよ．（ ）内には飽和溶液のモル濃度を示した．
(a) AgSeCN (2.0×10^{-8} M，生成イオンは Ag^+ と $SeCN^-$)
(b) $RaSO_4$ (6.6×10^{-6} M)
(c) $Pb(BrO_3)_2$ (1.7×10^{-1} M)
(d) $Ce(IO_3)_3$ (1.9×10^{-3} M)

2・50 陽イオン濃度が 0.030 M である溶液中における問題 2・49 の溶質の溶解度 (M) を求めよ．

2・51 陰イオン濃度が 0.030 M である溶液中における問題 2・49 の溶質の溶解度 (M) を求めよ．

2・52 以下の場合に必要となる CrO_4^{2-} 濃度を求めよ．
(a) Ag^+ 濃度が 4.13×10^{-3} M である溶液中で Ag_2CrO_4 の沈殿を始める
(b) 溶液中の Ag^+ 濃度を 9.00×10^{-7} M まで下げる

2・53 以下の場合に必要となる水酸化物イオン濃度を求めよ．
(a) 4.60×10^{-2} M $Al_2(SO_4)_3$ 溶液中で Al^{3+} の沈殿を始める
(b) 前述の溶液の Al^{3+} 濃度を 3.50×10^{-7} M まで下げる

2・54 $Ce(IO_3)_3$ の溶解度積は 3.2×10^{-10} である．50.00 mL の 0.0450 M Ce^{3+} と以下の溶液 50.00 mL を混合し，できた溶液の Ce^{3+} 濃度を求めよ．
(a) 水
(b) 0.0450 M IO_3^-
(c) 0.250 M IO_3^-
(d) 0.0500 M IO_3^-

2・55 $K_2[PdCl_6]$ の溶解度積は 6.0×10^{-6} である（溶解平衡は $K_2[PdCl_6] \rightleftharpoons 2K^+ + [PdCl_6]^{2-}$）．50.0 mL の 0.200 M KCl と以下の溶液 50.0 mL を混合し，できた溶液の K^+ 濃度を求めよ．
(a) 0.0800 M $[PdCl_6]^{2-}$
(b) 0.160 M $[PdCl_6]^{2-}$
(c) 0.240 M $[PdCl_6]^{2-}$

2・56 一連のヨウ化物の溶解度積を示す．

CuI	$K_{sp} = 1\times10^{-12}$
AgI	$K_{sp} = 8.3\times10^{-17}$
PbI_2	$K_{sp} = 7.1\times10^{-9}$
BiI_3	$K_{sp} = 8.1\times10^{-19}$

以下の溶液中における，これら四つの化合物の溶解度を小さい方から順に並べよ．
(a) 水
(b) 0.20 M NaI
(c) 陽イオンの溶質が 0.020 M である溶液

2・57 一連の水酸化物の溶解度積を示す．

BiOOH	$K_{sp} = 4.0\times10^{-10} = [BiO^+][OH^-]$
$Be(OH)_2$	$K_{sp} = 7.0\times10^{-22}$
$Tm(OH)_3$	$K_{sp} = 3.0\times10^{-24}$
$Hf(OH)_4$	$K_{sp} = 4.0\times10^{-26}$

---

[5] P. Becker, *et al.*, *Meas. Sci. Technol.*, **20**, 092002 (2009), DOI:10.1088/0957-0233/20/9/092002.

(a) H_2O 中で最も低い溶解度の水酸化物をあげよ.
(b) 0.30 M NaOH 溶液中で最も低い溶解度の水酸化物をあげよ.

2・58 25 ℃ と 75 ℃ の水の pH を求めよ.これらの温度における pK_w はそれぞれ 13.99 と 12.70 である[6].

2・59 25 ℃ における,以下の溶液中の H_3O^+ と OH^- 濃度を求めよ.
(a) 0.0300 M C_6H_5COOH
(b) 0.0600 M HN_3
(c) 0.100 M エチルアミン
(d) 0.200 M トリメチルアミン
(e) 0.200 M C_6H_5COONa(安息香酸ナトリウム)
(f) 0.0860 M CH_3CH_2COONa
(g) 0.250 M ヒドロキシルアミン塩酸塩
(h) 0.0250 M エチルアミン塩酸塩

2・60 25 ℃ における,以下の溶液中のオキソニウムイオン濃度を求めよ.
(a) 0.200 M クロロ酢酸
(b) 0.200 M クロロ酢酸ナトリウム
(c) 0.0200 M メチルアミン
(d) 0.0200 M メチルアミン塩酸塩
(e) 2.00×10^{-3} M アニリン塩酸塩
(f) 0.300 M HIO_3

---

[6] A.V. Bandura, S.N. Lvov, *J. Phys. Chem. Ref. Data*, **35**, 15 (2006), DOI: 10.1063/1.1928231.

3 分析化学における誤差と統計処理

測定には常に誤差や不確かさが伴う．そのうち実験者のミスによるものはごくわずかである．一般的に誤差 (error)[1] は誤った校正や標定，または結果のランダムなばらつきや不確かさによって生じる．校正，標定，および既知の試料の分析を繰返し行うことで，偶然誤差や不確かさをある程度は減らすことが可能である．しかし，実験において測定誤差は常につきまとうため，誤差や不確かさのない化学分析を行うことは不可能である．われわれにできることは，誤差を最小限に抑え，許容可能な正確さで数値を推定することである[1]．本章では，実験誤差の性質とその化学分析への影響について述べる．

図3・1に分析データ中の誤差の影響を示した．この図は"既知"濃度の Fe^{3+} 20.00 ppm を含む水溶液を6等分し，まったく同じ方法で分析した鉄の定量測定結果を表している[2]．結果は，最低値の 19.4 ppm から最高値の 20.3 ppm までの範囲にあることに留意してほしい．データの平均値 $\bar{x}$ は 19.78 ppm であり，数値を丸めると 19.8 ppm となる（丸め数値および有効数字表記については§3・6を参照）．

すべての測定値はさまざまな不確かさを含んでおり，結果にばらつきが生じる．測定の不確かさを完全に排除することは不可能であり，測定値は"真の値"の推定値を与えているにすぎない[3]．しかし，測定における推定誤差範囲は評価できることが多い．そして，所定の確率で真の値が収まる範囲を定義することが可能である．

信頼性未知のデータには価値がないため，実験を行うたびに実験データの信頼性を推定することは非常に重要である．一方，一見正確とは受取れない結果であっても，不確かさの範囲が既知である場合には結果が価値をもつこともある．

残念ながら，データの信頼性を絶対的な正確さをもって決定できるような単純で広く適用可能な方法はない．多くの場合，実験結果の信頼性評価には，データを得るのと同等の労力が必要になる．信頼性評価はいくつかの方法を用いて行うことができる．まず，誤差の存在を明らかにするような実験を行うことである．組成既知の標準物質を分析し，その結果を既知の数値と比較する．化学文献を参照すれば，数分で有用な信頼性に関する情報が得られる．また，装置の校正もデータの質を向上させる．最後に，統計的な検定を行う．これらの方法はいずれも完璧なものではないので，最終的には得られた結果の正確さを判定 (judgement) する必要がある．判定は経験を重ねることで，より厳正で，客観的になる傾向がある．分析方法の品質保証，および結果を検証し報告する方法については，後で詳しく説明する．

"結果のなかで許容できる最大誤差はどれほどか？"を分析開始前に考えなくてはいけない．この質問に対する答えによって，方法に沿って分析を行うために必要な時間が決まる．たとえば，河川水試料中の水銀濃度が特定の範囲内にあるかどうかを見積もることが目的ならば，試料中の濃度を厳密に決定する必要はなく，迅速に行える場合が多い．測定の確度を10倍に高めるためには，数時間，数日，さらには数週間の追加実験が必要になることもある．必要以上に信頼性の高いデータを得るために時間を無駄にする必要はない．

実験をいかに慎重に行っても，あらゆる測定には偶然誤差が存在する．本章では，偶然誤差の原因，その大きさの決定，化学分析の計算結果への影響について考察する．また，有効数字の表記と分析結果を報告する際の方法を示す．

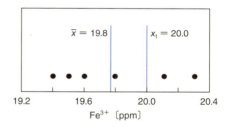

図3・1 Fe^{3+} 20.0 ppm を含む標準水溶液試料中の鉄の定量を6回反復した結果．平均値 19.78 は 19.8 ppm に数値を丸めてある（例題 3・1参照）．x_t は真の値

---

[1] 用語 誤差という用語には，わずかに異なる二つの意味が含まれる．一つ目は測定値と"真の"値または"既知の"値との間の差異をさす場合であり，二つ目は測定や実験において推定される不確かさをさす場合である．

[2] 用語 記号 ppm は百万分率で，すなわち 20.00 ppm は溶液 100 万 g 当たり Fe^{3+} 20.00 g が存在することを示している．水溶液の場合，20 ppm ≈ 20 mg/L．

[3] 測定の不確かさは，反復測定の結果を変化させる原因となる．

1) 残念ながらこのような考え方は広く浸透していない．たとえば，O.J. Simpson 事件で弁護士の Robert Shapiro 氏が血液検査の誤差率を尋ねたとき，検察官の Marcia Clark 氏は，州の検査機関からの誤差は一切なく，それは"彼らがどんなミスをも犯していない"からであると返答した［コラム 12・3 参照．*San Francisco Chronicle*, June 29, p.4 (1994)］

2) 実際の濃度はけっして正確に"知る"ことはできないが，たとえば信頼性の高い標準物質から得られた結果のように，われわれがその値を強く確信している状況は多々ある．

3・1 重要な用語

分析の信頼性を向上させ，測定結果のばらつきに関する情報を得るためには，通常，試料を2～5個に分けて（**複製試料**），まったく同じ方法で分析を行う（これを**反復測定**という）．一連の測定から得られる個々の結果が一致することはほとんどないため（図3・1），通常，"最良"の推定値はそのデータセットの中心値であるとみなす．複製試料の測定結果を正当に評価するためには，労力はかかるが以下の二つの手順で分析する必要がある．第一に，測定値の中心値は，個々の結果のなかで信頼性が最も高いはずである．通常，平均値または中央値を，一連の反復測定値の中心値として使用する．第二に，データのばらつきを分析することで，中心値に関連する不確かさを推定する．

3・1・1 平均値と中央値

中心値として最も広く用いられている値は**平均値** $\bar{x}$（mean または avarage）である．**相加平均**（arithmetic mean）とよばれる平均値は，反復測定値の合計を，測定の回数で割ることによって得られる．

$$\bar{x} = \frac{\sum_{i=1}^{N} x_i}{N} \qquad (3・1)$$

ここで，x_i は，反復測定を N 回行ったときの i 番目の結果の値を表す．

中央値（median）は，測定値を昇順・降順で並べたときに真ん中にくる値である．中央値よりも大きい数値の結果と小さい数値の結果が同数あることになる．結果が奇数個の場合の中央値は，結果を順番に並べ，真ん中にある値を見つければよい．偶数個の場合，例題3・1に示すように，真ん中にある二つの測定結果の平均値が中央値となる．

理想的な場合，平均値と中央値は等しくなる．ただし，測定回数が少ない場合は，例題3・1のように値が異なることがある．

例題 3・1

図3・1のデータの平均値と中央値を計算せよ．

解 答

$$\text{平均値} = \bar{x} = \frac{19.4 + 19.5 + 19.6 + 19.8 + 20.1 + 20.3}{6}$$
$$= 19.78 \approx 19.8 \text{ ppm Fe}$$

データセットには偶数回の測定値が含まれているため，中央値は中央の二つの値の平均値となる．

$$\text{中央値} = \frac{19.6 + 19.8}{2} = 19.7 \text{ ppm Fe}$$

3・1・2 精度

精度（precision）は，測定の再現性，つまりまったく同じ方法で測定した各結果のばらつきの程度を表す．一般的に，複製試料の反復測定を単に繰返すだけで測定精度は容易に決定できる．

複製試料のデータの精度は，**標準偏差**（standard deviation），**分散**（variance），**変動係数**（coefficient of variation）の三つの用語を用いて表される．これら三つは，個々の結果 x_i と平均との差，すなわち**平均からの偏差** d_i（deviation from the mean）

$$d_i = |x_i - \bar{x}| \qquad (3・2)$$

がどの程度大きいかを表す．平均からの偏差と精度を表す三つの用語との関係は，§3・4で述べる．

3・1・3 確度

確度（accuracy）は，真の値（あるいは真の値として受入れられている値）に対する測定値の近さを示し，**誤差**で表

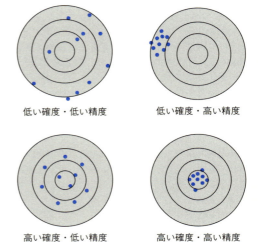

低い確度・低い精度　　低い確度・高い精度

高い確度・低い精度　　高い確度・高い精度

図3・2　ダーツボード上のダーツのパターンを使用した確度と精度の図解．非常に正確な結果ではあるが，平均値が正確でない場合（右上）や，平均値は正確であるが精度が低い場合（左下）がある．

---

1) **用語** **複製試料**とは，まったく同じ方法で分析を行うために分割したほぼ同じサイズ（質量）の試料のことである．
2) **用語** **平均値**は，二つ以上の測定値の平均の値である．
3) $\sum x_i$ は複製試料のすべての値 x_i を合計することを意味する．
4) **用語** **中央値**は，数値の大きさ順に並べた一連のデータの真ん中の値である．中央値は，データセットに一連の値と著しく異なる異常値がある場合に有益である．異常値（外れ値）は，平均値に大きな影響を与えるが，中央値には影響しない．
5) **用語** **精度**は，まったく同じ方法で得られた他の結果とどの程度近いかを示す．
6) 平均からの偏差は符号に関係なく計算されることに注意が必要である．
7) **用語** **確度**は，真の値または真の値として受入れられる値と測定値とがどの程度近いかを示す．

される．図3・2に，確度と精度の違いを示す．確度は，結果と真の値が一致する度合いを評価するのに対し，精度は，同じ方法で得られた複数の結果の間の一致度合いを表す．精度は複製試料を測定すれば決定できる．一方確度は，真の値が不明のことが多く，決定するのは難しい．代わりに，真の値として受入れられる値を真の値とみなして使用する必要がある．確度は，絶対誤差または相対誤差のいずれかで表される．

a. 絶対誤差 量xの測定における**絶対誤差**E（absolute error）は，次式で表される．

$$E = x_i - x_t \qquad (3\cdot3)$$

ここで，x_tは量xの真の値である．図3・1に示すデータでは，真の値である20.0 ppmのすぐ左側の結果の絶対誤差は−0.2 ppm Feとなる．20.1 ppmの結果は誤差が+0.1 ppm Feとなる．誤差は符号を付けて表す．負の符号は測定値が真の値よりも小さいことを示し，正の符号は大きいことを示す．

b. 相対誤差 **相対誤差**E_r（relative error）は，絶対誤差よりも便利な値となることが多い．％相対誤差は，次式で表される．

$$E_r = \frac{x_i - x_t}{x_t} \times 100\% \qquad (3\cdot4)$$

相対誤差は，千分率（ppt）で表すこともある．たとえば，図3・1のデータにおいて平均値の相対誤差は，

$$E_r = \frac{19.8 - 20.0}{20.0} \times 100\% = -1\%\ \text{または}\ -10\ \text{ppt}$$

3・1・4 実験データにおける誤差の種類

測定の精度は，慎重に行った反復測定のデータを比較することによって容易に決定できる．しかし，確度の見積もりはそれほど容易ではない．確度を判断するためには，真の値を知る必要があるが，それはたいていの場合，その分析で求めようとしている値にほかならない．

測定結果のなかには確度が低くても精度が高いものや，精度が低くても確度が高いものがある．精度の高い測定結果を確度が高いとみなすことの弊害を図3・3に示す．この図は二つの純粋な化合物中の窒素の測定結果をまとめたものである．黒丸は，4人の分析者によって得られた反復測定結果の絶対誤差を示している．分析者1は，比較的高い精度と高い確度を得ている点が注目される．分析者2の精度は劣っているが，確度は高い．分析者3の結果は驚くほど一致しており，精度は優れているものの，データの平均値に大きな誤差がある．分析者4の結果では，精度と確度のいずれも低い．

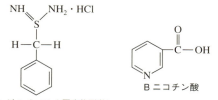

A ベンジルイソチオ尿素塩酸塩　B ニコチン酸

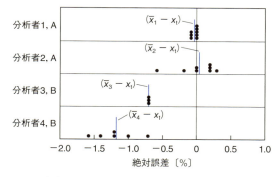

図3・3　窒素のマイクロケルダール測定における絶対誤差．各点は，単一の測定における絶対誤差を表す．(x_i-x_t)と表示された各垂直線は，真の値に対する測定平均値の絶対誤差である．Bのニコチン酸（ナイアシンとよばれることも多い）は，すべての生細胞に少量存在している．ナイアシンは哺乳類の栄養には欠かせないものであり，ペラグラ（ニコチン酸欠乏症）の予防と治療に使用されている．［測定値は，C.O. Willits, C.L. Ogg, *J. Assoc. Offic. Anal. Chem.*, **32**, 561 (1949) より］

図3・1および図3・3は，化学分析が少なくとも2種類の異なる誤差の影響を受けることを示唆している．一つは，**偶然誤差**（random error，**ランダム誤差**ともいう）または**不確定誤差**（indeterminate error）とよばれ，データが平均値の周辺にほぼ対称的に分散することである．データのばらつき，つまり偶然誤差に注目して図3・3を見ると，分析者1と3の方が分析者2と4に比べて偶然誤差がかなり小さいことがわかる．一般に，測定の偶然誤差はその精度に反映される．偶然誤差については，§3・3で詳しく説明する．

1）"絶対"という用語は，本書では数学とは異なる意味で用いる．数学の絶対値は，その符号を無視した数の大きさを意味するが，本書で使用する絶対誤差は，実験結果と真の値として受入れられる値との差であり，符号を含む．

2）[用語] 測定の**絶対誤差**は，測定値と真の値との差である．絶対誤差の符号は，測定値が真の値より高いか低いかを示す．測定値が低い場合，符号は負である．測定値が高い場合，符号は正である．

3）[用語] 測定の**相対誤差**は，絶対誤差を真の値で割ったものである．相対誤差は，結果の大きさに応じて，％，ppt，ppmで表される．本節では，相対誤差は相対絶対誤差のことである．相対偶然誤差については，§3・4で述べる．

4）[用語] **偶然誤差**（または**不確定誤差**）は，測定の精度に影響を及ぼす．

1) **系統誤差**（systematic error）または**確定誤差**（determinate error）とよばれる二つ目の種類の誤差は，データセットの平均値と真の値との乖離のことである．たとえば，図3・1に示した測定結果の平均値は約 −0.2 ppm Fe の系統誤差を含む．図3・3の分析者1と2の結果は系統誤差がほとんどないが，分析者3と4の結果はそれぞれ約 −0.7% 窒素と −1.2% 窒素の系統誤差を示す．一般に，一連の反復測定における系統誤差は，すべての結果が一様に高くなる，または低くなる原因となる．系統誤差の一例として，試料の加熱により揮発性の分析対象が失われることがあげられる．

三つ目の種類の誤差は，**大誤差**（gross error）である．大誤差は，偶然誤差および系統誤差とは異なる．大誤差は通常，発生する頻度は低いが，誤差は大きくなることが多く，測定値は高くも低くもなる可能性がある．これらは人為的ミスに起因していることが多い．たとえば，計量前に沈殿物の一部が失われた場合，分析結果は低くなる．空容器の質量を測定した後に指でその容器に触れれば，その容器に入れて測定した固形物の質量は実際より重く表示されることに

2) なる．大誤差は**異常値**（outlier，他のすべての反復測定値から数値が著しく異なる結果．**外れ値**ともいう）を生むことになる．図3・1と図3・3に大誤差を示唆する測定値はないが，図3・1にたとえば 21.2 ppm Fe の測定値があったとしたら，それは異常値の可能性がある．測定結果が異常値であるか否かは，統計的検定を実施し，判断することができる（§4・4参照）．

3・2 系統誤差

系統誤差は，確かな値をとり，はっきりとした原因があり，同じ分析方法で実施した反復測定に対して同じ大き

3) さの誤差を含む．すなわち，系統誤差は測定結果に**偏り**（bias，バイアス）を生じさせる．偏りは，同一の分析方法で実施した一連の測定データすべてに影響を及ぼす．また，偏りには符号がある．

3・2・1 系統誤差の原因

系統誤差を原因から分類すると，三種類に分けられる．
■ **機器誤差**（instrumental error，器差）は，機器の不具合，誤った校正，不適切な条件下での使用に起因する．
■ **方法誤差**（method error）は，分析の系全体における想定外の化学的または物理的な挙動に起因する．
■ **個人誤差**（personal error）は，不注意，または実験者の個人的な力量に起因する．

a. 機器誤差 すべての測定装置は，系統誤差の潜在的な要因となりうる．たとえば，ピペット，ビュレット，メスフラスコは，目盛りで示された量とは若干異なる量を含んでいたり，量りとったりする可能性がある．これらの相違は，校正温度とは著しく異なる温度でのガラス器具の使用，乾燥中の加熱による容器壁の変形，機器自体の校正誤差，容器内面の汚染物質などにより生じる．校正によりこの種の系統誤差のほとんどが排除できる．

電子機器もまた系統誤差の要因となりうる．たとえば，電池式電源の電圧が使用に伴って低下すると，誤差が生じる可能性がある．機器が頻繁に校正されていない場合や，誤った校正が行われている場合にも誤差が生じる．また，誤差が大きくなるような条件下で機器を使用してしまうこともある．たとえば，強酸性溶媒中でpHメーターを使用すると，酸による誤差を起こしやすい（第15章参照）．温度変化は，多くの電子部品の異常をひき起こし，誤差の要因となる可能性がある．機器のなかには，交流電源からのノイズに敏感なものもあり，このノイズは精度と確度の両方に影響を与える可能性がある．多くの場合，このような種類の誤差は検出可能であり，修正できるものである．

b. 方法誤差 分析対象の試薬や反応における想定外の化学的または物理的挙動は，しばしば系統的な方法誤差をひき起こす．このような想定外の要因には，反応の遅さ，不完全な反応，化学種の不安定性，さまざまな試薬を用いるときの特異性の欠如，測定過程を妨げる副反応の可能性などがあげられる．たとえば，容量分析における一般的な方法誤差は，当量点で指示薬の色を変化させるのに必要な試薬がわずかながら過剰であることに起因する．この分析の確度は，滴定実験の際に起こる化学反応そのものに依存している．

方法誤差の別の例を図3・3のデータで示す．分析者3と4による結果は，試料であるニコチン酸の化学的性質に起因する負の偏りを示している．この分析方法では，熱濃硫酸中で有機物を分解し，試料中の窒素を硫酸アンモニウムに変換する工程が含まれている．その際，酸化水銀，セレン塩または銅塩のような触媒を添加して分解速度を速めることがしばしばある．そして，硫酸アンモニウム中のアンモニア量を測定する．これまでの知見から，ニコチン酸のようなピリジン環を含む化合物は，硫酸によって完全に分解されないことがわかっている．そこで，ニコチン酸のような化合物の場合，硫酸カリウムを用いて沸騰温度を上昇させる．また，N–O 結合や N–N 結合を含む試料は，前処理を行ったり還元条件下におく必要がある[3]．これらの処理を行わないと実際よりも測定値が低くなってしまう．図3・3中の $(\bar{x}_3 - x_t)$ と $(\bar{x}_4 - x_t)$ の負の誤差は試料の不完全分解に起因する系統誤差である可能性が高い．

---

1) **用語** **系統誤差**（または**確定誤差**）は，測定の確度に影響を及ぼす．
2) **用語** **異常値**は，反復測定において他の結果とは著しく異なる値のことである．
3) **用語** **偏り**は，分析に伴う系統誤差をさす．結果が真の値より低い場合は負の符号，高い場合は正の符号になる．

3) J.A. Dean, "Analytical Chemistry Handbook", section 17, p. 17.4, McGraw-Hill, New York (1995).

3・2 系統誤差

それぞれの分析方法に特有の誤差は検出困難であることが多い.したがって,3種類の系統誤差のうちで最も深刻なものであるといえる.

c. 個人誤差
多くの測定は個人的な判断を必要とする.たとえば,二つの目盛り間を指した針,滴定における終点を示す溶液の色,ピペットやビュレットの目盛りにおける液面の読み取りがあげられる(図3・7参照).このような判断は,しばしば系統的な一方向の誤差の要因となる.たとえば,人によっては常に数値を高めに読んでしまったり,タイマーを始動させるのがやや遅かったりする.また,色の変化に敏感ではない分析者は,容量分析を行う際,過剰な試薬を使用する傾向がある.誤差をなるべく小さくするよう,分析者は自らの物理的な限界を認識し,分析手順を常に改良する必要がある.分析手順の自動化により,この種の誤差の大部分は排除できる.

個人誤差の共通の原因は,**先入観もしくは偏り**である.どんなに先入観なく実験していたとしても,一連の結果の精度を向上させるように目盛りを読み取ろうとするごく自然な潜在意識がある.あるいは,測定対象の真の値について先入観をもっていることもある.そして,無意識のうちに結果をこの値に近づけてしまうのである.個人誤差として,人によって大きく異なる数の偏りもあげられる.針が指す目盛りの値を読み取る際に数字の0と5を好む傾向は最も頻繁に生じる偏りである.また,奇数よりも偶数,大きな数字よりも小さな数字を好む偏りも一般的である.この種の偏りもまた,機器の自動化やコンピューター化により排除できる.

3・2・2 系統誤差が分析結果に及ぼす影響

系統誤差のもう一つの分類方法として,**定誤差**(constant error)と**比例誤差**(proportional error)がある.定誤差の大きさは,測定量が変化しても本質的に変わらない.定誤差のうち絶対誤差は試料の量によらず一定だが,相対誤差は試料の量により変化する.一方,比例誤差は,分析する試料の量に応じて増減する.比例誤差のうち絶対誤差は試料の量によって異なるが,相対誤差は試料の量によらず一定である.

a. 定誤差
定誤差の影響は,測定する数値が小さいほど深刻になる.このような性質の例として,例題3・2に,溶解による損失が重量分析の結果に与える影響を示す.

> **例題3・2**
> 洗浄液 200 mL で沈殿物を洗浄した結果,沈殿物 0.50 mg が失われたと仮定する.沈殿物の質量が 500 mg である場合,溶解による損失で生じる相対誤差は $-(0.50/500)\times 100\% = -0.1\%$ である.沈殿物 50 mg から同じ量の損失が生じた場合,相対誤差は -1.0% となる.

また,定誤差の別の例として,滴定の際に色の変化をひき起こすのに必要な指示薬の過剰添加があげられる.通常,指示薬の添加量はさほど多くはなく,滴定に必要な試薬の総量にかかわらず一定である.繰返しになるが,この種の相対誤差は,総量が減少するにつれてより深刻になる.定誤差の影響を減らす一つの方法は,誤差が許容範囲内に収まるよう試料の量を増加させることである.

b. 比例誤差
比例誤差をひき起こす大きな原因は,干渉を起こす物質が試料に混入することである.たとえば,一般的な銅の定量法では,Cu^{2+} とヨウ化カリウムとの反応によるヨウ素の生成を利用している(§14・7・2参照).ヨウ素の量を測定し,比例関係を利用して銅の量を決定する.もし,試料中に Fe^{3+} が混入していると,同様にヨウ化カリウムと反応しヨウ素が生成する.この Fe^{3+} による干渉を防ぐ処理を行わないと,生成したヨウ素は試料中の Cu^{2+} と Fe^{3+} の総量を示すことになるため,銅の含有量が高く検出されてしまう.この誤差の大きさは,扱う試料の量に関係なく,混入する鉄の**割合**によって決まる.たとえば,試料の量が2倍になれば,銅と鉄の両物質によって生成するヨウ素の量も2倍になる.したがって,得られる銅の含有率は,試料の量とは無関係である.

3・2・3 機器誤差と個人誤差の検出

機器誤差のなかには,校正によって発見,補正しうるものもある.部品の経年変化,腐食,誤操作の結果などにより,ほとんどの機器の応答は時間とともに変化するため,機器の定期的な校正を行うことが望ましい.機器誤差の多くは,試料中に存在する化学種が分析対象の反応に影響を及ぼす干渉によるものであり,単純な校正ではこれらの影響を排除することはできない.

ほとんどの個人誤差は,注意深く,規則に沿った実験操作により最小限に抑えられる.また,機器の読み取り,実験ノートへの記録や計算などは体系的にチェックする習慣

---

1) 化学分析で生じる3種類の系統誤差のうち,通常,方法誤差を特定して是正するのが最も困難である.
2) 色覚異常は,容量分析で個人誤差をひき起こす可能性のある例である.有名な色覚異常の分析化学者が,妻を実験室に連れて来て滴定の終点となる色の変化を検出する手助けをしてもらったという話がある.
3) pHメーター,実験室のてんびん,その他の電子機器のデジタルおよびコンピューター画面は,読み取る際に個人的な判断が関与しないため,数の偏りは排除される.しかし,これらの機器の多くは,有効数字よりも多くの桁数の数字を結果として与える.有効数字を丸める際にも偏りを生むことがある(§3・6参照).
4) 用語 定誤差は,分析する試料の量とは無関係である.比例誤差は,試料の量に比例して減少または増加する.
5) 多くの科学者は,実験ノートに読み取った値を書き込んだ後,習慣的にもう一度読み取りをし,書き込んだ値と比較し,記録内容の正当性を確認する.

をつけるとよい．実験者の個人の能力に起因する誤差は，通常，分析方法を慎重に選択したり，実験操作を自動化することによって回避できる．

3・2・4 方法誤差の検出

分析方法における偏りは，検出することが特に難しい．以下の方法を一つ以上実施することによって，方法誤差を特定して是正することができる．

a. 標準物質の分析 分析方法の偏りを評価する最良の方法は，既知濃度の分析対象を含む**標準物質**（standard reference material, SRM）を分析することである．標準物質を手に入れる方法はいくつかある．

一つ目は，標準物質を調製する方法である．純粋な試料成分の量を慎重に秤量して混合し，均一な試料とする．この標準物質となる試料の組成は，秤量した試料成分の量から決まり，その標準物質の全体組成は，分析試料の組成にきわめて近いものでなければならない．しかし，調製した標準物質では予期せぬ干渉の恐れを否定できないことがある．したがって，この方法はあまり実用的ではない．

より一般的な方法としては，行政機関や一般企業から標準物質を購入する．たとえば，米国国立標準技術研究所（National Institute of Standards and Technology；NIST，旧国家標準局）は，岩石・鉱物，気体混合物，ガラス類，炭化水素混合物，ポリマー類，都市のちり，雨水，河川沈殿物を含む1300を超える標準物質を提供している[4]．標準物質に含まれる成分（一つまたは複数）の濃度は以下のいずれかの方法により決定されている．

1）検証済みの標準分析法を用いた分析
2）二つ以上の独立した信頼性の高い測定方法による分析
3）優れた技術をもち，その物質を熟知している協力研究機関の連携による分析

また，いくつかの企業が，分析方法を評価するための標準物質を提供している[5]．

入手した標準物質を分析した結果が標準物質の認証値と異なる場合がしばしばある．この差異が偏りによるものか偶然誤差によるものかを判断する必要がある．そのための統計的検定は§4・2・1で解説する．

b. 独立分析 標準物質が入手できない場合，評価対象の分析方法と並行してもう一つの独立した信頼性のある分析方法を用いることがある．ここで用いるもう一つの分析方法は，評価対象の方法とできるだけ異なる方法を選ぶとよい．試料中のある因子が二つの分析方法において類似の影響を及ぼす可能性を最小限にするためである．二つの方法の結果に差異が認められた場合には，統計的検定を用いて，異なる方法間の偶然誤差によるものか，評価中の方法における偏りによるものかを決定しなければならない（§4・2・2参照）．

c. ブランクの測定 ブランク（blank）とは測定に使用する試薬と溶媒が含まれているが，分析対象物質は含まれていないものをさす．また，試料が置かれた環境を再現するために，共存する主成分を試料に添加することがある．この分析対象を含む試料中の構成成分を**試料マトリックス**（sample matrix）という．ブランク測定では，すべての分析工程をブランク試料に対して実施する．そして，その結果を試料測定値の補正に用いる．ブランク測定により，分析に使用する試薬や容器からの汚染物質の混入による誤差が明らかになる．また，ブランクは，指示薬の色変化に要した滴定値を補正するためにも用いられる．

d. 試料の量を変える 例題3・2で確認したように，測定値の絶対値が大きくなると，定誤差の影響は減少する．したがって，試料の量を変えることによって，定誤差を検出できることが多い．

3・3 偶然誤差の本質

偶然誤差（または不確定誤差）は完全に排除することができず，しばしば定量における不確かさのおもな原因となる．偶然誤差は，測定ごとに起こる多くの制御不可能な変化によってひき起こされ，通常，その原因を明確に特定することは困難である．たとえ，偶然誤差の原因を特定できたとしても，そのほとんどが非常に小さく，個別に検出することは難しいため，測定不可能なことが多い．しかし，個々の不確かさが累積すると，反復測定の結果が平均値の周りでランダムにばらつくことになる．

3・3・1 偶然誤差の原因

検出不可能な小さな誤差が累積すると検出可能な偶然誤差になる．このような定性的な考えは，次のように捉えるとよい．たとえば，たった4種類の小さな偶然誤差が組合わさって全体的な誤差が生まれるという状況を考えてみる．各誤差は同じ確率で発生すると仮定し，それぞれが最終的な結果を一定量高くまたは低くする（$\pm U$）と仮定する．

---

1) 日本では，産業技術総合研究所や一般の試薬会社から標準物質を購入できる．
2) 標準物質を使用した場合，偏りを通常の偶然誤差と区別するのが困難なことが多い．
3) 用語 ブランク溶液には，溶媒と分析に必要なすべての試薬が入っている．試料マトリックスを模すため，可能な場合はブランクに追加成分を添加してもよい．
4) 用語 試料マトリックスという用語は，分析対象を含む試料中のすべての構成成分の集合をさす．
4) 米国商務省，"NIST Standard Reference Materials Catalog", http://www.nist.gov/srm 参照．
5) たとえば，臨床および生物学分野では，Sigma-Aldrich Chemical Co., 3050 Spruce St., St. Louis, MO 63103 または Bio-Rad Laboratories, 1000 Alfred Nobel Dr., Hercules, CA 94547 を参照してほしい．

1⟩ 表3・1は, 誤差の組合わせのすべてとそれぞれの大きさ (平均からの偏差) を示している. 一つの組合わせだけが +4U の偏差を与え, 四つの組合わせは +2U の偏差を与え, 六つの組合わせが 0U の偏差を与えることに注目してほしい. また, 負の誤差についても同様の関係が成り立っている. この 1 : 4 : 6 : 4 : 1 の比率は, 各大きさの偏差が得られる確率の尺度である. 十分な数の測定を行うと, 図3・4 (a) に示すような度数分布が得られる. プロットの y 軸は, 五つの偏差が出現する相対頻度 (**相対度数**とよぶ) である.

図3・4 (b) は, 10 種類の等しい大きさの誤差から与えられる理論的な分布を示している. ここでもまた, 最も頻繁に発生するのは, 平均からの偏差が 0 になる組合わせであることがわかる. その一方で, 最大偏差である 10U になる組合わせは 500 回の測定で約 1 回しか発生しない.

同じ手順で個別の誤差をたくさん測定すると, 図3・4 (c) に示すような釣り鐘形の曲線が得られる. このような
2⟩ プロットは, **ガウス曲線** (Gaussian curve) または**正規分布** (normal distribution) とよばれる.

3・3・2 実験結果の分布

定量分析による多くの測定結果から, 反復測定値の分布は, 図3・4 (c) に示すガウス曲線の分布に近づく傾向があることがわかっている. たとえば, 10 mL ピペットの校正結果を示した表3・2のデータについて考えてみよう. この実験では, まず, フラスコと栓の質量を測定した後, 10 mL の水をピペットでフラスコに移してフラスコに栓をした. そして, フラスコ, 栓, 水を再び計量した. 密度を求めるため, 水の温度も併せて測定した. 次に, 測定した二つの質量の差から水の質量を計算した. そして, 水の質量を密度で割り, ピペットによって添加された水の体積を求めた. この実験を 50 回繰返した.

表3・2のデータは, 熟練の作業者が, 系統誤差を避けるために注意深く, 上皿てんびんで mg (0.001 mL に相当) 単位まで計量した結果である. それでも, 結果は 9.969 mL の低値から 9.994 mL の高値まで変化する. この
3⟩ 0.025 mL のデータの**広がり** (spread, **範囲** range ともいう) は, まさに実験におけるすべての偶然誤差の蓄積から生じている.

1⟩ この例では, 誤差はすべて同じ大きさである. このような条件は, ガウス曲線の方程式を導き出すためには必須ではない.
2⟩ 用語 **ガウス曲線**は, 図3・4 (c) のような無限のデータセットにおいて平均の周辺に対称的なデータ分布を示す. ガウス曲線は, データ測定の誤差がある法則に従うことから C. F. Gauss により導き出された理論式である. 一方, **正規分布**は統計学から理論的に導かれた式であり, ガウス曲線と同一である.
3⟩ 用語 一連の反復測定の**広がり**とは, 最大値と最小値の差である.

表3・1 四つの等しい大きさの誤差の可能なすべての組合わせ

誤差の組合わせ	偶然誤差の大きさ	組合わせ数	相対度数
$+U_1+U_2+U_3+U_4$	$+4U$	1	1/16=0.0625
$-U_1+U_2+U_3+U_4$ $+U_1-U_2+U_3+U_4$ $+U_1+U_2-U_3+U_4$ $+U_1+U_2+U_3-U_4$	$+2U$	4	4/16=0.250
$-U_1-U_2+U_3+U_4$ $+U_1+U_2-U_3-U_4$ $-U_1+U_2-U_3+U_4$ $+U_1-U_2+U_3-U_4$ $-U_1+U_2+U_3-U_4$ $+U_1-U_2-U_3+U_4$	0	6	6/16=0.375
$+U_1-U_2-U_3-U_4$ $-U_1+U_2-U_3-U_4$ $-U_1-U_2+U_3-U_4$ $-U_1-U_2-U_3+U_4$	$-2U$	4	4/16=0.250
$-U_1-U_2-U_3-U_4$	$-4U$	1	1/16=0.0625

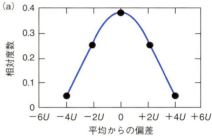

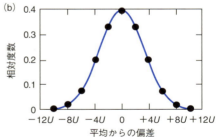

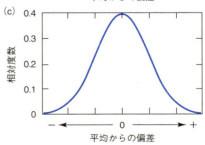

図3・4 偶然誤差の個数と測定の度数分布. (a) 4 種類の偶然誤差, (b) 10 種類の偶然誤差, (c) 非常に多数の偶然誤差をそれぞれ含む.

表 3・2　10 mL ピペットの校正結果[a]

	A	B	C	D	E	F	G	H
1	10 mL ピペット校正の反復測定							
2	試験	体積 [mL]		試験	体積 [mL]		試験	体積 [mL]
3	1	9.988		18	9.975		35	9.976
4	2	9.973		19	9.980		36	9.990
5	3	9.986		20	9.994		37	9.988
6	4	9.980		21	9.992		38	9.971
7	5	9.975		22	9.984		39	9.986
8	6	9.982		23	9.981		40	9.978
9	7	9.986		24	9.987		41	9.986
10	8	9.982		25	9.978		42	9.982
11	9	9.981		26	9.983		43	9.977
12	10	9.990		27	9.982		44	9.977
13	11	9.980		28	9.991		45	9.986
14	12	9.989		29	9.981		46	9.978
15	13	9.978		30	9.969		47	9.983
16	14	9.971		31	9.985		48	9.980
17	15	9.982		32	9.977		49	9.984
18	16	9.983		33	9.976		50	9.979
19	17	9.988		34	9.983			
20	*データは試験を行った順に記録した							
21	平均	9.982		最大値	9.994			
22	中央値	9.982		最小値	9.969			
23	標準偏差	0.0056		広がり	0.025			

a) 表の下に記載されている統計量の Excel 計算については,S.R. Crouch, F.J. Holler, "Applications of Microsoft Excel in Analytical Chemistry, 2nd ed.", ch. 2, Brooks/Cole, Belmont, CA (2014) 参照.

表 3・3　表 3・2 のデータの度数分布表

体積の区間 [mL]	データ点の数(度数)	度数の割合(%)
9.969〜9.971	3	6
9.972〜9.974	1	2
9.975〜9.977	7	14
9.978〜9.980	9	18
9.981〜9.983	12	24
9.984〜9.986	8	16
9.987〜9.989	5	10
9.990〜9.992	4	8
9.993〜9.995	1	2
	合計 = 50	合計 = 100%

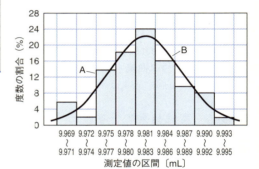

図 3・5　表 3・3 の 50 個の結果の分布を図示したヒストグラム (A) とヒストグラムのデータと同じ平均および標準偏差をもつガウス曲線 (B)

表 3・3 のように,データを度数分布表の形に整理すると,表 3・2 の情報が見やすくなる.この例では,隣接する一連の 0.003 mL の区間 (これを階級という) に測定されたデータ点がいくつあるか数えて表にし,データ点の数 (これを度数という) の割合を計算している.すると,測定値の 24% が,階級 9.981〜9.983 mL にあることがわかった.この階級には平均や中央値である 9.982 mL が含まれる.また,測定値の半分以上がこの平均の ±0.004 mL 以内にあることにも注目してほしい.

表 3・3 に示した度数分布表は,柱状グラフ,すなわち
1> 図 3・5 A で示すヒストグラム (histogram) としてプロットされる.測定数が増加すると,ヒストグラムは図 3・5B で示す連続的な曲線の形に近づくことが予想される.このプロットは,ガウス曲線を示し,無限のデータセットに適用される.ガウス曲線の平均 (9.982 mL),精度,曲線の下側面積はすべてヒストグラムと同じである.

表 3・2 に示すような反復測定におけるばらつきは,実験において制御できない変化によってひき起こされ,個々には検出できない多数の小さな偶然誤差に起因する.このような小さな誤差は,通常互いに打消し合う傾向があり,平均に及ぼす影響はきわめて小さい.しかし,まれに小さな誤差が同じ方向に発生し,正または負の大きな誤差を生じる場合がある.

ピペットの校正における偶然誤差の原因には,1) ピペットの目盛りと水面の関係,および温度計の視覚的判断,2) ピペットから排出するときの排水時間およびピペットの角度の変化,3) ピペットの容量,液体の粘度,てんびんの性能などに影響する温度変化,4) はかりの読み取り値に小さな変化をひき起こす振動および風があげられる.ピペットの校正過程には,そのほかにも,ここではふれていない多数の偶然誤差の要因がありうる.ピペットを校正するという簡単な作業でさえ,多くの制御できない小さな変化の影響を受けている.これらの変化の累積による影響は,測定結果の平均付近のばらつきの原因となる.

多数の実験から得られたデータのガウス曲線について,コラム 3・1 に示した.

3・4　偶然誤差の統計処理

偶然誤差は統計的方法で評価することができる.一般に,分析結果の偶然誤差は,図 3・4 (c),図 3・5 の曲線 B,ま

1> 用語　ヒストグラムとは,図 3・5A に示すような柱状グラフのことである.
2> 統計分析は,データセットに存在する情報のみを扱うので,統計処理によって新たな情報は作成されない.統計分析は,異なる方法でデータを分類し,特徴づけることを可能にし,データの質と解釈について客観的かつ合理的な判断を下すことを可能にする.

コラム3・1　コイントス ── ガウス曲線を説明するための学生向け課題

もしもコインを10回投げたら，コインは何回表になるだろうか？試してみよう．結果を記録し，繰返したとき，結果はいつも同じになるだろうか？友人やクラスメイトに依頼してこの実験を行ってもらい，その結果を集計してみよう．右の表は，18年間，分析化学のクラスの生徒たちが行ったコイントスの結果を示している．

自分が得たコイントスの結果をこの表に書き加え，図3C・1と同様のヒストグラムをプロットし，自身の結果の平均と標準偏差（§3・4・3参照）を求め，グラフの値と比較してみよう．図中の滑らかな曲線は，このデータセットと同じ平均と標準偏差をもつ無限回数の試行結果のガウス曲線である．平均の5.06は，確率の法則に基づいて予測される5の値に非常に近い．試行回数が増えると，ヒストグラムは滑らかな曲線の形に近づき，平均は5に近づく．

表の出た回数	0	1	2	3	4	5	6	7	8	9	10
度数	1	1	20	42	102	104	92	48	20	7	1

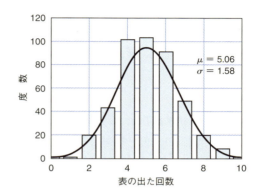

図 3C・1　18年間，438人の学生によるコイントス実験の結果

たは図3C・1の滑らかな曲線に示すようなガウス分布，すなわち正規分布に従うと仮定できる．分析データは，ガウス分布以外の分布をとることもある．たとえば，結果が成功した場合と失敗した場合に分けられる実験では，データは二項分布に従う．また，放射能や光子計数の実験結果は，ポアソン分布に従う．しかし多くの場合，これらの分布を近似するためにガウス分布を用いる．よりよい近似を行うには実験を多く実施する方がよい．経験則ではあるが，30以上の結果があり，データに大きな偏りがない場合は，ガウス分布を問題なく使用できる．したがって，ここでは標準的な偶然誤差に基づいて議論を進める．

3・4・1　標本と母集団

1) 通常，科学的研究では，**標本**（sample）について得られた結果から，その**母集団**（populationまたはuniverse）全体に関する情報を推測する．母集団は，対象となるすべての測定値の集合であり，実験者が注意深く定義しなければならない．母集団は有限で実数の場合もあれば，実際は仮想的または概念的なこともある．

実際の母集団の例として，数十万錠のマルチビタミン錠の製造工程を考えてみる．母集団は有限であるものの，通常，品質管理の目的ですべての錠剤を検査する時間や資源はない．そこで，統計的標本抽出の方法に従って，分析を行う錠剤標本を抽出する．次に，標本の分析結果から母集団の特性を推測する．

しかし母集団は，分析化学が扱う多くのケースにおいて，有限ではなく概念的な集団である．たとえば，水の硬度を決定するために地域の水道水中のカルシウムを測定することを考えてみる．この例では，水の供給量全体を分析しようとすると，母集団は非常に大きく，ほぼ無限の測定値が対象になる．同様に，患者の血中グルコースを測定する場合，患者の血液全体を分析しようとすると，きわめて多くの測定を行わなくてはならない．これらいずれの場合も，分析対象の母集団の一部分（**サブセット**）が標本そのものである．前述した通りここでも，標本で得られた結果から母集団の特性を推測する．このように分析すべき母集団を定義することはきわめて重要なことである．

母集団の特性を推測する統計的法則がいくつかあり，いずれも適切な補正を行った標本に対して用いることができる．このような補正は特に小さな標本（測定値の数が少ない標本）で必須である．少数のデータ点では母集団全体を反映していない可能性があるためである．本節では，最初に，母集団のガウス曲線に関する統計学について説明する．次に，ガウス曲線の関係式を小さな標本にどのように適用するかを示す．

---

1) 用語 **母集団**とは，実験者が対象とするすべての測定値の集合である．**標本**とは，対象となる測定値の全体のなかから抽出された一部分（サブセット）をいう．

2) **統計標本**と**分析試料**を混同しないよう注意が必要である．英語では標本も試料もsampleという用語を使うので，混同しやすい．同じ水道から採取した四つの水試料についてカルシウム含量を研究室で分析することを例に考えてみる．これら四つの分析試料より，母集団から選ばれた四つの測定値が得られることになるが，これらの測定値は単一の標本である．

3) 用語 **標本の大きさ（サイズ）**とは，標本に含まれる測定値の数をさす．小さな（大きな）標本とは含まれる測定値が少ない（多い）標本のこと．

3・4・2 ガウス曲線の性質

図3・6(a)に，平均からの偏差に対して，平均からの偏差の相対度数 y をプロットした二つのガウス曲線を示す．これらの曲線は，たった二つのパラメーター，**母集団平均** μ (population mean) および**母集団標準偏差** σ を含む式によって記述できる．**パラメーター** (parameter) という用語は，母集団またはその分布を定義する μ や σ などの数値をさす． x などのデータ値は**変数** (variable) という．**統計値** (statistic) という用語は，後述するようにデータ標本から作成されたパラメーターの推定値をさす．標本平均と標本標準偏差は，パラメーター μ と σ のそれぞれを推定する統計値の一例である．

a. 母集団平均および標本平均 **標本平均** $\bar{x}$ (sample mean) と**母集団平均** μ (population mean) とを区別することは非常に重要である．標本平均 $\bar{x}$ とは，データの母集団から抽出された有限標本の相加平均である．標本平均は，(3・1) 式で示したように，測定値の合計を測定数で割った値として定義される．この式で，N は標本セット中の測定数である．対照的に，母集団平均 μ は母集団の真の平均で，(3・1) 式によっても定義されるが，N は母集団内の総測定数を表す．系統誤差がない場合は，母集団平均は測定量の真の平均になる．二つの平均の差異を強調するため，標本平均を $\bar{x}$，母集団平均を μ という異なる記号で表す．多くの場合，特に N が小さいとき，$\bar{x}$ は μ と異なる．これは，小さな標本ではその母集団を正確に反映できないためである．ほとんどの場合，μ は未知で，$\bar{x}$ からその値を推測しなければならない．標本を構成する測定数が増えるにつれて，$\bar{x}$ と μ の間の差が急速に減少する．通常，N が20～30に達すると，その差はごくわずかになる．ここで，標本平均 $\bar{x}$ とは母集団のパラメーター μ を推定する統計値であるということに注意が必要である．

b. 母集団標準偏差 母集団の精度の尺度である**母集団標準偏差** σ (population standard deviation) は，母集団を構成するデータ点の数を N とすると，次式で与えられる．

$$\sigma = \sqrt{\frac{\sum_{i=1}^{N}(x_i - \mu)^2}{N}} \tag{3・5}$$

図3・6(a) の二つの曲線は，標準偏差のみが異なる二つのデータの母集団を示している．より広く低い曲線 B を生じるデータセットの標準偏差は，曲線 A を生じるデータセットの標準偏差の 2 倍である．これら二つの曲線の幅は，二つのデータセットの精度の目安になる．したがって，曲線 A で表されるデータセットの精度は，曲線 B で表されるデータセットの精度より 2 倍優れていることになる．

図3・6(b) は，x 軸が次式で定義される新たな変数 z に基づく異なるタイプのガウス曲線を示している．

$$z = \frac{(x-\mu)}{\sigma} \tag{3・6}$$

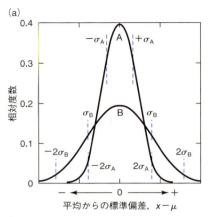

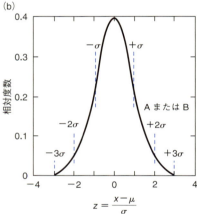

図3・6 ガウス曲線．曲線 B の標準偏差は曲線 A の標準偏差の 2 倍，すなわち $\sigma_B = 2\sigma_A$ である．(a) の横軸は平均からの偏差 $(x-\mu)$ を測定の単位で表し，(b) の横軸は平均からの偏差を σ を単位として表している．(b) では，二つの曲線 A と B は同一になる．

---

1) 規格化された（曲線の下側面積が 1 になる）ガウス曲線の方程式は以下の形をとる．

$$y = \frac{e^{-(x-\mu)^2/2\sigma^2}}{\sigma\sqrt{2\pi}}$$

2) 標本平均 $\bar{x}$ は，以下の左の式から求められ，ここで N は標本セット中の測定数である．同じ式を用いて母集団平均 μ が計算できる（右の式）．N は母集団における総測定数である．

$$\bar{x} = \frac{\sum_{i=1}^{N} x_i}{N} \qquad \mu = \frac{\sum_{i=1}^{N} x_i}{N}$$

3) 系統誤差がないとすると，母集団平均 μ は測定量の真の平均となる．

4) (3・5) 式における $(x_i - \mu)$ は，測定値 x_i の母集団平均 μ からの偏差である．標本標準偏差について記述した (3・8) 式と比較してほしい．

コラム 3・2　ガウス曲線の下側面積の計算

統計の分野では，指定された範囲のガウス曲線の下側面積が重要な意味をもっている．ある範囲の曲線の下側面積から，その範囲内に測定値が入る確率が求められる．では下側面積をどのように決定するのであろうか？ (3・7) 式は，母集団標準偏差 σ と母集団平均 μ または変数 z を用いてガウス曲線を記述している．ここで，平均の -1σ と $+1\sigma$ の間を範囲として曲線の下側面積を考えてみる．言い換えれば，$\mu-\sigma$ から $\mu+\sigma$ までの面積を求めることにしよう．

方程式を積分するとその方程式で記述された曲線の下側面積が得られるので，(3・7) 式を積分して計算する．この場合，$-\sigma$ から $+\sigma$ までの定積分を求めればよいことになる．

$$\text{面 積} = \int_{-\sigma}^{\sigma} \frac{e^{-(x-\mu)^2/2\sigma^2}}{\sigma\sqrt{2\pi}} dx$$

(3・7) 式は (3・6) 式に示した変数 z を用いる方が簡単である．したがって，

$$\text{面 積} = \int_{-1}^{1} \frac{e^{-z^2/2}}{\sqrt{2\pi}} dz$$

となる．積分値をコンピューターで計算すると，結果は，

$$\text{面 積} = \int_{-1}^{1} \frac{e^{-z^2/2}}{\sqrt{2\pi}} dz = 0.683$$

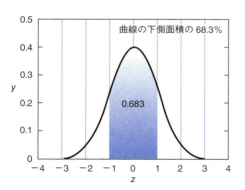

となる．同様に，平均の両側 2σ 間のガウス曲線の下側面積を求めたい場合は，次の積分式を用いて計算する．

$$\text{面 積} = \int_{-2}^{2} \frac{e^{-z^2/2}}{\sqrt{2\pi}} dz = 0.954$$

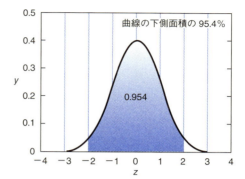

$\pm 3\sigma$ の場合，

$$\text{面 積} = \int_{-3}^{3} \frac{e^{-z^2/2}}{\sqrt{2\pi}} dz = 0.997$$

となる．

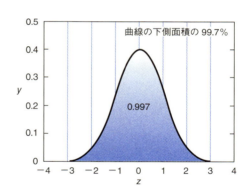

最後に，ガウス曲線全体の下側面積を知ることが重要であり，以下の積分式から求める．

$$\text{面 積} = \int_{-\infty}^{\infty} \frac{e^{-z^2/2}}{\sqrt{2\pi}} dz = 1$$

積分を用いて，平均から $\pm 1\sigma$，$\pm 2\sigma$，$\pm 3\sigma$ であるガウス曲線の下側面積を求めると，それぞれ全下側面積の 68.3%，95.4%，99.7% を占めていることがわかる．

---

1) z は平均からデータ点の相対偏差，つまり標準偏差に対する相対的な偏差であることに注意が必要である．したがって，$x-\mu=\sigma$ のとき，z は 1 に等しい．$x-\mu=2\sigma$ のとき，z は 2 に等しい．以下同様である．z は平均からの偏差を

1) z は，母集団平均からの測定値の偏差を標準偏差に対して表す．z は無次元量であるため，一般的に統計表では変数として与えられる．

標準偏差に対する相対値として表しているため，z に対する相対度数をプロットしたガウス曲線は，標準偏差の値にかかわらず，あらゆるデータセットを統一的に記述することができる．すなわち，図 3・6 (b) の曲線は，図 3・6 (a) の曲線 A および B の両方のデータセットを記述する規格化されたガウス曲線である．この曲線のことを**標準正規分布**（standard normal distribution）という．

標準正規分布の式は，

$$y = \frac{e^{-(x-\mu)^2/2\sigma^2}}{\sigma\sqrt{2\pi}} = \frac{e^{-z^2/2}}{\sigma\sqrt{2\pi}} \quad (3・7)$$

となる．

(3・7) 式に出てくる σ^2（標準偏差の2乗）の値を**分散**（variance）とよぶ．

標準正規分布曲線にはいくつかの特徴がある．1) 最大度数の中心点が平均となる，2) 最大度数の値を中心に正と負の偏差が対称に分布している，3) 偏差の大きさが増加するにつれて指数関数的に度数が減少する．すなわち，非常に大きな誤差よりも小さな誤差がはるかに頻繁に出現する．

c. ガウス曲線の下側面積　コラム 3・2 から，曲線の幅に関係なく，母集団のガウス曲線の下側面積のうち，68.3% が平均 μ の 1 標準偏差内（±1σ）に存在していることがわかる．すなわち，母集団を構成する測定値のおよそ 68.3% はこの範囲内に存在していることになる．さらに，全データ点の約 95.4% が平均の ±2σ 以内に，99.7% が ±3σ 以内にある．図 3・6 の垂直の破線は，±1σ，±2σ，±3σ で区切った領域を示している．

このような面積の相関関係があるため，データの母集団の標準偏差は予測ツールとして有用である．たとえば，ある測定の偶然誤差が ±1σ 以下となる可能性は 68.3% であるということができる．同様に，誤差が ±2σ 以下となる可能性は 95.4% となる．

3・4・3　標本標準偏差 ── 精度の指標

(3・5) 式は，小さな標本，すなわちデータが少ない標本のときには補正する必要がある．すなわち，**標本標準偏差** s（sample standard deviation）は，

$$s = \sqrt{\frac{\sum_{i=1}^{N}(x_i - \bar{x})^2}{N-1}} = \sqrt{\frac{\sum_{i=1}^{N} d_i^2}{N-1}} \quad (3・8)$$

によって与えられ，ここで $(x_i - \bar{x})$ は，値 x_i の平均 $\bar{x}$ からの偏差 d_i を表す．(3・8) 式は (3・5) 式と二つの違いがある．まず，母集団平均 μ の代わりに，標本平均 $\bar{x}$ が分子に用いられている．次に，(3・5) 式の N（**自由度**，degree of freedom）が $(N-1)$ で置き換えられている．N の代わりに $(N-1)$ を用いた場合の s は，母集団標準偏差 σ の不偏推定量とよばれる．この置き換えを行わないと，計算された s は真の標準偏差 σ よりも平均的に小さくなる．つまり，s は負の偏りをもつことになる（コラム 3・3 参照）．

標本分散 s^2（sample variance）も，統計計算において重要である．これは §3・4・5 で説明するように，母集団分散 σ^2 の推定値である．

コラム 3・3　自由度の重要性

自由度は，標準偏差の計算を行う際に影響する，独立した測定値の数を示している．μ が未知の場合，一連の反復測定値から二つの量 $\bar{x}$ と s を求める必要がある．$\bar{x}$ を求めるためには自由度 1 が失われる．$x_i - \bar{x}$ の合計は 0 にならねばならないので，$(N-1)$ 個の偏差を計算すれば，最後の一つの偏差はわかることになる．よって，$(N-1)$ 個の偏差だけが，データセットの精度を表す独立した尺度を与える．小さな標本から標準偏差を計算する際に $(N-1)$ を用いないと，真の標準偏差 σ より小さい σ の値が得られてしまう．

---

a. 標本標準偏差の代替式　標準偏差キーのない電卓で s を求めるには，(3・8) 式を直接計算するよりも，次の式変形を行った方が計算しやすくなる．

$$s = \sqrt{\frac{\sum_{i=1}^{N} x_i^2 - \dfrac{\left(\sum_{i=1}^{N} x_i\right)^2}{N}}{N-1}} \quad (3・9)$$

例題 3・3 は，(3・9) 式を用いて s を計算する方法を示している．

例題 3・3

血液試料中の鉛含有量を反復測定して得られた測定値は次の通りであった．

　　0.752, 0.756, 0.752, 0.751, 0.760 ppm Pb
このデータセットの平均と標準偏差を求めよ．

---

1) **用語**　(3・8) 式は小さな標本に適用される．この式では"平均からの偏差 d_i を求め，それらを 2 乗して合計し，$(N-1)$ で割り，平方根をとる"という計算をする．関数電卓には通常，標準偏差関数が組込まれているので，母集団標準偏差 σ と標本標準偏差 s が容易に求まる．小さな標本の場合は，標本標準偏差 s を用いる必要がある．

解 答（例題 3・3 つづき）
(3・9) 式を用いるため，Σx_i^2 と $(\Sigma x_i)^2/N$ を求める．

試料	x_i	x_i^2
1	0.752	0.565504
2	0.756	0.571536
3	0.752	0.565504
4	0.751	0.564001
5	0.760	0.577600
	$\Sigma x_i = 3.771$	$\Sigma x_i^2 = 2.844145$

$$\bar{x} = \frac{\Sigma x_i}{N} = \frac{3.771}{5} = 0.7542 \approx 0.754 \text{ ppm Pb}$$

$$\frac{(\Sigma x_i)^2}{N} = \frac{(3.771)^2}{5} = \frac{14.220441}{5} = 2.8440882$$

(3・9) 式に代入し，

$$s = \sqrt{\frac{2.844145 - 2.8440882}{5-1}} = \sqrt{\frac{0.0000568}{4}}$$
$$= 0.00377 \approx 0.004 \text{ ppm Pb}$$

1) 例題 3・3 で注目すべき点は，Σx_i^2 と $(\Sigma x_i)^2/N$ との差が非常に小さいことである．これらの数値を引き算する前に数値を丸めてしまうと，s の計算値に重大な誤差が生じる．このような誤差を避けるため，<u>標準偏差の計算では最後まで数値を丸めてはいけない</u>．さらに，同様の理由から，(3・9) 式を用いて，5桁以上の数値の標準偏差を計算してはならない．代わりに (3・8) 式を用いる[6]．標準偏差関数を扱える電卓とコンピューターの多くは，内部で (3・9) 式の計算を行っている．5桁以上の有効数字をもつ値の標準偏差を計算する際は，丸めた数値により生じる誤差に対して常に注意を払う必要がある．

統計計算を行うときは，$\bar{x}$ の不確かさのために標本標準偏差が母集団標準偏差と大きく異なる可能性があることに注意しなければならない．N が大きくなると，$\bar{x}$ と s は μ

2) と σ のよい推定値となる．

b. 平均の標準偏差 コラム3・2において，面積として計算されたガウス分布の確率値は，<u>単一の測定における誤差の推定値</u>である．したがって，母集団に含まれる単一の測定結果が平均 μ の $\pm 2\sigma$ 以内となる確率は 95.4% となる．ここで，反復測定を行い，母集団から無作為に N 個の測定値を含むデータ標本を抽出し，標本平均を求めることを繰返した場合，N が増加するにつれて，標本平均のば

3) らつきは小さくなる．おのおのの標本平均の標準偏差は**平均の標準偏差** (standard deviation of the mean) とよばれ，記号 s_m で表される．平均の標準偏差は標本平均を求める際に用いるデータ点の数 N に反比例し，(3・10) 式で表される．

$$s_m = \frac{s}{\sqrt{N}} \quad (3 \cdot 10)$$

(3・10) 式は，四つの測定結果の平均値が，データセットの個々の測定値に比べて $\sqrt{4}=2$ 倍正確であることを示している．このため，精度を向上させるために平均化した結果を用いることが多い．しかしながら，平均化によって得られる精度の向上は，(3・10) 式で示すように $\sqrt{N}$ に依存するため，ある程度制限される．たとえば，精度を10倍にするには，100倍の測定数が必要となる．可能であれば，多数の測定をして平均をとるよりも s を減少させる方がよい．なぜなら，s_m は s と直接比例関係にあるが，N はその<u>平方根が反比例しているにすぎない</u>からである．標準偏差は，個々の操作をより正確に行うこと，分析手順を改善すること，正確な測定機器を使用することなどによって，減少させることができる．

3・4・4 精度の指標としての s の信頼性

第4章では，仮説検定，結果の信頼区間の算出，異常値の除外に使用される複数の統計的検定について説明する．これらの検定のほとんどは，標本の標準偏差に基づいており，検定が正しい結果をもたらす確率は，s の信頼性が高くなるにつれて増加する．(3・8) 式の N が増加すると，s は母集団標準偏差 σ のよりよい推定値となる．N が約20より大きい場合，通常 s は σ の良好な推定値であり，多くの場合，この二つの数値は同一であると仮定できる．たとえば，表3・2の50個の測定値を5個ずつ10のサブセットに分けた場合，s の計算値の平均が母集団全体の平均（0.0056 mL）と同じであっても，s の値はサブセットごとに大きく異なる（0.0023〜0.0079 mL）．対照的に，25個ずつ二つのサブセットに分けた場合，s の計算値はほぼ同一である（0.0054 および 0.0058 mL）．

測定時間が過度に長くなく，また試料が適切に準備できた場合，N の増加に伴い s の信頼性が劇的に改善されれば，σ の良好な近似を得ることが可能になる．たとえば，分析中に多数の溶液のpHを測定する場合，予備実験を行い，s をあらかじめ評価しておくとよい．この測定は簡便で，すすいで乾燥させた電極を試験溶液に浸し，目盛りまたは表示からpHを読み取るだけでよい．s を決定するために

---

1) 二つのほぼ等しい大きな値の引き算を行う場合，その差は通常，相対的に大きな不確かさをもつ．したがって，計算が終わるまで標準偏差の計算過程において値を丸めてはいけない．
2) $N \to \infty$ になると，$\bar{x} \to \mu$，および $s \to \sigma$ となる．
3) 用語 **平均の標準偏差** s_m は，データセットの標準偏差を，セット内のデータ点の数の平方根で割ったものである．
6) ほとんどの場合，一連のデータの最初の2桁または3桁は同じである．(3・8) 式を使用する代わりに，これらの同じ数字を削除し，残りの数字を (3・9) 式で使用する．たとえば，例題3・3のデータの標準偏差は，0.052，0.056，0.052 など（またはさらに 52，56，52 など）に基づいて計算できる．

は，pH 不変の緩衝溶液を 20～30 個の試料に分け，すべての工程を同様に実施する．通常，この測定での偶然誤差は次の測定の誤差と同じであると仮定してよい．(3・8) 式から計算された s の値は，母集団の σ の良好な推定値となる．

a. s の信頼性を向上させるためのデータの統合(プール)

前述したようなデータのサブセットがいくつかある場合，一つのデータセットだけを使用するよりも，データセットをプールする（組合わせる，統合する）ことで，母集団の標準偏差をより正確に推定できる．この場合も，すべての測定で偶然誤差の発生原因が同じであると仮定する必要がある．通常，この仮定が妥当となるのは，標本組成が類似していて，まったく同じ方法で分析が行われた場合である．さらに，標本は同じ母集団から無作為に抽出され，したがって共通の σ の値をもつと仮定する必要がある．

プールされた s (s_{pooled} とよばれる) は，統合する個々のデータセットの s の加重平均である．s_{pooled} は，各データセットの平均からの偏差を 2 乗し，それらを足し合わせ，適切な自由度で割ることにより求められる．得られた数値の平方根をとると s_{pooled} が得られる．データセット一つにつき自由度が 1 失われるため，s_{pooled} の自由度は，測定の総数からデータセット数を引いたものに等しい．コラム 3・4 の (3・11) 式は，t 個のデータセットの s_{pooled} を得るための式である．これを応用した計算を例題 3・4 に示す．

コラム 3・4　プールされた標準偏差の計算式

複数（ここでは t 個）のデータセットを統合したときの，プールされた標準偏差を計算する式は，

$$s_{\text{pooled}} = \sqrt{\frac{\sum_{i=1}^{N_1}(x_i - \bar{x}_1)^2 + \sum_{j=1}^{N_2}(x_j - \bar{x}_2)^2 + \sum_{k=1}^{N_3}(x_k - \bar{x}_3)^2 + \cdots}{N_1 + N_2 + N_3 + \cdots + N_t - t}}$$

(3・11)

の形をとる．N_1 はデータセット 1 のデータ数，N_2 はデータセット 2 のデータ数である．t は，統合されたデータセットの総数を表している．

例題 3・4

糖尿病患者は日常的に血糖値を測定している．血糖値が軽度に上昇している患者に低糖食を食べてもらい，血中グルコース濃度を月ごとに測定し，以下の結果を得た．なお，測定には分光光度計を用いた．この方法によるグルコース濃度のプールされた標準偏差を計算せよ．

(例題 3・4 つづき)

時間	グルコース濃度 [mg/L]	平均グルコース濃度 [mg/L]	平均からの偏差の平方和	標準偏差
1 カ月目	1108, 1122, 1075, 1099, 1115, 1083, 1100	1100.3	1687.43	16.8
2 カ月目	992, 975, 1022, 1001, 991	996.2	1182.80	17.2
3 カ月目	788, 805, 779, 822, 800	798.8	1086.80	16.5
4 カ月目	799, 745, 750, 774, 777, 800, 758	771.9	2950.86	22.2

総測定数 = 24　　総平方和 = 6907.89

解 答

1 カ月目，右から 2 番目の列の平方和は次のように計算した．

$$\begin{aligned}
\text{平方和} &= (1108 - 1100.3)^2 + (1122 - 1100.3)^2 \\
&+ (1075 - 1100.3)^2 + (1099 - 1100.3)^2 \\
&+ (1115 - 1100.3)^2 + (1083 - 1100.3)^2 \\
&+ (1100 - 1100.3)^2 = 1687.43
\end{aligned}$$

他の平方和も同様に計算した．そして，プールされた標準偏差は，

$$s_{\text{pooled}} = \sqrt{\frac{6907.89}{24 - 4}} = 18.58 \approx 19 \text{ mg/L}$$

となる．この s_{pooled} 値は，右端の列に示した個々の標準偏差 (s 値) よりも σ の推定値として優れている．また，四つのサブセットそれぞれについて自由度が 1 失われている．しかし，自由度が 20 残っているため，s_{pooled} は σ の良好な推定値とみなすことができる．

3・4・5　分散およびその他の精度の指標

標本標準偏差は，通常，分析データの精度を表す際に用いられるが，そのほかにも三つの用語がよく用いられる．

a. 分　散　分散は，標準偏差の 2 乗である．**標本分散** s^2 (sample variance) は母集団分散 σ^2 の推定値であり，

$$s^2 = \frac{\sum_{i=1}^{N}(x_i - \bar{x})^2}{N - 1} = \frac{\sum_{i=1}^{N} d_i^2}{N - 1} \quad (3 \cdot 12)$$

で与えられる．標準偏差の単位はデータの単位と同じであり，分散の単位はデータの単位の 2 乗である．科学分野

では，分散よりも標準偏差の方がよく用いられる傾向がある．それは，測定値とその精度が同じ単位で表されている方が両者の関係性を考察するのに都合がよいからである．本章後半で説明するように，分散を用いる利点は，多くの場合，分散に加法性があることである．

b. 相対標準偏差および変動係数 標準偏差は絶対値ではなく相対値で与えられることが多い．相対標準偏差（relative standard deviation，RSD）は，標準偏差をデータセットの平均値で割ることにより求められる．相対標準偏差は記号 s_r を用いて表すこともある．

$$\text{相対標準偏差} = s_r = \frac{s}{\bar{x}}$$

相対標準偏差は上式で得られた比率に 1000 ppt または 100% を掛けることによって，千分率（ppt）または％で表すこともある．たとえば，

$$\text{相対標準偏差(ppt)} = \frac{s}{\bar{x}} \times 1000 \text{ ppt}$$

相対標準偏差に 100% を掛けたものを**変動係数**（coefficient of variation，CV）とよぶ．

$$\text{変動係数} = \%\text{ 相対標準偏差} = \frac{s}{\bar{x}} \times 100\% \tag{3・13}$$

相対標準偏差は，絶対標準偏差に比べて，データ品質をより明確に示す．一例として，銅を定量し，その標準偏差が 2 mg の場合を考えてみよう．試料が平均で 50 mg の銅を含む場合，この試料の変動係数は 4%（$\frac{2}{50} \times 100\%$）となる．しかし，銅含有量が 10 mg の場合は CV＝20% となる．

c. 広がりまたは範囲 広がり（spread）または**範囲** w（range）は，一連の反復測定結果の精度を記述するために用いられる別の用語である．これは，データセット中の最大値と最小値の差を表す．したがって，図3・1のデータの範囲は（20.3−19.4）＝0.9 ppm Fe であるし，例題3・4 の 1 カ月目の血中グルコース濃度のデータの範囲は 1122−1075＝47 mg/L となる．

例題 3・5

例題 3・3 のデータセットについて，(a) 分散，(b) 相対標準偏差（ppt），(c) 変動係数，(d) 範囲を計算せよ．

解 答

例題 3・3 において，

$\bar{x} = 0.754$ ppm Pb および $s = 0.0038$ ppm Pb

ということがわかっている．したがって，

（例題 3・5 解答つづき）

(a) 分散 $s^2 = (0.0038)^2 = 1.4 \times 10^{-5}$

(b) 相対標準偏差 $= \dfrac{0.0038}{0.754} \times 1000$ ppt $= 5.0$ ppt

(c) 変動係数 $= \dfrac{0.0038}{0.754} \times 100\% = 0.50\%$

(d) 範囲 $w = 0.760 − 0.751 = 0.009$ ppm Pb

3・5 計算結果の標準偏差

二つ以上の測定値（それぞれの標本標準偏差は既知）から計算された結果について標準偏差を推定しなくてはならない場合が多々ある．このとき個別の誤差の値は計算を介して伝播していくことに注意が必要である．**誤差の伝播**（error propagation）を含めてどのように標準偏差の推定を行うかは，表3・4に示すように，用いる計算のタイプによって変わってくる．この表に示す関係は付録9に記した．

表3・4　伝播する誤差の計算方法

計算のタイプ	例[†1]	y の標準偏差[†2]
和または差	$y = a + b − c$	$s_y = \sqrt{s_a^2 + s_b^2 + s_c^2}$
積または商	$y = \dfrac{a \times b}{c}$	$\dfrac{s_y}{y} = \sqrt{\left(\dfrac{s_a}{a}\right)^2 + \left(\dfrac{s_b}{b}\right)^2 + \left(\dfrac{s_c}{c}\right)^2}$
指数	$y = a^x$	$\dfrac{s_y}{y} = x\left(\dfrac{s_a}{a}\right)$
対数	$y = \log_{10} a$	$s_y = 0.434 \dfrac{s_a}{a}$
真数（逆対数）[†3]	$y = \text{antilog}_{10} a$	$\dfrac{s_y}{y} = 2.303 s_a$

[†1] a, b, c は測定値で標準偏差はそれぞれ s_a, s_b, s_c である．
[†2] これらの関係は付録9に記載されている．y が負の数の場合，s_y/y の値は絶対値で表す．
[†3] $y = \log_{10} x$ のとき $x = \text{antilog}_{10} y$．$x$ を真数という．

3・5・1 和または差の標準偏差

次の足し算について考えてみる．

$$\begin{array}{rl} +\ 0.50 & (\pm 0.02) \\ +\ 4.10 & (\pm 0.03) \\ -\ 1.97 & (\pm 0.05) \\ \hline 2.63 & \end{array}$$

ここで括弧内の数字は絶対標準偏差を表す．三つの数値の標準偏差が偶然同じ符号をもつ場合，和の標準偏差は

+0.02+0.03+0.05=+0.10 または −0.02−0.03−0.05=−0.10 と大きくなる．一方，三つの標準偏差同士が打消し合い，合計の値が 0 となる可能性がある．すなわち −0.02−0.03+0.05=0 または +0.02+0.03−0.05=0 のような場合である．しかし，実際の和の標準偏差は +0.10 と −0.10 の間にあることが多い．和または差の分散は，個々の分散の合計に等しい[7]．和または差の標準偏差の最確値は，個々の絶対標準偏差の平方和の平方根をとることによって求められる．したがって，

$$y = a(\pm s_a) + b(\pm s_b) - c(\pm s_c)$$

の計算では，結果 y の分散 s_y^2 は，

$$s_y^2 = s_a^2 + s_b^2 + s_c^2$$

で与えられる．したがって，結果の標準偏差 s_y は，

$$s_y = \sqrt{s_a^2 + s_b^2 + s_c^2} \quad (3\cdot14)$$

である．ここで，s_a, s_b, s_c は，a, b, c の標準偏差である．上の例の標準偏差の値を代入すると，

$$s_y = \sqrt{(\pm 0.02)^2 + (\pm 0.03)^2 + (\pm 0.05)^2} = 0.06$$

[1] となり，和は 2.63(±0.06) と求められる．

3・5・2 積または商の標準偏差

括弧内の数字が絶対標準偏差である次の計算について考えてみる．

$$\frac{4.10(\pm 0.02) \times 0.0050(\pm 0.0001)}{1.97(\pm 0.04)} = 0.010406(\pm ?)$$

この場合，計算に用いた数値のうちの二つの標準偏差が結果自体よりも大きくなってしまう．したがって掛け算と割り算では異なるアプローチが必要であることは明らかである．表 3・4 に示すように，積または商の<u>相対標準偏差</u>は，計算に用いられる数値の<u>相対標準偏差</u>によって決定される．たとえば，

$$y = \frac{a \times b}{c} \quad (3\cdot15)$$

の場合，a, b, c の相対標準偏差の平方和を求め，その平方根を計算することによって，相対標準偏差 s_y/y を得る．

$$\frac{s_y}{y} = \sqrt{\left(\frac{s_a}{a}\right)^2 + \left(\frac{s_b}{b}\right)^2 + \left(\frac{s_c}{c}\right)^2} \quad (3\cdot16)$$

この式に先ほどの例の数値を代入すると，

$$\frac{s_y}{y} = \sqrt{\left(\frac{\pm 0.02}{4.10}\right)^2 + \left(\frac{\pm 0.0001}{0.0050}\right)^2 + \left(\frac{\pm 0.04}{1.97}\right)^2}$$

$$= \sqrt{(0.0049)^2 + (0.0200)^2 + (0.0203)^2} = 0.0289$$

となる．計算を完了するためには，結果の絶対標準偏差を求める必要がある．

$$s_y = y \times (0.0289) = 0.0104 \times (0.0289) = 0.000301$$

結果とその不確かさは 0.0104(±0.0003) と表記できる（§3・6・3 参照）．ここで，y が負の数の場合は，s_y/y を絶対値として扱う必要がある．

例題 3・6 に，より複雑な計算結果の標準偏差を求める方法を示す．

例題 3・6

次の結果の標準偏差を計算せよ．

$$\frac{[14.3(\pm 0.2) - 11.6(\pm 0.2)] \times 0.050(\pm 0.001)}{[820(\pm 10) + 1030(\pm 5)] \times 42.3(\pm 0.4)} = 1.725(\pm ?) \times 10^{-6}$$

解 答

まず，和と差の標準偏差を計算する必要がある．分子の差の標準偏差は，

$$s_a = \sqrt{(\pm 0.2)^2 + (\pm 0.2)^2} = 0.283$$

であり，分母の和の標準偏差は，

$$s_b = \sqrt{(\pm 10)^2 + (\pm 5)^2} = 11.2$$

である．そこで，式を次のように書き直せる．

$$\frac{2.7(\pm 0.283) \times 0.050(\pm 0.001)}{1850(\pm 11.2) \times 42.3(\pm 0.4)} = 1.725 \times 10^{-6}$$

この式は積と商のみからなるので，(3・16) 式が適用される．よって，

$$\frac{s_y}{y} = \sqrt{\left(\frac{\pm 0.283}{2.7}\right)^2 + \left(\frac{\pm 0.001}{0.050}\right)^2 + \left(\frac{\pm 11.2}{1850}\right)^2 + \left(\frac{\pm 0.4}{42.3}\right)^2}$$

$$= 0.107$$

絶対標準偏差を得るために書き換えると次のようになる．

$$s_y = y \times 0.107 = 1.725 \times 10^{-6} \times (0.107)$$
$$= 0.185 \times 10^{-6}$$

答えを丸めて，$1.7(\pm 0.2) \times 10^{-6}$ となる．

---

[1] 本節では不確かな桁を青色で表記して強調した．
[7] P.R. Bevington, D.K. Robinson, "Data Reduction and Error Analysis for the Physical Sciences, 3rd ed.", ch. 3, McGraw-Hill, New York (2002).

3・5・3 指数計算の標準偏差

以下の関係式について考えてみる.

$$y = a^x$$

ここで指数 x は不確かさがないものとみなす. 表 3・4 および付録 9 に示すように, a の不確かさに起因する y の相対標準偏差は,

$$\frac{s_y}{y} = x\left(\frac{s_a}{a}\right) \quad (3\cdot 17)$$

である. したがって, ある数値の 2 乗の相対標準偏差はその値の相対標準偏差の 2 倍であり, ある数値の立方根の相対標準偏差はその値の相対標準偏差の 3 分の 1 になる. 例題 3・7 に, 指数計算の場合の実例を示す.

例題 3・7

銀塩 AgX の溶解度積 K_{sp} は $4.0(\pm 0.4)\times 10^{-8}$ であるので, 溶解度は以下の値となる.

$$溶解度 = (K_{sp})^{1/2} = (4.0 \times 10^{-8})^{1/2}$$
$$= 2.0 \times 10^{-4}\,\mathrm{M}$$

求めた AgX の溶解度の標準偏差を計算せよ.

解 答

(3・17) 式に $y=$ 溶解度, $a=K_{sp}$, $x=1/2$ を代入すると,

$$\frac{s_a}{a} = \frac{0.4 \times 10^{-8}}{4.0 \times 10^{-8}}$$

$$\frac{s_y}{y} = \frac{1}{2} \times \frac{0.4}{4.0} = 0.05$$

$$s_y = 2.0 \times 10^{-4} \times 0.05 = 0.1 \times 10^{-4}$$

溶解度 $= 2.0\,(\pm 0.1)\times 10^{-4}\,\mathrm{M}$

指数計算の場合の誤差の伝播は, 掛け算の誤差の伝播とは異なることに注意しなければならない. たとえば, $4.0(\pm 0.2)$ の 2 乗の誤差を考えてみる. 答えである 16.0 の相対誤差は, (3・17) 式で与えられる.[1]

$$\frac{s_y}{y} = 2\left(\frac{0.2}{4}\right) = 0.1\;\text{または}\; 10\%$$

結果は $y=16(\pm 2)$ となる.

ここで, y が偶然にも $a_1=4.0(\pm 0.2)$ と $a_2=4.0(\pm 0.2)$ の同一の値をもつ二つの独立に測定された数の積である状況を考えてみる. 式 $a_1a_2=16.0$ の相対誤差は (3・16) 式で与えられる.

$$\frac{s_y}{y} = \sqrt{\left(\frac{0.2}{4}\right)^2 + \left(\frac{0.2}{4}\right)^2} = 0.07\;\text{または}\; 7\%$$

結果は $y=16(\pm 1)$ となる. 二つの結果の間に差が生じたのは, 互いに独立した測定においては, 一方の数値の誤差の符号は, 他方の数値の誤差の符号と必ずしも同じにならないからである. もし両者が同じである場合, 誤差は, 符号が同じであるとした最初の例の結果と同一になる. 反対に, 一方の符号が正で他方が負であれば, 相対誤差は打消しあう傾向がある. したがって, 互いに独立した測定の場合, 誤差は最大 (10%) と 0 の間の数値となる.

3・5・4 対数と真数を求める計算の標準偏差

表 3・4 にあるように, $y=\log a$ の場合には,

$$s_y = 0.434\frac{s_a}{a} \quad (3\cdot 18)$$

$y=\mathrm{antilog}\,a$ の場合には,[2]

$$\frac{s_y}{y} = 2.303 s_a \quad (3\cdot 19)$$

となる. つまり, ある数値の対数の絶対標準偏差は, その値の相対標準偏差によって決定される. 逆に, ある数値の真数の相対標準偏差は, その値の絶対標準偏差によって決定される. 例題 3・8 にこれらの計算を示す.

例題 3・8

次の計算結果の絶対標準偏差を計算せよ. 各値の絶対標準偏差は括弧内に示す.

(a) $y = \log[2.00(\pm 0.02)\times 10^{-4}]$
$= -3.6990 \pm ?$

(b) $y = \mathrm{antilog}[1.200(\pm 0.003)]$
$= 15.849 \pm ?$

(c) $y = \mathrm{antilog}[45.4(\pm 0.3)]$
$= 2.5119 \times 10^{45} \pm ?$

---

[1] $y=a^3$ の相対標準偏差は, $a=b=c$ である三つの独立した測定値 a, b, c の積 $y=abc$ の相対標準偏差とは等しくない.

[2] $N=10^m$ ならば $\log N = m$ である. このとき N は対数 m の**真数** (antilogarithm) であるといい, $N=\mathrm{antilog}\,m$ と記す. また $\log(2.000\times 10^{-4})=-3.6990$ において, 整数部分 -3 を**指標** (characteristic), 小数部分 0.6990 を**仮数** (mantissa) という.

解 答（例題 3・8 つづき）
(a) (3・18) 式を参照すると，<u>相対標準偏差に 0.434 を掛ける必要がある</u>．

$$s_y = 0.434 \times \frac{0.02 \times 10^{-4}}{2.00 \times 10^{-4}} = 0.004$$

よって，

$$y = \log[2.00(\pm 0.02) \times 10^{-4}] = -3.699\,(\pm 0.004)$$

(b) (3・19) 式を適用すると，

$$\frac{s_y}{y} = 2.303 \times (0.003) = 0.0069$$

$$s_y = 0.0069y = 0.0069 \times 15.849 = 0.11$$

したがって，

$$y = \mathrm{antilog}[1.200(\pm 0.003)] = 15.8 \pm 0.1$$

(c) $\dfrac{s_y}{y} = 2.303 \times (0.3) = 0.69$

$$s_y = 0.69y = 0.69 \times 2.5119 \times 10^{45} = 1.7 \times 10^{45}$$

よって，

$$y = \mathrm{antilog}[45.4(\pm 0.3)] = 2.5\,(\pm 1.7) \times 10^{45}$$
$$= 3\,(\pm 2) \times 10^{45}$$

例題 3・8 (c) の大きな絶対誤差は，真数の小数点以下の桁が少ないことが関係する．すなわち，小数点の左側の整数部分（指標）は小数点の位置を特定する役目しか果たしておらず，真数の大きな誤差は，その値の仮数の比較的大きな誤差（すなわち，0.4±0.3）に起因している（§3・6・2c, 例題 3・9 などを参照）．

3・6 計算結果の記載方法

数値データの質についての情報がなければ，利用する者にとってそのデータは役に立たない．そのため，データの信頼性を正確に評価することが常に重要となる．信頼性を示す最善の方法の一つが，90％ または 95％ の信頼水準で信頼区間を示すことである（§4・1 参照）．また別の方法として，データの絶対標準偏差または変動係数を示す方法もあり，この場合，標準偏差を得るために使用したデータ数を示すことで，s の信頼性についての情報を与えられる．また，上記のやり方よりも厳密ではないが，**有効数字** (significant figure) を用いてデータの質を示すのも一般的である．

3・6・1 有 効 数 字

実測値に付随する不確かさを示すため，実測値を丸めて，**有効数字**のみ表記することがある．定義上，数値の有効数字は確かな桁のあとに<u>不確かな桁を一つ加えたもの</u>である．たとえば，図 3・7 に示す 50 mL ビュレットの断面図を見ると，液面が 30.2 mL 以上 30.3 mL 未満であることが容易にわかる．また，目盛り間の液体の位置は約 0.04 mL と見積もられる．したがって，有効数字の表記方法に従い，30.2<u>4</u> mL となる．この場合，有効数字は 4 桁となる．最初の 3 桁は確定して読み取られ，最後の桁の数字 (4) は不確かであることに注意が必要である．

◀1

図 3・7 液面のメニスカスを図示したビュレットの断面図

0 は，数値のどの位置に使われているかに応じて，有効数字に含まれる場合とそうでない場合がある．他の数字で囲まれた 0 は，目盛りや計器の表示から直接読み取られた数値なので，有効数字である（30.24 mL など）．一方，小数点の位置を定めるための 0 は有効数字ではない．30.24 mL を 0.03024 L と書いても，有効数字の桁は変化しない．3 の前の 0 は小数点の位置を特定するためのものであり有効数字ではないからである．末尾についている 0 は有効数字である可能性もある．たとえば，ビーカーの容積が 2.0 L と表されている場合，0 が存在することで，ビーカーの容積が 1/10 L 単位まで読み取り可能ということになり，2 と 0 の両方が有効数字となる．これとまったく同じ量が 2000 mL と表示されている場合，ことは複雑になる．不確かさは依然として 1 L の 1/10 単位または 100 mL 単位であるため，最後の二つの 0 は有効数字ではない．このような場合，有効数字がわかるように表記するためには，10 の累乗を用いて，2.0×10^3 mL と記す．

◀2

◀3

1▶ 用語 数値の**有効数字**は，すべての確かな桁と最初の不確かな桁を合わせた数字をさす．
2▶ 有効数字の数を決定するためのルール
 1. すべての最初の 0 を無視
 2. <u>小数点以下を除く</u>，すべての最後の 0 を無視
 3. 0 ではない桁の間に残ったすべての桁が有効数字であり，0 も含まれる
3▶ 数値を 10 の累乗を用いて表記すると，末端の 0 が有効数字であるか確実に判断できる．

3・6・2 数値計算における有効数字

二つ以上の数値を用いて行った計算の結果を適切な有効数字で表記するには，十分な注意が必要である[8]．

a. 和と差 足し算および引き算の場合，式を眺めるだけで有効数字を見つけることができる．たとえば，次式では，3.4 の小数点第 1 位が不確かなため，答えの小数点第 2 位と第 3 位は有意ではない．したがって，答えは 10.7 に丸められる．

$$3.4 + 0.020 + 7.31 = 10.730$$
$$= 10.7 \text{（有効数字に丸めた値）}$$

足し算および引き算では，答えの小数点以下の桁数は，計算に用いる数値のうち小数点以下の桁数が最も少ない数値と同じでなければならないと一般化できる．計算に用いた数値のうち二つは有効数字が 2 桁であったにもかかわらず，答えには 3 桁の有効数字が含まれていることに注目してほしい．

b. 積と商 掛け算と割り算においては，有効数字が最も小さい数値の桁数と同じになるよう答えを丸めることが推奨されている．しかし，この作業を行う際，誤った方法で数値を丸めてしまうことがある．たとえば，次の二つの計算について考えてみる．

$$\frac{24 \times 4.52}{100.0} = 1.08 \quad \text{および} \quad \frac{24 \times 4.02}{100.0} = 0.965$$

冒頭の手順に従えば，最初の式の答えは 1.1，二つ目の式の答えは 0.96 となるであろう．しかし実際には，各数値の最後の桁の不確かさは，その数値の大きさにより異なる．たとえば，最初の計算式では，それぞれの数値の相対的な不確かさは 1/24, 1/452, 1/1000 である．最初の相対的な不確かさは他の二つの不確かさよりもはるかに大きいので，結果における相対的な不確かさも 1/24 となる．したがって，この計算式の答えの絶対的な不確かさは，

$$1.08 \times \frac{1}{24} = 0.045 \approx 0.04$$

となる．同様に，二つ目の答えの絶対的不確かさは，以下の通りである．

$$0.965 \times \frac{1}{24} = 0.040 \approx 0.04$$

いずれの計算結果も小数点以下 2 桁目に誤差があり，3 桁目には意味がない．したがって，一つ目の答えは有効数字 3 桁すなわち 1.08 に，二つ目の答えは 2 桁の 0.96 に丸めるべきである．

c. 対数と真数 対数を含む計算結果の数値を丸めるには特に注意が必要である．以下に示す法則はほぼすべての状況に適用可能である．例題 3・9 に例をあげて説明する．

1) 対数では，もとの数値の有効数字の桁数と同じだけ小数点の右側に数値を記載する．
2) 真数では，もとの数値の小数点以下の桁数と同じ桁数を記載する[9]．

例題 3・9

有効数字のみになるように以下の答えを丸めよ．

(a) $\log 4.000 \times 10^{-5} = -4.3979400$
(b) $\text{antilog } 12.5 = 3.162277 \times 10^{12}$

解 答

(a) 1) に従い，小数点以下 4 桁を残す．

$$\log 4.000 \times 10^{-5} = -4.3979$$

(b) 2) に従い，1 桁のみを残す．

$$\text{antilog } 12.5 = 3 \times 10^{12}$$

3・6・3 数値の丸め方

化学分析の計算結果は適切な方法で常に数値を丸める必要がある．たとえば，次のような反復測定結果を考えてみる．

$$41.60, \ 41.46, \ 41.55, \ 41.61$$

このデータセットの平均は 41.555 であり，標準偏差は 0.069 である．平均値を丸める場合，41.55 とするか，41.56 とするか悩ましい．5 を丸める際は，常に最も近い偶数にするという法則を適応するとよい．こうすることで，常に一定の方向に丸められる傾向がなくなる．すなわち，いかなる状況においても，最も近い偶数が切り上げの結果か切り捨ての結果かは互いに等しい可能性をもっている．したがって，結果は 41.56±0.07 と記すのがよい．ま

---

[1] 科学で用いる表記法で数値を足したり引いたりする際は，数値を同じ 10 の累乗で表現する．たとえば，

$$\begin{array}{r} 2.432 \times 10^6 \\ +6.512 \times 10^4 \\ -1.227 \times 10^5 \\ \hline \end{array} \quad \begin{array}{r} 2.432 \times 10^6 \\ +0.06512 \times 10^6 \\ -0.1227 \times 10^6 \\ \hline 2.37442 \times 10^6 \end{array}$$

$$= 2.374 \times 10^6 \text{（有効数字に丸めた値）}$$

[2] 掛け算および割り算では，有効桁数が最も少ない数字の有効桁数に合わせる．この経験則は慎重に適用しなくてはいけない．

[3] 仮数すなわち対数の小数点以下の数字の有効桁数はもとの数（真数）の有効桁数に等しくなる．したがって，$\log(9.57 \times 10^4) = 4.981$ となる．(9.57 の有効桁数は 3 桁なので，対数の小数点以下は 3 桁になる．)

[4] 5 で終わる数字を丸める場合，数値が偶数で終わるように常に処理する．したがって，0.635 は 0.64 に切り上げ，0.625 は 0.62 に切り下げる．

[8] 有効数字の扱い方に関する広範な議論については，L.M. Schwartz, *J.Chem. Educ.*, **62**, 693 (1985), DOI: 10.1021/ed062p693 参照．

[9] D.E. Jones, *J.Chem. Educ.*, **49**, 753 (1971), DOI: 10.1021/ed049p753.

た，推定した標準偏差の信頼性を疑う理由があれば，その結果を 41.6±0.1 と記すのがよい．

標準偏差にも誤差が含まれているため，<u>標準偏差の有効数字を複数桁にすることはほとんど不可能である</u>ことに注意してほしい．研究論文において物理定数の不確かさを報告するなど，特殊な目的のためには 2 桁の有効数字を記すことは有用であり，標準偏差に 2 桁目を含めることは間違いではない．しかし，不確かさは通常，1 桁目にあることを忘れてはならない．

3・6・4 化学的な計算結果の表し方

化学的な計算の結果を記す際に二つの場合に直面する．最終的な計算に用いた数値の標準偏差がわかっている場合は，§3・5 で扱った誤差の伝播の方法を適用し，有効桁を含むよう結果を丸める．しかし，精度が有効数字の桁数によってのみ示されている数値に対して計算を行う場合，各数値の不確かさについて常識的な仮定を導入しなければならない．これらの仮定を用いて，最終的な結果の不確かさを，§3・5 で扱った方法を用いて推定する．最後に，有効桁のみが含まれるよう答えを丸める．

<u>特に重要なのは，計算が完全に終了するまで数値を丸めないことである</u>．丸め誤差を避けるために，有効数字を一つ以上超える余分な桁を含んだ状態ですべての計算を行うようにする．この余分な桁は，ガード桁とよばれることもある．一般的な電卓では有効ではない複数の余分な数字が付加されるので，最終的な計算結果は自身で適切に丸めて，有効数字のみが含まれるようにすればよい．例題 3・10 に，その手順を示す．

例題 3・10

安息香酸 C_6H_5COOH (122.123 g/mol) を含む固体混合物 3.4842 g の試料を溶解させ，フェノールフタレインを指示薬として塩基で滴定した．この酸を中和するのに 41.36 mL の 0.2328 M NaOH が必要であった．試料中の安息香酸 (HBz) の割合 (%) を計算せよ．

解 答

§8・3・3 に示すように，計算は以下のように行う．

$$\%HBz = \frac{41.36\,\text{mL} \times 0.2328\,\frac{\text{mmol NaOH}}{\text{mL NaOH}} \times \frac{1\,\text{mmol HBz}}{\text{mmol NaOH}} \times \frac{122.123\,\text{g HBz}}{1000\,\text{mmol HBz}}}{3.4842\,\text{g 試料}} \times 100$$

$$= 33.749\%$$

すべての演算は掛け算または割り算のいずれかであるため，答えの相対誤差は実験データの相対誤差によって決定される．これらの誤差を見積もってみる．

(例題 3・10 解答つづき)

1) ビュレットの液面の読み取り誤差は，±0.02 mL と見積もられる（図 3・7）．今回，ビュレットを計 2 回（最初と最後）読み取っているので，体積の標準偏差 s_V は，

$$s_V = \sqrt{(0.02)^2 + (0.02)^2} = 0.028\,\text{mL}$$

となる．よって，体積の相対誤差 s_V/V は，

$$\frac{s_V}{V} = \frac{0.028}{41.36} \times 1000\,\text{ppt} = 0.68\,\text{ppt}$$

2) 一般に，化学てんびんで測定した質量の絶対誤差は，±0.0001 g の単位である．したがって，分母の相対誤差 s_D/D は，

$$\frac{0.0001}{3.4842} \times 1000\,\text{ppt} = 0.029\,\text{ppt}$$

3) 通常は，試薬溶液の濃度の絶対誤差は，±0.0001 と考えられるため，NaOH 濃度の相対誤差 s_c/c は

$$\frac{s_c}{c} = \frac{0.0001}{0.2328} \times 1000\,\text{ppt} = 0.43\,\text{ppt}$$

4) HBz のモル質量の相対誤差は，他の三つの実験値のいずれよりも数桁小さく，ほとんど影響を与えない．ただし，モル質量が実験データのいずれよりも少なくとも 1 桁多く（ガード桁）なるよう，計算には十分な数値を残す必要がある．そこで計算には，分子量に 122.123 を使用している（この例では，2 桁余分に追加されている）．

5) 100% および 1000 mmol HBz は正確な数値なので，不確かさは存在しない．

三つの相対誤差を (3・16) 式に代入すると，

$$\frac{s_y}{y} = \sqrt{\left(\frac{0.028}{41.36}\right)^2 + \left(\frac{0.0001}{3.4842}\right)^2 + \left(\frac{0.0001}{0.2328}\right)^2}$$

$$= \sqrt{(0.00068)^2 + (0.000029)^2 + (0.00043)^2}$$

$$= 8.02 \times 10^{-4}$$

$$s_y = 8.02 \times 10^{-4} \times y = 8.02 \times 10^{-4} \times 33.749 = 0.027$$

したがって，計算結果の誤差は 0.03% HBz であり，結果は 33.75% HBz，またはより正確に 33.75 (±0.03)% HBz とする．

すべての計算において，数値を丸める判断は非常に重要であることを改めて強調しておく．これらの判断は，機器の読み取り値，コンピューター画面，または電卓の画面に表示された桁数に基づいて行っては<u>いけない</u>．

章末問題

3・1 次の語句の違いを述べよ．
(a) 偶然誤差と系統誤差
(b) 定誤差と比例誤差
(c) 絶対誤差と相対誤差
(d) 平均値と中央値

3・2 1 m の定規を使って 3 m のテーブルの幅を測るとき，系統誤差と偶然誤差を生む原因をそれぞれ二つずつあげよ．

3・3 系統誤差の三つの種類をあげよ．

3・4 化学てんびんを用いて固形物を秤量する際に生じる可能性のある系統誤差を三つ以上あげよ．

3・5 ピペットを用いて一定体積の液体を測りとるときに生じる可能性のある系統誤差を三つ以上あげよ．

3・6 系統誤差を検出する方法を述べよ．

3・7 試料の量を変えることで検出できる系統誤差の種類をあげよ．

3・8 ある分析方法で金の質量を測定すると 0.4 mg 低い値が出る．試料中の金の質量が以下の値であるとき，%相対誤差を求めよ．
(a) 500 mg (b) 250 mg
(c) 150 mg (d) 70 mg

3・9 問題 3・8 の分析方法を用いて鉱石の分析を行ったところ，金含量が約 1.2% であることがわかった．絶対誤差 0.4 mg を相対誤差に換算したとき，その値が以下の値を超えないようにするために必要な試料の質量を求めよ．
(a) -0.1% (b) -0.4%
(c) -0.8% (d) -1.1%

3・10 ある指示薬は色が変化するのに 0.03 mL の過剰な滴定液が必要であることがわかっている．滴定液の総体積が以下の値であるとき，%相対誤差を求めよ．
(a) 50.00 mL (b) 10.0 mL
(c) 25.0 mL   (d) 30.0 mL

3・11 ある分析法を実施すると，Zn が 0.4 mg 失われることがわかっている．試料中の Zn の質量が以下の値であるとき，この損失による %相対誤差を求めよ．
(a) 30 mg   (b) 150 mg
(c) 300 mg (d) 500 mg

3・12 以下の各データセットの平均値と中央値を求めよ．また，データセットについて各値の平均からの偏差を求め，各データセットの偏差の平均も求めよ．
(a) 0.0110 0.0104 0.0105
(b) 24.53 24.68 24.77
    24.81 24.73
(c) 188 190 194 187
(d) 4.52×10^{-3} 4.47×10^{-3}
    4.63×10^{-3} 4.48×10^{-3}
    4.53×10^{-3} 4.58×10^{-3}
(e) 39.83 39.61 39.25 39.68
(f) 850 862 849 869 865

3・13 次の語句を定義せよ．
(a) 平均の標準偏差 (b) 変動係数
(c) 分散   (d) 有効数字

3・14 次の語句の違いを説明せよ．
(a) パラメーターと統計値
(b) 母集団平均と標本平均
(c) 確度と精度

3・15 次の語句を区別せよ．
(a) 標本標準偏差と母集団標準偏差
(b) 試料と標本（英語ではどちらも sample を使う）

3・16 平均の標準偏差とは何か述べよ．また，平均の標準偏差がデータセット全体の標準偏差よりもなぜ小さいのか考察せよ．

3・17 標準正規分布を用いて，母集団から得られた結果が平均から 0 と $+1\sigma$ の範囲に含まれる確率を求めよ．また $+1\sigma$ と $+2\sigma$ の範囲に含まれる確率を求めよ．

3・18 標準正規分布を用いて，測定値が平均 $\pm 2\sigma$ の外側となる確率を求めよ．また，平均からの偏差が -2σ より大きな負の値となる確率を求めよ．

3・19 反復測定の結果を以下に示す．

A	B	C	D	E	F
9.5	55.35	0.612	5.7	20.63	0.972
8.5	55.32	0.592	4.2	20.65	0.943
9.1	55.20	0.694	5.6	20.64	0.986
9.3		0.700	4.8	20.51	0.937
9.1			5.0		0.954

各データセットについて，(a) 平均値，(b) 中央値，(c) 範囲，(d) 標準偏差，(e) 変動係数を求めよ．

3・20 問題 3・19 のデータセットの真の値として受入れられる値はそれぞれ，A 9.0, B 55.33, C 0.630, D 5.4, E 20.58, F 0.965 である．各セットの平均について，(a) 絶対誤差と (b) 相対誤差を ppt で求めよ．

3・21 以下の計算結果の絶対標準偏差と変動係数を推定せよ．答えは有効数字で表記せよ．括弧内の数字は絶対標準偏差である．
(a) $y = 3.95(\pm 0.03) + 0.993(\pm 0.001)$
    $-7.025(\pm 0.001) = -2.082$
(b) $y = 15.57(\pm 0.04) + 0.0037(\pm 0.0001)$
    $+ 3.59(\pm 0.08) = 19.1637$
(c) $y = 29.2(\pm 0.3) \times 2.034(\pm 0.02) \times 10^{-17}$
    $= 5.93928 \times 10^{-16}$
(d) $y = 326(\pm 1) \times \dfrac{740(\pm 2)}{1.964(\pm 0.006)}$
    $= 122{,}830.9572$
(e) $y = \dfrac{187(\pm 6) - 89(\pm 3)}{1240(\pm 1) + 57(\pm 8)} = 7.5559 \times 10^{-2}$
(f) $y = \dfrac{3.56(\pm 0.01)}{522(\pm 3)} = 6.81992 \times 10^{-3}$

3・22 以下の計算結果の絶対標準偏差と変動係数を推定せよ．答えは有効数字で表記せよ．括弧内の数字は絶対標準偏差である．

(a) $y = 1.02(\pm 0.02) \times 10^{-8} - 3.54(\pm 0.2) \times 10^{-9}$

(b) $y = 90.31(\pm 0.08) - 89.32(\pm 0.06) + 0.200(\pm 0.004)$

(c) $y = 0.0040(\pm 0.0005) \times 10.28(\pm 0.02) \times 347(\pm 1)$

(d) $y = \dfrac{223(\pm 0.03) \times 10^{-14}}{1.47(\pm 0.04) \times 10^{-16}}$

(e) $y = \dfrac{100(\pm 1)}{2(\pm 1)}$

(f) $y = \dfrac{1.49(\pm 0.02) \times 10^{-2} - 4.97(\pm 0.06) \times 10^{-3}}{27.1(\pm 0.7) + 8.99(\pm 0.08)}$

3・23 以下の計算結果の絶対標準偏差と変動係数を推定せよ．答えは有効数字で表記せよ．括弧内の数字は絶対標準偏差である．

(a) $y = \log[2.00(\pm 0.03) \times 10^{-4}]$

(b) $y = \log[4.42(\pm 0.01) \times 10^{37}]$

(c) $y = \mathrm{antilog}[1.200(\pm 0.003)]$

(d) $y = \mathrm{antilog}[49.54(\pm 0.04)]$

3・24 以下の計算結果の絶対標準偏差と変動係数を推定せよ．答えは有効数字で表記せよ．括弧内の数字は絶対標準偏差である．

(a) $y = [4.17(\pm 0.03) \times 10^{-4}]^3$

(b) $y = [2.936(\pm 0.002)]^{1/4}$

3・25 球の直径 d の測定における標準偏差は ± 0.02 cm である．$d = 2.15$ cm であるとき，球の体積 V の標準偏差を求めよ．

3・26 蓋のない円筒形のタンクの内径を測定した．4回の反復測定の結果は 5.2, 5.7, 5.3, 5.5 m である．タンクの高さの反復測定値は 7.9, 7.8, 7.6 m であった．タンクの体積 (L) を求め，結果の標準偏差を求めよ．

3・27 分析対象Aの容量分析を行い，得られたデータとその標準偏差を次に示す．

ビュレット		標準偏差
最初の目盛り	0.19 mL	0.02 mL
最後の目盛り	9.26 mL	0.03 mL
試料質量	45.0 mg	0.2 mg

このデータから，以下の式を用いて求めた %A について最終結果の変動係数を求めよ．ただし，当量には誤差がないとする (付録7参照)．

$$\%A = 滴定体積 \times 当量 \times \dfrac{100\%}{試料質量}$$

3・28 第17章で説明する誘導結合プラズマ (ICP) 原子発光分析において，特定のエネルギー準位に励起した原子数は温度の指数関数である．ジュール (J) で表した励起エネルギー E を用いて，ICP 発光シグナル S の測定値は，

$$S = k'e^{-E/(kT)}$$

と記述され，k' は温度に依存しない定数，T は絶対温度 (K)，k はボルツマン定数 (1.3807×10^{-23} J K^{-1}) である．ICP の平均温度が 6500 K で，銅の励起エネルギーが 6.12×10^{-19} J のとき，発光シグナルの変動係数を 1% 以下にするためには，ICP の温度をどれほど正確に管理する必要があるか考察せよ．

3・29 第16章で示すとおり，吸光分光法はランベルト-ベールの法則に基づいており，次式で表される．

$$-\log T = \varepsilon b c_X$$

ここで，T は分析対象 X の溶液の透過率，b は光吸収溶液の長さ，c_X は X のモル濃度，ε は実験で求まる定数である．X の一連の標準液を測定し，εb は $3312(\pm 12)$ M^{-1} と求められた．括弧内の数字は絶対標準偏差である．

εb を求めたときに使用したセルを用いて，X の濃度未知である溶液を測定した．反復測定の結果，$T = 0.213, 0.216, 0.208, 0.214$ が得られた．このとき，(a) 分析対象 c_X のモル濃度，(b) c_X の絶対標準偏差，(c) c_X の変動係数を求めよ．

3・30 同じ種類のワイン6本の糖残存量を測定し，以下の結果を得た．

試料	糖残存量 [%(w/v)]
1	1.02, 0.84, 0.99
2	1.13, 1.02, 1.17, 1.02
3	1.12, 1.32, 1.13, 1.20, 1.25
4	0.77, 0.58, 0.61, 0.72
5	0.73, 0.92, 0.90
6	0.73, 0.88, 0.72, 0.70

(a) 各データセットの標準偏差 s を求めよ．
(b) この測定方法における，プールされた絶対標準偏差を求めよ．

3・31 九つの不法ヘロイン製剤の試料を，ガスクロマトグラフィーにより2回反復測定した．試料は母集団から無作為に抽出したとする．以下のデータをプールして，この方法で分析したときの σ を推定せよ．

試料	ヘロイン [%]	試料	ヘロイン [%]
1	2.24, 2.27	6	1.07, 1.02
2	8.4, 8.7	7	14.4, 14.8
3	7.6, 7.5	8	21.9, 21.1
4	11.9, 12.6	9	8.8, 8.4
5	4.3, 4.2		

3・32 分光法を用いて，オハイオ川の水に含まれる NTA (ニトリロ三酢酸) を分析した．以下のデータをプールして σ を推定せよ．

試料	NTA [ppb]
1	13, 19, 12, 7
2	42, 40, 39
3	29, 25, 26, 23, 30

4 統計学によるデータ処理

多くの定量分析では，膨大な数の測定（無限に近い）を行わなければ，平均 μ の真の値を決定することはできない．しかし統計を用いれば，母集団平均 μ がある確率で存在すると推定できる，実験的に決定した平均 $\bar{x}$ を取囲む区間を確定できる．この区間を **信頼区間**（confidence interval, CI）とよぶ．信頼区間の限界を **信頼限界**（confidence limit）とよぶこともある．たとえば，一連のカリウム測定の真の母集団平均が 7.25±0.15 K の範囲内に 99% の確率で存在するなどと表現することができる．すなわち，平均が 7.10〜7.40 K の間となる可能性が 99% ということができる．本章では，統計学による最も一般的なデータ処理の方法を示す．以下におもな方法をあげる．

1) 反復測定結果の平均を取囲む **信頼区間** を定義する．信頼区間は，平均の標準偏差に関連している．
2) 測定値の平均が，与えられた確率である範囲内に収まるために必要な反復測定数を決定する．
3) (a) 測定値の平均と真の値が異なる確率，または (b) 二つの実験から得られた平均が異なる確率，すなわちこれらの値の差が有意であるか単なる偶然誤差によるものであるかを推定する．この検定は，実験方法の系統誤差を発見したり，二つの標本の母集団が同一かを判断したりするのに特に重要である．
4) 与えられた確率で，2組のデータセットの精度が異なるかどうかを判断する．
5) 三つ以上の標本の平均を比較して，その差が有意であるか，偶然誤差の結果であるかを判断する．この過程は **分散分析**（analysis of variance, **ANOVA**）とよばれる．
6) 一連の反復測定値のうち異常値（外れ値）と思われる結果を排除するか否かを決定する．

4・1 信頼区間

標本標準偏差から計算される信頼区間の範囲は，標本標準偏差 s がどれほど母集団標準偏差 σ を反映しているかに依存する．s が σ の優れた推定値である場合には，わずかな測定値から σ を推定した場合に比べて，信頼区間は非常に狭い範囲となる．

4・1・1 σ が既知，または s が σ の優れた推定値である場合の信頼区間の求め方

図 4・1 は，五つの標準正規分布を示している．それぞれ，相対度数が平均からの偏差を母集団の標準偏差で割った量 z（3・6式参照）の関数としてプロットされている．グラフ内の青色の部分は，曲線の左右に表示されている $-z\sigma$ と $+z\sigma$ の値の間にある領域を示している．青色の領域内の数字は，これら z の値に挟まれている曲線の下側面積の，総面積に対する割合である．たとえば，曲線 (a) では，曲線の下側面積の 50% が -0.67σ と $+0.67\sigma$ の間に位置する．曲線 (b) と (c) では，それぞれ総面積の 80% が -1.28σ と $+1.28\sigma$ の間に，90% が -1.64σ と $+1.64\sigma$ の間にあることがわかる．このような関係があるため，妥当な σ の推定値が得られているならば，真の平均値がある確率で存在するであろう測定結果の範囲を定義することが可能になる．たとえば，標準偏差が σ であるデータセットから結果 x が得られた場合，100 回のうち 90 回は真の平均 μ が

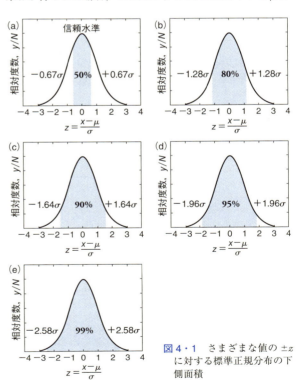

図 4・1 さまざまな値の $\pm z$ に対する標準正規分布の下側面積

---

1) **用語** 平均の **信頼区間** は，母集団平均 μ がある確率で存在すると予想される範囲である．

$x \pm 1.64\sigma$ の範囲内に入ると仮定できる (図 4・1c). この確率は**信頼水準** (confidence level, CL) とよばれる. この例では, 信頼水準は 90 % であり, **信頼区間**は -1.64σ から $+1.64\sigma$ である. 結果が信頼区間の外にある確率は, **有意水準** (significance level, **危険率**ともいう) とよばれる.

σ が既知の分布において, 一回の測定値 x を得た場合, 真の平均は z に依存する確率で区間 $(x \pm z\sigma)$ 内に存在するということができる. この確率は, 図 4・1 (c) 〜 (e) に示すように, $z=1.64$ で 90 %, $z=1.96$ で 95 %, $z=2.58$ で 99 % となる. (3・6) 式を並べ替えることにより, 以下のような, 一回の測定値 x に基づく真の平均 μ の信頼区間 (CI) を与える一般式を導き出せる (z は正でも負でもよい).

$$\mu \text{の信頼区間(CI)} = x \pm z\sigma \quad (4 \cdot 1)$$

しかし, 一回の測定値から真の平均を推定することはほとんどない. 代わりに, N 回測定した実験値の平均 $\bar{x}$ を μ のより良好な推定値として使用する. この場合, (4・1) 式の x を $\bar{x}$ で, σ を平均の標準偏差 $\sigma/\sqrt{N}$ で置き換えた次式を利用する.

$$\mu \text{の信頼区間(CI)} = \bar{x} \pm \frac{z\sigma}{\sqrt{N}} \quad (4 \cdot 2)$$

さまざまな信頼水準における z の値を表 4・1 に, N の関数としての信頼区間の相対的な大きさを表 4・2 に示す. 例題 4・1 に, 信頼区間の計算の例を示す. 例題 4・2 では, 与えられた信頼区間を得るために必要な測定数の計算を示す.

表 4・1 さまざまな信頼水準における z の値

信頼水準 〔%〕	z
50	0.67
68	1.00
80	1.28
90	1.64
95	1.96
95.4	2.00
99	2.58
99.7	3.00
99.9	3.29

表 4・2 測定値の数 N の関数としての信頼区間の大きさ

測定値の数 (N)	信頼区間の相対的な大きさ
1	1.00
2	0.71
3	0.58
4	0.50
5	0.45
6	0.41
10	0.32

例題 4・1

例題 3・4 における血中グルコース濃度の (a) 最初の測定値 (1108 mg/L) および (b) 1 カ月目の平均 (1100.3 mg/L) の 80 % および 95 % 信頼区間 (CI) をそれぞれ求めよ. 各範囲において $s=19$ が σ の良好な推定値であると仮定する.

解 答 (例題 4・1 つづき)

(a) 表 4・1 より, 80 % と 95 % の信頼水準について, z は 1.28 と 1.96 であることがわかる. (4・1) 式に代入すると,

80 % CI = 1108 ± 1.28 × 19 = 1108 ± 24.3 mg/L
95 % CI = 1108 ± 1.96 × 19 = 1108 ± 37.2 mg/L

これらの計算から, 母集団平均 μ (系統誤差が存在しない場合は, 真の値) は 80 % の確率で 1083.7〜1132.3 mg/L の間に存在するといえる. さらに, 95 % の確率で 1070.8〜1145.2 mg/L の間に存在する.

(b) 7 回の測定について, 以下のようになる.

80 % CI = 1100.3 ± $\frac{1.28 \times 19}{\sqrt{7}}$ = 1100.3 ± 9.2 mg/L

95 % CI = 1100.3 ± $\frac{1.96 \times 19}{\sqrt{7}}$ = 1100.3 ± 14.1 mg/L

したがって, 測定値の平均 ($\bar{x}=1100.3$ mg/L) から, μ は 80 % の確率で 1091.1〜1109.5 mg/L の間に存在し, 95 % の確率で 1086.2〜1114.4 mg/L の間に存在する. 単一の測定値ではなく測定値の平均を使用すると, 信頼区間はかなり狭まる.

例題 4・2

例題 3・4 において, 95 % 信頼区間を 1100.3 ± 10.0 mg/L まで狭めるには, 1 カ月目に何回の反復測定を行えばよいか求めよ.

解 答

$\pm \frac{z\sigma}{\sqrt{N}}$ が ± 10.0 mg/L と等しくなればよい.

$$\frac{z\sigma}{\sqrt{N}} = \frac{1.96 \times 19}{\sqrt{N}} = 10.0$$

$$\sqrt{N} = \frac{1.96 \times 19}{10.0} = 3.724$$

$$N = (3.724)^2 = 13.9$$

したがって, 母集団平均が測定値の平均の ± 10 mg/L の範囲内にある確率が, 95 % をやや上回るためには, 14 回の測定が必要であると結論づけられる.

(4・2) 式は, たとえば, 4 回の測定値の平均をとることで分析の信頼区間を半分にできることを表している. 16 回の測定では信頼区間を 4 分の 1 に縮小できる. しかし, より多くの測定結果を平均化したとしても, それほど大きなメリットは得られない. 実際, 測定回数を 2 回から 4

---

1) **用語 信頼水準**は, 真の平均が一定の区間にある確率であり, しばしば % で表される.

回に増やして平均した場合のメリットは大きいが，より狭い信頼区間を得るためにさらに追加の反復測定を行ったり試料を消費することは得策ではない．

(4・2) 式に基づく信頼区間は，<u>偏りがなく，s が σ の良好な近似値であると仮定できる場合にのみ適用される</u>ことを常に頭に入れておく必要がある．s が σ の良好な推定値であることを $s \to \sigma$ (s は σ に近づく) という記号を用いて表すことにする．

4・1・2　σ が未知の場合の信頼区間の求め方

時間や利用可能な試料の量に限度があり，s が σ の良好な推定値であると仮定するために必要な回数の測定を実施できないことが多々ある．そのような場合，一組の反復測定結果から，平均値だけでなく精度の推定値まで求めなくてはならない．先に示したように，小さなデータセットから得られる s は，不確かさが非常に大きい可能性がある．したがって，小さな標本から求めた s を σ の推定値として使用しなければならないときには，信頼区間は必然的に広くなる．

s のばらつきを考慮するために，重要な統計的パラメーター t を使用する．t は，σ の代わりに s を用いる以外は，(3・6) 式の z とまったく同じ方法で定義される．一回の測定値 x における t は，

$$t = \frac{x - \mu}{s} \quad (4 \cdot 3)$$

と定義される．反復測定値 N 個の平均 $\bar{x}$ における t は，

$$t = \frac{\bar{x} - \mu}{s/\sqrt{N}} \quad (4 \cdot 4)$$

である．(4・1) 式の z と同様に，t は目的の信頼水準に依存する．しかし，t は s の算出における自由度にも依存する．表 4・3 に，いくつかの自由度における t 値を示した．ここで留意すべきことは，自由度の値が大きくなるにつれて，t が z に近づくことである．

反復測定値 N 個の平均 $\bar{x}$ の信頼区間は，(4・5) 式によって t を用いて計算できる．この式は，(4・2) 式の z の代わりに t を用いたものである．

$$\mu \text{ の信頼区間 (CI)} = \bar{x} \pm \frac{ts}{\sqrt{N}} \quad (4 \cdot 5)$$

この式は σ が未知であり，有限個の反復測定値から求めた s を σ の推定値とする場合に用いられ，**t 検定**（t test，[1] §4・2・1b 参照）という．t 検定を用いて信頼区間を求める例を例題 4・3 に示す．

表 4・3　さまざまな信頼水準における t 値

自由度	80%	90%	95%	99%	99.9%
1	3.08	6.31	12.7	63.7	637
2	1.89	2.92	4.30	9.92	31.6
3	1.64	2.35	3.18	5.84	12.9
4	1.53	2.13	2.78	4.60	8.61
5	1.48	2.02	2.57	4.03	6.87
6	1.44	1.94	2.45	3.71	5.96
7	1.42	1.90	2.36	3.50	5.41
8	1.40	1.86	2.31	3.36	5.04
9	1.38	1.83	2.26	3.25	4.78
10	1.37	1.81	2.23	3.17	4.59
15	1.34	1.75	2.13	2.95	4.07
20	1.32	1.73	2.09	2.84	3.85
40	1.30	1.68	2.02	2.70	3.55
60	1.30	1.67	2.00	2.62	3.46
∞	1.28	1.64	1.96	2.58	3.29

コラム 4・1　"スチューデント" (W.S. Gosset)

ウィリアム・ゴセット (William Gosset) は，1876年に英国で生まれた．オックスフォード大学に通い，化学と数学の両方で学位を取得した．1899 年に卒業した後，ゴセットはアイルランドのダブリンにあるギネスの醸造所に就職した．1906 年，ロンドンのユニバーシティ・カレッジで，相関係数の研究で有名な統計学者カール・ピアソン (Karl Pearson) とともに学んだ．大学時代，ゴセットはポアソン分布と二項分布の極限，平均と標準偏差の標本分布，その他のいくつかの課題を研究した．そして，醸造所に戻ったときに品質保証の仕事をしながら，小さな標本データの統計に関する古典的研究を始めた．ギネス醸造所は従業員に研究成果を公表することを許可していなかったため，ゴセットは結果を "スチューデント (Student)" というペンネームで発表した．t 検定に関する彼の最も重要な研究は，ギネス製造の各バッチの酵母と，醸造所指定のアルコール含量標準値とがどの程度一致するかを判断するために行われた．彼は，乱数を用いた数学的および経験的研究を通して t 分布を発見した．t 検定に関する古典的論文は，*Biometrika*, **6**, 1 (1908) に Student というペンネームにて掲載された．t 検定は，今ではしばしば**スチューデント t 検定**とよばれる．ゴセットの研究は，実践科学（ビールの品質管理）と理論的研究（小さな標本の統計）の融合の賜物である．

---

[1] t 検定はしばしば**スチューデント t 検定**とよばれる（コラム 4・1 参照）．

例題 4・3

血液試料のアルコール含量について，0.084, 0.089, 0.079% C_2H_5OH の臨床データを得た．(a), (b) のように仮定した場合の，平均の95%信頼区間を計算せよ．(a) 得られた三つの測定値が測定方法の精度を示す唯一の指標である場合．(b) これまでの数百の標本に対する知見から，この測定方法の標準偏差は $s=0.005\%$ C_2H_5OH であり，この数値が σ の良好な推定値である場合．

解 答

(a)

$$\sum x_i = 0.084 + 0.089 + 0.079 = 0.252$$

$$\sum x_i^2 = 0.007056 + 0.007921 + 0.006241 = 0.021218$$

$$s = \sqrt{\frac{0.021218 - (0.252)^2/3}{3-1}} = 0.0050\% \ C_2H_5OH$$

この場合，$\bar{x}=0.252/3=0.084$．表4・3より，自由度2の95%信頼水準において，$t=4.30$ である．したがって，(4・5)式を用いて，

$$95\% \ \mathrm{CI} = \bar{x} \pm \frac{ts}{\sqrt{N}} = 0.084 \pm \frac{4.30 \times 0.0050}{\sqrt{3}}$$

$$= 0.084 \pm 0.012\% \ C_2H_5OH$$

(b) $s=0.0050\%$ は σ の良好な推定値であるため，z と (4・2)式を用いることができる．

$$95\% \ \mathrm{CI} = \bar{x} \pm \frac{z\sigma}{\sqrt{N}} = 0.084 \pm \frac{1.96 \times 0.0050}{\sqrt{3}}$$

$$= 0.084 \pm 0.006\% \ C_2H_5OH$$

s と σ が同じであったとしても，σ についての情報があると，信頼区間は有意に狭まる．

4・2 帰無仮説

科学分野や工学分野では，仮説検定をもとに結論を導くことが多々ある．観察結果を説明するために，仮説モデルを提示し，その妥当性を判断するために実験を行う．そして仮説検定が用いられ，これらの実験結果がモデルを支持するかを判断する．実験結果がモデルを支持しない場合には，仮説を棄却し，新しい仮説を模索する．実験結果がモデルを支持する場合，その仮説モデルをもとにさらに実験が進められる．仮説の妥当性が十分な実験データによって裏付けられると，それに反するデータが得られるまで有用な理論として認められる．

実験結果が，理論モデルから予測された結果と完全に一致することはほとんどない．そのため，科学者や技術者は，数値の差異が系統誤差の結果であるか，すべての測定で必然的に起こる偶然誤差の結果であるかを判断する必要がある．統計的検定は，これらの判断を的確に行ううえで有用である．

統計的検定には，比較される数量が実際は等しいと仮定する**帰無仮説** (null hypothesis) が使用される．まず確率分布を用いて，観察された差異が偶然誤差の結果である確率を計算する．一般に，観察された差異が，100回に5回以上発生する (有意水準 0.05) のであれば，帰無仮説は疑わしいとみなされ，その差異は有意であると判断される．検定で期待される確かさに応じて，0.01 (1%) または 0.001 (0.1%) など他の有意水準を用いることもある．割合で表した有意水準は記号 α で表現されることもある．%で表した信頼水準 (CL) は，α と，

$$\mathrm{CL} = (1-\alpha) \times 100\%$$

の関係にある．

科学分野で仮説検定を利用するのは，次のような比較を行うときである．1) 実験データセットの平均と真の値との比較，2) 平均と予測値または閾値との比較，3) 二つ以上のデータセットから得られた平均や標準偏差の比較．ここでは，これらの比較を行うためのいくつかの方法を説明する．三つ以上の平均の比較 (分散分析) については §4・3 を参照してほしい．

4・2・1 実験平均と既知の値の比較

科学分野や工学分野では，データセットの平均を既知の値と比較しなければならないことが数多くある．ここでいう既知の値とは，これまでの知識や実験に基づく真の値または真の値として受入れられる値である．たとえば，コレステロールの測定値を血清の認証標準物質の値と比較することである．また，既知の値は理論から予測される値や，ある成分の有無を判断する際に用いられる閾値の場合もある．たとえば，クロマグロの体内の水銀レベルを測定し，毒性の閾値と比較することは，科学的な判断が必要とされる一例である．こうしたケースでは，統計的な**仮説検定** (hypothesis test) を用いて，母集団平均 μ が既知の値 (μ_0 とよばれる) と差異があるかどうかを調べる．

仮説検定においては，二つの相反する仮説を考える．はじめに，帰無仮説 H_0 を $\mu=\mu_0$ と立てる．一方，**対立仮説** (alternative hypothesis) H_a にはいくつかの立て方がある．もし μ が μ_0 と異なるならば ($\mu \neq \mu_0$)，帰無仮説が棄却され，H_a が支持される．ほかの対立仮説を $\mu>\mu_0$ や $\mu<\mu_0$ とする場合もある．たとえば，産業廃水中の鉛の濃度が最大許容量 0.05 ppm を超えているかどうかを調べるとする．帰無仮説と対立仮説は以下のようになる．

---

[1] 用語 帰無仮説では，二つ以上の観測量が同じであると仮定される．

$H_0: \mu = 0.05$ ppm

$H_a: \mu > 0.05$ ppm

別の例として，数年間にわたる実験で平均鉛濃度が 0.02 ppm であると仮定する．近年，製造過程が変わり，現在の平均鉛濃度は 0.02 ppm とは異なることが疑われる．この例では，0.02 ppm よりも高いか低いかは問題にならない．この場合，帰無仮説と対立仮説は以下のようになる．

$H_0: \mu = 0.02$ ppm

$H_a: \mu \neq 0.02$ ppm

統計的検定は，決められた手順で実施しなければならない．手順のうち重要なのは，適切な検定統計量の設定と**棄却域**（rejection region）の決定である．検定する統計量は，H_0 を採択するか棄却するかをデータをもとに決定する．棄却域は，H_0 が棄却される統計量のすべての値からなる．統計量が棄却域にある場合，帰無仮説は棄却される．一つまたは二つの平均に関する検定において，多数の測定値がある場合や σ が既知の場合，検定する統計量は z である．しかし，σ が未知で測定数の少ないデータの場合，t を検定することが多い．

a. 大きな標本の z 検定　多数の測定値が得られていて，s が σ の良好な推定値である場合，**z 検定**（z test）が用いられる．行う手順を以下 1)～3) に要約する．

1) 帰無仮説を立てる．$H_0: \mu = \mu_0$

2) 検定統計量を設定する．$z = \dfrac{\bar{x} - \mu_0}{\sigma/\sqrt{N}}$

3) 対立仮説 H_a を立て，棄却域を決定する．

$H_a: \mu \neq \mu_0$ の場合，$z \geq z_{棄却限界}$ または $z \leq -z_{棄却限界}$（両側検定）ならば H_0 を棄却する．

$H_a: \mu > \mu_0$ の場合，$z \geq z_{棄却限界}$（片側検定）ならば H_0 を棄却する．

$H_a: \mu < \mu_0$ の場合，$z \leq -z_{棄却限界}$（片側検定）ならば H_0 を棄却する．

棄却限界値（critical value）とは，特定の信頼水準に対応して，検定する統計量の標本分布（たとえば正規分布）から定まる値をさし，ここでは $z_{棄却限界}$ と表記する．

95％信頼水準での棄却域を図 4・2 に示す．対立仮説が $H_a: \mu \neq \mu_0$ の場合は，棄却限界値を超える z の正の値または負の値のいずれも棄却できる．分布のどちらの末端領域にある測定値も棄却する可能性があるので，これを**両側検定**（two-tailed test）とよぶ．95％信頼水準では，z が $z_{棄却限界}$ を超える確率は各末端で 0.025，合計で 0.05 である．したがって，偶然誤差により $z \geq z_{棄却限界}$ または $z \leq -z_{棄却限界}$ となる確率は 5％であり，全体の有意水準は $\alpha = 0.05$ である．表 4・1 から，この場合の z の棄却限界値は 1.96 であることがわかる．

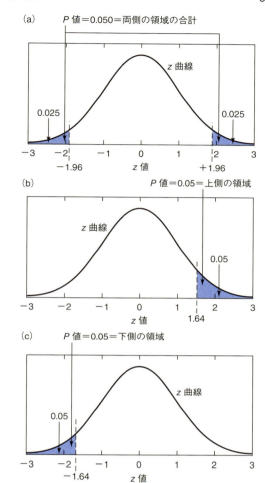

図 4・2　95％信頼水準における棄却域．(a) $H_a: \mu \neq \mu_0$ の両側検定．図 4・1 のように，z の棄却限界値は 1.96 であることに注意．(b) $H_a: \mu > \mu_0$ の片側検定．z の棄却限界値は 1.64 であるので，95％の領域が $z_{棄却限界}$ の左側に，5％の領域が右側にある．(c) $H_a: \mu < \mu_0$ の片側検定．棄却限界値は 1.64 であり，5％の領域が $-z_{棄却限界}$ の左側にある．

対立仮説が $H_a: \mu > \mu_0$ の場合，この検定は**片側検定**（one-tailed test）とよばれる．この場合，$z \geq z_{棄却限界}$ のときのみ棄却される．そして，95％信頼水準では，z が $z_{棄却限界}$ を超える可能性が 5％，すなわち両側の末端領域の合計が 10％となる確率を求める．全体の有意水準は $\alpha = 0.10$ であり，表 4・1 から，棄却限界値は 1.64 となる．同様に，対立仮説が $H_a: \mu < \mu_0$ ならば，$z \leq -z_{棄却限界}$ のときのみ棄却される．この片側検定における，z の棄却限界値も 1.64 である．

例題 4・4 は，35 個の値の平均が理論値と一致するかどうかを判断するために z 検定を使用した例である．

例題 4・4

学生 30 名が化学反応の活性化エネルギーを測定し，116 kJ mol^{-1}（平均），標準偏差 22 kJ mol^{-1} という結果を得た。このデータは，文献値 129 kJ mol^{-1} と (a) 95％信頼水準，(b) 99％信頼水準で一致するか考察せよ．また，学生らの結果と等しい平均を得る確率を見積もれ．

解 答

s を σ の良好な推定値とするために必要な数の測定値があるので，μ_0 は文献値の 129 kJ mol^{-1} であり，帰無仮説を $\mu = 129$ kJ mol^{-1}，対立仮説を $\mu \neq 129$ kJ mol^{-1} とする．また，今回は両側検定を行う．表 4・1 から，95％信頼水準においては $z_{棄却限界} = 1.96$，99％信頼水準においては $z_{棄却限界} = 2.58$ となる．検定統計量は以下のように計算される．

$$z = \frac{\bar{x} - \mu_0}{\sigma/\sqrt{N}} = \frac{116 - 129}{22/\sqrt{30}} = -3.27$$

$z \leq -1.96$ であるので，95％信頼水準で帰無仮説は棄却される．また，$z \leq -2.58$ であるので，99％信頼水準でも帰無仮説は棄却される．平均値 $\mu = 116$ kJ mol^{-1} を得る確率を推定するためには，z が 3.27 となる確率を求める必要がある．表 4・1 から，偶然誤差によりこの大きさの z を得る確率は約 0.2％にすぎない．よって，学生らが得た平均値は文献値とは異なるが，それは偶然誤差によるものではないと結論づけられる．

---

b. 小さな標本の t 検定

データの数が少ない場合は，検定統計量を z ではなく t として，z 検定と同様の手順で検定を行う．ここでもまた，帰無仮説 $H_0: \mu = \mu_0$ を検定する．ここでの μ_0 は，真の値として受入れられる値，理論値，閾値などである．手順は次のとおりである．

1) 帰無仮説を立てる．$H_0: \mu = \mu_0$
2) 検定統計量を設定する．$t = \dfrac{\bar{x} - \mu_0}{s/\sqrt{N}}$
3) 対立仮説 H_a を立て，棄却域を決定する．
   $H_a: \mu \neq \mu_0$ の場合，$t \geq t_{棄却限界}$ または $t \leq -t_{棄却限界}$（両側検定）ならば H_0 を棄却する．
   $H_a: \mu > \mu_0$ の場合，$t \geq t_{棄却限界}$（片側検定）ならば H_0 を棄却する．
   $H_a: \mu < \mu_0$ の場合，$t \leq -t_{棄却限界}$（片側検定）ならば H_0 を棄却する．

例として，分析方法における系統誤差の検定を考えてみる．この場合，標準物質のような，正確な組成がわかっている試料を分析する．試料中の分析対象を定量して得られる実験平均が，すなわち母集団平均の推定値である．分析方法に系統誤差がない場合，偶然誤差は図 4・3 の曲線 A で示される度数分布に従う．方法 B には系統誤差があるため，μ_B の推定値である $\bar{x}_B$ は真の値として受入れられる値 μ_0 と異なる．偏りは次式で与えられる．

$$偏 \ り = \mu_B - \mu_0 \quad (4 \cdot 6)$$

偏りの検定をする前は，実験平均と真の値として受入れられる値の差が偶然誤差によるものか実際の系統誤差によるものか，判断できない．t 検定を用いて差の有意性を決定する．例題 4・5 は，分析方法に偏りがあるかを判断するために t 検定を使用している．

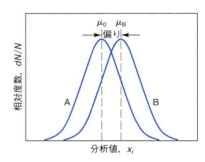

図 4・3 分析方法における系統誤差の図．曲線 A は，偏りのない方法における真の値として受入れられる値の度数分布である．曲線 B は，系統誤差による有意な偏りをもつ可能性のある方法における結果の度数分布を示す．

例題 4・5

ケロシン中の硫黄の迅速な新定量分析を，硫黄 0.123％（$\mu_0 = 0.123\%$ S）を含有する試料を用いて行ったところ 0.112，0.118，0.115，0.119％ S という結果が得られた．このデータから，95％信頼水準でこの定量方法に偏りがあるか考察せよ．

解 答

帰無仮説は $H_0: \mu = 0.123\%$ S であり，対立仮説は $H_a: \mu \neq 0.123\%$ S である．

$\sum x_i = 0.112 + 0.118 + 0.115 + 0.119 = 0.464$

$\bar{x} = 0.464/4 = 0.116\%$ S

$\sum x_i^2 = 0.012544 + 0.013924 + 0.013225 + 0.014161$
$ = 0.053854$

$s = \sqrt{\dfrac{0.053854 - (0.464)^2/4}{4 - 1}} = \sqrt{\dfrac{0.000030}{3}}$
$ = 0.0032\%$ S

検定統計量は以下のように計算できる．

$$t = \frac{\bar{x} - \mu_0}{s/\sqrt{N}} = \frac{0.116 - 0.123}{0.0032/\sqrt{4}} = -4.375$$

(例題4・5解答つづき)
表4・3から，自由度3，95%信頼水準におけるtの棄却限界値は3.18であることがわかる．$t \leq -3.18$であるので，95%信頼水準で有意差があり，この方法に偏りがあると結論づけられる．この検定を99%信頼水準で実施する場合は$t_{棄却限界}=5.84$（表4・3）となることに注意する．1) $t=-4.375$は-5.84よりも大きいので，99%信頼水準で帰無仮説が正しいと判断され，測定値と真の値との間に差はないと結論づけられる．この場合，信頼水準によって結論が依存することに注意が必要である．信頼水準の選択は，結果の誤差を受入れるかどうかの判断にかかっている．有意水準（0.05または0.01）とは，帰無仮説を棄却することによって過誤がひき起こされる確率である（§4・2・3参照）．

4・2・2 二つの実験平均の比較

二つのデータセットの平均の差が有意であるのか，偶然誤差の結果であるのか判断を迫られることが多い．たとえば，化学分析の結果を用いて，二つの物質が同一であるかどうかを判断することがある．また，二つの異なる分析方法から同じ結果を得られるか，二人の分析者が同一の方法で実験をして同じ平均が得られるかを判断することもある．二つのデータを比較分析するために，これらをさらに拡張した方法が用いられる．すなわち，対になるデータの差異をそれぞれ比較することにより，一つのデータセット内のばらつきが影響しないような検定を行う．

a. 平均の差に関する t 検定 二つのデータセットに多数の測定値がある場合は，双方のデータセットを比較するために改変されたz検定で平均の差異を検定する．しかし，いずれのデータセットにも限られたわずかな測定値しか含まれていないことが多い．その場合は，t検定を行わなくてはならない．例として，分析者1がN_1回の反復測定から平均$\bar{x}_1$を得て，同じ方法によって分析者2はN_2回の反復測定から平均$\bar{x}_2$を得た場合を考えてみる．帰無仮説は，二つの平均は等しく，すべての差は偶然誤差によるものであるという立場である．したがって，$H_0: \mu_1=\mu_2$と記述する．ほとんどの場合，二つの平均の差を検定する際の対立仮説は$H_a: \mu_1 \neq \mu_2$であり，この検定は両側検定である．しかし，場合によっては$H_a: \mu_1 > \mu_2$または$H_a: \mu_1 < \mu_2$の対立仮説を立て，片側検定を行ってもよい．ここでは，両側検定を行うとする．

測定値が同じ方法で収集され，いずれも注意深く分析作業が行われた場合，両データセットの標準偏差は同じであると仮定して差支えない．したがって，s_1, s_2はともに母集団標準偏差σの推定値である．ここでは，良好なσの推定値を得るために，s_1またはs_2単独ではなくプールされた標準偏差を用いる（§3・4・4参照）．(3・10)式から，

分析者1の平均の標準偏差は$s_{m1}=s_1/\sqrt{N_1}$で与えられる．分析者1の平均の分散は，

$$s_{m1}^2 = \frac{s_1^2}{N_1}$$

となる．同様に，分析者2の平均の分散は，

$$s_{m2}^2 = \frac{s_2^2}{N_2}$$

である．t検定では，平均の差$(\bar{x}_1-\bar{x}_2)$に注目している．平均の差の分散はs_d^2で与えられる．

$$s_d^2 = s_{m1}^2 + s_{m2}^2$$

平均の差の標準偏差は，上式からs_{m1}^2とs_{m2}^2の値を代入して平方根をとることによって求められる．

$$\frac{s_d}{\sqrt{N}} = \sqrt{\frac{s_1^2}{N_1} + \frac{s_2^2}{N_2}}$$

次に，プールされた標準偏差s_{pooled}の方がs_1またはs_2よりもより良好なσの推定値を導くと仮定すると，

$$\frac{s_d}{\sqrt{N}} = \sqrt{\frac{s_{pooled}^2}{N_1} + \frac{s_{pooled}^2}{N_2}} = s_{pooled}\sqrt{\frac{N_1+N_2}{N_1 N_2}}$$

と記述できる．そして，検定統計量tは，

$$t = \frac{\bar{x}_1 - \bar{x}_2}{s_{pooled}\sqrt{\dfrac{N_1+N_2}{N_1 N_2}}} \qquad (4 \cdot 7)$$

から求められる．ついで，信頼水準の表から得られた棄却限界値と検定統計量tを比較する．表4・3からtの棄却限界値を求めるための自由度は，N_1+N_2-2である．検定統計量の絶対値が棄却限界値よりも小さい場合，帰無仮説は正しいと判断され，平均間に有意差は認められない．検定統計量tの絶対値が棄却限界値よりも大きい場合は，平均間の有意差を示す．例題4・6は，二つの樽のワインの供給源が同じかどうかを判断するためにt検定を使用した例を示している．

---

1) 偶然誤差だけでこのように大きな差が生じる確率は，Excel の T.DIST.2T(x,自由度) [以前の Excel 2007 では TDIST(x,自由度,尾部)] 関数から求められる．ここで，xはtの検定量 (4.375)，自由度は今回の場合3，尾部=2 (Excel 2007) であり，結果は T.DIST.2T(4.375,3)=0.022 である．したがって，偶然誤差のために値がここまで大きくなる確率は2.2%にすぎない．一方，任意の信頼水準に対するtの棄却限界値は，Excel の T.INV.2T(確率,自由度) [以前の Excel 2007 では TINV(確率,自由度)] から得ることができる．この例では T.INV.2T(0.05, 3) =3.1825 となる．
2) 用語 さらに実験を行い，得られた結果が常に低い値であった場合，この方法は**負の偏り** (negative bias) をもつといえる．

例題 4・6

科学捜査で，グラスに入った赤ワインと開封済みのワインボトルのアルコール含量を分析し，グラス中のワインがボトルから注がれたものかどうかを判断する．6回の分析の結果，グラス中のワインのアルコール平均含量は，12.61%アルコールであることが証明された．ボトル中のワインの4回の分析結果は平均12.53%アルコールであった．10回分析した結果，プールされた標準偏差は $s_{pooled}=0.070\%$ であった．これらのデータからワインが同一のものであるか判断せよ．

解 答

帰無仮説は $H_0: \mu_1=\mu_2$ であり，対立仮説は $H_a: \mu_1 \neq \mu_2$ である．(4・7) 式を使用して，検定統計量 t を計算する．

$$t = \frac{\bar{x}_1 - \bar{x}_2}{s_{pooled}\sqrt{\frac{N_1+N_2}{N_1 N_2}}} = \frac{12.61-12.53}{0.07\sqrt{\frac{6+4}{6\times 4}}} = 1.771$$

自由度 10−2=8 に対する 95% 信頼水準における t の棄却限界値は 2.31 である．1.771<2.31 であるので，95% 信頼水準で帰無仮説が正しいと判断され，ワインのアルコール含量に差はないと結論づけられる．偶然誤差により t が 1.771 となる確率は，Excel の T.DIST.2T 関数を使用して計算可能で，T.DIST.2T(1.771,8)=0.11 である．したがって，10% 以上の確率で偶然誤差により二つの平均値にこの程度の差が生じることがわかる．

例題 4・6 では，95% 信頼水準で二つのワインのアルコール含量に有意差は検出されなかった．つまり，ある程度の信頼性をもって，μ_1 が μ_2 と等しいということと同義である．しかし検定では，グラス中のワインが同じボトルから注がれたものであることは証明されていない．実際，一つのワインはメルローであり，もう一方はカベルネ・ソーヴィニヨンであるということも考えられる．妥当な確率で二つのワインが同一であると結論づけるには，味，色，香り，屈折率や，酒石酸，糖，微量元素の含量などの特性を調べる広範な試験が必要になる．これらの試験および他の試験によっても有意な差が認められない場合，グラスのワインは開いているボトルに由来するものであると判断できる．逆にいずれかの試験において一つでも有意差が見出されれば，二つのワインが異なることを間違いなく示す．したがって，単一の試験で特性の有意差を決定することは，単一の試験で有意差がないことを示すよりも意義が大きい．

二つのデータセットの標準偏差が異なるという明らかな理由があれば，**2標本 t 検定**（two-sample t test）を使用しなければならない[1]．しかし，この t 検定の有意水準は近似値であり，自由度の計算が難しい．

b. 対になったデータ 科学分野や工学分野では，望ましくないばらつきを最小限に抑えるために，同一試料を2回測定し，そのデータを使用することが多い．たとえば，血糖値（血中グルコース）を測定する二つの方法を比較するのに，方法 A は無作為に選ばれた 5 人の患者試料を対象とし，方法 B は A と異なる患者 5 人の試料を対象に実施すると，血糖値は患者ごとに異なるから，値にばらつきが生じるだろう．二つの方法を比較するより有効な手段は，同一試料を用いてそれぞれの方法で分析を行い，その結果の差を評価することである．

対応のある t 検定（paired t test）は，通常の t 検定と同じ手順で進めるが，対応のあるデータを分析し，その差 d_i を計算する点が異なる．標準偏差は差 d_i の標準偏差となる．帰無仮説は $H_0: \mu_d = \Delta_0$ であり，ここで Δ_0 は試料の差異の具体的な値であり，0 であることが多い．検定統計量は以下のとおりである．

$$t = \frac{\bar{d} - \Delta_0}{s_d/\sqrt{N}}$$

ここで $\bar{d}$ は差の平均＝$\Sigma d_i/N$ である．対立仮説は，$\mu_d \neq \Delta_0$, $\mu_d > \Delta_0$, または $\mu_d < \Delta_0$ のどれかとなる．具体例を例題 4・7 で説明する．

例題 4・7

血中グルコースを測定する新しい自動化方法（方法 A）を確立された方法（方法 B）と比較する．患者間のばらつきを排除するために，同じ 6 人の患者の血清に対して両方法を実施する．以下の結果より，95% 信頼水準で，二つの方法に差異があるか判断せよ．

	患者1	患者2	患者3	患者4	患者5	患者6
方法 A のグルコース濃度 [mg/mL]	1044	720	845	800	957	650
方法 B のグルコース濃度 [mg/mL]	1028	711	820	795	935	639
差 [mg/mL]	16	9	25	5	22	11

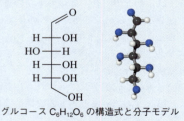

グルコース $C_6H_{12}O_6$ の構造式と分子モデル

---

[1] J. L. Devore, "Probability and Statistics for Engineering and the Sciences, 8th ed.", p. 357-361, Brooks/Cole, Boston (2012).

解説(例題 4・7 つづき)
　まず，次に示す仮説を試してみる．μ_d を二つの方法間の真の平均差とするとき，帰無仮説 H_0: $\mu_d = 0$，対立仮説 H_a: $\mu_d \neq 0$ を検定する．検定統計量は，

$$t = \frac{\bar{d} - 0}{s_d/\sqrt{N}}$$

表から，$N=6$，$\Sigma d_i = 16+9+25+5+22+11 = 88$，$\Sigma d_i^2 = 1592$，および $\bar{d} = 88/6 = 14.67$ である．差の標準偏差 s_d は (3・9) 式から，

$$s_d = \sqrt{\frac{1592 - \frac{(88)^2}{6}}{6-1}} = 7.76$$

である．したがって，t は以下のとおりである．

$$t = \frac{14.67}{7.76/\sqrt{6}} = 4.628$$

　表 4・3 から，95% 信頼水準で自由度 5 の場合，t の棄却限界値は 2.57 である．$t > t_\text{棄却限界}$ であるため，帰無仮説は棄却され，二つの方法が異なる結果をもたらすと結論づけられる．
　上記の結果を単に平均した場合，方法 A は $\bar{x}_A = 836.0$ mg/L，方法 B は $\bar{x}_B = 821.3$ mg/L となる．患者間のグルコース値の差が大きいことから，s_A (146.5) および s_B (142.7) も大きくなる．平均を比較すると，t は 0.176 となり，帰無仮説が正しいと判断される．つまり，患者間の大きなばらつきが，注目した測定方法間の相違を相殺してしまうことがある．データを対にすることで，その差異に焦点を当てることが可能となる．

4・2・3　仮説検定における過誤

　帰無仮説の棄却域は，過誤(仮説の判定を誤ること)の程度が容易にわかるように決められている．たとえば，95% 信頼水準では，帰無仮説が正しいのに，それを棄却する可能性が 5% あることを示している．これは，検定統計量 z または t を棄却域に入れるような異常な結果が発生した場合に起こる．H_0 が真であるのに H_0 を棄却してし
1) まうことによって生じる過誤は，**第一種過誤**(type I error)とよばれる．有意水準 α は，H_0 が真であるときこれを棄却してしまう確率である．
　ほかには，H_0 が偽であるのに H_0 を棄却しない過誤がある．これは**第二種過誤**(type II error)とよばれる．第二種過誤の確率は，記号 β で表す．いずれの過誤も犯さないことを保証する検定手段はない．このような過誤確率は，母集団を推測するために試料データを用いることの結果である．一見すると，α をより小さくすると(たとえば 0.05

の代わりに 0.01) 第一種過誤が最小限に抑えられるように思える．しかし，第一種過誤と第二種過誤は逆相関しているため，第一種過誤を減少させると，第二種過誤が増加してしまう．
　仮説検定の過誤について議論する際，第一種過誤または第二種過誤が生じる原因を特定することが重要である．第一種過誤が第二種過誤よりも重大な影響を与える可能性が高い場合は，α の値を小さくするとよい．一方，第二種過誤がより深刻な影響を与える場合，α の値を大きくして，第二種過誤を犯す確率を制限する．一般的な経験則として，状況の許容しうる範囲で最も大きい α を使用すべきである．これにより，第一種過誤を許容範囲内に抑えつつ，第二種過誤が最小となる．分析化学では，妥協点として α を 0.05 (95% 信頼水準)とすることが多い．

4・2・4　分散の比較

　ときには，二つのデータセットの分散(または標準偏差)を比較する必要が出てくる．たとえば，通常の t 検定では，比較されるデータセットの標準偏差は等しくなくてはいけない．この前提を精査するために，母集団が正規分布に従うという条件のもとで，**F 検定**(F test)とよばれる簡単な統計的検定が使われる．F 検定は，三つ以上の平均値(§4・3 参照)および線形回帰分析(§4・5 参照)においても使用される．
　F 検定は，対象となる二つの母集団分散は等しいという帰無仮説 H_0: $\sigma_1^2 = \sigma_2^2$ に基づいている．二つの標本分散の比 ($F = s_1^2/s_2^2$) として定義される検定統計量 F を計算し，望みの有意水準における F の棄却限界値と比較する．検定統計量がかけ離れている場合，帰無仮説は棄却される．
　有意水準 0.05 における F の棄却限界値を表 4・4 に示す．二つの自由度が与えられており，一つは分子の分散 s_1^2 の自由度で，もう一つは分母の分散 s_2^2 の自由度である．ほとんどの数学書には，さまざまな有意水準における F 値のより詳細な表が掲載されている．
　F 検定は，片側または両側いずれの検定も行える．片側検定では，一方の分散が他方の分散よりも大きいという対立仮説を検定する．したがって，より正確と思われるデータセットの分散は分母に，正確性に欠けると思われ

---
1) **用語** **第一種過誤**は，H_0 が実際には真にもかかわらず，棄却された場合に発生する．科学分野においては，第一種過誤は**偽陰性**(false negative)とよばれることもある．**第二種過誤**は，H_0 が棄却されないにもかかわらず，実際には偽である場合に生じる．こちらは**偽陽性**(false positive)とよばれることもある．
2) 仮説検定において過誤をもたらすことは，しばしば司法手続きの過誤と比較される．したがって，罪のない人を有罪とすることは，通常，罪を犯した人を無罪にするより重大な過誤とみなされる．無実の人が有罪となる可能性を低くすると，有罪の人が自由になる可能性が高くなる．

表 4・4　5% 有意水準（95% 信頼水準）における F の棄却限界値

自由度 （分母）	自由度（分子）								
	2	3	4	5	6	10	12	20	∞
2	19.00	19.16	19.25	19.30	19.33	19.40	19.41	19.45	19.50
3	9.55	9.28	9.12	9.01	8.94	8.79	8.74	8.66	8.53
4	6.94	6.59	6.39	6.26	6.16	5.96	5.91	5.80	5.63
5	5.79	5.41	5.19	5.05	4.95	4.74	4.68	4.56	4.36
6	5.14	4.76	4.53	4.39	4.28	4.06	4.00	3.87	3.67
10	4.10	3.71	3.48	3.33	3.22	2.98	2.91	2.77	2.54
12	3.89	3.49	3.26	3.11	3.00	2.75	2.69	2.54	2.30
20	3.49	3.10	2.87	2.71	2.60	2.35	2.28	2.12	1.84
∞	3.00	2.60	2.37	2.21	2.10	1.83	1.75	1.57	1.00

るデータセットの分散は分子に置く．対立仮説は H_a：$\sigma_1^2 > \sigma_2^2$ となる．表 4・4 は 95% 信頼水準における F の棄却限界値になる．分子に大きな分散をおくことで，F 検定の値は 1 より大きくなる．例題 4・8 では，測定精度を比較するための F 検定の使用例を示している．

例題 4・8

標準的な方法を使った気体混合物中の一酸化炭素（CO）の濃度測定における標準偏差 s_{std} は，数百の測定値から 0.21 ppm CO であることがわかっている．この標準法を改良したところ，自由度 12 のプールされたデータセットに対して $s_1 = 0.15$ ppm CO が得られた．また，第二の改良を行ったところ，自由度 12 における標準偏差は $s_2 = 0.12$ ppm CO となった．二つの改良法は標準法と比べて有意に精度が向上しているか考察せよ．

解　答

帰無仮説 H_0：$\sigma_{std}^2 = \sigma_1^2$ を検定する．ここで，σ_{std}^2 は標準法の分散，σ_1^2 は改良法の分散とする．対立仮説は H_a：$\sigma_1^2 < \sigma_{std}^2$ で，片側検定を行う．改良とされているので，改良法の分散を分母に置く．第一の改良法については，

$$F_1 = \frac{s_{std}^2}{s_1^2} = \frac{(0.21)^2}{(0.15)^2} = 1.96$$

第二の改良法については，

$$F_2 = \frac{(0.21)^2}{(0.12)^2} = 3.06$$

である．標準法の s_{std} は σ の良好な推定値であり，分子の自由度は無限とみなすことができる．表 4・4 から，95% 信頼水準における F の棄却限界値は，$F_{棄却限界} = 2.30$ となる．

（例題 4・8 解答つづき）

F_1 は 2.30 未満であるため，第一の改良法についての帰無仮説を棄却できないので，改良法の精度は改善されていないと結論づけられる．しかし，第二の改良法では，$F_2 > 2.30$ である．したがって，帰無仮説は棄却され，95% 信頼水準で第二の改良法がより高い精度を与えると考えられる．

興味深いことに，第二の改良法の精度が第一の改良法の精度よりも有意に優れているかを判断するためには，F 検定の帰無仮説，つまり以下を検定する必要がある．

$$F = \frac{s_1^2}{s_2^2} = \frac{(0.15)^2}{(0.12)^2} = 1.56$$

この場合，$F_{棄却限界} = 2.69$ となり，$F < 2.69$ であるため，H_0 は正しいと判断され，二つの方法が同等の精度を与えると結論づけられる．

4・3　分散分析による多重比較

§4・2 では，二つの標本の平均同士または一つの標本の平均と既知の値を比較する方法について述べた．本節では，これらの原理を拡張して，三つ以上の母集団平均の比較を行う．このような多重比較に使用される方法は，**分散分析**の一般的なカテゴリーに属し，**ANOVA**（<u>a</u>nalysis of <u>v</u>ariance）としてよく知られている．t 検定では対になったデータの比較を行ったが，ここで扱う方法は，単一の検定により，複数の母集団平均に差があるかを判断する．ANOVA により有意差が示唆されれば，**多重比較**（multiple comparison）を実施し，母集団平均のうち他と異なるものを特定できる．**実験計画法**（experimental design method）とは，最適な実験方法を設計し，得られたデータを最適な方法で解析するための統計学の分野で，計画と実験の実行において ANOVA を利用している．

4・3・1 ANOVA の概念

ANOVA では，分散を比較することによって，複数の母集団平均の差を検出する．I 個の母集団平均 $\mu_1, \mu_2, \mu_3, \cdots \mu_I$ を比較するために，帰無仮説 H_0 は次のように記述される．

$$H_0: \mu_1 = \mu_2 = \mu_3 = \cdots = \mu_I$$

そして，対立仮説 H_a は，

$$H_a: \mu_i \text{の少なくとも一つが異なる}$$

と記述される．

ANOVA の典型的な適用例を以下に示す．

1) 容量分析でカルシウム定量を実施した5人の分析者の結果に違いはあるか？
2) 四つの異なる溶媒組成が化学合成の収量に異なる影響を与えるか？
3) 三つの異なる分析方法によるマンガン定量の結果に違いはあるか？
4) 6種類の異なる pH 値で錯イオンの発する蛍光強度に違いはあるか？

これらの例において，母集団の**要因**（factor）または**処理**（treatment）とよばれる，データの値に変化を与える共通した性質がある．たとえば，容量分析でカルシウムを定量する場合，対象となる要因は分析者である．対象要因の異なる値は**水準**（level）とよばれる．1) の例では，分析者1, 分析者2, 分析者3, 分析者4, 分析者5 に対応する五つの水準がある．さまざまな母集団間の比較は，試料採取された各水準の**応答**（response）を測定することによって行われる．1) の例の場合，応答は，各分析者によって定量された Ca の物質量（mmol）である．この 1)～4) の例では，要因，水準，応答は下記の通りである．

要因	水準	応答
分析者	分析者1, 分析者2, 分析者3, 分析者4, 分析者5	Ca の物質量〔mmol〕
溶媒	組成1, 組成2, 組成3, 組成4	合成収率〔%〕
分析方法	方法1, 方法2, 方法3	Mn 濃度〔ppm〕
pH	pH 1, pH 2, pH 3, pH 4, pH 5, pH 6	蛍光強度

要因は独立変数とみなすことができるが，応答は従属変数である．図4・4は，Ca の物質量をそれぞれ3回反復測定した5人の分析者の ANOVA データを視覚化する方法を示している．

図4・4に示す ANOVA の種類は，**一要因 ANOVA**（または**一元配置 ANOVA**）とよばれる．しかし，たとえば pH や温度が化学反応の速度に影響を与えるかを検討する実験など，いくつかの要因が関与する場合も多い．そのような場合に使用される ANOVA は**二元配置 ANOVA**とよばれ

る．複数の要因を扱うための手法は，種々の統計専門書を参照してほしい[2]．本節では一要因 ANOVA のみを取扱う．

1) の例につき，図4・4の各分析者の3回定量の結果を無作為抽出した標本と考える．ANOVA では，要因の水準 [1] をしばしば群とよぶ．ANOVA の基本原理は，群間の分散を群内の分散と比較することである．この例では，群（要因の水準）は異なる分析者であり，分析者間の分散と分析者内の分散の比較を行う．図4・5に，この比較を示す．H_0 が真であるとき，群平均間の分散は群内の分散に近くなる．H_0 が偽であるとき，群平均間の分散は群内の分散と比較して大きい．

ANOVA で使用される基本的な統計的検定は，§4・2・4 で説明した F 検定である．表の棄却限界値と比較して F の値が大きいと，H_0 が棄却され対立仮説が支持されることがある．

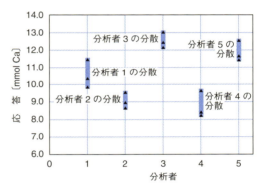

図4・4 5人の分析者によるカルシウム定量の ANOVA 結果．各分析者は，3回定量を行った．分析者は要因，分析者1, 分析者2, 分析者3, 分析者4, 分析者5 は要因の水準である．

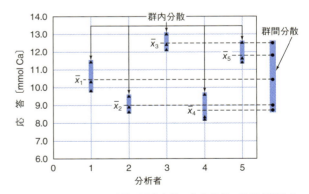

図4・5 ANOVA の原理の図式表現．各分析者の結果が群として考慮される．三角形（▲）は個々の結果を表し，丸（●）は平均を表す．群間平均の分散を群内分散と比較する．

---

1) ANOVA の基本原則は，異なる要因（群）間の分散を要因内の分散と比較することである．
2) たとえば，J.L. Devore, "Probability and Statistics for Engineering and the Sciences, 8th ed.", ch. 11, Brooks/Cole, Boston (2012).

4・3・2 一要因ANOVA

帰無仮説 H_0: $\mu_1=\mu_2=\mu_3=\cdots=\mu_I$ を検定するために必要な，いくつかの重要な数量がある．すなわち I 個の母集団の標本平均，$\bar{x}_1$, $\bar{x}_2$, $\bar{x}_3$, $\cdots \bar{x}_I$，と標本分散 s_1^2, s_2^2, s_3^2, $\cdots s_I^2$ である．これらは，対応する母集団の推定値である．さらに，全データの平均である総平均 $\bar{x}$ を必要とする．総平均は，（4・8）式に示すように，個々の群平均の重み付き平均として計算できる．

$$\bar{x} = \left(\frac{N_1}{N}\right)\bar{x}_1 + \left(\frac{N_2}{N}\right)\bar{x}_2 + \left(\frac{N_3}{N}\right)\bar{x}_3 + \cdots + \left(\frac{N_I}{N}\right)\bar{x}_I \quad (4\cdot 8)$$

ここで，N_1 は群1の測定数，N_2 は群2の測定数となる．総平均 $\bar{x}$ は，すべてのデータ値を合計し，測定値の総数 N で割ることによっても求められる．

F 検定で必要とされる分散比を計算するには，平方和 (sum of squares) とよばれる以下の1)〜3)の値を求める必要がある．

1) 要因の平方和 (SSF) は，
$$\text{SSF} = N_1(\bar{x}_1 - \bar{x})^2 + N_2(\bar{x}_2 - \bar{x})^2 + N_3(\bar{x}_3 - \bar{x})^2 + \cdots + N_I(\bar{x}_I - \bar{x})^2 \quad (4\cdot 9)$$
である．

2) 誤差の平方和 (SSE) は，
$$\text{SSE} = \sum_{j=1}^{N_1}(x_{1j} - \bar{x}_1)^2 + \sum_{j=1}^{N_2}(x_{2j} - \bar{x}_2)^2 + \sum_{j=1}^{N_3}(x_{3j} - \bar{x}_3)^2 + \cdots + \sum_{j=1}^{N_I}(x_{ij} - \bar{x}_I)^2 \quad (4\cdot 10)$$
である．これらの二つの平方和を用いて群間分散と群内分散を求める．誤差の平方和は個々の群分散からも求められる．
$$\text{SSE} = (N_1 - 1)s_1^2 + (N_2 - 1)s_2^2 + (N_3 - 1)s_3^2 + \cdots + (N_I - 1)s_I^2 \quad (4\cdot 11)$$

3) 総平方和 (SST) は，SSF と SSE の和として求められる．
$$\text{SST} = \text{SSF} + \text{SSE} \quad (4\cdot 12)$$

総平方和は，$(N-1)s^2$ から求めることも可能で，ここで s^2 はすべてのデータ点における標本分散である．

ANOVA法を適用するには，分析対象の各母集団にいくつかの仮定を導入する必要がある．第一に，通常の ANOVA 法は等分散の仮定に基づいている．すなわち，I 個の母集団の分散は等しいとする．これは，I 個の母集団分散のうちで最大の s と最小の s で F 検定（§4・2・4参照）を行うことで確かめられる（ハートレー検定）．しかし，ハートレー検定は，正規分布から逸脱した値の影響を受けやすい．そこで，大雑把なルールとして，等分散を仮定するためには最大の s が最小の s の2倍を超えてはいけないとされる[3]．また $\sqrt{x}$ や $\log x$ のような新たな変数を使ってデータを変換し，母集団の分散をより均等にすることも可能である．第二に，I 個の各母集団は，それぞれ正規分布に従うと仮定する．この仮定が真でない場合には，正規分布によらない ANOVA を適用する．

4) 平方和のそれぞれについて，自由度を求める．総平方和 SST は自由度 $(N-1)$ をもつ．SST が SSF と SSE の和であるのと同様に，総自由度 $(N-1)$ は SSF と SSE の自由度に分解できる．比較される群が I 個あるので，SSF は自由度 $(I-1)$ をもつ．よって，SSE の自由度は残りの $(N-I)$ となる．
$$\text{SST} = \text{SSF} + \text{SSE}$$
$$(N-1) = (I-1) + (N-I)$$

5) 平方和を対応する自由度で割ることによって，群間分散および群内分散の推定値を求める．これらは**平均平方** (mean square) とよばれ，次のように定義される．

$$\text{要因の水準の平均平方} = \text{MSF} = \frac{\text{SSF}}{I-1} \quad (4\cdot 13)$$

$$\text{誤差の平均平方} = \text{MSE} = \frac{\text{SSE}}{N-I} \quad (4\cdot 14)$$

MSE は誤差による分散（群内分散）の推定値（σ_E^2）であり，MSF は誤差分散と群間分散の和の推定値（$\sigma_E^2 + \sigma_F^2$）である．要因の影響がほとんどない場合，群間分散は誤差分散よりも小さくなる．したがって，このような場合，二つの平均平方はほぼ等しくなる．要因の影響が有意である場合，MSF は MSE より大きくなる．検定統計量は F であり，

$$F = \frac{\text{MSF}}{\text{MSE}} \quad (4\cdot 15)$$

として計算される．

最後に，（4・15）式から計算された F の値を，表から読み取った有意水準 α における F の棄却限界値と比較して，検定を行う．F が棄却限界値を超えた場合，H_0 を棄却する．以下のように，ANOVA の結果を **ANOVA 表** (ANOVA table) にまとめるのが一般的な方法である．

ばらつきの要因	平方和 (SS)	自由度 (df)	平均平方 (MS)	平均平方の推定値	F
群間（要因の影響）	SSF	$I-1$	$\text{MSF} = \dfrac{\text{SSF}}{I-1}$	$\sigma_E^2 + \sigma_F^2$	$\dfrac{\text{MSF}}{\text{MSE}}$
群内（誤差）	SSE	$N-I$	$\text{MSE} = \dfrac{\text{SSE}}{N-I}$	σ_E^2	
合計	SST	$N-1$			

---

[3] J.L. Devore, "Probability and Statistics for Engineering and the Sciences, 8th ed.", p. 395, Brooks/Cole, Boston (2012).

例題 4・9 は，5 人の分析者が行ったカルシウム定量に対して ANOVA を適用した例を示す．データは，図 4・4 および図 4・5 に対応している．

例題 4・9

5 人の分析者が，容量分析によりカルシウムを定量し，下の表に示す結果 (mmol Ca) を得た．平均は 95% 信頼水準で有意に異なるか考察せよ．

分析回数	分析者 1	分析者 2	分析者 3	分析者 4	分析者 5
1	10.3	9.5	12.1	9.6	11.6
2	9.8	8.6	13.0	8.3	12.5
3	11.4	8.9	12.4	8.2	11.4

解 答

まず，各分析者の平均と標準偏差を求める．分析者 1 の平均は $\bar{x}_1 = (10.3+9.8+11.4)/3 = 10.5$ mmol Ca である．その他の平均も同様に，$\bar{x}_2 = 9.0$ mmol Ca，$\bar{x}_3 = 12.5$ mmol Ca，$\bar{x}_4 = 8.7$ mmol Ca，$\bar{x}_5 = 11.833$ mmol Ca と求められた．§3・4・3 に示した方法で，標準偏差を求める．これらの結果は，以下のようにまとめられる．

	分析者 1	分析者 2	分析者 3	分析者 4	分析者 5
平均	10.5	9.0	12.5	8.7	11.833
標準偏差	0.818535	0.458258	0.458258	0.781025	0.585947

総平均は (4・8) 式から求められ，$N_1 = N_2 = N_3 = N_4 = N_5 = 3$ および $N = 15$ であるので，

$$\bar{\bar{x}} = \frac{3}{15}(\bar{x}_1 + \bar{x}_2 + \bar{x}_3 + \bar{x}_4 + \bar{x}_5)$$
$$= 10.507 \text{ mmol Ca}$$

である．(4・9) 式から，要因の平方和 (SSF) が求められる．

$$\text{SSF} = 3(10.5 - 10.507)^2 + 3(9.0 - 10.507)^2$$
$$+ 3(12.5 - 10.507)^2 + 3(8.7 - 10.507)^2$$
$$+ 3(11.833 - 10.507)^2$$
$$= 33.80267$$

SSF は，自由度 (5−1)=4 であることに注意してほしい．誤差の平方和 (SSE) は，標準偏差および (4・11) 式から容易に求められる．

$$\text{SSE} = 2(0.818535)^2 + 2(0.458258)^2 + 2(0.458258)^2$$
$$+ 2(0.781025)^2 + 2(0.585947)^2$$
$$= 4.086667$$

SSE の自由度は (15−5)=10 である．

(4・13) 式と (4・14) 式から平均平方 MSF と MSE を計算する．

(例題 4・9 解答つづき)

$$\text{MSF} = \frac{33.80267}{4} = 8.450667$$

$$\text{MSE} = \frac{4.086667}{10} = 0.408667$$

(4・15) 式から F が得られる．

$$F = \frac{8.450667}{0.408667} = 20.68$$

表 4・4 から，自由度 4 と自由度 10 の 95% 信頼水準における F の棄却限界値は 3.48 と読み取れる．F は 3.48 を超えているため，95% 信頼水準で H_0 を棄却し，分析者間に有意差があると結論づけられる．ANOVA 表は以下のようになる．

ばらつきの要因	平方和 (SS)	自由度 (df)	平均平方 (MS)	F
群間	33.80267	4	8.450667	20.68
群内	4.086667	10	0.408667	
合計	37.88933	14		

4・3・3 異常値の判断

ANOVA により有意差が認められた場合，その原因に関心を寄せるのが常である．一つの平均が他の平均と異なっているのか？すべての平均が異なっているのか？平均を二分するような明確なグループがあるか？どの平均に有意な差が認められるかを判断する方法はいくつかあり，最も簡単なものの一つが，**最小有意差** (least significant difference, LSD) を用いる方法である．この方法では，最も小さいと判断された有意差を求める．ついで，さまざまな組合わせで平均の差を求めて最小有意差と比較し，どの平均が異なるかを決定する．

各群の反復測定回数が等しく，N_g であるならば，最小有意差は以下のように計算される．

$$\text{最小有意差} = t\sqrt{\frac{2 \times \text{MSE}}{N_g}} \quad (4 \cdot 16)$$

ここで，MSE は誤差による平均平方であり，t は自由度 $(N−I)$ をもつ．例題 4・10 にその手順を示す．

例題 4・10

例題 4・9 の結果に対して，95% 信頼水準で他の分析者の結果とは異なる分析者を特定せよ．

解 答

まず，平均を小さい方から 8.7，9.0，10.5，11.833，

(例題 4・10 解答つづき)
12.5 の順に並べる．各分析者は 3 回反復測定したので，(4・16) 式を使用できる．表 4・3 から，95% 信頼水準と自由度 10 における t は 2.23 とわかる．(4・16) 式を適用すると，

$$\text{最小有意差} = 2.23\sqrt{\frac{2 \times 0.408667}{3}} = 1.16$$

平均の差を計算し，それらを 1.16 と比較する．さまざまな組合わせを試してみる．

$\bar{x}_{\text{最大}} - \bar{x}_{\text{最小}} = 12.5 - 8.7 = 3.8$ （有意差あり）
$\bar{x}_{2\text{番目に大きい}} - \bar{x}_{\text{最小}} = 11.833 - 8.7 = 3.133$ （有意差あり）
$\bar{x}_{3\text{番目に大きい}} - \bar{x}_{\text{最小}} = 10.5 - 8.7 = 1.8$ （有意差あり）
$\bar{x}_{4\text{番目に大きい}} - \bar{x}_{\text{最小}} = 9.0 - 8.7 = 0.3$ （有意差なし）

次に，各組合わせを検定して，異なるものを特定する．これらの計算から，分析者 3，5，1 は分析者 4 と異なり，分析者 3，5，1 は分析者 2 と異なり，分析者 3 と 5 は分析者 1 と異なり，分析者 3 は分析者 5 と異なる，という結果が得られる．

4・4 大誤差の検出

測定操作上の偶然誤差の範囲を超えていると考えられる**異常値**（外れ値ともいう）[1]が一連のデータに含まれていることがある．このような異常値を理由なく棄却することは，一般的には不適切であり科学倫理にも反すると考えられる．しかし，異常値とよばれる疑わしい結果は，これまで検出されなかった**大誤差**（gross error）の存在を示唆する可能性がある．したがって，大きく外れたデータ点を保持するか棄却するかを決定する基準を設定することが重要になってくる．しかし，疑わしい結果を棄却する基準を設定することにはリスクが伴う．たとえば，基準があまりにも厳しく，疑わしい結果を棄却できない場合，偽の値を保持することから平均に大きく影響するリスクを犯す．反対にゆるい基準を設定し，疑わしい結果を容易に棄却できてしまうと，そのデータセットに正当に属する値であるのに棄却して，データに偏りを生じさせる可能性がある．保持または棄却の判断をするための普遍的なルールはないが，Q 検定はその判断の適切な方法であると一般的に認められている[4]．

4・4・1 Q 検定

Q 検定（Q test）は，疑わしい結果を保持すべきか否かを判断するために，広く使用されている統計的検定法である[5]．この検定では，疑わしい値 x_q とそれに最も近い値 x_n との間の差の絶対値を，データセット全体の広がり w で割り，Q を求める．

$$Q = \frac{|x_q - x_n|}{w} \qquad (4 \cdot 17)$$

次に，この値を表 4・5 に示す棄却限界値 $Q_{\text{棄却限界}}$ と比較する．Q が $Q_{\text{棄却限界}}$ より大きい場合，疑わしい結果は，示された信頼水準において棄却できると判断される（図 4・6）．

表 4・5 Q の棄却限界値 $Q_{\text{棄却限界}}$[a]

測定数	$Q_{\text{棄却限界}}$（Q がこれより大きい場合に棄却）		
	90% 信頼水準	95% 信頼水準	99% 信頼水準
3	0.941	0.970	0.994
4	0.765	0.829	0.926
5	0.642	0.710	0.821
6	0.560	0.625	0.740
7	0.507	0.568	0.680
8	0.468	0.526	0.634
9	0.437	0.493	0.598
10	0.412	0.466	0.568

a) D.B. Rorabacher, *Anal. Chem.*, **63**, 139 (1991), DOI: 10.1021/ac00002a010 より．©1991, American Chemical Society.

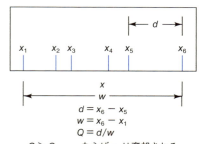

$d = x_6 - x_5$
$w = x_6 - x_1$
$Q = d/w$

$Q > Q_{\text{棄却限界}}$ ならば x_6 は棄却される

図 4・6 異常値の Q 検定

例題 4・11

飲料用水道水のヒ素分析を行ったところ，5.60，5.64，5.70，5.69，5.81 ppm という結果を得た．最後の値は異常値の可能性があるが，95% 信頼水準において棄却すべきか考察せよ．

---

1) 用語 **異常値**は，データセット内の他の値と大きく異なる値であり，重大な誤差が原因である可能性がある．
4) J. Mandel, "Treatise on Analytical Chemistry, 2nd ed.", pt. I, vol. 1., p. 282-289, ed. by I.M. Kolthoff, P.J. Elving, Wiley, New York (1978).
5) R.B. Dean, W.J. Dixon, *Anal. Chem.*, **23**, 636 (1951), DOI: 10.1021/ac60052a025.

解答(例題 4・11 つづき)
5.81 と 5.70 の差は 0.11 ppm である.また,分析値の広がり (5.81−5.60) は 0.21 ppm である.よって,

$$Q = \frac{0.11}{0.21} = 0.52$$

5 回の測定における,95%信頼水準の $Q_{棄却限界}$ は 0.71 である.0.52<0.71 なので,5.81 ppm は 95%信頼水準においては保持する必要がある.

4・4・2 その他の統計的検定

異常値の棄却と保持の基準を決めるために,ほかにもいくつかの統計的検定法がある.これらの検定においても,Q 検定同様,母集団データの分布がガウス分布であると仮定している.しかしこの条件は,データ数が 50 よりもはるかに少ない小さな標本では,証明することも反証することもできない.したがって,データがガウス分布することを前提に構築された統計ルールを,小さな標本に適用する場合は注意が必要である.マンデル(J. Mandel)は,小さなデータセットの扱いについて議論する際に,"異常値を棄却するための統計的ルールを用いれば,統計的な制裁と称して測定値を棄却できると信じている人は,単に自分自身を欺いているにすぎない[6]"と述べている.小さな標本においては,異常値を棄却するための統計的検定は補助的な手段として用いるべきである.

小さなデータセットに含まれる疑わしい測定値の保持または棄却の判断を行う際,統計的な検定を盲目的に適用しても,個人の独断によって行っても大差はない.幅広い経験に基づく適切な判断と分析手法の適用が,より適切な方法であるといえる.最終的には,小さなデータセットから測定値を正当な理由をもって棄却できるのは,測定操作中に誤りがあったという確かな認識がある場合だけである.この認識がなければ,異常値を棄却する際は慎重に検討しなければならない.

4・4・3 異常値の処理に関する推奨事項

疑わしい値が含まれている小さなデータセットの取扱いにおいては,いくつかの推奨事項がある.
1) 異常値に関連するすべてのデータを慎重に再精査し,大誤差がその数値に影響を与えるかどうかを確認する.ここでは,すべての観察事項を詳細に記載した実験ノートが適切に保管されていることが前提である.
2) 可能であれば,異常値が実際に疑わしいものであることを確認するために,その実験の過程から期待される精度を推定する.
3) 十分な試料の量と時間が確保できる場合,分析を繰返し行う.新たに取得されたデータともとのデータ

セットとの間の類似点が認められる場合,異常値を棄却すべき確証が得られる.また,それでも保持すべきと判断された場合でも,より大きなデータセットであれば,疑わしい結果が平均に与える影響は小さいはずである.
4) 追加のデータを確保できない場合は,既存のデータセットに Q 検定を適用して,統計的処理に基づいて,疑わしい結果を保持または棄却すべきである.
5) Q 検定の結果,保持すると決定した場合は,平均ではなくデータセットの中央値を報告することを検討するとよい.中央値は,異常値から過度の影響を受けることがないので,すべての値をデータセットに含められるという大きな利点がある.さらに,データセットに含まれる測定値が三つの小さな標本でさえ正規分布したデータセットの中央値は,異常値を棄却した後のデータセットから求めた平均よりも正しい値に近い推定値を与える.

4・5 標定と校正

すべての分析手順のなかで特に重要な部分は,**標定**(standardization)と**校正**(calibration)の過程である.校正とは,分析応答と分析対象濃度の相関関係を決定する操作である.この関係を決めるには,通常,分析対象として**標準物質**(standard material)を用いる.使用する標準物質は,精製試薬(入手可能な場合)から調製するか,古典的定量法(第Ⅱ部参照)によって標定することができる.最も一般的な方法は,分析対象溶液とは別に調製した標準物質を使用する方法である(外部標準法).コラム 1・1 のシカの死因を特定する事例研究では,ヒ素濃度既知の外部標準液を用いて,分光光度計により吸光度の校正を行ってヒ素濃度を決定した.場合によっては,試料マトリックス中の他の成分による干渉を減少させるため,分析対象溶液に標準物質を添加して測定を行ったり(内部標準法または標準添加法),試料マトリックスを適切に作製したりする.いずれにせよ,ほぼすべての分析方法において,標準物質を使用した校正が必要となる.重量分析法(第 6 章)およびいくつかの電気化学法は,標準物質による校正に頼らない**絶対的な**(absolute)分析方法の一例である.最も一般的な種類の校正手順について,本節で説明する.

4・5・1 外部標準校正

外部標準校正(external standard calibration)では,異なる濃度の標準液を試料とは別に用意する.標準物質を既知

---
1) 何らかの理由でデータを棄却するときには,十分な注意が必要である.
6) 文献 4) の pt. I, vol. 1., p. 282 参照.

濃度で含む標準液をいくつか用いて機器応答を測定し，**校正関数** (calibration function) を作成する．校正では，三つ以上の標準液を使用するのが望ましいが，慣習的な定量などにおいては，2 点校正も行われる．

校正関数は，図式としても数式としても得ることができる．たいていの場合，既知濃度の標準液に対しての機器応答をプロットした**検量線** (calibration curve) を作成する．検量線は，**校正曲線**や**作業曲線** (working curve) ともよばれる．少なくとも試料濃度の範囲で検量線が直線であることが望ましい．吸光度と試料濃度の関係を表す直線の検量線を図 4・7 に示す．図式による方法では，データ点（●で示す）を直線で結ぶ．この直線関係を用いて，吸光度 0.505 の未知濃度の試料溶液の濃度を予測する．実際，検量線上に吸光度 0.505 の位置を見つけ，その吸光度に対応する濃度を読み取る（0.0044 M）．次に読み取った濃度に，試料調製時に希釈した倍率をかけて，もとの試料中の分析対象濃度を求める．

縦軸は従属変数である吸光度，横軸は独立変数である Ni^{2+} 濃度を示している．プロットは，直線で近似している．吸光度測定過程において誤差が生じるため，すべてのデータが正確に直線上に位置するわけではない．したがって，データ点に対して"最良の"直線をひく必要がある．**回帰分析** (regression analysis) では，このような最良の直線を得ることができ，その直線の使用に伴い生じる不確かさを評価できる．ここでは，**最小二乗法** (method of least squares) を二次元データに適用する基本的な方法について解説する．

i) 最小二乗法の仮定 最小二乗法を用いる際，二つの仮定を導入する．一つ目は，測定値 y（図 4・7 においては吸光度）と標準物質濃度 x との間に直線関係があることで，この仮定をあてはめた数式を**回帰モデル** (regression model) とよび，

$$y = mx + b$$

で表すことができる．ここで，b は y 切片（x が 0 のときの y の値）であり，m は直線の傾きである（図 4・8）．また，[1]

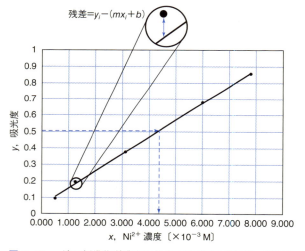

図 4・7 一連の標準物質濃度に対する吸光度の検量線．標準物質のデータを実線で示した．検量線作成とは逆の手順で，吸光度 0.505 である試料溶液の濃度を求めることができる．吸光度の検量線上の位置を確認し，ついで，その吸光度に対応する濃度を x 軸の値を読み取ることで得る（青破線）．挿入図で示したように，残差は，データ点と検量線との間の y 軸上の距離である．

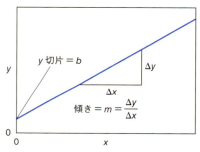

図 4・8 直線の傾きと切片の関係

直線からの個々の点のずれは，測定の誤差から生じると仮定する．すなわち，データ点の x 値（濃度）には誤差がないと仮定する．これらの仮定は，多くの分析方法であてはまるが，x 値に大きな誤差があるときには，基本的な線形最小二乗分析が最良の直線を与えない可能性があることを常に頭に入れておく必要がある．そのような場合には，より複雑な**相関分析** (correlation analysis) が必要になる．さらに，y 値の誤差が x の誤差と大きく異なる場合，最小二乗法による単純な解析が適切でないことがある．その場合，データ点に異なる係数（重み）を適用し，**重み付き最小二乗法** (weighted least-squares analysis) を行うことが必要となる．

コンピューターによる数値データ解析が可能となり，図式による校正方法は，測定結果を視覚的に確認する場合を除いてほとんど使用されなくなった．最小二乗法などの統計的手法を用いて，検量線を数式で記述する方法が一般的になっている．得られた検量線の数式から未知の試料濃度を求める．

ii) 最小二乗法によって直線を求める 図 4・7 に示す Ni^{2+} 定量の検量線を使用して最小二乗法を説明しよう．チオシアン酸を Ni^{2+} 標準液に添加し，吸光度を Ni^{2+} 濃度の関数として測定した．直線からの各点の垂直偏差は，挿

a. 最小二乗法 図 4・7 は Ni^{2+} 定量のための検量線で，過剰のチオシアン酸を添加し，光吸収性の錯イオン $[Ni(SCN)]^+$ を形成させる反応を利用した方法である．

---

[1] 線形最小二乗法は，応答 y と独立変数 x との間の直線関係を仮定している．また，x 値には誤差がないものとする．

入図に示すように**残差**（residual）とよばれる．最小二乗法では，すべての点における残差の平方和を最小にする直線（回帰直線）を作成する．この方法により，実験データ点と最も適合する直線が得られると同時に m と b の標準偏差も得られる．

最小二乗法は，残差の平方和 $SS_{残差}$ を求め，微分を使って和を最小化する[7]．$SS_{残差}$ の値は，

$$SS_{残差} = \sum_{i=1}^{N}[y_i - (b + mx_i)]^2$$

から求められる．ここで，N は使用されるデータ点の数である．三つの量 S_{xx}，S_{yy}，S_{xy} を以下のように定義すると，傾きと切片の計算を簡略化できる．

[1]
$$S_{xx} = \sum(x_i - \bar{x})^2 = \sum x_i^2 - \frac{(\sum x_i)^2}{N} \quad (4 \cdot 18)$$

$$S_{yy} = \sum(y_i - \bar{y})^2 = \sum y_i^2 - \frac{(\sum y_i)^2}{N} \quad (4 \cdot 19)$$

$$S_{xy} = \sum(x_i - \bar{x})(y_i - \bar{y}) = \sum x_i y_i - \frac{\sum x_i \sum y_i}{N} \quad (4 \cdot 20)$$

ここで，x_i と y_i は x と y の個々のデータ対であり，N はデータ対の数である．$\bar{x}$ と $\bar{y}$ は x と y の平均値である．

$$\bar{x} = \frac{\sum x_i}{N} \quad \text{および} \quad \bar{y} = \frac{\sum y_i}{N}$$

ここで，S_{xx} および S_{yy} は，x と y の個々の値に対する平均からの偏差の平方和であることに留意してほしい．(4・18)～(4・20) 式の右辺は，回帰関数が組込まれていない電卓を使用する場合に便利な計算式である．

S_{xx}，S_{yy}，S_{xy} から次の六つの有用な値を求めることができる．

1. 直線の傾き m：
$$m = \frac{S_{xy}}{S_{xx}} \quad (4 \cdot 21)$$

2. 切片 b：
$$b = \bar{y} - m\bar{x} \quad (4 \cdot 22)$$

[2] **3.** 回帰の標準偏差 s_r：
$$s_r = \sqrt{\frac{S_{yy} - m^2 S_{xx}}{N - 2}} \quad (4 \cdot 23)$$

4. 傾きの標準偏差 s_m：
$$s_m = \sqrt{\frac{s_r^2}{S_{xx}}} \quad (4 \cdot 24)$$

5. 切片の標準偏差 s_b：
$$s_b = s_r \sqrt{\frac{\sum x_i^2}{N \sum x_i^2 - (\sum x_i)^2}} = s_r \sqrt{\frac{1}{N - (\sum x_i)^2 / \sum x_i^2}} \quad (4 \cdot 25)$$

6. 検量線から得られた結果の標準偏差 s_c：
$$s_c = \frac{s_r}{m}\sqrt{\frac{1}{M} + \frac{1}{N} + \frac{(\bar{y}_c - \bar{y})^2}{m^2 S_{xx}}} \quad (4 \cdot 26)$$

N 個のデータ点から作成した検量線を使用すると，未知量に対する M 回の反復測定の平均値 $\bar{y}_c$ から得られる濃度の標準偏差を (4・26) 式から導き出せる．$\bar{y}$ は N 個のデータ点に対する y の平均値であったことを思い出せば理解しやすい．この方程式は近似式であり，傾きと切片が独立したパラメーターであると仮定しているが，これは厳密には正しくない．

回帰の標準偏差 s_r（4・23 式）は，y の平均から（通常の場合）ではなく，最小二乗法により得られる直線からの偏差を測定したときの y の標準偏差である．s_r と $SS_{残差}$ の関係は次式によって表される．

$$s_r = \sqrt{\frac{\sum_{i=1}^{N}[y_i - (b + mx_i)]^2}{N - 2}} = \sqrt{\frac{SS_{残差}}{N - 2}}$$

この式において，自由度は $(N-2)$ となる．なぜなら，m の計算において自由度が1失われ，b の決定においても自由度が1失われているからである．回帰の標準偏差は，しばしば**推定値の標準偏差**（standard deviation of the estimate）とよばれ，推定回帰直線からの偏差の大きさにおおよそ一致する．例題 4・12 と例題 4・13 は，これらの数量をどのように計算し，使用するかを示している．コンピューターでは，通常，Excel などの表計算ソフトを使って計算する[8]．

例題 4・12

表 4・6 の最初の 2 列には，炭化水素混合物中のイソオクタンを定量する検量線作成のためのデータが示されている．最小二乗法で分析せよ．また，表の右 3 列には x_i^2，y_i^2，$x_i y_i$ の計算値，各列の最後の行には合計値が示されている．表の値は電卓やコンピューターの最大表示桁数まで示してあり，<u>有効数字の処理はすべての計算が終了してから行う</u>ことに注意せよ． [3]

---

[1] S_{xx} と S_{yy} の式は，x の分散と y の分散の式の分子である．同様に，S_{xy} は x と y の共分散の式の分子である．

[2] **用語** 回帰の標準偏差（standard deviation about regression）は，**推定値の標準偏差**または単に**標準偏差**ともよばれ，回帰直線からの偏差の大まかな尺度となる．

[3] 計算が完了するまで数値を丸めてはいけない．

[7] この手順では，$SS_{残差}$ をはじめに m と b で微分し，得られた導関数を 0 とする．この計算により，二つの未知量 m および b に関する二つの一次方程式が得られる．次に，これらの方程式を解くことにより，パラメーターの最小二乗法による最適な推定値を得る．

[8] S.R. Crouch, F.J. Holler, "Application of Microsoft Excel in Analytical Chemistry, 2nd ed.", ch. 4, Brooks-Cole, Belmont CA (2014).

(例題 4・12 つづき)

表 4・6　クロマトグラフィーにより炭化水素混合物中のイソオクタンを定量する検量線作成のためのデータ

イソオクタンの割合 x_i 〔mol%〕	ピーク面積 y_i	x_i^2	y_i^2	$x_i y_i$
0.352	1.09	0.12390	1.1881	0.38368
0.803	1.78	0.64481	3.1684	1.42934
1.08	2.60	1.16640	6.7600	2.80800
1.38	3.03	1.90440	9.1809	4.18140
1.75	4.01	3.06250	16.0801	7.01750
5.365	12.51	6.90201	36.3775	15.81992

解　答

(4・18)～(4・20) 式に代入する.

$$S_{xx} = \sum x_i^2 - \frac{(\sum x_i)^2}{N} = 6.90201 - \frac{(5.365)^2}{5} = 1.14537$$

$$S_{yy} = \sum y_i^2 - \frac{(\sum y_i)^2}{N} = 36.3775 - \frac{(12.51)^2}{5} = 5.07748$$

$$S_{xy} = \sum x_i y_i - \frac{\sum x_i \sum y_i}{N} = 15.81992 - \frac{5.365 \times 12.51}{5}$$
$$= 2.39669$$

これらの数値を (4・21) 式と (4・22) 式に代入する.

$$m = \frac{2.39669}{1.14537} = 2.0925 \approx 2.09$$

$$b = \frac{12.51}{5} - 2.0925 \times \frac{5.365}{5} = 0.2567 \approx 0.26$$

よって, 最小二乗法により求まる直線の式は,

$$y = 2.09x + 0.26$$

となる.
さらに (4・23) 式に代入すると回帰の標準偏差が求まる.

$$s_r = \sqrt{\frac{S_{yy} - m^2 S_{xx}}{N-2}} = \sqrt{\frac{5.07748 - (2.0925)^2 \times 1.14537}{5-2}}$$
$$= 0.1442 \approx 0.14$$

(4・24) 式に代入すると傾きの標準偏差が得られる.

$$s_m = \sqrt{\frac{s_r^2}{S_{xx}}} = \sqrt{\frac{(0.1442)^2}{1.14537}} = 0.13$$

最後に, (4・25) 式より切片の標準偏差が求まる.

$$s_b = 0.1442 \sqrt{\frac{1}{5 - (5.365)^2/6.90201}} = 0.16$$

例題 4・13

例題 4・12 で求めた検量線を, クロマトグラフィーによる炭化水素混合物中のイソオクタンの定量に使用した. ピーク面積は 2.65 であった. この面積が (a) 単一測定の結果の場合, (b) 4 回の測定の平均である場合において, 混合物中のイソオクタンの物質量の割合 (%) および標準偏差を求めよ.

解　答

どちらの場合でも, 例題 4・12 で求めた回帰直線を書き換えることによって未知の濃度を求めることができる.

$$x = \frac{y-b}{m} = \frac{y - 0.2567}{2.0925} = \frac{2.65 - 0.2567}{2.0925}$$
$$= 1.144 \text{ mol \%}$$

(a) (4・26) 式に代入し,

$$s_c = \frac{0.1442}{2.0925} \sqrt{\frac{1}{1} + \frac{1}{5} + \frac{(2.65 - 12.51/5)^2}{(2.0925)^2 \times 1.14537}}$$
$$= 0.076 \text{ mol \%}$$

(b) 4 回の測定の平均について,

$$s_c = \frac{0.1442}{2.0925} \sqrt{\frac{1}{4} + \frac{1}{5} + \frac{(2.65 - 12.51/5)^2}{(2.0925)^2 \times 1.14537}}$$
$$= 0.046 \text{ mol \%}$$

4・6　分析方法の特性

分析手順は, 確度, 精度, 感度, 検出限界, ダイナミックレンジのようないくつかの特性によって特徴づけられている. 第 3 章では確度と精度の概念について説明した. ここでは, 一般的に使用されているその他の特性を紹介する.

4・6・1　感度と検出限界

感度 (sensitivity) という用語は, 分析方法の説明によく用いられる. 残念なことに, ときには乱用されたり, 誤って用いられることがある. 最もよく用いられる感度の定義は, **校正感度** (calibration sensitivity), すなわち分析対象濃度の単位変化当たりの応答の変化である. 図 4・9 に示すように, 校正感度は検量線の傾きのことである. 検量線が直線である場合, 感度は一定で, 濃度とは無関係である. 直線ではない場合, 感度は濃度とともに変化し, 同一の値ではない.

校正感度は, どれほどの濃度差が検出されうるかを示すものではない. 検出可能な濃度差を定量的に把握するためには, 応答のノイズを考慮する必要がある. このため, **分析感度** (analytical sensitivity) という用語が使用されること

がある．分析感度は，ある分析対象の濃度における，分析応答の標準偏差に対する検量線の傾きの比である．分析感度は，通常，濃度と深く関わっている．

検出限界（detection limit，DL）は，一定の信頼水準で報告できる最小の濃度である．あらゆる分析技術には検出限界がある．検量線を必要とする方法において，検出限界は (4・27) 式によって定義され，ブランクの標準偏差 s_b の k 倍の応答をひき起こす分析対象濃度のことである．

$$検出限界(DL) = \frac{ks_b}{m} \quad (4 \cdot 27)$$

ここで，k は**信頼係数**（confidence factor），m は**校正感度**とよばれる．k は通常 2 または 3 となるように選択される．k 値が 2 のとき，信頼水準は 92.1%，k 値が 3 のとき，信頼水準は 98.3% になる[9]．

研究者や機器メーカーによって報告された検出限界が，実際の試料でも同様に適用されるとは限らない．報告された値は，通常，最適化された機器を用いて理想的な標準物質で測定されたものである．しかしながら，これらの限界は，方法や器具の比較において有用である．

4・6・2 ダイナミックレンジ

分析方法の**ダイナミックレンジ**（dynamic range）とは，直線による検量線を使用して試料を定量できる濃度範囲をさすことが多い（図 4・9）．一般的に，ダイナミックレンジの下限は検出限界である．上限は，通常，分析応答または検量線の傾きが特定量から逸脱する濃度とされている．通常，直線から 5% の偏差が上限とみなされる．直線からの偏差は，想定外の検出器応答または化学的効果によるもので，高濃度域で生じることが多い．吸光度測定のような分析技術は，吸光度の 1〜2 桁の範囲（10^{-2}〜10^0）でのみ直線である．質量分析法では，4〜5 桁の直線性を示すこともある．

数学的簡便さと異常値を容易に検出できることから，直線の検量線が推奨される．直線の検量線によって，標準物質が少ない場合でも回帰分析の手法を用いることができる．一方，直線ではない検量線もしばしば有用であるが，直線の場合に比べて校正関数を作成するためにより多くの標準物質が必要となる．また，広範囲の濃度を定量するために，より広いダイナミックレンジを確保することが望まれる．なぜならば，試料の希釈には時間がかかり，潜在的な誤差の原因となりうるからである．また場合によっては，わずかなダイナミックレンジしか必要としない．たとえば，血清中のナトリウムの測定では，ヒトにおける血中ナトリウム濃度の変動がきわめて限られているため，わずかな範囲で定量できれば十分だからである．

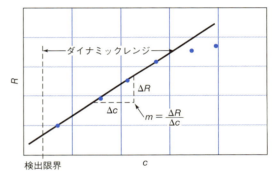

図 4・9 応答 R に対する濃度 c の検量線．検量線の傾きは，校正感度 m とよばれる．検出限界は，特定の信頼水準で測定できる最低濃度を示す．

---

9) J.D. Ingle, Jr., S.R. Crouch, "Spectrochemical Analysis", p. 174, Prentice Hall, Upper Saddle River, NJ (1988).

章 末 問 題

4・1 五つの測定値の平均の信頼区間が，単一の測定値のものよりも狭い理由を説明せよ．

4・2 測定数が十分あり，s が σ の良好な推定値であると仮定するとき，以下の信頼区間を求める際に用いた信頼水準を特定せよ．

(a) $\bar{x} \pm \dfrac{2.58s}{\sqrt{N}}$ (b) $\bar{x} \pm \dfrac{1.96s}{\sqrt{N}}$

(c) $\bar{x} \pm \dfrac{3.29s}{\sqrt{N}}$ (d) $\bar{x} \pm \dfrac{s}{\sqrt{N}}$

4・3 以下の要因が，平均の信頼区間の範囲に与える影響を考察せよ．

(a) 標準偏差 σ
(b) 標本サイズ N
(c) 信頼区間

4・4 以下の反復測定の結果について考察する．

A	B	C	D	E	F
2.7	0.514	70.24	3.5	0.812	70.65
3.0	0.503	70.22	3.1	0.792	70.63
2.6	0.486	70.10	3.1	0.794	70.64
2.8	0.497		3.3	0.900	70.21
3.2	0.472		2.5		

六つのデータセットの平均と標準偏差を求めよ．また，各データセットの 95% 信頼区間を求め，この区間の意

4・5 問題4・4の各データセットについて95%信頼区間を求めよ。ただし、s が σ の良好な推定値であり、その値はセットAでは0.30、セットBでは0.015、セットCでは0.070、セットDでは0.20、セットEでは0.0090、セットFでは0.15であると仮定する.

4・6 問題4・4の各データセットの最後の値は異常値の可能性がある。Q 検定(95%信頼水準)を行い、統計的にこの結果を棄却してよいか判断せよ.

4・7 使用済みのジェットエンジン油中に存在する鉄の量を測定するために、原子吸光法で3回反復測定を30回行い、データをプールしたところ、標準偏差 $s=3.6$ μg Fe/mL であった。s が σ の良好な推定値である場合、鉄濃度の測定結果 18.5 μg Fe/mL について 95% および 99% の信頼区間を、以下の場合について計算せよ。(a) 単一分析、(b) 2回の分析の平均、(c) 4回の分析の平均.

4・8 燃料試料中の銅を測定するために原子吸光法を行い、プールされた標準偏差 $s_{pooled}=0.27$ μg Cu/mL ($s\to\sigma$) を得た。往復した航空機エンジンからの油を分析すると、7.91 μg Cu/mL の銅を含んでいた。測定結果について 95% および 99% の信頼区間を、以下の場合について計算せよ。(a) 単一の分析、(b) 4回の分析の平均、(c) 16回の分析の平均.

4・9 問題4・7に記した分析の95%および99%信頼限界を ±2.2 μg Fe/mL の範囲に収めるためには反復測定が何回必要か.

4・10 問題4・8に記した分析の95%および99%信頼限界を ±0.20 μg Cu/mL の範囲に収めるためには反復測定が何回必要か.

4・11 副甲状腺機能亢進症が疑われる患者の血清試料でカルシウムの容量分析を3回反復測定し、3.15、3.25、3.26 mmol Ca/L の結果を得た。以下の仮定をしたとき、このデータの平均の95%信頼区間を求めよ.
(a) この分析の精度に関する情報がない場合
(b) $s\to\sigma=0.056$ mmol Ca/L である場合

4・12 殺虫剤中のリンデンの割合(%)を3回反復測定したところ、7.23、6.95、7.53 という結果を得た。以下の仮定をしたとき、これら三つのデータの平均値の90%信頼区間を求めよ.
(a) この方法の精度に関する情報が、今回得た三つのデータのみの場合
(b) これまでのデータの蓄積から、この方法において $s\to\sigma=0.28\%$ リンデンであることがわかっている場合.

4・13 血中グルコース定量法の標準偏差は 0.38 mg/dL であることが知られている。$s=0.38$ が σ の良好な推定値である場合、平均が以下の範囲に収まるために必要な反復測定回数を求めよ.
(a) 99% の確率で真の平均の 0.3 mg/dL 以内に収まる
(b) 95% の確率で真の平均の 0.3 mg/dL 以内に収まる
(c) 90% の確率で真の平均の 0.2 mg/dL 以内に収まる

4・14 一般企業の研究所における分析能を評価するため、精製安息香酸(68.8% C、4.953% H)試料を二組に分け分析を依頼した。方法の相対標準偏差は炭素については $s_r\to\sigma=4$ ppt、水素については $\sigma=6$ ppt と推定される。報告された結果は 68.5% C と 4.882% H であった。95% 信頼水準において、両分析に系統誤差はあるか.

4・15 刑事事件の検察官が、被告人のコートに埋め込まれたガラスの小さな断片をおもな証拠として提示した。検察官は、破片が犯罪中に壊れた珍しいベルギーのステンドグラスの窓と同じ組成であると主張した。ガラスの五つの成分に対する3回反復測定の平均を表に示す。これらのデータに基づいて、被告は罪について合理的な疑義を主張する根拠をもっているか。疑義の基準として99% 信頼水準を用いよ.

成分	濃度〔ppm〕 被告人のコート	窓	標準偏差 $s\to\sigma$
As	129	119	9.5
Co	0.53	0.60	0.025
La	3.92	3.52	0.20
Sb	2.75	2.71	0.25
Th	0.61	0.73	0.043

4・16 湖、海、河川に廃棄される下水や工業用汚染物質は、溶存酸素濃度を低下させ、水生生物に悪影響を及ぼす可能性がある。ある2カ月間にわたる研究で、河川の同じ場所から毎週分析された溶存酸素の値を表に示す.

週 数	溶存酸素〔ppm〕
1	4.9
2	5.1
3	5.6
4	4.3
5	4.7
6	4.9
7	4.5
8	5.1

一部の科学者は、5.0 ppm は魚が生存するために限界となる溶存酸素濃度であると考えている。平均溶存酸素濃度が 95% 信頼水準で 5.0 ppm 未満であるかどうかを判定するための統計的検定を実施せよ。帰無仮説と対立仮説を明確に述べよ.

4・17 問題4・16のデータセットにおける3週目の測定値は異常値であると疑われる。Q 検定を用いて、95% 信頼水準で値を棄却できるかどうかを判断せよ.

4・18 ある会社では、大量の溶剤を購入する前に、溶剤に含まれる特定の不純物の平均値が 1.0 ppb 未満であることを確認したい。どの仮説を用いて検証すべきか。また、この状況で想定される第一種過誤と第二種過誤を述べよ.

4・19 ある化学プラントに隣接する川の汚染物質濃度は定期的に監視されている。長年、化学分析によって示される汚染物質濃度は正常であったが、最近、このプラントで汚染物質濃度の上昇をひき起こす疑いのある工程の

変更を行った．そこで環境保護庁（EPA）は，汚染物質濃度が増加していないという決定的な証拠を求めている．検定のための帰無仮説と対立仮説を述べ，この状況で想定される第一種過誤と第二種過誤を述べよ．

4・20 以下の状況について帰無仮説 H_0 と対立仮説 H_a を定量的に記述し，第一種過誤と第二種過誤を述べよ．これらの仮説を統計的に検定するとき，片側検定と両側検定のどちらが必要かを述べよ．

(a) イオン選択性電極法による Ca 含量測定と，EDTA 滴定による Ca 含量測定の平均値が大きく異なる場合

(b) ある試料は，NIST によって認定されている 7.03 ppm より低い濃度であったので，系統誤差が生じたに違いない場合

(c) ある結果は，X 社製のアセトニトリルの不純物含量におけるバッチ間のばらつきが，Y 社製のアセトニトリルよりも低いことを示した場合

(d) Cd 含量についての原子吸光法の結果は，電気化学法による結果よりも精度が低い場合

4・21 湖からの水試料中の塩化物の均質性は，湖の頂部および底部から採取した Cl を分析することにより判断される．Cl（ppm）の試験について以下の結果が得られた．

頂 部	底 部
26.30	26.22
26.43	26.32
26.28	26.20
26.19	26.11
26.49	26.42

(a) 95% 信頼水準で t 検定を行い，湖の頂部の塩化物量が底部の塩化物量と異なるかどうかを決定せよ．

(b) 対応のある t 検定を行い，95% 信頼水準において頂部の値と底部の値の間に有意差があるかどうかを判断せよ．

(c) 対応のある t 検定を行った結果が，単にデータをプールしてその平均の差に対して t 検定を行った場合と異なるのはなぜか．

4・22 二つの異なる分析方法を用いて，下水廃水中の残留塩素を測定した．二つの方法を同じ試料で用いた．各試料は，廃水液との接触時間が異なるさまざまな場所から得た．Cl の濃度を測定した二つの方法の結果（mg/L）を以下の表に示す．

試料	方法 A	方法 B
1	0.39	0.36
2	0.84	1.35
3	1.76	2.56
4	3.35	3.92
5	4.69	5.35
6	7.70	8.33
7	10.52	10.70
8	10.92	10.91

(a) 二つの方法を比較するために使用すべき t 検定の種類とその理由を述べよ．

(b) 二つの方法は異なる結果をもたらすか，適切な仮説を立てて検定せよ．

(c) 90%，95%，99% の信頼水準によって結論は異なるか．

4・23 William Ramsey と Lord Rayleigh は，いくつかの異なる方法で窒素試料を調製した．各試料の密度（特定の温度と圧力におけるフラスコを満たす気体試料の質量）を測定した．種々の窒素化合物を分解して調製された窒素試料の質量は，2.29280，2.29940，2.29849，2.30054 g であった．一方，異なる方法で空気から酸素を除去することによって調製された窒素の質量は，2.31001，2.31163，2.31028 g であった．窒素化合物から調製された窒素の密度は，空気から調製された窒素の密度と著しく異なるか．またその結論が誤りである確率はいくらか．（この違いを研究した結果，Rayleigh は貴ガスを発見した．）

4・24 三つの異なる場所の土壌についてリン含量を測定した．各土壌試料について 5 回反復測定した．ANOVA 表の値の一部を以下に示す．

ばらつきの要因	SS	df	MS	F
土壌間	—	—	—	—
各土壌内	—	—	0.0081	
合 計	0.374	—		

(a) 表中の抜けている項目を埋めよ．

(b) 帰無仮説と対立仮説を述べよ．

(c) 三つの土壌は 95% 信頼水準でリン含量に差はあるか．

4・25 五つの異なるメーカーのオレンジジュースについて，アスコルビン酸濃度を測定した．各メーカーの六つの複製試料を分析した．以下は ANOVA 表の値の一部を示している．

ばらつきの要因	SS	df	MS	F
ジュース間	—	—	—	8.45
各ジュース内	—	—	0.913	
合 計	—	—		

(a) 表中の抜けている項目を埋めよ．

(b) 帰無仮説と対立仮説を述べよ．

(c) 95% 信頼水準で五つのジュースのアスコルビン酸含量に差はあるか．

4・26 五つの異なる研究室が水試料中の鉄濃度の測定を行い，研究室間試験を行った．研究室 A～E による鉄濃度（ppm）の反復測定の結果を以下に示す．

結 果	研究室 A	研究室 B	研究室 C	研究室 D	研究室 E
1	10.3	9.5	10.1	8.6	10.6
2	11.4	9.9	10.0	9.3	10.5
3	9.8	9.6	10.4	9.2	11.1

(a) 適切な仮説を述べよ．

(b) 研究室ごとの結果は 95% 信頼水準で差はあるか. 99% 信頼水準 ($F_{棄却限界}$=5.99), 99.9% 信頼水準 ($F_{棄却限界}$=11.28) ではどうか.
(c) 95% 信頼水準では，どの研究室の結果がほかと異なるか.

4・27 4人の分析者が，同一の分析試料において Hg 含量決定のため反復測定を行った．Hg (ppb) の結果を次に表す.

測定	分析者1	分析者2	分析者3	分析者4
1	10.24	10.14	10.19	10.19
2	10.26	10.12	10.11	10.15
3	10.29	10.04	10.15	10.16
4	10.23	10.07	10.12	10.10

(a) 適切な仮説を述べよ.
(b) 分析者ごとの結果は 95% 信頼水準で差はあるか. 99% 信頼水準 ($F_{棄却限界}$=5.95), 99.9% 信頼水準 ($F_{棄却限界}$=10.80) ではどうか.
(c) 95% 信頼水準では，どの分析者の結果がほかと異なるか.

4・28 四つの異なる蛍光フローセルの設計を比較して，有意に差があるかどうかを調べた．以下の結果は，4回の反復測定の相対蛍光強度を表している.

測定	設計1	設計2	設計3	設計4
1	72	93	96	100
2	93	88	95	84
3	76	97	79	91
4	90	74	82	94

(a) 適切な仮説を述べよ.
(b) フローセルの設計は 95% 信頼水準で差はあるか.
(c) (b) で有意差が検出された場合，どの設計が 95% 信頼水準でほかと差があるか.

4・29 三つの異なる分析方法を，生物学的試料中の Ca 含量を決定するために比較する．研究室は，方法によって測定に差異が生じるかを知りたい．以下に示す結果は，イオン選択性電極 (ISE) 法，EDTA 滴定，原子吸光法によって測定した Ca 含量 (ppm) を表したものである.

測定	ISE	EDTA 滴定	原子吸光法
1	39.2	29.9	44.0
2	32.8	28.7	49.2
3	41.8	21.7	35.1
4	35.3	34.0	39.7
5	33.5	39.2	45.9

(a) 帰無仮説と対立仮説を述べよ.
(b) 95% と 99% の信頼水準で三つの方法により測定値に差が生じるかどうかをそれぞれ判断せよ.
(c) 95% 信頼水準で有意差が見いだされた場合，どの方法がほかと異なるかを決定せよ.

4・30 以下のデータセットに対して Q 検定を行い，異常値が保持されるべきか棄却されるべきか，95% 信頼水準で判断せよ.
(a) 41.27, 41.61, 41.84, 41.70
(b) 7.295, 7.284, 7.388, 7.292

4・31 以下のデータセットに対して Q 検定を行い，異常値が保持されるべきか棄却されるべきか，95% 信頼水準で判断せよ.
(a) 85.10, 84.62, 84.70
(b) 85.10, 84.62, 84.65, 84.70

4・32 血清中のリンを定量し，4.40, 4.42, 4.60, 4.48, 4.50 ppm P という結果を得た．このとき，4.60 ppm という結果が異常値として棄却されるべきか，保持されるべきか，95% 信頼水準で判断せよ.

4・33 発展問題 Willard と McAlpine の研究[10] から得られたアンチモン原子量の三つのデータセットを表に示す.

データセット1	データセット2	データセット3
121.771	121.784	121.752
121.787	121.758	121.784
121.803	121.765	121.765
121.781	121.794	

(a) 各データセットの平均と標準偏差を求めよ.
(b) 各データセットの 95% 信頼区間を決定せよ.
(c) データセット1の 121.803 が 95% 信頼水準においてデータセット内の異常値であるかどうかを判断せよ.
(d) t 検定を用いて，データセット3の平均が 95% 信頼水準でデータセット1の平均と同一であるかどうかを判断せよ.
(e) 三つすべてのデータセットの平均を ANOVA で比較せよ．まず，帰無仮説を立てよ．95% 信頼水準で平均同士に差があるかどうかを判断せよ.
(f) 11 のデータをプールし，全体平均およびプールされた標準偏差を決定せよ.
(g) (f) で求めた全体平均を，現在真の値として受入れられている周期表の値と比較せよ．周期表の値が真の値であると仮定して絶対誤差と相対誤差 (%) を求めよ.

4・34 天然水中の硫酸イオン濃度は，試料に過剰量の $BaCl_2$ を添加した際の濁度から測定できる．本分析に用いた濁度計は一連の Na_2SO_4 標準液で校正した．硫酸イオン濃度 c_x の校正で，以下のデータを得た.

c_x [mg SO_4^{2-}/L]	濁度計の表示値
0.00	0.06
5.00	1.48
10.00	2.28
15.0	3.98
20.0	4.61

---

10) H.H. Willard, R.K. McAlpine, *J. Am. Chem. Soc.*, **43**, 797 (1921), DOI: 10.1021/ja01437a010.

濁度計の表示値と濃度には直線関係が成り立つと仮定する．
(a) データをプロットし，点を結ぶ直線を描け．
(b) 最小二乗法により点を結ぶ最適な直線の傾きと切片を計算せよ．
(c) (a)と(b)で得た直線を比較せよ．
(d) 濁度計の表示が2.84となる試料の硫酸イオン濃度を求めよ．また，絶対標準偏差と分散係数も求めよ．
(e) 2.84が六つの濁度計の測定値の平均であるとき，(d)の計算を再度行え．

4・35 pCa定量のため，カルシウム電極の校正を行い，以下のデータを得た．電位とpCaの間には直線関係が成り立つことが知られている．

pCa=$-\log[Ca^{2+}]$	E〔mV〕
5.00	-53.8
4.00	-27.7
3.00	$+2.7$
2.00	$+31.9$
1.00	$+65.1$

(a) データをプロットし，点を結ぶ直線を描け．
(b) 点を結ぶ最適な直線を最小二乗法で求め，プロットせよ．
(c) 電極電位が15.3 mVである血清のpCaを求めよ．計算結果が単一の電圧測定値によるものである場合，絶対標準偏差および相対標準偏差を求めよ．
(d) (c)における電位の測定値が2回反復測定値の平均であった場合，pCaの絶対標準偏差および相対標準偏差を求めよ．

4・36 メチルビニルケトンの標準液のクロマトグラムの相対ピーク面積を以下に示す．

メチルビニルケトン濃度〔mmol/L〕	相対ピーク面積
0.500	3.76
1.50	9.16
2.50	15.03
3.50	20.42
4.50	25.33
5.50	31.97

(a) 最小二乗法を用いて最適な直線の係数を求めよ．
(b) 実験値と一緒に最小二乗法による直線をプロットせよ．
(c) メチルビニルケトンを含む試料の相対ピーク面積は12.9であった．溶液中のメチルビニルケトンの濃度を計算せよ．
(d) (c)の結果が単一の測定値によるものである場合と四つの測定値の平均である場合，それぞれについて絶対標準偏差および相対標準偏差を求めよ．
(e) ピーク面積が21.3である試料について(c)と(d)の計算を再び行え．

4・37 血中グルコースの比色定量を行った結果を以下の表に示す．

グルコース濃度〔mM〕	吸光度, A
0.0	0.002
2.0	0.150
4.0	0.294
6.0	0.434
8.0	0.570
10.0	0.704

(a) 変数間に直線関係が成り立つとき，最小二乗法により傾きと切片を求めよ．
(b) 傾きと切片の標準偏差を求めよ．回帰の標準偏差も求めよ．
(c) 傾きと切片の95%信頼区間を求めよ．
(d) 吸光度が0.413である血中グルコース濃度の95%信頼区間を求めよ．

4・38 電極電位Eと濃度cの関係を以下の表に示した．

E〔mV〕	c〔mol L^{-1}〕	E〔mV〕	c〔mol L^{-1}〕
106	0.20000	174	0.00794
115	0.07940	182	0.00631
121	0.06310	187	0.00398
139	0.03160	211	0.00200
153	0.02000	220	0.00126
158	0.01260	226	0.00100

(a) データをEと$-\log c$の関係に書き直せ．
(b) Eと$-\log c$をプロットし，最小二乗法により傾きと切片を推定せよ．最小二乗式を求めよ．
(c) 傾きと切片の95%信頼区間を求めよ．

4・39 化学反応の活性化エネルギーを測定した．速度定数kを温度Tの関数として求め，以下の表に示すデータを得た．

T〔K〕	k〔s^{-1}〕
599	0.00054
629	0.0025
647	0.0052
666	0.014
683	0.025
700	0.064

データは$\log k = \log A - E_A/(2.303RT)$の回帰モデルにあてはまると仮定する．ここで，$A$は頻度因子で$R$は気体定数である．
(a) データを$\log k = a - 1000b/T$の回帰モデルにあてはめよ．
(b) 回帰モデルの傾き，切片，回帰の標準偏差を求めよ．
(c) $E_A = -b \times 2.303R \times 1000$であることを考慮し，活性化エネルギーとその標準偏差を求めよ（$R=1.987$ cal mol^{-1} K^{-1}とする）．

5 試料採取

第1章では,いくつかの重要なステップからなる一般的な分析手順を説明した.こういった実際の分析手順では,利用可能な試料の量や分析対象の濃度に応じて,具体的な分析方法を選択する.本章では,これらの量と濃度に基づいた一般的な分析方法の種類について述べる.実際に行う分析方法を選択したら,次に必要なステップは試料採取(サンプリング)である.試料採取の過程では,分析したい物質全体を正確に反映するような少量の試料を採取する.そのためには,統計的手法を用いる.採取した分析試料は,その完全性を保つため,試料の損失や汚染物質の混入がない,信頼できる方法で処理する必要がある.その際,信頼性が高く,費用対効果も優れていることから,§5・3で説明する試料処理の自動化を行うことが多い.

5・1 分析試料と分析方法

分析方法の選択には,§1・3・1で説明したように,多くの要素が関与している.そのなかでも最も重要な要素として,試料の量と分析対象の濃度があげられる.

5・1・1 試料および分析方法の種類

化学種を同定する**定性分析**と成分の量を決定する**定量分析**は一般的に区別して扱われる.§1・2で議論したような定量分析法は,従来,重量分析,容量分析,または機器分析として分類されてきた.定量分析法を区別するもう一つの方法として,試料のサイズと構成成分の種類に基づくものがある.

a. 試料のサイズ 図5・1に示すように,**マクロ分析**(macro analysis)という言葉は,質量が0.1gを超える試料に対して使用される.**セミミクロ分析**(semimicro analysis)は,0.01〜0.1gの範囲の試料に対して実施され,**ミクロ分析**(micro analysis)の試料は,10^{-4}〜10^{-2}gの範囲にある.さらに,質量が10^{-4}g未満の試料では,**超ミクロ分析**(ultramicro analysis)という用語が使用される.

図5・1の分類によると,汚染されている疑いのある1gの土壌試料の分析はマクロ分析,違法薬物の疑いがある粉末5mgの分析はミクロ分析となる.通常の実験室で取扱う試料は,マクロからミクロ,さらには超ミクロの範囲にあるが,非常にわずかな試料を取扱う超ミクロ分析は,マクロな試料を扱う分析技術と大きく異なる.

b. 構成成分の種類 分析により決定される成分の濃度は非常に広い範囲に及ぶ.たとえば,分析により1〜100%(w/w)の範囲で**主成分**(major constituent)を決定する.第Ⅱ部で取上げる重量分析および容量分析の多くは,

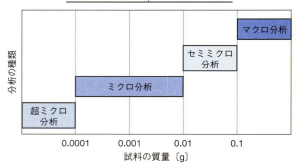

図5・1 試料サイズによる分析の分類

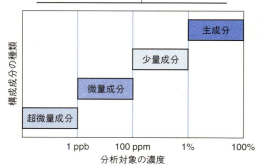

図5・2 分析対象の濃度による構成成分の分類

主成分決定の例である．図5・2に示すように，0.01〜1％の範囲内に存在する化学種は**少量成分**(minor constituent)，1 ppb〜100 ppm (0.01％) の間に存在する化学種は**微量成分**(trace constituent)とよばれることが多い．1 ppb より低い量で存在する成分は，**超微量成分**(ultratrace constituent) であると考えられる．

1 μL (約1 mg) の河川水試料中に含まれる ppb から ppm の範囲の Hg 量の決定は，微量成分のミクロ分析にあたる．微量成分および超微量成分の測定が特に手が掛かるのは，干渉や汚染の可能性があるためである．極端な場合には，ちりやその他の汚染物質がない非常にきれいな特別な部屋で，測定を行う必要がある．微量分析における一般的な問題は，分析対象の濃度の低下とともに，結果の信頼性が劇的に低下することである．図5・3は，分析対象の濃度が減少するにつれて，実験室間の相対標準偏差がどのように増加するかを示している．1 ppb の超微量レベルでは，実験室間誤差(％RSD)はほぼ50％であり，より低い濃度では，誤差が100％に近づいていく．

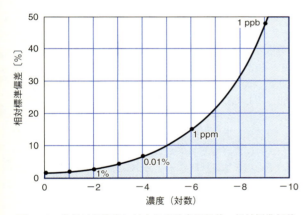

図5・3 分析対象濃度に対する実験室間誤差．相対標準偏差は，分析対象濃度が低下すると劇的に増加する．超微量範囲では，相対標準偏差は100％に近づく．[W. Horowitz, *Anal. Chem.*, **54**, 67A–76A (1982), DOI: 10.1021/ac00238a002 より許可を得て転載．©1982 American Chemical Society]

5・1・2 実 試 料

実試料(real sample) を用いた分析は，試料マトリックス(§3・2・3c)が存在するため複雑になる．試料マトリックスは，分析対象と同様の化学的性質をもつ化学種を含んでいる．マトリックス成分は，分析対象が反応するのと同じ試薬と反応したり，分析対象と区別が困難な機器応答をひき起こす可能性がある．これらの効果は，分析対象の測定に干渉する．干渉がマトリックス中の分析対象以外の化学種によってひき起こされる場合，それらは**マトリックス効果**(matrix effect)とよばれる．マトリックス効果は，試料そのものだけでなく，測定用の試料を調製するために使用される試薬や溶媒によってもひき起こされることがある．分析対象を含むマトリックスの組成は，脱水によって水を失ったり，貯蔵中に光化学反応を起こす場合のように，時間とともに変化しうる．

§1・3 で述べたように，試料は<u>分析される</u>(analyzed)のに対し，化学種は<u>同定</u>(determined)，また濃度は<u>定量</u>[1] (determined) される．したがって正確には，血中グルコースを<u>定量する</u>(determination)といい，グルコースについて血液を<u>分析する</u>(analysis)と表現する．

5・2 試 料 採 取

化学分析は，たとえば汚染された湖から採取された数 mL の水など，分析したい物質のごく一部を抽出して行われることが多い．結果を意味のあるものにするためには，この画分の組成を，分析したい物質全体の平均組成に可能な限り近づける必要がある．代表的な画分を抽出する過程を**試料採取**(サンプリング)とよぶ．多くの場合，試料採取は，分析過程全体のなかで最も難しい作業であり，分析の精度を左右するステップである．これは，分析したい物質が湖のような多量で不均一な液体，または鉱石，土壌，動物組織などの不均一な固体である場合に特にあてはまる．

化学分析のための試料採取には，小さな実験室試料の分析から，きわめて多くの量からなる物質についての結論を導こうとするため，統計処理がどうしても必要となる．これは，母集団から抽出した有限個の試料について実験を行う第3，4章の内容と同じ過程である．試料の結果から，平均および標準偏差などの統計を使用して，母集団についての結論を導く．試料採取に関する文献は広範囲にわたるが[1]，本節では簡単な説明にとどめる．

5・2・1 代表試料の入手

試料採取の過程では，採取した試料が分析したい物質全体または母集団を忠実に表している必要がある．分析のために採取する試料を，しばしば**試料採取単位**(sampling unit)とよぶ．たとえば，母集団が100枚の硬貨で，これらの硬貨に含まれる鉛の平均濃度を調べるとする．その際，5枚のコインを試料として使用する場合を考える．この場合，各コインが試料採取単位となる．統計学では，分

---

1) 試料は分析される(analyzed)のに対し，成分や濃度は同定または定量される(determined)．
1) たとえば，以下の文献を参照．J.L. Devore, N.R. Farnum, "Applied Statistics for Engineers and Scientists, 2nd ed.", ch. 4, Duxbury Press, Pacific Grove, CA (2005). J.C. Miller, J.N. Miller, "Statistics and Chemometrics for Analytical Chemistry, 4th ed.", Prentice Hall, Upper Saddle River, NJ (2000). B.W. Woodget, D. Cooper, "Samples and Standards", Wiley, London (1987). F.F. Pitard, "Pierre Gy's Sampling Theory and Sampling Practice", CRC Press, Boca Raton, Fl (1989).

析したい物質全体のさまざまな部分から採取された複数の少部分のことを標本という.しかし,混乱を避けるために,化学分野では通常,採取した試料すなわち試料採取単位の集まりを**大口試料** (gross sample) とよぶ.[1]

実験室での分析では,通常,大口試料のサイズを減らし,均一化して**実験室試料** (laboratory sample) を作成する.粉末,液体,気体の試料採取を行う場合の明確な基準はない.このような試料は,異なる組成の微視的粒子の集まりであったり,流体の場合には分析対象の濃度が異なる領域が存在していたり,均一でない可能性がある.これらの試料を扱う場合,試料全体の異なる領域から試料採取することによって,代表的な試料を作成することが可能になる.図5·4は,実験室試料を取得するための一般的な三つのステップを示している.ステップ1は,母集団がビタミン錠剤を入れたびん,コムギの畑,ラットの脳,川底からの泥などのように多様であっても,多くの場合簡単である.ステップ2と3は複雑なことが多く,多大な労力と工夫が必要となる.[2]

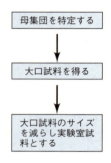

図5·4 実験室試料の入手手順.実験室試料は,数gから最大で数百gである.また,母集団全体のわずか10^7〜10^8分の1のこともある.

試料採取の過程における統計学的な目的を以下に示す.
 1) 母集団平均の不偏推定値になる分析対象種の平均濃度を得ること.これは,母集団を構成するすべての要素が等しい確率で標本に含まれる場合にのみ成り立つ.
 2) 母集団分散の不偏推定値になる分析対象種の濃度測定値の分散を得ること.これにより,平均に対する確かな信頼限界が求められ,さまざまな仮説検定を適用できるようになるからである.あらゆる試料の採取可能性が等しい場合にのみ,この目的が達せられる.

どちらの場合も,**無作為標本** (random sample) を得ることが必須である.この無作為標本という言葉は,試料がでたらめに選択されたことを意味するものではない.目的の試料を得るために,無作為抽出の過程が適用されたことをさす.たとえば,医薬錠剤生産ライン中の1000錠から試料として10錠を採取すると仮定する.試料が無作為であることを保証する方法の一つは,乱数表を用いて試験する錠剤を選択することである.乱数表は,図5·5に示すように,乱数関数や表計算ソフトから容易に作成できる.ここでは,各錠剤に1〜1000の数字を割り当て,表のC

	A	B	C	D
1	1〜1000までの乱数を表示するスプレッドシート			
2		乱　数	昇　順	
3		97	16	
4		382	33	
5		507	97	
6		33	268	
7		511	382	
8		16	507	
9		268	511	
10		810	810	
11		934	821	
12		821	934	
13				
14	計算式			
15	セルB3=RAND()*(1000-1)+1			

図5·5 スプレッドシートによる1〜1000までの乱数生成.Excelの乱数関数[=RAND( )]は,0から1の間の乱数を生成する.シート下部の計算式のように掛け算を用いて,B列に1〜1000の数値を示すようにする.再計算するたびに数値が変わらないように,B列の乱数をコピーしてC列に数値として貼り付ける.C列では数値を昇順に並び替える.

列の昇順に並び替えた乱数に従い,錠剤16,33,97などを分析に使用する.

5·2·2 試料採取の不確かさ

第3章では,分析データの系統誤差と偶然誤差はどちらも,機器,方法,および個人的な原因によるものであると結論づけた.ほとんどの系統誤差は,注意深い訓練や,校正,そして標準物質,ブランクの適切な使用によって排除することができる.データの精度に反映される偶然誤差は,一般に,測定に影響を与える要因を厳密に制御することによって許容可能なレベルまで減らすことができる.一方,不適切な試料採取により生じる誤差は,ブランクや標準物質の使用,または実験条件のより精密なコントロールによっても制御できないという意味で系統誤差や偶然誤差とは異なる.このため,試料採取による誤差は,通常,データ解析に関連する他の不確定要素とは別に処理される.

偶然誤差および試料採取の誤差について考えよう.分析測定の全体的な標準偏差s_oは,試料採取により生じる標準偏差s_sと測定(分析法)に由来する標準偏差s_mと以下の関係にある.

$$s_o^2 = s_s^2 + s_m^2 \qquad (5·1)$$

多くの場合,分析法に由来する分散(測定分散)は,単一の実験室試料の反復測定から求められる.このような場合,s_sは複数の大口試料から得られる一連の実験室試料についてのs_oの測定値から計算することができる.分散分析

---
[1] **大口試料**および**実験室試料**の組成は,分析される物質全体の平均組成を反映していなければならない.
[2] 試料採取とは,組成はそのままに母集団のサイズを実験室で手軽に取扱うことができるサイズまで縮小することである.

(§4・3参照)により,試料全体の分散(試料採取の分散と測定分散の和)が試料内分散(測定分散)よりも有意に大きいかどうかを明らかにできる.

1) ヨーデン(W.J. Youden)は,測定の不確かさが試料採取の不確かさの1/3以下(すなわち$s_m \leq s_s/3$)となれば,測定の不確かさのさらなる改善は無意味であることを示した[2].この結果は,試料採取の不確かさが大きく,さらに改善できない場合は,精度は低くてもより速い分析方法に切替えることで,一定時間内により多くの試料を分析する方がよいことを示唆している.平均の標準偏差は$1/\sqrt{N}$で小さくなるので,より多くの試料を測定することで精度が向上する可能性があるためである.

5・2・3 大口試料

2) 理想的には,大口試料は,分析したい物質の全体を代表する小型の複製であることが望ましい.試料が粒子である場合には,物質全体の化学組成と粒径分布に一致している必要がある.

a. 大口試料のサイズ
利便性と経済性の観点から,大口試料は絶対に必要な量以上に多くすべきではない.基本的に大口試料のサイズは,1) 大口試料の組成と物質全体の組成との間に許容されうる不確かさ,2) 物質全体の不均一性の程度,3) 不均一性を示す粒径の大きさ,により決定する[3].

3) についてもう少し詳しく説明しよう.よく混合された均一な気体または液体の溶液では,分子レベルだけが不均一で,したがって大口試料の最小の質量は分子そのものの質量で決まる.これの対極にあるのが鉱石や土壌などの粒状固体であり,このような物質では,固体のそれぞれの部分で互いに組成が異なっている.長さが1 cm以上,質量が数gの大きさで,粒子には不均一性が生じる.これらの中間に位置しているのが,コロイド状物質と固体の金属である.コロイド状物質の場合,10^{-5} cm以下の範囲で不均一性が発生する.合金では,まず結晶粒内に不均一性が生じる.

真の代表的な大口試料を得るためには,ある特定の数(N個)の粒子を採取しなければならない.この数の大きさは,1) の許容できる不確かさと2) の分析したい物質全

3) 体の不均一性に依存し,数個~10^{12}個の粒子までの範囲となりうる.粒子間の不均一性がまず分子レベルでしか起こらないような,均一な気体および液体においては,非常に少量の試料であっても,必要数より多くの粒子を含有しており,必要粒子数の多少は問題にならない.一方,粒状固体の個々の粒子は,1 g以上の質量をもつことがあり,ときには大口試料が数tになることもある.このような分析したい物質の試料採取はどうしても高価で時間のかかる作業になってしまう.コストを最小限にするためには,望みの情報を得るために必要な物質の最小量を決定することが重要である.

大量の原料物質から無作為に採取した大口試料の組成は確率の法則に従っている.この原則があるため,採取した部分が全体を表している可能性を予測できる.単純な例として,活性成分を含むA型と,不活性な充填材料のみを含むB型の2種類の粒子の混合物からなる医薬品を仮定する.すべての粒子は同じ粒径である.全混合物中の活性成分を含む粒子の割合を決定するために大口試料を採取する.

A型粒子を無作為に採取する確率をp,B型粒子を無作為に採取する確率を$(1-p)$とする.混合物からN個の粒子を採取する場合,期待されるA型粒子の数(期待値)はpN個であり,期待されるB型粒子の数は$(1-p)N$個である.このような二値変数母集団については,ベルヌーイの定理[4]を用いて,採取されるA型粒子の数の標準偏差σ_Aを計算できる.

$$\sigma_A = \sqrt{Np(1-p)} \qquad (5・2)$$

A型粒子の相対標準偏差σ_r[5]はσ_A/Npである.

$$\sigma_r = \frac{\sigma_A}{Np} = \sqrt{\frac{1-p}{Np}} \qquad (5・3)$$

(5・3) 式から,任意の相対標準偏差を満たすために必要な粒子数が求められる(5・4式).

$$N = \frac{1-p}{p\sigma_r^2} \qquad (5・4)$$

したがって,たとえば,粒子の80%がA型であり(p=0.8),相対標準偏差を1% (σ_r=0.01)としたい場合,大口試料の粒子数は,

$$N = \frac{1-0.8}{0.8(0.01)^2} = 2500$$

となる.この例では,2500個の粒子を含む試料を無作為に採取する必要がある.また,相対標準偏差を0.1%とす

---

1) $s_m \leq s_s/3$の場合,測定精度を向上させても意味がない.(5・1) 式に示されているように,このような条件下では試料採取の誤差によってs_oがおもに決定されるからである.
2) 大口試料は個々の試料採取単位の集まりであり,組成および粒径分布において全体を反映している必要がある.
3) 大口試料に必要な粒子数は,数個~10^{12}個の範囲である.
4) 本書では国際純正・応用化学連合(IUPAC)の勧告[5]に従って,相対標準偏差を記号σ_rで表す.σ_rは比であることに注意.
2) W.J. Youden, *J. Assoc. Off. Anal. Chem.*, **50**, 1007 (1981).
3) 粒径の関数としての試料質量に関する論文については,G.H. Fricke, P.G. Mischler, F.P. Staffieri, C.L. Handmyer, *Anal. Chem.*, **59**, 1213 (1987), DOI: 10.1021/ac00135a030 参照.
4) A.A. Benedetti-Pichler, "Physical Methods in Chemical Analysis", ed. by W.G. Berl, vol.3, p. 183-194, Academic Press, New York (1956). A.A. Benedetti-Pichler, "Essentials of Quantitative Analysis", Ronald Press, New York (1956).
5) "Compendium of Analytical Nomenclature: Definitive Rules, 1997", p. 2-8, International Union of Pure and Applied Chemistry, prepared by J. Inczedy, T. Lengyel, A.M. Ure, Blackwell Science, Malden, MA (1998).

るためには 250,000 個の粒子が必要となる．このように多くの粒子を採取する際は，もちろん個数を数えるのではなく，粒子の質量を測定することで決定する．

この例をより現実的な条件に近づけるため，混合物中の両方の成分が異なる割合で活性成分（分析対象）を含むと仮定する．A 型の粒子は，分析対象をより高い割合 P_A で含み，B 型の粒子は A 型より少ない割合 P_B で含むとする．さらに，粒子の平均密度 d は，これらの成分の密度 d_A および d_B とは異なる．ここで，試料採取の相対標準偏差 σ_r で，全体の活性成分の平均割合 P（%）となる試料を確実に得るために必要な粒子の個数，すなわち質量を決めなければならない．これらの条件を含めると，(5・4) 式は次式に拡張できる．

$$N = p(1-p)\left(\frac{d_A d_B}{d^2}\right)^2 \left(\frac{P_A - P_B}{\sigma_r P}\right)^2 \quad (5 \cdot 5)$$

この式からわかるように，採取すべき粒子の数は，許容可能な相対標準偏差の 2 乗に反比例するため，高い精度が求められると，必要となる試料の量が多くなり，コストが高くなる．また，活性成分の平均割合 P が小さくなるにつれて，より多くの粒子を採取しなければならないことがわかる．

混合物中の 2 成分の組成の差 $(P_A - P_B)$ の 2 乗に比例して N が増加するため，成分の不均一の度合いも必要とされる粒子の数に大きな影響を及ぼす．

(5・5) 式を変形すると，試料採取の相対標準偏差 σ_r が求まる．

$$\sigma_r = \frac{|P_A - P_B|}{P} \times \frac{d_A d_B}{d^2} \sqrt{\frac{p(1-p)}{N}} \quad (5 \cdot 6)$$

ここで，試料の質量 m が粒子の数 N に比例し，(5・6) 式の他の数量が一定であると仮定すると，m と σ_r の積は定数になる．定数 K_s を**インガメルスの試料採取定数**（Ingamells sampling constant）とよび[6]，下式で表す．

$$K_s = m \times (\sigma_r \times 100)^2 \quad (5 \cdot 7)$$

ここで，$(\sigma_r \times 100)$% は，% 相対標準偏差である．したがって，$\sigma_r = 0.01$ であるとき，$\sigma_r \times 100\% = 1\%$ となり，K_s は m に等しくなる．このように，試料採取定数 K_s は試料採取の不確かさを 1% まで減少させるのに必要な最小の試料の質量を表す．

固体物質の大口試料の質量を求める場合は，通常，この例よりもさらに複雑である．それは，ほとんどの分析したい物質が 2 種類より多い成分を含むだけでなく，粒径もある範囲内で分布しているからである．複数成分を扱う問題は，たいていの場合，試料を仮想 2 成分系に分割することによって解決できる．すなわち実際には複雑な混合試料であるが，選択した一方の成分はすべてが分析対象を含むさまざまな粒子であり，他方の成分はすべてがそれ以外のまったく分析対象を含まない粒子であると仮定する．おのおのの成分につき分析対象種の平均密度と割合を決定した後，その系をあたかも二成分系であるかのように扱う．

さまざまな粒径を扱う問題は，試料が単一の粒径の粒子からなると仮定した場合に必要な粒子数を求めることによって解決できる．そして，粒径の分布を考慮して大口試料の質量を決定する．すべての粒子が最大の粒径であると仮定してその大口試料の質量を計算する方法があげられるが，残念ながら，この方法は通常，必要以上に多くの物質を採取してしまうため，効率的でない．ベネデッティ-ピヒラー（A.A. Beneditti-Pichler）は，大口試料の質量を求めるための代替方法を提案している[7]．

(5・5) 式から得られる興味深い結論の一つに，大口試料中の粒子数が粒径とは無関係であることがあげられる．一方，試料の質量は，当然ながら，粒子の体積（または粒子直径の 3 乗）と比例関係にあるので，物質の粒径の減少は，必要な大口試料の質量に大きな影響を及ぼす．

(5・5) 式を適用するには，分析したい物質について多くの情報を入手する必要がある．幸いにも，数式のさまざまなパラメーターは合理的な推定を行っても差し支えない．これらの推定は，分析したい物質の定性分析，目視検査や類似の起源をもつ物質に関する文献からの情報に基づいて行う．また，種々の試料成分の密度を粗測定することが必要な場合もある．

例題 5・1

クロマトグラフィー用のカラム充填剤は，2 種類の粒子の混合物からなる．試料採取される粒子は，平均してほぼ球形で半径約 0.5 mm と仮定する．粒子の約 20% がピンク色に見え，ピンクの粒子の 30%（w/w）は固定相（分析対象）のポリマーを付着している．ピンクの粒子は密度が 0.48 g/cm³ である．もう一方の粒子は約 0.24 g/cm³ であり，ポリマー固定相をほとんどまたはまったく含まない．試料採取の誤差を 0.5% 以下に保つには，大口試料に含まれる充填剤の質量はどれほどにすべきか．

解　答

まず，平均密度とポリマーの割合を求める．

$$d = 0.20 \times 0.48 + 0.80 \times 0.24 = 0.288 \text{ g/cm}^3$$

$$P = \frac{(0.20 \times 0.48 \times 0.30) \text{ g ポリマー/cm}^3}{0.288 \text{ g 試料/cm}^3} \times 100\%$$

$$= 10\%$$

---

[6] C.O. Ingamells, P. Switzer, *Talanta*, **20**, 547 (1973), DOI: 10.1016/0039-9140(73)80135-3.

[7] A.A. Beneditti-Pichler, "Physical Methods in Chemical Analysis", ed. by W.G. Berl, vol. 3, p. 192, Academic Press, New York (1956).

(例題5・1解答つづき)

次に，(5・5) 式に代入すると，

$$N = 0.20(1 - 0.20)\left[\frac{0.48 \times 0.24}{(0.288)^2}\right]^2\left(\frac{30-0}{0.005 \times 10.0}\right)^2$$
$$= 1.11 \times 10^5 \text{ 個の粒子が必要}$$

試料の質量
$$= 1.11 \times 10^5 \text{ 個} \times \frac{4}{3}\pi(0.05)^3 \frac{\text{cm}^3}{\text{個}} \times \frac{0.288 \text{ g}}{\text{cm}^3}$$
$$= 16.7 \text{ g}$$

となる．

b. 均一な気体と溶液の試料採取 溶液または気体は，(分子レベルでは不均一ではあるが) 均一であるため，大口試料は比較的小さくすることが可能である．したがって，1) 少量の試料であっても，(5・5) 式から計算された数よりも多くの粒子が含まれていることがある．可能であれば，試料採取する前に液体または気体を十分に撹拌して，大口試料を均一にするとよい．溶液が多量で混合が不可能な場合には，溶液中の任意の場所からの採取が可能な試料採取器を用いて，溶液の複数の場所から試料採取することが最良である．この種の試料採取は，たとえば大気に曝された液体の成分を決定する際に重要となる．例をあげると，湖水の酸素含有量は，深さが数 m 違うだけで 1000 倍以上変化しうる．

持ち運び可能なセンサーの登場により，試料を実験室に持ち込むのではなく，試料のある場所に赴いて実験を行うことが近年一般的になっている．しかし，ほとんどのセンサーは局所の濃度しか測定できないし，遠隔にある試料の濃度測定や平均化は行えない．

2) プロセス制御や関連した装置では，液体試料は液体を流しながら採取する．採取された試料が全流量の一定割合を表し，流れのすべての部分が試料採取されるように注意する必要がある．

気体の試料採取法はいくつかある．場合によっては，試料採取用の袋を単に広げて気体で満たすこともある．ほかには，気体を液体中に捕集してもよいし，固体の表面上に吸着させてもよい．

c. 粒状物質の試料採取 かさ高い粒状物質からの無作為な試料採取は難しいことが多い．無作為抽出は，物質が移動している間に行うのが最善とされる．多くのタイプの粒状物質を取扱えるような機械的装置が開発されている．粒状物質の試料採取に関する詳細は，本書では省略する．

d. 金属と合金の試料採取 金属試料および合金試料は，のこ引き，粉砕，穿孔により採取する．一般的に，表面から採取した金属片が試料全体を表していると仮定するのは危険なため，金属内部からも試料採取する必要がある．試料によっては，全体を無作為にのこで切断し，"金属片のくず"を試料として採取することによって，代表的な試料とすることがある．あるいは，全体に無作為にさまざまな間隔で穿孔を繰返し，穿孔くずを試料として採取してもよい．このとき，穿孔ドリルは完全に塊を通過するか，反対側との半分を過ぎる必要がある．穿孔くずは，一緒に特殊なグラファイトるつぼ中で砕いて，混合，もしくは溶解してもよい．その後，溶融物を蒸留水に注ぐことによって顆粒状試料を得ることができる．

5・2・4 実験室試料の準備

不均一な固体の場合，大口試料の質量は数百 g から kg またはそれ以上の範囲になることもある．そこで，この大口試料を細かく粉砕し，質量を数百 g 以下に減らした均一な実験室試料を得る必要がある．図 5・6 に示すように，この過程は，圧搾と粉砕，ふるい，混合，試料の質量を減

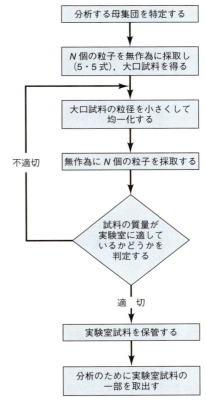

図 5・6 不均一個体の試料採取手順

---

1) 気体またはよく混合された溶液は均一であるため，非常に少量しか必要としない．
2) プロセス制御とは，センサーで検出した出力を参照値と比較して，制御・操作装置により入力にフィードバックを加えることをいう．

らすための試料分割（半分にすることが多い）の操作からなる．分割をする際，(5・5) 式から計算された粒子数を
1) 含む試料の質量は保持されている．

> **例題 5・2**
>
> 方鉛鉱 PbS ($\approx$70% Pb) を含む鉛鉱石と，鉛をほとんどまたはまったく含まない他の粒子からなる貨物の積み荷から試料採取する．密度（方鉛鉱 PbS=7.6 g/cm^3，他の粒子=3.5 g/cm^3，平均密度=3.7 g/cm^3）と鉛の大まかな割合を用いると，(5・5) 式から，試料採取の相対誤差を 0.5% 未満に保つためには 8.45×10^5 個の粒子が必要であることがわかる．粒子は半径 5 mm の球形に見える．必要とされる試料の質量を例題 5・1 と同様に計算すると，大口試料の質量は約 1.6×10^6 g (1.6 t) と求められる．この大口試料を約 100 g の実験室試料に減らす方法を述べよ．
>
> **解 答**
>
> 実験室試料は，大口試料と同じ数の粒子，つまり 8.45×10^5 個を含む必要がある．各粒子の平均質量 $m_{平均}$ は，次のとおりである．
>
> $$m_{平均} = \frac{100 \text{ g}}{8.45 \times 10^5 \text{個}} = 1.18 \times 10^{-4} \text{ g/個}$$
>
> 粒子の平均質量とその半径 r (cm) には以下の関係がある．
>
> $$m_{平均} = \frac{4}{3}\pi r^3 \times \frac{3.7 \text{ g}}{\text{cm}^3}$$
>
> $m_{平均} = 1.18 \times 10^{-4}$ g/個であるので，平均粒子半径 r が求められる．
>
> $$r = \left(1.18 \times 10^{-4} \text{ g} \times \frac{3}{4\pi} \times \frac{\text{cm}^3}{3.7 \text{ g}}\right)^{1/3}$$
> $$= 1.97 \times 10^{-2} \text{ cm または } 0.2 \text{ mm}$$
>
> したがって，試料は，粒子が直径約 0.4 mm になるまで，繰返し粉砕，混合，分割すればよい．

5・2・5 実験室試料の数

実験室試料が得られたら，残りの問題は，分析のために採取する試料の数を決定することである．測定の不確かさを試料採取の不確かさの 1/3 未満に減らした場合，試料採取の不確かさが分析の精度を決めることになる．もちろん試料数は，平均値と相対標準偏差についてどの程度の信頼区間で求めたいかに依存する．これまでの経験から試料採取の標準偏差 σ_s がわかっている場合，表 4・1 に示した z の値を使用できる．

$$\text{真の平均 } \mu \text{ の信頼区間} = \bar{x} \pm \frac{z\sigma_s}{\sqrt{N}}$$

σ_s には推定値を使用することが多いので，z の代わりに t を使用する必要がある．

$$\text{真の平均 } \mu \text{ の信頼区間} = \bar{x} \pm \frac{ts_s}{\sqrt{N}}$$

上式の $ts_s/\sqrt{N}$ は，特定の信頼水準で許容できる絶対誤差を表している．この項を平均値 $\bar{x}$ で割ると，与えられた信頼水準で許容できる相対誤差 σ_r が求まる．

$$\sigma_r = \frac{ts_s}{\bar{x}\sqrt{N}} \quad (5 \cdot 8)$$

(5・8) 式を試料数 N について解くと，

$$N = \frac{t^2 s_s^2}{\bar{x}^2 \sigma_r^2} \quad (5 \cdot 9)$$

(5・9) 式は z の代わりに t を使用しているので，t の値自体が N に依存するという複雑な状態に陥る．しかし，通常は例題 5・3 に示すように逐次近似法により式を解くことで，必要な試料数が求められる[8]．

> **例題 5・3**
>
> 海水試料中の銅を定量した結果，平均値は 77.81 μg/L，標準偏差 s_s は 1.74 μg/L であった．（注意：別の計算で使用するため，ここでは有効桁でない数字も表示されている．）95% 信頼水準で相対標準偏差 1.7% を得るのに必要な試料数を求めよ．
>
> **解 答**
>
> まず，無限個の試料があると仮定する．これは 95% 信頼水準で t 値 1.96 に相当する．$\sigma_r=0.017$，$s_s=1.74$，$\bar{x}=77.81$ であるため，(5・9) 式から，
>
> $$N = \frac{(1.96)^2 \times (1.74)^2}{(77.81)^2 \times (0.017)^2} = 6.65$$
>
> となる．この結果の数値を丸めて七つの試料とし，自由度 6 における t 値を求めると 2.45 になる．この t 値を用いて，二つ目の N 値を計算すると 10.38 となる．ここで，自由度 9 から $t=2.26$ を得て計算すると，次の値は $N=8.84$ になる．逐次近似法により，N 値は約 9 に収束する．

---

1) 実験室試料は，大口試料と同数の粒子をもつ必要がある．
8) 実験室試料の作成の詳細については以下を参照．"Standard Methods of Chemical Analysis", ed. by F.J. Welcher, vol. 2, pt. A, p. 21-55, Van Nostrand, Princeton, NJ (1963). 具体的な試料採取の情報は，C.A. Bicking, "Treatise on Analytical Chemistry, 2nd ed.", ed. by I.M. Kolthoff, P.J. Elving, vol. 1, p. 299, Wiley, New York (1978) にまとめられている．

5・3　試料処理の自動化

　試料採取が完了し，試料数を決定したら，試料の前処理に進む（図1・3参照）．多くの研究所では，信頼性と費用[1)]対効果が高いため，試料処理の自動化を行っている．試料の溶解や干渉物質の除去など，いくつかの特定の操作のみ自動化されることもあるが，分析手順のその他すべてのステップも自動化されている場合もある．自動試料処理のた[2)]めの二つの異なる方法，**バッチ方式**（batch approach）または**ディスクリート方式**（discrete approach）と，**連続フロー法**（continuous flow method）について説明する．

　a. ディスクリート方式　試料を個別に処理するタイプの装置は，手動で行われる操作を自動化した装置が多い．実験者に危険が及ぶ可能性がある場合や，多数の単調作業が必要な場合には，実験用ロボットを使用して試料処理を行う．これらの目的に適した小型の実験用ロボットは，1980年代半ばから市販されている[9)]．ロボットのシステムは，コンピューターによって制御され，使用者がプログラムできるようになっており，希釈，沪過，分注，粉砕，遠心分離，ホモジナイズ（均質化），抽出，試薬を用いた試料処理などを行うことができる．試料を加熱，振とう，測定した量の液体の分注，クロマトグラムカラムへの試料注入，試料計量，適切な測定器への移動を行うようプログラムすることも可能である．

　ディスクリート方式の試料処理装置には，分析手順のうち測定部分のみを自動化するものといくつかの化学反応ステップと測定ステップを自動化するものがある．ディスクリート方式の試料処理装置は，臨床化学において長年使用されており，今日ではさまざまな種類の装置が利用できる．装置のなかには，一般的な試料処理の目的で，複数の異なる測定を行えるものもあれば，血糖や血液電解質の測定など単一または数種類の測定に特化したものもある[10)]．

　b. 連続フロー法　連続フロー法では，試料は流路に導入され，流路中の検出器に到達するまでにさまざまな操作を受ける．したがって，これらのシステムは，試料処理操作だけでなく測定も実行できるという点で，自動分析装置であるといえる．試薬の添加，希釈，インキュベーション，混合，透析，抽出などのような試料を処理するさまざまな操作は，試料注入時から検出までの間に行われる．連続フロー法のシステムには，セグメントフロー分析器とフローインジェクション分析器の2種類がある．

　セグメントフロー分析器は，図5・7(a)のように，試料を気泡によって分割し，個別のセグメントに分ける．図5・7[3)](b)に示すように，気泡は，試料が分散によって管内に広がるのを防止する壁として働く．したがって，試料は各セグメントに閉じ込められ，異なる試料間の相互汚染を最小にする．また，気泡が入ることにより，試料と試薬との混合が促進される．分析対象濃度の概略を図5・7(c)に示す．試料は試料採取器にプラグ（栓）状に注入される（グラフの左）．試料が検出器に到達するまでには，分散によりいくらかの広がりが生じる．したがって，右側に示したような形の信号が，分析対象に関する定量的情報を得るために使用されることが多い．1時間当たり試料30〜120個の速度で分析できる．

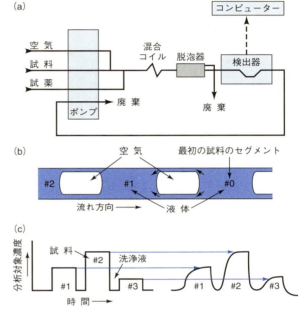

図5・7　セグメントフロー分析器．(a) 試料は，試料採取器内のサンプル容器から吸引され，混合コイルにポンプで送られ，1種または複数の試薬と混合される．空気を注入して，気泡で試料を分割する．気泡は，通常，流れが検出器に到達する前に脱泡器によって除去される．(b) には，セグメントに分けられた試料をより詳細に示した．気泡は，試料域の広がりや異なる試料間の相互汚染をひき起こしうる試料の分散を最小限にする．(c) には，試料採取器および検出器での濃度プロファイルを示した．通常，試料ピークの高さは分析対象の濃度と関連がある．

---

1) 試料処理の自動化を行うことで，手動で行うよりも高いスループット（単位時間当たりの分析数が多い），高い信頼性，コスト削減が見込める．
2) **用語** **バッチ方式**とは，反応容器が一つ一つ個別になっており，試料の加熱や希釈などの操作が同時並行で行える方式である．
3) **用語** **分散**（dispersion）は，流体の流れと分子の拡散の組合わせの結果生じるバンドの拡散現象，混合現象である．**拡散**（diffusion）は濃度勾配による物質輸送である．
9) 実験室ロボットの詳細については，G.J. Kost, ed., "Handbook of Clinical Automation, Robotics and Optimization", Wiley, New York (1996). J.R. Strimaitis, *J. Chem. Educ.*, **66**, A8 (1989), DOI: 10.1021/ed066pA8 および **67**, A20, (1990), DOI: 10.1021/ed067pA20. W.J. Hurst, J.W. Mortimer, "Laboratory Robotics", VCH Publishers, New York (1987) を参照．
10) 臨床分析装置についてのより広範な議論については，D.A. Skoog, F.J. Holler, S.R. Crouch, "Principles of Instrumental Analysis, 6th ed.", p. 942-947, Brooks/Cole, Belmont, CA (2007).

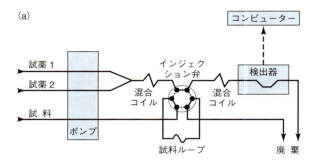

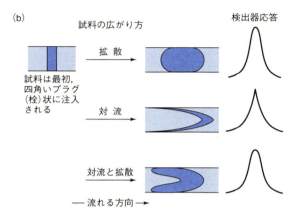

図5・8 フローインジェクション分析器．(a) 試料は試料採取器から試料ループに充填される．インジェクション弁を注入位置に切替えると，試薬を含む流れが試料ループを流れる．試料と試薬は，検出器に到達する前に混合コイル内で混合され，反応する．この場合，試料ゾーンは検出器に到達する前に広がる．(b) 検出される濃度プロファイル（検出器応答）は，広がりの程度に依存する．

フローインジェクション分析（FIA）はさらに新しい技術である[11]．図5・8(a)に示すように，試料は，一つ以上の試薬を含む流路に試料ループから注入される．試料を流路に注入すると，図5・8(b)に示すように，試料のゾーンは検出器に到達するまでの間に制御された方法に従い広がり，各図の右に示した検出器応答を生じる．試料の分散は，試料の大きさ，流速，管の長さおよび内径に依存する．また，試料が検出器に到達したときに流れを停止させ，濃度-時間プロファイルを得て，速度論的な分析方法を行うことも可能である．

FIAのシステムには，溶媒抽出，透析，加熱などのいくつかの試料処理ユニットを組込むことが可能である．FIAは，1時間当たり試料60～300個の速度で測定を行える．1970年代半ばにFIAが導入されて以降，新しい種類のFIAがいくつか登場している．そのなかには，フローリバースFIA，シーケンシャルインジェクション分析，ラボオンバルブ技術などが含まれる[12]．ラボオンチップ技術とよばれるマイクロ流路を使用した小型FIAシステムも開発が盛んである．

---

11) FIAの詳細については，以下の文献を参照．J. Ruzicka, E.H. Hansen, "Flow Injection Analysis, 2nd ed.", Wiley, New York (1988). M. Valcarcel, M.D. Luque de Castro, "Flow Injection Analysis: Principles and Applications", Ellis Horwood, Chichester, England (1987). B. Karlberg, G.E. Pacey, "Flow Injection Analysis: A Practical Guide", Elsevier, New York (1989). M. Trojanowicz, "Flow Injection Analysis: Instrumentation and Applications", World Scientific Publications, River Edge, NJ (2000). E.A.G. Zagatto, C.C. Olivera, A. Townshend, P.J. Worsfold, "Flow Analysis with Spectrophotometric and Luminometric Detection", Elsevier, Waltham MA (2012).
12) FIAの種類については，文献10) の p. 939-940 を参照．

章末問題

5・1 岩石試料 0.005 g を分析し，鉄を ppm 単位で定量する．この分析方法の種類と構成成分の種類をあげよ．

5・2 分析過程における試料採取操作の目的を述べよ．

5・3 試料採取操作の過程を述べよ．

5・4 大口試料の質量を決定する要素を述べよ．

5・5 NIST の石灰石試料中のカルシウムを定量し，以下の結果を得た．%CaO＝50.33，50.22，50.36，50.21，50.44．貨車1両分の石灰石につき五つの大口試料を採取した．大口試料の平均%CaO値は 49.53，50.12，49.60，49.87，50.49 であった．試料採取の相対標準偏差を求めよ．

5・6 医薬品錠剤が適切に保存されるためには 3.00 mg 以上のコーティングを施す必要がある．250錠の錠剤を無作為に採取した結果，14錠が基準を満たしていなかった．
(a) この測定法の相対標準偏差を推定せよ．
(b) 基準以下の錠剤数の95%信頼区間を求めよ．
(c) 棄却される錠剤の割合は変わらないと仮定すると，この測定法において5%相対標準偏差を保証するのに必要な錠剤数を求めよ．

5・7 問題 5・6 の錠剤のコーティング方法を変えたところ，棄却率が 5.6% から 2.0% に減少した．この測定法の相対標準偏差の許容値が以下の場合，検査に必要な錠剤数を求めよ．
(a) 20%　(b) 12%　(c) 7%　(d) 2%

5・8 750ケースのワインを積んだコンテナの取扱いミスにより，いくつかのボトルが割れてしまった．250本のボトルを無作為に検査した結果，ひびが入ったり，割れたりしていたものは52本だった．そのため保険会社は輸送料の 20.8% を支払うことで，この件を解決することにした．このとき，次の値を求めよ．
(a) 保険会社が行った検査の相対標準偏差

(b) 750 ケース（1 ケース 12 本入り）に対する検査の絶対標準偏差
(c) 割れたボトルの総数の 90％信頼区間
(d) 相対標準偏差が 5.0％となるために必要な無作為標本数（破損率を約 21％と推定する）

5・9 積み荷の銀鉱の約 15％が輝銀鉱 Ag_2S（d=7.3 g/cm³, 87％Ag）で, 残りはシリカ（d=2.6 g/cm³）でほとんど銀を含んでいないことがわかっている.
(a) 試料採取の相対標準偏差が 2％以下であるとき, 大口試料から採取すべき粒子の数を求めよ.
(b) 大口試料の質量を推定せよ. ただし, 粒子は直径 3.5 mm の球体であると仮定する.
(c) 分析用の試料は質量が 0.500 g, 大口試料と同じ数の粒子を含む必要がある. これらの条件を満たすには粒子の直径はいくつにすればよいか.

5・10 塗料試料中に含まれる鉛の定量において, 試料採取の分散は 10 ppm で測定分散は 4 ppm であることがわかっている. 二つの異なる試料採取手順を検討している.
手順 a: 五つの標本を採取し, 混合する. この混合試料を 2 回反復測定する.
手順 b: 三つの標本を採取し, 各試料を 2 回反復測定する.
平均の分散がより低くなる試料採取手順はいずれか.

5・11 成人患者の血中グルコース濃度を以下の表に示す. 4 日間連続で採血し, 3 回反復分析を行った. 採血標本に関する分散は測定分散の推定によるもので, 他方, 日差分散は測定分散と試料採取の分散を含んでいる.

日	グルコース濃度〔mg/100 mL〕		
1	62	60	63
2	58	57	57
3	51	47	48
4	54	59	57

(a) 分散分析を行い, 採血日によって平均が有意に変化しているかどうかを調べよ.
(b) 試料採取の分散を推定せよ.
(c) 全体の分散を減少させる最適な方法をあげよ.

5・12 鉱石販売業者が, 重さ約 5 lb（ポンド, 1 lB=約 0.454 kg）, 平均直径 5.0 mm の鉱石標本を無作為に採取し, 調査したところ, 試料の約 1％が輝銀鉱で（問題 5・9 参照）, 残りは密度約 2.6 g/cm³ で銀は含んでいないことが判明した. 買取候補業者は鉱石の銀含有量を相対誤差 5％以下で示すよう要求している. 販売業者の調査が, この要求に答えるために必要な試料の量を満たしているか判断し, 詳細に解析せよ.

5・13 医薬品を溶解した溶液について副腎皮質ホルモン剤のメチルプレドニゾロン酢酸エステルの定量を行い, 平均値 3.7 mg/mL, 標準偏差 0.3 mg/mL という結果を得た. 品質保証のため, 濃度の相対誤差は 3％以下に抑える必要がある. 95％信頼水準で相対標準偏差を 7％以下に抑えるために各バッチから採取する必要のある試料の数を求めよ.

第II部

化学平衡の原理と応用

6 重量分析法

分析方法のいくつかは質量測定に基づいている．**沈殿重量法**（precipitation gravimetry）では，分析対象を沈殿物として試料の溶液から分離し，質量を測定できる化学組成既知の化合物に変換して分析を行う．**揮発重量法**（volatilization gravimetry）では，分析対象を化学組成既知の気体に変換することによって，試料の他の成分から分離し，この気体の質量から分析対象の濃度を求める．本章では，この2種類の重量分析法を扱う[1]．またほかにも，**電解重量法**（electrogravimetry）があり，電流によって分析対象を電極に析出させて分離し，この生成物の質量から分析対象の濃度を求める．

質量測定に基づく分析方法はほかにも2種類ある．**重量滴定法**（gravimetric titrimetry）では，分析対象と完全に反応するために必要な，既知濃度の試薬の質量から，分析対象の濃度を決定する．**原子の質量分析法**（atomic mass spectrometry）は，質量分析計を用いて，試料を構成する元素から形成された気体イオンを分離する．得られたイオンの濃度は，イオン検出器の表面上に到達したときに発生する電流を測定することによって測定する．

6・1 沈殿重量法

沈殿重量法では，分析対象を難溶性の沈殿物に変換する．次に，この沈殿物を濾過，洗浄して不純物を除去し，適切な熱処理によって組成既知の生成物に変換して秤量する．たとえば，水中のカルシウムを測定するための沈殿法は，AOAC（公認分析化学者協会）認証法の一つである[2]．この方法では，過剰のシュウ酸 $H_2C_2O_4$ を試料水溶液に添加する．次にアンモニアを添加すると酸が中和され，試料中のカルシウムのほとんどがシュウ酸カルシウムとして沈殿する．その反応は，

$$2NH_3 + H_2C_2O_4 \rightarrow 2NH_4^+ + C_2O_4^{2-}$$
$$Ca^{2+}(aq) + C_2O_4^{2-}(aq) \rightarrow CaC_2O_4(s)$$

である．沈殿物 CaC_2O_4 を，秤量した濾過るつぼを用いて濾過し，ついで乾燥，強熱する．この過程により，沈殿物は完全に酸化カルシウムに変換する．反応は，

$$CaC_2O_4(s) \xrightarrow{\Delta} CaO(s) + CO(g) + CO_2(g)$$

である．冷却後，濾過るつぼおよび沈殿物を秤量し，既知のるつぼの質量を差引いて，酸化カルシウムの質量を求める．ついで，試料のカルシウム含量を例題6・1（§6・2）に示す方法で計算する．

6・1・1 沈殿物と沈殿試薬の性質

理想的には，沈殿重量法における沈殿試薬は，分析対象と特異的または少なくとも選択的に反応する必要がある．[3] 特異的試薬とは，単一の化学種としか反応しないものをさすが，ごくわずかである．一方，選択的試薬は限られた化学種と反応するものをいい，より一般的である．特異性や選択性に加えて，理想的な沈殿試薬は，分析対象と反応して得られる生成物が，次のような特性をもつ．

1) 容易に濾過でき，洗浄により汚染物質を除去できる
2) 溶解度が十分に低く，濾過や洗浄の間に分析対象がほとんど損失しない
3) 大気の成分と反応しない
4) 乾燥（必要に応じて強熱）後の化学組成が既知である（§6・1・7）

これらの望ましい特性をすべてもつ沈殿を生成するような試薬はごくわずかである．

2) にあげた溶解度に影響を与える因子については，§7・4で説明する．次節からは，既知組成の純粋な固体を簡単な濾過により得る方法について検討する[3]．

---

[1] **用語** **重量分析法**（gravimetric analytical method）は，分析対象と化学的関連性をもつ純粋な化合物の質量を測定する定量方法である．
[2] 重量分析法の分析は，非常に精密で正確なデータを取得できる化学てんびんを用いた質量測定に基づいて行われる．実際に，実験室で重量分析を行うと，きわめて精密で正確な測定値が得られることがわかるだろう．
[3] 選択的試薬の例として，$AgNO_3$ があげられる．酸性溶液から沈殿するイオンは，Cl^-，Br^-，I^-，SCN^- のみである．§6・3・3で取上げるジメチルグリオキシムは，塩基性溶液から Ni のみを沈殿させる特異的試薬である．

1) 重量分析法の詳細な取扱いについては，C.L. Rulfs, "Treatise on Analytical Chemistry", ed. by I.M. Kolthoff, P. J. Elving, Part I, Vol.11, Chap. 13, Wiley, New York (1975) を参照．
2) "Official Methods of Analysis, 18th ed.", ed. by W. Horwitz, G. Latimer, Official Method 920.199, Gaithersburg, MD: Association of Official Analytical Chemists International (2005).
3) 沈殿物のより詳細な取扱いについては，H.A. Laitinen, W.E. Harris, "Chemical Analysis, 2nd ed.", Chaps. 8-9, McGraw-Hill, New York (1975) および A.E. Nielsen, "Treatise on Analytical Chemistry, 2nd ed.", ed. by I.M. Kolthoff, P.J. Elving, Part I, Vol. 3, Chap. 27, Wiley, New York (1983) を参照．

6・1・2 沈殿物の沪過しやすさと粒径

一般に重量分析には、大きな粒子からなる沈殿物が望ましい。なぜなら、大きな粒子は沪過しやすく、不純物を容易に除去できるためである。さらに、この種の沈殿物は通常、微粒子からなる沈殿物よりも高純度である。

a. 沈殿物の粒径を決定する要因 沈殿によって生成する固体の粒径は非常に多様である。小さい方の代表がコロイド懸濁液 (colloidal suspension) で、粒子が小さく肉眼では見えない（直径 $10^{-7} \sim 10^{-4}$ cm）。コロイド粒子は溶液から沈降しないため、沪過が困難である。反対に、0.1 mm またはそれ以上の粒径をもつものもあり、このような粒子の液相中での一時的な分散は、**結晶懸濁液** (crystalline suspension) とよばれる。結晶懸濁液の粒子は自然に沈降する傾向があり、容易に沪過できる。

沈殿生成は長年にわたり研究されてきたが、そのメカニズムはまだ完全には解明されていない。しかしながら、沈殿物の粒径は、沈殿物の溶解度、温度、反応物の濃度、反応物の混合速度に影響を受けることは確かである。これらの因子の正味の効果は、**相対的過飽和度** (relative supersaturation) とよばれる系の単一の特性が、粒径に関連すると仮定することによって、少なくとも定性的に説明することができる。

$$\text{相対的過飽和度} = \frac{Q - S}{S} \quad (6・1)$$

この式において、Q は任意の時点での溶質の濃度であり、S は平衡時における溶質の溶解度である。**過飽和溶液** (supersaturated solution) とは、飽和溶液よりも高い濃度の溶質を含む不安定な溶液である。過度の溶質が時間とともに沈殿すると、過飽和度は 0 まで減少する（口絵6参照）。

一般に沈殿反応の速度は遅く、沈殿試薬が分析対象の溶液に一滴ずつ添加されても、多少の過飽和が起こる可能性がある。試薬が添加されている間の平均相対的過飽和度に沈殿物の粒径が反比例することが実験的に示されている。したがって、$(Q-S)/S$ が大きいと沈殿物はコロイド状になりやすく、$(Q-S)/S$ が小さいと結晶性固体になりやすい。

b. 沈殿物生成のメカニズム 粒径に対する相対的過飽和度の効果は、**核生成** (nucleation) と**粒子成長** (particle growth) の二つの過程で沈殿物が生成されると仮定すれば説明できる。新たに生成する沈殿物の粒径は、どちらの過程が優位であるかで決まる。

核生成では、数個のイオン、原子、または分子（おそらくわずか 4～5 個）が集まり安定な核を生成する。しばしば、これらの核は、ちり粒子など液中に漂っている固体汚染物質の表面上に形成される。追加の核生成と既存の核の成長（粒子成長）との間の競合によって、この先の沈殿が左右される。核生成が優勢であれば多数の小さな粒子を含む沈殿物が得られ、粒子成長が優勢であればより少数の大きな粒子が生成する。

相対的過飽和度の増加に伴って、核生成の速度は非常に速くなると考えられている。一方、粒子成長の速度は、相対的過飽和度が高くてもそれほど影響を受けない。したがって、高い相対的過飽和度で沈殿物が生成すると、核生成が優位となって沈殿物生成が進み、多数の小さな粒子が生成される。一方、相対的過飽和度が低いと、粒子成長が優勢になりやすく、核生成よりも既存の粒子上への析出がさらに進み結晶懸濁液が生成する。

c. 粒径の実験的制御 過飽和度を最小限に抑え、結晶性の沈殿物を生成するためには、温度を上げて沈殿物の溶解度（6・1式の S）を増加させる、溶液を希釈する、適度に攪拌しながら沈殿試薬をゆっくり添加するといった実験方法があげられる。最後の二つの方法は、任意の時点における溶質の濃度（Q）を最小限にする。

沈殿物の溶解度が pH に依存する場合、pH を変えることによってより大きな粒子を生成することができる。たとえば、容易に沪過できる大きなシュウ酸カルシウム結晶の粒子を得るためには、塩がほどよく溶解する弱酸性溶液で沈殿を生成させる。次に、アンモニア水溶液をゆっくりと添加して溶液の酸性度を下げると、溶液中のシュウ酸カルシウムはすべて沈殿する。このアンモニア水溶液の添加により、弱酸性溶液で生成した粒子を核として結晶が成長する。

残念なことに、実際の実験条件下では、沈殿物を結晶として得ることは難しい。一般に、沈殿物の溶解度が低く、(6・1) 式の S が常に Q と比べて無視できるほど小さいときに、コロイド状固体が得られる。つまり、沈殿物が生成

---

1) 用語 **コロイド** (colloid) は、直径が 10^{-4} cm 未満の固体粒子からなる。

2) 用語 拡散光では、**コロイド懸濁液**は完全に透明であり、固体を含まないように見える。しかし、懐中電灯の光を溶液に照射すると、第 2 相が存在していることがわかる。コロイド粒子が可視光線を散乱させるので、溶液を通る光の経路は目視できる。この現象は**チンダル現象** (Tyndall phenomenon) または**チンダル効果** (Tyndall effect) とよばれる（口絵 5 参照）。

3) コロイド懸濁液の粒子を沪過することは非常に困難である。これらの粒子を分離するためには、沪過媒体の孔径を小さくしなければならず、沪過に非常に長い時間を要することになる。しかし、適切な処理を行えば、個々のコロイド粒子を互いに凝集させて、容易に沪過できる大きな粒子が得られる。

4) (6・1) 式は、この式を 1925 年に提案した科学者にちなみ、フォン・ワイマルン (Von Weimarn) 式として知られている。

5) 沈殿物の粒径を増大させるには、沈殿物が生成中の相対的過飽和度を最小限にする必要がある。

6) 用語 **核生成**は、最小数の原子、イオン、または分子が集まり安定な固体を与える過程のことである。

7) 沈殿物は、核生成および粒子成長によって形成される。核生成が優勢である場合、多数の非常に微細な粒子が生成される。粒子成長が支配的である場合、より少ない数の大きな粒子が得られる。

8) 非常に溶解度の低い沈殿物（たとえば多くの硫化物および水和酸化物）は、コロイドを形成することが多い。

している間，相対的過飽和度は非常に大きいままであり，コロイド懸濁液が生じることになる．たとえば，分析に適した条件下でも，鉄(III)，アルミニウム，クロム(III)の水和酸化物や，ほとんどすべての重金属イオンの硫化物は，溶解度が非常に低いためにコロイドとしてのみ生成されてしまう[4]．

6・1・3 コロイド沈殿物

個々のコロイド粒子は非常に小さく，通常の沪過装置では回収できない．さらに，ブラウン運動によって，重力による溶液からの沈降が妨げられる．しかしほとんどの場合，個々のコロイド粒子を凝集させて溶液から沈降させ，沪過可能な非晶質物質を得ることができる．

a. コロイドの凝集　加熱，撹拌，電解質の溶媒への添加によって，**凝集**（aggregation）を促進できる．これらの手段の有効性を理解するためには，なぜコロイド懸濁液が安定しているのか，そして自然に凝集しないのかを知る必要がある．

すべてのコロイド粒子は正または負に帯電し，互いに反発しているので，コロイド懸濁液は安定に保たれている．電荷は，粒子の表面に結合している陽イオンまたは陰イオンから生じる．コロイド粒子が帯電していることは，電極間にコロイド粒子を置く実験で証明できる．粒子の一部が一方の電極に向かって移動し，他方は反対の電極に向かって移動する．イオンが固体表面上に保持される過程は，**吸着**（adsorption）とよばれる．

イオン性固体表面上へのイオンの吸着は，結晶成長のもととなるイオン結合力による．たとえば，塩化銀粒子の表面の銀イオンは，それが表面に不均一に存在するため，局所的に陰イオンに対する結合能が低い部分がある．この部分に，塩化銀格子中に塩化物イオンを保持するのと同じイオン結合力によって，他のイオンが引寄せられる．固体表面上の塩化物イオンは，溶媒に溶解した陽イオンに対して同様に引力をもつ．

コロイド粒子表面に吸着するイオンの種類と数は，いくつかの要因に依存しており複雑である．しかし，重量分析で生成するコロイド懸濁液の多くは，コロイドを構成するイオン（格子イオン）が他のイオンよりも強く保持されるため，粒子表面に吸着する物質（粒子表面の電荷）を推測することは容易である．たとえば，塩化物イオンを含む溶液に硝酸銀を添加すると，はじめは過剰の塩化物イオンの一部が塩化銀沈殿物のコロイド粒子に吸着し，結果として負に帯電する．しかし十分な硝酸銀が添加されると，今度は銀イオンが過剰となるため，コロイド粒子は正に帯電する．表面電荷の大きさが最小となるのは，溶液に過剰なイオン（共通イオン）が存在しない場合である．

共通イオンの濃度が高くなるにつれて，生成したコロイド粒子表面へのイオンの吸着の程度，つまり粒子の表面電荷は急速に増加する．しかし，最終的に粒子の表面は吸着したイオンで覆われ，表面電荷は共通イオン濃度に依存せず一定になる．

図6・1は，過剰な硝酸銀を含む溶液中の塩化銀コロイド粒子を示す．固体表面に直接吸着するのはおもに銀イオンからなる**一次吸着層**（primary adsorption layer）である．荷電粒子の周囲には，**対イオン層**（counter-ion layer）とよばれる液層があり，粒子表面の電荷のバランスをとるために十分に過剰な陰イオン（おもに硝酸イオン）が含まれる．一次吸着した銀イオンおよび負の対イオン層は，コロイド懸濁液を安定化する**電気二重層**（electric double layer）を構成する．コロイド粒子が互いに近づくと，この二重層の静電反発力により，粒子の衝突や凝集が抑えられる．

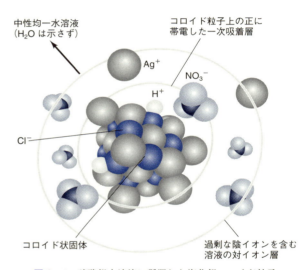

図6・1　硝酸銀水溶液に懸濁した塩化銀コロイド粒子

図6・2 (a) は，二つの塩化銀粒子の有効電荷を示している．上の曲線は硝酸銀が大過剰に含まれている溶液中の粒子を表し，下の曲線は硝酸銀含量がはるかに低い溶液中の粒子を表す．有効電荷は，粒子が溶液中の同様の粒子に及ぼす反発力の尺度と考えることができる．有効電荷は，表面からの距離が増加するにつれて急速に低下し，点 d_1 または d_2 で0に近づく．有効電荷（どちらの場合も正）の減少は，各粒子を囲む電気二重層中の過剰な対イオンの負

---

[1] 吸着は，物質（気体，液体，固体）が固体表面上に保持されることである．一方，吸収（absorption）は，固体の細孔内に物質が保持されることである．

[2] 重量分析で形成されるコロイド粒子の電荷は，沈殿反応が終了したときに過剰である格子イオン（コロイドを形成するイオン種）の電荷によって決定される．

[4] 塩化銀は，相対的過飽和度の概念が不完全であることを示している．塩化銀はコロイドとして形成されるが，そのモル溶解度は，一般に結晶を形成する $BaSO_4$ のような他の化合物のモル溶解度と大きく違わない．

電荷によってひき起こされる．点 d_1 および d_2 において，層内の対イオンの数は粒子の表面上に一次吸着したイオンの数にほぼ等しい．したがって，この時点で粒子の有効電荷が0に近づく．

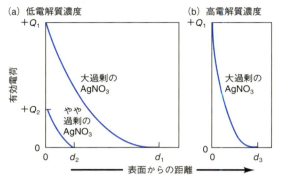

図 6・2　過剰の $AgNO_3$ を含む溶液中の AgCl コロイド粒子を囲む電気二重層の厚さに対する $AgNO_3$ 濃度および電解質濃度の影響

図 6・3 上では，二つの塩化銀粒子とその対イオン層が，前述のように濃硝酸銀溶液中で互いに接近している様子が示されている．粒子上の有効電荷が，互いに約 $2d_1$（凝集が起こる距離より長い）以内に接近するのを抑制していることに留意してほしい．図 6・3 下に示すように，やや過剰の硝酸銀溶液では，二つの粒子は互いに $2d_2$ 以内に接近することが可能である．最終的に，硝酸銀の濃度がさらに減少すると，粒子間の距離が十分に小さくなり，粒子が集合する力が働き，凝集した沈殿物が現れる．

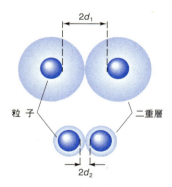

図 6・3　コロイドの電気二重層は，粒子の表面に吸着した電荷の層（一次吸着層）と，粒子を取囲む溶液中の反対電荷の層（対イオン層）からなる．やや過剰の硝酸銀溶液では，対イオン層の体積が減少し，この効果により凝集しやすくなる．

1〉　コロイド懸濁液は，短時間の加熱，特に同時に撹拌を行うことによってしばしば凝集する．加熱により吸着イオン数が減少し，二重層の厚さ d_i が減少する．また，粒子は高い温度で十分な運動エネルギーを得て，電気二重層で阻まれていた近距離での接近が可能となるためである．

コロイドを凝集させるさらに効果的な方法として，溶液の電解質濃度の増加がある．適切なイオン化合物をコロイド懸濁液に添加すると，各粒子の近傍で対イオンの濃度が増加する．その結果，一次吸着層の電荷を均衡させるのに十分な対イオンを含む溶液の体積が減少する．図 6・2(b) に示すように，電解質を添加することによる正味の効果は，対イオン層の縮小であり，こうして，粒子が互いにより接近して凝集（集合）することになる．

b. コロイドのペプチゼーション　ペプチゼーション〈2〉（peptization）とは，凝集したコロイドがもとの分散状態に戻る過程である．凝集したコロイドを洗浄すると，凝集に必要とされる対イオン層内の電解質が溶液中ににじみ出てしまう．この結果，対イオン層の体積が増加して，もとのコロイド状態をもたらす反発力が再び生じ，凝集体から粒子が分散する．新たに分散した粒子がフィルターを通過すると，洗浄液が濁る．

つまり，凝集したコロイドを扱う際にはジレンマに直面する．汚染を最小限にするために洗浄が必要である一方，純水を用いるとペプチゼーションによる損失の可能性がある．多くの場合，この問題は，沈殿物を洗浄するのに，乾燥または強熱の工程で揮発する電解質の溶液を使うことで解決できる．たとえば塩化銀は通常，希硝酸溶液で洗浄する．沈殿物は酸で汚染されてしまうが，硝酸は乾燥工程中に揮発するため問題はない．

c. コロイド沈殿物の実際の処理　凝集を促進する十分な量の電解質を含む高温の撹拌溶液で，コロイドは最もよく沈殿する．また，凝集したコロイドを，この高温の溶液と接触させた状態で 1 時間以上放置すると，沪過性能がしばしば改善される．**熟成**（digestion，**温浸**ともいう）〈3〉として知られているこの過程では，弱く結合した水は沈殿物から除かれる．その結果，密度が高くなり，沪過されやすくなる．

6・1・4　結晶沈殿物

結晶性の沈殿物は，通常，凝集したコロイドよりも容易に沪過および精製できる．加えて，個々の結晶粒子の粒径，ひいてはその沪過しやすさは，ある程度制御することができる．

a. 粒径および沪過性能を改善する方法　(6・1) 式の Q を小さくするか S を大きくするか，またはその両方を

1〉　コロイド懸濁液は，しばしば，加熱，撹拌，電解質の添加によって凝集させることができる．
2〉　用語　ペプチゼーションは，凝集したコロイドがその分散状態に戻る過程のことである．
3〉　用語　熟成は，それが形成された溶液（母液）中で沈殿物を加熱し，溶液の中で放置する過程である．**母液**（mother liquor）とは沈殿が生成した溶液である．

行うことによって，しばしば結晶性固体の粒径はかなり大きくできる．Q の値は，希薄溶液を使用し，沈殿試薬をゆっくりと添加し，適切に撹拌することによって，しばしば最小にすることができる．また S は，熱溶液中で沈殿生成を行うか，沈殿溶媒の pH を調整することによって増加する．

1) 結晶沈殿物が生成した後，（撹拌せずに）しばらくの間熟成すると，より純粋で沪過しやすい生成物が得られることが多い．高温では溶解および再結晶が連続的かつ高速で起こるため，沪過性能は明らかに改善される．再結晶化により隣接する粒子間が架橋され，より大きく，より沪過されやすい結晶性凝集体が生じているのである．このことは，混合物を熟成中に撹拌すると，沪過性能がほとんど改善されないという実験結果からも説明できる．

6・1・5 共　沈

沈殿生成の過程で，<u>主沈殿物以外の可溶性の化合物が溶</u>
2) <u>液から除去されるとき，この過程を共沈</u>（coprecipitation）とよぶ．<u>溶解度積を超えた第二の物質による沈殿物の汚染は共沈ではない</u>．

共沈には，**表面吸着**，**混晶形成**，**吸蔵**，**機械的取込み**の4種類がある[5]．表面吸着と混晶形成は平衡過程であり，吸蔵と機械的取込みは結晶成長の速度論に起因する．

3) **a. 表面吸着**（surface adsorption）　吸着は共沈の一般的な原因であり，大きな比表面積をもつ沈殿物，すなわち凝集したコロイド沈殿物の重大な汚染をひき起こす可能性が高い（比表面積の定義についてはコラム 6・1 参照）．吸着は結晶性固体中でも起こるが，結晶性固体の比表面積が比較的小さいため純度に及ぼす影響はきわめて低い．

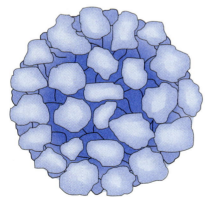

図 6・4　凝集したコロイド．凝集したコロイドは，母液に大きな表面積をさらし続けている．

4) 凝集したコロイドは，内部の表面積の多くをまだ母液にさらしたままなので，凝集によるコロイド表面の吸着量の減少は限定的である（図 6・4）．コロイド上に共沈した汚

コラム 6・1　コロイドの比表面積

比表面積（specific surface area）は，固体の単位質量当たりの表面積として定義され，通常 cm²/g の単位を用いる．同じ質量の固体なら粒径が減少するにつれ，比表面積は劇的に増加し，コロイドでは莫大になる．

たとえば，図 6C・1 に示す立方体は，各辺が 1 cm であり，表面積は 6 cm² である．この立方体の重さが 2 g の場合，その比表面積は 6 cm²/2 g＝3 cm²/g である．次に，この立方体を 1000 個の立方体に分割すると，各立方体の辺の長さは 0.1 cm となる．各面の表面積は 0.1 cm×0.1 cm＝0.01 cm² であり，立方体の六つの面の総面積は 0.06 cm² である．この立方体が 1000 個あるため，2 g の固体の合計表面積は 60 cm²，比表面積は 30 cm²/g となる．同様に続けると，一辺が 0.01 cm の立方体が 10^6 個ある場合，比表面積は 300 cm²/g になる．典型的な結晶懸濁液の粒径は 0.01〜0.1 cm の範囲にあるため，この結晶沈殿物は比表面積 30〜300 cm²/g をもつことになる．この数値を，一辺が 10^{-6} cm の粒子 10^{18} 個からなる 2 g のコロイドのものと比べてみる．この場合，比表面積は 3×10^6 cm²/g であり，約 90 坪を超える．これらの計算により，1 g の一般的なコロイド懸濁液は，かなり大きな家庭の平均床面積に等しい表面積をもつといえる．

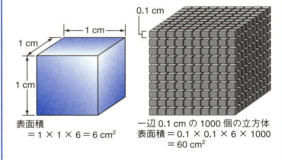

図 6C・1　粒径の減少に伴う単位質量当たりの表面積の増加

---

1) 熟成により，コロイド沈殿物および結晶沈殿物の両方の純度と沪過性能が改善する．
2) 用語　共沈は，通常は可溶性である複数の化合物を溶液から沈殿させることである．
3) 吸着は，しばしば凝集したコロイドの汚染の主要な原因となるが，結晶沈殿物にはほとんど影響を及ぼさない．
4) 吸着において，可溶性の化合物は，通常，凝集したコロイドの表面上に吸着する．この化合物は，おもにコロイドに吸着するイオンと，対イオン層中の反対電荷のイオンからなる．
5) A.E. Nielsen, "Treatise on Analytical Chemistry, 2nd ed.", ed. by I.M. Kolthoff, P.J. Elving, Part I, Vol. 3, p. 333, Wiley, New York (1983) に提案されている共沈の簡便な分類法に従った．

染物質には，凝集前にもともと表面吸着していた格子イオン（AgCl なら Cl⁻ に対する Ag⁺）と，粒子に直接隣接する溶液中の反対電荷の対イオンが含まれる．したがって，表面吸着による実際の影響は，本来可溶性の化合物が表面汚染物質として沈殿することである．たとえば，塩化物イオンの重量分析で形成される凝集した塩化銀は，一次吸着した銀イオンとその対イオン層に含まれる硝酸イオンまたは他の陰イオンで汚染される（図 6・1 参照）．その結果，本来可溶性の化合物である硝酸銀が塩化銀と共沈する．

i) **コロイド上に吸着した不純物をできるだけ少なくする**：多くの凝集コロイドは熟成によって純度が上がる．この過程で凝集コロイドから水が追い出され，より密度が高く，比表面積が小さい塊となり，吸着が減ることになる．

凝集したコロイドを，揮発性電解質を含む溶液で洗浄することもまた有用である．それは，凝集を起こすために先に添加された不揮発性電解質が揮発性物質と置換されるためである．一次吸着したイオンの多くは強い引力によりコロイド表面に吸着しているため，一般的に洗浄により吸着イオンはほとんど置換されない．置換は既存の対イオンと洗浄液中のイオンとの間で起こる．たとえば，塩化物イオンによる沈殿法を用いた銀の定量において，一次吸着される化学種は塩化物イオンである．酸性溶液で洗浄すると，対イオン層の多くが水素イオンで置換され，塩化物イオンと水素イオンが凝集体に残る．ついで，揮発性 HCl は，沈殿物を乾燥するときに除去される．

処理方法にかかわらず，凝集したコロイドは十分に洗浄した後でさえ，ある程度汚染されている．これらの汚染物質が分析に与える誤差は，塩化銀と硝酸銀の共沈の場合のように 1〜2 ppt まで低く抑えられることもある．しかし，鉄(Ⅲ)やアルミニウムの水和酸化物に重金属水酸化物が共沈してくる場合には，誤差が数％まで大きくなり，無視できないこともある．

ii) **再 沈 殿**：吸着の影響を最小にする，思い切った，だが効果的な方法は**再沈殿**（reprecipitation）である．この過程では，沪別された固体を再び溶解させ，再沈殿させる．最初の沈殿物には，通常，もとの溶媒中に存在していた汚染物質の一部のみが含まれている．したがって，再溶解した沈殿物を含む溶液の汚染物質濃度は，もとの溶液よりも有意に低く，2 回目の沈殿時の吸着はより少なくなる．再沈殿は，分析に要する時間を実質的に増加させる．しかし，鉄(Ⅲ) およびアルミニウムの水和酸化物などでは，亜鉛，カドミウム，マンガンといった重金属陽イオンの水酸化物を吸着する傾向が非常に強く，再沈殿が必要となる．

1) **b. 混晶形成**（mixed-crystal formation）　混晶形成では，固体の結晶格子中のイオンの一つが，別の元素のイオンによって置換される．この置換は，2 種類のイオンが同じ電荷をもち，そのサイズ差が約 5％以下である場合に起こる．さらに，二つの塩は同じ晶族に属していなければならない．たとえば，硫酸イオン，鉛イオン，酢酸イオンを含む溶液に塩化バリウムを添加すると生成する硫酸バリウムは，硫酸鉛によってかなり汚染されていることがわかっている．酢酸イオンは，通常，鉛と錯形成するので，硫酸鉛の沈殿を防ぐために添加するが，それでもこの汚染は生じる．この場合，鉛イオンが硫酸バリウム結晶中の複数のバリウムイオンと置換している．混晶形成による共沈のほかの例として，$MgNH_4PO_4$ 中の $MgKPO_4$，$BaSO_4$ 中の $SrSO_4$，CdS 中の MnS があげられる．

混晶の汚染の程度は質量作用の法則に支配され，結晶に対する汚染物質濃度の比が大きくなると増加する．また，試料マトリックス中にイオンが特定の組合わせで存在する場合，混晶形成は避けられず，特に厄介なタイプの共沈であるといえる．この問題は，コロイド懸濁液でも結晶沈殿物でも生じる．混晶形成が起こる場合には，最終的な沈殿工程の前に，干渉するイオンを分離しなければならない．あるいは，干渉するイオンと混晶を形成しない別の沈殿試薬を使用してもよい．

2) **c. 吸蔵**（occlusion）**および機械的取込み**（mechanical entrapment）　沈殿物生成中に結晶が急速に成長する際，対イオン層に取込まれた外来イオンが成長中の結晶内に閉じ込められる（すなわち**吸蔵**される）ことがある．沈殿反応が進むと過飽和度が下がり，さらには結晶の成長速度も減少するので，初期に形成された結晶において，吸蔵された物質の量が最も多くなる．

一方，機械的取込みは，成長中の結晶同士が近くに存在する場合に起こる．複数の結晶が同時に成長すると，わずかな溶液が結晶のくぼみに取込まれた状態で結晶成長が進むことがある．

3) こうした吸蔵や機械的取込みが最小となるのは，沈殿生成速度が遅い，すなわち過飽和度が低い場合である．さらに熟成により，吸蔵や機械的取込みによる共沈の影響は小さく抑えられる．また高温で熟成すれば，急速な溶解と再沈殿により不純物が結晶のすきまから溶液に放出され，結晶の純度を高めることができる．

4) **d. 共沈による誤差**　共沈した不純物は，重量分析において負または正のいずれかの誤差をひき起こす可能性がある．もし汚染物質が測定対象のイオンの化合物でないならば，常に正の誤差が生じる．つまり，塩化物分析中に塩化銀コロイド粒子が硝酸銀を吸着すると必ず正の誤差が生じる．対照的に，汚染物質に測定対象のイオンが含まれ

---

1) 用語　混晶形成は共沈の一種で，不純物のイオンと結晶格子中のイオンが置換される．
2) 用語　吸蔵は共沈の一種で，急速な結晶成長中に形成されたすきまに化合物が閉じ込められる．
3) 混晶形成は，コロイド沈殿物でも結晶沈殿物でも起こるが，吸蔵および機械的取込みは結晶沈殿物に限る．
4) 共沈により負または正の誤差が生じることがある．

表6・1 代表的な均一沈殿法

沈殿試薬	沈殿試薬を生成する試薬	沈殿試薬生成反応	沈殿する元素
OH^-	尿素	$(NH_2)_2CO + 3H_2O \rightarrow CO_2 + 2NH_4^+ + 2OH^-$	Al, Ga, Th, Bi, Fe, Sn
PO_4^{3-}	リン酸トリメチル	$(CH_3O)_3PO + 3H_2O \rightarrow 3CH_3OH + H_3PO_4$	Zr, Hf
$C_2O_4^{2-}$	シュウ酸ジエチル	$(C_2H_5)_2C_2O_4 + 2H_2O \rightarrow 2C_2H_5OH + H_2C_2O_4$	Mg, Zn, Ca
SO_4^{2-}	硫酸ジメチル	$(CH_3O)_2SO_2 + 4H_2O \rightarrow 2CH_3OH + SO_4^{2-} + 2H_3O^+$	Ba, Ca, Sr, Pb
CO_3^{2-}	トリクロロ酢酸	$Cl_3CCOOH + 2OH^- \rightarrow CHCl_3 + CO_3^{2-} + H_2O$	La, Ba, Ra
H_2S	チオアセトアミド[†3]	$CH_3CSNH_2 + H_2O \rightarrow CH_3CONH_2 + H_2S$	Sb, Mo, Cu, Cd
DMG[†1]	ビアセチル+ヒドロキシルアミン	$CH_3COCOCH_3 + 2H_2NOH \rightarrow DMG^{†1} + 2H_2O$	Ni
HOQ[†2]	8-アセトキシキノリン[†4]	$CH_3COOQ^{†4} + H_2O \rightarrow CH_3COOH + HOQ^{†2}$	Al, U, Mg, Zn

†1 DMG = ジメチルグリオキシム

†2 HOQ = 8-キノリノール

†3 CH₃-C(=S)-NH₂

†4 CH₃-C(=O)-O-(8-キノリル)

ている場合は，正または負の誤差が生じることがある．たとえば，硫酸バリウム沈殿によるバリウム定量においては他のバリウム塩の吸蔵が起こる．共沈した汚染物質が硝酸バリウムである場合，この化合物のモル質量は硫酸バリウムのモル質量より大きいため，正の誤差が生じる．一方，塩化バリウムが汚染物質である場合，そのモル質量は硫酸塩のモル質量よりも小さいため，負の誤差が生じる．

6・1・6 均一沈殿法

1) 均一沈殿法 (precipitation from homogeneous solution) とは，ゆっくりとした化学反応によって分析対象の溶液中に沈殿試薬を生じさせる方法である[6]．沈殿試薬は溶液中で徐々に生成され均一となり，そしてすぐに分析対象と反応するため，局所的に過剰量が存在することはない．結果として，沈殿反応中，常に相対的過飽和度は低く保たれる．

2) 一般に，均一沈殿法で形成された沈殿物（コロイド沈殿物でも結晶沈殿物でも）は，沈殿試薬の直接添加によって形成された沈殿物よりも分析に適している．

尿素は，水酸化物イオンの均一な生成のために用いられることが多い．反応は次の式で表される．

$$(H_2N)_2CO + 3H_2O \rightarrow CO_2 + 2NH_4^+ + 2OH^-$$

この加水分解は，100 ℃直下の温度でゆっくり進行し，一般的な沈殿反応が終了するまでに1〜2時間かかる．尿素は，水和酸化物または塩基性塩の沈殿に特に有用である．たとえば，鉄(Ⅲ)とアルミニウムの水和酸化物は，塩基の直接添加によって大きなゼラチン状の塊を形成するが，激しく汚染されており，沪過するのも困難である．対照的に，水酸化物イオンを上記のように均一に生成させて沈殿反応を行った場合，高密度で容易に沪過可能な高純度の生成物が得られる．図6・5は，塩基を直接添加した場合と尿素による均一沈殿法の場合に得られるアルミニウムの水和酸化物の沈殿物を示す．結晶沈殿物の均質沈殿は析出させると，純度が向上するだけでなく，結晶が顕著に大きくなる．

代表的な均一沈殿法を表6・1に示す．

図6・5 アンモニアの直接添加（左）と水酸化物イオンの均一生成（右）により得られたアルミニウム水和酸化物

6・1・7 沈殿物の乾燥と強熱

沪別後，重量分析に供する沈殿物は，その質量が一定（恒量）になるまで加熱される．加熱により，溶媒および沈殿物とともに沈降した揮発性物質が除去される．沈殿物によっては強熱により分解し，既知組成の化合物に変換させ

---

1) **用語** 均質沈殿または均一沈殿 (homogeneous precipitation) は，溶液全体にわたって均一にゆっくりと沈殿物が生成する過程またはその沈殿のことである．

2) 均一沈殿法によって形成される沈殿物（均質沈殿）は，一般に，分析対象の溶液に沈殿試薬を直接添加することによって生成される沈殿物よりも純度が高く，より容易に沪過できる．

6) この技術に関する一般的な参考文献としては，L. Gordon, M. L. Salutsky, H.H. Willard, "Precipitation from Homogeneous Solution", Wiley, New York (1959) を参照．

ることもある．この新たに生成される化合物は秤量形とよばれる．

適切な秤量形を生成するのに必要な温度は，沈殿物によって異なる．図6・6に，一般的な分析沈殿物の質量損失を温度の関数として示す．これらは，自動熱てんびん[7]（一定の速度で温度を上昇させ，物質の質量を連続的に記録する機器，図6・7）を用いて得られたデータである．塩化銀，硫酸バリウム，酸化アルミニウムの3種類の沈殿物は，加熱するだけで水分と揮発性電解質が除去される．ここで，一定質量の無水沈殿物を生成するために必要[1]な温度が，大きく異なっていることに留意してほしい．塩化銀からは110℃以上の温度で水分を完全に除去できるが，酸化アルミニウムの脱水は1000℃以上の温度に達するまで完了しない．ただし，尿素を用いて均一に生成させた酸化アルミニウムは約650℃で完全に脱水される．

では，結晶と未結合の水が除去されて一水和物 $CaC_2O_4 \cdot H_2O$ が得られる．ついで，この化合物は225℃で無水シュウ酸塩 CaC_2O_4 に変化する．450℃付近における急激な質量変化は，シュウ酸カルシウムが炭酸カルシウムと一酸化炭素に分解されたことを示す．曲線の最後の部分は，炭酸カルシウムが酸化カルシウムと二酸化炭素へ変換されたことを示している．図から見てわかるように，シュウ酸塩沈殿によるカルシウム定量のための重量測定では，最終的に秤量される化合物が強熱温度に大きく依存する．

6・2 重量分析データの結果の計算

重量分析の結果は，一般に二つの実験測定値，1) 試料の質量と，2) 既知組成の生成物の質量から計算される．以下の例題では，実際の計算の方法を示す．[3]

例題 6・1

カルシウムイオンを CaC_2O_4 として沈殿させることによって，天然水試料 200.0 mL 中のカルシウムを測定した．沈殿物を濾過，洗浄後，質量 26.6002 g のるつぼ中で強熱した．るつぼおよび CaO (56.077 g/mol) の質量は 26.7134 g であった．水 100 mL あたりの Ca (40.078 g/mol) 濃度を g 単位で計算せよ．

解答

CaO の質量は，

$$26.7134 - 26.6002 = 0.1132 \text{ g}$$

試料中の Ca の物質量は，CaO の物質量に等しい．
Ca の物質量

$$= 0.1132 \text{ g CaO} \times \frac{1 \text{ mol CaO}}{56.077 \text{ g CaO}} \times \frac{1 \text{ mol Ca}}{\text{mol CaO}}$$

$$= 2.0186 \times 10^{-3} \text{ mol Ca}$$

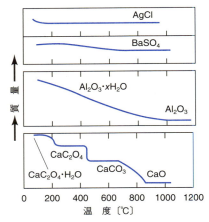

図6・6 沈殿物の質量に対する温度の影響

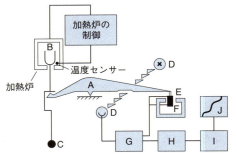

図6・7 熱てんびんの概略図．A: ビーム（さお），B: 試料カップおよびホルダー，C: 分銅，D: ランプおよびフォトダイオード，E: コイル，F: 磁石，G: 制御増幅器，H: 風袋計算機，I: 増幅器，J: 記録計［オハイオ州コロンバスの Mettler Toledo, Inc. より］

[1] 沈殿物を完全に脱水するのに必要な温度は，100℃程度の低温から 1000℃程度の高温まで幅広い．

[2] **用語** 熱分解曲線を記録することは**熱重量分析**（thermogravimetric analysis, thermogravimetry, TG）とよばれ，質量対温度曲線は**サーモグラム**（thermogram）とよばれる．

[3] 重量分析法では，実験データと原子質量から直接計算するため，（クーロメトリーを除く，他のすべての分析方法のように）校正や標定の段階が不要である．したがって，一つまたは二つの試料のみを分析する場合，標準物質の調製や校正が必要な方法に比べて時間と労力が少なくて済む重量分析法が最もよい選択肢となりうる．

[7] 熱てんびんに関する説明は，以下を参照．D.A. Skoog, F.J. Holler, S.R. Crouch, "Principles of Instrumental Analysis, 6th ed.", Chap. 31, Brooks/Cole, Belmont, CA (2007). "Principles and Applications of Thermal Analysis", ed. by P. Gabbot, Chap. 3, Blackwell, Ames, IA (2008). W.W. Wendlandt, "Thermal Methods of Analysis, 3rd ed.", Wiley, New York (1985). A.J. Paszto, "Handbook of Instrumental Techniques for Analytical Chemistry", ed. by F. Settle, Chap. 50, Prentice Hall, Upper Saddle River, NJ (1997).

[2] シュウ酸カルシウムの熱分解曲線は，図6・6に示すようにほかの曲線よりもかなり複雑である．約135℃未満

(例題 6・1 解答つづき)

Ca 濃度
$$= \frac{2.0186 \times 10^{-3} \text{ mol Ca} \times 40.078 \text{ g Ca/mol Ca}}{200 \text{ mL 試料}} \times 100$$
$$= 0.04045 \text{ g/100 mL 試料}$$

例題 6・2

鉄鉱石試料 1.1324 g を濃 HCl に溶解させ,分析を行った.得られた溶液を水で希釈し,NH_3 を添加して,鉄(III) を水和酸化物 $Fe_2O_3 \cdot xH_2O$ として沈殿させた.沪過,洗浄後,残留物を高温で強熱して純 Fe_2O_3 (159.69 g/mol) 0.5394 g を得た.試料中の (a) %Fe (55.847 g/mol) および (b) %Fe_3O_4 (231.54 g/mol) を計算せよ.

解 答

この両方の問題に答えるためには,Fe_2O_3 が何 mol かを計算する必要がある.

$$Fe_2O_3 \text{ の物質量} = 0.5394 \text{ g Fe}_2\text{O}_3 \times \frac{1 \text{ mol Fe}_2\text{O}_3}{159.69 \text{ g Fe}_2\text{O}_3}$$
$$= 3.3778 \times 10^{-3} \text{ mol Fe}_2\text{O}_3$$

(a) Fe の物質量は Fe_2O_3 の物質量の 2 倍であり,

$$\text{Fe の質量} = 3.3778 \times 10^{-3} \text{ mol Fe}_2\text{O}_3 \times \frac{2 \text{ mol Fe}}{\text{mol Fe}_2\text{O}_3}$$
$$\times \frac{55.847 \text{ g Fe}}{\text{mol Fe}}$$
$$= 0.37728 \text{ g Fe}$$

$$\%\text{Fe} = \frac{0.37728 \text{ g Fe}}{1.1324 \text{ g 試料}} \times 100\% = 33.32\%$$

(b) 以下の式に示すように,3 mol の Fe_2O_3 は 2 mol の Fe_3O_4 と化学的に等価なので,

$$3Fe_2O_3 \rightarrow 2Fe_3O_4 + \frac{1}{2}O_2$$

$$Fe_3O_4 \text{ の質量} = 3.3778 \times 10^{-3} \text{ mol Fe}_2\text{O}_3$$
$$\times \frac{2 \text{ mol Fe}_3\text{O}_4}{3 \text{ mol Fe}_2\text{O}_3} \times \frac{231.54 \text{ g Fe}_3\text{O}_4}{\text{mol Fe}_3\text{O}_4}$$
$$= 0.52140 \text{ g Fe}_3\text{O}_4$$

$$\%\text{Fe}_3\text{O}_4 = \frac{0.52140 \text{ g Fe}_3\text{O}_4}{1.1324 \text{ g 試料}} \times 100\% = 46.04\%$$

例題 6・3

NaCl (58.44 g/mol) および $BaCl_2$ (208.23 g/mol) のみを含む試料 0.2356 g から,乾燥 AgCl (143.32 g/mol) 0.4637 g が得られた.試料中の各ハロゲン化合物の割合を計算せよ.

解 答(例題 6・3 つづき)

x を NaCl の質量 (g),y を $BaCl_2$ の質量 (g) とすると,以下の一次式が成立する.

$$x + y = 0.2356 \text{ g 試料}$$

NaCl 由来の AgCl の質量を求めるために,NaCl 由来の AgCl が何 mol かを式で表すと,

NaCl 由来の AgCl の物質量
$$= x \text{ g NaCl} \times \frac{1 \text{ mol NaCl}}{58.44 \text{ g NaCl}} \times \frac{1 \text{ mol AgCl}}{\text{mol NaCl}}$$
$$= 0.0171115 x \text{ mol AgCl}$$

この供給源からの AgCl の質量は,

NaCl 由来の AgCl の質量
$$= 0.0171115 x \text{ mol AgCl} \times 143.32 \frac{\text{g AgCl}}{\text{mol AgCl}}$$
$$= 2.4524 x \text{ g AgCl}$$

と求められる.同様にして,$BaCl_2$ 由来の AgCl が何 mol かは次式で求められる.

$BaCl_2$ 由来の AgCl の物質量
$$= y \text{ g BaCl}_2 \times \frac{1 \text{ mol BaCl}_2}{208.23 \text{ g BaCl}_2} \times \frac{2 \text{ mol AgCl}}{\text{mol BaCl}_2}$$
$$= 9.60476 \times 10^{-3} y \text{ mol AgCl}$$

$BaCl_2$ 由来の AgCl の質量
$$= 9.60476 \times 10^{-3} y \text{ mol AgCl} \times 143.32 \frac{\text{g AgCl}}{\text{mol AgCl}}$$
$$= 1.3766 y \text{ g AgCl}$$

AgCl 0.4637 g が二つの化合物から得られるので,

$$2.4524 x \text{ g AgCl} + 1.3766 y \text{ g AgCl} = 0.4637 \text{ g AgCl}$$

または単純に,

$$2.4524 x + 1.3766 y = 0.4637$$

と表される.また,最初の式は次のように書き直せる.

$$y = 0.2356 - x$$

前の式に代入すると,

$$2.4524 x + 1.3766 (0.2356 - x) = 0.4637$$

となり,これを解くと,

$$1.0758 x = 0.13937$$
$$x = \text{NaCl の質量} = 0.12955 \text{ g NaCl}$$

$$\%\text{NaCl} = \frac{0.12955 \text{ g NaCl}}{0.2356 \text{ g 試料}} \times 100\% = 54.99\%$$

$$\%\text{BaCl}_2 = 100.00\% - 54.99\% = 45.01\%$$

6・3 重量分析の応用

重量分析法はほとんどの無機陰イオンおよび陽イオンについて広く行われているが、同様に水、二酸化硫黄、二酸化炭素、ヨウ素のような中性分子種の分析にも用いられている。さまざまな有機物質も重量分析が可能である。例として、乳製品中のラクトース（乳糖）、薬物製剤中のサリチル酸塩、下剤中のフェノールフタレイン、農薬中のニコチン、穀物中のコレステロール、アーモンドエキストラクト（香辛料）中のベンズアルデヒドなどがあげられる。実際、重量分析法は、すべての分析手順のなかで最も広く適用可能である。

6・3・1 無機沈殿試薬

表6・2に、一般的な無機沈殿試薬を示した。これらの試薬は分析対象と難溶性の塩または水和酸化物を形成することが多い。一つの沈殿試薬で多くの元素が沈殿することからわかるように、イオン選択的な無機沈殿試薬はほとんどない。

6・3・2 還元剤

表6・3に、分析対象を元素単体の秤量形に変換するための還元剤を示す。

表6・2 無機沈殿試薬の例[a]

沈殿試薬	沈殿する元素[†]
$NH_3(aq)$	**Be**(BeO), **Al**(Al_2O_3), **Sc**(Sc_2O_3), Cr(Cr_2O_3)*, **Fe**(Fe_2O_3), Ga(Ga_2O_3), Zr(ZrO_2), **In**(In_2O_3), Sn(SnO_2), U(U_3O_8)
H_2S	Cu(CuO)*, **Zn**(ZnO または $ZnSO_4$), **Ge**(GeO_2), As($\underline{As_2O_3}$ または As_2O_5), Mo(MoO_3), Sn(SnO_2)*, Sb($\underline{Sb_2O_3}$ または Sb_2O_5), Bi(Bi_2S_3)
$(NH_4)_2S$	Hg($\underline{HgS}$), Co(Co_3O_4)
$(NH_4)_2HPO_4$	**Mg**($Mg_2P_2O_7$), Al($AlPO_4$), Mn($Mn_2P_2O_7$), Zn($Zn_2P_2O_7$), Zr($Zr_2P_2O_7$), Cd($Cd_2P_2O_7$), Bi($BiPO_4$)
H_2SO_4	Li, Mn, **Sr**, **Cd**, **Pb**, **Ba**（硫酸塩として）
H_2PtCl_6	K(K_2PtCl_6 または Pt), Rb($\underline{Rb_2PtCl_6}$), Cs($\underline{Cs_2PtCl_6}$)
$H_2C_2O_4$	Ca(CaO), Sr(SrO), **Th**(ThO_2)
$(NH_4)_2MoO_4$	Cd($CdMoO_4$)*, Pb($\underline{PbMoO_4}$)
HCl	**Ag**(AgCl), Hg(Hg_2Cl_2), Na（ブチルアルコールから NaCl として）, Si(SiO_2)
$AgNO_3$	**Cl**(AgCl), Br($\underline{AgBr}$), I($\underline{AgI}$)
$(NH_4)_2CO_3$	**Bi**(Bi_2O_3)
NH_4SCN	Cu[$Cu_2(SCN)_2$]
$NaHCO_3$	Ru, Os, Ir（水和酸化物として沈殿し、H_2 で還元され金属状態となる）
HNO_3	Sn(SnO_2)
H_5IO_6	Hg[$Hg_5(IO_6)_2$]
NaCl, $Pb(NO_3)_2$	F(PbClF)
$BaCl_2$	SO_4^{2-}($BaSO_4$)
$MgCl_2, NH_4Cl$	PO_4^{3-}($Mg_2P_2O_7$)

[†] 太字は、重量分析がその元素またはイオンの好ましい測定方法であることを示している。秤量形を括弧内に示す。*は、重量分析法がまれにしか使用されないことを示し、下線は最も信頼性の高い重量測定法を示す。

a) W.F. Hillebrand, G.E.F. Lundell, H.A. Bright, J.I. Hoffman, "Applied Inorganic Analysis", Wiley, New York (1953). 著者ランデルの財団より許可を得て引用。

表6・3 重量分析法で使用される還元剤の例

還元剤	分析対象
SO_2	Se, Au
$SO_2 + H_2NOH$	Te
H_2NOH	Se
$H_2C_2O_4$	Au
H_2	Re, Ir
HCOOH	Pt
$NaNO_2$	Au
$SnCl_2$	Hg
電解還元	Co, Ni, Cu, Zn, Ag, In, Sn, Sb, Cd, Re, Bi

6・3・3 有機沈殿試薬

無機化学種の重量分析のために多くの有機試薬が開発されている。これらの試薬のなかには、表6・2の無機試薬よりも反応の選択性が非常に高いものがある。有機試薬は、**配位化合物**（coordination compound）とよばれる難溶性の非イオン性物質を生成するものと、無機化学種とイオン性の結合を生成するものの2種類に分けられる。

難溶性の配位化合物を生成する有機試薬の大部分は、少なくとも二つの配位原子をもつ。各配位原子は、一対の電子を供与することによって陽イオンと配位結合できる。配位原子は、反応により五員環または六員環が形成されるよう配位子内に配置されている。この種類の化合物を生成する試薬は**キレート試薬**（chelating reagent）とよばれ、生成物のことを**キレート**（chelate）という（第12章参照）。

金属キレートは比較的非極性であるので、溶解度は水中で低く、有機溶媒中で高い。例として図6・8にヘムを示す。通常、金属キレートの密度は低く、しばしば強く呈色する。また、水との親和性が低いため、配位化合物は低温でも容易に脱水される。以下の3種類のキレート試薬が広く使用されている。

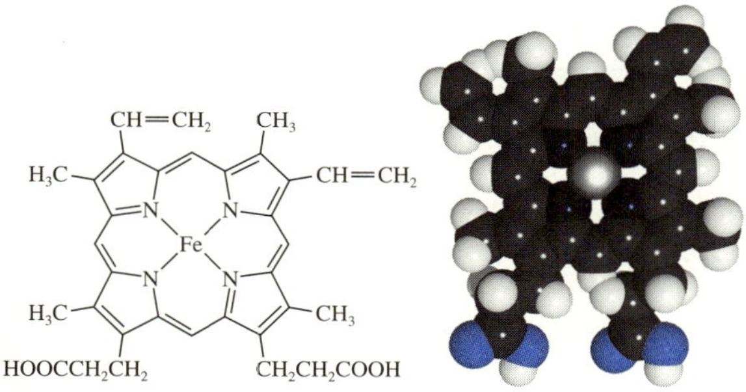

図6・8 キレートは，環状の金属-有機化合物であり，中心金属が一つ以上の五員環または六員環の一部になっている．本図のキレートはヘムで，ヒトの血液中の酸素運搬分子であるヘモグロビンの一部である．Fe^{2+}をその一員とする四つの六員環が観察できる．

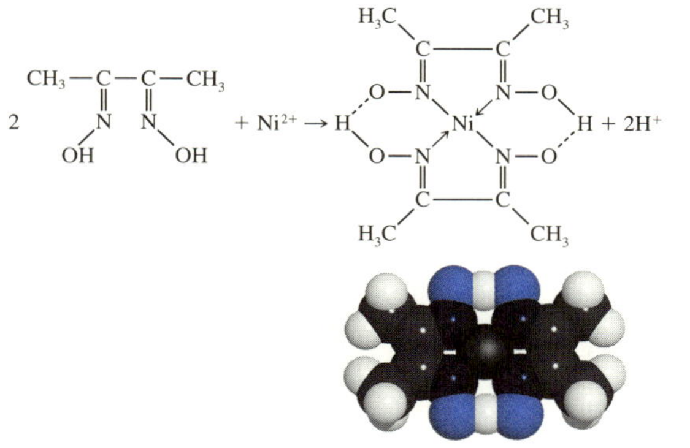

図6・10 ジメチルグリオキシムとニッケル(II)の錯体であるビス(ジメチルグリオキシマト)ニッケル(II)の色は壮観である．口絵7に示すように，美しい鮮やかな赤色をしている．

a. 8-キノリノール(オキシン) 約24種類もの陽イオンが，8-キノリノールと難溶性のキレートを形成する．ビス(キノリン-8-オラト)マグネシウムの構造は，これらキレートの典型的なものである(図6・9)．

8-キノリノールの金属錯体の溶解度は，陽イオンごとに大きく異なり，また，キレート化の際8-キノリノールが常に脱プロトンしているからpHに依存する．したがって，8-キノリノールを使用する場合，pHを制御することにより選択性を向上させることができる．

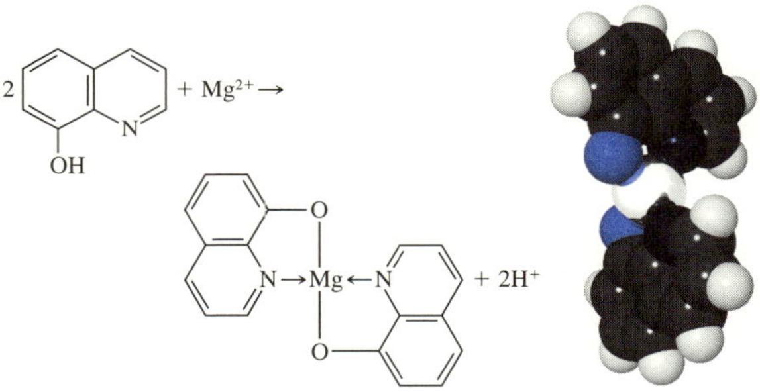

図6・9 8-キノリノールとマグネシウムの錯体

b. ジメチルグリオキシム ジメチルグリオキシムは非常に特異性の高い有機沈殿剤である．弱アルカリ性溶液からニッケル(II)のみを沈殿させる．反応は図6・10のとおりである．

この沈殿物は非常にかさ高いため，取扱いやすいのは少量のニッケルだけである．また，濾過，洗浄中に容器の側面をはい上がるというやっかいな傾向がある．固体は110℃で容易に乾燥され，組成$C_8H_{14}N_4NiO_4$の化合物が得られる．

c. テトラフェニルホウ酸ナトリウム テトラフェニルホウ酸ナトリウム$Na[B(C_6H_5)_4]$は塩と類似の沈殿物を生成する有機沈殿試薬の代表的な例である．冷えた無機酸溶液中では，カリウムイオンおよびアンモニウムイオンをほぼ特異的に沈殿させる．沈殿物の組成は化学量論に則しており，テトラフェニルホウ酸イオン1 molにつき1 molのカリウムイオンまたはアンモニウムイオンを含有する．これらのイオン化合物は容易に濾過され，105～120 ℃で安定した質量が得られる．水銀(II)，ルビジウム，セシウムのみが干渉するので，前処理によって除去しなければならない．

6・3・4 有機官能基の分析

特定の有機官能基と選択的に反応する試薬があり，これらの官能基を含むほとんどの化合物の測定に使用できる．重量分析用の官能基試薬を表6・4に示す．示した反応の多くは，容量分析および分光光度測定にも使用できる．

6・3・5 揮発重量法

揮発性に基づく重量分析法のうち最も一般的なものは，水および二酸化炭素定量である．水は，加熱によって多くの物質から定量的に蒸留される．直接測定では，固体乾燥剤に水蒸気を吸着させ，乾燥剤の質量増加から水の質量を決定する．間接測定では加熱中の試料の損失質量によって水の量を決定するため，水が揮発する唯一の成分であることが前提であり，あまり実用的でない．つまり，沈殿物に揮発性成分が含まれている場合に問題を生じうる．それにもかかわらず，間接測定は商品に含まれる水分量を決定するために広く使用されている．たとえば，穀類の水分を測定するための半自動測定装置が市販されている．この機器は，10 gの試料を赤外線ランプで加熱できる台はかりで構成され，水分率を直接測定する．

二酸化炭素の揮発を用いた重量分析法の一例としては，制酸剤の炭酸水素ナトリウム含量の測定があげられる．錠剤を細かく粉砕して秤量した試料を希硫酸で処理して，炭酸水素ナトリウムを二酸化炭素に変換する．

---

1) さまざまな農産物や製造物中の水分の定期的な定量のための自動計器が，いくつかの機器メーカーから販売されている．

表6・4 有機官能基の重量分析法

官能基	方法の原理	反応および秤量される生成物[†]
カルボニル基	2,4-ジニトロフェニルヒドラジンによる沈殿物の質量	$RCHO + H_2NNHC_6H_3(NO_2)_2 \rightarrow$ $R\text{—}CH\text{=}NNHC_6H_3(NO_2)_2(s) + H_2O$（$RCOR'$も同様に反応する）
芳香族カルボニル基	230 °C のキノリン中で形成された CO_2 の質量；CO_2 を蒸留し，吸収，秤量する	$ArCHO \xrightarrow[CuCO_3]{230\,°C} Ar + \underline{CO_2(g)}$
メトキシ基およびエトキシ基	CH_3I または C_2H_5I の蒸留および分解後に形成される AgI の質量	$ROCH_3 + HI \rightarrow ROH + CH_3I$ $RCOOCH_3 + HI \rightarrow RCOOH + CH_3I$ $ROC_2H_5 + HI \rightarrow ROH + C_2H_5I$ $CH_3I + Ag^+ + H_2O \rightarrow \underline{AgI(s)} + CH_3OH + H^+$
芳香族ニトロ基	Sn の損失質量	$RNO_2 + \tfrac{3}{2}\underline{Sn(s)} + 6H^+ \rightarrow RNH_2 + \tfrac{3}{2}Sn^{4+} + 2H_2O$
アゾ基	Cu の損失質量	$RN\text{=}NR' + 2\underline{Cu(s)} + 4H^+ \rightarrow RNH_2 + R'NH_2 + 2Cu^{2+}$
リン酸基	Ba 塩の質量	$\underset{\text{O}}{ROP(OH)_2} + Ba^{2+} \rightarrow \underline{ROPO_2Ba(s)} + 2H^+$
スルファミン酸	HNO_2 による酸化後の $BaSO_4$ の質量	$RNHSO_3H + HNO_2 + Ba^{2+} \rightarrow ROH + \underline{BaSO_4(s)} + N_2 + 2H^+$
スルフィン酸	スルフィン酸鉄(Ⅲ)塩の強熱後の Fe_2O_3 の質量	$3ROSOH + Fe^{3+} \rightarrow (ROSO)_3Fe(s) + 3H^+$ $(ROSO)_3Fe \xrightarrow{O_2} CO_2 + H_2O + SO_2 + \underline{Fe_2O_3(s)}$

[†] 下線は秤量する化合物

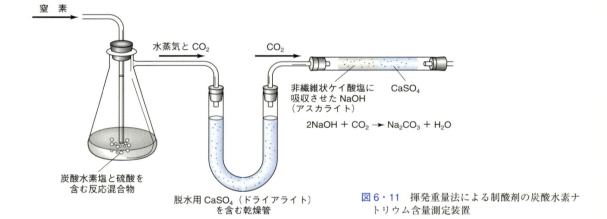

図 6・11 揮発重量法による制酸剤の炭酸水素ナトリウム含量測定装置

$NaHCO_3(aq) + H_2SO_4(aq)$
$\rightarrow CO_2(g) + H_2O(l) + NaHSO_4(aq)$

図 6・11 に示すように，この反応が行われるフラスコは，$CaSO_4$ を含む管にまず接続され，生成した気体から水蒸気が除去されて窒素雰囲気中純粋な CO_2 として送り出される．ついで，この気体を，アスカライトⅡ[8]（非繊維状ケイ酸塩に水酸化ナトリウムを吸収させた吸収剤）を充填した，秤量済みの吸収管に通す．アスカライトⅡでは，以下の反応によって二酸化炭素を捕集する．

$2NaOH + CO_2 \rightarrow Na_2CO_3 + H_2O$

また，この最後の反応によって生成される水の損失を防ぐために，吸収管には $CaSO_4$ のような乾燥剤も充塡する必要がある．

硫化物および亜硫酸塩も，揮発重量法によって測定可能である．酸で処理後，試料から発生した硫化水素または二酸化硫黄を，適切な吸収剤で回収する．

最後に，有機化合物中の炭素および水素を測定する古典的な方法として，あらかじめ秤量した吸収剤によって燃焼生成物（H_2O および CO_2）を選択的に回収する揮発重量法がある．吸収剤の質量の増加から炭素と水素の量を求めることができる．

[8] Thomas Scientific, Swedeboro, NJ.

章末問題

6・1 以下の語句の違いを説明せよ.
(a) コロイド沈殿物と結晶沈殿物
(b) 沈殿重量法と揮発重量法
(c) 沈殿と共沈
(d) コロイドのペプチゼーションと凝集
(e) 吸蔵と混晶形成
(f) 核生成と粒子成長

6・2 次の語句を定義せよ.
(a) 熟成 (b) 吸着
(c) 再沈殿 (d) 均一沈殿法
(e) 対イオン層 (f) 母液
(g) 過飽和

6・3 キレート試薬の構造的特徴を説明せよ.

6・4 沈殿物生成中に相対的過飽和度を変化させるにはどうすればよいか述べよ.

6・5 $NaNO_3$ と KBr を含む水溶液に $AgNO_3$ を添加すると, 臭化物イオンが $AgBr$ として沈殿する. 過剰の沈殿試薬添加後の,
(a) 凝集したコロイド粒子の表面電荷を示せ.
(b) 電荷の発生源を示せ.
(c) 対イオン層を構成するイオンをあげよ.

6・6 Ni^{2+} を NiS として均一に沈殿させる方法を述べよ.

6・7 ペプチゼーションとは何か説明せよ. また, それを回避する方法を述べよ.

6・8 Na^+ と Li^+ から K^+ を分離するための沈殿法を示せ.

6・9 以下の物質 (a)〜(j) の質量を, 右に示す質量既知の物質から換算する計算式を示せ.

求める物質	質量既知の物質	求める物質	質量既知の物質
(a) SO_2	$BaSO_4$	(f) $MnCl_2$	Mn_3O_4
(b) Mg	$Mg_2P_2O_7$	(g) Pb_3O_4	PbO_2
(c) In	In_2O_3	(h) $U_2P_2O_{11}$	P_2O_5
(d) K	K_2PtCl_6	(i) $Na_2B_4O_7 \cdot 10H_2O$	B_2O_3
(e) CuO	$Cu_2(SCN)_2$	(j) Na_2O	$NaZn(UO_2)_3(C_2H_3O_2)_9 \cdot 6H_2O$

6・10 0.2500 g の KCl 混合物を過剰の $AgNO_3$ で処理すると, 0.2912 g の $AgCl$ が得られた. 試料中の KCl の割合 (%) を計算せよ.

6・11 1.200 g の不純物を含む硫酸アンモニウムアルミニウムをアンモニア水で処理し, アルミニウムを水和物 $Al_2O_3 \cdot xH_2O$ として沈殿させた. 沈殿物を沪過し, 1000°C で強熱して 0.2001 g の無水 Al_2O_3 を得た. この分析結果を以下の語句を使って表せ.
(a) % $NH_4Al(SO_4)_2$
(b) % Al_2O_3
(c) % Al

6・12 0.650 g の $CuSO_4 \cdot 5H_2O$ から生成する $Cu(IO_3)_2$ の質量を求めよ.

6・13 0.2750 g の $CuSO_4 \cdot 5H_2O$ 中の銅を $Cu(IO_3)_2$ に変換するために必要な KIO_3 の質量を求めよ.

6・14 20.1% の AlI_3 を含有する 0.512 g の試料から生成する AgI の質量を求めよ.

6・15 ウランの重量分析に使用される沈殿物には, $Na_2U_2O_7$ (634.0 g/mol), $(UO_2)_2P_2O_7$ (714.0 g/mol), $V_2O_5 \cdot 2UO_3$ (753.9 g/mol) がある. これらの秤量形のなかで, 与えられた量のウランから最大の沈殿量が得られるものをあげよ.

6・16 不純物を含む $Al_2(CO_3)_3$ 0.8102 g を HCl で分解し, 遊離した二酸化炭素を酸化カルシウム上に回収した. 二酸化炭素の重さが 0.0515 g であるとき, 試料中のアルミニウムの割合 (%) を求めよ.

6・17 有機化合物 0.2121 g を酸素気流下で燃焼させ, 生成した二酸化炭素を水酸化バリウム溶液中に回収した. 0.6006 g の $BaCO_3$ が得られたとき, 試料中の炭素の割合 (%) を求めよ.

6・18 7.000 g の殺虫剤をアルコール中の金属ナトリウムで分解し, 遊離した塩化物イオンを $AgCl$ として沈殿させた. 0.2513 g の $AgCl$ が回収されたとき, この分析の結果を % DDT ($C_{14}H_9Cl_5$) として表せ.

6・19 1.0451 g の試料中の水銀を, 過剰量の過ヨウ素酸 H_5IO_6 で沈殿させた.

$$5Hg^{2+} + 2H_5IO_6 \rightarrow Hg_5(IO_6)_2 + 10H^+$$

沈殿物を沪過し, 沈殿試薬を除去後, 洗浄, 乾燥, 秤量し, 0.5718 g を回収した. 分析結果を Hg_2Cl_2 の割合 (%) として計算せよ.

6・20 塩化物を含有する試料中のヨウ化物は, 過剰の臭素で処理することによってヨウ素酸塩に変換される.

$$3H_2O + 3Br_2 + I^- \rightarrow 6Br^- + IO_3^- + 6H^+$$

未反応の臭素を沸騰させて除去した後, 過剰のバリウムイオンを添加し, ヨウ素酸塩を沈殿させた.

$$Ba^{2+} + 2IO_3^- \rightarrow Ba(IO_3)_2$$

1.59 g の試料を分析したところ, 0.0538 g のヨウ素酸バリウムが得られた. この分析結果をヨウ化カリウムの割合 (%) として表せ.

6・21 アンモニア性窒素は, 試料をヘキサクロリド白金酸で処理することにより測定できる. 生成物は難溶性のヘキサクロリド白金酸アンモニウムである.

$$H_2PtCl_6 + 2NH_4^+ \rightarrow (NH_4)_2PtCl_6 + 2H^+$$

沈殿物は強熱すると分解し, 白金およびガス状物質を生成する.

$$(NH_4)_2PtCl_6 \rightarrow Pt(s) + 2Cl_2(g) + 2NH_3(g) + 2HCl(g)$$

0.2115 g の試料から 0.4693 g の白金が得られた場合, 試料中のアンモニアの割合 (%) を計算せよ.

6・22 二酸化マンガン 0.6447 g を塩化物含有試料 1.1402 g が溶解した酸性溶液に加えると，以下の反応の結果として，塩素が発生した．

$$MnO_2(s) + 2Cl^- + 4H^+ \rightarrow Mn^{2+} + Cl_2(g) + 2H_2O$$

反応完了後，沪過により過剰の MnO_2 を回収し，洗浄，秤量すると，0.3521 g の MnO_2 が得られた．この分析結果を塩化アルミニウムの割合（%）で示せ．

6・23 さまざまな硫酸塩を含む試料を $BaSO_4$ として沈殿させ，分析する．これらの試料の硫酸塩含量が 20〜55% の範囲であることがわかっている場合，0.200 g 以上の沈殿物量を確実に得るために必要な最低限の試料の質量を求めよ．また，この量の試料を分析する場合，沈殿物の最大質量を求めよ．

6・24 ジメチルグリオキシム $H_2C_4H_6O_2N_2$ を Ni^{2+} を含む溶液に添加すると，沈殿物が生じる．

$$Ni^{2+} + 2H_2C_4H_6O_2N_2 \rightarrow 2H^+ + Ni(HC_4H_6O_2N_2)_2$$

ジメチルグリオキシムとニッケル(II)の錯体は，かさ高い沈殿物であるため，175 mg を超える量は取扱いが困難である．ある種の永久磁石合金中のニッケルの量は，24〜35% の範囲である．この合金中のニッケルを分析する際の試料の質量の上限を求めよ．

6・25 ある触媒の効率は，そのジルコニウム含量に大きく依存する．この触媒は，68〜84% の $ZrCl_4$ を含む物質から調製される．試料中に $ZrCl_4$ 以外の塩化物イオンが存在しない場合，AgCl の沈殿による所定の分析法が確立されている．
(a) 0.400 g 以上の AgCl 沈殿物を確実に得るために必要な試料の量を求めよ．
(b) この試料質量で分析を行う場合，期待できる AgCl の最大質量を求めよ．

6・26 臭化ナトリウムと臭化カリウムのみからなる混合物 0.8720 g の試料から 1.505 g の臭化銀が得られた．この混合物中の 2 種類の塩の割合（%）を求めよ．

6・27 塩化物イオンとヨウ化物イオンを含む 0.6407 g の試料からハロゲン化銀沈殿物 0.4430 g が得られた．この沈殿物を Cl_2 ガス気流中で強く加熱し，AgI を AgCl に変換した．処理後の沈殿物の重さは 0.3181 g であった．試料中の塩化物イオンとヨウ化物イオンの割合（%）を求めよ．

6・28 0.2091 g の試料中のリンを，難溶性の $(NH_4)_3PO_4 \cdot 12MoO_3$ として沈殿させた．この沈殿物を沪過，洗浄後，酸で再溶解させた．得られた溶液を過剰量の Pb^{2+} で処理すると，0.2922 g の $PbMoO_4$ が生成した．この分析結果を P_2O_5 の割合（%）として示せ．

6・29 2.300 g の試料（$MgCO_3$ 38.0%，K_2CO_3 42.0%）が完全分解すると発生する CO_2 は何 g か．

6・30 塩化マグネシウムと塩化ナトリウムを含む 6.881 g の試料を適量の水に溶解させて 500 mL の溶液を得た．この溶液 50.0 mL の塩化物含有量を分析した結果，0.5923 g の AgCl が生成した．また，別の 50.0 mL 中のマグネシウムを $MgNH_4PO_4$ として沈殿させ，0.1796 g の $Mg_2P_2O_7$ を得た．試料中の $MgCl_2 \cdot 6H_2O$ と NaCl の割合（%）を計算せよ．

6・31 0.200 g の $BaCl_2 \cdot 2H_2O$ を含む 50.0 mL の溶液を 0.300 g の $NaIO_3$ を含む溶液 50.0 mL と混合する．このとき，$Ba(IO_3)_2$ の水への溶解度は無視できるほど小さいと仮定し，以下の値を計算せよ．
(a) 沈殿した $Ba(IO_3)_2$ の質量
(b) 溶液中に残存する未反応化合物の質量

6・32 0.500 g の $AgNO_3$ を含む 100.0 mL の溶液を 0.300 g の K_2CrO_4 を含む溶液 100.0 mL と混合すると，鮮やかな赤色沈殿物 Ag_2CrO_4 が生成する．
(a) Ag_2CrO_4 の溶解度が無視できると仮定して，沈殿物の質量を計算せよ．
(b) 溶液中に残っている未反応成分の質量を計算せよ．

6・33 発展問題 特定の化学物質の尿中濃度があまりにも高くなると，尿路結石が形成される．そのなかでもよく知られている腎結石は，カルシウムとシュウ酸から形成されたものである．また，マグネシウムは腎結石の形成を抑制することが知られている．
(a) 尿中のシュウ酸カルシウム CaC_2O_4 の溶解度は 9×10^{-5} M である．尿中の CaC_2O_4 の溶解度積 K_{sp} を求めよ．
(b) 尿中のシュウ酸マグネシウム MgC_2O_4 の溶解度は 0.0093 M である．尿中の MgC_2O_4 の溶解度積 K_{sp} を求めよ．
(c) 尿中のカルシウム濃度は約 5 mM である．CaC_2O_4 を沈殿させないシュウ酸塩の最大濃度を求めよ．
(d) 被験者 A の尿の pH は 5.9 であった．pH 5.9 において，総シュウ酸塩 c_T の何割がシュウ酸イオン $C_2O_4^{2-}$ として存在するか求めよ．尿中のシュウ酸の K_a 値は水と同じである．（ヒント：pH 5.9 における $[C_2O_4^{2-}]/c_T$ の比を求める．）
(e) 被験者 A の総シュウ酸塩濃度は 15.0 mM であった．このとき，シュウ酸カルシウムの沈殿物が生じるか考察せよ．
(f) 実際，被験者 A の尿中にシュウ酸カルシウム結晶は認められない．この所見を説明する妥当な理由を述べよ．
(g) マグネシウムが CaC_2O_4 の結晶形成を阻害する理由を考察せよ．
(h) 腎結石 CaC_2O_4 をもつ患者は，大量の水を飲むよう指示される．その理由を述べよ．
(i) 尿試料中のカルシウムおよびマグネシウムをシュウ酸塩として沈殿させた．CaC_2O_4 と MgC_2O_4 の混合沈殿物が生じ，熱重量分析法により分析した．この混合物を加熱すると $CaCO_3$ と MgO が生成し，その混合物の重量は 0.0433 g であった．CaO と MgO を生成するために燃焼させた後，得られた固体の重量は 0.0285 g であった．尿試料中の Ca の質量を求めよ．

7 化学平衡論と電解質の影響
複雑な系の計算法

本章では化学平衡に及ぼす電解質の影響を詳しく調べる．化学反応の平衡定数は，厳密には反応に関わる物質それぞれの**活量** (activity) を使って書き表さなくてはならない．物質の活量とは濃度と**活量係数** (activity coefficient) の積のことをいう．場合によっては平衡に関わる化学種の活量が実質的に濃度と等しくなり，平衡定数を化学種の濃度で表すことができる．しかしイオン平衡の場合，活量と濃度はかなり異なる．イオン平衡は，反応に直接関わらない溶液中の電解質の濃度によっても影響を受けるためである．

第2章の (2・11) 式に示すような濃度平衡定数から濃度に関する妥当な推定値が得られるが，実際の実験値の精度には近づけない．本章では，濃度平衡定数がなぜ往々にして重大な誤差をもたらしてしまうのかを明らかにする．そして溶質の活量と濃度の差を調べ，活量係数を計算し，それを用いて化学平衡に関わる反応種の濃度の計算値が実際の実験値により近づくよう濃度平衡式の補正を行う．

最後に，本章の主題である，複雑な平衡に関わる計算法について学ぶ．複数の化学平衡が関与する問題を解くためには，系統的方法論とよばれるアプローチが用いられる．沈殿物の溶解度に対するpHの影響や，錯形成，イオン分離のための濃度調製法についても議論する．

7・1 化学平衡に対する電解質の影響

ほとんどの化学種の溶解平衡の位置は，その平衡に関与するイオンを含まない電解質を加えた場合であっても，溶媒の電解質濃度に依存することが実験的に知られている．たとえば§2・5・1で述べたヨウ化物イオンの酸化をもう一度考えてみよう．

$$H_3AsO_4 + 3I^- + 2H^+ \rightleftharpoons H_3AsO_3 + I_3^- + H_2O$$

硝酸バリウム，硫酸カリウム，過塩素酸ナトリウムのような電解質をこの溶液に加えると，三ヨウ化物イオン I_3^- の色が薄くなる．色の濃さの低下は，I_3^- 濃度の低下，すなわち加えられた電解質によって平衡が左側に移動したことを意味する．

電解質の影響を図7・1にさらに詳しく示す．曲線Aは水に電解質である塩化ナトリウムを溶解させたときの水の解離を表しており，オキソニウムイオンおよび水酸化物イオンのモル濃度の積 ($\times 10^{14}$) を塩化ナトリウム濃度に対してプロットしたものである．この濃度で表したイオン積を K'_w で示す．塩化ナトリウム濃度が低いと K'_w は電解質濃度に依存せず，1.00×10^{-14} に等しい．この値が水の熱力学的イオン積 K_w である（曲線Aの破線）．ある変数（この例では電解質濃度）が0に近づくにつれ，一定値に近づくような関係を**極限法則** (limiting law) とよび，この限りなく近づく一定の数値を**極限値** (limiting value) とよぶ．◁1

図7・1の曲線Bの縦軸は硫酸バリウム飽和溶液におけるバリウムイオンと硫酸イオンのモル濃度の積 ($\times 10^{10}$) である．この濃度溶解度積を K'_{sp} と記す．電解質濃度が低 ◁2 いと K'_{sp} の極限値は 1.1×10^{-10} であり，これを硫酸バリウムの熱力学的溶解度積 K_{sp} とみなす．

曲線Cは K'_a ($\times 10^5$)，すなわち酢酸が解離するときの濃度平衡定数を電解質濃度に対してプロットしたものである．ここでも縦軸の値は極限値 $K_a = 1.75 \times 10^{-5}$，すなわち酢酸の熱力学的酸解離定数に近づくことがわかる．

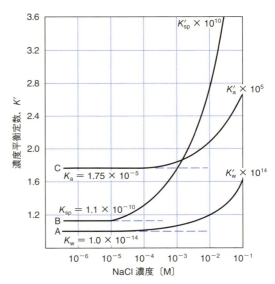

図7・1 濃度平衡定数に対する電解質濃度の影響．
A: H_2O, B: $BaSO_4$, C: CH_3COOH

---

1) 濃度で表した平衡定数は多くの場合，K'_w, K'_{sp}, K'_a のようにプライム記号 (′) をつけて示す．
2) 電解質濃度がきわめて低くなると，濃度平衡定数はそれぞれの熱力学的平衡定数 K_w, K_{sp}, K_a に近づく．

図7・1の破線は理想的な溶質の振舞いを表す．塩化ナトリウム濃度が高くなると，理想からのずれがかなり大きくなることに注目してほしい．たとえばオキソニウムイオンと水酸化物イオンのモル濃度積は純水で 1.0×10^{-14} であるが，塩化ナトリウム $0.1\,M$ を含む溶液では 1.7×10^{-14} と 70% も増加する．硫酸バリウムではこの影響がもっと明白であり，$0.1\,M$ 塩化ナトリウム溶液の K'_{sp} は極限値の 2 倍以上になる．

図7・1の電解質の影響は塩化ナトリウム特有のものではない．実際，塩化ナトリウムを硝酸カリウムや過塩素酸ナトリウムに置き換えてもほぼ同一の曲線が見られる．いずれの場合も影響の原因は，平衡に関与する化学種のイオンと，逆の電荷をもつ電解質のイオンとの間に生じる静電引力である．1価イオンのもつ静電引力はどれもほぼ同じなので，上記の三つの電解質は平衡に対し実質的に同じ影響を及ぼす．

次に，これまでよりもっと正確に平衡計算を行いたい場合，電解質の影響をどのように考慮に入れたらよいかを考える．

7・1・1 平衡に対するイオン電荷の影響

多くの研究から，溶液の電解質の影響の大きさは，平衡に関与する化学種の電荷に大きく依存することが明らかになっている．中性の化学種しか関与しない場合，平衡に到達する位置は基本的に溶液の電解質濃度には依存しない．イオン性の化学種では，電解質の影響は電荷とともに増大する．この一般性を図7・2の三つの溶解度曲線で表す．$0.02\,M$ の硝酸カリウム溶液中では，二つの2価イオン (Ba^{2+} と SO_4^{2-}) からなる硫酸バリウムの溶解度は純水より大きく 2 倍ほどである．溶媒の電解質濃度を同様に変化させたヨウ素酸バリウムの溶解度は 1.25 倍，塩化銀の溶解度は 1.2 倍にすぎない．2価イオンによる溶解度の増大効果は図7・1の曲線 B の傾きの大きさにも反映されている．

7・1・2 平衡に対するイオン強度の影響

加えられた電解質が平衡に及ぼす影響は，電解質の化学的性質には無関係だが，**イオン強度** (ionic strength) とよばれる溶液の性質に依存することが，系統的な研究から明らかになっている．この量は次のように定義される．

$$\text{イオン強度} = \mu = \frac{1}{2}([A]Z_A^2 + [B]Z_B^2 + [C]Z_C^2 + \cdots) \tag{7・1}$$

ここで $[A]$, $[B]$, $[C]\cdots$ はイオン A, B, C$\cdots$ のモル濃度を，Z_A, Z_B, $Z_C\cdots$ はそれらの電荷を表す．

例題 7・1

(a) $0.1\,M\ KNO_3$ 溶液，(b) $0.1\,M\ Na_2SO_4$ 溶液のイオン強度を計算せよ．

解 答

(a) KNO_3 溶液の $[K^+]$, $[NO_3^-]$ は $0.1\,M$ なので，

$$\mu = \frac{1}{2}(0.1\,M \times 1^2 + 0.1\,M \times 1^2) = 0.1\,M$$

(b) Na_2SO_4 溶液の $[Na^+]$ は $0.2\,M$, $[SO_4^{2-}]$ は $0.1\,M$ である．したがって，

$$\mu = \frac{1}{2}(0.2\,M \times 1^2 + 0.1\,M \times 2^2) = 0.3\,M$$

例 7・2

$0.05\,M$ の KNO_3 と $0.1\,M$ の Na_2SO_4 を含む溶液のイオン強度を計算せよ．

解 答

$$\mu = \frac{1}{2}(0.05\,M \times 1^2 + 0.05\,M \times 1^2 + 0.2\,M \times 1^2 + 0.1\,M \times 2^2)$$
$$= 0.35\,M$$

これらの例題からわかるように，1価イオンのみからなる強電解質溶液のイオン強度は，塩の総モル濃度に等しい．一方，多価イオンを含む溶液の場合は，イオン強度が塩のモル濃度より大きい（表7・1参照）．

イオン強度 $0.1\,M$ 以下の溶液では，電解質の影響は<u>イオンの種類に無関係で，イオン強度にのみ依存する</u>．したがって硫酸バリウムの溶解度は，イオン強度が $0.1\,M$ 以下で等しいヨウ素酸ナトリウム水溶液，硝酸カリウム水溶液，塩化

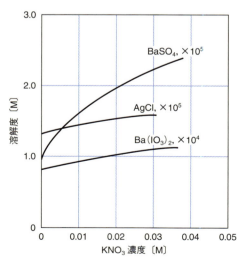

図7・2 異なる電荷をもったイオンからなる化合物塩の溶解度に対する電解質濃度の影響

アルミニウム水溶液中で同じである．ただし高イオン強度においては，化学平衡の位置はイオンの種類にも依存するので注意を要する．

表7・1　イオン強度に対する電荷の影響

電解質の種類	例	イオン強度†
1:1	NaCl	c
1:2	$Ba(NO_3)_2$, Na_2SO_4	$3c$
1:3	$Al(NO_3)_3$, Na_3PO_4	$6c$
2:2	$MgSO_4$	$4c$

† c = 塩のモル濃度

7・1・3 塩 効 果

ここまで電解質の影響（**塩効果**，salt effect ともいう）について述べたが，塩効果は電解質のイオンと平衡に関与するイオンとの間に生じる静電引力，静電斥力により生じる．これらの力によって，反応種が解離したイオンそれぞれが，逆の電荷を帯びた電解質イオンをわずかに多く含む溶液の殻で包み込まれる．たとえば，硫酸バリウム沈殿物を塩化ナトリウム溶液中で平衡にすると，解離した Ba^{2+} は Cl^- を引きつけ，Na^+ を反発するようになるので，Ba^{2+} の周囲はほんのわずかだが負のイオン雰囲気になる．同様に，SO_4^{2-} の周囲はわずかに正のイオン雰囲気になる．これらの電荷を帯びた層によって，塩化ナトリウムがない場合に比べて Ba^{2+} はやや正電荷が弱くなり，SO_4^{2-} は負電荷が弱くなったようにみえる．この遮蔽効果の結果，Ba^{2+} と SO_4^{2-} の間の引力が減ることにより，$BaSO_4$ の溶解度が増える．溶液中の電解質イオン数が増えるほど溶解度も高まる．言い換えれば，溶媒のイオン強度が強くなるほど，Ba^{2+} と SO_4^{2-} の**有効濃度**は低くなる．

7・2　活 量 係 数

化学平衡に及ぼす電解質の影響を説明するために，化学者は活量 a を用いる．化学種 X の活量，すなわち有効濃度は溶媒のイオン強度に依存し，次のように定義される．

$$a_X = [X]\gamma_X \quad (7 \cdot 2)$$

[1] a_X は化学種 X の活量，$[X]$ はモル濃度，γ_X は**活量係数**（activity coefficient）とよばれる無次元量である．X の活量係数は（つまり X の活量も）溶液のイオン強度とともに変化する．$[X]$ の代わりに a_X で平衡定数の式を表せば，どの平衡定数も溶液のイオン強度に依存しないことがわかる．この点を沈殿物 X_mY_n の熱力学的溶解度積で説明しよう．K_{sp} は次式で定義できる．

$$K_{sp} = a_X^m \cdot a_Y^n \quad (7 \cdot 3)$$

(7・2) 式を代入すると，

$$K_{sp} = [X]^m[Y]^n \cdot \gamma_X^m \gamma_Y^n = K'_{sp} \cdot \gamma_X^m \gamma_Y^n \quad (7 \cdot 4)$$

この式で，K'_{sp} は**濃度溶解度積**（concentration solubility product constant），K_{sp} は熱力学的溶解度積[1]である．活量係数 γ_X と γ_Y は溶液のイオン強度によって変化し，K_{sp} は（濃度平衡定数 K'_{sp} とは対照的に）イオン強度に依存せず一定値を保つ．

7・2・1 活量係数の性質

活量係数は以下の性質をもつ．

1) 化学種の活量係数は，その化学種が平衡にどの程度の影響があるかを示す尺度である．イオン強度がきわめて小さい非常に希薄な溶液では，その有効性が一定になり，活量係数は 1 になる．このような状態では活量とモル濃度は等しい（熱力学的平衡定数と濃度平衡定数は等しい）．しかし，溶液のイオン強度が大きくなるにつれてイオンとしての有効性が一部失われ，活量係数は減少する．(7・2)，(7・3) 式からこの活量係数の振舞いが導かれる．中程度のイオン強度では $\gamma_X < 1$ となる．しかし溶液を無限に希釈すると $\gamma_X \to 1$ となり，その結果 $a_X \to [X]$，[3] $K'_{sp} \to K_{sp}$ となる．高イオン強度（$\mu > 0.1$ M）の溶液ではイオンの活量係数が増大する場合が多く，1 より大きくなることもある．この範囲の溶液の振舞いの解釈は難しいので，低から中程度のイオン強度（$\mu \leq 0.1$ M）の範囲に限定して以下議論する．図 7・3 に，溶液のイオン強度の変化に伴う典型的なイオンの活量係数の変化を示す．

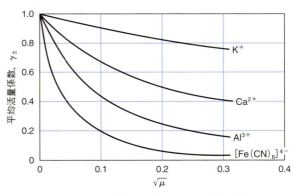

図 7・3　活量係数に対するイオン強度の影響

[1] 化学種の活量とは有効濃度の指標で，水の沸点上昇や凝固点降下などの束一的な性質や，電気伝導度，平衡定数の測定などによって決めることができる．
[2] 本書ではモル濃度のみを使用するが，活量は質量モル濃度，モル分率などで表すこともできる．また，活量係数は使用する濃度の単位によって異なる．
[3] $\mu \to 0$ のとき，$\gamma_X \to 1$，$a_X \to [X]$，$K'_{sp} \to K_{sp}$
[1] 以降の章では，熱力学的平衡定数と濃度平衡定数を区別する必要がある場合のみプライム記号（'）を使用する．

2) あまり濃すぎない溶液において，化学種の活量係数は電解質の性質に依存せず，溶液のイオン強度にのみ依存する．

3) 同じイオン強度の場合，イオンの活量係数はイオンの電荷が増すにつれて劇的に減少する．図7・3にこの効果を示す．

4) 無電荷の化学種の活量係数は，溶液のイオン強度の大きさにかかわらずおよそ1である．

5) いかなるイオン強度でも，同じ電荷のイオンの活量係数はほぼ等しい．同じ電荷をもつイオンの間でのわずかな活量係数の違いは，水和イオンの有効直径と関連づけられる（§7・2・2参照）．

6) イオンの活量係数は，そのイオンが関わるあらゆる平衡における振舞いを説明する．たとえば特定のイオン強度におけるシアン化物イオンの活量係数ただ一つで，以下のどの平衡に対してもその影響を説明できる．

$$HCN + H_2O \rightleftharpoons H_3O^+ + CN^-$$
$$Ag^+ + CN^- \rightleftharpoons AgCN(s)$$
$$Ni^{2+} + 4CN^- \rightleftharpoons [Ni(CN)_4]^{2-}$$

7・2・2 デバイ-ヒュッケルの式

1923年，デバイ（P. Debye, 図7・4）とヒュッケル（E. Hückel）は§7・1・3で述べたイオン雰囲気モデルを使用し，イオンの電荷と平均の大きさ[2]から活量係数の計算式を導き出した．この式は**デバイ-ヒュッケルの式**（Debye-Hückel equation）として知られる．

$$-\log \gamma_X = \frac{0.51 Z_X^2 \sqrt{\mu}}{1 + 3.3 \alpha_X \sqrt{\mu}} \quad (7・5)$$

$\gamma_X =$ 化学種Xの活量係数
$Z_X =$ 化学種Xの電荷
$\mu =$ 溶液のイオン強度
$\alpha_X =$ 水和イオンXの有効直径（nm，10^{-9} m）

式中の値 0.51 と 3.3 は 25℃の水溶液に適用可能な定数であり，その他の温度では別の値を使う必要がある．残念なことに (7・5) 式の α_X の大きさはかなり不確かであるが，[1] ほとんどの1価イオンではおよそ 0.3 nm で表される．このような化学種ではデバイ-ヒュッケルの式の分母はおよそ $1+\sqrt{\mu}$ と簡略化できる．多価イオンの α_X は 1.0 nm 程度である．電荷が増えるほど径が増すというのは化学的にも理に適う．イオンの電荷が増加すると，イオンの周囲に溶媒和殻を形成する極性水分子の数も増加するからである．イオン強度が 0.01 M 以下のとき，分母の第二項は第一項に対して小さいので，α_X の不確かさは活量係数の計算にほとんど影響しない．

キーランド[3]はさまざまな実験データから多くのイオンの α_X 値を推定した．表7・2にその有効直径の最適値を示す．この値を有効直径のパラメーターとして (7・5) 式から計算した活量係数も併せて示す．実験では，溶液中の正と負に帯電したイオン両方に依存する平均活量係数しか

図7・4 デバイ（Peter Debye, 1884〜1966）はヨーロッパで生まれ育ち，1940年コーネル大学の化学の教授になった．電解質溶液，X線回折，極性分子の性質など化学のいくつかの異分野の研究で知られる．1936年にノーベル化学賞を受賞した．

コラム7・1　平均活量係数

電解質 $A_m B_n$ の平均活量係数は，

$$\gamma_\pm = 平均活量係数 = (\gamma_A^m \gamma_B^n)^{1/(m+n)}$$

と定義される．平均活量係数はいくつかの方法で測定できるが，この項を個々の活量係数 γ_A，γ_B に分解することはできない．たとえば，

$$K_{sp} = [A]^m[B]^n \cdot \gamma_A^m \gamma_B^n = [A]^m[B]^n \gamma_\pm^{(m+n)}$$

ならば，電解質濃度が0に近い（つまり，$\gamma_A \to 1$，$\gamma_B \to 1$）ときの溶解度 $A_m B_n$ を測定することによって K_{sp} が求められる．次に，あるイオン強度 μ_1 における溶解度を測定すれば [A] と [B] が得られる．これらを用いればイオン強度 μ_1 における $\gamma_A^m \gamma_B^n = \gamma_\pm^{(m+n)}$ が計算できる．この手順では γ_A，γ_B 個々の量を計算するには不十分な実験データしか得られないこと，しかもこれらの量を評価できる実験情報がほかに存在する可能性が低いことを理解しておく必要がある．これは一般的に起こりうる状況なので，個々の平均活量係数を実験的に測定することはできない．

---

[1] μ が 0.01 M 以下のとき，$1+\sqrt{\mu} \approx 1$ なので (7・5) 式は
$$-\log \gamma_X = 0.51 Z_X^2 \sqrt{\mu}$$
となる．この式はデバイ-ヒュッケルの極限法則（Debye-Hückel Limiting Law, DHLL）とよばれる．非常に低いイオン強度（$\mu < 0.01$ M）の溶液では活量係数の近似計算に DHLL が用いられる．

[2] P. Debye, E. Hückel, *Physik. Z.*, **24**, 185 (1923).

[3] J. Kielland, *J. Am. Chem. Soc.*, **59**, 1675 (1937), DOI: 10.1021/ja01288a032.

表7・2　25 °Cにおけるイオンの活量係数[a]

イオン	α_X[nm]	各イオン強度における活量係数				
		0.001 M	0.005 M	0.01 M	0.05 M	0.1 M
H_3O^+	0.9	0.967	0.934	0.913	0.85	0.83
$Li^+, C_6H_5COO^-$	0.6	0.966	0.930	0.907	0.83	0.80
$Na^+, IO_3^-, HSO_3^-, HCO_3^-, H_2PO_4^-, H_2AsO_4^-, OAc^-$	0.4−0.45	0.965	0.927	0.902	0.82	0.77
$OH^-, F^-, SCN^-, HS^-, ClO_3^-, ClO_4^-, BrO_3^-, IO_4^-,$ $MnO_4^-, HCOO^-$	0.35	0.965	0.926	0.900	0.81	0.76
$K^+, Cl^-, Br^-, I^-, CN^-, NO_2^-, NO_3^-$	0.3	0.965	0.925	0.899	0.81	0.75
$Rb^+, Cs^+, Tl^+, Ag^+, NH_4^+$	0.25	0.965	0.925	0.897	0.80	0.75
Mg^{2+}, Be^{2+}	0.8	0.872	0.756	0.690	0.52	0.44
$Ca^{2+}, Cu^{2+}, Zn^{2+}, Sn^{2+}, Mn^{2+}, Fe^{2+}, Ni^{2+}, Co^{2+}, (C_8H_4O_4)^{2-}$	0.6	0.870	0.748	0.676	0.48	0.40
$Sr^{2+}, Ba^{2+}, Cd^{2+}, Hg^{2+}, S^{2-}$	0.5	0.869	0.743	0.668	0.46	0.38
$Pb^{2+}, CO_3^{2-}, SO_3^{2-}, C_2O_4^{2-}$	0.45	0.868	0.741	0.665	0.45	0.36
$Hg_2^{2+}, SO_4^{2-}, S_2O_3^{2-}, CrO_4^{2-}, HPO_4^{2-}$	0.40	0.867	0.738	0.661	0.44	0.35
$Al^{3+}, Fe^{3+}, Cr^{3+}, La^{3+}, Ce^{3+}$	0.9	0.737	0.540	0.443	0.24	0.18
$PO_4^{3-}, [Fe(CN)_6]^{3-}$	0.4	0.726	0.505	0.394	0.16	0.095
$Th^{4+}, Zr^{4+}, Ce^{4+}, Sn^{4+}$	1.1	0.587	0.348	0.252	0.10	0.063
$[Fe(CN)_6]^{4-}$	0.5	0.569	0.305	0.200	0.047	0.020

[a] J. Kielland, *J. Am. Chem. Soc.*, **59**, 1675 (1937), DOI: 10.1021/ja01288a032. ©1937 American Chemical Society

求められないので，表7・2にあげたような単一のイオンの活量係数を決定することはできない．言い換えれば，個々のイオンの性質を，反対電荷をもつ対イオンや溶媒分子の存在下で計測することは不可能である．とはいえ，表7・2のデータから計算した平均活量係数は実験値とよく一致する．

例題7・3

(a) (7・5) 式を用いて，イオン強度 0.085 M の溶液中の Hg^{2+} の活量係数を計算せよ．イオンの有効直径は 0.5 nm とする．

(b) (a) で求めた値と，表7・2のイオン強度 0.05 M から 0.1 M のデータを直線で補間して得た活量係数の値とを比較せよ．

解 答

(a)
$$-\log \gamma_{Hg^{2+}} = \frac{(0.51)(2)^2\sqrt{0.085}}{1-(3.3)(0.5)\sqrt{0.085}} \approx 0.4016$$

$$\gamma_{Hg^{2+}} = 10^{-0.4016} = 0.397 \approx 0.40$$

(b) 表7・2より，

μ	$\gamma_{Hg^{2+}}$
0.1 M	0.38
0.05 M	0.46

(例題7・3解答つづき)

したがって，$\Delta \mu = (0.1\,M - 0.05\,M) = 0.05\,M$ のとき，$\Delta \gamma_{Hg^{2+}} = 0.46 - 0.38 = 0.08$ となる．0.085 M イオン強度では，

$$\Delta \mu = (0.100\,M - 0.085\,M) = 0.015\,M$$

となり，

$$\Delta \gamma_{Hg^{2+}} = \frac{0.015}{0.05} \times 0.08 = 0.024$$

ゆえに，

$$\gamma_{Hg^{2+}} = 0.38 + 0.024 = 0.404 \approx 0.40$$

平均活量係数の計算値と実験値の一致をふまえて，デバイ-ヒュッケルの式と表7・2のデータは，イオン強度が 0.1 M 程度までなら満足できる活量係数を与えると推定できる．この値を超えるとデバイ-ヒュッケルの式が成り立たなくなり，平均活量係数は実験で求めなければならない．

---

[1] 表7・2に示されていないイオン強度の活量係数は例題7・3 (b) のように補間によって推定できる．

7・2・3 活量係数を用いた平衡計算

活量を用いて平衡を計算すると，モル濃度から得られる値よりも実験データに近い結果が得られる．特に指定がない限り，付録などの表にあげた平衡定数は一般に活量に基づいたもの，すなわち熱力学的定数で表す．以下に熱力学的平衡定数と表 7・2 の活量係数の使い方を説明する．

例題 7・4

0.033 M $Mg(IO_3)_2$ 溶液に対する $Ba(IO_3)_2$ の溶解度を計算するとき，活量を用いなかったため生じた相対誤差を調べよ．$Ba(IO_3)_2$ の熱力学的溶解度積は 1.57×10^{-9} である（付録 2 参照）．

解 答

まず，熱力学的溶解度積を活量で表すと，

$$K_{sp} = a_{Ba^{2+}} \cdot a_{IO_3^-}^2 = 1.57 \times 10^{-9}$$

ここで $a_{Ba^{2+}}$ と $a_{IO_3^-}$ はバリウムイオンとヨウ素酸イオンの活量を表す．この式の活量に (7・2) 式の活量係数と濃度を代入し，

$$K_{sp} = \gamma_{Ba^{2+}}[Ba^{2+}] \cdot \gamma_{IO_3^-}^2[IO_3^-]^2 \quad (7 \cdot 6)$$

$\gamma_{Ba^{2+}}$ と $\gamma_{IO_3^-}$ は両イオンの活量係数を表す．この式を書き換えて，

$$K'_{sp} = \frac{K_{sp}}{\gamma_{Ba^{2+}} \gamma_{IO_3^-}^2} = [Ba^{2+}][IO_3^-]^2$$

K'_{sp} は濃度溶解度積である．

溶液のイオン強度 μ は (7・1) 式より得られる．

$$\mu = \frac{1}{2}([Mg^{2+}] \times 2^2 + [IO_3^-] \times 1^2)$$
$$= \frac{1}{2}(0.033\,M \times 4 + 0.066\,M \times 1)$$
$$= 0.099\,M \approx 0.1\,M$$

μ の計算において，沈殿物中の Ba^{2+} と IO_3^- の寄与は無視できると仮定する．$Ba(IO_3)_2$ の溶解度の低さと $Mg(IO_3)_2$ の相対的な濃度の高さを考慮すればこの簡略化は妥当である．このように仮定できない状況では，活量と濃度が等しいと仮定して溶解度を計算することにより両イオンの濃度を推定できる（例題 2・17，2・18，2・19 参照）．こうして得た濃度を導入すればより正確な μ 値が得られる．

表 7・2 に戻って，イオン強度 0.1 M では，

$$\gamma_{Ba^{2+}} = 0.38 \quad \gamma_{IO_3^-} = 0.77$$

計算値と一致するイオン強度が表の欄になかった場合，$\gamma_{Ba^{2+}}$ と $\gamma_{IO_3^-}$ は (7・5) 式から計算できる．

(例題 7・4 解答つづき)

熱力学的溶解度積の式に代入し，

$$K'_{sp} = \frac{1.57 \times 10^{-9}}{(0.38)(0.77)^2} = 6.97 \times 10^{-9}$$

$$[Ba^{2+}][IO_3^-]^2 = 6.97 \times 10^{-9}$$

これまでの溶解度の計算のとおり，

溶解度 = $[Ba^{2+}]$

$[IO_3^-] = 2 \times 0.033\,M + 2[Ba^{2+}] \approx 0.066\,M$

$[Ba^{2+}](0.066)^2 = 6.97 \times 10^{-9}$

$[Ba^{2+}] = $ 溶解度 $= 1.60 \times 10^{-6}\,M$

活量を無視すると，溶解度は次のとおり．

$[Ba^{2+}](0.066)^2 = 1.57 \times 10^{-9}$

$[Ba^{2+}] = $ 溶解度 $= 3.60 \times 10^{-7}\,M$

$$\text{相対誤差} = \frac{3.60 \times 10^{-7} - 1.60 \times 10^{-6}}{1.60 \times 10^{-6}} \times 100\%$$
$$= -78\%$$

例題 7・5

活量を用いて 0.120 M HNO_2 溶液（NaCl 0.050 M 溶液でもある）中のオキソニウムイオン濃度を計算せよ．

解 答

この溶液のイオン強度は，

$$\mu = \frac{1}{2}(0.0500\,M \times 1^2 + 0.0500\,M \times 1^2) = 0.0500\,M$$

表 7・2 よりイオン強度 0.050 M での活量係数は，

$$\gamma_{H_3O^+} = 0.85 \quad \gamma_{NO_2^-} = 0.81$$

無電荷の分子の活量係数はおよそ 1 であるので（§7・2・1 の 4）参照），

$$\gamma_{HNO_2} = 1.0$$

これら三つの γ 値と熱力学的酸解離定数 7.1×10^{-4}（付録 3 参照）から濃度酸解離定数を計算できる．

$$K'_a = \frac{[H_3O^+][NO_2^-]}{[HNO_2]} = \frac{K_a \cdot \gamma_{HNO_2}}{\gamma_{H_3O^+} \gamma_{NO_2^-}}$$

$$= \frac{7.1 \times 10^{-4} \times 1.0}{0.85 \times 0.81} = 1.03 \times 10^{-3}$$

例題 2・21 のように，

$$[H_3O^+] = \sqrt{K'_a \times c_a} = \sqrt{1.03 \times 10^{-3} \times 0.120}$$
$$= 1.11 \times 10^{-2}\,M$$

7・2・4 活量係数を省略した平衡計算

平衡計算を行う際，活量係数を無視して単純にモル濃度を使うのが普通である．こうすることによって計算が単純になり，必要なデータ量が大幅に減る．ほとんどの目的において，活量係数を 1 と仮定して生じた誤差により誤った結論が導かれることはない．とはいえ，前述の例題ではこの種の計算で活量係数を無視したことにより有意な誤差が生じる可能性を示した．たとえば例題 7・4 では活量係数を無視した場合，−78% 程度の誤差が生じたことは注意すべきである．このように活量の代わりに濃度を用いる場合には大きな誤差が生じる可能性がある．溶液のイオン強度が大きかったり（0.01 M 以上），イオンが複数の電荷をもっていたりするとき（表 7・2 参照）はかなりの誤差が生じる．非電解質や 1 価イオンの希薄溶液（$\mu < 0.01\ M$）では，濃度を用いて質量作用の法則を計算した値は十分に正確な場合が多い．よくあることだが溶液のイオン強度が 0.01 M を超えているときには，必ず活量補正を行う．Excel などの表計算ソフトはこのような計算を行う時間と手間を大幅に減らしてくれる．また，沈殿物と共通のイオンの存在によって起こる溶解度の減少（共通イオン効果）は，共通イオンを含む塩の電解質濃度が増すと部分的に打ち消されることを覚えておかなくてはならない（p.121 参照）．

7・3 複数の化学平衡が関与する問題を系統的方法論で解く

水溶液中に含まれる化学種は相互にまた水分子と作用し合って，同時に二つ以上の平衡が生じることが多い．たとえば，水に難溶性の塩が溶解する場合，次の三つの平衡が存在する．

[1]
$$BaSO_4(s) \rightleftharpoons Ba^{2+} + SO_4^{2-} \quad (7\cdot 7)$$
$$SO_4^{2-} + H_3O^+ \rightleftharpoons HSO_4^- + H_2O \quad (7\cdot 8)$$
$$2H_2O \rightleftharpoons H_3O^+ + OH^- \quad (7\cdot 9)$$

この系にオキソニウムイオンを加えると，共通イオン効果により二つ目の平衡が右側に動く．その結果，硫酸イオンの濃度が減少し，一つ目の平衡も右側に動くため，硫酸バリウムの溶解度は増加する．

硫酸バリウムの溶解度はその水溶液に酢酸イオンを加えた場合にも増加する．酢酸イオンはバリウムと次のように反応して可溶性の錯体をつくりやすいためである．

$$Ba^{2+} + OAc^- \rightleftharpoons BaOAc^+ \quad (7\cdot 10)$$

ここでも共通イオン効果により，この平衡と (7・7) 式の溶解平衡が右側に移動する．その結果，硫酸バリウムの溶解度は増加する．

オキソニウムイオンと酢酸イオンを含む系で硫酸バリウムの溶解度を計算したい場合には，溶解平衡だけでなく他の三つの平衡も考慮しなければならない．しかし，四つの平衡定数式を用いて溶解度を計算するのは，例題 2・17〜2・19 に示した単純な手順に比べて大変難しく複雑になる．この種の複雑な問題を解決するためには系統的方法論が必須である．この方法を用いて，代表的な沈殿物の溶解度に対する pH と錯形成の影響を示す．第 10 章では，さまざまな種類の複数の平衡が関与する問題を解くのに，この系統的方法論の原則を用いる．

複数の平衡が関与する問題を解くためには，調べている系に含まれる化学種と同数の反応式を個別に書き出す必要がある．たとえば酸性溶液中の硫酸バリウムの溶解度を求めるのであれば，溶液中の全化学種の濃度を計算しなければならない．この例では $[Ba^{2+}]$，$[SO_4^{2-}]$，$[HSO_4^-]$，$[H_3O^+]$，$[OH^-]$ の 5 種類の化学種が存在する．この溶液中の硫酸バリウムの溶解度を厳密に計算するには，五つの連立方程式を解き，五つの濃度を求めなければならない．

複数の平衡が関与する問題を解くためには次の 3 種類の代数方程式を用いる．1) 平衡定数式，2) 複数の物質収支の式，3) 1 個の電荷均衡の式である．平衡定数式の書き方は §2・5 で説明したので，ここからは他の 2 種類の式に焦点を当てて説明する．

7・3・1 物質収支の式

物質収支の式 (mass-balance equation) は，溶液中のおのおのの化学種の平衡濃度の間，および平衡濃度とさまざまな溶質の分析濃度（§2・2・1b 参照）との間の相関関係を表す式である．[2]

例題 7・6, 7・7 では，2 種類のほぼ不溶性の塩について，その溶解度に影響するほかの溶質が存在するときの物質収支の式を考える．

例題 7・6

過剰量の $BaSO_4$ 固体と平衡状態にある 0.0100 M HCl 溶液の物質収支の式を書け．

解 答

(7・7)〜(7・9) 式に示したように，この溶液には三つの平衡がある．

$$BaSO_4(s) \rightleftharpoons Ba^{2+} + SO_4^{2-}$$
$$SO_4^{2-} + H_3O^+ \rightleftharpoons HSO_4^- + H_2O$$
$$2H_2O \rightleftharpoons H_3O^+ + OH^-$$

---

1) 溶液に新しい平衡系を導入しても，すでに存在する平衡の平衡定数は変化しない．
2) "物質収支 (mass balance) の式" という用語は広く使用されるが，実際の式は物質の質量 (mass) というより濃度 (concentration) の収支に基づくため，やや誤解をまねきやすい．溶質の化学種はすべて同じ体積の溶液に含まれているので，質量と濃度を等しいとしても問題は生じない．

(例題 7・6 解答つづき)

[1)] SO_4^{2-} と HSO_4^- は溶解した $BaSO_4$ のみから生成するので，Ba^{2+} 濃度はこれらの化学種の全濃度と等しくなくてはならない．そこで，一つ目の物質収支の式は次のように書ける．

$$[Ba^{2+}] = [SO_4^{2-}] + [HSO_4^-]$$

上記の二つ目の反応より，溶液中のオキソニウムイオンは遊離の H_3O^+ か，それが SO_4^{2-} と反応して生成した HSO_4^- であるので，次のように書ける．

$$[H_3O^+]_{全濃度} = [H_3O^+] + [HSO_4^-]$$

$[H_3O^+]_{全濃度}$ は H_3O^+ の全濃度，$[H_3O^+]$ は遊離した H_3O^+ の平衡濃度を表す．$[H_3O^+]_{全濃度}$ に寄与するプロトンは HCl 水溶液と水の解離の二つから生成する．この例では HCl が完全解離して生じる H_3O^+ 濃度を $[H_3O^+]_{HCl}$，水の自己プロトリシスにより生じる H_3O^+ 濃度を $[H_3O^+]_{H_2O}$ と表す．したがって H_3O^+ の全濃度は，

$$[H_3O^+]_{全濃度} = [H_3O^+]_{HCl} + [H_3O^+]_{H_2O}$$

上記より，

$$[H_3O^+]_{全濃度} = [H_3O^+] + [HSO_4^-]$$
$$= [H_3O^+]_{HCl} + [H_3O^+]_{H_2O}$$

$[H_3O^+]_{HCl}$ は HCl の分析濃度 c_{HCl} と等しく，OH^- は水の解離のみから生成するので，$[H_3O^+]_{H_2O} = [OH^-]$ とも書ける．上の式にこれら二つの量を代入すると，

$$[H_3O^+]_{全濃度} = [H_3O^+] + [HSO_4^-] = c_{HCl} + [OH^-]$$

二つ目の物質収支の式は以下のようになる．

$$[H_3O^+] + [HSO_4^-] = 0.0100 + [OH^-]$$

例題 7・7

0.010 M NH_3 溶液を難溶性の AgBr で飽和状態にした系の物質収支の式を書け．

解 答

[2)] この溶液中の平衡を表す式は，

$$AgBr(s) \rightleftharpoons Ag^+ + Br^-$$
$$Ag^+ + NH_3 \rightleftharpoons [Ag(NH_3)]^+$$
$$[Ag(NH_3)]^+ + NH_3 \rightleftharpoons [Ag(NH_3)_2]^+$$
$$NH_3 + H_2O \rightleftharpoons NH_4^+ + OH^-$$
$$2H_2O \rightleftharpoons H_3O^+ + OH^-$$

この溶液中の Br^-，Ag^+，$[Ag(NH_3)]^+$，$[Ag(NH_3)_2]^+$ は AgBr のみから生成する．AgBr が溶解すると Ag^+ と Br^- が 1 : 1 で生じる．Ag^+ は NH_3 と反応して $[Ag(NH_3)]^+$

(例題 7・7 解答つづき)

と $[Ag(NH_3)_2]^+$ を生成し，臭化物は Br^- のみなので，最初の物質収支の式は

$$[Ag^+] + [Ag(NH_3)^+] + [Ag(NH_3)_2^+] = [Br^-]$$

上式の [ ] で囲んだ項は各化学種のモル濃度を示す（錯体ではない）．またアンモニア含有種は 0.010 M NH_3 のみから生じるので，二つ目の物質収支の式は，

$$c_{NH_3} = [NH_3] + [NH_4^+] + [Ag(NH_3)^+] + 2[Ag(NH_3)_2^+]$$
$$= 0.010 \text{ M}$$

右辺第 4 項の係数 2 は，$[Ag(NH_3)_2]^+$ が 2 分子の NH_3 を含むためである．左段の平衡の式の最後の二つからわかるように，OH^- は NH_4^+ 一つにつき一つ，H_3O^+ 一つにつき一つ生じるので，

$$[OH^-] = [NH_4^+] + [H_3O^+]$$

が三つ目の物質収支の式である．

7・3・2 電荷均衡の式

電解質溶液は 1 L 当たり数 mol に及ぶ荷電イオンを含んでいる場合でも電気的に中性である．電解質溶液が中性なのは，含まれる正電荷のモル濃度と負電荷のモル濃度が常に等しいためである．言い換えれば，電解質を含むどんな溶液も次式で表される．

正電荷の物質量/L= 負電荷の物質量/L

この式は電荷均衡の状態を表し，**電荷均衡の式**（charge-balance equation）とよばれる．平衡計算に使いやすいように，等式は溶液中の電荷を帯びた化学種のモル濃度で表す．

1 mol の Na^+ は溶液中の電荷にどれだけ寄与しているだろうか．また 1 mol Mg^{2+} や 1 mol PO_4^{3-} ではどうか．イオンが溶液に与える電荷濃度は，イオンのモル濃度にその電荷を掛けた値に等しい．つまり，次式に示すように溶液中の Na^+ による正電荷のモル濃度は Na^+ のモル濃度である．[3)]

---

1) 化学量論係数が 1 : 1 の難溶性塩の場合，陽イオンの平衡濃度は陰イオンの平衡濃度に等しい．この等式が物質収支の式になる．プロトン化されうる陰イオンの場合，陽イオンの平衡濃度は陰イオンのさまざまな形態それぞれの濃度の総和に等しい．

2) 化学量論係数が 1 : 1 以外の難溶性塩の場合，物質収支の式はイオンのどれか一つの濃度と化学量論比の積として表せる．たとえば PbI_2 飽和溶液のヨウ化物イオン濃度は Pb^{2+} イオン濃度の 2 倍で，

$$[I^-] = 2[Pb^{2+}]$$

と書ける．溶液中に，鉛(II) イオン 1 個につき 2 個のヨウ化物イオンが現れるというこの結果は経験に反するように思える．しかし，単にイコールではなく $[Pb^{2+}]$ に 2 を掛ける必要があるのは，まさに物質収支のためであることを覚えておきたい．

3) 電荷均衡の式は電荷のモル濃度の等しさに基づくこと，またイオンの電荷濃度はイオンのモル濃度に電荷を掛けて求めることを必ず覚えておく．

$$\frac{\text{正電荷の物質量}}{\text{L}} = \frac{\text{正電荷 1 mol}}{\text{Na}^+\text{の物質量}} \times \frac{\text{Na}^+\text{の物質量}}{\text{L}}$$
$$= 1 \times [\text{Na}^+]$$

Mg^{2+}による正電荷濃度は,

$$\frac{\text{正電荷の物質量}}{\text{L}} = \frac{\text{正電荷 2 mol}}{\text{Mg}^{2+}\text{の物質量}} \times \frac{\text{Mg}^{2+}\text{の物質量}}{\text{L}}$$
$$= 2 \times [\text{Mg}^{2+}]$$

Mg^{2+} 1 mol は溶液に正電荷 2 mol を与える. 同様に PO_4^{3-} は,

1)
$$\frac{\text{負電荷の物質量}}{\text{L}} = \frac{\text{負電荷 3 mol}}{\text{PO}_4^{3-}\text{の物質量}} \times \frac{\text{PO}_4^{3-}\text{の物質量}}{\text{L}}$$
$$= 3 \times [\text{PO}_4^{3-}]$$

次に, 0.100 M 塩化ナトリウム溶液の電荷均衡の式はどのように書けるかを考えよう. この溶液中の正電荷は Na^+ と (水の解離による) H_3O^+ から供給される. 負電荷は Cl^- と OH^- に由来する. 正電荷と負電荷の濃度は,

正電荷のモル濃度 (mol/L) = $[\text{Na}^+] + [\text{H}_3\text{O}^+]$
$$= 0.100 + 1 \times 10^{-7}$$

負電荷のモル濃度 (mol/L) = $[\text{Cl}^-] + [\text{OH}^-]$
$$= 0.100 + 1 \times 10^{-7}$$

正電荷濃度と負電荷濃度が等しいことから, 電荷均衡の式は,

2) $[\text{Na}^+] + [\text{H}_3\text{O}^+] = [\text{Cl}^-] + [\text{OH}^-] = 0.100 + [\text{OH}^-]$

次に分析濃度 0.100 M 塩化マグネシウム溶液を考える. この例では正電荷と負電荷の濃度は以下のように与えられる.

正電荷のモル濃度 (mol/L) = $2[\text{Mg}^{2+}] + [\text{H}_3\text{O}^+]$
$$= 2 \times 0.100 + [\text{H}_3\text{O}^+]$$

負電荷のモル濃度 (mol/L) = $[\text{Cl}^-] + [\text{OH}^-]$
$$= 2 \times 0.100 + [\text{OH}^-]$$

最初の式では, Mg^{2+} 1 mol は溶液に 2 mol の正電荷を与えるので, モル濃度に 2 を掛ける (2×0.100). 二つ目の式では, Cl^- のモル濃度は Mg^{2+} の 2 倍, 2×0.100 である. 電荷均衡の式を得るために正電荷と負電荷の濃度を等しいとおくと,

$2[\text{Mg}^{2+}] + [\text{H}_3\text{O}^+] = [\text{Cl}^-] + [\text{OH}^-] = 0.200 + [\text{OH}^-]$

中性溶液では $[\text{H}_3\text{O}^+]$ と $[\text{OH}^-]$ は非常に低く ($\approx 1\times 10^{-7}$ M) かつ等しいので, 通常以下のように電荷均衡の式を簡略化できる.

$2[\text{Mg}^{2+}] \approx [\text{Cl}^-] = 0.200$ M

例題 7・8
例題 7・7 の電荷均衡の式を書け.

解 答

$[\text{Ag}^+] + [\text{Ag}(\text{NH}_3)^+] + [\text{Ag}(\text{NH}_3)_2^+] + [\text{H}_3\text{O}^+] + [\text{NH}_4^+]$
$= [\text{OH}^-] + [\text{Br}^-]$

例題 7・9
NaCl, $\text{Ba}(\text{ClO}_4)_2$, $\text{Al}_2(\text{SO}_4)_3$ を含む水溶液の電荷均衡の式を書け.

解 答

$[\text{Na}^+] + [\text{H}_3\text{O}^+] + 2[\text{Ba}^{2+}] + 3[\text{Al}^{3+}] =$
$\quad [\text{ClO}_4^-] + [\text{Cl}^-] + 2[\text{SO}_4^{2-}] + [\text{HSO}_4^-] + [\text{OH}^-]$

7・3・3 多重平衡が関与する問題を解く手順

ステップ 1. 関係するすべての平衡の化学平衡式を書く.

ステップ 2. 求めたい未知量を平衡濃度で記載する.

ステップ 3. ステップ 1 で表したすべての平衡について平衡定数の式を書き, 平衡定数の表から該当する数値を探し出す.

ステップ 4. その系の物質収支の式を書く.

ステップ 5. 可能な場合には, 系の電荷均衡の式を書く.

ステップ 6. ステップ 3, 4, 5 で表した式に含まれる未知濃度の化学種の数を数え, この数と独立した式の数を比べる. このステップでは問題を正しく解くことができるかどうかが明らかになるので, ステップ 6 は重大な意味をもつ. 未知濃度の数が式の数と同じならば代数方程式をたった一つにまで減らすことができる. 言い換えれば, 根気さえあれば答えが得られる. 一方, 近似を行っても十分な数の方程式が得られなければ, 問題を断念したほうがよい. 十分な数の方程式がある場合はステップ 7a またはステップ 7b に進む. [3]

ステップ 7a. 妥当な近似を行い, 未知の平衡濃度の数を減らす. それによってステップ 2 で定義した解答を得るために必要な方程式の数も減る. ステップ 8, 9 に進む.

---

1) 系によっては十分な情報がなかったり, 電荷均衡の式が物質収支の式の一つと同一であったりして, 役に立つ電荷均衡の式が書けない場合もある.

2) この例の $[\text{OH}^-]$ と $[\text{H}_3\text{O}^+]$ の平衡濃度はほぼ 1×10^{-7} M だが, この濃度は他の平衡が作用すると変化する.

3) 時間を無駄にしないために, もっともな解答を得るのに十分な数の独立な方程式があると絶対確信できるまでは平衡計算を始めない.

ステップ 7b. ステップ 2 で記載した未知濃度についての連立方程式を，コンピュータープログラムを用いて正確に解く．ステップ 9 に進む．
ステップ 8. 溶液中の化学種の暫定濃度を与える簡略化した代数方程式を手作業で解く．
ステップ 9. 近似の妥当性を確かめる．
これらのステップを図 7・5 に示す．

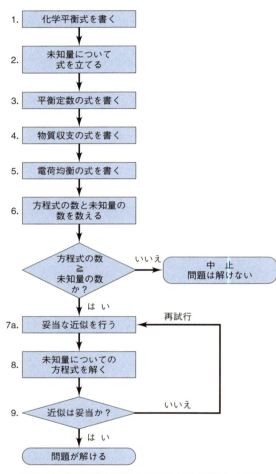

図 7・5 多重平衡が関与する問題を解く系統的方法論

7・3・4 近似を用いた平衡計算の解法

系統的方法論のステップ 6 が終了した時点で，数個の連立非線形方程式を解くという数学の問題となる．この作業には適切なコンピュータープログラムを利用するか，方程式の変数の数を減らすために近似を行う必要がある．本項では一般論として，平衡関係を記述する式を妥当な近似によって簡略化する方法を考える．

1)

濃度の項を積や商ではなく和や差で表せるのは物質収支の式と電荷均衡の式のみなので，簡略化できるのはこれら

2)

の式だけであることを覚えておきたい．和や差で表された一つ（または複数）の項が残りの項より非常に小さいなら，無視しても等式にはほとんど影響しないと仮定することは常に可能である．一方，平衡定数式は，濃度の項の一つを 0 と仮定すれば，その方程式が意味のないものになる．

物質収支の式または電荷均衡の式のある項が十分小さいので無視できるという仮定は，一般的にその系に関する化学の知識に基づいている．たとえば適度な濃度の酸を含む溶液の場合，水酸化物の濃度は他の化学種の濃度に比べてごくわずかなことが多い．したがって物質収支の式や電荷均衡の式の水酸化物濃度の項は通常無視でき，それによって計算に有意な誤差が生じることはない．

ステップ 7a の近似が不適切だと計算結果の重大な誤差 [3] につながるのでは，と心配する必要はない．平衡計算を簡略化するため近似を行うときは，経験を積んだ研究者でも初心者と同じように迷うことがよくある．それにもかかわらず彼らは恐れることなく近似を行う．不確かな仮定の影響は計算結果を見れば明らかになるとわかっているからである．問題を解くにあたって疑わしい仮定を初めに試してみるのはよい考えである．仮定が許容できない誤差（通常は簡単にそれとわかる）をもたらすようであれば，不完全な近似をやめて再計算し，暫定的な答えを得る．問題の手始めに疑わしい仮定を試すほうが，仮定を置かずにもっと面倒で時間のかかる計算をするよりたいてい効率的である．

7・4 系統的方法論による溶解度の計算

本節では，さまざまな条件の沈殿物の溶解度を例に，系統的方法論を説明する．後の章ではこの手法を他の種類の平衡に適用する．

7・4・1 金属水酸化物の溶解度

例題 7・10 では金属水酸化物の溶解度を計算し，近似方法とその妥当性を確認する方法を説明する．

例題 7・10
水に対する $Mg(OH)_2$ のモル溶解度を計算せよ．

解 答
ステップ 1. 直接関係する化学平衡式を書く． 二つの式を考える必要がある．

---
1) 多変数連立非線形方程式を厳密に解くのに，いくつかのソフトウェアが利用できる．たとえば Mathcad, Mathematica, Excel の三つのプログラムがある．
2) 近似が行えるのは電荷均衡の式や物質収支の式のみで，平衡定数の式では行えない．
3) 平衡問題を解こうとしているときは仮定することを恐れずに．仮定が妥当でなければ得られた近似値を見てすぐにわかるものである．

（例題 7・10 解答つづき）

$$Mg(OH)_2(s) \rightleftharpoons Mg^{2+} + 2OH^-$$
$$2H_2O \rightleftharpoons H_3O^+ + OH^-$$

ステップ 2. 未知量を決める． 溶解する $Mg(OH)_2$ 1 mol 当たり Mg^{2+} 1 mol が生じるので，

$$Mg(OH)_2 \text{の溶解度} = [Mg^{2+}]$$

ステップ 3. 平衡定数式をすべて書く．

$$K_{sp} = [Mg^{2+}][OH^-]^2 = 7.1 \times 10^{-12} \quad (7 \cdot 11)$$
$$K_w = [H_3O^+][OH^-] = 1.00 \times 10^{-14} \quad (7 \cdot 12)$$

1) **ステップ 4. 物質収支の式を書く．** 二つの平衡式から OH^- は $Mg(OH)_2$，H_2O の二つの化学種から供給されることがわかる．$Mg(OH)_2$ の解離から生じる OH^- 濃度は Mg^{2+} 濃度の 2 倍であり，水の解離から生じる OH^- 濃度は H_3O^+ 濃度に等しい．したがって，

$$[OH^-] = 2[Mg^{2+}] + [H_3O^+] \quad (7 \cdot 13)$$

ステップ 5. 電荷均衡の式を書く．

$$[OH^-] = 2[Mg^{2+}] + [H_3O^+] \quad (7 \cdot 14)$$

この式は (7・13) 式と同じであることに注意せよ．一つの系の物質収支の式が電荷均衡の式と同一になることはしばしば起こる．

ステップ 6. 独立した方程式と未知量の数を数える． ここまで展開してきた独立した代数方程式は三つ (7・11 式，7・12 式，7・13 式)，含まれる未知量の数は三つ ($[Mg^{2+}]$，$[OH^-]$，$[H_3O^+]$) である．ゆえに，この問題は厳密に解くことができる．

ステップ 7a. 近似を行う． (7・13) 式のみ近似を行うことができる．$Mg(OH)_2$ の溶解度積は相対的に大きいので，溶液はやや塩基性になる．つまり，$[H_3O^+] \ll [OH^-]$ と仮定するのは合理的である．(7・13) 式を簡略化して，

$$2[Mg^{2+}] \approx [OH^-]$$

ステップ 8. 代数方程式を解く． (7・11) 式に上の近似式を代入し，

$$[Mg^{2+}](2[Mg^{2+}])^2 = 7.1 \times 10^{-12}$$
$$[Mg^{2+}]^3 = \frac{7.1 \times 10^{-12}}{4} = 1.78 \times 10^{-12}$$
$$[Mg^{2+}] = \text{溶解度} = (1.78 \times 10^{-12})^{1/3}$$
$$= 1.21 \times 10^{-4} \text{ または } 1.2 \times 10^{-4} \text{ M}$$

ステップ 9. 7a の仮定を確認する． (7・14) 式に代入し，

$$[OH^-] = 2 \times 1.21 \times 10^{-4} = 2.42 \times 10^{-4} \text{ M}$$

(7・12) 式から，

$$[H_3O^+] = \frac{1.00 \times 10^{-14}}{2.42 \times 10^{-4}} = 4.1 \times 10^{-11} \text{ M}$$

よって $[H_3O^+] \ll [OH^-]$ という仮定は確かに妥当である．

7・4・2 溶解度に対する pH の影響

塩基性の性質がある陰イオンを含む沈殿物の溶解度，あるいは酸性の性質がある陽イオンを含む沈殿物の溶解度は，どちらも pH に依存する．

a. pH が一定の場合の溶解度計算　分析で用いられる沈殿物形成は通常，pH を前もって既知の値に定めた緩衝液中で行われる．このような環境下での溶解度計算を例題 7・11 で説明する．

例題 7・11
pH 4.00 に保たれた緩衝液中のシュウ酸カルシウム CaC_2O_4（図 7・6）の溶解度を計算せよ．

図 7・6　シュウ酸の分子構造．自然界ではカルシウム塩あるいはナトリウム塩として多くの植物に存在し，シュウ酸カルシウムを産生するカビもある．ナトリウム塩は酸化還元滴定の一次標準物質として用いられる（第 14 章参照）．シュウ酸は染料，木材漂白，金属，布ほかさまざまな用途の洗浄剤として，また窯業，冶金，製紙，写真などに広く用いられる．経口摂取すると毒性があり，重度の胃腸炎や腎障害をひき起こす可能性がある．濃水酸化ナトリウム水溶液に一酸化炭素を通じてできるギ酸ナトリウムを加熱し，分解，脱水素で得られるシュウ酸ナトリウムを経て製造される．

解 答

ステップ 1. 直接関係する化学平衡式を書く．

$$CaC_2O_4(s) \rightleftharpoons Ca^{2+} + C_2O_4^{2-} \quad (7 \cdot 15)$$

$C_2O_4^{2-}$ は水と反応し，$HC_2O_4^-$ と $H_2C_2O_4$ を生成する．したがって，この溶液中にはほかに三つの平衡が存在する．

$$H_2C_2O_4 + H_2O \rightleftharpoons H_3O^+ + HC_2O_4^- \quad (7 \cdot 16)$$
$$HC_2O_4^- + H_2O \rightleftharpoons H_3O^+ + C_2O_4^{2-} \quad (7 \cdot 17)$$
$$2H_2O \rightleftharpoons H_3O^+ + OH^-$$

---

1) (7・13) 式に達するには，$[OH^-]_{H_2O}$ と $[OH^-]_{Mg(OH)_2}$ をそれぞれ H_2O と $Mg(OH)_2$ から生じる OH^- 濃度としたとき，以下のように推論する．
$$[OH^-]_{H_2O} = [H_3O^+]$$
$$[OH^-]_{Mg(OH)_2} = 2[Mg^{2+}]$$
$$[OH^-]_{全濃度} = [OH^-]_{H_2O} + [OH^-]_{Mg(OH)_2}$$
$$= [H_3O^+] + 2[Mg^{2+}]$$

2) 弱酸の共役塩基である陰イオンを含む沈殿物は，いずれも高 pH よりも低 pH で溶解しやすい．

(例題 7・11 解答つづき)

ステップ 2. 未知量を決める．CaC_2O_4 は強電解質なので，分析モル濃度は平衡中の Ca^{2+} 濃度に等しい．よって，

$$\text{溶解度} = [Ca^{2+}] \quad (7 \cdot 18)$$

ステップ 3. 平衡定数式をすべて書く．

$$[Ca^{2+}][C_2O_4^{2-}] = K_{sp} = 1.7 \times 10^{-9} \quad (7 \cdot 19)$$

$$\frac{[H_3O^+][HC_2O_4^-]}{[H_2C_2O_4]} = K_1 = 5.60 \times 10^{-2} \quad (7 \cdot 20)$$

$$\frac{[H_3O^+][C_2O_4^{2-}]}{[HC_2O_4^-]} = K_2 = 5.42 \times 10^{-5} \quad (7 \cdot 21)$$

$$[H_3O^+][OH^-] = K_w = 1.0 \times 10^{-14}$$

ステップ 4. 物質収支の式を書く．CaC_2O_4 は Ca^{2+} とシュウ酸由来の三つの化学種の唯一の供給源なので，

$$[Ca^{2+}] = [C_2O_4^{2-}] + [HC_2O_4^-] + [H_2C_2O_4] = \text{溶解度} \quad (7 \cdot 22)$$

pH は 4.00 であるから，以下のようにも書ける．

$$[H_3O^+] = 1.00 \times 10^{-4}$$

なので，

$$[OH^-] = K_w/[H_3O^+] = 1.00 \times 10^{-10}$$

ステップ 5. 電荷均衡の式を書く．緩衝液 (buffer) は pH 4.00 を保つ必要がある．緩衝液はたいがい弱酸 HA とその共役塩基 A^- からなる．しかし HA，A^-，および H^+ の化学種の性質と濃度は指定されていないので，電荷均衡の式を書くのに十分な情報がない．[1]

ステップ 6. 独立した方程式と未知量の数を数える．独立した代数方程式は四つ (7・19～7・22 式)，含まれる未知量も四つ ($[Ca^{2+}]$，$[C_2O_4^{2-}]$，$[HC_2O_4^-]$，$[H_2C_2O_4]$) である．ゆえに，この問題は一つの代数方程式の問題に帰せられ，正確な解を得ることができる．

ステップ 7a. 近似を行う．この場合，連立方程式を厳密に解くのは比較的簡単にできる．近似について悩む必要はない．

ステップ 8. 式を解く．問題を解く簡単なやり方は (7・20)，(7・21) 式を (7・22) 式に代入して $[Ca^{2+}]$，$[C_2O_4^{2-}]$ と $[H_3O^+]$ の関係式を構築する方法である．(7・21) 式を変形して，

$$[HC_2O_4^-] = \frac{[H_3O^+][C_2O_4^{2-}]}{K_2}$$

$[H_3O^+]$ と K_2 の数値を代入し，

$$[HC_2O_4^-] = \frac{1.00 \times 10^{-4}[C_2O_4^{2-}]}{5.42 \times 10^{-5}} = 1.85[C_2O_4^{2-}]$$

この関係を (7・20) 式に代入し，変形すると

$$[H_2C_2O_4] = \frac{[H_3O^+][C_2O_4^{2-}] \times 1.85}{K_1}$$

$[H_3O^+]$ と K_1 の数値を代入し，

$$[H_2C_2O_4] = \frac{1.85 \times 10^{-4}[C_2O_4^{2-}]}{5.60 \times 10^{-2}}$$
$$= 3.30 \times 10^{-3}[C_2O_4^{2-}]$$

これら $[HC_2O_4^-]$ と $[H_2C_2O_4]$ の式を (7・22) 式に代入して，

$$[Ca^{2+}] = [C_2O_4^{2-}] + 1.85[C_2O_4^{2-}]$$
$$+ 3.30 \times 10^{-3}[C_2O_4^{2-}]$$
$$= 2.85[C_2O_4^{2-}]$$

すなわち，$[C_2O_4^{2-}] = [Ca^{2+}]/2.85$ となる．これを (7・19) 式に代入し，

$$\frac{[Ca^{2+}][Ca^{2+}]}{2.85} = 1.7 \times 10^{-9}$$

$$[Ca^{2+}] = \text{溶解度} = \sqrt{2.85 \times 1.7 \times 10^{-9}}$$
$$= 7.0 \times 10^{-5} \, M$$

b. pH が一定でない場合の溶解度計算　pH が一定でない溶液中のシュウ酸カルシウムなどの沈殿の溶解度計算は，pH が一定の場合に比べてかなり複雑である．純水に対する CaC_2O_4 の溶解度を決定するためには，問題を解く過程において OH^- と H_3O^+ の変化を考慮しなければならない．この例では四つの平衡を考える．

$$CaC_2O_4(s) \rightleftharpoons Ca^{2+} + C_2O_4^{2-}$$
$$C_2O_4^{2-} + H_2O \rightleftharpoons HC_2O_4^- + OH^-$$
$$HC_2O_4^- + H_2O \rightleftharpoons H_2C_2O_4 + OH^-$$
$$2H_2O \rightleftharpoons H_3O^+ + OH^-$$

例題 7・11 と比べて OH^- 濃度は未知となるので，CaC_2O_4 の溶解度を計算するには別の代数方程式を立てなければならない．

CaC_2O_4 の溶解度を計算するのに必要な六つの代数方程式を書くのは難しくない (コラム 7・2 参照)．とはいえ六つの式を手作業で解くのは面倒で時間がかかる．

---

[1] 用語　緩衝液は溶液の pH をほぼ一定に保つ (第 9 章参照)．

コラム7・2 水に対する CaC_2O_4 の溶解度を計算するのに必要な代数方程式

例題7・11のように溶解度は陽イオン濃度，すなわち $[Ca^{2+}]$ に等しい．

$$\text{溶解度} = [Ca^{2+}]$$
$$= [C_2O_4^{2-}] + [HC_2O_4^-] + [H_2C_2O_4]$$

ただしこの場合，さらにもう一つの平衡である水の解離を考慮する必要がある．四つの平衡に対する平衡定数式は，

$$K_{sp} = [Ca^{2+}][C_2O_4^{2-}] = 1.7 \times 10^{-9} \quad (7 \cdot 23)$$

$$K_2 = \frac{[H_3O^+][C_2O_4^{2-}]}{[HC_2O_4^-]} = 5.42 \times 10^{-5} \quad (7 \cdot 24)$$

$$K_1 = \frac{[H_3O^+][HC_2O_4^-]}{[H_2C_2O_4]} = 5.60 \times 10^{-2} \quad (7 \cdot 25)$$

$$K_w = [H_3O^+][OH^-] = 1.00 \times 10^{-14} \quad (7 \cdot 26)$$

物質収支の式は，

$$[Ca^{2+}] = [C_2O_4^{2-}] + [HC_2O_4^-] + [H_2C_2O_4] \quad (7 \cdot 27)$$

電荷均衡の式は，

$$2[Ca^{2+}] + [H_3O^+] = 2[C_2O_4^{2-}] + [HC_2O_4^-] + [OH^-] \quad (7 \cdot 28)$$

含まれる未知量は六つ（$[Ca^{2+}]$, $[C_2O_4^{2-}]$, $[HC_2O_4^-]$, $[H_2C_2O_4]$, $[H_3O^+]$, $[OH^-]$），独立した代数方程式は六つ（7・23～7・28式）である．ゆえに原理的にはこの問題は厳密に解くことができる．

多くの沈殿物は過剰量の沈殿試薬と反応して可溶性錯体を生成する．この傾向は重量分析において大過剰の試薬を用いるとき，分析対象の回収率を低下させて望ましくない影響を与えるかもしれない．たとえば銀の定量には，過剰量の塩化カルシウム溶液を加えて銀イオンを沈殿させる方法がよく行われる．過剰な試薬添加による影響は複雑であり，そのことはこの系を記述する平衡式をみれば明らかである．

$$AgCl(s) \rightleftarrows AgCl(aq) \quad (7 \cdot 29)$$
$$AgCl(aq) \rightleftarrows Ag^+ + Cl^- \quad (7 \cdot 30)$$
$$AgCl(s) + Cl^- \rightleftarrows [AgCl_2]^- \quad (7 \cdot 31)$$
$$[AgCl_2]^- + Cl^- \rightleftarrows [AgCl_3]^{2-} \quad (7 \cdot 32)$$

(7・30) 式ひいては (7・29) 式は，塩化物イオンを追加すると平衡が左へ移動するが，同じ環境で (7・31)，(7・32) 式は右に移動する．この相対する影響の結果，加えた塩化物の濃度の関数としてプロットした塩化銀の溶解度は最小値を示すことになる．

図7・7の実線で示した曲線から，塩化銀の溶解度に及ぼす塩化物イオンの影響が説明できる．共通イオンが高濃度になると，溶解度は純水中よりも増大することに注意したい．破線は銀を含むさまざまな化学種の平衡濃度を c_{KCl} の関数として表す．溶解度が最小となる溶液中では，銀を含有するおもな化学種は，解離していない塩化銀，すなわち $AgCl(aq)$ であり，溶液中に溶解している銀全体の約 80% に相当する．図示されているようにその濃度は不変である．

7・4・3 錯形成試薬存在下での沈殿物の溶解度

沈殿物の溶解度は，沈殿物に含まれる陰イオンまたは陽イオンと錯体を形成する試薬が存在すると劇的に増加する．たとえば水酸化アルミニウムの沈殿物の溶解度積は非常に小さい（2×10^{-32}）のに，フッ化物イオンはその定量的に起こる沈殿を妨害する．溶解度が増加する理由を次[1]の式で説明する．

$$\begin{array}{c} Al(OH)_3(s) \rightleftarrows Al^{3+} + 3OH^- \\ + \\ 6F^- \\ \updownarrow \\ AlF_6^{3-} \end{array}$$

フッ化物錯体は，フッ化物イオンが水酸化物イオンと競合できるほど十分安定にアルミニウムイオンに配位する．

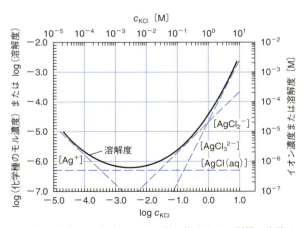

図7・7 AgCl の溶解度に対する塩化物イオンの影響．実線は溶解した AgCl の全濃度を示す．破線は銀を含むさまざまな化学種の濃度を示す．

[1] 沈殿物の溶解度は，沈殿物中の陽イオンと反応する錯形成試薬が存在すると常に増加する．

コラム7・3　免疫測定法（イムノアッセイ）──薬物の特異的定量における平衡

人体における薬物の定量は，薬物療法において，また薬物乱用の検知・防止において非常に重要である．薬物は種類が多く，体液中では一般に濃度が低いので，特定するのも測定するのも難しい．幸い，自然そのものがもつメカニズムの一つである免疫応答を利用して，いくつかの治療薬や違法薬物を定量することが可能である．

図7C・1(a)に模式的に示したように，外来物質，すなわち抗原(Ag)が哺乳動物の体内に入ると，免疫系は抗体とよばれるタンパク質性分子(Ab)を合成する（図7C・1b）．抗体は静電相互作用や水素結合その他の非共有結合性の力によって，抗原分子に特異的に結合する．抗体は巨大な分子で（モル質量≈150,000），次式の反応と図7C・1(c)に示すように抗原と複合体を形成する．

$$\text{Ag} + \text{Ab} \rightleftharpoons \text{AgAb} \quad K = \frac{[\text{AgAb}]}{[\text{Ag}][\text{Ab}]}$$

比較的サイズの小さい分子は免疫系では認識することができない．その場合，特定の薬物を特異的に認識する抗体をつくらせるために担体分子を用いる必要がある．図7C・1(d)に示すように，薬物(D)をウシの血液に含まれるタンパク質であるウシ血清アルブミン(BSA)などの抗原性担体分子に共有結合させる．

$$\text{D} + \text{Ag} \rightarrow \text{D--Ag}$$

生じた薬物-抗原複合体(D-Ag)をウサギの血管に注射すると，図7C・1(e)のようにウサギの免疫系が薬物に特異的な結合部位をもつ抗体をつくる．抗原の注射から約3週間後にウサギから血液を採取して血清を分離し，血清中の目的の抗体を通常はクロマトグラフィー法（第20章参照）によって他の抗体と分離する．ウサギ免疫系でいったん薬物特異的抗体がつくられると，図7C・1(f)に示すように薬物は担体分子の助けを借りずに抗体に直接結合できる．この直接結合した薬物-抗体複合体(Ab-D)が薬物の特異的定量の基礎になる．

免疫測定法の測定段階は，薬物試料と一定量の薬物特異的抗体を混合して行われる．このとき化学的に改変して検出可能な標識をつけた薬物標準試料を加えることでAb-Dの定量ができる．代表的な標識は酵素，蛍光分子，化学発光分子，放射性元素である．この例では薬物に蛍光分子を結合したものを標識薬物D*と仮定する[4]．抗体の量が D，D* の合計量より若干少ないと，以下に示す平衡により，D，D*は抗体に対して競合する．

$$\text{D}^* + \text{Ab} \rightleftharpoons \text{Ab-D}^* \quad K^* = \frac{[\text{Ab-D}^*]}{[\text{D}^*][\text{Ab}]}$$

$$\text{D} + \text{Ab} \rightleftharpoons \text{Ab-D} \quad K = \frac{[\text{Ab-D}]}{[\text{D}][\text{Ab}]}$$

重要なのは，標識薬物と非標識薬物が抗体に同程度によく結合し，薬物の抗体への親和性が実質的に変化しない標識を選ぶことである．結合親和性が等しければ $K = K^*$ となる．この種の平衡定数は**結合定数**（binding constant）とよばれ，$10^7 \sim 10^{12}$ の範囲に及ぶ．未知物質

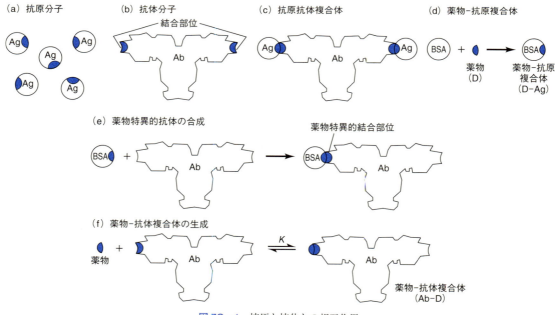

図7C・1　抗原と抗体との相互作用

---
4) 蛍光分子についての議論は第17章参照．

（非標識薬物）の濃度が高いほど Ab-D* の濃度は低くなり，逆もまた同じである．D と Ab-D* のこの反比例関係は薬物の定量法の基礎となる．Ab-D* と D* の<u>どちらかを測定できれば D の量がわかる</u>．

抗体に結合した標識薬物と結合していない標識薬物を区別するには，測定前にそれらを分離する必要がある．Ab-D* の量はそれが発する蛍光強度を蛍光検出器で測定して知ることができる．蛍光試薬と光検出を用いたこの種の定量を**蛍光免疫測定法**（fluorescence immunoassay **蛍光イムノアッセイ**ともいう）とよぶ．この定量法は感度も特異性も非常に高い．

D* と Ab-D* を分離する簡単な方法の一つは，図 7C・2 (a) のように内壁を抗体分子でコーティングしたポリスチレン製バイアル瓶を用意することである．未知濃度の D を含む血清，尿，その他体液と一定量の標識薬物 D* 溶液とを一緒に図 7C・2 (b) のようにバイアル瓶に加える．バイアル瓶中で平衡に達した後（図 7C・2c），バイアル瓶を傾けて上清（余分な D と D* を含む）を捨て，緩衝液で軽くすすぐ．抗体に結合して残った D* の量は，試料中の D の濃度と反比例する（図 7C・2d）．最後に，結合した D* の蛍光強度を蛍光検出器で定量する（図 7C・2e）．

D の標準溶液を用いてこの手順を数回繰返し，図 7C・3 のような**用量-反応曲線**（dose-response curve）とよばれる非線形検量曲線を作成する．D の未知溶液の蛍光強度を検量線に当てはめ，濃度軸から濃度を読み取る．

免疫測定法は臨床検査においては強力な手段であり，あらゆる分析技術のなかで最も広く利用されているものの一つである．多種多様な免疫測定法の試薬キットが市販され，蛍光免疫測定法やその他の免疫測定法の自動測定機器も存在する．薬物の濃度だけでなく，ビタミン類，タンパク質，成長ホルモン，アレルゲン，妊娠に関わるホルモン，がんなどの病気のバイオマーカー，天然水や食物中の残留農薬も免疫測定法で定量される．抗原抗体複合体の構造を図 7C・4 に示す．

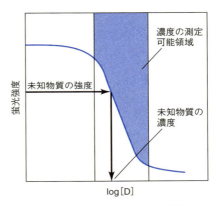

図 7C・3　蛍光免疫測定法により薬物を定量する場合の用量反応曲線

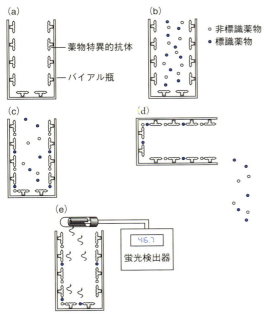

図 7C・2　蛍光標識免疫測定法による薬物の定量方法．(a) バイアル瓶の内側表面に薬物特異的抗体を付着させる．(b) バイアル瓶に標識薬物，非標識薬物の混合液を満たす．(c) 標識薬物，非標識薬物が抗体に結合する．(d) 溶液を捨てると結合した薬物が残る．(e) 結合した標識薬物の蛍光を測定する．薬物濃度を図 7C・3 の用量反応曲線を用いて決定する．

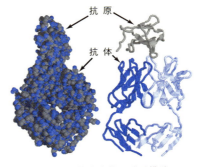

図 7C・4　抗原抗体複合体の分子構造．マウス抗体 A6 の酵素消化断片と遺伝子組換え型ヒトインターフェロン γ 受容体 α 鎖からなる複合体を，2 種類の方法で表す．(a) 複合体の分子構造の空間充填モデル．(b) 複合体のタンパク質ポリペプチド鎖を表すリボン表示．〔Protein Data Bank, Rutgers University, Structure 1JRH, S. Sogabe, F. Stuart, C. Henke, A. Bridges, G. Williams, A. Birch, F.K. Winkler, J.A. Robinson (1997), http://rcsb.org より〕

残念なことに，AgCl(aq) などの非解離の化学種や [AgCl$_2$]$^-$ などの錯体の化学種に関して，信頼のおける平衡に関するデータは少ない．このデータ不足のため，溶解度計算は必然的に溶解度積の平衡の式のみに基づくことが多い．ただし，条件によっては他の平衡を無視することが重大な誤差につながることもある．さらに，多種多様なイオンを高濃度で含む溶液，つまり高イオン強度の溶液中では，§7・2で論じた活量係数の適用が必要になるかもしれない．

7・5 沈殿試薬濃度の調節によるイオンの分離

いくつかの沈殿試薬は生成する沈殿の溶解度の差に基づいてイオンを分離できる．そのためには，反応に関与する沈殿試薬が適切な所定の濃度になるよう厳密に制御する必要がある．このような制御は，適切な緩衝液を用いて溶液のpHを調節することにより行われることが多い．この技術は弱酸の共役塩基である陰イオン性試薬にも応用できる．たとえば硫化物イオン（硫化水素の共役塩基）や水酸化物イオン（水の共役塩基），いくつかの弱酸性有機物の陰イオンなどである．

図7・8 硫化水素は無色，可燃性の気体で，重要な化学的，毒性学的性質をもつ．硫黄を含む物質の腐敗など多くの自然現象の過程で生じる．腐った卵のような不快な臭いがあり，非常に低い濃度 (0.02 ppm) でも検出できる．しかしその作用によって嗅覚が鈍ると高濃度の臭いに気がつかずに致死濃度である 100 ppm を超えて吸入してしまう可能性がある．硫化水素ガスを溶かした水溶液（硫化水素水）は，昔から金属を沈殿させるときの硫化物の供給源として利用されてきたが，H$_2$S は有毒のため，チオアセトアミドなどの他の硫黄含有化合物が代わりにその役割を担いつつある．

7・5・1 硫化物の分離

硫化物イオンは，重金属の陽イオンと，溶解度積が $10^{-10} \sim 10^{-90}$ またはそれ以下の沈殿をつくる．さらに硫化水素（図7・8）の飽和溶液に含まれる S^{2-} の濃度は，溶液のpHを調節することによりおよそ $0.1 \sim 10^{-22}$ M の範囲で変えることができる．この二つの性質によって多種多様な陽イオンを有効に分離できる．硫化水素を用いたpH調節に基づく陽イオン分離法について説明するため，硫化水素ガスを連続して通じ飽和状態を保った溶液に含まれる2価陽イオン M^{2+} の沈殿を検討しよう．この溶液中の重要な平衡は，次のとおりである．

$$MS(s) \rightleftharpoons M^{2+} + S^{2-}$$

$$K_{sp} = [M^{2+}][S^{2-}]$$

$$H_2S + H_2O \rightleftharpoons H_3O^+ + HS^-$$

$$K_1 = \frac{[H_3O^+][HS^-]}{[H_2S]} = 9.6 \times 10^{-8}$$

$$HS^- + H_2O \rightleftharpoons H_3O^+ + S^{2-}$$

$$K_2 = \frac{[H_3O^+][S^{2-}]}{[HS^-]} = 1.3 \times 10^{-14}$$

次のようにも書ける．

$$溶解度 = [M^{2+}]$$

飽和溶液中の硫化水素濃度はおよそ 0.1 M である．したがって，物質収支の式を書くと，

$$[S^{2-}] + [HS^-] + [H_2S] = 0.1$$

オキソニウムイオン濃度は既知なので，未知数は金属イオン濃度と硫化物を含む化学種三つの濃度の計四つである．([S^{2-}]+[HS$^-$])≪[H$_2$S]と仮定すると計算を大幅に簡略化でき，

$$[H_2S] \approx 0.10 \text{ M}$$

硫化水素の二つの解離定数を掛けると，硫化水素から硫化物イオンが解離する反応全体の式が得られる．

$$H_2S + 2H_2O \rightleftharpoons 2H_3O^+ + S^{2-}$$

$$K_1 K_2 = \frac{[H_3O^+]^2[S^{2-}]}{[H_2S]} = 1.2 \times 10^{-21}$$

反応全体の定数は単純に K_1 と K_2 の積になる．
この式の [H$_2$S] に数値を代入し，

$$\frac{[H_3O^+]^2[S^{2-}]}{0.10} = 1.2 \times 10^{-21}$$

式を変形して，

$$[S^{2-}] = \frac{1.2 \times 10^{-22}}{[H_3O^+]^2} \qquad (7 \cdot 33)$$

ゆえに，硫化水素の飽和溶液中の硫化物イオン濃度はオキソニウムイオン濃度の2乗に反比例することがわかる．図 7・9 はこの式を用いて得られたもので，水溶液中の硫化物イオン濃度はpHを1から11に変化させると 10^{20} 倍以上も変化する．

(7・33) 式を溶解度積の式に代入し，

$$K_{sp} = \frac{[M^{2+}] \times 1.2 \times 10^{-22}}{[H_3O^+]^2}$$

$$[M^{2+}] = 溶解度 = \frac{[H_3O^+]^2 K_{sp}}{1.2 \times 10^{-22}}$$

したがって 2 価金属の硫化物の溶解度はオキソニウムイオン濃度の 2 乗に比例する.

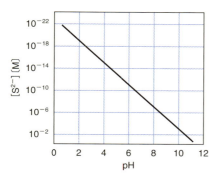

図 7・9 飽和 H_2S 溶液の pH 変化に対する S^{2-} 濃度

例題 7・12

硫化カドミウムは硫化タリウム(I)よりも溶解性が低い. Cd^{2+} と Tl^+ を 0.1 M ずつ含む溶液に H_2S を加えて,理論的に二つの陽イオンを定量的に分離できる条件を調べよ.

解 答

溶解平衡における両者の溶解度積は次のとおりである.

$CdS(s) \rightleftharpoons Cd^{2+} + S^{2-}$ $K_{sp} = [Cd^{2+}][S^{2-}] = 1 \times 10^{-27}$

$Tl_2S(s) \rightleftharpoons 2Tl^+ + S^{2-}$ $K_{sp} = [Tl^+]^2[S^{2-}] = 6 \times 10^{-22}$

CdS は Tl_2S よりも低い $[S^{2-}]$ で沈殿するので,まずは溶液から Cd^{2+} を定量的に分離するのに必要な S^{2-} 濃度を計算する.定量的な分離とは,1000 個の Cd^{2+} のうち 1 個を除いてすべて沈殿した状態と任意に定めることにする.この場合,Cd^{2+} 濃度は 0.1 M から 1.00×10^{-4} M へと減少している.溶解度積の式にこの値を代入すると,

$$K_{sp} = 10^{-4}[S^{2-}] = 1 \times 10^{-27}$$
$$[S^{2-}] = 1 \times 10^{-23} \text{ M}$$

硫化物イオン濃度をこの値かそれ以上に維持すると,カドミウムの定量的分離が起こると仮定する.次に Tl^+ の 0.1 M 溶液から Tl_2S が沈殿し始めるのに必要な S^{2-} 濃度を計算する.沈殿は溶解度積をちょうど超えた時点から始まる.溶液の Tl^+ 濃度は 0.1 M なので,

$$(0.1)^2[S^{2-}] = 6 \times 10^{-22}$$
$$[S^{2-}] = 6 \times 10^{-20} \text{ M}$$

これら二つの計算式より,Cd^{2+} の定量的分離は $[S^{2-}]$ が 1×10^{-23} M を超えたところから起こることがわかる.Tl^+ の沈殿は $[S^{2-}]$ が 6×10^{-20} M を超えるまでは起こらない.

二つの $[S^{2-}]$ 値を (7・33) 式に代入すると,分離に必要な $[H_3O^+]$ の範囲を計算できる.

$$[H_3O^+]^2 = \frac{1.2 \times 10^{-22}}{1 \times 10^{-23}} = 12$$
$$[H_3O^+] = 3.5 \text{ M}$$

そして,

$$[H_3O^+]^2 = \frac{1.2 \times 10^{-22}}{6 \times 10^{-20}} = 2.0 \times 10^{-3}$$
$$[H_3O^+] = 0.045 \text{ M}$$

$[H_3O^+]$ を約 0.045〜3.5 M に保つことによって,Cd^{2+} を定量的に Tl^+ と分離できるはずである.このような酸性溶液はイオン強度が高いため活量による効果を補正する必要があるかもしれない.

章 末 問 題

7・1 次の用語の違いを説明せよ.
 (a) 活量と活量係数
 (b) 熱力学的平衡定数と濃度平衡定数

7・2 活量係数の一般的な性質を箇条書きにせよ.

7・3 体積変化により生じる影響をすべて無視するとき,以下の希薄溶液に NaOH を加えると,イオン強度はどのようになるか.(1) 増加,(2) 減少,(3) 実質的に変化しない.
 (a) 塩化マグネシウム [$Mg(OH)_2(s)$ を形成する]
 (b) 塩 酸
 (c) 酢 酸

7・4 体積変化により生じる影響をすべて無視するとき,以下の物質に塩化鉄(Ⅲ)を加えると,イオン強度はどのようになるか.(1) 増加,(2) 減少,(3) 実質的に変化しない.
 (a) HCl
 (b) NaOH
 (c) $AgNO_3$

7・5 水溶液の溶存イオンの活量係数が水そのものの活量係数よりも通常低くなる理由を説明せよ.

7・6 中性分子の活量係数が通常 1 である理由を説明せよ.

7・7 図 7・3 の Ca^{2+} の曲線のはじめの傾きが K^+ よりも急である理由を説明せよ.

7・8 アンモニア水(NH_3 水溶液)のイオン強度が 0.2 のときの活量係数はいくらか.

7・9 以下の溶液のイオン強度を求めよ．
(a) 0.030 M $FeSO_4$
(b) 0.30 M $(NH_4)_2CrO_4$
(c) 0.30 M $FeCl_3$ と 0.20 M $FeCl_2$
(d) 0.030 M $La(NO_3)_3$ と 0.060 M $Fe(NO_3)_2$

7・10 (7・5)式を用いて以下の活量係数を求めよ．
(a) Fe^{3+}, $\mu=0.062$
(b) Pb^{2+}, $\mu=0.042$
(c) Ce^{4+}, $\mu=0.070$
(d) Sn^{4+}, $\mu=0.045$

7・11 表7・2のデータを直線で補間し，問題7・10の各イオンの活量係数を求めよ．

7・12 以下の $\mu=8.0\times10^{-2}$ の溶液について K'_{sp} を求めよ．
(a) AgSCN (b) PbI_2
(c) $La(IO_3)_3$ (d) $MgNH_4PO_4$

7・13 活量を用いて以下の各溶液中の $Zn(OH)_2$ のモル溶解度を求めよ．
(a) 0.0200 M KCl
(b) 0.0300 M K_2SO_4
(c) 0.250 M KOH 40.0 mL と 0.0250 M $ZnCl_2$ 60.0 mL の混合溶液
(d) 0.100 M KOH 20.0 mL と 0.0250 M $ZnCl_2$ 80.0 mL の混合溶液

7・14 0.0333 M $Mg(ClO_4)_2$ 溶液に対する以下の化合物の溶解度を (1) 活量，(2) モル濃度それぞれを用いて求めよ．
(a) AgSCN
(b) PbI_2
(c) $BaSO_4$
(d) $Cd_2[Fe(CN)_6]$

ただし $Cd_2[Fe(CN)_6](s) \rightleftharpoons 2Cd^{2+} + [Fe(CN)_6]^{4-}$
$K_{sp} = 3.2 \times 10^{-17}$

7・15 0.0167 M $Ba(NO_3)_2$ 溶液に対する以下の化合物の溶解度を (1) 活量，(2) モル濃度それぞれを用いて求めよ．
(a) $AgIO_3$ (b) $Mg(OH)_2$
(c) $BaSO_4$ (d) $La(IO_3)_3$

7・16 以下の化合物について 0.0500 M KNO_3 溶液に対する溶解度を計算したとき，活量の代わりに濃度を用いたことで生じる相対誤差（％）を求めよ．熱力学的溶解度積は付録2を用いよ．
(a) CuCl ($\alpha_{Cu^+}=0.3$ nm)
(b) $Fe(OH)_2$
(c) $Fe(OH)_3$
(d) $La(IO_3)_3$
(e) Ag_3AsO_4 ($\alpha_{AsO_4^{3-}}=0.4$ nm)

7・17 以下の緩衝液について pH を計算したとき，活量の代わりにオキソニウムイオン濃度を用いたことで生じる相対誤差（％）を求めよ．熱力学的平衡定数は付録3を用いよ．
(a) 0.150 M HOAc と 0.250 M NaOAc
(b) 0.0400 M NH_3 と 0.100 M NH_4Cl
(c) 0.0200 M $ClCH_2COOH$ と 0.0500 M $ClCH_2COONa$ ($\alpha_{ClCH_2COO^-}=0.35$)

7・18 表7・2と同じ書式で活量係数を計算するスプレッドシートを作成せよ．セル A3, A4, A5, … には α_X を，セル B3, B4, B5, … にはイオン電荷を入力する．セル C2：G2 には表7・2と同じイオン強度の値を入力する．セル C3：G3 には活量係数の式を入力する．式中のイオン強度には必ず C2：G2 を参照させるようにする．最後にセル C3：G3 をハイライト表示してフィルハンドルを下にドラッグし，活量係数の式を列 C にコピーする．求めた活量係数と表7・2の値を比較せよ．一致しなければその理由を説明せよ．

7・19 発展問題 例題7・5ではイオン強度への亜硝酸の寄与を無視した．また，次のように簡略化したオキソニウムイオン濃度の式を用いた．

$$[H_3O^+] = \sqrt{K'_a c_a}$$

(a) 以下の繰返し解法を行い，イオン強度を実際に計算せよ．最初は酸の解離を考慮せずに計算し，次にデバイ-ヒュッケルの式を使ってイオンの活量係数を計算して新たな K_a と $[H_3O^+]$ の値を求める．この手順を繰返すが，0.05 M NaCl のほかに，H_3O^+ と NO_2^- の濃度を用いて新たなイオン強度を計算し，もう一度活量係数，K_a，$[H_3O^+]$ の値を求める．$[H_3O^+]$ の値が一つ前の値と誤差 0.1% 以内で一致するまでの繰返し回数は何回か．計算の最終値と，例題7・5の活量補正をしていない値との相対誤差はいくらか．また計算に用いた初期値と最終値の相対誤差はいくらか．計算にはスプレッドシートを使用してもよい．
(b) 次にオキソニウムイオン濃度を用いて二次方程式，あるいは毎回新しいイオン強度を計算する逐次近似法により同じ計算を行ってみよ．(a) の結果に比べてどの程度改善がみられるか．
(c) (a) で行ったような活量補正はどんな場合に必要か．補正をするかどうか決定する際に考慮すべき変数は何か．
(d) (b) で行ったような活量補正はどんな場合に必要か．補正をするかどうか決定する際に用いる基準は何か．
(e) 血清や尿のような複雑な成分のイオン濃度を決定するとしよう．このような系では活量補正を行えるか．説明せよ．

7・20 硫化水素飽和溶液における硫化物イオン濃度とオキソニウムイオン濃度の関係を説明せよ．

7・21 系統的方法論において，仮定による簡略化は，なぜ和や差の関係に限定されるのか．

7・22 物質収支の式という用語はある意味で誤った名称かもしれないと述べた．具体的な化学反応系を使って物質収支を論じ，物質収支と濃度収支が等価であることを示せ．

7・23 ある化学種のモル濃度はなぜ電荷均衡の式の中で倍数になるのか．

7・24 次の溶液の物質収支の式を書け.
(a) 0.2 M HF
(b) 0.35 M NH_3
(c) 0.10 M H_3PO_4
(d) 0.20 M Na_2HPO_4
(e) 0.0500 M $HClO_2$ と 0.100 M $NaClO_2$
(f) CaF_2 で飽和した 0.12 M NaF 溶液
(g) $Zn(OH)_2$ で飽和した 0.100 M NaOH 溶液. $Zn(OH)_2$ の反応は次のとおり.

$$Zn(OH)_2 + 2OH^- \rightleftharpoons [Zn(OH)_4]^{2-}$$

(h) $Ag_2C_2O_4$ 飽和溶液
(i) $PbCl_2$ 飽和溶液

7・25 問題 7・24 の溶液の電荷均衡の式を書け.

7・26 次の濃度の H_3O^+ を含む溶液に対する SrC_2O_4 のモル溶解度を計算せよ.
(a) 1.0×10^{-6} M (b) 1.0×10^{-7} M
(c) 1.0×10^{-9} M (d) 1.0×10^{-11} M

7・27 次の濃度の H_3O^+ を含む溶液に対する $BaSO_4$ のモル溶解度を計算せよ.
(a) 3.5 M (b) 0.5 M
(c) 0.080 M (d) 0.100 M

7・28 $[H_3O^+]$ が (a) 3.0×10^{-1} M, (b) 3.0×10^{-4} M に保たれた溶液に対する PbS のモル溶解度をそれぞれ計算せよ.

7・29 $[H_3O^+]$ が (a) 2.0×10^{-1} M, (b) 2.0×10^{-4} M に保たれた溶液に対する CuS のモル溶解度をそれぞれ計算せよ.

7・30 $[H_3O^+]$ が (a) 3.00×10^{-5} M, (b) 3.00×10^{-7} M に保たれた溶液に対する MnS (ピンク色) のモル溶解度をそれぞれ計算せよ.

7・31 pH 7.00 の緩衝液に対する $ZnCO_3$ のモル溶解度を計算せよ.

7・32 pH 7.50 の緩衝液に対する Ag_2CO_3 のモル溶解度を計算せよ.

7・33 0.050 M Cu^{2+} と 0.040 M Mn^{2+} を含む溶液に希 NaOH を加えるとき,
(a) どちらの水酸化物が先に沈殿するか.
(b) 最初の水酸化物が沈殿し始めるのに必要な OH^- 濃度はいくらか.
(c) 溶解度の高い方の水酸化物が生成し始めるとき, 溶解度の低い方の水酸化物をつくる陽イオンの濃度はいくらか.

7・34 0.040 M Na_2SO_4 と 0.050 M $NaIO_3$ を含む溶液がある. この溶液に Ba^{2+} を加える. HSO_4^- はもとの溶液に存在しないと仮定する.
(a) どちらのバリウム塩が先に沈殿するか.
(b) 最初の沈殿が形成されたときの Ba^{2+} 濃度はいくらか.
(c) 溶解性の高いバリウム塩が沈殿し始めるとき, 溶解性の低い方のバリウム塩をつくる陰イオン濃度はいくらか.

7・35 0.040 M KI と 0.080 M NaSCN を含む溶液中の I^- を銀イオンで分離することを検討している.
(a) I^- 濃度を 1.0×10^{-6} M より低くするのに必要な Ag^+ 濃度はいくらか.
(b) AgSCN が沈殿し始めるとき, 溶液中の Ag^+ 濃度はいくらか.
(c) AgSCN が沈殿し始めるとき, 溶液中の I^- に対する SCN^- の割合はいくらか.
(d) Ag^+ 濃度が 1.0×10^{-3} M のとき, 溶液中の I^- に対する SCN^- の割合はいくらか.

7・36 定量的分離の判断基準を 1.0×10^{-6} M としたとき, 実行可能かどうかをそれぞれ判定せよ.
(a) 初濃度 0.040 M の Sr^{2+} と 0.20 M の Ba^{2+} を含む溶液から, SO_4^{2-} を用いて Sr^{2+} と Ba^{2+} を分離する.
(b) 初濃度がどちらも 0.030 M の Ba^{2+} と Ag^+ を含む溶液から, SO_4^{2-} を用いて Ba^{2+} と Ag^+ を分離する. Ag_2SO_4 は $K_{sp}=1.6 \times 10^{-5}$.
(c) 初濃度が 0.030 M の Be^{2+} と 0.020 M の Hf^{4+} を含む溶液から, OH^- を用いて Be^{2+} と Hf^{4+} を分離する. $Be(OH)_2$ は $K_{sp}=7.0 \times 10^{-22}$, $Hf(OH)_4$ は $K_{sp}=4.0 \times 10^{-26}$.
(d) 初濃度が 0.30 M の In^{3+} と 0.10 M の Tl^+ を含む溶液から, IO_3^- を用いて In^{3+} と Tl^+ を分離する. $In(IO_3)_3$ は $K_{sp}=3.3 \times 10^{-11}$, $TlIO_3$ は $K_{sp}=3.1 \times 10^{-6}$.

7・37 下式のように 0.200 M NaCN 溶液 200 mL に溶解する AgBr の質量はいくらか.

$$Ag^+ + 2CN^- \rightleftharpoons Ag(CN)_2^-$$

$$\beta_2 = \frac{[Ag^+][CN^-]^2}{[Ag(CN)_2^-]} = 1.3 \times 10^{21}$$

7・38 $CuCl_2^-$ の平衡定数は次式で与えられる.

$$Cu^+ + 2Cl^- \rightleftharpoons CuCl_2^-$$

$$\beta_2 = \frac{[CuCl_2^-]}{[Cu^+][Cl^-]^2} = 7.9 \times 10^4$$

以下の分析濃度の NaCl を含む溶液に対する CuCl の溶解度はいくらか.
(a) 5.0 M
(b) 5.0×10^{-1} M
(c) 5.0×10^{-2} M
(d) 5.0×10^{-3} M
(e) 5.0×10^{-4} M

7・39 硫酸カルシウムは他の多くの塩と比べて水溶液中でわずかしか解離しない.

$$CaSO_4(aq) \rightleftharpoons Ca^{2+} + SO_4^{2-} \quad K_d = 5.2 \times 10^{-3}$$

$CaSO_4$ の溶解度積は 2.6×10^{-5} である. (a) 水中での $CaSO_4$ の溶解度と, (b) 0.0100 M Na_2SO_4 中での溶解度を計算せよ. さらに, それぞれの溶液について非解離 $CaSO_4$ の割合を%で計算せよ.

7・40 Tl_2S のモル溶解度を pH の関数として pH 10 か

ら pH 1 の範囲で計算せよ．pH 0.5 ごとの値を求め，Excel のグラフ作成機能で pH に対する溶解度をプロットせよ．

7・41

(a) CdS の溶解度は通常非常に小さいが，溶液の pH が低下するにつれ増大する．CdS のモル溶解度を pH の関数として pH 11 から pH 1 の範囲で計算せよ．pH 0.5 ごとの値を求め，pH に対する溶解度をプロットせよ．

(b) Fe^{2+} と Cd^{2+} を 1×10^{-4} M ずつ含む溶液がある．溶液に硫化物イオンをゆっくり加え，FeS または CdS のどちらかを沈殿させる．どちらのイオンが先に沈殿するか．二つのイオンを完全に分離できる S^{2-} の濃度範囲を決定せよ．

(c) H_2S (g) で飽和した溶液中の H_2S の分析濃度は 0.10 M である．(b) で述べた完全分離に必要な pH の範囲はどれくらいか．

(d) 緩衝液による pH 調節を受けない場合，H_2S 飽和溶液の pH はいくらか．

(e) pH 10 から pH 1 の範囲での H_2S の α_0 と α_1 の値をプロットせよ（ここで用いる α は水和イオンの有効直径ではない．α 値については §9・6 参照）．

(f) H_2S と NH_3 を含む溶液がある．Cd^{2+} は NH_3 と段階的に $[Cd(NH_3)]^{2+}$，$[Cd(NH_3)_2]^{2+}$，$[Cd(NH_3)_3]^{2+}$，$[Cd(NH_3)_4]^{2+}$ の四つの錯体を形成する．0.1 M NH_3 溶液に対する CdS の溶解度を求めよ．

(g) (f) と溶液成分は同じで，NH_3 と NH_4Cl の濃度の合計が 0.10 M になるよう緩衝液を調製する．pH 値は 8.0, 8.5, 9.0, 9.5, 10.0, 10.5, 11.0 とする．これらの溶液の CdS のモル溶解度をそれぞれ求めよ．

(h) (g) の溶液において，pH とともに溶解度が増大する原因は錯形成によるものか，活量効果によるものか，どうしたら判定できるだろうか．

注: 問題 7・17, 7・31, 7・32, 7・41 (g) については §9・3 緩衝液の知識を必要とする．

8 滴　定
化学量論的反応を利用した容量分析法

[1] 　滴定法（滴定分析法ともよばれる）は，分析対象と滴定試薬（既知濃度）との化学反応あるいは電気化学反応に基
[2] づいており，数多くの有用な定量法がある．**容量滴定**（volumetric titration）では，分析対象が反応を完了するのに必要な濃度既知の溶液の体積を測定する[1]．**重量滴定**（gravimetric titration）では，溶液の体積ではなく質量を測定
[3] する．**電量滴定**（coulometric titration）では，分析対象の電解に必要な直流定電流の電気量を"試薬"として，電気化学反応の完了に要する時間（つまり総電荷量）を測定する．

　本章ではさまざまな種類の滴定すべてに共通した基本事項を紹介する．第9〜11章では分析対象と滴定試薬が酸塩基反応を起こす各種酸塩基滴定を説明する．第12章では錯形成や沈殿生成を伴う反応を起こす滴定に関して説明する．この方法は特に陽イオンの種類を決定するのに重要である．最後に第13, 14章で，電荷移動を伴う分析反応が起こる容量滴定を説明する．この方法はしばしば**酸化還元滴定**（oxidation-reduction titration, redox titration）とよばれる．その他の滴定法としては，**電流滴定**（amperometric titration）や，**分光光度滴定**（spectrophotometric titration, §17・1・3参照）などがある．

8・1　容量滴定に用いられる用語

[4] 　**標準液**（standard solution, **標準滴定試薬** standard titrant ともいう）は，容量滴定に用いられる濃度が既知の試薬である．**滴定**（titration）は，分析対象を含む溶液に，分析対象と定量的に反応する標準液をビュレットなどの滴下装置を使って徐々に加え，反応が完全に完了したと判定されるまで行う．滴定を完了するのに要した試薬の体積または質量は，始点と終点の値の差から定量する．

[5] 　また，標準液を過剰に加え，その過剰量を別の標準液による**逆滴定**（back-titration）によって定量することも行われる．たとえばある試料中のリン酸を定量するために過剰量の硝酸銀を試料溶液に加え，不溶性のリン酸銀を生成させる．

$$3Ag^+ + PO_4^{3-} \rightarrow Ag_3PO_4(s)$$

次に，余分な硝酸銀をチオシアン酸カリウムで逆滴定する．

$$Ag^+ + SCN^- \rightarrow AgSCN(s)$$

硝酸銀の化学当量は，リン酸イオンと逆滴定に用いたチオシアン酸イオンの化学当量の和に等しい．したがって，リン酸の量は硝酸銀の量とチオシアン酸イオンの量の差になる．

8・1・1　当量点と終点

　滴定の**当量点**（equivalence point）とは，加えた標準液の [6] 量が試料中の分析対象の量と理論的に同じ化学当量に達するときをいう．たとえば塩化ナトリウムを硝酸銀で滴定するときの当量点は，試料中の塩化物イオン 1 mol 当たり銀イオン 1 mol が正確に加えられたところである．硫酸と水酸化ナトリウムの滴定においては，酸 1 mol 当たり塩基 2 mol が加えられたとき当量点に達する．

　滴定の当量点は，実験的に正確に測定することはできない．代わりにわれわれができることは，化学当量の前後で観察される物理変化から，当量点の位置を推定することである．この変化が起こる位置を滴定の**終点**（end point）と [7] よぶ．当量点と終点の体積や質量の差が小さくなるようどんなに努力しても，物理変化が不完全であったり観察が不十分であったりすることにより，実際には差が生じてしまう．この当量点と終点の体積差あるいは質量差を**滴定誤差** [8] （titration error）という．

---

[1] **用語** **滴定法**（titration method）または**滴定分析法**（titrimetric method）は分析対象が反応を完了するのに要する濃度既知の試薬の量に基づく定量法．化学物質を含む標準液あるいは定電流が"試薬"として用いられる．
[2] **用語** **容量滴定**の測定量は標準液の体積．
[3] **用語** **電量滴定**の測定量は分析対象と完全に反応するのに要する電荷量．
[4] **用語** **標準液**とは，濃度既知の試薬で，滴定やその他多くの化学分析に用いられる．
[5] **用語** **逆滴定**とは，分析対象を反応し尽くすために加えられた標準液の過剰な分を，別の標準液で滴定し定量する方法．分析対象と試薬の反応速度が遅いときや，標準液が安定でないときには逆滴定が必要となることが多い．
[6] **用語** **当量点**とは，滴定において加えた標準液の量が分析対象の量と当量になる点．
[7] **用語** **終点**とは，滴定において化学当量の前後で反応終了に見合った物理変化が起こる点．
[8] **用語** 容量滴定法では，**滴定誤差** E_t は
$$E_t = V_{ep} - V_{eq}$$
で与えられる．V_{ep} は終点に達するのに要した標準液の実際の体積，V_{eq} は当量点に達するのに要する標準液の理論上の体積．

1) 容量滴定に関する詳細な考察は J.I. Watters, "Treatise on Analytical Chemistry," ed. by I.M. Kolthoff, P.J. Elving, Part I, Vol. 11, Chap. 114, Wiley, New York (1975) を参照．

分析対象を含む溶液には観察可能な物理変化（終点の合図になる）を生じさせるための**指示薬**（indicator）を加えることが多い．分析対象あるいは滴定試薬の相対濃度の大きな変化は当量点付近で生じる．この濃度変化により指示薬には目で見える変化が起こる．代表的な変化は，発色や退色，変色，濁りの出現や消失などである．たとえば塩酸と水酸化ナトリウムの酸塩基滴定に指示薬として使われるフェノールフタレインは，過剰の水酸化ナトリウムが加えられると無色の溶液を赤色に変化させる（口絵 8 参照）．

終点を検出するには機器を使用することが多い．この機器は滴定中に特徴的に変化する溶液の特性を検出する．測定機器としては比色計，濁度計，分光光度計，温度モニター，屈折計，電圧計，電流計，電気伝導度計などがある．

8・1・2 一次標準物質

1) **一次標準物質**（primary standard reference material）は，滴定その他の分析法の参照試料として用いられる高純度化合物である．測定法の確度は一次標準物質の性質で決まり，次のような重要な条件が要求される．
1) 高純度で，純度を確認できる確立した手法が存在する
2) 空気中で安定である
3) 水和水がなく，固体の組成が湿度によって変化しない
4) 費用が手頃である
5) 滴定溶媒に適度に溶解する
6) モル質量が適度に大きく，秤量に伴う相対誤差が小さい

これらの基準を満たす，あるいは基準に近い化合物はきわめて少ないので，市販されている一次標準物質の数は限られている．そのため，ときにはあまり純度の高くない化合物を一次標準物質の代わりに使用しなければならない．そ
2) のような**二次標準物質**（secondary standard reference material）の純度は慎重に分析して確認すべきである．

8・2 標 準 液

どんな滴定をするときでも，標準液は重要な役割をもつので，その調製の仕方や濃度の表し方，標準液として望ましい特性について検討しなければならない．ある滴定法において理想的な標準液とは，以下のようなものである．
1) 濃度の測定が一度だけで済むよう，十分に安定である
2) 分析対象とすばやく反応するため試薬を加える時間が最小に抑えられる
3) 分析対象とほぼ完全に反応するため終点が明確にわかる
4) 釣り合いのとれた化学反応式で記述できる反応を分析対象と選択的に起こす

これらの条件を完全に満たす試薬はほとんどない．

滴定の確度は，使用する標準液濃度の確度を超えることはない．標準液の濃度を規定する基本的な方法は二つ

ある．一つ目は，質量をきちんと測定した一次標準物質を適切な溶媒に溶かし，メスフラスコで一定の体積まで希釈する方法である．この溶液を**一次標準液**（primary standard solution）という．二つ目は滴定に使用する標準液を 1) 質量既知の一次標準物質，2) 質量既知の二次標準物質，3) 一定量の別の標準液，のどれかで滴定する**標定**
3) である．標定した溶液を**二次標準液**（secondary standard solution）とよぶこともある．二次標準液の濃度は一次標準液の濃度より不確かさが増しやすい．選択の余地があるなら，溶液は一次標準液として調製するのが最善である．しかし，多くの試薬には一次標準物質に要求される性質が欠けているので，標定が必要になる．

8・3 容量分析計算法

§2・2・1 で示したように，溶液の濃度は何種類かの方法で表せる．多くの滴定で使用される標準液には**モル濃度** c，あるいは**規定度** c_N（normality）のどちらかが通常用いられる．モル濃度は溶液の体積 1 L に含まれる試薬の物質量（mol）であり，規定度は同じく体積 1 L に含まれる試薬の**当量**（equivalent）数である．

本書を通じて，容量分析計算はもっぱらモル濃度とモル質量に基づいている．また，工業分野や健康科学の文献では規定度や当量当たりの質量（グラム当量）という用語やその使用法を見かけるかもしれないので，これらを用いた容量分析計算法も付録 7 に含めた．

8・3・1 便利な関係式

ほとんどの容量分析計算法は，モル，ミリモル，モル濃度の定義から導出した以下の 2 組の式に基づいている．まず，ある化学種 A について，次のように書ける．

$$\text{A の物質量 (mol)} = \frac{\text{A の質量 (g)}}{\text{A のモル質量 (g/mol)}}$$
(8・1)

$$\text{A の物質量 (mmol)} = \frac{\text{A の質量 (g)}}{\text{A のミリモル質量 (g/mmol)}}$$
(8・2)

---

1) 用語 **一次標準物質**とは，滴定その他の定量分析の参照試料となる超高純度の化合物．
2) 用語 **二次標準物質**とは，化学分析によって純度が決定された化合物．二次標準物質は滴定やその他多くの分析において実際の標準物質となる．
3) 用語 **標定**とは，注意深く調製された一次標準物質や二次標準物質，あるいは体積が正確にわかっているその他の標準液を滴定することで，滴定試薬の濃度を定量すること．
4)
$$n_A = \frac{m_A}{M_A}$$

n_A は A の物質量，m_A は A の質量，M_A は A のモル質量を表す．

8・3 容量分析計算法

第二の式はモル濃度の定義から次のように導出できる.

$$\text{Aの物質量 (mol)} = V(\text{L}) \times c_\text{A}\left(\frac{\text{mol}}{\text{L}}\right) \quad (8 \cdot 3)$$

$$\text{Aの物質量 (mmol)} = V(\text{mL}) \times c_\text{A}\left(\frac{\text{mmol}}{\text{mL}}\right) \quad (8 \cdot 4)$$

1) V は溶液の体積を, c_A はAのモル濃度を表す.

(8・1) 式と (8・3) 式は体積をLで測定するときに,
2) (8・2) 式と (8・4) 式はmLで測定するときに用いる.

8・3・2 標準液のモル濃度計算

標準液の濃度計算方法を以下の三つの例題で説明する.

例題 8・1

固体のAgNO$_3$(一次標準物質)を用いて0.0500 M AgNO$_3$(169.87 g/mol)溶液2.000 Lを調製する方法を述べよ.

解 答

調製に必要なAgNO$_3$の物質量をまず求める.

$$\text{AgNO}_3\text{の物質量} = V_{\text{溶液}}(\text{L}) \times c_{\text{AgNO}_3}(\text{mol/L})$$
$$= 2.00 \text{ L} \times \frac{0.0500 \text{ mol AgNO}_3}{\text{L}}$$
$$= 0.100 \text{ mol AgNO}_3$$

AgNO$_3$の質量を求めるため (8・1) 式を変形して,

$$\text{AgNO}_3\text{の質量} = 0.1000 \text{ mol AgNO}_3 \times \frac{169.87 \text{ g AgNO}_3}{\text{mol AgNO}_3}$$
$$= 16.987 \text{ g AgNO}_3$$

したがって, 16.987 gのAgNO$_3$を水に溶かし, 2.000 Lのメスフラスコで標線まで希釈して調製すればよい.

例題 8・2

イオン選択性電極を用いてナトリウムの定量を行うにあたり, 電極の校正のためNa$^+$の0.0100 M標準液が必要である. この溶液500 mLを一次標準物質Na$_2$CO$_3$(105.99 g/mol)によって調製する方法を述べよ.

解 答

Na$^+$が0.0100 M含まれる溶液をつくるのに必要な試薬の質量を計算したい. この例題では体積がmLなので, mmolを使うことにする. Na$_2$CO$_3$は解離して2個のNa$^+$を与えるので, 必要なNa$_2$CO$_3$の物質量は,

(例題 8・2 解答つづき)

Na$_2$CO$_3$の物質量

$$= 500 \text{ mL} \times \frac{0.0100 \text{ mmol Na}^+}{\text{mL}} \times \frac{1 \text{ mmol Na}_2\text{CO}_3}{2 \text{ mmol Na}^+}$$
$$= 2.50 \text{ mmol}$$

と書ける. モル質量はmg/mmolの質量であるので,

Na$_2$CO$_3$の質量

$$= 2.50 \text{ mmol Na}_2\text{CO}_3 \times 105.99 \frac{\text{mg Na}_2\text{CO}_3}{\text{mmol Na}_2\text{CO}_3}$$
$$= 264.975 \text{ mg Na}_2\text{CO}_3$$

1 mg は0.001 gなので, 0.265 gのNa$_2$CO$_3$を水に溶かし500 mLに希釈して溶液を調製すればよい.

例題 8・3

例題8・2の溶液から, Na$^+$が0.00500 M, 0.00200 M, 0.00100 Mの標準液50.0 mLを調製するにはどうすればよいか.

解 答

濃溶液から分取したNa$^+$の物質量は希釈した希薄溶液中の物質量と等しくなければならない. 物質量 (mmol) は体積 (mL) にモル濃度 (mmol/mL) を掛けると求まるので,

$$V_{\text{濃溶液}} \times c_{\text{濃溶液}} = V_{\text{希薄溶液}} \times c_{\text{希薄溶液}}$$

$V_{\text{濃溶液}}$ と $V_{\text{希薄溶液}}$ はそれぞれ濃溶液と希薄溶液のmL単位の体積, $c_{\text{濃溶液}}$ と $c_{\text{希薄溶液}}$ はそれぞれのNa$^+$のモル濃度である. 0.00500 M溶液の場合, この式を変形して,

$$V_{\text{濃溶液}} = \frac{V_{\text{希薄溶液}} \times c_{\text{希薄溶液}}}{c_{\text{濃溶液}}}$$
$$= \frac{50.0 \text{ mL} \times 0.005 \text{ mmol Na}^+/\text{mL}}{0.0100 \text{ mmol Na}^+/\text{mL}}$$
$$= 25.0 \text{ mL}$$

したがって, 0.00500 M Na$^+$溶液50 mLをつくるには, 濃溶液25.0 mLを希釈して50.0 mLにすればよい.

他の二つのモル濃度についても同様に計算を行い, 濃溶液10.0 mL, 5.00 mLをそれぞれ50.0 mLに希釈すれば目的の濃度になる.

---

1) c_A はAのモル濃度を表し, 以下のように表せる.

$$c_\text{A} = \frac{n_\text{A}}{V} \quad \text{または} \quad n_\text{A} = V \times c_\text{A}$$

2) g, mol, Lの組合わせはどれもmg, mmol, mLで表せる. たとえば0.1 M溶液にはある化学種が1 L当たり0.1 mol, あるいは1 mL当たり0.1 mmol含まれる. 同様に化合物の物質量は, 化合物の質量 (単位はg) をモル質量 (単位はg/mol) で割ったもの, あるいは質量 (単位はmg) をミリモル質量 (単位はmg/mol) で割ったものに等しい.

8・3・3 滴定データの取扱い

ここでは 2 種類の容量分析の計算法を論じる．まず，一次標準物質あるいは別の標準液で標定された溶液の濃度を計算する．次に，滴定データから試料中の分析対象の量を計算する．どちらの計算も三つの等式に基づく．このうち二つは (8・2) 式と (8・4) 式で，mmol, mL が基本になる．三つ目は分析対象の物質量と標準液の物質量の化学量論比の式である．

a. 標定データによるモル濃度の計算　標定データの取扱いを例題 8・4 と 8・5 で説明する．

例題 8・4

ブロモクレゾールグリーンを指示薬として HCl 溶液 50.00 mL を 0.01963 M $Ba(OH)_2$ 溶液で滴定したところ，終点に達するまで 29.71 mL を要した．HCl のモル濃度を計算せよ．

解 答

この滴定では 1 mmol の $Ba(OH)_2$ が 2 mmol の HCl と反応するので，

$$Ba(OH)_2 + 2HCl \rightarrow BaCl_2 + 2H_2O$$

したがって化学量論比は，

$$\text{化学量論比} = \frac{2 \text{ mmol HCl}}{1 \text{ mmol Ba(OH)}_2}$$

$Ba(OH)_2$ の物質量は (8・4) 式に代入して計算する．

$Ba(OH)_2$ の物質量

$$= 29.71 \text{ mL Ba(OH)}_2 \times 0.01963 \frac{\text{mmol Ba(OH)}_2}{\text{mL Ba(OH)}_2}$$

[1] HCl の物質量を求めるため，この結果に滴定反応から求められた化学量論比を掛ける．

HCl の物質量 $= (29.71 \times 0.01963)$ mmol Ba(OH)$_2$

$$\times \frac{2 \text{ mmol HCl}}{1 \text{ mmol Ba(OH)}_2}$$

HCl のモル濃度を得るため，HCl 溶液の体積で割る．すなわち，

$$c_{HCl} = \frac{(29.71 \times 0.01963 \times 2) \text{ mmol HCl}}{50.00 \text{ mL HCl}}$$

$$= 0.023328 \frac{\text{mmol HCl}}{\text{mL HCl}} \approx 0.02333 \text{ M}$$

例題 8・5

純 $Na_2C_2O_4$ (134.00 g/mol) 0.2121 g を滴定するのに $KMnO_4$ 溶液 43.31 mL を要した．$KMnO_4$ 溶液のモル濃度はいくらか．化学反応式は次のとおりである．

$$2MnO_4^- + 5C_2O_4^{2-} + 16H^+ \rightarrow 2Mn^{2+} + 10CO_2 + 8H_2O$$

解 答（例題 8・5 つづき）

この式から，

$$\text{化学量論比} = \frac{2 \text{ mmol KMnO}_4}{5 \text{ mmol Na}_2\text{C}_2\text{O}_4}$$

とわかる．一次標準物質 NaC_2O_4 の物質量は (8・2) 式から与えられる．

$Na_2C_2O_4$ の物質量

$$= 0.2121 \text{ g Na}_2\text{C}_2\text{O}_4 \times \frac{1 \text{ mmol Na}_2\text{C}_2\text{O}_4}{0.13400 \text{ g Na}_2\text{C}_2\text{O}_4}$$

$KMnO_4$ の物質量を求めるため，この結果に化学量論比を掛けて，

$KMnO_4$ の物質量

$$= \frac{0.2121}{0.1340} \text{ mmol Na}_2\text{C}_2\text{O}_4 \times \frac{2 \text{ mmol KMnO}_4}{5 \text{ mmol Na}_2\text{C}_2\text{O}_4}$$

使われた体積で割ると $KMnO_4$ の濃度が得られる．ゆえに，

$$c_{KMnO_4} = \frac{\left(\frac{0.2121}{0.13400} \times \frac{2}{5}\right) \text{ mmol KMnO}_4}{43.31 \text{ mL KMnO}_4} = 0.01462 \text{ M}$$

例題 8・4, 8・5 では，用いた関係の正しさを確認するため，計算過程にすべて単位をつけていることに注意する．

b. 滴定データによる分析対象の定量計算　これまでに示した系統的なアプローチは，以下の例題のように滴定データから分析対象の濃度を計算するのにも用いられる．

例題 8・6

鉄鉱石の試料 0.8040 g を酸に溶かし，鉄を還元して Fe^{2+} にする．この溶液を 0.02242 M $KMnO_4$ 溶液で滴定したところ，終点に達するまで 47.22 mL を要した．(a) Fe (55.847 g/mol) の割合 (%), (b) Fe_3O_4 (231.54 g/mol) の割合 (%) について，この分析の結果から計算せよ．

解 答

分析対象と試薬の反応は次式で表せる．

$$MnO_4^- + 5Fe^{2+} + 8H^+ \rightarrow Mn^{2+} + 5Fe^{3+} + 4H_2O$$

(a)

$$\text{化学量論比} = \frac{5 \text{ mmol Fe}^{2+}}{1 \text{ mmol KMnO}_4}$$

---

[1] 容量分析の計算において保持すべき有効桁数を決める場合，化学量論比は有効桁数に関与せず厳密に一定の値をとる．

(例題 8・6 解答つづき)

$KMnO_4$ の物質量
$$= 47.22 \text{ mL KMnO}_4^- \times \frac{0.02242 \text{ mmol KMnO}_4^-}{\text{mL KMnO}_4^-}$$

Fe^{2+} の物質量 $= (47.22 \times 0.02242) \text{ mmol KMnO}_4^-$
$$\times \frac{5 \text{ mmol Fe}^{2+}}{1 \text{ mmol KMnO}_4^-}$$

Fe^{2+} の質量は次式で与えられる.

Fe^{2+} の質量 $= (47.22 \times 0.02242 \times 5) \text{ mmol Fe}^{2+}$
$$\times 0.055847 \frac{\text{g Fe}^{2+}}{\text{mmol Fe}^{2+}}$$

Fe^{2+} の割合は,

Fe^{2+} の割合 (%)
$$= \frac{(47.22 \times 0.02242 \times 5 \times 0.055847) \text{ g Fe}^{2+}}{0.8040 \text{ g 試料}}$$
$$\times 100\% = 36.77\%$$

(b) Fe_3O_4 と $KMnO_4$ の間の正確な化学量論比を決めるため,
$$5 \text{ Fe}^{2+} \equiv 1 \text{ MnO}_4^-$$
に注目する. これにより,
$$5 \text{ Fe}_3O_4 \equiv 15 \text{ Fe}^{2+} \equiv 3 \text{ MnO}_4^-$$
したがって,
$$\text{化学量論比} = \frac{5 \text{ mmol Fe}_3O_4}{3 \text{ mmol KMnO}_4}$$

(a) と同様に,

$KMnO_4$ の物質量
$$= \frac{47.22 \text{ mL KMnO}_4^- \times 0.02242 \text{ mmol KMnO}_4^-}{\text{mL KMnO}_4^-}$$

Fe_3O_4 の物質量 $= (47.22 \times 0.02242) \text{ mmol KMnO}_4^-$
$$\times \frac{5 \text{ mmol Fe}_3O_4}{3 \text{ mmol KMnO}_4^-}$$

Fe_3O_4 の質量 $= \left(47.22 \times 0.02242 \times \frac{5}{3}\right) \text{ mmol Fe}_3O_4$
$$\times 0.23154 \frac{\text{g Fe}_3O_4}{\text{mmol Fe}_3O_4}$$

Fe_3O_4 の割合 (%)
$$= \frac{\left(47.22 \times 0.02242 \times \frac{5}{3}\right) \times 0.23154 \text{ g Fe}_3O_4}{0.8040 \text{ g 試料}}$$
$$\times 100\% = 50.81\%$$

コラム 8・1　例題 8・6(a) の別解法

問題の解答を書くときに単位を詳しく書き出す方がわかりやすいこともある. 先行する項の分子にある単位は後続の分母にある単位で消去され, やがて答えの単位が得られる[2]. たとえば例題 8・6(a) は次のように書ける.

$$47.22 \text{ mL KMnO}_4^- \times \frac{0.02242 \text{ mmol KMnO}_4^-}{\text{mL KMnO}_4^-}$$
$$\times \frac{5 \text{ mmol Fe}}{1 \text{ mmol KMnO}_4^-} \times \frac{0.055847 \text{ g Fe}}{\text{mmol Fe}}$$
$$\times \frac{1}{0.8040 \text{ g 試料}} \times 100\% = 36.77\% \text{ Fe}$$

例題 8・7

汽水の試料 100.0 mL をアンモニア水にし, この試料に含まれる硫化物を 0.02310 M $AgNO_3$ で滴定したところ, 終点に達するまで 16.47 mL を要した. 化学反応は次式で表せる.

$$2Ag^+ + S^{2-} \rightarrow Ag_2S(s)$$

この試料に含まれる H_2S (34.081 g/mol) の濃度を百万分率 c_{ppm} で計算せよ.

解 答

当量点では, 　化学量論比 $= \dfrac{1 \text{ mmol H}_2S}{2 \text{ mmol AgNO}_3}$

$AgNO_3$ の物質量
$$= 16.47 \text{ mL AgNO}_3 \times 0.02310 \frac{\text{mmol AgNO}_3}{\text{mL AgNO}_3}$$

H_2S の物質量 $= (16.47 \times 0.02310) \text{ mmol AgNO}_3$
$$\times \frac{1 \text{ mmol H}_2S}{2 \text{ mmol AgNO}_3}$$

H_2S の質量 $= \left(16.47 \times 0.02310 \times \dfrac{1}{2}\right) \text{ mmol H}_2S$
$$\times 0.034081 \frac{\text{g H}_2S}{\text{mmol H}_2S}$$
$$= 6.483 \times 10^{-3} \text{ g H}_2S$$

溶液の比重を 1.00 とすると,
$$c_{ppm} = \frac{6.483 \times 10^{-3} \text{ g H}_2S}{100.0 \text{ mL 試料} \times 1.00 \text{ g 試料/mL 試料}}$$
$$\times 10^6 \text{ ppm}$$
$$= 64.8 \text{ ppm}$$

---

[2] この方法は係数ラベル法とよばれる. 次元解析とよばれることがあるが誤りである.

例題 8・8

肥料の試料 4.258 g に含まれるリンを PO_4^{3-} に変換し,0.0820 M $AgNO_3$ 50.00 mL を加え Ag_3PO_4 として沈殿させた.過剰な $AgNO_3$ は 0.0625 M KSCN 4.06 mL で逆滴定した.この分析結果から,試料中のリンの含有量を P_2O_5 (141.9 g/mol) の割合(%)で表せ.

解 答

化学反応は,

$$P_2O_5 + 9H_2O \rightarrow 2PO_4^{3-} + 6H_3O^+$$

$$2PO_4^{3-} + 6\underset{過剰}{Ag^+} \rightarrow 2Ag_3PO_4(s)$$

$$Ag^+ + SCN^- \rightarrow AgSCN(s)$$

化学量論比は,

$$\frac{1 \text{ mmol } P_2O_5}{6 \text{ mmol } AgNO_3} \quad \text{および} \quad \frac{1 \text{ mmol KSCN}}{1 \text{ mmol } AgNO_3}$$

$AgNO_3$ の総物質量

$$= 50.00 \text{ mL} \times 0.0820 \frac{\text{mmol } AgNO_3}{\text{mL}}$$

$$= 4.100 \text{ mmol } AgNO_3$$

KSCN が消費した $AgNO_3$ の物質量

$$= 4.06 \text{ mL} \times 0.0625 \frac{\text{mmol KSCN}}{\text{mL}} \times \frac{1 \text{ mmol } AgNO_3}{\text{mmol KSCN}}$$

$$= 0.2538 \text{ mmol } AgNO_3$$

P_2O_5 の物質量

$$= (4.100 - 0.254) \text{ mmol } AgNO_3 \times \frac{1 \text{ mmol } P_2O_5}{6 \text{ mmol } AgNO_3}$$

$$= 0.6410 \text{ mmol } P_2O_5$$

P_2O_5 の割合(%)

$$= \frac{0.6410 \text{ mmol} \times \frac{0.1419 \text{ g } P_2O_5}{\text{mmol}}}{4.258 \text{ g 試料}} \times 100\% = 2.14\%$$

例題 8・9

ある気体試料 20.3 L を 150 ℃ に熱した酸化ヨウ素(V)に通気し,次式のように含まれる CO を CO_2 に変換した.

$$I_2O_5(s) + 5CO(g) \rightarrow 5CO_2(g) + I_2(g)$$

同温でヨウ素を分離し,0.01101 M $Na_2S_2O_3$ を 8.25 mL 含む吸着装置に捕集した.

$$I_2(g) + 2S_2O_3^{2-}(aq) \rightarrow 2I^-(aq) + S_4O_6^{2-}(aq)$$

過剰な $Na_2S_2O_3$ は 0.00947 M I_2 溶液で逆滴定し,終点までに 2.16 mL を要した.試料に含まれる CO (28.01 g/mol) の濃度 (mg/L) を計算せよ.

解 答 (例題 6・9 つづき)

二つの反応を踏まえ,化学量論比はそれぞれ,

$$\frac{5 \text{ mmol CO}}{1 \text{ mmol } I_2} \quad \text{および} \quad \frac{2 \text{ mmol } Na_2S_2O_3}{1 \text{ mmol } I_2}$$

一つ目の比を二つ目で割ると,使いやすい三つ目の化学量論比が得られる.

$$\frac{5 \text{ mmol CO}}{2 \text{ mmol } Na_2S_2O_3}$$

この関係から,5 mmol の CO が反応すると,2 mmol の $Na_2S_2O_3$ が消費されることがわかる.$Na_2S_2O_3$ の総量は,

$Na_2S_2O_3$ の物質量

$$= 8.25 \text{ mL } Na_2S_2O_3 \times 0.01101 \frac{\text{mmol } Na_2S_2O_3}{\text{mL } Na_2S_2O_3}$$

$$= 0.09083 \text{ mmol } Na_2S_2O_3$$

逆滴定で消費された $Na_2S_2O_3$ の物質量は,

$Na_2S_2O_3$ の物質量

$$= 2.16 \text{ mL } I_2 \times 0.00947 \frac{\text{mmol } I_2}{\text{mL } I_2} \times \frac{2 \text{ mmol } Na_2S_2O_3}{\text{mmol } I_2}$$

$$= 0.04091 \text{ mmol } Na_2S_2O_3$$

したがって CO の物質量は三つ目の化学量論比を用いて計算できる.

CO の物質量 $= (0.09083 - 0.04091) \text{ mmol } Na_2S_2O_3$

$$\times \frac{5 \text{ mmol CO}}{2 \text{ mmol } Na_2S_2O_3}$$

$$= 0.1248 \text{ mmol CO}$$

CO の質量

$$= 0.1248 \text{ mmol CO} \times \frac{28.01 \text{ mg CO}}{\text{mmol CO}} = 3.4956 \text{ mg}$$

$$\frac{\text{CO の質量}}{\text{試料の体積}} = \frac{3.4956 \text{ mg}}{20.3 \text{ L}} = 0.172 \text{ mg/L}$$

8・4 滴定曲線

§8・1・1で述べたように,滴定の終点は当量点付近の観察可能な物理変化によって示される.変化の合図として,1) 標準液(滴定試薬)や分析対象,指示薬の色の変化,2) 滴定試薬あるいは分析対象の濃度に応じた電極電位の変化の二つが最も広く利用されている.

終点検出の原理と滴定誤差の原因を理論的に理解するため,検討中の系につき必要なデータ点を計算で求めて**滴定**

---

1) [用語] **滴定曲線**とは濃度に関する変数を滴定試薬の体積に対してプロットした図のこと.

曲線（titration curve）を作成してみよう．滴定曲線とは，滴定試薬の体積をx軸に，分析対象や滴定試薬の濃度の何らかの関数をy軸にとり，プロットしたグラフである．

8・4・1 滴定曲線の種類

得られる滴定曲線には滴定法によって一般に二つのタイプがある（つまり終点のタイプも通常は二つある）．一つ
1) 目は**シグモイド曲線**（sigmoidal curve）とよばれるタイプであり，重要な測定値は当量点付近の狭い領域（通常は±0.1〜0.5 mL）に限定される．滴定試薬の体積に対して分析対象（滴定試薬のこともある）の−log（濃度）をプロットしたシグモイド曲線を図8・1(a)に示す．

2) 二つ目は**区分線形曲線**（linear segment curve）とよばれるもので，測定は当量点を挟んだ両側で，十分な範囲をもって行う．当量点近傍の測定は避ける．このタイプの曲線では，分析対象あるいは滴定試薬の濃度に比例する機器の指示値を縦軸に表す．図8・1(b)に標準的な区分線形曲線を示す．

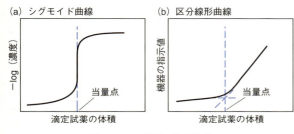

図8・1　2種類の滴定曲線

シグモイド曲線には早さと利便性という利点がある．区分線形曲線は滴定試薬や分析対象が大過剰で存在するときにしか完了しない反応に対して有利である．

本章と続く数章ではシグモイド曲線について論じ，第17章の分光法では区分線形曲線を用いる．

8・4・2 滴定中の濃度変化

滴定の当量点の特徴は，滴定試薬あるいは分析対象の相対濃度が大きく変化することである．表8・1でこの現象を説明する．表の左から2列目のデータは0.1000 M塩酸50.00 mLを0.1000 M水酸化ナトリウムで滴定したときのオキソニウムイオン濃度の変化（理論計算値）を表す．中和反応は次式のように書ける．

$$H_3O^+ + OH^- \rightarrow 2H_2O \qquad (8 \cdot 5)$$

当量点領域で生じる相対濃度変化がはっきりわかるように，計算した体積の増加量はH_3O^+濃度を10倍減少させる（あるいはOH^-の濃度を10倍増加させる）のに要する量にしてある．表の3列目を見ると，H_3O^+濃度を0.1000 Mから0.0100 Mへ1桁減らすのに必要な塩基は

40.91 mLである．濃度をもう1桁減らして0.00100 Mにするには8.10 mLしか加える必要がなく，0.89 mL加えるとさらに10分の1に減る．これに応じたOH^-濃度の増加が同時に起こる．どのタイプの滴定においても当量点では分析対象（または滴定試薬）の相対濃度が大きく変化するので，この変化を頼りに終点を検出する．コラム8・2では表8・1の1列目に示した体積の計算方法を述べる．

化学当量となる領域で起こる相対濃度の大きな変化を，分析対象あるいは滴定試薬の濃度の負の対数（−log）を滴定試薬の体積に対してプロットした図8・2で表す．図の対数値は表8・1の右端2列に対応する．錯形成，沈殿，酸化還元などの反応の滴定曲線は，どれも当量点領域の対数関数の増減が図8・2と同じ形を示す．滴定曲線によって指示薬や機器に要求される特性（たとえば変色範囲や感度など）が明確になり，滴定法に伴う誤差の推定が可能になる．

表8・1　0.1000 M HCl 50.00 mLを滴定するときの濃度変化

0.1000 M NaOHの体積〔mL〕	$[H_3O^+]$〔mol/L〕	$[H_3O^+]$を10倍減少させる0.1000 M NaOHの体積〔mL〕	pH	pOH
0.00	0.1000		1.00	13.00
40.91	0.0100	40.91	2.00	12.00
49.01	1.000×10^{-3}	8.10	3.00	11.00
49.90	1.000×10^{-4}	0.89	4.00	10.00
49.99	1.000×10^{-5}	0.09	5.00	9.00
49.999	1.000×10^{-6}	0.009	6.00	8.00
50.00	1.000×10^{-7}	0.001	7.00	7.00
50.001	1.000×10^{-8}	0.001	8.00	6.00
50.01	1.000×10^{-9}	0.009	9.00	5.00
50.10	1.000×10^{-10}	0.09	10.00	4.00
51.01	1.000×10^{-11}	0.91	11.00	3.00
61.11	1.000×10^{-12}	10.10	12.00	2.00

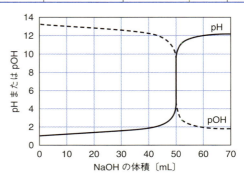

図8・2　0.1000 M HClの0.1000 M NaOHによる滴定を，NaOHの体積に対するpHまたはpOHで表した滴定曲線

---
1) シグモイド曲線の縦軸は，分析対象または滴定試薬の対数関数か，分析対象または滴定試薬感受性電極電位のどちらかである．
2) 区分線形曲線の縦軸は，分析対象または滴定試薬の濃度に比例する機器の信号である．

コラム 8・2　表 8・1 の 1 列目に示された NaOH の体積の計算方法

当量点に達する前の $[H_3O^+]$ は，未反応の HCl 濃度 (c_{HCl}) に等しい．HCl 濃度は，HCl の当初の物質量 ($50.00\ mL \times 0.1000\ M$) と加えた NaOH の物質量 ($V_{NaOH} \times 0.1000\ M$) の差を溶液全体の体積で割ったものに等しい．

$$c_{HCl} = [H_3O^+] = \frac{50.00 \times 0.1000 - V_{NaOH} \times 0.1000}{50.00 + V_{NaOH}}$$

V_{NaOH} は加えた 0.1000 M NaOH の体積を表す．この式を整理し，

$$50.00[H_3O^+] + V_{NaOH}[H_3O^+] = 5.000 - 0.1000 V_{NaOH}$$

V_{NaOH} を含む項をまとめると，

$$V_{NaOH}(0.1000 + [H_3O^+]) = 5.000 - 50.00[H_3O^+]$$

したがって，

$$V_{NaOH} = \frac{5.000 - 50.00[H_3O^+]}{0.1000 + [H_3O^+]}$$

ゆえに $[H_3O^+] = 0.0100\ M$ となるためには，V_{NaOH} は以下のようになる．

$$V_{NaOH} = \frac{5.000 - 50.00 \times 0.0100}{0.1000 + 0.0100} = 40.91\ mL$$

発展問題：当量点に達した後の NaOH の体積についても同じ考え方で説明せよ．

$$V_{NaOH} = \frac{50.000[OH^-] + 5.000}{0.1000 - [OH^-]}$$

章 末 問 題

8・1 以下の用語の定義を述べよ．
(a) ミリモル
(b) 滴 定
(c) 化学量論比
(d) 滴定誤差

8・2 化学量論比とともに容量滴定計算の基本となる二つの式を書け．

8・3 次の用語の違いを述べよ．
(a) 滴定の当量点と終点
(b) 一次標準物質と二次標準物質

8・4 希薄水溶液においては，濃度の単位として 1 L 当たりの溶質の質量 (mg/L) と百万分率 (ppm) をなぜほとんど同じ意味で使用できるのか，簡潔に説明せよ．

8・5 容量分析計算は通常，使用した滴定試薬の量を化学量論比によって分析対象の化学当量に変換することである．以下の物質における滴定試薬と分析対象の化学量論比を化学式を用いて表せ（計算は不要）．

(a) ロケット燃料に含まれるヒドラジン H_2NNH_2．滴定に用いたヨウ素標準液との反応は，

$$H_2NNH_2 + 2I_2 \rightarrow N_2(g) + 4I^- + 4H^+$$

(b) 化粧品に含まれる過酸化水素 H_2O_2．滴定に用いた過マンガン酸イオン標準液との反応は，

$$5H_2O_2 + 2MnO_4^- + 6H^+ \rightarrow 2Mn^{2+} + 5O_2(g) + 8H_2O$$

(c) ホウ砂 $Na_2B_4O_7 \cdot 10H_2O$ に含まれるホウ素．滴定に用いた酸標準液との反応は，

$$B_4O_7^{2-} + 2H^+ + 5H_2O \rightarrow 4H_3BO_3$$

(d) 農薬散布剤に含まれる硫黄．大過剰のシアン化物イオンで以下の反応によりチオシアン酸イオンに変換した．

$$S(s) + CN^- \rightarrow SCN^-$$

過剰なシアン化物イオンを除去後，チオシアン酸イオンを強塩酸下でヨウ素酸カリウム標準液によって滴定した．

$$2SCN^- + 3IO_3^- + 2H^+ + 6Cl^- \rightarrow 2SO_4^{2-} + 2CN^- + 3ICl_2^- + H_2O$$

8・6 次の溶液には何 mmol の溶質が含まれているか．
(a) 2.76×10^{-3} M $KMnO_4$ 溶液 2.00 L
(b) 0.0423 M KSCN 溶液 250.0 mL
(c) 2.97 ppm の $CuSO_4$ を含む溶液 500.0 mL
(d) 0.352 M KCl 溶液 2.50 L

8・7 次の溶液には何 mmol の溶質が含まれているか．
(a) 0.0789 M KH_2PO_4 溶液 2.95 mL
(b) 0.0564 M $HgCl_2$ 溶液 0.2011 L
(c) 47.5 ppm の $Mg(NO_3)_2$ を含む溶液 2.56 L
(d) 0.1379 M NH_4VO_3 (116.98 g/mol) 溶液 79.8 mL

8・8 次の溶液には何 mg の溶質が含まれているか．
(a) 0.250 M スクロース (342 g/mol) 溶液 26.0 mL
(b) 5.23×10^{-4} M H_2O_2 溶液 2.92 L
(c) 5.76 ppm の $Pb(NO_3)_2$ を含む溶液 673 mL
(d) 0.0426 M KNO_3 溶液 6.75 mL

8・9 次の溶液には何 g の溶質が含まれているか．
(a) 0.0986 M H_2O_2 溶液 450.0 mL
(b) 9.36×10^{-4} M 安息香酸 (122.1 g/mol) 溶液 26.4 mL
(c) 23.4 ppm の $SnCl_2$ を含む溶液 2.50 L
(d) 0.0214 M $KBrO_3$ 溶液 21.7 mL

章末問題

8·10 比重 1.52 の 50.0%(w/w) NaOH 溶液のモル濃度を計算せよ.

8·11 比重 1.13 の 20.0%(w/w) KCl 溶液のモル濃度を計算せよ.

8·12 以下の溶液の調製法を述べよ.
(a) 固体 $AgNO_3$ を用いて 0.0750 M $AgNO_3$ 溶液 500 mL
(b) 6.00 M HCl 溶液を用いて 0.325 M HCl 溶液 2.00 L
(c) 固体 $K_4Fe(CN)_6$ を用いて 0.0900 M の K^+ を含む溶液 750 mL
(d) 0.500 M $BaCl_2$ 溶液を用いて 2.00%(w/v) $BaCl_2$ 水溶液 600 mL
(e) 市販の試薬 [60%(w/w) $HClO_4$, 比重 1.60] を用いて 0.120 M $HClO_4$ 溶液 2.00 L
(f) 固体 Na_2SO_4 を用いて 60.0 ppm の Na^+ を含む溶液 9.00 L

8·13 以下の溶液の調製法を述べよ.
(a) 固体 $KMnO_4$ を用いて 0.150 M $KMnO_4$ 溶液 1.00 L
(b) 9.00 M $HClO_4$ 試薬溶液を用いて 0.500 M $HClO_4$ 溶液 2.50 L
(c) MgI_2 を用いて 0.0500 M の I^- を含む溶液 400 mL
(d) 0.218 M $CuSO_4$ 溶液を用いて 1.00%(w/v) $CuSO_4$ 水溶液 200 mL
(e) 市販の試薬 [50%(w/w) NaOH, 比重 1.525] を用いて 0.215 M NaOH 溶液 1.50 L
(f) 固体 $K_4[Fe(CN)_6]$ を用いて 12.0 ppm の K^+ を含む溶液 1.50 L

8·14 一次標準物質の HgO 0.4008 g を KBr 溶液に溶かした.

$$HgO(s) + 4Br^- + H_2O \rightarrow HgBr_4^{2-} + 2OH^-$$

この溶液で $HClO_4$ 溶液を標定したところ, 遊離した OH^- は $HClO_4$ 43.75 mL と反応した. $HClO_4$ のモル濃度を計算せよ.

8·15 一次標準物質の Na_2CO_3 試料 0.4723 g を H_2SO_4 溶液で滴定し, 次の反応が起こり, 終点に到達するのに 34.78 mL を要した.

$$CO_3^{2-} + 2H^+ \rightarrow H_2O + CO_2(g)$$

H_2SO_4 溶液のモル濃度はいくらか.

8·16 96.4% Na_2SO_4 を含む試料 0.5002 g を滴定した. 次の反応が起こり, 要した塩化バリウム溶液は 48.63 mL であった.

$$Ba^{2+} + SO_4^{2-} \rightarrow BaSO_4(s)$$

溶液中の $BaCl_2$ の分析モル濃度を計算せよ.

8·17 一次標準物質の Na_2CO_3 試料 0.4126 g を希過塩素酸 ($HClO_4$) 40 mL で処理した. 溶液を煮沸して CO_2 を除去し, 過剰な $HClO_4$ を希 NaOH 水溶液 9.20 mL で逆滴定した. 別の実験で, この NaOH 水溶液 25.00 mL を中和するのに, この $HClO_4$ 26.93 mL が必要なことがわかった. $HClO_4$ と NaOH のモル濃度を計算せよ.

8·18 0.04715 M $Na_2C_2O_4$ 50 mL を滴定した. 終点に到達するのに過マンガン酸カリウム ($KMnO_4$) 39.25 mL を要した.

$$2MnO_4^- + 5H_2C_2O_4 + 6H^+ \rightarrow 2Mn^{2+} + 10CO_2(g) + 8H_2O$$

$KMnO_4$ 溶液のモル濃度を計算せよ.

8·19 一次標準物質の KIO_3 0.1142 g から生成した I_2 を滴定した. 終点に到達するのにチオ硫酸ナトリウム $Na_2S_2O_3$ 27.95 mL を要した.

$$IO_3^- + 5I^- + 6H^+ \rightarrow 3I_2 + 3H_2O$$
$$I_2 + 2S_2O_3^{2-} \rightarrow 2I^- + S_4O_6^{2-}$$

$Na_2S_2O_3$ の濃度を計算せよ.

8·20 石油製品の試料 4.912 g を管状炉で燃やし, 生じた SO_2 を 3% H_2O_2 で捕集したときの反応は,

$$SO_2(g) + H_2O_2 \rightarrow H_2SO_4$$

である. 0.00873 M NaOH 25.00 mL を H_2SO_4 に加え, 過剰な塩基を 0.01102 M HCl 15.17 mL で逆滴定した. 試料中の硫黄濃度を百万分率 (ppm) で計算せよ.

8·21 湧き水の試料 100.0 mL に含まれる鉄をすべて Fe^{2+} に変換する処理を行った. 0.002517 M $K_2Cr_2O_7$ 25.00 mL を加えると以下の反応が起こる.

$$6Fe^{2+} + Cr_2O_7^{2-} + 14H^+ \rightarrow 6Fe^{3+} + 2Cr^{3+} + 7H_2O$$

過剰な $K_2Cr_2O_7$ を 0.00949 M Fe^{2+} 溶液 8.53 mL で逆滴定した. 試料中の鉄濃度を百万分率 (ppm) で計算せよ.

8·22 殺虫剤の試料 1.203 g に含まれるヒ素を適切な処理によってヒ酸 H_3AsO_4 に変換した. これを中和し, 0.05871 M $AgNO_3$ 40.00 mL を加え, ヒ素を Ag_3AsO_4 として定量的に沈殿させた. 沪液と沈殿物洗浄液中の過剰な Ag^+ を 0.1000 M KSCN 9.63 mL で滴定した. その反応は, 以下のとおりである.

$$Ag^+ + SCN^- \rightarrow AgSCN(s)$$

試料中の As_2O_3 の割合 (%) を求めよ.

8·23 有機物の試料 1.455 g 中のチオ尿素を希 H_2SO_4 溶液に抽出し, 0.009372 M Hg^{2+} 溶液 37.31 mL で滴定した. そのときの反応は, 以下のとおりである.

$$4(NH_2)_2CS + Hg^{2+} \rightarrow [(NH_2)_2CS]_4Hg^{2+}$$

試料中の $(NH_2)_2CS$ (76.12 g/mol) の割合 (%) を求めよ.

8·24 $Ba(OH)_2$ 溶液を一次標準物質の安息香酸 C_6H_5COOH (122.12 g/mol) 0.1215 g で標定した. $Ba(OH)_2$ 43.25 mL を加えたところで終点が観察された.
(a) $Ba(OH)_2$ のモル濃度を計算せよ.
(b) 質量測定に対する標準偏差が ±0.3 mg, 体積測定に対する標準偏差が ±0.02 mL だった場合のモル濃度の標準偏差を計算せよ.
(c) 質量測定の誤差を −0.3 mg と仮定し, モル濃度の

系統誤差（絶対誤差，相対誤差）を計算せよ．

8・25 アルコール溶液に含まれる酢酸エチル濃度を定量するため，試料 10.00 mL を 100.00 mL に希釈した．希釈溶液 20.00 mL を 0.04672 M KOH 溶液 40.00 mL と還流した．

$$CH_3COOC_2H_5 + OH^- \rightarrow CH_3COO^- + C_2H_5OH$$

冷却後，過剰な OH^- を 0.05042 M H_2SO_4 溶液で逆滴定したところ終点到達に 3.41 mL を要した．もとの試料に含まれる酢酸エチル (88.11 g/mol) の質量 (g) を計算せよ．

8・26 0.1475 M $Ba(OH)_2$ 溶液を用いて酢酸 (60.05 g/mol) の希薄水溶液を滴定し，次の結果を得た．

試料	酢酸試料の体積〔mL〕	$Ba(OH)_2$ の体積〔mL〕
1	50.00	43.17
2	49.50	42.68
3	25.00	21.47
4	50.00	43.33

(a) 試料中の酢酸の平均重量/体積%濃度を計算せよ．
(b) 結果の標準偏差を計算せよ．
(c) 平均の 90%信頼区間を計算せよ．
(d) 90%信頼水準の場合，どれか棄却できる測定値はあるか．

8・27
(a) 一次標準物質の $Na_2C_2O_4$ の試料 0.3147 g を H_2SO_4 溶液に溶かし，希 $KMnO_4$ 溶液 31.67 mL で滴定した．

$$2MnO_4^- + 5C_2O_4^{2-} + 16H^+ \rightarrow 2Mn^{2+} + 10CO_2(g) + 8H_2O$$

$KMnO_4$ 溶液のモル濃度を計算せよ．

(b) 鉄鉱石試料 0.6656 g に含まれる鉄を定量的に 2 価に還元後，(a) の $KMnO_4$ 溶液 26.75 mL で滴定した．試料中の Fe_2O_3 の割合 (%) を計算せよ．

8・28 $KCl \cdot MgCl_2 \cdot 6H_2O$ (277.85 g/mol) 7.48 g を十分量の水に溶かし，希釈して 2.000 L の溶液を調製した．次の値を計算せよ．
(a) この溶液に含まれる $KCl \cdot MgCl_2$ の分析モル濃度
(b) Mg^{2+} のモル濃度
(c) Cl^- のモル濃度
(d) $KCl \cdot MgCl_2 \cdot 6H_2O$ の重量/体積%濃度
(e) この溶液 25.0 mL に含まれる Cl^- の物質量 (mmol)
(f) K^+ の百万分率 (ppm) で表した濃度

8・29 $K_3[Fe(CN)_6]$ (329.2 g/mol) 367 mg を十分量の水に溶かし，希釈して 750 mL の溶液を調製した．次の値を計算せよ．
(a) $K_3[Fe(CN)_6]$ のモル濃度
(b) K^+ のモル濃度
(c) $[Fe(CN)_6]^{3-}$ のモル濃度
(d) $K_3[Fe(CN)_6]$ の重量/体積%濃度
(e) この溶液 50.0 mL に含まれる K^+ の物質量 (mmol)
(f) $[Fe(CN)_6]^{3-}$ の百万分率 (ppm) で表した濃度

8・30 発展問題：以下の酸塩基滴定それぞれについて，当量のとき，および滴定試薬が当量点の体積 ±20.00 mL, ±10.00 mL, ±1.00 mL のときの H_3O^+ と OH^- の濃度を計算せよ．データから滴定試薬の体積に対する対数関数をプロットし，滴定曲線を作成せよ．
(a) 0.05000 M HCl 25.00 mL と 0.02500 M NaOH
(b) 0.06000 M HCl 20.00 mL と 0.03000 M NaOH
(c) 0.07500 M H_2SO_4 30.00 mL と 0.1000 M NaOH
(d) 0.02500 M NaOH 40.00 mL と 0.05000 M HCl
(e) 0.2000 M Na_2CO_3 35.00 mL と 0.2000 M HCl

9 酸塩基滴定の原理
酸,塩基,緩衝液の pH 決定法

酸塩基平衡は,化学だけでなく科学全般のいたるところに登場する.たとえば生化学や生物化学では,酸塩基反応はきわめて重要な概念であり,本章や第 10 章の題材に取上げられる.

強酸と強塩基の標準液は,酸または塩基そのものである分析対象や,酸または塩基に変わりうる分析対象の定量分析に広く用いられる.本章では酸塩基滴定の原理を論じる.さらに滴定試薬の体積に対して pH をプロットした滴定曲線の特性を詳しく調べ,pH 計算の例をいくつか示す.

9・1 酸塩基滴定の溶液と指示薬

酸塩基滴定(acid-base titration,中和滴定)は,他の滴定と同様に,分析対象と標準液の化学反応に依存する.酸塩基滴定には数種類あり,最も一般的な滴定の一つは塩酸や硫酸などの強酸を水酸化ナトリウムなどの強塩基で滴定する場合である.酢酸や乳酸などの弱酸を強塩基で滴定することもある.シアン化ナトリウムやサリチル酸ナトリウムなどの弱塩基を強酸で滴定することもできる.

どんな滴定においても当量点を決める方法が必要である.一般的には指示薬や機器分析法を使って,当量点近くの終点を検出する.本節では酸塩基滴定に用いられる標準液と化学指示薬の種類に焦点を当てて論じる.

9・1・1 標 準 液

[1] 酸塩基滴定の**標準液**には,弱酸や弱塩基よりも分析対象と完全に反応しやすくより鋭敏な終点が得られる強酸または強塩基が用いられる.酸標準液は,濃塩酸,濃過塩素酸,濃硫酸を希釈して調製する.硝酸は強い酸化作用をもち,望ましくない副反応がおこる可能性があるのでめったに用いられない.熱濃過塩素酸と熱濃硫酸は強力な酸化剤で,非常に危険である.幸いこれらの冷希薄溶液は,保護眼鏡を着用すれば実験室で安全に使用できる.

塩基標準液は,通常固体の水酸化ナトリウムや水酸化カリウムから調製され,ときには水酸化バリウムからも調製される.これらの希薄溶液を取扱うときも必ず保護眼鏡を着用せねばならない.

9・1・2 酸塩基指示薬

多くの天然物や合成化合物の水溶液は,溶液の pH によって決まった色を呈する.そのいくつかは何世紀もの間,水の酸性度や塩基性度を示すのに利用され,現在でも**酸塩基指示薬**(acid-base indicator)として用いられる.

酸塩基指示薬はそれ自体が弱酸性または弱塩基性の有機分子であり,非解離型の色がその共役塩基または共役酸の色と異なる.たとえば酸指示薬 HIn の振舞いは次式の酸塩基平衡で表され,

$$\underset{\text{酸の色}}{\text{HIn}} + \text{H}_2\text{O} \rightleftharpoons \underset{\text{塩基の色}}{\text{In}^-} + \text{H}_3\text{O}^+$$

この反応では解離と同時に分子構造が変化して色が変わる(たとえば図 9・1).塩基指示薬 In の平衡は次の式で表される.

$$\underset{\text{塩基の色}}{\text{In}} + \text{H}_2\text{O} \rightleftharpoons \underset{\text{酸の色}}{\text{InH}^+} + \text{OH}^-$$

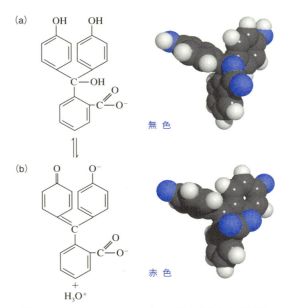

図 9・1 フェノールフタレインの色の変化と分子構造.
(a) ラクトン型が加水分解された後の酸型.(b) 塩基型.

---

[1] 酸塩基滴定に用いる標準液は常に強酸または強塩基であり,最も一般的なのは HCl,HClO$_4$,H$_2$SO$_4$,NaOH,KOH である.弱酸・弱塩基は分析対象と完全に反応しないので,滴定のための標準液には用いない.

次に酸指示薬の振舞いに焦点を当ててみよう。塩基指示薬にも同じ原理を容易に拡張できる。

酸指示薬の解離定数を式で表すと，

$$K_a = \frac{[H_3O^+][In^-]}{[HIn]} \qquad (9 \cdot 1)$$

式を変形して，

$$[H_3O^+] = K_a \frac{[HIn]}{[In^-]} \qquad (9 \cdot 2)$$

オキソニウムイオン H_3O^+ の濃度は，指示薬の塩基型の濃度に対する酸型の濃度の割合に比例し，この濃度比が溶液の色を左右する。

ヒトの目は HIn と In^- の混合溶液の色の違いに対してあまり敏感でなく，$[HIn]/[In^-]$ 比がおおよそ 10 より大きいか 0.1 より小さい範囲の場合は判断が難しい。したがって，観察者が感知できるのは，濃度比が約 10 から 0.1 に限られた範囲内で起こる色の変化である。この範囲外では濃度比に関係なく，目には同じ色に見える。結果的に平均的な指示薬 HIn は，

$$\frac{[HIn]}{[In^-]} \geqq \frac{10}{1}$$

のときに酸型のみの色を，

$$\frac{[HIn]}{[In^-]} \leqq \frac{1}{10}$$

のときに塩基型のみの色を呈する。この二つの値の間で濃度比に応じた中間の色が現れる。この比は指示薬によってかなり異なる。さらに，色の識別能力は個人によっても著しく異なる。

二つの濃度比を (9・2) 式に代入すれば，指示薬の変色に必要なオキソニウムイオンの濃度範囲を概算できる。酸型のみの色の場合，

$$[H_3O^+] = 10 K_a$$

塩基型のみの色の場合，

$$[H_3O^+] = 0.1 K_a$$

指示薬の pH 範囲を得るには，二つの式の負の対数をとり，

pH(酸型のみの色) $= -\log(10K_a) = pK_a - 1$
pH(塩基型のみの色) $= -\log(0.1K_a) = pK_a + 1$

1〉　　指示薬の pH 範囲 $= pK_a \pm 1$ 　　(9・3)

この式は，酸解離定数 1×10^{-5} ($pK_a=5$) の指示薬を溶液に加えた場合，一般的に溶液の pH が 4 から 6 に変化するとき，色が完全に変化して見えることを示す (図 9・2)。塩基指示薬についても同じ関係を導き出せる。

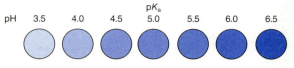

図 9・2　pH に対する指示薬の色 ($pK_a=5.0$)。

a. 指示薬に影響を及ぼす要因　指示薬が変色する pH 範囲は温度，溶媒のイオン強度，有機溶媒やコロイド粒子の有無により影響を受ける。このうち特に最後の二つは，変色域の pH を 1 以上変化させる[1)]。

b. 一般的な酸塩基指示薬　酸塩基指示薬の数は多く，そのなかには有機化合物が多数含まれる。ほとんどの pH 範囲に対してそれに合う指示薬が選択できる。よく用いられる指示薬を，その性質とともに表 9・1 にあげた。変色域の幅は 1.1 (メチルイエロー) から 2.1 (メチルレッド) まで

表 9・1　重要な酸塩基指示薬

一般名	変色域 (pH)	pK_a[†1]	色の変化[†2]	指示薬の種類[†3]
チモールブルー	1.2 〜 2.8 8.0 〜 9.6	1.65 8.96	R-Y Y-B	(1)
メチルイエロー	2.9 〜 4.0		R-Y	(2)
メチルオレンジ	3.1 〜 4.4	3.46	R-O	(2)
ブロモクレゾールグリーン	3.8 〜 5.4	4.66	Y-B	(1)
メチルレッド	4.2 〜 6.3	5.00	R-Y	(2)
ブロモクレゾールパープル	5.2 〜 6.8	6.12	Y-P	(1)
ブロモチモールブルー	6.2 〜 7.6	7.10	Y-B	(1)
フェノールレッド	6.8 〜 8.4	7.81	Y-R	(1)
クレゾールパープル	7.6 〜 9.2		Y-P	(1)
フェノールフタレイン	8.3 〜 10.0		C-R	(1)
チモールフタレイン	9.3 〜 10.5		C-B	(1)
アリザリンイエロー GG	10 〜 12		C-Y	(2)

[†1]　イオン強度 0.1 M の場合．$InH^+ + H_2O \rightleftarrows In + H_3O^+$ の反応に対する値
[†2]　B: 青色，C: 無色，O: 橙色，P: 紫色，R: 赤色，Y: 黄色．
[†3]　(1) 酸型：$HIn + H_2O \rightleftarrows In^- + H_3O^+$
　　　(2) 塩基型：$In + H_2O \rightleftarrows InH^+ + OH^-$

1〉 ほとんどの酸指示薬の pH 変色域はおおよそ $pK_a \pm 1$．
1) これらの影響については，H.A. Laitinen, W.E. Harris, "Chemical Analysis, 2nd ed.", p.48-51, McGraw-Hill, New York (1975) を参照．

9・2 強酸と強塩基の滴定

強酸溶液中のオキソニウムイオンは，1) 酸と水の反応，2) 水そのものの解離の二つが要因となって生じる．しかし極端に希薄な溶液を除いては，強酸の寄与は溶媒の寄与よりはるかに大きい．したがって濃度 10^{-6} M 以上の HCl 溶液では次のように書ける．[1]

$$[H_3O^+] = c_{HCl} + [OH^-] \approx c_{HCl}$$

$[OH^-]$ は水の解離から生じるオキソニウムイオンを表す．NaOH などの強塩基溶液にも同様の関係を適用すると次式となる．

$$[OH^-] = c_{NaOH} + [H_3O^+] \approx c_{NaOH}$$

9・2・1 強塩基による強酸の滴定

本章と続く数章は，滴定試薬の体積に対する pH を計算で求める，理論的な滴定曲線を取上げる．pH の計算値によって作成した滴定曲線と，実験室での観察によって作成した実験に基づく滴定曲線とは明確に区別する必要がある．強酸と強塩基を含む溶液に対し理論的な滴定曲線を作成するには，1) 当量点前，2) 当量点，3) 当量点後という滴定の異なる段階にそれぞれ対応する 3 種類の計算を行わなければならない．

1) 当量点前の段階では初濃度と加えられた塩基の量から酸の濃度を計算する．[2]

2) 当量点ではオキソニウムイオンと水酸化物イオンが等濃度存在するので，オキソニウムイオン濃度は水のイオン積 K_w から計算できる．[3]

3) 当量点後の段階ではまず過剰な塩基の濃度を計算し，水酸化物イオン濃度は塩基の濃度と等しいか塩基の価数を乗じた値から求まる．[4]

水酸化物イオンの濃度を簡単に pH に換算するには，水のイオン積に関する式の両辺に対し，負の対数をとればよい．つまり，

$$K_w = [H_3O^+][OH^-]$$
$$-\log K_w = -\log[H_3O^+][OH^-] = -\log[H_3O^+] - \log[OH^-]$$
$$\boxed{pK_w = pH + pOH}$$

25 ℃ では，

$$-\log 10^{-14} = 14.00 = pH + pOH$$

例題 9・1

25 ℃ で 0.0500 M HCl 50.00 mL を 0.1000 M NaOH で滴定するときの理論的な滴定曲線を求めよ．

解 答

滴定前 塩基を加える前には，溶液の H_3O^+ 濃度は 0.0500 M なので，

$$pH = -\log[H_3O^+] = -\log 0.0500 = 1.30$$

塩基 10.00 mL 添加後 塩基を加えたことによる反応と希釈による影響の結果，H_3O^+ 濃度は減少する．そこで残りの HCl 濃度 c_{HCl} は，

$$c_{HCl} = \frac{NaOH \text{ 添加後に残った HCl の物質量}}{\text{溶液の総体積}}$$
$$= \frac{\text{始めの HCl の物質量} - \text{加えた NaOH の物質量}}{\text{溶液の総体積}}$$
$$= \frac{(50.00 \text{ mL} \times 0.0500 \text{ M}) - (10.00 \text{ mL} \times 0.1000 \text{ M})}{50.00 \text{ mL} + 10.00 \text{ mL}}$$
$$= \frac{(2.500 \text{ mmol} - 1.00 \text{ mmol})}{60.00 \text{ mL}} = 2.50 \times 10^{-2} \text{ M}$$
$$[H_3O^+] = 2.50 \times 10^{-2} \text{ M}$$
$$pH = -\log[H_3O^+] = -\log(2.50 \times 10^{-2}) = 1.602 \approx 1.60$$

滴定曲線の計算においては通常，pH を小数第二位まで計算することに注意する．当量点前の滴定曲線を明確に描くために必要な点を追加するには，同様の計算をさらに行う．計算結果を表 9・2 の左から 2 列目に示す．

塩基 25.00 mL 添加後: 当量点 当量点では HCl も NaOH も過剰でない，つまり H_3O^+ 濃度と OH^- 濃度が同じでなければならない．この等式を水のイオン積に代入し，

$$[H_3O^+] = [OH^-] = \sqrt{K_w} = \sqrt{1.00 \times 10^{-14}}$$
$$= 1.00 \times 10^{-7} \text{ M}$$
$$pH = -\log[H_3O^+] = -\log(1.00 \times 10^{-7}) = 7.00$$

塩基 25.10 mL 添加後 溶液には NaOH が過剰に含まれるので，次のように書ける．

$$c_{NaOH} = \frac{\text{加えた NaOH の物質量} - \text{始めの HCl の物質量}}{\text{溶液の総体積}}$$
$$= \frac{25.10 \times 0.1000 - 50.00 \times 0.0500}{75.10}$$
$$= 1.33 \times 10^{-4} \text{ M}$$

---

[1] 約 1×10^{-6} M より濃い強酸溶液では，H_3O^+ の平衡濃度が酸の分析濃度に等しいと仮定できる．強塩基溶液の $[OH^-]$ についても同様．

[2] 当量点前では未反応の酸のモル濃度から pH を計算する．

[3] 当量点では溶液は中性で，pH=pOH. 25 ℃ では pH=pOH=7.00.

[4] 当量点後では先に pOH を計算し，それから pH を求める．pH=pK_w−pOH に注意する．25 ℃ では pH=14.00−pOH．

(例題9・1解答つづき)
OH^- の濃度は,

$$[OH^-] = c_{NaOH} = 1.33 \times 10^{-4} \text{ M}$$
$$pOH = -\log[OH^-] = -\log(1.33 \times 10^{-4}) = 3.88$$
$$pH = 14.00 - pOH = 14.00 - 3.88 = 10.12$$

当量点を過ぎた他の値も同様に計算できる.計算結果を表9・2左から2列目の最後の3行に示す.

表9・2 強酸を強塩基で滴定するときのpHの変化

NaOH の体積〔mL〕	pH 0.0500 M HCl 50.00 mL を 0.1000 M NaOH で滴定(図9・3A)	pH 0.000500 M HCl 50.00 mL を 0.00100 M NaOH で滴定(図9・3B)
0.00	1.30	3.30
10.00	1.60	3.60
20.00	2.15	4.15
24.00	2.87	4.87
24.90	3.87	5.87
25.00	7.00	7.00
25.10	10.12	8.12
26.00	11.12	9.12
30.00	11.80	9.80

a. 濃度の影響 強酸の酸塩基滴定曲線に対する滴定試薬と分析対象の濃度の影響を表9・2の2組のデータと図9・3に示す.0.1 M NaOH で滴定する場合,当量点領域の pH 変化が大きいことに注意してほしい.0.001 M NaOH では変化ははるかに小さいが,それでも当量点付近の変化の大きさは際立っている.

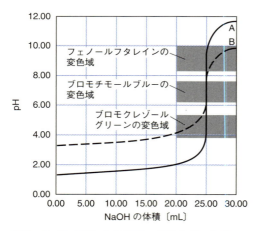

図9・3 NaOH による HCl の滴定曲線.曲線A: 0.0500 M HCl 50.00 mL を 0.1000 M NaOH で滴定.曲線B: 0.000500 M HCl 50.00 mL を 0.00100 M NaOH で滴定.

コラム9・1 電荷均衡の式を用いた滴定曲線の作図

例題9・1では酸塩基滴定曲線を化学量論的な関係から作成した.曲線上のすべての点を電荷均衡の式からも計算できることを説明しよう.

例題9・1で扱った系に対する電荷均衡の式は,

$$[H_3O^+] + [Na^+] = [OH^-] + [Cl^-]$$

で与えられる.Na^+ と Cl^- の濃度は,

$$[Na^+] = \frac{c^0_{NaOH} V_{NaOH}}{V_{NaOH} + V_{HCl}}$$

$$[Cl^-] = \frac{c^0_{HCl} V_{HCl}}{V_{NaOH} + V_{HCl}}$$

ここで c^0_{NaOH} と c^0_{HCl} は塩基と酸それぞれの初濃度である.最初の式を書き換えて,

$$[H_3O^+] = [OH^-] + [Cl^-] - [Na^+]$$

NaOH の体積が当量点手前のとき,$[OH^-] \ll [Cl^-]$ なので,

$$[H_3O^+] \approx [Cl^-] - [Na^+] \approx c_{HCl}$$

すなわち,

$$[H_3O^+] = \frac{c^0_{HCl} V_{HCl}}{V_{HCl} + V_{NaOH}} - \frac{c^0_{NaOH} V_{NaOH}}{V_{HCl} + V_{NaOH}}$$

$$= \frac{c^0_{HCl} V_{HCl} - c^0_{NaOH} V_{NaOH}}{V_{HCl} + V_{NaOH}}$$

当量点では $[Na^+] = [Cl^-]$ なので,

$$[H_3O^+] = [OH^-]$$
$$[H_3O^+] = \sqrt{K_w}$$

当量点を過ぎてからは $[H_3O^+] \ll [Na^+]$ となり,もとの式を変形して,

$$[OH^-] \approx [Na^+] - [Cl^-] \approx c_{NaOH}$$

$$= \frac{c^0_{NaOH} V_{NaOH}}{V_{NaOH} + V_{HCl}} - \frac{c^0_{HCl} V_{HCl}}{V_{NaOH} + V_{HCl}}$$

$$= \frac{c^0_{NaOH} V_{NaOH} - c^0_{HCl} V_{HCl}}{V_{NaOH} + V_{HCl}}$$

---

b. 指示薬の選択 滴定試薬の濃度がおよそ 0.1 M ならば指示薬の選択は重要でないことを図9・3に表す.この場合,3種類の指示薬による終点での滴定体積の差は,ビュレットの読み取り誤差と同程度であり,指示薬の違いは無視することができる.しかし 0.001 M 滴定試薬による滴定の場合(曲線B),ブロモクレゾールグリーンは当量点より 5 mL も手前の範囲から変色が起こるので不適当

であることに注意してほしい．フェノールフタレインの使用についても同様の問題が起こる．したがって，3種類の指示薬のうち 0.001 M NaOH による滴定において，系統誤差を最小にとどめた良好な終点が得られるのはブロモチモールブルーのみである．

9・2・2 強酸による強塩基の滴定

強塩基の滴定曲線も強酸と同じ方法で計算する．当量点前の溶液は塩基性であり，水酸化物イオン濃度は塩基の分析濃度と量的に相関する．当量点の溶液は中性であり，当量点を過ぎると酸性になる．当量点後のオキソニウムイオン濃度は過剰な強酸の分析濃度に等しい．

例題 9・2

0.0500 M NaOH 50.00 mL を 0.1000 M HCl により 25 °C で滴定する．HCl を以下の体積で加えたときの pH を計算せよ．
 (a) 24.50 mL, (b) 25.00 mL, (c) 25.50 mL

解答
(a) 24.50 mL を加えると，$[H_3O^+]$ は非常に低いので化学量論的考察からは計算できないが，$[OH^-]$ から得られる．

$$[OH^-] = c_{NaOH}$$
$$= \frac{\text{始めの NaOH の物質量} - \text{加えた HCl の物質量}}{\text{溶液の総体積}}$$
$$= \frac{50.00 \times 0.0500 - 24.50 \times 0.1000}{50.00 + 24.50}$$
$$= 6.71 \times 10^{-4} \text{ M}$$

$$[H_3O^+] = K_w/(6.71 \times 10^{-4})$$
$$= (1.00 \times 10^{-14})/(6.71 \times 10^{-4})$$
$$= 1.49 \times 10^{-11} \text{ M}$$

$$pH = -\log(1.49 \times 10^{-11}) = 10.83$$

(b) 25.00 mL 加えたところが当量点であり，$[H_3O^+] = [OH^-]$ である．

$$[H_3O^+] = \sqrt{K_w} = \sqrt{1.00 \times 10^{-14}} = 1.00 \times 10^{-7} \text{ M}$$
$$pH = -\log(1.00 \times 10^{-7}) = 7.00$$

(c) 25.50 mL を加えると，

$$[H_3O^+] = c_{HCl} = \frac{25.50 \times 0.1000 - 50.00 \times 0.0500}{75.50}$$
$$= 6.62 \times 10^{-4} \text{ M}$$
$$pH = -\log(6.62 \times 10^{-4}) = 3.18$$

0.0500 M および 0.00500 M NaOH を 0.1000 M および 0.0100 M HCl で滴定した曲線を図 9・4 に示す．指示薬の選択には，強塩基による強酸の滴定で述べた場合と同じ基準を用いる．

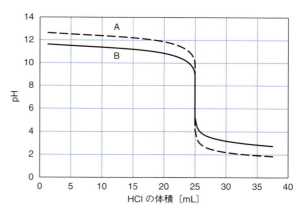

図 9・4 HCl による NaOH の滴定曲線．曲線 A: 0.0500 M NaOH 50.00 mL を 0.1000 M HCl で滴定．曲線 B: 0.00500 M NaOH 50.00 mL を 0.0100 M HCl で滴定．

> **コラム 9・2　滴定曲線の計算における有効数字**
>
> 滴定曲線の当量点領域で計算された濃度は，大きな数字同士のわずかな差に基づいているため一般的に精度が低い．たとえば例題 9・1 で NaOH 25.10 mL を加えた後の c_{NaOH} の計算では，分子 (2.510−2.500＝0.010) は有効数字がたった 2 桁である．しかし丸め誤差を最小にするため c_{NaOH} (1.33×10^{-4}) は 3 桁のままにしておき，pOH や pH を計算するときに有効数字に丸める．
>
> 　対数を有効数字に丸める場合，対数の仮数 (小数点の右側の数字) を有効数字の桁数と同じだけとることを覚えておきたい (§3・6・2 参照)．指標 (小数点の左側の数字のこと) は単に，真数 (対数をとる値) の小数点の位置を示しているにすぎないためである．幸いにも，ほとんどの当量点の濃度で，対数の指標は大きく変化するので，計算データの精度の限界によって不明瞭になることはない．滴定曲線の計算では，必要の有無にかかわらず対数を小数点以下 2 桁に丸めるのが一般的である．

9・3 緩衝液

希釈したり酸や塩基を加えたりしても，pH の変化が起こりにくい溶液を **緩衝液** (buffer solution) という．緩衝液は一般に，酢酸と酢酸ナトリウム，塩化アンモニウムとアンモニアのように，酸とその共役塩基または塩基とその共役酸を混合して調製する．多くの科学分野や産業で，溶液の pH をおおよそ一定の決められた値に保つために緩衝液

---
1) 溶液の pH を一定かつ既定の値に保つのが重要なときは，化学的用途を問わず緩衝液が用いられる．

を用いている．本書でも緩衝液に関する記述は頻出する．
例として，図9・5にアスピリンの薬剤について取上げた．

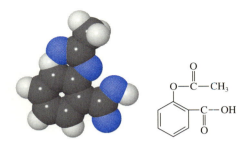

図9・5 アスピリン（アセチルサリチル酸）の分子モデルと構造．アスピリンの鎮痛作用は，痛みのシグナル伝達に関わる生理活性物質であるプロスタグランジンの生成を，アスピリンが阻害することによると考えられる．カルボン酸をもつアスピリンは，その酸性のため胃内で溶けにくく，溶け残った粉で胃に炎症が起こることがある．商標名バファリン（Bufferin, buffered aspirin から）は，この現象を防ぐための緩衝剤を含む．

9・3・1 緩衝液の pH 計算

弱酸 HA とその共役塩基 A^- を含む溶液は，競合する次の二つの平衡がどちらに傾いているかによって酸性，中性，塩基性になる．

$$HA + H_2O \rightleftharpoons H_3O^+ + A^- \quad K_a = \frac{[H_3O^+][A^-]}{[HA]} \quad (9\cdot 4)$$

$$A^- + H_2O \rightleftharpoons OH^- + HA \quad K_b = \frac{[OH^-][HA]}{[A^-]} = \frac{K_w}{K_a} \quad (9\cdot 5)$$

最初の平衡式が右側に傾いているとき，溶液は酸性になる．逆に，二つ目の平衡式が右側に傾いているとき，溶液は塩基性になる．(9・4)，(9・5) 式から，H_3O^+, OH^- の相対濃度は，K_a, K_b の大きさだけでなく酸とその共役塩基の濃度比にも依存しているということがわかる．

酸 HA と共役塩基 NaA の両方を含む溶液の pH を求めるためには，HA と NaA の平衡濃度を分析濃度 c_{HA}, c_{NaA} によって表す必要がある．二つの平衡をよくみると，HA の濃度は最初の反応で $[H_3O^+]$ と同じ量だけ減少し，二つ目の反応で $[OH^-]$ と同じ量だけ増加する．ゆえに化学種 HA の平衡濃度と分析濃度の関係は次式で表せる．

$$[HA] = c_{HA} - [H_3O^+] + [OH^-] \quad (9\cdot 6)$$

同様に A^- の濃度は最初の反応で $[H_3O^+]$ と同じ量だけ増加し，二つ目の反応で $[OH^-]$ と同じ量だけ減少する．したがって A^- の平衡濃度は (9・6) 式に非常によく似た別の式で与えられる．

$$[A^-] = c_{NaA} + [H_3O^+] - [OH^-] \quad (9\cdot 7)$$

$[H_3O^+]$ と $[OH^-]$ は反比例の関係にあるので，(9・6)，(9・7) 式からどちらか一方を<u>必ず</u>消去することができる．さらに $[H_3O^+]$ と $[OH^-]$ の濃度の<u>差</u>は酸と共役塩基の分析モル濃度に比べて一般に小さいので，(9・6)，(9・7) 式を単純化すると，

$$[HA] \approx c_{HA} \quad (9\cdot 8)$$

$$[A^-] \approx c_{NaA} \quad (9\cdot 9)$$

(9・8)，(9・9) 式を解離定数式に代入し，結果を変形すると，

$$[H_3O^+] = K_a \frac{c_{HA}}{c_{NaA}} \quad (9\cdot 10)$$

(9・8)，(9・9) 式を導く仮定が成立するには条件がある．すなわち，酸または塩基の解離定数が約 10^{-3} より大きいときや，酸と共役塩基の一方または両方の分析モル濃度が非常に小さいときには (9・10) 式は破綻することがある．このような状況では溶液が酸性か塩基性かによって $[OH^-]$，$[H_3O^+]$ のどちらかを (9・6)，(9・7) 式に残しておかなければならない．いずれにせよ最初は必ず (9・8)，(9・9) 式を用いる．その後で $[H_3O^+]$，$[OH^-]$ の暫定値を用いて仮定を検証する．

(9・10) 式の導出に使われた仮定の範囲内では，弱酸と共役塩基を含む溶液のオキソニウムイオン濃度は，これら二つの溶質の分析モル濃度比にのみ依存するといえる．さらにそれぞれの成分の濃度は体積が変わってもそれに比例して変化するので，このモル濃度比は<u>希釈の影響を受けない</u>．

コラム9・3　ヘンダーソン・ハッセルバルヒの式

緩衝液の pH 計算に用いられるヘンダーソン・ハッセルバルヒの式は，生物学の文献や生化学の教科書でたびたび目にする．この式は (9・10) 式の各項を負の対数の形で表し，濃度比の分子と分母を入れ替えて得られる．

$$-\log[H_3O^+] = -\log K_a + \log \frac{c_{NaA}}{c_{HA}}$$

したがって，

$$pH = pK_a + \log \frac{c_{NaA}}{c_{HA}} \quad (9\cdot 11)$$

(9・10) 式を導出した仮定が妥当でないときは，$[HA]$ と $[A^-]$ の値はそれぞれ (9・6)，(9・7) 式により与えられる．これらの式の負の対数をとると，ヘンダーソン・ハッセルバルヒの拡張式が導かれる．

例題 9・3

0.400 M ギ酸と 1.00 M ギ酸ナトリウムを含む溶液の pH を求めよ．

解答

この溶液の pH はギ酸 HCOOH の K_a とギ酸イオン $HCOO^-$ の K_b の影響を受ける．

$$HCOOH + H_2O \rightleftharpoons H_3O^+ + HCOO^-$$
$$K_a = 1.80 \times 10^{-4}$$

$$HCOO^- + H_2O \rightleftharpoons OH^- + HCOOH$$
$$K_b = \frac{K_w}{K_a} = 5.56 \times 10^{-11}$$

ギ酸の K_a はギ酸イオンの K_b より数桁大きいので，溶液は酸性であり，K_a により H_3O^+ 濃度が決まる．したがって次のように書ける．

$$K_a = \frac{[H_3O^+][HCOO^-]}{[HCOOH]} = 1.80 \times 10^{-4}$$

$$[HCOO^-] \approx c_{HCOO^-} = 1.00 \text{ M}$$
$$[HCOOH] \approx c_{HCOOH} = 0.400 \text{ M}$$

これらの式を (9・10) 式に代入して変形すると，

$$[H_3O^+] = 1.80 \times 10^{-4} \times \frac{0.400}{1.00} = 7.20 \times 10^{-5} \text{ M}$$

$[H_3O^+] \ll c_{HCOOH}$, $[H_3O^+] \ll c_{HCOO^-}$ という仮定が妥当であることに注目してほしい．ゆえに，

$$pH = -\log(7.20 \times 10^{-5}) = 4.14$$

例題 9・4 に示すとおり，(9・6)，(9・7) 式は弱塩基とその共役酸からなる緩衝系にもあてはまる．しかもほとんどの場合，二つの式を単純化することができ，(9・10) 式が使える．

例題 9・4

0.200 M NH_3 と 0.300 M NH_4Cl を含む溶液の pH の値を計算せよ．

解答

付録 3 より NH_4^+ の酸解離定数 K_a は 5.70×10^{-10} である．考えるべき平衡は，

$$NH_4^+ + H_2O \rightleftharpoons H_3O^+ + NH_3$$
$$K_a = \frac{[H_3O^+][NH_3]}{[NH_4^+]} = 5.70 \times 10^{-10}$$

$$NH_3 + H_2O \rightleftharpoons OH^- + NH_4^+$$
$$K_b = \frac{K_w}{K_a} = \frac{1.00 \times 10^{-14}}{5.70 \times 10^{-10}} = 1.75 \times 10^{-5}$$

(例題 9・4 解答つづき)
(9・6)，(9・7) 式と同様に考えると，

$$[NH_4^+] = c_{NH_4Cl} - [H_3O^+] + [OH^-] \approx c_{NH_4Cl} + [OH^-]$$
$$[NH_3] = c_{NH_3} + [H_3O^+] - [OH^-] \approx c_{NH_3} - [OH^-]$$

K_b は K_a より数桁大きいので，溶液は塩基性で，$[OH^-]$ は $[H_3O^+]$ よりはるかに値が大きいと仮定した．そこでこの近似では H_3O^+ の濃度を無視した．

さらに $[OH^-]$ は c_{NH_4Cl} や c_{NH_3} よりはるかに小さいと仮定し，

$$[NH_4^+] \approx c_{NH_4Cl} = 0.300 \text{ M}$$
$$[NH_3] \approx c_{NH_3} = 0.200 \text{ M}$$

これらの数式を NH_4^+ の酸解離定数式に代入し，(9・10) 式と同様の関係式を得る．

$$[H_3O^+] = \frac{K_a \times [NH_4^+]}{[NH_3]} = \frac{5.70 \times 10^{-10} \times c_{NH_4Cl}}{c_{NH_3}}$$
$$= \frac{5.70 \times 10^{-10} \times 0.300}{0.200} = 8.55 \times 10^{-10} \text{ M}$$

仮定が妥当か確認するため，$[OH^-]$ を計算すると，

$$[OH^-] = \frac{1.00 \times 10^{-14}}{8.55 \times 10^{-10}} = 1.17 \times 10^{-5} \text{ M}$$

これは c_{NH_4Cl} や c_{NH_3} よりはるかに小さい．最終的に，

$$pH = -\log(8.55 \times 10^{-10}) = 9.07$$

9・3・2 緩衝液の性質

本項では，希釈や強酸・強塩基の添加によってもたらされる pH 変化に対する緩衝液の作用を，例をあげて説明する．

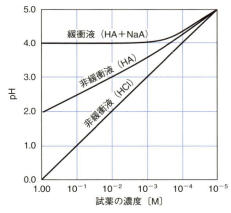

図 9・6 緩衝液と非緩衝液の pH に対する希釈の影響．HA の解離定数は 1.00×10^{-4}．溶質の初濃度は 1.00 M．

a. 希釈の影響 緩衝液のpHは，溶液中の化学種の濃度が(9・8)，(9・9)式の近似ができなくなる程度に低下するまでは，基本的に希釈の影響を受けない．図9・6では，緩衝液と非緩衝液を希釈したときの振舞いを比較した．溶質の初濃度はどちらも1.00 Mである．緩衝液は希釈によるpH変化が10^{-3} Mまでほとんどないことがわかる．

b. 酸塩基を加えた影響 緩衝液の二つ目の性質，すなわち少量の強酸や強塩基を加えてもpH変化を受けにくいことについて，例題9・5で説明する．

例題 9・5

例題9・4で述べた緩衝液400 mLに (a) 0.0500 M NaOH，(b) 0.0500 M HClをそれぞれ100 mL加えたときのpH変化を計算せよ．

解 答

(a) NaOHを加えることにより緩衝液のNH_4^+の一部がNH_3になる．

$$NH_4^+ + OH^- \rightleftharpoons NH_3 + H_2O$$

NH_3とNH_4^+の分析濃度は次のようになる．

$$c_{NH_3} = \frac{400 \times 0.200 + 100 \times 0.0500}{500} = \frac{85.0}{500} = 0.170 \text{ M}$$

$$c_{NH_4^+} = \frac{400 \times 0.300 - 100 \times 0.0500}{500} = \frac{115}{500} = 0.230 \text{ M}$$

NH_4^+の酸解離定数式に代入すると，これらの値から，

$$[H_3O^+] = 5.70 \times 10^{-10} \times \frac{0.230}{0.170} = 7.71 \times 10^{-10} \text{ M}$$

$$pH = -\log 7.71 \times 10^{-10} = 9.11$$

[1] pHの変化は，次のとおりである．

$$\Delta pH = 9.11 - 9.07 = 0.04$$

(b) HClを加えることによりNH_3の一部がNH_4^+になる．したがって，以下のように計算できる．

$$NH_3 + H_3O^+ \rightleftharpoons NH_4^+ + H_2O$$

$$c_{NH_3} = \frac{400 \times 0.200 - 100 \times 0.0500}{500} = \frac{75}{500} = 0.150 \text{ M}$$

$$c_{NH_4^+} = \frac{400 \times 0.300 + 100 \times 0.0500}{500} = \frac{125}{500} = 0.250 \text{ M}$$

$$[H_3O^+] = 5.70 \times 10^{-10} \times \frac{0.250}{0.150} = 9.50 \times 10^{-10}$$

$$pH = -\log 9.50 \times 10^{-10} = 9.02$$

$$\Delta pH = 9.02 - 9.07 = -0.05$$

例題9・5のpH 9.07の緩衝液での振舞いを同じpHの非緩衝液と比べてみよう．400 mLの非緩衝液に100 mLの同じ塩基を加えると，pHは12.00に増加し，pH変化は2.93である．同じ酸を100 mL加えるとpHは2.0に減少し7強も変化する．

c. 緩衝能 図9・6と例題9・5で，共役酸塩基対を含む溶液はpHの変化が非常に起こりにくいことを説明した．たとえば例題9・5で述べた溶液を10倍希釈した場合，調製した緩衝液400 mLのpH変化は，0.0500 M NaOH 100 mL または 0.0500 M HCl 100 mLを加えたとき，約0.4～0.6となる．すでに見たように，例題9・5の希釈前の緩衝液のpH変化はわずか0.04～0.05である．

溶液の**緩衝能** β (buffer capacity) は，溶液1.00 LのpHが1.00変化するのに必要な強酸または強塩基の物質量で定義される．式では次のように表される．

$$\beta = \frac{dc_b}{dpH} = -\frac{dc_a}{dpH}$$

dc_bは溶液に加えた強塩基のモル濃度 (mol/L)，dc_aは強酸のモル濃度 (mol/L) である．強酸を加えた場合はpHの値が減少するため，dc_a/dpHの値は負となる．したがって，緩衝能 β の値は常に正となる．

緩衝能は緩衝液中の二つの緩衝剤成分の総濃度だけでなく濃度比にも依存する．図9・7に示すとおり共役塩基に対する酸の濃度比が1を超えるか1を下回る（濃度比の対数が0を超えるか0を下回る）と，緩衝能は急速に減少する．(9・10) 式から，$c_{HA} = c_{NaA}$のとき $[H_3O^+] = K_a$ すなわち pH = pK_a である．このためある用途に対して酸を選択

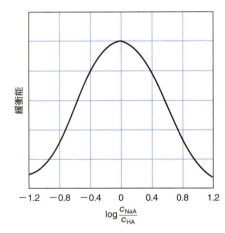

図9・7 c_{NaA}/c_{HA}の対数に対する緩衝能．緩衝能は酸と共役塩基の濃度が等しいとき，最大になる．

---

1) 緩衝液はpHをある定まった一定値に維持するのではなく，少量の酸や塩基が加えられたときのpH変化を相対的に小さくする．
2) たとえば，J.A. Dean, "Analytical Chemistry Handbook", p. 14-29 ~ 14-34, McGraw-Hill, New York (1995) を参照．

するとき，緩衝液が最適な緩衝能を発揮する pH の ±1 以内に pK_a がある酸を用いるのがよい．

d. 緩衝液の調製 原理的には，適切な共役酸塩基対を計算された量で組合わせることによって，目的とする pH の緩衝液を調製できる．しかし実際には，理論的に計算したつくり方で調製しても，緩衝液の pH は予想値と異なる．これは，多くの解離定数の数値が含む不確かさと計算の簡略化から生じる不確かさのためである．このような誤差ゆえに，緩衝液の調製は望みの pH に近い溶液をつくった後，pH メーターで表示しながら求める pH になるまで強酸または強塩基を加えて調製する．あるいは，既知 pH の緩衝液の経験的な調製法が，化学便覧や参考文献[2]から入手できる．

生物学や生化学の研究では，溶液のオキソニウムイオンを低濃度かつ一定 ($10^{-6} \sim 10^{-10}$ M) に長時間保つ必要があるので，緩衝液がきわめて重要である．このため，さまざまな種類の緩衝液が，化学・生物学製品メーカーから販売されている．

コラム 9・4　酸性雨と湖の緩衝能

酸性雨は過去数十年にわたって激しい論争の的になっている．酸性雨は気体の窒素酸化物や硫黄酸化物が空気中の水滴に溶けて発生する．原因となるこれら酸化物は発電所，自動車，その他高温下の燃焼発生源により生じる．燃焼生成物は大気中に移動し，次式のように水と反応して硝酸や硫酸をつくり出す．

$$4NO_2(g) + 2H_2O(l) + O_2(g) \rightarrow 4HNO_3(aq)$$
$$SO_3(g) + H_2O(l) \rightarrow H_2SO_4(aq)$$

この水滴はやがて他の水滴と一つになって酸性雨になる．酸性雨の重大な影響はよく知られている．石造建築物や記念建造物の表面を伝い落ちる酸性雨が，文字どおりそれを溶かすのである．ある場所の森林はゆっくり枯死しつつある．水生生物への影響を説明するため，ニューヨーク州アディロンダック山地の湖水群に起こった pH の変化について紹介しよう．図 9C・1 の棒グラフはこの湖水群の pH 分布を表し，1930 年代に初めて調査が行われ，1975 年に再調査された[3]．湖水群の pH の 40 年以上を経た推移は劇的である．平均 pH は 6.4 から約 5.1 に変化した．これはオキソニウムイオン濃度で 20 倍もの変化を意味する．このような pH 変化が水生生物にもたらした重大な影響が，同地域の湖における魚類の研究によって明らかになった[4]．図 9C・2 のグラフは，pH に対して湖の数をプロットしたもので，■は魚類の存在する湖，□は魚類の存在しない湖を表す．pH 変化と魚類の減少には明確な相関関係がある．

ある地域の地下水や湖水の pH が変化するのには多くの要因がある．卓越風 (一定期間の風の平均で最も頻度の高い方向の風) のパターン，気候，土壌型，水源，地形の性質，植生の特徴，人間の活動，地質学的特徴などである．天然水の酸性化の起こりやすさを左右するのは主としてその緩衝能であり，炭酸水素イオンと炭酸の混合物は天然水の最も重要な緩衝液である．溶液の緩衝能は緩衝剤の濃度に比例することを思い出してほしい．溶けている炭酸水素塩濃度が高いほど，水が酸性雨による酸を中和する能力が高まる．天然水中の炭酸水素イオンの一番重要な源は石灰岩，つまり炭酸カルシウムであり，次の式に示すようにオキソニウムイオンと反応する．

$$CaCO_3(s) + H_3O^+(aq) \rightleftharpoons HCO_3^-(aq) + Ca^{2+}(aq) + H_2O(l)$$

石灰岩の多い地域の湖は炭酸水素塩が比較的高濃度で溶けており，酸性化が起こりにくい．一方，酸性化が起こりやすい湖には，花崗岩，頁岩，その他の炭酸カルシウムをほとんど含まない岩石がつきものである．

図 9C・3 の米国の地図には，石灰岩を含まない岩石のエリアと地下水の酸性化の相関関係が鮮明に示されている[5]．石灰岩をほとんど含まない地域を青色で，豊富に含む地域を白色で色分けし，1978～1979 年に地下水の pH が同じだった地域を青色の (等値線) でつなぎ，重ね合わせた．ニューヨーク州北東に位置するアディロ

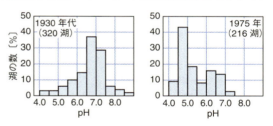

図 9C・1　ニューヨーク州アディロンダック山地における 1930 年から 1975 年の湖水群の pH 変化

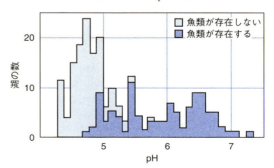

図 9C・2　アディロンダックの湖水の pH が魚類に及ぼす影響

---

3) R.F. Wright, E.T. Gjessing, *Ambio*, **5**, 219 (1976).
4) C.L. Scofield, *Ambio*, **5**, 228 (1976).

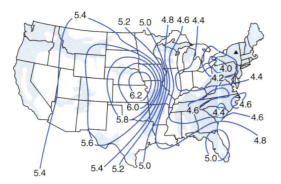

図9C・3　石灰岩の有無が米国の湖のpHに及ぼす影響[5]

ンダック山地（地図の▲）にはほとんど石灰岩がなく，pHは4.2～4.4を示す．以上のことから，降水のpHの低さと相まって，この地域の湖水の緩衝能の低さが魚類の減少をひき起こしたと思われる．酸性雨，湖水の緩衝能，野生動物の減少の間の同様の相関関係は先進工業国中に存在する．

　自然界にも，三酸化硫黄を発生する火山や二酸化窒素を生成する大気中の雷放電など，酸性雨のもととなる化合物の発生源はあるが，大量発生源は高硫黄石炭の燃焼や自動車の排気である．これら汚染物質の排出を最小限に抑えるため，法令を制定し自動車販売に厳しい基準を課して管理している州もある．州によっては石炭火力発電所に硫黄酸化物を除去する集塵装置の設置を義務づけている．また，湖水への酸性雨の影響を最小にするため，水の緩衝能を高める目的で粉末状の石灰石が湖の表面にまかれている．このように問題の解決には多くの時間と労力と費用がかかる．環境の質を維持し，何十年も行われてきた流れを転換するため，ときには経済的に難しい決断を迫られる．

　1990年，改正大気浄化法により二酸化硫黄の規制に劇的な新たな道筋が示された．米国議会は発電事業者に対して図9C・4に示す総量規制を導入したが，そのための具体的な方法は提案されず，事業者の決定に任された．さらに議会は，発電所が汚染物質を排出する権利を売買によって取引できる排出権取引を採用した．排出権は，割当量以下に排出量を削減することで生まれる．大気浄化法による効果は詳細な科学的，経済的分析が今もなお進行中であるが，この法令が酸性雨の原因と影響に確かに大きな効果をあげたことは，これまでの結果から明らかである[6]．

　図9C・4は二酸化硫黄排出量が1990年から急激に減少し，米国環境保護庁（EPA）の予測値を下回り，議会が課した制限内にあることを示す．酸性雨に対する法令の効果を図9C・5の地図上に表す．これは1983年から1994年にかけて米国東部のさまざまな地域における酸性度の変化を百分率で示したものである．地図に示されたように酸性雨は大幅に改善されたが，その原因

として，1990年に課された改正大気浄化法の柔軟な施策がひとまず評価されている．もう一つの驚くべき結果は，目標を実現するのにもとの見積もりよりも見かけ上ははるかに安くて済んだということだ．当初の見通しでは排出基準を満たす費用は年間100億ドルほどであったが，最新の調査では実際の費用は年間10億ドル程度と指摘されている[7]．

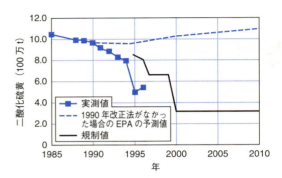

図9C・4　米国内で規制の対象として選ばれた発電所の二酸化硫黄排出量は改正大気浄化法で義務づけられた規制値を下回った［文献6）より．© 1998 American Association of the Advancement of Science］

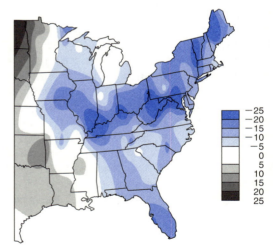

図9C・5　米国東部のほぼ全域で降水の酸性度が低下した．1983年から1994年にかけての変化を％で示す［文献6）より．© 1998 American Association of the Advancement of Science］

---

5) J. Root, et al., "The Effects of Air Pollution and Acid Rain on Fish, Wildlife, and Their Habitats—Intoroduction" より．U.S. Fish and Wildlife Service, Biological Services Program, Eastern Energy and Land Use Team, U.S. Government Publication FWS/OBS-80/40.3 (1982), M.A. Peterson, ed., p.63.

6) R.A. Kerr, Science, **282**, 1024 (1998), DOI: 10.1126/science.282.5391.1024.

7) C.C. Park, "Acid Rain", Methuen, New York (1987).

9・4 強塩基による弱酸の滴定曲線

弱酸（または弱塩基）の滴定曲線の数値を計算するには，以下の4種類の計算法が必要である．
1) 滴定開始時点では，溶液には弱酸または弱塩基しか含まれない．その溶質の濃度と解離定数からpHを計算する．
2) （当量点の直前まで）滴定試薬を加えている途中の溶液は，体積が徐々に増えた一連の緩衝液である．各緩衝液のpHは共役塩基または共役酸の分析濃度と，残りの弱酸または弱塩基の濃度から計算できる．
3) 当量点では，溶液には滴定された弱酸または弱塩基の共役形（すなわち塩）しか含まれない．pHはこの塩の濃度から計算する．
4) 当量点を過ぎると，過剰になった強塩基または強酸の滴定試薬により反応生成物を含む溶液の酸性または塩基性の性質が決まる．すなわち，pHは主として滴定試薬の濃度によって決まる．[1]

例題 9・6

0.1000 M 酢酸（HOAc）溶液 50.00 mL を 25 ℃ で 0.1000 M 水酸化ナトリウム（NaOH）溶液によって滴定するときの滴定曲線を作成せよ．

解 答

滴定開始時のpH　　まず 0.1000 M HOAc 溶液のpHを (2・26) 式を用いて計算する．

$$[H_3O^+] = \sqrt{K_a c_{HOAc}} = \sqrt{1.75 \times 10^{-5} \times 0.1000}$$
$$= 1.32 \times 10^{-3} \text{ M}$$
$$pH = -\log(1.32 \times 10^{-3}) = 2.88$$

塩基 10.00 mL 添加後のpH　　酢酸ナトリウム（NaOAc）と酢酸（HOAc）からなる緩衝液が生成する．二成分の分析濃度は，

$$c_{HOAc} = \frac{50.00 \text{ mL} \times 0.1000 \text{ M} - 10.00 \text{ mL} \times 0.1000 \text{ M}}{60.00 \text{ mL}}$$
$$= \frac{4.000}{60.00} \text{ M}$$

$$c_{NaOAc} = \frac{10.00 \text{ mL} \times 0.1000 \text{ M}}{60.00 \text{ mL}} = \frac{1.000}{60.00} \text{ M}$$

この HOAc と OAc⁻ の濃度を酢酸の解離定数式 (9・4 式参照) に代入し，

$$K_a = \frac{[H_3O^+](1.000/60.00)}{4.00/60.00} = 1.75 \times 10^{-5}$$
$$[H_3O^+] = 7.00 \times 10^{-5}$$
$$pH = 4.15$$

溶液の総体積は分子と分母の両方にあるので，$[H_3O^+]$ の式では約分によって消えることに注意する．緩衝領域についてはこれと同様の計算で曲線上の点が得られる．表 9・3 の 2 列目にこの計算で得たデータを表す．

表 9・3　弱酸を強塩基で滴定するときのpHの変化

NaOHの体積〔mL〕	pH 0.1000 M HOAc 50.00 mL を 0.1000 M NaOH で滴定	pH 0.001000 M HOAc 50.00 mL を 0.001000 M NaOH で滴定
0.00	2.88	3.91
10.00	4.15	4.30
25.00	4.76	4.80
40.00	5.36	5.38
49.00	6.45	6.46
49.90	7.46	7.47
50.00	8.73	7.73
50.10	10.00	8.09
51.00	11.00	9.00
60.00	11.96	9.96
70.00	12.22	10.25

塩基 25.00 mL 添加後のpH　　上の計算と同様に，二成分の分析濃度は，

$$c_{HOAc} = \frac{50.00 \text{ mL} \times 0.1000 \text{ M} - 25.00 \text{ mL} \times 0.1000 \text{ M}}{75.00 \text{ mL}}$$
$$= \frac{2.500}{75.00} \text{ M}$$

$$c_{NaOAc} = \frac{25.00 \text{ mL} \times 0.1000 \text{ M}}{75.00 \text{ mL}} = \frac{2.500}{75.00} \text{ M}$$

そこで，この HOAc と OAc⁻ の濃度を酢酸の解離定数式に代入し，

$$K_a = \frac{[H_3O^+](2.500/75.00)}{2.500/75.00} = 1.75 \times 10^{-5}$$
$$pH = pK_a = -\log(1.75 \times 10^{-5}) = 4.76$$

このとき（半当量点，p.150 参照），K_a の式から酸と共役塩基の分析濃度が約分によって消える．

当量点のpH　　当量点では HOAc がすべて NaOAc に変換する．したがって溶液は NaOAc を水に溶かしたときにできる溶液と同じなので，pHの計算は例題 2・24 に示したものとまったく同じである．本題での NaOAc の濃度は，

---

[1] 強塩基による強酸の滴定曲線と弱酸の滴定曲線は，等量点をわずかに超えると，曲線の形が同一になる．強酸による強塩基の滴定曲線と弱塩基の滴定曲線についても同じことがいえる．

（例題 9・6 解答つづき）

$$c_{\text{NaOAc}} = \frac{50.00\text{ mL} \times 0.1000\text{ M}}{100.00\text{ mL}} = 0.0500\text{ M}$$

したがって，

$$\text{OAc}^- + \text{H}_2\text{O} \rightleftharpoons \text{HOAc} + \text{OH}^-$$

$$[\text{OH}^-] = [\text{HOAc}]$$

$$[\text{OAc}^-] + [\text{HOAc}] = c_{\text{NaOAc}}$$

$$[\text{OAc}^-] = 0.0500 - [\text{OH}^-] \approx 0.0500$$

これらの数を OAc^- の塩基解離定数式（$K_b = [\text{HOAc}][\text{OH}^-]/[\text{OAc}^-]$）に代入し，次式を得る．

$$\frac{[\text{OH}^-]^2}{0.0500} = \frac{K_w}{K_a} = \frac{1.00 \times 10^{-14}}{1.75 \times 10^{-5}} = 5.71 \times 10^{-10}$$

$$[\text{OH}^-] = \sqrt{0.0500 \times 5.71 \times 10^{-10}} = 5.34 \times 10^{-6}\text{ M}$$

[1)] $\text{pH} = 14.00 - [-\log(5.34 \times 10^{-6})] = 8.73$

塩基 50.10 mL 添加後の pH　NaOH 50.10 mL を加えた後の過剰な塩基と OAc^- は，どちらも OH^- の発生源になる．しかし強塩基が酢酸イオンと水の反応を抑制するので，OAc^- の寄与は小さい．この事実は当量点のOH⁻濃度がたった 5.34×10^{-6} M しかないことを考察するときの証拠となる．つまり，少しでも過剰な塩基が加えられると，HOAc の反応からの寄与はいっそう小さくなる．そこで，

$$[\text{OH}^-] = c_{\text{NaOH}}$$
$$= \frac{50.10\text{ mL} \times 0.1000\text{ M} - 50.00\text{ mL} \times 0.1000\text{ M}}{100.10\text{ mL}}$$
$$= 9.99 \times 10^{-5}\text{ M}$$

$$\text{pH} = 14.00 - [-\log(9.99 \times 10^{-5})] = 10.00$$

当量点をわずかに超えた領域において，弱酸を強塩基で滴定した滴定曲線は，強酸を強塩基で滴定した曲線と同じであることに注意する．

表 9・3 と図 9・8 は，この例題の pH 計算値をもっと希薄な溶液で滴定した場合と比較したものである．希薄溶液ではこの例題で行った仮定の一部を適用できない．濃度の影響は §9・4・1 でさらに論じる．

例題 9・6 で酸の半量が中和されたとき（この場合は正確に 25.00 mL の塩基を添加後），酸とその共役塩基の分析濃度が等しくなることに注意したい．これらの濃度の項は K_a の式から約分によって消去されるので，オキソニウムイオ
[2)] ン濃度は解離定数に等しい．弱塩基の滴定でも同様に，水酸化物イオン濃度は，滴定曲線の中間点で塩基の解離定数
[3)] と等しくなる．さらに各溶液の緩衝能はこの点で最大になる．この点はしばしば **半当量点**（half-titration point）とよばれ，コラム 9・5 のように，解離定数の決定に用いられる．

| コラム 9・5　弱酸と弱塩基の解離定数の決定 |

　弱酸または弱塩基の解離定数は，滴定中の溶液のpHを測定して決定することが多い．測定にはガラス電極をもつ pH メーターが用いられ（§15・4・3参照），滴定の開始点から終点を過ぎた後までの pH を記録する．解離定数は，終点の体積の半分（半当量の溶液を加えたとき）の pH を用いて得る．酸の場合，酸の半量が中和されたときの pH 測定値は pK_a と等しい．弱塩基の場合，半当量点の pH を pOH に変換する必要があり，pOH が pK_b と等しい．

9・4・1　濃度の影響

　表 9・3 は，0.1000 M と 0.001000 M の HOAc をそれぞれ同濃度の NaOH 溶液で滴定したときの pH のデータである．非常に希薄な酸の計算には，例題 9・6 に示した近似式は妥当でなく，当量点を過ぎるまで曲線上の各点に対して二次方程式の解が必要であった．当量点後の領域では過剰な OH⁻ が優勢になり，単純計算でうまくいく．

　図 9・8 は表 9・3 のデータをプロットしたものである．希薄溶液の場合（曲線 B），滴定開始段階の pH は高くなり当量点の pH は低くなることに注意する．ただし，この間の領域では HOAc/NaOAc 系の緩衝作用により pH 値の違いはごくわずかである．緩衝液の pH は希釈にほとんど影響されないことが図 9・8 からも裏づけられる．当量点

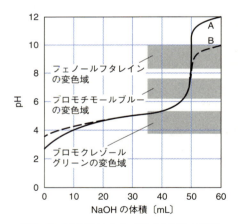

図 9・8　NaOH による CH_3COOH の滴定曲線．曲線 A: 0.1000 M の酸を 0.1000 M の塩基で滴定．曲線 B: 0.001000 M の酸を 0.001000 M の塩基で滴定．

---

1) この滴定における当量点の pH は 7 より大きいことに注意する．溶液は塩基性になる．弱酸の塩の溶液は必ず塩基性である．
2) 弱酸の滴定における半当量点では，$[\text{H}_3\text{O}^+] = K_a$, $\text{pH} = pK_a$．
3) 弱塩基の滴定における半当量点では，$[\text{OH}^-] = K_b$, $\text{pOH} = pK_b$（$K_b = K_w/K_a$ であることを思い出そう）．

付近の [OH^-] 変化は分析対象と滴定試薬の濃度が低いほど小さくなることにも注意してほしい．これは強酸を強塩基で滴定するときの濃度の影響と似ている（図 9・3 参照）．

9・4・2 酸の強さの影響

さまざまな解離定数をもつ酸の 0.1000 M 溶液の滴定曲線を図 9・9 に示す．当量点領域の pH 変化は弱酸になるほど小さくなる．

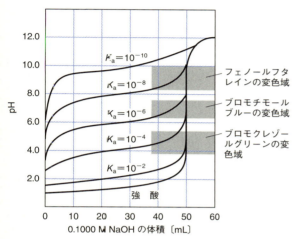

図 9・9 滴定曲線に対する酸の強さ（K_a）の影響．それぞれの曲線は 0.1000 M 酸 50 mL を 0.1000 M NaOH で滴定した．

9・4・3 指示薬の選択 — 滴定の実行可能性

図 9・8，9・9 から，弱酸の滴定は強酸の滴定に比べて指示薬の選択の幅がより制限されることがわかる．図 9・8 のように，ブロモクレゾールグリーンは 0.1000 M 酢酸の滴定にはまったく適していない．ブロモチモールブルーは滴定試薬である 0.1000 M 塩基の体積約 47～50 mL の範囲が変色に必要となるので，やはり向かない．一方，フェノールフタレインのように塩基性領域で変色する指示薬は終点が鋭敏で滴定誤差が少ない．

0.001000 M 酢酸の滴定（図 9・8 の曲線 B）における終点の pH 変化は非常に小さく，指示薬に関係なく顕著な滴定誤差を生じやすい．しかしこのような滴定の終点は，変色域がフェノールフタレインとブロモチモールブルーの間にある指示薬を適切な比色標準溶液（色の違いを見分ける標準液）とともに用いることによってかなりの精度（相対標準偏差が数 %）で決定できる．

滴定される酸の強さが減少するにつれて同様の問題が起こることを図 9・9 は示している．解離定数 10^{-8} の酸の 0.1000 M 溶液でも適切な比色標準溶液を用いて滴定すれば，約 ±2 ppt の精度を達成できる．また，弱い酸であっても，より高濃度の溶液を用いれば適切な精度で滴定できる．

9・5 強酸による弱塩基の滴定曲線

例題 9・7 に示すように，弱塩基の滴定曲線を描くのに必要な計算は弱酸の場合と似ている．

例題 9・7

0.0500 M NaCN（HCN の $K_a = 6.2 \times 10^{-10}$）50 mL を 0.1000 M HCl で滴定する．その反応は，

$$CN^- + H_3O^+ \rightleftharpoons HCN + H_2O$$

酸を (a) 0.00 mL, (b) 10.00 mL, (c) 25.00 mL, (d) 26.00 mL 加えた後の pH をそれぞれ計算せよ．

解 答

(a) 酸 0.00 mL

NaCN 溶液の pH は例題 2・24 の方法で計算できる．

$$CN^- + H_2O \rightleftharpoons HCN + OH^-$$

$$K_b = \frac{[OH^-][HCN]}{[CN^-]} = \frac{K_w}{K_a} = \frac{1.00 \times 10^{-14}}{6.2 \times 10^{-10}} = 1.61 \times 10^{-5}$$

$$[OH^-] = [HCN]$$

$$[CN^-] = c_{NaCN} - [OH^-] \approx c_{NaCN} = 0.0500 \text{ M}$$

解離定数の式に代入して変形すると，

$$[OH^-] = \sqrt{K_b c_{NaCN}} = \sqrt{1.61 \times 10^{-5} \times 0.0500}$$
$$= 8.97 \times 10^{-4} \text{ M}$$

$$pH = 14.00 - [-\log(8.97 \times 10^{-4})] = 10.95$$

(b) 酸 10.00 mL

酸の添加によって以下の組成をもつ緩衝液が生じる．

$$c_{NaCN} = \frac{50.00 \times 0.0500 - 10.00 \times 0.1000}{60.00} = \frac{1.500}{60.00} \text{ M}$$

$$c_{HCN} = \frac{10.00 \times 0.1000}{60.00} = \frac{1.000}{60.00} \text{ M}$$

次に (9・10) 式にこれらの値を代入すると，[H_3O^+] が直接得られる．

$$[H_3O^+] = \frac{6.2 \times 10^{-10} \times (1.000/60.00)}{1.500/60.00}$$
$$= 4.13 \times 10^{-10} \text{ M}$$

$$pH = -\log(4.13 \times 10^{-10}) = 9.38$$

(c) 酸 25.00 mL

この体積は当量点に相当し，CN^- はすべて弱酸 HCN に変換される．そこで，

---

1) 発展問題：緩衝液の pH はここで行ったように HCN の K_a で（あるいは K_b でも同じように）計算できることを示せ．K_a を用いたのは [H_3O^+] を直接得られるからである．K_b では [OH^-] になる．

(例題 9・7 解答つづき)

$$c_{HCN} = \frac{25.00 \times 0.1000}{75.00} = 0.03333 \text{ M}$$

(2・26) 式を適用し,

$$[H_3O^+] = \sqrt{K_a c_{HCN}} = \sqrt{6.2 \times 10^{-10} \times 0.03333}$$
$$= 4.55 \times 10^{-6} \text{ M}$$

[1]

$$pH = -\log(4.55 \times 10^{-6}) = 5.34$$

(d) 酸 26.00 mL

強酸が過剰に存在し, pH への寄与が無視できるところまで HCN の解離を抑制する. したがって,

$$[H_3O^+] = c_{HCl} = \frac{26.00 \times 0.1000 - 50.00 \times 0.0500}{76.00}$$
$$= 1.32 \times 10^{-3} \text{ M}$$

$$pH = -\log(1.32 \times 10^{-3}) = 2.88$$

図 9・10 はさまざまな強さをもつ一連の弱塩基に対する理論的な滴定曲線を表す. この曲線から, 弱塩基に対し[2]てはほぼ酸性の変色域をもつ指示薬を使うべきであることがわかる.

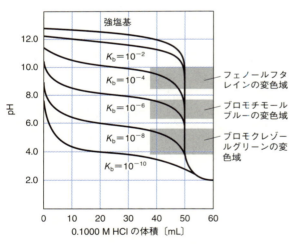

図 9・10 滴定曲線に対する塩基の強さ (K_b) の影響. それぞれの曲線は 0.1000 M 塩基 50 mL を 0.1000 M HCl で滴定した.

9・6 酸塩基滴定中の溶液の組成

緩衝液の組成は, 共役酸・塩基の関係にある二成分の相対的な平衡濃度を緩衝液の pH の関数として図示することにより視覚化できる. この相対濃度を **α 値** (alpha value) とよぶ. たとえば酢酸 HOAc と酢酸ナトリウム NaOAc

を含む緩衝液の二成分の分析濃度の和を c_T とし, 次のように書く.

$$c_T = c_{HOAc} + c_{NaOAc} \qquad (9 \cdot 12)$$

次に総濃度に対する解離していない酸の割合を α_0 と定義する.

$$\alpha_0 = \frac{[HOAc]}{c_T} \qquad (9 \cdot 13)$$

同じく解離した酸の割合を α_1 とし,

$$\alpha_1 = \frac{[OAc^-]}{c_T} \qquad (9 \cdot 14)$$

α 値は単位のない比であり, 和が 1 に等しくなければならない. すなわち,

$$\alpha_0 + \alpha_1 = 1$$

α 値は $[H_3O^+]$ と K_a だけに依存し, c_T には依存しない. α_0 の式を導くため, 解離定数式を変形し,

$$[OAc^-] = \frac{K_a[HOAc]}{[H_3O^+]} \qquad (9 \cdot 15)$$

酢酸は HOAc または OAc^- のどちらかの形であるから, 総濃度 c_T は,

$$c_T = [HOAc] + [OAc^-] \qquad (9 \cdot 16)$$

(9・15) 式を (9・16) 式に代入し,

$$c_T = [HOAc] + \frac{K_a[HOAc]}{[H_3O^+]} = [HOAc]\left(\frac{[H_3O^+] + K_a}{[H_3O^+]}\right)$$

変形すると, 次のようになる.

$$\frac{[HOAc]}{c_T} = \frac{[H_3O^+]}{[H_3O^+] + K_a}$$

(9・13) 式より $[HOAc]/c_T = \alpha_0$ なので,

$$\alpha_0 = \frac{[HOAc]}{c_T} = \frac{[H_3O^+]}{[H_3O^+] + K_a} \qquad (9 \cdot 17)$$

α_1 についても同様の式を導くため, 解離定数式を変形し,

$$[HOAc] = \frac{[H_3O^+][OAc^-]}{K_a}$$

---

[1] 当量点における溶質の化学種はすべて HCN に変換されるので, pH は酸性.
[2] 弱塩基を滴定するときはほぼ酸性の変色域をもつ指示薬を使用する. 弱酸を滴定するときはほぼ塩基性の変色域をもつ指示薬を使用する.

コラム 9・6　アミノ酸の pK_a 値の決定

アミノ酸は酸性基と塩基性基の両方をもつ．例としてアラニンの構造を図 9C・6 に表す．

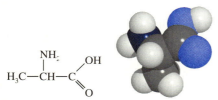

図 9C・6　アミノ酸の一種であるアラニンの構造式と分子モデル．アラニンには二つの鏡像異性体，左手 (L) 型と右手 (D) 型がある．天然のアミノ酸はすべて L 型である．

アミノ基は塩基として振舞い，同時にカルボキシ基は酸として作用する．水溶液中でアミノ酸は，アミノ基がプロトンを受取り正に荷電する一方，カルボキシ基がプロトンを失い負に荷電し，分子内の異なる位置に異符号の電荷をもつ "両性イオン" である．

アミノ酸の pK_a 値は，好都合なことにコラム 9・5 に述べた一般的な方法で決定できる．両性イオンは酸性と塩基性両方の性質をもつので，二つの pK_a 値が決まる．プロトン化したアミノ基からの脱プロトンの pK_a 値は塩基の添加によって，カルボキシ基へのプロトン化の pK_a 値は酸の添加によって測定する．実際には，既知濃度のアミノ酸を含む溶液を調製するので，半当量に達するのに必要な塩基や酸の量がわかっている．加えた酸または塩基の体積に対する pH を表した曲線を図 9C・7 に示す．この種の実験では，図の中央 (添加量 0.00 mL) から滴定を始め，pK_a 値を決定するため，当量に必要な体積の半分のところまでしか行われない．このアラニンの例ではカルボキシ基を完全にプロトン化するのに要する HCl の体積は 20.00 mL であることに注意する．アラニンに酸を加えると，体積 0.00 mL より左側の曲線が得られる．HCl を 10.00 mL 加えたところの pH はカルボキシ基の pK_a である 2.35 に等しい．

アラニンに NaOH を加えると，NH_3^+ 基の脱プロトンの pK 値を決定できる．完全に脱プロトンするのに要する塩基は 20.00 mL である．NaOH を 10.00 mL 加えたところの pH はアミノ基の pK_a 値である 9.89 に等しい．ほかのアミノ酸や，ペプチド，タンパク質などのより複雑な生体分子の pK_a 値も，多くの場合同じ方法で得ることができる．二つ以上のカルボキシ基やアミノ基をもつアミノ酸もある．アスパラギン酸はその一例である (図 9C・8 参照)．

両性イオンが完全にプロトン化あるいは脱プロトンする終点が不明瞭なことがよくあるので，アミノ酸は一般に直接滴定では定量できないことに注意が必要である．アミノ酸の定量は通常，高速液体クロマトグラフィー (第 20 章参照) や分光法 (第Ⅳ部参照) で行われる．

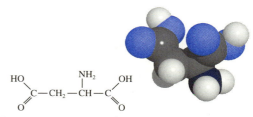

図 9C・8　アスパラギン酸はカルボキシ基を二つもつアミノ酸である．フェニルアラニンと結合させて人工甘味料アスパルテームの原料となる．これは普通の砂糖 (スクロース) より甘味が強く，かつカロリーが低い．

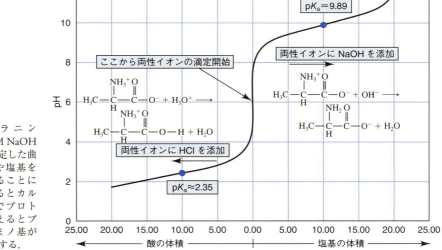

図 9C・7　0.1000 M アラニン 20.00 mL を 0.1000 M NaOH と 0.1000 M HCl で滴定した曲線．両性イオンは酸や塩基を加える前から存在することに注意する．酸を加えるとカルボキシ基が pK_a 2.35 でプロトン化する．塩基を加えるとプロトンの付加したアミノ基が pK_a 9.89 で脱プロトンする．

これを (9・16) 式に代入し，

$$c_T = \frac{[H_3O^+][OAc^-]}{K_a} + [OAc^-] = [OAc^-]\left(\frac{[H_3O^+] + K_a}{K_a}\right)$$

この式を変形して $[OAc^-]/c_T$ を求め，(9・14) 式で定義した α_1 を得る．

$$\alpha_1 = \frac{[OAc^-]}{c_T} = \frac{K_a}{[H_3O^+] + K_a} \quad (9・18)$$

(9・17)，(9・18) 式は分母が同じであることに注意する．α_0 と α_1 が pH に対してどのように変化するかを図9・11 に表す．図9・11 のプロットのためのデータは (9・17)，(9・18) 式から計算した．

二つの曲線は pH=pK_{HOAc}=4.74 の点で交差していることがわかる．この点では HOAc と OAc$^-$ の濃度が等しく，酸の全分析濃度に対する割合はどちらも 1/2 である．

図9・12 に α_0, α_1 と付した実線の直線は，表9・3 の 2 列目で pH を求めた際の $[H_3O^+]$ 値を用いて (9・17)，(9・18) 式より計算した．図9・12 の曲線は実際の滴定曲線である．滴定開始時の α_0 はほぼ 1 (0.987) であり，これは 98.7% が HOAc として存在し，OAc$^-$ は 1.3% しか存在しないことを意味する．当量点の α_0 は $1.1×10^{-4}$ に減少し，α_1 は 1 に近づく．つまり，酢酸の化学種のうち HOAc は約 0.011% しか存在しない．半当量点 (25.00 mL) では α_0 と α_1 はともに 0.5 であることに注意したい．多塩基酸 (第 10 章参照) の場合，α 値は滴定中の溶液の組成変化を説明するのにとても有用である．

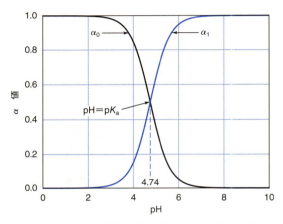

図9・11 pH に伴う α 値の変化．二つの曲線の交点から ±1 pH 以上になると，α_0 または α_1 の一方が大多数になる．交点では α_0=α_1=0.5 となり，pH=pK_{HOAc}=4.74 である．

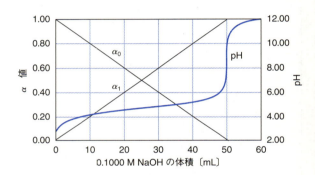

図9・12 滴定中の HOAc と OAc$^-$ の相対量のプロット．直線は 0.1000 M HOAc 50.00 mL を滴定するときの HOAc (α_0) と OAc$^-$ (α_1) の相対量の変化を示す．曲線はこの系の滴定曲線である．

章末問題

9・1 一般的な酸塩基指示薬の変色域が約 2 pH の範囲にあるのはなぜか．

9・2 酸塩基滴定において終点の鋭敏さに影響する因子は何か．

9・3 0.10 M NaOH と 0.010 M NH$_3$ それぞれを 0.1 M HCl で滴定するときの滴定曲線を考える．
(a) 二つの滴定曲線の違いを簡単に説明せよ．
(b) 二つの滴定曲線の区別がつかない範囲はどこか．

9・4 酸塩基滴定に一般に用いられる標準液が弱酸・弱塩基ではなく強酸・強塩基であるのはなぜか．

9・5 指示薬の変色域に影響を与える要因は何か．

9・6 0.10 M HCl で滴定するとき，どちらの溶質の方が鋭敏な終点を示すか．
(a) 0.10 M NaOCl と 0.10 M ヒドロキシルアミン
(b) 0.10 M NH$_3$ と 0.10 M ナトリウムフェノキシド
(c) 0.10 M メチルアミンと 0.10 M ヒドロキシルアミン
(d) 0.10 M ヒドラジンと 0.10 M NaCN

9・7 0.10 M NaOH で滴定するとき，どちらの溶質の方が鋭敏な終点を示すか．
(a) 0.10 M 亜硝酸と 0.10 M ヨウ素酸
(b) 0.10 M アニリン塩酸塩 C$_6$H$_5$NH$_3$Cl と 0.10 M 安息香酸
(c) 0.10 M 次亜塩素酸と 0.10 M ピルビン酸
(d) 0.10 M サリチル酸と 0.10 M 酢酸

9・8 ガラス電極と pH メーターが普及するまでは，pH の決定は指示薬の酸型と塩基型の濃度を比色分析することにより行われることが多かった (詳細は第 17 章参照)．ある溶液にブロモチモールブルーを加えたとき塩基型に対する酸型の濃度比が 1.29 であることがわかった．溶液の pH はいくらか．

9・9 メチルオレンジを指示薬として，問題 9・8 で述べた方法を用いて pH を決定した．指示薬の塩基型に対する酸型の濃度比は 1.84 だった．溶液の pH を計算せよ．

9・10 0 ℃, 50 ℃, 100 ℃ の K_w 値はそれぞれ 1.14×

10^{-15}, 5.47×10^{-14}, 4.9×10^{-13} である．各温度の中性溶液の pH を計算せよ．

9・11 問題 9・10 のデータを用いて，以下の温度の pK_w を計算せよ．
(a) 0 ℃
(b) 50 ℃
(c) 100 ℃

9・12 問題 9・10 のデータを用いて，以下の温度の 1.00×10^{-2} M NaOH 溶液の pH を計算せよ．
(a) 0 ℃
(b) 50 ℃
(c) 100 ℃

9・13 3.00%(w/w) HCl を含む密度 1.015 g/mL の水溶液の pH を計算せよ．

9・14 2.00%(w/w) NaOH を含む密度 1.022 g/mL の水溶液の pH を計算せよ．

9・15 2.00×10^{-8} M NaOH 溶液の pH はいくらか（ヒント：このような希薄溶液では H_2O の水酸化物イオン濃度への寄与を考慮しなければならない）．

9・16 2.00×10^{-8} M HCl 溶液の pH はいくらか（問題 9・15 のヒントを参照）．

9・17 緩衝液とは何か．またその特徴についても説明せよ．

9・18 緩衝能を定義せよ．

9・19 緩衝能がより高い溶液を選べ．(a) NH_3 0.100 mol と NH_4Cl 0.200 mol を含む混合溶液 (b) NH_3 0.0500 mol と NH_4Cl 0.100 mol を含む混合溶液

9・20 以下の手順で調製した溶液がある．これらの溶液の類似点と相違点を述べよ．
(a) NaOAc 8.00 mmol を 0.100 M HOAc 200 mL に溶解した．
(b) 0.0500 M NaOH 100 mL を 0.175 M HOAc 100 mL に添加した．
(c) 0.1200 M HCl 40.0 mL を 0.0420 M NaOAc 160.0 mL に添加した．

9・21 付録 3 を参考にして，以下の pH となる緩衝液を調製するのに適した酸/塩基対を選択せよ．
(a) 4.5　(b) 8.1　(c) 10.3　(d) 6.1

9・22 1.00 M ギ酸 500.0 mL にギ酸ナトリウムを添加し pH 3.50 の緩衝液をつくる際，必要なギ酸ナトリウムの質量を求めよ．

9・23 1.00 M グリコール酸 400.0 mL にグリコール酸ナトリウムを添加し pH 4.00 の緩衝液をつくる際，必要なグリコール酸ナトリウムの質量を求めよ．

9・24 0.300 M マンデル酸ナトリウム 500.0 mL に 0.200 M HCl を添加し pH 3.37 の緩衝液をつくる際，必要な HCl の体積を求めよ．

9・25 1.00 M グリコール酸 200.0 mL に 2.00 M NaOH を添加し pH 4.00 の緩衝液をつくる際，必要な NaOH の体積を求めよ．

9・26 以下の文は真か偽か，もしくは真でもあり偽でもあるだろうか．式，例またはグラフを用いて示せ．"緩衝液は溶液の pH を一定に保つ"．

9・27 以下の物質に $Mg(OH)_2$ 0.093 g を混合して生じた溶液の pH はいくらか．
(a) 0.0500 M HCl 75.0 mL
(b) 0.0500 M HCl 100.0 mL
(c) 0.0500 M HCl 15.0 mL
(d) 0.0500 M $MgCl_2$ 30.0 mL

9・28 以下の物質 25.0 mL を 0.1750 M HCl 20.0 mL と混合して生じた溶液の pH はいくらか．
(a) 蒸留水
(b) 0.132 M $AgNO_3$
(c) 0.132 M NaOH
(d) 0.132 M NH_3
(e) 0.232 M NaOH

9・29 以下の条件で 0.0500 M HCl 溶液のオキソニウムイオン濃度と pH を計算せよ．
(a) 活量を無視する．
(b) 活量を用いる（第 7 章参照）．

9・30 以下の条件で 0.0167 M $Ba(OH)_2$ 溶液の水酸化物イオン濃度と pH を計算せよ．
(a) 活量を無視する．
(b) 活量を用いる（第 7 章参照）．

9・31 以下の水溶液の pH を計算せよ．
(a) 1.00×10^{-1} M HOCl
(b) 1.00×10^{-2} M HOCl
(c) 1.00×10^{-4} M HOCl

9・32 以下の水溶液の pH を計算せよ．
(a) 1.00×10^{-1} M NaOCl
(b) 1.00×10^{-2} M NaOCl
(c) 1.00×10^{-4} M NaOCl

9・33 以下のアンモニア水溶液の pH を計算せよ．
(a) 1.00×10^{-1} M NH_3
(b) 1.00×10^{-2} M NH_3
(c) 1.00×10^{-4} M NH_3

9・34 以下の水溶液の pH を計算せよ．
(a) 1.00×10^{-1} M NH_4Cl
(b) 1.00×10^{-2} M NH_4Cl
(c) 1.00×10^{-4} M NH_4Cl

9・35 以下の濃度のピペリジン水溶液の pH を計算せよ．
(a) 1.00×10^{-1} M
(b) 1.00×10^{-2} M
(c) 1.00×10^{-4} M

9・36 以下の水溶液の pH を計算せよ．
(a) 1.00×10^{-1} M スルファミン酸
(b) 1.00×10^{-2} M スルファミン酸
(c) 1.00×10^{-4} M スルファミン酸

9・37 以下のように調製した溶液の pH を計算せよ．
(a) 乳酸 36.5 g を水に溶かし，500 mL に希釈する．
(b) (a) の溶液 25.0 mL を 250 mL に希釈する．
(c) (b) の溶液 10.0 mL を 1.00 L に希釈する．

9・38 以下のように調製した溶液の pH を計算せよ．
(a) ピクリン酸 $(NO_2)_3C_6H_2OH$ (229.11 g/mol) 2.13 g

を水 100 mL に溶かす．
(b) (a) の溶液 10.0 mL を 100 mL に希釈する．
(c) (b) の溶液 10.0 mL を 1.0 L に希釈する．

9・39 0.1750 M ギ酸 20.0 mL を用いて以下のように調製した溶液の pH を計算せよ．
(a) 蒸留水で 45.0 mL に希釈する．
(b) 0.140 M NaOH 溶液 25.0 mL と混合する．
(c) 0.200 M NaOH 溶液 25.0 mL と混合する．
(d) 0.200 M ギ酸ナトリウム溶液 25.0 mL と混合する．

9・40 0.1250 M NH_3 溶液 40.0 mL を用いて以下のように調製した溶液の pH を計算せよ．
(a) 蒸留水 20.0 mL と混合する．
(b) 0.250 M HCl 溶液 20.0 mL と混合する．
(c) 0.300 M HCl 溶液 20.0 mL と混合する．
(d) 0.200 M NH_4Cl 溶液 20.0 mL と混合する．
(e) 0.100 M HCl 溶液 20.0 mL と混合する．

9・41 0.0500 M NH_4Cl と 0.0300 M NH_3 を含む溶液がある．以下の条件で OH^- 濃度と pH を計算せよ．
(a) 活量を無視する．
(b) 活量を考慮する．

9・42 以下の溶液の pH はいくらか．
(a) 乳酸 (90.08 g/mol) 7.85 g と乳酸ナトリウム (112.06 g/mol) 10.09 g を水に溶かし 1.00 L に希釈して調製した．
(b) 0.0630 M 酢酸と 0.0210 M 酢酸ナトリウムを含む溶液．
(c) サリチル酸 $C_6H_4(OH)COOH$ (138.12 g/mol) 3.00 g を 0.1130 M NaOH 50 mL に溶かし，500.0 mL に希釈して調製した．
(d) 0.0100 M ピクリン酸と 0.100 M ピクリン酸ナトリウムを含む溶液．

9・43 以下の溶液の pH はいくらか．
(a) $(NH_4)_2SO_4$ 3.30 g を水に溶かし，0.1011 M NaOH 125.0 mL を加え，500.0 mL に希釈して調製した．
(b) 0.120 M ピペリジンと 0.010 M ピペリジン塩酸塩を含む溶液．
(c) 0.050 M エチルアミンと 0.167 M エチルアミン塩酸塩を含む溶液．
(d) アニリン (93.13 g/mol) 2.32 g を 0.0200 M HCl 100 mL に溶かし，250.0 mL に希釈して調製した．

9・44 以下に記した溶液を水で 10 倍希釈したときに起こる pH 変化を計算せよ．pH の計算値は小数第三位に丸めること．
(a) H_2O
(b) 0.0500 M HCl
(c) 0.0500 M NaOH
(d) 0.0500 M CH_3COOH
(e) 0.0500 M CH_3COONa
(f) 0.0500 M CH_3COOH + 0.0500 M CH_3COONa
(g) 0.500 M CH_3COOH + 0.500 M CH_3COONa

9・45 問題 9・44 にあげた各溶液 100 mL に強酸 1.00 mmol を加えたときに起こる pH 変化を計算せよ．

9・46 問題 9・44 にあげた各溶液 100 mL に強塩基 1.00 mmol を加えたときに起こる pH 変化を計算せよ．値は小数第三位まで計算せよ．

9・47 強酸 0.50 mmol を以下の溶液 100 mL に加えたときに起こる pH 変化を小数第三位まで計算せよ．
(a) 0.0200 M 乳酸 + 0.0800 M 乳酸ナトリウム
(b) 0.0800 M 乳酸 + 0.0200 M 乳酸ナトリウム
(c) 0.0500 M 乳酸 + 0.0500 M 乳酸ナトリウム

9・48 0.1000 M NaOH 50.00 mL を 0.1000 M HCl で滴定する．HCl 溶液をそれぞれ 0.00, 10.00, 25.00, 40.00, 45.00, 49.00, 50.00, 51.00, 55.00, 60.00 mL 加えた後の溶液の pH を計算し，そのデータから滴定曲線を作成せよ．

9・49 0.05000 M HCOOH 50.00 mL を 0.1000 M KOH で滴定する場合，滴定誤差は 0.05 mL 未満でなければならない．この目標を実現するためにはどの指示薬を選べばよいか．

9・50 0.1000 M エチルアミン ($CH_3CH_2NH_2$) 50.00 mL を 0.1000 M $HClO_4$ で滴定する場合，滴定誤差は 0.05 mL 以下でなければならない．この目標を実現するためにはどの指示薬を選べばよいか．

9・51 以下の溶液 50.00 mL を 0.1000 M NaOH で滴定するとき，NaOH 溶液をそれぞれ 0.00, 5.00, 15.00, 25.00, 40.00, 45.00, 49.00, 50.00, 51.00, 55.00, 60.00 mL 加えた後の溶液の pH を計算せよ．
(a) 0.1000 M HNO_2
(b) 0.1000 M ピリジン塩酸塩
(c) 0.1000 M 乳酸

9・52 以下の溶液 50.00 mL を 0.1000 M HCl で滴定するとき，HCl 溶液をそれぞれ 0.00, 5.00, 15.00, 25.00, 40.00, 45.00, 49.00, 50.00, 51.00, 55.00, 60.00 mL 加えた後の溶液の pH を計算せよ．
(a) 0.1000 M アンモニア
(b) 0.1000 M ヒドラジン
(c) 0.1000 M シアン化ナトリウム

9・53 以下の溶液 50.00 mL を滴定するとき，滴定試薬をそれぞれ 0.00, 5.00, 15.00, 25.00, 40.00, 45.00, 49.00, 50.00, 51.00, 55.00, 60.00 mL 加えた後の溶液の pH を計算せよ．
(a) 0.01000 M クロロ酢酸を 0.01000 M NaOH で滴定．
(b) 0.1000 M アニリン塩酸塩を 0.1000 M NaOH で滴定．
(c) 0.1000 M 次亜塩素酸を 0.1000 M NaOH で滴定．
(d) 0.1000 M ヒドロキシルアミンを 0.1000 M HCl で滴定．
データから滴定曲線を作成せよ．

9・54 以下の物質の α_0 と α_1 を計算せよ．
(a) pH 5.320 の酢酸溶液
(b) pH 1.250 のピクリン酸溶液
(c) pH 7.00 の次亜塩素酸溶液
(d) pH 5.12 のヒドロキシルアミン溶液
(e) pH 10.08 のピペリジン溶液

章末問題

9・55 分析濃度 0.120 M, pH 11.471 のメチルアミン（CH_3NH_2）溶液に含まれる CH_3NH_2 の平衡濃度を計算せよ．

9・56 分析濃度 0.0850 M, pH 3.200 のギ酸溶液中の非解離型 HCOOH の平衡濃度を計算せよ．

9・57 下記の表の空欄を埋めよ．

酸	分析濃度, c_T ($c_T = c_{HA} + c_{A^-}$)	pH	[HA]	[A$^-$]	α_0	α_1
乳酸	0.120	―	―	―	0.640	―
ヨウ素酸	0.200	―	―	―	―	0.765
ブタン酸（酪酸）	―	5.00	0.644	―	―	―
次亜塩素酸	0.280	7.00	―	―	―	―
亜硝酸	―	―	0.105	―	0.413	0.587
シアン化水素	―	―	0.145	0.221	―	―
スルファミン酸	0.250	1.20	―	―	―	―

9・58 発展問題 次の写真のビュレットは目盛りの少なくとも 2 箇所に製造中にできた欠陥がある．このビュレットとその製造背景，使用法に関する以下の問いに答えよ．

(a) どのような条件下でならこのビュレットを使用できるか．

(b) 使用者がビュレットの欠陥に気づいていないと仮定すると，液面が 43 mL の 2 番目の標線と 48 mL の標線の間にある場合どんなタイプの誤差が起こりうるか．

(c) 滴定の最初の示度が（非常に考えにくいが）0.00 mL と仮定し，最後の示度が 43.00（上側の正しい目盛り）のときの体積の相対誤差を計算せよ．同じ示度を下側の目盛りで読んだときの相対誤差はいくらか．最後の示度が 48.00 mL の標線のときも同様に計算せよ．これらの計算から，ビュレットの欠陥によって生じる誤差の種類について，何が説明できるか．

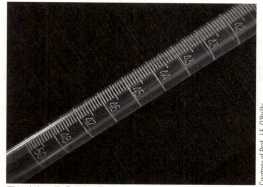

正しくない目盛りのついたビュレット

(d) このビュレットがつくられた年代を推測しよう．どのようにしてガラスに目盛りをつけていたと思われるか．今日製造されているビュレットにも同じ種類の欠陥が発生しうるだろうか．答えの理論的根拠についても説明せよ．

(e) pH メーター，てんびん，分光光度計など現代の電気化学機器には普通，写真に示したものと同じような製造上の欠陥はないと推測される．このように推測できる妥当性について述べよ．

(f) 自動滴定装置のビュレットには，皮下注射器が液体を放出するのと同じ方法で，滴定剤を放出するねじ駆動式プランジャーに接続したモーターがついている．プランジャーが動いた距離は放出した液体の体積に比例する．このような装置で分注する際の確度や精度の低さにつながる製造上の欠陥とはどのような種類のものか．

(g) 現代の科学機器を使用する際，測定誤差を避けるためにはどんな手段を講じることができるか．

10 複雑な酸塩基滴定

　本章では，複雑な酸塩基系を考察する方法を，その滴定曲線の計算を含めて述べる．本章で扱う複雑な系とは，1) 複数の酸性官能基をもつ酸または複数の塩基性官能基をもつ塩基の溶液，2) 酸としても塩基としても働く両性物質からなる溶液，をさす．このような系の性質を記述するには，複数の平衡，化学反応，代数方程式が必要である．

10・1　多価の酸/塩基

　分析化学で対象にする物質には，複数の酸性官能基または塩基性官能基をもつ化学種がある．これらの化学種は多価の酸または多価の塩基として振舞う．一般に，リン酸 H_3PO_4 のような多価の酸（**多塩基酸**, polyprotic acid）では，酸型（H_3PO_4, $H_2PO_4^-$, HPO_4^{2-}）の酸解離定数が大きく異なるため，酸塩基滴定で複数の終点を示す．

10・1・1　リン酸系

　リン酸は典型的な多塩基酸である．水溶液中では以下の
1) 三段階の反応で解離する．

$$H_3PO_4 + H_2O \rightleftharpoons H_2PO_4^- + H_3O^+$$

$$K_{a1} = \frac{[H_3O^+][H_2PO_4^-]}{[H_3PO_4]} = 7.11 \times 10^{-3}$$

$$H_2PO_4^- + H_2O \rightleftharpoons HPO_4^{2-} + H_3O^+$$

2)
3)
$$K_{a2} = \frac{[H_3O^+][HPO_4^{2-}]}{[H_2PO_4^-]} = 6.32 \times 10^{-8}$$

$$HPO_4^{2-} + H_2O \rightleftharpoons PO_4^{3-} + H_3O^+$$

$$K_{a3} = \frac{[H_3O^+][PO_4^{3-}]}{[HPO_4^{2-}]} = 4.5 \times 10^{-13}$$

　連続した二段階の平衡式を足し合わせた全体の反応の平衡定数は，それぞれの平衡定数の積から得られる．すなわち，H_3PO_4 の最初の二つの解離平衡の場合，

$$H_3PO_4 + 2H_2O \rightleftharpoons HPO_4^{2-} + 2H_3O^+$$

$$K_{a1}K_{a2} = \frac{[H_3O^+]^2[HPO_4^{2-}]}{[H_3PO_4]}$$
$$= 7.11 \times 10^{-3} \times 6.32 \times 10^{-8} = 4.49 \times 10^{-10}$$

同様に三段階を足し合わせた全体の反応

$$H_3PO_4 + 3H_2O \rightleftharpoons 3H_3O^+ + PO_4^{3-}$$

に対しては，以下のように書ける．

$$K_{a1}K_{a2}K_{a3} = \frac{[H_3O^+]^3[PO_4^{3-}]}{[H_3PO_4]}$$
$$= 7.11 \times 10^{-3} \times 6.32 \times 10^{-8} \times 4.5 \times 10^{-13}$$
$$= 2.0 \times 10^{-22}$$

10・1・2　二酸化炭素/炭酸系

　二酸化炭素が水に溶解すると，以下の反応で二塩基酸の反応系が生じる．

$$CO_2(aq) + H_2O \rightleftharpoons H_2CO_3$$

$$K_{水和} = \frac{[H_2CO_3]}{[CO_2(aq)]} = 2.8 \times 10^{-3} \quad (10 \cdot 1)$$

$$H_2CO_3 + H_2O \rightleftharpoons H_3O^+ + HCO_3^-$$

$$K_1 = \frac{[H_3O^+][HCO_3^-]}{[H_2CO_3]} = 1.5 \times 10^{-4} \quad (10 \cdot 2)$$

$$HCO_3^- + H_2O \rightleftharpoons H_3O^+ + CO_3^{2-}$$

$$K_2 = \frac{[H_3O^+][CO_3^{2-}]}{[HCO_3^-]} = 4.69 \times 10^{-11} \quad (10 \cdot 3)$$

　最初の反応では水に溶けた CO_2 が水和して炭酸 H_2CO_3 を生じる．$K_{水和}$ の大きさからみると $CO_2(aq)$ 濃度は H_2CO_3 濃度よりもずっと大きいことに注意してほしい（$[H_2CO_3]$ は $[CO_2(aq)]$ の約 0.3% にすぎない）．したがって二酸化炭素水溶液の酸性度を議論するには，(10・1)，

---

1) 本章では以下，逐次解離定数について，酸の第一，第二解離定数を K_{a1}, K_{a2}, 塩基の第一，第二解離定数を K_{b1}, K_{b2} と表す．
2) 静電引力のため K_{a1} は一般に K_{a2} より 10^4 から 10^5 倍大きいことが多い．第一解離反応では正に荷電した 1 価のオキソニウムイオンを 1 価の陰イオンから引離すからである．第二段階では 2 価陰イオンからオキソニウムイオンを引離さなくてはならず，ずっと大きなエネルギーを要する．
3) $K_{a1} > K_{a2}$ となる第二の理由は統計的なものである．二塩基酸に対して，第一段階では取除けるプロトンが 2 箇所あるのに対し，第二段階では 1 箇所しかない．よって，第一段階の方が第二段階に比べて 2 倍の確率がある．

(10・2) 式を組合わせる方が有効である.

$$CO_2(aq) + 2H_2O \rightleftharpoons H_3O^+ + HCO_3^-$$

$$K_{a1} = \frac{[H_3O^+][HCO_3^-]}{[CO_2(aq)]} \quad (10・4)$$

$$= 2.8 \times 10^{-3} \times 1.5 \times 10^{-4} = 4.2 \times 10^{-7}$$

$$HCO_3^- + H_2O \rightleftharpoons H_3O^+ + CO_3^{2-}$$

$$K_{a2} = 4.69 \times 10^{-11} \quad (10・5)$$

[1] リン酸や炭酸ナトリウムなどの多塩基酸の pH は,7 章で述べた複数の平衡が関与する問題に対する系統的方法論を用いて厳密に計算できる.関係する数個の連立方程式を手作業で解くのは困難で手間がかかるが,コンピューターの使用により作業が劇的に容易になる[1].多くの例では,酸(または塩基)の逐次平衡定数が約 10^3 倍以上異なる場合,仮定を置いて式を簡略化できる.こうした仮定を用いれば,これまでの章で論じた方法で,滴定曲線を作成するための pH の値を計算できる.

10・2 NaHA 溶液の pH 計算

酸と塩基の両方の性質をもつ塩,すなわち両性物質の塩を含む溶液について pH の計算方法を考えてみよう.このような溶液は多価の酸または多価の塩基の酸塩基滴定中に生じる.たとえば 1 mol の酸 H_2A を含む溶液に 1 mol の NaOH を加えると,NaHA が 1 mol 生じる.この NaHA 溶液の pH は HA^- と水の間に起こる二つの平衡によって決まる.

$$HA^- + H_2O \rightleftharpoons A^{2-} + H_3O^+$$

$$HA^- + H_2O \rightleftharpoons H_2A + OH^-$$

一つ目の反応が支配的な場合,溶液は酸性になる.二つ目の反応が支配的な場合,溶液は塩基性になる.NaHA 溶液が酸性になるか塩基性になるかは,上記の反応過程の平衡定数の相対的な大きさによって決まる.

$$K_{a2} = \frac{[H_3O^+][A^{2-}]}{[HA^-]} \quad (10・6)$$

$$K_{b2} = \frac{K_w}{K_{a1}} = \frac{[H_2A][OH^-]}{[HA^-]} \quad (10・7)$$

K_{a1} と K_{a2} は H_2A の第一,第二酸解離定数,K_{b2} は HA^- の第二塩基解離定数である.K_{a2} が K_{b2} を上回ると酸性になる.

HA^- 溶液のオキソニウムイオン濃度の式を導くため,§7・3 で述べた系統的方法論を用いる.まずは物質収支の式を書く.

$$c_{NaHA} = [HA^-] + [H_2A] + [A^{2-}] \quad (10・8)$$

電荷均衡の式は,以下のとおりである.

$$[Na^+] + [H_3O^+] = [HA^-] + 2[A^{2-}] + [OH^-]$$

ナトリウムイオン濃度は NaHA の分析モル濃度に等しいので,すぐ上の式を書き直すと,次のようになる.

$$c_{NaHA} + [H_3O^+] = [HA^-] + 2[A^{2-}] + [OH^-] \quad (10・9)$$

こうして四つの代数方程式 [(10・8),(10・9) 式と H_2A の解離定数式 (10・6),(10・7) 式] が記述できたが五つの未知数を解くには式がもう一つ必要である.これには水のイオン積の式を用いる.

$$K_w = [H_3O^+][OH^-]$$

五つの未知数をもつ五つの方程式を厳密に解くのはやや難しいが,コンピューターを用いることによって作業の手間を省くことができる[1].とはいえ,ほとんどの両性物質の塩を含む溶液に対しては妥当な近似を使用して問題を簡略化できる.まず,電荷均衡の式から物質収支の式を差し引く.

$$c_{NaHA} + [H_3O^+] = [HA^-] + 2[A^{2-}] + [OH^-] \quad \text{電荷均衡}$$
$$c_{NaHA} = [H_2A] + [HA^-] + [A^{2-}] \quad \text{物質収支}$$
$$[H_3O^+] = [A^{2-}] + [OH^-] - [H_2A] \quad (10・10)$$

次に H_2A と HA^- の酸解離定数式を変形する.

$$[H_2A] = \frac{[H_3O^+][HA^-]}{K_{a1}}$$

$$[A^{2-}] = \frac{K_{a2}[HA^-]}{[H_3O^+]}$$

(10・10) 式に,これらの式と K_w の式を代入し,

$$[H_3O^+] = \frac{K_{a2}[HA^-]}{[H_3O^+]} + \frac{K_w}{[H_3O^+]} - \frac{[H_3O^+][HA^-]}{K_{a1}}$$

両辺に $[H_3O^+]$ を掛けて,

$$[H_3O^+]^2 = K_{a2}[HA^-] + K_w - \frac{[H_3O^+]^2[HA^-]}{K_{a1}}$$

項をまとめて,

$$[H_3O^+]^2 \left(\frac{[HA^-]}{K_{a1}} + 1 \right) = K_{a2}[HA^-] + K_w$$

---

[1] **発展問題**: 既知の分析モル濃度の Na_2CO_3 と $NaHCO_3$ を含む溶液中のすべての化学種の濃度を計算するのに必要な式の数を書け.

1) S.R. Crouch, F.J. Holler, "Applications of Microsoft® Excel in Analitical Chemistry, 2nd ed.", Ch.6, Brooks/Cole, Belmont, CA (2014) 参照.

この式を変形し，次の式を得る．

$$[\mathrm{H_3O^+}] = \sqrt{\frac{K_{a2}[\mathrm{HA^-}] + K_w}{1 + [\mathrm{HA^-}]/K_{a1}}} \quad (10\cdot 11)$$

多くの場合，次のように近似できる．

$$[\mathrm{HA^-}] \approx c_{\mathrm{NaHA}} \quad (10\cdot 12)$$

この関係式を（10・11）式に代入すると次の式が得られる．

$$[\mathrm{H_3O^+}] = \sqrt{\frac{K_{a2}c_{\mathrm{NaHA}} + K_w}{1 + c_{\mathrm{NaHA}}/K_{a1}}} \quad (10\cdot 13)$$

（10・12）式に示した近似が成り立つには，[HA$^-$] が（10・8），（10・9）式中の他のどの平衡濃度よりもはるかに大きい必要がある．非常に希薄な NaHA 溶液や，K_{a2} または K_w/K_{a1} が相対的に大きい状況では，この仮定は妥当でない．

（10・13）式は，分母の c_{NaHA}/K_{a1} 比が 1 よりずっと大きく，かつ分子の $K_{a2}c_{\mathrm{NaHA}}$ が K_w よりかなり大きい場合，（10・13）式はさらに次のように簡略化できる．

$$[\mathrm{H_3O^+}] = \sqrt{K_{a1}K_{a2}} \quad (10\cdot 14)$$

（10・14）式には c_{NaHA} が含まれないことに注意してほしい．このことは，この種の溶液では仮定が成り立つ濃度域がかなり広く，その範囲では pH が一定に保たれることを意味する．

例題 10・1

1.00×10^{-3} M Na$_2$HPO$_4$ 溶液のオキソニウムイオン濃度を計算せよ．

解 答

§10・1・1の解離平衡を参照．関連する解離定数は，解離定数式に [HPO$_4^{2-}$] を含む K_{a2} と K_{a3} である．それぞれ $K_{a2} = 6.32 \times 10^{-8}$，$K_{a3} = 4.5 \times 10^{-13}$ である．Na$_2$HPO$_4$ 溶液の場合，（10・13）式は次のように書ける．

$$[\mathrm{H_3O^+}] = \sqrt{\frac{K_{a3}c_{\mathrm{NaHA}} + K_w}{1 + c_{\mathrm{NaHA}}/K_{a2}}}$$

（10・13）式の K_{a2}, K_{a1} は，Na$_2$HPO$_4$ を塩として溶解した解離定数を用いるために，K_{a2} を K_{a3} に，K_{a1} を K_{a2} に置き換えたことに注意する．

ここで（10・14）式を導いた仮定を再検討すると，$c_{\mathrm{NaHA}}/K_{a2} = (1.0 \times 10^{-3})/(6.32 \times 10^{-8})$ の項は 1 よりはるかに大きいので，分母を簡略化できる．しかし分子の $K_{a3}c_{\mathrm{NaHA}} = 4.5 \times 10^{-13} \times 1.00 \times 10^{-3}$ は K_w に値が近いので，分子は簡略化できない．そこで（10・13）式の分母のみ簡略化して，

（例題 10・1 解答つづき）

$$[\mathrm{H_3O^+}] = \sqrt{\frac{K_{a3}c_{\mathrm{NaHA}} + K_w}{c_{\mathrm{NaHA}}/K_{a2}}}$$

$$= \sqrt{\frac{(4.5 \times 10^{-13})(1.00 \times 10^{-3}) + 1.00 \times 10^{-14}}{(1.00 \times 10^{-3})/(6.32 \times 10^{-8})}}$$

$$= 8.1 \times 10^{-10} \text{ M}$$

（10・14）式のように分母に加え分子も簡略化すると，解は 1.7×10^{-10} M となり，大きな誤差が生じる．

例題 10・2

0.0100 M NaH$_2$PO$_4$ 溶液のオキソニウムイオン濃度はいくらか．

解 答

問題となる二つの解離定数は，解離定数式に [H$_2$PO$_4^{2-}$] を含む $K_{a1} = 7.11 \times 10^{-3}$ と $K_{a2} = 6.32 \times 10^{-8}$ である．簡略化の条件を試してみると，（10・13）式の分母は明らかに簡略化できないが，分子は $K_{a2}c_{\mathrm{NaH_2PO_4}}$ と省略できる．したがって（10・13）式は次のようになる．

$$[\mathrm{H_3O^+}] = \sqrt{\frac{(6.32 \times 10^{-8})(1.00 \times 10^{-2})}{1.00 + (1.00 \times 10^{-2})/(7.11 \times 10^{-3})}}$$

$$= 1.62 \times 10^{-5} \text{ M}$$

例題 10・3

0.1000 M NaHCO$_3$ 溶液のオキソニウムイオン濃度を計算せよ．

解 答

§10・1・2で示したように [H$_2$CO$_3$] $\ll$ [CO$_2$(aq)] かつ系を表す平衡を（10・4）式と同様に以下のとおりとする．

$$\mathrm{CO_2(aq) + 2H_2O \rightleftharpoons H_3O^+ + HCO_3^-}$$

$$K_{a1} = \frac{[\mathrm{H_3O^+}][\mathrm{HCO_3^-}]}{[\mathrm{CO_2(aq)}]} = 4.2 \times 10^{-7}$$

$$\mathrm{HCO_3^- + H_2O \rightleftharpoons H_3O^+ + CO_3^{2-}}$$

$$K_{a2} = \frac{[\mathrm{H_3O^+}][\mathrm{CO_3^{2-}}]}{[\mathrm{HCO_3^-}]} = 4.69 \times 10^{-11}$$

$c_{\mathrm{NaHA}}/K_{a1} \gg 1$ なので，（10・13）式の分母は簡略化できる．さらに $K_{a2}c_{\mathrm{NaHA}}$ の値は 4.69×10^{-12} であり，K_w より十分に大きい．したがって（10・14）式を用いて，以下のように計算できる．

$$[\mathrm{H_3O^+}] = \sqrt{4.2 \times 10^{-7} \times 4.69 \times 10^{-11}}$$

$$= 4.4 \times 10^{-9} \text{ M}$$

10・3 多塩基酸の滴定曲線

二つ以上の酸性官能基をもつ化合物は，官能基それぞれの酸性度が十分に違えば滴定において複数の終点を生じる．多塩基酸についても K_{a1}/K_{a2} 比が 10^3 よりやや大きければ，第9章で述べた計算手法によってかなり正確な理論的滴定曲線を描くことができる．この比が小さければ，特に第一当量点領域で誤差が過大になり，平衡関係式のより厳密な取扱いが要求される．

図 10・1 に解離定数 $K_{a1}=1.00\times10^{-3}$, $K_{a2}=1.00\times10^{-7}$ の二塩基酸 H_2A の滴定曲線を示す．K_{a1}/K_{a2} 比は 10^3 より有意に大きいので，第9章で論じた基本的な弱い一塩基酸に対する方法を用いて，(第一当量点を除き) この滴定曲線を計算できる．たとえば滴定開始時の pH (点 A) を計算するには，この系を解離定数 $K_{a1}=1.00\times10^{-3}$ の一塩基酸のみを含む系として扱う．領域 B は弱酸 H_2A とその共役塩基 NaHA からなる単一の緩衝液に相当する．つまり A^{2-} の濃度は A を含む他の二つの化学種に関して無視できると仮定し，(9・10) 式を用いて $[H_3O^+]$ を計算する．第一当量点 (点 C) では共役塩基 NaHA を溶解した溶液として (10・13) 式やその簡略化式を用いて $[H_3O^+]$ を計算する．領域 D では弱酸 HA^- と共役塩基 Na_2A からなる第二の緩衝液となり，第二解離定数 $K_{a2}=1.00\times10^{-7}$ を用いて $[H_3O^+]$ を計算する．点 E の溶液は解離定数 1.00×10^{-7} の弱酸の共役塩基を含む．すなわち溶液の $[OH^-]$ は，A^{2-} と水から HA^- と OH^- を生じる反応のみによって決まると考える．最後に領域 F では NaOH が過剰に存在するので，NaOH のモル濃度から $[OH^-]$ を算出する．

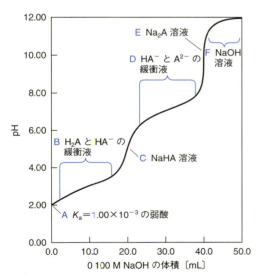

図 10・1　0.1000 M NaOH による 0.1000 M H_2A 20.00 mL の滴定．H_2A は $K_{a1}=1.00\times10^{-3}$, $K_{a2}=1.00\times10^{-7}$．滴定曲線上の種々の点や領域の pH 計算法を示す．

例題 10・4 にもう少し複雑な例を示す．二塩基酸のマレイン酸 (ここでは H_2M と表記する) (図 10・2) を NaOH で滴定する例である．K_{a1}/K_{a2} 比は十分大きいので本節の方法を用いることができるが，K_{a1} があまりにも大きすぎるので，検討した簡略化の一部，特に当量点の直前直後の領域における簡略化は適用できない．

例題 10・4

0.1000 M マレイン酸 (HOOC-CH=CH-COOH) 25.00 mL を 0.1000 M NaOH で滴定するときの滴定曲線を作成せよ．

二段階の解離平衡は次のように書ける．

$$H_2M + H_2O \rightleftharpoons H_3O^+ + HM^-$$
$$K_{a1} = 1.3 \times 10^{-2}$$
$$HM^- + H_2O \rightleftharpoons H_3O^+ + M^{2-}$$
$$K_{a2} = 5.9 \times 10^{-7}$$

K_{a1}/K_{a2} 比は大きい (2×10^4) ので，本節で述べた方法を用いて進められる．

解　答

滴定前の pH　滴定前の溶液は 0.1000 M H_2M である．ここで $[H_3O^+]$ に明らかに寄与するのは一段階目の解離のみなので，

$$[H_3O^+] \approx [HM^-]$$

物質収支の式は，次のとおりである (上付きの 0 は滴定前を表す)．

$$c^0_{H_2M} = [H_2M] + [HM^-] + [M^{2-}] = 0.1000\ M$$

二段階目の解離は無視でき，$[M^{2-}]$ は非常に小さいので，

$$c^0_{H_2M} \approx [H_2M] + [HM^-] = 0.1000\ M$$

すなわち，

$$[H_2M] = 0.1000 - [HM^-] = 0.1000 - [H_3O^+]$$

これらの関係式を K_{a1} の式に代入し，

$$K_{a1} = 1.3 \times 10^{-2} = \frac{[H_3O^+][HM^-]}{[H_2M]}$$
$$= \frac{[H_3O^+]^2}{0.1000 - [H_3O^+]}$$

変形して，

$$[H_3O^+]^2 + 1.3 \times 10^{-2}[H_3O^+] - 1.3 \times 10^{-3} = 0$$

マレイン酸の K_{a1} は比較的大きいので，二次方程式を解くか逐次近似法によって $[H_3O^+]$ を求めなければならない．いずれにせよ次の値を得る．

$$[H_3O^+] = 3.01 \times 10^{-2}\ M$$
$$pH = 2 - \log 3.01 = 1.52$$

(例題 10・4 解答つづき)

第一緩衝領域　塩基をたとえば 5.00 mL 加えると，弱酸 H_2M と共役塩基 HM^- からなる緩衝液が生成する．HM^- が解離してできる M^{2-} が無視できる範囲では，溶液を単一の緩衝液として扱うことができる．そこで (9・8)，(9・9) 式を適用すると，

$$c_{NaHM} \approx [HM^-] = \frac{5.00 \times 0.1000}{30.00} = 1.67 \times 10^{-2} \text{ M}$$

$$c_{H_2M} \approx [H_2M] = \frac{25.00 \times 0.1000 - 5.00 \times 0.1000}{30.00} = 6.67 \times 10^{-2} \text{ M}$$

これらの値を K_{a1} の平衡定数式に代入すると，5.2×10^{-2} M という $[H_3O^+]$ の暫定値が出る．しかし，$[H_3O^+] \ll c_{H_2M}$ または $[H_3O^+] \ll c_{HM^-}$ という近似が妥当でないのは明らかなので，(9・6)，(9・7) 式を用いなければならない．

$$[HM^-] = 1.67 \times 10^{-2} + [H_3O^+] - [OH^-]$$
$$[H_2M] = 6.67 \times 10^{-2} - [H_3O^+] + [OH^-]$$

溶液は完全に酸性であるため，$[OH^-]$ が非常に小さいと近似できる．これらの式を解離定数の関係式に代入すると，

$$K_{a1} = \frac{[H_3O^+](1.67 \times 10^{-2} + [H_3O^+])}{6.67 \times 10^{-2} - [H_3O^+]} = 1.3 \times 10^{-2}$$

$$[H_3O^+]^2 + (2.97 \times 10^{-2})[H_3O^+] - 8.67 \times 10^{-4} = 0$$

$$[H_3O^+] = 1.81 \times 10^{-2} \text{ M}$$

$$\text{pH} = -\log(1.81 \times 10^{-2}) = 1.74$$

第一緩衝領域の他の点も，第一当量点の直前までは同じ方法で算出する．

第一当量点　第一当量点では，次のとおりである．

$$[HM^-] \approx c_{NaHM} = \frac{25.00 \times 0.1000}{50.00} = 5.00 \times 10^{-2} \text{ M}$$

(10・13) 式における分子は簡略化することができる．一方，分母の第二項は $\ll 1$ ではない．ゆえに，

$$[H_3O^+] = \sqrt{\frac{K_{a2} c_{NaHM}}{1 + c_{NaHM}/K_{a1}}}$$

$$= \sqrt{\frac{5.9 \times 10^{-7} \times 5.00 \times 10^{-2}}{1 + (5.00 \times 10^{-2})/(1.3 \times 10^{-2})}}$$

$$= 7.80 \times 10^{-5} \text{ M}$$

$$\text{pH} = -\log(7.80 \times 10^{-5}) = 4.11$$

第二緩衝領域　溶液にさらに塩基を加えると，HM^- と M^{2-} からなる新たな緩衝系が生じる．十分な量の塩基が加えられ HM^- と水から OH^- ができる反応が無視できる場合（第一当量点より ~0.5 mL 超えた程度），混合液の pH は K_{a2} から計算してよい．たとえば NaOH を 25.50 mL 加えると，

$$[M^{2-}] \approx c_{Na_2M} = \frac{(25.50 - 25.00)(0.1000)}{50.50} = \frac{0.050}{50.50} \text{ M}$$

NaHM のモル濃度は，

$$[HM^-] \approx c_{NaHM}$$
$$= \frac{(25.00 \times 0.1000) - (25.50 - 25.00)(0.1000)}{50.50}$$
$$= \frac{2.45}{50.50} \text{ M}$$

これらの値を K_{a2} の式に代入し，

$$K_{a2} = \frac{[H_3O^+][M^{2-}]}{[HM^-]} = \frac{[H_3O^+](0.050/50.50)}{2.45/50.50} = 5.9 \times 10^{-7}$$

$$[H_3O^+] = 2.89 \times 10^{-5} \text{ M}$$

$[H_3O^+]$ が c_{HM^-} または $c_{M^{2-}}$ に比べて小さいという仮定は妥当であり，pH=4.54 である．第二緩衝領域の他の値も，同じ方法で算出する．

第二当量点　0.1000 M NaOH 50.00 mL を添加した後の溶液に含まれる Na_2M は 0.0333 M (2.5 mmol/75.00 mL) である．塩基 M^{2-} と水の反応が系の平衡を支配するので，この反応のみを考慮すればよい．したがって，

$$M^{2-} + H_2O \rightleftharpoons OH^- + HM^-$$

$$K_{b1} = \frac{K_w}{K_{a2}} = \frac{[OH^-][HM^-]}{[M^{2-}]} = 1.69 \times 10^{-8}$$

$$[OH^-] \approx [HM^-]$$

$$[M^{2-}] = 0.0333 - [OH^-] \approx 0.0333$$

$$\frac{[OH^-]^2}{0.0333} = 1.69 \times 10^{-8}$$

$[OH^-] = 2.37 \times 10^{-5}$ M となるので，
$\text{pOH} = -\log(2.37 \times 10^{-5}) = 4.62$

$$\text{pH} = 14.00 - \text{pOH} = 9.38$$

第二当量点以降の pH　第二当量点を超えて NaOH をさらに数十分の一 mL 以上加えると，OH^- が非常に過剰になるため，M^{2-} として存在する．そこで，pH は H_2M を完全に中和するのに要する量を超えて加えられた NaOH 濃度から計算する．NaOH 51.00 mL が加えられた場合，0.1000 M NaOH 1.00 mL が過剰になるので，

$$[OH^-] = \frac{1.00 \times 0.100}{76.00} = 1.32 \times 10^{-3} \text{ M}$$

$$\text{pOH} = -\log(1.32 \times 10^{-3}) = 2.88$$

$$\text{pH} = 14.00 - \text{pOH} = 11.12$$

10・3 多塩基酸の滴定曲線

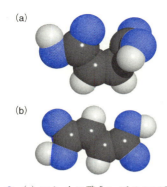

図10・2 (a) マレイン酸 [cis-ブテン二酸] と，(b) フマル酸 [trans-ブテン二酸] の分子モデル．二つの幾何異性体は物理的，化学的性質が著しく異なる．シス異性体 (マレイン酸) は二つのカルボキシ基が分子の同じ側にあり，脱水して環状の無水マレイン酸を生じる．無水マレイン酸は非常に反応性が高く，プラスチック，染料，医薬，農薬の前駆物質として広く用いられる．フマル酸は動植物の呼吸に不可欠であり，また工業的には抗酸化剤として樹脂の合成，染料の媒染に用いられる．両者の pK_a 値を比較すると興味深い．フマル酸: $pK_{a1}=3.05$，$pK_{a2}=4.49$．マレイン酸: $pK_{a1}=1.89$，$pK_{a2}=6.23$．発展問題: 分子構造の違いに基づいて pK_a 値の違いを説明せよ．

には第一当量点に相当する変曲点がみられるがここでの pH 変化は小さすぎるので，指示薬で正確に終点を決めることはできない．しかし第二終点ならばシュウ酸の正確な定量に利用できる．

図 10・4 の曲線 A は三塩基酸であるリン酸 H_3PO_4 の理論的な滴定曲線である．この酸の K_{a1}/K_{a2} 比は約 10^5 で，K_{a2}/K_{a3} 比も同じである．結果として二つの明確な終点が生じ，どちらも分析に使用できる．酸性側に変色域をもつ指示薬は酸 1 mol 当たり塩基 1 mol が加えられると色が変化し，塩基性側に変色域をもつ指示薬は酸 1 mol 当たり塩基 2 mol が加えられると色が変化する．リン酸の三つ目の水素は，中和による終点が実質的にわからないほどほんのわずかしか解離しない ($K_{a3}=4.5×10^{-13}$)．しかし三つ目の解離による緩衝効果は顕著で，第二当量点以降の領域では曲線 A の pH が他の二つの曲線に比べて低くなる．

曲線 C は硫酸，すなわち完全に解離するプロトンと比較的解離しやすいプロトン ($K_{a2}=1.02×10^{-2}$) を 1 個ずつもつ二塩基酸の滴定曲線である．二つの酸の強度が類似しているので，両方のプロトンの滴定に相当する一つの終点のみがみられる．硫酸溶液の pH 計算はコラム 10・1 で説明する．

二つの官能基をもつ酸または塩基の滴定は，一般に，二つの解離定数の比が少なくとも 10^4 以上である場合にのみ実際に区別できる二つの終点を生じる．比が 10^4 より小さければ第一当量点の pH 変化は分析には不適当になる．

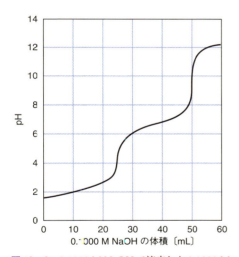

図 10・3 0.1000 M NaOH で滴定した 0.1000 M マレイン酸 (H_2M) 25.00 mL の滴定曲線

図 10・3 は例題 10・4 に示したとおりに描いた 0.1000 M マレイン酸の滴定曲線である．明白な終点が二つあり，どちらも原理的には酸の濃度測定に使える．しかし第二終点の方が第一終点より pH 変化が明確なのでより好適である．

図 10・4 に三つの異なる多塩基酸の滴定曲線を示す．これらの曲線は二つの酸の解離度に十分な差があるときのみ第一当量点に相当する明確な終点が観察される．シュウ酸 $(COOH)_2$ の K_{a1}/K_{a2} 比 (曲線 B) は約 10^3 で，滴定曲線

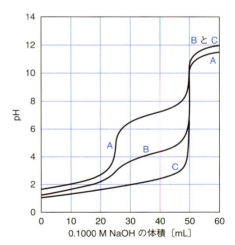

図 10・4 多塩基酸の滴定曲線．0.1000 M NaOH で 0.1000 M H_3PO_4 (曲線 A)，0.1000 M $(COOH)_2$ (曲線 B)，0.1000 M H_2SO_4 (曲線 C) それぞれ 25.00 mL を滴定した．

---

1) 多塩基酸の滴定において，解離定数の比が 10^4 以上かつ弱い方の酸の解離定数が 10^{-8} 以上ならば利用可能な二つの終点が現れる．

2) **発展問題**: 0.1000 M NaOH による 0.0500 M H_2SO_4 50.00 mL の滴定曲線を作成せよ．

コラム 10・1　硫酸の解離

硫酸は，水溶液中で，一つ目のプロトンが解離する反応では強酸として振舞い，二つ目のプロトンが解離する反応では弱酸（$K_{a2}=1.02\times10^{-2}$）として振舞う点が変わっている．硫酸溶液の$[H_3O^+]$の算出法について 0.0400 M 硫酸溶液を例に考えよう．

まず，H_2SO_4 の一つ目のプロトンの完全解離によって大過剰の H_3O^+ が生じるため，HSO_4^- の解離を無視できると仮定し，

$$[H_3O^+] \approx [HSO_4^-] \approx 0.0400\ \text{M}$$

とおく．この近似と K_{a2}（$=[H_3O^+][SO_4^{2-}]/[HSO_4^-]$）の式に基づき $[SO_4^{2-}]$ の暫定値を示すと，

$$\frac{0.0400\,[SO_4^{2-}]}{0.0400} = 1.02\times10^{-2}$$

となり，$[SO_4^{2-}]$ は $[HSO_4^-]$ に比べて小さいと言えるほどではないので，より正確な算出法が必要であることがわかる．

そこで，化学量論的に考察すると，次式が成り立つ必要がある．

$$[H_3O^+] = 0.0400 + [SO_4^{2-}]$$

右辺の第一項は H_2SO_4 が HSO_4^- に解離して生じる H_3O^+ の濃度である．第二項は HSO_4^- の解離の寄与である．変形して，

$$[SO_4^{2-}] = [H_3O^+] - 0.0400$$

物質収支を考慮すると，

$$c_{H_2SO_4} = 0.0400 = [HSO_4^-] + [SO_4^{2-}]$$

この二つの式を組合わせて変形し，

$$[HSO_4^-] = 0.0800 - [H_3O^+]$$

これら $[SO_4^{2-}]$ と $[HSO_4^-]$ の式を K_{a2} の式に導入すると，次のようになる．

$$\frac{[H_3O^+]([H_3O^+] - 0.0400)}{0.0800 - [H_3O^+]} = 1.02\times10^{-2}$$

$[H_3O^+]$ の二次方程式を解き，

$$[H_3O^+] = 0.0471\ \text{M}$$

10・4　多価の塩基の滴定曲線

ここまで述べた多塩基酸の滴定曲線の作成と同じ原理を，多価の塩基の滴定曲線にも適用できる．例として塩酸標準液による炭酸ナトリウムの滴定を考えよう．重要な平衡定数は，以下のとおりである．

$$CO_3^{2-} + H_2O \rightleftharpoons OH^- + HCO_3^-$$

$$K_{b1} = \frac{K_w}{K_{a2}} = \frac{1.00\times10^{-14}}{4.69\times10^{-11}} = 2.13\times10^{-4}$$

$$HCO_3^- + H_2O \rightleftharpoons OH^- + CO_2(aq)$$

$$K_{b2} = \frac{K_w}{K_{a1}} = \frac{1.00\times10^{-14}}{4.2\times10^{-7}} = 2.4\times10^{-8}$$

H_2O と CO_3^{2-} の反応から，溶液の滴定開始前の pH が決まる．この pH は例題 10・4 の第二当量点を求めた方法によって得られる．酸の添加直後から CO_3^{2-}/HCO_3^- 緩衝液が生じる．この領域の pH は，K_{b1} から計算した $[OH^-]$ または K_{a2} から計算した $[H_3O^+]$ のどちらでも決定できる．普通は $[H_3O^+]$ と pH の計算に関心があるので，K_{a2} の式の方が利用しやすい．

第一当量点では $NaHCO_3$ が溶液中の主要化学種とみなせるので，（10・14）式を用いて $[H_3O^+]$ を計算する（例題 10・3 参照）．さらに酸を加えると，HCO_3^- と CO_2 〔(10・1) 式の $CO_2(aq)$ より〕からなる新たな緩衝液が生成する．この緩衝液の pH は K_{b2} または K_{a1} から簡単に計算できる．

第二当量点の溶液は $CO_2(aq)$ と NaCl からなる．$CO_2(aq)$ は解離定数 K_{a1} をもつ単純な弱酸として取扱える．HCl の添加量が過剰になると，最終的には弱酸の解離が抑制されて，$[H_3O^+]$ が実質的に強酸のモル濃度と等しくなる．

図 10・5 に Na_2CO_3 の滴定で現れる二つの終点を表す．二つ目の終点は一つ目より明らかに勾配が大きい．このはっきりした二つの終点から，Na_2CO_3 と $NaHCO_3$ の混合液の各成分は酸塩基滴定によって定量できることがわかる．

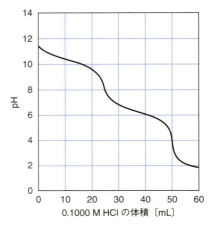

図 10・5　0.1000 M HCl による 0.1000 M Na_2CO_3 25.00 mL の滴定曲線

---

1) 発展問題：0.100 M Na_2CO_3 と 0.100 M $NaHCO_3$ を含む緩衝液の pH を K_{b2} もしくは K_{a1} のどちらかを用いて計算できることを示せ．

コラム 10・2　アミノ酸の酸塩基としての振舞い

単純なアミノ酸は，弱酸と弱塩基両方の官能基をもつ両性化合物である．グリシン（図 10C・1）など，典型的なアミノ酸の水溶液では，三つの重要な平衡が作用する．

$$NH_2CH_2COOH \rightleftharpoons NH_3^+CH_2COO^- \quad (10\cdot15)$$

$$NH_3^+CH_2COO^- + H_2O \rightleftharpoons$$
$$NH_2CH_2COO^- + H_3O^+$$
$$K_a = 2 \times 10^{-10} \quad (10\cdot16)$$

$$NH_3^+CH_2COO^- + H_2O \rightleftharpoons$$
$$NH_3^+CH_2COOH + OH^-$$
$$K_b = 2 \times 10^{-12} \quad (10\cdot17)$$

一つ目の平衡は分子内酸塩基反応に相当し，アミンとカルボン酸を含む分子でしばしばみられる下の反応に似ている．

$$R_1NH_2 + R_2COOH \rightleftharpoons R_1NH_3^+ + R_2COO^- \quad (10\cdot18)$$

典型的な脂肪族アミンの塩基解離定数は 10^{-4} から 10^{-5} であり（付録 3 参照），多くのカルボン酸もほぼ同じ大きさの酸解離定数をもつ．その結果，(10・16)，(10・17) 式の反応はどちらも右側に偏り，その生成物が溶液の主要な化学種になる．

(10・15) 式のアミノ酸種は正と負の両方の電荷を帯び，**両性イオン** (amphoteric ion) とよばれる．(10・16)，

図 10C・1　両性イオン型のグリシン $NH_3^+CH_2COO^-$ の分子構造．グリシンはいわゆる非必須アミノ酸の一つである．非必須とは哺乳類の体内で合成されるという意味であり，普通は食物から摂る必要がない．グリシンは小さな分子構造であるので，構成単位としてタンパク質合成やヘモグロビン生合成などさまざまな用途に使われる．コラーゲン（人体の骨，軟骨，腱，その他結合組織の成分である繊維タンパク質）のかなりの割合はグリシンでできている．グリシンは抑制性神経伝達物質でもあり，そのため多発性硬化症やてんかんなど中枢神経系疾患の治療薬候補にあげられている．グリシンは統合失調症，脳卒中，前立腺肥大症の治療にも用いられる．

(10・17) 式に示すとおり，両性イオン型のグリシンは塩基としてより酸としてのほうが強い．そのためグリシンの水溶液はやや酸性である．

両性イオン型のアミノ酸は正電荷，負電荷両方をもつので電場中を泳動しないが，陰イオン型または陽イオン型のアミノ酸は反対の極性をもつ電極に引きつけられる．アミノ酸は，その陰イオン型と陽イオン型の濃度が等しくなるような溶媒の pH においては正味の電荷が 0 になるため，電場中での泳動は起こらない．この泳動の起こらない pH は**等電点** (isoelectric point) とよばれ，アミノ酸の特性を表す重要な物理定数である．等電点は化学種の解離定数と簡単に関連づけられる．たとえばグリシンでは，

$$K_a = \frac{[NH_2CH_2COO^-][H_3O^+]}{[NH_3^+CH_2COO^-]}$$

$$K_b = \frac{[NH_3^+CH_2COOH][OH^-]}{[NH_3^+CH_2COO^-]}$$

であり，等電点において，次の式が成り立つ．

$$[NH_2CH_2COO^-] = [NH_3^+CH_2COOH]$$

したがって，K_a を K_b で割り，上式を代入すれば等電点に関する下式が得られる．

$$\frac{K_a}{K_b} = \frac{[H_3O^+][NH_2CH_2COO^-]}{[OH^-][NH_3^+CH_2COOH]} = \frac{[H_3O^+]}{[OH^-]}$$

$[OH^-] = K_w/[H_3O^+]$ を上式に代入して変形すると，

$$[H_3O^+] = \sqrt{\frac{K_a K_w}{K_b}}$$

である．よって，

$$[H_3O^+] = \sqrt{\frac{(2 \times 10^{-10})(1 \times 10^{-14})}{2 \times 10^{-12}}} = 1 \times 10^{-6} \text{ M}$$

となり，グリシンの等電点は pH=6 である．

単純なアミノ酸の K_a，K_b は通常非常に小さく，中和反応を直接行って決定するのは不可能である．しかしホルムアルデヒドを加えるとアミノ基は反応して C=N になるので，残ったカルボキシ基を塩基標準液で滴定できる．たとえばグリシンでは，

$$NH_3^+CH_2COO^- + CH_2O$$
$$\rightarrow CH_2{=}NCH_2COOH + H_2O$$

生成物の滴定曲線は典型的なカルボン酸と同じようになる．

10・5　pHに依存した多塩基酸溶液の組成

§9・6で，弱い一塩基酸の滴定中に起こるさまざまな化学種の濃度変化を視覚化するのに相対濃度を表すα値が便利であることを示した．α値の利用は多価の酸/塩基の性質を考えるうえでも優れた方法である．たとえば，例題10・4で述べた滴定中の溶液に存在するマレイン酸を含む化学種のモル濃度の合計をc_Tとしよう．解離していない酸のα_0は次のように定義される．

$$\alpha_0 = \frac{[H_2M]}{c_T}$$

ここで，

$$c_T = [H_2M] + [HM^-] + [M^{2-}] \quad (10 \cdot 19)$$

HM^-とM^{2-}のα値は同様の式で与えられる．

$$\alpha_1 = \frac{[HM^-]}{c_T}$$

$$\alpha_2 = \frac{[M^{2-}]}{c_T}$$

§9・6で述べたように，系全体のα値の合計は1に等しくなければならないので，

$$\alpha_0 + \alpha_1 + \alpha_2 = 1$$

マレイン酸系のα値は$[H_3O^+]$，K_{a1}，K_{a2}を用いて整然と表せる．適切な式を求めるため，§9・6の(9・16)，(9・17)式を導出した方法に従い，以下の式を得る．

$$\alpha_0 = \frac{[H_3O^+]^2}{[H_3O^+]^2 + K_{a1}[H_3O^+] + K_{a1}K_{a2}} \quad (10 \cdot 20)$$

$$\alpha_1 = \frac{K_{a1}[H_3O^+]}{[H_3O^+]^2 + K_{a1}[H_3O^+] + K_{a1}K_{a2}} \quad (10 \cdot 21)$$

$$\alpha_2 = \frac{K_{a1}K_{a2}}{[H_3O^+]^2 + K_{a1}[H_3O^+] + K_{a1}K_{a2}} \quad (10 \cdot 22)$$

どの式も分母が同じことに注意してほしい．各化学種のα値はpHの値で決まり，総濃度c_Tにはまったく依存しないことに注意してほしい．α値の一般式をコラム10・3に述べる．

図10・6に描いた三つの曲線は，マレイン酸を含む化学種のα_0, α_1, α_2の値をpHの関数として表したものである．図10・7の実線で描いた曲線は，α値を酸の滴定に用いたNaOHの体積の関数として表したものである．図10・7にはさらに滴定曲線を破線で示す．これらの曲線をみれば，滴定中に起こるあらゆる濃度変化の全体像がつかめる．たとえば塩基を加える前，H_2Mのα_0はおよそ0.7，HM^-のα_1は0.3であることが図10・7からわかる．α_2は事実上0である．したがってはじめはマレイン酸の約70%がH_2M，30%がHM^-として存在する．塩基を加えると，pHが上がり，HM^-の割合も増える．第一当量点(pH=4.11)ではすべてのマレイン酸がHM^-として存在する($\alpha_1 \to 1$)．さらに塩基を加え第一当量点を超えると，HM^-が減りM^{2-}が増える．第二当量点(pH=9.38)以降，マレイン酸は基本的にすべてM^{2-}となる．

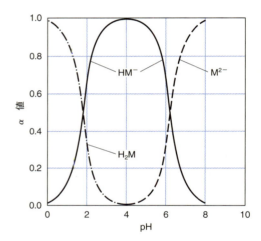

図10・6　pHの関数として表したH_2M溶液の組成

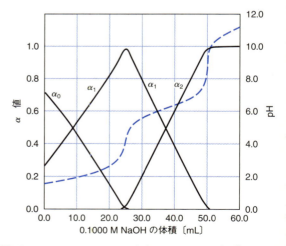

図10・7　0.1000 M NaOHによる0.1000 Mマレイン酸25.00 mLの滴定．実線は滴定試薬の体積に対してプロットしたα値．破線は滴定試薬の体積に対してpHをプロットした滴定曲線．

コラム 10・3　α 値の一般式

弱酸 H_nA に対し，α 値の式の分母 D はどれも次の形をとる．

$$D = [H_3O^+]^n + K_{a1}[H_3O^+]^{(n-1)} + K_{a1}K_{a2}[H_3O^+]^{(n-2)} + \cdots K_{a1}K_{a2}\cdots K_{an}$$

分母 D の第一項は α_0 の分子，第二項は α_1 の分子，…と以下同様である．したがって，

$$\alpha_0 = [H_3O^+]^n/D$$
$$\alpha_1 = K_{a1}[H_3O^+]^{(n-1)}/D$$
$$\vdots$$

となる．

多価の塩基の α 値は，同様に塩基解離定数と $[OH^-]$ を用いた式を記述することにより得られる．

章末問題

10・1 NaHA は "酸性塩" で，その名のとおり，塩基に供与可能なプロトンをもつ．NaHA 溶液について，HA 型の弱酸とは pH 計算の仕方が異なる理由を簡単に説明せよ．

10・2 (10・10) 式の右辺の各項について，由来と重要性を説明せよ．式に直感的に理解できるか，できないか．理由も述べよ．

10・3 NaHA が pH を決める唯一の溶質である溶液に限って，(10・13) 式でオキソニウムイオン濃度を計算できる理由を簡単に説明せよ．

10・4 水溶液中でリン酸の三つのプロトンすべてを滴定するのが不可能なのはなぜか．

10・5 以下の化合物の水溶液は酸性，中性，塩基性のどれか．理由を説明せよ．
(a) NH_4OAc (b) $NaNO_2$
(c) $NaNO_3$ (d) $NaHC_2O_4$
(e) $Na_2C_2O_4$ (f) Na_2HPO_4
(g) NaH_2PO_4 (h) Na_3PO_4

10・6 H_3AsO_4 の滴定で，一つ目のプロトンに対する終点を得るのに使えそうな指示薬をあげよ．

10・7 H_3AsO_4 の滴定で，最初の二つのプロトンに対する終点を得るのに使えそうな指示薬をあげよ．

10・8 水溶液中の H_3PO_4 と NaH_2PO_4 を定量する方法をあげよ．

10・9 以下の反応に基づく滴定にふさわしい指示薬をそれぞれあげよ．当量点の濃度が必要な場合は 0.05 M とする．
(a) $H_2CO_3 + NaOH \rightarrow NaHCO_3 + H_2O$
(b) $H_2P + 2NaOH \rightarrow Na_2P + 2H_2O$ ($H_2P=$フタル酸)
(c) $H_2T + 2NaOH \rightarrow Na_2T + 2H_2O$ ($H_2T=$酒石酸)
(d) $NH_2C_2H_4NH_2 + HCl \rightarrow NH_2C_2H_4NH_3Cl$
(e) $NH_2C_2H_4NH_2 + 2HCl \rightarrow ClNH_3C_2H_4NH_3Cl$
(f) $H_2SO_3 + NaOH \rightarrow NaHSO_3 + H_2O$
(g) $H_2SO_3 + 2NaOH \rightarrow Na_2SO_3 + 2H_2O$

10・10 以下の 0.0400 M 溶液の pH を計算せよ．
(a) H_3PO_4 (b) $H_2C_2O_4$
(c) H_3PO_3 (d) H_2SO_4
(e) H_2S (f) $H_2NC_2H_4NH_2$

10・11 以下の 0.0400 M 溶液の pH を計算せよ．
(a) NaH_2PO_4 (b) $NaHC_2O_4$
(c) NaH_2PO_3 (d) $NaHSO_3$
(e) $NaHS$ (f) $H_2NC_2H_4NH_3^+Cl^-$

10・12 以下の 0.0400 M 溶液の pH を計算せよ．
(a) Na_3PO_4 (b) $Na_2C_2O_4$
(c) Na_2HPO_3 (d) Na_2SO_3
(e) Na_2S (f) $C_2H_4(NH_3^+Cl^-)_2$

10・13 以下の物質を含む溶液の pH を計算せよ．
(a) 0.0500 M H_3PO_4 と 0.0200 M NaH_2PO_4
(b) 0.0300 M NaH_2AsO_4 と 0.0500 M Na_2HAsO_4
(c) 0.0600 M Na_2CO_3 と 0.0300 M $NaHCO_3$
(d) 0.0400 M H_3PO_4 と 0.0200 M Na_2HPO_4
(e) 0.0500 M $NaHSO_4$ と 0.0400 M Na_2SO_4

10・14 以下の物質を含む溶液の pH を計算せよ．
(a) 0.225 M H_3PO_4 と 0.414 M NaH_2PO_4
(b) 0.0670 M Na_2SO_3 と 0.0315 M $NaHSO_3$
(c) 0.640 M $HOC_2H_4NH_2$ と 0.750 M $HOC_2H_4NH_3Cl$
(d) 0.0240 M $H_2C_2O_4$（シュウ酸）と 0.0360 M $Na_2C_2O_4$
(e) 0.0100 M $Na_2C_2O_4$ と 0.0400 M $NaHC_2O_4$

10・15 以下の物質を含む溶液の pH を計算せよ．
(a) 0.0100 M HCl と 0.0200 M ピクリン酸
(b) 0.0100 M HCl と 0.0200 M 安息香酸
(c) 0.0100 M NaOH と 0.100 M Na_2CO_3
(d) 0.0100 M NaOH と 0.100 M NH_3

10・16 以下の物質を含む溶液の pH を計算せよ．
(a) 0.0100 M $HClO_4$ と 0.0300 M クロロ酢酸
(b) 0.0100 M HCl と 0.0150 M H_2SO_4
(c) 0.0100 M NaOH と 0.0300 M Na_2S
(d) 0.0100 M NaOH と 0.0300 M 酢酸ナトリウム

10・17 以下の物質を含む pH 6.00 の緩衝液における主要な共役酸塩基対を同定し，その比を計算せよ．
(a) H_2SO_3
(b) クエン酸
(c) マロン酸
(d) 酒石酸

10・18 以下の物質を含む pH 9.00 の緩衝液における主要な共役酸塩基対を同定し，その比を計算せよ．

(a) H₂S
(b) エチレンジアミン二塩酸
(c) H₃AsO₄
(d) H₂CO₃

10・19 次の物質を含む溶液の滴定で予想される滴定曲線を以下のA〜Fから選べ.
(a) マレイン酸二ナトリウム（Na₂M）を酸標準液で滴定
(b) ピルビン酸（HP）を塩基標準液で滴定
(c) 炭酸ナトリウム（Na₂CO₃）を酸標準液で滴定

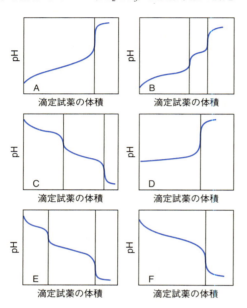

10・20 問題 10・19 において，次の曲線に似た滴定曲線を生じると予想される溶液の組成を述べよ.
(a) 曲線B　　(b) 曲線A　　(c) 曲線E

10・21 問題 10・19 の曲線Bは H_3PO_4 と NaH_2PO_4 の混合物の滴定を表したものではありえない理由を簡単に説明せよ.

10・22 以下の表で示した 0.1000 M の化合物A 50.00 mL を 0.2000 M の化合物B溶液で滴定した曲線を作成せよ. 各滴定について化合物Bを 0.00, 12.50, 20.00, 25.00, 37.50, 45.00, 50.00, 60.00 mL 加えた後のpHを計算せよ.

	A	B
(a)	H_2SO_3	NaOH
(b)	エチレンジアミン	HCl
(c)	H_2SO_4	NaOH

10・23 0.1000 M の NaOH と 0.0800 M のヒドラジン H_2NNH_2 を含む溶液 50.00 mL の滴定曲線を作成せよ. 0.2000 M $HClO_4$ を 0.00, 10.00, 20.00, 25.00, 35.00, 45.00, 50.00 mL 加えた後のpHを計算せよ.

10・24 0.1000 M の $HClO_4$ と 0.0800 M のギ酸を含む溶液 50.00 mL の滴定曲線を作成せよ. 0.2000 M KOH を 0.00, 10.00, 20.00, 25.00, 35.00, 45.00, 50.00 mL 加えた後のpHを計算せよ.

10・25 以下の反応の平衡定数を式で表し，定数の値を決定せよ.
(a) $2H_2AsO_4^- \rightleftharpoons H_3AsO_4 + HAsO_4^{2-}$
(b) $2HAsO_4^{2-} \rightleftharpoons AsO_4^{3-} + H_2AsO_4^-$

10・26 次の反応の平衡定数の値を計算せよ.
$$NH_4^+ + OAc^- \rightleftharpoons NH_3 + HOAc$$

10・27 pH 2.00, 6.00, 10.00 に対して，以下の水溶液中の各化学種の α 値を計算せよ.
(a) フタル酸　　　(b) リン酸
(c) クエン酸　　　(d) ヒ酸
(e) 亜リン酸　　　(f) シュウ酸

10・28 H_3AsO_4 の $\alpha_0, \alpha_1, \alpha_2, \alpha_3$ を定義する式を導け.

10・29 以下の二塩基酸の α 値をpH 0.0 から 10.0 まで 0.5 pH ごとに計算せよ. それぞれの酸について分布をプロットし，描いた曲線は何の化学種のものかも示せ.
(a) フタル酸
(b) コハク酸
(c) 酒石酸

10・30 以下の三塩基酸の α 値をpH 0.0 から 14.0 まで 0.5 pH ごとに計算せよ. それぞれの酸について分布をプロットし，描いた曲線は何の化学種のものかも示せ.
(a) クエン酸
(b) ヒ　酸

10・31 発展問題
(a) 問題 10・29 の酸それぞれの 0.1000 M 溶液について $-\log$（濃度）をプロットせよ.
(b) pH 4.8 におけるフタル酸の全化学種の濃度を求めよ.
(c) pH 4.3 における酒石酸の全化学種の濃度を求めよ.
(d) フタル酸（H₂P）0.1000 M 溶液のpHを $-\log$（濃度）の図から求めよ.
(e) 水素イオン濃度ではなく水素イオン活量 a_{H^+} によってpHを表す（pH $= -\log c_{H^+}$ の代わりに pH $= -\log a_{H^+}$）ためにはフタル酸の $-\log$（濃度）図をどのように改変したらよいか論ぜよ. 具体的に論じ，難しいと思われる点を示せ.

11 酸塩基滴定の応用

酸塩基滴定は酸性または塩基性の分析対象や，適切な処理によって酸または塩基に変換した分析対象の濃度測定に広く用いられる[1]．酸塩基滴定の溶媒は一般に，使いやすく安価で毒性がない水である．水のさらなる利点は熱膨張率が低いことだ．しかし分析対象によっては，水への溶解度の低さや，酸や塩基としての強さが水中では十分でないため良好な終点が得られない．そのような物質は水溶液中では滴定できないため非水溶媒で滴定することが多い[2]．本章では水溶液系に限定して論じることにする．

11・1 酸塩基滴定の試薬

第9章で，強酸や強塩基のpH変化は当量点において最大になることを述べた．このため酸塩基滴定用試薬は強酸や強塩基から標準液（滴定試薬）を調製する．

11・1・1 酸標準液の調製

塩基の滴定には標準液として塩酸 (HCl) 溶液が広く使用される．塩化物イオンは水に溶解しやすく，HCl の希薄溶液はいつまでも安定である．0.1 M HCl 溶液は蒸発する水を定期的に補充すれば，1時間程度煮沸しても酸は失われない．また 0.5 M 溶液ならば，酸をほとんど失うことなく 10 分程度は煮沸できる．

[1] 過塩素酸溶液と硫酸溶液も安定で，塩化物イオンが沈殿物を生成して滴定の妨げになるときには便利である．硝酸の標準液は酸化剤としての性質をもつため，めったに使用されない．

酸標準液は通常，高濃度の試薬から一定体積を希釈して調製し，塩基一次標準液でその濃度を標定する．

11・1・2 酸の標定

炭酸ナトリウムは酸の標定に最も頻繁に使用される試薬である．ほかにもいくつかの試薬が用いられる．

[2] **a. 炭酸ナトリウム** 一次標準物質の炭酸ナトリウムが市販されているほか，精製炭酸水素ナトリウムを 270～300 ℃で 1 時間加熱して下式のように調製することもできる．

$$2NaHCO_3(s) \rightarrow Na_2CO_3 + H_2O + CO_2(g)$$

この一次標準炭酸ナトリウムを正確に秤量し，酸の標定に用いる．

炭酸ナトリウムの滴定では図 11・1 に示すように終点が二つある．炭酸イオンが炭酸水素イオンに変換する第一終点はおよそ pH 8.3，炭酸とその分解物である二酸化炭素が生成する第二終点はおよそ pH 3.8 に現れる．標定には第一終点よりも pH 変化が大きい第二終点が常に用いられる．溶液を短時間煮沸して反応生成物である炭酸と二酸化炭素を除去すると，いっそう鋭敏な終点が得られる．炭酸ナトリウムをまず指示薬（ブロモクレゾールグリーンまたはメチルオレンジ）の酸型の色が現れるまで塩酸で滴定する．この時点では解離した大量の二酸化炭素と少量の炭酸，未反応の炭酸水素イオンが溶液に含まれる．炭酸は煮沸によって

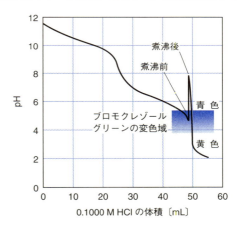

図 11・1　0.1000 M HCl による 0.1000 M Na₂CO₃ 25.00 mL の滴定．HCl 約 49 mL を加えた後に溶液を煮沸すると，図に示したような pH の上昇が生じる．煮沸後さらに HCl を加えると pH はさらに大きく変化する．

---

1) HCl, HClO₄, H₂SO₄ の溶液はいつまでも安定．蒸発しない限り，再標定は不要．
2) 炭酸ナトリウムはナトロン ($Na_2CO_3 \cdot 10H_2O$, 俗称洗濯ソーダ) またはトロナ ($Na_2CO_3 \cdot NaHCO_3 \cdot 2H_2O$) として大規模な天然鉱床が存在する．これらの鉱物はガラス工業や，その他多くの工業に利用される．一次標準炭酸ナトリウムはこれらの鉱物を大規模に精製して製造する．
1) 酸塩基滴定の応用に関する総説は，J.A. Dean, "Analytical Chemistry Handbook", Section 3.2, p. 3.28, McGraw-Hill, New York (1995). D. Rosenthal, P. Zuman, "Treatise on Analytical Chemistry, 2nd ed.", ed. by I.M. Kolthoff, P.J. Elving, Part I, Vol. 2, Chap. 18, Wiley, New York (1979) を参照．
2) 非水溶媒の酸塩基滴定に関する総説は，J.A. Dean, *op. cit.*, Section 3.3, p. 3.48 と D. Robsenthal, *et al., op. cit.*, Chap. 19A-19E を参照．

この緩衝液から効率的に取除くことができる.

$$H_2CO_3(aq) \rightarrow CO_2(g) + H_2O(l)$$

その後,溶液は残った炭酸水素イオンのために再び塩基性になる.溶液が冷めてから滴定を完了すると,酸の最後の滴下による pH の減少は実質的に大きくなる.その結果,より急激な色の変化が起こる(図11・1参照).

別法としては,まず炭酸ナトリウムを炭酸に変換するのに必要な量よりやや過剰に酸を加える.そして溶液を前述のように煮沸し,二酸化炭素を除去して冷ました後,過剰な酸を塩基の標準液(強塩基の希薄溶液)で逆滴定する.このときの指示薬は,強酸強塩基滴定に適したものを用いる.塩基標準液の濃度を求めるには別の滴定が行われる.

b. 酸に対するその他の一次標準物質 トリス(ヒドロキシメチル)アミノメタン $(HOCH_2)_3CNH_2$ は Tris または THAM としても知られ(図11・2),一次標準の純度をもつ市販品が入手できる.Tris のおもな利点は,H_3O^+ 1 mol の滴定に要する質量が炭酸ナトリウム(53.0 g/mol)に比[1] べて非常に大きい(121.1 g/mol)ことである.例題11・1にこの点について示した.Tris と酸は次のように反応する.

$$(HOCH_2)_3CNH_2 + H_3O^+ \rightleftharpoons (HOCH_2)_3CNH_3^+ + H_2O$$

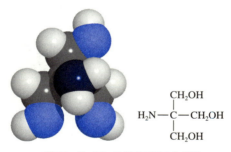

図11・2 Tris の分子モデルと構造

[2] 四ホウ酸ナトリウム十水和物と酸化水銀(Ⅱ)もまた一次標準物質として利用される.酸と四ホウ酸塩は次のように反応する.

$$B_4O_7^- + 2H_3O^+ + 3H_2O \rightarrow 4H_3BO_3$$

例題 11・1

約 0.020 M HCl 溶液 20.00, 30.00, 40.00, 50.00 mL をそれぞれ標定するのに必要な (a) Tris (121 g/mol), (b) Na_2CO_3 (106 g/mol), (c) $Na_2B_4O_7 \cdot 10H_2O$ (381 g/mol) の質量を,スプレッドシートを使って比較せよ.各一次標準物質の質量の標準偏差を 0.1 mg と仮定し,これによって濃度の各計算値にもたらされる相対標準偏差の割合 (%) を,スプレッドシートを使って計算せよ.

解 答(例題11・1つづき)

図11・3にスプレッドシートを示す.HCl のモル濃度をセル B2 に,3 種類の一次標準物質のモル質量をセル B3, B4, B5 に入力する(ここで各セルを列アルファベットと行番号を組合わせて示す).計算に必要な HCl の体積をセル A8〜A11 に入力する.例として HCl 20.00 mL に対する計算を行い,スプレッドシートへの入力を説明しよう.いずれの場合も,0.020 M HCl 溶液 x mL 中の HCl の物質量は次の式で計算される.

$$\text{mmol HCl} = x \text{ mL HCl} \times 0.020 \frac{\text{mmol HCl}}{\text{mL HCl}}$$

(a) Tris

$$\text{Tris の質量} = 0.020 \, x \text{ mmol HCl} \times \frac{1 \text{ mmol Tris}}{1 \text{ mmol HCl}} \times \frac{121 \text{ g Tris/mol}}{1000 \text{ mmol Tris/mol}}$$

この式に沿った数式をセル B8 に入力し,セル B9〜B11 にもコピーする.モル濃度の相対誤差は質量測定が原因なので,質量測定方法の相対誤差に等しい.Tris の最初の量(セル B8 の 0.048 g)に対する相対標準偏差の割合(%RSD)は,図11・3の計算式欄に示されているように (0.0001/B8)×100% となる(セル C8).つづいてこの式を C9〜C11 にコピーする.

(b) Na_2CO_3

$$Na_2CO_3 \text{ の質量} = 0.020 \, x \text{ mmol HCl} \times \frac{1 \text{ mmol } Na_2CO_3}{2 \text{ mmol HCl}} \times \frac{106 \text{ g } Na_2CO_3/\text{mol}}{1000 \text{ mmol } Na_2CO_3/\text{mol}}$$

この式をセル D8 に入力し,D9〜D11 にもコピーする.セル E8 の相対標準偏差は (0.0001/D8)×100% として計算する.

(c) $Na_2B_4O_7 \cdot 10H_2O$

モル質量をホウ砂のモル質量(381 g/mol)に置換える以外は Na_2CO_3 と同じ式を用いる.他の式は図11・3の計算式に示す.

図11・3において,Tris を用いた濃度の相対標準偏差は,HCl の体積が 40.00 mL 以上で 0.10% 以下になることに注意してほしい.Na_2CO_3 ならば,誤差がこのレベルになるのに要する HCl は 50.00 mL を超えるが,ホウ砂の場合,HCl は約 26.00 mL を超えれば十分である.

---

[1] 一次標準物質は,H_3O^+ 1 mol の滴定に要する質量が大きい方が望ましい.より質量の大きい試薬を使えば,秤量の相対誤差を減らすことができるからである.

[2] 天然にはホウ砂 $Na_2B_4O_7 \cdot 10H_2O$ として砂漠で採掘される鉱物であり,水溶液が洗浄剤として広く利用される.高純度ホウ砂は一次標準物質として用いられる.

	A	B	C	D	E	F	G
1	0.020 M HCl の標定に必要なさまざまな塩基の質量を比較するスプレッドシート						
2	HCl のモル濃度	0.020					
3	Tris のモル質量	121	g/mol	注意：質量測定の標準偏差はすべて 0.1 mg			
4	Na$_2$CO$_3$ のモル質量	106	g/mol				
5	Na$_2$B$_4$O$_7$・10H$_2$O のモル質量	381	g/mol				
6							
7	mL HCl	g Tris	%RSD Tris	g Na$_2$CO$_3$	%RSD Na$_2$CO$_3$	g Na$_2$B$_4$O$_7$・10H$_2$O	%RSD Na$_2$B$_4$O$_7$・10H$_2$O
8	20.00	0.048	0.21	0.021	0.47	0.08	0.13
9	30.00	0.073	0.14	0.032	0.31	0.11	0.09
10	40.00	0.097	0.10	0.042	0.24	0.15	0.07
11	50.00	0.121	0.08	0.053	0.19	0.19	0.05
12							
13	計算式						
14	セル B8=$B$2*A8*1*$B$3/1000						
15	セル C8=(0.0001/B8)*100						
16	セル D8=$B$2*A8*1/2*$B$4/1000						
17	セル E8=(0.0001/D8)*100						
18	セル F8=$B$2*A8*1/2*$B$5/1000						
19	セル G8=(0.0001/F8)*100						

図 11・3 さまざまな一次標準物質を用いて HCl 溶液を標定する場合の質量と相対誤差を比較したスプレッドシート

11・1・3 塩基標準液の調製

水酸化ナトリウムは標準液として用いられる最も一般的な塩基だが，水酸化カリウムや水酸化バリウムも用いられる．これらの塩基は一次標準物質の純度では得られないので，溶液調製後に必ず標定しなければならない．

a. 塩基標準液に対する二酸化炭素の効果 ナトリウム，カリウム，バリウムの水酸化物は，固体状態だけでなく溶液でも大気中の二酸化炭素と速やかに反応してそれぞれの炭酸塩を生成する．

$$CO_2(g) + 2OH^- \rightarrow CO_3^{2-} + H_2O$$

[1] 炭酸イオン 1 個を生成するのに水酸化物イオン 2 個が消費されるが，二酸化炭素を取込んでも溶液のオキソニウムイオン結合能は必ずしも変化しない．したがって，酸性変色域をもつ指示薬（ブロモクレゾールグリーンなど）が用いられる滴定の終点では，上記の反応で生成した炭酸イオン 1 個はオキソニウムイオン 2 個と反応する（図 11・1 参照）．

$$CO_3^{2-} + 2H_3O^+ \rightarrow H_2CO_3 + 2H_2O$$

この反応で消費されるオキソニウムイオンの量は，炭酸イオンが生成するときに失われる水酸化物イオンの量に等しいので，水酸化物イオンと二酸化炭素が反応しても誤差が生じない．

しかし，塩基標準液のほとんどが塩基性変色域をもつ指示薬（たとえばフェノールフタレイン）を滴定に要する．この場合，指示薬の変色が観察されるのは，炭酸イオンが 1 個のオキソニウムイオンと反応したところなので，

$$CO_3^{2-} + H_3O^+ \rightarrow HCO_3^- + H_2O$$

塩基の有効濃度は二酸化炭素の吸収により減少し，例題 11・2 に示すように系統誤差（炭酸塩誤差とよばれる）が生じる．

例題 11・2

調製直後の炭酸を含まない NaOH 溶液の水酸化物イオン OH$^-$ の濃度は 0.05118 M であった．この溶液 1.000 L をしばらく空気にさらしたところ，CO$_2$ 0.1962 g を吸収したとする．フェノールフタレインを指示薬としてこの炭酸混入 NaOH 溶液で酢酸を定量するときの炭酸塩誤差を相対値として計算せよ．

解答

$$2NaOH + CO_2 \rightarrow Na_2CO_3 + H_2O$$

$$c_{Na_2CO_3} = \frac{0.1962 \text{ g CO}_2}{1.000 \text{ L}} \times \frac{1 \text{ mol CO}_2}{44.01 \text{ g CO}_2} \times \frac{1 \text{ mol Na}_2CO_3}{\text{mol CO}_2}$$

$$= 4.458 \times 10^{-3} \text{ M}$$

したがって酢酸に対する NaOH の有効濃度 c_{NaOH} は，

$$c_{NaOH} = \frac{0.05118 \text{ mol NaOH}}{\text{L}}$$
$$- \left(\frac{4.458 \times 10^{-3} \text{ mol Na}_2CO_3}{\text{L}} \right.$$
$$\left. \times \frac{1 \text{ mol HOAc}}{\text{mol Na}_2CO_3} \times \frac{1 \text{ mol NaOH}}{\text{mol HOAc}} \right)$$
$$= 0.04672 \text{ M}$$

$$相対誤差 = \frac{0.04672 - 0.05118}{0.05118} \times 100\% = -8.7\%$$

---

[1] 水酸化ナトリウムまたは水酸化カリウムの標準液による二酸化炭素の吸収は，塩基性変色域をもつ指示薬を用いた分析では負の系統誤差につながる．酸性変色域をもつ指示薬を用いた分析では系統誤差は生じない．

1) 塩基標準液の調製に用いる固体試薬には，かなりの量の炭酸イオンが常に混入している．この混入物が存在しても，標定と分析に同じ指示薬を用いれば炭酸塩誤差は生じない．しかし，炭酸によって終点の鋭敏さは減じてしまう．このため，炭酸イオンは塩基溶液の標定前に除去するのが一般的である．

2) 炭酸を除去した水酸化ナトリウム溶液を調製するには，炭酸ナトリウムが塩基の濃溶液にほとんど溶けない性質を利用するのが最善の方法である．約50%の水酸化ナトリウム水溶液を調製する，あるいは市販品を購入する．これを静置すると炭酸ナトリウムが沈殿するので，容器を傾けて透明な上澄み液を移し，望みの濃度に希釈する．また，沈殿物を吸引沪過で取除くこともできる．

3) 炭酸を除去した塩基溶液の調製に用いる水も二酸化炭素を含まないものでなければならない．蒸留水はたまに二酸化炭素が過飽和になっているので，短時間煮沸して二酸化炭素を取除いたほうがよい．その後室温まで冷ましてから塩基に加える．熱い塩基性溶液は二酸化炭素を速やかに吸収してしまうからである．イオン交換水は通常二酸化炭素を多くは含んでいない．

空気中の二酸化炭素の取込みを短期間防ぐためなら，しっかり蓋の閉まる低密度ポリエチレン瓶で十分である．空気の入る空間を最小限にするため，瓶の蓋をしっかり閉める．また，中身をビュレットに移す短い間を除き，瓶の蓋を開けっ放しにしないよう注意する．時間が経つとポリエチレン瓶は水酸化ナトリウム溶液によって脆く壊れやすくなる．

水酸化ナトリウム溶液はガラス瓶で保存すると濃度がゆっくり減少する（週当たり0.1～0.3%）．濃度の低下は，塩基がガラスと反応してケイ酸ナトリウムを生成するのが原因である．このため塩基標準液はガラス容器で長期にわたって（1～2週間以上）保存するべきでない．さらに塩基

4) は絶対にガラス栓つき容器に保存してはならない．塩基と栓が反応し，短期間で栓が"固着"してしまうからである．最後に，同様の固着を避けるためにもガラス活栓つきビュレットは塩基標準液の使用後すぐに排液し，徹底的に水ですすぎ洗いしたほうがよい．最新のビュレットにはたいていテフロン加工した活栓がついているのでこの問題は起こらない．

11・1・4 塩基の標定

5) 塩基の標定に使える非常によい一次標準物質がいくつかある．ほとんどは弱有機酸で，変色域が塩基側にある指示薬を必要とする．

a. フタル酸水素カリウム　フタル酸水素カリウム $KHC_8H_4O_4$（KHP）はほぼ理想的な一次標準物質である（図11・4）．非吸湿性の結晶性固体で，比較的大きな分子量（204.2 g/mol）をもつ．分析用の純度の高い塩が市販されており，精製せずにそのままほとんどの目的に使用できる．最高水準の正確さが求められる研究では，標準物質の高純度フタル酸水素カリウムが用いられる．

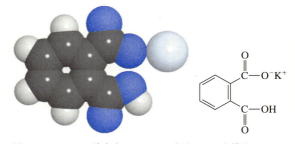

図11・4　フタル酸水素カリウムの分子モデルと構造

b. 塩基に対するその他の一次標準物質　安息香酸は，一次標準の純度で入手可能であり，塩基の標定に用いられる．安息香酸は水への溶解度が低いので，普通はエタノールに溶かしてから水で希釈し，滴定に用いる．市販のアルコールは弱酸性の場合があるので，標定には必ず空試験を行うようにする．

ヨウ素酸水素カリウム $KH(IO_3)_2$ は H_3O^+ 1 mol の滴定に要するモル質量が大きく，非常によい一次標準物質である．強酸であり，変色域がpH 4～10の範囲にある指示薬のほとんどどれを用いても滴定できる． [6]

11・2　酸塩基滴定の代表的な応用例

酸塩基滴定は，酸性または塩基性の性質をもつ多くの無機，有機，生物化学種の定量に使われる．それだけでなく，分析対象を適切な化学処理によって酸または塩基に変換してから強塩基標準液または強酸標準液で滴定を行う応用例も，前者と同じくらい多く存在する．

酸塩基滴定で広く用いられる終点は，検出法の観点から

---

1) 塩基標準液中の炭酸イオンは終点の鋭敏さを低下させるので，通常は標定前に除去する．
2) **注意**：NaOH（またはKOH）の濃溶液は皮膚への腐食性が非常に強い．これらの溶液を使って作業するときは，顔面用防護マスク，ゴム手袋，防護服を必ず着用すること．
3) 大気中の成分と平衡状態にある水は CO_2 を約 $1.5×10^{-5}$ mol/L しか含まず，この量ならほとんどの塩基標準液の強さに対する影響を無視できる．CO_2 の過飽和溶液から煮沸によって CO_2 を除去する代わりに，通気によるバブリングを数時間行い，過剰な気体を取除くこともできる．この方法はスパージング（sparging）とよばれ，平衡濃度の CO_2 を含む溶液を生成する．
4) 水酸化ナトリウム溶液は，塩基がガラスと反応するため，ガラス瓶よりポリエチレン瓶で保存すべきである．ガラス栓つきの瓶には絶対保存しない．時間が経つと栓が抜けなくなることがよくある．
5) 強塩基の標準液は質量をもとにして直接調製できないので，必ず酸の一次標準物質で標定を行う．
6) 塩基に対する他のあらゆる一次標準物質と異なり，$KH(IO_3)_2$ は強酸である，つまり指示薬を選びやすいという利点がある．

二つに大別できる．一つ目は§9・1で述べたような，指示薬に基づく目に見える（目視）終点である．二つ目は電極を組合わせて（ガラス/カロメル電極など），pH計または他の電位差計で溶液の電位を測定する電位差測定に基づく終点である．測定した電位はpHに比例する．電位差測定に基づく終点については第15章で述べる．

11・2・1 元素分析

有機合成や生物の体内でつくられる物質中の重要な元素には，元素分析の最終段階で酸塩基滴定により簡便に定量されているものがある．一般にこの種の分析がしやすい元素は，炭素，窒素，塩素，臭素，フッ素などの非金属と，その他いくつかの元素である．前処理によって元素を無機酸または無機塩基に変換して滴定を行う．以下にいくつか例を示す．

a. 窒素 窒素は，生命科学，工業，農業分野で対象となるさまざまな物質に広く存在する．たとえばアミノ酸，タンパク質，合成医薬品，肥料，爆薬，土壌，飲料水，染料などである．したがって窒素，特に有機物中の窒素の定量はきわめて重要である．

1) 最も一般的な有機窒素の定量法は**ケルダール法**（Kjeldahl method, 図11・5）であり，酸塩基滴定に基づいている（コラム11・1参照）．手順が簡単で特殊な装置を必要としないため，大量の試料に対するルーチン（日常）分析法として受け入れられている．ケルダール法，あるいはその変法の一つは，穀物，肉，生物材料のタンパク質含有量を求める標準法である（その他の方法についてはコラム11・2を参照）．すなわち大部分のタンパク質はほぼ同じ割合の窒素を含んでいるので，求まった窒素の割合に適切な係数（肉は6.25，乳製品は6.38，穀物は5.70）を掛ければ試料中のタンパク質の割合が得られる．

図11・5 ケルダール法は，デンマーク人科学者ケルダール（Johan Kjeldahl）により開発され，1883年に初めて発表された [J. Kjeldahl, *Z. Anal. Chem.*, **22**, 366 (1883)]．ケルダールはカールスバーグ（デンマークのビール醸造会社）研究所で働きながら，ビール醸造に使われるさまざまな穀物のタンパク質含有量を測定する方法を開発した．

ケルダール法では試料を熱濃硫酸中で分解し，化学結合している窒素をアンモニウムイオンに変換する．生じた溶液を冷却し，希釈して塩基性にし，アンモニウムイオンをアンモニアに変換する．このアンモニアを塩基性溶液から蒸留し，酸性溶液中に集め酸塩基滴定で定量する．

ケルダール法の重大な段階は硫酸による分解であり，試料中の炭素と水素は硫酸により酸化して二酸化炭素と水に

コラム11・1　血清総タンパク質の定量

血清総タンパク質の定量は重要な臨床測定値で，肝機能障害の診断に用いられる．ケルダール法は高い精度と正確さを備えているが，血清総タンパク質の定量に日常的に用いるには時間がかかりすぎ，操作も煩雑である．しかしケルダール法は，他の方法の正確性を検証するために古くから用いられている，基準となる方法である．現在は**ビウレット法**（biuret method）や**ローリー法**[3]（Lowry method）が用いられる．ビウレット法では銅(II)イオンを含む試薬が使われ，Cu^{2+} とペプチド結合によって紫色の錯体が生じる．このときの可視光吸収の増加を利用して血清タンパク質量を測定する．ビウレット法は容易に自動化できる．ローリー法では血清試料をあらかじめ銅を含む塩基性溶液で処理し，つづいてフェノール試薬を加える．ホスホタングステン酸とホスホモリブデン酸がモリブデンブルーに還元されることにより発色する．ビウレット法もローリー法も定量測定には分光法（第16，17章参照）を用いる．

コラム11・2　有機窒素のその他の定量法

有機物に含まれる窒素を定量するには，ほかにもいくつかの方法がある．**デュマ法**（Dumas method）では試料を粉末状の酸化銅(II)と混合し，燃焼管中で燃焼させ，二酸化炭素，水，窒素，少量の窒素酸化物を得る．これらの生成物は二酸化炭素気流に運ばれて熱した銅充填剤を通過する．この銅によって窒素酸化物はどれも窒素分子に還元される．混合物は次に濃水酸化カリウムを充填したガラス管を通過する．窒素は塩基に吸収されない唯一の成分なので，体積を直接測定できる．

比較的最近の有機窒素定量法では，試料を1100 °Cで数分間焼し，窒素を一酸化窒素 NO に変換することから始める．つづいて気体混合物にオゾンを導入すると，一酸化窒素が二酸化窒素に酸化する．この反応は可視光を発する（化学発光）．化学発光の強度は試料中の窒素量に比例するため，その強度測定から窒素量が求まる．この方法には市販の機器を利用できる．化学発光の詳細は§17・3・5で論じる．

---

1) Kjeldahl の発音はケルダール（*Kyell'dahl*）．主として肉，穀物，動物用飼料のタンパク質含有量の評価基準を設けるため，毎年何十万件ものケルダール法による窒素定量が行われている．

3) O.H. Lowly, *et al.*, *J. Biol. Chem.*, **193**, 265 (1951).

なる．しかし窒素の最終的な化学形態はもとの試料中での化学結合状態によって決まる．アミンおよびアミドの窒素は定量的にアンモニウムイオンに変換する．それに対し，ニトロ基，アゾ基，アゾキシ基は窒素分子やさまざまな酸化物を生じるので，高温の酸性溶媒からすべて蒸発してしまう．

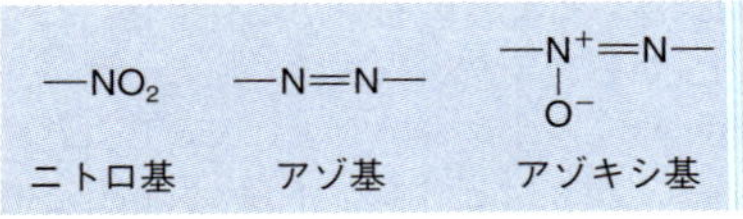

—NO_2	—$N=N$—	—$N^+=N$—
		$\overset{|}{O^-}$
ニトロ基	アゾ基	アゾキシ基

こうした消失は，試料を前もって還元剤で処理しアミドやアミンを生成させておけば防ぐことができる．この還元手段の一つが，試料を含んだ濃硫酸溶液へのサリチル酸とチオ硫酸ナトリウムの添加である．これはほんの短時間で済み，その後の分解は通常どおり行われる．

ピリジンとピリジン誘導体，その他の芳香族ヘテロ環化合物は，硫酸による完全分解に特に耐性がある．このような化合物は特別な処理を行わない限り，結果的にほとんど分解されない（図3・3参照）．

ケルダール法において最も時間のかかる局面は分解段階であることが多い．加熱に1時間以上必要な試料もある．分解時間を短縮する目的で，もとの手順に対する多数の変法が提案されている．一番広く使われている変法は，硫酸カリウムなどの中性塩を加えて硫酸溶液の沸点を上昇させ，分解温度を上げる方法である．別の変法では，濃硫酸溶液で有機物を分解しつつ，過酸化水素溶液を添加する方法である．

有機物の硫酸分解を触媒する物質は数多くあり，水銀，銅，セレンは化合物でも元素状態でも効果がある．Hg^{2+}が存在する場合は，アンモニアとアンミン水銀(II)錯体をつくって残存しないように，アンモニアの蒸留に先立ち水銀を硫化水素で沈殿させる必要がある．

例題11・3ではケルダール法で使う計算法を説明する．

例題 11・3

小麦粉の試料 0.7121 g をケルダール法で分析した．H_2SO_4 による分解後に塩基の高濃度溶液を加えて生成したアンモニアを蒸留し 0.04977 M HCl 25.00 mL 中に捕集した．過剰な HCl を 0.04012 M NaOH で逆滴定したところ，3.97 mL を要した．穀物の換算係数 5.70 を用いて，小麦粉に含まれるタンパク質の割合 (%) を計算せよ．

解 答

HCl の物質量 = 25.00 mL HCl × 0.04977 $\frac{mmol}{mL\ HCl}$
= 1.2443 mmol

NaOH の物質量
= 3.97 mL NaOH × 0.04012 $\frac{mmol}{mL\ NaOH}$
= 0.1593 mmol

N の物質量 = HCl の物質量 − NaOH の物質量
= 1.2443 mmol − 0.1593 mmol
= 1.0850 mmol

$$\%N = \frac{1.0850\ mmol\ N \times \frac{0.014007\ g\ N}{mmol\ N}}{0.7121\ g\ 試料} \times 100\% = 2.1342$$

$$\%\text{タンパク質} = 2.1342\%\ N \times \frac{5.70\%\ \text{タンパク質}}{\%\ N} = 12.16$$

b. 硫 黄 有機物や生体物質中の硫黄は，試料を酸素気流下で燃焼することにより簡便に定量できる．酸化により生じた二酸化硫黄（三酸化硫黄も同様に）は蒸留して過酸化水素希薄溶液に捕集する．

$$SO_2(g) + H_2O_2 \rightarrow H_2SO_4$$

表11・1 酸塩基滴定に基づく元素分析

元 素	変換後	吸着または沈殿による生成物	滴定法
N	NH_3	$NH_3(g) + H_3O^+ \rightarrow NH_4^+ + H_2O$	過剰な HCl を NaOH で滴定
S	SO_2	$SO_2(g) + H_2O_2 \rightarrow H_2SO_4$	NaOH
C	CO_2	$CO_2(g) + Ba(OH)_2 \rightarrow BaCO_3(s) + H_2O$	過剰な $Ba(OH)_2$ を HCl で滴定
Cl(Br)	HCl, HBr	$HCl(g) + H_2O \rightarrow Cl^- + H_3O^+$	NaOH
F	SiF_4	$3SiF_4(g) + 2H_2O \rightarrow 2H_2SiF_6 + SiO_2$	NaOH
P	H_3PO_4	$12H_2MoO_4 + 3NH_4^+ + H_3PO_4 \rightarrow$ $(NH_4)_3PO_4 \cdot 12MoO_3(s) + 12H_2O + 3H^+$ $(NH_4)_3PO_4 \cdot 12MoO_3(s) + 26OH^- \rightarrow$ $HPO_4^{2-} + 12MoO_4^{2-} + 14H_2O + 3NH_3(g)$	過剰な NaOH を HCl で滴定

---

[1] 大気中の二酸化硫黄は，過酸化水素溶液に試料を通して生成した硫酸を滴定することにより定量されることが多い．

この硫酸を塩基標準液で滴定する.

c. その他の元素 表 11・1 に酸塩基滴定で定量できるその他の元素をあげる.

11・2・2 無機化合物の定量

さまざまな無機化学種が，強酸または強塩基による滴定で定量できる．以下にいくつかの例を示す．

a. アンモニウム塩 アンモニウム塩は強塩基でアンモニアに変換してから蒸留すれば簡便に定量できる．アンモニアの捕集と滴定はケルダール法と同様に行う．

b. 硝酸塩と亜硝酸塩 アンモニウム塩について述べた方法は無機硝酸塩，無機亜硝酸塩の定量にも適用できる．これらのイオンはまず 50% Cu, 45% Al, 5% Zn の合金（デバルダ合金）と反応させ，アンモニウムイオンに還元する．試料の強塩基性溶液が入ったケルダールフラスコに合金粉末を加え，反応が完了したらアンモニアを蒸留する．60% Cu, 40% Mg のアルント合金も還元剤に用いられる．

c. 炭酸塩と炭酸塩混合物 炭酸ナトリウム，炭酸水素ナトリウム，水酸化ナトリウムの単一溶液または各種混合溶液の成分の定性，定量分析は，混合物に対する酸塩基滴定の興味深い応用例である．どの溶液でも反応によってこれら 3 種類の成分のうち一つが除去されてしまうので，測定可能な量で存在できるのは二つまでである．たとえば NaOH と $NaHCO_3$ を混合すると，もともとの反応物の片方または両方が反応し尽くすまで，Na_2CO_3 が生成する．$NaHCO_3$ が反応し尽くすと，Na_2CO_3 と NaOH が残る．$NaHCO_3$ と NaOH を等モルで混合すると，溶質のおもな化学種は Na_2CO_3 になる．

このような混合物の分析には強酸による 2 種類の滴定，すなわちフェノールフタレインなど塩基性側に変色域をもつ指示薬を使う滴定と，ブロモクレゾールグリーンなど酸性側に変色域をもつ指示薬を使う滴定が必要である．二つの指示薬により，溶液の組成は，同じ体積の試料の滴定に要した酸の相対体積から推定できる（表 11・2 と図 11・6 を参照）．溶液の組成が確定すれば，体積データを用いて試料中の個々の成分濃度を決定できる．炭酸塩混合物の分析に必要な計算を例題 11・4 に示す．

表 11・2 水酸化物イオン，炭酸イオン，炭酸水素イオンの混合物の分析における体積関係

試料の組成	等量の試料を滴定したときの V_{phth} と V_{bcg} の関係[†]
NaOH	$V_{phth} = V_{bcg}$
Na_2CO_3	$V_{phth} = 1/2\, V_{bcg}$
$NaHCO_3$	$V_{phth} = 0$, $V_{bcg} > 0$
NaOH, Na_2CO_3	$V_{phth} > 1/2\, V_{bcg}$
Na_2CO_3, $NaHCO_3$	$V_{phth} < 1/2\, V_{bcg}$

[†] V_{phth} = フェノールフタレインの終点に要する酸の体積
V_{bcg} = ブロモクレゾールグリーンの終点に要する酸の体積

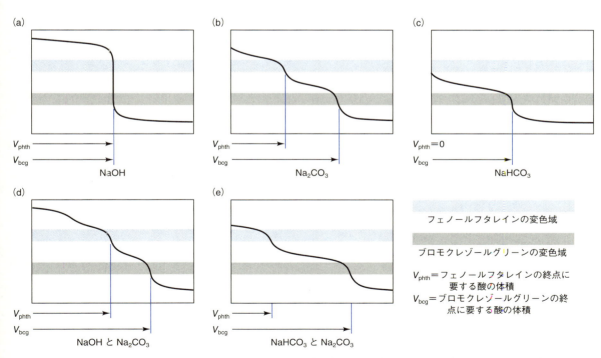

図 11・6 NaOH, Na_2CO_3, $NaHCO_3$ を含む混合物を強酸滴定試薬で分析したときの滴定曲線と指示薬の変色域

例題 11・4

[1] NaHCO$_3$, Na$_2$CO$_3$, NaOH を 1 成分あるいは複数成分含む溶液がある. この溶液 50.0 mL を 0.100 M HCl で滴定すると, フェノールフタレインの示す終点に達するまで 22.1 mL を要した. これとは別に溶液 50.0 mL を同じ HCl で滴定したところ, ブロモクレゾールグリーンの示す終点に達するまで 48.4 mL を要した. もとの溶液の組成と溶質のモル濃度を求めよ.

解 答

[2] 溶液が NaOH のみを含む場合, 必要な酸の体積は指示薬にかかわらず同じになるだろう (図 11・6a 参照). 同様に Na$_2$CO$_3$ をブロモクレゾールグリーンの示す終点まで滴定するのに要する酸の体積は, フェノールフタレインの示す終点に達するのに必要な量のちょうど 2 倍になるので, この化合物のみを含む可能性も除外できる (図 11・6b 参照). 実際は, 第二の滴定に 48.4 mL を要し, 第一の滴定にはこの半分以下の量が使われているので, 溶液には Na$_2$CO$_3$ に加えて NaHCO$_3$ もいくらか含まれているはずである (図 11・6e 参照). したがって Na$_2$CO$_3$ と NaHCO$_3$ の成分の濃度を計算する.

フェノールフタレインの示す終点に達すると, もともと存在する CO$_3^{2-}$ は HCO$_3^-$ に変換される. すなわち,

$$\text{Na}_2\text{CO}_3 \text{ の物質量} = 22.1 \text{ mL} \times 0.100 \frac{\text{mmol}}{\text{mL}}$$
$$= 2.21 \text{ mmol}$$

フェノールフタレインからブロモクレゾールグリーンの示す終点までの滴定 (48.4 mL−22.1 mL=26.3 mL) には, もとから存在する HCO$_3^-$ と, Na$_2$CO$_3$ の滴定で生じた HCO$_3^-$ の両方が含まれる. したがって,

$$\text{NaHCO}_3 \text{ の物質量} + \text{Na}_2\text{CO}_3 \text{ の物質量}$$
$$= 26.3 \text{ mL} \times 0.100 \frac{\text{mmol}}{\text{mL}} = 2.63 \text{ mmol}$$

ゆえに,

$$\text{NaHCO}_3 \text{ の物質量} = 2.63 \text{ mmol} - 2.21 \text{ mmol}$$
$$= 0.42 \text{ mmol}$$

この結果からモル濃度は次のように求められる.

$$c_{\text{Na}_2\text{CO}_3} = \frac{2.21 \text{ mmol}}{50.0 \text{ mL}} = 0.0442 \text{ M}$$

$$c_{\text{NaHCO}_3} = \frac{0.42 \text{ mmol}}{50.0 \text{ mL}} = 0.0084 \text{ M}$$

炭酸水素塩の終点にあたる pH 変化は化学指示薬の鋭敏な変色を起こすには不十分なので (図 10・5 参照), 例題 11・4 に述べた方法では満足のいく結果が得られない. こうした鋭敏さを欠いた滴定では, 通常は 1% 以上の相対誤差を生じる.

炭酸イオンと炭酸水素イオンの混合溶液もしくは, 炭酸イオンと水酸化物イオンの混合溶液の場合, 分析法の正確さは中性または塩基性溶液に対する炭酸バリウムの難溶性を利用すると格段に改善できる. たとえば炭酸イオン/水酸化物イオン混合物の分析に用いる**ウィンクラー法** (Winkler method) では, 両成分を酸標準液でブロモクレゾールグリーンなど酸性側に変色域をもつ指示薬が示す終点まで滴定する (終点の確定は, 溶液を煮沸して二酸化炭素を除去してから行う). それとは別に試料溶液を同量分取して中性の塩化バリウムを一定過剰量加え, 炭酸イオンを沈殿させたのち, 水酸化物イオンをフェノールフタレインの示す終点まで滴定する. 難溶性の炭酸バリウムが存在しても, バリウムイオン濃度が 0.1 M より大きければ干渉しない.

炭酸イオン/炭酸水素イオン混合物の場合も, 酸性側に変色域のある指示薬を用いて (煮沸により二酸化炭素を除去しながら) 両者を終点まで滴定することによって正確に定量する. 次に分取した第二の溶液中の炭酸水素イオンを一定過剰量の塩基標準液を加えて炭酸イオンに変換する. 大過剰の塩化バリウムを加えた後, 過剰な塩基を酸標準液でフェノールフタレインの示す終点まで滴定する. 固体の炭酸バリウムの存在は, これらのどの方法に対しても終点の検出に影響しない.

11・2・3 有機官能基の定量

有機官能基の直接滴定や間接滴定に用いられる酸塩基滴定もいくつかある. 一般的な官能基に対する方法を以下に簡単に説明する.

a. カルボキシ基とスルホニル基　多くのカルボキシ基は, その解離定数が 10^{-4}〜10^{-6} の範囲にあるため, 容易に強塩基を用いて滴定することができる. 有機物が水に溶けにくい場合には, エタノールに溶かして滴定を行うか, 強塩基の水溶液に溶解させた後に強酸で逆滴定する. スルホニル基を含む有機物は多くの場合水溶性であるため, 塩基の標準液で滴定が行われる.

b. アミノ基　脂肪族のアミノ基は一般に解離定数 (K_b) が 10^{-5} 程度であるため, 強酸で直接滴定することができる. しかしアニリンのような芳香族アミンやその誘導体などは K_b の値が低すぎるため, 水溶液中での滴定はできない. そこで無水酢酸のような非水溶媒を用いることで被滴定液の塩基性を強めて滴定が行われる.

c. エステル基　エステル基は塩基性溶液により加水分解され, アルコールとカルボン酸イオンになる (**けん化**, saponification).

$$\text{R}_1\text{COOR}_2 + \text{OH}^- \rightarrow \text{R}_1\text{COO}^- + \text{HOR}_2$$

---

[1] 以下のうちどの 2 種類を含む混合物でも同様のやり方で分析できる. HCl, H$_3$PO$_4$, NaH$_2$PO$_4$, Na$_2$HPO$_4$, Na$_3$PO$_4$, NaOH.

[2] HCl と H$_3$PO$_4$ の混合物はどのように分析できるか. Na$_3$PO$_4$ と NaH$_2$PO$_4$ ではどうか. 図 10・4 の曲線 A を参照.

そこで，エステルを含む有機物を十分な既知量の塩基によりけん化し，過剰となった塩基を強酸で逆滴定する．

d. ヒドロキシ基　有機物中のヒドロキシ基の量は，無水酢酸や無水フタル酸のようなカルボン酸の無水物との反応により求められる．ヒドロキシ基と無水酢酸との反応は次のように表せる．

$$(CH_3CO)_2O + RCH \rightarrow CH_3COOR + CH_3COOH$$

無水酢酸の量は測定しておき，有機物試料と無水酢酸を混合しヒドロキシ基と反応させた後，過剰な無水酢酸を加水分解する．

$$(CH_3CO)_2O + H_2O \rightarrow 2CH_3COOH$$

二つの反応で生じたカルボン酸を強塩基で滴定する．

e. カルボニル基　アルデヒドやケトンの定量には，ヒドロキシルアミン塩酸塩と次のような反応を行わせる．

$$\begin{array}{c}R_1\\ \diagdown\\ C=O+NH_2OH\cdot HCl \longrightarrow \\ \diagup\\ R_2\end{array} \begin{array}{c}R_1\\ \diagdown\\ C=NOH+HCl+H_2O\\ \diagup\\ R_2\end{array}$$

反応により生じた塩酸を強塩基により滴定する．

章末問題

11・1　硝酸が酸標準液の調製にめったに使われないのはなぜか．

11・2　一次標準物質の $NaHCO_3$ から一次標準に相当する Na_2CO_3 を調製する方法を述べよ．

11・3　HCl と CO_2 の沸点はほとんど同じである（−85 ℃と −78 ℃）．HCl は水溶液を1時間以上煮沸しても基本的に失われないのに，水溶液を短時間煮沸すると CO_2 を取除ける理由を説明せよ．

11・4　Na_2CO_3 を酸で標定する際の一般的な方法において，当量点付近で溶液を煮沸するのはなぜか．

11・5　0.010 M NaOH 溶液調製に一次標準物質として安息香酸より $KH(IO_3)_2$ が推奨される理由を二つあげよ．

11・6　ケルダール法において，前もって特別な処理を行わなければ窒素含有量が実際よりも低い値になりやすい化合物の種類は何か．

11・7　水酸化ナトリウム溶液の濃度が二酸化炭素の吸収によって見かけ上は影響を受けない理由について簡潔に述べよ．

11・8　以下の溶液 500 mL の調製法を述べよ．
(a) 密度 1.1539 g/mL，H_2SO_4 21.8 %（w/w）の試薬から 0.200 M H_2SO_4
(b) 固体 NaOH から 0.250 M NaOH
(c) 純粋な固体 Na_2CO_3 から 0.07500 M Na_2CO_3

11・9　以下の溶液 2.00 L の調製法を述べよ．
(a) 固体 KOH から 0.10 M KOH
(b) 固体 $Ba(OH)_2 \cdot 8H_2O$ から 0.010 M $Ba(OH)_2 \cdot 8H_2O$
(c) 密度 1.0579 g/mL，HCl 11.50 %（w/w）の試薬から 0.150 M HCl

11・10　フタル酸水素カリウム（KHP）溶液を用いた水酸化ナトリウム溶液の標定で，下表の結果を得た．

KHP の質量〔g〕	0.7987	0.8365	0.8104	0.8039
NaOH の体積〔mL〕	38.29	39.96	38.51	38.29

(a) NaOH の平均モル濃度を計算せよ．
(b) データの標準偏差と変動係数を計算せよ．
(c) データのばらつきを計算せよ．

11・11　過塩素酸溶液の濃度を一次標準の炭酸ナトリウム溶液（生成物 CO_2）で滴定したところ，以下の結果が得られた．

Na_2CO_3 の質量〔g〕	0.2068	0.1997	0.2245	0.2137
$HClO_4$ の体積〔mL〕	36.31	35.11	39.00	37.54

(a) $HClO_4$ の平均モル濃度を計算せよ．
(b) データの標準偏差と変動係数を計算せよ．
(c) 統計学を用いて，異常値を保持するか，棄却するか決めよ．

11・12　0.1500 M NaOH 1.00 L を標定後，空気にさらしたところ，CO_2 11.2 mmol を吸収した．以下の指示薬を用いて HCl 標準液で標定し直したときのモル濃度はいくらか．
(a) フェノールフタレイン
(b) ブロモクレゾールグリーン

11・13　ある NaOH 溶液の濃度は標定した直後 0.1019 M であった．その溶液 500.0 mL を数日間空気にさらしたら，CO_2 を 0.652 g 吸収した．酢酸を定量するため，フェノールフタレインを指示薬にしてこの溶液で滴定を行ったときの炭酸塩誤差を相対値として計算せよ．

11・14　以下の条件の希 HCl 溶液のモル濃度を計算せよ．
(a) この溶液 50.00 mL は AgCl 0.5962 g を生じる．
(b) 0.03970 M $Ba(OH)_2$ 25.00 mL を滴定した．終点までにこの溶液 17.93 mL を要する．
(c) 一次標準物質の Na_2CO_3 0.2459 g を滴定した．終点までにこの溶液 36.52 mL を要する（生成物：CO_2 と H_2O）．

11・15　以下の条件の希 $Ba(OH)_2$ 溶液のモル濃度を計算せよ．
(a) この溶液 50.00 mL は $BaSO_4$ 0.1791 g を生じる．
(b) 一次標準物質のフタル酸水素カリウム（KHP）0.4512 g を滴定した．終点までにこの溶液 26.46 mL を要する．
(c) この溶液 50.00 mL を安息香酸 0.3912 g に加え逆滴定すると，終点までに 0.05317 M HCl 4.67 mL を要する．

11・16　滴定試薬の所要量が 35～45 mL のとき，以下に

示す一次標準試料の質量範囲を述べよ．
(a) Na_2CO_3 を 0.175 M $HClO_4$ で滴定する（CO_2 生成）．
(b) $Na_2C_2O_4$ を 0.085 M HCl で滴定する．

$$Na_2C_2O_4 \rightarrow Na_2CO_3 + CO$$
$$CO_3^{2-} + 2H^+ \rightarrow H_2O + CO_2$$

(c) 安息香酸を 0.150 M NaOH で滴定する．
(d) $KH(IO_3)_2$ を 0.050 M $Ba(OH)_2$ で滴定する．
(e) Tris を 0.075 M $HClO_4$ で滴定する．
(f) $Na_2B_4O_7 \cdot 10H_2O$ を 0.050 M H_2SO_4 で滴定する．

$$B_4O_7^{2-} + 2H_3O^+ + 3H_2O \rightarrow 4H_3BO_3$$

11・17 例題 11・1 に示した質量の (a) Tris, (b) Na_2CO_3, (c) $Na_2B_4O_7 \cdot 10H_2O$ で 0.0200 M HCl を標定したとき，この酸のモル濃度計算値に対する相対標準偏差を求めよ．質量測定における絶対標準偏差を 0.0001 g とし，濃度計算値の精度はこの値で範囲が決まると仮定する．

11・18
(a) 0.0400 M NaOH 30 mL の滴定に必要なフタル酸水素カリウム (204.22 g/mol)，ヨウ素酸水素カリウム (389.91 g/mol)，安息香酸 (122.12 g/mol) の質量を比較せよ．
(b) (a) の質量測定における標準偏差が 0.002 g で，この不確かさが計算の精度の範囲を決める場合，NaOH のモル濃度の相対標準偏差はいくらになるか．

11・19 白ワインの試料 50 mL はフェノールフタレインの示す終点に達するまで 0.03291 M NaOH を 24.57 mL 要した．この滴定は，ワインの酸性度を酒石酸 ($H_2C_4H_4O_6$, 150.09 g/mol) の 100 mL 当たりの質量 (g) で表せ．（酒石酸の水素イオン二つが反応したと仮定する．）

11・20 酢の試料を 25.0 mL 分取し，それをメスフラスコで 250 mL に希釈した．この溶液を 50 mL ずつに分けて 0.08960 M NaOH で滴定したところ，平均で 35.23 mL を要した．この酢の酸性度を酢酸の濃度 %(w/v) によって表せ．

11・21 不純物を含む $Na_2B_4O_7$ の試料 0.7513 g を 0.1129 M HCl で滴定したところ 30.79 mL を要した（反応は問題 11・16f を参照）．分析結果を次の物質の割合 (%) で表せ．
(a) $Na_2B_4O_7$
(b) $Na_2B_4O_7 \cdot 10H_2O$
(c) B_2O_3
(d) B

11・22 不純物を含む酸化水銀(Ⅱ) の試料 0.6915 g を一定過剰量のヨウ化カリウムを含む溶液に溶かした．反応は次のとおりである．

$$HgO(s) + 4I^- + H_2O \rightarrow HgI_4^{2-} + 2OH^-$$

遊離した水酸化物イオンを 0.1092 M HCl で滴定した．終点までに 40.39 mL を要したとき，試料中の HgO の割合 (%) を計算せよ．

11・23 殺虫剤の液体試料のホルムアルデヒド含有量を測定するため，試料 0.2985 g を 0.0959 M NaOH 50.0 mL と 3% H_2O_2 50 mL の入ったフラスコに加えて重さを量った．加熱すると以下の反応が起こり，

$$OH^- + HCHO + H_2O_2 \rightarrow HCOO^- + 2H_2O$$

冷却後，過剰な塩基を 0.053700 M H_2SO_4 で滴定したところ 22.71 mL を要した．試料中の HCHO (30.026 g/mol) の割合 (%) を計算せよ．

11・24 ケチャップ 97.2 g から抽出した安息香酸を 0.0501 M NaOH で滴定したところ，12.91 mL を要した．この分析結果を安息香酸ナトリウム (144.10 g/mol) の割合 (%) で表せ．

11・25 アルコール依存症の治療薬ジスルフィラム（商品名アンタビュース）の有効成分はテトラエチルチウラムジスルフィド (296.54 g/mol) である．

$$(C_2H_5)_2NC\overset{\overset{S}{\|}}{S}S\overset{\overset{S}{\|}}{C}N(C_2H_5)_2$$

ジスルフィラム製剤 0.4169 g 中の硫黄を酸化して SO_2 とし，H_2O_2 溶液に吸収させて H_2SO_4 にした．この酸を 0.04216 M の塩基で滴定したところ，19.25 mL を要した．製剤中の有効成分の割合 (%) を計算せよ．

11・26 ある家庭用液体洗剤の試料 25.00 mL をメスフラスコで 250.0 mL に希釈した．このうち 50.00 mL を分取し 0.1943 M HCl で滴定したところ，ブロモクレゾールグリーンの示す終点に達するまで 41.27 mL を要した．塩基性はすべてアンモニアから生じると仮定して，試料中の NH_3 の濃度 %(w/v) を計算せよ．

11・27 精製した炭酸塩の試料 0.1401 g を 0.1140 M HCl 50.00 mL に溶かし，煮沸して CO_2 を除去した．過剰な HCl を 0.09802 M NaOH で逆滴定したところ，終点までに 24.21 mL を要した．この炭酸塩を同定せよ．

11・28 未知の弱酸の希薄溶液を 0.1084 M NaOH で滴定したところ，フェノールフタレインの示す終点に達するまでに 28.62 mL を要した．滴定の終わった溶液を蒸発乾固し，残留物（ナトリウム塩）の質量が 0.2110 g だったとき，この酸の質量を計算せよ．

11・29 都市部の大気試料 3.00 L を 0.0116 M $Ba(OH)_2$ 50.00 mL を含む溶液に通気し，試料中の CO_2 を $BaCO_3$ として沈殿させた．過剰な塩基を 0.0108 M HCl で逆滴定したところ，フェノールフタレインが示す終点までに，23.6 mL を要した．大気中の CO_2 濃度を ppm（すなわち mL $CO_2/10^5$ mL 大気）で計算せよ．CO_2 の密度は 1.98 g/L とする．

11・30 大気を 30.0 L/分の速度で 1% H_2O_2 75 mL を含むトラップに通気した（トラップでの反応は $H_2O_2 + SO_2 \rightarrow H_2SO_4$）．10 分後，$H_2SO_4$ を 0.00197 M NaOH で滴定したところ 11.07 mL を要した．SO_2 の密度を 0.00285 g/L として，SO_2 の濃度を ppm（すなわち mL $SO_2/10^6$ mL 大気）で計算せよ．

11・31 あるリン含有化合物の試料 0.1417 g を HNO_3 と H_2SO_4 の混合物中で分解したところ，CO_2, H_2O, H_3PO_4

が生じた．また，試料にモリブデン酸アンモニウムを加えると，$(NH_4)_3PO_4 \cdot 12MoO_3$ (1876.3 g/mol) の組成をもつ固体が生じた．この沈殿を沪過，洗浄して 0.2000 M NaOH 50.00 mL に溶かした．反応は次のとおり．

$$(NH_4)_3PO_4 \cdot 12MoO_3(s) + 26OH^-$$
$$\rightarrow HPO_4^{2-} + 12MoO_4^{2-} + 14H_2O + 3NH_3(g)$$

溶液を煮沸して NH_3 を除去した後，過剰な NaOH を 0.1741 M HCl で逆滴定したところ，フェノールフタレインの示す終点まで 14.17 mL を要した．試料中のリンの割合 (%) を計算せよ．

11・32 フタル酸ジメチル $C_6H_4(COOCH_3)_2$ (194.19 g/mol) と反応に関与しない化学種を含む試料 0.9471 g を 0.1215 M NaOH 50.00 mL と還流し，エステル基を加水分解した（この過程をけん化とよぶ）．

$$C_6H_4(COOCH_3)_2 + 2OH^- \rightarrow C_6H_4(COO)_2^{2-} + 2CH_3OH$$

反応終了後，過剰な NaOH を 0.1644 M HCl で逆滴定したところ 24.27 mL を要した．試料中のフタル酸ジメチルの割合 (%) を計算せよ．

11・33 トンジルアミン $C_{16}H_{22}ON_4$ (286.37 g/mol) は一般的な抗ヒスタミン薬である．トンジルアミンを含む試料 0.1247 g をケルダール法で分析した．生成したアンモニアを H_3BO_3 中に捕集し，生じた $H_2BO_3^-$ を 0.01477 M HCl 22.13 mL で滴定した．試料中のトンジルアミンの割合 (%) を計算せよ．

11・34 メルクインデックス（化学物質，薬品，生物製剤の大部の事典）によると，グアニジン CH_5N_3 はある種の重症筋無力症の治療目的で体重 1 kg 当たり 10 mg が投与可能である．4 錠分（全部で 7.50 g）に含まれる窒素をケルダール分解でアンモニアに変換し，蒸留して 0.1750 M HCl 100.0 mL 中に集めた．過剰な酸を 0.1080 M NaOH で滴定したところ，11.37 mL で分析が完了した．以下の体重の患者に対して適量に相当する錠剤は何錠か．
 (a) 45.4 kg　(b) 58.0 kg　(c) 125 kg

11・35 缶詰のツナの試料 0.917 g をケルダール法で分析した．遊離したアンモニアの滴定には 0.1249 M HCl を用い，終点までに 20.59 mL を要した．試料中の窒素の割合 (%) を計算せよ．

11・36 問題 11・35 の缶詰のツナ 185 g に含まれるタンパク質の重さを g 単位で求めよ．

11・37 植物性食品の試料 0.5843 g の窒素含有量をケルダール法で分析し，遊離した NH_3 を 0.1062 M HCl 50.00 mL に捕集した．過剰な酸を 0.0925 M NaOH で逆滴定したところ，11.89 mL を要した．この分析結果を以下の単位で示せ．
 (a) %N　　　　　　　(b) %尿素，H_2NCONH_2
 (c) $\%(NH_4)_2SO_4$　(d) $\%(NH_4)_3PO_4$

11・38 小麦粉の試料 0.9325 g をケルダール法で分析した．生成したアンモニアを蒸留して 0.05063 M HCl 50.00 mL 中に集め，0.04829 M NaOH で逆滴定したところ，7.73 mL を要した．小麦粉中のタンパク質の割合 (%) を計算せよ．

11・39 $(NH_4)_2SO_4$，NH_4NO_3，反応に関与しない物質を含む試料 1.219 g をメスフラスコに入れ 200 mL に希釈した．50 mL を分取して強塩基を加え塩基性にし，遊離した NH_3 を蒸留して 0.08421 M HCl 30.00 mL 中に集めた．過剰な HCl を中和するのに 0.08802 M NaOH を 10.17 mL 要した．試料 25.00 mL を分取してデバルダ合金を加え塩基性にし，NO_3^- を還元して NH_3 にした．次に NH_4^+ と NO_3^- 両方に由来する NH_3 を蒸留して 0.08421 M HCl 30.00 mL に集め，逆滴定したところ 0.08802 M NaOH 14.16 mL を要した．試料中の $(NH_4)_2SO_4$ と NH_4NO_3 の割合 (%) を計算せよ．

11・40 K_2CO_3 を不純物として含む市販の KOH 1.217 g を水に溶かし，希釈して 500.0 mL にした．この溶液 50.00 mL を 0.05304 M HCl 40.00 mL で処理し，煮沸して CO_2 を除去した．過剰な酸を 0.04983 M NaOH で滴定したところ，終点までに 4.74 mL を費やした（指示薬はフェノールフタレイン）．別に分取した 50.00 mL には中性の $BaCl_2$ を過剰量加え，炭酸イオンを $BaCO_3$ として沈殿させた．この溶液を 0.05304 M HCl で滴定したところ，28.56 mL でフェノールフタレインが示す終点に達した．試料中には KOH，K_2CO_3，H_2O しか存在しないと仮定し，それぞれの割合 (%) を計算せよ．

11・41 $NaHCO_3$，Na_2CO_3，H_2O を含む試料 0.5000 g を溶解し，希釈して 250.00 mL にした．次に 25.00 mL を分取し 0.01255 M HCl 50.00 mL を加えて煮沸した．冷却後，溶液中の過剰な酸をフェノールフタレインが示す終点まで 0.01063 M NaOH で滴定するのに 2.34 mL を要した．別に分取した 25.00 mL を過剰量の $BaCl_2$ と塩基 25.00 mL で処理した．炭酸イオンはすべて沈殿させ，過剰な塩基を滴定したところ，終点までに要した HCl は 7.63 mL だった．混合物の組成を決定せよ．

11・42 以下の物質の滴定に 0.06122 M HCl を用いた．終点までに必要な体積を計算せよ．
 (a) 0.05555 M Na_3PO_4 20.00 mL を滴定．チモールフタレインが示す終点まで
 (b) 0.05555 M Na_3PO_4 25.00 mL を滴定．ブロモクレゾールグリーンが示す終点まで
 (c) 0.02102 M Na_3PO_4 と 0.01655 M Na_2HPO_4 の混合液 40.00 mL を滴定．ブロモクレゾールグリーンが示す終点まで
 (d) 0.02102 M Na_3PO_4 と 0.01655 M NaOH の混合液 20.00 mL を滴定．チモールフタレインが示す終点まで

11・43 以下の物質の滴定に 0.07731 M NaOH を用いた．終点までに必要な体積を計算せよ．
 (a) 0.03000 M HCl と 0.01000 M H_3PO_4 の混合液 25.00 mL を滴定．ブロモクレゾールグリーンが示す終点まで
 (b) (a) と同様に滴定．チモールフタレインが示す終点まで
 (c) 0.06407 M NaH_2PO_4 30.00 mL を滴定．チモールフタレインが示す終点まで

(d) 0.02000 M H_3PO_4 と 0.03000 M NaH_2PO_4 の混合液 25.00 mL を滴定．チモールフタレインが示す終点まで

11・44 NaOH, Na_3AsO_4, Na_2HAsO_4 のみからなる一連の溶液がさまざまな組成で調製されている．この組成不明な混合溶液 25.00 mL を 0.08601 M HCl で滴定した．下記の表に，(1) フェノールフタレイン，(2) ブロモクレゾールグリーンの示す終点までに要した 0.08601 M HCl の体積を示す．このデータを用いて各溶液の組成を推定し，さらに，溶液 1 mL 当たりの溶質の質量 (mg) を計算せよ．

	(1)	(2)
(a)	0.00	18.15
(b)	21.00	28.15
(c)	19.80	39.61
(d)	18.04	18.03
(e)	16.00	37.37

11・45 NaOH, Na_2CO_3, $NaHCO_3$ のみからなる一連の溶液がさまざまな組成で調製されている．この組成不明な混合溶液 25.00 mL を 0.1202 M HCl で滴定した．下記の表に，(1) フェノールフタレイン，(2) ブロモクレゾールグリーンの示す終点までに要した 0.1202 M HCl の体積を示す．このデータを用いて各溶液の組成を推定し，さらに，溶液 1 mL 当たりの溶質の質量 (mg) を計算せよ．

	(1)	(2)
(a)	22.42	22.44
(b)	15.67	42.13
(c)	29.64	36.42
(d)	16.12	32.23
(e)	0.00	33.333

11・46 酢（酢酸 CH_3COOH）の試料 10.00 mL をフラスコに分注し，指示薬フェノールフタレインを 2 滴加え，0.1008 M NaOH で滴定した．
(a) 滴定にこの NaOH 45.62 mL を要したとき，試料中の酢酸のモル濃度はいくらか．
(b) 分注した酢酸溶液の密度が 1.004 g/mL のとき，試料中の酢酸の割合 (%) はいくらか．

11・47 発展問題
(a) 指示薬は希薄溶液の状態でしか使用できないのはなぜか．
(b) オハイオ州のある湖水の酸中和能（酸性雨に抗する pH 調整能力）を測定するための滴定に，0.1% メチルレッド（モル質量 269 g/mol）を指示薬に使うとする．メチルレッド溶液 5 滴 (0.25 mL) を水の試料 100 mL に加え，0.01072 M 塩酸で滴定したところ，変色域の中央で指示薬を変色させるのに 4.74 mL を要した．指示薬の誤差はないと仮定し，湖水の酸中和能を試料 1 L 当たりの炭酸水素カルシウムの質量 (mg) として表せ．
(c) 指示薬が最初は酸性型であった場合，指示薬の誤差を酸中和能の割合 (%) で表すといくらになるか．
(d) 酸中和能の正しい値はいくらか．
(e) 炭酸塩または炭酸水素塩以外に酸中和能に寄与する可能性のある四つの化学種をあげよ．
(f) 炭酸塩または炭酸水素塩以外の化学種は通常，酸中和能に対してはっきりとは寄与しないと推測される．この仮定が妥当でない状況を示せ．
(g) 粒子状物質は酸中和能に大きく寄与する可能性がある．この問題にどう対処するか説明せよ．
(h) 酸中和能に対する粒子状物質の寄与と可溶性化学種による寄与を分けて定量するにはどうしたらよいか説明せよ．

12 キレート滴定と沈殿滴定
錯形成試薬と沈殿試薬の活用法

金属イオンと配位子による錯形成反応は分析化学で広く使われている．錯形成反応が最初に分析化学に活用された例の一つは陽イオンの滴定であり，本章の主要なテーマである．さらに錯体の多くは呈色や紫外線を吸収するので，錯形成は分光学的定量法の基礎となることが多い（第17章参照）．錯体のなかには難溶性のものがあり，重量分析（第6章参照）や本章で論じる沈殿滴定に用いられる．また，錯体はある溶媒から別の溶媒へ陽イオンを抽出したり，不溶性沈殿を溶かしたりする目的にも用いられる．一番便利な錯形成試薬は，数個の電子対供与基をもち金属イオンと複数の配位結合をつくる有機化合物である．無機錯形成試薬も，溶解度の調節や有色化学種の生成，沈殿生成を目的に用いられる．

12・1 錯形成

多くの金属イオンは電子対供与体と反応して**配位化合物** (coordination compound) あるいは**錯体** (complex) を形成する．これを**錯形成** (complexation, complex formation) とよぶ[1]．電子対供与体となる化学種は**配位子** (ligand) とよばれ，結合形成に関与する非共有電子対を少なくとも一つもつ．水，アンモニア，ハロゲン化物イオンは一般的な無機配位子である．実際に，水溶液中の金属イオンの多くはアクア錯体として存在する．たとえば，水溶液中の Cu^{2+} は，水分子と容易に錯形成して $[Cu(H_2O)_4]^{2+}$ などの化学種を生成する．化学反応式では通常このような錯体を，錯形成していない金属イオンであるかのように簡略化し Cu^{2+} と書く．とはいえ，たいていの金属イオンが水溶液中で事実上アクア錯体であることは覚えておくべきである．

陽イオンが電子対供与体と形成する配位結合の数を**配位数** (coordination number) という．典型的な配位数は 2, 4, 6 である．配位により正電荷や負電荷をもつ化学種，中性の化学種が生じる．たとえば配位数4の Cu^{2+} は，陽イオン性のアンミン錯体 $[Cu(NH_3)_4]^{2+}$，グリシンとの中性錯体 $[Cu(NH_2CH_2COO)_2]$，塩化物イオンとの陰イオン性錯体 $[CuCl_4]^{2-}$ を形成する．

錯形成に基づいた滴定は**キレート滴定** (chelatometric titration) または**錯滴定** (complexometric titration) とよばれており，1世紀以上もの間用いられている．この滴定法は**キレート** (chelate) とよばれる金属の配位化合物を分析[2]

に用いたことにより，1940年代から急速に発展し始めた．キレートは，複数の電子対供与基をもつ配位子1分子に金属イオンが1個配位して，五員環または六員環の複素環を形成したものである．前段落で述べたグリシンの銅錯体はその一例で，以下のように銅はカルボキシ基の酸素とアミノ基の窒素の両方に結合する．

$$Cu^{2+} + 2H-\underset{\underset{\text{グリシン}}{\big|}}{\overset{\overset{NH_2}{\big|}}{C}}-C-OH \longrightarrow$$

$$\underset{\text{グリシンの }Cu^{2+}\text{錯体}}{\begin{array}{c}O=C-O\quad O-C=O\\ \big| \qquad \diagdown\!\!\diagup \qquad \big|\\ \big| \qquad Cu \qquad \big|\\ H_2C-NH\quad NH-CH_2\end{array}} + 2H^+$$

アンモニアのように電子対供与基を一つもつ配位子を**単座配位子** (unidentate ligand，一本歯の意)[3] とよび，グリシンのように配位結合できる電子対供与基を二つもつ配位子を**二座配位子** (bidentate ligand) とよぶ．三座，四座，五座，六座配位子のキレート試薬が知られる．

このほか重要な錯体には，金属イオンと有機環状分子が形成する**大環状錯体** (macrocyclic complex) がある．この錯体は9個以上の原子からなる環をもち，少なくとも3個のヘテロ原子（通常は酸素，窒素，硫黄）を含む．18-クラウン-6とジベンゾ-18-クラウン-6などの**クラウンエーテル** (crown ether) は，有機大環状分子の代表例である（図 12・1a, b）．大環状分子化合物には，適当な大きさの金属イオンをちょうど収容できる立体的な空洞をつくるものもある．**クリプタンド** (cryptand) として知られる配位子はその一例である（図 12・1c）．環または空洞の大きさや形状が金属イオンのそれに対応しているため，大環状分子化合物の多くはイオン選択性をもつ．ただし選択性に

---

1) **用語** **配位子**とは，金属陽イオンや無電荷の金属に電子対を供与して配位結合をつくるイオンまたは分子のこと．供与電子対は金属と配位子の間で共有される．

2) **用語** キレートは *kee'late* と発音し，(カニなどの) はさみを意味するギリシア語に由来する．

3) **用語** 座 (dentate) はラテン語の *dentatus* に由来し，歯状の突起をもつという意味．

は，ヘテロ原子の性質とその電子密度，電子対供与原子と金属イオンの親和性，そのほかいくつかの因子が大きく影響する．

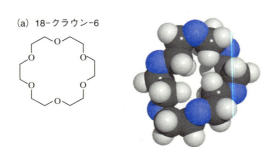

(a) 18-クラウン-6

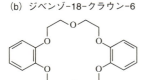

(b) ジベンゾ-18-クラウン-6　(c) クリプタンド 222

図 12・1　クラウンエーテルとクリプタンド．(a) 右図は 18-クラウン-6 の分子モデル．このクラウンエーテルはアルカリ金属イオンと強く錯形成する．18-クラウン-6 と Na^+，K^+，Rb^+ 錯体の生成定数は $10^5 \sim 10^6$ の範囲である．(b) ジベンゾ-18-クラウン-6 の構造．C. J. Pederson によって合成されたはじめての大環状ポリエーテル化合物である．(c) クリプタンドの構造．金属イオンと 3 次元的な配位構造体を形成する．

12・1・1　錯体の平衡反応

錯形成反応では (12・1) 式に示すように，金属イオン M が配位子 L と反応して錯体 ML が生じる．[1]

$$M + L \rightleftharpoons ML \quad (12・1)$$

一般化するためにイオンの電荷を省略した．錯形成反応は逐次的に起こり，上記の反応に続いてさらに反応が起こる．

$$ML + L \rightleftharpoons ML_2 \quad (12・2)$$
$$ML_2 + L \rightleftharpoons ML_3 \quad (12・3)$$
$$\vdots \qquad \vdots$$
$$ML_{n-1} + L \rightleftharpoons ML_n \quad (12・4)$$

単座配位子は上に示した反応ごとに一配位子ずつ結合する．多座配位子の場合，配位子を 1 個ないし 2, 3 個加えるだけで陽イオンの最大配位数が満たされる．たとえば最大配位数 4 の Cu^{2+} はアンモニアと化学式 $[Cu(NH_3)]^{2+}$，$[Cu(NH_3)_2]^{2+}$，$[Cu(NH_3)_3]^{2+}$，$[Cu(NH_3)_4]^{2+}$ で表される錯体を形成する．グリシン (gly) は二座配位子なので，$[Cu(gly)]^{2+}$，$[Cu(gly)_2]^{2+}$ のみを形成する．

錯形成反応の平衡定数は一般的に第 2 章で論じた**生成定数**によって書き表せる．たとえば (12・1) 式から (12・4) 式までの反応は**逐次生成定数** $K_1 \sim K_4$ で表され，$K_1 = [ML]/[M][L]$，$K_2 = [ML_2]/[M][L]$，… となる．平衡は個々の反応の和としても書ける．これらの**全生成定数**を記号 β_n で表すと次のようになる．

$$M + L \rightleftharpoons ML \quad \beta_1 = \frac{[ML]}{[M][L]} = K_1 \quad (12・5)$$

$$M + 2L \rightleftharpoons ML_2 \quad \beta_2 = \frac{[ML_2]}{[M][L]^2} = K_1 K_2 \quad (12・6)$$

$$M + 3L \rightleftharpoons ML_3 \quad \beta_3 = \frac{[ML_3]}{[M][L]^3} = K_1 K_2 K_3 \quad (12・7)$$

$$\vdots \qquad \vdots$$

$$M + nL \rightleftharpoons ML_n \quad \beta_n = \frac{[ML_n]}{[M][L]^n} = K_1 K_2 \cdots K_n \quad (12・8)$$

第一段階を除いて，全生成定数は生成物に至る反応それぞれの逐次生成定数の積になる．

12・1・2　不溶性化学種の生成

§12・1・1 の例では，形成した錯体は可溶性である．しかし金属イオンに配位子を加えると，よく知られたニッケルジメチルグリオキシム沈殿のように，不溶性化学種が生じることもある．多くの場合，逐次生成段階の中間体である電荷をもたない錯体は不溶性であるが，さらに配位子を加えると可溶性化学種が生じることもある．たとえば Ag^+ に Cl^- を加えると不溶性の AgCl 沈殿が生じる．Cl^- を大過剰に加えると可溶性の化学種 $AgCl_2^-$，$AgCl_3^{2-}$，$AgCl_4^{3-}$ ができる．

錯体の平衡は生成反応として扱われることが多いが，逆向きの溶解平衡は第 2 章で論じたとおり解離反応として扱われるのが普通である．一般に，飽和溶液中の難溶性塩 M_xA_y の溶解については次のように書ける．

$$M_xA_y(s) \rightleftharpoons xM^{y+}(aq) + yA^{x-}(aq) \quad K_{sp} = [M^{y+}]^x[A^{x-}]^y \quad (12・9)$$

ここで，K_{sp} は溶解度積である．したがって BiI_3 に対する溶解度積は $K_{sp} = [Bi^{3+}][I^-]^3$ と書ける．

可溶性錯体の形成を利用して，溶液中の遊離金属イオン濃度の調節し，その金属イオンの反応性を調節することができる．金属イオンが沈殿したり別の反応に関わったりしないようにするには，安定な錯体を形成させて遊離金属イオンの濃度を下げればよい．錯形成による溶解度の調節は，金属イオンを他のイオンと分離させるためにも利用できる．また，配位子がプロトン化可能であれば，§12・1・3 で述べるように錯形成と pH を組合わせることで，さらに広範な応用が可能となる．

---

[1] ある金属イオンに対する配位子の**選択性** (selectivity) は，形成する錯体の安定性を参考にする．同じ配位子で錯体を形成する金属同士を比べると，金属-配位子錯体の生成定数が大きいほど，その金属に対する配位子の選択性は高い．

12・1・3　配位子へのプロトンの付加

錯体の平衡反応は金属や配位子が関わる副反応によって複雑になることがある．こうした副反応によって，生じる錯体にさらにいくつかの調節を加えることができる．金属は目的の配位子以外の配位子とも錯体を形成しうる．もしその錯体が安定ならば，目的の配位子との錯形成を効率的に阻止できる．配位子もまた副反応を受けることがある．最もよくみられる副反応の一つは配位子へのプロトンの付加，すなわち配位子が弱酸または弱酸の共役塩基のときの副反応である．

a. プロトンが付加した配位子の錯形成　金属 M と配位子 L が可溶性錯体を形成する場合を考える．配位子 L は多塩基酸の共役塩基で，HL，H_2L，…，H_nL（一般化するためここも電荷は省略する）を形成する．M と L を含む溶液に酸を加えると，M と錯形成可能な遊離型 L の濃度が低下するので，錯形成試薬としての L の効果は減少する（ルシャトリエの原理）．たとえば，Fe^{3+} はシュウ酸イオン $C_2O_4^{2-}$（以下 ox^{2-} と略）と錯形成し，$[Fe(ox)]^+$，$[Fe(ox)_2]^-$，$[Fe(ox)_3]^{3-}$ となる．一方，シュウ酸イオンはプロトン化して Hox^-，H_2ox を生成する．塩基性溶液では Fe^{3+} と錯形成する前のシュウ酸は大半が ox^{2-} として存在しており，オキサラト鉄(III) 錯体は非常に安定である．しかし酸を加えるとシュウ酸イオンがプロトン化し，オキサラト鉄(III) 錯体の解離をひき起こす．

シュウ酸などの二塩基酸において，シュウ酸を含む化学種全体に対する ox^{2-}，Hox^-，H_2ox の相対濃度は，それぞれ α 値（§10・5参照）で与えられる．

$$c_T = [H_2ox] + [Hox^-] + [ox^{2-}] \quad (12・10)$$

であるから，α 値 α_0，α_1，α_2 は次のように書ける．

$$\alpha_0 = \frac{[H_2ox]}{c_T} = \frac{[H^+]^2}{[H^+]^2 + K_{a1}[H^+] + K_{a1}K_{a2}} \quad (12・11)$$

$$\alpha_1 = \frac{[Hox^-]}{c_T} = \frac{K_{a1}[H^+]}{[H^+]^2 + K_{a1}[H^+] + K_{a1}K_{a2}} \quad (12・12)$$

$$\alpha_2 = \frac{[ox^{2-}]}{c_T} = \frac{K_{a1}K_{a2}}{[H^+]^2 + K_{a1}[H^+] + K_{a1}K_{a2}} \quad (12・13)$$

遊離シュウ酸イオンの濃度が重要であるため，最も高い α 値，この場合は α_2 に目を向ける．(12・13)式より次のように書ける．

$$[ox^{2-}] = c_T \alpha_2 \quad (12・14)$$

溶液が酸性になればなるほど (12・13) 式の分母の最初の二つの項が支配的になり，α_2 と遊離シュウ酸濃度は減少する．溶液が非常に強い塩基性になると最後の項が支配的になり，α_2 はほぼ 1 になるので $[ox^{2-}] \approx c_T$，すなわち塩基性溶液中ではほぼすべてのシュウ酸が ox^{2-} 型になる．

b. 条件つき生成定数　錯形成反応において遊離配位子の濃度に対する pH の影響を考慮するには，**条件つき生成定数**（conditional formation constant，または effective formation constant）を導入すると便利である．これらはある決まった pH に限って適用できる pH 依存的な生成定数である．たとえば Fe^{3+} とシュウ酸の反応では，最初の錯体に対する生成定数 K_1 を次のように書ける．

$$K_1 = \frac{[Fe(ox)^+]}{[Fe^{3+}][ox^{2-}]} = \frac{[Fe(ox)^+]}{[Fe^{3+}]\alpha_2 c_T} \quad (12・15)$$

特定の pH では α_2 が定数となるので，K_1 と α_2 を組合わせた条件つき生成定数 K_1' が得られる．

$$K_1' = \alpha_2 K_1 = \frac{[Fe(ox)^+]}{[Fe^{3+}]c_T} \quad (12・16)$$

c_T は既知であるか容易に計算できることが多いので，条件つき生成定数を利用すると計算が大幅に簡略化される．より反応が進んだ錯体 $[Fe(ox)_2]^-$，$[Fe(ox)_3]^{3-}$ の全生成定数すなわち β 値は，条件つき生成定数を用いて書くこともできる．

12・2　無機錯形成試薬による滴定

錯形成反応は分析化学において多くの用途がある．最も古い利用法の一つは今も普及している**キレート滴定**である．この滴定では，金属イオンを適切な配位子と反応させて，錯形成の当量点を指示薬あるいはしかるべき機器測定法で決定する．可溶性無機錯体の形成を利用した滴定はあまり使われていないが，沈殿物生成，特に硝酸銀を滴定試薬としたものは多くの重要な定量法の基礎となっており，§12・2・2で論じる．

12・2・1　キレート滴定

一般的なキレート滴定の滴定曲線は，加えた滴定試薬の体積に対して $pM = -\log[M]$ をプロットしたものである．キレート滴定では通常，配位子が滴定試薬，金属イオンが分析対象であるが，ときには逆の場合もある．後述するように多くの沈殿滴定は金属イオンを滴定試薬に使う．一番単純な無機配位子は単座配位子であるが，錯体の安定性が低く，当量点が不明瞭になりかねない．多座配位子（特に 4 または 6 個の電子対供与基をもつもの）は単座配位子に比べ滴定試薬として二つの利点がある．第一に，多座配位子は一般的に陽イオンとの反応が完全に進みやすく，鋭敏な当量点が得られる．第二に，多座配位子は金属イオンと通常は一段階で反応するのに対し，単座配位子による錯形成には複数の中間体化学種が関わる (12・1〜12・4 式を思い起こしてほしい)．

---

1) 四座または六座配位子は，陽イオンと完全に反応して 1:1 錯体をつくりやすいので，電子対供与基の少ない配位子より良好な滴定試薬となる．

一段階反応の利点を図 12・2 に示した滴定曲線で説明する．いずれの滴定も，反応の全平衡定数は 10^{20} である．曲線 A は配位数 4 の金属イオン M と四座配位子 D が錯体 MD を形成する反応を計算したものである（便宜上，ここでも両反応物の電荷は省略した）．曲線 B は M と二座配位子 B による反応で，二段階で MB_2 を生じる．一段階目の生成定数は 10^{12}，二段階目は 10^8 である．曲線 C は単座配位子 A によるもので，逐次生成定数がそれぞれ 10^8，10^6，10^4，10^2 の四段階で MA_4 を生じる．これらの曲線から，一段階で起こる反応の方が鋭敏な終点が得られることが容易に理解できる．そのため普通は多座配位子の方がキレート滴定には望ましい．

単座配位子によるキレート滴定で最も広く使われているのは，1850 年代にリービッヒ（J. Liebig）が発案した硝酸銀によるシアン化物の滴定法である．この方法ではコラム 12・1 で説明するように可溶性 $[Ag(CN)_2]^-$ が生成する．そのほか一般的な無機錯形成試薬とその用途を表 12・1 にあげる．

表 12・1 代表的な無機錯体のキレート滴定

滴定試薬	分析対象	特徴
$Hg(NO_3)_2$	Br^-, Cl^-, SCN^-, CN^-, チオ尿素	中性水銀(II)錯体を生成．さまざまな指示薬が用いられる．
$AgNO_3$	CN^-	$[Ag(CN)_2]^-$ を生成．指示薬は I^-．AgI の濁りが現れるまで滴定．
$NiSO_4$	CN^-	$[Ni(CN)_4]^{2-}$ を生成．指示薬は AgI．AgI の濁りが現れるまで滴定．
KCN	Cu^{2+}, Hg^{2+}, Ni^{2+}	$[Cu(CN)_4]^{2-}$, $[Hg(CN)_2]$, $[Ni(CN)_4]^{2-}$ を生成．さまざまな指示薬が用いられる．

12・2・2 沈 殿 滴 定

沈殿滴定は難溶性のイオン化合物が生じる反応に基づいている．沈殿滴定法は最も古い分析技術の一つで，その歴史は 1800 年代中頃にさかのぼる．しかし，ほとんどの沈殿物は生成速度が遅いため，滴定に利用できる沈殿試薬はわずかしかない．ここでは最も広く使われる重要な沈殿試薬である硝酸銀に限定して説明する．硝酸銀はハロゲン，ハロゲン様陰イオン，チオール，脂肪酸，二価無機陰イオンの定量に用いられる．硝酸銀による滴定は**銀滴定**（argentometric titration）ともよばれる．

a. 滴定曲線の形状 沈殿反応の滴定曲線は，§9・2 で述べた強酸と強塩基の滴定とほぼ同じ方法で計算する．唯一の違いは，水のイオン積を沈殿物の溶解度積に置き換えることである．銀滴定の指示薬の大半は銀イオンの濃度変化に反応する．このため沈殿反応の滴定曲線は通常，銀試薬（$AgNO_3$ が一般的）の体積に対する pAg のプロッ

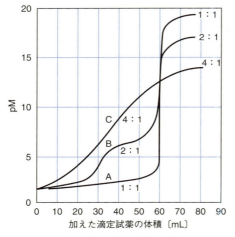

図 12・2 キレート滴定の滴定曲線．金属 M の 0.020 M 溶液 60 mL を (A) 四座配位子 D の 0.020 M 溶液で滴定し，生成物として MD を生じる場合，(B) 二座配位子 B の 0.040 M 溶液で滴定し，MB_2 を生じる場合，(C) 単座配位子 A の 0.080 M 溶液で滴定し，MA_4 を生じる場合．各生成物の全生成定数は 10^{20}．

コラム 12・1　アクリロニトリル用プラント配管流路を流れるシアン化水素の定量

アクリロニトリル $CH_2=CH-C\equiv N$ はポリアクリロニトリル生産に重要な化合物である．ポリアクリロニトリルは熱可塑性で，これを細い糸に引き伸ばして紡績したのがオーロン，アクリラン，クレスランなどの合成繊維である．アクリル繊維は米国ではもはや生産されていないが，まだ多くの国で生産されている．シアン化水素は水溶性アクリロニトリルが流れていくプラント配管流路の不純物である．シアン化物は通常 $AgNO_3$ による滴定で定量する．滴定反応は，次のとおりである．

$$Ag^+ + 2CN^- \rightarrow [Ag(CN)_2]^-$$

滴定の終点を決めるため，水溶性試料には滴定前に塩基性のヨウ化カリウム溶液を添加する．当量点前ではシアン化物が過剰にあるので加えた Ag^+ はすべて錯形成される．シアン化物がすべて反応して Ag^+ が過剰になると，以下の反応によって AgI 沈殿物が生じて，溶液に濁りが現れる．

$$Ag^+ + I^- \rightarrow AgI(s)$$

トになる．代表的な沈殿滴定において当量点前，当量点，当量点後の領域の濃度（pM=−log[M]）を得る方法を例題12・1で説明する．

例題 12・1

0.05000 M NaCl 50.00 mL を 0.1000 M AgNO₃ で滴定するとき，以下の体積の銀試薬を加えた後の銀イオン濃度を pAg で計算せよ．(a) 当量点前（10.00 mL），(b) 当量点（25.00 mL），(c) 当量点後（26.00 mL）．AgCl の溶解度積は，$K_{sp}=1.82\times10^{-10}$ である．

解 答

(a) 当量点前の領域

AgNO₃ 10.00 mL を加えた時点では，[Ag⁺] は非常に低く化学量論的に計算できないが，塩化物イオンのモル濃度は簡単に得られる．塩化物イオンの平衡濃度は実質 c_{NaCl} に等しい．

$$[Cl^-] \approx c_{NaCl}$$
$$= \frac{\begin{pmatrix}\text{もとの Cl}^-\text{の}\\ \text{物質量}\end{pmatrix} - \begin{pmatrix}\text{加えた AgNO}_3\\ \text{の物質量}\end{pmatrix}}{\text{溶液の全体積}}$$
$$= \frac{(50.00 \times 0.05000) - (10.00 \times 0.1000)}{50.00 + 10.00}$$
$$= 0.02500 \text{ M}$$

$$[Ag^+] = \frac{K_{sp}}{[Cl^-]} = \frac{1.82 \times 10^{-10}}{0.02500} = 7.28 \times 10^{-9} \text{ M}$$

$$pAg = -\log(7.28\times10^{-9}) = 8.14$$

当量点前の領域内にある他の点の pAg も同様にして得られる．この問題の計算結果を表 12・2 の左から2列目に示す．

(b) 当量点の pAg

当量点では [Ag⁺]=[Cl⁻] なので，[Ag⁺][Cl⁻]=$K_{sp}=1.82\times10^{-10}$=[Ag⁺]² である．

$$[Ag^+] = \sqrt{K_{sp}} = \sqrt{1.82 \times 10^{-10}} = 1.35 \times 10^{-5}$$
$$pAg = -\log(1.35\times10^{-5}) = 4.87$$

(c) 当量点後の領域

AgNO₃ 26.00 mL を加えると Ag⁺ は過剰になるので，

$$[Ag^+] = c_{AgNO_3}$$
$$= \frac{(26.00 \times 0.1000) - (50.00 \times 0.05000)}{76.00}$$
$$= 1.32 \times 10^{-3} \text{ M}$$

$$pAg = -\log(1.32\times10^{-3}) = 2.88$$

当量点後の領域にある他の点の pAg も同様にして得られ，表 12・2 に示す．滴定曲線はコラム 9・1 の酸塩基滴定で示した電荷均衡の式からも導き出される．

表 12・2 Cl⁻ を AgNO₃ 標準液で滴定するときの pAg の変化

AgNO₃ の体積	pAg	
	0.0500 M NaCl 50.00 mL を 0.1000 M AgNO₃ で滴定	0.005 M NaCl 50.00 mL を 0.0100 M AgNO₃ で滴定
10.00	8.14	7.14
20.00	7.59	6.59
24.00	6.87	5.87
25.00	4.87	4.87
26.00	2.88	3.88
30.00	2.20	3.20
40.00	1.78	2.78

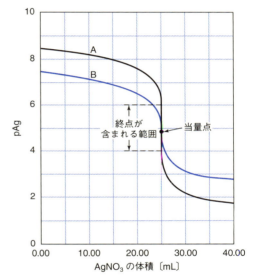

図 12・3 0.05000 M NaCl 50.00 mL を 0.1000 M AgNO₃ で滴定したときの滴定曲線 (A) と，0.00500 M NaCl 50.00 mL を 0.01000 M AgNO₃ で滴定したときの滴定曲線 (B)．濃度の高い溶液ほど終点における変化の鋭敏さが増すことに注意する．

b. 滴定曲線に対する濃度の影響 滴定試薬と分析対象の濃度が滴定曲線にもたらす影響を，表 12・2 の値と図 12・3 に示した二つの滴定曲線にみることができる．滴定試薬が 0.1000 M AgNO₃ の場合（曲線 A），当量点付近の pAg 変化は大きく，約 2 pAg である．滴定試薬の濃度が 0.01000 M では，変化は約 1 pAg だがはっきりしている．pAg 4.0〜6.0 の領域で変色する指示薬ならば，濃度が高い滴定試薬を使う方が滴定誤差は最小になる．一方，分析対象である塩化物イオン濃度が低い場合（曲線 B），当量点付近の pAg の変化はゆるやかになり，滴定試薬の体積にかなり幅が生じる（図に破線で示した範囲が約 3 mL）

ため，正確に終点を決めることができなくなる．この影響は図9・4の酸塩基滴定で説明したものと似ている．

c. 滴定曲線に対する反応の完全性の影響 図12・4は0.1 M 硝酸銀による滴定の終点の鋭敏さに対する溶解度積の影響を表す．当量点での pAg の変化は生成物の溶解度積が小さいほど，すなわち分析対象と硝酸銀の反応が完全に進むほど大きくなることに注意しよう．pAg が 4〜6 の領域で変色する指示薬を選択すれば，塩化物イオンの滴定誤差を最小に抑えられる．溶解度積が約 10^{-10} 以上の沈殿物を生成するイオンでは，良好な終点が得られないことに注意してほしい．[1]

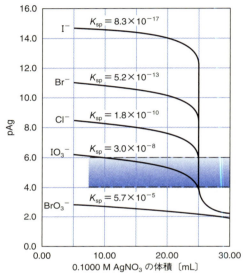

図12・4 沈殿滴定曲線に対する反応の完全性への影響．曲線はそれぞれ 0.0500 M 陰イオン溶液 50.00 mL を 0.1000 M AgNO₃ で滴定したもの．K_{sp} の値が小さいほど終点の変化が鋭敏になることに注意する．

d. 銀滴定の終点 硝酸銀による滴定では，指示薬を使って化学的に，あるいは電位差測定や電流測定によって終点を決める．本項では指示薬を用いた化学的な方法の一つを述べる．電位差滴定では滴定試薬の体積に対して銀電極と参照電極の電位差を測定する．滴定曲線は図12・3, 12・4 に示した曲線とほとんど同じ結果が得られる．電位差滴定は §15・7 で論じる．電流滴定では，1 対の銀電極間に生じる電流を測定し，滴定試薬の体積に対してプロットする．

指示薬を用いると，終点において滴定中の溶液の変色や濁りの出現・消失を生じる．沈殿滴定の指示薬に必要な条件は，1) 変色が滴定試薬または分析対象の pM ($-\log[M]$) の狭い範囲で起こること，2) 分析対象の滴定曲線の変化の大きい部分で変色が起こることである．たとえば図12・4 をみると，ヨウ化物イオン I^- の滴定は pAg が約 4.0〜12.0 の範囲で変化が現れる指示薬ならどれでも良好な終点が得られる．対照的に塩化物イオン Cl^- の滴定では終点が現れるのは pAg が約 4.0〜6.0 の範囲に限られることに注意する．

i) **フォルハルト法**（Volhard method）：フォルハルト法は銀滴定の最も一般的な方法の一つである．この方法では銀イオンをチオシアン酸イオンの標準液で滴定する．

$$Ag^+ + SCN^- \rightleftharpoons AgSCN(s)$$

Fe^{3+} を指示薬として用いる．チオシアン酸イオンがわずかでも過剰になった途端に $[Fe(SCN)]^{2+}$ が生成し，溶液は赤色に呈色する．

フォルハルト法の最も重要な応用例はハロゲン化物イオンの間接定量である．一定過剰量の硝酸銀標準液を試料に加え，過剰の銀イオンをチオシアン酸標準液で逆滴定して定量する．ハロゲン化物イオンの他の滴定法よりフォルハルト法が明らかに優れている点は，強酸性条件下で行われるため，カルボン酸，シュウ酸，ヒ酸などのイオンに妨害されないことである．これらのイオンの銀塩は酸性溶媒に溶けるが，中性溶媒にはほとんど溶解しない．

塩化銀はチオシアン酸銀より溶けやすい．そのためフォルハルト法によって塩化物を定量すると，

$$AgCl(s) + SCN^- \rightleftharpoons AgSCN(s) + Cl^-$$

という反応が，逆滴定の終点付近でかなりの程度起こる．この反応によって終点が不明瞭となり，チオシアン酸イオンの過剰消費につながる．このような塩化物イオンによる定量性の低下は，逆滴定を行う前に塩化銀を沪過して除去すれば克服できる．他のハロゲン化物イオンはチオシアン酸銀よりも溶けにくい銀塩を生じるので，沪過する必要はない．

ii) **その他の銀滴定：モール法**（Mohr method）ではクロム酸ナトリウムを指示薬として，塩化物イオン，臭化物イオン，シアン化物イオンの銀滴定を行う．銀イオンはクロム酸塩と反応し，当量点付近で赤れんが色のクロム酸銀 (Ag_2CrO_4) 沈殿物を生じる．モール法は Cr^{6+} が発がん物質のため現在ではほとんど用いられない．

ファヤンス法（Fajans method）では，沈殿などの固体表面に吸着あるいは脱着する有機化合物の**吸着指示薬**[2]

---

1) 溶解度積の式の両辺を負の対数をとることによって，便利な関係式が導かれる．たとえば塩化銀では，

$$\begin{aligned}-\log K_{sp} &= -\log([Ag^+][Cl^-]) \\ &= -\log[Ag^+] - \log[Cl^-]\end{aligned}$$

$$pK_{sp} = pAg + pCl$$

この式は pK_w に対する酸塩基の式と似ている．

$$pK_w = pH + pOH$$

2) 吸着指示薬はポーランドの化学者ファヤンス（K. Fajans）により 1926 年に初めて報告された．吸着指示薬を用いた滴定は迅速，正確で信頼性が高いが，コロイド沈殿物をすばやく生成するような沈殿滴定にのみ適用が限定される．

表 12・3　金属の抽出に用いられる有機錯形成試薬

試　薬	抽出される金属イオン	溶　媒
8-キノリノール	Zn^{2+}, Cu^{2+}, Ni^{2+}, Al^{3+} ほか多数	水→クロロホルム($CHCl_3$)
1,5-ジフェニルチオカルバゾン（ジチゾン）	Cd^{2+}, Co^{2+}, Cu^{2+}, Pb^{2+} ほか多数	水→$CHCl_3$ または CCl_4
2,4-ペンタンジオン（アセチルアセトン）	Fe^{3+}, Cu^{2+}, Zn^{2+}, U^{6+} ほか多数	水→$CHCl_3$, CCl_4, または C_6H_6
1-ピロリジンジチオカルバミン酸アンモニウム	遷移金属	水→4-メチル-2-ペンタノン（メチルイソブチルケトン）
テノイルトリフルオロアセトン	Ca^{2+}, Sr^{2+}, La^{3+}, Pr^{3+} ほか希土類	水→ベンゼン
ジベンゾ-18-クラウン-6	アルカリ金属，アルカリ土類金属の一部	水→ベンゼン

(adsorption indicator)を沈殿滴定に用いる．理想的には吸着あるいは脱着が当量点付近で起こり，色が変わるだけでなく溶液から固体（あるいはその逆）に色が移るのがよい．

12・3　有機錯形成試薬

　数種類の有機錯形成試薬は，金属イオンとの反応に固有の感度をもち選択性に優れているという理由で，分析化学における重要性が増している．有機錯形成試薬は金属イオンを沈殿させたり，金属イオンに結合して干渉を防いだり，ある溶媒から別の溶媒に金属を抽出したり，分光光度測定用に光を吸収する錯体を形成したりするのに特に有用である．一番役に立つのは金属イオンとキレートを形成する有機錯形成試薬である．

　多くの有機錯形成試薬は，金属イオンを水相から不混和性の有機相に容易に抽出できる形に変換する．抽出は，目的の金属を干渉しそうなイオンから分離したり，金属をより小さい体積の相に移して高濃度の抽出物を得るために広く用いられる．抽出は沈殿物よりずっと少量の金属に対して行えるので，共沈に関わる問題を回避することができる．抽出による分離は§19・3で考察する．

　金属の抽出に広く用いられる有機錯形成試薬を表12・3にあげる．同じ試薬でも，水溶液中では通常，金属イオンと不溶性化学種を生じるものがある．しかし抽出に用いるときは，有機相中の金属キレートの溶解度によって，錯体が水相に沈殿するのを防ぐ．(12・17)式に示すようにほとんどの反応はpH依存的に起こるので，抽出過程を制御したい場合，水相のpHを調整して行われることが多い．

$$n\mathrm{HX}(\text{有機相}) + \mathrm{M}^{n+}(\text{水相}) \rightleftharpoons \mathrm{MX}_n(\text{有機相}) + n\mathrm{H}^+(\text{水相})$$
$$(12 \cdot 17)$$

　有機錯形成試薬の重要なもう一つの用途は，測定を干渉するような金属に結合して安定な錯体をつくり，干渉を防ぐことである．そのような錯形成試薬を**マスキング剤**(masking agent)とよび，§12・4・8で解説する．有機錯形成試薬は金属イオンの分子吸光測定にも広く用いられる（第17章参照）．このとき金属-配位子錯体は発色したり紫外線を吸収したりする．有機錯形成試薬は電気化学的定量や分子蛍光分光法にも一般に用いられる．

12・4　アミノカルボン酸による滴定

　カルボキシ基も含む第三級アミンは多くの金属イオンときわめて安定なキレートを形成する[1]．これらアミノカルボン酸の，分析試薬としての可能性を最初に認めたのはスイスの化学者シュヴァルツェンバッハ(Gerold Schwarzenbach)で，1945年のことである．彼の論文が発表されて以来，世界中で，周期表にあるほとんどの金属に対して，アミノカルボン酸を利用した定量分析法が開発されてきた．

12・4・1　エチレンジアミン四酢酸（EDTA）

　エチレンジアミン四酢酸(ethylenediamine tetraacetic acid)は一般にEDTAと略称し，最も広く用いられる滴定試薬である．EDTAの構造式を示す．

$$\mathrm{HOOC-H_2C} \diagdown \diagup \mathrm{CH_2-COOH}$$
$$\mathrm{N-CH_2-CH_2-N}$$
$$\mathrm{HOOC-H_2C} \diagup \diagdown \mathrm{CH_2-COOH}$$

EDTAの構造式

EDTA分子は金属イオンと配位する部位が六つある．カルボキシ基四つとアミノ基二つで，おのおののアミノ基は金属イオンと結合するための非共有電子対をそれぞれ一対もつ．ゆえにEDTAは六座配位子である．

　a．EDTAの酸としての性質　EDTAの酸性基の解離定数は $K_1 = 1.02 \times 10^{-2}$, $K_2 = 2.14 \times 10^{-3}$, $K_3 = 6.92 \times 10^{-7}$, $K_4 = 5.50 \times 10^{-11}$ である．最初の二つの解離定数は桁数がほとんど同じことに注意する．これは2個のプロトンが，長いEDTA分子の両端からそれぞれ解離することを示し

---

[1] 以下の例を参照. R. Pribil, "Applied Complexometry", Pergamon, New York (1982). A. Ringbom, E. Wanninen, "Treatise on Analytical Chemistry, 2nd ed.", ed. by I.M. Kolthoff, P.J. Elving, Part I, Vol. 2, Chap. 11, Wiley, New York (1979).

ている．プロトン同士は数原子分距離が離れているので，最初の解離で生じた負電荷が2番目のプロトンの解離に大きく影響することはない．しかし，残りの2個のプロトンの解離定数はずっと小さいうえ，互いに異なることに注意してほしい．これら二つのプロトンは，最初の2個のプロトンの解離によってできた負電荷をもつカルボン酸イオンの近くに位置するので，イオンと静電引力が働き，より解離しにくい．

EDTA の化学種は五つあり，それぞれ，H_4Y，H_3Y^-，H_2Y^{2-}，HY^{3-}，Y^{4-} と略記されることが多い．コラム 12・2 では EDTA の化学種を説明し，その構造式を示す．図 12・5 にこれら五つの化学種の pH に応じた相対的な量の変化を示す．pH 3～6 の間は H_2Y^{2-} が支配的な化学種であることに注目しよう．

> コラム 12・2　EDTA 溶液に存在する化学種
>
> EDTA は水に溶かすとアミノ酸のグリシンのように振舞う（コラム 9・6，10・2 参照）．しかし，このときの EDTA は図 12 C・1(a) のような構造をもち，二重の両性イオンである．この化学種の正味の電荷は 0 であり，酸性プロトンをカルボキシ基二つに結合した 2 個と，アミノ基二つに結合した 2 個の計 4 個もつことに注目してほしい．通常は簡略化のため，二重の両性イオンを H_4Y，完全に脱プロトンした図 (e) の形態を Y^{4-} と略記する．解離過程の第一段階と第二段階はあいついで起こり，二つのカルボン酸からプロトンが失われる．第三段階と第四段階ではプロトン化したアミンからプロトンが解離する．H_3Y^-，H_2Y^{2-}，HY^{3-} の構造式を図 (b)～(d) に示す．
>
> (a) H_4Y 両性イオンの分子モデルと構造式
>
>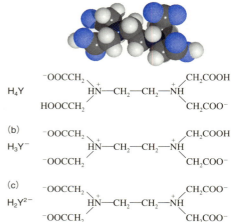

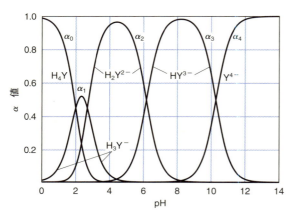

図 12・5　pH に応じた EDTA 溶液の組成．プロトンが解離していない H_4Y が主成分となるのは，強酸性溶液（pH<3）中のみであることに注意する．pH 3～10 までは H_2Y^{2-} と HY^{3-} が支配的である．プロトンがすべて解離した Y^{4-} は強塩基性溶液（pH>10）中でのみ主成分となる．

図 12 C・1　H_4Y の構造とその解離生成物．プロトンが解離していない H_4Y は二つのアミン窒素と二つのカルボキシ基が酸性プロトンをもつ二重の両性イオンとして存在することに注意する．最初の 2 個のプロトンはカルボキシ基から解離し，残りの 2 個はアミンから解離する．

b. EDTA 滴定試薬　EDTA の遊離酸 H_4Y とそのナトリウム塩の二水和物 $Na_2H_2Y \cdot 2H_2O$ は特級試薬が市販されている．遊離酸は 130～145 ℃で数時間乾燥して一次標準とする．しかし遊離酸は水に溶解しにくいので，まず少量の塩基に溶かしてから溶液を調製する必要がある．

1) 一般的に標準液の調製には二水和物の $Na_2H_2Y \cdot 2H_2O$ が用いられる．二水和物は，大気圧下において当量の水和水より 0.3 % 多くの水分を含んでいる．厳密な実験でなければ，この過剰分は十分再現性があるので，質量を正確に秤量した塩でそのまま標準液を調製できる．必要ならば相対湿度 50 %，80 ℃で数日間乾燥することにより純度の高い二水和物を調製できる．あるいは，目的とする濃度に近い EDTA 溶液を調製し，次に一次標準 $CaCO_3$ を用いて標定する．

2) EDTA の関連化合物もいくつか研究されているが，ここでは EDTA の性質と用途に限って議論する．

---

1) EDTA 標準液は秤量した $Na_2H_2Y \cdot 2H_2O$ をメスフラスコに入れて溶解させ，標線まで希釈して調製できる．
2) ニトリロ三酢酸（NTA）は EDTA の次によく滴定に用いられるアミノカルボン酸である．四座キレート試薬で，構造は以下のとおりである．

12・4・2 EDTA と金属イオンの錯体

EDTA は金属イオンのもつ正電荷にかかわらず 1：1 比で結合するので，その溶液は滴定試薬として特に重要である．たとえば銀錯体とアルミニウム錯体は次の反応により生成する．

[1)]

$$Ag^+ + Y^{4-} \rightleftharpoons AgY^{3-}$$
$$Al^{3+} + Y^{4-} \rightleftharpoons AlY^-$$

EDTA はあらゆる陽イオンとキレートを形成するだけでなく，それらのキレートのほとんどが滴定中も安定であるという優れた試薬である．分子内の複数の錯形成部位がかご状構造をつくって陽イオンを効率よく取囲み，溶媒分子から隔離することでこの高い安定性が生じている．金属-EDTA 錯体の一般的な構造の一つを図 12・6 に示す．コラム 12・3 で論じるように，EDTA が食品や生物試料に対する防腐剤として広く使われるようになった理由は，金属イオンとの錯形成能にある．

表 12・4 に一般的な EDTA 錯体の生成定数 K_{MY} をあげる．K_{MY} は，完全に脱プロトンした化学種 Y^{4-} と金属イオンの関わる平衡を表す定数であることに注意しなければならない．

$$M^{n+} + Y^{4-} \rightleftharpoons MY^{(n-4)+} \quad K_{MY} = \frac{[MY^{(n-4)+}]}{[M^{n+}][Y^{4-}]}$$
(12・18)

12・4・3 EDTA に関する平衡計算

陽イオン M^{n+} と EDTA の反応に対する滴定曲線は，滴定試薬の体積に対して pM ($pM = -\log[M^{n+}]$) をプロットした曲線である．滴定の早い段階では，M^{n+} の平衡モル濃度が分析モル濃度に等しいと仮定して，pM 値を容易に計算できる．分析モル濃度は化学量論のデータから求められる．

当量点および当量点後の $[M^{n+}]$ の計算には (12・18) 式を用いる必要がある．$[MY^{(n-4)+}]$ も $[M^{n+}]$ も pH 依存性なので，pH が未知で変動する場合，この領域の滴定曲線に (12・18) 式を適用するのは難しく手間がかかる．幸い EDTA 滴定は，他の陽イオンの干渉を避け，指示薬が十分に働くように必ず pH 既知の緩衝液中で行われる．pH 既知であれば，EDTA を含む緩衝液での $[M^{n+}]$ の計算は比較的容易である．この計算には H_4Y の α 値，α_4 を用いる (§10・5 参照)．

$$\alpha_4 = \frac{[Y^{4-}]}{c_T} \quad (12・19)$$

c_T は錯形成していない EDTA の全モル濃度である．

$$c_T = [Y^{4-}] + [HY^{3-}] + [H_2Y^{2-}] + [H_3Y^{3-}] + [H_4Y]$$

全 EDTA に対する Y^{4-} 分率 α_4 は，pH の値で決まることに注意する．

a. 条件つき生成定数　(12・18) 式に示した平衡の条件つき生成定数を得るには，(12・19) 式の $\alpha_4 c_T$ を生成定数式 [(12・18) 式の右辺] の $[Y^{4-}]$ に代入する．

$$M^{n+} + Y^{4-} \rightleftharpoons MY^{(n-4)+} \quad K_{MY} = \frac{[MY^{(n-4)+}]}{[M^{n+}]\alpha_4 c_T} \quad (12・20)$$

α_4 と K_{MY} の二つの定数を組合わせて条件つき生成定数 K'_{MY} が得られる．

$$K'_{MY} = \alpha_4 K_{MY} = \frac{[MY^{(n-4)+}]}{[M^{n+}]c_T} \quad (12・21)$$

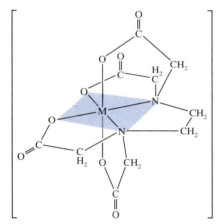

図 12・6　金属-EDTA 錯体の構造．EDTA はここで，二価金属イオン M^{2+} との結合に 6 個の電子対供与原子が関わる六座配位子として振舞う．

表 12・4　EDTA 錯体の生成定数[a]

陽イオン	K_{MY}[†]	$\log K_{MY}$	陽イオン	K_{MY}[†]	$\log K_{MY}$
Ag^+	2.1×10^7	7.32	Cu^{2+}	6.3×10^{18}	18.80
Mg^{2+}	4.9×10^8	8.69	Zn^{2+}	3.2×10^{16}	16.50
Ca^{2+}	5.0×10^{10}	10.70	Cd^{2+}	2.9×10^{16}	16.46
Sr^{2+}	4.3×10^8	8.63	Hg^{2+}	6.3×10^{21}	21.80
Ba^{2+}	5.8×10^7	7.76	Pb^{2+}	1.1×10^{18}	18.04
Mn^{2+}	6.2×10^{13}	13.79	Al^{3+}	1.3×10^{16}	16.13
Fe^{2+}	2.1×10^{14}	14.33	Fe^{3+}	1.3×10^{25}	25.1
Co^{2+}	2.0×10^{16}	16.31	V^{3+}	7.9×10^{25}	25.9
Ni^{2+}	4.2×10^{18}	18.62	Th^{4+}	1.6×10^{23}	23.2

[†] 20 ℃，イオン強度 0.1 M で有効な定数である．
[a] G. Schwarzenbach, "Complexometric Titrations", p.8, Chapman and Hall, London (1957).

[1)] 一般に EDTA 陰イオンと金属イオン M^{n+} の反応は，$M^{n+} + Y^{4-} \rightleftharpoons MY^{(n-4)+}$ と書ける．

コラム 12・3　防腐剤としての EDTA

微量の金属イオンは，食品や生物試料（血液中のタンパク質など）に含まれる多くの化合物の空気酸化を効率的に触媒することができる．こうした酸化反応を防ぐためには，ごく微量の金属イオンでも不活性化するか除去することが重要である．加工段階でさまざまな金属容器（やかんやバット）に触れただけでも，加工食品には微量の金属イオンが取込まれる．EDTA は食品に対する優れた防腐剤であり，マヨネーズ，サラダ用ドレッシング，油など市販の食品に原材料としてよく含まれている．EDTA を食品に添加すると，多くの金属イオンと強く結合して空気酸化反応の触媒を阻止する．EDTA とその類似キレート試薬は，金属イオンを除去したり不活性化したりする能力から **金属イオン封鎖剤** (sequestering agent) とよばれることも多い．EDTA 以外によく用いられる金属イオン封鎖剤にはクエン酸塩やリン酸塩がある．これらはトリグリセリドやその他の成分の不飽和側鎖を空気酸化から保護する．このような酸化反応は脂肪や油脂の酸敗臭の原因になる．金属イオン封鎖剤は，アスコルビン酸など酸化されやすい化合物にも酸化防止のために添加される．

長期にわたって保管する予定の生物試料は，保存のため EDTA を添加することが重要である．食品同様，EDTA は金属イオンと非常に安定な錯体を形成し，タンパク質その他の化合物の分解につながる空気酸化反応の触媒となることを防ぐ．有名な元フットボール選手 O. J. Simpson の殺人裁判では，血液を保存するために使用された EDTA が証拠の重要なポイントとなった．検察側は，殺された彼の元妻宅の裏塀にあった血液が殺人犯の残したものならば EDTA は含まれないはずで，事件後に採取した血液証拠が故意にまかれたならば EDTA が含まれることを争点にした．高性能機器システム（液体クロマトグラフィーにタンデム質量分析計を組合わせたもの）を用いて得られた分析的証拠では少量の EDTA が見つかった．しかし，非常に微量であり，異なる解釈がなされうる[2]．

---

2) D. Margolick, "FBI Disputes Simpson Defense on Tainted Blood", *New York Times*, p. A12 (July 26, 1995).

---

[1] K'_{MY} は α_4 が適用可能な pH でのみ用いることができる．

条件つき生成定数は pH がわかれば簡単に計算できる．その値を使って，当量点や反応物が過剰にある場合の金属イオンと錯体の平衡濃度を計算できる．c_T は $[Y^{4-}]$ とは違って反応の化学量論から簡単に求められるので，平衡定数式の $[Y^{4-}]$ に c_T を代入すると計算が非常に簡単になる．

[2] **b. EDTA 溶液の α_4 値の計算**　既定の水素イオン濃度における α_4 の計算式は，§10・5 で述べた方法で得られる（コラム 10・3 参照）．したがって，EDTA の α_4 は，

$$\alpha_4 = \frac{K_1 K_2 K_3 K_4}{[H^+]^4 + K_1[H^+]^3 + K_1 K_2[H^+]^2 + K_1 K_2 K_3[H^+] + K_1 K_2 K_3 K_4} \tag{12・22}$$

$$\alpha_4 = \frac{K_1 K_2 K_3 K_4}{D} \tag{12・23}$$

ここで K_1, K_2, K_3, K_4 は H_4Y の四つの解離定数，D は (12・22) 式の分母を表す．

選択した pH 値での α_4 を (12・22) 式，(12・23) 式に従って Excel のスプレッドシートで計算した結果を図 12・7 に示す．pH によって α_4 が大きく変動することに注意しよう．つまり EDTA の実質的な錯形成能は pH を変えることによって劇的に変わる．例題 12・2 で pH 既知の溶液における Y^{4-} 濃度の計算方法を説明する．

例題 12・2

pH 10.00 の 0.0200 M EDTA 緩衝液中の Y^{4-} のモル濃度を計算せよ．

解　答

pH 10.00 の α_4 は 0.35 である（図 12・7 参照）．したがって，

$$[Y^{4-}] = \alpha_4 c_T = 0.35 \times 0.0200\,M = 7.00 \times 10^{-3}\,M$$

c. EDTA 溶液中の陽イオン濃度の計算　EDTA 滴定の目的は，加えた滴定試薬 (EDTA) の体積から陽イオン濃度を求めることである．当量点前では陽イオンの量が上回っているので，陽イオン濃度は反応式から化学量論的に明らかにできる．しかし当量点と当量点後の領域に関しては錯体の条件つき生成定数を用いて陽イオン濃度を計算する必要がある．EDTA 錯体溶液中の陽イオン濃度の求め方を例題 12・3 に示す．過剰な EDTA が存在するときの計算は例題 12・4 に示す．

---

[1] 条件つき生成定数は pH 依存性である．
[2] その他の EDTA 化学種の α は同様に計算でき，それぞれ，

$$\alpha_0 = [H^+]^4/D$$
$$\alpha_1 = K_1[H^+]^3/D$$
$$\alpha_2 = K_1 K_2[H^+]^2/D$$
$$\alpha_3 = K_1 K_2 K_3[H^+]/D$$

滴定曲線の計算に必要なのは α_4 のみ．

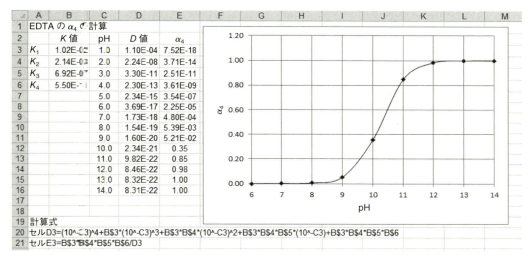

図12・7 選択した pH 値での EDTA の α_4 を計算するためのスプレッドシート. EDTA の酸解離定数 (列 A に記号を示す) を列 B に入力することに注意する. 次に, 計算したい pH 値を列 C に入力する. (12・22) 式および (12・23) 式の分母の計算式をセル D3 に入力し, D4 から D16 までコピーする. 最後の列 E は (12・23) 式で与えられる α_4 の計算式である. グラフは pH に対する α_4 のプロットを pH 6〜14 の範囲で示す.

例題 12・3

分析モル濃度 0.0150 M の NiY^{2-} (図 12・8) を含む溶液の pH が (a) 3.0, (b) 8.0 のときの Ni^{2+} の平衡モル濃度を計算せよ.

図12・8 NiY^{2-} の分子モデル. この錯体は EDTA と金属イオンが形成する安定な錯体の代表である. Ni^{2+}–EDTA 錯体の生成定数は 4.2×10^{18}.

解 答

表 12・4 より,

$$Ni^{2+} + Y^{4-} \rightleftharpoons NiY^{2-}$$

$$K_{NiY} = \frac{[NiY^{2-}]}{[Ni^{2+}][Y^{4-}]} = 4.2 \times 10^{18}$$

NiY^{2-} の平衡モル濃度は錯体の分析モル濃度から解離で失われる濃度を差引いたものに等しい. 解離で失われる濃度は Ni^{2+} の平衡モル濃度に等しい. ゆえに,

$$[NiY^{2-}] = 0.0150 - [Ni^{2+}]$$

$[Ni^{2+}] \ll 0.0150$ と仮定する. 錯体の生成定数の大きさを考慮するとこの仮定は妥当であり, 以下のように式を単純化できる.

$$[NiY^{2-}] \approx 0.0150$$

Ni^{2+} と EDTA の化学種はどちらも NiY^{2-} 錯体からのみ生じるので

$$[Ni^{2+}] = [Y^{4-}] + [HY^{3-}] + [H_2Y^{2-}] + [H_3Y^-] + [H_4Y] = c_T$$

この等式を (12・21) 式に代入し

$$K'_{NiY} = \frac{[NiY^{2-}]}{[Ni^{2+}]c_T} = \frac{[NiY^{2-}]}{[Ni^{2+}]^2} = \alpha_4 K_{NiY}$$

(a) 図 12・7 のスプレッドシートより pH 3.0 の α_4 は 2.51×10^{-11} である. この値と NiY^{2-} の濃度を K'_{MY} の式に代入し, $[Ni^{2+}]$ を得る.

$$\frac{0.0150}{[Ni^{2+}]^2} = 2.51 \times 10^{-11} \times 4.2 \times 10^{18} = 1.05 \times 10^8$$

$$[Ni^{2+}] = \sqrt{1.43 \times 10^{-10}} = 1.2 \times 10^{-5}\ M$$

(b) pH 8.0 では α_4 と条件つき生成定数の値はずっと大きい. ゆえに,

$$K'_{NiY} = 5.39 \times 10^{-3} \times 4.2 \times 10^{18} = 2.27 \times 10^{16}$$

この値を K'_{MY} の式に代入し, $[Ni^{2+}]$ を求める.

$$[Ni^{2+}] = \sqrt{\frac{0.0150}{2.27 \times 10^{16}}} = 8.1 \times 10^{-10}\ M$$

例題 12・4

0.0300 M Ni^{2+} 50.00 mL を 0.0500 M EDTA 50.00 mL と混合して調製した溶液の Ni^{2+} 濃度を計算せよ．混合液は pH 3.0 の緩衝液とした．

解　答

溶液には EDTA が過剰に含まれているので，錯体の分析モル濃度はもともと存在する Ni^{2+} の量で決まる．したがって，

$$c_{NiY^{2-}} = 50.00 \text{ mL} \times \frac{0.0300 \text{ M}}{100 \text{ mL}} = 0.0150 \text{ M}$$

$$c_{EDTA} = \frac{(50.00 \times 0.0500) \text{mmol} - (50.0 \times 0.0300) \text{mmol}}{100.0 \text{ mL}}$$
$$= 0.0100 \text{ M}$$

ここでもまた $[Ni^{2+}] \ll [NiY^{2-}]$ と仮定すると，

$$[NiY^{2-}] = 0.0150 - [Ni^{2+}] \approx 0.0150 \text{ M}$$

この時点で錯体を形成していない EDTA の全濃度 c_T は EDTA の濃度 c_{EDTA} で与えられる．

$$c_T = c_{EDTA} = 0.0100 \text{ M}$$

この値を (12・21) 式に代入し，

$$K'_{NiY} = \frac{0.0150}{[Ni^{2+}] \times 0.0100} = \alpha_4 K_{NiY}$$

図 12・7 の pH 3.0 における α_4 の値を用いて，

$$[Ni^{2+}] = \frac{0.0150}{0.0100 \times 2.51 \times 10^{-11} \times 4.2 \times 10^{18}}$$
$$= 1.4 \times 10^{-8} \text{ M}$$

したがって $[Ni^{2+}] \ll [NiY^{2-}]$ とおいた仮定は妥当であるといえる．

12・4・4　EDTA 滴定曲線

例題 12・3，12・4 に示した計算方法は，pH 一定の溶液における金属イオンの EDTA 滴定曲線の作成に用いられる．例題 12・5 でスプレッドシートを用いた滴定曲線の作成法を説明する．

例題 12・5

0.00500 M Ca^{2+} を含む pH 10.0 の緩衝液 50.0 mL を 0.0100 M EDTA で滴定したとき，EDTA の体積に対する pCa 滴定曲線を，スプレッドシートを用いて作成せよ．

解　答

初期値　　図 12・9 にスプレッドシートを示す．Ca^{2+} の初期体積をセル B3 に，Ca^{2+} の初期濃度をセル E2 に入力する．EDTA 濃度をセル E3 に入力し，pCa 値を求めたい EDTA 体積をセル A5～A19 に入力する．CaY 錯体の条件つき生成定数も必要である．この定数は錯体の生成定数（表 12・4）と pH 10 の EDTA に対する α_4 値（図 12・7）から得られる．(12・21) 式に代入し，以下を得る．

$$K'_{CaY} = \frac{[CaY^{2-}]}{[Ca^{2+}]c_T} = \alpha_4 K_{CaY}$$
$$= 0.35 \times 5.0 \times 10^{10} = 1.75 \times 10^{10}$$

この値をセル B2 に入力する．条件つき生成定数はさらなる計算に用いるので，この時点では数値を丸めずに有効数字のままにする．

当量点前の pCa　　セル E2 は EDTA 0.00 mL の滴定前の $[Ca^{2+}]$ である．ゆえに，セル B5 に "=E2" と入力する．滴定前の pCa は，セル E5 の計算式に示したように，滴定前の $[Ca^{2+}]$ の負の対数をとることで求められる．この式を E6～E19 にコピーする．当量点前の他の入力値の場合，Ca^{2+} の平衡モル濃度は滴定されなかった陽イオンと錯体から解離して生じた Ca^{2+} の和に等しい．後者は c_T に等しい．通常 c_T は錯形成していない Ca^{2+} の分析モル濃度に比べて小さい．たとえば EDTA 5.00 mL を加えたとき，

$$[Ca^{2+}]$$
$$= \frac{50.0 \text{ mL} \times 0.00500 \text{ M} - 5.00 \text{ mL} \times 0.0100 \text{ M}}{(50 + 5.00) \text{ mL}} + c_T$$
$$\approx \frac{50.0 \text{ mL} \times 0.00500 \text{ M} - 5.00 \text{ mL} \times 0.0100 \text{ M}}{55.00 \text{ mL}}$$

そこでセル B6 にスプレッドシートの計算式欄に示した式を入力する．スプレッドシートの計算式が上記の $[Ca^{2+}]$ の式に等しいことは各自で確かめてほしい．当量点前の pCa の他の値は，セル B6 の式をセル B7～B10 にコピーして計算する．

当量点の pCa　　当量点 (EDTA 25.00 mL) では，例題 12・3 に示した方法に従い，最初に CaY^{2-} の分析モル濃度を計算する．

$$c_{CaY^{2-}} = \frac{(50.0 \times 0.00500) \text{ mmol}}{(50.0 + 25.0) \text{ mL}}$$

Ca^{2+} は錯体の解離からのみ生じる．結果的に Ca^{2+} 濃度は錯形成していない EDTA の濃度の和 c_T に等しい．したがって，

$$[Ca^{2+}] = c_T$$
$$[CaY^{2-}] = c_{CaY^{2-}} - [Ca^{2+}] \approx c_{CaY^{2-}}$$

$[CaY^{2-}]$ の式をセル C11 に入力する．この式は必ず各自で確かめてほしい．$[Ca^{2+}]$ を得るため，K'_{CaY} の式に代入し，

12・4 アミノカルボン酸による滴定

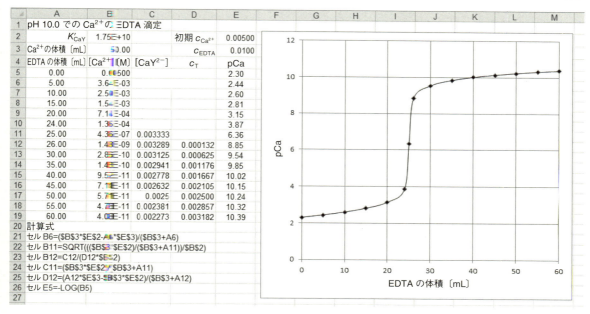

図12・9 0.00500 M Ca²⁺ 50.0 mL を含む pH 10.0 の緩衝液 50.0 mL を 0.0100 M EDTA で滴定する場合のスプレッドシート

(例題 12・5 解答つづき)

$$K'_{\mathrm{CaY}} = \frac{[\mathrm{CaY}^{2-}]}{[\mathrm{Ca}^{2+}]\,c_\mathrm{T}} \approx \frac{c_{\mathrm{CaY}^{2-}}}{[\mathrm{Ca}^{2+}]^2}$$

$$[\mathrm{Ca}^{2+}] = \sqrt{\frac{c_{\mathrm{CaY}^{2-}}}{K'_{\mathrm{CaY}}}}$$

この式に対応する式をセル B11 に入力する.

当量点後の pCa 当量点以降の CaY^{2-} と EDTA の分析モル濃度は,化学量論的に直接得られる.EDTA が過剰なので,例題 12・4 と同様の計算を行う.たとえば EDTA 26.00 mL を加えた後では次のように書ける.

$$c_{\mathrm{CaY}^{2-}} = \frac{(50.0 \times 0.00500)\ \mathrm{mmol}}{(50.0 + 26.0)\ \mathrm{mL}}$$

$$c_{\mathrm{EDTA}} = \frac{(26.0 \times 0.0100)\ \mathrm{mL} - (50.0 \times 0.00500)\ \mathrm{mL}}{76.0\ \mathrm{mL}}$$

近似して,

$$[\mathrm{CaY}^{2-}] = c_{\mathrm{CaY}^{2-}} - [\mathrm{Ca}^{2+}] \approx c_{\mathrm{CaY}^{2-}}$$
$$\approx \frac{(50.0 \times 0.00500)\ \mathrm{mmol}}{(50.0 + 26.0)\ \mathrm{mL}}$$

この式は前にセル C11 に入力したものと同じであることに気づくだろう.そこで式をセル C12 にコピーする.さらに以降の滴定では(体積を変えることにより)この同じ式で $[\mathrm{CaY}^{2-}]$ が与えられることがわかる.よってセル C12 の式をセル C13〜C19 にコピーする.また,次のように近似する.

$$c_\mathrm{T} = c_{\mathrm{EDTA}} + [\mathrm{Ca}^{2+}]$$
$$\approx c_{\mathrm{EDTA}}$$
$$= \frac{(26.0 \times 0.0100)\ \mathrm{mL} - (50.0 \times 0.00500)\ \mathrm{mL}}{76.0\ \mathrm{mL}}$$

この式をセル D12 に入力し,セル D13〜D19 にコピーする.

$[\mathrm{Ca}^{2+}]$ を計算するため,この c_T の近似を条件つき生成定数式に代入し,以下を得る.

$$K'_{\mathrm{CaY}} = \frac{[\mathrm{CaY}^{2-}]}{[\mathrm{Ca}^{2+}]\,c_\mathrm{T}} \approx \frac{c_{\mathrm{CaY}^{2-}}}{[\mathrm{Ca}^{2+}]\,c_{\mathrm{EDTA}}}$$

$$[\mathrm{Ca}^{2+}] = \frac{c_{\mathrm{CaY}^{2-}}}{c_{\mathrm{EDTA}}\,K'_{\mathrm{CaY}}}$$

したがって,セル B12 の $[\mathrm{Ca}^{2+}]$ はセル C12 と D12 から計算される.この式をセル B13〜B19 にコピーし,図 12・9 に示した滴定曲線をプロットする.

図 12・10 の曲線 A は例題 12・5 のカルシウム溶液の滴定データを図示したものである.曲線 B は同一条件下でのマグネシウムイオン溶液の滴定曲線である.マグネシウム-EDTA 錯体の生成定数はカルシウム-EDTA 錯体より小さく,当量点領域の pM ($-\log[\mathrm{M}]$) の変化も小さい.

図 12・11 にさまざまな pH 緩衝液に含まれる Ca^{2+} の滴定曲線を示す.α_4 は(したがって K'_{CaY} は)pH が低くなるほど小さくなることを考えると,条件つき生成定数が小

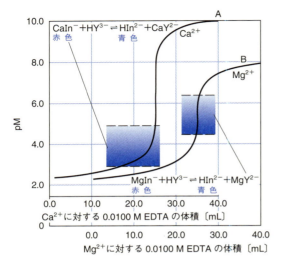

図 12・10　pH 10.0 の 0.00500 M Ca^{2+} ($K'_{CaY}=1.75\times10^{10}$) と 0.00500 M Mg^{2+} ($K'_{MgY}=1.72\times10^8$) 各 50.00 mL の EDTA 滴定曲線. Ca^{2+} の方が生成定数が大きいため EDTA との反応が完全であり, 当量点領域の変化も大きくなることに注意する. 網かけ部分は指示薬エリオクロムブラック T の変色域を表す.

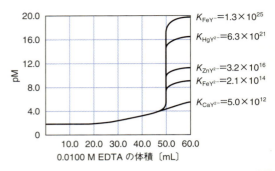

図 12・12　pH 6.0 における各種陽イオンの 0.0100 M 溶液 50.00 mL の滴定曲線

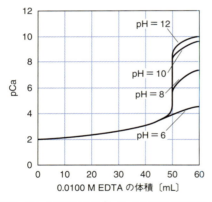

図 12・11　0.0100 M Ca^{2+} を 0.0100 M EDTA で滴定するときの pH の影響. pH が低下すると錯形成反応が不完全になるため, こうした場合は終点の鋭敏さも低下することに注意する.

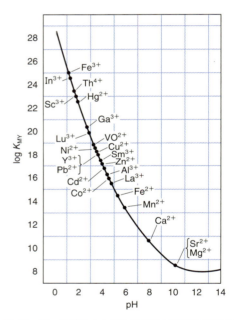

図 12・13　各種陽イオンを EDTA で良好に滴定するために必要な最低の pH [C.N. Reilley, R.W. Schmid, *Anal. Chem.*, **30**, 947 (1958), DOI: 10.1021/ac60137a022. ©1958 American Chemical Society]

さくなれば当量点領域の pCa 変化も小さくなる. Ca^{2+} の滴定でよい終点を得るにはおよそ 8.0 以上の pH が必要であることが図 12・11 からわかる. しかし図 12・12 に示すように, 生成定数の大きな陽イオンは酸性溶媒であっても鋭敏な終点を認める. 0.01 M 金属イオン溶液で良好な終点が得られる条件つき生成定数を最低でも 10^6 と仮定すると, 必要な pH の下限を計算できる. 図 12・13 に, 競合する錯形成試薬がないときに各種金属イオンの滴定において良好な終点が得られる最低 pH を示す. 多くの二価

重金属陽イオンは中程度の酸性環境が適しており, Fe^{3+} や In^{3+} などは強酸性の溶媒でも滴定できることに注目しよう.

12・4・5　EDTA 滴定曲線に対するその他の錯形成試薬の影響

EDTA で首尾よく滴定できる程度に pH を上げると, 多くの陽イオンは水和酸化物の沈殿（水酸化物, 酸化物, およびその混合物）を生成してしまう. この問題に直面した

ときは，陽イオンを溶液中に保持するための**補助錯化剤**（auxiliary complexing agent）が必要となる．たとえば Zn^{2+} は通常アンモニアと塩化アンモニウムを高濃度含む溶媒中で滴定する．これら化学種の緩衝作用で，溶液は陽イオンと滴定試薬の反応が完全に進行する pH に保たれる．さらにアンモニアは Zn^{2+} とアンミン錯体を形成し，特に滴定の初期段階で難溶性の水酸化亜鉛が生成するのを防ぐ．わかりやすくこの反応を表すと以下のようになる．

$$[Zn(NH_3)_4]^{2+} + HY^{3-} \rightarrow ZnY^{2-} + 3NH_3 + NH_4^+$$

1) 溶液には $[Zn(NH_3)_3]^{2+}$，$[Zn(NH_3)_2]^{2+}$，$[Zn(NH_3)]^{2+}$ など他の亜鉛-アンモニア化学種も含まれる．アンモニアを含む溶液の pZn の計算にはこれらの化学種も考慮しなければならない．EDTA 滴定曲線における当量点前の pM 値は，補助錯化剤を入れない場合よりも入れたときの方が大きくなる．

図 12・14 に pH 9.0 での Zn^{2+} の EDTA 滴定における 2 種類の理論曲線を示す．アンモニアの平衡モル濃度は一方が 0.100 M，もう一方が 0.0100 M である．アンモニア濃度が高いほど当量点領域の pZn の変化が小さくなることに注意する．このため，補助錯化剤の濃度は常に分析対象の沈殿を防ぐのに必要な最小限に保つべきである．補助錯化剤は当量点後の pZn には影響しない．一方で，α_4 は（すなわち pH も）当量点後の滴定曲線を定義するのに重要な役割を果たす（図 12・11 参照）．

12・4・6 EDTA 滴定の指示薬

金属イオンの EDTA 滴定用指示薬として 200 種類近くの有機化合物が調べられている[3]．一般的にこれらの指示薬は有機色素であり，個々の金属イオンと色素に特有の pM 範囲内で呈色するキレートを形成する．これらはたいてい強く発色するので，10^{-6}〜10^{-7} M の濃度で視覚的に検出できる．

エリオクロムブラック T は一般的な陽イオンの滴定に使われる代表的な**金属指示薬**（metal indicator）である．エリオクロムブラック T の構造式を図 12・15 に示す．弱酸としての振舞いは以下の式で表される．

$$H_2O + H_2In^- \rightleftharpoons HIn^{2-} + H_3O^+ \quad K_1 = 5 \times 10^{-7}$$
（赤色）（青色）

$$H_2O + HIn^{2-} \rightleftharpoons In^{3-} + H_3O^+ \quad K_2 = 2.8 \times 10^{-12}$$
（青色）（橙色）

酸とその共役塩基は色が異なることに注目してほしい．このためエリオクロムブラック T は金属指示薬としてだけでなく酸塩基指示薬としても作用する．

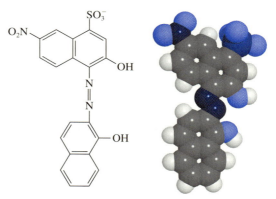

図 12・15　エリオクロムブラック T の構造式と分子モデル．この化合物は水中でプロトンが完全解離するスルホン基 1 個と，一部のみ解離するヒドロキシ基 2 個をもつ．

エリオクロムブラック T の金属錯体は，通常 H_2In^- と同様の赤色を呈する．したがって金属イオンの検出には，遊離金属イオンがなくなったとき青色の化学種 HIn^{2-} が支配的になるように pH を 7 以上に調整する必要がある．滴定開始から当量点までは指示薬と過剰な金属イオンが錯形成するので，溶液は赤色である．EDTA がわずかでも過剰になると，次の反応によって溶液は青色に変化

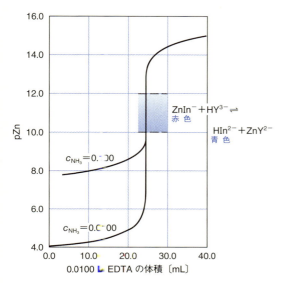

図 12・14　0.00500 M Zn^{2+} 50.00 mL の滴定の終点に対するアンモニア濃度の影響．溶液は pH 9.00 の緩衝液とした．網かけした部分はエリオクロムブラック T の変色域を示す．アンモニアは当量点領域の pZn の変化を小さくすることに注意する．

---

1) EDTA 滴定では分析対象が水和酸化物として沈殿するのを防ぐため，しばしば補助錯化剤を用いなければならない．しかし補助錯化剤は不明瞭な終点をもたらす原因にもなる．

2) 用語　**金属指示薬**とは，金属イオンをキレート試薬により滴定するときに，終点を検出するために用いる指示薬のこと．

3) 最もよく用いられる指示薬については，以下を参照．J.A. Dean, "Analytical Chemistry Handbook", p. 3.95, McGraw-Hill, New York (1995).

する．

$$MIn^- + HY^{3-} \rightleftharpoons HIn^{2-} + MY^{2-}$$
赤色 青色

エリオクロムブラックTは20数種類以上の金属イオンと赤色の錯体を形成するが，終点検出に適した生成定数をもつ金属イオンは数種しかない．ある指示薬がEDTA滴定に適しているかどうかは，金属-指示薬錯体の生成定数がわかれば[4]当量点領域のpM変化によって判断できる．

図12·10のMg^{2+}とCa^{2+}の滴定曲線にエリオクロムブラックTの変色域が示されている．曲線から明らかに，エリオクロムブラックTはMg^{2+}の滴定に適しているが，Ca^{2+}には不適切であるとわかる．注意してほしいのはCaIn$^-$の生成定数がMgIn$^-$の約1/40にすぎないことである．生成定数が小さいということは，当量点前にCaIn$^-$からHIn^{2-}への大きな変換が起こることを意味する．同様の計算から，エリオクロムブラックTは亜鉛のEDTA滴定にも非常に適している（図12·14参照）．

エリオクロムブラックTの欠点は，溶液を静置しておくだけでゆっくり分解することである．カルマガイト（図12·16）溶液は実質上エリオクロムブラックTと同一の挙動を示す金属指示薬でありながら，この欠点を大きく改善している．EDTA滴定にはその他多くの金属指示薬が開発されている[5]．そのなかにはエリオクロムブラックTとは対照的に強酸性の溶媒で使用できるものもある．

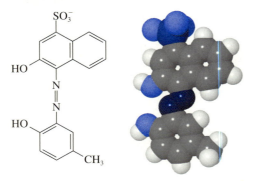

図12·16 カルマガイトの構造式と分子モデル．エリオクロムブラックT（図12·15）との類似点に注意．

12·4·7 EDTAを用いる滴定法

a. 直接滴定 金属イオンの多くはEDTA標準液による滴定で定量できる．分析対象そのものに反応する指示薬に基づく方法と，加えた金属イオンに基づく方法がある．

i) **分析対象と反応する指示薬に基づく方法**：金属指示薬を用いてEDTAの直接滴定で定量できる金属イオンは，文献3)に40種類近くあげられている[6]．しかし妥当な変色域をもつ指示薬が使えないときや，金属イオンとEDTAの反応が遅い滴定には非実用的である場合は，分析対象の金属イオンと直接反応する指示薬は使用できない．

ii) **添加した金属イオンと指示薬との反応に基づく方法**：分析対象の金属イオンに直接反応する適切な指示薬がない場合，指示薬と反応する金属イオンを少量加えることがある．添加する金属イオンは，分析対象の形成する錯体より安定性の低い錯体を形成するものでなければならない．たとえばCa^{2+}に対する指示薬は一般に，前述のMg^{2+}に対する指示薬ほど良好でない．そのため，カルシウムの定量に用いるEDTA溶液に少量の塩化マグネシウムを加えることがよくある．この場合はエリオクロムブラックTが指示薬に用いられる．滴定の初期段階ではMg-EDTA錯体中のMg^{2+}がCa^{2+}に置き換わり，遊離してエリオクロムブラックTに結合するので，溶液は赤色になる．しかしCa^{2+}がすべてEDTAと錯形成すると，遊離Mg^{2+}は終点が観察されるまでEDTAと再び錯形成する．この手順では，EDTA溶液を一次標準CaCO$_3$によって標定する必要がある．

iii) **電位差測定法**：特異的なイオン電極がある金属イオンに対しては，EDTA滴定の終点検出に電位差測定が活用できる．金属指示電極については§15·4·1で述べる．

iv) **分光学的方法**：紫外・可視吸光測定も滴定の終点検出に用いられる（§17·1·3参照）．この場合，目視に頼って終点を検出するのではなく，分光光度計が滴定中の色の変化を感知する．

b. 逆滴定 安定なEDTA錯体を形成する陽イオンの定量や，適切な指示薬が利用できない場合には逆滴定が役に立つ．この方法はEDTAとの反応が遅いCr^{3+}やCo^{3+}などの陽イオンに対しても有用である．まず，一定過剰量のEDTA標準液を分析対象を含む溶液に加える．反応が完了したと判断したら，過剰なEDTAをマグネシウムイオンまたは亜鉛イオンの標準液でエリオクロムブラックTまたはカルマガイトを用いて終点まで逆滴定する[7]．この手順を首尾よく行うには，マグネシウムイオンまたは亜鉛イオンの形成するEDTA錯体が分析対象のEDTA錯体よりも安定性が低いことが必要である．

逆滴定は，滴定を行う溶液条件で分析対象と沈殿を生成するような陰イオンを含む試料を分析するのにも役立つ．過剰量のEDTAによって分析対象が錯形成し，沈殿生成を妨げることができる．

c. 置換滴定 置換滴定では分析対象溶液にマグネシウムまたは亜鉛のEDTA錯体溶液を量不定で過剰に加える．分析対象がマグネシウムや亜鉛より安定な錯体をつ

---

1) 適切な指示薬が利用できないとき，分析対象とEDTAの反応が遅いとき，滴定に必要なpHでは分析対象が沈殿を生成してしまうときなどの場合には逆滴定が用いられる．
4) C.N. Reilley, R.W. Schmid, *Anal. Chem.*, **31**, 887 (1959), DOI: 10.1021/ac60137a022.
5) 例として，文献3) の p. 3.94-3.96 参照．
6) 文献3) の p. 3.104-3.109 参照．
7) 逆滴定法については，C. Macca, M. Fiorana, *J. Chem. Educ.*, **63**, 121 (1986), DOI: 10.1021/ed063p121 を参照．

コラム 12・4　マスキング剤および脱マスキング剤を用いた EDTA 滴定の選択性の向上

単一試料中の鉛，マグネシウム，亜鉛は EDTA 標準液を用いて 2 回，Mg^{2+} 標準液を用いて 1 回滴定を行うことで定量できる．最初に試料を過剰量の NaCN で処理し，Zn^{2+} をマスキングして EDTA との反応を防ぐ．

$$Zn^{2+} + 4CN^- \rightleftharpoons [Zn(CN)_4]^{2-}$$

次に Pb^{2+} と Mg^{2-} を EDTA 標準液で滴定する．当量点に達した後，この溶液に錯形成試薬 BAL (2,3-ジメルカプト-1-プロパノール $CH_2SHCHSHCH_2OH$) 溶液（以下 $R(SH)_2$ と書く）を加える．この二座配位子は選択的に Pb^{2+} と反応し，PbY^{2-} よりはるかに安定な錯体を形成する．

$$PbY^{2-} + 2R(SH)_2 \rightarrow [Pb^{2+}(RS_2^{2-})_2]^{2-} + 4H^+ + Y^{4-}$$

つづいて遊離した Y^{4-} を，Mg^{2+} 標準液を用いて滴定する．最後にホルムアルデヒドを加えて亜鉛を脱マスキングする．

$$[Zn(CN)_4]^{2-} + 4HCHO + 4H_2O \rightarrow Zn^{2+} + 4HOCH_2CN + 4OH^-$$

その後，遊離した Zn^{2+} を EDTA 標準液で滴定する．

最初の Mg^{2+} と Pb^{2+} の滴定に，0.02064 M EDTA 42.22 mL を要したと仮定する．BAL によって遊離した Y^{4-} は 0.007657 M Mg^{2+} 19.35 mL を消費した．ホルムアルデヒドの添加後，遊離した Zn^{2-} を EDTA 溶液 28.63 mL で滴定した．使われた試料を 0.4085 g として，3 種類の元素の割合を計算する．

$$(Pb^{2+} + Mg^{2+}) \text{の物質量(mmol)} = 42.22 \times 0.02064 = 0.87142$$

2 回目の滴定で Pb^{2+} の量がわかる．そこで，

$$Pb^{2+} \text{の物質量(mmol)} = 19.35 \times 0.007657 = 0.14816$$

$$Mg^{2+} \text{の物質量(mmol)} = 0.87142 - 0.14816 = 0.72326$$

最終的に，3 回目の滴定から，

$$Zn^{2+} \text{の物質量(mmol)} = 28.63 \times 0.02064 = 0.59092$$

割合を求める式は次のように書ける．

$$\frac{0.14816 \text{ mmol Pb} \times 0.2072 \text{ g Pb/mmol Pb}}{0.4085 \text{ g 試料}} \times 100\%$$
$$= 7.515\% \text{ Pb}$$

$$\frac{0.72326 \text{ mmol Mg} \times 0.024305 \text{ g Mg/mmol Mg}}{0.4085 \text{ g 試料}} \times 100\%$$
$$= 4.303\% \text{ Mg}$$

$$\frac{0.59095 \text{ mmol Zn} \times 0.06538 \text{ g Zn/mmol Zn}}{0.4085 \text{ g 試料}} \times 100\%$$
$$= 9.459\% \text{ Zn}$$

くる場合，以下の置換反応が生じる．

$$MgY^{2-} + M^{2+} \rightarrow MY^{2-} + Mg^{2+}$$

M^{2+} は分析対象の陽イオンを表す．その後，遊離 Mg^{2+}（場合によっては Zn^{2+}）を EDTA 標準液で滴定する．

12・4・8　EDTA 滴定の適用範囲

EDTA による滴定は，アルカリ金属イオンを除き事実上すべての金属陽イオンの定量に用いられている．EDTA はたいていの陽イオンと錯形成するので，この試薬は一見すると選択性がまったくないように思われるかもしれない．しかし実際には，pH の調節によって干渉を大幅に抑制することができる．たとえば三価陽イオンは通常 pH を約 1 に保つことにより，二価陽イオン種に干渉されることなく滴定できる（図 12・13 参照）．この pH では二価陽イオンとのキレートは不安定なのでそれほど多くの量が生成しないが，三価陽イオンは定量的に錯形成する．

同様にカドミウム，亜鉛など，マグネシウムより安定な EDTA 錯体を形成するイオンは，混合物を pH 7 の緩衝液にしてから滴定すれば，マグネシウムが共存しても定量できる．エリオクロムブラック T はこの pH ではマグネシウムとキレートを形成しないので，マグネシウムに干渉されずにカドミウムや亜鉛の終点を判別する指示薬として役立つ．

最後に，特定の陽イオンによる干渉は，適切な**マスキング剤**（masking agent）を加えると取除けることがある．これは干渉しそうなイオンと非常に安定な錯体を優先的に形成する補助配位子である[8]．たとえばシアン化物イオンはカドミウム，コバルト，銅，ニッケル，亜鉛，パラジウムなどのイオン共存下でマグネシウムイオンやカルシウムイオンを滴定したいときのマスキング剤としてよく使われる．これらのイオンはすべて非常に安定なシアニド錯体を形成するので，EDTA とは反応しない．マスキング剤および脱マスキング剤を用いて EDTA 反応の選択性を高める仕組みをコラム 12・4 で説明する．

---

1) 用語 **マスキング剤**は溶液中のある成分と選択的に反応し，その成分が測定を干渉することを防ぐ錯形成試薬．

8) 詳しくは，D.D. Perrin, "Masking and Demasking of Chemical Reactions", Wiley-Interscience, New York (1970). J.A. Dean, "Analytical Chemistry Handbook", p. 3.92-3.111, McGraw-Hill, New York (1995) を参照．

12・4・9 水の硬度測定

[1] 歴史的に，水の"硬度"は，せっけん中のナトリウムイオンまたはカリウムイオンと置換し，シンクまたはバスタブに"スカム（浮きかす）"とよばれる難溶性物質を生じる水中の陽イオン量として定義されてきた．ほとんどの多価陽イオンは，この望ましくない特性をもっているが，天然水では，カルシウムイオンおよびマグネシウムイオンの濃度が，一般に他の金属イオンの濃度をはるかに上回る．結果的に，硬度は，試料中のすべての多価陽イオンの総濃度にほぼ等しい炭酸カルシウムの濃度として表される．硬度の測定は，家庭用および工業用の水質の尺度を決める有用な分析試験である．硬水が加熱されると炭酸カルシウムが沈殿してボイラーやパイプを詰まらせる原因となるため，この試験は工業的に重要である．

水の硬度は，通常，試料をpH 10の緩衝液とした後のEDTA滴定によって決定される．マグネシウムイオンは，水試料中に含まれる一般的な多価陽イオンのうち最も安定性の低いEDTA錯体を形成する．そのため，十分な量のEDTA試薬が添加されて試料中の他の陽イオンがすべて錯体になった後に，マグネシウムイオンは滴定される．したがって，カルマガイトまたはエリオクロムブラックTのようなマグネシウムイオン指示薬は，水硬度滴定の指示薬として役立つ．しばしば，マグネシウム–EDTA錯体の少量が緩衝液または滴定試薬中に取込まれるため，指示薬の変化は十分なマグネシウムイオンの存在を示唆する．コラム12・5に家庭用水の硬度を測定するためのキットの例を示す．

コラム12・5　水の硬度測定キット

家庭用水の硬度を測定する検査キットは軟水器や配管設備の販売店で入手できる．キットは普通，既知容量の水が入る標線つきの管，固体緩衝剤混合物の分包，指示薬溶液，医用滴瓶に入ったEDTA標準液からなる．標準試薬を滴下し，色が変化するのに要する滴数を数える．EDTA溶液は通常，1滴が水約3.8 L当たり炭酸カルシウム約0.065 gに相当する濃度になるよう調製されている．家庭用軟水器はイオン交換処理で硬度を和らげる仕組みになっている．

---

[1] 硬水は，カルシウム，マグネシウム，および重金属イオンを含み，せっけん（しかし洗剤ではない）と沈殿物を形成する．

章末問題

12・1 次の用語を定義せよ．
 (a) 配位子　　　　　　(b) キレート
 (c) 四座キレート試薬　(d) 吸着指示薬
 (e) 銀滴定　　　　　　(f) 条件つき生成定数
 (g) EDTAによる置換滴定　(h) 水の硬度

12・2 キレート滴定には単座配位子より多座配位子の方が望ましいのはなぜか．

12・3 EDTA滴定の一般的な3種類の方法について述べよ．それぞれの利点は何か．

12・4 以下の物質の逐次生成における化学反応式と平衡定数式を書け．
 (a) $[Ag(S_2O_3)_2]^{3-}$
 (b) $[Ni(CN)_4]^{2-}$
 (c) $[Cd(SCN)_3]^-$

12・5 逐次生成定数と全生成定数はどのような関係か説明せよ．

12・6 以下の錯イオンの化学式を書け．
 (a) ヘキサアンミン亜鉛(II)
 (b) ジクロリド銀酸
 (c) ジスルファト銅(II)酸
 (d) トリオキサラト鉄(III)酸
 (e) ヘキサシアニド鉄(II)酸

12・7 塩化物イオンの滴定において，フォルハルト法よりファヤンス法が優れているのはどんな点か．

12・8 次のイオンをフォルハルト法で定量するとき，過剰の銀イオンを逆滴定する前に，難溶性の生成物を沪過して除去しなければならない理由を簡単に説明せよ．
 (a) 塩化物イオン
 (b) シアン化物イオン
 (c) 炭酸イオン

12・9 滴定の当量点で沈殿粒子の表面電荷の符号が変わるのはなぜか．

12・10 銀滴定によるK^+の定量法の要点を述べよ．化学反応の物質収支の式を書け．

12・11 以下の弱酸配位子の最大のα値を，酸解離定数と$[H^+]$を用いて記せ．
 (a) 酢酸 (α_1)
 (b) 酒石酸 (α_2)
 (c) リン酸 (α_3)

12・12 問題12・11のそれぞれの配位子とFe^{3+}の1:1錯体の条件つき生成定数を書け．これらの定数をα値と生成定数で表せ．また(12・16)式のように濃度で表せ．

12・13 $[Fe(ox)_3]^{3-}$の条件つき全生成定数をシュウ酸のα_2と錯体のβ値を用いて書け．また条件つき生成定数を(12・16)式のように濃度で表せ．

12・14 In^{3+}, Zn^{2+}, Mg^{2+}を含む溶液の個々の成分を定量するキレート滴定法を提案せよ．

章　末　問　題

12・15 全錯形成反応 $M+nL \rightleftharpoons ML_n$ の全生成定数 β_n が与えられたとき、以下の関係式が成り立つことを証明せよ．

$$\log \beta_n = pM + npL - pML_n$$

12・16 水の硬度を滴定で測定するとき、少量の MgY^{2-} を試料に加えるのはなぜか．

12・17 精製・乾燥した $Na_2H_2Y \cdot 2H_2O$ 3.426 g を適量の水に溶かし、1.000 L にした EDTA 溶液を調製した．溶質に過剰な水分が 0.3% 含まれるときのモル濃度を計算せよ（§12・4・1参照）．

12・18 $Na_2H_2Y \cdot 2H_2O$ 約 3.0 g を約 1 L の水に溶かした溶液を調製し、0.004423 M Mg^{2+} 50.00 mL で標定した．滴定には平均 30.27 mL を要した．EDTA のモル濃度を計算せよ．

12・19 $CoSO_4$ (155.0 g/mol) を 1 mL 当たり 1.569 mg 含む溶液がある．次の値を求めよ．
(a) この溶液 25.00 mL を滴定するのに要する 0.007840 M EDTA の体積
(b) この溶液 25.00 mL に 0.007840 M EDTA 50.00 mL を加えた後、過剰な試薬を滴定するのに要する 0.009275 M Zn^{2+} の体積
(c) $CoSO_4$ 溶液 25.00 mL に過剰量の ZnY^{2-} を加えた結果、Co^{2+} が置換した Zn^{2+} を滴定するのに要する 0.007840 M EDTA の体積

$$Co^{2+} + ZnY^{2-} \rightarrow CoY^{2-} + Zn^{2+}$$

12・20 次の溶液を滴定するのに要する 0.0500 M EDTA の体積を計算せよ．
(a) 0.0598 M $Mg(NO_3)_2$ 29.13 mL
(b) $CaCO_3$ 0.1598 g 中の Ca
(c) 81.4% ブラッシュ石 $CaHPO_4 \cdot 2H_2O$ (172.09 g/mol) からなる鉱物試料 0.4861 g 中の Ca
(d) 鉱物の水菱苦土石 $3MgCO_3 \cdot Mg(OH)_2 \cdot 3H_2O$ (365.3 g/mol) 試料 0.1795 g 中の Mg
(e) 92.5% 苦灰石（ドロマイト）$CaCO_3 \cdot MgCO_3$ (184.4 g/mol) 試料 0.1612 g 中の Ca と Mg

12・21 足用パウダー 0.7457 g 中の Zn を滴定するのに 0.01639 M EDTA を 22.57 mL 要した．この試料中の Zn の割合 (%) を計算せよ．

12・22 3.00×4.00 cm の表面にメッキされた Cr を HCl に溶かした．適切な pH に調製し、0.01768 M EDTA 15.00 mL を加えた．過剰な試薬の逆滴定に 0.008120 M Cu^{2+} を 4.30 mL 要した．表面 1 cm² 当たりの Cr の平均質量を計算せよ．

12・23 一次標準 $AgNO_3$ を 1.00 L 当たり 14.77 g 含む硝酸銀溶液がある．この溶液が次の物質と反応するのに要する体積はいくらか．
(a) NaCl 0.2631 g　　(b) Na_2CrO_4 0.1799 g
(c) Na_3AsO_4 64.13 mg　(d) $BaCl_2 \cdot 2H_2O$ 381.1 mg
(e) 0.05361 M Na_3PO_4 25.00 mL
(f) 0.01808 M H_2S 50.00 mL

12・24 問題 12・23 にあげた溶質各量と一次標準 $AgNO_3$ 25.00 mL が反応したときの、$AgNO_3$ 溶液の分析モル濃度はそれぞれいくらか．

12・25 次の物質を滴定するときに過剰な銀イオンを生じさせるのに必要な 0.09621 M $AgNO_3$ の最小体積はいくらか．
(a) 不純物を含む NaCl 0.2513 g
(b) 74.52% (w/w) $ZnCl_2$ の試料 0.3462 g
(c) 0.01907 M $AlCl_3$ 25.00 mL

12・26 0.7908 g の試料をファヤンス法で滴定するのに 0.1046 M $AgNO_3$ 45.32 mL を要した．この分析結果を次の物質の割合 (%) で表せ．
(a) Cl^-
(b) $BaCl_2 \cdot 2H_2O$
(c) $ZnCl_2 \cdot 2NH_4Cl$ (243.28 g/mol)

12・27 殺鼠剤 9.57 g に含まれる Tl を三価になるまで酸化し、過剰量の Mg-EDTA 溶液で処理した．反応は次のとおり．

$$Tl^{3+} + MgY^{2-} \rightarrow TlY^- + Mg^{2+}$$

遊離 Mg^{2+} の滴定に 0.03610 M EDTA 12.77 mL を要した．試料中の Tl_2SO_4 (504.8 g/mol) の割合 (%) を計算せよ．

12・28 EDTA の二ナトリウム塩約 4 g を水に溶かしておよそ 1 L にした溶液を調製した．$MgCO_3$ を 1 L 当たり 0.7682 g 含む標準液 50.00 mL を滴定するのに、この EDTA 溶液を平均 42.35 mL 要した．pH 10 で鉱水試料 25.00 mL を滴定するのに EDTA 溶液 18.81 mL を要した．鉱水 50.00 mL を強塩基性にしてマグネシウムを $Mg(OH)_2$ として沈殿させた．カルシウム特異的指示薬を用いた滴定では EDTA 溶液 31.54 mL を要した．以下の値を計算せよ．
(a) EDTA 溶液のモル濃度
(b) 鉱水中の $CaCO_3$ の濃度 (ppm)
(c) 鉱水中の $MgCO_3$ の濃度 (ppm)

12・29 Fe^{2+} と Fe^{3+} を含む溶液 50.00 mL を 0.01500 M EDTA で滴定するのに、pH 2.0 で 10.98 mL、pH 6.0 で 23.70 mL を要した．溶質それぞれの濃度 (ppm) を表せ．

12・30 24 時間分の尿検体を 2.000 L に希釈した．この溶液を pH 10 の緩衝液にした後、10.00 mL を分取し 0.004590 M EDTA で滴定し、23.57 mL を要した．別に分取した 10.00 mL に含まれるカルシウムを CaC_2O_4(s) として単離し、酸に再び溶かして EDTA 10.53 mL で滴定した．1 日当たりの正常なマグネシウム量は 15〜300 mg、カルシウム量を 50〜400 mg と仮定すると、この検体はその範囲にあてはまるか．

12・31 Pb/Cd 合金試料 1.509 g を酸に溶かし、メスフラスコで正確に 250.0 mL に希釈した．希釈液 50.00 mL を NH_4^+/NH_3 緩衝液で pH 10.00 とし、つづいて陽イオン両方を 0.06950 M EDTA で滴定し 28.89 mL を要した．試料を別に 50.00 mL 分取し、HCN/NaCN 緩衝液で pH 10.0 としたうえで Cd^{2+} をマスキングし、Pb^{2+}

を滴定するのに EDTA 11.56 mL を要した．試料中の Pb と Cd の割合（％）を計算せよ．

12・32 Ni/Cu 復水器管の試料 0.6004 g を酸に溶かし，メスフラスコで 100.0 mL に希釈した．この溶液 25.00 mL を分取し，陽イオンを両方とも滴定するのに 0.05285 M EDTA 45.81 mL を要した．次にチオグリコール酸と NH_3 を加えると，前者との Cu 錯体形成により当量の EDTA が遊離したので，これを 0.07238 M Mg^{2+} で滴定したところ 22.85 mL を要した．合金中の Cu と Ni の割合（％）を計算せよ．

12・33 カラミンは亜鉛と酸化鉄の混合物で，皮膚の炎症を鎮める作用がある．乾燥カラミン 1.056 g を酸に溶かし，希釈して 250.0 mL にした．そこから 10.00 mL を分取しフッ化カリウムを加えて鉄をマスキングした．適切な pH に調整後，0.01133 M EDTA で Zn^{2+} を滴定し 38.37 mL を要した．別に 50.00 mL を分取し，適切な緩衝液にして 0.002647 M ZnY^{2-} 溶液で滴定したところ 2.30 mL を要した．

$$Fe^{3+} + ZnY^{2-} \rightarrow FeY^- + Zn^{2+}$$

試料中の ZnO と Fe_2O_3 の割合（％）を計算せよ．

12・34 臭素酸と臭化物を含む試料 3.650 g を水に溶かして 250.0 mL とした．酸性にした後 25.00 mL を分取し，硝酸銀を加えて AgBr を沈殿させた．沈殿物を濾過して洗浄し，テトラシアニドニッケル(II)酸カリウムのアンモニア溶液に再溶解させた．

$$[Ni(CN)_4]^{2-} + 2AgBr(s) \rightarrow 2[Ag(CN)_2]^- + Ni^{2+} + 2Br^-$$

遊離した Ni^{2+} を 0.02089 M EDTA で滴定するのに 26.73 mL を要した．酸性にした試料から別に 10.00 mL を分取し，臭素酸を As^{3+} で臭化物に還元してから硝酸銀を加え，以下同様の手順で遊離したニッケルイオンを EDTA 溶液で滴定し，21.94 mL を要した．試料中の $NaBr$ と $NaBrO_3$ の割合（％）を計算せよ．

12・35 鉱水試料 250.0 mL 中のカリウムイオンをテトラフェニルホウ酸ナトリウムで沈殿させた．

$$K^+ + B(C_6H_5)_4^- \rightarrow KB(C_6H_5)(s)$$

沈殿物を濾過，洗浄し，有機溶媒に再溶解させた．過剰量の Hg^{3+}-EDTA 錯体を加えた．

$$4HgY^{2-} + B(C_6H_5)_4^- + 4H_2O \rightarrow$$
$$H_3BO_3 + 4C_6H_5Hg^+ + 4HY^{3-} + OH^-$$

遊離した EDTA を 0.05581 M Mg^{2+} で滴定し，29.64 mL を要した．カリウムイオン濃度（ppm）を計算せよ．

12・36 クロメルはニッケル，鉄，クロムからなる合金である．試料 0.6553 g を溶かし希釈して 250.0 mL とした．0.05173 M EDTA 50.00 mL と同量の希釈溶液を混合したところ，3 種類のイオンすべてがキレートになり，0.06139 M Cu^{2+} で逆滴定すると 5.34 mL を要した．別に分取した 50.00 mL にヘキサメチレンテトラミンを加えてクロムをマスキングし，鉄とニッケルを 0.05173 M EDTA で滴定したところ 36.98 mL を要した．さらに希釈溶液 50.0 mL を分取し，二リン酸で鉄とクロムをマスキングし，ニッケルを同濃度の EDTA 溶液で滴定したところ 24.53 mL を要した．合金中のニッケル，クロム，鉄の割合（％）を計算せよ．

12・37 真ちゅう（鉛，亜鉛，銅，スズを含む）試料 0.3304 g を硝酸に溶かした．難溶性の $SnO_2 \cdot 4H_2O$ を濾過して取除き，濾液と洗浄液を集めて希釈し 500.0 mL にした．10.00 mL を分取して適切な緩衝液にし，0.002700 M EDTA で鉛，亜鉛，銅を滴定するのに 34.78 mL を要した．25.00 mL を分取してチオ硫酸で銅をマスキングし，EDTA 溶液で鉛と亜鉛を滴定したところ 25.62 mL を要した．100 mL を分取してシアン化物イオンを用いて銅と亜鉛をマスキングし，EDTA 溶液で鉛を滴定するのに 10.00 mL を要した．真ちゅう試料中の組成を決定し，差からスズの割合（％）を求めよ．

12・38 Fe^{2+} の EDTA 錯体の (a) pH 6.0，(b) pH 8.0，(c) pH 10.0 における条件つき生成定数を計算せよ．

12・39 Ba^{2+} の EDTA 錯体の (a) pH 5.0，(b) pH 7.0，(c) pH 9.0，(d) pH 11.0 における条件つき生成定数を計算せよ．

12・40 0.02000 M EDTA を用いた 0.01000 M Sr^{2+} 緩衝液 (pH 11.0) 50.00 mL の滴定曲線を作成せよ．滴定試薬を 0.00, 10.00, 24.00, 24.90, 25.00, 25.10, 26.00, 30.00 mL 加えた後の pSr 値を計算せよ．

12・41 0.03000 M EDTA を用いた 0.0150 M Fe^{2+} 緩衝液 (pH 7.0) 50.00 mL の滴定曲線を作成せよ．滴定試薬を 0.00, 10.00, 24.00, 24.90, 25.00, 25.10, 26.00, 30.00 mL 加えた後の pFe 値を計算せよ．

12・42 硬水試料 50.00 mL 中の Ca^{2+} と Mg^{2+} を 0.01205 M EDTA で滴定したところ 23.65 mL を要した．別に 50.00 mL を分取し，NaOH で強塩基性にして Mg^{2+} を $Mg(OH)_2$(s) として沈殿させた．上澄み液を EDTA 溶液 14.53 mL で滴定した．以下の値を計算せよ．

(a) ppm $CaCO_3$ で表した水試料の全硬度
(b) ppm で表した試料中の $CaCO_3$ 濃度
(c) ppm で表した試料中の $MgCO_3$ 濃度

12・43 発展問題 硫化亜鉛 ZnS は多くの場合難溶性である．Zn^{2+} はアンモニアと $[Zn(NH_3)]^{2+}$，$[Zn(NH_3)_2]^{2+}$，$[Zn(NH_3)_3]^{2+}$，$[Zn(NH_3)_4]^{2+}$ の 4 種類の錯体を形成する．アンモニアはもちろん塩基であり，S^{2-} は弱二塩基酸の陰イオンである．次の条件下での硫化亜鉛のモル溶解度（M）を求めよ．

(a) pH 7.0 の水
(b) 0.100 M NH_3 を含む溶液
(c) pH 9.00 の NH_3/NH_4^+ 緩衝液．NH_3/NH_4^+ の全濃度は 0.100 M
(d) 0.100 M EDTA を含む (c) の緩衝液

第III部
電気化学的方法

13 電気化学の基礎

ここからは酸化還元反応に基づくいくつかの分析方法に目を向けることにしよう．これらの分析法には，酸化還元滴定，電位差測定，電量測定，電解重量分析，ボルタンメトリーなどがある．本章では，こうした方法の原理を理解するうえで欠かせない電気化学の基礎を紹介する．

13・1 酸化還元反応の特性

[1)] **酸化還元反応**（oxidation-reduction reaction）では，ある物質から別の物質へ電子が移動する．一例として，Ce^{4+} による Fe^{2+} の酸化をあげる．反応式で表すと，

$$Ce^{4+} + Fe^{2+} \rightleftharpoons Ce^{3+} + Fe^{3+} \quad (13\cdot1)$$

この反応では Fe^{2+} から Ce^{4+} へ電子1個が移動し，Ce^{3+} と Fe^{3+} になる．Ce^{4+} のように電子に強い親和性をもち，[2)] 他の物質から電子を奪いやすい物質を**酸化剤**（oxidizing agent），あるいは**酸化体**（oxidant）とよぶ．Fe^{2+} のように他の物質に電子を供与する物質は**還元剤**（reducing agent），あるいは**還元体**（reductant）とよばれる．(13・1) 式の化学的な振舞いを説明する場合，Fe^{2+} は Ce^{4+} で酸化される，あるいは Ce^{4+} は Fe^{2+} で還元されるという．

酸化還元反応はどれも，電子を得る物質と電子を失う物質の反応を表す二つの半反応に分割できる．たとえば，(13・1) 式は次の二つの半反応の和である．

[3)] $Ce^{4+} + e^- \rightleftharpoons Ce^{3+}$ （Ce^{4+} の還元）
$Fe^{2+} \rightleftharpoons Fe^{3+} + e^-$ （Fe^{2+} の酸化）

二つの半反応を釣り合わせる方法（コラム 13・1 参照）は他の種類の化学反応の場合と同じである．すなわち，総電荷はもちろん，各元素の原子の数も式の両辺で等しくなければならない．たとえば MnO_4^- による Fe^{2+} の酸化に関する半反応は次式になる．

$$MnO_4^- + 5e^- + 8H^+ \rightleftharpoons Mn^{2+} + 4H_2O$$
$$5Fe^{2+} \rightleftharpoons 5Fe^{3+} + 5e^-$$

一つ目の半反応では，左辺の総電荷は $(-1-5+8)=+2$ であり，右辺の電荷に等しい．また，二つ目の半反応には，Fe^{2+} の失う電子数が MnO_4^- の得る電子数と等しくなるよう，5 を掛けていることに注意したい．二つの半反応を足し合わせると，反応全体の正味のイオン反応式は次のように書ける．

$$MnO_4^- + 5Fe^{2+} + 8H^+ \rightleftharpoons Mn^{2+} + 5Fe^{3+} + 4H_2O$$

13・1・1 酸化還元反応と酸塩基反応の比較

酸化還元反応は，酸塩基反応におけるブレンステッド-ローリーの概念（§2・4・2 参照）に類似した反応としてみることができる．どちらも，1 個以上の荷電粒子（酸化還元の場合は電子，中和の場合はプロトン）が供与体から受容体へ移動する．酸はプロトンを供与すると，プロトンを受容できる共役塩基になる．同様に，還元剤は電子を供与すると，今度は電子を受容できる酸化剤になる．（この生成物は，いわば共役酸化剤であるが，用語としてはほとんど用いられない．）この考えをふまえ，酸化還元反応の一般式は，

$$A_{red} + B_{ox} \rightleftharpoons A_{ox} + B_{red} \quad (13\cdot2) \quad \text{[4)]}$$

と書ける．この式では化学種 B の酸化型である B_{ox} は A_{red} から電子を受取り，新しい還元剤 B_{red} となる．同時に還元剤 A_{red} は電子を放出して酸化剤 A_{ox} となる．(13・2) 式の平衡が右側に偏っているとき，B_{ox} は A_{ox} よりよい電子受容体（強い酸化剤）であるという．同様に，A_{red} は B_{red} より効果的な電子供与体（よい還元剤）である．

---

1) **用語** 酸化還元反応は，reduction と oxidation の造語のレドックス反応（redox reaction）とよばれることもある．
2) **用語** 還元剤は電子供与体，酸化剤は電子受容体である．
3) 電子を失う半反応式や，電子を受取る半反応式を個々に書くことはできるが，実験で片方だけを観察することはできない．電子を失う（あるいは電子を受取る）第二の半反応が必ず存在するためである．言い換えれば，半反応とは理論上の概念である．
4) ブレンステッド-ローリーの概念では，酸塩基反応を次式で表すことを思い出そう．
$$\text{酸}_1 + \text{塩基}_2 \rightleftharpoons \text{塩基}_1 + \text{酸}_2$$

コラム 13・1　酸化還元式の釣り合わせ方

本章に含まれるすべての概念を理解するうえで，酸化還元反応の両辺を釣り合わせる方法を知ることは重要である．どのような手順で行うのか簡単に説明しよう．例題として，以下の式に必要に応じて H^+ や OH^-，H_2O を加えて釣り合いをとり，式を完成させる．

$$MnO_4^- + NO_2^- \rightleftharpoons Mn^{2+} + NO_3^-$$

まず二つの半反応を記し，釣り合いをとる．MnO_4^- については次のように書く．

$$MnO_4^- \rightleftharpoons Mn^{2+}$$

式の左辺にある4個の酸素原子と数を合わせるため，右辺に $4H_2O$ を加える．その水素原子の数に合わせて，左辺に $8H^+$ を加えなければならない．

$$MnO_4^- + 8H^+ \rightleftharpoons Mn^{2+} + 4H_2O$$

電荷を釣り合わせるため，式の左辺に5個の電子を加える必要がある．したがって，

$$MnO_4^- + 8H^+ + 5e^- \rightleftharpoons Mn^{2+} + 4H_2O$$

もう一つの半反応は，

$$NO_2^- \rightleftharpoons NO_3^-$$

右辺に合わせて酸素が1個必要なので，式の左辺に H_2O を1個加える．そして水素の釣り合いをとるため，右辺に $2H^+$ を加える．

$$NO_2^- + H_2O \rightleftharpoons NO_3^- + 2H^+$$

電荷を釣り合わせるため，右辺に2個の電子を加える．

$$NO_2^- + H_2O \rightleftharpoons NO_3^- + 2H^+ + 2e^-$$

二つの式を組合わせる前に，供与した電子と受容した電子の数が等しくなるよう，一つ目の式に2を，二つ目の式に5を掛ける．その後，二つの半反応を足し合わせると，

$$2MnO_4^- + 16H^+ + 10e^- + 5NO_2^- + 5H_2O \rightleftharpoons$$
$$2Mn^{2+} + 8H_2O + 5NO_3^- + 10H^+ + 10e^-$$

この式を整理して平衡式が求められる．

$$2MnO_4^- + 6H^+ + 5NO_2^- \rightleftharpoons$$
$$2Mn^{2+} + 5NO_3^- + 3H_2O$$

例題 13・1

以下の反応は自発的に，右側へ進行する．

$$2H^+ + Cd(s) \rightleftharpoons H_2(g) + Cd^{2+}$$
$$2Ag^+ + H_2(g) \rightleftharpoons 2Ag(s) + 2H^+$$
$$Cd^{2+} + Zn(s) \rightleftharpoons Cd(s) + Zn^{2+}$$

H^+，Ag^+，Cd^{2+}，Zn^{2+} の電子受容体（あるいは酸化剤）としての強さに関して，どのような推測ができるか．

解答

二つ目の反応から，Ag^+ は H^+ より効果的な電子受容体であることがわかる．一つ目の反応は H^+ が Cd^{2+} より効果的であることを示している．最後に，三つ目の反応は Cd^{2+} が Zn^{2+} より効果的であることを示しているので，酸化力の強さは $Ag^+ > H^+ > Cd^{2+} > Zn^{2+}$ である．

13・1・2　電気化学セルにおける酸化還元反応

多くの酸化還元反応は，物理的にはきわめて異なる二つのいずれかの方法で起こせる．一つは，適切な容器中で酸化剤と還元剤を直に接触させ，反応させる方法である．もう一つは，反応物同士が直に触れない容器内で反応させる．硝酸銀溶液に銅の小片を浸漬する有名な"銀樹"実験は，直接接触の見事な例である（図13・1）．銀イオンは金属銅に移動し，そこで還元される．

$$Ag^+ + e^- \rightleftharpoons Ag(s)$$

同時に銀イオンの反応に見合う分の銅が酸化される．

$$Cu(s) \rightleftharpoons Cu^{2+} + 2e^-$$

銀の半反応を2倍し，反応式を足し合わせて，全過程の正味のイオン反応式を得る．

$$2Ag^+ + Cu(s) \rightleftharpoons 2Ag(s) + Cu^{2+} \quad (13 \cdot 3)$$

酸化剤と還元剤を物理的に仕切った容器にそれぞれ電極を挿入したもの（**電気化学セル** electrochemical cell という，§13・2参照）の内でも，酸化還元反応ならではの電子の移動（すなわち正味の反応そのもの）がしばしば起こる．図13・2(a)に電気化学セルの装置を示す．反応物同士は**塩橋**（salt bridge）によって隔てられているが，セルの

図 13・1　硝酸銀溶液に銅線のコイルを浸してつくった"銀樹"の写真（口絵11にカラー写真あり）

---

1) 塩橋は，電気化学セルを構成する二つの電解質溶液が混ざるのを防ぐため，電気化学では広く用いられる．通常，塩橋の両端には，セルの片方の溶液がもう片方に吸引されるのを防ぐためにガラス性沪過板などの多孔質材料を取りつける．

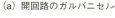
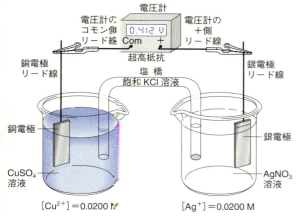
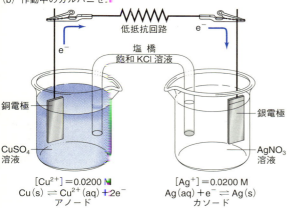
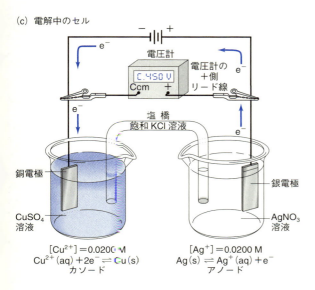

図 13・2　電気化学セルの種類．ガルバニセルについては§13・2参照．

半分 (half cell, **半電池**ともいう) 同士の電気的なつながりは保たれている．図示したように内部抵抗の大きい電圧計を接続したセルや, 電極が外部接続していないセルを**開回路** (open circuit) であるといい, セルの電圧が維持される. すなわち開回路のセル内では正味の反応が起こらないが, セルは仕事を行えるポテンシャルエネルギー, すなわち**電位** (electric potential) をもっている. 電圧計は二つの電極間の電位差, すなわち**電圧** (voltage) を瞬時に測定する. この電圧から平衡に至るセルの反応の向きについて知ることができる.

図 13・2 (b) では, 電子が低抵抗の外部回路を通れるようにセルが接続されている. セルのもつポテンシャルエネルギーは, 今度は電気エネルギーに変換され, ランプの点灯, モーターの駆動, その他電気的仕事を行う. 図 13・2 (b) のセルは, 左側の電極で金属銅が酸化され, 右側の電極で銀イオンが還元される. 電子は外部回路を通って銀電極へと流れる. 反応が進むにつれ, 回路が開いた当初 0.412 V だったセル電位は連続的に低下し, 反応全体が平衡に近づくにつれて 0 に近づく. 平衡状態のセルでは, 正反応 (左から右) と逆反応 (右から左) の起こる速度が同じになり, セルの電圧は 0 になる. 電圧 0 の電池は作動しない. "バッテリー切れ" の懐中電灯やコンピューターを見たことがある人ならわかるだろう.

図 13・2 (b) のセルの電圧が 0 に達すると, Cu^{2+}, Ag^+ の濃度は脚注の (13・4) 式に示す平衡定数式を満たす値をとる. この時点で, さらに正味の電子の流れが生じることはない. 反応全体と平衡の位置は, 反応の行われ方 (溶液中での直接反応であろうと, 電気化学セル内の間接反応であろうと) にまったく影響されないことを認識するのが重要である.

13・2　電気化学セル

酸化還元平衡は, 平衡にあずかる二つの半反応が関わる電気化学セルの電位を測定すれば, 簡便に調べられる. そこで, 電気化学セルのいくつかの特性について考えていこう.

電気化学セルは**電極** (electrode) とよばれる二つの伝導

---

1) $CuSO_4$ 溶液, $AgNO_3$ 溶液が 0.0200 M のとき, 図 13・2 (a) に示したとおりセルの電圧は 0.412 V.
2) (13・3) 式に示した反応の平衡定数式は次のとおり.
$$K_{eq} = \frac{[Cu^{2+}]}{[Ag^+]^2} = 4.1 \times 10^{15} \quad (13・4)$$
この式は, 反応物同士の直接反応にも電気化学セル内の反応にもあてはまる.
3) セル内の二つの半反応は平衡になっても起こり続けるが, 二つの反応速度は等しい.

1) 体をもち，電極はそれぞれ電解質溶液に浸っている．本書で取上げるセルの多くは，二つの電極が異なる溶液に浸っており，反応物同士が直接反応するのを避けるために溶液を分けておく必要がある．溶液の混合を避けるために一番よく使われるのは，図 13・2 のように溶液間を塩橋でつなぐ方法である．塩橋に含まれるカリウムイオンと塩化物イオンがそれぞれ逆方向に移動することによって，電解質溶液間に電気伝導が起こる．しかし，銅イオンと銀イオンが直接接触することは防止できる．

13・2・1 カソードとアノード

2) 電気化学セルの**カソード**（cathode）とは還元が起こる電極であり，**アノード**（anode）は酸化が起こる電極である．
カソードの典型的な反応の例をあげる．

$$Ag^+ + e^- \rightleftharpoons Ag(s)$$
$$Fe^{3+} + e^- \rightleftharpoons Fe^{2+}$$
$$NO_3^- + 10H^+ + 8e^- \rightleftharpoons NH_4^+ + 3H_2O$$

3) 白金などの非反応性物質でできた電極に適切な電位を加えることによって，望みの反応を起こすことができる．三つ目の反応式の NO_3^- の還元から，陰イオンがカソードの表面に移動し，そこで還元されることに注意してほしい．
アノードの典型的な反応を示す．

$$Cu(s) \rightleftharpoons Cu^{2+} + 2e^-$$
$$2Cl^- \rightleftharpoons Cl_2(g) + 2e^-$$
$$Fe^{2+} \rightleftharpoons Fe^{3+} + e^-$$

4) 一つ目の反応には銅アノードが必要であるが，他の二つは不活性な白金電極表面で行える．

13・2・2 電気化学セルの種類

電気化学セルは，ガルバニセルと電解セルに分けられ，セル内の反応は，可逆的な場合と不可逆的な場合とがある．

5) **ガルバニセル**（galvanic cell，ガルバニ電池）は電気エネルギーを蓄える．最初の電池が**ボルタセル**（voltaic cell, ボルタ電池，図 13・3）である．一般にこれら単電池（セル）を直列に接続したものが**バッテリー**（battery，組電池）であり，セル 1 個からつくられる電圧より高い電圧を生じる．セルの両電極では自発的に反応が起こり，外部の導体を経由してアノードからカソードへと電子の流れが生じる．図
6) 13・2 (a) に示すガルバニセルは，電流が流れていない場合，約 0.412 V の電位を示す．このセルの銀電極の電位は銅電極に対して正である．銅電極の電位は銀電極に対して負であり，セルを放電するときには外部回路に流れる電子の発生源となる．図 13・2 (b) も同じガルバニセルだが，銅電極から外部回路を通り銀電極に向かって電子が移動し，放電中である．放電中に銀電極では Ag^+ の還元が起こるので，
7) 銀電極が<u>カソード</u>である．銅電極では Cu (s) の酸化が起こるので，銅電極がアノードである．ガルバニセルは自発的に作用するので，放電中の正味の反応は**自発的セル反応**（spontaneous cell reaction）とよばれる．図 13・2 (b) のセルの自発的セル反応は (13・3) 式で与えられる．すなわち，

$$2Ag^+ + Cu(s) \rightleftharpoons 2Ag(s) + Cu^{2+}$$

電解セル（electrolytic cell）はガルバニセルとは対照的に，作動するのに外部からの電気エネルギーを必要とする．図 13・2 のセルは，図 13・2 (c) に示すとおり，0.412 V より少し高い電位の外部電圧源の＋端子を銀電極に，そして－端子を銅電極につなげば電解セルとして働く．外部電圧源の－端子側には電子が豊富にあり，端子から銅電極へ電子が流れ込んで Cu^{2+} から $Cu(s)$ への還元が起こる．右側の電極では $Ag(s)$ が Ag^+ に酸化され，電子が発生して＋端子から電圧源に流れ込むので，電流が流れ続ける．

図 13・3　イタリア人物理学者ボルタ（Alessandro Volta, 1745〜1827）は世界初の電池を発明した．いわゆるボルタの電堆（でんたい）である（右図）．ボルタの電堆は銅の円板と亜鉛の円盤を交互に重ね，その間に食塩水に浸した円盤状の厚紙を挟んだものである．電位差の単位であるボルトは，電気化学における多大な貢献を称えてボルタの名にちなんで名づけられた．実際，現代においては電位差をさして電圧（voltage）という言い方がよく使われる．

---

1) 電極同士が同じ電解質を共有しているセルもあり，**液絡のないセル**（cell without liquid junction）として知られる．このようなセルの例は図 14・2 を参照．
2) [用語] カソードは還元が起こる電極．アノードは酸化が起こる電極．
3) 水溶液に H^+ よりも還元されやすい化学種が含まれないとき，カソードでは $2H^+ + 2e^- \rightleftharpoons H_2(g)$ の反応が起こる．
4) Fe^{2+}/Fe^{3+} 半反応は，陰イオンでなく陽イオンがアノードに移動し電子を放出する（酸化される）のが少し変わっているように思えるかもしれないが，アノードで陽イオンが酸化されたり，カソードで陰イオンが還元される（NO_3^- の例）ことは比較的ふつうである．
5) [用語] ガルバニセルは電気エネルギーを蓄え，電解セルは電力を消費する．
6) 水溶液に H_2O よりも酸化されやすい化学種が含まれないとき，アノードでは $2H_2O \rightleftharpoons O_2(g) + 4H^+ + 4e^-$ の反応が起こる．
7) ガルバニセルも電解セルも必ず，1) 還元はカソードで起こり，2) 酸化はアノードで起こることを覚えておく．ただし，ガルバニセルのカソードは，電解セルとして作用するときにはアノードになる．

コラム 13・2　重力電池（ダニエル電池）

重力電池はダニエル電池を改良した電池で，実用化が広がった最初期のガルバニセルの一つであり，1800年代半ばに電信システムの電源として使用された．図13C・1に示すように（口絵12も参照），カソードは飽和硫酸銅溶液に浸した銅電極であった．この硫酸銅溶液の上に，それよりずっと希薄な硫酸亜鉛溶液を重層し，その中に大きな亜鉛電極が置かれた．電極反応はダニエル電池と同じで，次のとおりである．

$$Zn(s) \rightleftharpoons Zn^{2+} + 2e^-$$
$$Cu^{2+} + 2e^- \rightleftharpoons Cu(s)$$

この電池の初期電圧は 1.18 V で，放電が進むと徐々に低下する．

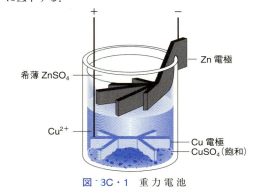

図 13C・1　重力電池

電解セルでは電流の方向が図 13・2 (b) のガルバニセルとは逆になり，電極における反応も逆になることに注意してほしい．銀電極はアノードとなり，銅電極はカソードになる．ガルバニセルの電圧より大きい電圧がかけられたときに生じる正味の反応は，セルの自発反応の逆になる．すなわち，

$$2Ag(s) + Cu^{2+} \rightleftharpoons 2Ag^+ + Cu(s)$$

図 13・2 は可逆セルの一例である．可逆セルの電気化学反応の方向は，電子の流れる方向が変わると逆転する．不可逆セルでは電流の方向が変わると，電極の片方あるいは両方で，まったく別の半反応が起こる．複数の可逆セルが直列に接続したバッテリーの代表的な例は，自動車の鉛蓄電池である．蓄電池は，外部充電器あるいは発電機で充電するときは電解セルとして，ヘッドライトやラジオ，イグニション（エンジン点火装置）を動かすのに使われるときは化学電池として働く．

13・2・3　セルの模式的な表し方

化学者はよく**電池図式**を用いて電気化学セルを記述する．たとえば図 13・2 (a) のセルは次のように表される．

$$Cu\,|\,Cu^{2+}(0.0200\,M)\,||\,Ag^+(0.0200\,M)\,|\,Ag \quad (13\cdot5)$$

慣例として，垂直の一重線は，電位が生じる**界面** (phase boundary あるいは interface) を表す．たとえばこの (13・5) 式の最初の垂直線は，銅電極と硫酸銅溶液の界面での電位発生を意味する．垂直の二重線は二相界面（つまり塩橋の一端につき 1 本）を表す．このような界面それぞれに**液間電位差** (liquid-junction potential) が存在する．液間電位差は，セル内や塩橋に含まれるイオンが界面を横切って移動する速度の違いから発生する．液間電位差は 1 V の数百分の一程度であるが，塩橋に含まれる電解質の陰イオンと陽イオンの移動速度がほとんど同じ場合は，無視できるほど小さい．最も広く使われる電解質は塩化カリウム (KCl) 飽和溶液である．この電解質は液間電位差を数 mV 以下にできる．本書で扱う電気化学セルは，セルの総電位に対する液間電位差の寄与を無視する．電解質溶液の電気的なつなぎ（液絡）がなく，塩橋を必要としないセルも数例ある．

図 13・2 (a) のセルは次のようにも書ける．

$$Cu\,|\,CuSO_4(0.0200\,M)\,||\,AgNO_3(0.0200\,M)\,|\,Ag$$

この書き方は，セルの半反応に関わる反応物ではなく，セルを構成する化合物を表している．

13・2・4　電気化学セルの電流

図 13・4 に，放電中のガルバニセルにおけるさまざまな電荷担体の移動を示す．電極は自発的セル反応が起こるよう配線されている．電荷は，以下の三つの機構によって，こうした電気化学セルを通って運ばれる．

1) 電子は外部の導体だけでなく電極内部でも電荷として運ばれる．電流（I で表される）は電子の流れとは逆向きであることに注意．

2) 陰イオンと陽イオンはセル内部の電荷担体である．左側の電極では銅が銅イオンに酸化され，電子を電極へ渡す．図 13・4 に示すとおり，生じた銅イオンは銅電極から離れて溶液全体へ拡散し，硫酸イオンや硫酸水素イオンなどの陰イオンは銅アノードに向かって移動する．塩橋の内部では塩化物イオンが銅溶液に向かって移動し，カリウムイオンは逆方向に動く．右側の溶液では銀イオンが銀電極に向かって移動し，そこで還元されて金属銀となる．硝酸イオンは電極から離れて溶液全体へ拡散する．

3) 溶液のイオン伝導は，カソードでの還元反応，アノードでの酸化反応による両電極での電気伝導と共役する．

---

1) 用語 **可逆セル** (reversible cell) では，電流の向きを反転するとセル反応も逆になる．**不可逆セル** (irreversible cell) では，電流の向きを反転すると電極の片方または両方で別の半反応が起こるようになる．

2) 用語 電極とその溶液の相境界を**界面**とよぶ．

3) セル内では，電流はイオンの移動によって運ばれる．陰イオン，陽イオンどちらも電流に寄与する．

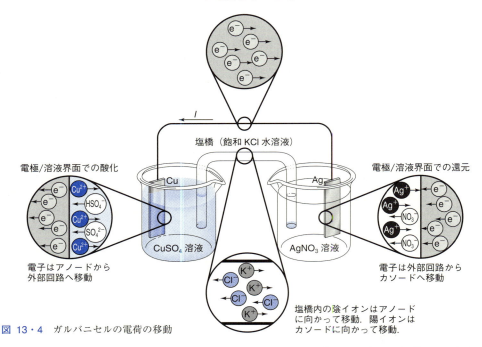

図 13・4 ガルバニセルの電荷の移動

13・3 電極電位

図 13・5 (a) の実験で求まる,セル電極間の電位差(起電力)の値は,次の反応が非平衡状態から平衡状態へ進む際の向きを決定する.

$$2Ag(s) + Cu^{2+} \rightleftharpoons 2Ag^+ + Cu(s)$$

セルの電位差(電圧)E_{cell} は,反応の自由エネルギー ΔG に比例する.

$$\Delta G = -nFE_{cell} \quad (13 \cdot 6)$$

1) 一方,反応物と生成物が**標準状態**(standard state)にあるときに生じるセルの電位差 E_{cell}^0 を**標準セル電圧**(standard cell voltage)とよぶ.標準反応自由エネルギーは,E_{cell}^0 および平衡定数と次式の関係がある.

$$\Delta G^0 = -nFE_{cell}^0 = -RT \ln K_{eq} \quad (13 \cdot 7)$$

R は気体定数,T は絶対温度である($\ln$ は底が e の対数 $\log_e$ すなわち自然対数を表す).

13・3・1 セル電圧に対する符号規約

通常の化学反応を考えるとき,われわれは,反応によって矢印の左側の反応物から右側の生成物が生じると表現する.国際純正・応用化学連合(IUPAC, International Union of Pure and Applied Chemistry)の符号規約に従って,電気化学セルと得られる電圧を考察する際には,セル反応が一方向に起こるとみなす.電気化学セルに対する規約では"**正極が右極則**(plus right rule)"と決められている.これは,

セル電圧を測定する場合には必ず,セルを電池図式で表したときの右側の電極に電圧計の+側リード線を(図 13・5 の Ag 電極),左側の電極に電圧計のコモンまたは接地側リード線を接続する(図 13・5 の Cu 電極)ことを意味する[2].

$$Cu | Cu^{2+}(0.0200\ M) \| Ag^+(0.0200\ M) | Ag$$

この規約に従う限り,E_{cell} の値は,下記のセル反応が自発的に左から右へ向かって進むか否かを決定する.すなわち,セル内の反応全体は,左側の溶液中の金属 Cu を Cu^{2+} に酸化し,右側の溶液中の Ag^+ を金属 Ag に還元する方向になる.

$$Cu(s) + 2Ag^+ \rightleftharpoons Cu^{2+} + 2Ag(s)$$

a. IUPAC 規約からわかること この IUPAC 規約には,すぐにはわかりにくい言外の含みがいくつかある.第一に,E_{cell} の測定値が正ならば右側の電極は左側の電極に対して正極であり,反応の自由エネルギー変化 ΔG は,

---

1) **用語** 物質の**標準状態**とは,自由エネルギー,活量,エンタルピー,エントロピーなどの熱力学量に対する相対値を得るための基準となる状態である.標準状態にある物質はすべて,活量を1とする.気体については標準圧力(1 bar または 1 atm)において理想気体の性質を示す仮想的な状態が標準状態である.純粋な液体と溶媒に対する標準状態は実在の状態であり,特定の温度・標準圧力下の純物質の状態である.溶液の標準状態は,標準圧力,標準濃度(モルやモル濃度,モル分率)において溶質間の相互作用がない無限希釈の状態を仮定しており,仮想的である.固体の標準状態は実在の状態で,最も安定な結晶形にある純物質の状態である.

2) 電圧計のリード線は色分けされている.+側リード線は赤,コモンまたは接地側リード線は黒.

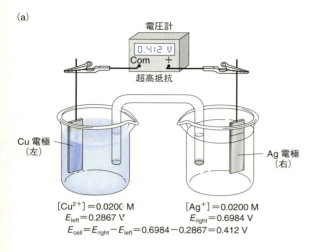

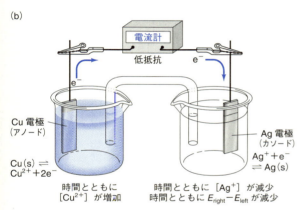

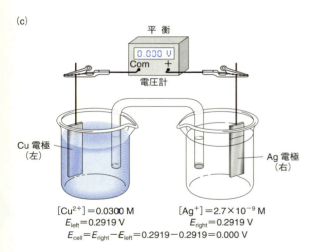

図13・5 平衡に達するまで通電した後のセル電圧の変化. (a) 高抵抗の電圧計には電子がほとんど流れないので,セルの最大開回路電圧が測定される. 図示した濃度に対するこの電圧は +0.412 V である. (b) 電圧計を低抵抗の電流計に置き換え,セルを平衡に達するまで放電させる. (c) 平衡に達した後,電圧計で再びセルの電圧を測定すると 0.000 V となる. 電池の濃度は,ここでは図示したように平衡濃度である.

(13・6)式から負になる. したがって,セルを短絡すればこの反応は自発的に起こり,何かの装置に接続すれば仕事(ランプを点灯する,ラジオに電力を供給する,車を発進させるなど)ができる. 一方, E_{cell} が負ならば右側の電極は左側の電極に対して負極であり,自由エネルギー変化 ΔG は正となり,反応の方向(左の電極で酸化,右の電極で還元)は自発的に起こる反応ではなくなる. 図13・5(a)のセルは $E_{cell} = +0.412$ V であり,セルを装置に接続すれば Cu の酸化と Ag^+ の還元が自発的に起こり,仕事ができる.

第二に IUPAC 規約に従えば,ガルバニセルの電極の実際の極性(正か負か)と符号が一致する. つまり図13・5の Cu/Ag セルでは,Cu は Cu^{2+} に酸化されやすいので Cu 電極が電子に富み(負極),Ag^+ は Ag に還元されやすいので Ag 電極は電子が不足する(正極). このときガルバニセルは自発的に放電するので,Ag 電極がカソード,Cu 電極がアノードである. 一方,同じセルを反対方向に書くと,

Ag | AgNO₃ (0.0200 M) ‖ CuSO₄ (0.0200 M) | Cu

セルの電位差の測定値は $E_{cell} = -0.412$ V となり,反応は,

$$2Ag(s) + Cu^{2+} \rightleftharpoons 2Ag^+ + Cu(s)$$

となる. この反応は E_{cell} が負のため ΔG が正となり,自発的には起こらない. 電極を電池図式の左右どちらに書くかと,セル内での働き(アノードかカソードか)は無関係である. セルの自発的セル反応は常に次式のとおりである.

$$Cu(s) + 2Ag^+ \rightleftharpoons Cu^{2+} + 2Ag(s)$$

IUPAC 規約に従ってセルの測定を標準的な方法で行い,セル反応を標準的な方向に沿って考えてきたが,セルをどんな電池図式で書くか,実験室でセルをどう配置するかにかかわらず,セルに導線や低抵抗回路を接続すれば,自発的なセル反応が起こるであろうことを強調しておく. 逆反応を進行させる唯一の手段は,外部電圧電源に接続して電解反応,$2Ag(s) + Cu^{2+} \rightleftharpoons 2Ag^+ + Cu(s)$ を起こさせることである.

b. 電極電位 図13・5(a)に示したようなセル電圧は,二つの半電池の電位差,つまり二つの**電極電位** (electrode potential)[一つは右側電極の半反応の電位 (E_{right}),もう一つは左側電極の半反応の電位 (E_{left})] の差である. IUPAC 符号規約によると液間電位差が無視できるか,液絡がないかぎり,セル電圧 E_{cell} は次のように書ける.

$$E_{cell} = E_{right} - E_{left} \qquad (13・8)$$

E_{right} と E_{left} の絶対的な電極電位を測定することはできないが(コラム13・3参照),相対的な電極電位は簡単に測定できる. たとえば図13・2のセルの銅電極を硫酸カドミウム溶液に浸したカドミウム電極に置き換えれば,電圧計の読み取り値はもとのセルより約 0.7 V 増える. 右側電極は

同じなので，カドミウムの電極電位は銅より約 0.7 V 低い（つまり，カドミウムは銅より強い還元剤）といえる．電極の片方はそのままで，もう片方を取替えることにより，相対的な電極電位の一覧表を作成できる（§13・3・3 参照）．

c. ガルバニセルの放電 図 13・5 (a) のガルバニセルは，電圧計が超高抵抗なのでセルの放電が著しく妨げられ，非平衡状態にある．つまりこの状態でセル電圧を測定するときは反応は何も起こっていないが，もし反応を進行できれば，反応の起こりやすさを測定することになる．前述のとおり，図示した濃度の Cu/Ag セルを開回路条件で測定したとき，セル電圧は +0.412 V である．図 13・5 (b) に示すように，電圧計を低抵抗の電流計に取替えてセルを放電させると，自発的セル反応が起こる．最初は高かった電流は時間とともに指数関数的に減衰する（図 13・6）．

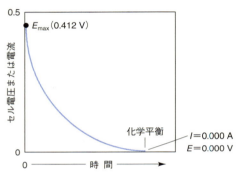

図 13・6　図 13・5 (b) のガルバニセルのセル電圧の経時変化．セル電圧に直接関係するセル電流も時間の経過とともに同様に低下する．

> **コラム 13・3　絶対的な電極電位を測定できない理由**
>
> 相対的な電極電位を測定するのは難しくないが，絶対的な電極電位の値を測定することは不可能である．電圧を計測する装置はどれも，電位の差を測っているにすぎないからである．電極の電位を測定するには，電圧計の端子の一つを調べたい電極と接続する．電圧計のもう一つの端子は，電極の浸った溶液と他の導体を介して電気的に接触させなければならない．しかし，この二つ目の端子は必然的に固体/液体界面をつくり出すので，電位測定の際に，界面が第二の半電池として作用する．そのため，電極電位の絶対値は得られない．本当に得られるのは，二つ目の端子と溶液がつくる半電池と，目的の半電池との電位差である．
>
> 絶対的な電極電位の測定ができなくても，現実に支障をきたすことはない．相対的な電極電位でも，すべて同じ半電池（参照電極）に対して測定したものならば十分有用だからである．相対的な電極電位を組合わせてセル電圧を求めたり，平衡定数の計算や，滴定曲線の作成も可能である．

図 13・5 (c) に示すとおり平衡に達すると，セルの正味の電流はなくなり，セル電圧は 0.000 V である．そのときの銅イオンの平衡濃度は 0.0300 M であり，銀イオン濃度は 2.7×10^{-9} M に減少する．

13・3・2　標準水素電極

使いやすく広く応用可能な電極電位の相対値のデータを得るには，あらゆる半電池の電極電位と比較するための基準となる電位を一般的に取り決める必要がある．そのような参照電極は，容易に構築でき，可逆的で，測定値の再現性がよくなければならない．**標準水素電極**（standard [1] hydrogen electrode, **SHE**）はこのような要求を満たすので，世界中で長年にわたって共通の参照電極として使用され続けている典型的な**気体電極**（gas electrode）である．

図 13・7 に水素電極の物理的な配置を示す．金属導体は白金の小片で，比表面積を増やすために微細化した白金黒をコーティングしてある（**白金黒付き白金**, platinized [2] platinum）．この白金電極を水素イオン活量が一定の酸性溶液に浸す．白金電極表面に圧力一定の水素を連続して吹きつけて，溶液を水素飽和の状態に保つ．白金は電気化学反応に関与せず，電子移動のための場所を提供するだけである．白金電極で発生する電位のもとになる半反応は次のとおりである．

$$2\mathrm{H}^+(\mathrm{aq}) + 2\mathrm{e}^- \rightleftharpoons \mathrm{H}_2(\mathrm{g}) \quad (13 \cdot 9)$$

図 13・7 の水素電極は次のように表せる．

$$\mathrm{Pt} \mid \mathrm{H}_2(p=1.00\,\mathrm{atm}) \mid (\mathrm{H}^+ = x\,\mathrm{M}) \parallel$$

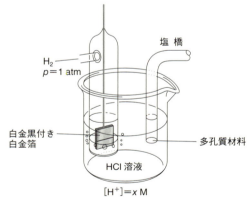

図 13・7　水素電極

---

1) 用語　標準水素電極は normal hydrogen electrode, **NHE** と書くこともある．
2) 白金黒は微細化した白金の層であり，ヘキサクロロ白金(IV)酸（$\mathrm{H_2PtCl_6}$）溶液中のなめらかな白金電極の表面に，白金を電解析出（めっき）してつくられる．白金黒によって $\mathrm{H^+/H_2}$ 反応が起こる白金の比表面積が増加する．白金黒は (13・9) 式に示した反応を触媒する．触媒は平衡の位置を変えるのではなく，ただ平衡に達するまでの時間を短縮するだけである．

1) 図の水素電極では，水素分圧を1 atm，溶液の水素イオン濃度をxMとしてある．この水素電極は可逆である．

水素電極の電位は温度，溶液中の水素イオンと水素分子の活量に依存する．さらに，後者は水素飽和溶液を保つのに使われる水素ガスの圧力に比例する．標準水素電極では，水素イオン活量は1に，また水素ガスの分圧も1 atmとしてある．2) 慣例として，標準水素電極電位はすべての温度で0.000 Vと約束する．この定義により，標準水素電極と何かほかの電極でガルバニセルをつくった場合，発生する電位はすべて，後者の電極によるものになる．

日常的な測定にもっと便利に使える参照電極がほかにもいくつか開発されている．これらの一部については§15・2で述べる．

13・3・3 標準電極電位の定義

3) 電極電位は，調べたい電極を右側電極に，標準水素電極を左側電極にしたセルの電位と定義される．そこで，銀イオン溶液に浸した銀電極の電位を知りたければ，図13・8に示すセルをつくればよい．このセルは，右側が細長い板状の純銀を銀イオン溶液に浸した半電池，左側が標準水素電極からなる．セル電圧は(13・8)式で定義される．左側電極の標準水素電極は電位0.000 Vと定められているので，次のように書ける．

$$E_{cell} = E_{right} - E_{left} = E_{Ag} - E_{SHE} = E_{Ag} - 0.000 = E_{Ag}$$

E_{Ag}は銀電極の電位である．電極電位はその名にかかわらず，実際は，きちんと規定された参照電極をもつ電気化学セルの電位である．図13・8の銀電極などの電極電位は，標準水素電極を参照電極にして測定したセル全体の電位であることを強調して，E_{Ag} vs. SHEと表すことが多い．

ある半反応の反応物と生成物の活量がすべて1のとき，それに接した電極が示す電位を**標準電極電位 E^0** (standard electrode potential) と定義する (単に**標準電位**ともよばれる)．図13・8のセルにおいて，次の半反応，

$$Ag^+ + e^- \rightleftharpoons Ag(s)$$

のE^0は，Ag^+の活量が1.00であるE_{cell}を測定して得られる．この場合，図13・8のセルを電池図式で表すと，

$$Pt \mid H_2(p=1.00\ atm) \mid H^+(a_{H^+}=1.00) \parallel Ag^+(a_{Ag^+}=1.00) \mid Ag$$

あるいは，

$$SHE \parallel Ag^+(a_{Ag^+}=1.00) \mid Ag$$

とも書ける．右側が銀電極のこのガルバニセルは+0.799 Vの電位を生じる．すなわち自発的セル反応は，左側半セルでの酸化と，右側半セルでの還元である．

$$2Ag^+ + H_2(g) \rightleftharpoons 2Ag(s) + 2H^+$$

銀電極は右側で，反応物と生成物は標準状態にあるので，測定値は定義により，Ag^+/Agの半反応 [**銀対** (silver couple) 4) ともいう] の標準電極電位である．銀電極は標準水素電極に対して正であることに注目してほしい．そのため，標準電極電位は正符号が与えられ，次のように書く．

$$Ag^+ + e^- \rightleftharpoons Ag(s) \qquad E^0_{Ag^+/Ag} = +0.799\ V$$

図13・9のセルを用いれば，次の半反応の標準電極電位が測定される．

$$Cd^{2+} + 2e^- \rightleftharpoons Cd(s)$$

銀電極と異なり，カドミウム電極は標準水素電極に対して負になる．そのためCd/Cd^{2+}からなる標準電極電位は，規約により負符号が与えられ，$E^0_{Cd^{2+}/Cd} = -0.403\ V$となる．セル電位が負なので，自発的セル反応は銀対の場合 (左側で酸化，右側で還元) と異なり，次式のように逆向きになる．

$$Cd(s) + 2H^+ \rightleftharpoons Cd^{2+} + H_2(g)$$

また，活量が1の亜鉛イオン溶液に浸した亜鉛電極を右側に，標準水素電極を左側にしたセルは，$-0.763\ V$の電圧を生じる．したがって，$E^0_{Zn^{2+}/Zn} = -0.763\ V$と書ける．

---

1) (13・9)式に示した反応は二つの平衡式が組合わさっている．

$$2H^+(aq) + 2e^- \rightleftharpoons H_2(aq)$$
$$H_2(aq) \rightleftharpoons H_2(g)$$

圧力一定の水素ガスを連続して吹きつけることにより，溶液中の水素イオン濃度を一定にできる．

2) $p_{H_2}=1.00$，$a_{H^+}=1.00$のとき，水素電極の電位は温度にかかわらず0.000 Vと定める．

3) 電極電位とは，標準水素電極を左側電極 (参照電極) としたセルの電位．

4) **用語** "金属イオン/金属"の半電池を**対** (couple) とよぶことがある．

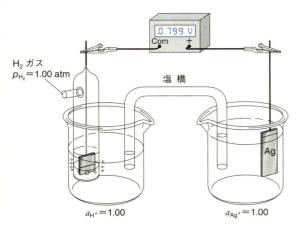

図13・8　Ag電極の電極電位測定．右側溶液の銀イオンの活量が1.00ならば，セル電圧はAg^+/Ag半反応の標準電極電位となる．

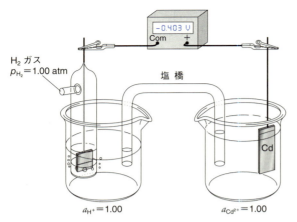

図 13·9　$Cd^{2+}+2e^- \rightleftharpoons Cd(s)$ の標準電極電位測定

13·3·5　電極電位に与える濃度効果——ネルンストの式

電極電位は，半セルに含まれる化学種の濃度が平衡濃度とどれだけ異なるかを示す尺度である．たとえば次の反応は，濃 Ag^+ 溶液中のほうが希薄溶液中よりもずっと起こりやすい．

$$Ag^+ + e^- \rightleftharpoons Ag(s)$$

また，この過程の電極電位の大きさは，溶液の Ag^+ 濃度が増すほど大きくなる（正になる）．濃度と電極電位の量的関係を見てみよう．

次の可逆的な半反応を考える．

$$aA + bB + \cdots + ne^- \rightleftharpoons cC + dD + \cdots \quad (13·10)$$

大文字は反応に関与する化学種（原子，分子，イオン）の化学式，e^- は電子，斜体の小文字はこの半反応に現れる化学種それぞれの化学量論係数を表す．この反応過程の電極電位は次式で与えられる．

$$E = E^0 - \frac{RT}{nF} \ln \frac{[C]^c[D]^d\cdots}{[A]^a[B]^b\cdots} \quad (13·11)$$

E^0＝標準電極電位，各半反応に特有
R ＝気体定数，8.314 J K^{-1} mol^{-1}
T ＝温度（K）
n ＝半反応式の電子数（mol）
F ＝ファラデー定数
　　＝電子 1 mol 当たりの電荷の絶対値，
　　　96,485 C（クーロン）
ln（自然対数）＝2.303 log

定数に数値を代入し，ln を底が 10 の常用対数 log に変換し，温度を 25 ℃（298.15 K）とすると，次式が得られる．

$$E = E^0 - \frac{0.0592}{n} \log \frac{[C]^c[D]^d\cdots}{[A]^a[B]^b\cdots} \quad (13·12)$$

厳密にいえば [　] で囲んだ文字は活量を表すが，ほとんどの計算では，活量をモル濃度で置き換えるのが慣例となっている．つまり，関与する化学種 A が溶質なら，[A]

ここまで述べた四つの半電池の標準電極電位は次のように順に並べられる．

半反応	標準電極電位〔V〕
$Ag^+ + e^- \rightleftharpoons Ag(s)$	+0.799
$2H^+ + 2e^- \rightleftharpoons H_2(g)$	0.000
$Cd^{2+} + 2e^- \rightleftharpoons Cd(s)$	−0.403
$Zn^{2+} + 2e^- \rightleftharpoons Zn(s)$	−0.763

これら電極電位の大きさは四つのイオン種の電子受容体（酸化剤）としての相対強度を意味する．つまり，電子を受容する能力の大きい順に $Ag^+ > H^+ > Cd^{2+} > Zn^{2+}$ となる．

13·3·4　IUPAC 符号規約の補足

§13·3·1 で述べた符号規約は，1953 年にストックホルムで開かれた IUPAC の会議で採択され，現在でも国際的に認められている．協定以前には，化学者らは必ずしも同じ規約を使っていなかったので，電気化学が発展し日常的に使われるようになると，符号の不一致により論争と混乱が起こった．

符号規約では，酸化方向であれ還元方向であれ，半電池内の化学反応の方向を統一しなければならない．IUPAC
[1] 規約によると "電極電位"（より正確には "相対的な電極電位"）は，半反応を還元反応として記述すると規定されている．半反応を逆の意味で表したときに "酸化電位" という用語を使って示すことはできるが，その電位を電極電位とよぶのは正しくない．

[2]　電極電位の符号は，標準水素電極と組合わせたときの半電池の電位の符号によって決まる．半電池が標準水素電極に対して正の電位を示す場合（図 13·8 参照），セルを放電すると，その半電池は自発的にカソードとして作用する．半電池が標準水素電極に対して負の電位を示す場合（図13·9 参照），セルを放電すると，その半電池は自発的にアノードとして作用する．

---

[1] 用語　電極電位は還元電位で定義する．酸化電位は半反応を反対方向から書いたときの電位である．したがって酸化電位の符号は還元電位の逆になるが，電位の絶対値は同じ．
[2] IUPAC 符号規約は，半電池の片方を目的の電極，もう片方を標準水素電極としたセルの実際の符号に準じる．
[3] （13·11）式，（13·12）式の [　] で囲んだ項は，以下を意味する．
　溶質 A：[A]＝モル濃度
　気体 B：[B]＝p_B＝大気中の分圧
（13·11）式の一つまたは複数の種が純粋な液体や固体，過剰量の溶媒のとき，これらは活量が 1 なので [　] の項が（13·11）式の反応商にない．

はmol/L単位で表したAの濃度である．Aが気体ならば (13・12) 式の [A] は大気圧に対するAの分圧 p_A に置き換えられる．Aが純粋な液体や固体，溶媒ならば活量は1なので，Aに関する項は式に含まれない．このような仮説の理論的根拠は，§2・5・2 で平衡定数式について述べたのと同じである．(13・12) 式は，式の導出に貢献したドイツ人化学者ネルンスト (図13・10) に敬意を表し，ネルンストの式として知られる．

図 13・10　ネルンスト (Walther Nernst, 1864～1941，写真右) は，化学熱力学への多大な貢献により1920年にノーベル化学賞を受賞した．写真は1921年ネルンストの研究室にて．

例題 13・2

典型的な半電池反応とそのネルンストの式を以下に示す．

(1) $Zn^{2+} + 2e^- \rightleftharpoons Zn(s)$　　$E = E^0 - \dfrac{0.0592}{2} \log \dfrac{1}{[Zn^{2+}]}$

亜鉛は純物質の固体なので，対数項に $Zn(s)$ 項は含まれていない．したがって，電極電位は亜鉛イオン濃度の逆数の対数に比例して変化する．

(2) $Fe^{3+} + e^- \rightleftharpoons Fe^{2+}(s)$　　$E = E^0 - \dfrac{0.0592}{1} \log \dfrac{[Fe^{2+}]}{[Fe^{3+}]}$

この $Fe^{3+}/Fe^{2+}(s)$ の電位は，二つの鉄イオン種が含まれる溶液に浸した不活性金属電極で測定できる．電位は両イオンのモル濃度比の対数に依存する．

(3) $2H^+ + 2e^- \rightleftharpoons H_2(g)$　　$E = E^0 - \dfrac{0.0592}{2} \log \dfrac{p_{H_2}}{[H^+]^2}$

この例の p_{H_2} は，電極表面の (大気圧に対する) 水素分圧である．通常は $p_{H_2} = 1\,atm$ である．

(4) $MnO_4^- + 5e^- + 8H^+ \rightleftharpoons Mn^{2+} + 4H_2O$

$$E = E^0 - \dfrac{0.0592}{5} \log \dfrac{[Mn^{2+}]}{[MnO_4^-][H^+]^8}$$

この場合の電位は，マンガンの化学種の濃度だけでなく，溶液のpHにも依存する．

(5) $AgCl(s) + e^- \rightleftharpoons Ag(s) + Cl^-$

$$E = E^0 - \dfrac{0.0592}{1} \log [Cl^-]$$

1) この半反応は，AgClの飽和溶液に浸した銀電極の振舞いを表す．この状態が保たれるには，固体のAgClが常に過剰に存在しなければならない．この電極反応は次の二つの反応の和である．

$$AgCl(s) \rightleftharpoons Ag^+ + Cl^-$$
$$Ag^+ + e^- \rightleftharpoons Ag(s)$$

また，少なくとも飽和溶液を保てる量のAgClが存在する限り，電極電位はAgClの存在量には依存しないことにも注意してほしい．

13・3・6　標準電極電位の求め方

(13・11) 式，(13・12) 式を注意深くみると，定数 E^0 は，濃度の比 (実際には活量の比) が1のときの電極電位であることがわかる．一方，定義により，定数 E^0 は半反応の標準電極電位である．半反応の反応物と生成物の活量がどちらも1ならば，必ず比は1になる．[2]

標準電極電位は，半反応の駆動力に関して定量的な情報が得られる重要な物理定数である[1]．標準電極電位の重要な特徴を以下に示す．

1) 標準電極電位は，電位 0.000 V と定められている標準水素電極を参照電極 (左側の電極) とした電気化学セルのセル電圧という意味で，相対的な量である．
2) 標準電極電位は還元半反応の方向の電位に限る．すなわち，相対的な還元電位である．
3) 標準電極電位は，反応物と生成物の活量=1から平衡状態の活量になるような半反応が進む傾向を標準水素電極と比較して表す．
4) 標準電極電位は，半反応が平衡にあるときの反応物や生成物の物質量とは無関係である．たとえば，次の半反応，

$$Fe^{3+} + e^- \rightleftharpoons Fe^{2+} \qquad E^0 = +0.771\,V$$

の標準電極電位は，以下のように書いても変化しない．

$$5Fe^{3+} + 5e^- \rightleftharpoons 5Fe^{2+} \qquad E^0 = +0.771\,V$$

---

1) 例題 13・2 の (5) のネルンストの式が成り立つには，溶液が常時 AgCl で飽和しているよう過剰量の固体 AgCl が必要．

2) **用語**　半反応の**標準電極電位** E^0 は，半反応における反応物，生成物すべての活量が1のときの電極電位と定義される．

1) 標準電極電位に関する詳細については，R.G. Bates, "Treatise on Analytical Chemistry, 2nd ed.", Part I, Vol 1, Ch. 13, ed. by I.M. Kolthoff, P.J. Elving, Wiley, New York (1978) を参照.

ただしネルンストの式は，式とおりの半反応に一致している必要があることに気をつけよう．最初の半反応は次式になる．

$$E = 0.771 - \frac{0.0592}{1} \log \frac{[Fe^{2+}]}{[Fe^{3+}]}$$

1) 二つ目の半反応は，次式になる．

$$E = 0.771 - \frac{0.0592}{5} \log \frac{[Fe^{2+}]^5}{[Fe^{3+}]^5}$$
$$= 0.771 - \frac{0.0592}{5} \log \left(\frac{[Fe^{2+}]}{[Fe^{3+}]}\right)^5$$
$$= 0.771 - \frac{5 \times 0.0592}{5} \log \frac{[Fe^{2+}]}{[Fe^{3+}]}$$

5) 電極電位が正の半反応は，標準水素電極の半反応に対して自発的であることを表す．言い換えれば，その半反応の酸化剤は水素イオンよりも強い酸化剤である．負符号の電位のときはちょうど逆になる．

6) 半反応の標準電極電位は，温度に依存する．

膨大な数の半反応に対する標準電極電位データが入手できる．多くは電気化学的測定により直接決められたものである．酸化還元反応系の平衡に関する研究から計算したものや，そうした反応に伴う熱力学的データから計算したものもある．以下に考察する半反応の一部については表 13・1 に標準電極電位を示す．もっと詳しい一覧は付録 5 を参照してほしい[2]．

標準電極電位のデータの表し方は，表 13・1 と付録 5 に示した 2 種類が一般的である．表 13・1 では電位を数値の大きいものから順に並べてある．したがって，表の最上部の左側にある化学種は，大きな正の値をとるので最も効率的な電子受容体，つまり最も強い酸化剤である．表の左側の化学種は，下にいくほど電子受容体としての効率が低くなる．最下段の半反応は，ほとんどあるいはまったく起こらない傾向にある一方，逆向き反応という意味では非常に起こりやすい．最も効率的な還元剤は，表の最下段の右側にある化学種である．

表 13・1 に示すような電極電位データの集成によって，化学者は電子移動反応の方向や程度に関する定性的な洞察を得ている．たとえば Ag^+ の標準電極電位 （+0.799 V）は Cu^{2+} の標準電極電位（+0.337 V）より大きな正の値をとる．ゆえに Ag^+ 溶液に銅小片を浸すと，銀イオンの還元と銅の酸化が起こる．その一方，Cu^{2+} 溶液に銀小片を浸しても反応は起こらないと予測できる．

付録 5 の標準電極電位は，表 13・1 のデータとは違って，ある電極反応のデータを見つけやすいように元素ごとにまとめてある．

a. 沈殿物や錯イオンが含まれる系

表 13・1 には Ag^+ を含む項目がいくつかみられる．たとえば，

$Ag^+ + e^- \rightleftharpoons Ag(s)$ $\quad E^0_{Ag^+/Ag} = +0.799$ V

$AgCl(s) + e^- \rightleftharpoons Ag(s) + Cl^-$ $\quad E^0_{AgCl/Ag} = +0.222$ V

$Ag(S_2O_3)_2^{3-} + e^- \rightleftharpoons$ $\quad E^0_{Ag(S_2O_3)_2^{3-}/Ag} = +0.017$ V
$\quad Ag(s) + 2S_2O_3^{2-}$

それぞれ化学式の異なる銀電極の電位を示している．三つの電位の関係性をみてみよう．

最初の半反応のネルンストの式は，

$$E = E^0_{Ag^+/Ag} - \frac{0.0592}{1} \log \frac{1}{[Ag^+]}$$

$[Ag^+]$ に $K_{sp}/[Cl^-]$ を代入すると，

$$E = E^0_{Ag^+/Ag} - \frac{0.0592}{1} \log \frac{[Cl^-]}{K_{sp}}$$
$$= E^0_{Ag^+/Ag} + 0.0592 \log K_{sp} - 0.0592 \log [Cl^-]$$

表 13・1 標準電極電位

反応	E^0 (V, 25 °C)
$Cl_2(g) + 2e^- \rightleftharpoons 2Cl^-$	+1.359
$O_2(g) + 4H^+ + 4e^- \rightleftharpoons 2H_2O$	+1.229
$Br_2(aq) + 2e^- \rightleftharpoons 2Br^-$	+1.087
$Br_2(l) + 2e^- \rightleftharpoons 2Br^-$	+1.065
$Ag^+ + e^- \rightleftharpoons Ag(s)$	+0.799
$Fe^{3+} + e^- \rightleftharpoons Fe^{2+}$	+0.771
$I_3^- + 2e^- \rightleftharpoons 3I^-$	+0.536
$Cu^{2+} + 2e^- \rightleftharpoons Cu(s)$	+0.337
$UO_2^{2+} + 4H^+ + 2e^- \rightleftharpoons U^{4+} + 2H_2O$	+0.334
$Hg_2Cl_2(s) + 2e^- \rightleftharpoons 2Hg(l) + 2Cl^-$	+0.268
$AgCl(s) + e^- \rightleftharpoons Ag(s) + Cl^-$	+0.222
$Ag(S_2O_3)_2^{3-} + e^- \rightleftharpoons Ag(s) + 2S_2O_3^{2-}$	+0.017
$2H^+ + 2e^- \rightleftharpoons H_2(g)$	0.000
$AgI(s) + e^- \rightleftharpoons Ag(s) + I^-$	−0.151
$PbSO_4 + 2e^- \rightleftharpoons Pb(s) + SO_4^{2-}$	−0.350
$Cd^{2+} + 2e^- \rightleftharpoons Cd(s)$	−0.403
$Zn^{2+} + 2e^- \rightleftharpoons Zn(s)$	−0.763

---

1) 二つの対数項が同じ値になることに注意する．すなわち，
$\frac{0.0592}{1} \log \frac{[Fe^{2+}]}{[Fe^{3+}]} = \frac{0.0592}{5} \log \frac{[Fe^{2+}]^5}{[Fe^{3+}]^5} = \frac{0.0592}{5} \log \left(\frac{[Fe^{2+}]}{[Fe^{3+}]}\right)^5$

2) 表 13・1 の Fe^{3+} と I_3^- の E^0 値をもとに，Fe^{3+} とヨウ化物イオンの混ざった溶液では，どちらの化学種が優勢か予想してみよう．口絵 13 を参照．

2) 標準電極電位の体系的な資料は，たとえば A.J. Bard, R. Parsons, J. Jordan, eds., "Standard Electrode Potentials in Aqueous Solution", Dekker, New York (1985). G. Milazzo, S. Caroli, V.K. Sharma, "Tables of Standard Electrode Potentials", Wiley-Interscience, New York (1978). M.S. Antelman, F.J. Harris, "Chemical Electrode Potentials", Plenum Press, New York (1982). 書籍によって，元素名のアルファベット順や，E^0 の値順など表示の仕方が異なる．

コラム 13・4　古い文献の符号規約

参考資料のうち，特に 1953 年以前に刊行された参考資料には，IUPAC 規約に従っていない電極電位の表示が含まれていることがよくある．たとえばラティマー[3)]がまとめた標準電極電位データの古典的な資料では，

$$Zn(s) \rightleftharpoons Zn^{2+} + 2e^- \qquad E = +0.76\ V$$
$$Cu(s) \rightleftharpoons Cu^{2+} + 2e^- \qquad E = -0.34\ V$$

とある．これらの酸化電位を IUPAC 規約の定義どおりに電極電位に換算するには，頭の中で 1) 半反応を還元反応で表し，2) 電位の符号を変更する必要がある．

古い文献では電極電位の表示に用いられている符号規約について明白に述べられていないかもしれない．ただし，なじみのある半反応の方向と電位の符号に着目することにより，この情報については推測できる．符号が IUPAC 規約に一致するなら，表をそのまま使用できる．一致しないなら，全データの符号を逆にしなければならない．たとえば次の反応は標準水素電極に対して自発的に起こり，正符号がつく．

$$O_2(g) + 4H^+ + 4e^- \rightleftharpoons 2H_2O \qquad E = +1.229\ V$$

表中でこの半反応の電位が負符号のときは，この反応も含め表中すべての電位に −1 を掛けるとよい．

定義により，二つ目の半反応の標準電極電位は $[Cl^-]=1.00$ のときの電位となる．$[Cl^-]=1.00$ ならば $E = E^0_{AgCl/Ag}$ なので，これらの値を代入し，

$$E^0_{AgCl/Ag} = E^0_{Ag^+/Ag} + 0.0592\log(1.82\times 10^{-10}) - 0.0592\log(1.00)$$
$$= 0.799 + (-0.577) - 0.000 = 0.222\ V$$

図 13・11 に Ag/AgCl 電極の標準電極電位の測定法を示す．

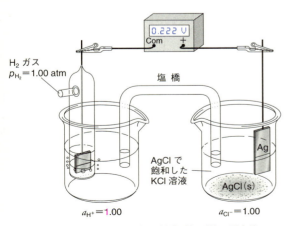

図 13・11　Ag/AgCl 電極の標準電極電位の測定法

本項の最初に示した三つ目の平衡についても同じようにして，チオスルファト銀（チオ硫酸銀）の還元に対する標準電極電位を求める式が得られる．この場合，標準電極電位は以下のように与えられる．

$$E^0_{Ag(S_2O_3)_2^{3-}/Ag} = E^0_{Ag^+/Ag} - 0.0592\log \beta_2 \qquad (13\cdot 13)$$

β_2 は錯体の生成定数である．すなわち，

$$\beta_2 = \frac{[Ag(S_2O_3)_2^{3-}]}{[Ag^+][S_2O_3^{2-}]^2}$$

例題 13・3

0.0500 M の NaCl 溶液に浸した銀電極の電極電位を，(a) $E^0_{Ag^+/Ag}=0.799\ V$，(b) $E^0_{AgCl/Ag}=0.222\ V$ のそれぞれについて計算せよ．

解答

(a) $Ag^+ + e^- \rightleftharpoons Ag(s) \qquad E^0_{Ag^+/Ag} = +0.799\ V$

この溶液の Ag^+ 濃度は次式で与えられる．

$$[Ag^+] = \frac{K_{sp}}{[Cl^-]} = \frac{1.82\times 10^{-10}}{0.0500} = 3.64\times 10^{-9}\ M$$

ネルンストの式に代入し，

$$E = 0.799 - 0.0592\log\frac{1}{3.64\times 10^{-9}} = 0.299\ V$$

(b) AgCl/Ag の半反応のネルンストの式より，

$$E = 0.222 - 0.0592\log[Cl^-]$$
$$= 0.222 - 0.0592\log 0.0500 = 0.299$$

13・3・7　標準電極電位を用いるうえでの制約

本書では以降，セル電圧と酸化還元反応の平衡定数の計算や，さらには酸化還元滴定曲線を描くためのデータ計算にも標準電極電位を用いる．このような計算によって導き出される結果が，ときに実験室で得られる結果と大きく異なることに注意を払う必要がある．この相違の原因は大きく二つあり，1) ネルンストの式で活量の代わりに濃度を使用したため，2) 解離，会合，錯形成，溶媒による分解など他の平衡を考慮に入れなかったためである．ただし，電極電位の測定により，このような他の平衡を調べたり，その平衡定数を決定したりできる．

1▷ 発展問題：（13・13）式を導き出せ．
3) W.M. Latimer, "The Oxidation States of the Elements and Their Potentials in Aqueous Solutions, 2nd ed.", Prentice-Hall, Englewood Cliffs, NJ (1952).

> **コラム 13・5　表 13・1 にはなぜ Br_2 の電極電位が 2 種類あるのか？**
>
> 表 13・1 をみると，Br_2 には次のデータがある．
>
> $Br_2(aq) + 2e^- \rightleftharpoons 2Br^-$　　$E^0 = +1.087$ V
> $Br_2(l) + 2e^- \rightleftharpoons 2Br^-$　　$E^0 = +1.065$ V
>
> 二つ目の標準電極電位は Br_2 の飽和溶液に対してのみ適用でき，不飽和溶液にはあてはまらない．過剰量の液体 Br_2 と接触し飽和している 0.0100 M KBr 溶液の電極電位を計算するときには 1.065 V を用いる．この場合，
>
> $E = 1.065 - \dfrac{0.0592}{2} \log [Br^-]^2$
>
> 　$= 1.065 - \dfrac{0.0592}{2} \log (0.0100)^2$
>
> 　$= 1.065 - \dfrac{0.0592}{2} \times (-4.00) = 1.183$ V
>
> この計算の対数項に Br_2 がないのは，Br_2 が純粋な液体で過剰に存在する（活量が 1 となる）からである．
>
> 25 ℃ の Br_2 の溶解度は約 0.18 M しかなく，表 13・1 の 3 行目に示した $Br_2(aq)$ の標準電極電位は仮定上の値である．つまり，記された 1.087 V は，(E^0 の定義からして）実験不可能な系の値である．それにもかかわらず，Br_2 で飽和されていない溶液に対してはその仮定上の電位によって電極電位を計算できる．たとえば 0.0100 M KBr と 0.00100 M Br_2 を含む溶液の電極電位を計算したいときには，次のように書く．
>
> $E = 1.087 - \dfrac{0.0592}{2} \log \dfrac{[Br^-]^2}{[Br_2(aq)]}$
>
> 　$= 1.087 - \dfrac{0.0592}{2} \log \dfrac{(0.0100)^2}{0.00100}$
>
> 　$= 1.087 - \dfrac{0.0592}{2} \log 0.100 = 1.117$ V

a. 活量の代わりに用いられる濃度　分析に用いる酸化還元反応のほとんどは，活量係数がデバイ-ヒュッケルの式〔(7・5) 式，§7・2・2 参照〕では求められないような高いイオン強度の溶液中で行われる．しかしネルンストの式で活量の代わりに濃度を用いると，著しい誤差が生じる可能性がある．たとえば以下の半反応，

$Fe^{3+} + e^- \rightleftharpoons Fe^{2+}$　　$E^0 = +0.771$ V

の標準電極電位は $+0.771$ V である．10^{-4} M の Fe^{3+}，Fe^{2+}，過塩素酸を含む溶液に浸した白金電極の電位を標準水素電極に対して測定すると，測定値は理論値から予想される $+0.77$ V に近い．ただし，この混合液に酸濃度が 0.1 M になるまで過塩素酸を加えると，約 $+0.75$ V に電位が減少する．この違いは，0.1 M 過塩素酸溶液のイオン強度の強さでは，Fe^{3+} の活量係数が Fe^{2+} の活量係数よりかなり小さい（0.4 対 0.18）という事実（表 7・2 参照）に起因する．その結果，ネルンストの式の二つの化学種の活量比（$[Fe^{2+}]/[Fe^{3+}]$）は 1 より大きくなり，電極電位の減少につながる．1 M $HClO_4$ では，電極電位はさらに低くなる（$+0.73$ V）．

b. その他の平衡の影響　分析化学の対象となるさまざまな系に対して標準電極電位のデータを応用する場合には，以下の現象によってさらに複雑になる．すなわち，ネルンストの式に現れる化学種の会合，解離，錯形成，加溶媒分解などの平衡である．こうした現象は，存在する化学種がわかっていて，かつ適切な平衡定数が得られれば，計算に入れることが可能となる．しかし通常は，この要件が両方満たされることはないので，大きな差異が生じる．たとえば前述のように 1 M 過塩素酸を含む Fe^{3+}/Fe^{2+} 混合溶液の電位は測定値で約 $+0.73$ V となるが，1 M 硫酸では $+0.68$ V，2 M リン酸では $+0.46$ V と測定される．どの例でも，塩化物イオン，硫酸イオン，リン酸イオンと Fe^{3+} との錯体は Fe^{2+} との錯体より安定なので，Fe^{2+}/Fe^{3+} 活量比が大きくなる．このような場合，ネルンストの式における濃度比 $[Fe^{2+}]/[Fe^{3+}]$ は 1 より大きくなり，測定電位より低くなる．鉄を含む錯体の生成定数が得られれば，適切な補正を行うことができるかもしれない．しかし，残念ながらそのようなデータは多くの場合利用できず，あったとしても信頼性に欠ける．

c. 式量電位　式量電位（formal potential，**条件づき標準電位**ともいう）[1]は，上述の活量の種類や競合する平衡の影響を補正する経験的な電位である．系の式量電位 $E^{0\prime}$ は，ネルンストの式に現れる反応物と生成物の分析濃度比がちょうど 1 になり，系の他の化学種の濃度がすべてきちんと特定された条件で，標準水素電極に対して測定した半反応の電位をいう．たとえば次の半反応，

$Ag^+ + e^- \rightleftharpoons Ag(s)$　　$E^{0\prime} = 0.792$ V（1 M $HClO_4$ 中）

の式量電位は，図 13・12 に示したセルの電位を測定して得られる．図の右側の電極は 1.00 M $AgNO_3$ と 1.00 M $HClO_4$ の溶液に浸した銀電極，左側の参照電極は標準水素電極である．このセル電圧は $+0.792$ V で，これが 1.00 M $HClO_4$ 中の Ag^+/Ag 対の式量電位である．この標準電極

---

[1] 用語　**式量電位**は，半反応の反応物と生成物の**分析濃度**比が正確に 1.00 で，他の溶質のモル濃度がすべて特定されているときの電極電位．式量電位は標準電極電位と区別するため $E^{0\prime}$ と表記する（プライム記号をつける）．

電位は +0.799 V であることに注意してほしい．

多くの半反応の式量電位を付録5に示した．半反応のいくつかは，式量電位と標準電極電位に大きな差がある．たとえば次の半反応，

$$[Fe(CN)_6]^{3-} + e^- \rightleftharpoons [Fe(CN)_6]^{4-} \quad E^0 = +0.36 \text{ V}$$

の式量電位は，1 M 過塩素酸または硫酸溶液で 0.72 V であり，標準電極電位より 0.36 V 大きい．この違いの原因は，高濃度の水素イオンが存在すると，ヘキサシアノ鉄(II)イオン $[Fe(CN)_6]^{4-}$ やヘキサシアノ鉄(III)イオン $[Fe(CN)_6]^{3-}$ に一つまたは複数のプロトンが結合してヘキサシアノ鉄(II)酸やヘキサシアノ鉄(II)酸が生じるためである．$H_4Fe(CN)_6$ は $H_3Fe(CN)_6$ より弱酸なので，ネルンストの式における濃度比 $[Fe(CN)_6^{4-}]/[Fe(CN)_6^{3-}]$ は 1 より小さくなり，測定電位は大きくなる．

ネルンストの式の標準電極電位を式量電位に置き換えることで，計算値と測定結果はよく一致する（もちろん，溶液の電解質濃度が式量電位を適用できる濃度に近いという条件ではあるが）．当然のことながら，電解質の種類や濃度がかなり違う系に式量電位をあてはめようとすると，標準電極電位を使用したときよりも大きな誤差が生じうる．

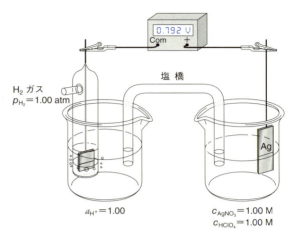

図 13・12　1 M $HClO_4$ 溶液中の Ag^+/Ag 対の式量電位の測定法

章 末 問 題

注：完全な化学式が示されている化学種に関する数値は分析モル濃度とする．イオンで示されている種については平衡モル濃度とする．

13・1 次の用語を簡単に説明あるいは定義せよ．
(a) 酸化　　　　　(b) 還元剤
(c) 塩橋　　　　　(d) 液絡
(e) ネルンストの式

13・2 次の用語を簡単に説明あるいは定義せよ．
(a) 電極電位　　　(b) 式量電位
(c) 標準電極電位　(d) 液間電位差
(e) 酸化電位

13・3 以下の用語の違いを明確に示せ．
(a) 酸化と酸化剤
(b) 電解セルとガルバニセル
(c) 電気化学セルのカソードと右側電極
(d) 可逆セルと不可逆セル
(e) 標準電極電位と式量電位

13・4 標準電極電位の表に，以下の項目がある．

$$I_2(s) + 2e^- \rightleftharpoons 2I^- \quad E^0 = 0.5355 \text{ V}$$
$$I_2(aq) + 2e^- \rightleftharpoons 2I^- \quad E^0 = 0.615 \text{ V}$$

これら二つの標準電極電位の差は何を意味するか．

13・5 水素電極では，電解質溶液に水素を連続的に送り込む必要があるのはなぜか．

13・6 Ni^{2+} から Ni への還元の標準電極電位は -0.25 V である．$Ni(OH)_2$ で飽和した 1.00 M NaOH 溶液に浸したニッケル電極の電位は，$E^0_{Ni^{2+}/Ni}$ の値より大きいか小さいか，説明せよ．

13・7 以下の反応を釣り合いのとれたイオン平衡式に書き直せ．平衡に必要な場合は，H^+ や H_2O をつけ加えよ．
(a) $Fe^{3+} + Sn^{2+} \rightarrow Fe^{2+} + Sn^{4+}$
(b) $Cr(s) + Ag^+ \rightarrow Cr^{3+} + Ag(s)$
(c) $NO_3^- + Cu(s) \rightarrow NO_2(g) + Cu^{2+}$
(d) $MnO_4^- + H_2SO_3 \rightarrow Mn^{2+} + SO_4^{2-}$
(e) $Ti^{3+} + [Fe(CN)_6]^{3-} \rightarrow TiO^{2+} + [Fe(CN)_6]^{4-}$
(f) $H_2O_2 + Ce^{4+} \rightarrow O_2(g) + Ce^{3+}$
(g) $Ag(s) + I^- + Sn^{4+} \rightarrow AgI(s) + Sn^{2+}$
(h) $UO_2^{2+} + Zn(s) \rightarrow U^{4+} + Zn^{2+}$
(i) $HNO_2 + MnO_4^- \rightarrow NO_3^- + Mn^{2+}$
(j) $HN_2NH_2 + IO_3^- + Cl^- \rightarrow N_2(g) + ICl_2^-$

13・8 問題 13・7 の各反応式の左辺において酸化剤と還元剤を明らかにせよ．各反応式を釣り合いのとれた半反応の平衡式に書き直せ．

13・9 以下の反応を釣り合いのとれたイオン平衡式に書き直せ．平衡に必要な場合は，H^+ や H_2O をつけ加えよ．
(a) $MnO_4^- + VO^{2+} \rightarrow Mn^{2+} + V(OH)_4^+$
(b) $I_2 + H_2S(g) \rightarrow I^- + S(s)$
(c) $Cr_2O_7^{2-} + U^{4+} \rightarrow Cr^{3+} + UO_2^{2+}$
(d) $Cl^- + MnO_2(s) \rightarrow Cl_2(g) + Mn^{2+}$
(e) $IO_3^- + I^- \rightarrow I_2(aq)$
(f) $IO_3^- + I^- + Cl^- \rightarrow ICl_2^-$
(g) $HPO_3^{2-} + MnO_4^- + OH^- \rightarrow PO_4^{3-} + MnO_4^{2-}$
(h) $SCN^- + BrO_3^- \rightarrow Br^- + SO_4^{2-} + HCN$
(i) $V^{2+} + V(OH)_4^+ \rightarrow VO^{2+}$

(j) $MnO_4^- + Mn^{2+} + OH^- \rightarrow MnO_2(s)$

13・10 問題13・9の各反応式の左辺において酸化剤と還元剤を明らかにせよ．各反応式を釣り合いのとれた半反応の平衡式に書き直せ．

13・11 次の酸化還元反応を考える．

$$AgBr(s) + V^{2+} \rightarrow Ag(s) + V^{3+} + Br^-$$
$$Tl^{3+} + 2[Fe(CN)_6]^{4-} \rightarrow Tl^+ + 2[Fe(CN)_6]^{3-}$$
$$2V^{3+} + Zn(s) \rightarrow 2V^{2+} + Zn^{2+}$$
$$[Fe(CN)_6]^{3-} + Ag(s) + Br^- \rightarrow [Fe(CN)_6]^{4-} + AgBr(s)$$
$$S_2O_8^{2-} + Tl^+ \rightarrow 2SO_4^{2-} + Tl^{3+}$$

(a) 全体の過程を表す各反応式を，釣り合いのとれた二つの半反応式で書け．
(b) それぞれの半反応を還元反応として表せ．
(c) (b)の半反応を，電子受容体としての効果が大→小になる順に並べよ．

13・12 次の酸化還元反応を考える．

$$2H^+ + Sn(s) \rightarrow H_2(g) + Sn^{2+}$$
$$Ag^+ + Fe^{2+} \rightarrow Ag(s) + Fe^{3+}$$
$$Sn^{4+} + H_2(g) \rightarrow Sn^{2+} + 2H^+$$
$$2Fe^{3+} + Sn^{2+} \rightarrow 2Fe^{2+} + Sn^{4+}$$
$$Sn^{2+} + Co(s) \rightarrow Sn(s) + Co^{2+}$$

(a) 全体の過程を表す各反応式を，釣り合いのとれた二つの半反応式で書け．
(b) それぞれの半反応を還元反応として表せ．
(c) (b)の半反応を，電子受容体としての効果が大→小になる順に並べよ．

13・13 以下の溶液に浸した銅電極の電位を計算せよ．
(a) 0.0380 M $Cu(NO_3)_2$
(b) CuClで飽和した0.0650 M NaCl
(c) $Cu(OH)_2$で飽和した0.0350 M NaOH
(d) 0.0375 M $[Cu(NH_3)_4]^{2+}$と0.108 M NH_3を含む溶液．$[Cu(NH_3)_4]^{2+}$のβ_4は5.62×10^{11}とする．
(e) $Cu(NO_3)_2$の分析モル濃度が3.90×10^{-3} Mの溶液にH_2Y^{2-} 3.90×10^{-2} M(Y=EDTA)を加え，pHは4.00で一定とした溶液．

13・14 以下の溶液に浸した亜鉛電極の電位を計算せよ．
(a) 0.0500 M $Zn(NO_3)_2$
(b) $Zn(OH)_2$で飽和した0.0200 M NaOH
(c) 0.0150 M $[Zn(NH_3)_4]^{2+}$と0.350 M NH_3を含む溶液．$[Zn(NH_3)_4]^{2+}$のβ_4は7.76×10^8とする．
(d) $Zn(NO_3)_2$の分析モル濃度が4.00×10^{-3} Mの溶液にH_2Y^{2-} 0.0550 M (Y=EDTA)を加え，pHは9.00で一定とする．

13・15 電解質が0.0100 M HCl，H_2の活量が1.00 atmの水素電極について，電極電位を活量を用いて計算せよ．

13・16 次の溶液に浸した白金電極の電位を計算せよ．
(a) 0.0160 M K_2PtCl_4と0.2450 M KClを含む溶液
(b) 0.0650 M $Sn(SO_4)_2$と3.5×10^{-3} M $SnSO_4$を含む溶液

(c) 1.00 atmでH_2(g)飽和したpH6.50の緩衝液
(d) 0.0255 M $VOSO_4$，0.0686 M $V_2(SO_4)_3$，0.100 M $HClO_4$を含む溶液
(e) 0.0918 M $SnCl_2$ 25.00 mLと0.1568 M $FeCl_3$ 25.00 mLの混合液
(f) 0.0832 M $V(OH)_4^+$ 25.00 mLと0.01087 M $V_2(SO_4)_3$ 50.00 mLを混合し，pH 1.00に調製した溶液

13・17 次の溶液に浸した白金電極の電位を計算せよ．
(a) 0.0613 M $K_4[Fe(CN)_6]$と0.00669 M $K_3[Fe(CN)_6]$を含む溶液
(b) 0.0400 M $FeSO_4$と0.00915 M $Fe_2(SO_4)_3$を含む溶液
(c) 1.00 atmでH_2飽和したpH 5.55の緩衝液
(d) 0.1015 M $V(OH)_4^+$，0.0799 M VO^{2+}，0.0800 M $HClO_4$を含む溶液
(e) 0.0607 M $Ce(SO_4)_2$ 50.00 mLと0.100 M $FeCl_2$ 50.00 mLの混合液（両溶液ともに1.00 M H_2SO_4を含むと仮定し，式量電位を用いよ）
(f) 0.0832 M $V_2(SO_4)_3$ 25.00 mLと0.00628 M $V(OH)_4^+$ 50.00 mLを混合し，pH 1.00に調製した溶液

13・18 ガルバニセルの左側電極を標準水素電極，右側電極を以下の半電池としたときのセル電圧を計算せよ．セルを短絡したとき，以下の電極がアノードとカソードのどちらの働きをするかも示せ．
(a) Ni $|$ Ni^{2+}(0.0883 M)
(b) Ag $|$ AgI(飽和)，KI(0.0898 M)
(c) Pt $|$ O_2(780 Torr)，HCl(2.50×10^{-4} M)
(d) Pt $|$ Sn^{2+}(0.0893 M)，Sn^{4+}(0.215 M)
(e) Ag $|$ $[Ag(S_2O_3)_2]^{3-}$(0.00891 M)，$Na_2S_2O_3$(0.1035 M)

13・19 以下の半セルを右側電極，標準水素電極を左側電極とした組合わせのガルバニセルがある．セル電圧を計算せよ．セルを短絡したとき，どちらの電極がカソードになるかも示せ．
(a) Cu $|$ Cu^{2+}(0.0805 M)
(b) Cu $|$ CuI(飽和)，KI(0.0993 M)
(c) Pt，H_2(0.914 atm) $|$ HCl(1.00×10^{-4} M)
(d) Pt $|$ Fe^{3+}(0.0886 M)，Fe^{2+}(0.1420 M)
(e) Ag $|$ $[Ag(CN)_2]^-$(0.0778 M)，KCN(0.0651 M)

13・20 Ag_2SO_3の溶解度積は1.5×10^{-14}である．次の反応のE^0を計算せよ．

$$Ag_2SO_3(s) + 2e^- \rightleftharpoons 2Ag + SO_3^{2-}$$

13・21 $Ni_2P_2O_7$の溶解度積は1.7×10^{-13}である．次の反応のE^0を計算せよ．

$$Ni_2P_2O_7(s) + 4e^- \rightleftharpoons 2Ni(s) + P_2O_7^{4-}$$

13・22 Tl_2Sの溶解度積は6×10^{-22}である．次の反応のE^0を計算せよ．

$$Tl_2S(s) + 2e^- \rightleftharpoons 2Tl(s) + S^{2-}$$

13・23 $Pb_3(AsO_4)_2$の溶解度積は4.1×10^{-36}である．次の反応のE^0を計算せよ．

$$Pb_2(AsO_4)_2(s) + 4e^- \rightleftharpoons 2Pb(s) + 2AsO_4^{2-}$$

13・24 次の反応の E^0 を計算せよ．

$$\text{ZnY}^{2-} + 2e^- \rightleftharpoons \text{Zn(s)} + \text{Y}^{4-}$$

Y^{4-} は EDTA の完全に脱プロトンした陰イオンである．ZnY^{2-} の生成定数は 3.2×10^{16} とする．

13・25 次の生成定数が与えられているとき，

$$\text{Fe}^{3+} + \text{Y}^{4-} \rightleftharpoons \text{FeY}^- \quad K_f = 1.3 \times 10^{25}$$
$$\text{Fe}^{2+} + \text{Y}^{4-} \rightleftharpoons \text{FeY}^{2-} \quad K_f = 2.1 \times 10^{14}$$

以下の平衡反応の E^0 を計算せよ．

$$\text{FeY}^- + e^- \rightleftharpoons \text{FeY}^{2-}$$

13・26 以下の平衡反応の E^0 を計算せよ．

$$[\text{Cu(NH}_3)_4]^{2+} + e^- \rightleftharpoons [\text{Cu(NH}_3)_2]^+ + 2\,\text{NH}_3$$

定数は次のとおり．

$$\text{Cu}^+ + 2\text{NH}_3 \rightleftharpoons [\text{Cu(NH}_3)_2]^+ \quad \beta_2 = 7.2 \times 10^{10}$$
$$\text{Cu}^{2+} + 4\text{NH}_3 \rightleftharpoons [\text{Cu(NH}_3)_4]^{2+} \quad \beta_4 = 5.62 \times 10^{11}$$

13・27 $[\text{Fe}^{3+}]/[\text{Fe}^{2+}]$ が以下の割合のときの半電池 $\text{Pt} \mid \text{Fe}^{3+}, \text{Fe}^{2+}$ の電位を求めよ．0.001, 0.0025, 0.005, 0.0075, 0.010, 0.025, 0.050, 0.075, 0.100, 0.250, 0.500, 0.750, 1.00, 1.250, 1.50, 1.75, 2.50, 5.00, 10.00, 25.00, 75.00, 100.00.

13・28 $[\text{Ce}^{4+}]/[\text{Ce}^{3+}]$ が問題 13・27 の $[\text{Fe}^{3+}]/[\text{Fe}^{2+}]$ と同じ比のときの半電池 $\text{Pt} \mid \text{Ce}^{4+}, \text{Ce}^{3+}$ の電位を求めよ．

13・29 問題 13・27，問題 13・28 の電極電位を半電池の濃度比に対してプロットせよ．電位を濃度比の対数に対してプロットすると，どのような形になるか．

13・30 発展問題 かつて，標準水素電極は pH の測定に用いられていた．

(a) pH を測定するのに用いられる電気化学セルの模式図を描き，各部の名称をすべて示せ．半電池には両方とも標準水素電極を用いよ．

(b) 両方の半電池の $[\text{H}_3\text{O}^+]$ から，セル電圧を与える式を導き出せ．

(c) 片方の半電池は既知濃度の H_3O^+ を含む溶液であり，もう片方は濃度が未知である．(b) の式を解き，未知濃度の半電池溶液の pH を求めよ．

(d) 活量係数を考慮して，得られた式を修正し，H_3O^+ の活量の負の対数（$pa_\text{H} = -\log a_\text{H}$）として結果を表せ．

(e) 正確な pa_H の測定値が得られると予想されるセルの条件を述べよ．

(f) そのセルは実際に pa_H の絶対測定に用いることが可能だろうか．あるいは pa_H が既知の溶液でセルを検定する必要があるだろうか．答えを詳細に説明せよ．

(g) pa_H 既知の溶液はどうしたら（あるいはどこで）得られるか．

(h) そのセルを pH 測定に用いるときに生じるであろう実際の問題について論ぜよ．

(i) Klopsteg は水素電極による測定方法について論じている[4]．彼は論文の図 2 で，ここに示したような目盛りの計算尺を用いて，$[\text{H}_3\text{O}^+]$ を pH に（あるいはその逆に）換算する方法を提案している．この計算尺の使い方の原理を説明し，どのように操作するのか述べよ．$[\text{H}_3\text{O}^+]$ が 3.56×10^{-4} M のとき，計算尺から読み取れる値はいくらか．得られる pH の有効数字は何桁か．pH = 9.85 のときの $[\text{H}_3\text{O}^+]$ はいくらか．

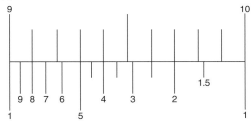

---

[4] P.E. Klopsteg, *Ind. Eng. Chem*, **14**(5), 399 (1922), DOI: 10.1021/ie50149a011.

14 標準電極電位と酸化還元滴定の応用

　本章では，標準電極電位を用いた 1) 熱力学なセル電圧計算，2) 酸化還元反応の平衡定数計算，3) 酸化還元滴定曲線の作成方法を説明する．
　また，酸化還元滴定における標準液の作製方法とその用い方，さらに滴定前に分析対象の酸化状態を一つに整えるための補助剤についても解説する．

14・1　電気化学セル電圧の計算

　標準電極電位とネルンストの式を用いて，ガルバニセルによって得られる電圧や，電解セルを作動させるのに必要な電圧を計算できる．算出した電圧（熱力学的なセル電圧とよばれることもある）は，電流が流れていないセルに相当しており，理論上の値である．セルに電流が流れているときは追加の因子を考慮しなければならない．
　電気化学セルの熱力学的なセル電圧 E_{cell} は，右側電極と左側電極の電極電位の差である．

[1]
$$E_{cell} = E_{right} - E_{left} \quad (14\cdot1)$$

ここで E_{right}, E_{left} は，それぞれ右側電極，左側電極の電極電位である．(14・1) 式は液間電位差がない，または無視できるほど小さな値のときに成立する．この章では，液間電位差を無視できると仮定する．

例題 14・1

　以下の熱力学的なセル電圧と，セル反応による自由エネルギー変化を計算せよ．

$$Cu\,|\,Cu^{2+}(0.0200\ M)\,\|\,Ag^{+}(0.0200\ M)\,|\,Ag$$

このセルは図 13・2 (a) のガルバニセルであることに注意せよ．

解　答

　二つの半反応と標準電極電位は次のとおりである．

$$Ag^{+} + e^{-} \rightleftharpoons Ag(s) \qquad E^{0} = 0.799\ V \quad (14\cdot2)$$
$$Cu^{2+} + 2e^{-} \rightleftharpoons Cu(s) \qquad E^{0} = 0.337\ V \quad (14\cdot3)$$

電極電位は，

（例題 14・1 解答つづき）

$$E_{Ag^{+}/Ag} = 0.799 - 0.0592 \log \frac{1}{0.0200} = 0.6984\ V$$

$$E_{Cu^{2+}/Cu} = 0.337 - \frac{0.0592}{2} \log \frac{1}{0.0200} = 0.2867\ V$$

電池図式より銀電極が右側電極，銅電極が左側電極とわかる．したがって，(14・1) 式をあてはめると，

$$E_{cell} = E_{right} - E_{left} = E_{Ag^{+}/Ag} - E_{Cu^{2+}/Cu}$$
$$= 0.6984 - 0.2867 = +0.412\ V$$

$Cu(s) + 2Ag^{+} \rightleftharpoons Cu^{2+} + Ag(s)$ の自由エネルギー変化 ΔG は次のように求められる．

$$\Delta G = -nFE_{cell} = -2 \times 96485\ C \times 0.412\ V$$
$$= -79{,}503\ J\ (19.00\ kcal)$$

例題 14・2

　次のセル電圧を計算せよ．

$$Ag\,|\,Ag^{+}(0.0200\ M)\,\|\,Cu^{2+}(0.0200\ M)\,|\,Cu$$

解　答

　二つの半反応の電極電位は例題 14・1 で計算した電極電位に等しい．すなわち，

$$E_{Ag^{+}/Ag} = 0.6984\ V \quad \text{および} \quad E_{Cu^{2+}/Cu} = 0.2867\ V$$

しかし，例題 14・1 と対照的に銀電極が左側，銅電極が右側である．これらの電極電位を (14・1) 式に代入し，

$$E_{cell} = E_{right} - E_{left} = E_{Cu^{2+}/Cu} - E_{Ag^{+}/Ag}$$
$$= 0.2867 - 0.6984 = -0.412\ V$$

　例題 14・1 と例題 14・2 は重要な事実を示している．二つの電極のどちらを左側，つまり参照電極と考えても，電位差の絶対値は 0.412 V になる．例題 14・2 のように銀電極が左側電極の場合，電極電位は負符号だが，例題

---

[1] (14・1) 式の E_{right}, E_{left} は，§13・3・3 に定義したとおり，どちらも<u>電極電位</u>であることに注意が必要である．

14・2で銅電極を参照電極にすると，電極電位は正符号になる．とはいえ，セルをどのように配置しても自発的セル反応はCuの酸化とAg$^+$の還元であり，自由エネルギー変化は79,503 Jである．例題14・3と例題14・4に，その他の形式の電極反応を示す．

例題14・3

以下のセル電圧を計算し，セルを短絡したときに自発的に起こる反応を示せ（図14・1）．

Pt | U^{4+}(0.200 M), UO$_2^{2+}$(0.0150 M), H$^+$(0.0300 M) ‖ Fe^{2+}(0.0100 M), Fe^{3+}(0.0250 M) | Pt

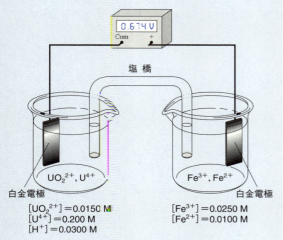

図14・1 例題14・3のセル

解 答

二つの半反応は，次のように表せる．

Fe^{3+} + e$^-$ ⇌ Fe^{2+}　　　$E^0 = +0.771$ V

UO$_2^{2+}$ + 4H$^+$ + 2e$^-$ ⇌ U^{4+} + 2H$_2$O　　　$E^0 = +0.334$ V

右側電極の電極電位は，

$$E_{\text{right}} = 0.771 - 0.0592 \log \frac{[\text{Fe}^{2+}]}{[\text{Fe}^{3+}]}$$

$$= 0.771 - 0.0592 \log \frac{0.0100}{0.0250} = 0.771 - (-0.0236)$$

$$= 0.7946 \text{ V}$$

左側電極の電極電位は，

$$E_{\text{left}} = 0.334 - \frac{0.0592}{2} \log \frac{[\text{U}^{4+}]}{[\text{UO}_2^{2+}][\text{H}^+]^4}$$

$$= 0.334 - \frac{0.0592}{2} \log \frac{0.200}{(0.0150)(0.0300)^4}$$

$$= 0.334 - 0.2136 = 0.1204 \text{ V}$$

(例題14・3解答つづき)

したがって，

$$E_{\text{cell}} = E_{\text{right}} - E_{\text{left}} = 0.7946 - 0.1204 = 0.6742 \text{ V}$$

正符号なので，自発的セル反応は左側のU^{4+}の酸化と右側のFe^{3+}の還元，すなわち以下のとおりである．

U^{4+} + 2Fe^{3+} + 2H$_2$O → UO$_2^{2+}$ + 2Fe^{2+} + 4H$^+$

例題14・4

以下のセル電圧を計算せよ．

Ag | AgCl(飽和), HCl(0.0200 M) | H$_2$(0.800 atm) | Pt

このセルではH$_2$分子が電解質溶液に含まれる低濃度のAg$^+$と直接反応することはほとんどないので，溶液を二つに仕切る必要がない（塩橋も必要ない）ことに注意せよ．これは**液絡**（liquid junction）のないセルの一例である（図14・2）．

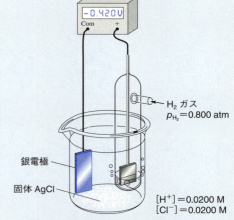

図14・2 例題14・4の液絡のないセル

解 答

二つの半反応と対応する標準電極電位は次のとおり（表13・1参照）．

2H$^+$ + 2e$^-$ ⇌ H$_2$(g)　　　$E^0_{\text{H}^+/\text{H}_2} = 0.000$ V

AgCl(s) + e$^-$ ⇌ Ag(s) + Cl$^-$　　　$E^0_{\text{AgCl/Ag}} = 0.222$ V

二つの電極電位は，

$$E_{\text{right}} = 0.000 - \frac{0.0592}{2} \log \frac{p_{\text{H}_2}}{[\text{H}^+]^2}$$

$$= -\frac{0.0592}{2} \log \frac{0.800}{(0.0200)^2}$$

$$= -0.0977 \text{ V}$$

$$E_{\text{left}} = 0.222 - 0.0592 \log [\text{Cl}^-]$$

$$= 0.222 - 0.0592 \log 0.0200$$

$$= 0.3226 \text{ V}$$

コラム 14・1　生物学での酸化還元系

生物学や生化学には重要な酸化還元系がたくさんある．そのすばらしい例がシトクロムである．シトクロムはポルフィリン環の鉄原子1個に窒素が配位したヘム鉄タンパク質であり，一電子酸化還元反応を受ける．シトクロムの生理機能は電子伝達を促進することである．呼吸鎖において，シトクロムは H_2 からの水の生成に深く関わる．水素は還元型ピリジンヌクレオチドからフラビンタンパク質に渡される．還元型フラビンタンパク質はシトクロム b または c の Fe^{3+} によって再酸化される．その結果，H^+ が生成し，電子が伝達される．そしてこの呼吸鎖は，シトクロムオキシダーゼが酸素に電子を渡したところで完了する．生じた酸化物イオン (O^{2-}) は不安定で，すぐに2個の H^+ を受取り H_2O を生成する．この機構を図14C・1に示す．

多くの生物学的酸化還元系はpHに依存する．このような系の酸化力あるいは還元力を比較するには，pH 7.0における電極電位の一覧表(付録5)を用いるのが慣例である．付録の表中の値はpH 7.0の式量電位であり，$E_7^{0'}$ という記号を一般的に用いる．

生化学で重要なその他の酸化還元系には，NADH/NAD系，フラビン類，ピルビン酸/乳酸系，オキサロ酢酸/リンゴ酸系，キノン/ヒドロキノン系などがある．

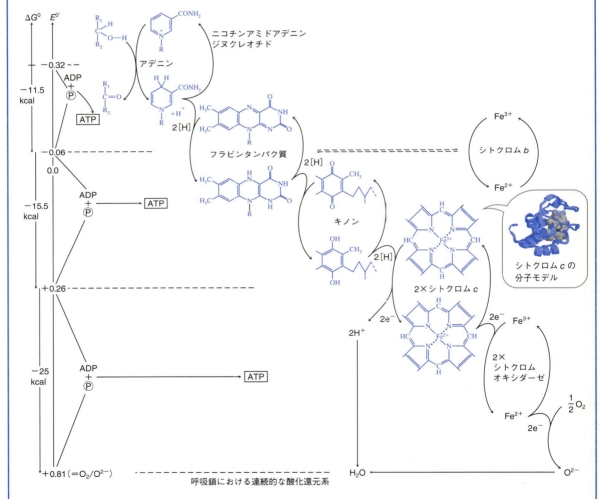

図 14C・1　呼吸鎖の酸化還元系．Ⓟ=リン酸イオン [P. Karlson, "Introduction to Modern Biochemistry", Academic Press, New York (1963) より]

(例題 14・4 解答つづき)
したがってセル電位は,

$$E_{cell} = E_{right} - E_{left} = -0.0977 - 0.3226 = -0.420 \text{ V}$$

負符号なので，検討したセル反応,

$$2H^+ + 2Ag(s) \rightarrow H_2(g) + 2AgCl(s)$$

は自発的ではない．この反応を起こすには，外部電圧を加えて電解セルを構築する必要がある．

14・2 酸化還元平衡定数の計算

硝酸銀の希薄溶液に銅の小片を浸したときの平衡について再び考えよう．

$$Cu(s) + 2Ag^+ \rightleftharpoons Cu^{2+} + 2Ag(s) \quad (14 \cdot 4)$$

この反応の平衡定数は次のようになる．

$$K_{eq} = \frac{[Cu^{2+}]}{[Ag^+]^2} \quad (14 \cdot 5)$$

例題 14・1 に示したように，この反応は下記のガルバニセル内で起こせる．

$$Cu|Cu^{2+}(x\,M)\|Ag^+(y\,M)|Ag$$

このセルに類似したセルの簡略図を図 13・2 (a) に示した．このセル電圧はどの時点においても (14・1) 式から求まる．

$$E_{cell} = E_{right} - E_{left} = E_{Ag^+/Ag} - E_{Cu^{2+}/Cu}$$

反応が進むにつれ，Cu^{2+} 濃度は増し，Ag^+ 濃度は減る．この変化により，銅電極の電位はますます正になり，銀電極の正の電位は小さくなる．図 13・6 に示したように，この変化による正味の効果は，セルの放電に伴う電位差の連続的な減少である．最終的に Cu^{2+} と Ag^+ の濃度は (14・5) 式で決まる平衡に達し，電流は流れなくなる．このような平衡条件下ではセルの電位差は 0 になる．したがって，化学平衡においては以下のように書ける．

$$E_{cell} = 0 = E_{right} - E_{left} = E_{Ag} - E_{Cu}$$

あるいは，

$$E_{right} = E_{left} = E_{Ag} = E_{Cu} \quad (14 \cdot 6)$$

ある酸化還元系が平衡状態にあるとき，系に含まれるすべての半反応の電極電位は等しいとして，(14・6) 式を一般化できる．電極電位が等しくなるまで，すべての半反応は相互に作用し合うので，この一般化は系に含まれる半反応の数に関係なく適用される．たとえば溶液中に四つの酸化還元系があるとき，四つの酸化還元対の電極電位が等しくなるまで，四つの系の中で相互に作用し合う．

(14・4) 式の反応に戻り，(14・6) 式の二つの電極電位にネルンストの式を代入しよう．

$$E_{Ag}^0 - \frac{0.0592}{2}\log\frac{1}{[Ag^+]^2} = E_{Cu}^0 - \frac{0.0592}{2}\log\frac{1}{[Cu^{2+}]} \quad (14 \cdot 7)$$

ここで，適用したネルンストの式は釣り合いをとった式 (14・4 式) での銀の半反応であることに注意してほしい．

$$2Ag^+ + 2e^- \rightleftharpoons 2Ag(s) \qquad E^0 = 0.799 \text{ V}$$

(14・7) 式を変形し，次式を得る．

$$E_{Ag}^0 - E_{Cu}^0 = \frac{0.0592}{2}\log\frac{1}{[Ag^+]^2} - \frac{0.0592}{2}\log\frac{1}{[Cu^{2+}]}$$

右辺第二項の対数項の分数の逆数をとるには，対数項の前の − を + にしなければならない．この変換により，

$$E_{Ag}^0 - E_{Cu}^0 = \frac{0.0592}{2}\log\frac{1}{[Ag^+]^2} + \frac{0.0592}{2}\log\frac{[Cu^{2+}]}{1}$$

最終的に，対数項をまとめて変形すると，

$$\frac{2(E_{Ag}^0 - E_{Cu}^0)}{0.0592} = \log\frac{[Cu^{2+}]}{[Ag^+]^2} = \log K_{eq} \quad (14 \cdot 8)$$

(14・8) 式の濃度の項は平衡濃度である．したがって，対数項の $[Cu^{2+}]/[Ag^+]^2$ は反応の平衡定数である．(14・8) 式の $(E_{Ag}^0 - E_{Cu}^0)$ は標準電極電位の差 E_{cell}^0 であることに注意しよう．E_{cell}^0 は一般に次式で与えられる．

$$E_{cell}^0 = E_{right}^0 - E_{left}^0$$

また (14・8) 式は，(13・7) 式で与えられた反応の自由エネルギー変化からも得られる．(13・7) 式を変形し，

$$\ln K_{eq} = -\frac{\Delta G^0}{RT} = \frac{nFE_{cell}^0}{RT} \quad (14 \cdot 9)$$

25 °C の場合，ln を常用対数 (底が 10) に変換して次のように書ける．

$$\log K_{eq} = \frac{nE_{cell}^0}{0.0592} = \frac{n(E_{right}^0 - E_{left}^0)}{0.0592}$$

(14・4) 式の反応については，E_{right}^0 を E_{Ag}^0 に，E_{left}^0 を E_{Cu}^0 に置き換えれば，上式から (14・8) 式が得られる．

---

1) 酸化還元系が平衡状態にあるとき，存在するすべての酸化還元対の電極電位は等しいことを覚えておこう．このことは反応が単一の溶液中で直接起こるか，ガルバニセル内で異なる溶液中で起こるかに関係なく，一般的にあてはまる．

例題 14・5 [1]

(14・4) 式に示した反応の平衡定数を計算せよ．

解 答

(14・8) 式に数値を代入して求められる．

$$\log K_{eq} = \log \frac{[Cu^{2+}]}{[Ag^+]^2} = \frac{2(0.799 - 0.337)}{0.0592} = 15.61$$

$$K_{eq} = \text{antilog } 15.61 = 10^{15.61} = 4.1 \times 10^{15}$$

例題 14・6

次の反応の平衡定数を計算せよ．

$$2Fe^{3+} + 3I^- \rightleftharpoons 2Fe^{2+} + I_3^-$$

解 答

付録 5 より，

$$2Fe^{3+} + 2e^- \rightleftharpoons 2Fe^{2+} \quad E^0 = 0.771 \text{ V}$$

$$I_3^- + 2e^- \rightleftharpoons 3I^- \quad E^0 = 0.536 \text{ V}$$

一つ目の半反応を 2 倍し，全体の平衡式の Fe^{3+}，Fe^{2+} の物質量と等しくなるようにした．二電子移動の半反応に基づいて Fe^{3+} と I_3^- のネルンストの式を書く．すなわち，

$$E_{Fe^{3+}/Fe^{2+}} = E^0_{Fe^{3+}/Fe^{2+}} - \frac{0.0592}{2} \log \frac{[Fe^{2+}]^2}{[Fe^{3+}]^2}$$

および，

$$E_{I_3^-/I^-} = E^0_{I_3^-/I^-} - \frac{0.0592}{2} \log \frac{[I^-]^3}{[I_3^-]}$$

平衡状態では電極電位が等しいので，

$$E_{Fe^{3+}/Fe^{2+}} = E_{I_3^-/I^-}$$

$$E^0_{Fe^{3+}/Fe^{2+}} - \frac{0.0592}{2} \log \frac{[Fe^{2+}]^2}{[Fe^{3+}]^2}$$
$$= E^0_{I_3^-/I^-} - \frac{0.0592}{2} \log \frac{[I^-]^3}{[I_3^-]}$$

式を変形し，

$$\frac{2(E^0_{Fe^{3+}/Fe^{2+}} - E^0_{I_3^-/I^-})}{0.0592} = \log \frac{[Fe^{2+}]^2}{[Fe^{3+}]^2} - \log \frac{[I^-]^3}{[I_3^-]}$$

$$= \log \frac{[Fe^{2+}]^2}{[Fe^{3+}]^2} + \log \frac{[I_3^-]}{[I^-]^3}$$

$$= \log \frac{[Fe^{2+}]^2 [I_3^-]}{[Fe^{3+}]^2 [I^-]^3}$$

上式 2 行目の対数項で，分子と分母を逆にしたので符号が変わったことに気をつける．左辺と右辺を入れ替えて，

$$\log \frac{[Fe^{2+}]^2 [I_3^-]}{[Fe^{3+}]^2 [I^-]^3} = \frac{2(E^0_{Fe^{3+}/Fe^{2+}} - E^0_{I_3^-/I^-})}{0.0592}$$

(例題 14・6 解答つづき)

この場合の濃度の項は平衡濃度なので，

$$\log K_{eq} = \frac{2(E^0_{Fe^{3+}/Fe^{2+}} - E^0_{I_3^-/I^-})}{0.0592} = \frac{2(0.771 - 0.536)}{0.0592} = 7.94$$

$$K_{eq} = \text{antilog } 7.94 = 10^{7.94} = 8.7 \times 10^7$$

$\log K_{eq}$ は有効数字が 2 桁（小数点以下 2 桁目）しかないので，答えは有効桁数が 2（小数点以下 1 桁）に丸めた．

例題 14・7

次の反応の平衡定数を計算せよ．

$$2MnO_4^- + 3Mn^{2+} + 2H_2O \rightleftharpoons 5MnO_2(s) + 4H^+$$

解 答

付録 5 より，

$$2MnO_4^- + 8H^+ + 6e^- \rightleftharpoons 2MnO_2(s) + 4H_2O$$
$$E^0 = +1.695 \text{ V}$$

$$3MnO_2(s) + 12H^+ + 6e^- \rightleftharpoons 3Mn^{2+} + 6H_2O$$
$$E^0 = +1.23 \text{ V}$$

ここでも，電子数が等しくなるように，両方の半反応を整数倍した．この系が平衡状態にあるとき，

$$E^0_{MnO_4^-/MnO_2} = E^0_{MnO_2/Mn^{2+}}$$

$$1.695 - \frac{0.0592}{6} \log \frac{1}{[MnO_4^-]^2 [H^+]^8}$$
$$= 1.23 - \frac{0.0592}{6} \log \frac{[Mn^{2+}]^3}{[H^+]^{12}}$$

右辺の対数項の逆数をとって変形すると，

$$\frac{6(1.695 - 1.23)}{0.0592} = \log \frac{1}{[MnO_4^-]^2 [H^+]^8} + \log \frac{[H^+]^{12}}{[Mn^{2+}]^3}$$

二つの対数項の和は積の対数に等しいので，

$$\frac{6(1.695 - 1.23)}{0.0592} = \log \frac{[H^+]^{12}}{[MnO_4^-]^2 [Mn^{2+}]^3 [H^+]^8}$$

$$47.1 = \log \frac{[H^+]^4}{[MnO_4^-]^2 [Mn^{2+}]^3} = \log K_{eq}$$

$$K_{eq} = \text{antilog } 47.1 = 10^{47.1} = 1 \times 10^{47}$$

最終的な答えは有効数字が 1 桁しかないことに注意する．

---

[1] 例題 14・5〜14・7 のような計算では，§3・6・2 に示した真数に対する数値の丸め方に従う．

14・3　酸化還元滴定曲線の作成

ほとんどの酸化還元指示薬は電極電位の変化に対応するので，酸化還元滴定曲線の縦軸は，錯滴定曲線や酸塩基滴定曲線に使用した濃度の負の対数の代わりに，電極電位が一般的に用いられる．第13章で述べたとおり，分析対象や滴定試薬の濃度と電極電位は対数関数で結ばれている．このため，酸化還元滴定曲線は，縦軸に $-\log[$濃度$]$ をプロットする他の滴定曲線と形がほぼ同じである．

14・3・1　酸化還元滴定中の電極電位

Ce^{4+} 標準液による Fe^{2+} の酸化還元滴定を考えてみよう．この反応は，さまざまな試料中の鉄の定量に広く使われている．滴定反応は次のとおりである．

$$Fe^{2+} + Ce^{4+} \rightleftharpoons Fe^{3+} + Ce^{3+}$$

この反応は迅速で可逆的なので，滴定中は常に系が平衡状態にある．その結果，二つの半反応の電極電位は常に等しい（14・6式参照）．すなわち，次のように表せる．

$$E_{Ce^{4+}/Ce^{3+}} = E_{Fe^{3+}/Fe^{2+}} = E_{system}$$

ここで，この酸化還元反応の **系の電位** (potential of the system) として E_{system} を導入した．酸化還元指示薬をこの溶液に加える場合，指示薬の電極電位 E_{In} も系の電位と等しくなるように指示薬の酸化型，還元型の濃度比を調整しなければならない．よって，(14・6) 式を用いると次のように書ける．

$$E_{In} = E_{Ce^{4+}/Ce^{3+}} = E_{Fe^{3+}/Fe^{2+}} = E_{system}$$

系の電極電位は標準電極電位のデータから計算できる．たとえば，この反応において，滴定中の混合液は仮想的なセルの一部とみなせる．

$$SHE \| Ce^{4+}, Ce^{3+}, Fe^{3+}, Fe^{2+} | Pt$$

SHEは標準水素電極を表す．標準水素電極に対する白金電極の電位は，Fe^{3+} と Ce^{4+} が電子を受取る傾向，すなわち以下の半反応の起こりやすさによって決まる．

$$Fe^{3+} + e^- \rightleftharpoons Fe^{2+}$$

$$Ce^{4+} + e^- \rightleftharpoons Ce^{3+}$$

▸ 平衡状態の，鉄およびセリウムの酸化型と還元型の濃度比は，電子に対する引力（すなわちその電極電位）が等しくなるような比になる．これらの濃度比は滴定中に連続的に変化することに注意しよう．E_{system} の変化も同様に違いない．よって終点は滴定中に起こる E_{system} の特徴的な変化から求まる．

▸ $E_{Ce^{4+}/Ce^{3+}} = E_{Fe^{3+}/Fe^{2+}} = E_{system}$ なので，Ce^{4+} の半反応か Fe^{3+} の半反応のどちらかにネルンストの式を適用すれば，滴定曲線作成用のデータが得られる．しかし，どちらを使う方が便利かは滴定の段階による．当量点前の Fe^{2+}, Fe^{3+}, Ce^{3+} の濃度は加えた滴定試薬の量と反応の化学量論から直接得られるが，Ce^{4+} の量はごくわずかなので，平衡定数に基づく計算でのみ得られる．当量点を超えると，別の状況が優勢になる．この領域では Ce^{3+}, Ce^{4+}, Fe^{3+} の濃度は加えた滴定試薬の量から直接算出できるが，Fe^{2+} 濃度は小さく，計算がもっと難しい．したがってここでは Ce^{4+}/Ce^{3+} 対に対するネルンストの式の方が使いやすい．当量点では Fe^{3+}, Ce^{3+} の濃度は化学量論から求められるが，Fe^{2+} と Ce^{4+} の濃度は必然的にかなり小さくなる．次項では当量点電位の計算方法を述べる．

a. 当量点電位　　当量点において，Ce^{4+} と Fe^{2+} の濃度は非常に低く，反応の化学量論によって求めることはできない．幸い，当量点での2種の反応物と2種の生成物の濃度比は既知なので，当量点の電位は簡単に求まる．

Fe^{2+} を Ce^{4+} で滴定する場合，当量点の系の電位は次の二つの式で与えられる．

$$E_{eq} = E^0_{Ce^{4+}/Ce^{3+}} - \frac{0.0592}{1} \log \frac{[Ce^{3+}]}{[Ce^{4+}]}$$

$$E_{eq} = E^0_{Fe^{3+}/Fe^{2+}} - \frac{0.0592}{1} \log \frac{[Fe^{2+}]}{[Fe^{3+}]}$$

二つの式の和をとると，

$$2E_{eq} = E^0_{Fe^{3+}/Fe^{2+}} + E^0_{Ce^{4+}/Ce^{3+}}$$

$$- \frac{0.0592}{1} \log \frac{[Ce^{3+}][Fe^{2+}]}{[Ce^{4+}][Fe^{3+}]} \quad (14 \cdot 10)$$

当量点の定義より，

$$[Fe^{3+}] = [Ce^{3+}]$$

$$[Fe^{2+}] = [Ce^{4+}]$$

これらの等式を (14・10) 式に代入すると，濃度の商が1となるので対数項は0になる．

$$2E_{eq} = E^0_{Fe^{3+}/Fe^{2+}} + E^0_{Ce^{4+}/Ce^{3+}} - \frac{0.0592}{1} \log \frac{[\cancel{Ce^{3+}}][\cancel{Ce^{4+}}]}{[\cancel{Ce^{4+}}][\cancel{Ce^{3+}}]}$$

$$= E^0_{Fe^{3+}/Fe^{2+}} + E^0_{Ce^{4+}/Ce^{3+}}$$

$$E_{eq} = \frac{E^0_{Fe^{3+}/Fe^{2+}} + E^0_{Ce^{4+}/Ce^{3+}}}{2} \quad (14 \cdot 11)$$

---

1) 酸化還元滴定のほとんどの終点は，当量点かその近傍で起こる E_{system} の急激な変化に基づく．

2) 当量点前の E_{system} は，分析対象に対するネルンストの式を用いて最も簡単に計算できる．当量点を過ぎてからは滴定試薬に対するネルンストの式を用いる．

3) (14・10) 式の濃度比 $\frac{[Ce^{3+}][Fe^{2+}]}{[Ce^{4+}][Fe^{3+}]}$ は反応商といい，平衡定数式に現れる生成物濃度と反応物濃度の比とは異なる．

例題 14・8 で，より複雑な反応の当量点の電位の求め方を説明する．

例題 14・8

0.0500 M U^{4+} を 0.1000 M Ce^{4+} で滴定するときの当量点の電位を求める式を導け．どちらの溶液も 1.0 M H_2SO_4 溶液と仮定する．

$$U^{4+} + 2Ce^{4+} + 2H_2O \rightleftharpoons UO_2^{2+} + 2Ce^{3+} + 4H^+$$

解 答

付録 5 より，

$$UO_2^{2+} + 4H^+ + 2e^- \rightleftharpoons U^{4+} + 2H_2O \quad E^0 = 0.334 \text{ V}$$

$$Ce^{4+} + e^- \rightleftharpoons Ce^{3+} \quad E^{0\prime} = 1.44 \text{ V}$$

ここで，Ce^{4+} については 1.0 M H_2SO_4 溶液中の式量電位を用いた．

Ce^{4+}/Fe^{2+} の当量点計算と同様に進めると，

$$E_{eq} = E^0_{UO_2^{2+}/U^{4+}} - \frac{0.0592}{2} \log \frac{[U^{4+}]}{[UO_2^{2+}][H^+]^4}$$

$$E_{eq} = E^{0\prime}_{Ce^{4+}/Ce^{3+}} - \frac{0.0592}{1} \log \frac{[Ce^{3+}]}{[Ce^{4+}]}$$

対数項をまとめるため，一つ目の式を 2 倍し次式を得る．

$$2E_{eq} = 2E^0_{UO_2^{2+}/U^{4+}} - 0.0592 \log \frac{[U^{4+}]}{[UO_2^{2+}][H^+]^4}$$

これを前述の二つ目の式に加えると，

$$3E_{eq} = 2E^0_{UO_2^{2+}/U^{4+}} + E^{0\prime}_{Ce^{4+}/Ce^{3+}}$$
$$- 0.0592 \log \frac{[U^{4+}][Ce^{3+}]}{[UO_2^{2+}][Ce^{4+}][H^+]^4}$$

ただし，当量点では，

$$[U^{4+}] = [Ce^{4+}]/2$$

かつ，

$$[UO_2^{2+}] = [Ce^{3+}]/2$$

である．これらを代入して変形すると，

$$E_{eq} = \frac{2E^0_{UO_2^{2+}/U^{4+}} + E^{0\prime}_{Ce^{4+}/Ce^{3+}}}{3}$$
$$- \frac{0.0592}{3} \log \frac{2[Ce^{4+}][Ce^{3+}]}{2[Ce^{3+}][Ce^{4+}][H^+]^4}$$

$$= \frac{2E^0_{UO_2^{2+}/U^{4+}} + E^{0\prime}_{Ce^{4+}/Ce^{3+}}}{3} - \frac{0.0592}{3} \log \frac{1}{[H^+]^4}$$

この滴定の当量点の電位は pH に依存することがわかる．

14・3・2 滴 定 曲 線

まずは，0.0500 M Fe^{2+} 50.00 mL を 0.1000 M Ce^{4+} （滴定中は終始 1.0 M H_2SO_4 溶液）で滴定する場合を考えよう．二つの還元反応の式量電位は付録 5 からデータを得て，計算に用いる．

$$Ce^{4+} + e^- \rightleftharpoons Ce^{3+} \quad E^{0\prime} = 1.44 \text{ V} (1 \text{ M } H_2SO_4)$$

$$Fe^{3+} + e^- \rightleftharpoons Fe^{2+} \quad E^{0\prime} = 0.68 \text{ V} (1 \text{ M } H_2SO_4)$$

i) 滴定前の電位：滴定試薬を加えるまで，溶液中にセリウムは含まれていない．Fe^{2+} が空気酸化した Fe^{3+} がわずかに存在する可能性は高いが，正確な量は不明である．いずれにせよ，最初の電位を計算するには情報が足りない．

ii) Ce^{4+} 5.00 mL 滴下後の電位：酸化剤が加えられると，Ce^{3+} と Fe^{3+} が生成する．溶液中の 3 種類の化学種は[1] 測定可能な量となり，容易に濃度を計算できるが，Ce^{4+} はほとんどない．したがって，系の電極電位を計算するには，二つの鉄の化学種の濃度を使用する方がよい．

Fe^{3+} の平衡モル濃度は，その分析モル濃度から未反応の Ce^{4+} の平衡モル濃度を引いたものに等しい．

$$[Fe^{3+}] = \frac{5.00 \text{ mL} \times 0.1000 \text{ M}}{50.00 \text{ mL} + 5.00 \text{ mL}} - [Ce^{4+}]$$

$$= \frac{0.500 \text{ mmol}}{55.00 \text{ mL}} - [Ce^{4+}]$$

$$= \left(\frac{0.500}{55.00}\right) \text{M} - [Ce^{4+}]$$

同様に Fe^{2+} の平衡モル濃度は，その分析モル濃度に未反応の Ce^{4+} の平衡モル濃度を足したものに等しい．

$$[Fe^{2+}] = \frac{50.00 \text{ mL} \times 0.0500 \text{ M} - 5.00 \text{ mL} \times 0.1000 \text{ M}}{55.00 \text{ mL}}$$
$$+ [Ce^{4+}]$$

$$= \left(\frac{2.00}{55.00}\right) \text{M} + [Ce^{4+}]$$

一般に，滴定に用いられる酸化還元反応は完全に反応し，化学種の一つ（この場合は $[Ce^{4+}]$）の平衡濃度は溶液中の他の化学種に比べて非常に小さい．そのため上述の二式は次のように単純化できる．

$$[Fe^{3+}] = \frac{0.500}{55.00} \text{ M} \quad \text{および} \quad [Fe^{2+}] = \frac{2.00}{55.00} \text{ M}$$

---

1) この反応は以下の式であることを思い出そう．
$$Fe^{2+} + Ce^{4+} \rightleftharpoons Fe^{3+} + Ce^{3+}$$

2) 厳密にいうと，Fe^{2+} と Fe^{3+} の濃度は未反応の Ce^{4+} の濃度で補正すべきである．補正により $[Fe^{2+}]$ は増加し，$[Fe^{3+}]$ は減少する．一般には，未反応の Ce^{4+} 量は少ないため，どちらに対しても補正の必要はない．

ネルンストの式の $[Fe^{2+}]$, $[Fe^{3+}]$ に代入し,

$$E_{system} = +0.68 - \frac{0.0592}{1} \log \frac{2.00/55.00}{0.50/55.00} = 0.64 \text{ V}$$

分子と分母にある体積は打消されるので, 電位は希釈の程度とは無関係であることに注意しよう. これは, 計算にあたって設定した二つの仮定の効力がなくなるまで, すなわち溶液が希薄になりすぎないうちは成り立つ.

Ce^{4+}/Ce^{3+} 系に対してネルンストの式を用いても, 同じ E_{system} が得られるが, そのためには $[Ce^{4+}]$ を反応の平衡定数から計算しなければならないことをもう一度強調しておく.

当量点手前の滴定曲線を描くのに必要なこの他の電位も同様にして得られる. それらを表 14・1 に示す. 数値のいくつかを自分で確認してみるとよい.

試薬の体積 [mL]	標準水素電極に対する電位† [V]	
	0.0500 M Fe²⁺ 50.00 mL	0.0250 M U⁴⁺ 50.00 mL
5.00	0.64	0.316
15.00	0.69	0.339
20.00	0.72	0.352
24.00	0.76	0.375
24.90	0.82	0.405
25.00	1.06 ← 当量点 →	0.703
25.10	1.30	1.30
26.00	1.36	1.36
30.00	1.40	1.40

† H_2SO_4 濃度は滴定を通して $[H^+]=1.0$ になるようにしてある

iii) **当量点電位**: (14・11) 式に二つの式量電位を代入すると, 次のようになる.

$$E_{eq} = \frac{E^{0'}_{Ce^{4+}/Ce^{3+}} + E^{0'}_{Fe^{3+}/Fe^{2+}}}{2} = \frac{1.44 + 0.68}{2} = 1.06 \text{ V}$$

iv) **Ce^{4+} 25.10 mL 滴下後の電位**: この点における Ce^{3+}, Ce^{4+}, Fe^{3+} の平衡モル濃度は簡単に計算できるが, Fe^{2+} については計算できない. したがって, E_{system} はセリウムの半反応に基づいて計算するほうが便利である. 二つのセリウムイオンの濃度は

$$[Ce^{3+}] = \frac{50.00 \times 0.0500}{75.10} - [Fe^{2+}] \approx \frac{2.500}{75.10} \text{ M}$$

$$[Ce^{4+}] = \frac{25.10 \times 0.1000 - 50.00 \times 0.0500}{75.10} + [Fe^{2+}]$$

$$\approx \frac{0.010}{75.10} \text{ M}$$

セリウムイオンの式では, Fe^{2+} の平衡モル濃度がセリウムイオンの分析モル濃度に対して無視できると仮定する. セリウムの 2 種のイオンに対するネルンストの式に代入し,

$$E = +1.44 - \frac{0.0592}{1} \log \frac{[Ce^{3+}]}{[Ce^{4+}]}$$

$$= +1.44 - \frac{0.0592}{1} \log \frac{2.500/75.10}{0.010/75.10}$$

$$= +1.30 \text{ V}$$

表 14・1 の当量点後の他の電位も同様の計算により求められる.

Fe^{2+} と Ce^{4+} の滴定曲線を図 14・3 の A に示す. この図は中和, 沈殿, 錯形成などの滴定曲線と非常によく似ており, 当量点が縦軸の急激な値の変化で示される. 系の電極電位は希釈に依存しないので, 0.00500 M Fe^{2+} と 0.01000 M Ce^{4+} の滴定曲線も, 実質的にこれまでの計算値と同じになる. 加えた Ce^{4+} に対する関数として E_{system} を計算するスプレッドシートを図 14・4 に示す.

表 14・1 の一番右の列のデータを図 14・3 の B にプロットし, 二つの滴定を比べてみる. 体積が 25.10 mL を超える領域では 2 種類のセリウムイオンの濃度が等しくなるので, 二つの曲線は同じになる. また, Fe^{2+} の曲線が当量点を中心に対称であるのに, U^{4+} の曲線が非対称であるのは興味深い. 一般に, 分析対象と滴定試薬がモル比 1:1 で反応するときの酸化還元滴定曲線は対称になる.

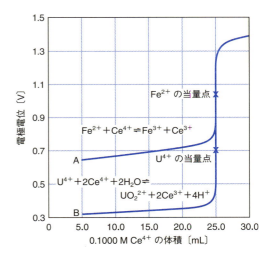

図 14・3 0.1000 M Ce^{4+} による滴定曲線. A: 0.05000 M Fe^{2+} 50.00 mL を滴定. B: 0.02500 M U^{4+} 50.00 mL を滴定.

---

1) ここまでに登場した滴定曲線とは対称的に, 非常に希薄な溶液を除いて, 酸化還元滴定曲線は反応物濃度に依存しない.
2) 滴定試薬を加える前の系の電位を計算できないのはなぜか.
3) 反応物が 1:1 で結合する場合, 酸化還元滴定曲線は当量点を中心に対称になる. それ以外は非対称.

228

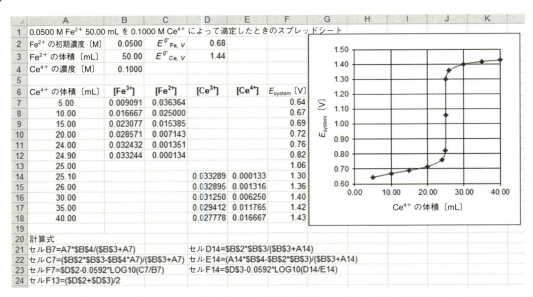

	A	B	C	D	E	F
1	0.0500 M Fe^{2+} 50.00 mL を 0.1000 M Ce^{4+} によって滴定したときのスプレッドシート					
2	Fe^{2+} の初期濃度〔M〕	0.0500	$E^{0'}_{Fe, V}$	0.68		
3	Fe^{2+} の体積〔mL〕	50.00	$E^{0'}_{Ce, V}$	1.44		
4	Ce^{4+} の濃度〔M〕	0.1000				
5						
6	Ce^{4+} の体積〔mL〕	$[Fe^{3+}]$	$[Fe^{2+}]$	$[Ce^{3+}]$	$[Ce^{4+}]$	E_{system}〔V〕
7	5.00	0.009091	0.036364			0.64
8	10.00	0.016667	0.025000			0.67
9	15.00	0.023077	0.015385			0.69
10	20.00	0.028571	0.007143			0.72
11	24.00	0.032432	0.001351			0.76
12	24.90	0.033244	0.000134			0.82
13	25.00					1.06
14	25.10			0.033289	0.000133	1.30
15	26.00			0.032895	0.001316	1.36
16	30.00			0.031250	0.006250	1.40
17	35.00			0.029412	0.011765	1.42
18	40.00			0.027778	0.016667	1.43
19						
20	計算式					
21	セルB7=A7*$B$4/($B$3+A7)			セルD14=$B$2*$B$3/($B$3+A14)		
22	セルC7=($B$2*$B$3-$B$4*A7)/($B$3+A7)			セルE14=(A14*$B$4-$B$2*$B$3)/($B$3+A14)		
23	セルF7=$D$2-0.0592*LOG10(C7/B7)			セルF14=$D$3-0.0592*LOG10(D14/E14)		
24	セルF13=($D$2+$D$3)/2					

図 14・4 0.0500 M Fe^{2+} 50.00 mL を 0.1000 M Ce^{4+} によって滴定するときのスプレッドシートとグラフ.当量点前では Fe^{3+} と Fe^{2+} の濃度から系の電位を求める.当量点後は Ce^{4+} と Ce^{3+} の濃度をネルンストの式に用いる.セル B7 の Fe^{3+} 濃度は,加えた Ce^{4+} の物質量を溶液の全体積で割って求められる.Ce^{4+} を 5.00 mL 滴下したときの式をセル A21 に示す.セル C7 の $[Fe^{2+}]$ は,最初に存在する Fe^{2+} の物質量から生成した Fe^{3+} の物質量を引き,それを溶液の全体積で割って求められる.セル A22 に同じく 5.00 mL 滴下のときの式を示す.ネルンストの式で計算した当量点前の系の電位をセル F7〜F12 に示す.5.00 mL 滴下したときの式をセル A23 に表す.セル F13 の当量点の電位は,セル A24 に表された二つの式量電位の平均から求められる.当量点後では,Ce^{3+} 濃度(セル D14)は,最初に存在する Fe^{2+} の物質量を溶液の全体積で割って求められる.セル D21 に体積 25.10 mL のときの式を示す.Ce^{4+} 濃度(セル E14)は,セル D22 に示すように,加えた全 Ce^{4+} の物質量から最初に存在する Fe^{2+} の物質量を引き,それを溶液の全体積で割って求められる.セル F14 の系の電位は,セル D23 に示すように,ネルンストの式から求められる.右のグラフは上記計算の結果得られた滴定曲線である.

例題 14・9

0.02500 M U^{4+} 50.00 mL を 0.1000 M Ce^{4+} で滴定するときの滴定曲線を描け.滴定中,溶液は終始 1.0 M H_2SO_4 とする(簡略化するために,この溶液の $[H^+]$ も約 1.0 M とする).

解 答

反応は,

$$U^{4+} + 2Ce^{4+} + 2H_2O \rightleftharpoons UO_2^{2+} + 2Ce^{3+} + 4H^+$$

また,付録5より,

$UO_2^{2+} + 4H^+ + 2e^- \rightleftharpoons U^{4+} + 2H_2O$　　　$E^0 = 0.334$ V

$Ce^{4+} + e^- \rightleftharpoons Ce^{3+}$　　　$E^{0'} = 1.44$ V

Ce^{4+} 5.00 mL 滴下後の電位

最初の U^{4+} の物質量

$$= 50.00 \text{ mL U}^{4+} \times 0.02500 \frac{\text{mmol U}^{4+}}{\text{mL U}^{4+}}$$

$$= 1.250 \text{ mmol U}^{4+}$$

加えた Ce^{4+} の物質量

$$= 5.00 \text{ mL Ce}^{4+} \times 0.1000 \frac{\text{mmol Ce}^{4+}}{\text{mL Ce}^{4+}}$$

$$= 0.5000 \text{ mmol Ce}^{4+}$$

残った U^{4+} の物質量

$$= 1.250 \text{ mmol U}^{4+} - 0.2500 \text{ mmol UO}_2^{2+}$$

$$\times \frac{1 \text{ mmol U}^{4+}}{1 \text{ mmol UO}_2^{2+}}$$

$$= 1.000 \text{ mmol U}^{4+}$$

溶液の全体積 $= (50.00 + 5.00)$ mL $= 55.00$ mL

残った U^{4+} のモル濃度 $= \dfrac{1.000 \text{ mmol U}^{4+}}{55.00 \text{ mL}}$

生成した UO_2^{2+} のモル濃度

$$= \frac{0.5000 \text{ mmol Ce}^{4+} \times \dfrac{1 \text{ mmol UO}_2^{2+}}{2 \text{ mmol Ce}^{4+}}}{55.00 \text{ mL}}$$

$$= \frac{0.2500 \text{ mmol UO}_2^{2+}}{55.00 \text{ mL}}$$

UO_2^{2+}/U^{4+} 対にネルンストの式を適用すると,

$$E = 0.334 - \frac{0.0592}{2} \log \frac{[U^{4+}]}{[UO_2^{2+}][H^+]^4}$$

$$= 0.334 - \frac{0.0592}{2} \log \frac{[U^{4+}]}{[UO_2^{2+}](1.00)^4}$$

(例題 14・9 解答つづき)
U^{4+}, UO_2^{2+} の濃度を代入し,

$$E = 0.334 - \frac{0.0592}{2}\log\frac{1.000 \text{ mmol } U^{4+}/55.00 \text{ mL}}{0.2500 \text{ mmol } UO_2^{2+}/55.00 \text{ mL}}$$
$$= 0.316 \text{ V}$$

同様に計算した当量点前の他のデータを表 14・1 の右端の列に示す.

当量点の電位

例題 14・8 に示した手順に従い,以下を得る.

$$E_{eq} = \frac{(2E^0_{UO_2^{2+}/U^{4+}} + E^{0\prime}_{Ce^{4+}/Ce^{3+}})}{3} - \frac{0.0592}{3}\log\frac{1}{[H^+]^4}$$

電位と $[H^+]$ の値を代入し,

$$E_{eq} = \frac{2 \times 0.334 + 1.44}{3} - \frac{0.0592}{3}\log\frac{1}{(1.00)^4}$$
$$= \frac{2 \times 0.334 + 1.44}{3} = 0.703 \text{ V}$$

Ce^{4+} 25.10 mL 滴下後の電位

溶液の全体積 = 75.10 mL

最初の U^{4+} の物質量
$$= 50.00 \text{ mL } U^{4+} \times 0.02500 \frac{\text{mmol } U^{4+}}{\text{mL } U^{4+}}$$
$$= 1.250 \text{ mmol } U^{4+}$$

加えた Ce^{4+} の物質量
$$= 25.10 \text{ mL } Ce^{4+} \times 0.1000 \frac{\text{mmol } Ce^{4+}}{\text{mL } Ce^{4+}}$$
$$= 2.510 \text{ mmol } Ce^{4+}$$

生成した Ce^{3+} のモル濃度
$$= \frac{1.250 \text{ mmol } U^{4+} \times \frac{2 \text{ mmol } Ce^{3+}}{\text{mmol } U^{4+}}}{75.10 \text{ mL}}$$

残った Ce^{4+} のモル濃度
$$= \frac{2.510 \text{ mmol } Ce^{4+} - 2.500 \text{ mmol } Ce^{3+} \times \frac{1 \text{ mmol } Ce^{4+}}{\text{mmol } Ce^{3+}}}{75.10 \text{ mL}}$$

ネルンストの式に代入し,

$$E = 1.44 - 0.0592 \log\frac{2.500/75.10}{0.010/75.10} = 1.30 \text{ V}$$

表 14・1 に同様に計算した当量点後の他のデータをまとめた.

14・3・3 酸化還元滴定曲線に影響を与える要因

第 12 章では,反応物の濃度や反応の完結度が滴定曲線に与える影響を述べた.今度は,酸化還元滴定曲線に対するこれらの影響について考えてみよう.

a. 反応物の濃度 前述のとおり,酸化還元滴定の E_{system} は通常,希釈とは無関係である.したがって,酸化還元反応の滴定曲線は通常,分析対象と試薬の濃度に依存しない.この特徴は,ここまでに取上げた他の滴定曲線にみられたものとは明らかに異なる.

b. 反応の完結度 酸化還元滴定における当量点領域での電位変化は,完結度の高い反応ほど大きくなる.完結度が及ぼす影響は図 14・3 の二つの曲線にはっきり示されている (Ce^{4+} と Fe^{2+} の反応の平衡定数は 7×10^{12},一方,Ce^{4+} と U^{4+} では 2×10^{37} である).反応の完結度の影響を図 14・5 でさらに解説しよう.この図は,標準電極電位が 0.20 V と仮定した還元剤と,0.40~1.20 V の標準電極電位をもつと仮定した数種類の酸化剤による滴定曲線を表す.各曲線の平衡定数は約 2×10^3~8×10^{16} の間にある.完結度が最も高い反応ほど系の電位変化は大きく (曲線 A),反対に完結度が低いと電位変化は小さい (曲線 E).すなわち,反応の完結度の点では,酸化還元滴定曲線は他の化学反応が関与する滴定曲線と類似している.

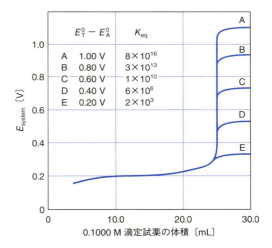

図 14・5 反応の完結度に及ぼす滴定試薬の電極電位の影響.分析対象の標準電極電位 (E^0_A) は 0.200 V である.滴定試薬の標準電極電位 (E^0_T) は曲線 A から順に 1.20, 1.00, 0.80, 0.60, 0.40.分析対象と滴定試薬は両方とも一電子反応である.

14・4 酸化還元指示薬

酸化還元滴定の終点の検出に用いられる指示薬は,大きく 2 種類に分けられる.一般的な酸化還元指示薬と,特殊な酸化還元指示薬である.一般的な酸化還元指示薬は分析対象や滴定試薬とは別に加えることで終点を検出する.

表 14・2 代表的な酸化還元指示薬[a]

指示薬	色		変色電位 〔V〕	条 件
	酸化型	還元型		
5-ニトロ-1,10-フェナントロリン鉄(II)錯体	薄い青	赤紫	+1.25	1 M H_2SO_4
2,3′-ジフェニルアミンジカルボン酸	青紫	無色	+1.12	7～10 M H_2SO_4
1,10-フェナントロリン鉄(II)錯体	薄い青	赤	+1.11	1 M H_2SO_4
5-メチル-1,10-フェナントロリン鉄(II)錯体	薄い青	赤	+1.02	1 M H_2SO_4
エリオグラウシン A	青紫	黄緑	+0.98	0.5 M H_2SO_4
ジフェニルアミンスルホン酸	赤紫	無色	+0.85	希酸
ジフェニルアミン	紫	無色	+0.76	希酸
p-エトキシクリソイジン	黄	赤	+0.76	希酸
メチレンブルー	青	無色	+0.53	1 M 酸
インジゴテトラスルホン酸	青	無色	+0.36	1 M 酸
フェノサフラニン	赤	無色	+0.28	1 M 酸

a) データの一部は I.M. Kolthoff, V.A. Stenger, "Volumetric Analysis, 2nd ed.", Vol. 1, p. 140, Interscience, New York (1942)

特殊な酸化還元指示薬では，分析対象や滴定試薬そのものが指示薬の働きをする．

14・4・1 一般的な酸化還元指示薬

[1] 一般的な酸化還元指示薬は，酸化あるいは還元されると色が変化する物質である．酸化還元指示薬の色の変化は，分析対象や滴定試薬の化学的性質にほとんど関係なく，滴定が進むにつれて生じる系の電極電位の変化のみに応答する．

一般的な酸化還元指示薬の色の変化をひき起こす半反応は，次のように書ける．

$$In_{ox} + ne^- \rightleftharpoons In_{red}$$

指示薬の反応が可逆的ならば次のように書ける．

$$E = E^0_{In_{ox}/In_{red}} - \frac{0.0592}{n} \log \frac{[In_{red}]}{[In_{ox}]} \quad (14\cdot12)$$

一般に，指示薬が酸化型の色から還元型の色に移行するには，濃度比で約 100 倍の変化が必要である．すなわち，濃度比が，

$$\frac{[In_{red}]}{[In_{ox}]} \leqq \frac{1}{10}$$

から，

$$\frac{[In_{red}]}{[In_{ox}]} \geqq 10$$

になるとき，色の変化が現れる．一般的な酸化還元指示薬の色が完全に変化するのに要する電位変化は，この二つの値を(14・12)式に代入すれば求まる．

$$E = E^0_{In} \pm \frac{0.0592}{n}$$

上式から，一般的な酸化還元指示薬の検出可能な色の変化は，滴定試薬によって系の電位が $E^0_{In}+0.0592/n$ から $E^0_{In}-0.0592/n$ に変わる，すなわち電位変化が約 $(0.118/n)$ V になったときであることがわかる．多くの指示薬は $n=2$ なので，0.059 V の電位変化で十分である．[2]

表 14・2 に代表的な酸化還元指示薬の変色**電位** (transition potential) をあげる．約 +1.25 V 以下の範囲であれば，望みの電位域で変色する指示薬が入手できることに注意する．表に示した指示薬のいくつかについては，以下でその構造と反応を考察する．

a. 1,10-フェナントロリンの Fe^{2+} 錯体　1,10-フェナントロリン類あるいは o-フェナントロリン類として知られる一群の有機化合物は，Fe^{2+} や他のイオンと安定な錯体を形成する．母体化合物の 1,10-フェナントロリンには 2 個の窒素原子があり，それぞれ Fe^{2+} と共有結合（配位結合）できる位置にある（図 14・6 a）．

3 分子の 1,10-フェナントロリンが鉄イオンに結合して，図 14・6 (b) に示した構造の錯体を形成する．この錯体はフェロインともよばれ，$[Fe(phen)_3]^{2+}$ と簡略化した構造式で表される．フェロインと錯形成した鉄イオンは，以下

---

[1] 一般的な酸化還元指示薬の色の変化は系の電位にのみ依存する．
[2] プロトンは多くの指示薬の反応に関与する．そのため色の変化が起こる電位の範囲（変色電位域）は pH に依存することが多い．

の可逆的な酸化還元反応を受ける．

$$[\text{Fe(phen)}_3]^{3+} + e^- \rightleftharpoons [\text{Fe(phen)}_3]^{2+}$$
　　　薄い青　　　　　　　　　　赤

実際は，酸化型の色は非常に薄くて検出されないほどなので，この還元に伴い，色はほぼ無色から赤に変化する．通常は指示薬の約 10% が Fe^{2+} 型になるだけで，色の強度の違いにより終点が得られる．変色電位は 1 M 硫酸でほぼ +1.11 V である．

酸化還元指示薬すべての中で，フェロインは理想的な物質に最も近い．フェロインはすばやく可逆的に反応し，色の変化が明確で，溶液は安定でしかも調製しやすい．また多くの指示薬に比べて，フェロインの酸化型は強酸化剤に対してきわめて不活性である．しかし 60 ℃ 以上の温度になるとフェロインは分解する．

多数のフェナントロリン誘導体に対して，指示薬としての特性が調べられ，母体化合物より有用だと判明したものもある．このうち 5-ニトロ誘導体と 5-メチル誘導体は重要な化合物であり（図 14・6 c），それぞれの変色電位は +1.25 V と +1.02 V である．

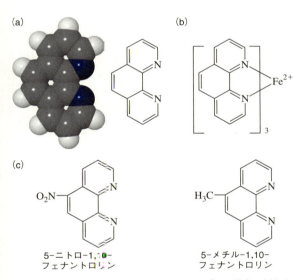

図 14・6　(a) 1,10-フェナントロリンは Fe^{2+} に対する優れた錯形成試薬である．(b) フェロイン，$[\text{Fe(phen)}_3]^{2+}$．(c) フェナントロリンの誘導体．

b．デンプン-ヨウ素溶液　　デンプンは，三ヨウ化物イオンと暗青色の複合体を形成し，酸化剤をヨウ素，還元剤をヨウ化物イオンとする酸化還元反応（$I_2 + I^- \rightleftharpoons I_3^-$）の特殊な指示薬として広く使用される．一方，少量の三ヨウ化物イオンまたはヨウ化物イオンを含むデンプン溶液は，一般的な酸化還元指示薬としての機能も果たせる．酸化剤が過剰に存在すると，ヨウ化物イオンに対するヨウ素の濃度比が高くなり，溶液は青色になる．還元剤が過剰に存在するとヨウ化物イオンが支配的になり，青色が消える．したがって，多くの還元剤をさまざまな酸化剤で滴定する場合，指示薬を含む溶液は無色から青色に変化する．この色変化は反応物の化学組成にまったく関係なく，当量点の系の電位にのみ依存する．

c．酸化還元指示薬の選択　　表 14・2 の酸化還元指示薬は，最上段と最下段を除いてどれも図 14・5 の滴定試薬 A とともに使用できることがグラフからわかる．それに対して，滴定試薬 D とともに使用可能なのは，インジゴテトラスルホン酸だけである．滴定試薬 E による電位変化は小さすぎて，指示薬では十分に検出できない．

14・4・2　特殊な酸化還元指示薬

特殊な酸化還元指示薬のなかで最もよく知られているのは，デンプンである．デンプンは三ヨウ化物イオンと暗青色の錯体をつくる．この錯体は，ヨウ素が生成するか消費される滴定において終点の合図になる．

チオシアン酸カリウムも特殊な酸化還元指示薬であり，たとえば Fe^{3+} を硫酸チタン(Ⅲ) で滴定するときに用いられる．当量点で Fe^{3+} 濃度が著しく減少する結果，チオシアン酸鉄(Ⅲ) の赤色が消えたところが終点となる．

14・5　電位差測定法による終点

多くの酸化還元滴定において，分析対象溶液を次のようなセルの一部として終点を求めることができる．

　　　参照電極 ‖ 分析対象を含む溶液 | Pt

滴定中にこのセルの電位を測定し，図 14・3，図 14・5 と類似した滴定曲線を作成できる．終点は作成した滴定曲線から容易に求められる．電位差測定法による終点については第 15 章で詳しく論じる．

14・6　補助酸化剤，補助還元剤

酸化還元滴定を始めるにあたり，分析対象は酸化状態が一つに決まっていなければならない．しかし，滴定に先立ち，試料を溶解したり妨害成分を分離したりする段階で，さまざまな酸化状態の混ざった分析対象に変わってしまうことがある．たとえば鉄を含む試料を溶解すると，通常，Fe^{2+} と Fe^{3+} が混ざった溶液ができる．標準酸化剤を使用して鉄を定量しようとする場合，まずは試料溶液を補助還元剤で処理し，すべての鉄を Fe^{2+} に変換しなければならない．逆に，標準還元剤で滴定する場合は，補助酸化剤による前処理が必要である[1]．

---

[1] 補助剤に関する概要は，J.A. Goldman, V.A. Stenger, "Treatise on Analytical Chemistry", ed. by I.M. Kolthoff, P.J. Elving, Part I, Vol. 11, p. 7204-6, Wiley, New York (1975) を参照．

前処理として酸化剤または還元剤を利用するためには、分析対象と定量的に反応する試薬でなければならない。さらに、過剰な試薬は標準液と反応して滴定の妨げになる場合があるため、過剰分を簡単に除去できるものでなければならない。

14・6・1 補助還元剤

金属のいくつかは良好な還元剤であり、分析対象を事前に還元する目的で使われている。たとえば亜鉛、アルミニウム、カドミウム、鉛、ニッケル、銅、銀（塩化物イオン存在下）などで、棒状またはコイル状の金属は、分析対象を含む溶液に直接浸すことができる。還元が完了したと判断したら、浸した金属を手作業で取除き、水で洗い流す。さらに顆粒状、粉末状の金属を除去するため分析対象溶液を沪過する。沪過の代わりに図14・7に示すような**還元器**（reductor）を用いる方法もある[2]。還元器の縦型ガラス管には微細な金属が詰められており、そこに中真空下で溶液を流す。還元器内の金属は通常数百回の還元を行うことができる。

表14・3にジョーンズ還元器が適用できるおもな還元反応をあげる。あわせて、**ワルデン還元器**（Walden reductor）についても示した。ワルデン還元器では細いガラス管に詰めた顆粒状の金属銀が還元剤である。銀は、難溶性塩を生成するイオン（塩化物イオンなど）が存在しなければ、よい還元剤にならない。このため、ワルデン還元器で前処理の還元を行うときは、通常は分析対象を含む塩酸溶液を流す。充填剤の上を覆っている溶液に棒状の亜鉛を浸漬して、金属表面にできた塩化銀の被覆を定期的に除去する。表14・3によれば、ワルデン還元器はジョーンズ還元器よりいくらか選択性が高いといえる。

表14・3 ワルデン還元器とジョーンズ還元器の適用できる還元反応[a]

ワルデン還元器	ジョーンズ還元器
$Ag(s)+Cl^- \rightarrow AgCl(s)+e^-$	$Zn(Hg)(s) \rightarrow Zn^{2+}+Hg+2e^-$
$Fe^{3+}+e^- \rightarrow Fe^{2+}$	$Fe^{3+}+e^- \rightleftharpoons Fe^{2+}$
$Cu^{2+}+e^- \rightarrow Cu^+$	$Cu^{2+}+2e^- \rightleftharpoons Cu(s)$
$H_2MoO_4+2H^++e^- \rightarrow MoO_2^++2H_2O$	$H_2MoO_4+6H^++3e^- \rightleftharpoons Mo^{3+}+4H_2O$
$UO_2^{2+}+4H^++2e^- \rightarrow U^{4+}+2H_2O$	$UO_2^{2+}+4H^++2e^- \rightleftharpoons U^{4+}+2H_2O$ $UO_2^{2+}+4H^++3e^- \rightleftharpoons U^{3+}+2H_2O$†
$V(OH)_4^++2H^++e^- \rightarrow VO^{2+}+3H_2O$	$V(OH)_4^++4H^++3e^- \rightleftharpoons V^{2+}+4H_2O$
TiO^{2+} は還元されない	$TiO^{2+}+2H^++e^- \rightleftharpoons Ti^{3+}+H_2O$
Cr^{3+} は還元されない	$Cr^{3+}+e^- \rightleftharpoons Cr^{2+}$

a) I.M. Kolthoff, R. Belcher, "Volumetric Analysis", Vol. 3, p. 12, Interscience, New York (1957). John Wiley & Sons, Inc より.
† 複数の酸化状態のウラン混合物が得られる。しかし、ウランの定量には、いまだにジョーンズ還元器が用いられることがある。生成した U^{3+} は溶液を空気とともに数分間振とうするだけで U^{4+} に変換できるためである。

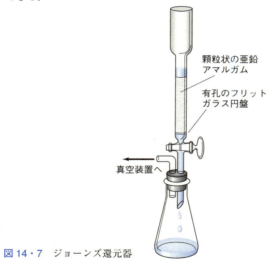

図14・7 ジョーンズ還元器

（顆粒状の亜鉛アマルガム／有孔のフリットガラス円盤／真空装置へ）

代表的な**ジョーンズ還元器**（Jones reductor）は、直径約2 cm のカラムにアマルガム化した亜鉛が 40～50 cm 詰められている。アマルガムは、亜鉛顆粒を塩化水銀(II)溶液に短時間浸して作製する。その際に次の反応が起こる。

$$2Zn(s) + Hg^{2+} \rightarrow Zn^{2+} + Zn(Hg)(s)$$

亜鉛アマルガム $Zn(Hg)$ は純粋な亜鉛とほぼ同じ還元作用があるが、亜鉛による水素イオンの還元が起こらないという重要な長所をもつ。この副反応が起これば余計な還元剤の使用が増えるばかりでなく、試料溶液に大量の Zn^{2+} が混入する。一方ジョーンズ還元器を用いれば、非常に酸性な溶液でも大量の水素を生成せずに金属を還元することができる。

14・6・2 補助酸化剤

a. ビスマス酸ナトリウム ビスマス酸ナトリウムは強力な酸化剤で、たとえば Mn^{2+} を定量的に過マンガン酸イオンに変換できる。難溶性の固体で、一般的な化学式は $NaBiO_3$ と書かれるが、正確な組成はいまだにわかっていない。酸化反応は、分析対象を含む溶液にビスマス酸ナトリウムを懸濁し、短時間煮沸して行われる。未反応の試薬は沪過により除去する。ビスマス酸ナトリウムの還元半反応は以下のように書ける。

$$NaBiO_3(s) + 4H^+ + 2e^- \rightleftharpoons BiO^+ + Na^+ + 2H_2O$$

2) 還元器については、文献1)を参照. F. Hecht, Part I. Vol. 11, p. 6703-7.

b. ペルオキソ二硫酸アンモニウム

ペルオキソ二硫酸アンモニウム $(NH_4)_2S_2O_8$ も強力な酸化剤である．酸性溶液中で Cr^{3+} を二クロム(VI)酸に，Ce^{3+} を Ce^{4+} に，Mn^{2+} を過マンガン(VII)酸に変換する．半反応は，

$$S_2O_8^{2-} + 2e^- \rightleftharpoons 2SO_4^{2-}$$

酸化は少量の銀イオンにより触媒される．過剰な試薬は，短時間煮沸すると容易に分解する．

$$2S_2O_8^{2-} + 2H_2O \rightarrow 4SO_4^{2-} + O_2(g) + 4H^+$$

c. 過酸化ナトリウムと過酸化水素

過酸化物は，固体（過酸化ナトリウム）でも希水溶液（過酸化水素水）でも便利な酸化剤である．酸性溶液中における過酸化水素の半反応は，

$$H_2O_2 + 2H^+ + 2e^- \rightleftharpoons 2H_2O \qquad E^0 = 1.78\,\mathrm{V}$$

酸化反応完了後，溶液を煮沸すれば過剰な試薬が取除ける．

$$2H_2O_2 \rightarrow 2H_2O + O_2(g)$$

14・7 標準還元剤の適用の仕方

ほとんどの還元剤の標準液は，大気中の酸素と反応しやすい．このため，還元剤を分析対象の酸化滴定に直接使用することはほとんどなく，間接的な方法が使用される．本節では，最も一般的な還元剤として，Fe^{2+} とチオ硫酸イオンの二つを論じる

14・7・1 Fe^{2+} 溶液

Fe^{2+} 溶液は，硫酸アンモニウム鉄(II)六水和物 $Fe(NH_4)_2(SO_4)_2\cdot 6H_2O$（モール塩，Mohr's salt），またはよく似た硫酸エチレンジアンモニウム鉄(II)四水和物 $FeC_2H_4(NH_3)_2(SO_4)_2\cdot 4H_2O$（エスパー塩，Oesper's salt）から容易に調製できる．中性溶液中の Fe^{2+} は速やかに空気酸化されるが，酸存在下では酸化が起こりにくいので，約 0.5 M H_2SO_4 の溶液に調製して実験が行われる．これらの溶液は1日以内ならおよそ安定である．分析対象を含む溶液を一定過剰量の Fe^{2+} 標準液で処理し，過剰分を二クロム酸カリウムか Ce^{4+} の標準液ですぐに滴定することによって，多数の酸化剤を簡単に定量できる（§14・8・1，§14・8・2参照）．この手法は，有機過酸化物，ヒドロキシルアミン，Cr^{6+}，Ce^{4+}，Mo^{6+}，硝酸イオン，塩素酸イオン，過塩素酸イオン，その他多数の酸化剤の定量にも用いられている（たとえば章末問題 14・37，14・38 を参照）．

14・7・2 チオ硫酸ナトリウム

チオ硫酸イオン $S_2O_3^{2-}$（図 14・8）は中程度の強さの還元剤で，ヨウ素を反応中間体とした間接的な方法で酸化剤を定量するのに広く使われている．ヨウ素との反応で，チオ硫酸イオンは次の半反応によってテトラチオン酸イオン $S_4O_6^{2-}$ に定量的に酸化される．

$$2S_2O_3^{2-} \rightleftharpoons S_4O_6^{2-} + 2e^- \qquad \text{[1]}$$

ヨウ素との定量的反応は独特で，他の酸化剤はテトラチオン酸イオンをさらに硫酸イオンに酸化してしまう．

図 14・8 チオ硫酸イオン $S_2O_3^{2-}$ の分子モデル．チオ硫酸ナトリウムはかつて，次亜硫酸ナトリウム（sodium hyposulfate）五水和物やその俗称ハイポ（hypo）とよばれ，写真の"定着"や鉱石から銀を抽出する際に用いられてきた．そのほかシアン化物中毒に対する解毒剤，染色工業における媒染剤，さまざまな漂白剤，温熱治療に用いるホットパックの過飽和溶液の溶質，そして分析用還元剤としても用いられる．チオ硫酸の写真定着剤としての作用は，銀と錯体を形成し，写真フィルムや印画紙の表面の感光しなかった臭化銀を分解する能力に基づく．チオ硫酸は脱塩素剤として，魚や他の水生生物の水槽の水を安全に浄化するのに使われることも多い．

酸化剤の定量では，やや酸性の分析対象を含む溶液に未知量の過剰なヨウ化カリウムを加えることから始まる．I^- による分析対象の還元により化学量論的に当量のヨウ素が生成する．遊離したヨウ素を，今度はチオ硫酸ナトリウム $(Na_2S_2O_3)$ 標準液で滴定する．チオ硫酸ナトリウムは空気酸化を受けにくい数少ない安定な還元剤の一つである．この手法の一例が，漂白剤に含まれる次亜塩素酸ナトリウムの定量で，反応は以下のとおりである．

$$OCl^- + 2I^- + 2H^+ \rightarrow Cl^- + I_2 + H_2O \quad \text{(未知量の過剰 KI)}$$

$$I_2 + 2S_2O_3^{2-} \rightarrow 2I^- + S_4O_6^{2-} \qquad (14\cdot 13)$$

(14・13) 式に示した，チオ硫酸イオンのテトラチオン酸イオンへの化学量論的な反応には，pH が 7 より小さいことが必要である．強い酸性溶液を滴定しなければならない場合は，二酸化炭素や窒素などの不活性ガスで溶液を覆い，過剰量のヨウ化物イオンが空気酸化されるのを防ぐ必要がある．

a. ヨウ素/チオ硫酸滴定の終点検出

I_2 溶液の色は約 5×10^{-6} M まで識別可能であり，これは 100 mL 中の 1 滴に満たない 0.05 M ヨウ素溶液に相当する．つまり，分析

---

[1] ヨウ素との反応で，チオ硫酸イオンはそれぞれ電子を1個失う．

対象の溶液が無色ならヨウ素の色が終点検出に使え，ヨウ素の色の消失はチオ硫酸ナトリウムによる滴定の指示薬代わりとなる．

ヨウ素滴定のほとんどは，デンプン懸濁液を指示薬として行われる．ヨウ素の存在下で現れる暗青色は，多くのデンプンの巨大分子成分の一つであるβ-アミロースのらせん状の鎖にヨウ素が入り込んで生じるとされる（図14・9）．β-アミロースとよく似たα-アミロースはヨウ素と赤色の付加体を生成するが，この反応はあまり可逆的ではないので指示薬としては望ましくない．このため市販の可溶性デンプンはβ-アミロースが主成分となるようα-アミロースを除去してある．この可溶性デンプンから指示薬溶液を簡単に調製できる．

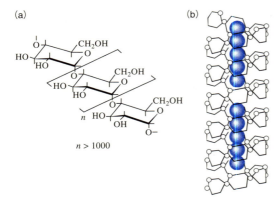

図14・9 β-アミロースの構造．(a) に模式的に示すように，何千ものグルコース分子が重合して巨大分子β-アミロースを形成する．(b) ヨウ素の化学種I_5^-は●のようにアミロースのらせん構造に組込まれる [R.C. Teitelbaum, S.L. Ruby, T.J. Marks, *J. Amer. Chem. Soc.*, **102**, 3322 (1980) より改変]

水溶性デンプン懸濁液は，おもに細菌の作用により数日中に分解する．分解生成物は調製した溶液の指示薬としての性質を劣化させ，またヨウ素により酸化される可能性もある．指示薬の調製と保存を無菌条件下で行い，ヨウ化水銀(II)やクロロホルムを静菌薬として加えることで，分解速度を抑えられる．あるいは一番単純な方法は，調製にはたった数分しかかからないため，使うその日に新しい指示薬溶液を調製する．

1) デンプンは高濃度のヨウ素溶液中で不可逆的に分解する．したがって，酸化剤の間接的定量のように，ヨウ素溶液をチオ硫酸ナトリウムで滴定するときは，溶液の色が赤茶色から黄色に変化するまで（この時点で滴定はほぼ完了する），指示薬の添加を遅らせる．

2) **b. チオ硫酸ナトリウムの安定性** チオ硫酸ナトリウム溶液は空気酸化に強いが，それでも分解して硫黄と亜硫酸水素イオンになりやすい．

$$S_2O_3^{2-} + H^+ \rightleftharpoons HSO_3^- + S(s)$$

この反応速度に影響する要因には，pH，微生物の存在，溶液濃度，Cu^{2+}の存在，日光への曝露などがある．これらによりチオ硫酸ナトリウム溶液の濃度は2，3週間で数%変動する．しかし細部への適切な注意を払えば，溶液は再標定するだけでよい．分解反応の速度は溶液が酸性になると顕著に増加する．

中性あるいは弱塩基性のチオ硫酸溶液の安定性を損ねる最も重要な要因は，チオ硫酸イオンを亜硫酸イオンや硫酸イオン，硫黄に代謝する細菌である．この問題を最小限に抑えるため，試薬の標準液は無菌条件下で調製する．細菌の活動はpH 9〜10で最小になるので，弱塩基性のチオ硫酸溶液が安定であることの一部を説明できる．また，クロロホルム，安息香酸ナトリウム，ヨウ化水銀(II)などの殺菌剤を加えるとチオ硫酸の分解が遅くなる．

c. チオ硫酸溶液の標定 ヨウ素酸カリウムはチオ硫酸溶液の一次標準として非常に適している．この場合は，一次標準物質のヨウ素酸カリウムを秤量し，過剰量のヨウ化カリウムを含む水に溶解する．この混合物を強酸で酸性にすると，即座に次の反応が起こる．

$$IO_3^- + 5I^- + 6H^+ \rightleftharpoons 3I_2 + 3H_2O$$

その後，遊離したヨウ素をチオ硫酸溶液で滴定する．反応の化学量論は次のように表せる．

$$1\ mol\ IO_3^- = 3\ mol\ I_2 = 6\ mol\ S_2O_3^{2-}$$

> **例題 14・10**
> 水に0.1210 g KIO_3 (214.00 g/mol) を溶かし，大過剰の KI を加え，HClで酸性にした溶液でチオ硫酸溶液を標定した．遊離したヨウ素をチオ硫酸溶液で滴定したところ，青色のデンプン-ヨウ素複合体を脱色するのに41.64 mLを要した．$Na_2S_2O_3$のモル濃度を計算せよ．
>
> **解 答**
>
> $Na_2S_2O_3$の物質量 $= 0.1210\ \text{g}\ \cancel{KIO_3} \times \dfrac{1\ \text{mmol}\ \cancel{KIO_3}}{0.21400\ \text{g}\ \cancel{KIO_3}}$
>
> $\qquad \times \dfrac{6\ \text{mmol}\ Na_2S_2O_3}{\text{mmol}\ \cancel{KIO_3}}$
>
> $\qquad = 3.3925\ \text{mmol}\ Na_2S_2O_3$
>
> $c_{Na_2S_2O_3} = \dfrac{3.3925\ \text{mmol}\ Na_2S_2O_3}{41.64\ \text{mL}\ Na_2S_2O_3} = 0.08147\ M$

---

1) デンプンはI_2濃度の高い溶液中で分解を受ける．過剰なI_2を$Na_2S_2O_3$で滴定するときは，I_2の大部分が還元されるまで指示薬の添加を遅らせる必要がある．

2) チオ硫酸ナトリウムを強酸性の溶媒に加えると，硫黄が沈殿して，あっという間に濁りが生じる．中性溶液でもこの反応がある程度の速度で進むので，チオ硫酸ナトリウム標準液は定期的に標定しなければならない．

チオ硫酸ナトリウムに対するその他の一次標準物質には，二クロム酸カリウム，臭素酸カリウム，ヨウ素酸水素カリウム，ヘキサシアノ鉄(III)酸カリウム，金属銅がある．これらの化合物はすべて，過剰量のヨウ化カリウムで処理すると化学量論比に従ってヨウ素を遊離する．

d. チオ硫酸ナトリウム溶液の使用法 チオ硫酸ナトリウムによる滴定などの間接法によって，多数の物質が定量できる．代表的な使用法を表 14・4 にまとめた．

14・8 標準酸化剤の適用の仕方

表 14・5 に最も広く用いられる 5 種類の容量分析用酸化剤の特性をまとめた．これらの試薬の標準電極電位は 0.5～1.5 V までさまざまであることに注意する．このなかから，分析対象の還元剤としての強度，酸化剤と分析対象との反応速度，標準酸化剤の安定性，費用，指示薬の入手しやすさに基づいて選択する．

14・8・1 強い酸化剤 ── 過マンガン酸カリウムと Ce^{4+}

過マンガン酸イオン（図 14・10）や Ce^{4+} の溶液は強力な酸化剤であり，使用法が互いによく似ている．両者の半反応は，

$$MnO_4^- + 8H^+ + 5e^- \rightleftharpoons Mn^{2+} + 4H_2O$$
$$E^0 = 1.51 \text{ V}$$

$$Ce^{4+} + e^- \rightleftharpoons Ce^{3+} \quad E^{0\prime} = 1.44 \text{ V } (1 \text{ M } H_2SO_4)$$

Ce^{4+} については 1 M 硫酸溶液中における Ce^{4+} の還元に対する式量電位の値を示した．1 M 過塩素酸と 1 M 硝酸中では，それぞれ 1.70 V，1.61 V である．1 M 過塩素酸，硝酸中の Ce^{4+} 溶液はそれほど安定ではないので，用途が限られる．

過マンガン酸イオンの上記の半反応は 0.1 M 以上の強酸溶液中でのみ起こる．それよりも弱い酸性溶液中だと，生成物は条件次第で Mn^{3+}，Mn^{4+}，Mn^{6+} となる．

a. 二つの試薬の比較 過マンガン酸溶液と Ce^{4+} 溶液の酸化剤としての強さは同等である．しかし，Ce^{4+} の

表 14・4 還元剤としてのチオ硫酸ナトリウムの使用法

分析対象	半反応	特殊な条件
IO_4^-	$IO_4^- + 8H^+ + 7e^- \rightleftharpoons \frac{1}{2}I_2 + 4H_2O$ $IO_4^- + 2H^+ + 2e^- \rightleftharpoons IO_3^- + H_2O$	酸性溶液 中性溶液
IO_3^-	$IO_3^- + 6H^+ + 5e^- \rightleftharpoons \frac{1}{2}I_2 + 3H_2O$	強酸
BrO_3^-, ClO_3^-	$XO_3^- + 6H^+ + 6e^- \rightleftharpoons X^- + 3H_2O$	強酸
Br_2, Cl_2	$X_2 + 2I^- \rightleftharpoons I_2 + 2X^-$	
NO_2^-	$HNO_2 - H^+ + e^- \rightleftharpoons NO(g) + H_2O$	
Cu^{2+}	$Cu^{2+} + I^- + e^- \rightleftharpoons CuI(s)$	
O_2	$O_2 + 4Mn(OH)_2(s) + 2H_2O \rightleftharpoons 4Mn(OH)_3(s)$ $Mn(OH)_3(s) + 3H^+ + e^- \rightleftharpoons Mn^{2+} + 3H_2O$	塩基性溶液 酸性溶液
O_3	$O_3(g) + 2H^+ + 2e^- \rightleftharpoons O_2(g) + H_2O$	
有機過酸化物	$ROOH + 2H^+ + 2e^- \rightleftharpoons ROH + H_2O$	

表 14・5 標準液としてよく使われる酸化剤

試薬と化学式	還元産物	標準電極電位〔V〕	標定に使う試薬	指示薬	溶解度
過マンガン酸カリウム $KMnO_4$	Mn^{2+}	1.51†	$Na_2C_2O_4$, Fe, As_2O_3	MnO_4^-	中程度に安定，定期的な標定を要する
臭素酸カリウム $KBrO_3$	Br^-	1.44†	$KBrO_3$	α-ナフトフラボン	長期間安定
セリウム(IV) Ce^{4+}	Ce^{3+}	1.44†	$Na_2C_2O_4$, Fe, As_2O_3	1,10-フェナントロリン鉄(II)錯体（フェロイン）	長期間安定
二クロム酸カリウム $K_2Cr_2O_7$	Cr^{3+}	1.33†	$K_2Cr_2O_7$, Fe	ジフェニルアミンスルホン酸	長期間安定
ヨウ素 I_2	I^-	0.536†	$BaS_2O_3 \cdot H_2O$, $Na_2S_2O_3$	デンプン	やや不安定，頻繁に標定を要する

† 1M H_2SO_4 中の $E^{0\prime}$

硫酸溶液は長期間の保存が可能だが，過マンガン酸溶液はゆっくりだが分解するのでときどき再標定する必要がある．さらにCe^{4+}の硫酸溶液は塩化物イオンを酸化しないので，塩酸溶液中の分析対象を滴定できる．一方，過マンガン酸イオンは塩化物イオンをゆっくり酸化して標準液を過剰に消費してしまうため特別な前処理なしでは塩酸溶液に使用できない．Ce^{4+}のさらなる利点は，一次標準物質の塩を試薬に使用できるため，標準液を直接調製できることである．

セリウム溶液の方が過マンガン酸溶液より利点があるにもかかわらず，後者の方が広く使われている．理由の一つは過マンガン酸溶液の色にあり，滴定の指示薬代わりになるほど溶液の色が濃くはっきりしている．理由の二つ目は，過マンガン酸の価格がそれほど高くはないためである．0.02 M $KMnO_4$ 溶液1Lの値段は同じ強度のセリウム溶液1Lの約1/10［一次標準物質のCe^{4+}なら1/100］である．セリウム溶液のもう一つの欠点は，0.1 M以下の強酸溶液に対して塩基性塩の沈殿物を生成しやすいことである．

b. 終点の検出 過マンガン酸カリウム溶液の有用な性質の一つは濃い紫色を呈することで，ほとんどの滴定に対し十分に指示薬代わりになる．水100 mLに0.02 M過マンガン酸溶液を0.01〜0.02 mL加えただけでも，溶液の紫色を識別できる．溶液が非常に希薄なときは，ジフェニルアミンスルホン酸か1,10-フェナントロリン鉄(II)錯体（表14・2参照）によって鋭敏な終点が得られる．

終点においては，過剰な過マンガン酸イオンと比較的濃度が高いMn^{2+}とが次の反応によりゆっくり反応する．そのため，過マンガン酸の終点は永続せずに徐々に色が失われる．

$$2MnO_4^- + 3Mn^{2+} + 2H_2O \rightleftharpoons 5MnO_2(s) + 4H^+$$

図 14・10 過マンガン酸イオン MnO_4^- の分子モデル．分析用試薬としての用途に加えて，過マンガン酸塩は（普通はカリウム塩の形で），有機合成化学における酸化剤としてよく用いられる．脂肪や油，綿，絹，その他繊維の漂白剤，防腐剤，抗菌薬や，アウトドア用サバイバルキット（消毒や着火の用途）としても使用される．養魚池の有機物を分解したり，プリント配線板を製造したり，ロテノンの殺虫効果を中和したり，水銀の定量中の排煙を洗浄したりするのにも使用される．固体の過マンガン酸カリウムは有機物と激しく反応するので，化学の授業でよく実演に使われる．

この反応の平衡定数は約10^{47}なので，過マンガン酸イオンの平衡濃度は強酸性の溶媒中でも非常に低いが，幸いにもこの平衡に達する速度は，終点が30秒くらいかかって徐々に消える程度のとてもゆっくりしたものである．

Ce^{4+}溶液は黄橙色を呈するが，滴定の指示薬代わりになるほど濃い色ではない．セリウム標準液による滴定にはいくつかの酸化還元指示薬が使用できる．最も広く使われているのは1,10-フェナントロリンまたはその置換誘導体のFe^{2+}錯体である（表14・2参照）．

c. 標準液の調製と安定性 過マンガン酸塩の水溶液は，下式に示す水による酸化のため必ずしも安定ではない．

$$4MnO_4^- + 2H_2O \rightarrow 4MnO_2(s) + 3O_2(g) + 4OH^-$$

この反応の平衡定数によると生成物が有利だが，分解反応はゆっくりなので，過マンガン酸溶液は（適正に調製すれば）かなり安定している．分解反応は光，熱，酸，塩基，Mn^{2+}，二酸化マンガンによって触媒される．

このような触媒（特に二酸化マンガン）の作用を最小限に抑えれば，安定な過マンガン酸イオンの溶液を調製でき

> **コラム 14・2　水試料中のクロムの定量**
>
> クロムは環境試料を検査するために重要な金属である．試料中のクロムの総量だけでなく，どの酸化状態のクロムが検出されるかが非常に重要である．水の中のクロムは，Cr^{3+}またはCr^{6+}として存在する．Cr^{3+}は必須の栄養素で毒性がない．しかしCr^{6+}は発がん物質として知られる．したがって，クロムの定量では多くの場合，総量よりも各酸化状態の量が大事になる．Cr^{6+}を選択的に定量できる優れた方法がいくつかある．最も一般的な方法の一つは，酸性溶液中で1,5-ジフェニルカルボノヒドラジド（ジフェニルカルバジド）試薬がCr^{6+}によって酸化される反応を利用する．反応生成物はCr^{3+}と1,5-ジフェニルカルボノヒドラジドの赤紫色のキレートで，比色法で検出できる．Cr^{3+}そのものも試薬と直接反応するが，非常にゆっくりなので，基本的にCr^{6+}のみが測定される．Cr^{3+}を定量するため，試料に過マンガン酸塩の塩基性溶液を過剰に加え，すべてのCr^{3+}をCr^{6+}に酸化する．過剰な酸化剤はアジ化ナトリウムで分解する．これを新たに比色測定し，総クロム量（もとから含まれていたCr^{6+}と，Cr^{3+}の酸化で生じたCr^{6+}）を測定する．もとからあったCr^{3+}量は，過マンガン酸塩による酸化後に得た総クロム量から最初に測定したCr^{6+}量を差し引いた量となる．この例では過マンガン酸塩が補助酸化剤として使われていることに注意しよう．

---

1) 過マンガン酸溶液は，二酸化マンガンを除去し遮光容器で保存すれば中程度に安定．

る．二酸化マンガンは，最も品質のよい過マンガン酸カリウム固体にも不純物として含まれる．さらに調製したての試薬溶液であっても，水に含まれる有機物や粉塵が過マンガン酸イオンと反応することによって二酸化マンガンは生じる．標定前に二酸化マンガンを沪過して取除くと，過マンガン酸標準液の安定性が明らかに改善される．沪過前の溶液は約24時間放置するか，加熱によって脱イオン水または蒸留水に含まれる少量の有機化学種を酸化させる．過マンガン酸イオンは紙を酸化して自身は二酸化マンガンになってしまうので，沪過には沪紙を使用せずガラス製るつぼ型沪過器を用いる．

標定した過マンガン酸溶液は暗所に保存した方がよい．溶液や保存瓶の内壁に何らかの固形物を認めたときは沪過と再標定を行う．いずれにしても，予防措置として1, 2週間ごとに再標定するとよい．

過マンガン酸標準物質を過剰に含む溶液は，水を酸化して分解するため加熱してはいけない．この分解はブランクで補正できない．ただし，過剰な過マンガン酸が蓄積しないよう過マンガン酸試薬をゆっくり加えれば，酸性の加熱した還元剤溶液に対して誤差を生じずに滴定できる．

例題 14・11
約 0.010 M の KMnO$_4$ 溶液（158.03 g/mol）2.0 L を調製する方法を述べよ．

解答
必要な KMnO$_4$ の質量
$$= 2.0 \text{ L} \times 0.010 \frac{\text{mol KMnO}_4}{\text{L}} \times 158.03 \frac{\text{g KMnO}_4}{\text{mol KMnO}_4}$$
$$= 3.16 \text{ g KMnO}_4$$

1 L の水に KMnO$_4$ 3.2 g を溶かす．完全に溶けたら水を加えて約 2.0 L にする．溶液を加熱して短時間煮沸し，冷めるまで放置する．ガラス製るつぼ型沪過器で沪過し，遮光瓶で保存する．

Ce^{4+} 溶液の調製に頻用される化合物を表 14・6 にあげる．一次標準物質の硝酸アンモニウムセリウムが市販されており，セリウム標準液を質量測定するだけで直接調製できる．もっと一般的には，安価な試薬品質の硝酸二アンモニウムセリウム(IV)または水酸化セリウムを用いて溶液を調製し，標定して使用する．どちらの場合も，塩基性塩の沈殿を防ぐため 0.1 M 以上の硫酸溶液に試薬を溶解する．Ce^{4+} の硫酸溶液は非常に安定で，何カ月も保存可能であり，さらに 100 ℃ で長時間加熱しても濃度が変化しない．

表 14・6 分析で用いる Ce^{4+} 化合物

化合物名	化学式	モル質量
硝酸二アンモニウムセリウム(IV)	Ce(NO$_3$)$_4$·2NH$_4$NO$_3$	548.2
硫酸四アンモニウムセリウム(IV)二水和物	Ce(SO$_4$)$_2$·2(NH$_4$)$_2$SO$_4$·2H$_2$O	632.6
水酸化セリウム(IV)	Ce(OH)$_4$	208.1
硫酸水素セリウム(IV)	Ce(HSO$_4$)$_4$	528.4

d. 過マンガン酸溶液と Ce^{4+} 溶液の標定 一次標準物質にはシュウ酸ナトリウムが広く用いられる．シュウ酸イオンは酸性溶液では非解離型のシュウ酸に変換されるので，過マンガン酸イオンとの反応は次のように書ける．

$$2\text{MnO}_4^- + 5\text{H}_2\text{C}_2\text{O}_4 + 6\text{H}^+ \rightarrow 2\text{Mn}^{2+} + 10\text{CO}_2(g) + 8\text{H}_2\text{O}$$

過マンガン酸イオンとシュウ酸の反応は複雑で，Mn^{2+} が触媒として存在しなければ，温度を上げても進み方は遅い．そのため熱シュウ酸溶液に過マンガン酸標準液をまず数 mL 加えると，過マンガン酸イオンの色は数秒かかって消失する（口絵 14 参照）．しかし Mn^{2+} 濃度が高まると，**自触媒作用**（autocatalysis）の結果，反応はだんだん速くなる．[1]

シュウ酸ナトリウム溶液を 60〜90 ℃ で滴定すると，おそらくシュウ酸がほんのわずかだが空気酸化されるため，消費される過マンガン酸塩が理論値より 0.1〜0.4% 少ないことが明らかになっている．この小さな誤差は，過マンガン酸塩の必要量の 90〜95% を冷シュウ酸溶液に加えることで防止できる．加えた過マンガン酸塩の色が消えて完全に消費されたことがわかったら，溶液を約 60 ℃ まで加熱し，ピンク色が約 30 秒間持続するまで滴定する．この手順の欠点は，最初に適切な容量を加えられるよう，事前に過マンガン酸溶液の濃度の見当がついていなければならないことである．ほとんどの用途では熱シュウ酸溶液の直接滴定で十分である（通常 0.2〜0.3% 多くなる）．より高い精度を要する場合は，一次標準の一部を熱溶液にして直接滴定を行った後，その 2 倍または 3 倍量を最後まで加熱せずに滴定してもよい．

またシュウ酸ナトリウムは Ce^{4+} の標定にも使われている．Ce^{4+} と H$_2$C$_2$O$_4$ の反応は，[2]

$$2\text{Ce}^{4+} + \text{H}_2\text{C}_2\text{O}_4 \rightarrow 2\text{Ce}^{3+} + 2\text{CO}_2(g) + 2\text{H}^+$$

---

1) **用語 自触媒作用**は触媒の一種で，反応生成物がその反応を触媒する．反応の進行に従い，この現象によって反応速度は増加する．

2) KMnO$_4$ 溶液や Ce^{4+} 溶液は，電解鉄（純度の高い鉄）線やヨウ化カリウムを用いても標定できる．

シュウ酸ナトリウムによる Ce^{4+} の標定は通常，一塩化ヨウ素を触媒として含む 50 ℃ の塩酸溶液中で行われる．

例題 14・12

例題 14・11 の溶液を一次標準の $Na_2C_2O_4$ (134.00 g/mol) で標定したい．標定に使用する $KMnO_4$ 溶液を 30〜45 mL としたい場合，一次標準物質の $Na_2C_2O_4$ の質量をいくらの範囲で秤量すればよいか．

解 答

30 mL の滴定には，

$$KMnO_4 \text{ の物質量} = 30 \text{ mL KMnO}_4^- \times 0.010 \frac{\text{mmol KMnO}_4^-}{\text{mL KMnO}_4^-}$$

$$= 0.30 \text{ mmol KMnO}_4$$

$$Na_2C_2O_4 \text{ の質量}$$
$$= 0.30 \text{ mmol KMnO}_4^- \times \frac{5 \text{ mmol Na}_2C_2O_4^-}{2 \text{ mmol KMnO}_4^-}$$
$$\times 0.134 \frac{\text{g Na}_2C_2O_4}{\text{mmol Na}_2C_2O_4^-}$$
$$= 0.101 \text{ g Na}_2C_2O_4$$

(例題 14・12 解答つづき)

45 mL の滴定についても，同様に行う．

$$Na_2C_2O_4 \text{ の質量} = 45 \times 0.010 \times \frac{5}{2} \times 0.134$$
$$= 0.151 \text{ g Na}_2C_2O_4$$

したがって，$Na_2C_2O_4$ は 0.10〜0.15 g 秤量すればよい．

例題 14・13

例題 14・11 の過マンガン酸溶液 33.31 mL を終点に達するまで滴定するのに，一次標準物質の $Na_2C_2O_4$ を 0.1278 g 要した．$KMnO_4$ 試薬のモル濃度はいくらか．

解 答

$$Na_2C_2O_4 \text{ の物質量}$$
$$= 0.1278 \text{ g Na}_2C_2O_4 \times \frac{1 \text{ mmol Na}_2C_2O_4}{0.13400 \text{ g Na}_2C_2O_4}$$
$$= 0.95373 \text{ mmol Na}_2C_2O_4$$

$$c_{KMnO_4} = 0.95373 \text{ mmol Na}_2C_2O_4 \times \frac{2 \text{ mmol KMnO}_4}{5 \text{ mmol Na}_2C_2O_4}$$
$$\times \frac{1}{33.31 \text{ mL KMnO}_4}$$
$$= 0.01145 \text{ M}$$

表 14・7 過マンガン酸カリウム溶液と Ce^{4+} 溶液の使用例

検出する物質	半 反 応	条 件
Sn	$Sn^{2+} \rightleftharpoons Sn^{4+} + 2e^-$	Zn による前処理の還元が必要
H_2O_2	$H_2O_2 \rightleftharpoons O_2(g) + 2H^+ + 2e^-$	
Fe	$Fe^{2+} \rightleftharpoons Fe^{3+} + e^-$	$SnCl_2$ またはジョーンズ還元器かワルデン還元器による還元が必要
$[Fe(CN)_6]^{4-}$	$[Fe(CN)_6]^{4-} \rightleftharpoons [Fe(CN)_6]^{3-} + e^-$	
V	$VO^{2+} + 3H_2O \rightleftharpoons V(OH)_4^+ + 2H^+ + e^-$	Bi アマルガムまたは SO_2 による還元が必要
Mo	$Mo^{3+} + 4H_2O \rightleftharpoons MoO_4^{2-} + 8H^+ + 3e^-$	ジョーンズ還元器による還元が必要
W	$W^{3+} + 4H_2O \rightleftharpoons WO_4^{2-} + 8H^+ + 3e^-$	Zn または Cd による還元が必要
U	$U^{4+} + 2H_2O \rightleftharpoons UO_2^{2+} + 4H^+ + 2e^-$	ジョーンズ還元器による還元が必要
Ti	$Ti^{3+} + H_2O \rightleftharpoons TiO^{2+} + 2H^+ + e^-$	ジョーンズ還元器による還元が必要
$H_2C_2O_4$	$H_2C_2O_4 \rightleftharpoons 2CO_2 + 2H^+ + 2e^-$	
Mg, Ca, Zn, Co, Pb, Ag	$H_2C_2O_4 \rightleftharpoons 2CO_2 + 2H^+ + 2e^-$	難溶性のシュウ酸金属塩を沪過，洗浄し，酸に溶解．遊離したシュウ酸を滴定
HNO_2	$HNO_2 + H_2O \rightleftharpoons NO_3^- + 3H^+ + 2e^-$	反応時間 15 分．過剰な $KMnO_4$ を反応させた後に逆滴定
K	$K_2NaCo(NO_2)_6 + 6H_2O \rightleftharpoons Co^{2+} + 6NO_3^- + 12H^+ + 2K^+ + Na^+ + 11e^-$	$K_2Na[Co(NO_2)_6]$ として沈殿形成．沪過し，$KMnO_4$ 溶液に溶解．過剰な $KMnO_4$ を反応させた後に逆滴定
Na	$U^{4+} + 2H_2O \rightleftharpoons UO_2^{2+} + 4H^+ + 2e^-$	$NaZn(UO_2)_3(OAc)_9$ として沈殿形成．沪過，洗浄し，溶解．U の項のとおり U を定量

e. 過マンガン酸カリウム溶液と Ce^{4+} 溶液の使用法

表 14・7 に，無機化合物の滴定における過マンガン酸カリウム溶液と Ce^{4+} 溶液のさまざまな使用法の一部をまとめた．両者とも酸化可能な官能基をもつ有機化合物の定量にも利用される．

例題 14・14

H_2O_2 を約 3%(w/w) 含む水溶液が消毒剤として薬局で販売されている．この組成の溶液に含まれる過酸化物を，例題 14・12, 14・13 で標定した $KMnO_4$ 標準液を用いて定量する方法を提案せよ．滴定には $KMnO_4$ 溶液を 35~45 mL 使用したい．反応は以下のとおりである．

$$5H_2O_2 + 2MnO_4^- + 6H^+ \rightarrow 5O_2 + 2Mn^{2+} + 8H_2O$$

解 答

試薬 35~45 mL に含まれる $KMnO_4$ の物質量は，

$KMnO_4$ の物質量

$= 35 \text{ mL KMnO}_4^- \times 0.01145 \dfrac{\text{mmol KMnO}_4}{\text{mL KMnO}_4^-}$

$= 0.401 \text{ mmol KMnO}_4$

から，

$KMnO_4$ の物質量 $= 45 \times 0.01145$

$= 0.515 \text{ mmol KMnO}_4$

の間にある．$KMnO_4$ 0.401 mol によって消費される H_2O_2 の物質量は，

H_2O_2 の物質量

$= 0.401 \text{ mmol KMnO}_4^- \times \dfrac{5 \text{ mmol H}_2O_2}{2 \text{ mmol KMnO}_4^-}$

$= 1.00 \text{ mmol H}_2O_2$

また，$KMnO_4$ 0.515 mol によって消費される H_2O_2 の物質量は，

H_2O_2 の物質量 $= 0.515 \times \dfrac{5}{2} = 1.29 \text{ mmol H}_2O_2$

したがって，H_2O_2 を 1.00~1.29 mmol 含む試料をとる必要がある．

試料の質量 $= 1.00 \text{ mmol H}_2O_2$

$\times 0.03401 \dfrac{\text{g H}_2O_2}{\text{mmol H}_2O_2} \times \dfrac{100 \text{ g 試料}}{3 \text{ g H}_2O_2}$

$= 1.1 \text{ g 試料}$

から，

試料の質量 $= 1.29 \times 0.03401 \times \dfrac{100}{3} = 1.5 \text{ g 試料}$

(例題 14・14 解答つづき)

ゆえに，試料は 1.1~1.5 g 秤量すればよい．これらは滴定前に，水で 75~100 mL に希釈し，希 H_2SO_4 溶液で弱酸性にした方がよい．

14・8・2 二クロム酸カリウム

二クロム酸イオン(図 14・11)は分析試薬として用いられ，緑色の Cr^{3+} に還元される．

$$Cr_2O_7^{2-} + 14H^+ + 6e^- \rightleftharpoons 2Cr^{3+} + 7H_2O \quad E^0 = 1.33 \text{ V}$$

二クロム酸滴定は，一般に約 1 M 塩酸または約 1 M 硫酸溶液中で行われる．これらの溶媒中の半反応の式量電位は 1.0~1.1 V である．

二クロム酸カリウム溶液は長期間にわたって安定であり，煮沸しても分解せず，塩酸と反応することもない．さらに，一次標準物質が市販されており，値段も手頃である．二クロム酸カリウムの欠点は，Ce^{4+} や過マンガン酸イオンに比べて電極電位が低く，ある種の還元剤とは反応が遅いことである．

図 14・11 二クロム酸イオンの分子モデル．二クロム酸のアンモニウム塩，カリウム塩，ナトリウム塩は，化学のほぼすべての分野で長年，強力な酸化剤として使用されてきた．分析化学における一次標準物質としての用途のほか，合成化学では酸化剤として，塗料，染色，写真工業では色素として，漂白剤として，腐食抑制剤として使用されてきた．二クロム酸ナトリウムと硫酸からつくられるクロム酸混液は，かつてガラス製品の洗浄試薬として一般的に使われた．二クロム酸はアルコール検出器 Breathalyzer® の分析試薬に用いられていたが，近年ではこのような機器の大半が赤外線吸収に基づく分析計にとって代わられた．初期のカラー写真術では，クロム化合物のつくり出す色がいわゆるガムプリント(ゴム印刷)に利用されていたが，臭化銀に基づく方法にとって代わられた．クロム化合物は発がん性が見いだされたため，一般的な用途も，二クロム酸としての特別な用途もこの 10 年で減少した．発がん性の危険があるにもかかわらず，毎年数百万 kg ものクロム化合物が工業的に生産・消費されている．実験室で二クロム酸を使用する際は，前もって二クロム酸カリウムの化学物質等安全データシート(MSDS, Material Safety Data Sheet)を読んでおき[訳注: わが国では化管法(化学物質排出把握管理促進法) SDS (安全データシート)制度とよばれる]，化学的特性，毒性学的性質，発がん性を調べておく．この化合物は固体でも溶液でも役に立つが，潜在的に有害なので，取扱い上の注意を遵守すること．

コラム 14・3　抗酸化剤[3]

酸化は人体の細胞や組織にとって有害な作用をもたらす．スーパーオキシドイオン O_2^-，ヒドロキシルラジカル OH・，ペルオキシラジカル RO_2・，アルコキシルラジカル RO・などの活性酸素種，あるいは一酸化窒素 NO・，二酸化窒素 NO_2・などの活性窒素種は，細胞その他の人体の成分を損傷する．抗酸化剤として知られる化合物群は活性酸素種あるいは活性窒素種の影響を打消すように働く．抗酸化剤は還元剤であり，非常に酸化されやすいので体内の他の化合物が酸化されるのを防ぐことができる．典型的な抗酸化剤にはビタミン A, C, E や，セレンなどのミネラル，イチョウやローズマリー，オオアザミなどの薬用植物がある．

抗酸化剤の作用機序がいくつか提案されている．まず抗酸化剤が存在すると，活性酸素種，活性窒素種の生成がそもそも減少すると考えられる．また，抗酸化剤は反応性種やその前駆体を除去する可能性がある．後者の一例はビタミン E で，ビタミン E は多価不飽和脂肪酸と反応してラジカル中間体を生成し，脂質酸化のラジカル連鎖反応を阻害する作用をもつ．活性酸素種生成を触媒するのに必要な金属イオンに結合する抗酸化剤もある．生体分子の酸化による損傷を修復したり，修復機構を触媒する酵素活性を促進したりできる抗酸化剤もある．

ビタミン E，すなわち α-トコフェロールは，アテローム性動脈硬化症を防ぎ，創傷治癒を促進し，吸入した汚染物質から肺組織を保護すると考えられている．また，心疾患の危険性を減らし，皮膚の早期老化を防ぐ可能性がある．ビタミン E には関節リウマチの緩和から白内障の予防まで，ほかにもいくつか有益な効果があるのではないかという研究者もいる．ほとんどの人は食事によって十分にビタミン E を摂取でき，サプリメントは必要ない．濃緑色の葉野菜や木の実，植物油，魚介類，卵，アボカドはビタミン E を豊富に含む食品である．

セレンはビタミン E を補完する抗酸化作用をもつ．活性酸素種を除去するいくつかの酵素の成分としても必須である．セレンは免疫機能を維持し，一部の重金属中毒を中和する可能性がある．心疾患や一部のがんを防ぐのに役立つとも考えられている．セレンを多く含む食品は全粒粉，アスパラガス，ニンニク，卵，キノコ類，赤身肉，魚介類である．健康を保つのに必要なセレンは，通常の食事だけで摂取できる．大量に摂取すると中毒になることがあるので，サプリメントは医師に処方されたときのみ摂取すべきである．

ビタミン E の分子モデル

3) B. Halliwell, *Nutr. Rev.*, **55**(1), S44 (1997), DOI: 10.1111/j.1753-4887.1997.tb06100.x.

---

a. 二クロム酸カリウム溶液の調製　一次標準物質の二クロム酸カリウムは十分に純粋なので，秤量する前に固体を 150～200 ℃ で乾燥するだけで，ほとんどの分析において標準液を調製できる．

二クロム酸溶液の橙色は，終点検出に使えるほど濃い色ではない．しかしジフェニルアミンスルホン酸（表 14・2 参照）は，二クロム酸溶液による滴定の優れた指示薬である．指示薬の酸化型は赤紫，還元型は基本的に無色であるため，直接滴定では Cr^{3+} の緑色から赤紫への変化がみられる．

b. 二クロム酸カリウム溶液の用途　二クロム酸イオンのおもな用途は次の反応による Fe^{2+} の滴定による容量分析である．

$$Cr_2O_7^{2-} + 6Fe^{2+} + 14H^+ \rightarrow 2Cr^{3+} + 6Fe^{3+} + 7H_2O$$

多くの場合，この滴定は中程度の濃度の塩酸存在下で行われる．

二クロム酸イオンと Fe^{2+} の反応は，さまざまな酸化剤[1]の間接的定量に広く用いられる．すなわち一定過剰量の Fe^{2+} 溶液を分析対象を含む酸性溶液に加え，その後，過剰な Fe^{2+} を二クロム酸カリウム標準液で逆滴定する（§14・7・1 参照）．Fe^{2+} 溶液は空気酸化されやすいので，二クロム酸イオンの滴定による Fe^{2+} 溶液の標定は，逆滴定と並行して行う．この方法は硝酸イオン，塩素酸イオン，過マンガン酸イオン，二クロム酸イオンの定量だけでなく，有機過酸化物やその他いくつかの酸化剤の定量にも応用されている．

---

1) $K_2Cr_2O_7$ の標準液は長期間にわたり安定で，HCl を酸化しないという大きな利点がある．さらに一次標準物質が安価に市販されている．

例題 14・15

ブランデー 5.00 mL をメスフラスコで 1.000 L に希釈した．希釈溶液 25.00 mL を分取し，含まれるエタノール C_2H_5OH を蒸留して，0.02000 M $K_2Cr_2O_7$ 50.00 mL に混合し，加熱して酢酸に酸化した．

$$3C_2H_5OH + 2Cr_2O_7^{2-} + 16H^+$$
$$\rightarrow 4Cr^{3+} + 3CH_3COOH + 11H_2O$$

冷却後，0.1253 M Fe^{2+} 20.00 mL を上記の液に加えた．つづいて過剰な Fe^{2+} を $K_2Cr_2O_7$ 標準液 7.46 mL でジフェニルアミンスルホン酸を指示薬として終点まで滴定した．ブランデーに含まれる C_2H_5OH (46.07 g/mol) の濃度%(w/v) を計算せよ．

解 答

$K_2Cr_2O_7$ の総物質量

$$= (50.00 + 7.46) \text{ mL } K_2Cr_2O_7$$
$$\times 0.02000 \frac{\text{mmol } K_2Cr_2O_7}{\text{mL } K_2Cr_2O_7}$$

$$= 1.1492 \text{ mmol } K_2Cr_2O_7$$

Fe^{2+} によって消費された $K_2Cr_2O_7$ の物質量

$$= 20.00 \text{ mL } Fe^{2+} \times 0.1253 \frac{\text{mmol } Fe^{2+}}{\text{mL } Fe^{2+}}$$
$$\times \frac{1 \text{ mmol } K_2Cr_2O_7}{6 \text{ mmol } Fe^{2+}}$$

$$= 0.41767 \text{ mmol } K_2Cr_2O_7$$

C_2H_5OH によって消費された $K_2Cr_2O_7$ の物質量

$$= (1.1492 - 0.41767) \text{ mmol } K_2Cr_2O_7$$
$$= 0.73153 \text{ mmol } K_2Cr_2O_7$$

C_2H_5OH の質量

$$= 0.73153 \text{ mmol } K_2Cr_2O_7 \times \frac{3 \text{ mmol } C_2H_5OH}{2 \text{ mmol } K_2Cr_2O_7}$$
$$\times 0.04607 \frac{\text{g } C_2H_5OH}{\text{mmol } C_2H_5OH}$$

$$= 0.050552 \text{ g } C_2H_5OH$$

C_2H_5OH の濃度%(w/v)

$$= \frac{0.050552 \text{ g } C_2H_5OH}{5.00 \text{ mL 試料} \times 25.00 \text{ mL}/1000 \text{ mL}} \times 100\%$$

$$= 40.4\% \text{ } C_2H_5OH$$

14・8・3 ヨ ウ 素

ヨウ素はおもに強還元剤の定量に用いられる弱い酸化剤である．この場合のヨウ素の半反応を正確に表すと，

$$I_3^- + 2e^- \rightleftharpoons 3I^- \qquad E^0 = 0.536 \text{ V}$$

ここで I_3^- は三ヨウ化物イオンである．

ヨウ素標準液は標準電極電位が著しく小さいため，ここまで述べた他の酸化剤と比べて用途が限られている．しかし，ときにはこの低い電位が有利になることもある．弱い還元剤の存在下で強い還元剤をある程度は選択的に定量できるためである．またヨウ素を用いる滴定では，終点での色の変化が鋭敏であり，その反応が可逆的であるという大きな利点がある．一方，ヨウ素溶液は安定性に欠けるので，定期的な再標定を要する．

a. ヨウ素溶液の特性 ヨウ素は水にあまり溶けない (0.001 M) ため，分析用に役立つ濃度のヨウ素溶液を調製するには通常，濃縮されたヨウ化カリウム溶液にヨウ素を溶かす．ヨウ素はこの溶液中だと次の反応により中程度に溶ける．

$$I_2(s) + I^- \rightleftharpoons I_3^- \qquad K = 7.1 \times 10^2$$

ヨウ化物イオンの濃度が低い場合，ヨウ素はヨウ化カリウム溶液に非常にゆっくりしか溶けない．完全なヨウ素溶液を確保するには，ヨウ素を少量の濃ヨウ化カリウム溶液に溶かす．そして固体のヨウ素が完全に溶けて消えるまで，濃ヨウ化カリウム溶液による溶解を行う．濃ヨウ化カリウム溶液で希釈しすぎると，その希釈溶液の濃度は時間とともに徐々に増加する．なお，標定前は溶液を焼結ガラスるつぼで沪過する．

ヨウ素溶液はいくつかの理由で安定性に欠ける．一つは溶質の揮発性である．過剰なヨウ化物イオンが存在していても，開放容器からのヨウ素の消失は比較的短時間で起こる．さらに，ヨウ素は多くの有機物をゆっくりと攻撃する．そのため試薬の容器にはコルク栓やゴム栓を使用しない．また，標準液が有機物のちりや煙に接触しないよう予防しなければならない．

ヨウ化物イオンの空気酸化もまた，ヨウ素溶液の濃度変化をひき起こす．

$$4I^- + O_2(g) + 4H^+ \rightarrow 2I_2 + 2H_2O$$

他の作用とは逆に，この反応はヨウ素の濃度を増加させる．空気酸化は酸や熱，光によって促進される．

b. ヨウ素溶液の標定と使い方 ヨウ素溶液は無水チオ硫酸ナトリウムまたはチオ硫酸バリウム一水和物で標定

---

[1] 濃ヨウ化カリウム溶液にヨウ素を溶かして調製した溶液は，正確には三ヨウ化物溶液とよばれる．しかし実際はこの溶液の化学量論的振舞い ($I_2 + 2e^- \rightarrow 2I^-$) を説明する用語であるヨウ素溶液とよばれることが多い．

でき，どちらも市販されている．ヨウ素とチオ硫酸ナトリウムの反応は§14・7・2で詳細に述べた．ヨウ素溶液はチオ硫酸ナトリウム溶液で標定されることが多く，チオ硫酸ナトリウムも同様にヨウ素酸カリウムまたは二クロム酸カリウムで標定される．表14・8にヨウ素を酸化剤として用いる方法をまとめた．

表14・8　ヨウ素溶液の使用例

定量する物質	半反応
As	$H_3AsO_3 + H_2O \rightleftharpoons H_3AsO_4 + 2H^+ + 2e^-$
Sb	$H_3SbO_3 + H_2O \rightleftharpoons H_3SbO_4 + 2H^+ + 2e^-$
Sn	$Sn^{2+} \rightleftharpoons Sn^{4+} + 2e^-$
H_2S	$H_2S \rightleftharpoons S(s) + 2H^+ + 2e^-$
SO_2	$SO_3^{2-} + H_2O \rightleftharpoons SO_4^{2-} + 2H^+ + 2e^-$
$S_2O_3^{2-}$	$2S_2O_3^{2-} \rightleftharpoons S_4O_6^{2-} + 2e^-$
N_2H_4	$N_2H_4 \rightleftharpoons N_2(g) + 4H^+ + 4e^-$
アスコルビン酸	$C_6H_8O_6 \rightleftharpoons C_6H_6O_6 + 2H^+ + 2e^-$

14・8・4　臭素源としての臭素酸カリウム

一次標準物質の臭素酸カリウムが市販されており，長期間安定な標準液を一次標準物質から直接調製できる．臭素酸カリウムを用いた直接滴定はあまり行われず，むしろ使いやすい安定な臭素源として広く使われている[4]．この用途では，未知量の過剰な臭化カリウムを分析対象の酸性溶液に加える．既知量の臭素酸カリウム標準液を加えると，化学量論に基づく一定量の臭素が生成する．

[1]　　　$\underset{標準液}{BrO_3^-} + \underset{過剰}{5Br^-} + 6H^+ \rightarrow 3Br_2 + 3H_2O$

この臭素は間接的に生成するので，臭素標準液を使用する際の不安定性という問題をうまく避けられる．

臭素酸カリウム標準液のおもな用途は，臭素と反応する有機化合物の定量である．しかし，臭素は多くの有機化合物と反応があまり速く進行しないため，直接滴定を行うことが難しい．代わりに，試料と過剰の臭化カリウムを含む溶液に，一定過剰量の臭素標準液を加える．混合液を酸性にした後，臭素と分析対象の反応が完了したと判断されるまでガラス栓付き容器で放置する．過剰な臭素を定量するため，以下の反応が起こるよう過剰量のヨウ化カリウムを添加する．

$$2I^- + Br_2 \rightarrow I_2 + 2Br^-$$

つづいて遊離したヨウ素をチオ硫酸ナトリウム標準液で滴定する（14・13式）．

a. 置換反応　　臭素は置換あるいは付加により有機分子と結合する．ハロゲン置換では，芳香環の水素がハロゲンに置換される．オルト・パラ配向性の強い置換基（特にアミンやフェノール）をもつ芳香族化合物の定量には，置換法がうまく適用できる．

例題 14・16

抗菌薬（有効成分スルファニルアミド）0.2891 g をHClに溶かし，100.0 mLに希釈した．20.00 mLをフラスコに分取し，0.01767 M $KBrO_3$ 25.00 mL を加えた．過剰量のKBrを加えてBr_2を生成させ，フラスコに栓をした．Br_2によるスルファニルアミド（図14・12）の臭素化を10分行った後，過剰量のKIを加えた．遊離したヨウ素を0.1215 M チオ硫酸ナトリウム 12.92 mL で滴定した．反応は次のとおりである．

$$BrO_3^- + 5Br^- + 6H^+ \rightarrow 3Br_2 + 3H_2O$$

スルファニルアミド

$Br_2 + 2I^- \rightarrow 2Br^- + I_2$　　（過剰量のKI）

$I_2 + 2S_2O_3^{2-} \rightarrow S_4O_6^{2-} + 2I^-$

パウダー中のスルファニルアミド（$NH_2C_6H_4SO_2NH_2$，172.21 g/mol）の割合（%）を計算せよ．

図14・12　スルファニルアミドの分子モデル．スルファニルアミドは1930年代に効果的な抗菌剤であることがわかった．製薬会社は，患者に簡便に投与できるよう薬剤を溶液で提供しようとし，高濃度のエチレングリコールを含むスルファニルアミドのエリキシル剤を供給した．エチレングリコールには腎毒性があり，残念ながらこの溶剤の作用で100人以上の人々が亡くなった．このできごとが契機となり，1938年に米国で連邦食品医薬品化粧品法が速やかに可決され，発売前に毒性試験を行うことと商品ラベルへの有効成分表示が義務づけられた．薬品に関する法律の歴史については米国食品医薬品局（FDA）のウェブサイトを参照．

---

[1]　1 mol $KBrO_3$ = 3 mol Br_2
[4]　臭素酸溶液とその応用については，M.R.F. Ashworth, "Titrimetric Organic Analysis", Part I, p. 118-30, Interscience, New York (1964) を参照．

14・8 標準酸化剤の適用の仕方

解 答（例題 14・16 つづき）

Br_2 の総物質量

$$= 25.00 \text{ mL KBrO}_3 \times 0.01767 \frac{\text{mmol KBrO}_3}{\text{mL KBrO}_3}$$

$$\times \frac{3 \text{ mmol Br}_2}{\text{mmol KBrO}_3}$$

$$= 1.32525 \text{ mmol Br}_2$$

次に，試料の臭素化に要した物質量よりも Br_2 がどのくらい過剰にあるか計算する．

過剰な Br_2 の物質量

$= I_2$ の物質量

$$= 12.92 \text{ mL Na}_2\text{S}_2\text{O}_3 \times 0.1215 \frac{\text{mmol Na}_2\text{S}_2\text{O}_3}{\text{mL Na}_2\text{S}_2\text{O}_3}$$

$$\times \frac{1 \text{ mmol I}_2}{2 \text{ mmol Na}_2\text{S}_2\text{O}_3}$$

$$= 0.78489 \text{ mmol Br}_2$$

試料が消費した Br_2 の物質量は以下の式で与えられる．

$$Br_2 \text{ の物質量} = 1.32525 - 0.78489$$
$$= 0.54036 \text{ mmol Br}_2$$

分析対象の質量

$$= 0.54036 \text{ mmol Br}_2 \times \frac{1 \text{ mmol 分析対象}}{2 \text{ mmol Br}_2}$$

$$\times 0.17221 \frac{\text{g 分析対象}}{\text{mmol 分析対象}}$$

$$= 0.046523 \text{ g 分析対象}$$

分析対象の割合

$$= \frac{0.046528 \text{ g 分析対象}}{0.2891 \text{ g 試料} \times 20.00 \text{ mL}/100 \text{ mL}} \times 100\%$$

$$= 80.47\% \text{ スルファニルアミド}$$

臭素置換反応を利用した重要な例の一つに，8-キノリノールの定量がある．

多くの臭素置換反応とは異なり，この反応は塩酸溶液中で迅速に起こるので，直接滴定が行える．8-キノリノールの臭素による滴定は，8-キノリノールが陽イオンの非常によい沈殿剤であるため特に重要である（§6・3・3参照）．たとえば，アルミニウムは次の一連の反応で定量できる．

$$Al^{3+} + 3HOC_9H_6N \xrightarrow{pH\ 4\sim9} Al(OC_9H_6N)_3(s) + 3H^+$$

$$Al(OC_9H_6N)_3(s) \xrightarrow{4\text{ M 熱 HCl 溶液}} 3HOC_9H_6N + Al^{3+}$$

$$3HOC_9H_6N + 6Br_2 \longrightarrow 3HOC_9H_4NBr_2 + 6HBr$$

この場合の化学量論関係は，次のようになる．

$1 \text{ mol Al}^{3+} = 3 \text{ mol HOC}_9\text{H}_6\text{N} = 6 \text{ mol Br}_2 = 2 \text{ mol KBrO}_3$

b. 付加反応　アルケンの付加反応では，アルケン二重結合が開裂する．たとえばエチレン 1 mol は臭素 1 mol と次のように反応する．

$$\text{H}_2\text{C}=\text{CH}_2 + \text{Br}_2 \longrightarrow \text{BrCH}_2\text{-CH}_2\text{Br}$$

アルケンを含む脂肪，油脂，石油製品の不飽和度推定のために，臭素を利用する方法に関しては数多くの文献で言及されている．

14・8・5 カールフィッシャー試薬による水の定量

工業あるいは商業において最も広く使われる分析法の一つとして，多種多様な固体や液体有機物に含まれる水を定量する**カールフィッシャー法**（Karl Fischer method）がある．この重要な滴定法は，水に対する特異的な酸化還元反応に基づいている[5]．

a. 化学量論に基づく反応の記述　カールフィッシャー反応はヨウ素による二酸化硫黄の酸化に基づいている．酸性でも塩基性でもない溶媒（非プロトン性溶媒）中での反応は，次のようにまとめられる．

$$I_2 + SO_2 + 2H_2O \rightarrow 2HI + H_2SO_4$$

この反応では 2 mol の水がヨウ素 1 mol を消費する．しかし，溶液中に酸または塩基が存在すると，それによって化学量論は 2:1 から 1:1 の間で変化する．

フィッシャーは，化学量論を一定にし，平衡をより右側に移動させるため溶媒に無水メタノールを用い，ピリジン C_5H_5N を加えた．I_2 と SO_2 それぞれが錯体を形成するのに大過剰のピリジンが用いられた．古典的な反応は二段階

[5) カールフィッシャー試薬の組成と用途に関する総説は，S.K. MacLeod, *Anal. Chem.*, **63**, 557A (1991), DOI: 10.1021/ac00010a720. J.D. Mitchell, Jr., D.M. Smith, "Aquametry, 2nd ed.", Vol. 3, Wiley, New York (1977) を参照．

で起こることがわかっている。第一段階ではI_2とSO_2がピリジンと水の存在下で反応し、亜硫酸ピリジンとヨウ化ピリジンが生じる。

$$C_5H_5N\cdot I_2 + C_5H_5N\cdot SO_2 + C_5H_5N + H_2O \rightarrow$$
$$2C_5H_5N\cdot HI + C_5H_5N\cdot SO_3 \qquad (14\cdot 14)$$

$$C_5H_5N^+\cdot SO_3^- + CH_3OH \rightarrow C_5H_5N(H)SO_4CH_3 \qquad (14\cdot 15)$$

I_2, SO_2, SO_3 はピリジン錯体として表す。亜硫酸ピリジンは以下の反応でも水を消費するので、この第二段階目の反応は重要である。

$$C_5H_5N^+\cdot SO_3^- + H_2O \rightarrow C_5H_5NH^+SO_4H^- \quad (14\cdot 16)$$

最後の (14・16) 式の反応は水に特異的でないため望ましくない。この反応は、大過剰のメタノールを存在させることで完全に防ぐことができる。化学量論は存在するH_2O 1 mol 当たりI_2 1 mol であることに注意しよう。

容量分析における古典的なカールフィッシャー試薬は、I_2, SO_2, ピリジン、無水メタノールまたは他の適切な溶媒である。試薬は経時的に分解するので、頻繁に標定しなければならない。そこで、分解を抑えた安定なカールフィッシャー試薬がいくつか市販されている。

b. 終点の検出　カールフィッシャー滴定の終点は、過剰な試薬の呈する茶色で目視できる。しかし、より一般的には電気化学分析測定法で終点を観察する。いくつかの機器製造業者からカールフィッシャー滴定の自動または半自動測定機器が販売されている。これらの機器はいずれも電気化学的な滴定の終点検出に基づいている。

c. 試薬の特性　カールフィッシャー試薬は経時的に分解する。分解は調製直後が特に急速なので、試薬は使用する 1 日か 2 日前に調製するのが一般的である。試薬の力価は、標準水・メタノールに対して最低でも毎日標定する必要がある。随時再標定するだけでよいと記されたカールフィッシャー試薬が、市販品で、現在入手できる。

自明のことだが、カールフィッシャー試薬と試料には、大気中の水分が混入しないよう厳重な注意を払わねばならない。ガラス容器はすべて使用前によく乾燥し、標準液は空気に触れないよう保存しなければならない。また、滴定中は溶液と空気の接触を最小限にする必要がある。

d. 応用　カールフィッシャー試薬は数多くの種類の試料に含まれる水の定量に応用されている。物質の溶解度、水が保持されている状態、試料の物理的状態によって、いくつか基本的な技術の変法がある。試料をメタノールに完全に溶解できるならば、多くの場合は直接滴定により迅速に分析できる。この方法は多くの有機酸、アルコール、エステル、エーテル、無水物、ハロゲン化物の含水量測定に応用できる。多くの有機酸の含水塩もまた、メタノールに溶解する多くの無機塩水和物と同様に、直接滴定で定量できる。

試薬に部分的にしか溶解しない試料を直接滴定すると、通常は水の回収が不十分になる。しかし、この種の試料は、試薬を過剰に加え、適切な反応時間後に標準水・メタノールで逆滴定することにより、満足な結果が得られる場合が多い。有効な代替手段は、試料を無水メタノールまたは他の有機溶媒で還流し、水を抽出する方法である。生じた溶液をカールフィッシャー溶液で直接滴定する。

章 末 問 題

14・1　二つ以上の酸化還元対を含む系の電極電位を簡潔に定義せよ。

14・2　酸化還元滴定における次の用語の違いを簡潔に述べよ。
(a) 平衡と当量
(b) 一般的な酸化還元指示薬と特殊な酸化還元指示薬

14・3　酸化還元反応に特有の平衡条件は何か。

14・4　酸化還元滴定曲線は、分析対象となる化学種と容量滴定用の滴定試薬の標準電極電位を用いてどのように作成されるか。

14・5　酸化還元滴定における当量点とそれ以外の任意の点では、系の電極電位の計算の仕方がどのように異なるか。

14・6　酸化還元滴定曲線が当量点に対して非対称になるのはどのような状況のときか。

14・7　以下のセルについて理論上のセル電圧を計算せよ。セルの左側で酸化反応、右側で還元反応が起こるとしたとき、セル反応は自発的にこの方向に進むか、あるいはこの反応を起こすために外部電源が必要かどうか述べよ。

(a) $Pb|Pb^{2+}(0.120\ M)\|Cd^{2+}(0.0500)|Cd$
(b) $Zn|Zn^{2+}(0.0420\ M)\|Tl^{3+}(9.06\times 10^{-2}\ M)$, $Tl^+(0.0400\ M)|Pt$
(c) $Pt, H_2(757\ Torr)|HCl(2.00\times 10^{-4}\ M)\|Ni^{2+}(0.0400\ M)|Ni$
(d) $Pb|PbI_2(飽和), I^-(0.0220\ M)\|Hg^{2+}(2.60\times 10^{-3}\ M)|Hg$
(e) $Pt, H_2(1.00\ atm)|NH_3(0.400\ M), NH_4^+(0.200\ M)\|SHE$
(f) $Pt|TiO^{2+}(0.0450\ M), Ti^{3+}(0.00320\ M), H^+(3.00\times 10^{-2}\ M)\|VO^{2+}(0.1600\ M), V^{3+}(0.0800\ M), H^+(0.0100\ M)|Pt$

14・8　以下のセルについて理論上のセル電圧を計算せよ。セルを短絡したときにセル反応が自発的に起こる方向を示せ。

(a) $Zn|Zn^{2+}(0.1000\ M)\|Co^{2+}(5.87\times 10^{-4}\ M)|Co$
(b) $Pt|Fe^{3+}(0.1600\ M), Fe^{2+}(0.0700\ M)\|Hg^{2+}(0.0350\ M)|Hg$

(c) Ag|Ag$^+$(0.0575 M)|H$^+$(0.0333 M)|O$_2$(1.12 atm), Pt
(d) Cu|Cu^{2+}(0.0420 M)||I$^-$(0.1220 M),
　　AgI(飽和)|Ag
(e) SHE||HCOOH(0.1400 M), HCOO$^-$(0.0700 M)|
　　H$_2$(1.00 atm), Pt
(f) Pt|UO$_2^{2+}$(8.00×10^{-3} M), U^{4+}(4.00×10^{-2} M),
　　H$^+$(1.00×10^{-3} M)||Fe^{3+}(0.003876 M),
　　Fe^{2+}(0.1134 M)|Pt

14・9 以下の二つの半電池を塩橋で接続したときの電位差を計算せよ．
(a) 0.0220 M Pb^{2+} 溶液に浸した鉛電極（右側電極）と，0.1200 M Zn^{2+} 溶液に浸した亜鉛電極からなるガルバニセル
(b) 左右とも白金電極で，左側は 0.0445 M Fe^{3+} と 0.0890 M Fe^{2+} を含む溶液に，右側は 0.00300 M [Fe(CN)$_6$]$^{4-}$ と 0.1564 M [Fe(CN)$_6$]$^{3-}$ を含む溶液に浸したガルバニセル
(c) 標準水素電極（左側）と，3.50×10^{-3} M TiO^{2+} と 0.07000 M Ti^{3+} を含む pH 3.00 の緩衝液に浸した白金電極からなるガルバニセル

14・10 電池図式（§13・2・3参照）を用いて問題 14・9 のセルを書け表せ．各セルは，塩橋を用いて二つの区画に分かれた溶液同士が電気的に接続されているとする．

14・11 以下の反応の平衡定数式を書け．K_{eq} の数値を計算せよ．
(a) Fe^{3+} + V^{2+} ⇌ Fe^{2+} + V^{3+}
(b) [Fe(CN)$_6$]$^{3-}$ + Cr^{2+} ⇌ [Fe(CN)$_6$]$^{4-}$ + Cr^{3+}
(c) 2V(OH)$_4^+$ + U^{4+} ⇌ 2VO^{2+} + UO$_2^{2+}$ + 4H$_2$O
(d) Tl^{3+} + 2Fe^{2+} ⇌ Tl$^+$ + 2Fe^{3+}
(e) 2Ce^{4+} + H$_3$AsO$_3$ + H$_2$O ⇌
　　2Ce^{3+} + H$_3$AsO$_4$ + 2H$^+$ (1 M HClO$_4$)
(f) 2V(OH)$_4^+$ + H$_2$SO$_3$ ⇌ SO$_4^{2-}$ + 2VO^{2+} + 5H$_2$O
(g) VO^{2+} + V^{2+} + 2H$^+$ ⇌ 2V^{3+} + H$_2$O
(h) TiO^{2+} + Ti^{2+} + 2H$^+$ ⇌ 2Ti^{3+} + H$_2$O

14・12 問題 14・11 の各反応について，当量点における系の電極電位を計算せよ．特記がない場合，必要に応じて [H$^+$] の値は 0.100 M とする．

14・13 問題 14・11 の (a), (c), (f), (g) の滴定について，式の最初に出てくる化学種を滴定試薬とし，溶液の初濃度を 0.1000 M として，当量点における反応物と生成物それぞれの濃度はいくらか．滴定中は [H$^+$] が変化しないと仮定する．

14・14 問題 14・11 の各滴定に適した指示薬を表 14・2 から選べ．表 14・2 に適当な指示薬がないときは "なし" と答えよ．

14・15 スプレッドシートを用いて以下の滴定曲線を作成せよ．試薬を 10.00, 25.00, 49.00, 49.90, 50.00, 50.10, 51.00, 60.00 mL 加えたときの各電位を計算せよ．必要があれば [H$^+$] は終始 1.00 M と仮定する．
(a) 0.1000 M V^{2+} 50.00 mL を 0.05000 M Sn^{4+} で滴定
(b) 0.1000 M [Fe(CN)$_6$]$^{3-}$ 50.00 mL を 0.1000 M Cr^{2+} で滴定
(c) 0.1000 M [Fe(CN)$_6$]$^{4-}$ 50.00 mL を 0.05000 M Tl^{3+} で滴定
(d) 0.1000 M Fe^{3+} 50.00 mL を 0.05000 M Sn^{2+} で滴定
(e) 0.05000 M U^{4+} 50.00 mL を 0.02000 M MnO$_4^-$ で滴定

14・16 発展問題 Harned と Ehlers[6] は酢酸の解離定数を測定する研究の一環として，下記の電池の E^0 を測定する必要があった．
　　Pt, H$_2$ (1 atm)|HCl(m), AgCl(飽和)|Ag
(a) このセルの電位差を求める式を書け．
(b) (a) の式は次のようにも書けることを証明せよ．
$$E = E^0 - \frac{RT}{F} \ln (\gamma_{H_3O^+})(\gamma_{Cl^-}) m_{H_3O^+} m_{Cl^-}$$
ここで $\gamma_{H_3O^+}$, γ_{Cl^-} はオキソニウムイオンと塩化物イオンの活量係数，$m_{H_3O^+}$, m_{Cl^-} は相対重量モル濃度（mol 溶質/kg 溶媒）とする．
(c) この式が有効なのはどのような場合か．
(d) (b) の式は $E + 2k \log m = E^0 - 2k \log \gamma$ とも書けることを証明せよ（ただし $k = \frac{RT}{F} \ln 10$）．m と γ は何か．
(e) 非常に希薄な溶液に対して有効なデバイ–ヒュッケルの式を大幅に簡略化すると，$\log \gamma = -0.5 \sqrt{m} + bm$（$b$ は定数）となる．(d) のセル電圧の式は $E + 2k \log m - k\sqrt{m} = E^0 - 2kcm$ とも書けることを証明せよ．
(f) 上述の式は電解質の濃度が 0 に近づくにつれ直線になる "極限法則" である．式は $y = ax + b$ の形をとり，$y = E + 2k \log m - k\sqrt{m}$, $x = m$, 傾き $a = -2kc$, y 切片 $b = E^0$ である．Harned と Ehlers は，問題の最初に示した液絡のないセルの電位差を，HCl（重量モル濃度）と温度の関数としてきわめて正確に測定し，表 1 に示すデータを得た．たとえば，彼らは 25 ℃，HCl 濃度 0.01m で電圧を測定し，0.46419 V を得た．$E + 2k \log m - k\sqrt{m}$ 対 m のグラフを作成せよ．低濃度ではグラフが完全に直線になることを確かめよ．グラフを y 切片に外挿し，E^0 の値を求めよ．求めた値を Harned と Ehlers の測定値と比較し，違いがあれば説明せよ．表 13・1 に示した値とも比較せよ．この問題を解く一番簡単な方法は，スプレッドシートにデータを入力し，Excel の INTERCEPT（既知の y，既知の x）関数を使って E^0 の外挿値を決める方法である．切片を求めるには 0.005 m から 0.01 m までのデータのみを使用する．
(g) (f) のデータ解析にスプレッドシートを使用した場合は，すべての温度に対するデータを入力し，5～35 ℃ のそれぞれの温度の E^0 を決定せよ．あるいは本書のウェブサイトから，全データの入ったスプレッドシートをダウンロードしてもよい．

---

[6] H.S. Harned, R.W. Ehlers, *J. Am. Chem. Soc.*, **54**(4), 1350-57 (1932), DOI: 10.1021/ja01343a013.

表1 重量モル濃度と温度 (°C) の関数として測定した，液絡のないセル. Pt, H$_2$(1atm) | HCl (m), AgCl(飽和) | Ag の電圧

m [mol/w]	E_T [V]							
	E_0	E_5	E_{10}	E_{15}	E_{20}	E_{25}	E_{30}	E_{35}
0.005	0.48916	0.49138	0.49338	0.49521	0.44690	0.49844	0.49983	0.50109
0.006	0.48089	0.48295	0.48480	0.48647	0.48800	0.48940	0.49065	0.49176
0.007	0.4739	0.47584	0.47756	0.47910	0.48050	0.48178	0.48289	0.48389
0.008	0.46785	0.46968	0.47128	0.47270	0.47399	0.47518	0.47617	0.47704
0.009	0.46254	0.46426	0.46576	0.46708	0.46828	0.46937	0.47026	0.47103
0.01	0.4578	0.45943	0.46084	0.46207	0.46319	0.46419	0.46499	0.46565
0.02	0.42669	0.42776	0.42802	0.42925	0.42978	0.43022	0.43049	0.43058
0.03	0.40859	0.40931	0.40993	0.41021	0.41041	0.41056	0.41050	0.41028
0.04	0.39577	0.39624	0.39668	0.39673	0.39673	0.39666	0.39638	0.39595
0.05	0.38586	0.38616	0.38641	0.38631	0.38614	0.38589	0.38543	0.38484
0.06	0.37777	0.37793	0.37802	0.37780	0.37749	0.37709	0.37648	0.37578
0.07	0.37093	0.37098	0.37092	0.37061	0.37017	0.36965	0.36890	0.36808
0.08	0.36497	0.36495	0.36479	0.36438	0.36382	0.36320	0.36285	0.36143
0.09	0.35976	0.35963	0.35937	0.35888	0.35823	0.35751	0.35658	0.35556
0.1	0.35507	0.35487	0.33451	0.35394	0.35321	0.35240	0.35140	0.35031
E^0	0.23627	0.23386	0.23126	0.22847	0.22550	0.22239	0.21918	0.21591

表2 イオン強度 (重量モル濃度) と温度 (°C) の関数として測定した，液絡のないセル. Pt, H$_2$(1atm) | HOAc(c_{HOAc}), NaOAc(c_{NaOAc}), NaCl(c_{NaCl}), AgCl(飽和) | Ag の電圧

c_{HOAc}, m	c_{NaOAc}, m	c_{NaCl}, m	E_0	E_5	E_{10}	E_{15}	E_{20}	E_{25}	E_{30}	E_{35}
0.004779	0.004599	0.004896	0.61995	0.62392	0.62789	0.63183	0.63580	0.63959	0.64335	0.64722
0.012035	0.011582	0.012326	0.59826	0.60183	0.60538	0.60890	0.61241	0.61583	0.61922	0.62264
0.021006	0.020216	0.021516	0.58528	0.58855	0.59186	0.59508	0.59840	0.60154	0.60470	0.60792
0.04922	0.04737	0.05042	0.56546	0.56833	0.57128	0.57413	0.57699	0.57977	0.58257	0.58529
0.08101	0.07796	0.08297	0.55388	0.55667	0.55928	0.56189	0.56456	0.56712	0.56964	0.57213
0.09056	0.08716	0.09276	0.55128	0.55397	0.55661	0.55912	0.56171	0.56423	0.56672	0.56917

(h) 表1には原著論文の誤植が2箇所ある．誤りを見つけて訂正せよ．どうして訂正したのか理由を述べよ．訂正を正当化する統計的基準は何か．これらの誤植は以前に発見されていると思われるか．自らの答えを説明せよ．

(i) この研究者らはなぜモル濃度 (mol/L) または重量%濃度 (w/w) ではなく重量モル濃度 (mol/w) を使用したと考えられるか．モル濃度や重量%濃度を使うと，問題になるかどうか説明せよ．

14・17 発展問題 問題 14・16 で見たとおり，Harned と Ehlers[6] は酢酸の解離定数を測定するための予備試験において，液絡のないセルの E^0 を測定した．研究を完成させ，解離定数を決定するために，彼らは以下のセルに対しても電圧測定を行った．

Pt, H$_2$(1atm) | HOAc(m_1), NaOAc(m_2), NaCl(m_3), AgCl(飽和) | Ag

(a) このセルの電圧は，

$$E = E^0 - \frac{RT}{F} \ln (\gamma_{H_3O^+})(\gamma_{Cl^-}) m_{H_3O^+} m_{Cl^-}$$

で与えられることを示せ．ここで $\gamma_{H_3O^+}$, γ_{Cl^-} はオキソニウムイオンと塩化物イオンの活量係数，$m_{H_3O^+}$, m_{Cl^-} は相対重量モル濃度 (mol 溶質 /kg 溶媒) とする．

(b) 酢酸の解離定数は，

$$K = \frac{(\gamma_{H_3O^+})(\gamma_{OAc^-})}{\gamma_{HOAc}} \times \frac{m_{H_3O^+} m_{OAc^-}}{m_{HOAc}}$$

で求められる．ここで γ_{OAc^-}, γ_{HOAc} は酢酸イオンと酢酸の活量係数，m_{OAc^-}, m_{HOAc} は平衡重量モル濃度 (mol 溶質 /kg 溶媒) とする．(a) のセル電圧は以下の式で与えられることを示せ．

$$E = E^0 + \frac{RT}{F} \ln \frac{m_{HOAc} m_{Cl^-}}{m_{OAc^-}}$$
$$= -\frac{RT}{F} \ln \frac{(\gamma_{H_3O^+})(\gamma_{Cl^-})(\gamma_{HOAc})}{(\gamma_{H_3O^+})(\gamma_{OAc^-})} - \frac{RT}{F} \ln K$$

(c) 溶液のイオン強度が0に近づくにつれ，(b) の式の右辺はどのようになるか．

(d) (c) の答えの結果より，式の右辺は $-(RT/F)\ln K'$ と書ける．次式を証明せよ．

$$K' = \exp\left[-\frac{(E-E^0)F}{RT} \ln \left(\frac{m_{HOAc} m_{Cl^-}}{m_{OAc^-}}\right)\right]$$

(e) 液絡のない電池の溶液のイオン強度は，Harned と Ehlers の計算によると以下のようになる．

$$\mu = m_2 + m_3 + m_{H^+}$$

この式が正しいことを証明せよ．

(f) 彼らはさまざまな重量モル濃度の酢酸，酢酸ナトリウム，塩化ナトリウムの溶液を調製し，この問題の最初に示したモルで電位測定を行った．結果を表 2 に示す．Harned と Ehlers の論文に対して，ここまでは重量モル濃度を変数 m_x（x は目的の化学種）と表記して議論してきた．この記号は分析濃度と平衡濃度のどちらの重量モル濃度を表すのだろうか．あるいは両方だろうか．説明せよ．表中の濃度の記号は，あくまで本書全体で使用している表記にのっとったもので，Harned と Ehlers の表記ではないことに注意する．

(g) 通常の適切な近似を用いて酢酸の K_a の式（$K_a = 1.8 \times 10^{-5}$ と仮定）から $[H_3O^+]$，$[OAc^-]$，$[HOAc]$ を計算し，各溶液のイオン強度を計算せよ．表の 25 ℃ の電圧測定値を使用して，(d) の式から K' を計算せよ．K' 対 μ のグラフを作成し，無限希釈（$\mu=0$）に外挿して 25 ℃ の K_a 値を求めよ．外挿した値と μ の計算に使用した暫定値を比較せよ．K_a の暫定値は K_a の外挿値にどんな影響を及ぼすか．これらの計算はスプレッドシートを使って行うとよい．

(h) スプレッドシートを使ってこれらの計算を行った場合は，データの掲載されている他のすべての温度に対して同様に酢酸の解離定数を決定せよ．K_a は温度によってどう変化するか．K_a が最大となる温度は何 ℃ か．

14・18 以下の反応を，両辺を釣り合わせた正味のイオン反応式で書け．
(a) 過硫酸アンモニウムにより Mn^{2+} を MnO_4^- に酸化
(b) ビスマス酸ナトリウムにより Ce^{3+} を Ce^{4+} に酸化
(c) H_2O_2 により U^{4+} を UO_2^{2+} に酸化
(d) ワルデン還元器による $V(OH)_4^+$ の反応
(e) $KMnO_4$ による H_2O_2 の滴定
(f) 酸性溶液中での KI と ClO_3^- の反応

14・19 ワルデン還元器には，高濃度の HCl を含む溶液が必ず使われるのはなぜか．

14・20 ワルデン還元器による UO_2^{2+} の還元を，両辺を釣り合わせた正味のイオン反応式で書け．

14・21 還元剤の標準液が，酸化剤の標準液よりあまり滴定に使われないのはなぜか．

14・22 Ce^{4+} が塩基性溶液中の還元剤の滴定に使用されないのはなぜか．

14・23 $KMnO_4$ 溶液を沪過してから標定するのはなぜか．

14・24 $KMnO_4$ 溶液や $Na_2S_2O_3$ 溶液を褐色の試薬瓶に保存するのはなぜか．

14・25 $K_2Cr_2O_7$ 標準液のおもな用途は何か．

14・26 I_2 標準液は放置すると濃度が増加する．増加の根拠となる，両辺を釣り合わせた正味のイオン反応式を書け．

14・27 既知量の I_2 源として KIO_3 溶液を用いるやり方を示せ．

14・28 $K_2Cr_2O_7$ が $Na_2S_2O_3$ 溶液の一次標準物質としてどのように用いられるかを，両辺を釣り合わせた式で書け．

14・29 $Na_2S_2O_3$ で I_2 溶液を滴定するとき，デンプン指示薬は化学当量の直前まで添加しない．それはなぜか．

14・30 電解鉄線 0.2541 g を酸に溶かして調製した溶液をジョーンズ還元器に通した．得られた溶液中の Fe^{2+} を滴定するのに，以下の滴定試薬 36.76 mL を要した．滴定試薬となる酸化剤のモル濃度を計算せよ．
(a) Ce^{4+}（生成物 Ce^{3+}）
(b) $Cr_2O_7^{2-}$（生成物 Cr^{3+}）
(c) MnO_4^-（生成物 Mn^{2+}）
(d) $V(OH)_4^+$（生成物 VO^{2+}）
(e) IO_3^-（生成物 ICl_2^-）

14・31 0.05000 M $KBrO_3$ 1.000 L はどのように調製するか．

14・32 約 0.06 M I_3^- 溶液 2.5 L はどのように調製するか．この溶液中の $KMnO_4$ のモル濃度を計算せよ．

14・33 純鉄線 0.2219 g を酸に溶かし，酸化状態 +2 に還元し，Ce^{4+} 34.65 mL で滴定した．Ce^{4+} 溶液のモル濃度を計算せよ．

14・34 $KBrO_3$ 0.1298 g を希 HCl に溶かし，未知量の過剰 KI で処理した．遊離したヨウ素の滴定にはチオ硫酸ナトリウム溶液 41.32 mL を要した．$Na_2S_2O_3$ のモル濃度を計算せよ．

14・35 鉱物標本 0.1267 g から，正味の反応，

$$MnO_2(s) + 4H^+ + 2I^- \rightarrow Mn^{2+} + I_2 + 2H_2O$$

で遊離した I_2 の滴定に 0.08041 M $Na_2S_2O_3$ 29.62 mL を要したとする．鉱物標本中の MnO_2 の割合（%）を計算せよ．

14・36 鉄鉱 0.7120 g を溶解し，ジョーンズ還元器に通した．生成した Fe^{2+} の滴定に 0.01926 M $KMnO_4$ 41.63 mL を要した．この分析結果を (a) Fe の割合，(b) Fe_2O_3 の割合で表せ．

14・37 ヒドロキシルアミン H_2NOH を過剰量の Fe^{3+} で処理すると，N_2O と当量の Fe^{2+} が生じる．

$$2H_2NOH + 4Fe^{3+} \rightarrow N_2O(g) + 4Fe^{2+} + 4H^+ + H_2O$$

25.00 mL を分取し，処理によって生成した Fe^{2+} の滴定に 0.01528 M $K_2Cr_2O_7$ 14.48 mL を要したとする．H_2NOH 溶液のモル濃度を計算せよ．

14・38 爆発物の試料 0.1862 g に含まれる $KClO_3$ を，0.01162 M Fe^{2+} 50.00 mL を用いた以下の反応により定量した．

$$ClO_3^- + 6Fe^{2+} + 6H^+ \rightarrow Cl^- + 3H_2O + 6Fe^{3+}$$

反応が完了したところで，過剰な Fe^{2+} を 0.07654 M Ce^{4+} 13.26 mL で逆滴定した．試料中の $KClO_3$ の割合

14・39 白アリの駆除に使われていた薬剤（As_2O_3 を含む）8.13 g を H_2SO_4 と HNO_3 で湿式灰化し，分解した．残留物中のヒ素をヒドラジンで三価の状態に還元した．過剰な還元剤を除去し，弱塩基性溶媒中で As^{3+} を滴定するのに 0.03142 M I_2 を 31.46 mL 要した．この分析結果を用いて，もとの試料中の As_2O_3 の割合（%）で表せ．

14・40 混合物試料 2.043 g を 0.01204 M I_2 50.00 mL とともに密栓したフラスコに入れて振とうし，混合物中のエチルメルカプタン濃度を定量した．

$$2C_2H_5SH + I_2 \rightarrow C_2H_5SSC_2H_5 + 2I^- + 2H^+$$

過剰な I_2 を 0.01437 M $Na_2S_2O_3$ 18.23 mL で逆滴定した．C_2H_5SH （62.13 g/mol）の割合を計算せよ．

14・41 I^- の高感度分析法は，Cl^-，Br^- 存在下で行うと Br_2 による I^- の IO_3^- への酸化が必ず伴う．そのため過剰な Br_2 は煮沸かギ酸イオンによる還元で除去する．生成した IO_3^- は，過剰量の I^- を加えて，生じた I_2 を滴定することにより定量する．混合ハロゲン化物の試料 1.307 g を問題 20・23 の手順で溶解し，分析した．滴定には 0.04926 M チオ硫酸溶液を 19.72 mL 要した．試料中の KI の割合を計算せよ．

14・42 Fe と V 両方を含む試料 2.667 g を Fe^{3+} と V^{5+} に変換する条件下で溶解した．溶液を 500.0 mL に希釈し，50.00 mL を分取してワルデン還元器に通し，0.1000 M Ce^{4+} 18.31 mL で滴定した．別に 50.00 mL を分取してジョーンズ還元器に通し，同じ Ce^{4+} 溶液で終点に達するまで 42.41 mL を要した．試料中の Fe_2O_3 と V_2O_5 の割合を計算せよ．

14・43 気体混合物を分速 2.50 L で水酸化ナトリウム溶液に 59.00 分間通じた．気体中の SO_2 は亜硫酸イオンとして残った．

$$SO_2(g) + 2OH^- \rightarrow SO_3^{2-} + H_2O$$

HCl で酸性化し，亜硫酸を 0.002997 M KIO_3 5.15 mL で滴定した．

$$IO_3^- + 2H_2SO_3 + 2Cl^- \rightarrow ICl_2^- + 2SO_4^{2-} + 2H^+ + H_2O$$

混合物の密度を 1.20 g/L とし，SO_2 濃度を ppm で計算せよ．

14・44 大気の試料 25.00 L を Cd^{2+} 溶液を含む吸収塔に通じた．H_2S は吸収塔内で CdS として保持される．混合物を酸性化し，0.00432 M I_2 25.00 mL で処理した．次の反応，

$$S^{2-} + I_2 \rightarrow S(s) + 2I^-$$

の完了後，過剰なヨウ素を 0.01143 M チオ硫酸 15.62 mL で滴定した．H_2S 濃度を ppm で計算せよ．ガス流の密度は 1.20 g/L とする．

14・45 水中の溶存酸素に対するウインクラー法は，塩基性溶媒中で固体の $Mn(OH)_2$ が $Mn(OH)_3$ に急速に酸化されることに基づく．溶液を酸性にすると，Mn^{3+} はヨウ化物からヨウ素を容易に遊離させる．栓付き容器に入れた水試料 250 mL を NaI と NaOH の濃溶液 1.00 mL と Mn^{2+} 溶液 1.00 mL で処理した．$Mn(OH)_2$ の酸化は約 1 分で完了した．次に沈殿物を濃 H_2SO_4 溶液 2.00 mL に溶かすと，すぐに $Mn(OH)_3$ と同量の（ゆえに解離した O_2 とも同量の）ヨウ素が遊離した．（254 mL から）分取した 25.0 mL を 0.00897 M チオ硫酸 14.6 mL で滴定した．試料 1 mL 当たりの O_2 の質量（mg）を計算せよ．濃縮試薬には O_2 が含まれていないと仮定し，試料の希釈を計算に入れること．

14・46 以下の滴定についてスプレッドシートを用いて計算を行い，滴定曲線を描け．滴定試薬を当量点での体積の 10 %，20 %，30 %，40 %，50 %，60 %，70 %，80%，90%，95%，99%，99.9%，100%，101%，105%，110%，120% 加えたときの各電位を計算せよ．

(a) 0.0500 M $SnCl_2$ 20.00 mL を 0.100 M $FeCl_3$ で滴定

(b) 0.08467 M $Na_2S_2O_3$ 25.00 mL を 0.10235 M I_2 で滴定

(c) 一次標準物質 $Na_2C_2O_4$ 0.1250 g を 0.01035 M $KMnO_4$ で滴定．[H^+] = 1.00 M，p_{CO_2} = 1 atm と仮定する．

(d) 0.1034 M Fe^{2+} 20.00 mL を 0.01500 M $K_2Cr_2O_7$ で滴定．[H^+] = 1.00 M と仮定する．

14・47 発展問題 Verdini と Lagier[7] は野菜や果物に含まれるアスコルビン酸を定量するヨウ素滴定法を開発した．彼らは，滴定実験の結果と HPLC 法（第 20 章参照）で得た結果の比較を行った．その比較を表 3 に示す．

表 3　方法の比較†

試料	HPLC〔mg/100g〕	滴 定〔mg/100g〕
1	138.6	140.0
2	126.6	120.6
3	138.3	140.9
4	126.2	123.7

† キウイフルーツを試料に，紫外線検出器付き HPLC，または滴定で測定したアスコルビン酸含量．

(a) 各データセットの平均値と標準偏差を求めよ．

(b) 二つのデータセットの 95% 信頼区間での分散に差があるかどうか判定せよ．

(c) 二つのデータセットの 95% 信頼区間での平均値の差が有意かどうか判定せよ．

この研究者らは回復試験も行っており，試料のアスコルビン酸含量を測定し，つづいて試料に別のアスコルビン酸を加えて濃度を急上昇させ，分析対象の質量を再測定した．その結果を表 4 に示す．

---

7) R.A. Verdini, C.M. Lagier, *J. Agric. Food Chem.*, **48**, 2812 (2000), DOI: 10.1021/jf990987s.

表4 回復試験

試料量	1	2	3	4
	キウイフルーツ			
初期値〔mg〕	9.32	7.29	7.66	7.00
添加量〔mg〕	6.38	7.78	8.56	6.68
実測値〔mg〕	15.56	14.77	15.84	13.79
	ホウレンソウ			
初期値〔mg〕	6.45	7.72	5.58	5.21
添加量〔mg〕	4.07	4.32	4.28	4.40
実測値〔mg〕	10.20	11.96	9.54	9.36

(d) 各試料について総アスコルビン酸量の回復率(%)を計算せよ．

(e) キウイフルーツ，ホウレンソウの順に回復率(%)の平均値と標準偏差を求めよ．

(f) キウイフルーツとホウレンソウの95%信頼区間での回復率(%)の偏差が異なるかどうか判定せよ．

(g) アスコルビン酸の95%信頼区間での回復率(%)の差が有意かどうか判定せよ．

(h) ヨウ素滴定法は野菜や果物のさまざまな試料に含まれるアスコルビン酸の定量にどのように応用できるか論ぜよ．特に，新しい試料を分析する際に自分のデータ解析結果をどう適用するか述べよ．

(i) 参考までに別の分析方法を用いたアスコルビン酸の定量に関する論文をいくつかあげる[3〜14]．入手可能であればこれらの論文を調べ，それぞれ使用されている方法を簡潔に説明せよ．

(j) (i)の各方法がどのように利用されるか，ヨウ素滴定法よりもそれらが選択されるのはどのような状況のもとでか述べよ．ヨウ素滴定も含めたそれぞれの方法に対して，速度，簡便性，分析費用，分析データの品質などを比較せよ．

---

8) A. Campiglio, *Analyst*, **118**, 545 (1993), DOI: 10.1039/AN9931800545.

9) L. Cassella, M. Gulloti, A. Marchesini, M. Petrarulo, *J. Food Sci.*, **54**, 374 (1989), DOI: 10.1111/j.1365-2621.1989.tb03084.x.

10) Z. Gao, A. Ivaska, T. Zha, G. Wang, P. Li, Z. Zhao, *Talanta*, **40**, 399 (1993), DOI: 10.1016/0039-9140(93)80251-L.

11) O.W. Lau, K.K. Shiu, S.T. Chang, *J. Sci. Food Agric.*, **36**, 733 (1985), DOI: 10.1002/jsfa.2740360814.

12) A. Marchesini, F. Montuori, D. Muffato, D. Maestri, *J. Food Sci.*, **39**, 568 (1974), DOI: 10.1111/j.1365-2621.1974.tb02950.x.

13) T. Moeslinger, M. Brunner, I. Volf, P.G. Spieckermann, *Clin. Chem.*, **41**, 1177 (1995).

14) L.A. Pachla, P.T. Kissinger, *Anal. Chem.*, **48**, 364 (1976), DOI: 10.1021/ac60366a045.

15 電位差測定
イオンと分子の濃度測定法

分析化学における**電位差測定法**(potentiometric method)は,電流をほとんど流さずに電気化学セルの電位差を測定する方法に基づく.電位差測定技術はほぼ一世紀にわたって,滴定の終点を特定するのに用いられてきた.さらに,イオン選択性膜電極の電位からイオン濃度を直接測定することも可能になっている.イオン選択性膜電極は,多くの陰イオンや陽イオンを定量するための迅速,簡便で,非破壊的な手段となっている[1].

分析技術者は,おそらく他のどの化学機器測定よりも電位差測定を多く利用している.日常的に行われる電位差測定の数は驚くほど多い.製造業者は消費者向け製品のpH測定に,臨床検査室では病態の重要な指標として血液中のガスの測定に,工業廃水や都市下水中では汚染物質を常時監視するためpHや濃度の測定に,海洋学者は海水中の二酸化炭素や他の関連する因子の測定に電位差測定を用いる.また,基礎研究でも電位差測定が K_a, K_b, K_{sp} などの熱力学的平衡定数を決定するために用いられる.これらは何千もの用途のうちのほんのわずかな例にすぎない.

電位差測定用の機器は参照電極,指示電極,電位差計からなり,簡単で費用がかからない.作動原理とこれら各構成要素の設計については§15・1〜15・5で述べる.つづいて,電位差測定の分析への応用について紹介する.

15・1 一般原理

コラム13・3で,個々の電極電位(半電池)の絶対的な値は実験では決定できず,実験的に測定できるのはセル電圧のみであることを示した.図15・1に電位差測定用の代表的なセルを示す.このセルは次のように表される.

参照電極 | 塩橋 | 分析対象の溶液 | 指示電極
E_{ref}　　E_j　　　　　　　　E_{ind}

1) この電池図式の**参照電極**(reference electrode)は既知の正確な電極電位 E_{ref} を示す半電池であり,E_{ref} は試料溶液中の分析対象の濃度やその他のイオンの濃度に依存しない.標準
2) 水素電極を用いることも可能だが,維持管理や取扱いが煩雑なのでほとんど用いられない.電位差測定では慣例により,参照電極は常に左側電極として扱う.分析対象の溶液
3) に浸す**指示電極**(indicator electrode)は,分析対象の活量に依存した電位 E_{ind} を生じる.電位差測定に用いられる指示

電極の多くは応答に選択性がある.電位差測定用セルの三つ目の構成要素は,分析対象の溶液の成分が参照電極の溶液の成分と混ざるのを防ぐ**塩橋**である.第13章でみたように,塩橋の両端には液絡を通して電位が発生する.塩橋内の溶液の陽イオンと陰イオンの移動度がほぼ同じであれば,両端の電位はほとんど相殺する.K^+ と Cl^- は移動度がほとんど同じなので,塩化カリウムは塩橋の理想的な電解質である.したがって,塩化カリウムを用いれば塩橋を通した正味の**液間電位差** E_j は数mV以下に抑えられる.電気分析法のほとんどにおいて,液間電位差は無視できるほど十分に小さい.しかし本章で論じる電位差測定法では,液間電位差とその誤差は,測定の確度と精度を決定する重要な因子になる.

セル電圧は次式で与えられる.

$$E_{cell} = E_{ind} - E_{ref} + E_j \qquad (15 \cdot 1)$$

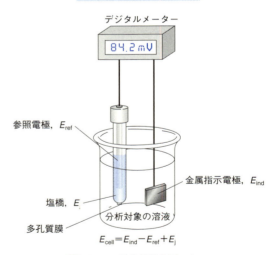

図 15・1 電位差測定用のセル

---

1) **用語** 参照電極は,温度が一定ならば常に一定の,分析対象の溶液の組成に依存しない既知の電極電位をもつ半電池である.
2) 水素電極は取扱いと維持が不便で,火災の危険性もあるので,日常的な電位差測定の参照電極としてはほとんど使用されない.
3) **用語** 指示電極は,分析対象の濃度変化に応じて変化する電位を示す.

1) R.S. Hutchins, L.G. Bachas, "Handbook of Instrumental Techniques for Analytical Chemistry", ed. by F.A. Settle, Ch. 38, p. 727-48, Prentice-Hall, Upper Saddle River, NJ (1997).

この式の第一項である E_{ind} に，求める情報，すなわち分析対象の濃度が含まれている．分析対象の電位差測定をする際は，セル電圧を測定し，それを参照電極電位および液間電位差で補正し，指示電極電位から分析対象の濃度を計算しなければならない．厳密にいうと，ガルバニセルの電圧は分析対象の活量に相関する．したがって既知濃度の溶液で電極系を適正に校正してはじめて，分析対象の濃度が決定できる．

§15・2～15・4 では (15・1) 式の右辺に示した三つの電位について，その性質と電位発生メカニズムを解説する．

15・2 参照電極

理想的な参照電極とは，電位が正確にわかっており，しかも一定で，分析対象の溶液の組成にまったく影響を受けないものである．さらに，丈夫で組立てやすく，わずかな電流が流れている間も，電位を一定に保たなければならない．

15・2・1 カロメル電極

カロメル電極 (calomel electrode) は代表的な参照電極で，既知濃度の塩化カリウムを含む塩化水銀(I)(カロメル，図 15・2) 飽和溶液に浸した水銀からなる．カロメル電極は次のように表される．

$$Hg \,|\, Hg_2Cl_2(s) \,, KCl(x\,M) \|$$

x は溶液中の塩化カリウムのモル濃度を表す．この半電池の電極電位は次の反応で決まり，

$$Hg_2Cl_2(s) + 2e^- \rightleftharpoons 2Hg(l) + 2Cl^-(aq)$$

1) Cl^- 濃度に依存する．したがって，電極を記述するときは，KCl 濃度を明示しなければならない．

表 15・1 に最も一般的な 3 種類のカロメル電極の組成と，

表 15・1 組成と温度に応じた参照電極の式量電位

温度 [°C]	電位 vs. SHE [V]				
	0.1 M カロメル[†1]	3.5 M カロメル[†2]	飽和カロメル[†1] (SCE)	3.5 M Ag-AgCl[†2]	飽和 Ag-AgCl[†2]
15	0.3362	0.254	0.2511	0.212	0.209
20	0.3359	0.252	0.2479	0.208	0.204
25	0.3356	0.250	0.2444	0.205	0.199
30	0.3351	0.248	0.2411	0.201	0.194
35	0.3344	0.246	0.2376	0.197	0.189

†1 R.G. Bates, "Treatise on Analytical Chemistry, 2nd ed.", ed. by I.M. Kolthoff, P.J. Elving, Part I, Vol. 1, p. 793, Wiley, New York (1978).
†2 D.T. Sawyer, A. Sobkowiak, J.L. Roberts, Jr, "Electrochemistry for Chemists", p. 192, Wiley, New York (1995).

式量電位をあげる．各溶液は塩化水銀(I)(カロメル)で飽和しており，KCl 濃度だけが異なることに注意する．図 15・3 に示すような簡単なカロメル電極がいくつか市販されている．H 形の電極はガラス製であり，電極の右腕部には，白金でできた電気接触部，水銀/塩化水銀(I)を飽和 KCl 溶液でペースト状にしたものが少量，そして KCl 結晶が少量が含まれる．管には飽和 KCl 溶液が満たされ，左腕部の下端を塞いでいる多孔質バイコールガラス (Vycor, thirsty glass ともいう) の栓を通して，塩橋 (§13・2)

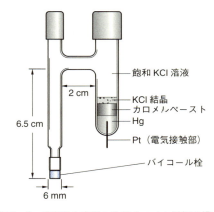

図 15・3 代表的な市販の飽和カロメル電極の模式図
[Bioanalytical Systems, W. Lafayette, IN より]

1) **飽和カロメル電極** (saturated calomel electrode, SCE) の"飽和"は電極溶液の KCl 濃度をさし，カロメルの濃度ではない．カロメル電極の溶液はどれも Hg_2Cl_2 (カロメル) で飽和している．
2) 塩橋は，塩化カリウム約 35 g を含む水溶液 100 mL に寒天 (agar) 約 5 g を加えて加熱し調製した伝導性ゲルで U 字管を満たすことにより，簡単に作製できる (寒天は紅藻に含まれるヘテロ多糖であり，半透明なフレーク状のものが入手できる．熱湯で溶けた寒天液は，冷えるとゲル状に固まる)．寒天ゲルはよい導体になるうえ，管の両端にある 2 種類の溶液の混合を防ぐ．塩橋の電解質として塩化カリウムの K^+，Cl^- どちらかのイオンが測定に好ましくない場合は，硝酸アンモニウムが用いられる．

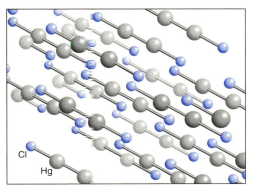

図 15・2 カロメル Hg_2Cl_2 の結晶構造．カロメルの水への溶解度は限定的である (25 °C の $K_{sp} = 1.8 \times 10^{-18}$)．構造中の Hg-Hg 結合に注目してほしい．水溶液中でも同種の結合が生じるという多くの証拠があり，そのため Hg^+ は Hg_2^{2+} と表される．

2・3参照）の役割を果たす．この種の液絡は比較的高抵抗（2000～3000 Ω）であり，通電容量は限定的だが，KClの漏れによる分析対象の溶液の汚染が最小限になる．もっと抵抗が小さく，分析対象の溶液とのよい電気接触部をもつ他の形状の飽和カロメル電極も入手できるが，少量の飽和 KCl が試料中に漏出しやすい．また水銀混入が懸念されるため，飽和カロメル電極は以前ほど一般的でないが，用途によっては次に述べる銀-塩化銀電極にまさる．

15・2・2 銀-塩化銀電極

最も広く市販されている参照電極は，塩化銀で飽和した KCl 溶液に浸した銀電極からなる銀-塩化銀電極である．

[1] $$\mathrm{Ag} | \mathrm{AgCl(s)}, \mathrm{KCl}(飽和) \|$$

電極電位は次の半反応で決まる．

$$\mathrm{AgCl(s)} + \mathrm{e}^- \rightleftharpoons \mathrm{Ag(s)} + \mathrm{Cl}^-$$

通常，この電極には飽和 KCl 溶液または 3.5 M KCl 溶液が使われる．これらの電極電位を表15・1 に示した．図15・4 にこの電極の市販モデルを示す．電極といっても1本のガラス管と大差なく，底の細い開口部がバイコール栓につながっており，分析対象の溶液に接している．ガラス管には塩化銀で飽和した KCl 溶液が入っており，塩化銀の層で被覆された銀線が浸っている．

15・3 液間電位差

組成の異なる2種類の電解質溶液が互いに接触すると，界面に電位差が生じる．この**液間電位差**は，境界を横切る陽イオンと陰イオンが，その拡散速度の違いによって不均一に分布する結果として生じる．図15・5 に 1 M 塩酸溶液と 0.01 M 塩酸溶液が接するときにできる非常に単純な液絡を示す．フリットガラス板などの不活性な多孔性隔膜によって，二つの溶液が混ざらないようにしている．液絡は次のように表される．

$$\mathrm{HCl(1\ M)} | \mathrm{HCl(0.01\ M)}$$

水素イオン，塩化物イオンはどちらも，濃度の高い方から低い方，すなわち左から右へとこの境界を超えて拡散しようとする．各イオンの駆動力は，二つの溶液の活量の差に比例する．この例では水素イオンは塩化物イオンより実質的にずっと移動しやすい．そのため図15・5 のように水素イオンは塩化物イオンよりすばやく拡散し，電荷の分離が起こる．水素イオンが速く拡散するので，境界の濃度の低い側は正電荷を帯びる．濃度の高い側は，拡散速度の遅い塩化物イオンが過剰になり，負電荷を帯びる．二つのイオンの拡散速度の差により，発生した電荷分離はすばやく平衡状態に達する．電荷分離によって生じる電位差はおそらく数百分の一 V である．

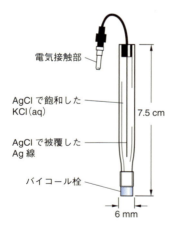

図15・4 銀-塩化銀電極の模式図．参照電極電位 E_ref と液間電位差 E_j を生み出す電極部分を示す．

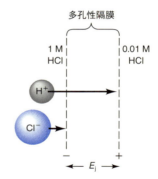

図15・5 液絡の模式図．液間電位差 E_j の発生源を示す．矢印の長さはイオンの相対移動度に対応する．

液間電位差は，二つの溶液間を塩橋でつなぐことで最小限にできる．塩橋の効果が最も発揮されるのは，塩橋内の陰イオンと陽イオンの移動度がほぼ等しく，かつ両イオンの濃度が高いときである．飽和 KCl 溶液はどちらの観点からも優れており，この塩橋の液間電位差は一般に数 mV [2] である．

銀-塩化銀電極は，カロメル電極が使用できない 60 ℃以上の温度で使用できるという利点がある．一方，水銀イオンは銀イオンより反応する試料成分が少ない（たとえば銀イオンはタンパク質と反応することがある）．反応成分が多いと，銀-塩化銀電極の場合，分析対象の溶液との間の液絡に目詰まりを生じることがある．

---

[1] 25 ℃における標準水素電極に対する飽和カロメル電極の電位は 0.244 V，飽和銀-塩化銀電極の電位は 0.199 V である．

[2] 一般的な KCl 塩橋の液間電位差は数 mV である．

15・4 指示電極

1) 理想的な指示電極は，分析対象となるイオン（または分析対象のイオンの集団）の濃度変化にすばやく，かつ再現性よく応答するものである．現在，イオン特異的な指示電極はないが，イオン選択性が非常に高いものはいくつかある．指示電極には金属，膜，イオン選択性電界効果トランジスター（ISFET）の3種類がある．

15・4・1 金属指示電極

金属指示電極は便宜上，第一種の電極，第二種の電極，不活性酸化還元電極に分類される．

a. 第一種の電極 第一種の電極は純粋な金属の電極とその陽イオンを含む溶液からなる．金属とその陽イオンは直接平衡状態にあるので，関与する反応はただ一つである．たとえば銅とその陽イオン Cu^{2+} の平衡は，

$$Cu^{2+}(aq) + 2e^- \rightleftharpoons Cu(s)$$

であり，この電極反応に対するネルンストの式は，

$$E_{ind} = E^0_{Cu} - \frac{0.0592}{2}\log\frac{1}{a_{Cu^{2+}}} = E^0_{Cu} + \frac{0.0592}{2}\log a_{Cu^{2+}} \tag{15・2}$$

ここで E_{ind} は金属指示電極の電極電位，$a_{Cu^{2+}}$ は銅イオンの活量（希薄溶液の場合はほぼそのモル濃度 $[Cu^{2+}]$）を表す．指示電極の電極電位は，しばしば陽イオンの濃度の負の対数（pCu=$-\log a_{Cu^{2+}}$）で表される．そこで pCu の定義を (15・2) 式に代入すると，

$$E_{ind} = E^0_{Cu} + \frac{0.0592}{2}\log a_{Cu^{2+}} = E^0_{Cu} - \frac{0.0592}{2}\text{pCu}$$

金属とその陽イオンの電極反応に対する電位の一般式は，次のように表せる．

$$E_{ind} = E^0_{X^{n+}/X} + \frac{0.0592}{n}\log a_{X^{n+}} = E^0_{X^{n+}/X} - \frac{0.0592}{n}\text{pX} \tag{15・3}$$

この式のプロットを図 15・6 に示す．

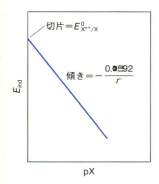

図 15・6 第一種の電極における (15・3) 式のプロット

第一種の電極系は，以下に示すようないくつかの理由で電位差測定にはあまり使われない．一つ目は，金属指示電極の選択性が低いことである．自身の陽イオンだけでなく，それより還元されやすい陽イオンにも応答してしまう．たとえば銅電極は，Ag^+ が共存すると Cu^{2+} の定量に使用できない．電極電位が Ag^+ 濃度にも応答するためである．二つ目は，亜鉛やカドミウムなど多くの金属電極は酸が共存すると溶解するので，中性または塩基性溶液中でしか使用できない．三つ目に，多くの金属は非常に酸化されやすく，分析対象の溶液を脱気して酸素を除去しないと使用できない．最後に，鉄，クロム，コバルト，ニッケルなどの硬い金属では，再現性よく電位を測定できない．このような電極で pX に対して E_{ind} をプロットすると，傾きが理論値（$-0.0592/n$）から大きくそれるうえ，直線にならない．以上の理由で，電位差測定に使用されている第一種の電極系は，中性溶液中の Ag/Ag^+，Hg/Hg^{2+}，脱気した溶液中の Cu/Cu^{2+}，Zn/Zn^{2+}，Cd/Cd^{2+}，Bi/Bi^{3+}，Tl/Tl^+，Pb/Pb^{2+} のみである．

b. 第二種の電極 金属電極はそれ自身の陽イオンに対する指示電極として使えるだけでなく，その陽イオンと難溶性沈殿や安定な錯体を形成する陰イオンの活量にも応答する．たとえば銀電極の電位は，飽和塩化銀溶液中の Cl^- の活量に再現性よく相関する．この場合，電極反応は次のように書ける．

$$AgCl(s) + e^- \rightleftharpoons Ag(s) + Cl^-(aq) \quad E^0_{AgCl/Ag} = 0.222\text{ V}$$

25°C におけるこの平衡のネルンストの式は，次のとおりである．

$$E_{ind} = E^0_{AgCl/Ag} - 0.0592\log a_{Cl^-} = E^0_{AgCl/Ag} + 0.0592\text{ pCl} \tag{15・4}$$

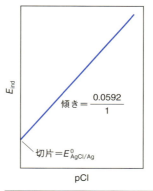

図 15・7 Cl^- に対する第二種の電極における (15・4) 式のプロット

---

1) 多くの分析方法では分析対象の濃度が得られるのに対して，電位差測定で得られるのは分析対象の活量である．化学種 X の活量 a_X は以下の (7・2) 式より，モル濃度 $[X]$ に関連することを思い出そう．

$$a_X = \gamma_X[X]$$

γ_X は X の活量係数であり，溶液のイオン強度によって変化するパラメーターである．電位差測定のデータは活量に依存するので，本章ではほとんどの場合，$a_X \approx [X]$ という通常の近似を行う必要はない．

(15・4) 式は，銀電極の電位が pCl，すなわち塩化物イオンの活量の負の対数と直線の関係があることを示す．したがって飽和塩化銀溶液中の銀電極は，Cl^- の第二種の指示電極となる．この種類の電極に対する対数項の符号は第一種の電極の場合の符号 [(15・3) 式参照] と逆になることに注意しよう．pCl に対する銀電極の電位のプロットを図 15・7 に示す．

c. 不活性酸化還元電極　第 13 章で述べたように，酸化還元系に応答する比較的不活性な導体がいくつかある．白金，金，パラジウム，炭素などの素材は酸化還元系の測定に用いられる．たとえば Ce^{3+} と Ce^{4+} を含む溶液に浸した白金電極の電位は，次のようになる．

$$E_{ind} = E^0_{Ce^{4+}/Ce^{3+}} - 0.0592 \log \frac{a_{Ce^{3+}}}{a_{Ce^{4+}}}$$

白金電極は Ce^{4+} 標準液を用いる滴定に便利な指示電極である．

15・4・2　膜指示電極[2)]

一世紀近くもの間，pH を測定する最も簡便な方法は，水素イオン濃度が異なる 2 種類の溶液をガラス薄膜で仕切った際に，その両側に生じる電位差の測定である．測定の基礎となる現象が最初に報告されたのは 1906 年であり，今日まで多くの研究者によって広く研究が行われてきた．その結果，水素イオンに対するガラス薄膜の応答メカニズムと選択性について理解が進み，H^+ 以外のさまざまなイオンに選択的に応答する新たな膜も開発されている．

膜電極 (membrane electrode) は，得られるデータが pH，pCa，pNO_3 など濃度の負の対数で表されることから，**p イオン電極** (p-ion electrode) または**イオン選択性電極** (ion-selective electrode) ともよばれる．次項からイオン選択性電極について解説する．

まずはじめに，膜電極は金属電極とは設計も原理も根本的に異なることを述べておく必要がある．**ガラス電極** (glass electrode) を用いた pH 測定を例として，この違いを説明しよう．

15・4・3　pH 測定用ガラス電極

図 15・8 (a) に pH 測定用の代表的な電極系 (セル) を示す．セルは pH 未知の溶液に浸したガラス指示電極と飽和カロメル参照電極からなる．指示電極は厚壁のガラス管あるいはプラスチック管の一端を pH 感応性ガラス薄膜で[1)]覆ってある．管内には塩化銀で飽和した希塩酸が少量，内部溶液として含まれる．塩化物イオンの緩衝液を内部溶液とした電極もある．この内部溶液に浸した銀線は銀-塩化銀参照電極となり，電位差計の端子の一つに接続される．もう一つの端子には飽和カロメル電極を接続する．

図 15・8 (a) と，図 15・9 の電池図式が示すように，ガラス電極系には二つの参照電極が含まれる．外部の飽和カロメル電極と内部の銀-塩化銀電極である．内部参照電極はガラス電極の一部分であり，pH 検出部ではない．pH に応答するのは電極先端の球状部を構成するガラス薄膜である．図 15・8 (b) に pH 測定用電極の最も一般的な形態を示しておく．

a. ガラス薄膜の組成と構造　水素イオンや陽イオンに対するガラス薄膜の感応性に関しては，多くの専門的な研究が行われており，これまでにいくつもの配合組成が電極に用いられている．Corning 015 ガラスは pH 感応性ガラス薄膜用に広く用いられており，およそ 22% Na_2O，6% CaO，72% SiO_2 からなる．このガラス薄膜は，約 pH 9 まで水素イオンに対する優れた特異性を発揮する．しかし pH が 9 以上になると，Na^+ や他の一価陽イオンにもある程度応答するようになる．現在，Na^+ や Ca^{2+} をさまざまな割合の Ba^{2+} や Li^+ に置換した配合のガラスが使用されている．このようなガラス薄膜は選択性に優れており寿命も長い．

図 15・10 に示すように，膜に使われるケイ酸塩ガラスは，ケイ素原子 1 個に酸素原子 4 個が結合し，各酸素原子が 2 個のケイ素原子に共有された原子団の不定形な三次元ネットワークからなる．構造内部の空間 (間隙) には，格子の負電荷と釣り合うだけの陽イオンが存在する．Na^+ や Li^+ などの一価陽イオンは膜内の格子を動き回り，電気伝導を担う．

ガラス薄膜が pH 電極として機能するためには，まず表面を両方とも水和する必要がある．非吸湿性のガラスは pH 電極として機能しない．吸湿性のガラスであっても乾[2)]燥剤と保存して脱水すると pH 感応性が失われる．とはいえ効果は可逆的であり，ガラス電極を水に浸漬すると pH 応答が回復する．

pH 感応性ガラス薄膜の水和には，ガラス格子間隙内の一価陽イオンと溶液中の水素イオンのイオン交換反応が関わる．二価および三価陽イオンはケイ酸塩構造内に非常に強く固定されているので溶液中のイオンと交換できず，この過程には一価陽イオンのみが関与する．イオン交換反応は次のように表される．

$$H^+ + Na^+Gl^- \rightleftharpoons Na^+ + H^+Gl^- \quad (15・5)$$
$$\text{溶液} \quad \text{ガラス} \quad \text{溶液} \quad \text{ガラス}$$

---

1) 典型的なガラス電極の膜 (薄さ 0.03〜0.1 mm) は 50〜500 MΩ の電気抵抗をもつ．
2) 水を吸収するガラスは**吸湿性** (hygroscopic) があるという．
2) 膜指示電極の追加情報として，以下の文献を薦める．R.S. Hutchins, L.G. Bachas, "Handbook of Instrumental Techniques for Analytical Chemistry", ed. by F.A. Settle, Prentice-Hall, Upper Saddle River, NJ (1997). A. Evans, "Potentiometry and Ion-Selective Electrodes", Wiley, New York (1987). J. Koryta, "Ions, Electrodes, and Membranes, 2nd ed.", Wiley, New York (1991).

この式の負電荷を帯びた Gl^- にはケイ素原子に結合した酸素原子が含まれる．この反応の平衡定数は非常に大きいので，水和ガラス薄膜は通常，表面すべてがケイ酸 (H^+Gl^-) である．この状態は強塩基性溶媒中では例外となる．強塩基では水素イオン濃度が非常に低く，Na^+ 濃度が高い．したがって強塩基性条件下では表面 Gl^- のかなりの部分が Na^+ に占領されてしまう．

b．膜電位 図15・9の下には，ガラス電極でpHを測定するときに生じる四つの電位を示した．そのうち二つ，$E_{Ag/AgCl}$ と E_{SCE} は一定の値をとる参照電極電位である．三つ目の電位は，飽和カロメル電極（SCE）と分析対象の溶液を仕切る塩橋を通して発生する液間電位差 E_j である．この液絡とそれに伴う電位差は，イオン濃度を電位差測定する際に用いられるすべてのセルにみられる．図15・9に示した四つ目の，そして最も重要な電位は**界面電位差** E_b (boundary potential) で，分析対象の溶液のpHによって変化する．二つの参照電極は，分析したい溶液と電気的に接触させるだけで界面電位差の変化を測定できる．

c．界面電位差 図15・9では，界面電位差はガラス薄膜の内外二つの表面に生じる電位 (E_1, E_2) によって

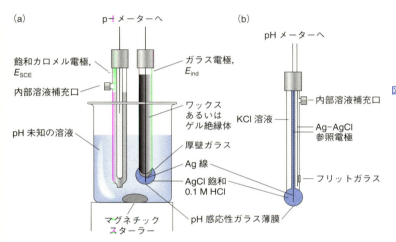

図15・8 pH測定用の代表的な電極系．(a) pH未知の溶液に浸したガラス電極（指示電極）とSCE（参照電極）．(b) ガラス指示電極と銀-塩化銀参照電極の両方からなる複合ガラス電極．銀-塩化銀参照電極はもう一つあり，ガラス電極の内部参照電極の役目を果たす．二つの参照電極は内部参照電極をプローブの中心に，外部参照電極を外側に配置される．外部参照電極はフリットガラスなどの多孔質体を通じて分析対象の溶液に接している．複合ガラス電極はpH測定用のガラス電極，参照電極の最も一般的な形態である．

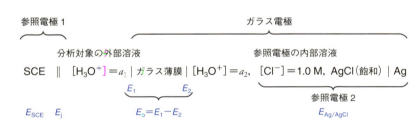

図15・9 pH測定用ガラス-カロメルセルの電池図式．E_{SCE} は外部参照電極の電位，E_j は液間電位差，a_1 は分析対象の溶液に含まれる水素イオンの活量，E_1, E_2 はガラス薄膜の両面に生じるそれぞれの電位，E_b は界面電位差，a_2 は参照電極の内部溶液の水素イオンの活量．

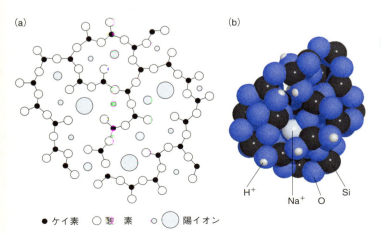

図15・10 (a) ケイ酸塩ガラス構造の断面．図示した三つのSi-O結合に加えて，ケイ素はそれぞれ，紙面に対して手前または奥に垂直に突き出したもう一つの酸素原子と結合する．[G.A. Perley, *Anal. Chem.*, **21**, 395 (1949), DOI: 10.1021/ac60027a013. © 1949 American Chemical Society] (b) 非晶質（アモルファス）ケイ素と，内部に取込まれた Na^+ と H^+ 数個の三次元構造を示すモデル．Na^+ は酸素原子でかご状に囲まれており，非晶質格子内の水素イオンはそれぞれ1個の酸素原子に結合していることに注意する．ケイ素構造内には小さな空洞があり，水素イオンは移動性が高いので，ケイ素の表面から奥深くに入り込める．他の陽イオンと水分子もおそらく同様に間隙から取込まれる．

決まることを示した．この二つの電位のもとになるのは次の反応の結果として蓄積する電荷である．

$$H^+Gl^-(s) \rightleftharpoons H^+(aq) + Gl^-(s) \quad (15・6)$$
$$\text{ガラス}_1 \qquad \text{溶液}_1 \qquad \text{ガラス}_1$$

$$H^+Gl^-(s) \rightleftharpoons H^+(aq) + Gl^-(s) \quad (15・7)$$
$$\text{ガラス}_2 \qquad \text{溶液}_2 \qquad \text{ガラス}_2$$

下付きの添え字 1 はガラスの外側と分析対象の溶液の界面を，下付きの添え字 2 は内部溶液とガラスの内側の界面をさす．この二つの反応により，ガラスの二つの表面は接触している溶液にプロトンを放出して負に帯電する．表面の負電荷により図 15・9 に示した二つの電位 E_1, E_2 が生じる．膜両側の水素イオン濃度は (15・6) 式，(15・7) 式の平衡の位置を制御し，それによって E_1, E_2 を決定する．二つの平衡の位置が異なる場合，より解離が起こりやすい方の表面がもう一方に対して負になる．ガラスの二つの表面に生じる電位差が界面電位差であり，ネルンストの式の類似式で各溶液中の水素イオンの活量と関係づけられる．

$$E_b = E_1 - E_2 = 0.0592 \log \frac{a_1}{a_2} \quad (15・8)$$

a_1 は分析対象溶液の水素イオン活量，a_2 は内部溶液の水素イオン活量である．ガラス電極では，内部溶液の水素イオン活量 a_2 は一定なので，(15・8) 式を簡略化すると，

$$E_b = L' + 0.0592 \log a_1 = L' - 0.0592 \text{pH} \quad (15・9)$$

ただし，

$$L' = -0.0592 \log a_2$$

である．したがって，界面電位差は分析対象溶液の水素イオン活量 (pH) により決まる．

d. 不斉電位差 ガラス薄膜の両側に参照電極と同じ溶液を配置すると，原理的には界面電位差が 0 になる．しかし，時間とともに徐々に変化する小さな不斉電位差がみられる．

不斉電位差の原因ははっきりしないが，膜の製造中に生じる二つの表面張力の違い，使用時の外表面の機械的摩耗，外表面の化学的腐食などが原因と考えられる．不斉電位差によるバイアスを除去するためには，一つ以上の分析用標準液で膜電極の校正を行う必要がある．校正は最低でも毎日行い，電極を多用するときはさらに頻繁に行う必要がある．

e. ガラス電極電位 ガラス指示電極の電位 E_{ind} は三つの成分からなる．1) (15・8) 式で与えられる界面電位差，2) 内部 Ag-AgCl 参照電極電位，3) 経時的にゆっくり変化する小さな不斉電位差 E_{asy} である．式の形で書くと，

$$E_{ind} = E_b + E_{Ag/AgCl} + E_{asy}$$

(15・9) 式の E_b を代入し，

$$E_{ind} = L' + 0.0592 \log a_1 + E_{Ag/AgCl} + E_{asy}$$

または，

$$E_{ind} = L + 0.0592 \log a_1 = L - 0.0592 \text{pH}$$
$$(15・10)$$

ここで L は三つの定数項の和である．(15・10) 式と (15・3) 式を比較してみよう．この二式は両方とも形が似ており，どちらの電位も電荷分離により生じるが，E_{ind} を発生する電荷分離の機構は大きく異なることに留意する．

f. アルカリ誤差 塩基性溶液の場合，ガラス電極は水素イオンとアルカリ金属イオンの両方の濃度に応答する．4 種類のガラス薄膜に対して生じるアルカリ誤差の大きさを図 15・11 に示す (曲線 C~F)．これらの曲線は，Na^+ 濃度を 1 M に固定した各溶液の pH 変化を示す．注目したいのは誤差 (pH 測定値 − pH 真の値) が負である (つまり，pH 測定値が真の値より低い) 点で，電極がプロトンだけでなく Na^+ にも応答していることが示唆される．この結果は異なる Na^+ 濃度の溶液から得られたデータにより確かめられる．たとえば pH 12 のとき，Na^+ 濃度が 1 M の溶液に浸した Corning 015 膜電極 (図 15・11 の曲線 C) は pH 11.3 を示したが，0.1 M 溶液に浸したものは pH 11.7 を示した．一価陽イオンはどれも，陽イオンとガラス薄膜組成の両方に依存したアルカリ誤差をひき起こす．

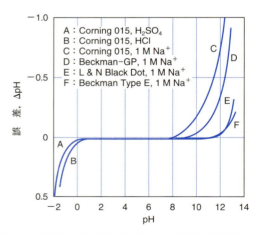

図 15・11 特定のガラス電極に対する 25 ℃ での酸誤差およびアルカリ誤差 [R.G. Bates, "Determination of pH, 2nd ed.", p.265, Wiley, New York (1973)]

アルカリ誤差は，ガラス表面の水素イオンと溶液中の陽イオンの交換反応による平衡を仮定すればうまく説明できる．この過程は (15・5) 式に示した平衡の逆反応である．

$$H^+Gl^- - B^- \rightleftharpoons B^+Gl^- + H^+$$
ガラス　溶液　ガラス　溶液

B^+ はナトリウムイオンなどの一価陽イオンを表す.
この反応の平衡定数は,以下のとおりである.

[1]
$$K_{ex} = \frac{a_1 b_1'}{a_1' b_1} \quad (15\cdot11)$$

a_1 と b_1 は溶液中の H^+ と B^+ の活量, a_1' と b_1' はガラス表面の H^+ と B^+ の活量を表す. (15・11) 式を変形し, ガラス表面の H^+ に対する B^+ の活量比が得られる.

$$\frac{b_1'}{a_1'} = K_{ex}\frac{b_1}{a_1}$$

pH 電極に用いるガラスの K_{ex} は一般に小さいので, b_1'/a_1' は非常に小さい. しかし塩基性溶媒中では状況が異なる. たとえば, Na^+ 濃度が 1 M で pH 11 の溶液(図 15・11 参照)に浸した電極の b_1'/a_1' は $10^{11} \times K_{ex}$ である. この条件では, 水素イオンの活量に対する Na^+ の活量が非常に大きくなるので, 電極に両方の化学種に応答する.

g. 選択性　膜を挟んで生じる電位差に対するアルカリ金属イオンの影響は, (15・9) 式に別の項を挿入した次式で説明できる.

$$E_b = L' + 0.0592 \log (a_1 + k_{H,B} b_1) \quad (15\cdot12)$$

[2] $k_{H,B}$ は電極の**選択係数**(selectivity coefficient)である. (15・12)式は水素イオン測定用のガラス指示電極だけでなく, 他のすべての膜電極にあてはまる. 選択係数は 0 (妨害なし)から 1 より大きな値にまで及ぶ. したがって, イオン A 用の電極がイオン A よりイオン B に対して 20 倍も強く応答する場合, $k_{H,B}$ の値は 20 となる. イオン C への電極の応答がイオン A への応答の 0.001 倍の場合 (状況としてはずっと望ましい), $k_{H,B}$ は 0.001 となる[3].

通常 pH 9 以下ならば, ガラス電極の積 $k_{H,B} b_1$ は a_1 に比べて小さいので, (15・12) 式を (15・9) 式に簡略化できる. しかし, pH が高くかつ一価陽イオンの濃度が高いときには, (15・12) 式の第二項が E_b に大きく寄与するため, アルカリ誤差が発生する. 強塩基性溶媒の研究のために設計された電極(図 15・11 の曲線 E)では, $k_{H,B} b_1$ の大きさは普通のガラス電極よりはるかに小さい.

h. 酸誤差　図 15・11 に示すように, 代表的なガラス電極は, 約 pH 0.5 以下の溶液中だとアルカリ誤差と符号が逆の誤差を生じる. 負の誤差 (pH 測定値−pH 真の値) は, この領域の pH の値が高めになりやすいことを示す. 誤差の大きさはさまざまな因子に依存するので, 一般にそれほど再現性はない. 酸誤差のすべての原因がよくわかっているわけではないが, その一つはガラス表面のすべての

部分が H^+ に占領されたときに起こる飽和効果である. この状態では, それ以上 H^+ 濃度が上昇しても電極が応答しないので, pH の値は高めになる.

15・4・4　陽イオン測定用ガラス電極

初期のガラス電極におけるアルカリ誤差は, ガラス組成が誤差の大きさに及ぼす影響の研究につながった. それによって, 約 pH 12 以下ではアルカリ誤差を無視できるガラスが開発された (図 15・11 の曲線 E, F を参照). また, 別の研究によって, Na^+, K^+, NH_4^+, Rb^+, Cs^+, Li^+, Ag^+ などの一価陽イオンを直接電位差測定できるガラス電極が開発され, これらのガラス電極のなかには特定の一価陽イオンにかなり選択的なものもある. Na^+, Li^+, NH_4^+ のそれぞれと, 一価陽イオンの総濃度を検出するガラス電極が市販されている.

15・4・5　液膜電極

液膜電極 (liquid membrane electrode) の電位は, 分析対象を含む溶液と, 分析対象のイオンに選択的に結合するイオン交換体との界面に発生する. この電極は, 多くの多価陽イオンの直接電位差測定用に開発された.

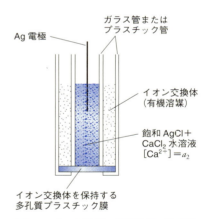

図 15・12　Ca^{2+} 用の液膜電極の模式図

図 15・12 に Ca^{2+} 用の液膜電極を模式的に示す. これは Ca^{2+} に選択的に結合する伝導性の膜, 濃度一定の塩化カルシウムを含む内部溶液, 塩化銀で被覆した銀電極でできた内部参照電極からなる. 図 15・13 に示す液膜電極(右)とガラス電極(左)の類似点に着目しよう. 膜の有効成分

---

1) (15・11) 式の b_1 は, Na^+ や K^+ のような一価陽イオンの活量を表す.
2) 用語　選択係数は, あるイオン選択性電極の他のイオンに対する応答の強さをさす.
3) さまざまな膜やイオン種の選択係数の一覧表は, Y. Umezawa, "CRC Handbook of Ion Selective Electrodes: Selectivity Coefficients", CRC Press, Boca Raton, FL (1990) 参照.

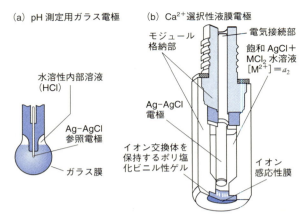

図15・13 pH 測定用ガラス電極と Ca²⁺ 選択性液膜電極の比較 [Thermo Orion, Beverly, MA の厚意による]

は，水に難溶性のジアルキルリン酸カルシウムからなるイオン交換体である．図15・12 に示した電極では，イオン 1〉交換体は非混和性有機溶媒中に溶かし，重力を利用して疎水性多孔質円板の孔にこの溶媒を浸み込ませてある．さらにこの円板は内部溶液と分析対象の溶液を隔てる膜の役目を果たす．最近の設計では，内部溶液と参照電極を保持する管の底に丈夫なポリ塩化ビニル性ゲルを取りつけ，ゲル内にイオン交換体を固定する（図15・13 右）．どちらの設計でも膜の界面それぞれで（15・6）式，（15・7）式に類似した解離平衡が生じる．

$$[(RO)_2POO]_2Ca \rightleftharpoons 2(RO)_2POO^- + Ca^{2+}$$
有機溶媒　　　　有機溶媒　　　水溶液

R は高分子脂肪族官能基である．ガラス電極と同様に，イオン交換体の解離の程度が膜の両側で異なるとき，膜を挟んで電位差が生じる．この電位差は，内部溶液と外部溶液の Ca²⁺ 活量の差に起因する．膜電位と Ca²⁺ 活量の関係は（15・8）式に類似した式で与えられる．

$$E_b = E_1 - E_2 = \frac{0.0592}{2} \log \frac{a_1}{a_2} \quad (15 \cdot 13)$$

a_1, a_2 はそれぞれ，分析対象の外部溶液と内部標準液の Ca²⁺ 活量である．内部溶液の Ca²⁺ 活量は一定なので，

$$E_b = N + \frac{0.0592}{2} \log a_1 = N - \frac{0.0592}{2} pCa \quad (15 \cdot 14)$$

と表せて，N は定数である［(15・14) 式を（15・9) 式と比較しよう］．Ca²⁺ は二価なので，対数項の係数は 2 で割ってある．

Ca²⁺ に対するこの液膜電極の感度は Mg²⁺ の 50 倍，Na⁺ および K⁺ の 1000 倍を超えるとの報告がある．5×10^{-7} M という希薄な Ca²⁺ 活量でも測定可能である．電極の性能は pH 5.5〜11 の範囲では pH に依存しない．それより pH が低いと，H⁺ は確実にイオン交換体の Ca²⁺ の一部と置換するので，電極は pCa だけでなく pH も検出するようになる．

Ca²⁺ は神経伝達，骨形成，筋収縮，心臓の拡張・収縮，腎尿細管機能のほか，おそらく高血圧などにも重要な役割を果たす．これらの生理反応の多くは Ca²⁺ の濃度より活 ◁2〉量に影響される．活量はもちろん膜電極で測定されるパラメーターであるので Ca²⁺ 選択性電極は生理反応を研究するための重要なツールである．

神経の信号伝達には神経膜を通過した K⁺ の移動が関係するため，K⁺ 選択的な液膜電極もまた，生理学者にとって有益なツールである．この生理反応を研究するには，非常に高濃度の Na⁺ を含む溶液中の低濃度の K⁺ を検出できる電極が必要となる．この要件を満たす見込みがありそうな液膜電極はいくつかある．一つは K⁺ に強い親和性をもつ環状エーテルであり，抗生物質として知られるバリノマイシンを用いた電極である．ジフェニルエーテル中のバリノマイシンからなる液膜が，K⁺ に対して Na⁺ の約 10⁴ 倍も選択的に応答することが知られている⁴⁾．図15・14 に，たった 1 個の細胞のカリウム含量測定に使われる微小電極の顕微鏡写真を示した．

図15・14 125 μm のイオン交換体を先端部内に備えた K⁺ 選択性微小電極の写真．原図の倍率は 400× [*Anal. Chem.*, **43**(3), 89A-93A, March (1971). © 1971 American Chemical Society]

表15・2 に市販されている液膜電極をいくつかあげる．表中の陰イオン選択性電極は，有機溶媒に陰イオン交換樹脂を溶かした溶液を使用する．Ca²⁺, K⁺, NO₃⁻, BF₄⁻ に対するイオン交換体溶液をポリ塩化ビニル性ゲルに保持した液膜電極が開発されている．液膜電極の見た目は，次節で考察する固体膜電極と同じである．コラム15・1 に手作りの液膜イオン選択性電極について述べる．

1〉 用語 hydrophobia の意味は "水を恐れる"．疎水性 (hydrophobic) 円板は有機溶媒を通すが，水をはじく．

2〉 生体内のイオン活量を測定するのにイオン選択性微小電極が使われる．

4) M.S. Frant, J.W. Ross, Jr., *Science*, **167**, 987 (1970), DOI: 10.1126/science.167.3920.987.

表15・2 液膜電極の特性

分析対象となるイオン	濃度範囲[†1]〔M〕	おもな妨害物質[†2]
NH_4^+	10^{-1}〜$5×10^{-7}$	$<1\ H^+$, $5×10^{-1}\ Li^+$, $8×10^{-2}\ Na^+$, $6×10^{-4}\ K^+$, $5×10^{-2}\ Cs^+$, $>1\ Mg^{2+}$, $>1\ Ca^{2+}$, $>1\ Sr^{2+}$, $>0.5\ Sr^{2+}$, $1×10^{-2}\ Zn^{2+}$
Cd^{2+}	10^{-1}〜$5×10^{-7}$	Hg^{2+}とAg^+ ($>10^{-7}$ Mでは電極を汚染), Fe^{3+} ($>0.1[Cd^{2+}]$), Pb^{2+} ($>[Cd^{2+}]$), Cu^{2+}
Ca^{2+}	10^{-1}〜$5×10^{-7}$	$10^{-5}\ Pb^{2+}$, $4×10^{-3}\ Hg^{2+}$, H^+, $6×10^{-3}\ Sr^{2+}$, $2×10^{-2}\ Fe^{2+}$, $4×10^{-2}\ Cu^{2+}$, $5×10^{-2}\ Ni^{2+}$, $0.2\ NH_3$, $0.2\ Na^+$, $0.3\ Tris^+$, $0.3\ Li^+$, $0.4\ K^+$, $0.7\ Ba^{2+}$, $1.0\ Zn^{2+}$, $1.0\ Mg^{2+}$
Cl^-	10^{-1}〜$5×10^{-6}$	$[Cl^-]$に対する妨害物質の最大許容比: OH^- 80, Br^- $3×10^{-3}$, I^- $5×10^{-7}$, S^{2-} 10^{-6}, CN^- $2×10^{-7}$, NH_3 0.12, $S_2O_3^{2-}$ 0.01
BF_4^-	10^{-1}〜$7×10^{-6}$	$5×10^{-7}\ ClO_4^-$, $5×10^{-6}\ I^-$, $5×10^{-5}\ ClO_3^-$, $5×10^{-4}\ CN^-$, $10^{-3}\ Br^-$, $10^{-3}\ NO_2^-$, $5×10^{-3}\ NO_3^-$, $3×10^{-3}\ HCO_3^-$, $5×10^{-2}\ Cl^-$, $8×10^{-2}\ H_2PO_4^-$, HPO_4^{2-}, PO_4^{3-}, $0.2\ OAc^-$, $0.6\ F^-$, $1.0\ SO_4^{2-}$
NO_3^-	10^{-1}〜$7×10^{-6}$	$10^{-7}\ ClO_4^-$, $5×10^{-6}\ I^-$, $5×10^{-5}\ ClO_3^-$, $10^{-4}\ CN^-$, $7×10^{-4}\ Br^-$, $10^{-3}\ HS^-$, $10^{-2}\ HCO_3^-$, $2×10^{-2}\ CO_3^{2-}$, $3×10^{-2}\ Cl^-$, $5×10^{-2}\ H_2PO_4^-$, HPO_4^{2-}, PO_4^{3-}, $0.2\ OAc^-$, $0.6\ F^-$, $1.0\ SO_4^{2-}$
NO_2^-	$1.4×10^{-6}$〜$3.6×10^{-6}$	$7×10^{-1}$ サリチル酸, $2×10^{-3}\ I^-$, $10^{-1}\ Br^-$, $3×10^{-1}\ ClO_3^-$, $2×10^{-1}$ 酢酸, $2×10^{-1}\ HCO_3^-$, $2×10^{-1}\ NO_3^-$, $2×10^{-1}\ SO_4^{2-}$, $1×10^{-1}\ Cl^-$, $1×10^{-1}\ ClO_4^-$, $1×10^{-1}\ F^-$
ClO_4^-	10^{-1}〜$7×10^{-6}$	$2×10^{-3}\ I^-$, $2×10^{-2}\ ClO_3^-$, $4×10^{-2}\ CN^-$, Br^-, $5×10^{-2}\ NO_2^-$, NO_3^-, $2\ HCO_3^-$, CO_3^{2-}, Cl^-, $H_2PO_4^-$, HPO_4^{2-}, PO_4^{3-}, OAc^-, F^-, SO_4^{2-}
K^+	10^{-1}〜$1×10^{-6}$	$3×10^{-4}\ Cs^+$, $6×10^{-3}\ NH_4^+$, Tl^+, $10^{-2}\ H^+$, $1.0\ Ag^+$, $Tris^+$, $2.0\ Li^+$, Na^+
水の硬度 ($Ca^{2+}+Mg^{2+}$)	10^{-3}〜$6×10^{-6}$	$3×10^{-5}\ Cu^{2+}$, Zn^{2+}, $10^{-4}\ Ni^{2+}$, $4×10^{-4}\ Sr^{2+}$, $6×10^{-5}\ Fe^{2+}$, $6×10^{-4}\ Ba^{2+}$, $3×10^{-2}\ Na^+$, $0.1\ K^+$

電極はすべてプラスチック膜型. 特記しない限り, 値はすべて選択係数.
[†1] 製品カタログより, Thermo Orion, Boston, MA (2006)
[†2] 製品取扱説明書より, Thermo Orion, Boston, MA (2003)

コラム15・1　簡単に作れる液膜イオン選択性電極

ほとんどの実験室にあるガラス器具と化学物質を使って, 液膜型イオン選択性電極を作ることができる[5]. 必要なものはpHメーター, 参照電極1対, フリットガラスでできた沪過るつぼまたは管, トリメチルクロロシラン, イオン交換体である.

まず, 沪過るつぼ(もしくはフリットガラス管)を図15C・1のように切断する. るつぼを十分に洗浄して乾燥させ, 少量のトリメチルクロロシランをフリットガラスに染み込ませる. この操作によりフリットガラスが疎水性になる. 沪過るつぼを水ですすぎ, 乾燥させてから市販のイオン交換体を注ぎ入れ, しばらくしてから過剰なイオン交換体を除去する. 目的のイオンの 10^{-2} M 溶液を内部参照電極の溶液に数mL加え, 溶液に参照電極をさすと, イオン選択性電極ができあがる. 洗浄, 乾燥, 電極の調製に関する厳密な詳細は原著論文[5]を参照してほしい.

イオン選択性電極ともう一つの参照電極を図15C・1のようにイオンメーターに接続する. 目的のイオンの標準液をいくつかの濃度に調製して各濃度 c のセル電圧を測定し, $\log c$ に対する E_{cell} の検量線をプロットし, 最小二乗法によりデータの解析を行う(第4章参照). 直線の傾きを理論値 (0.0592 V/n) と比較する. 分析したい未知濃度のイオン溶液の電圧を測定し, 最小二乗法のパラメーターから濃度を計算する.

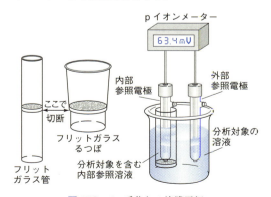

図15C・1　手作りの液膜電極

---

[5] T.K. Christopulus, E.P. Diamandis, *J. Chem. Educ.*, **65**, 648, (1988), DOI: 10.1021/ed065p648.

15・4・6 固体膜電極

陽イオンに対するガラス薄膜の応答の研究と同様，陰イオンに選択的な固体膜の開発も進められてきた．前述のとおり，ある陽イオンに対する膜の選択性は，ガラス表面の陰イオンの性質で説明がつく．そこから類推すると，陽イオン部位をもつ膜は陰イオンに選択的に応答すると考えられる．

ペレット状のハロゲン化銀からなる膜は，塩化物イオン，臭化物イオン，ヨウ化物イオンを選択的に測定する電極として使用されている．また，硫化物イオン測定用の多結晶 Ag_2S 膜も販売されている．どちらのタイプの膜も，銀イオンが固体媒体内を十分に動き回り，電気を伝導する．Ag_2S と PbS, CdS, CuS の混合物から，Pb^{2+}, Cd^{2+}, Cu^{2+} に選択的な膜がそれぞれ得られる．二価イオンは結晶中を動きにくいので，これらの膜が電気を通すためには銀イオンがなければならない．結晶性の固体膜電極を通して発生する電位は (15・9) 式に似た式で表される．

F^- に選択的な固体膜電極も市販されている．これはフッ化ランタンの単結晶にフッ化ユウロピウム(II) を添加して伝導率を改善した薄膜からなる．分析対象の溶液と参照溶液に挟まれた膜は，F^- 活量が $10^0 \sim 10^{-6}$ M の範囲で理論上の応答を示す．電極は F^- に対して他の一般的な陰イオンより数桁以上選択的で，深刻な妨害が起こりそうなのは水酸化物イオンのみである．

表 15・3 に市販の固体膜電極をいくつかあげる．

表 15・3 結晶性固体膜電極の特性[a]

分析対象となるイオン	濃度範囲 [M]	おもな妨害物質
Br^-	$10^0 \sim 5 \times 10^{-6}$	CN^-, I^-, S^{2-}
Cd^{2+}	$10^{-1} \sim 1 \times 10^{-7}$	Fe^{2+}, Pb^{2+}, Hg^{2+}, Ag^+, Cu^{2+}
Cl^-	$10^0 \sim 5 \times 10^{-5}$	CN^-, I^-, Br^-, S^{2-}, OH^-, NH_3
Cu^{2+}	$10^{-1} \sim 1 \times 10^{-8}$	Hg^{2+}, Ag^+, Cd^{2+}
CN^-	$10^{-2} \sim 1 \times 10^{-6}$	S^{2-}, I^-
F^-	飽和 $\sim 1 \times 10^{-6}$	OH^-
I^-	$10^0 \sim 5 \times 10^{-8}$	CN^-
Pb^{2+}	$10^{-1} \sim 1 \times 10^{-6}$	Hg^{2+}, Ag^+, Cu^{2+}
Ag^+/S^{2-}	$Ag^+ : 10^0 \sim 1 \times 10^{-7}$ $S^{2-} : 10^0 \sim 1 \times 10^{-7}$	Hg^{2+}
SCN^-	$10^0 \sim 5 \times 10^{-6}$	I^-, Br^-, CN^-, S^{2-}

a) "Orion Guide to Ion Analysis", Thermo Orion, Boston, MA (1992) より．

15・4・7 イオン選択性電界効果トランジスター

電界効果トランジスター (field effect transistor, **FET**)，または**金属酸化物半導体電界効果トランジスター** (metal-oxide-semiconductor field effect transistor, **MOSFET**) は非常に小さい固体半導体装置であり，回路に流れる電流を制御するスイッチとしてコンピューターその他の電子回路に広く使われる．電子回路でこの種の装置を使う際の問題の一つは，半導体表面のイオン性不純物に対して非常に感応性が高いことである．この不純物を除去または最小にすることによって安定したトランジスターの生産が可能になる．

分析化学者は，表面のイオン性不純物に対する MOSFET 感応性を，さまざまなイオン選択的な電位差測定に利用している．これらの研究から，多種多様な**イオン選択性電界効果トランジスター** (ion-sensitive field effect transistor, **ISFET**) が開発されている．ISFET のイオン選択的な応答性の理論は十分理解が進んでいる．

ISFET は膜電極に比べ耐久性が高く，形状が小さく，過酷な環境においても安定，応答が迅速，電気的インピーダンスが低いなど，重要な利点が多数ある．膜電極とは対照的に，ISFET は使用前に水和操作が不要であり，乾燥状態で長期保存できる．これら多くの利点があるにもかかわらず，ISFET によるイオン選択性電極は発明されてから 20 年以上たった 1990 年代初めまで市場に出回らなかった．この大きな原因は，ドリフトや不安定化を示さないよう装置を被包する技術開発が容易ではなかったためである．現在数社が pH 測定用の ISFET を製造しているが，現時点ではガラス電極ほど日常的に使われていない．

15・4・8 ガス検出プローブ

図 15・15 で電位差測定ガス検出プローブの基本的な特徴を説明する．これは参照電極，イオン選択性電極 (指示電極)，電解質溶液 (内部溶液) を内蔵した管からなる．管の一端に取りつけた交換可能な薄いガス透過性膜が，内部溶液と分析対象溶液の隔壁となる．図からわかるように，この装置は完全な電気化学セルであり，もっと厳密には電極というよりプローブ (探針) である．ガス検出プローブは水などの溶媒に溶けた気体の測定に広く使われる．

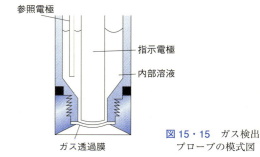

図 15・15 ガス検出プローブの模式図

1) [用語] **ガス検出プローブ** (gas-sensing probe) は，電位差が溶液中の気体濃度に関係するガルバニセルである．製品パンフレットではこれらの装置をガス検出電極とよんでいることが多いが，本項で後述するように誤った名称である．

コラム 15・2　臨床現場での即時検査 ── 血液中のガス，血中電解質の携帯計測

現代医療では，救急救命室，手術室，集中治療室における診断・治療は分析検査に大きく依存している．これらで働く専門の医師にとって血液中のガス値，血中電解質濃度などの値をその場で計測することは特に重要である．生死に関わるきわどい状況では，血液試料を検査室に運び，必要な分析を行い，臨床現場に結果を返送する時間が十分にないことが多い．このコラムでは，臨床で血液試料を分析するのに特化した血中ガス・電解質自動モニター[6]について紹介しよう．図 15C・2 の i-STAT® ポータブル血液分析器はカリウム，ナトリウム，pH，pCO_2，pO_2，ヘマトクリットなどのさまざまな重要な臨床検査項目を測定する携帯用装置である．さらにコンピューターを備えた分析器では全血中の炭酸水素塩，総二酸化炭素，過剰塩基，O_2 飽和度，ヘモグロビンを計算できる．新生児室および小児集中治療室での i-STAT 系の性能が調査され，下記の表に示す結果が得られた[7]．この結果から，従来の臨床検査室で行う測定に代わるほど十分信頼性が高く，費用効率がよいと判断された．

図 15C・2　i-STAT1 ポータブル血液分析器［Abbott Point of Care, Inc., Princeton, NJ のご厚意による］

検査項目	範囲	精度 (%相対標準偏差)	分解能
pO_2	5～800 mm Hg	3.5	1 mm Hg
pCO_2	5～130 mm Hg	1.5	0.1 mm Hg
Na^+	100～180 mmol/L	0.4	1 mmol/L
K^+	2.0～9.0 mmol/L	1.2	0.1 mmol/L
Ca^{2+}	0.25～2.50 mmol/L	1.1	0.01 mmol/L
pH	6.5～8.0	0.07	0.001

検査項目の大部分（pCO_2，Na^+，K^+，Ca^{2+}，pH）は，イオン選択性膜電極の技術を利用した電位差測定により決定される．ヘマトクリットは電解質の伝導率検出により測定する．pO_2 はクラークボルタンメトリーセンサーによって測定する．その他の検査項目はこれらのデータから計算する．

モニターの中心となる要素は，図 15C・3 に示した 1回ごとに使い捨ての i-STAT センサーアレイである．微細加工された個々のセンサー電極が，図のように細長い流路に沿ってチップ上に配置される．新品のセンサーアレイはそれぞれ，測定段階の前に自動校正される．患者から採取された血液試料を試料注入ウェルに注入し，i-STAT 分析器にカートリッジを挿入する．i-STAT 分析器によって検査項目の標準緩衝液を含む校正液パックに穴があき，流路を通った校正液がセンサーアレイの表面に広がる．校正段階が完了すると，分析器は空気袋を押し縮め，血液試料を流路に流す．それにより校正液が排出され，血液がセンサーアレイに接触する．次に電気化学測定が行われ，結果から算出されたデータが分析器の液晶ディスプレイに表示される．結果は分析器のメモリーに保存され，院内の臨床検査データ管理システムに無線送信され，永久に記録が保存される．

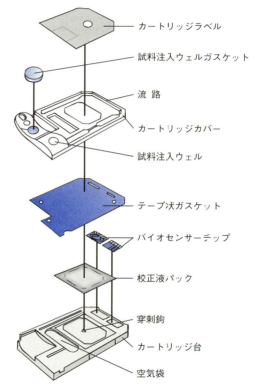

図 15C・3　i-STAT センサーアレイカートリッジの分解図［Abbott Point of Care, Inc., Princeton, NJ］

最新のイオン選択性電極技術を利用して，このように測定過程とデータ報告をコンピューターで制御することにより，患者のベッドサイドで全血中の分析対象の濃度の基本的な測定値がすばやく得られる仕組みになっている．

---

1) ヘマトクリット（Hct）は血液試料の全体積に対する赤血球の体積比を%で表したもの．
6) Abbott Point of Care, Inc., Princeton, NJ 08540.
7) J.N. Murthy, J.M. Hicks, S.J. Soldin, *Clin. Biochem.*, **30**, 385 (1997).

a. 膜の組成
微多孔性膜は疎水性ポリマーから製造される．名前のとおり，膜にはたくさんの孔（孔の平均サイズは 1 μm 未満）があり，気体は自由に通過するが，水と溶質イオンは撥水性ポリマーに妨げられて孔に入り込めない．膜の厚さは約 0.1 mm である．

b. 応答機構
二酸化炭素を例にすると，図 15・15 の内部溶液への気体の移行は次の式で表される．

$$CO_2(aq) \rightleftharpoons CO_2(g)$$
分析対象の溶液　　膜 孔

$$CO_2(g) \rightleftharpoons CO_2(aq)$$
膜 孔　　　内部溶液

$$CO_2(aq) + 2H_2O \rightleftharpoons HCO_3^- + H_3O^+$$
内部溶液　　　　　　内部溶液

最後の平衡によって，内部溶液に接する膜表面の pH が変化する．この変化を内部ガラス–カロメル電極系で検出する．三つの平衡式を足し合わせると全過程の平衡式が得られる．

$$CO_2(aq) + 2H_2O \rightleftharpoons HCO_3^- + H_3O^+$$
分析対象の溶液　　　　内部溶液

この式の平衡定数を K として，内部溶液の HCO_3^- の濃度を一定とすると，溶液中の二酸化炭素濃度は水素イオン濃度に比例する．水素イオン濃度を (15・10) 式に代入すると，次の関係式が得られる．

$$E_{ind} = L' + 0.0592 \log [CO_2(aq)]_{ext} \quad (15\cdot15)$$
(L' は定数)

ここで $[CO_2(aq)]_{ext}$ は分析対象の溶液（外部溶液）のモル濃度である．

このように，内部溶液中のガラス電極と参照電極の電位差は，外部溶液中の CO_2 濃度で決まる．どの電極も分析対象の溶液と直接接していないことに注意する．

妨害物質となる化学種は，膜を通過して内部溶液の pH に影響を及ぼす他の溶存気体だけである．ガス検出プローブの選択性は，気体の膜透過性にのみ依存する．現在 CO_2, NO_2, H_2S, SO_2, HF, HCN, NH_3 に対するガス検出プローブが市販されている．

15・5　セル電圧の測定機器

膜電極を含むセルは，多くの場合において電気抵抗が非常に大きい（10^8 Ω 以上）．高抵抗回路の電位を正確にはかるには，それよりも数桁大きな電気抵抗をもつ電圧計が必要である．電圧計の抵抗が低すぎると，電流がセルの回路から電圧計内の回路に流れてしまい出力電圧が下がるため，負の誤差が生じる．電圧計とセルの抵抗が同じ場合，−50％の相対誤差が生じ，抵抗の比が 10:1 の場合，誤差は約 −9％ となる．抵抗比 1000:1 では誤差は 0.1％ 未満である．

内部抵抗が 10^{11} Ω より大きい高抵抗デジタル表示電圧計が多数市販されている．これらの電圧計は通常，**pH メーター** (pH meter) とよばれるが，他のイオンの測定にもたびたび用いられるので，より正確には **p イオンメーター** (p-ion meter) あるいは**イオンメーター** (ion meter) といえる．

15・6　電位差測定法

電位差測定 (potentiometry) は，さまざまな陽イオン，陰イオンの活量を迅速かつ簡便に測定する方法である．この測定に必要なのは，セルの指示電極を分析対象の溶液に浸したときのセル電圧と，濃度既知の分析対象の標準液（一つ以上）に浸したときのセル電圧を比較することだけである．電極の応答が分析対象に特異的であれば，事前の分離操作は必要ない場合が多い．電位差測定法は，分析データの連続自動記録が必要な測定にも応用することができる．

15・6・1　電位差測定法を決定する式

電位差測定法に対する符号規約は，第 13 章で述べた標準電極電位に対する符号規約と同じである．この規約では，常に指示電極を右側電極，参照電極を左側電極として扱う．電位差測定法のセル電圧は，§15・1 で述べたように，指示電極と参照電極の電位と，液間電位差で表される．

$$E_{cell} = E_{ind} - E_{ref} + E_j \quad (15\cdot16)$$

§15・4 で，分析対象となるイオンの活量に対するいろいろな種類の指示電極の応答について述べた．25℃ での陽イオン X^{n+} に対する電極の応答は，一般にネルンストの式となる．

$$E_{ind} = L - \frac{0.0592}{n} pX = L + \frac{0.0592}{n} \log a_X \quad (15\cdot17)$$

ここで L は定数，a_X は陽イオンの活量である．金属指示電極の場合，L は標準電極電位となる．膜電極の L はいくつかの定数の和になり，大きさは不確かだが時間に依存する不斉電位差が含まれる．

(15・17) 式を (15・16) 式に代入し，変形すると，

$$pX = -\log a_X = -\left[\frac{E_{cell} - (E_j - E_{ref} + L)}{0.0592/n}\right]$$
$$(15\cdot18)$$

[ ] 内の定数項を定数 K にまとめる．

$$pX = -\log a_X = -\frac{(E_{cell} - K)}{0.0592/n} = -\frac{n(E_{cell} - K)}{0.0592}$$
$$(15\cdot19)$$

陰イオン A^{n-} に対しては (15・19) 式の符号が逆になる．

$$pA = \frac{(E_{cell} - K)}{0.0592/n} = \frac{n(E_{cell} - K)}{0.0592} \quad (15\cdot20)$$

電位差測定法はすべて(15・19)式または(15・20)式に基づく．二式の符号の違いは，イオン選択性電極をpHメーターやpイオンメーターと接続するときには重大である．E_cellに対して二式を解くと，陽イオンの場合は，

$$E_\text{cell} = K - \frac{0.0592}{n} \text{pX} \quad (15 \cdot 21)$$

陰イオンの場合は，

$$E_\text{cell} = K + \frac{0.0592}{n} \text{pA} \quad (15 \cdot 22)$$

(15・21)式から，陽イオン選択性電極ではpXが増加するとE_cellが低下する．つまり，セルに高抵抗電圧計を接続する際，通常どおりに+端子に指示電極を取りつけると，pXの増加につれてメーターの読み取り値が小さくなる．別の言い方をすれば，陽イオンXの濃度（および活量）が増加するとpX=−log [X]は減少し，E_cellが増加する．すなわち，陽イオンをオキソニウムイオンとして考えると，オキソニウムイオン濃度が増加すると，pHは小さくなるのに，pHメーターの読み取り値は大きくなり，われわれの感覚とまったく逆になることに注意したい．この逆転を解消するため，機器製造業者は通常，ガラス電極などの陽イオン選択性電極を電圧計の−端子に接続するようリード線を逆方向にしている．これによりpXが増加するとメーターの読み取りは大きくなる．一方，陰イオン選択性電極は，pAが増加すると読み取り値も大きくなるよう，メーターの+端子に接続される．

15・6・2 電極校正法

§15・4で考察したとおり，(15・19)式，(15・20)式の定数Kはいくつかの定数からなる．そのうち少なくとも一つ（たとえば液間電位差）は直接測定できず，仮定をおかなければ理論的に計算することもできない．そこで，(15・19)式，(15・20)式を用いてpXやpAを決定する前に，分析対象の標準液を用いて実験的にKを見積もらなければならない．

1) 電極校正法では，pXやpAが既知の標準液一つ以上に対してE_cellの測定を行い，(15・19)式，(15・20)式のKを決定する．その際，Kは標準液を分析対象の溶液に置き換えても変化しないと仮定する．通常，校正は未知物質のpXやpAを決定するときに行われる．膜電極を用いる場合は，測定が数時間に及ぶと不斉電位差がゆっくり変化するので，再校正を要する場合がある．

電極校正法は簡単，迅速で，pX，pAの連続監視に応用できるという利点がある．しかし，液間電位差が不確かなため，正確さはやや限定的になる．

a. 電極校正法における固有の誤差 電極校正法では(15・19)式，(15・20)式のKを校正後も一定と仮定する．未知物質の電解質組成は，校正に使われた溶液とは当然異なるので，この仮定が完全にあてはまることはまずない．そのため，電極校正法には固有の誤差が生じる．Kに含まれる液間電位差の項は，塩橋を使っても結果的に少し変動する．この誤差はしばしば1 mV以上になる．電位と活量の関係の性質上，残念ながらこのような誤差は，その分析本来の確度に対して悪影響を及ぼす．

分析対象の濃度の誤差の大きさは，E_cellが一定であると仮定し，(15・19)式の微分から推定できる．

$$\%相対誤差 = \frac{\Delta a_\text{X}}{a_\text{X}} \times 100\% = 38.9 n \Delta K \times 100\%$$
$$= 3.89 \times 10^3 n\Delta K\% \approx 4000 n\Delta K\%$$

$\Delta a_\text{X}/a_\text{X}$は$K$の絶対誤差$\Delta K$に関連した$a_\text{X}$の相対誤差である．たとえば$\Delta K$が±0.001 Vならば活量の相対誤差は約±$4n$%と予想できる．これは塩橋を含むセルを用いた測定すべてに特有の誤差であり，細心の注意を払ってセル電圧を測定しても，高感度・高精度の測定装置を用いても，除去できないと認識しておくことが重要である．

b. 活量と濃度 電極の応答は，分析対象の濃度より活量に相関する．しかし，通常関心があるのは濃度であり，電位差測定から濃度を求めるには活量係数のデータが必要である．活量係数は，溶液のイオン強度がわからない，あるいは大きすぎてデバイ-ヒュッケルの式が適用できないなどの理由で多くの場合は使用できない．

活量と濃度の差を図15・16に示す．カルシウムイオン選択性電極の応答を塩化カルシウム濃度の対数に対してプロットした（図中の破線）．電解質濃度が増加するとイオン強度が増加する（それによりカルシウムイオン活量が減少する）ため，直線ではない．上側の実線は濃度でなく活量に対してプロットしたものである．このほぼまっすぐな線の傾きは0.0296（=0.0592/2 V）である．

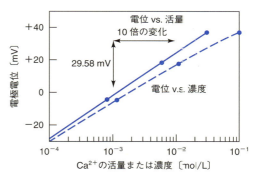

図15・16 さまざまな活量または濃度のカルシウムイオンに対する液膜電極の応答〔Thermo Electron Corp., Beverly, MA のご厚意による〕

---

1) 電極校正法は外部標準校正ともよばれる（§4・3・1参照）．

一価イオンの活量係数は，多価イオンの場合よりもイオン強度の変化の影響を受けにくい．したがって図15・16に示したようなイオン強度の影響は，H^+，Na^+，その他の一価イオンに応答する電極ではそれほど顕著ではない．

1) 電位差pH測定では，校正に用いられる標準緩衝液のpHは通常水素イオンの活量である．ゆえに結果も活量の尺度で表される．高いイオン強度をもつ未知試料の場合，水素イオン濃度は測定された活量と明らかに異なる．

電位差測定値を活量から濃度に変換するわかりやすい方法は，図15・16の下側にプロットしたように，実験で得た検量線を使用することである．この方法をうまく行うには，標準液のイオン組成を分析対象の溶液と実質的に同じにする必要がある．しかし標準液のイオン強度を分析対象の溶液と合わせることは，特に化学的に複雑な組成の分析対象の溶液においては難しい場合が多い．

2) 電解質濃度があまり高くなければ，分析対象の溶液と標準物質の両方を一定過剰量の不活性電解質に加えるのが有効な場合が多い．この場合，試料マトリックス由来の電解質が受ける影響は無視でき，実験による検量線から濃度に関する結果を算出できる．この方法は，たとえば飲料水中のフッ化物イオンを電位差測定するのに用いられる．試料と標準物質は両方とも，塩化ナトリウム，酢酸緩衝液，クエン酸緩衝液を含む溶液で希釈する．そして試料と標準物質が実質的に同じイオン強度となるように，希釈液を十分に濃縮する．この操作によって，迅速な手段でありながらフッ化物イオン濃度のppmを相対誤差約5%の精度で測定できる．

15・6・3　標準添加法

標準添加法（付録10参照）では，分析対象を含む既知体積の溶液に一定容量の標準液を添加し電位差測定を行う．繰返し添加を行いつつ電位差測定も行われる．標準液の添加に伴いイオン強度が大きく変動しないよう，一般的に分析対象の溶液に電解質を過剰に加える．また，液間電位差はどちらの測定の間も一定であると仮定する必要がある．

例題 15・1

飽和カロメル電極と鉛イオン電極からなるセルを試料 50.00 mL に浸すと -0.4706 V の電位差が生じる．0.02000 M 鉛標準液 5.00 mL を添加すると，電位差は -0.4490 V に変化した．試料中の鉛のモル濃度を計算せよ．

解　答

Pb^{2+} の活量は $[Pb^{2+}]$ にほぼ等しいと仮定し，(15・19) 式を適用する．

$$pPb = -\log[Pb^{2+}] = -\frac{E'_{cell} - K}{0.0592/2}$$

（例題 15・1 解答つづき）

E'_{cell} は最初の測定電位差（-0.4706 V）である．
標準液添加後の電位差は E''_{cell}（-0.4490 V）となるので，

$$-\log \frac{50.00 \times [Pb^{2+}] + 5.00 \times 0.0200}{50.00 + 5.00} = -\frac{E''_{cell} - K}{0.0592/2}$$

$$-\log(0.9091[Pb^{2+}] + 1.818 \times 10^{-3}) = -\frac{E''_{cell} - K}{0.0592/2}$$

最初の式から上の式を引くと，以下のようになる．

$$-\log \frac{[Pb^{2+}]}{0.09091[Pb^{2+}] + 1.818 \times 10^{-3}}$$

$$= \frac{2(E''_{cell} - E'_{cell})}{0.0592}$$

$$= \frac{2[-0.4490 - (-0.4706)]}{0.0592}$$

$$= 0.7297$$

$$\frac{[Pb^{2+}]}{0.09091[Pb^{2+}] + 1.818 \times 10^{-3}} = \text{antilog}(-0.7297)$$

$$= 0.1863$$

$$[Pb^{2+}] = 3.45 \times 10^{-4} \text{ M}$$

15・6・4　ガラス電極による pH 測定[8]

ガラス電極は水素イオン用の最も重要な指示電極である．簡単に使用でき，他のpH感応性電極が受けるような妨害物質の影響をほとんど受けないためである．

ガラス-カロメル電極系は，いろいろな条件下でpH測定ができる非常に汎用性あるツールである．強酸化剤，強還元剤，タンパク質，気体を含む溶液中でも妨害を受けずに使用できる．粘性流体または半固形流体のpHでさえ測定できる．特別な用途の電極も市販されており，たとえば1滴（にも満たない量）の溶液や，虫歯の中，皮膚表面の汗のpH測定に使う小型電極，生きた細胞内のpHを測定できる微小電極，液体の流れに差し込んでpHを常時計測する高耐久性電極，飲み込んで胃の内容物の酸性度を測定する小型電極（カロメル電極は口腔内に留置する）がある．

a. pH 測定に影響する誤差　pHメーターは至るところで使われており，ガラス電極は汎用性が高いので，化学者からすれば，これらの機器を使って得た測定値がみな間

---

1) 生理学的に重要な多くの化学反応は，金属イオンの濃度よりも活量に依存する．
2) 全イオン強度調整用緩衝液（total ionic strength adjustment buffer, TISAB）は，イオン選択性電極測定の際，試料や標準物質のイオン強度および pH の調節に使用する．
8) 電位差 pH 測定の詳細については，R.G. Bates, "Determination of pH, 2nd ed.", Wiley, New York (1973) 参照．

違いなく正しいと判断しがちである．しかし，本章でいくつか述べたように，ガラス電極にも明らかに限界があるという事実に注意しなければならない．

1) **アルカリ誤差**：通常のガラス電極はアルカリ金属イオンにいくらか応答するので，pHが9より大きい場合は読み取り値が低めになる．
2) **酸誤差**：約pH 0.5未満では，ガラス電極の示す値は少し高めになる．
3) **脱　水**：脱水により，電極の性能が不安定になる．
4) **低イオン強度溶液における誤差**：湖沼や河川の水などイオン強度が低い試料をガラス－カロメル電極系で測定する場合には，かなりの誤差（pH 1～2）が生じる可能性がある[9]．そのおもな原因は再現性のない液間電位差であり，塩橋のフリットガラス栓や多孔質繊維の部分的な目詰まりが原因で生じる．この問題を克服するため，いろいろな種類の自由拡散型液絡部が設計され，市販されているものもある．
5) **液間電位差の変化**：標準液あるいは未知溶液の組成の違いから生じる液間電位差の変化は，補正することができない誤差が発生する根本的な原因である．
6) **標準緩衝液のpHの誤差**：校正に用いる緩衝液の調製が不正確であったり，保存中に組成が変化したりすると，校正後のpH測定に必ず誤差が生じる．緩衝液の有機成分に対する細菌の作用はよくある劣化の原因である．

b．pHの実験操作に基づく定義　　pHは水溶液の酸性，塩基性の尺度として実用性があり，市販のガラス電極が広く使われ，安価な固体型pHメーターが最近急増したことから，pHの電位差測定があらゆる科学分野で最も一般的な分析技術になった[2]．そのため，世界中のどの研究室でも何度でも簡単に再現できる方法でpHを定義することがきわめて重要である．この要件を満たすためにはpHを実験操作に基づいた表記で，すなわち測定方法によって定義する必要がある．それによってはじめて，ある研究者の測定したpHが他者の測定したものと同じになる．

pHの実験操作による定義は米国国立標準技術研究所（NIST）やIUPACによって推奨されている[3]．定義では，未知溶液のpHを電位差測定する前に，厳密に規定された標準緩衝液を用いてpHメーターを直接校正することが前提となる．

例として図15・8のガラス－参照電極対の一つを考える．この電極を標準緩衝液に浸す場合，(15・19)式を適用して次のように書ける．

$$\mathrm{pH_S} = \frac{E_S - K}{0.0592}$$

E_S は電極を緩衝液に浸したときのセル電圧である．同様に電極をpH未知の溶液に浸したときのセル電圧 E_U は，

$$\mathrm{pH_U} = \frac{E_U - K}{0.0592}$$

二つ目の式から最初の式を引き，$\mathrm{pH_U}$ を求めると，

$$\mathrm{pH_U} = \mathrm{pH_S} - \frac{(E_U - E_S)}{0.0592} \qquad (15 \cdot 23)$$

(15・23)式はpHの実験操作に基づく定義として世界中で採用されている[4]．

NISTやその他の研究者らは液絡のないセルを用いて一次標準緩衝液を広く調べた．これら緩衝液の特性については本書では割愛したので他書[10]を参照してほしい．NIST認証緩衝液は調製の確度や精度をモル濃度（mol物質量/kg溶媒）で表す．一般に使われる緩衝液は，比較的安価な実験試薬を用いて調製できる．しかし厳密な研究の場合は認証緩衝液を用いる．

pHの実験操作に基づく定義の長所は，酸性，塩基性のどちらの測定にも一貫した水素イオン濃度の尺度を与えることだと強調しておきたい．しかしpH測定値によって，溶液理論と完全に一致する溶液組成の詳細像が得られるとは期待できない．この不確かさは単一のイオン活量を測定できないことに由来しており，pHの実験操作に基づく定義では，次式で定義される正確なpHは得られない．

$$\mathrm{pH} = -\log \gamma_{H^+}[H^+]$$

15・7　電位差滴定

電位差滴定（potentiometric titration）においては，滴定試薬の体積に対して，適切な指示電極の電位を測定する．電位差滴定で得られる情報は，直接電位差測定法によって得られるデータとは異なる．たとえば0.100 M塩酸と0.100 M酢酸をそれぞれ直接電位差測定すると，弱酸は部分的にしか解離しないため，実質的に互いに異なる水素イオン濃度が測定される．それに対して，体積の等しい

---

1) 湖沼や河川の試料など，ほぼ中性の非緩衝溶液のpHを測定するときは特別の注意を払う．
2) 最もよく使われている分析機器技術はおそらくpH測定である．
3) 定義によると，pHとはガラス電極とpHメーターを用いて測定した値である．これはpH=$-\log a_{H^+}$という理論的定義とほぼ等しい．
4) ある量の"実験操作に基づく定義"とは，測定される方法によってその量を定義することである．
9) W. Davison, C. Woof, *Anal. Chem.*, **57**, 2567 (1985), DOI: 10.1021/ac00290a031. T.R. Harbinson, W. Davison, *Anal. Chem.*, **59**, 2450 (1987), DOI: 10.1021/ac00147a002.
10) R.G. Bates, "Determination of pH, 2nd ed.", Ch. 4., Wiley, New York (1973).

0.100 M 塩酸と 0.100 M 酢酸を電位差滴定すると，どちらの溶質も同数のプロトンを含むので，要する塩基標準液の量は同じになる．

電位差滴定では，化学指示薬を用いた滴定より信頼性の高いデータを得られるので，色のついた溶液や混濁した溶液に特に有用で，予想外の化学種の存在を検出するのに役立つ．電位差滴定は多種多様なやり方で自動化されており，多くの滴定装置が市販されている．一方，手動の電位差滴定は，指示薬を使う滴定より時間がかかるという欠点がある．

電位差滴定には直接電位差測定法より有利な点がほかにもある．電位差滴定は，当量点付近で急速な電位変化を起こすときの滴定試薬の体積を測定するため，E_{cell} の大きさに依存しない．この特性によって，滴定中は液間電位差がほぼ一定に保たれることを考慮すれば，液間電位差による誤差は比較的小さい．それよりも滴定試薬の濃度がいかに正確であるかどうかが，滴定結果を最も大きく左右する．電位差滴定機器は終点を示すだけであり，化学指示薬の役割と同じである．電極のファウリング（表面への物質付着）や，電極がネルンストの式の応答を示さなくても，電極系を滴定の電位差測定に使用するときには問題にならない．同様に，電位差滴定では参照電極電位が正確にわかっている必要はない．電極は分析対象の活量に応答するが，結果として得られるのは分析対象の濃度であるというのがもう一つの利点である．このため滴定操作においてイオン強度の影響は重要でない．

図 15・17 に手動電位差滴定を行うための典型的な装置を示す．測定者は試薬を加えるたびにセル電圧を測定し，記録する（状況に応じて mV 単位，または pH）．滴定の初期は加える滴定試薬の量を多くし，終点に近づくほど（単位体積当たりのセル電圧の変化が大きくなることで示される），加える量を減らしていく．

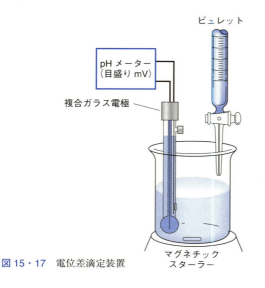

図 15・17　電位差滴定装置

15・7・1　終点の検出

電位差滴定の終点決定にはいくつかの方法が用いられる．一番直接的なやり方は，セル電圧を試薬の体積変化に対して直接，あるいは他の記録法でプロットすることである．図 15・18 (a) は表 15・4 のデータをプロットしたもので，曲線の急峻な立ち上がり部の変曲点を目視で推定し，そこを終点とした．

終点検出の二つ目の方法は，滴定試薬の単位体積当たりの電位変化（$\Delta E/\Delta V$）を計算することである．すなわち滴定曲線の一次微分を推定する．一次微分データ（表 15・4，左から 3 列目を参照）を体積 V に対してプロットすると，図 15・18 (b) に示すような変曲点に相当する極大値をもつ曲線になる．電位ではなく $\Delta E/\Delta V$ を滴定中に評価し，記録することもできる．プロットから，滴定試薬の体積が約 24.30 mL の点で極大になることがわかる．滴定曲線が左右対称ならば，傾きの最大点は当量点と一致する．滴定試薬と分析対象の半反応に関わる電子の数が異なるときには非対称滴定曲線が得られ，傾きの最大点を使うとわずかに滴定誤差が生じる．

図 15・18 (c) には，データを二次微分すると変曲点の符号が変わることを示した．この変化は一部の自動滴定装置で分析信号として利用されている．二次微分と 0 との交点が変曲点で，滴定の終点とみなされる．この点はかなり正確に位置づけられる．

表 15・4　2.433 mmol 塩化物イオンの 0.1000 M 硝酸銀による電位差滴定データ

AgNO₃ の体積〔mL〕	E vs. SCE〔V〕	$\Delta E/\Delta V$〔V/mL〕	$\Delta^2 E/\Delta V^2$〔V²/mL²〕
5.00	0.062		
15.00	0.085	0.002	
20.00	0.107	0.004	
22.00	0.123	0.008	
23.00	0.138	0.015	
23.50	0.146	0.016	
23.80	0.161	0.050	
24.00	0.174	0.065	
24.10	0.183	0.09	
24.20	0.194	0.11	2.8
24.30	0.233	0.39	4.4
24.40	0.316	0.83	−5.9
24.50	0.340	0.24	−1.3
24.60	0.351	0.11	−0.4
24.70	0.358	0.07	
25.00	0.373	0.050	
25.50	0.385	0.024	
26.00	0.396	0.022	
28.00	0.426	0.015	

(a) 滴定曲線　(b) 一次微分曲線　(c) 二次微分曲線

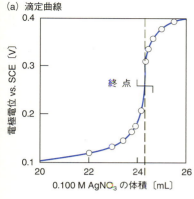
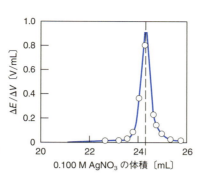
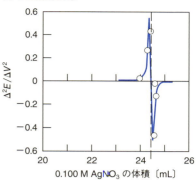

図 15・18　2.433 mmol 塩化物イオンの 0.1000 M 硝酸銀による滴定

章 末 問 題

15・1　次の用語を簡潔に説明または定義せよ．
(a) 指示電極　　　(b) 参照電極
(c) 第一種の電極　(d) 第二種の電極

15・2　次の用語を簡潔に説明または定義せよ．
(a) 液間電位差　(b) 界面電位差
(c) 不斉電位差

15・3　分析対象を定量するのに，電極電位を測定するか，滴定を行うかどちらか選択しなければならない．以下のことを知る必要がある場合はどちらを選ぶか説明せよ．
(a) 相対誤差が数 ppt (千分率) の分析対象の絶対量
(b) 分析対象の活量

15・4　指示電極におけるネルンストの式の振舞いとはどのような意味か．

15・5　ガラス電極の pH 依存性の原因を述べよ．

15・6　pH 電極の膜に使われるガラスが吸湿性に優れていなければならないのはなぜか．

15・7　ガラス–カロメル電極系による pH 測定で誤差が生じる原因をいくつかあげよ．

15・8　膜電極の応答に対して有効数字の桁数を決める実験的な要因は何か．

15・9　pH 測定のアルカリ誤差について述べよ．この誤差はどのような状況でみられるか．アルカリ誤差によって pH 測定値はどのような影響を受けるか．

15・10　ガス検出プローブは他の膜電極とどのように異なるか．

15・11　次の原因は何か．
(a) 膜電極の不斉電位差
(b) 膜電極の界面電位差
(c) ガラス–カロメル電極系の液間電位差
(d) F^- の濃度決定に使用される固体膜電極の電位

15・12　pH の直接電位差測定法によって与えられる情報は，電位差滴定から得られる情報とどのように異なるか．

15・13　電位差滴定が直接電位差測定法よりも優れた点をいくつかあげよ．

15・14　"pH の実験操作に基づく定義" とは何か．それが使用されるのはなぜか．

15・15
(a) 次の過程の E^0 を計算せよ．
$$AgIO_3(s) + e^- \rightleftharpoons Ag(s) + IO_3^-$$
(b) pIO_3 の測定に使用する，飽和カロメル参照電極と銀指示電極からなるセルを，電池図式を用いて説明せよ．
(c) (b) のセル電圧と pIO_3 の関係式を書け．
(d) (b) のセル電圧が 0.306 V のときの pIO_3 を計算せよ．

15・16
(a) 次の過程の E^0 を計算せよ．
$$PbI_2(s) + e^- \rightleftharpoons Pb(s) + 2I^-$$
(b) pI の測定に使用する，飽和カロメル参照電極と鉛指示電極からなるセルを，電池図式を用いて説明せよ．
(c) セル電圧と pI の関係式を書け．
(d) セル電圧が -0.402 V のときの pI を計算せよ．

15・17　次の値の測定に使用する，飽和カロメル参照電極と銀指示電極からなるセルを，電池図式を用いて説明せよ．
(a) pI　　　　　(b) pSCN
(c) pPO_4　　(d) pSO_3

15・18　問題 15・17 の各セルについて，pA と E_{cell} の関係式を書け (Ag_2SO_3 の $K_{sp}=1.5\times10^{-14}$, Ag_3PO_4 の $K_{sp}=1.3\times10^{-20}$ とする)．

15・19　以下を計算せよ．
(a) 問題 15・17 (a) のセル電圧が -195 mV のときの pI
(b) 問題 15・17 (b) のセル電圧が 0.137 V のときの pSCN
(c) 問題 15・17 (c) のセル電圧が 0.211 V のときの pPO_4
(d) 問題 15・17 (d) のセル電圧が 285 mV のときの pSO_3

15・20 次のセルを用いて pCrO₄ を測定する．
$$\text{SCE} \| \text{Ag}_2\text{CrO}_4(飽和), (x\text{ M}) | \text{Ag}$$
セル電圧が 0.389 V のときの pCrO₄ を計算せよ．

15・21 次のセル
$$\text{SCE} \| \text{H}^+(a=x) | \text{ガラス電極}$$
の電圧は，右側電極の溶液が pH 4.006 の緩衝液のとき，0.2106 V である．緩衝液を未知試料に置き換えると，次の電圧が得られた．(a) −0.2902 V, (b) +0.1241 V. 各未知試料の pH と水素イオン活量を計算せよ．(c) 液間電位差の誤差を 0.002 V と仮定すると，水素イオン活量の真の値が含まれると予想される範囲はどのくらいか．

15・22 精製有機酸の試料 0.4021 g を水に溶かし，電位差滴定を行った．データをプロットしたところ，0.1243 M NaOH を 18.62 mL 加えたときに単一の終点が現れた．酸のモル質量を計算せよ．

15・23 0.0800 M KSeCN 50.00 mL に，0.1000 M AgNO₃ を 5.00, 15.00, 25.00, 30.00, 35.00, 39.00, 39.50, 39.60, 39.70, 39.80, 39.90, 39.95, 39.99, 40.00, 40.01, 40.05, 40.10, 40.20, 40.30, 40.40, 40.50, 41.00, 45.00, 50.00, 55.00, 70.00 mL 加えたときの銀指示電極 vs. 標準カロメル電極の電位をそれぞれ計算せよ．これらのデータの滴定曲線，一次微分プロット，二次微分プロットを作成せよ（AgSeCN の $K_{sp} = 4.20 \times 10^{-16}$）．

15・24 0.05000 M HNO₂ を 40.00 mL 分取して 75.00 mL に希釈し，0.0800 M Ce⁴⁺ で滴定する．滴定中の溶液の pH は 1.00 に保つ．セリウム系の式量電位は 1.44 V である．
(a) Ce⁴⁺ を 5.00, 10.00, 15.00, 25.00, 40.00, 49.00, 49.50, 49.60, 49.70, 49.80, 49.90, 49.95, 49.99, 50.00, 50.01, 50.05, 50.10, 50.20, 50.30, 50.40, 50.50, 51.00, 60.00, 75.00, 90.00 mL 加えたときの飽和カロメル電極に対する指示電極の電位をそれぞれ計算せよ．
(b) これらのデータの滴定曲線を描け．
(c) これらのデータの一次微分曲線，二次微分曲線を作成せよ．二次微分曲線が 0 と交わる点の体積は理論上の当量点と一致するかしないか．理由も述べよ．

15・25 Fe^{2+} の過マンガン酸塩による滴定では，二つの半反応に関わる電子の数が異なるため，著しく非対称な滴定曲線が得られる．0.1 M Fe^{2+} 25.00 mL の 0.1 M MnO_4^- による滴定を考える．滴定中の H⁺ 濃度は 1.0 M に保つ．スプレッドシートを使って理論上の滴定曲線と一次微分，二次微分プロットを作成せよ．一次微分プロットの極大から得た変曲点，あるいは二次微分プロットが 0 となる点は当量点と一致するかしないか．理由も述べよ．

15・26 ある溶液の Na⁺ 濃度をナトリウムイオン選択性電極で測定し決定した．未知濃度の溶液 10.0 mL に電極系を浸したときに発生した電位は −0.2462 V であった．2.00×10^{-2} M NaCl を 1.00 mL 加えた後，電位は −0.1994 V に変化した．もとの溶液の Na⁺ 濃度を計算せよ．

15・27 ある溶液の F⁻ 濃度を液膜電極で測定し決定した．試料 25.00 mL に電極系を浸したときに発生した電位は 0.5021 V, 5.45×10^{-2} M NaF を 2.00 mL 加えた後の電位は 0.4213 V であった．試料の pF を計算せよ．

15・28 リチウムイオン選択性電極は，次の濃度の LiCl 標準液と二つの未知濃度の試料に対して，下記の電位を生じた．

溶液 (a_{Li^+})	電位 vs. SCE 〔mV〕
0.100 M	+1.0
0.050 M	−30.0
0.010 M	−60.0
0.001 M	−138.0
未知試料 1	−48.5
未知試料 2	−75.3

(a) $\log a_{Li^+}$ に対する電位の検量線を作成し，電極がネルンストの式に従うか判定せよ．
(b) 線形最小二乗法を用いて，二つの未知試料の濃度を決定せよ．

15・29 飲料水試料のフッ化物含有量をフッ化物選択性電極で測定した．四つの標準液と二つの未知濃度試料に対して，下記の表に示す結果が得られた．イオン強度と pH は一定とした．

F⁻ を含む溶液	電位 vs. SCE 〔mV〕
5.00×10^{-4} M	0.02
1.00×10^{-4} M	41.4
5.00×10^{-5} M	61.5
1.00×10^{-5} M	100.2
未知試料 1	38.9
未知試料 2	55.3

(a) log [F⁻] に対する電位の検量線を作成し，電極系がネルンストの式の応答を示すか判定せよ．
(b) 線形最小二乗法を用いて，二つの未知試料の F⁻ 濃度を決定せよ．

15・30 発展問題 文献 11) の著者らは，カルシウム濃度を測定する 3 種類のイオン選択性電極 (ISE) について研究した．三つの電極はどれも同じ膜を用いたが，内部溶液の組成が異なる．電極 1 は 1.00×10^{-3} M CaCl₂ と 0.10 M NaCl を内部溶液とした従来の ISE である．電極 2 (低活量の Ca²⁺) の内部溶液は同じ分析モル濃度の CaCl₂ と 5.0×10^{-2} M EDTA (6.0×10^{-2} M NaOH で pH 9.0 に調製) を含む．電極 3 (高活量の Ca²⁺) の内部溶液は 1.00 M Ca(NO₃)₂ である．
(a) 電極 2 の内部溶液の Ca²⁺ 濃度を求めよ．
(b) 電極 2 の内部溶液のイオン強度を求めよ．
(c) 電極 2 の Ca²⁺ の活量をデバイ-ヒュッケルの式を用いて求めよ．Ca²⁺ の a_X 値には 0.6 nM を用いよ．
(d) 電極 1 とカロメル参照電極からなるセルを用いて，活量の範囲が 0.001〜1.00×10^{-9} M のカルシウム標準

---

11) A. Ceresa, E. Fretsch, E. Bakker, *Anal. Chem.*, **72**, 2054 (2000), DOI: 10.1021/ac991092h.

液を測定した．得られた結果は以下のとおりである．

Ca^{2+} の活量〔M〕	セル電圧〔mV〕
1.0×10^{-3}	93
1.0×10^{-4}	73
1.0×10^{-5}	37
1.0×10^{-6}	2
1.0×10^{-7}	−23
1.0×10^{-8}	−51
1.0×10^{-9}	−55

pCa に対してセル電圧をプロットし，プロットが直線から大きく外れるところの pCa を求めよ．プロットの直線部分の傾きと切片を求めよ．プロットは予想される（15・21）式に従うか．

(e) 電極2によって，以下の結果が得られた．

Ca^{2+} の活量〔M〕	セル電圧〔mV〕
1.0×10^{-3}	228
1.0×10^{-4}	190
1.0×10^{-5}	165
1.0×10^{-6}	139
5.6×10^{-7}	105
3.2×10^{-7}	63
1.8×10^{-7}	36
1.0×10^{-7}	23
1.0×10^{-8}	18
1.0×10^{-9}	17

再度 pCa に対してセル電圧をプロットし，電極2が直線性を示す範囲を求めよ．直線部分の傾きと切片を求めよ．この電極は Ca^{2+} の活量が高くなると（15・21）式に従うか．

(f) 電極2は 10^{-7}〜10^{-6} M の濃度に対し超ネルンスト型であるといわれる．なぜこの用語が使われるのか．*Analytical Chemistry* 誌を定期購読している図書館を利用できるか，雑誌の電子版にアクセスできるなら論文を読んでみよう．この電極は Ca^{2+} の取込みがあると記されている．これはどういう意味か．これにより応答はどのように説明されるか．

(g) 電極3の結果は以下のとおりであった．

Ca^{2+} の活量〔M〕	セル電圧〔mV〕
1.0×10^{-3}	175
1.0×10^{-4}	150
1.0×10^{-5}	123
1.0×10^{-6}	88
1.0×10^{-7}	75
1.0×10^{-8}	72
1.0×10^{-9}	71

pCa に対してセル電圧をプロットし，直線性を示す範囲を求めよ．また，傾きと切片を求めよ．この電極は（15・21）式に従うか．

(h) 電極3は Ca^{2+} の放出性があるといわれる．論文からこの用語を説明せよ．これにより応答はどのように説明されるか．

(i) 論文では実験結果に対して別の解釈があげられているか．もしあればそれらについて述べよ．

第Ⅳ部

分光化学分析

16 分光分析法の基礎と光学機器

分析化学では，光または電磁波に基づく測定が広く利用されている．電磁波と物質の相互作用は，**分光学**（spectroscopy）とよばれる科学分野の一つである．**分光分析法**（spectroscopic analysis, spectrochemical analysis）は，対象となる分子種または原子種から放出または吸収される電磁波の強度の測定に基づいており[1]，その電磁波の領域に従って分類される．一般には，γ線，X線，紫外線（UV），可視光，赤外線（IR），マイクロ波，ラジオ波領域が使用されている．さらに近年では，電磁波が測定には含まれていない音響分光法，質量分析法および電子分光法などの技術も分光法に含まれるようになり，分光法の意味が拡張して用いられている．

[1] 分光学は，現代の原子理論の発展に重要な役割を果たしてきた．さらに，分光分析法は，分子構造の解明におそらく最も広く用いられてきた技術であり，無機・有機化合物の定量分析，定性分析にも大きく貢献している．

本章では，電磁波を用いた測定を理解するために必要な基本原則について，紫外線，可視光，赤外線の吸収を用いた測定を取上げて説明する．特に電磁波の性質と，物質との相互作用について詳しく扱う．また，吸光，発光，蛍光分光分析の機器の基本的な構成要素や機能，一般的な性能はきわめて似ている．これらの分析機器は通常，光学機器とよばれる．§16・4以降ではまず，光学機器に共通する構成要素の特徴について説明し，つづいて，紫外・可視分光分析および赤外分光分析のために設計された一般的な機器の特性について述べる．

16・1 電磁波の特性

電磁波（electromagnetic radiation）は，空間を高速で伝播するエネルギーの一形態である．なかでも，紫外・可視領域の電磁波，ときには赤外領域まで含めて，**光**（light，厳密にいえばこの用語は可視光のみをさす）とよぶ．電磁波は，波長，振動数，速度，振幅の特性をもつ波として記述することができる．音波とは対照的に，光は伝送媒体を必要としない．したがって，真空中も伝播する．また，光は音よりも約100万倍も速く伝わる．

波動モデルでは，電磁波のエネルギーの吸収および放出に関連する現象を十分に説明できない．そのため，電磁波は，**光子**（photon）または**量子**（quantum）とよばれるエネルギーの塊または粒子として扱うことがある．電磁波が粒子と波の性質を併せもつ二重性は，相反するものではなく，相補的な関係にある．実際，光子のエネルギーは，その振動数に比例している．同様に，この粒子と波の二重性は，電子，陽子，および他の基本粒子にもあてはまり，波の振舞いとして現れる干渉および回折を生じさせる．

16・1・1 波の性質

反射，屈折，干渉，回折などの現象を扱う場合，電磁波は，図16・1(a)に示すように，互いに直交して振動する電場と磁場からなる波として簡便にモデル化される．単一振動数の電場は，図16・1(b)に示すように，距離や時間に対して正弦波として振動する．電場はベクトルで表され，その長さは電場強度に比例する．このプロットのx軸は，電磁波が空間内のある固定点を通過する時刻，またはある固定時刻における距離のいずれかである．電場と磁場の振動する方向は，電磁波が伝播する方向に対して垂直であることに注意してほしい．

a. 波動特性 図16・1(b)で，正弦波の**振幅**（amplitude）と**波長**（wavelength）を定義した．また，波の山（あるいは谷）がある固定点を通過してから次の山（谷）が通過するまでにかかる時間（秒）を，電磁波の**周期**p（period）という．1秒間に固定点を通過する波の数を**振動数**ν（frequency，**周波数**ともよぶ）といい，$1/p$に等しい．[2]

すべての電磁波の振動数は，用いる光源によって決まり，通過する媒体にかかわらず一定である．対照的に，媒体を

---

[1] 紫外線，可視光，赤外線の吸収や放出を利用する方法は，しばしば**光学分光法**（optical spectroscopy）とよばれる．ほかに，γ線，X線，マイクロ波，ラジオ波スペクトル領域を使用するものも含まれる．

[2] **用語** 振動数の単位はHz（ヘルツ）で，1Hzは1秒当たり1回（周期），つまり$1\,\mathrm{s}^{-1}$に相当する．電磁波の振動数は，異なる媒体を通過しても変化しない．

1) より詳しくは以下を参照．D.A. Skoog, F.J. Holler, S.R. Crouch, "Principles of Instrumental Analysis, 6th ed.", Sections 2-3, Brooks/Cole, Belmont, CA (2007). "Handbook of Instrumental Techniques for Analytical Chemistry", ed. by F. Settle, Sections III-IV, Prentice-Hall, Upper Saddle River, NJ (1997). J.D. Ingle, Jr., S.R. Crouch, "Spectrochemical Analysis", Prentice-Hall, Upper Saddle River, NJ (1988). E.J. Meehan, "Treatise on Analytical Chemistry, 2nd ed.", ed. by P.J. Elving, E.J. Meehan, I.M. Kolthoff, Part I, Vol. 7, Chs. 1-3, Wiley, New York (1981).

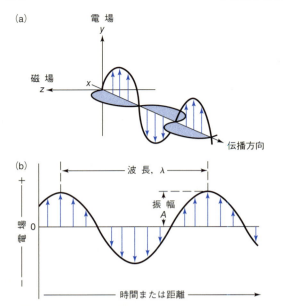

図 16・1 単一振動数の電磁波の波動特性．(a) x 軸に沿って伝播する平面偏光波を示す．電場は，磁場に垂直な平面内で振動している．電磁波が偏光されていない場合，電場の成分はすべての平面に表れる．(b) には，電場の振動のみを示している．波の振幅は，波の電場ベクトルの長さの最大値であり，波長は連続する最大値間の距離である．

通過する波面の**速度** v (velocity) は，媒体と振動数の両方に依存する．図 16・1(b) に示すように，波長 λ は，波の山から山，あるいは谷から谷の間の距離である．(16・1) 式に示すように，単位時間当たりの振動数と波長の積は，単位時間当たりの距離（cm s^{-1} または m s^{-1}）で示される速度 v になる．なお，速度と波長はいずれも媒体に依存する．

[1]
$$v = \nu\lambda \quad (16 \cdot 1)$$

表 16・1 に，電磁波の波長領域とそれを表すための単位をいくつか示す．

表 16・1 電磁波の波長領域と単位

領域	単位	定義
X 線	オングストローム〔Å〕	10^{-10} m
紫外・可視	ナノメートル〔nm〕	10^{-9} m
赤外線	マイクロメートル〔μm〕	10^{-6} m

b. 光 速 真空中では，光はその最大速度で伝播する．この速度は記号 c で表され，2.99792×10^8 m s^{-1} である．空気中の光の速度は，真空中の速度より約 0.03 % 遅い．したがって，真空中または空気中の場合，(16・1) 式は有効数字 3 桁で以下のように書くことができる．

$$c = \nu\lambda = 3.00 \times 10^8 \text{ m s}^{-1} = 3.00 \times 10^{10} \text{ cm s}^{-1} \quad (16 \cdot 2)$$
[2]

ある物質が含まれる媒体中では，媒体の原子または分子の電子と電磁波との相互作用のため，光の伝播する速度は c より遅くなる．電磁波の振動数は一定であるので，(16・1) 式より光が真空から物質を含む媒体へと伝播する際に波長は短くなる．可視光におけるこの効果を図 16・2 に示した．この効果は非常に大きいことに注意が必要である．[3]

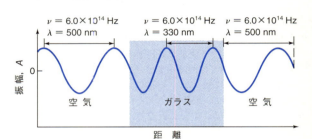

図 16・2 電磁波が空気中から高密度なガラスを透過し，空気中に戻る際の波長の変化．ガラスへの入射に伴い，波長が約 200 nm，すなわち 30 % 以上短縮している．再び電磁波が空気中へ戻ると逆の変化が起こる．

波数 $\tilde{\nu}$ (wavenumber) は，電磁波を表す別の方法である．[4] 1 cm 当たりの波の数として定義されることが多く，$1/\lambda$ に等しい．定義により，単位は cm^{-1} で示す．

c. 放射束と強度 **放射束** P（放射パワー，radiant power）は，単位時間当たりに，ある領域に到達する電磁波のエネルギーであり，単位 W（ワット）で表される．**放射強度** I (intensity) は単位立体角当たりの放射束（W sr^{-1}）である[2]．いずれの物理量も電場の振幅の 2 乗に比例する．厳密には同義ではないが，放射束と放射強度はしばしば同じ意味で使用される．

---

1) (16・1) 式の v (距離/時間)＝ν (波の数/時間)×λ (距離/一つの波)
2) (16・2) 式は有効数字 3 桁までは大気中および真空中のどちらにも等しく適用可能である．
3) 用語 媒体の**屈折率** η (refractive index) は，電磁波とそれが通過する媒体との間の相互作用の程度を表す．これは $\eta = c/v$ で定義される．たとえば，室温における水の屈折率は 1.33 であり，これは電磁波が $c/1.33$ または 2.26×10^{10} cm s^{-1} の速度で水を通過することを意味する．言い換えれば，光は真空中よりも水中で 1.33 倍遅く移動する．電磁波が真空または空気中から密度の高い媒体を透過する際，振動数は一定のままだが，電磁波の速度および波長は比例して小さくなる．
4) 用語 単位 cm^{-1} で表した**波数** $\tilde{\nu}$ (Kayser) は，赤外領域の電磁波を表すのに最もよく使用される．有機化合物の検出および定量に使用される赤外スペクトルの最も有用な波長領域は，2.5〜15 μm であり，これは 4000〜667 cm^{-1} の波数範囲に対応する．(16・3) 式に示すように，電磁波の波数は，そのエネルギーおよび振動数に比例する．
2) 立体角は，円錐の頂点を中心とする単位球上の 3 次元の広がりであり，円錐によって切取られる領域の面積として測定される．単位はステラジアン (sr) である．

16・1・2 光の粒子的性質 ── 光子

電磁波と物質との相互作用においては，多くの場合，光子または量子の流れとして光を捉える"光の粒子性"に注目すると説明しやすい．単一の光子のエネルギーはその波長，振動数，波数と次のような関係がある．

[1)]
$$E = h\nu = \frac{hc}{\lambda} = hc\tilde{\nu} \qquad (16 \cdot 3)$$

ここで，hはプランク定数（6.63×10^{-34} J·s）である．光子のエネルギーは波数および振動数に比例し，波長に反比例する．電磁波の放射束は，1秒当たりの光子数に比例する．

16・2 電磁波と物質の相互作用

電磁波が物質と相互作用すると，その物質によって異なるエネルギー準位間の遷移が起こる．分光分析法においてこの遷移は最も重要で有用な現象である．反射，屈折，散乱，干渉，回折などの相互作用は，特定の分子または原子の固有のエネルギー準位ではなく，物質全体の特性に関連することが多い．ここでは，分子または原子に固有のエネルギー準位間で起こる遷移に限定して説明する．なお，電磁波と物質との相互作用の種類は，使用する電磁波のエネルギーとその検出法によって決まる．

16・2・1 電磁波のスペクトル

電磁波のスペクトルは，広範囲のエネルギー（振動数），ひいては波長にわたる（表 16・2 および図 16・3 参照）．有用な振動数は，10^{19} Hz 以上（γ線）から 10^3 Hz（ラジオ波）まで幅広い．たとえば，X線（$\nu \approx 3 \times 10^{18}$ Hz，$\lambda \approx 10^{-10}$ m）は，通常の電球から発せられる光子（$\nu \approx 3 \times 10^{14}$ Hz，$\lambda \approx 10^{-6}$ m）の 10,000 倍のエネルギーをもち，ラジオ波（$\nu \approx 3 \times 10^3$ Hz，$\lambda \approx 10^5$ m）の 10^{15} 倍のエネルギーをもつ．

表 16・2 紫外・可視および赤外スペクトルの領域

領 域	波長域
紫 外	180〜380 nm
可視光	380〜780 nm
近赤外	0.78〜2.5 μm
中赤外・遠赤外	2.5〜50 μm

主要なスペクトル領域を，口絵 15 にカラーで示した．人間の目が感知する可視領域は，スペクトル全体のほんの一部であり，γ線やラジオ波のようなさまざまな種類の電磁波は，そのエネルギー（振動数）が可視光と異なるだけである．

図 16・3 は，分光分析に使われる電磁スペクトルの領域を示している．電磁波と試料との相互作用から生じる原子および分子における遷移の種類も併せて示した．核磁気共鳴（NMR）分光法および電子スピン共鳴（ESR）分光法で使用される低エネルギーの電磁波は，電子スピンや核スピンの変化などの微妙な変化をひき起こす．γ線分光法で使用される高エネルギーの電磁波は，核を構成する物質が変化するなど，より劇的な変化によって放出される．

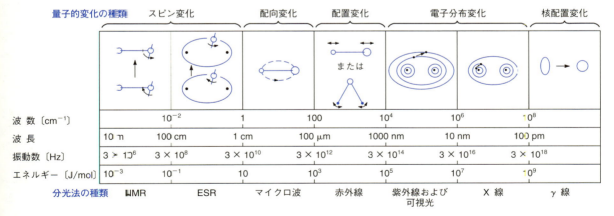

図 16・3 電磁スペクトルの領域．試料が電磁波と相互作用すると，図上のような変化が起こる．電子分布の変化は，紫外・可視領域で生じる．電磁波の特性は，波数，波長，振動数，エネルギーを用いて表現される［C.N. Banwell, "Fundamentals of Molecular Spectroscopy, 3rd ed.", p.7, McGraw-Hill, New York (1983) より］

---

1) (16・3) 式は電磁波のエネルギーを SI 単位であるジュール（joule）で表しており，1 J は，1 N（ニュートン）の力を受けている物体が，力の方向に 1 m の距離を移動するとき，その力によってなされる仕事である．

16・2・2 分光法による測定

分光法では,物質と電磁波との相互作用を利用して試料に関する情報を得る.試料は,熱,電気エネルギー,光,粒子,化学反応などによりエネルギーが加えられ活性化する.このような摂動を加えるまでは,分析対象はおもにその最低エネルギー状態すなわち**基底状態**(ground state)にある.摂動により,分析対象の一部がより高いエネルギー状態すなわち**励起状態**(excited state)に遷移する.そして試料が基底状態に戻る際に放出される電磁波を測定することによって,または励起の結果として吸収される電磁波の強さを測定することによって,分析対象に関する情報が得られる.

図16・4は,発光を用いた分光法で起こる過程を示している.試料は,熱または電気エネルギーを与えたり,または化学反応によって,活性化される.**発光分光法**(emission spectroscopy)という用語は,通常,加える摂動が熱または電気エネルギーである方法をさし,**化学発光分光法**(chemiluminescence spectroscopy)[1]は化学反応により試料を励起する方法をさす.いずれの場合も,試料が基底状態に戻る際に放出される放射エネルギーを測定することにより,試料の種類や濃度に関する情報が得られる.測定結果は,放出された電磁波をその振動数または波長に対してプロットした**スペクトル**(spectrum)として,グラフに表されることが多い.

試料を外部の光によって励起する場合,いくつかの方法が考えられる.たとえば,電磁波を散乱または反射させることによっても励起することができるが,ここで重要なのは,図16・5に示すように,入射光の一部が吸収され,試料の一部を励起状態にすることができるという点である.**吸光分光法**(absorption spectroscopy)では,波長の関数として吸収される電磁波の強度を測定する.吸光分光法では,試料についての定性的および定量的情報の両方が得

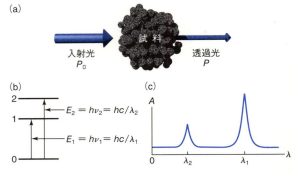

図16・5 吸光分光法. (a) では,入射放射束 P_0 の電磁波を試料が吸収し,より低い透過放射束 P をもつ透過光が得られる.吸収が起こるためには,入射光のエネルギーが (b) に示す E_1 か E_2 のエネルギー差に対応していなければならない.得られた吸収スペクトルを (c) に示す.

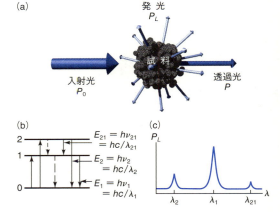

図16・6 ホトルミネセンス(蛍光およびりん光)分光法. (a) 蛍光およびりん光は,電磁波の吸収と,それに続く発光で放射エネルギーを放出する過程である. (b) に示すように,吸収により分析対象は状態1または状態2に励起される.励起されると,過剰エネルギーは光子の放出(実線で示したルミネセンス)または非放射性過程(破線)によって失われる.エネルギーは全角度にわたって放出され,その波長 (c) はエネルギー準位間の差に対応している.蛍光とりん光のおもな違いは発光時間で,蛍光に比べてりん光の寿命ははるかに長い.

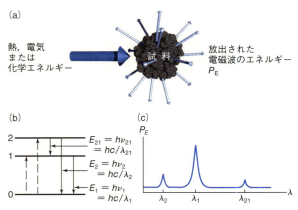

図16・4 発光分光法および化学発光分光法. (a) 熱,電気,化学エネルギーを加えることによって試料を励起している.励起させるために電磁波のエネルギーを使用しないので,これらは非放射性過程とよばれる.エネルギー準位図 (b) では,上向きの破線の矢印はこれらの非放射性励起過程を表し,下向きの実線の矢印は光子の放出によって試料がエネルギーを失うことを示している. (c) 結果として生じるスペクトルは,波長 λ に対して放出される放射束 P_E の測定値を示している.

---

[1] **用語** 生物学的または酵素反応を伴う**化学発光**(chemiluminescence)は,しばしば**生物発光**(bioluminescence)とよばれる.生物発光のよく知られた例として,ホタルの光があげられる.ホタルの発光反応では,ルシフェラーゼが,ルシフェリンとアデノシン三リン酸(ATP)の酸化的リン酸化反応を触媒して,オキシルシフェリン,二酸化炭素,アデノシン一リン酸(AMP)および光を生成する.一般に用いられるケミカルライトも,化学発光のよく知られた例である.

られる．**ホトルミネセンス分光法**（photoluminescence spectroscopy，図16・6）では，電磁波を吸収した後に放出される光を測定する．ホトルミネセンス分光法のうち最も重要なのは，**蛍光分光法**（fluorescence spectroscopy）および**りん光分光法**（phosphorescence spectroscopy）である．

§16・3では，化学，生物学，法医学，工学，農業，臨床化学など多くの分野で広く使用されている，紫外・可視領域での吸光分光法について詳しく扱う．図16・4〜図16・6に示した過程は，いずれも電磁スペクトルのどの領域でも起こりうることに注意が必要で，エネルギーの大きさによって，原子核内の遷移，電子準位間，振動準位間，スピン変化など，さまざまなエネルギー準位の変化が起こる．

16・3 電磁波の吸収

図16・5に示したように，すべての分子種は固有の振動数の電磁波を吸収する．この過程により，入射光のエネルギーは分子に伝達され，その強度は低下する．すなわち以下に説明するように，光吸収の法則に従って，電磁波の 1) 透過光量が**減衰**（attenuation）する．

16・3・1 吸光過程

ランベルト‐ベールの法則（Lambert-Beer law）または単にベールの法則（Beer's law）として知られる光吸収の法則は，光の減衰量と，光を吸収する分子の濃度，およびその吸収が起こる光路長（光が通過する媒体の長さ）の関係を定量的に示している．光を吸収する試料を含む媒体を光が通過する際，試料を励起することで光の強度が低下する．試料の濃度が等しければ，光路長が大きいほど光路に含まれる試料の分子数が多くなるため，光の減衰が大きくなる．同様に，光路長が一定の場合，試料の濃度が高いほど，光の減衰が大きくなる．

図16・7は，**単色光**（monochromatic radiaiton）の平行光線が厚さ b cm，濃度 c mol L^{-1} の光吸収溶液を通過する際の減衰を示している．光子と光吸収物質との相互作用に

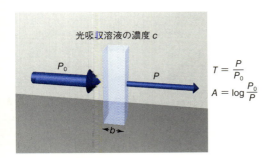

図16・7 光吸収溶液による電磁波の透過光量の減衰．入射光を示すより大きな矢印は，溶液を透過する光 P よりも大きい放射束 P_0 をもつことを意味する．光が通る光吸収溶液の厚さ（光路長）は b であり，濃度は c である．

より，光線の強度は P_0 から P に減少する．（16・4）式に示すように，溶液の**透過率** T（transmittance, transmission factor）は，溶液を透過する入射光の割合である．透過率は百分率で表すことも多く，**透過パーセント**（percent 2) transmittance）とよばれ，%T と表記する．

$$T = P/P_0 \quad (16・4)$$

a. 吸光度 （16・5）式に示すように，溶液の**吸光 3) 度** A（absorbance）は透過率と対数関係にある．溶液の吸光度が増加するにつれて，透過率は減少する．透過率と吸光度の関係は，図16・8の変換表に示してある．初期の吸光光度計の目盛は透過率で表示されていたが，最近の機器ではコンピューターが測定値から吸光度を計算して表示している．

$$A = -\log T = -\log \frac{P}{P_0} = \log \frac{P_0}{P} \quad (16・5)$$

	A	B	C	D
1	透過率から吸光度を求める計算			
2	T	%T	$A = -\log T$	$A = 2-\log$ %T
3	0.001	0.1	3.000	3 000
4	0.010	1.0	2.000	2 000
5	0.050	5.0	1.301	1 301
6	0.075	7.5	1.125	1 125
7	0.100	10.0	1.000	1 000
8	0.200	20.0	0.699	0 699
9	0.300	30.0	0.523	0 523
10	0.400	40.0	0.398	0 398
11	0.500	50.0	0.301	0 301
12	0.600	60.0	0.222	0 222
13	0.700	70.0	0.155	0 155
14	0.800	80.0	0.097	0 097
15	0.900	90.0	0.046	0 046
16	1.000	100.0	0.000	0 000
17				
18	計算式			
19	セル B3=A3*100			
20	セル C3=-LOG10(A3)			
21	セル D3=2-LOG10(B3)			

図16・8 透過率 T，%T，吸光度 A の変換表．透過率のデータをセル A3〜A16 に入力する．透過パーセントはセル A19 の式に，また吸光度はセル A20 または A21 の式に従い計算する．それぞれの結果が，B〜D 列に示されている．

---

1) 用語 分光法で**減衰**とは，電磁波の単位断面積当たりのエネルギーの減少をさす．光子モデルにおける減衰とは，光線の1秒当たりの光子数の減少をさす．

2) 透過パーセント＝%$T = \dfrac{P}{P_0} \times 100$

3) 吸光度は以下のように透過パーセントから計算できる．

$$T = \frac{\%T}{100\%}$$

$$\begin{aligned}A &= -\log T \\ &= -\log \%T + \log 100 \\ &= 2 - \log \%T\end{aligned}$$

b. 透過率と吸光度の測定　図 16・7 に透過率と吸光度の関係を示したが，通常は試料溶液を容器（セルまたはキュベット）に入れなければならないため，図示した状態では試料の吸光度を測定できない．図 16・9 に示すように，セル壁での反射損失や散乱損失が発生する可能性があり，これらの損失は相当な大きさになる．たとえば，黄色光線の約 8.5% は，ガラスセルを通過するときの反射によって失われる．また光は，溶媒中のちりなどの大きな分子または粒子の表面からあらゆる方向に散乱することがあり，この散乱は溶液を通過する際に光線のさらなる減衰をひき起こす可能性がある．

これらの影響を相殺するために，試料溶液を含むセルと，溶媒のみ（またはブランク試料）を含む同一セルについて，透過する光線の強度を比較する．このようにして，溶液の真の吸光度に近い値を実験から推測でき，次のように表せる．

$$A = \log \frac{P_0}{P} \approx \log \frac{P_{溶媒}}{P_{溶液}} \quad (16・6)$$

以後，P_0 および P は，溶媒（またはブランク）および試料溶液をそれぞれ含むセルを通過した光線の強度（放射束）をさす．

c. ランベルト-ベールの法則　ランベルト-ベールの法則によると，（16・7）式で表されるように吸光度は光を吸収する試料の濃度 c と光吸収媒体の光路長 b に比例する．

$$A = \log(P_0/P) = abc \quad (16・7)$$

（16・7）式において，a は **吸光係数**（absorptivity）とよばれる比例定数である．吸光度は単位がないため，吸光係数は b と c の単位を相殺する単位にする必要がある．たとえば，c の単位が $g\,L^{-1}$，b の単位が cm である場合，吸光係数の単位は $L\,g^{-1}\,cm^{-1}$ となる．

（16・7）式の濃度の単位を $mol\,L^{-1}$，b を cm で表した場合の比例定数は **モル吸光係数**（molar absorptivity, molar extinction coefficient）とよばれ，記号 ε で表す．したがって，以下のようになる．

$$A = \varepsilon bc \quad (16・8)$$

ここで，ε の単位は $L\,mol^{-1}\,cm^{-1}$ となる．

d. 吸光分光法で使用される用語　電磁波の吸収に関連する用語に加えて，文献や古い機器を扱う際にそれ以外の用語が使われていることがある．米国応用分光学会および米国化学会によって推奨されている用語，記号および定義を表 16・3 に示す．右端の列には，それ以外に使われることのある名称と記号を記した．

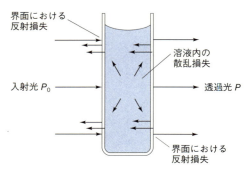

図 16・9　典型的なガラスセル内の溶液による反射損失と散乱損失．反射による損失は，異なる物質の境界面（界面とよばれる）において発生し，この例では，空気-ガラス，ガラス-溶液，溶液-ガラス，ガラス-空気の界面がある．

表 16・3　吸光測定における重要な用語と記号

推奨される用語	記号	英語[†1]	定義	それ以外の用語，記号
入射放射束	P_0	incident radiant power	試料に入射する放射エネルギー（ワット）	入射光強度 I_0
透過放射束	P	transmitted radiant power	試料を透過する放射エネルギー	透過光強度 I
吸光度	A	absorbance	$\log(P_0/P)$	光学密度 D
透過率	T	transmittance	P_0/P	透過 T
試料の光路長	b	path length of sample	減衰の長さ	l, d
吸光係数[†2]	a	absorptivity	$A/(bc)$	α, k
モル吸光係数[†3]	ε	molar absorptivity	$A/(bc)$	

[†1]　米国化学会および米国応用分光学会が推奨する専門用語 [*Appl. Spectrosc.*, **66**, 132 (2012)]．
[†2]　c は $g\,L^{-1}$ または他の特定の濃度単位で表される．b は cm または他の長さの単位で表される．
[†3]　c は $mol\,L^{-1}$ で表される．b は cm で表される．

1) 吸収極大値におけるモル吸光係数は，その物質の特性である．多くの有機化合物の極大モル吸光係数は 10 以下から 10,000 以上の範囲に及ぶ．いくつかの遷移金属錯体は，10,000〜50,000 のモル吸光係数をもつ．高いモル吸光係数は，高い分析感度をもたらすので，定量分析には望ましい．

e. **ランベルト-ベールの法則の使い方**　(16・6)式から(16・8)式に示すランベルト-ベールの法則は，いろいろな使い道がある．例題16・1に示すように，濃度が既知であれば分析対象のモル吸光係数を計算できる．吸光係数と光路長が既知であれば，吸光度の測定値を用いて濃度が求められる．しかしながら，吸光係数には，溶媒，溶液組成，温度のような因子が影響し，条件によって吸光係数が変化するため，定量的な測定においては文献値の吸光係数をそのまま用いることは意味がない．そこで，分析時の吸光係数を測定するために，同様の温度下，同じ溶媒で作製した分析対象の標準液を使用する．多くの場合，一連の分析対象の標準液を使用して，A 対 c の検量線を作成するか，回帰モデルによる直線の式を求める（外部標準および回帰分析の方法については，§4・5・1参照）．また，マトリックス効果を相殺するために，分析対象を含む溶液の全体的な組成を正確に再現することもある．あるいは，分析対象の吸光係数を求めるために標準添加法を使用することもある（付録10参照）．

例題 16・1

7.25×10^{-5} M 過マンガン酸カリウム溶液を，厚さ 2.10 cm のセルと波長 525 nm の光を用いて測定したとき，光の透過率は 44.1% であった．(a) この溶液の吸光度と，(b) $KMnO_4$ のモル吸光係数を求めよ．

解 答
(a) $A = -\log T = -\log 0.441 = -(-0.356) = 0.356$
(b) (16・8)式より
$$\varepsilon = A/bc = 0.356/(2.10 \text{ cm} \times 7.25 \times 10^{-5} \text{ mol L}^{-1})$$
$$= 2.34 \times 10^3 \text{ L mol}^{-1} \text{ cm}^{-1}$$

---

f. **混合物へのランベルト-ベールの法則の適用**　ランベルト-ベールの法則は，2種類以上の光吸収物質を含む溶液にも適用される．各分析対象間での相互作用がない場合，単一波長における多成分系の全吸光度 A_total は，個々の吸光度の和になる．すなわち，以下のように表せる．

$$A_\text{total} = A_1 + A_2 + \cdots + A_n = \varepsilon_1 b c_1 + \varepsilon_2 b c_2 + \cdots + \varepsilon_n b c_n \tag{16・9}$$

ここで，下付きの添え字は光吸収成分 1, 2, …, n を表す．

16・3・2　ランベルト-ベールの法則の限界

濃度が一定の場合，吸光度と光路長との間にはほとんど例外なく比例関係が成り立つ．しかし，光路長 b が一定の場合では，吸光度と濃度との間に比例関係が成り立たなくなることがしばしばある．このような逸脱の一部は本質的なものであり（**真の逸脱**，real deviation とよばれる），ランベルト-ベールの法則の真の限界を表している．それ以外の逸脱は，吸光度の測定方法によるもの（**機器由来の逸脱**，instrumental deviation）や，濃度変化に伴う化学的変化の結果生じるもの（**化学的逸脱**，chemical deviation）である．

a. **ランベルト-ベールの法則の真の限界**　ランベルト-ベールの法則は希薄溶液の光吸収現象のみを記述しており，その観点からは**極限法則**（limiting law）であるといえる[1]．約 0.01 M を超える濃度では，光吸収化学種のイオン間または分子間の平均距離が減少し，各化学種が電荷分布に影響を及ぼし，化学種近傍の光吸収に影響を与える．相互作用の程度は濃度に依存するので，吸光度と濃度との間に比例関係が成り立たなくなる．光吸収化学種の濃度が低くても，電解質などの他の化学種が高濃度の場合は同様の効果がしばしば生じる．すなわちイオン同士が互いに接近している場合，静電相互作用のため化学種のモル吸光係数が変わり，ランベルト-ベールの法則からの逸脱につながる．

b. **化学的逸脱**　例題16・2に示すように，分析対象である光吸収化学種が会合，解離，または溶媒との反応により，分析対象とは異なる光吸収を示す生成物となる場合にも，ランベルト-ベールの法則からの逸脱がみられる．このような逸脱の程度は，光吸収化学種のモル吸光係数およびこれらの化学反応の平衡定数から予測可能である．しかしながら，あいにく，平衡反応の分析対象への影響はふつう気づかれず，測定に補正を施さないままであることが多い．逸脱の要因となる一般的な平衡反応として，単量体-二量体間の平衡，二つ以上の錯体が存在する金属錯形成平衡，酸塩基平衡，溶媒と分析対象との会合平衡があげられる．

例題 16・2

$K_a = 1.42 \times 10^{-5}$ の酸性指示薬 HIn を 0.1 M HCl および 0.1 M NaOH を溶媒としてさまざまな濃度になるよう調製した．どちらの溶媒においても，総指示薬濃度に対する波長 430 nm または 570 nm の吸光度のプロットは直線でない．しかし，両溶媒において，化学種 HIn または In$^-$ はそれぞれ，430 nm および 570 nm においてランベルト-ベールの法則に従う．したがって，HIn と In$^-$ の平衡濃度が既知ならば，HIn の解離を相殺できる．しかし通常，個々の濃度は不明であり，総濃度 c_total = [HIn] + [In$^-$] のみがわかっている．ここで，$c_\text{total} = 2.00 \times 10^{-5}$ M の溶液の吸光度を計算してみる．酸解離定数の値から，実際の指示薬は，HCl 溶液中ではほぼすべてが解離していない形態（HIn）であり，NaOH 溶液中では In$^-$ として完全に解離していることが示唆される．二つの波長におけるモル吸光係数は次表の通りである．

---

[1] 科学における極限法則は，希薄溶液などの制限条件のもとで保持されるものである．ランベルト-ベールの法則のほか，デバイ-ヒュッケルの式（第7章参照）や，イオン伝導率に関する独立移動の法則は極限法則である．

(例題 16・2 つづき)

	ε_{430}	ε_{570}
HIn (HCl 溶液)	6.30×10^2	7.12×10^3
In⁻ (NaOH 溶液)	2.06×10^4	9.60×10^2

濃度が，$2.00\times10^{-5}\sim16.00\times10^{-5}$ M の範囲にある指示薬溶液（非緩衝液）の吸光度（厚さ 1.00 cm セル）を求めよ．

解 答
まず，2×10^{-5} M 非緩衝液中の HIn および In⁻ の濃度を求める．解離反応の式（HIn ⇌ H⁺+In⁻）から，[H⁺]=[In⁻] であることがわかっている．さらに，指示薬の物質収支の式より，[In⁻]+[HIn]=2.00×10^{-5} M である．これらの関係を K_a 式に代入すると，K_a=[H⁺][In⁻]/[HIn] より，

$$\frac{[\text{In}^-]^2}{2.00\times10^{-5}-[\text{In}^-]} = 1.42\times10^{-5}$$

となる．この方程式から，[In⁻]=1.12×10^{-5} M，[HIn]=0.88×10^{-5} M と求まる．ε，b，c の値を (16・8) 式（ランベルト-ベールの法則）に代入し，二つの波長における吸光度を求める．その結果，A_{430}=0.236 および A_{570}=0.073 と求められる．c_{total} の値が変わっても同様に A を計算できる．図 16・10 に，同様の方法で得られたデータから構築した二つの波長のプロットを示す．
発展問題：HIn の分析モル濃度が 8.00×10^{-5} M であるとき，この溶液の吸光度は A_{430}=0.596 および A_{570}=0.401 となることを計算で示せ．

図 16・10 のプロットは，光吸収化学種が解離または会合する際に，ランベルト-ベールの法則からどのように逸脱するかを示している．二つの波長でグラフの曲線の湾曲の方向は反対であることに注意しよう．

1⟩ **c. 機器由来の逸脱 ── 多色光** ランベルト-ベールの法則は，厳密には単色の光源で測定する場合にのみ適用される．しかし実際には，連続的な波長分布をもつ多色光源を回折格子または光学フィルターとともに使用し，測定波長を中心とするほぼ対称な帯域の波長を分離して用いている（§16・4・3 参照）．

分光度計で測定のために選択される波長は，分析対象のモル吸光係数が本質的に一定となるような吸収スペクトルの領域に含まれるとよい．このとき，ランベルト-ベールの法則からの逸脱は最小限になる．紫外・可視領域の多くの分子の光吸収バンドがこの条件に相当し，この場合は，図 16・11 の吸収バンド A に示すように，ランベルト-ベールの法則に従う．一方，紫外・可視領域の一部と赤外領域の多くの吸収バンドは非常に狭く，図 16・11 の吸収バンド B に示すように，ランベルト-ベールの法則から逸脱

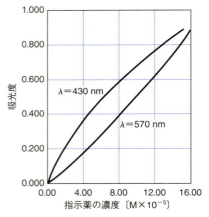

図 16・10 指示薬 HIn の非緩衝溶液におけるランベルト-ベールの法則からの化学的逸脱．例題 16・2 に示すように，さまざまな指示薬濃度で吸光度を計算した．波長 430 nm には正の逸脱が，波長 570 nm には負の逸脱があることに注意．430 nm において，吸収はおもに指示薬のイオン形である In⁻ によるもので，実際にイオン化画分に比例する．イオン化画分は，総濃度に対して非直線的に変化する．イオン化画分は，総濃度（[HIn]+[In⁻]）が低い状態よりも高い状態で多くなる．したがって，正の逸脱が生じる．570 nm では，吸収は，おもに解離していない酸 HIn によるものである．この形態の画分は，少量から始まり，総濃度に対して非直線的に増加し，図中のような負の逸脱を生じる．

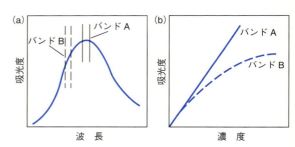

図 16・11 多色光がランベルト-ベールの法則に及ぼす影響．(a) の吸収スペクトルにおいて，分析対象の吸光係数は，光源のバンド A の波長領域ではほぼ一定である．バンド A を使用した吸光度は濃度に対して比例関係が得られる (b)．スペクトル (a) において，分析対象の吸光係数が変化する波長領域にバンド B が一致するとき，ランベルト-ベールの法則からは大きく逸脱することに注意．

してしまうことも多い．このような逸脱を避けるには，分析対象の吸光係数が波長によってほとんど変化しない吸収極大付近の波長を選択するとよい．原子吸光スペクトルの線幅は非常に狭いので，ランベルト-ベールの法則を逸脱しないためには特別な光源が必要となる（§16・4・2 参照）．

1⟩ 用語 **多色光**（polychromatic light）とは文字通り複数の色をもち，たとえばタングステンランプからの光のような，さまざまな波長からなる光である．本質的に単色光は §16・4・3 で取扱うように，多色光をフィルターに通して特定波長を選んだり，回折または屈折させることによってつくられる．

d. 機器由来の逸脱 —— 迷光 一般に迷光 (stray light) とは，測定のために選択した波長帯域の範囲外の，測定器由来の電磁波と定義される．迷光は，回折格子，レンズやミラー，フィルター，光学窓などの表面からの散乱および反射の結果として発生する．迷光の存在下で測定を行う場合，観測される吸光度 A' は，

$$A' = \log\left(\frac{P_0 + P_s}{P + P_s}\right)$$

で与えられる．P_s は迷光の強度である．図 16・12 は，P_0 に対する種々の大きさの P_s についての，濃度に対する見かけの吸光度 A' のプロットを示す．迷光により，見かけの吸光度は真の吸光度よりも常に低くなる．迷光に起因する逸脱は，吸光度の値が大きくなるほど顕著になる．現在の機器でも，迷光の割合は 0.5% ほどまで高くなる可能性があるため，特別な予防措置をとるか，迷光の割合が極端に低い特別な器具を使用しない限り，吸光度が 2.0 を超える測定はめったに行わない．安価なフィルターを用いる場合，迷光の影響が大きく，また多色光となるため，吸光度が 1.0 以下であってもランベルト-ベールの法則からの逸脱が生じる．

用いて検量線の傾きと切片の両方を計算することによって，回避できる．ほとんどの場合，ブランク溶液が干渉を完全に相殺しない場合でも切片が生じる可能性があるため，回帰分析が最良の方法である．シングルビーム方式 (§16・5・1 参照) の計測器でセルの不一致の問題を回避するもう一つの方法は，ブランク測定と試料測定の両方に同一のセルを用いて同じ位置で測定を行うことである．ブランクを測定した後，セルを吸引によって空にして，洗浄し，試料溶液を入れる．

16・3・3 吸収スペクトル

図 16・13 に示すように，**吸収スペクトル** (absorption [1] spectrum) とは波長に対する吸光度のプロットである．吸光度は，波数または振動数に対してプロットしてもよい．現在の走査型分光光度計では，このような吸収スペクトルが直接得られる．古い機器では透過率を表示するものもあり，その場合は波長に対して T または $\%T$ をプロットしたスペクトルが得られる．$\log A$ を縦軸にしたプロットが使用されることもある．対数軸はスペクトルの詳細が見にくくなるが，濃度が大きく異なる溶液を比較するのに都合がよい．波長に対するモル吸光係数 ε のプロットは，濃度とは無関係である．モル吸光係数のスペクトルは，各分子に特徴的であるので，特定の分子種が同一であるかを特定または確認するために使用されることもある．溶液の色は，その吸収スペクトルと相関している (コラム 16・1 参照)．

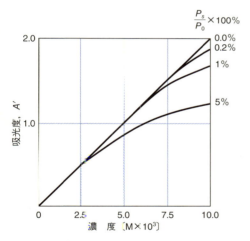

図 16・12 迷光によるランベルト-ベールの法則からの逸脱．迷光の割合が高い場合，濃度が高くなると吸光度の曲線が低く逸脱し始める．吸光度が高い場合，試料を透過する放射束が迷光と同等か低くなる可能性があるため，得られる極大吸光度は迷光により常に低く抑えられることになる．

e. セルの不一致 ランベルト-ベールの法則から逸脱を生じるもう一つの些細だが重要な原因が，セルの不一致である．試料溶液とブランク溶液の入ったセルの光路長が異なり，光学的特性も同等でない場合，検量線に切片が生じ，(16・8) 式の代わりに $A = \varepsilon bc + k$ となる．このような誤差は，注意深く一致したセルを用いるか，回帰分析を

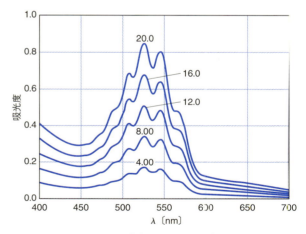

図 16・13 五つの異なる濃度の過マンガン酸カリウムの吸収スペクトル．曲線上の数字はマンガンの ppm 濃度を示し，光吸収化学種は過マンガン酸イオン MnO_4^-，光路長 (セルの厚さ) b は 1.00 cm である．ピーク波長 525 nm において，過マンガン酸塩の濃度に対する吸光度のプロットは直線であり，ランベルト-ベールの法則に従う．

---

1) ラテン語由来の語で，波長に対する吸光度のプロット一つ (スペクトルの単数形) は spectr**um**，二つ以上のプロットは spectr**a** で表す．

コラム 16・1　赤色の水溶液はなぜ赤いのか？

錯体 [Fe(SCN)]$^{2+}$ の水溶液は，錯体が赤色の光を発するから赤く見えるのではない．錯体が入射する白色光から緑色成分を吸収し，赤色成分を透過しているからである（図 16C・1）．したがって，このチオシアン酸錯体を利用した鉄の比色定量では，濃度による吸光度の最大変化は緑色光で起こり，赤色光での吸光度変化は無視できる程度である．一般に，比色分析に使用される光は，分析対象を含む溶液の色の補色とすべきで，その関係性を，可視光スペクトルの各領域について表に示す．

可視光スペクトル

吸収する波長領域 [nm]	吸収光の色	透過する補色
400～435	青紫	黄緑
435～480	青	黄
480～490	青緑	橙
490～500	緑青	赤
500～560	緑	赤紫
560～580	黄緑	青紫
580～595	黄	青
595～650	橙	青緑
650～750	赤	緑青

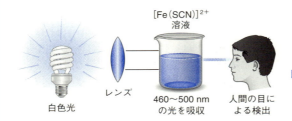

図 16C・1　溶液の色．光源や太陽からの白色光が [Fe(SCN)]$^{2+}$ 水溶液に当たる．[Fe(SCN)]$^{2+}$ の吸収スペクトルはかなり幅広いが，460～500 nm の範囲で極大吸光度を示す．結果，相補的な赤色が透過する．

a. 原子吸光

多色の紫外線または可視光が気体原子を含む媒体を通過するとき，特定の振動数のみが吸収により減衰する．非常に高分解能の分光光度計で測定する場合，そのスペクトルは多数の非常に狭い吸収線からなる．

図 16・14 に，主要な原子吸光遷移についてナトリウムのエネルギー準位の一部を示した．エネルギー準位間の青矢印で示される遷移は，ナトリウムの単一の外殻電子が室温または基底状態の 3s 軌道から 3p，4p，5p 軌道に励起されたときに起こる．これらの励起は，励起状態と 3s 基底状態との間のエネルギー差に一致するエネルギーをもつ光子の吸収によってもたらされる．二つの異なる軌道間の遷移1）を **電子遷移** (electronic transition) とよぶ．原子吸光分析では，通常，機器設定が容易でないためスペクトルは記録しない．代わりに，非常に狭い波長のほぼ単色の光源を使用して，単一波長による原子吸光を測定する（§17・4・2 参照）．

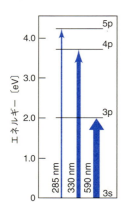

図 16・14　ナトリウムのエネルギー準位図の一部．590 nm，330 nm，285 nm の光吸収による遷移を示している．

b. 分子吸光

分子は，紫外線，可視光，赤外線によって励起されると，3 種類の量子化された遷移状態となる．一つは **電子遷移** である．紫外線および可視光では，低エネルギーの分子軌道に存在する電子がより高エネルギーの軌道に遷移し，励起が起こる．前述したように，光子のエネルギー $h\nu$ は，二つの軌道間のエネルギー差と同一でなければならない．

分子では，電子遷移に加えて，光により誘起されるもう 2 種類の遷移（**振動遷移** vibrational transition，および **回転遷移** rotational transition）が起こる．分子内には化学結合に基づく多数の量子化されたエネルギー準位，すなわち振動状態が存在するため，振動遷移が起こる．

図 16・15 は，多原子分子が赤外線，可視光，紫外線を吸収する際に起こる遷移の一部を示すエネルギー準位図である．基底状態 E_0 のエネルギーに対して，電子が励起された状態として，エネルギー状態 E_1 および E_2 の二つを示している．さらに，各電子のエネルギー状態に重畳する多数の振動状態を相対エネルギーとして細い横線で示した．

分子内の化学結合を，両端に原子が結合したばねとしてイメージすると，振動状態の性質が理解しやすい．図 16・16(a) に，2 種類の伸縮振動を示した．それぞれの振動で，原子は最初に接近し，次に互いに離れる．このような系のポテンシャルエネルギーは，いかなる瞬間においても，ばねが伸張または圧縮する長さに依存する．実世界の

1）**用語** **電子遷移** とは，電子が一つの軌道から別の軌道に移動することである．遷移は，原子では原子軌道間，分子では分子軌道間で起こる．

16・3 電磁波の吸収

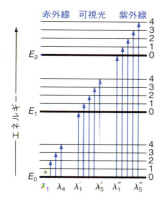

図16・15 分子種において赤外線, 可視光, 紫外線の吸収中に起こるエネルギー変化の一部を示したエネルギー準位図. 図示していないが, E_0 から E_1 への遷移に可視光ではなく紫外線が必要となる分子もあれば, E_0 から E_2 への遷移が紫外線の代わりに可視光で起こりうる分子もある. ここには一部の振動準位 (0〜4) のみ示しており, 各振動準位に重畳する回転準位は, それらがあまりにも近接しているので示していない.

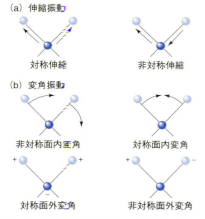

図16・16 分子振動の種類. +は紙面から上への方向, −は紙面から下への方向を示している.

巨視的なばねの場合, 系のポテンシャルエネルギーは連続的に変化し, ばねが完全に伸張または完全に圧縮するときに最大に達する. 対照的に, 原子サイズのばね (化学結合) のエネルギーは, 振動エネルギー準位とよばれる特定の不連続なエネルギーのみをもつ.

図16・16 (b) に, その他の分子振動を4種類示した. 通常, これらの変角振動のエネルギーは互いに異なり, 伸縮振動のエネルギーとも異なる. 分子の各電子状態に重畳する振動エネルギー準位のいくつかを, 図16・15に1, 2, 3, 4の細線で表した (最低振動レベルは0). 振動状態間のエネルギー差は, 電子状態間のエネルギー差よりも著しく小さい (通常は1桁小さい). また, 図示していないが, 分子の重心周りの回転運動に関連する量子化された多くの回転状態があり, エネルギー図に示された各振動状態ごとに重畳して存在するが, 回転状態間のエネルギー差は, 振動状態間のエネルギー差よりも1桁小さい. 分子の全エネルギー E は以下のように表せる.

$$E = E_{電子} + E_{振動} + E_{回転} \quad (16・10)$$

ここで, $E_{電子}$ は, 分子の電子軌道に存在するさまざまな量子化されたエネルギーである. $E_{振動}$ は, 原子間振動に起因する分子全体のエネルギーである. $E_{回転}$ は分子の重心周りの回転に関連するエネルギーである.

i) **赤外線吸収**: 赤外線は, 一般に, 電子遷移をひき起こすのに十分なエネルギーをもたないが, 分子の電子状態に重畳した振動状態および回転状態の遷移を起こす. 図16・15の左側に, 四つの振動遷移が示されている (λ_1〜λ_4). 光吸収が起こるためには, 四つの矢印の長さによって示されるエネルギーに正確に対応する振動数の光が光源から放射されなければならない.

ii) **紫外線と可視光の吸収**: 図16・15の真ん中の矢印は, この分子が五つの波長 (λ_1'〜λ_5') の可視光を吸収し, それによって電子が励起電子準位 E_1 の五つの振動準位に遷移することを示唆している. 右側の五つの矢印によって示される光吸収が起こるためには, より高いエネルギーの紫外線が必要である.

図16・15は, 紫外・可視領域における分子吸光により, 密集した線からなる**吸収バンド** (absorption band) が生成することを示唆している. 実際の分子には, 図に示すよりも多くのエネルギー準位が存在する. したがって, 典型的な吸収バンドは多数の線からなる. 溶液中では, 光吸収分子が溶媒分子に取囲まれており, 衝突によってエネルギーの量子状態が分散し, 滑らかで連続的な吸収ピークとなる傾向がある. そのため, 分子吸光のバンドの特性があいまいになってしまうことがよくある.

図16・17は, 気相, 非極性溶媒, 極性溶媒 (水溶液) の三つの異なる条件下で得られた1,2,4,5-テトラジンの可視スペクトルを示す. 気相 (図16・17a) では, 個々のテトラジン分子が互いに十分に離れているため振動と回転に束縛がなく, さまざまな振動状態間および回転状態間の遷移が生じ, 多くの個別の吸収ピークがスペクトルに現れている. しかし, 液相の非極性溶媒 (図16・17b) では, テトラジン分子は自由に回転できないため, スペクトル中に微細構造が見られなくなる. さらに, 水などの極性溶媒 (図16・17c) では, テトラジンと水分子の頻繁な衝突や相互作用によって, 振動エネルギー準位が不規則に変化する. したがって, 電子遷移のピークが混合してスペクトルは単一の幅広いピークとなる. これらのスペクトルに示される傾向は, 同様の条件下で測定された他の分子の紫外・可視スペクトルでも同様に観測される.

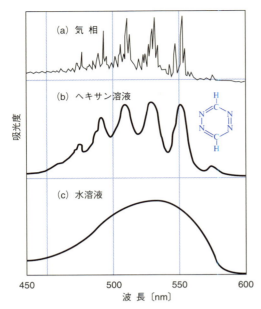

図16・17　1,2,4,5-テトラジンの可視吸収スペクトル．気相 (a) のスペクトルでは，電子遷移，振動遷移，回転遷移に起因する多数の線が見られる．非極性溶媒 (b) では，電子遷移を観察することができるが，振動遷移および回転遷移のピークは失われている．極性溶媒 (c) では，強い分子間力により，電子遷移のピークが混合して単一の平滑な吸収ピークのみが得られている [S.F. Mason, *J. Chem. Soc.*, 1263 (1959), DOI: 10.1039/JR9590001263. © 1959 The Royal Society of Chemistry]

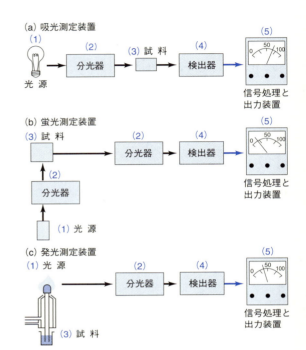

図16・18　分光分析法で使用されるさまざまな装置の構成要素．(a) は吸光測定装置を示す．選択された波長の光が試料を透過し，透過した光は"検出器/信号処理/出力"という構成単位によって測定される．一部の装置では，試料と分光器の位置が逆になる．(b) は蛍光測定装置を示す．蛍光測定には，励起波長および発光波長を選別できる二つの分光器が必要である．選択された波長の光が試料に入射し，試料から放出される光を測定する．散乱を最小限にするため，光源からの光と直角に測定する．(c) は発光分光法の装置を示す．この装置では，火炎のような熱エネルギー源により分析試料の蒸気が生成され，光が放出される．この光は分光器によって分離され，検出器で電気信号に変換される．

16・4　分光装置を構成する要素

1) 紫外・可視領域および赤外領域のほとんどの分光装置は，次の五つの要素から構成されている．
(1) 安定した光源
(2) 特定の波長の光を選択する分光器
(3) 一つまたは複数の試料容器
(4) 放射エネルギーを電気信号に変換する検出器
(5) 電子機器とコンピューターからなる信号処理および出力装置

図16・18に，分光法の種類ごとにこれらの要素の組合わせを3通り示す．

吸光測定および蛍光測定を対象とした (a) と (b) の構成は，外部光源を必要とする．吸光測定（図16・18a）では，光源から放出された特定波長の光の減衰が測定される．蛍光測定（図16・18b）では，光源により試料が励起され，特徴的な光が放出される．この光は通常，入射光線に対して垂直方向で測定される．発光分光法（図16・18c）では，試料自体が光源であり，外部光源は必要としない．発光分光法では，試料から特徴的な電磁波を放出させるために，十分な熱エネルギーを与える．そのため通常は，プラズマまたは炎中に試料が置かれる．蛍光分光法および発光分光法については，第17章でより詳細に述べる．

16・4・1　光学材料

分光装置のセル，光学窓，レンズ，ミラー，分光器は，測定を行う波長領域の電磁波を透過しなければならない．図16・19は，紫外・可視領域および赤外領域で使用されるいくつかの光学材料が，実際に機能する波長範囲を示し

---

1) 用語　スペクトルの紫外・可視領域および赤外領域を光学域とよぶことが多い．人間の目は可視光にのみ反応するが，紫外領域や赤外領域も光学領域に含まれる．これは，紫外領域や赤外領域で使用されるレンズ，ミラー，プリズム，回折格子は可視光のそれと類似しており，同じような原理で機能するためである．したがって，紫外・可視領域および赤外領域における分光法は，しばしば**光学分光法**とよばれる．

ている．ケイ酸塩ガラスは可視領域での光をよく透過し，安価という利点がある．紫外領域では，ケイ酸塩ガラスは約 380 nm より短い波長の光を吸収するため，代わりに石英ガラスまたは石英を使用する必要がある．また，赤外領域では，ガラス，石英，石英ガラスはすべて，約 2.5 μm より長い波長を吸収する．したがって，赤外分光測定のための光学機器の部品も，一般的にはハロゲン化物塩，または高分子材料でつくられる．

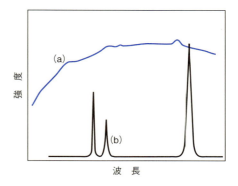

図 16・20 二つの異なる光源によるスペクトル．連続光源 (a) のスペクトルは，線光源 (b) のスペクトルよりもはるかに幅広い．

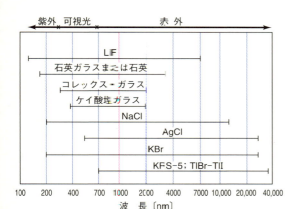

図 16・19 さまざまな光学材料の透過範囲．ケイ酸塩ガラスは可視領域で使用可能だが，紫外領域（＜380 nm）では石英ガラスや石英が必要になる．ハロゲン化物塩（KBr，NaCl，AgCl）は，赤外領域において使用されることが多いが，高価であり，やや潮解性であるという欠点がある．

表 16・4 分光法に用いられる連続光源

光 源	波長範囲 [nm]	分光法の種類
キセノンアークランプ	250〜600	分子蛍光
水素ランプおよび重水素ランプ	160〜380	紫外分子吸光
ハロゲンランプ	240〜2500	紫外・可視・近赤外分子吸光
タングステンランプ	350〜2500	可視・近赤外分子吸光
ネルンスト白熱球	400〜20,000	赤外分子吸光
ニクロム線	750〜20,000	赤外分子吸光
グローバー	1200〜40,000	赤外分子吸光

16・4・2 光　源

分光測定用の光源は，容易な検出と測定を可能にするために，十分な強度をもつ光線が必要とされる．さらに光源の出力は，ある程度の時間にわたって安定していなければならない．通常，良好な安定性を得るには光源を適切に調整する必要がある．光源には，波長に対して連続的に強度が変化する電磁波を放出する**連続光源**（continuum source）と，非常に狭い波長範囲にある限られた数のスペクトル線を放出する**線光源**（line source）の2種類がある．これらの光源の違いを図 16・20 に示す．また光源は，時間とともに連続的に放出することを意味する**連続光源**（continuous source）と，ごく短い時間，光を放出する**パルス光源**（pulsed source）にも分類することができる．

a. 紫外・可視領域の連続光源　最も広く使用されている連続光源を表 16・4 に示す．通常のタングステンランプは，350〜2500 nm の広範囲な波長の電磁波を放出する（図 16・21）．一般に，タングステンランプは約 2900 K の温度で作動し，このとき約 350〜2500 nm の電磁波が放出される．

ハロゲンランプ（タングステン/ハロゲンランプともよばれる）では，タングステンフィラメントを封じた石英管内

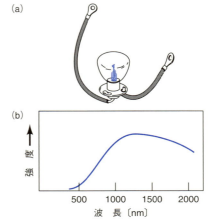

図 16・21 分光法で使用されるタイプのタングステンランプ (a) とそのスペクトル (b)．タングステン光源の強度は，約 350 nm より短い波長では通常かなり低く，近赤外領域（この場合，≈1200 nm）において最大に達する．

---

1) 用語 連続光源は，特定のスペクトル範囲で幅広い波長分布を与える．この分布は**連続スペクトル**（spectral continuum）として知られている．線光源は限られた数の線幅が狭いスペクトル線を放出する．

に少量のヨウ素が含まれている．石英は高い強度をもつことから，約 3500 K でフィラメントを使用することができ，波長範囲が紫外領域まで広がる．ハロゲンランプは，フィラメントからのタングステンの昇華を伴う．ヨウ素の存在下では，昇華したタングステンはヨウ素と反応して気体状の WI_2 分子が生成する．ついで，WI_2 分子は拡散し，加熱されたフィラメントに戻りそこで分解され，ヨウ素は放出され，W 原子はフィラメント上に再堆積する．そのため，ハロゲンランプの寿命は，通常のタングステンランプの 2 倍以上である．ハロゲンランプは，広い波長範囲，高強度，長寿命という特徴をもつため，分光装置において幅広く使用されている．

重水素（および水素）ランプは，紫外領域における連続光源として最も広く使用されている．重水素ランプは，図 16・22 に示すように，低圧の重水素を含んだ円筒管と光の出口である石英窓からなる．

現在では，紫外線を発生させるほとんどのランプは重水素を含み，加熱された酸化物被覆フィラメントと金属電極との間にアーク放電を起こす低電圧タイプである（図 16・22 a）．加熱されたフィラメントは，約 40 V の定電圧で直流電流を維持しつつ電子を供給する．図 16・22(b) に示すように，重水素ランプと水素ランプを両方一緒に用いることにより，160〜375 nm の領域で使用可能な連続スペクトルが得られる．

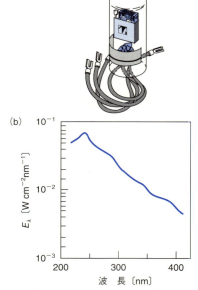

図 16・22 分光光度計で使用されるタイプの重水素ランプ (a) とそのスペクトル (b)．最大強度は分光放射強度 E_λ 比例し，約 225 nm で得られる．通常の分光計は重水素ランプからタングステンランプへ約 350 nm で切替わる．

b. その他の紫外・可視領域の光源 前述した連続光源に加えて，線光源も紫外・可視領域における光源として重要である．低圧水銀ランプは，液体クロマトグラフィーの検出器で使用される光源の一つである．この光源から放出されるおもな電磁波は，253.7 nm の Hg 線である．ホロカソードランプ（中空陰極ランプ）は，§17・4・2 で述べるように，原子吸光分析法でおもに使用されている一般的な線光源である．レーザーもまた，単一波長を得たりと光走査の目的において分光学的応用に使用される．

c. 赤外領域の連続光源 赤外線の連続光源は，通常，加熱された不活性固体である．**グローバー**（Globar）光源は炭化ケイ素棒からなる．通電によって，炭化ケイ素棒が約 1500 ℃ に加熱されると赤外線が放出される．表 16・4 に，これらの光源の波長範囲を示した．

ネルンスト白熱球（Nernst glower）は，ジルコニウム酸化物およびイットリウム酸化物の棒からなり，通電によって高温に加熱されると赤外線が放出される．渦巻き状に巻いたニクロム線に通電して加熱すると，安価な赤外線源として利用できる．

16・4・3 分光器

紫外・可視領域の分光装置には，通常，試料が吸収または放出する光を狭い波長帯域に限定するため，一つまたは複数の分光器が備わっている．このような分光器は，光学機器の選択性と感度を大きく向上させる．また，§16・3・2 で述べたように，吸光測定において，狭帯域の光を測定に用いることは，多色光によるランベルト−ベールの法則からの逸脱の可能性を大幅に減少させる．多くの機器は，**モノクロメーター**（monochromator）を使用して望みの波長帯域を分離し，目的の帯域のみを検出，測定する．また，**スペクトログラム**（spectrogram）を使用すれば，広範な波長帯域を分散させることにより，マルチチャンネル検出器による検出が可能となる．また，固定した狭い帯域の光を放出したり，所定の波長の光を透過させるためには，**光学フィルター**（optical filter）が用いられる．

a. モノクロメーターとポリクロメーター モノクロメーターは一般に，図 16・23(a) に示すように，光をその構成波長に分散させる回折格子からなる．図 16・23(b) に示すように，旧式の機器では波長を分散させるためにプリズムを使用していた．一方，回折格子では，その格子を回転させることによって，異なる波長の光を出射スリット

---

1) **用語** スペクトログラムとは，格子を用いてスペクトルを分散させる機器である．この分光器は，入射スリットにより観察を行う範囲を定義している．その出口には大きな開口部があり，広範な波長範囲が多波長検出器に当たるようになっている．モノクロメーターは，入射スリットと出射スリットを併せもつ装置である．出射スリットは，小さな波長帯域を分離するために使用される．一度に一つの帯域が分離され，格子を回転させることにより連続的にさまざまな波長帯域を透過させることができる．ポリクロメーターは複数の出射スリットをもち，複数の波長帯域を同時に分離することができる．

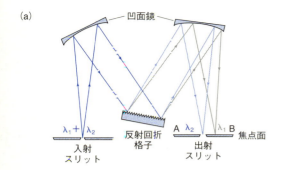

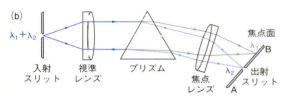

図16・23 モノクロメーターの種類．(a) 回折格子モノクロメーター，(b) プリズムモノクロメーター．(a) におけるモノクロメーターの構成は，Czerny-Turner 型であり，(b) のプリズムモノクロメーターは Bunsen 型である．どちらの場合も，$\lambda_1 \geq \lambda_2$ である．

から放出させることが可能となる．このように，モノクロメーターは，広範囲にわたる波長を可変的に連続して出力することが可能である．モノクロメーターを通過する波長帯域は，**スペクトルバンドパス**（spectral bandpass）または**実効帯域幅**（effective bandwidth）とよばれ，高価な機器では 1 nm 未満にもなるが，安価な機器では 20 nm あるいはそれ以上の値を示す．モノクロメーター搭載の機器は波長を変えることが容易であるため，スペクトルの走査や固定波長を必要とする用途に広く使用されている．スペクトログラムをもつ機器では，図 16・18(a) に示す試料と分光器の配置が逆になっている．モノクロメーターと同様，スペクトログラムには光を分散させる回折格子が含まれている．しかし，スペクトログラムには出射スリットがないため，分散したスペクトルがマルチチャンネル検出器に照射される．発光分光法に使用されるその他の機器では，複数の出射スリットと複数の検出器を含む**ポリクロメーター**（polychromator）とよばれる装置が使われている．これは，多くの分散波長を同時に測定することが可能である．

b. 光学フィルター 　光学フィルターは，特定波長以外の帯域をカットしたり吸収したりして働く．分光法で使用するフィルターに，**干渉フィルター**（interference filter）と**吸収フィルター**（absorption filter）の 2 種類に分けられる．干渉フィルターは，通常，吸光測定に使用される．その名前が示すように，干渉フィルターは，光学干渉を利用して，通常 5～20 nm の比較的狭い帯域の光を放出させる．吸収フィルターに，入射光のうち所定の波長の光を透過し，それ以外の波長の光は透過しない光学素子をいう．

フィルターは，単純で，耐久性に優れ，低コストという利点がある．しかし，一つのフィルターは単一の波長帯域しか分離できないので，異なる波長を得たい場合は別の新しいフィルターを使用しなければならない．したがって，フィルターは，固定波長で測定を行う実験，または波長がほとんど変化しない実験において使用される．

赤外領域のスペクトルを測定するとき，古い機器では光を分散させる分散型が一般的であったが，現在使われているほとんどの機器は非分散型である．**干渉計**（interferometer）が備わった機器では，光の干渉を利用し，フーリエ変換とよばれる技術を使ってスペクトル情報を得ている．フーリエ変換赤外分光計については，コラム 16・2 で詳細に説明する．

16・4・4 放射束の検出と測定

分光学的な情報を得るためには，透過する，蛍光を発する，または放出する放射束を何らかの方法で検出し，測定可能な数値に変換しなければならない．**検出器**（detector）とは，圧力，温度，電磁波など測定可能な要因のいずれか一つを認識して，記録またはそれらの変化を表示する装置である．検出器のよく知られた例として，電磁波または光の存在を示す写真フィルム，質量差を示すてんびんの指針，温度を示す温度計の水銀の高さがあげられる．また，人間の目も検出器であるといえる．可視光を電気信号に変換し，電気信号が視神経内の一連のニューロンを介して脳に送られ，視界が得られる．

最新機器では，対象となる情報が読み出され，常に電気信号として処理されている．**変換器**（transducer）は，光強度，pH，質量，温度などの非電気的な数値を**電気信号**（electrical signal）に変換して増幅し，データ処理を行い，最終的にもとの数値に比例する数値へ変換する．本項では，光変換器についてのみ説明する．

a. 光変換器の特性 　理想的な光変換器は，広い波長領域にわたって，微弱な放射束にも迅速に応答するものである．加えて，容易に増幅され，電気ノイズの少ない電気信号を生成するものがよい．また，変換器によって生成された電気信号は，(16・11) 式に示すように，電磁波の放射束 P と直線関係が成り立つ必要がある．

$$G = KP + K' \qquad (16 \cdot 11)$$

ここで，G は検出器の電気応答であり，電流，電圧，電荷の単位で表される．比例定数 K は検出器の感度を示しており，単位放射束当たりの電気応答として表される．

多くの変換器は，入射光がないときでも，**暗電流**（dark

---

1) 用語 変換器は，さまざまな化学的な量および物理的な量を，電荷，電流，電圧などの電気信号に変換する．
2) 用語 暗電流は，光を当てなくても光変換器に流れる電流である．

current) として知られる一定のわずかな応答 K' を示す. 暗電流応答の強い変換器を用いた機器では, 通常, 暗電流を自動的に差引く電子回路またはコンピュータープログラムを備えている. したがって, 通常の状況下では, (16・11) 式は以下のように簡略化される.

$$G = KP \quad (16 \cdot 12)$$

b. 変換器の種類　表 16・5 に示すように, 変換器には大きく分けて2種類ある. 一方は光子に反応し, 他方は熱に反応するものである. すべての光子検出器は, 光応答性の表面と電磁波との相互作用に基づいており, 電子を発生させたり (**光電子放出** photoemission), 電子を電気伝導できるエネルギー状態に変換したり (**光伝導** photoconduction) する. 紫外線, 可視光, 近赤外線のみが光電子放出を起こすのに十分なエネルギーをもつ. したがって, 光電子検出器の使用は, 約 2 μm (2000 nm) よりも短い波長に限定される. 光伝導検出器は, 近赤外, 中赤外, 遠赤外領域の波長で使用される.

一般に赤外線の検出は, 光線の光路に置いた感熱材料の温度上昇, または赤外線を吸収するときの光伝導材料の導電率の増加を測定する. 赤外線エネルギーの吸収によって生じる温度変化は小さいので, 誤差が大きくならないよう周囲温度を慎重に管理しなければならない. 多くの場合, 赤外線機器の感度と精度は検出システムに依存する.

表 16・5　吸光分光法で用いられる一般的な検出器

種　類	波長範囲 [nm]
光子検出器	
光電管	150〜1000
光電子増倍管	150〜1000
シリコンホトダイオード	350〜1100
光伝導セル	1000〜50,000
熱検出器	
熱電対	600〜20,000
ボロメーター	600〜20,000
ニューマチックセル	600〜40,000
焦電器	1000〜20,000

c. 光子検出器　広く使用されている光子検出器には, 光電管, 光電子増倍管, シリコンホトダイオード, ホトダイオードアレイ, 電荷結合デバイスおよび電荷注入デバイスなどの電荷転送デバイスがある.

i) 光電管と光電子増倍管: 光電管または光電子増倍管の原理は, 光電効果に基づいている. 図 16・24 に示すように, 光電管は, 真空の透明なガラスまたは石英の容器内に密封された, 半円筒形の光電陰極とワイヤー状の陽極からなる. 陰極の凹面はアルカリ金属または金属酸化物で覆われており, あるエネルギーをもつ光が照射されると電子を放出する. 電極間に電圧をかけると, 放出された**光電子**◁1 (photoelectron) は + に帯電した陽極に引きつけられる. この電子は, 回路に**光電流** (photocurrent) を生成し, この電流を増幅して測定を行う. 単位時間当たりに光電陰極から放出される光電子の数は, 表面に当たる光の放射束に比例する. 約 90 V 以上の電圧をかけると, これらの光電子すべてが陽極に集められ, 光の放射束に比例する光電流が生じる.

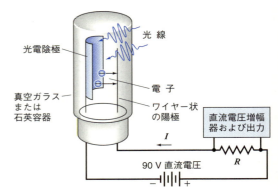

図 16・24　光電管とそれに付随する回路. 電磁波によって誘起された光電流により, 抵抗器の両端に電圧 ($V=IR$) が生じる. この電圧を増幅して測定する.

光電子増倍管 (photomultiplier tube, PMT) は, 光電管と構造が類似しているが, はるかに感度が高い. 光を照射すると, 光電陰極が電子を放出することは光電管と同様である. しかし, 図 16・25 に示すように, 光電子増倍管にはワイヤー状の陽極の代わりに, **ダイノード** (dynode) とよばれる一連の電極が存在する. 陰極から放出された光電子は, 陰極に対して 90〜100 V 高い電圧に維持された一つ目のダイノードに向かって加速される. ダイノード表面に当たった加速光電子はそれぞれ二次電子とよばれる複数の電子を生成し, 次にダイノード1よりも 90〜100 V 高い電圧に保持されているダイノード2へと加速される. ここでも再度, 電子が増幅 (増加) される. この過程が各ダイノードで繰返されると, 入射光子1個に対して 10^5〜10^7 個の電子が生成される. この大量の電子は最終的に陽極に集められ, 電気的にさらに増幅され, 平均化された電流を生成し, それを測定する.

---

1)　用語　**光電子**は, 電磁波によって光電面から放出される電子である. 光電流は, 光電子の放出速度に依存する外部回路を流れる電流である.

16・4 分光装置を構成する要素   289

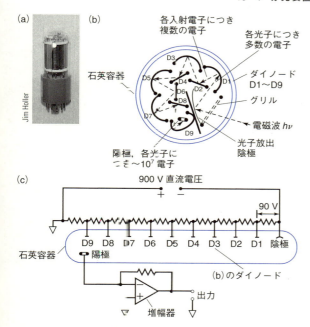

図16・25 光電子増倍管の写真 (a), 断面図 (b), 一連のダイノードおよび光電流増幅を表す電気回路図 (c). (b) 感光性陰極にぶつかる光は, 光電効果によって光電子を生じる. ダイノード D1 は光電陰極に対して正の電圧に保持される. 陰極から放出された電子は, 第1のダイノードに引きつけられ, 電界中で加速される. したがって, ダイノード D1 に衝突した各電子は, 2～4個の二次電子を発生させる. これらはダイノード D1 に比べて正であるダイノード D2 に引きつけられる. このような増幅が繰返され, 陽極では 10^6 倍以上になる. 正確な増幅率は, ダイノードの数および各ダイノード間の電圧差に依存する. この自動内部増幅は, 光電子増倍管の大きな利点の一つである. 最新の機器では, 平均電流として測定する代わりに, 個々の光電流パルスの到達を検出してカウントすることができる. **光子計数** (photon counting) とよばれるこの技術は, 非常に低い光強度測定に有利である.

ii) **光伝導セル**: 光伝導性検出器は, 硫化鉛, テルル化水銀カドミウム (MCT), アンチモン化インジウムなどの半導体材料の薄膜をガラス表面上に接着させ, 真空容器内に密封したものである. これらの物質が光を吸収すると, 価電子帯の電子がより高いエネルギー状態に遷移し, 半導体の電気抵抗が減少する. 一般的に光伝導セルは, 電圧源と負荷抵抗と直列に配置され, 光照射による負荷抵抗の電圧降下は, 光の放射エネルギーの尺度となる. PbS 検出器および InSb 検出器は, 近赤外領域で非常によく使われている. MCT 検出器は, 熱ノイズを最小限に抑えるために液体窒素で冷却して使用すれば, 中赤外から遠赤外領域での測定にも用いることができる. この方法はフーリエ変換赤外分光計で重宝されている.

iii) **シリコンホトダイオードおよびホトダイオードアレイ**: ホトダイオードは, 入射光に反応して電子-正孔対を生成する pn 接合半導体デバイスである. p 型半導体が n 型半導体に対して負となるように pn ダイオードに電圧が加えられることを, **逆バイアス** (reverse bias) をかけるという.

幅が約 0.02 mm の非常に小さなダイオードを単一の小[1]型シリコンチップ上に 1000 個以上整列させる技術が開発され, シリコンホトダイオードの重要性が近年高まっている. ダイオードアレイ検出器の一つまたは二つをモノクロメーターの焦点面の長さ方向に沿って配置すると, 通過するすべての波長を同時に検出することができ, 高速分光が可能になる. 単位時間当たりの光誘起電荷の数が熱生成電荷の数と比較して大きい場合, 逆バイアス条件下での外部回路の電流は, 入射光の放射エネルギーと比例関係になる. シリコンホトダイオード検出器は, 通常ナノ秒で非常に迅速に応答する. ダイオードアレイは **イメージインテンシファイアー** (image intensifier) とよばれる前面に取付けるデバイスとともに市販されており, 電流増倍率を上げ, 微弱な光の検出を可能としている.

iv) **電荷転送デバイス**: 感度, ダイナミックレンジ, 信号対ノイズ比 (SN 比) の観点では, ホトダイオードアレイは光電子増倍管の性能を上回ることはできない. 反対に, **電荷転送デバイス** (charge-transfer device, CTD) 検出器の利点は, マルチチャンネルであることに加えて, 光電子増倍管の性能特性に近づき, そしてときにはそれを上回るという点である. その結果, 電荷転送を利用した **電荷注入デバイス** (charge-injection device, CID) や **電荷結合デバイス** (charge-coupled device, CCD) などの検出器は, 今日の分光器においてますます需要が増えている[3]. 電荷転送デバイスを含む検出器のさらなる利点は, 個々の検出器素子が行と列の形の 2 次元に配置されていることである.

分光法では, §16・5・3 で説明するマルチチャンネル検出器と組合わせて使用されており, それ以外にも, デジタルカメラ, テレビカメラ, 顕微鏡, ハッブル宇宙望遠鏡のような天文分野においても幅広く利用されている.

d. 熱検出器　赤外領域の光子は光電子の放出をひき起こすのに必要なエネルギーをもたないため, 前項で説明した簡便な光子検出器は赤外線測定には使用できない. 歴史的には, 熱電対, ボロメーター, ニューマチックセルなどの熱検出器を使用して, 最短波長領域の赤外線以外のすべての波長を検出してきた. これらの検出器は, 分散型

---

[1] ホトダイオードアレイは, 分光器だけでなく, 光スキャナーやバーコードリーダーにも使用されている.

[3] 電荷転送デバイスについては以下を参照. "Charge-Transfer Devices in Spectroscopy", ed. by J.V. Sweedler, K.L. Ratzlaff, M.B. Denton, VCH, New York (1994). J.V. Sweedler, *Crit. Rev. Anal. Chem.*, **24**, 59 (1993), DOI: 10.1080/10408349308048819. J.V. Sweedler, R.B. Bilhorn, P.M. Epperson, G.R. Sims, M.B. Denton, *Anal. Chem.*, **60**, 282A (1988), DOI: 10.1021/ac00155a002. P.M. Epperson, J.V. Sweedler, R.B. Bilhorn, G.R. Sims, M.B. Denton, *Anal. Chem.*, **60**, 327A (1988), DOI: 10.1021/ac00156a001.

赤外分光計では依然として使用されている．しかしながら，ほとんどの熱検出器の性能は，紫外・可視領域で使用される光子検出器の性能と比べかなり劣っている．ほとんどのフーリエ変換赤外分光計は，焦電型検出器または前述のMCT光伝導検出器を使用している．

熱検出器は表面の小さな黒色部分で赤外線を吸収することにより温度が上昇する．この温度上昇を電気信号に変換し，増幅後，測定する．最もよい条件では，摂氏数千分の一ほどのわずかな温度変化も検出できる．測定の難しさは周囲からの熱放射に起因しており，熱放射は常に誤差の潜在的な要因となる．このバックグラウンドとなる熱放射すなわちノイズの影響を最小限に抑えるために，熱検出器は真空中に収容され，周囲から完全に遮蔽される．外部ノイズの影響をさらに最小限に抑えるために，光線は，光源と検出器の間に挿入された光チョッパーとよばれるすきまのあいた円板を回転させることによって最大強度とゼロ強度が繰返される[4]．周期的光信号は変換器により交流電流に変換され，バックグラウンド光から生じる直流信号からの分離や増幅が可能となる．これらすべての措置を施しても，赤外線測定の精度は，紫外線および可視光の測定に比べてかなり劣る．

表16・5に示したように，赤外分光法には4種類の熱検出器が使用されている[5]．

16・4・5 試料容器

試料容器は通常**セル**（cell）または**キュベット**（cuvette）とよばれ，測定対象のスペクトル領域で透明な光学窓（光が透過する面）をもたなくてはならない．さまざまな光学材料の透過範囲は図16・19に示したとおりである．図からわかるように，石英または石英ガラスは，紫外領域（350 nm 未満の波長）の測定では必須の材料であり，可視領域あるいは赤外領域でも約 3000 nm（3 μm）まで使用できる．ケイ酸塩ガラスは，石英に比べて低コストであるため，375～2000 nm の領域での測定に通常は使用される．可視領域ではプラスチックのセルも使用される．赤外線の測定において最も一般的な窓材料は，結晶性塩化ナトリウムであり，水および他の溶媒に可溶である．

反射損失を最小にするために，セルの光透過面は入射光に対して垂直であることが望ましい．紫外・可視領域の測定に用いる最も一般的なセルの光路長は 1 cm であり，このサイズの校正済みセルは，複数の企業から市販されている．このほかにも光路長が短いものや長いものなどさまざまなセルが購入可能である．代表的な紫外・可視領域用セルを図16・26に示す．

試料量を節約するために円筒型のセルを使用することがある．光線に対する円筒セルの位置を決定する際は特別な注意が必要になる．§16・3・2で述べたように，湾曲面における光路長および反射損失の変動は重大な誤差をひき

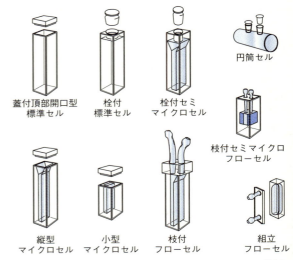

図16・26　紫外・可視領域用の市販の典型的なセルの種類

起こす可能性があるためである．

セルの使用と維持方法は分光測定のデータの質に大きく影響する．セル壁面に付いた指紋，グリースなどの付着物は，セルの透過特性を大きく変える可能性がある．したがって，使用前後でセルを完全に洗浄することは不可欠であり，洗浄が完了した後は窓に触れてはいけない．また，セルをオーブンや直火で加熱すると，物理的損傷をひき起こしたり，光路長を変える可能性がある．組みセルは，光吸収溶液で互いに定期的に校正する必要がある．

16・5　紫外・可視光度計と分光光度計

図16・18で説明した光学素子をさまざまな方法で組合わせ，吸光測定のための2種類の機器が製造されている．機器の説明には多くの共通の用語が使用される．**分光計**（spectrometer）は，モノクロメーターまたはポリクロメーターを変換器と組合わせて使用し，光強度を電気信号に変換する分光機器である．**分光光度計**（spectrophotometer）は，吸光度を測定するために必要な，二つの光の放射束 P の比を測定できる分光計である（16・6式，$A=\log P_0/P \approx \log P_{溶媒}/P_{溶液}$）．**光度計**（photometer）では，波長選択を行うフィルターとそれに対応する変換器をともに使用する．分光光度計は，測定波長を連続的に変えられるため，吸収スペクトルを記録することができるという優位性がある．光度計は，構成が単純で，耐久性もあり，低コストという利点がある．数十種類の分光光度計が市販されており，ほとんどの分光光度計は紫外・可視領域あるいは近赤外領域まで測定できる．一方，光度計はおもに可視領域で

---
4) D.A. Skoog, F.J. Holler, S.R. Crouch, "Principles of Instrumental Analysis, 6th ed.", p. 115-16, Brooks/Cole, Belmont, CA (2007).
5) 文献4) の p. 200-202．

使用され，クロマトグラフィー，電気泳動，イムノアッセイ，連続フロー分析のための検出器として広く使用されている．光度計と分光光度計それぞれについてシングルビームとダブルビームの二つの方式がある．

16・5・1 シングルビーム方式

図 16・27 に，単純で安価な可視分光光度計 Spectronic 20 の略図を示す．この機器は，1950 年代半ばに初めて登場したが，図に示した改良版の製造は今も続いており，広く利用されている．現在，シングルビーム方式の分光光度計モデルとして，世界中で最も使用されている．

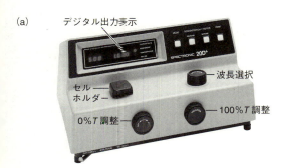

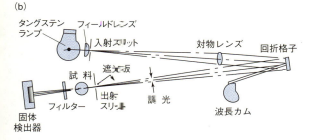

図 16・27 Spectronic 20 分光光度計の写真 (a) と光学図 (b)．タングステンランプ光源からの光がモノクロメーターの入射スリットを通過し，反射回折格子により光が回折し，選択した波長帯域が出射スリットを通過して試料チャンバーに入る．固体検出器は，その光強度を対応する電気信号に変換し，電気信号は増幅され，デジタル出力が表示される．新型の Spectronic 200 は逆光学をもっている［Thermo Fisher Scientific, Inc., Madison, WI より］．

Spectronic 20 は，透過率または吸光度の出力を**液晶ディスプレイ**（liquid crystal display，LCD）上に表示するが，古いアナログ機器では，メーター上に透過率が出力される．Spectronic 20 には遮光板が装備されており，円筒セルがホルダーから取外されると自動的に光線と検出器の間に遮光板が挿入される仕組みになっている．調光装置にはⅤ字形の開口部が備わっており，光線の中と外を移動させることで出射スリットに到達する光の強度を制御する．

透過パーセントを得るためには，まずセルホルダーからセルを取外して，遮光板が光線を遮る状態とし，光が検出器に到達しない状態で出力表示を 0 にする．これを，**0%T 校正**（0%T calibration）または **0%T 調整**（0%T adjustment）という．ついで，ブランク（しばしば溶媒のみ）を入れたセルをセルホルダーに挿入し，調光開口部の位置を調整する．光を検出器に到達させて，ポインターを 100%T に合わせる．この調整は，**100%T 校正**（100%T calibration）[1]または **100%T 調整**（100%T adjustment）とよばれる．最後に，試料をセルホルダーに入れ，透過率または吸光度を液晶ディスプレイに直接出力させる．

Spectronic 20 のスペクトル範囲は 400～900 nm であり，スペクトルバンドパスは 20 nm，波長精度は ±2.5 nm，測光精度は ±4%T である．また，オプションでデータ保存および分析のためのコンピューターを接続できる．より新型の Spectronic 200 は，バンドパス 4 nm 以下で，スペクトルを走査することが可能である．

シングルビーム方式は，単一波長での定量的な吸光測定に適している．これらの機器の利点は，単純な構成，低コスト，メンテナンスの容易さである．いくつかの機器メーカーから，シングルビーム方式の分光光度計と光度計が数十万円ほどの価格で販売されている．さらに，アレイ検出器と組合わせた基本的なシングルビームマルチチャンネル計測器も広く販売されている（§16・5・3 参照）．

16・5・2 ダブルビーム方式

現在使用されている多くの光度計および分光光度計は，ダブルビーム方式を採用している．図 16・28 に，シングルビーム方式(a)と 2 種類のダブルビーム方式(b, c)を比較して示す．図 16・28 (b) は，二つの光線が**ビームスプリッター**（beam-splitter）とよばれるⅤ字形ミラーによって形成されるダブルビーム空間分離型分光光度計を示している．1 本の光線は参照溶液を，もう 1 本の光線は試料を通過してそれぞれ別の対応する光検出器を同時に通過する．二つの出力が増幅され，それらの比またはそれらの比の対数を電気的に得るか，計算を行った後に出力装置に表示する．

図 16・28 (c) に，ダブルビーム時間分離型分光光度計を示す．この方式では，回転する扇形のミラーによって光線が時間的に分離される．すなわち，すべての光線は参照セルを通過する方向へ誘導され，ついで試料セルを通過する方向へ誘導される．その後，参照セルを通過した光線は透過し，試料を通過した光線は別のミラーによって反射し，光線は再統合する．空間分離型では二つの検出器を同期させることが困難であるため，時間分離型の方が一般的

---

1) 0%T 調整および 100%T 調整は，各透過率または吸光度測定の直前に行う必要がある．再現性のある透過率測定値を得るためには，100%T 調整を行い試料の%T を測定する間，光源の放射エネルギーが一定でなければならない．

コラム 16・2　フーリエ変換赤外分光計の原理

フーリエ変換赤外 (FT-IR) 分光計は，**マイケルソン干渉計** (Michelson interferometer) とよばれる装置を使用している．この装置は，電磁波の波長の正確な測定や，きわめて精密な距離測定に利用されている．マイケルソン干渉計の原理は，化学，物理学，天文学，計測学を含む多くの科学分野で利用されており，電磁波のスペクトルに関わる多くの学問領域に応用されている．

マイケルソン干渉計の概略図を図 16C・2 に示す．干渉計は，図の左側に示されている平行光からなる光源，上部の固定ミラー，右側の可動ミラー，ビームスプリッター，および検出器からなる．光源は，FT-IR 分光計の場合は連続光源を，距離測定のような他の用途で使用される場合はナトリウムアークランプやレーザーのような単色光源を用いる．ミラーは，前面に反射コーティングを蒸着し，精密研磨した超平坦ガラスを用いる．可動ミラーは，通常，非常に精密な直線上にある軸受に取付けられており，図に示すように，光線の方向に沿って移動する．

マイケルソン干渉計の操作の鍵は，<u>ビームスプリッター</u>であり，マジックミラーに似た半透鏡である．すなわちビームスプリッターは，照射される光の一部を透過し，残りを反射する．

簡略化のために，アルゴンイオンレーザーの青色光線を光源として使用する場合を考える．光源からの光線 A は入射光線に対して 45°傾けられているビームスプリッターに入射する．ビームスプリッターは裏側にコーティングが施されているため，光線 A はガラスに入射し，コーティングの裏側から部分的に反射する．この光はビームスプリッターから光線 A′ として放出され，光線 A′ は固定ミラーに向かい，再度反射してまたビームスプリッターに向かう．この光線 A′ はビームスプリッターを透過して検出器に向かう．固定ミラーおよびビームスプリッターとの相互作用によって光線の強度はやや低下するものの，入射光線 A の一部 (光線 A′) が検出器まで到達する．

一方，ビームスプリッターを最初に透過する光線 A の一部は，光線 B として可動ミラーに向かう．可動ミラーで反射してビームスプリッターに戻った後，検出器に向けて再度反射する．光線 A′ と光線 B はいずれも同一直線上を通り，同じ場所で検出器に当たる．

この統合した領域において，2 本の光線または波面が干渉して**干渉パターン** (interference pattern) を形成する．基本的な干渉パターンを図 16C・3 に示した．これらは二つの球状の波面の相互作用の 2 次元描写である．光線 A′ および光線 B は，左図に示される二つの点光源として統合する．2 本の光線が干渉すると，それらは，右図に示したような同様のパターンを形成する．波が強め合うように干渉する領域では明るいバンドが現れ，互いに相殺される干渉領域では暗いバンドが形成される．交互に明と暗からなるバンドを**干渉縞** (interference fringe) とよぶ．これらの縞は，検出器に出力画像として現れる．

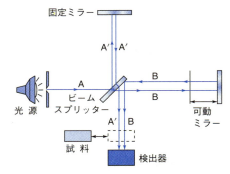

図 16C・2　マイケルソン干渉計の概略図．左側の光源から放出された光線 A は，ビームスプリッターによって 2 本の光線 A′ と B に分割され，検出器で統合して干渉パターンを形成する．可動ミラーを動かして光信号を変調し，得られた参照干渉パターンは，すべての波長における入射光の放射エネルギーの尺度として使用される．ついで，試料を光線上に挿入し，試料のインターフェログラムを得る．二つのインターフェログラムの差から，試料の吸収スペクトルを計算する．

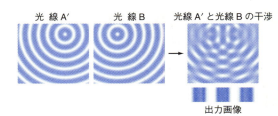

図 16C・3　同じ振動数をもつ二つの単色波面の 2 次元干渉図．左の光線 A′ と光線 B はそれぞれ同心円の波面を形成し，二つの波面は強め合ったり，弱め合ったりして干渉する．右下に示した画像は，2 次元干渉パターンの平面に垂直なマイケルソン干渉計の出力として得られたものである．

可動ミラーを一定の速度で左に動かすと，光線 B がたどる経路が徐々に短くなり，干渉パターンは徐々に検出器の下側へ移動する．干渉パターンの形状は変化しないが，光路差が変化すると強め合う干渉と弱め合う干渉の位置がずれる．たとえば，光源の波長を λ とすると，ミラーを $\lambda/4$ の距離だけ動かした場合，二つの光線間の光路差は $\lambda/2$ だけ変化し，干渉が強め合っていた場所が弱め合う場所へと変化する．ミラーをさらに $\lambda/4$ 動かすと，光路差は同様に $\lambda/2$ だけ変化し，再び強め合う干渉に戻る．ミラーが移動するにつれて，図 16C・4(a) に示すように，二つの波面は空間的にずれ，検出器では明暗の縞が交互に変化する．図 16C・4(b) には検出器で観察される正弦波の強度プロファイルを示した．このプロファイルは**インターフェログラム** (interferogram) とよばれる．ミラーを一定速度で移動させるときの効果は，マイケルソン干渉計の出力における光強度が，図に示すように正確に制御された時間変化として**変調する**ことである．実際の実験では，可動ミラーを正確に一定速度で動かすことは容易ではな

い．そこで第二の平行干渉計を使用して，ミラーの動きを監視する，より正確で優れた方法がある[6]．この例では，ミラーの移動を測定，監視し，一定速度で動かしている．

次にここで記録した信号の取扱いについて説明する．マイケルソン干渉計の特性は，どんな波形でも一連の正弦波形として表すことができ，それに対応して正弦波の任意の組合わせを既知の振動数の一連の正弦波に分解することができるという，フーリエ合成と解析の原理に基づいている．この原理を，図 16C・4(b) に示す正弦波信号に適用すると，図 16C・4(c) に示す振動数スペクトルが得られる．もとの波形 (b) は時間に依存しているのに対して，高速フーリエ変換 (FFT) から得られる出力は振動数に依存した信号であることに注意してほしい．言い換えれば，FFT は，**時間領域** (time domain) で振幅信号をとり，それらを**振動数領域** (frequency domain) ではパワー (フーリエ変換後の縦軸) に変換する．干渉計の出力は単一振動数の正弦波であるため，振動数スペクトルはもとの正弦波の振動数 ν の単一のスパイクを示す．次に，光源に異なる波長の光を重ねた場合を考える．たとえば，第二の波長が第一の波長の 1/4 (振動数 4ν) であると仮定する．さらに，その強度はもとの強度の半分であると仮定する．その結果，図 16C・4(d) に示すように，干渉計の出力に現れる信号は，単一波長の場合と比べてやや複雑なパターンを示す．検出器で観測される信号は，図 16C・4(e) に示すように二つの正弦波の和として示される．次に，この複雑な正弦波信号に FFT を適用すると，図 16C・4(f) の振動数スペクトルが得られる．このスペクトルは，ν および 4ν の二つの振動数のみが出現し，そのパワーの相対的な大きさは，もとの信号を構成する二つの正弦波の振幅に比例している．二つの振動数は，干渉計光源における二つの波長に対応しており，FFT によりこれらの二つの波長の光源強度が明らかになった．

実際の実験でマイケルソン干渉計がどのように使用されているかを説明するために，干渉計の入力に多数の波長を含む連続赤外光源を使用した場合を考えてみる (図 16C・5a)．ミラーがその光路に沿って移動すると，すべての波長が同時に変調され，図 16C・5(b) に示す非常に興味深い干渉パターンを生成する．この干渉パターンには，分光実験で必要となる，すべての波長成分に対応する光源強度に関する情報が含まれている．

§16・6 で述べるが，分散型分光器を使用せずに，マイケルソン干渉計を利用して強度情報を取得することには多くの利点がある[7]．まず，速さである．ミラーは数秒で動かすことができ，検出器に取付けられたコンピューターはミラー走査中の光強度に関するデータを収集できる．わずか数秒でコンピューターは FFT を実行し，すべての強度情報を含む振動数スペクトルを生成することができる．次に，マイケルソン干渉計により短時間で高い信号対ノイズ比が得られる**フェルゲットの利得** (Fellgett's advantage) がある．最後に，試料に 10～200 倍強い光照射ができる**ジャキノの優位性** (Jacquinot's advantage) があげられる．

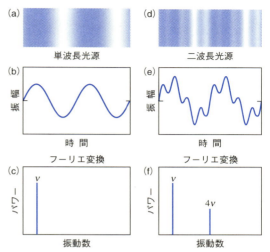

図 16C・4　マイケルソン干渉計の出力におけるインターフェログラムの生成．(a) 単色光源からの干渉パターン．(b) (a) が正弦波として変化する信号．(c) (b) のフーリエ変換から得られる単色光源の振動数スペクトル．(d) 二色光源からの干渉パターン．(e) (d) の生成する信号．(f) 二色光源の振動数スペクトル．

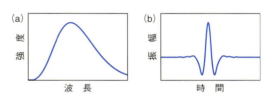

図 16C・5　(a) 連続赤外光源のスペクトル．(b) マイケルソン干渉計から出力される光源 (a) のインターフェログラム．

試料の赤外スペクトルを得るためには，まず，図 16C・2 に示すように，光路に試料がない状態の参照となるインターフェログラムを取得する．次に，図中の破線の四角によって示された光路上に試料を挿入し，可動ミラーを走査してインターフェログラムを取得する．このとき，試料は赤外線を吸収し，干渉計の光線は減衰する．最後に，試料のインターフェログラムと参照インターフェログラムとの差を求める．インターフェログラムの差は試料による赤外線の吸収を示しており，この得られたデータに対して FFT を行うと，試料の赤外吸収スペクトルが得られる．なお，Mathcad, Mathematica, Matlab, Microsoft Excel の Data Analysis Toolpak などの多くのソフトウェアには，フーリエ解析機能が備わっている．これらのツールは，科学および工学分野のさまざまなデータ処理に広く使用されている[8]．

---

6) D.A. Skoog, F.J. Holler, S.R. Crouch, "Principles of Instrumental Analysis, 6th ed.", Chs. 5, 16, p. 440, Brooks/Cole, Belmont, CA (2007).
7) J.D. Ingle, Jr., S.R. Crouch, "Spectrochemical Analysis", p. 425-26, Prentice-Hall, Englewood Cliffs, NJ (1988).
8) 文献 6) の p. 98-103 参照．

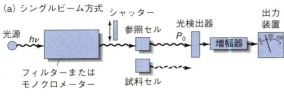
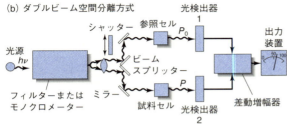
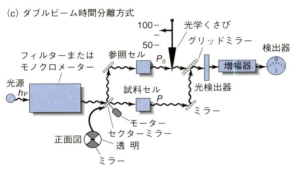
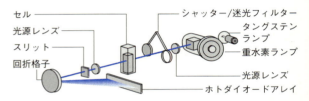

図 16・28 紫外・可視光度計または分光光度計の設計．(a) には，シングルビーム方式を示した．フィルターまたはモノクロメーターからの電磁波は，光検出器に到達する前に参照セルまたは試料セルのいずれかを通過する．ダブルビーム空間分離方式 (b) では，フィルターまたはモノクロメーターからの電磁波が 2 本の光線に分割され，参照セルと試料セルを同時に通過した後，それぞれに対応する光検出器に到達する．ダブルビーム時間分離方式 (c) では，参照セルと試料セルを交互に光線が通過し，単一の光検出器に到達する．光線が二つのセルを通過する際，わずか数ミリ秒で光線が分離される．

である．

ダブルビーム装置には，光源の出力における最も急激な変動以外は，すべてを相殺するという利点がある．また，波長に依存した光源の光強度の変動も影響を受けない．さらに，ダブルビーム方式は，吸収スペクトルの連続測定に適している．

16・5・3 マルチチャンネル方式

§16・4・4 で説明したホトダイオードアレイと電荷転送デバイスは，紫外・可視吸光測定のためのマルチチャンネル検出器の基盤となっている．これらの検出器は，通常，図 16・29 に示すようなシングルビーム方式である．マルチチャンネルの光の分散システムとして，試料セルまたは参照セルの後ろに回折格子分光器が配置されている．ホトダイオードアレイまたは CCD アレイは，分光器の焦点面に配置され，全スペクトルの測定を 1 秒以内に行える．スペクトルを得るためにはコンピューターが必要になる．シングルビーム方式では，まずアレイの暗電流を計測する．次に，光源のスペクトルを計測し，暗電流を差引いたスペクトルを得る．その後，試料の未補正のスペクトルを取得し，そのスペクトルから暗電流を引き，各波長において試料値を光源値で割ると，吸収スペクトルが得られる．マルチチャンネル方式は，ダブルビーム時間分離型分光光度計と組合わせても使用できる．

図 16・29 に示す分光光度計は，ほとんどのパソコンを用いて操作することができる．このような機器（コンピューターなし）は約 100 万円ほどで購入できる．いくつかの機器メーカーからは，試料への光照射と放出を光ファイバーを通して行い，アレイ検出器で分光測定するシステムが販売されている．これらの機器は，分光計とは離れた場所でも測定が可能である．

図 16・29 ホトダイオードアレイ検出器を備えた回折格子分光に基づくマルチチャンネル方式分光計の図

16・6 赤外分光計

赤外分光法では，分散型とフーリエ変換型の 2 種類の分光計が使用されている．

16・6・1 分散型赤外分光計

旧式の赤外分光計は，分散型のダブルビーム方式が主流であった．これらは，モノクロメーターとセルホルダーの位置が逆に配置されている以外は，図 16・28 (c) に示したダブルビーム時間分離方式の一種であることが多い．ほとんどの紫外・可視分光計では，試料の光分解を避けるために，モノクロメーターと検出器の間にセルが配置されている．試料が光源の全出力にさらされると光分解が起こる可能性があるからである．ホトダイオードアレイ検出器を組合わせると，試料に対する光線の露出時間が短いため，光分解が起こりにくいことを覚えておくとよい．一方，赤外線は，光分解をひき起こすのに十分なエネルギーがなく，多くの試料は赤外線を放出する物質からなる．このため，赤外分光計のセルホルダーは通常，光源とモノクロメーターの間に配置されている．

赤外分光計を構成する要素は，紫外・可視分光計のそれとは大きく異なる．赤外光源は加熱された固体であり，赤

外検出器は光子ではなく熱に応答する．また，赤外分光計の光学素子は，研磨された塩化テトリウムまたは臭化カリウムなどの塩から製造される．

16・6・2 フーリエ変換赤外分光計

1970年代初頭に発売された**フーリエ変換赤外**（Fourier transform infrared，**FT-IR**）**分光計**は大型で，高価（1000万円以上）であり，複雑な機械調整が必要であった．そのため，この機器特有の特性である高速，高分解能，高感度，優れた波長精度と正確性などが不可欠な特殊用途でのみ使用されていた．しかし，1990年代から，FT-IR 分光計は卓上サイズに小型化され，非常に信頼性が高く，維持が容易になった．さらに，単純な構成のモデルは今や分散型赤外分光計と同様の価格設定である．したがって，FT-IR 分光計は，多くの実験室で分散型赤外分光計にとって代わった．

1) FT-IR 分光計は，光分散のための部品を含まず，すべての波長が同時に検出される．赤外スペクトル情報を含む干渉パターンを生成するためにモノクロメーターの代わりに干渉計が使用される．FT-IR 分光計でも，分散型赤外分光計で使用されているものと同じ種類の光源が使用される．変換器は，一般的には，硫酸トリグリシンからなる焦電型変換器やテルル化カドミウム水銀からなる光伝導変換器が用いられる．単一光源から異なる光の干渉波をつくり，干渉波の信号強度をフーリエ変換の数学的処理によって，各波数成分の光の強度に変換する．この操作には，必要な計算を高速で行うコンピューターが必須である．フーリエ変換測定の理論については，コラム 16・2 で述べる[9]．

多くの卓上型 FT-IR 分光計はシングルビーム方式である．試料のスペクトルを得るためには，最初に，バックグラウンド（溶媒，周囲水および二酸化炭素）による吸収のフーリエ変換によって，バックグラウンドスペクトルを得た後に，試料スペクトルを取得する．最後に，試料スペクトルとバックグラウンドスペクトルの比を計算し，波長または波数に対して吸光度または透過率をプロットする．多くの卓上型機器では，水蒸気と CO_2 によるバックグラウンド吸収を低減するため，不活性ガスまたは CO_2 を含まない乾燥した空気で分光計を満たす．

分散型赤外分光計と比較した FT-IR 分光計のおもな利点は，速い速度，高い感度，高い集光力，より正確な波長校正，より単純な機械設計，迷光および赤外発光からのあらゆる影響を実質的に排除可能である点があげられる．このような利点があるため，ほぼすべての新しい赤外分光計は FT-IR 型になっている．

---

1) フーリエ変換赤外分光計はすべての赤外線波長をすべての時間にわたって検出する．また，分散型赤外分光計よりも集光度が高く，その結果，精度が向上する．フーリエ変換の計算は複雑だが，高速コンピューターと適切なソフトウェアを用いれば容易に計算可能である．

9) 以下も参照．J.D. Ingle, Jr., S.R. Crouch, "Spectrochemical Analysis", Prentice-Hall, Englewood Cliffs, NJ (1988). D.A. Skoog, F.J. Holler, S.R. Crouch, "Principles of Instrumental Analysis, 6th ed.", Brooks/Cole, Belmont, CA (2007).

章末問題

16・1 pH 5.3 の溶液では，指示薬ブロモクレゾールパープルは黄色を呈するが，pH 6.0 では，紫色に変化する．このような色が観察される理由を，波長領域と吸収・透過される色の観点から述べよ．

16・2 次の語句の関係を述べよ．
(a) 吸光度と透過率
(b) 吸光係数 a とモル吸光係数 ε

16・3 ランベルト-ベールの法則が直線から逸脱する要因を述べよ．

16・4 ランベルト-ベールの法則からの真の逸脱と，機器由来の逸脱または化学的逸脱との違いを説明せよ．

16・5 電子遷移と振動遷移の類似点と相違点を述べよ．

16・6 次の振動数を単位 Hz で計算せよ．
(a) 波長 2.65 Å の X 線
(b) 211.0 nm における銅の発光線
(c) ルビーレーザーで生成された 694.3 nm の光線
(d) 10.6 μm の CO_2 レーザーの出力
(e) 19.6 μm における赤外吸収ピーク
(f) 1.86 cm のマイクロ波ビーム

16・7 波長を単位 cm で計算せよ．
(a) 118.6 MHz の航空無線
(b) 114.10 kHz の VOR（航空保安無線）
(c) 105 MHz での NMR 信号
(d) 波数 1210 cm^{-1} の赤外線吸収ピーク

16・8 最新の紫外・可視・近赤外分光光度計の波長範囲は，185〜3000 nm である．波数と振動数の範囲を求めよ．

16・9 典型的な単純赤外分光光度計は，3〜15 μm の波長範囲をカバーする．その範囲を (a) 波数および (b) 振動数 (Hz) で表せ．

16・10 波長 2.70 Å の X 線光子の振動数 (Hz) およびエネルギー (J) を計算せよ．

16・11 220 MHz の信号の波長と，エネルギー (J) を計算せよ．

16・12 次の波長を計算せよ．
(a) 屈折率 1.35 の水溶液中の 589 nm のナトリウム線
(b) 屈折率 1.55 の石英片を通過しているときの 694.3 nm のルビーレーザーの出力

16・13 光路長が cm で与えられ，濃度が次の単位で表されるときの吸光係数の単位を述べよ．
(a) ppm   (b) μg/L   (c) %(w/v)   (d) g/L

16・14 以下の吸光度を透過パーセントで表せ.
(a) 0.0356　(b) 0.895　(c) 0.379
(d) 0.167　(e) 0.485　(f) 0.753

16・15 以下の透過率を吸光度に変換せよ.
(a) 27.2%　(b) 0.579　(c) 30.6%
(d) 3.98%　(e) 0.093　(f) 63.7%

16・16 吸光度が問題 16・14 の 2 倍である溶液の透過パーセントを計算せよ.

16・17 透過率が問題 16・15 の半分である溶液の吸光度を計算せよ.

16・18 下の表の抜けている部分を埋めよ. 必要に応じて, 分析対象のモル質量として 200 を使用せよ.

16・19 4.48 ppm の $KMnO_4$ 溶液の透過率は, 厚さ 1.00 cm のセル, 波長 520 nm の光で測定したとき, 85.9% T である. この波長における $KMnO_4$ のモル吸光係数を計算せよ.

16・20 Be^{2+} はアセチルアセトンと錯体 (207.23 g/mol) を形成する. 2.25 ppm の錯体溶液の透過率は, 厚さ 1.00 cm のセル, 極大吸収波長 295 nm で測定したときに 37.5% であったことを考慮し, 錯体のモル吸光係数を求めよ.

16・21 極大吸収波長 580 nm において, 錯体 $[Fe(SCN)]^{2+}$ のモル吸光係数は 7.00×10^3 L cm^{-1} mol^{-1} である. 次の値を計算せよ.
(a) 厚さ 1.00 cm のセル, 波長 580 nm の光で測定したときの 3.40×10^{-5} M 錯体溶液の吸光度
(b) 錯体の濃度が (a) の 2 倍である溶液の吸光度
(c) (a) および (b) の溶液の透過率
(d) 透過率が (a) の半分の溶液の吸光度

16・22 4.33 ppm の Fe^{3+} を含む溶液 2.50 mL を適度に過剰な KSCN で処理し, 50.0 mL に希釈する. 厚さ 2.50 cm のセル, 波長 580 nm の光で測定したときの, 溶液の吸光度を求めよ. モル吸光係数の値については, 問題 16・21 を参照のこと.

16・23 Bi^{3+} とチオ尿素で形成される錯体を含む溶液は, 波長 470 nm におけるモル吸光係数が 9.32×10^3 L cm^{-1} mol^{-1} である.
(a) 厚さ 1.00 cm のセル, 波長 470 nm の光で測定したときの, 5.67×10^{-5} M 錯体溶液の吸光度を求めよ.
(b) (a) の溶液の透過率を求めよ.
(c) 厚さ 2.50 cm のセル, 波長 470 nm の光で測定した場合に, (a) で説明した吸光度をもつ溶液中の錯体のモル濃度を求めよ.

16・24 Cu^+ と 1,10-フェナントロリンで形成される錯体は, 極大吸収波長 435 nm におけるモル吸光係数が 7000 L cm^{-1} mol^{-1} である. このとき, 次の計算をせよ.
(a) 厚さ 1.00 cm のセル, 波長 435 nm の光で測定したときの, 6.17×10^{-5} M 錯体溶液の吸光度
(b) (a) における溶液の透過率
(c) 厚さ 5.00 cm のセルにおいて, (a) の溶液と同じ吸光度をもつ溶液の濃度
(d) 3.13×10^{-5} M 錯体溶液において (a) の溶液と同じ吸光度となるために必要な光路長

16・25 真の吸光度 $[A = -\log(P_0/P)]$ が 2.10 である溶液を, 迷光率 (P_s/P_0) の 0.75 の分光光度計で測定した. A' の吸光度と誤差 (%) を求めよ.

16・26 尿中のリンを測定する一般的な方法の一つに, タンパク質を除去した後に, Mo^{6+} で試料を処理し, 得られたドデカモリブドリン酸塩錯体をアスコルビン酸で還元して, モリブデンブルーとよばれる濃い青色の化合物を得る方法がある. モリブデンブルーの吸光度は 650 nm で測定できる. 患者の 24 時間尿試料を採取し, 1122 mL の尿が得られた. 試料 1.00 mL 分を Mo^{6+} およびアスコルビン酸で処理し, 50.00 mL の容量に希釈した. 検量線は, 尿試料と同じ方法で 1.00 mL 分のリン酸塩標準液を処理することにより調製した. 標準物質および尿試料の吸光度を測定し, 以下の結果を得た.

溶 液	650 nm での吸光度
1.00 ppm P	0.230
2.00 ppm P	0.436
3.00 ppm P	0.638
4.00 ppm P	0.848
尿試料	0.518

問題 16・18 表

	A	%T	ε [L $mol^{-1}cm^{-1}$]	a [$cm^{-1}ppm^{-1}$]	b [cm]	c [M]	c [ppm]
(a)	0.172		4.23×10^3		1.00		
(b)		44.9		0.0258		1.35×10^{-4}	
(c)	0.520		7.95×10^3		1.00		
(d)		39.6		0.0912			1.76
(e)			3.73×10^3		0.100	1.71×10^{-3}	
(f)		83.6			1.00	8.07×10^{-6}	
(g)	0.798				1.50		33.6
(h)		11.1	1.35×10^4			7.07×10^{-5}	
(i)		5.23	9.78×10^3				5.24
(j)	0.179				1.00	7.19×10^{-5}	

(a) 検量線の傾き，切片，yの標準偏差を求め，検量線を作成せよ．尿試料中のリン濃度（ppm）とその最小二乗式からの標準偏差を求めよ．また，検量線から目視で得られた濃度と比較せよ．
(b) 患者が一日に排泄したリンの質量（g）を求めよ．
(c) 尿中リン酸塩濃度（mM）を求めよ．

16・27 亜硝酸塩は，一般に，グリース反応とよばれる反応を用いた比色法によって定量される．この反応では，亜硝酸塩を含む試料をスルファニルイミドとN-(1-ナフチル)エチレンジアミンと反応させて，550 nmに吸収をもつ着色化合物を得る．自動化されたフロー分析により，亜硝酸塩の標準液および未知濃度の試料について以下の結果が得られた．

溶液	550 nmでの吸光度
2.00 μM	0.065
6.00 μM	0.205
10.00 μM	0.338
14.00 μM	0.474
18.00 μM	0.598
未知試料	0.402

(a) 検量線の傾き，切片，標準偏差を求めよ．
(b) 検量線を作成せよ．
(c) 試料中の亜硝酸塩の濃度とその標準偏差を求めよ．

16・28 反応の平衡定数が4.2×10^{14}である以下の反応において，$K_2Cr_2O_7$溶液中の二つの主要な化合物のモル吸光係数は以下の通りである．

$$2CrO_4^{2-} - 2H^+ \rightleftharpoons Cr_2O_7^{2-} + H_2O$$

λ〔nm〕	ε_1 (CrO_4^{2-})	ε_2 ($Cr_2O_7^{2-}$)
345	1.84×10³	10.7×10²
370	4.81×10³	7.28×10²
400	1.88×10³	1.89×10²

4.00×10^{-4}，3.00×10^{-4}，2.00×10^{-4}，1.00×10^{-4} molの$K_2Cr_2O_7$を水に溶かし，pH 5.60の緩衝液で1.00 Lに希釈し，4種類の溶液を調製した．各溶液について，(a) 345 nm，(b) 370 nm，(c) 400 nmの波長における理論吸光度値（厚さ1.00 cmセル）を計算し，プロットせよ．

16・29 次の用語間の違いを説明し，どちらか一方の利点をあげよ．
(a) 光の検出器としての固体ホトダイオードと光電管
(b) 光電管と光電子増倍管
(c) 分光器としての光学フィルターとモノクロメーター
(d) 従来の分光光度計とダイオードアレイ分光光度計

16・30 定量分析および定性分析において，しばしばモノクロメーターのスリットの幅が異なる必要があるのはなぜか．

16・31 光電子増倍管が赤外線の検出に適していない理由を述べよ．

16・32 タングステンランプにヨウ素が加えられている理由を述べよ．

16・33 次の用語間の違いを説明し，どちらか一方の利点をあげよ．
(a) 分光光度計と光度計
(b) スペクトログラムとポリクロメーター
(c) モノクロメーターとポリクロメーター
(d) 吸光度測定のためのシングルビーム方式とダブルビーム方式

16・34 シングルビーム方式の分光光度計で再現性のある結果を得るために最低限必要な条件をあげよ．

16・35 分光光度計における，(a) 0%T調整と(b) 100%T調整の目的を述べよ．

16・36 再現可能な吸光度データを保証するために，制御する必要のある実験因子をあげよ．

16・37 分散型赤外分光計に対するフーリエ変換赤外分光計のおもな利点をあげよ．

16・38 光に対して直線的に応答する光度計の光路内にブランクを置いた場合に625 mVの出力が，ブランクを光吸収溶液で置き換えると149 mVの出力が得られた．このとき，次の値を求めよ．
(a) 光吸収溶液の透過パーセントと吸光度
(b) 光吸収体の濃度がもとの溶液の半分である場合に期待される透過パーセント
(c) 通る光路長がもとの溶液の2倍になった場合に期待される透過パーセント

16・39 光に対して直線的に応答するポータブル光度計の光路内にブランク溶液を置いた場合，75.9 μAの光電流を記録した．ブランクを光吸収溶液で置き換えると，23.5 μAという値が得られた．次の値を求めよ．
(a) 試料溶液の透過パーセント
(b) 試料溶液の吸光度
(c) 光吸収体の濃度がもとの試料溶液の1/3である場合に期待される透過パーセント
(d) 試料溶液の濃度が2倍である場合に期待される透過パーセント

16・40 重水素ランプが紫外領域で線スペクトルではなく連続スペクトルを生成する理由を述べよ．

16・41 光子検出器と熱検出器の違いを述べよ．

16・42 吸光測定のための分光計と発光測定のための分光計の基本的な設計上の違いを説明せよ．

16・43 吸光光度計と蛍光光度計の違いを説明せよ．

16・44 干渉フィルターの性能特性を記述するために必要なデータをあげよ．

16・45 以下の用語を定義せよ．
(a) 変換器
(b) 暗電流
(c) 散乱光（モノクロメーター内）

17 分光法による原子と分子の分析

　紫外線, 可視光, 赤外線の吸収は, 無機・有機化合物, 生体分子を同定, 定量するために広く使用されている[1]. 紫外・可視分光法は, おもに定量分析に使用され, 化学実験室および臨床検査室において最も使用されている技術である. 赤外分光法は, 無機・有機化合物を同定し, 構造を決定するための非常に強力な方法である. また現在では, 特に環境汚染の分野で, 定量分析に重要な役割を果たしている.

　蛍光とは, 光の吸収によって原子または分子の電子が励起され, 基底状態に戻る発光過程をいう. 蛍光法の魅力的な特徴の一つは, その特有の感度の高さであり, 吸光分光法より1～3桁優れている. 実際, 特殊な条件下における蛍光法によって, 単一分子を検出することができる. もう一つの利点は, 蛍光法の測定範囲は吸光分光法と比較して著しく広いことがあげられる. 一方, 蛍光性の物質の数が少ないため, 吸光法よりも適用が限られる. 蛍光法はまた, 吸光法よりも多くの環境干渉効果の影響を受けやすい.

　原子の定性分析, 定量分析に原子分光法が使用されている. 試料を揮発させて分解し, 気相の原子の基底状態と励起状態間の電子遷移を吸光分析または発光分析する. 微量な元素の高感度分析ができるため, 環境汚染, 食品, 土壌, 生体試料などの元素分析に広く利用されている.

17・1 紫外・可視吸光分光法

　さまざまな分子種が紫外線および可視光を吸収する. これらの分子の光吸収は, 定性分析や定量分析に使用される. また, 紫外・可視吸光分光法は, 滴定のモニタリングや, 錯イオンの組成を研究するためにも使用される.

17・1・1 光吸収分子

a. 有機化合物による光吸収　　有機分子による波長領域180～780 nmの光吸収は, 化学結合形成に直接関与する(したがって一つ以上の原子が関与する)電子, あるいは酸素, 硫黄, 窒素, ハロゲンなどの原子核まわりの電子と光子との相互作用から生じる.

　有機分子の光吸収波長は, その電子が関与する結合の強さに依存する. 炭素−炭素単結合または炭素−水素単結合は非常に強固な結合であるため, 共有電子対の励起には180 nm未満の真空紫外領域の波長に相当するエネルギーが必要となる. この波長領域での実験は容易ではないため, 単結合スペクトルは分析目的で利用されることはほとんどない. その理由は, 石英や大気の構成成分もこの領域の波長を吸収するため, フッ化リチウム光学系を備えた真空分光光度計が必要となるからである.

　有機分子の二重結合および三重結合の電子は, それほど強く保持されていないため, 光によって容易に励起される. したがって, 不飽和結合をもつ化合物の光吸収はしばしば分析に利用される. 紫外・可視領域の波長を吸収する有機分子の不飽和官能基は**発色団** (chromophore) として知られている. 表17・1に, 一般的な発色団と, それらが吸収するおよその波長を示す. 波長およびピーク強度のデータは, いずれも溶媒効果および分子構造に影響されるため, 目安として示している. また, 一分子内に二つ以上の発色団が存在すると吸収極大がより長波長にシフトする傾向がある. なお, 分子内振動の効果により紫外・可視領域の吸収バンドが広がるため, 吸収極大を正確に決定することは困難であることが多い. 有機化合物の一般的なスペクトルを図17・1に示す.

　酸素, 窒素, 硫黄, ハロゲンなどのヘテロ原子を含む飽和有機化合物は, 非共有電子対をもち, 波長領域170～250 nmの光によって励起される. これらの化合物には, アルコールやエーテルのような一般的な溶媒も含まれる. これらの溶媒に分析対象を溶解させると, 溶媒の光吸収により180～200 nmより短い波長領域での分析対象の吸光測定が妨げられる. また, ハロゲンや硫黄を含有する化合物を同定するために, この波長領域における吸収を利用することもある.

---

[1] 用語　**発色団**は, 紫外・可視領域に吸収をもつ不飽和有機官能基である.

1) 吸光分光法について詳しくは以下を参照. E. J. Meehan, "Treatise on Analytical Chemistry, 2nd ed.", ed. by P. J. Elving, E. J. Meehan, I. M. Kolthoff, Part I, Vol. 7, Ch. 2, Wiley, New York (1981). "Techniques in Visible and Ultraviolet Spectrometry", ed. by C. Burgess, A. Knowles, Vol. 1, Chapman and Hall, New York (1981). J. D. Ingle, Jr., S. R. Crouch, "Spectrochemical Analysis", Chs. 12-14, Prentice-Hall, Englewood Cliffs, NJ (1988). D. A. Skoog, F. J. Holler, S. R. Crouch, "Principles of Instrumental Analysis, 6th ed.", Chs. 13, 14, 16, 17, Brooks/Cole, Belmont, CA (2007).

表17・1 一般的な有機発色団の吸収特性

発色団	例	溶媒	λ_{max} (nm)	ε_{max}
アルケン	$C_6H_{13}CH=CH_2$	n-ヘプタン	177	13,000
共役アルケン	$CH_2=CHCH=CH_2$	n-ヘプタン	217	21,000
アルキン	$C_5H_{11}C\equiv C-CH_3$	n-ヘプタン	178 196 225	10,000 2,000 160
カルボニル	$CH_3\overset{O}{\underset{\|}{C}}CH_3$	n-ヘキサン	186 280	1,000 16
	$CH_3\overset{O}{\underset{\|}{C}}H$	n-ヘキサン	180 293	~1,000 12
カルボキシル	$CH_3\overset{O}{\underset{\|}{C}}OH$	エタノール	204	41
アミド	$CH_3\overset{O}{\underset{\|}{C}}NH_2$	水	214	60
アゾ	$CH_3N=NCH_3$	エタノール	339	5
ニトロ	CH_3NO_2	イソオクタン	280	22
ニトロソ	C_4H_9NO	エチルエーテル	300 665	100 20
硝酸	$C_2H_5ONO_2$	ジオキサン	270	12
芳香族	ベンゼン	n-ヘキサン	204 256	7,900 200

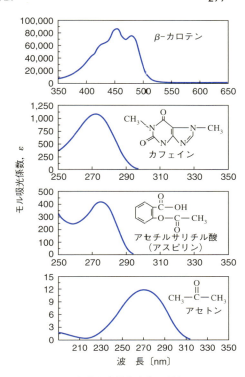

図17・1 一般的な有機化合物の吸収スペクトル

b. 無機化合物による光吸収

一般に,第一,第二遷移元素のイオンおよびその錯体は,さまざまな酸化状態において広い波長領域の可視光を吸収し,結果として,これらの化合物は呈色する(図17・2).遷移金属イオンのd軌道は配位子に依存するエネルギーをもち,電子が占有されたd軌道から占有されていないd軌道に励起する際,光吸収が起こる.これらのd軌道間のエネルギー差(すなわち吸収極大の位置)は,元素の種類,その酸化状態,およびそれに配位した配位子の性質に依存する.

ランタノイド系列およびアクチノイド系列のイオンの吸収スペクトルは,図17・2に示すものとは大きく異なる.これらの元素の光吸収を担う電子(それぞれ4f電子と5f電子)は,その外側の軌道(6s, 6pなど)を占める電子によって遮蔽されている.その結果,外殻電子と結合した化学種や熱振動などの影響を受けにくいため,光吸収バンド幅は狭くなる.

c. 電荷移動吸収

電荷移動吸収は定量分析において特に重要である.これは,モル吸光係数がきわめて大きいため($\varepsilon > 10{,}000$ L mol^{-1} cm^{-1}),高感度な分析ができるからである.多くの無機化合物および有機分子からなる錯

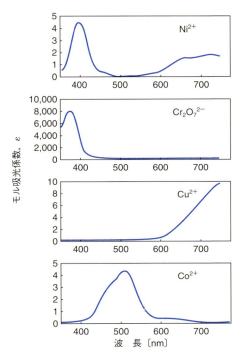

図17・2 遷移金属イオン溶液の吸収スペクトル

1) 体は電荷移動吸収を示し，**電荷移動錯体**（charge-transfer complex）とよばれる．

電荷移動錯体は，電子受容体とそれに結合した電子供与体からなる．この錯体が光を吸収すると，電子供与体の電子が電子受容体の軌道に移動する．したがって，励起状態は一種の内部酸化還元過程の生成物といえる．この振舞いは，有機発色団，すなわち2原子以上からなる分子軌道に共有される電子が励起した場合の振舞いとは異なる．

電荷移動錯体のよく知られた例には，鉄(Ⅲ)のフェノール錯体，鉄の1,10-フェナントロリン錯体，ヨウ素分子のヨウ化物錯体，およびプルシアンブルーの色のもとであるフェリ-フェロシアン錯体が含まれる．また，チオシアナト鉄(Ⅲ)錯体の赤色も電荷移動錯体の一例である．光の吸収は，チオシアン酸イオンの軌道から鉄(Ⅲ)イオンの軌道への電子の移動をもたらす．生成物は，おもに鉄(Ⅱ)とチオシアン酸ラジカル SCN を含む励起種である．他の種類の電子励起と同様に，この錯体中の電子は，通常，短時間のうちにもとの状態に戻る．しかしながら，励起状態の錯体が解離し，光化学的酸化還元生成物を形成することがある．図17・3に電荷移動錯体の三つのスペクトルを示す．

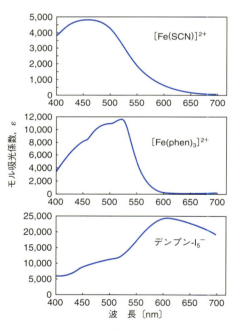

図17・3 電荷移動錯体溶液の吸収スペクトル

金属イオンを含むほとんどの電荷移動錯体において，金属は電子受容体として働く．例外は，鉄(Ⅱ)および銅(Ⅰ)の1,10-フェナントロリン錯体であり，これらは配位子が電子受容体，金属が電子供与体となる．ほかにもこのような錯体がいくつか知られている．

17・1・2 定量分析への応用

紫外・可視吸光分光法の重要な特徴を以下にあげる．

■ **広い適用範囲**：大部分の無機・有機化合物，および生体分子は，紫外線または可視光を吸収するため，定量分析を行うのに適している．光を吸収しない分子種（非光吸収分子種）の多くは，光吸収性の誘導体へ化学変換後に定量することが可能である．臨床検査室で行われる測定の大部分は紫外・可視吸光分光法に基づいている．

■ **高い感度**：紫外・可視吸光分光法の一般的な検出限界は，$10^{-4} \sim 10^{-5}$ M の範囲である．この範囲は，操作手順を見直すことにより，10^{-6} あるいは 10^{-7} M まで広げることが可能である．

■ **中・高選択性**：分析対象のみが光吸収を示す波長が存在することがある．また，共存する他の分子種と光吸収波長が重なる場合でも，異なる波長で追加測定を行い，補正により分析対象を定量できることがある．分離が必要な場合，分離した物質は吸光分光法により検出できる（§19・2・1e参照）．

■ **優れた確度**：一般的な吸光分光法における濃度の相対誤差は，1〜5％の範囲である．このような誤差は，操作を工夫することにより数十分の一％まで減らすことができる．

■ **操作性と利便性**：吸光分光法は容易かつ迅速に行え，さらに，自動化に向いている．

a. 適用範囲 分子による吸光の測定は非常に幅広く適用でき，定量的情報を必要とするすべての分野に関連している．下記研究論文を調べれば紫外・可視吸光分光法の全体が理解できる[2]．

i) 光吸収分子種への適用：表17・1に，多くの一般的な有機発色団を示した．これらの発色団を一つ以上含む有機化合物は潜在的に吸光分光法が行える．このような例は多くの文献に記されている．

無機化合物にも光吸収を示すものがいくつかある．遷移金属の多くのイオンが溶液中で呈色するため，紫外・可視吸光分光法によって定量可能である．さらに，亜硝酸塩，硝酸塩，クロム酸イオン，窒素酸化物，ハロゲン単体，オゾンなどを含む他の多くの化学種が特徴的な吸収バンドを示す．

---

1) **用語** 電荷移動錯体は，電子受容体に結合した電子供与体からなる強い光吸収をもつ化合物のことである．

2) M. L. Bishop, E. P. Fody, L. E. Schoeff, "Clinical Chemistry: Techniques, Principles, Correlations", Part I, Ch. 5, Part II, Lippincott Williams & Wilkins, Philadelphia (2009). O. Thomas, "UV-Visible Spectrophotometry of Water and Wastewater", Vol. 27, "Techniques and Instrumentation in Analytical Chemistry", Elsevier, Amsterdam (2007). S. Görög, "Ultraviolet-Visible Spectrophotometry in Pharmaceutical Analysis", CRC Press, Boca Rotan, FL (1995). H. Onishi, "Photometric Determination of Traces of Metals, 4th ed.", Parts IIA and IIB, Wiley, New York (1986, 1989). "Colorimetric Determination of Nonmetals, 2nd ed.", ed. by D. F. Boltz, Interscience, New York (1978).

ii) **非光吸収分子種への適用**: 多くの非光吸収性の分析対象は, 発色試薬と反応させ, 紫外・可視領域の波長の光を強く吸収する化合物へと変換することにより, 紫外・可視吸光分光法を用いて定量できる. 発色試薬を用いた方法で定量を成功に導くには, 反応速度論的方法を用いない限り, ふつう分析対象との反応をほぼ完結させる必要がある.

一般的な発色試薬として, 鉄, コバルト, モリブデンの測定にはチオシアン酸イオンが, チタン, バナジウム, クロムの場合は過酸化水素が, ビスマス, パラジウム, テルルの場合はヨウ化物イオンが用いられる. 陽イオンと安定な呈色錯体を形成する有機錯形成試薬 (キレート試薬) はさらに重要である. 代表的な例としては, 銅定量用のジエチルジチオカルバミン酸, 鉛定量用のジフェニルチオカルバゾン, 鉄定量用の 1,10-フェナントロリン (口絵 16 参照), ニッケル定量用のジメチルグリオキシムがあげられる. 図 17・4 は, これら発色反応のはじめの二つを示している. 鉄(II) の 1,10-フェナントロリン錯体の構造は図 14・6 に, 赤色沈殿物を形成するためのニッケルとジメチルグリオキシムとの反応は§6・3・3 (b) (口絵 7 も参照) に示した. ジメチルグリオキシム反応をニッケルの吸光度

測定に応用する場合, 有機溶媒中のキレート試薬を用いて, 水溶液中のニッケルイオンを抽出する. キレート抽出されたニッケル錯体は有機層で鮮紅色を示すため, ニッケル濃度の定量に用いられる.

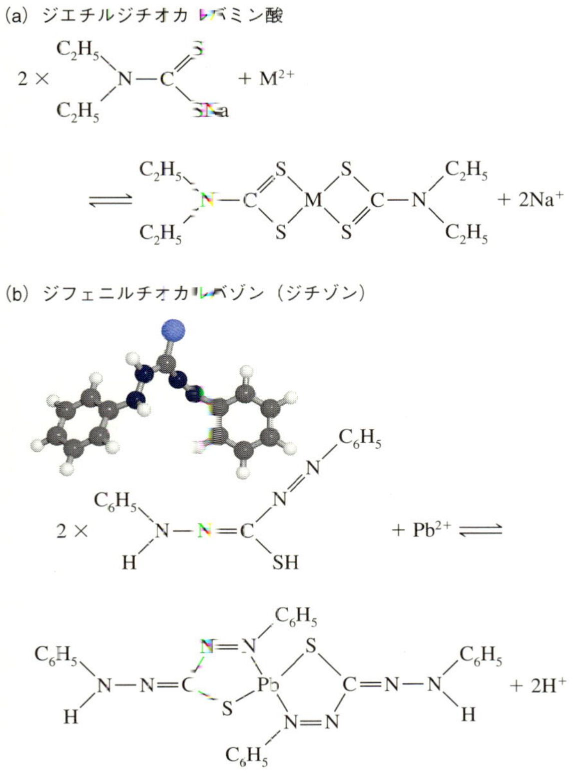

ほかにも, 有機官能基と反応する, 定量分析に有用な発色試薬がある. たとえば, 低分子量の脂肪族アルコールとセリウム(IV) との間に形成される 1:1 錯体の赤色は, これらのアルコールの定量に用いられる.

b. 実験条件の検討　紫外・可視吸光分光法における最初のステップは, 吸光度と分析対象濃度との間に再現性のある関係 (理想的なのは比例関係) が得られる実験条件を決めることである.

i) **波長選択**: 最高感度を得るために, 吸光度の測定は極大吸収波長で行う. これは, 単位濃度当たりの吸光度差が極大吸収波長において最大になるためである. さらに, 吸収曲線は極大値付近で平坦になるため, ランベルト-ベールの法則によく従い (図 16・11 参照), 機器に由来する波長の不確かさが小さくなる.

ii) **光吸収に影響する要因**: 物質の吸収スペクトルに影[1]響を与える一般的な要因には, 溶媒の性質, 溶液の pH, 温度, 高電解質濃度, 干渉物質の有無がある. これらの要因の影響は既知である必要があり, 制御不可能な小さなばらつきによって実質的に吸光度が影響を受けないように実験条件を決めなければならない.

iii) **吸光度と濃度の関係**: 紫外・可視吸光分光法の校正のための標準物質は, 実際の試料の全体組成を可能な限り再現し, 分析対象の濃度が適切な範囲に収まるように調製しなくてはならない. いくつかの標準物質を用いて, 吸光度に対する濃度の検量線を作成し, 吸光度と濃度の関係を評価する. ランベルト-ベールの法則が成り立つとしても, 単一の標準物質からモル吸光係数を決定することはない. また, 他の選択肢がない場合を除けば, 文献値のモル吸光係数のみに基づく定量を行うことも好ましくない.

iv) **混合物の分析**: 任意の波長での溶液の全吸光度は, 溶液中の個々の成分の吸光度の和に等しい (16・9 式). したがって, 混合物の個々の成分の吸収スペクトルが完全に重なっていても, 各成分の濃度を決定することが原理的に可能となる. たとえば, 図 17・5 は, 化合物 M と化合物 N の混合物を含む溶液の吸収スペクトルと, 個々の成分の吸収スペクトルを示す. 単一の成分であってもすべての波長領域で吸収があることは明らかである. 混合物を分析するために, まず M および N 単独のモル吸光係数をそれぞれ波長 λ_1 および λ_2 で測定する. M および N の標準液の濃度は, 試料の吸光度を測定する波長領域において, ランベルト-ベールの法則に従うように調製されなくては

図 17・4　吸光分光法に用いられる代表的なキレート試薬

---

[1] 吸収スペクトルは, 温度, pH, 電解質濃度, 干渉の有無などの要因の影響を受ける.

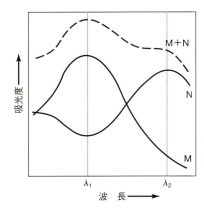

図 17・5 二成分混合物 (M+N) の吸収スペクトルと成分 M および N の個々のスペクトル

ならない．そして，二つの成分のモル吸光係数が大きく異なるような波長を選択する必要がある．図 17・5 に示すように，λ_1 において，成分 M のモル吸光係数は成分 N のモル吸光係数よりもはるかに大きい．λ_2 についても逆のことがあてはまる．そして最後に，これら 2 波長において混合物の吸光度を測定する．既知のモル吸光係数および光路長から，以下の式が成り立つ．

$$A_1 = \varepsilon_{M_1} b c_M + \varepsilon_{N_1} b c_N \quad (17・1)$$
$$A_2 = \varepsilon_{M_2} b c_M + \varepsilon_{N_2} b c_N \quad (17・2)$$

ここで，下付きの添え字 1 は λ_1 における測定を，下付きの添え字 2 は λ_2 における測定を示す．ε と b の既知の値を (17・1) 式と (17・2) 式に代入すると，二つの変数 (c_M と c_N) を含む連立方程式となり，例題 17・1 に示すように解くことができる．

例題 17・1

Pd^{2+} および Au^{3+} は，メチオメプラジン $C_{19}H_{24}N_2S_2$ との反応によって同時に定量できる．Pd 錯体の吸収極大は 480 nm，Au 錯体の吸収極大は 635 nm である．これらの波長におけるモル吸光係数の値を以下に示す．

	ε [L mol^{-1} cm^{-1}]	
	480 nm	635 nm
Pd 錯体	3.55×10^3	5.64×10^2
Au 錯体	2.96×10^3	1.45×10^4

試料 25.0 mL を過剰のメチオメプラジンで処理後，50.0 mL に希釈した．厚さ 1.00 cm のセルで測定した場合，希釈溶液は波長 480 nm で吸光度 0.533 を示し，波長 635 nm で吸光度 0.590 を示した．このとき，試料中の Pd^{2+} のモル濃度 (c_{Pd}) および Au^{3+} のモル濃度 (c_{Au}) を計算せよ．

解 答 (例題 17・1 つづき)
(17・1) 式から，480 nm において，

$$A_{480} = \varepsilon_{Pd(480)} b c_{Pd} + \varepsilon_{Au(480)} b c_{Au}$$
$$0.533 = (3.55 \times 10^3 \text{ M}^{-1}\text{cm}^{-1})(1.00 \text{ cm}) c_{Pd}$$
$$+ (2.96 \times 10^3 \text{ M}^{-1}\text{cm}^{-1})(1.00 \text{ cm}) c_{Au}$$

すなわち

$$c_{Pd} = \frac{0.533 - 2.96 \times 10^3 \text{ M}^{-1} c_{Au}}{3.55 \times 10^3 \text{ M}^{-1}}$$

(17・2) 式から，635 nm において，

$$A_{635} = \varepsilon_{Pd(635)} b c_{Pd} + \varepsilon_{Au(635)} b c_{Au}$$
$$0.590 = (5.64 \times 10^2 \text{ M}^{-1}\text{cm}^{-1})(1.00 \text{ cm}) c_{Pd}$$
$$+ (1.45 \times 10^4 \text{ M}^{-1}\text{cm}^{-1})(1.00 \text{ cm}) c_{Au}$$

この式に c_{Pd} を代入すると，

$$0.590 = \frac{(5.64 \times 10^2 \text{ M}^{-1})(0.533 - 2.96 \times 10^3 \text{ M}^{-1} c_{Au})}{3.55 \times 10^3 \text{ M}^{-1}}$$
$$+ (1.45 \times 10^4 \text{ M}^{-1}) c_{Au}$$
$$= 0.0847 - (4.70 \times 10^2 \text{ M}^{-1}) c_{Au}$$
$$+ (1.45 \times 10^4 \text{ M}^{-1}) c_{Au}$$

$$c_{Au} = \frac{(0.590 - 0.0847)}{(1.45 \times 10^4 \text{ M}^{-1} - 4.70 \times 10^2 \text{ M}^{-1})}$$
$$= 3.60 \times 10^{-5} \text{ M}$$

および，

$$c_{Pd} = \frac{0.533 - (2.96 \times 10^3 \text{ M}^{-1})(3.60 \times 10^{-5} \text{ M})}{3.55 \times 10^3 \text{ M}^{-1}}$$
$$= 1.20 \times 10^{-4} \text{ M}$$

溶液は 2 倍に希釈されていたので，もとの試料中の Pd^{2+} および Au^{3+} の濃度は，それぞれ 7.20×10^{-5} M および 2.40×10^{-4} M である．

二つ以上の光吸収分子種を含む混合物の分析では，原則として，1 成分増えるごとに異なる波長での吸光度測定を 1 回追加する必要がある．しかし，得られたデータの不確かさは，測定回数が増えるにつれて増大する．自動化された分光光度計では，必要以上のデータ数を処理することによってこの不確かさを最小限に抑える方法もある．これらの機器は，分析対象に含まれる未知濃度の分子種の数よりも多くの波長でデータを取得し，さまざまな成分濃度におけるスペクトルを足し合わせた吸収スペクトルが，混合物の吸収スペクトルと全波長領域で一致するように計算する．このとき，あらかじめ混合物中の各成分の標準液のスペクトルを取得しておく必要がある．

c. 機器由来の不確かさの影響[3]

分光分析の精度と確度は，機器に由来する偶然誤差またはノイズによって制限されることが多々ある．第16章で述べたように，吸光分光法には，次の三つのステップを伴う．0%Tの設定または測定，100%Tの設定または測定，そして，試料の%Tの測定の三つである．これら各ステップに関連する偶然誤差の和が，Tの最終値に対する正味の偶然誤差になる．Tの測定におけるノイズと，結果として生じる濃度の誤差との関係は，ランベルト-ベールの法則から以下のように記述できる．

$$c = -\frac{1}{\varepsilon b}\log T = \frac{-0.434}{\varepsilon b}\ln T$$

εb を定数としてこの方程式を偏微分すると，次式が得られる．

$$\partial c = \frac{-0.434}{\varepsilon b T}\partial T$$

ここで，∂c は T のノイズ（または不確かさ）から生じる c の誤差と解釈できる．この式を最初の式で割ると，

$$\frac{\partial c}{c} = \frac{0.434}{\log T}\left(\frac{\partial T}{T}\right) \qquad (17\cdot 3)$$

ここで，$\partial T/T$ は，三つの測定ステップにおけるノイズに起因する T の相対偶然誤差であり，$\partial c/c$ は，結果として濃度に生じる相対偶然誤差である．

偶然誤差 ∂T の最良かつ最も有用な尺度は標準偏差 σ_T である．σ_T は光吸収溶液の透過率測定を20回以上繰返すことにより，各機器について簡便に決定できる．(17・3) 式に対応する微分量に σ_T と σ_c を代入すると，

$$\frac{\sigma_c}{c} = \frac{0.434}{\log T}\left(\frac{\sigma_T}{T}\right) \qquad (17\cdot 4)$$

となる．ここで σ_T/T は透過率の相対標準偏差であり，σ_c/c は結果として濃度に生じる相対標準偏差である．

(17・4) 式は，吸光分光法により求める濃度の誤差が，透過率の大きさと複雑な関係にあることを示している．しかも，誤差 σ_T も多くの状況下で T に依存するため，この方程式で示唆されているよりもさらに複雑である．詳細な理論的および実験的研究により，これらの誤差が濃度測定の精度に及ぼす正味の影響が示されている[4]．誤差は，三つの種類，すなわち，σ_T の大きさが1) T に依存しないもの，2) $\sqrt{T^2+T}$ に比例するもの，3) T に比例するものに分けられる．表17・2に，これらの誤差の原因をまとめた．第1列の σ_T の三つの関係を (17・4) 式に代入すると，濃度の相対標準偏差 σ_c/c の三つの式が得られる．導出された式は表17・2の右端の列に示す．

i) $\sigma_T = k_1$ の場合の濃度誤差：多くの分光光度計では，T の測定値の標準偏差は一定で，T の大きさに依存しない．アナログメーターの示した値を直接読み取るような，分解

表17・2 透過率測定における機器由来の偶然誤差

分類	原因	濃度の相対標準偏差に対する T の影響	
$\sigma_T = k_1$	読み取り解像度，熱検出器のノイズ，暗電流，増幅器のノイズ	$\dfrac{\sigma_c}{c} = \dfrac{0.434}{\log T}\left(\dfrac{k_1}{T}\right)$	(17・5)
$\sigma_T = k_2\sqrt{T^2+T}$	光子検出器のショットノイズ	$\dfrac{\sigma_c}{c} = \dfrac{0.434}{\log T} \times k_2\sqrt{1+\dfrac{1}{T}}$	(17・6)
$\sigma_T = k_3 T$	セルの位置決めの不確かさ，光源強度の変動	$\dfrac{\sigma_c}{c} = \dfrac{0.434}{\log T} \times k_3$	(17・7)

注：σ_T は透過率の標準偏差，σ_c/c は濃度の相対標準偏差，T は透過率であり，k_1, k_2, k_3 は機器の定数である．

---

1) **用語** 本節の文脈において，ノイズ (noise) とは，電気的変動による機器出力のランダムな変動，および溶液の温度，光線上のセルの位置や光源の出力などのランダムな変動を意味する．旧式の計測器を用いる場合には，作業者が計測器を読み取る方法もノイズにつながる．
2) 分光測光による濃度測定の誤差は，透過率 T (吸光度) の大きさに依存し複雑な関係にある．すなわち，その誤差は，T と無関係でもありうるし，$\sqrt{T^2+T}$ に比例することもあれば T に比例することもある．
3) より詳細には以下を参照．J. D. Ingle, Jr., S. R. Crouch, "Spectrochemical Analysis", Ch. 5, Prentice Hall, Englewood Cliffs, NJ (1988). J. Galbán, S. de Marcos, I. Sanz, C. Ubide, J. Zuriarrain, *Anal. Chem.*, **79**, 4763 (2007), DOI: 10.1021/ac071933h.
4) L. D. Rothman, S. R. Crouch, J. D. Ingle, Jr., *Anal. Chem.*, **47**, 1226 (1975), DOI: 10.1021/ac60358a029.

能が多少制限された機器では，このような偶然誤差が散見される．読み取り値の再現性はアナログメーターの最大の値の数十分の一以下であり，誤差の大きさは目盛り全体にわたり同じである．一般的な安価な機器の標準偏差は，約 0.003（$\sigma_T = \pm 0.003$）である．

> **例題 17・2**
>
> 透過率範囲全体にわたって絶対標準偏差 ±0.003 を示す機器で分光分析を行った．試料溶液の吸光度が (a) 1.000 および (b) 2.000 である場合，濃度の相対標準偏差を求めよ．
>
> **解 答**
>
> (a) 吸光度を透過率に変換する．
> $$\log T = -A = -1.000$$
> $$T = \text{antilog}(-1.000) = 0.100$$
>
> この機器では，$\sigma_T = k_1 = \pm 0.003$（表 17・2 を参照）であるため，この値と $T = 0.100$ を (17・4) 式に代入する．
>
> $$\frac{\sigma_c}{c} = \frac{0.434}{\log 0.100}\left(\frac{\pm 0.003}{0.100}\right) = \pm 0.013 \quad (1.3\%)$$
>
> (b) $A = 2.000$ では，$T = \text{antilog}(-2.000) = 0.010$
>
> $$\frac{\sigma_c}{c} = \frac{0.434}{\log 0.010}\left(\frac{\pm 0.003}{0.010}\right) = \pm 0.065 \quad (6.5\%)$$

図 17・6 の曲線 A としてプロットされたデータは，例題 17・2 の値を用いて同様の計算から得られたものである．濃度の相対標準偏差は，吸光度約 0.5 で最小値をとり，吸光度が約 0.1 未満または約 1.5 を超えると急速に増加する．

図 17・7(a) は，吸光度の関数として実験的に決定した濃度の相対標準偏差のプロットである．このプロットは，図 16・27 に示したものと同様の分光光度計で得られたが，デジタル表示ではなく旧式のアナログメーターが使用されていた．図 17・7(a) と図 17・6 の曲線 A との間の顕著な類似点が示すことは，いずれも使用した機器の透過率の絶対偶然誤差（約 ±0.003）の影響を受けており，この誤差は透過率の大きさとは無関係であることである．この誤差の原因は，おそらく手動で透過率の値を測定するときに生じる，再現性の限界によるものであろう．図 16・27 に示したようなデジタル表示で値を読み取る場合は，この種の誤差の影響を受けにくい．

また，多くの赤外分光計も，透過率の大きさとは無関係の偶然誤差を示す．赤外分光計の誤差要因は熱検出器にある．この種類の変換器の出力における変動（ゆらぎ）は，出力とは無関係である．実際，赤外線が放射されていなくても，検出器では熱によるゆらぎが観測される．赤外分光計によるデータのプロットも，図 17・7(a) と形は似てい

る．しかし，赤外線測定では標準偏差が大きいため，曲線は上方向にずれている．

ii) $\sigma_T = k_2\sqrt{T^2 + T}$ **の場合の濃度誤差**：この場合の偶然誤差は，最高性能の分光光度計の特徴である．これは光電子

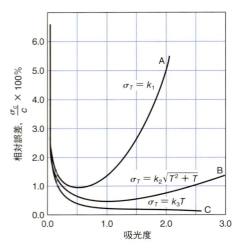

図 17・6　各条件下での機器由来の不確かさによる誤差曲線

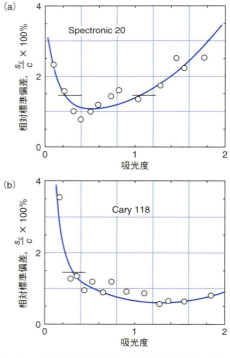

図 17・7　2 種類の分光光度計の吸光度に対する濃度の相対的な誤差に関する実験曲線．(a) Spectronic 20，低コストの機器（図 16・27 参照），(b) 研究向け高性能機器 Cary 118 で得られたデータ [W. E. Harris, B. Kratochvil, "Introduction to Chemical Analysis", p. 384, Saunders College Publishing, Philadelphia (1981) より]

増倍管および光電管の出力が平均値を中心としてランダムに変動するショットノイズに由来する．表17・2の(17・6)式に，ショットノイズが濃度測定の相対標準偏差に及ぼす影響を示す．この関係のプロットを，図17・6に曲線Bとして表す．このプロットでは，高性能分光光度計で一般的な値の $k_2=\pm 0.003$ を用いている．また，図17・7(b)には，高性能な紫外・可視分光光度計で得られた実験データのプロットを示す．安価な機器とは対照的に，データの質を大きく低下させることなく，2.0以上の吸光度が測定できる．

iii) $\sigma_T=k_3T$ の場合の濃度誤差：(17・4)式に $\sigma_T=k_3T$ を代入すると，誤差から生じる濃度の相対標準偏差は，透過率の対数に反比例する(表17・2の17・7式)．(17・7)式をプロットした図17・6の曲線Cは，この誤差が低い吸光度(高い透過率)では影響が大きいが，高い吸光度では0に近づくことを示している．

高性能のダブルビーム方式の機器で得られる測定値の精度は，低い吸光度では，(17・7)式によって記述されることが多い．反復測定を行う際，光線に対してセルを再現性よく配置することができないため，このような誤差が生じる．このセルの配置依存性はおそらく，ホルダーにセットするセルの位置のわずかな違いにより，光学窓全体で反射損失と透明度が一様でないという不完全性により生じる．

一般的な方法で行った吸光度測定の精度と，セルにまったく触れずにシリンジで同一の溶液を注入し測定した場合の精度を比較することによって，(17・7)式を評価することが可能である．高性能分光光度計を用いたこのような実験から得られた k_3 の値は 0.013 であった[5]．この数値を(17・7)式に代入すると，図17・6の曲線Cが得られた．こうしたセルの配置による誤差は，測定のたびにセルを再配置するような分光光度測定で発生する．

また，光源強度の変動によっても，(17・7)式によって記述される誤差が生じる．このような誤差は，不安定な電源装置を備えた安価なシングルビーム方式の機器および赤外分光計で見られることがある．

17・1・3 分光光度滴定

滴定の当量点を決定するのに分光光度測定を用いることを，**分光光度滴定**(spectrophotometric titration)または光度滴定という[6]．この場合，一つ以上の反応物または生成物が光を吸収するか，分析対象を含む溶液に指示薬を添加する必要がある．

a. 滴定曲線 光度滴定曲線とは，滴定試薬の量に対して吸光度(体積変化に対して補正した値)をプロットした曲線である．条件を適切に選択すると，傾きの異なる二つの直線領域から構成される曲線となる．一つの直線領域は滴定の当量点より前にあり，もう一つの直線領域は当量点を超えたところにある．終点は，2本の直線を伸ばしたときの交点である．

図17・8に標準的な光度滴定曲線を示す．図17・8(a)は，非光吸収分子種を光吸収性滴定試薬で滴定し，生成物が非光吸収性の場合の光度滴定曲線である．三ヨウ化物イオンによるチオ硫酸イオンの滴定はその一例である．図17・8(b)は，反応物が非光吸収性で，生成物が光吸収性の場合の光度滴定曲線である．例として，ヨウ素酸イオン標準液によるヨウ化物イオンの滴定があり，光吸収性の三ヨウ化物を形成する．他の図では，反応物，滴定試薬，生成物の光吸収性がそれぞれ異なる組合わせの場合に得られる曲線を示す．

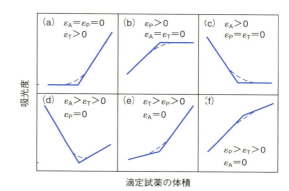

図17・8 一般的な光度滴定曲線．滴定される物質(反応物)，生成物，滴定試薬のモル吸光係数は，それぞれ $\varepsilon_A, \varepsilon_P, \varepsilon_T$ である．

当量点の判別が可能な直線部分をもつ滴定曲線を得るには，光吸収する反応溶液がランベルト-ベールの法則に従わなければならない．さらに，吸光度は，測定した吸光度に $(V+v)/V$ を掛けることによって体積変化に対して補正する必要がある．ここで V は滴定前の溶液の体積であり，v は添加された滴定試薬の体積である．ランベルト-ベールの法則に厳密には従わないような反応系であっても，場合によっては適切な終点が得られる．滴定曲線の傾きの急激な変化は，終点となる体積の位置を示す．

b. 光度滴定の応用 光度滴定では，いくつかの測定値から得られたデータを使用して終点を決定するため，単一試料による吸光分光法よりも正確な結果が得られることが多い．

光度滴定による終点の決定は，さまざまな種類の反応に適用されてきた．たとえば，多くの酸化剤は特徴的な吸収スペクトルをもつため，光度滴定で決定可能な終点が存在する．標準的な酸または塩基は光吸収を示さないが，酸塩基指示薬を添加することにより，吸光分光法による酸塩基滴定が可能になる．光度滴定による終点の決定は，エチレンジアミン四酢酸(EDTA)および他の錯形成試薬を用いる

---

5) 文献4)を参照．
6) 詳細は以下参照．J. B. Headridge, "Photometric Titrations", Pergamon Press, New York (1961).

滴定においておおいに役立っている．図 17・9 に，Bi^{3+} および Cu^{2+} の逐次滴定における例を示す．波長 745 nm では，金属陽イオン（Bi^{3+}，Cu^{2+}），滴定試薬（EDTA），ビスマス錯体は吸収を示さないが，銅錯体は吸収を示す．したがって，ビスマス–EDTA 錯体（$K_f=6.3\times10^{22}$）が形成される滴定の前半部分では，原則的にすべてのビスマスが滴定されるまで，溶液は光吸収を示さない．しかし，銅錯体（$K_f=6.3\times10^{18}$）が形成され始めると，吸光度の増加が起こる．この増加は銅当量点に達するまで続くが，滴定試薬をさらに添加しても，これ以上の吸光度の変化は起こらない．図 17・9 に示すように，明確に判定できる二つの終点が認められる．

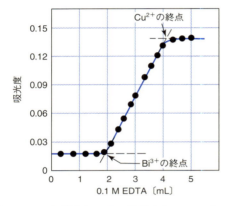

図 17・9 Bi^{3+} 濃度および Cu^{2+} 濃度が 2.0×10^{-3} M の溶液 100 mL の波長 745 nm における光度滴定曲線 [A. L. Underwood, *Anal. Chem.*, **26**, 1322 (1954), DOI: 10.1021/ac60092a017 より．©1954 American Chemical Society]

17・1・4 分光光度法による錯イオンの研究

[1]　分光光度法は，溶液中の錯イオンの組成とその錯体の生成定数を求めるための重要な手法である．この手法の利点は，化学平衡を乱すことなく定量的な吸光測定が行えるという点にある．分光光度法による錯体の研究では，多くの場合，反応物や生成物が光吸収を示すが，光を吸収しない場合であっても工夫することにより測定が可能となる．たとえば，鉄(II)と非光吸収配位子との錯体の組成および生成定数は，光を吸収する 1,10-フェナントロリンの鉄(II)錯体の溶液に，非光吸収配位子を添加した際の吸光度の減少を測定することにより求められる．この手法では，鉄(II)の 1,10-フェナントロリン錯体の組成（1：3）とその生成定数（$K_f=2\times10^{21}$）の値が必要となる．

錯イオンの研究に用いられる最も一般的な手法は，1) 連続変化法，2) モル比法，3) 傾斜比法の三つである．以下に金属イオン–配位子錯体について，これらの方法を説明するが，原理は他の錯体でも同様である．

a. 連続変化法　　連続変化法（continuous variation method）では，分析モル濃度が同一の陽イオン溶液と配位子溶液を用いて，混合溶液を複数調製する．このとき，各混合溶液の体積および混合溶液中の陽イオンと配位子の全反応物の物質量は一定であるが，陽イオンと配位子のモル比が，たとえば 1：9，2：8，3：7 のように系統的に変化するように調製する．次に，各混合溶液の吸光度を適切な波長で測定し，その値から陽イオン溶液および配位子溶液単独で測定した吸光度を差し引いて補正する．補正した吸光度を，反応物の体積分率，たとえば $V_M/(V_M+V_L)$ に対してプロットする．ここで，V_M は陽イオン溶液の体積であり，V_L は配位子溶液の体積である．一般的な連続変化法のプロットを図 17・10 に示す．錯体中の金属イオン（M）と配位子（L）との組成比に対応する体積比 V_M/V_L で最大値（または錯体が反応物よりも光吸収する場合は最小値）となる．図 17・10 で，$V_M/(V_M+V_L)$ は 0.33 で，$V_L/(V_M+V_L)$ は 0.66 である．したがって，V_M/V_L は 0.33/0.66 であり，錯体の化学式が ML_2 であることを示している．

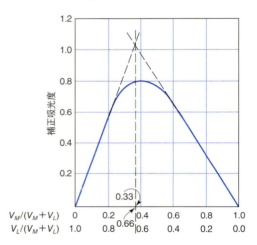

図 17・10 1：2 錯体 ML_2 の連続変化プロット

図 17・10 の曲線の屈曲は，錯形成反応の不完全性によるものである．錯体の生成定数は，理論的な直線からの偏差を測定することにより求められる．理論的な直線とは，配位子と金属との反応が完全に起こったと仮定した場合の曲線のことである．

b. モル比法　　モル比法（mole-ratio method）では，一方の反応物（通常は金属イオン）の分析モル濃度が一定に保たれ，もう一方の反応物の分析モル濃度が変化する溶液を複数調製する．次に，反応物のモル比に対する吸光度のプロットを作成する．錯体の生成定数が理論上適切であれば，錯体中の金属イオンと配位子の結合比に対応するモル比で交差する，傾きの異なる二つの直線が得られる．代

---

[1] 溶液中の錯体の組成は，錯体を純粋な化合物として実際に単離することなく定量できる．

表的なモル比プロットを図 17・11 に示す．1:2 錯体では，当量点を超えた領域で傾きが 0 より大きいことから，配位子が選択した波長の光を吸収している．一方，1:1 錯体では，吸光度の初期値が 0 より大きいため，錯形成していない陽イオンが光を吸収することを示している．

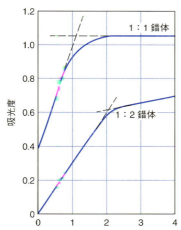

図 17・11 1:1 錯体と 1:2 錯体のモル比プロット．二つの錯体のうち，1:2 錯体の実験曲線の方が推定直線に近く，反応がより完全であることがわかる．曲線が推定直線に近づくほど，錯体の生成定数は大きくなり，直線からのずれが大きければ大きいほど，錯体の生成定数は小さくなる．

錯体の生成定数は，モル比プロットの曲線の屈曲部分から求められる．

モル比プロットは，二つ以上の錯体の段階的な形成を明らかにすることができるが，それは錯体が異なるモル吸光係数をもち，その生成定数が互いに十分に異なる場合に限られる．

例題 17・3

図 17・11 に示す 1:2 錯体の形成反応におけるすべての分子種の平衡モル濃度を求めるための式を記せ．

解 答

条件に基づき，二つの物質収支の式を記述する．すなわち，反応は，

$$M + 2L \rightleftharpoons ML_2$$

であるので，以下の式が導き出される．

$$c_M = [M] + [ML_2]$$
$$c_L = [L] + 2[ML_2]$$

ここで，c_M と c_L はそれぞれ，M と L の反応前のモル濃度である．厚さ 1 cm のセルにおける溶液の吸光度は，

(例題 17・3 解答つづき)

$$A = \varepsilon_M[M] + \varepsilon_L[L] + \varepsilon_{ML_2}[ML_2]$$

である．図 17・11 のモル比プロットから $\varepsilon_M = 0$ であることがわかる．曲線内の 2 本の直線部分から ε_{ML} と ε_{ML_2} の値が求められる．プロットの曲線領域において A を 1 回以上測定すると，三つの平衡モル濃度，したがって錯体の生成定数を求めるために十分なデータが得られる．

c. 傾斜比法 傾斜比法 (slope-ratio method) は，結合が弱い錯体に対して特に有用であるが，単一の錯体が形成される系にのみ適用可能である．傾斜比法は，1) 錯形成反応を完全に完了させるため，いずれかの反応物を大過剰に添加すること，2) これらの状況下でランベルト－ベールの法則に従うこと，3) 錯体のみが選択された波長で光吸収することが前提条件となる．

x mol の陽イオン M と y mol の配位子 L が反応し，M_xL_y 錯体が形成される反応を考える．

$$xM + yL \rightleftharpoons M_xL_y$$

この系の物質収支の式は次のとおりである．

$$c_M = [M] + x[M_xL_y]$$
$$c_L = [L] + y[M_xL_y]$$

ここで，c_M および c_L は，二つの反応物の分析モル濃度である．ここで，c_L が非常に高い場合を考える．平衡は右に大きく傾き，$[M] \ll x[M_xL_y]$ と仮定する．この条件下では，最初の物質収支の式は，

$$c_M = x[M_xL_y]$$

と簡略化できる．系がランベルト－ベールの法則に従うならば，

$$A_1 = \varepsilon b[M_xL_y] = \varepsilon b c_M / x$$

である．ここで ε は M_xL_y のモル吸光係数であり，b は光路長である．$[M] \ll x[M_xL_y]$ という仮定を正当化するのに十分な L が存在する場合，c_M の関数としての吸光度のプロットは直線であり，このプロットの傾きは $\varepsilon b/x$ である．

次に，c_M が非常に大きい場合を考える．$[L] \ll y[M_xL_y]$ と仮定すると，二つ目の物質収支の式は，

$$c_L = y[M_xL_y]$$

になり，

$$A_2 = \varepsilon b[M_xL_y] = \varepsilon b c_L / y$$

となる．$[L] \ll y[M_xL_y]$ という仮定が妥当であれば，c_L に

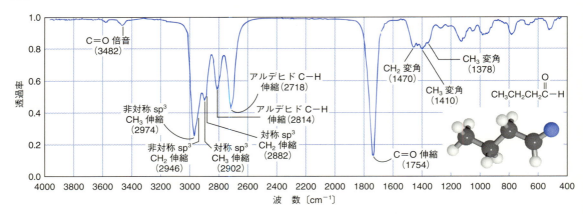

図17・12　n-ブタナール（n-ブチルアルデヒド）の赤外吸収スペクトル．縦軸は透過率がプロットされている．横軸の波数は振動数に比例するので，エネルギーに比例する．最新の赤外分光計は，縦軸を透過率または吸光度，横軸を波数または波長としたデータがプロットされる．赤外吸収スペクトルは，通例として，右から左に向かって振動数が増加するようにプロットされる．初期の赤外分光計では，左から右に波長が増加するスペクトルが作成されたが，右から左へ増加する振動数スケールへと変換した．いくつかの吸収バンドは，吸収バンドを生成する振動モードでラベル付けされていることに注意が必要である［NIST Mass Spec Data Center, S. E. Stein, director, "Infrared Spectra," in NIST Chemistry WebBook, NIST Standard Reference Database Number 69, P. J. Linstrom, W. G. Mallard, eds., National Institute of Standards and Technology, Gaithersburg MD, March 2003（http://webbook.nist.gov）より］

対する A のプロットは，M が高濃度のとき直線であることがわかる．この直線の傾きは $\varepsilon b/y$ である．

二つの直線の傾きの比は，M と L との組成比を与える．

$$\frac{\varepsilon b/x}{\varepsilon b/y} = \frac{y}{x}$$

17・2　赤外分光法

O_2，N_2，Cl_2 などの一部の等核二原子分子を除くすべての分子種は赤外線を吸収する．そのため，赤外分光法は，純粋な有機化合物および無機化合物を識別するための強力な手法である．さらに，結晶状態のキラル分子を除いて，すべての分子性化合物は固有の赤外吸収スペクトルを示す．したがって，既知の構造の化合物のスペクトルと分析対象のスペクトルが正確に一致すれば，分析対象を明確に特定できる．

赤外分光法は感度が低く，ランベルト-ベールの法則に従わないことが多いので，紫外・可視分光法と比べると，定量分析には一般的に向いていない．さらに，赤外分光法における吸光度の測定値は正確性に欠ける．それでも，高い精度が必要でない場合には，赤外吸収スペクトル特有の性質によってこれらの望ましくない特徴が相殺され，定量分析の選択肢の一つになりうる[7]．

17・2・1　赤外吸収スペクトル

赤外線のエネルギーは，振動遷移と回転遷移を励起できるが，電子遷移を励起するには不十分である．図17・12に示すように，赤外吸収スペクトルは，さまざまな振動エネルギー準位間の遷移に起因する狭く密接した吸収ピークを示す．さらに，各振動状態に複数の回転準位が存在し，複数の吸収ピークが生じる可能性がある．しかしながら，液体または固体の試料では，回転が妨げられたり抑制されたりするため，回転準位に起因する小さなエネルギー差の影響は検出されない．したがって，図17・12のような液体の一般的な赤外吸収スペクトルは，一連の振動バンドからなる．

分子が振動するパターンは，原子の数，すなわち分子に含まれる結合の数に関連している．単純な分子でさえ，想定される振動の種類は多く存在する．たとえば，n-ブタナール $CH_3CH_2CH_2CHO$ は，33個の振動モードがあり，エネルギーが互いに大きく異なる．これらの振動のすべてが赤外線を吸収するわけではないが，図17・12に示すように，n-ブタナールは比較的複雑なスペクトルとなる．

赤外吸収は，有機分子だけでなく，長波長の赤外領域で活性化する共有結合した金属錯体でも起こる．赤外吸収を用いる研究により，金属イオン錯体に関する重要な情報が得られる．

17・2・2　赤外分光法の定性分析の応用

比較的単純な化合物であっても，赤外吸収スペクトルには驚くほど多くの鋭いピークとピーク間の谷間が存在する．官能基の同定に用いられるピークは，赤外線の短い波長領域（約 2.5～8.5 μm）に位置し，ピークの位置は分子

---

[7] 赤外分光法について詳しくは以下を参照. N. B. Colthup, L. H. Daly, S. E. Wiberley, "Introduction to Infrared and Raman Spectroscopy, 3rd ed.", Academic Press, New York (1990).

コラム 17・1　FT-IR 分光計による赤外スペクトル測定

コラム 16・2 では，測定したインターフェログラムから振動数スペクトルを得るためのマイケルソン干渉計の基本動作原理とフーリエ変換の方法について述べた．図 17C・1 に，マイケルソン干渉計の光学図を示す．干渉計は，平行に並んだ二つの干渉計からなる．一つは赤外光源からの赤外線を変調して試料に照射する．もう一つは赤外検出器からデータを取得するために，He-Ne レーザーからの二色光を変調して参照となる信号を検出する．検出器の出力はデジタル化され，記録される．

赤外スペクトルを得るための第 1 段階は，試料を含まないセルを用いてバックグラウンドのインターフェログラムを測定することである．次に，セルに試料を入れ，インターフェログラムを測定する．図 17C・2(a) は，試料に塩化メチレン CH_2Cl_2 を用いて，FT-IR 分光計で測定したインターフェログラムである．次に，それぞれのインターフェログラムにフーリエ変換を行い，バックグラウンドの赤外吸収スペクトルと試料の赤外吸収スペクトルを計算する．最後に，二つのスペクトルの差を計算して，図 17C・2(b) に示すような分析対象の赤外吸収スペクトルを得る．

塩化メチレンの赤外吸収スペクトルは，ほとんどノイズが含まれていない．インターフェログラムは数秒でスキャンすることができるため，インターフェログラムを短時間で複数回スキャンして積算し，コンピューターのメモリーに保存することができる．この過程は**信号の平均化** (signal averaging) とよばれ，これにより，インターフェログラムのノイズは低減し，スペクトルの信号対ノイズ比が改善される．このようなノイズの低減と測定時間の高速化により，フェルゲットの利得とジャキノの優位性 (コラム 16・2 を参照) と相まって，FT-IR 分光器は，定性分析および定量分析のために広く用いられている．

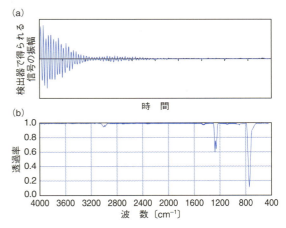

図 17C・1　基本的な FT-IR 分光計の装置図．光源からのすべての振動数を含む赤外線が放出され，干渉計で反射し，左側の可動鏡によって変調される．変調された赤外線は，次に，右側の二つのミラーで反射し，下部の試料容器内の試料を透過して検出器に到達する．検出器に取付けられたコンピューターシステムは，検出器からの信号を記録し，インターフェログラムとしてメモリーに保存される [Thermo Fisher Scientific より]．

図 17C・2　(a) FT-IR 分光計により得られた塩化メチレンのインターフェログラム．データは，干渉計の可動鏡の変位（距離）またはそれにかかる時間に対して，検出器における信号の出力を示している．(b) (a) のデータのフーリエ変換により得られた塩化メチレンの赤外吸収スペクトル．時間に対する検出器の信号強度から試料のインターフェログラムを取得し，そこからバックグラウンドのインターフェログラムを引いた後，適切に縦軸の強度補正を行う．そしてフーリエ変換を行い，振動数あるいは波数に対する透過率のスペクトルを得る．

の炭素骨格によってわずかに影響を受けるのみである．したがって，このスペクトル領域には，分析中の分子の全体的な構造に関する情報が豊富に含まれている．表 17・3 に，一般的な官能基に特徴的なピークの位置を示した[8]．

ある分子に含まれる官能基を同定するだけでは，その分子を完全に決定することはほとんど不可能である．分子構造の決定には波長 2.5～15 μm 間の全スペクトルを既知の

---

8) より詳細な情報については以下を参照．R. M. Silverstein, F. X. Webster, D. Kiemle, "Spectrometric Identification of Organic Compounds, 7th ed.", Ch. 2, Wiley, New York (2005).

化合物のスペクトルと比較しなければならない．そこで，化合物の同定にはスペクトルのデータベースを利用する[9]．

表17・3　いくつかの特徴的な赤外吸収ピーク

官能基		吸収ピーク	
		波数〔cm^{-1}〕	波長〔μm〕
O–H	脂肪族および芳香族	3600〜3000	2.8〜3.3
NH$_2$	第二級および第三級も含む	3600〜3100	2.8〜3.2
C–H	芳香族	3150〜3000	3.2〜3.3
C–H	脂肪族	3000〜2850	3.3〜3.5
C≡N	ニトリル	2400〜2200	4.2〜4.6
C≡C–	アルキン	2260〜2100	4.4〜4.8
COOR	エステル	1750〜1700	5.7〜5.9
COOH	カルボン酸	1740〜1670	5.7〜6.0
C=O	アルデヒドおよびケトン	1740〜1660	5.7〜6.0
CONH$_2$	アミド	1720〜1640	5.8〜6.1
C=C–	アルケン	1670〜1610	6.0〜6.2
Ph–O–R	芳香族	1300〜1180	7.7〜8.5
R–O–R	脂肪族	1160〜1060	8.6〜9.4

17・2・3　赤外分光法の定量分析への応用

赤外分光法の定量分析への応用は，スペクトルの複雑さ，吸収バンドの狭さ，スペクトル領域の測定に利用可能な機器の性能において，紫外・可視吸光法とは多少異なる[10]．

a. 吸光度の測定　同一の透過特性をもつセルを得ることは困難であるため，赤外線による吸光度測定では，溶媒（ブランク）と分析対象物質それぞれに異なるセルを用いることはない．この問題の一部は，大気中および試料中の湿気の影響で，赤外用セルの光学窓（研磨された塩化ナトリウムが一般的）の透明性が低下することに起因する．さらに，赤外用セルの厚さは1 mm未満のものが多いため，光路長を再現しにくい．このような薄いセルを扱う際は，測定可能な強度の赤外線を得るために，純粋な試料または非常に濃縮された分析対象を含む溶液が必要になる．紫外・可視分光法で行われるような希薄な分析対象しか含まない溶液の測定は，赤外スペクトルの広範囲にわたって透過する良好な溶媒がほとんどないため通常は困難である．

これらの理由から，赤外分光分析で定量分析する場合は，参照とする光吸収物質をまったく必要としないことが多く，試料を透過する赤外線の強度と障害物のない場合の強度が単純に比較される．あるいは，塩の結晶板を参照として用いてもよい．いずれにしても，結果として生じる透過率は，完全に透明な試料のスペクトル領域でさえ，100％未満であることが多い．

b. 定量分析への応用例　ほとんどすべての分子種が赤外領域を吸収するため，赤外分光法は，非常に多数の物質を同定できる．さらに，赤外スペクトルは分子固有の情報を含むため，いくつかの他の分析方法と比べて同等または優位な情報を与える．この特性は，非常に似通った有機化合物の混合物の分析に特に利用されている．

近年，大気汚染物質に対する規制強化により，さまざまな化合物のための，高感度で迅速かつ高度に特異的な方法の開発が求められている．赤外吸収による測定は，これらの条件に合致しており，単一の分析手段として最も優れていると考えられる．

表17・4は，各分析対象に対して個別の干渉フィルターを備えた簡易的なポータブルフィルター光度計で測定できる大気汚染物質の種類を示している．米国労働安全衛生庁（OSHA）によって最大許容限度が設定された400以上の化学物質のうち，半分以上が赤外吸収測定または赤外分光

表17・4　米国労働安全衛生庁遵守のための赤外線蒸気分析の例[a]

化合物	許容露出〔ppm〕[†1]	波長〔μm〕	検出限界濃度〔ppm〕[†2]
二硫化炭素	4	4.54	0.5
クロロプレン	10	11.4	4
ジボラン	0.1	3.9	0.05
エチレンジアミン	10	13.0	0.4
シアン化水素	4.7[†3]	3.04	0.4
メタンチオール	0.5	3.38	0.4
ニトロベンゼン	1	11.8	0.2
ピリジン	5	14.2	0.2
二酸化硫黄	2	8.6	0.2
塩化ビニル	1	10.9	0.3

a) Foxboro Company, Foxboro, MA 02035 より
†1　1992-1993 OSHAの暴露限界は8時間の加重平均である．
†2　20.25 mセルの場合．
†3　短期暴露限界：作業中超過してはならない．15分の時間加重平均．

9) 以下を参照．"Sadtler Standard Spectra", Informatics/Sadtler Group, Bio-Rad Laboratories, Philadelphia, PA. C. J. Pouchert, "The Aldrich Library of Infrared Spectra, 3rd ed.", Aldrich Chemical, Milwaukee, WI (1981). "NIST Chemistry WebBook", NIST Standard Reference Database Number 69, Gaithersburg, MD, National Institute of Standards and Technology, 2008 (http://webbook.nist.gov).

10) 定量的赤外分光法については以下を参照．A. L. Smith, "Treatise on Analytical Chemistry, 2nd ed.", ed. by P. J. Elving, E. J. Meehan, I. M. Kolthoff, Part I, Vol. 7, p. 415-56, Wiley (1981) New York.

測定に適した吸収特性を示す．非常に多くの化合物が赤外吸収を示すため，ピークが重なることがよくある．このような潜在的な問題があるにもかかわらず，この方法の選択性は適度に高い．

17・3 蛍光法

17・3・1 蛍光(分子)の原理

分子が発する蛍光は，励起波長とよばれる吸収波長で試料を励起し，発光波長または蛍光波長とよばれる，より長波長での発光により測定される．たとえば，補酵素であるニコチンアミドアデニンジヌクレオチド(NADH)の還元型は励起波長 340 nm の光を吸収し，波長 465 nm に発光極大をもつ光を放出する．通常，発光は入射光に対して垂直方向で測定し，入射光が検出器に進入するのを防ぐ(図 16・18 b 参照)．**蛍光**(fluorescence) は発光の寿命が短く，**りん光** (phosphorescence) は長い．

a. 緩和過程　図 17・13 に，ある分子種のエネルギー準位の一部を示す．三つの電子状態が示されており，基底状態のエネルギーを E_0，励起状態のエネルギーを E_1, E_2 とする．各電子状態は，四つの励起振動エネルギー準位をもつものとする．この分子種に波長 $\lambda_1 \sim \lambda_5$ (図 17・13 a 参照) の光を照射すると，基底状態にある電子が第 1 電子励起状態 E_1 に重畳する五つの振動状態に一時的に遷移する．同様に，より短い波長 $\lambda_1' \sim \lambda_5'$ のより高エネルギーの光を分子に照射すると，より高エネルギーの電子励起状態 E_2 に重畳する五つの振動エネルギー準位に一時的に遷移する．

分子が E_1 または E_2 の励起状態になると，分子がその過剰エネルギーを放出するためいくつかの過程を経る．そのうち最も重要な二つの過程は，**無放射緩和** (nonradiative relaxation) と**蛍光発光** (fluorescence emission) であり，図 17・13 (b), (c) に示す．

最も重要な二つの無放射緩和過程を図 17・13(b) に示す．**振動緩和** (vibrational relaxation) は振動準位間の短い波矢印によって示されており，励起分子と溶媒分子との衝突によって起こる．電子が高い電子エネルギー状態に励起された後，低い電子エネルギー状態へ遷移する無放射緩和も起こりうる．この緩和は，**内部転換** (internal conversion) ともよばれ，図 17・13(b) の二つの長い波矢印で示されている．内部転換は振動緩和よりもはるかに効率が悪く，電子励起状態の平均寿命は $10^{-9} \sim 10^{-6}$ 秒である．これら二つの緩和過程が起こる正確なメカニズムはいまだ明らかにされていないが，最終的には媒体の温度がわずかに上昇する．

もう一つの緩和過程である蛍光発光を図 17・13 (c) に示す．ほとんどの場合，蛍光は，励起準位中で最も低い

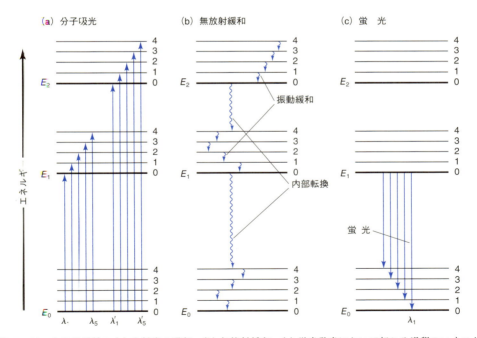

図 17・13　ある分子種の (a) 入射光の吸収，(b) 無放射緩和，(c) 蛍光発光において起こる過程のいくつかをエネルギー準位図に示す．一般的には 10^{-15} 秒で吸収が起こり，$10^{-11} \sim 10^{-10}$ 秒で振動緩和が起こる．異なる電子状態間の内部転換もまた非常に速く (10^{-12} 秒)，蛍光寿命は通常 $10^{-10} \sim 10^{-5}$ 秒である．

---

1) 蛍光発光は 10^{-5} 秒以内に起こる．対照的に，りん光は数分または数時間も持続することがある．蛍光は，りん光よりもはるかに多く化学分析に使用されている．

第1電子励起状態 E_1 から基底状態 E_0 に電子が戻る際に観察される．また，内部転換および振動緩和は蛍光と比較して非常に迅速であるため，通常，蛍光は，E_1 の最低振動エネルギー準位から E_0 の個々の振動エネルギー準位間への遷移で発生する．したがって，蛍光スペクトルは，通常，E_1 の最低振動エネルギー準位から E_0 のさまざまな振動エネルギー準位への遷移を表す，多くの密集した線スペクトルからなる単一のバンドスペクトルとなる．

分子の蛍光スペクトルは，励起光の吸収波長よりも，一般に，長波長で高振動数であり，エネルギーが低い．この短波長から長波長へのシフトは，**ストークスシフト**（Stokes shift）とよばれる．[1]

　i）**励起スペクトルと蛍光スペクトルとの関係**：振動状態間のエネルギー差は，基底状態と励起状態でほぼ同じであるため，ある化合物の吸収スペクトルすなわち**励起スペクトル**（excitation spectrum）と**蛍光スペクトル**（fluorescence spectrum）の形は非常によく似ている．すなわち二つのスペクトルは，E_1 の振動準位 0 と E_0 の振動準位 0 のエネルギー差を対称軸とする鏡像関係になる．この関係を，アントラセンのスペクトルを例として，図17・14 に示す．一方，励起状態と基底状態が異なる分子形状をもつ場合，または蛍光スペクトルが分子内の異なる部分に由来する場合などには，この鏡像関係は成立しない．

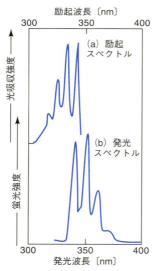

図 17・14　アルコール中の 1 ppm アントラセンの蛍光スペクトル

b. 蛍光分子種　図 17・13 に示すように，蛍光は，分子が光の吸収によって励起された後に基底状態に戻る，いくつかある緩和過程の一つである．すべての光吸収分子は蛍光を発する可能性があるが，ほとんどの化合物は蛍光を示さない．それは，これら化合物の構造上，蛍光放出よりも速い速度で無放射緩和が起こるためである．蛍光分子

の**量子収率**（quantum yield）は，励起された分子総数に対する蛍光を発した分子数の比，または吸収された光子数に対する放出された光子数の比で単純に表せる．フルオレセインなどの蛍光が強い分子は，ある条件下では量子収率が 1 に近づく．蛍光を発しないかまたは非常に弱い蛍光を示す分子種の量子収率は，基本的には 0 である．[2]

17・3・2　蛍光強度に対する濃度の影響

放出された蛍光の放射束 F は，系によって吸収された励起光の放射束に比例する．

$$F = K'(P_0 - P) \qquad (17・8)$$

ここで，P_0 は入射光の放射束であり，P は厚さ b の媒体を通過した後の光の放射束である．定数 K' は，蛍光の量子収率に依存する．F と蛍光を発する粒子の濃度 c の関係式を得るため，ランベルト-ベールの法則を以下のように書き換える．

$$\frac{P}{P_0} = 10^{-\varepsilon bc} \qquad (17・9)$$

ここで，ε は蛍光分子種のモル吸光係数であり，εbc は吸光度である．(17・9) 式を (17・8) 式に代入すると，次のようになる．

$$F = K'P_0(1 - 10^{-\varepsilon bc}) \qquad (17・10)$$

(17・10) 式の指数項を展開すると，

$$F = K'P_0\left[2.3\varepsilon bc - \frac{(-2.3\varepsilon bc)^2}{2!} - \frac{(-2.3\varepsilon bc)^3}{3!} - \cdots\right] \qquad (17・11)$$

となる．ここで，$\varepsilon bc = A < 0.05$ のとき，括弧内の最初の項 $2.3\varepsilon bc$ は後に続く項よりもはるかに大きいので，

$$F = 2.3K'\varepsilon bcP_0 \qquad (17・12)$$

と簡略化できる．また，P_0 が一定であった場合は，

$$F = Kc \qquad (17・13)$$

となる．

したがって，蛍光分子種の濃度に対して放出される蛍光の放射束をプロットすると，低濃度域では直線になる．c

---

[1] ストークスシフトした蛍光波長は，励起に必要な電磁波の波長よりも長い．

[2] 蛍光の**量子収率** (Φ_F) は下式で表される．

$$\Phi_\mathrm{F} = \frac{k_\mathrm{F}}{k_\mathrm{F} + k_\mathrm{nr}}$$

ここで，k_F は蛍光緩和の一次速度定数であり，k_nr は無放射緩和の速度定数である．

が大きくなり吸光度が約 0.05 を超える（または透過率が約 0.9 より小さい）場合，(17・13) 式で表される関係は非直線となり，F は期待される値より小さくなる．この効果は，より完全な (17・11) 式に示すように，入射光が非常に強く吸収され，蛍光がもはや濃度に比例しなくなる**一次吸収**（primary absorption）の結果である．

17・3・3　蛍光測定装置

蛍光測定装置にはいくつかの異なるタイプがあるが，いずれも図 16・18 (b) の一般的な模式図に準じるものである．代表的な機器の光学図を図 17・15 に示す．励起光用と蛍光用の二つの分光器が両方ともにフィルターである機器は**蛍光光度計**（fluorometer）とよばれる．両方の分光器がモノクロメーターである機器は**分光蛍光光度計**（spectrofluorometer）とよばれる．いくつかの機器はハイブリッド型であり，蛍光モノクロメーターとともに励起フィルターが使用されているものもある．蛍光測定装置は，時間および波長に依存する光源の放射束の変化を相殺するために，ダブルビーム方式が採用されている．光源のスペクトル分布を補正する機器を**補正分光蛍光光度計**（corrected spectrofluorometer）という．

蛍光スペクトル測定用の光源は，通常，一般的な吸収スペクトル測定用の光源より強力である．蛍光は，放出される放射束が光源の強度に比例する（17・12 式）．一方，吸光度は放射束の比に関連するため，光源強度とは本質的には無関係である．

このように光源強度に対する依存性が蛍光と吸光では異なるため，蛍光法は一般に，吸光法に比べて 1～3 桁高い感度をもつ．水銀アークランプ，キセノンアークランプ，キセノン水銀アークランプ，およびレーザーが，一般的な蛍光分光法の光源である．モノクロメーターと変換器は，通常，吸光光度計で使用されるものと同様である．光電子増倍管が，依然として高感度分光蛍光光度計に広く使用されているが，CCD およびホトダイオードアレイも近年普及している．蛍光光度計および分光蛍光光度計の精巧さ，性能特性，コストは，吸光分光計と同様に広範にわたる．一般に，蛍光測定装置は，同程度の品質の吸光測定装置よりも高価である．

17・3・4　蛍光法の応用

構造が似た分子はしばしば類似の蛍光スペクトルを示すため，分子の構造決定のような定性分析の道具として蛍光法を用いることは一般的でない．また，室温における溶液中の蛍光スペクトル幅は比較的広くなる．しかし，石油流出時における分子同定においては蛍光法が貴重な手法となったことが知られている．すなわち流出した試料と流出源と疑われる試料の蛍光スペクトルを比較することによって，石油流出源を同定できることが多い．これは，石油中に存在する多環芳香族炭化水素の振動構造の同定による[1]．

吸光分光法と同様に，化学平衡および反応速度論を研究するのにも蛍光法が用いられる．蛍光法は感度が高いため，低い濃度において化学反応を研究することができる．蛍光モニタリングを行えない多くの場合，蛍光プローブまたは蛍光タグをタンパク質などの特定の部位に共有結合させ，蛍光で検出できるようにする．これらの蛍光プローブを使用して，エネルギー移動過程，タンパク質の極性，反応部位間の距離に関する情報を得ることができる（たとえ

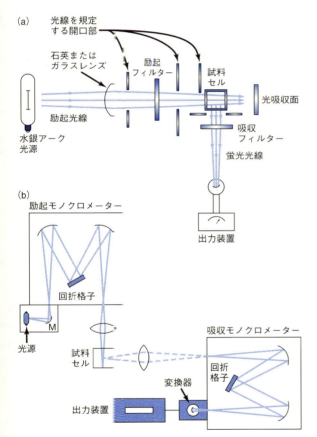

図 17・15 一般的な蛍光測定装置．フィルターを用いる蛍光光度計を (a) に示す．蛍光は，水銀アーク光源に対して直角に測定される．蛍光は全方向に放射されるが，光源に対して 90 度の方向で測定を行うことにより，検出器が光源の光を検出することを回避する．分光蛍光光度計 (b) は，回折格子をもつ二つのモノクロメーターを使用し，蛍光を入射光に対して直角に測定する．二つのモノクロメーターを用いることにより，励起スペクトル（発光波長固定で励起波長スキャン），発光スペクトル（励起波長固定で波長スキャン），または同期スペクトル（二つのモノクロメーター間での波長差を固定で励起・放射波長スキャン）のスキャンが可能である．

---

1) 流出した石油中にみられる典型的な多環芳香族炭化水素は，クリセン，ペリレン，ピレン，フルオレン，1,2-ベンゾフルオレンである．これらの化合物のほとんどは発がん性である．

コラム 17・2　神経生物学における蛍光プローブの使用 ―― 分析対象をプローブにより可視化

蛍光標識は，個々の細胞で起こる生命現象の研究を行うため広く使用されている．なかでも特にイオンプローブは，Ca^{2+} または Na^+ のような特定のイオンに結合すると，その励起スペクトルまたは蛍光スペクトルを変化させるという点で興味深い．これらのプローブは，個々のニューロンの異なる部分で濃度変化する現象を記録したり，ニューロンの集合体の活動を同時に観察したりするために使用されている．たとえば，神経生物学では，色素 Fura-2 を，薬理学的刺激または電気的刺激に伴う細胞内の遊離カルシウム濃度のモニタリングに使用している．ニューロンの特定の部位での蛍光変化を経時的に追跡することにより，カルシウム依存的な電気的現象が起こる時間や場所を特定できる．

Fura-2 を用いた研究が行われている細胞の一つに，中枢神経系で最も大きな小脳のプルキンエ細胞がある．この細胞に Fura-2 蛍光指示薬を添加すると，個々のカルシウム活動電位に対応する蛍光の急激な変化を測定できる．蛍光イメージング技術を用いると，この変化が細胞内の特定の部位と関連があることがわかる．図 17C・3 に蛍光画像 (右) と一過性の蛍光強度の変化を示す．蛍光強度の変化は，定常状態の蛍光強度に対する変化 $\Delta F/F$ として記録され，ナトリウムの活動電位の急激な上昇と相関する．これら蛍光強度変化の解釈は，シナプス活動の詳細を理解するうえで重要な意味をもつであろう．

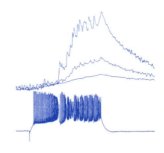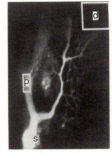

図 17C・3　小脳プルキンエ細胞の一過性カルシウム濃度変化．右の画像は，カルシウム濃度に応答する蛍光色素を添加した細胞の画像である．細胞内の領域 d, p, s で記録された蛍光強度変化を左上に表示した．領域 d の蛍光強度変化は，細胞の樹状突起領域に対応するものである．この特異的なカルシウムシグナルは，左下に示した活動電位と関連付けることができる [V. Lev-Ram, H. Miyakawa, N. Lasser-Ross, and W.N. Ross, *J. Neurophysiol.* **68**, 1167 (1992) より．©1992 American Physiological Society]

ば，コラム 17・2 参照)．

無機化合物，有機化合物，および生体分子について定量的蛍光法が開発されている．無機蛍光法は，直接法と間接法の 2 種類に分類することができる．直接法は，分析対象と錯形成試薬が蛍光性の錯体を形成する反応に基づいている．間接法は，分析対象と蛍光試薬との相互作用の結果として，蛍光が減少する (消光 quenching ともよばれる) ことに基づいている．消光法は，おもに陰イオンおよび溶存酸素の測定に使用される．陽イオンの測定に用いられる蛍光試薬の一部を図 17・16 にあげる．

遷移金属錯体の無放射緩和は非常に効率的であり，これらの分子種はほとんど蛍光を発しない．多くの遷移金属は紫外・可視領域の光を吸収するが，非遷移金属イオンは吸収をしないという点も重要である．このような性質から，蛍光法はしばしば陽イオンの定量に用いられる紫外・可視吸光法と相補的である．

蛍光法の有機および生化学的分野への応用は非常に多岐にわたる．蛍光によって定量できる化合物には，アミノ酸，タンパク質，補酵素，ビタミン，核酸，アルカロイド，ポルフィリン，ステロイド，フラボノイド，および多くの代謝産物が含まれる[11]．蛍光法は感度が高いため，液体クロマトグラフィー (第 20 章参照)，フロー分析法，電気泳動で使用される．さらに，蛍光強度の測定に基づく方法に加えて，蛍光寿命の測定を含む多くの方法がある．特定の化合物の蛍光寿命に基づいて画像を取得する顕微鏡がいくつか開発されている[12]．

図 17・16　金属陽イオン測定のための蛍光錯形成試薬の例．アリザリンガーネット R は，0.007 μg/mL という低い濃度で Al^{3+} を検出できる．アリザリンガーネット R を用いた F^- の検出は，Al^{3+} 錯体の蛍光の消光に基づく．フラバノールは，Sn^{4+} を 0.1 μg/mL の濃度で検出できる．

8-キノリノール
(Al, Be などの金属イオン用の試薬)

フラバノール
(Zr と Sn 用の試薬)

アリザリンガーネット R
(Al, F^- 用の試薬)

ベンゾイン
(B, Zn, Ge, Si 用の試薬)

11) 以下を参照．O. S. Wolfbeis, "Molecular Luminescence Spectroscopy: Methods and Applications", ed. by S. G. Schulman, Part I, Ch. 3, Wiley-Interscience, New York (1985).

12) 以下を参照．J. R. Lakowicz, H. Szmacinski, K. Nowacyzk, K. Berndt, M. L. Johnson, "Fluorescence Spectroscopy: New Methods and Applications", ed. by O. S. Wolfbeis, Ch. 10, Springer-Verlag, Berlin (1993).

表 17・5 原子分光法の分類

原子化の方法	典型的な原子化温度〔℃〕	分析法のタイプ	一般名と略語
高周波誘導結合プラズマ（ICP）	6000〜8000	発 光 質 量	誘導結合プラズマ原子発光分析法，ICP-AES 誘導結合プラズマ質量分析法，ICP-MS
炎（フレーム）	1700〜3150	吸 光 発 光 蛍 光	原子吸光分析法，AAS 原子発光分析法，AES 原子蛍光分析法，AFS
電気加熱	1200〜3000	吸 光 蛍 光	電気加熱式原子吸光分析法 電気加熱式原子蛍光分析法
直流プラズマ（DCP）	5000〜10,000	発 光	直流（DC）プラズマ発光分析法，DCP
アーク放電	3000〜8000	発 光	アーク放電発光分析法
スパーク放電	時間と位置により変わる	発 光 質 量	スパーク放電発光分析法 スパーク放電質量分析法

17・3・5 化学発光法

化学発光（chemiluminescence）は，化学反応によって生成した電子励起状態から基底状態に戻る際に光を放出する現象である．化学発光反応は多くの生体系で起こっており，この過程はしばしば**生物発光**（bioluminescence）とよばれる．生物発光を示す生物には，ホタル，ウミシイタケ，特定のクラゲ，細菌，原生動物，甲殻類などがいる[13]．

1)

分析用途で化学発光を用いる際の利点の一つは，必要となる機器が非常に単純であるということである．励起させるための外部光源は必要ないので，分析機器は反応容器と光電子増倍管のみで作製できる．扱う光は，対象とする化学反応によってひき起こされる発光のみであるため，一般に波長を選択するための素子は必要としない．

2)

化学発光法は感度が高いことが知られている．一般的な検出限界は，100 万分の 1 から 10 億分の 1 またはそれ以下の範囲である．用途には，窒素，オゾン，硫黄化合物の酸化物などのガスの測定，過酸化水素およびいくつかの金属イオンなどの無機物質の測定，イムノアッセイ，DNAプローブアッセイ，遺伝子増幅法（PCR）などがある[14]．

17・4 原子分光法

原子分光法（atomic spectroscopy）は，70 以上の元素の定性分析および定量分析に使用される．一般的には，ppm（100 万分の 1）から ppb（10 億分の 1）の量を測定することができ，場合によってはさらに低い濃度の検出も可能である．原子分光法はまた，迅速かつ簡便で，選択性も高い．原子分光法は，**原子分光分析法**[15]（optical atomic spectrometry）および**原子の質量分析法**（atomic mass spectrometry）の二つに分けられる．ここでは前者について述べる．

原子種の分光測定は，Fe^+，Mg^+，Al^+ など個々の原子やイオンが互いに一分にばらばらになった気体でのみ行うことができる．したがって，すべての原子分光分析法における最初の過程は**原子化**（atomization）とよばれる，試料を揮発させて分解し，気相の原子やイオンを生成する過程である．原子化の効率および再現性は，分析法の感度，精度，確度に大きな影響を及ぼす可能性があり，重要な過程である．原子化に使用されるいくつかの方法を表 17・5 に示す．誘導結合プラズマ（ICP），炎（フレーム），電気加熱は，最も広く使用されている原子化法である．

試料が気体原子またはイオンに変換されると，さまざまなタイプの分光法が適用可能になる．気相原子またはイオンでは，振動状態または回転エネルギー状態は存在しない．つまり，電子遷移のみが生じる．したがって，原子の発光スペクトル，吸収スペクトル，蛍光スペクトルは，限られた数の鋭い**スペクトル線**（spectral line）からなる．

---

1) ホタルは生物発光現象によって光を発生させる．ホタルの種が異なると，発光する時間も異なる．ホタルは同じ種とだけ交尾する．ふだん目にする生物発光反応はホタルが交尾相手を探しているときのものである．
2) 気体の測定を行う市販の分析装置のなかには化学発光に基づいているものがある．一酸化窒素 NO は，オゾン O_3 との反応により定量できる．この反応では，NO が励起型の NO_2 に変換され，その後に光が放出される．
13) 化学発光と生物発光については，以下を参照．O. Shimomura, "Bioluminescence: Chemical Principles and Methods", World Scientific Publishing, Singapore (2006). "Chemiluminescence and Bioluminescence: Past, Present and Future", ed. by A. Roda, Royal Society of Chemistry, London (2010).
14) 以下を参照．T. A. Nieman, "Handbook of Instrumental Techniques for Analytical Chemistry", ed. by F. A. Settle, Ch. 27, Prentice Hall, Upper Saddle River, NJ (1997).
15) 原子分光分析法の理論と応用について詳しくは以下を参照．Jose A. C. Broekaert, "Analytical Atomic Spectrometry with Flames and Plasma", Wiley-VCH, Weinheim, Germany (2002). L. H. J. Lajunen, P. Peramaki, "Spectrochemical Analysis by Atomic Absorption and Emission, 2nd ed.", Royal Society of Chemistry, Cambridge (2004). J. D. Ingle, S. R. Crouch, "Spectrochemical Analysis", Chs. 7-11, Prentice-Hall, Upper Saddle River, NJ (1988).

17・4・1 原子発光分析法

原子発光分析法（atomic emission spectrometry）では、図 16・4（一部の元素の発光スペクトルについては口絵 17 参照）に示したように、分析対象の原子は熱または電気エネルギーによって励起される。一般的なエネルギー源は、プラズマ、炎、低圧放電、高出力レーザーである。図 17・17 は、ナトリウム原子の代表的なエネルギー準位の一部である。外部からエネルギーが加えられる前は、ナトリウム原子は、最低エネルギー状態すなわち**基底状態**（ground state）にある。エネルギーが加えられると、原子は高いエネルギー状態の**励起状態**（excited state）になる。たとえば、基底状態では、単一価電子は 3s 軌道にあるが、外部エネルギーにより、外殻電子は基底状態の 3s 軌道から 3p, 4p, 5p の励起状態の軌道へ遷移する。数ナノ秒後、励起された電子は、可視光または紫外線としてエネルギーを放出し、基底状態に緩和する。図 17・17 に示すように、放出される電磁波の波長はそれぞれ 590 nm、330 nm、285 nm である。基底状態への、または基底状態からの遷移は、**共鳴遷移**（resonance transition）とよばれ、結果として生じるスペクトル線は**共鳴線**（resonance line）とよばれる。

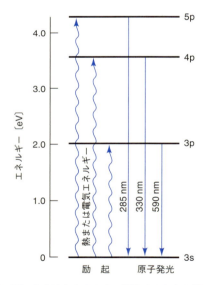

図 17・17 ナトリウムの 3 本の発光スペクトル線の起源

最も広く用いられている原子発光分析法の光源は **ICP**（inductively coupled plasma，誘導結合プラズマ）である。高い安定性、低ノイズ、低バックグラウンド、干渉の影響を受けにくいことがその理由である。しかし、ICP は比較的高価であり、これらの機器を管理するためには、さまざまな技術的訓練が必要になる。それでも、高機能なソフトウェアを備えた最新のコンピューターシステムでは、その負担が大幅に軽減されている。

ICP は飲料水、廃水、地下水などの環境試料中の微量金属の測定に広く使用されている。また、石油製品、食料品、地質試料、および生体物質の微量金属の測定にも用いられている。ICP は、工業用品質管理において特に有用である。DCP（direct-current plasma，直流プラズマ）は、土壌および地質試料の微量金属測定においてよく使用されており、フレーム方式は、Na および K を定量するためにいくつかの臨床検査室で依然として使用されている。

同時に、プラズマ光源を用いた多元素測定も普及している。多元素測定は、単一元素の定量では不可能であった結論を導き出し、相関を特定しうる。たとえば、多元素微量金属の測定は、原油流出事故で発見された石油製品の流出源の特定や、汚染源の特定にも補助的に用いられる。

原子発光分析法により定量分析を行うとき、直線関係に従う検量線が得られることが望ましい。共鳴遷移による光吸収を用いる際、高濃度域では**自己吸収**（self-absorption）とよばれる検量線からのずれが生じる。高濃度であっても、分析対象原子の大部分は基底状態にあり、励起されている原子はごく一部である。励起された分析対象原子が光を放出する際に生じる光子は、基底状態の分析対象原子によって吸収される。それは、これらの原子が、吸収とまったく同じエネルギー準位をもっているからである。また、ICP 光源および DCP 光源では試料の濃度が増えると、プラズマ中の高濃度の電子がイオン化の緩衝剤として作用するため、プラズマ電子化の効率が変化する傾向がある。流量、温度、効率などのアトマイザー（原子化を行う部分）の特性は試料濃度とともに変化するが、このことも、直線性から逸脱する原因となりうる。

フレーム方式の原子化により得られる検量線は、20〜30 倍の濃度まで直線的である。ICP 光源および DCP 光源の直線範囲は非常に広く、40〜50 倍の濃度まで達することもある。

17・4・2 原子吸光分析法

原子吸光分析法（atomic absorption spectrometry）では、図 16・5 に示したように、外部光源が分析対象の原子蒸気に作用する。光源が適切な振動数（波長）であれば、分析対象の原子に吸収され、それらを励起状態へと遷移できる。図 17・18(a) はナトリウム蒸気の三つの吸収スペクトル線で、対応する遷移を図 17・18(b) のエネルギー準位図に示した。この場合、285 nm, 330 nm, 590 nm の光吸収は、基底状態 3s のエネルギー準位から励起された 3p, 4p, 5p 軌道にそれぞれナトリウムの単一の外殻電子を励起する。励起された原子は、過剰エネルギーを媒体中の他の原子または分子へ転換し、数ナノ秒後に、基底状態に緩和する。

フレーム方式原子吸光分析法は、単純かつ効率的で、比較的低コストであるため、表 17・5 にあげた原子化の方法のなかで現在最も広く使用されている。

17・4 原子分光法

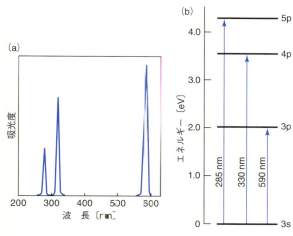

図 17・18 (a) ナトリウム蒸気の吸収スペクトルの一部 (b) (a)の吸収線に相当する電子遷移

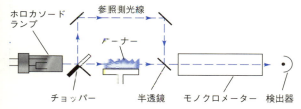

図 17・19 ダブルビーム方式の原子吸光分光光度計の光路図．ホロカソードランプからの光はチョッパーで二つに分けられ，一方は交流信号に変調させられる．他方，炎を通ってきた光は連続的な直流信号である．

原子吸光分析法に用いられるほぼすべての測定機器は，回折格子モノクロメーターを備えている．図 17・19 は，一般的なダブルビーム方式の機器の概略図である．ホロカソードランプからの光をチョッパーで分割し，機械的に二つの光線に分け，一方は炎の中を，もう一方は炎の外を通過させる．両方の光線は半透鏡のところで一つになり，交互にモノクロメーターを通過して検出器に到達する．次に，信号処理部は，チョッパーで変調した参照側光線と，バーナーを通ってきた試料側光線とを分離する．試料側光線から参照側光線を差し引き，試料成分の光吸収の程度をコンピューターに吸光度として表示する．光源による経時的な輝度変動の効果を除くことができる．

原子吸光分析法には，しばしば電気加熱も原子化法として用いられる．電気加熱方式で原子化すると，少量の試料でも非常に高い検出感度が得られる．通常の試料容量は 0.5～10 μL であるが，このような条件での絶対検出限界は pg 範囲内であることが多い．電気加熱方式の相対精度は一般に 5～10% の範囲内で，フレーム方式やプラズマ法による原子化で期待される 1% 以上と比較して悪い．さらに，気化する方法は低速であり，通常，1 元素当たりの測定に数分を要する．さらなる欠点として，フレーム方式に比べ，電気加熱方式では化学的干渉効果による影響が大きいことがあげられる．また，分析可能な濃度範囲は通常 2 桁未満である．これらの欠点のために，電気加熱方式は，通常，フレーム方式やプラズマ法の検出限界が期待値以下である場合，または試料の量が極端に制限される場合にのみ適用される．

コラム 17・3　冷蒸気方式による原子吸光分析法による水銀の定量

先史時代の洞窟の住人たちが辰砂（HgS）を発見し，それを赤色の顔料として使用して以来，人類の水銀利用が始まった．元素に関する最初の筆記による記録は，紀元前 4 世紀のアリストテレスによるもので，"液状の銀"と記述されている．今日では，医学，冶金，エレクトロニクス，農業，および他の多くの分野で，水銀およびその化合物が数千もの用途で利用されている．水銀は室温では液体であるため，柔軟で効率的な電気的接点を創出できる．恒温装置，サイレントライトスイッチ，蛍光灯は，電気的用途のほんの一例である．

水銀の金属としての有用な特性は，それがさまざまな種類の金属と合金（アマルガム）を形成することであり，アマルガムには多くの用途がある．たとえば，金属ナトリウムは，溶融した塩化ナトリウムの電気分解によってアマルガムとして製造される．歯科医は，充塡用に銀と水銀が 50% ずつのアマルガムを使用する．

水銀の生物に対する毒性は長年知られている．ルイス・キャロルの"不思議の国のアリス"に出てくるマッド・ハッター（図 17C・4）の奇妙な行動は，水銀と水銀化合物が脳に及ぼす影響の結果ひき起こされていた．水銀は皮膚と肺から吸収され，脳細胞を破壊する．一度破壊された脳細胞は再生することはない．19 世紀には，毛皮を加工してフェルトの帽子をつくるために水銀化合物を使用して

図 17C・4 不思議の国のアリスのマッドハッター

いた．このような労働に携わった人やその他の産業の労働者は，歯の緩み，振戦（震え），筋痙攣，性格の変化，抑うつ，過敏症，緊張感など，水銀中毒による衰弱症状を示した．

水銀は，無機化合物と有機化合物の両方を形成し，その化合物の種類により水銀の毒性は複雑である．無機化合物は体の組織や体液には比較的溶けにくいため，有機化合物より約10倍速く体内から排出される．有機水銀は，通常，メチル水銀のようなアルキル化合物の形態で，肝臓のような脂肪組織にいくらか可溶である．毒性レベルまで蓄積したメチル水銀は，体から非常にゆっくり排出される．経験豊富な科学者でも，有機水銀化合物を取扱う際には細心の注意を払う必要がある．ダートマス大学の Karen Wetterhahn 博士はメチル水銀を扱う世界的な専門家の一人でありながら，1997 年，水銀中毒で死亡した．

図 17C・5 に示すように，水銀は環境中に蓄積していく．無機水銀は，湖，河川，および他の水域の底に堆積した汚泥中の嫌気性細菌によって有機水銀に変換される．小さな水生動物は有機水銀を取込み，より大きな生命体に食べられる．微生物からエビに，そして最終的にはメカジキのようなより大きな動物へと，水銀が食物連鎖の上位の動物へ移動するにつれて，どんどん濃縮される．カキなど海の生物のなかには，水銀を10万倍に濃縮するものもある．食物連鎖の最上部では，水銀の濃度は 20 ppm に達する．米国食品医薬品局（FDA）は，ヒトが食用とする魚類の水銀濃度の法定基準を 1 ppm（＝mg/kg 魚）以下としている．その結果，一部地域の水銀濃度が地元の漁業を脅かしている．環境保護庁は飲料水中の水銀の濃度を 2 ppb に制限し，労働安全衛生局は空気中の水銀濃度の上限を 0.1 mg/m³ としている．

水銀の定量方法は，食品と水の供給の安全性を検査するうえで重要な役割を担っている．最も有用な測定方法の一つは，水銀による波長 253.7 nm の原子吸光を利用したものである．口絵 19 は，室温で金属上に形成される水銀蒸気による紫外線の顕著な吸収を示す．図 17C・6 は，室温における水銀の定量のための原子吸光分析装

図 17C・5　環境中の水銀の生物学的凝縮

置を示している[16]．

水銀を含む疑いのある試料を，加熱硝酸/硫酸混合物中で分解し，2 価の水銀に変換する．得られた Hg^{2+} および残りの化合物は，硫酸ヒドロキシルアミンおよび硫酸スズ(II)の混合物で金属に還元される．ついで，溶液中に空気を送り込み，得られた水銀含有蒸気を乾燥管を通して試料セルに移動させる．水蒸気は乾燥管内のドライライトに吸着するため，水銀蒸気と空気だけがセルを通過する．原子吸光分光光度計のモノクロメーターは，約 254 nm の波長に設定する．水銀ホロカソードランプの 253.7 nm の光は，測定器の光路に配置された試料セルの石英窓を通過する．吸光度は，セル中の水銀濃度に比例し，それがすなわち試料中の水銀濃度に比例する．水銀濃度既知の溶液は，機器を校正するために同様の方法で処理する．この方法は，反応混合物中の水銀の低い溶解度と高い蒸気圧（25 ℃ で 2×10^{-3} Torr）に基づいている．感度は約 1 ppb で，食品，金属，鉱石，および環境試料中の水銀を測定するために使用される．この方法の利点として，高い感度，簡便性，および室温で操作可能な点があげられる．

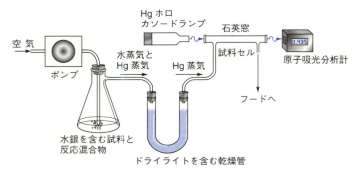

図 17C・6　水銀の冷蒸気方式による原子吸光測定装置

---

16) W. R. Hatch, W. L. Ott, *Anal. Chem.* **40**, 2085 (1968), DOI: 10.1021/ac50158a025.

17・4・3 原子蛍光分析法

原子蛍光分析法（atomic fluorescence spectrometry, AFS）は，最新の原子分光分析法である．図 16・6 に示したように，原子吸光分析法と同様，外部光源が使用される．試料を透過した光の放射束を測定する代わりに，蛍光の放射束 P_F を，通常，入射光に対して直角方向で測定し，入射光の散乱は除去する．原子蛍光分析法は，しばしば光源と同じ波長を用いて蛍光測定され，**共鳴蛍光**（resonance fluorescence）とよばれる．

従来のホロカソードランプまたは無電極放電線源を用いた原子蛍光は，多くの元素について，原子吸光や原子発光に比べて大きな利点がないため，商業的開発は非常に遅かった．しかし，Hg, Sb, As, Se, Te のような元素については，高い感度が得られており，原子蛍光分析法が利用されている．

レーザー励起原子蛍光分析法は，特に電気加熱方式による原子化と組合わせた場合，きわめて優れた検出限界［フェムトグラム（10^{-15} g）からアトグラム（10^{-18} g）］を達成できる．おそらくコストが高いことと高出力レーザーが汎用化されていないために，レーザーを用いた原子蛍光分析法は商業的開発に至っていない（2018 年現在）．この原因の一つは，高強度の光の安定性の問題である．また，波長可変レーザーを使用しない限り，原子蛍光は単一元素の分析にしか適用できないという欠点をもつ．

章末問題

17・1 次の用語の違いを説明し，どちらか一方に利点をあげよ．
(a) 分光光度計と光度計
(b) シングルビーム方式とダブルビーム方式

17・2 シングルビーム方式の分光光度計で再現性のある結果を得るために最低限必要な条件を述べよ．

17・3 再現可能な吸光度データを保証するために，制御する必要のある実験因子をあげよ．

17・4 Bi^{3+} とチオ尿素で形成される錯体のモル吸光係数は，波長 470 nm において 9.32×10^3 L cm^{-1} mol^{-1} である．厚さ 1.00 cm のセルで測定した吸光度が 0.10 より大きく 0.90 未満となるような，錯体の濃度の許容範囲を求めよ．

17・5 波長 211 nm におけるフェノール水溶液のモル吸光係数は，6.17×10^3 L cm^{-1} mol^{-1} である．厚さ 1.00 cm のセルで測定した透過率が 7% より大きく 85% 未満となるようなフェノール濃度の許容範囲を求めよ．

17・6 エタノール中のアセトンのモル吸光係数の対数は波長 366 nm において 2.75 である．厚さ 1.50 cm のセルにおいて吸光度が 0.100 より大きく 2.000 未満となるようなアセトン濃度の許容範囲を求めよ．

17・7 水溶液中のフェノールのモル吸光係数の対数は波長 211 nm において 3.812 である．厚さ 1.25 cm のセルにおいて吸光度が 0.150 より大きく 1.500 未満となるフェノール濃度の許容範囲を求めよ．

17・8 光に対して直線的に応答する光度計の光路中にブランク試料を配置した場合の読み取り値は 690 mV，ブランクを光吸収溶液で置き換えると 169 mV であるとき，次の値を求めよ．
(a) 光吸収溶液の透過率と吸光度
(b) 光吸収物質の濃度がもとの溶液の半分の場合に期待される透過率
(c) 光路長がもとの溶液の 2 倍である場合に期待される透過率

17・9 光に対して直線的に応答するポータブル光度計の光路内にブランク溶液を配置した場合の読み取り値は 75.5 μA，ブランクを光吸収溶液で置き換えると 23.7 μA であるとき，次の値を求めよ．
(a) 試料溶液の透過パーセント
(b) 試料溶液の吸光度
(c) 光吸収物質の濃度がもとの試料溶液の 1/3 である場合に期待される透過率
(d) 試料溶液の濃度がもとの試料溶液の 2 倍である場合期待される透過率

17・10 MnO_4^- で Sn^{2+} の滴定を行ったときの光度滴定曲線を描け．滴定における色の変化についても述べよ．

17・11 Fe^{3+} はチオシアン酸イオン（SCN^-）と反応して赤色錯体 $[Fe(SCN)]^{2+}$ を形成する．緑色フィルターを備えた光度計を用いた際に得られる，チオシアン酸イオンによる Fe^{3+} の光度滴定曲線を描け．また，緑色のフィルターが使われる理由を述べよ．

17・12 チオ尿素錯体中のビスマス（Ⅲ）はエチレンジアミン四酢酸によって置換される．

$$[Bi(tu)_6]^{3+} + H_2Y^{2-} \rightarrow BiY^- + 6tu + 2H^+$$

ここで，tu はチオ尿素分子 $(NH_2)_2CS$ である．ビスマス（Ⅲ）-チオ尿素錯体が，滴定用波長である 465 nm で吸収を示す唯一の分子種である場合，この過程に基づく光度滴定曲線の形状を予測せよ．

17・13 以下のデータは，ニトロソ R 試薬で厚さ 1.00 cm のセルを用いて 10.00 mL の Pd^{2+} の分光光度滴定を行った結果である[17]．

ニトロソ R の体積〔mL〕	A_{500}	ニトロソ R の体積〔mL〕	A_{500}
0	0	5.00	0.347
1.00	0.147	6.00	0.325
2.00	0.271	7.00	0.306
3.00	0.375	8.00	0.289
4.00	0.371		

---

17) O.W. Rollins, M.M. Oldham, *Anal. Chem.*, **43**, 262 (1971), DOI: 10.1021/ac60297a026.

発色性の生成物中の配位子対陽イオン比が2：1であるとき，Pd^{2+} 溶液の濃度を求めよ．

17・14 4.97 g の石油試料を湿式灰化によって分解し，メスフラスコ中で 500 mL に希釈した．この希釈溶液の分割試料 25.00 mL を以下のように処理することによりコバルトを定量した．

試薬の体積			吸光度
Co^{2+}, 3.00 ppm	配位子	H_2O	
0.00	20.00	5.00	0.398
5.00	20.00	0.00	0.510

コバルト(II)-配位子錯体がランベルト-ベールの法則に従うと仮定し，もとの試料中のコバルトの割合を求めよ．

17・15 Fe^{3+} は，チオシアン酸イオンと錯体 $[Fe(SCN)]^{2+}$ を形成する．錯体は波長 580 nm に吸収極大をもつ．井戸水の試料を以下の手順に従って測定した．鉄の ppm 濃度を求めよ．

試料	体積 [mL]					580 nm での吸光度 (厚さ 1.00 cm セル)
	試料体積	酸化剤	Fe^{2+} 2.75 ppm	KSCN 0.050 M	H_2O	
1	50.00	5.00	5.00	20.00	20.00	0.549
2	50.00	5.00	0.00	20.00	25.00	0.231

17・16 8-キノリノール錯体の吸収に基づくコバルトおよびニッケルの同時定量についての報告がある[18]．モル吸光係数 ($L\ mol^{-1}\ cm^{-1}$) は，波長 365 nm で $\varepsilon_{Co}=3529$ および $\varepsilon_{Ni}=3228$，および波長 700 nm で $\varepsilon_{Co}=428.9$ および $\varepsilon_{Ni}=0$ である．以下の各溶液 (厚さ 1.00 cm セル) 中のニッケルおよびコバルトの濃度を求めよ．

溶液	A_{365}	A_{700}
1	0.617	0.0235
2	0.755	0.0714
3	0.920	0.0945
4	0.592	0.0147
5	0.685	0.0540

17・17 コバルトおよびニッケルと 2,3-キノキサリンジチオールとの錯体のモル吸光係数は，波長 510 nm で $\varepsilon_{Co}=36,400$ および $\varepsilon_{Ni}=5520$，波長 656 nm で $\varepsilon_{Co}=1240$ および $\varepsilon_{Ni}=17,500$ である．試料 0.425 g を溶解させ，50.0 mL に希釈した．分割試料 25.0 mL に 2,3-キノキサリンジチオールを添加して干渉を排除後，容量を 50.0 mL に調製した．この溶液の吸光度は，厚さ 1.00 cm のセルを使って，波長 510 nm で 0.446，波長 656 nm で 0.326 であった．もとの試料中のコバルトおよびニッケルの ppm 濃度を求めよ．

17・18 常温における指示薬 HIn の酸解離定数は 4.80×10^{-6} である．また，強酸性および強塩基性溶液中の 8.00×10^{-5} M HIn 溶液の吸光度を厚さ 1.00 cm のセルで測定したデータを表に示す．指示薬による吸収が pH に無関係になる波長 (すなわち等吸収点) を求めよ．

λ [nm]	吸光度	
	pH 1.00	pH 13.00
420	0.535	0.050
445	0.657	0.068
450	0.658	0.076
455	0.656	0.085
470	0.614	0.116
510	0.353	0.223
550	0.119	0.324
570	0.068	0.352
585	0.044	0.360
595	0.032	0.361
610	0.019	0.355
650	0.014	0.284

17・19 問題 17・18 の指示薬の総モル濃度が 8.00×10^{-5} M である溶液の pH が (a) 4.92，(b) 5.46，(c) 5.93，(d) 6.16 であるとき，波長 450 nm での吸光度 (厚さ 1.00 cm セル) を求めよ．

17・20 問題 17・18 の指示薬の濃度が 1.25×10^{-4} M である溶液の pH が (a) 5.30，(b) 5.70，(c) 6.10 であるとき，波長 595 nm での吸光度 (厚さ 1.00 cm セル) を求めよ．

17・21 問題 17・18 の指示薬の濃度が 1.00×10^{-4} M である四つの緩衝液の吸光度データ (厚さ 1.00 cm セル) を表に示す．各溶液の pH を求めよ．

溶液	A_{450}	A_{595}
A	0.344	0.310
B	0.508	0.212
C	0.653	0.136
D	0.220	0.380

17・22 問題 17・18 の指示薬の濃度が 7.00×10^{-5} M で濃度比が以下の溶液の場合の吸収スペクトル (厚さ 1.00 cm セル) を作成せよ．

(a) $\dfrac{[HIn]}{[In^-]} = 3$ (b) $\dfrac{[HIn]}{[In^-]} = 1$ (c) $\dfrac{[HIn]}{[In^-]} = \dfrac{1}{3}$

17・23 P および Q の溶液はそれぞれ広い濃度範囲においてランベルト-ベールの法則に従う．これらの分子種のスペクトルデータ (厚さ 1.00 cm セル) を次ページの表に示す．

(a) P が 6.45×10^{-5} M，Q が 3.21×10^{-4} M である溶液の吸収スペクトルをプロットせよ．

(b) P が 3.86×10^{-5} M，Q が 5.37×10^{-4} M である溶液の波長 440 nm における吸光度 (厚さ 1.00 cm セル) を求めよ．

---

18) A.J. Mukhedkar, N.V. Deshpande, *Anal. Chem.*, **35**, 47 (1963), DOI: 10.1021/ac60194a014.

(c) P が 1.89×10^{-4} M, Q が 6.84×10^{-4} M である溶液の波長 620 nm における吸光度 (厚さ 1.00 cm セル) を求めよ.

λ [nm]	吸光度	
	8.55×10^{-5} M P	2.37×10^{-4} M Q
400	0.078	0.500
420	0.087	0.592
440	0.096	0.599
460	0.102	0.590
480	0.106	0.564
500	0.110	0.515
520	0.113	0.433
540	0.116	0.343
580	0.170	0.170
600	0.264	0.100
620	0.326	0.055
640	0.359	0.030
660	0.373	0.030
680	0.370	0.035
700	0.346	0.063

17·24 問題 17·23 のデータを使用して, 以下の各溶液中の P および Q のモル濃度を求めよ.

	A_{440}	A_{620}		A_{440}	A_{620}
(a)	0.357	0.803	(d)	0.910	0.338
(b)	0.830	0.448	(e)	0.480	0.825
(c)	0.248	0.333	(f)	0.194	0.315

17·25 標準液を適切に希釈した溶液を用いて以下の表に示す鉄濃度の溶液を調製した. これらの溶液の 25.0 mL 分割試料中で 1,10-フェナントロリン鉄(II) 錯体を生成し, その後, それぞれを 50.0 mL に希釈した (口絵 16 参照). 表中の吸光度 (厚さ 1.00 cm セル) を波長 510 nm で測定した.

もとの溶液の Fe^{2+} 濃度 [ppm]	A_{510}
4.00	0.160
10.0	0.390
15.0	0.630
24.0	0.950
32.0	1.260
40.0	1.580

(a) これらのデータから検量線をプロットせよ.
(b) 最小二乗法を用いて, 吸光度と Fe^{2+} の濃度に関する式を導け.
(c) 傾きと切片の標準偏差を求めよ.

17·26 問題 17·25 で用いた方法を, 地下水の分割試料 25.0 mL 中の鉄の定量に使用した. 以下の吸光度 (厚さ 1.00 cm セル) が得られたときの試料中の鉄濃度 (ppm) を求めよ. また, 結果の相対標準偏差を求めよ. さらに, 吸光度データが 3 回測定の平均値であると仮定した場合の相対標準偏差を求めよ.
(a) 0.143   (b) 0.675
(c) 0.068   (d) 1.009
(e) 1.512   (f) 0.546

17·27 2-キニザリンスルホン酸のナトリウム塩 (NaQ) が Al^{3+} と形成する錯体は, 波長 560 nm で強い吸収を示す[19]. この系で収集されたデータを以下の表に示す.
(a) データから錯体の金属と配位子の比を求めよ. なお, すべての溶液において, $c_{Al}=3.7\times10^{-5}$ M であり, すべての測定は厚さ 1.00 cm セルで行われた.
(b) 錯体のモル吸光係数を求めよ.

c_Q [M]	A_{560}
1.00×10^{-5}	0.131
2.00×10^{-5}	0.265
3.00×10^{-5}	0.396
4.00×10^{-5}	0.468
5.00×10^{-5}	0.487
6.00×10^{-5}	0.498
8.00×10^{-5}	0.499
1.00×10^{-4}	0.500

17·28 Ni^{2+} と 1-シクロペンテン-1-ジチオカルボン酸 (CDA) の錯体の傾斜比法による実験から得られたデータを以下に示す. 測定は, 厚さ 1.00 cm のセルを用い, 波長 530 nm で行った.
(a) 最小二乗法を用いてデータを分析し, 錯体の金属と配位子の比を求めよ.
(b) 錯体のモル吸光係数とその誤差を求めよ.

$c_{CDA}=1.00\times10^{-3}$ M		$c_{Ni}=1.00\times10^{-3}$ M	
c_{Ni} [M]	A_{530}	c_{CDA} [M]	A_{530}
5.00×10^{-6}	0.051	9.00×10^{-6}	0.031
1.20×10^{-5}	0.123	1.50×10^{-5}	0.051
3.50×10^{-5}	0.359	2.70×10^{-5}	0.092
5.00×10^{-5}	0.514	4.00×10^{-5}	0.137
6.00×10^{-5}	0.616	6.00×10^{-5}	0.205
7.00×10^{-5}	0.719	7.00×10^{-5}	0.240

17·29 Cd^{2+} と錯形成試薬 R から形成された発色性の錯体の連続変化法による実験のために, 厚さ 1.00 cm のセルを用い, 波長 390 nm で吸光度測定を行い次ページのデータを得た.
(a) 生成物中の金属 : 配位子を求めよ.
(b) 錯体のモル吸光係数の平均値とその誤差を求めよ. ただし, プロットの直線部分において, 金属は完全に錯形成していると仮定する.
(c) (a) で求めた化学量論比と 2 本の外挿した線の交点での吸収データを用いて錯体の K_f を求めよ.

---

[19] E. G. Owens and J. H. Yoe, *Anal. Chem.*, **31**, 384 (1959), DOI: 10.1021/ac60147a016.

溶液	試薬の体積〔mL〕		A_{390}
	$c_{Cd}=1.25\times 10^{-4}$ M	$c_R=1.25\times 10^{-4}$ M	
0	10.00	0.00	0.000
1	9.00	1.00	0.174
2	8.00	2.00	0.353
3	7.00	3.00	0.530
4	6.00	4.00	0.672
5	5.00	5.00	0.723
6	4.00	6.00	0.673
7	3.00	7.00	0.537
8	2.00	8.00	0.358
9	1.00	9.00	0.180
10	0.00	10.00	0.000

17・30 Pa^{2+} は，pH 3.5 でアルセナゾⅢと錯体を形成すると，波長 660 nm に強い吸収を示す[20]．隕石をボールミルで粉砕し，得られた粉末を種々の強無機酸で溶融・分解した．得られた溶液を蒸発乾固させ，希塩酸に溶解させ，イオン交換クロマトグラフィー（§20・2・4 参照）によって不純物を除去した．そして，未知量の Pd^{2+} を含むこの溶液を，pH 3.5 の緩衝液で 50.00 mL に希釈した．ついで，この分析対象溶液の分割試料 10 mL を，六つの 50 mL メスフラスコに移した．次に，Pd^{2+} 濃度 1.00×10^{-5} M の標準液を調製し，表に示す体積の標準液を，10.00 mL の 0.01 M アルセナゾⅢとともに，前述のメスフラスコにピペットで加えた（この標準添加法については，付録 10 を参照）．ついで，各溶液を 50.00 mL に希釈し，厚さ 1.00 cm のセルを用いて波長 660 nm での吸光度を測定した．

標準液の体積〔mL〕	A_{660}
0.00	0.209
5.00	0.329
10.00	0.455
15.00	0.581
20.00	0.707
25.00	0.833

(a) 表計算ソフトでデータを入力し，標準添加プロットを作成せよ．
(b) 直線の傾きと切片を求めよ．
(c) 傾きと切片の標準偏差を求めよ．
(d) 分析対象溶液中の Pd^{2+} の濃度を求めよ．
(e) 測定された濃度の標準偏差を求めよ．

17・31 図 17C・2 に示す塩化メチレンの赤外スペクトルにおける吸収極大の振動数を推定せよ．これらの振動数から，塩化メチレンの分子振動を各バンドに割り当てよ．表 17・3 に記されていない振動数は，他から探す必要がある．

17・32 次の語句を説明または定義せよ．
(a) 蛍　光　　　(b) 振動緩和
(c) 内部変換　　(d) りん光
(e) ストークスシフト　(f) 量子収率
(g) 励起スペクトル

17・33 蛍光法が吸光法よりも潜在的に感度が高い理由を述べよ．

17・34 光吸収化合物には蛍光を発するものと，発しないものがある．この理由を述べよ．

17・35 分子蛍光が励起光よりも長い波長で起こることが多い理由を説明せよ．

17・36 フィルター型蛍光光度計と分光蛍光光度計の構成要素について説明せよ．

17・37 ほとんどの蛍光測定装置がダブルビーム方式を採用する理由を述べよ．

17・38 蛍光光度計が定量分析において分光蛍光光度計よりも有用な理由を述べよ．

17・39 ニコチンアミドアデニンジヌクレオチド（NADH）の還元型は，重要かつ高蛍光性の補酵素であり，波長 340 nm に吸収極大，波長 465 nm に発光極大をもつ．NADH の標準液から以下の蛍光強度が得られた．

NADH の濃度〔μmol/L〕	相対強度
0.100	2.24
0.200	4.52
0.300	6.63
0.400	9.01
0.500	10.94
0.600	13.71
0.700	15.49
0.800	17.91

(a) スプレッドシートを作成し，それを使って NADH の検量線を描け．
(b) 最小二乗法を用いて (a) のプロットの傾きと切片を求めよ．
(c) 傾きの標準偏差と回帰直線の標準偏差を求めよ．
(d) 未知濃度の試料の相対蛍光強度が 11.34 であった．スプレッドシートを使用して NADH の濃度を求めよ．
(e) (d) の結果の相対標準偏差を求めよ．
(f) 測定値 12.16 が 3 回測定の平均値であった場合，(d) の結果の相対標準偏差を求めよ．

17・40 以下の表に示す体積の 1.10 ppm Zn^{2+} 標準液を，それぞれ未知濃度の亜鉛溶液 5.00 mL を含む分液漏斗に分注し，過剰の 8-キノリノールを含む 5 mL CCl_4 で 3 回抽出した．ついで抽出物を 25.0 mL に希釈し，その蛍光を蛍光光度計で測定した．結果を以下に示す．

Zn^{2+} 標準液の体積〔mL〕	蛍光光度計の値
0.000	6.12
4.00	11.16
8.00	15.68
12.00	20.64

---

20) J. G. Sen Gupta, *Anal. Chem.*, **39**, 18, (1967), DOI: 10.1021/ac60245a029.

(a) データから検量線を作成せよ．
(b) データの回帰直線を求めよ．
(c) 回帰直線の標準偏差と傾きの標準偏差を求めよ．
(d) 試料中の亜鉛濃度を求めよ．
(e) (d)の結果の標準偏差を求めよ．

17・41 キニーネを含む抗マラリア薬の錠剤 1.664 g を 0.10 M の HCl に溶解させて 500 mL の溶液を得た．ついで，分割試料 15.0 mL を酸で 100.0 mL に希釈した．希釈試料の蛍光強度は，波長 347.5 nm で 288 という値を示した．希釈試料と同条件下で測定した場合，標準的な 100 ppm キニーネ溶液では 180 という値を得た．錠剤中のキニーネの質量 (mg) を求めよ．

17・42 原子発光分析法，原子吸光分析法，原子蛍光分析法の基本的な違いを説明せよ．

17・43 原子発光が原子吸光よりも原子化に必要な炎の不安定性に敏感である理由を述べよ．

17・44 ウランの原子吸光測定を波長 351.5 nm で行うと，ウラン濃度 500〜2000 ppm において吸光度と濃度の間に直線性が成り立つ．500 ppm よりはるかに低い濃度では，約 2000 ppm のアルカリ金属塩を導入しない限り，関係は非直線になる理由を説明せよ．

17・45 血液試料 5.00 mL をトリクロロ酢酸で処理してタンパク質を沈殿させた．遠心分離後，得られた溶液を pH 3 にし，鉛錯形成試薬 APCD を含有するメチルイソブチルケトン 5 mL で 2 回抽出した．抽出物を空気/アセチレン炎に直接吸引し，波長 283.3 nm で吸光度を測定すると，0.502 という値が得られた．0.400 ppm および 0.600 ppm の鉛を含む標準液 5 mL を同様の方法で処理し，0.396 および 0.599 の吸光度を得た．ランベルト–ベールの法則に従うと仮定して，試料中の鉛の濃度 (ppm) を求めよ．

17・46 鋼試料中のクロムを ICP 発光分析法によって測定した．分光器は，1 mL 当たり 0, 2.0, 4.0, 6.0, 8.0 μg の $K_2Cr_2O_7$ を含有する一連の標準液で校正した．測定の結果，これらの溶液から，3.1, 21.5, 40.9, 57.1, 77.3 という値が得られた．
(a) データをプロットせよ．
(b) 回帰直線の式を求めよ．
(c) (b) の直線の傾きと切片の標準偏差を求めよ．
(d) セメントの複製試料 1.00 g を HCl 中に溶解させ，中和後に 100.0 mL に希釈した溶液について，以下のデータが得られた．各試料の Cr_2O_3 の割合 (%) を求めよ．また，各測定の平均に対する絶対標準偏差および相対標準偏差を求めよ．

	発光の読み取り値			
	ブランク	試料 A	試料 B	試料 C
複製試料 1	5.1	28.6	40.7	73.1
複製試料 2	4.8	28.2	41.2	72.1
複製試料 3	4.9	28.9	40.2	こぼれた

18 質量分析法

質量分析法（mass spectrometry, MS）は，未知の化合物の同定やその分子量，元素組成，また分子の化学構造に関する情報を得るための強力で汎用性の高い分析方法である．質量分析法は，原子（または元素）の質量分析と，分子の質量分析とに分類される．原子の質量分析は，周期表のほぼすべての元素を定量する方法である．検出限界は一般に，原子分光分析法より数桁優れている．一方，分子の質量分析では，無機・有機・生体分子の構造，および複雑な混合物の組成について定性的・定量的に知ることができる．

18・1 質量分析法の原理

質量分析計では，まず分析対象にエネルギーを加えイオンに変換する．形成されたイオンは，それらの質量電荷比（m/z）に基づいて分離され，イオンの数（存在量）を電気信号に変換する検出器に向かう．異なる m/z のイオンは，段階的に検出器で検出されるか，またはマルチチャネル検出器で同時に検出される．m/z に対するイオン存在量のプロットは，**質量スペクトル**（mass spectrum）とよばれる[1]．イオン源で生成される一価イオンは，m/z が質量（m）に等しくなるので，スペクトルはイオン数対質量となる．このことを，地質学的試料の原子質量スペクトル（図 18・1）で示した．ただし，この単純なスペクトルの解釈は一価イオンにしか適用できない．

18・1・1 原子質量

原子および分子の質量は，通常，炭素の特定の同位体を基準として，相対的な原子質量で表される[2]．**統一原子質量単位**（unified atomic mass unit）は，$^{12}_{6}\text{C}$ の質量の 1/12 と定められており，記号 u が用いられる．1 u は 1 Da（ドルトン）ともよばれ，これは SI 単位でないにもかかわらず，広く用いられる単位である．かつては，豊富に存在する安定な酸素同位体 ^{16}O を基準とした原子質量単位（amu）が用いられたが，現在は使用が推奨されていない．

質量分析では，容量分析や分光分析とは対照的に，特定の元素の同位体の正確な質量 m，または複数の同位体を含む化合物の正確な質量が分析対象となる．たとえば，次のような化合物の質量を区別する必要があるかもしれない．

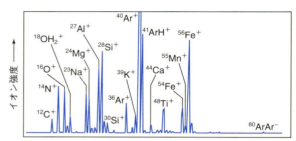

図 18・1　レーザーアブレーション ICP-MS という方法で得られた地質学的試料の質量スペクトル．y 軸のイオン強度はイオン数（イオン存在量）を反映する．一価イオンでは，x 軸 m/z に代えて質量とおける．おもな構成元素（%）は以下のとおりである．Na 1.80, Mg 3.62, Al 4.82, Si 26.61, K 0.37, Ti 0.65, Fe 9.53, Mn 0.15. [A.L. Gray, *Analyst*, **110**, 551 (1985), DOI: 10:1039/AN9851000551 から改変．©Royal Society of Chemistry]

$^{12}\text{C}^1\text{H}_4$ 　　$m = 12.0000 \times 1 + 1.008 \times 4$
　　　　　　　　$= 16.03200$ u

$^{13}\text{C}^1\text{H}_4$ 　　$m = 13.0033 \times 1 + 1.008 \times 4$
　　　　　　　　$= 17.0353$ u

$^{12}\text{C}^1\text{H}_3{}^2\text{H}_1$　$m = 12.0000 \times 1 + 1.008 \times 3 + 2.0160 \times 1$
　　　　　　　　$= 17.0400$ u

この計算における同位体の質量は，小数点以下の 4 桁の数字で示されている．典型的な高分解能質量分析計はこの程度の精度で測定するため，正確な質量を小数点以下 3～4 桁まで記す．

自然界の元素の原子質量または**平均原子質量**（average atomic mass）は，各同位体の正確な質量に存在比（割合）[3]を掛けて足した値である．原子質量は，化学者にとって多くの目的で用いられる重要な質量である．化合物の分子質量または平均分子質量は，化学式に含まれる元素の原子質量の和である．したがって，CH_4 の分子質量は 12.011+4×

---

1) 用語　**質量スペクトル**は，イオンの存在量対 m/z（§18・1・2 参照）のプロットで，一価イオンの場合はイオンの存在量対質量（m）のプロットになる．
2) $^{12}_{6}\text{C}$ 同位体の質量は正確に 12 u または 12 Da とされる．
3) 用語　**同位体**は，同じ原子番号であるが**質量数**（mass number）が異なる原子である．なお質量数とは，原子を構成する陽子と中性子の数の合計であり，整数質量に一致する．

1.008＝16.043 u である．原子質量を単位を付けずに相対的な質量で表したものを**原子量**（atomic weight，正しくは**相対原子質量** relative atomic mass）といい，分子質量を単位を付けずに同様に相対的な質量で表したものを**分子量**（molecular weight，正しくは**相対分子質量** relative molecular mass）という．

18・1・2 質量電荷比

イオンの**質量電荷比**（mass-to-charge ratio）は，質量分析計がこの比に従ってイオンを分離することから重要な量であり，m/z と表記する．イオンの m/z は，その相対質量 m とイオンの電荷数 z との比により求められ，単位のない量である．たとえば，$^{12}C^1H_4^+$ の m/z は 16.032/1＝16.032 となり，$^{13}C^1H_4^{2+}$ の m/z は 17.035/2＝8.518 となる．一価イオンは m/z を m と読み換えることが可能であるが，質量分析の文献では厳密に m/z と表すのが一般的である．

18・2 質量分析計

質量分析計（mass spectrometer）は，イオンを生成し，m/z の値に従ってイオンを分離し，検出した後に質量スペクトルをプロットする機器である．質量分析計は，サイズ，分解能，汎用性，コストの点でさまざまであるが，機器の構成要素は基本的にほとんど同じである．

18・2・1 質量分析計の構成要素

すべての型の質量分析計に共通する主要構成要素を図 18・2 に示す．分子の質量分析においては，試料は試料導入部から質量分析計の高真空領域に導入する．イオン源（イオン化部）の性質に応じて，固体，液体，気体試料を導入することができる．試料導入部の目的は，電子・光子・イオンまたは分子を試料に衝突させることによって，気体状のイオンを生成することである．原子の質量分析では，イオン源は高真空領域の外側にあり，試料導入部としても機能する．原子の質量分析計では，イオン化には，熱エネルギーまたは電気エネルギーを用いる．イオン源から出てくるイオンは，正（最も一般的）または負に帯電した気体状のイオンの流れである．これらのイオンは質量分析部内で加速され，m/z に応じて分離される．次に特定の m/z のイオンが収集され，イオン検出器によって電気信号に変換される．信号処理器では，結果を処理して質量スペクトルを作成し，既知のスペクトルとの比較，結果の集計，データ保存を行う．

質量分析計は，信号処理器および読取り器を除くすべての構成要素を高真空に維持するため，精巧な真空系を必要とする．高真空を保つことによって，質量分析計内の種々のイオン間の衝突頻度が低く保たれる．このことは遊離イオンや電子の生成と維持に不可欠である．

§18・2・2 では，質量分析計で使用される質量分析部について説明する．§18・2・3 では，分子の質量分析と原子の質量分析の両方で使用されるさまざまな検出器を紹介する．§18・3・1 では原子の質量分析における一般的なイオン源の性質と操作に関して，§18・4・2 では分子の質量分析におけるイオン源について説明する．

18・2・2 質量分析部

質量分析部は，わずかな質量差を区別すると同時に，測定可能な十分なイオン電流を発生させることが求められる．しかしこの二つの特性は完全には相容れないため，設計上で妥協の必要が生じ，多くの異なるタイプの質量分析部を生むことになった．表 18・1 に，最も一般的な 6 種類の質量分析部を示した．ここでは，磁場セクター型および電場セクター型質量分析部，四重極型質量分析部，飛行

表 18・1 一般的な質量分析部

基本の型式	分析原理
磁場セクター型	磁場中のイオンの偏向．イオン軌跡は m/z に依存する．
二重収束型	電場収束に続く磁場の偏向．イオン軌跡は m/z に依存する．
四重極型	直流電場および高周波交流電場におけるイオン運動．特定の m/z のみが通過する．
イオントラップ型	リング電極とエンドキャップ電極によってつくった空間内にイオン電極を閉じ込め，電圧を掛けて，m/z の増加するイオンを順次放出する．
イオンサイクロトロン共鳴型	トラップ電圧と磁場の影響下，立方体のセル内にイオンを閉じ込め，m/z に反比例する角周波数の円運動をさせて分離する．
飛行時間型	等しい運動エネルギーのイオンがドリフト管に入る．ドリフト速度，ひいては検出器への到着時間は質量に依存する．

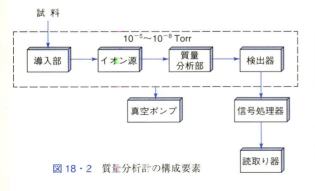

図 18・2 質量分析計の構成要素

---

1) 質量分析計は，遊離イオンや電子が安定した状態で維持されるように高真空下で操作される．

時間型質量分析部について詳細に説明する．表中のイオントラップ型やフーリエ変換イオンサイクロトロン共鳴型を始め，ほかにもいくつかの質量分析部が質量分析計に使われている[1]．

[1] **a. 質量分析計の分解能** 質量分析計が，質量の違いを区別する能力は，通常，分解能 R で表され，以下の式で定義される．

$$R = \frac{m}{\Delta m} \quad (18 \cdot 1)$$

ここで，Δm は，二つの隣接するピーク間の質量差であり，m は，第一のピークの質量である（二つのピークの平均質量が使用されることもある）．

質量分析計に求められる分解能は，測定する目的により大きく変わる．たとえば，$C_2H_4^+$，CH_2N^+，N_2^+，CO^+（整数質量はどのイオンも 28 u であるが，正確な質量はそれぞれ 28.054 u, 28.034 u, 28.014 u, 28.010 u）のイオン間の質量の違いを検出するには，数千の分解能をもつ質量分析計が必要である．一方，NH_3^+（整数質量 $m=17$）と CH_4^+（$m=16$）のように 1 u 以上の違いをもつ低分子量のイオンなら，50 未満の分解能をもつ質量分析計で十分に区別することができる．市販の質量分析計では，約 500〜500,000 の分解能の機器が入手可能である．

b. 磁場・電場セクター型質量分析部 図 18・3 に示すように，磁場セクター型質量分析部では，分離は磁場中のイオンの偏向に基づいている．イオンの軌跡は，その m/z に依存する．一般的には，磁場をゆっくりと変化させて，異なる m/z のイオンを検出器に到達させる．電場セクターを磁場セクターの前に連結したものが二重収束型質量分析計で，電場セクターでは，狭い範囲の運動エネルギーのみをもつイオンビームを選別し，磁場セクターに通じるスリットに収束させる働きをする．このような二重収束型質量分析計は分解能がきわめて高い．

c. 四重極型質量分析部 図 18・4 に示すように，四重極型質量分析部は，4 本の棒状電極からなる．この棒状電極は，特定の m/z のイオンのみを通過させる質量フィルターとして働く．すなわち，電場中のイオン運動に基づいて分離される．互いに対向する電極は，直流電圧と高周波（RF）交流電圧に接続し，電圧を適切に調整すると，特定の m/z のイオンのみが電極中を通過して検出器に到達する．質量スペクトルは，電極に加えた電圧を走査することによって得られる．四重極型質量分析部は，比較的高いスループット（単位時間当たりの処理能力）性能をもつが，分解能はやや低く，およそ 1 u である．この程度の分解能でも，原子の質量分析およびガスクロマトグラフィーまたは液体クロマトグラフィーにより分離された分子の検出器として質量分析計を用いる場合には十分である．

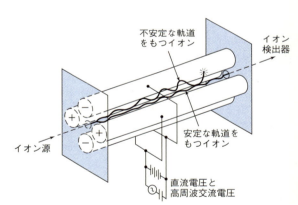

図 18・4　四重極型質量分析部

d. 飛行時間型質量分析部 飛行時間型（TOF）質量分析部では，ほぼ同一の運動エネルギーをもつイオン群がイオン源から生成し，電場も磁場もない領域に導入される．運動エネルギー KE は $(1/2)mv^2$ であるため，イオン速度 v は，(18・2) 式に示すように質量と逆の相関で変化する．

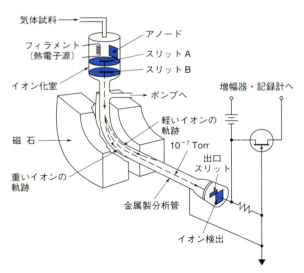

図 18・3　磁場セクター型質量分析計の概略図．スリット B を出る質量 m および電荷 z のイオンの運動エネルギー KE は，$KE=zeV=(1/2)mv^2$ である．すべてのイオンが同じ運動エネルギーをもつ場合，より重いイオンはより軽いイオンよりも遅い速度で移動する．遠心力と磁場によるローレンツ力との釣り合いの結果，図のように異なる質量のイオンは異なる軌跡で移動する．

[1] 分解能 100 は，質量 100 u で単位質量（1 u）の差が識別可能であることを意味する．
1) イオントラップ型，イオンサイクロトロン型，磁場・電場セクター型質量分析計について，詳しくは以下を参照．D.A. Skoog, F.J. Holler, S.R. Crouch, "Principles of Instrumental Analysis, 6th ed.", p. 366-73, Brooks/Cole, Belmont, CA (2007).

$$v = \sqrt{\frac{2KE}{m}} \quad (18 \cdot 2)$$

したがって，イオンが検出器まで一定距離を移動するのに要する時間は，イオンの質量と正の相関がある．言い換えれば，小さい質量をもつイオンは大きな質量をもつイオンよりも速く検出器に到達する（図18・5）．飛行時間は非常に短いため，分析時間は通常マイクロ秒単位ですむ．

飛行時間型質量分析計は比較的簡単で頑丈であり，分析可能な質量範囲はほぼ無制限に広い．しかし，分析部の分解能と感度が低い．

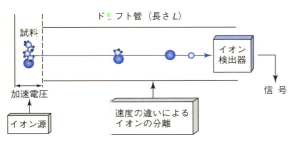

図18・5　飛行時間型質量分析部

18・2・3　質量分析計のイオン検出器

質量分析計のイオン検出器は数種類に大別される[2]．最も一般的な検出器は図18・6に示す電子増倍管である．離散ダイノード型電子増倍管は，§16・4・4で説明した紫外・可視光線用の光電子増倍管と同様に動作する．エネルギーの高いイオンまたは電子が Cu-Be カソードに衝突すると，二次電子が放出される．これらの電子は，逐次高い正の電圧に保ったダイノードに順次引き寄せられる．最大20のダイノードを備えた電子増倍管が利用できるが，その場合，信号強度は最大 10^7 倍にも増幅される．

連続ダイノード型電子増倍管も利用されている．装置は鉛を高濃度にドープしたガラス製のトランペット管型をしたデバイスで，その両端に 1.8〜2 kV の電圧が加えられる．イオンが表面に衝突すると，内部表面から電子が放出され，管に沿って電子は増倍する．

これらの電子増倍管検出器に加えて，ファラデーカップ検出器とアレイ検出器も質量分析計に利用されている．アレイ検出器は，光学的な分光計で用いた場合と同様，複数の分離イオンを同時に検出できる．

18・3　原子の質量分析法

原子の質量分析法（atomic mass spectrometry）は長年にわたり行われてきたが，1970年代に**誘導結合プラズマ**（inductively coupled plasma，**ICP**）が導入され，その後の質量分析法の発展により[3]，数社の企業が**誘導結合プラズマ質量分析計**（**ICP-MS**）の商業化に成功した．ICP-MS は，わずか数分で70以上の元素を同時に測定できるため，広く使用されている装置である．原子の質量分析と分子の質量分析の違いのうち最大のものはイオン源である．原子の質量分析の場合，イオン源は，試料を単純な気相のイオンまたは原子に変換するため，非常に大きなエネルギーを必要とする．一方，分子の質量分析では，イオン源ははるかにエネルギーが低く，試料を分子イオンとフラグメントイオンに変換する．

18・3・1　原子の質量分析におけるイオン源

原子の質量分析では，いくつかのイオン源が用いられる．表18・2に，最も一般的なイオン源と，それを使用する代表的な質量分析部を示す．

a. 誘導結合プラズマ　誘導結合プラズマ（ICP）の原子発光分析への応用については§17・4・1でふれた．質量分析計への応用では，ICP は原子化とイオン化の両方を起こす装置として働く．溶液試料は，そのまま導入するか，または超音波ネブライザーによって導入される．固体試料は ICP に導入する前に，溶液に溶解させるか，高電圧放電または高出力レーザーによって気化させる．プラズ

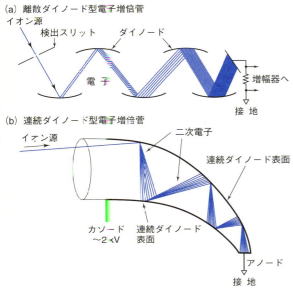

図18・6　ダイノード型電子増倍管．ダイノード（dynode）は二次電子放出効果のある電極で，多段階に配置され，(a)では逐次，(b)では連続した高い電圧に保たれている．

---

2) イオン検出器について，詳しくは文献1) の p.284-87 を参照．
3) R.S. Houk, V.A. Fassel, G.D. Flesch, H.J. Svec, A.L. Gray, C.E. Taylor, *Anal. Chem.*, **52**, 2283 (1980), DOI: 10.1021/ac50064a012.

表18・2　原子の質量分析の一般的なイオン源

名称	略称	原子のイオン源	代表的な質量分析部
誘導結合プラズマ	ICP-MS	高温アルゴンプラズマ	四重極型
直流プラズマ	DCP-MS	高温アルゴンプラズマ	四重極型
マイクロ波導入プラズマ	MIP-MS	高温アルゴンプラズマ	四重極型
スパークイオン源	SS-MS	高周波電気スパーク	二重収束型
グロー放電	GD-MS	グロー放電プラズマ	二重収束型

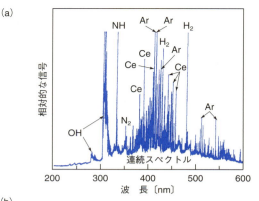

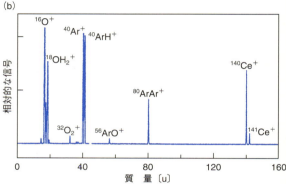

図18・7　セリウム (100 ppm) の ICP 発光分光分析スペクトル (a) と，セリウム (10 ppm) の ICP-MS スペクトル (b) との比較 [M. Selby, G.M. Hieftje, *Amer. Lab.*, **19**, 16 (1987) より]

マにより形成されたイオンは質量分析部（四重極型質量分析部が多い）に導入され，イオンは m/z に従って順次検出される．

　ICP-MS における重要な技術的課題は，プラズマで発生したイオンを質量分析計に送る方法にある．ICP は大気圧で動作するのに対し，質量分析計は高真空，通常 10^{-6} Torr 以下で動作する．したがって，ICP と質量分析計との間のインターフェースは，生成したイオンの大部分を質量分析部に導入しうる工夫が必要であり，通常，**サンプラー** (sampler) と**スキマー** (skimmer) とよばれる二つの金属製の円錐形隔壁からなる．この隔壁にはオリフィスという
[1] 小さな穴（≈1 mm）が開いており，イオンは**差動排気** (differential pumping) によってこのオリフィスを通過し，イオン光学系（イオンレンズ）でイオンビームに収束されて質量分析部に導かれる[4]．質量分析計に導入されたイオンビームは，プラズマ中のイオンとほぼ同じ組成をもつ．図18・7 は，ICP 発光分光分析のスペクトルと比較して ICP-MS スペクトルが非常に単純であることを示している．図の ICP-MS スペクトルは，いくつかのバックグラウンドとなるイオンピークと，試料元素の同位体ピークからなる．バックグラウンドとなるイオンは，プラズマガスにアルゴンを用いた場合，Ar^+，ArO^+，ArH^+，H_2O^+，O^+，O_2^+，Ar_2^+，および金属のアルゴン付加物である．さらに，試料成分からの多原子イオンの一部は，ICP-MS スペクトルでもみられる．このようなバックグラウンドとなるイオンは，§18・3・2 に記すように分析対象の測定を妨害する可能性がある．

　ICP-MS の商業用機器は，1983年以来市場に出回っている．ICP-MS スペクトルを使用して，試料中に存在する元素を同定し，さらに元素を定量することができる．定量分析は分析対象のイオンの信号強度と内部標準のイオンの信号強度の比を濃度の関数としてプロットした検量線に基づくのが一般的である．

b. 原子の質量分析における他のイオン源　表18・2 に示したイオン源のうち，スパークイオン源とグロー放電が最も注目されている．スパークイオン源質量分析法 (SS-MS) は，1930年代に，多元素分析および同位体微量成分分析の一般的なツールとして初めて導入されたが，市販のスパークイオン源質量分析計は 1958年まで発売されなかった．スパークイオン源質量分析計は，1960年代の急速な発展を経て，その後 ICP-MS の出現とともに衰退したが，現在でも，ICP ではできない固体試料や，分析が困難な試料に依然として用いられている．さらに，プラズマに導入する前に，固体試料を揮発させ，原子化するために，スパークイオン源を ICP 源とともに使用することもある．

　グロー放電は，さまざまなタイプの原子分光法に有用な装置である．試料の原子化だけでなく，固体試料から分析

---

[1] 真空系において，小さなオリフィスでつながった二つのチャンバーが，それぞれ別の真空ポンプによって排気されることを**差動排気**という．真空ポンプはチャンバーに大きな導管で接続されている．このような構成にすることにより，チャンバー内の圧力を変化させることなく，気体を隣のチャンバーに通すことが可能である．

[4] 詳しくは以下を参照．R.S. Houk, *Acc. Chem. Res.*, **27**, 333 (1994), DOI: 10.1021/ar00047a003.

対象物質の陽イオンガスも生成する．この装置は，二電極を挿入した圧力 0.1～10 Torr のアルゴンを含む閉鎖系からなる．パルス直流電源で 5～15 kV の電圧を電極間に印加すると，アルゴン陽イオンが形成され，その後カソードに向かって加速され衝突する．カソードは分析対象そのものからつくられるか，不活性金属表面に分析対象が堆積されている．ホロカソードランプ（中空陰極ランプ）と同様に，分析対象の原子はカソードから二つの電極の間の領域にはじき出され，そこで電子またはアルゴン陽イオンとの衝突によって陽イオンに変換され，排気によって質量分析計に導かれる．そして分析対象のイオンは四重極型分析部で分離されるか，磁場セクター型質量分析部により分離された後に検出される．グロー放電も，スパークイオン源と同様にしばしば ICP トーチ（アルゴンガスを流す石英ガラス管）とともに使用される．このときグロー放電で原子化が，ICP トーチでイオン化が起こる．

18・3・2 原子の質量スペクトルおよび干渉

1) 原子の質量分析のイオン源としては圧倒的に ICP が用いられているので，ここでは ICP-MS に関する議論に焦点を当てる．図 18・7(b) のセリウムスペクトルで示されるような ICP-MS スペクトルの単純さから，実験開始当初は "干渉のない方法" として期待された．しかし実際には，原子吸光・発光分析と同様に，原子の質量分析でも深刻な干渉が問題として生じることがある．原子の質量分析における干渉効果は，分光干渉とマトリックス干渉の二つに大別される．分光干渉は，プラズマ中のイオンが分析対象のイオンと同じ m/z をもつ場合に生じ，大部分は，多原子イオン，本質的に同じ質量の同位体をもつ元素，二価イオン，難揮発性の酸化物イオンが起こす[5]．分光干渉の多くは高分解能分光計で低減または排除することができる．

マトリックス干渉は，マトリックスの濃度が約 500～1000 μg/mL を超える場合に顕著になる．通常，マトリックス干渉は，分析対象の信号強度の低下をひき起こすが，増強が観察されることもある．一般にマトリックス干渉は，試料を希釈すること，導入手順を変更すること，または干渉する化学種を分離することによって最小限に抑えることができる．マトリックス干渉は，分析対象とほぼ同じ質量およびイオン化ポテンシャルをもつ適切な内部標準の使用によっても最小限に抑えることができる．

18・4 分子の質量分析法

分子の質量分析法が日常的な化学分析に最初に使用されたのは 1940 年代である．当時，石油産業で，触媒による分解装置で生成した炭化水素混合物を定量分析するために分子の質量分析計が用いられた．1950 年代には，さまざまな有機化合物の同定と構造解明のために，市販機器を用いた分析が始まった．核磁気共鳴装置の発明と赤外分光法の開発に質量分析計が加わり，有機化学者にとって分子量を同定しその構造を決める方法に革命がもたらされた．質量分析法は，分子構造の決定にきわめて重要である．

1980 年代になると，生物科学において不揮発性または熱的に不安定な分子からイオンを生成するための新しい方法が開発され，質量分析計の応用はさらに広がった．1990 年頃からは，この新しいイオン化法によって生体質量分析という分野が急速に成長し，現在では，ポリペプチド，タンパク質，生体高分子の構造決定に適用されている．

本節では，分子の質量スペクトルの特性と得られる情報，そして一般に使用されるイオン源について解説する．

18・4・1 分子の質量スペクトル

一般的な質量スペクトルのデータを図 18・8 に示す．分析対象はエチルベンゼンであり，分子量は 106 である．このスペクトルを得るために，エチルベンゼンの蒸気に電子流を衝突させて電子の損失をひき起こし，**分子イオン** M^+ (molecular ion) を生じさせる．この反応は，以下のように示される．

$$C_6H_5CH_2CH_3 + e^- \rightarrow C_6H_5CH_2CH_3^{\cdot+} + 2e^- \quad (18 \cdot 3)$$

荷電した化学種 $C_6H_5CH_2CH_3^{\cdot+}$ が分子イオンである．肩付きの $^{\cdot+}$ で示されるように，分子イオンは，分子と同じ分子量をもつラジカルイオンである．

高エネルギー電子と分析対象分子との衝突により，通常，分析対象分子はエネルギーを受け取り励起状態とな

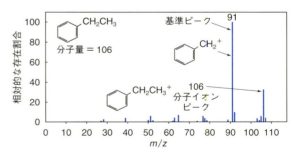

図 18・8 エチルベンゼンの質量スペクトル

---

1) 二重収束型分析装置などの高分解能質量分析部は，ICP-MS における多くのスペクトル干渉を低減または排除することができる．
5) ICP-MS における干渉については，以下を参照．K.E. Jarvis, A.L. Gray, R.S. Houk, "Handbook of Inductively Coupled Plasma Mass Spectrometry", Ch. 5, Blackie, New York (1992). G. Horlick, Y. Shao, "Inductively Coupled Plasmas in Analytical Atomic Spectrometry, 2nd ed.", ed. by A. Montaser, D.W. Golightly, p. 571-96, VCH-Wiley, New York (1992).

る．そして，緩和過程で分子イオンの一部がフラグメンテーション（断片化）を起こし，質量の低い分子イオンが生成する．たとえば，エチルベンゼンの場合の主生成物は，CH_3基の損失に起因する$C_6H_5CH_2^+$である．さらに

1) 小さい正に荷電したフラグメント（断片）も，わずかながら形成される．

電子イオン化法で生成した陽イオンは，スリットを通り，つぎに質量分析部でm/zに従って分離され，質量スペクトルとして棒グラフで表示される．図18・8では，**基準ピーク**（base peak）とよばれるm/z 91の最大ピークの高さに任意に100という値が割り当てられていることに注意してほしい．残りのピークの高さは，基準ピークに対する相対的な存在割合として示されている．

18・4・2 分子の質量分析におけるイオン源

分子の質量分析の出発点は，気体の分析対象イオンの形成であり，質量分析法の利用範囲および有用性は，イオン化法によって決まる．ある一つの分子種からどんな質量スペクトルが得られるかは，イオン形成の方法に大きく依存する．表18・3に，分子の質量分析で使用されているさま

2) ざまなイオン源を示した[6]．イオン化法は，**気相イオン化** (gas-phase ionization) と**脱離イオン化** (desorption ionization) の二つに大別される．気相イオン化法は，試料をまず蒸発させ，次にイオン化する．脱離イオン化法は，固体または液体状態の試料から直接，気体イオンを生成する．脱離イオン化法の利点は，不揮発性かつ熱的に不安定な試料に適

用可能であることである．現在，市販の質量分析計では，これらのイオン化法を交換して，いくつか使用することができる．

最も広く使用されているイオン源は，**電子イオン化** (electron ionization，**EI**) 法を用いたもので，分子に高エ 3) ネルギーの電子ビームを衝突させる．これにより，陽イオン，陰イオン，中性分子が生成し，陽イオンは，静電反発によって質量分析部に導かれる．

EI法では，電子ビームは非常に高エネルギーであるため，多くの分子断片が生成する．ただし，これらの分子断片は，質量分析計に入る分子種の同定に非常に有用である．質量分析データベースに保存されている質量スペクトルには，EI法で得たデータが多い．

大気圧下の試料採取と質量分析のためのイオン源の開発は，今もなお研究が盛んである[7]．イオン源は，ESI，CI，プラズマなどの確立されたイオン化法を利用しているが，大気圧下ではその場で直接イオン化することが必要となる．このような実験環境では，高真空条件下では通常は分析されないような大きさと形の試料を，最小限の前処理を行いイオン化しなくてはならない．この目的のために，さまざまな大気圧下質量分析技術が存在しており，脱離エレクトロスプレーイオン化 (DESI) およびリアルタイム直接分析 (DART) はその先端技術である．さらに，低温プラズマプローブイオン化 (LTP)，簡易大気圧音波スプレーイオン化 (EASI)，レーザーアブレーションエレクトロスプレーイオン化 (LAESI) も有望である．

表18・3　分子質量分析の一般的なイオン源

基本型	名称と略称	イオン化の方法	スペクトルの種類
気相イオン化	電子イオン化 (EI) 化学イオン化 (CI)	高エネルギー電子 試薬ガス（イオン）	フラグメントパターン プロトン付加物，少数のフラグメント
脱離イオン化	高速原子衝撃 (FAB) マトリックス支援レーザー脱離イオン化 (MALDI) エレクトロスプレーイオン化 (ESI)	高エネルギー原子 高エネルギー光子 電界中で溶媒を蒸発させ帯電したエアロゾルを生成	分子イオンとフラグメント 分子イオン，多価イオン 多価分子イオン

---

1) フラグメントイオンのピークは分子の質量スペクトルの理解に重要である．
2) 分子の質量分析のイオン源は，気相イオン化または脱離イオン化のほとんどいずれかに分類される．
3) 質量スペクトルデータベースの大部分は，電子イオン化を用いて集められた質量スペクトルである．
6) イオン源についてより詳しくは以下を参照．D.A. Skoog, F.J. Holler, S.R. Crouch, "Principles of Instrumental Analysis, 6th ed.", p. 551-63, Brooks/Cole, Belmont, CA (2007). J.T. Watson, O.D. Sparkman, "Introduction to Mass Spectrometry: Instrumentation, Applications and Strategies for Data Interpretation, 4th ed.", Wiley, Chichester, UK (2007).
7) G.A. Harris, A.S. Galhena, F.M. Fernandez, *Anal. Chem.*, **83**, 4508 (2011), DOI: 10.1021/ac200918u.

章 末 問 題

18・1 以下の用語を定義せよ.
(a) ドルトン
(b) 四重極型質量フィルター
(c) 原子量
(d) セクター型質量分析部
(e) 飛行時間型質量分析部
(f) 電子増倍管

18・2 原子の質量分析に適した誘導結合プラズマの三つの特徴をあげよ.

18・3 ICP トーチは質量分析においてどのような機能を果たすか.

18・4 通常の質量スペクトルの縦軸と横軸は何か.

18・5 ICP-MS でどのような干渉が発生するか.

18・6 ICP-MS で内部標準を用いる目的は何か.

18・7 ICP-MS の検出限界は,二重収束型質量分析計の方が四重極型質量分析計よりもしばしば低い.それはなぜか.

18・8 気相イオン化と脱離イオン化はどのように異なるか.それぞれの利点は何か.

18・9 電子イオン化でフラグメントが生成されるのはなぜか.

18・10 液体クロマトグラフィーと質量分析計を連結するよりも,ガスクロマトグラフィーと質量分析計を連結する方がはるかに簡単である.その理由について考察せよ.

18・11 イオン化は,顕著なフラグメンテーションを起こすハードイオン化 (EI など) と起こさないソフトイオン化 (ESI, MALDI など) に大別できる.構造解明に役立つのはどちらのイオン化か.分子量の測定にはどちらが適しているか.化合物の同定に適しているのはどちらか.理由を含めて述べよ.

18・12 発展問題
(a) 飛行時間型質量分析計において電荷数 z をもつ質量 m のイオンに与えられる運動エネルギー KE は,$KE = zeV = (1/2)mv^2$ で表され,このとき e は電気素量 (電子の電荷の絶対値),V は電場電圧,v はイオン速度である.ドリフト管には電場も磁場も掛かっておらず,長さが L の場合,飛行時間 t_F は以下の式で表されることを示せ.

$$t_F = L\sqrt{\frac{m}{2zeV}}$$

(b) あるイオン M^+ の質量は 286.1930 Da である.このイオンの質量は何 kg か.
(c) 運動エネルギー 1 eV が 1.6×10^{-19} kg m^2 s^{-2} に等しいことを示せ.
(d) 飛行管に導入する前にこのイオンが運動エネルギー 3000 eV を受取る場合,イオンの速度は m/s 単位でどれほどか.
(e) 飛行管の長さが 1.5 m の場合,飛行管の終端の検出器にこのイオンが到達するまで,どれくらいの時間がかかるか.
(f) 質量 285.0410 Da の不純物イオンの飛行時間はどのくらいか.
(g) M^+ と不純物イオンとを分離するためには,どの程度の分解能が必要か.

第 V 部

分 離 法

19 分離分析の基礎

化学分析では，特定の化学種に特異的に応答する測定技術は非常に少ない．このため，分析対象からのシグナルに影響を及ぼしたり，分析対象との識別が困難なシグナルを生成するような，他の化学種と分離する方法を検討しなくてはならない．分析シグナルやバックグラウンドに影響を及ぼす物質を干渉 (interference) または干渉物質 (interferent) とよぶ．

分離の目的は，分析対象を定量的に測定するために，溶液から干渉物質を減らす，もしくは完全に除去することである．質量分析計のような分子構造を識別する技術と組合わせれば，分離した成分の同定までもが可能になる．クロマトグラフィーのような技術を用いれば，分離とほぼ同時に定量的な情報を得ることもできる．

一般的な分離法には，1) 沈殿（化学的沈殿または電解析出）および濾過，2) 蒸留，3) 溶媒抽出，4) イオン交換，5) クロマトグラフィー，6) 電気泳動，7) フィールドフロー（作用場流動）分画がある．表19・1にそれらをまとめた．最初の四つの方法は，本章の§19・1〜19・4で扱う．クロマトグラフィーの概要は§19・5に示す．第20章では，ガスクロマトグラフィーおよび液体クロマトグラフィーを扱う．

19・1 沈殿による分離

沈殿による分離は，分析対象と干渉物質との溶解度差が大きい場合に可能である．このような分離が理論的に実現可能であるかは，§7・5に示した溶解度計算に従い判断する．しかし，他のさまざまな要因により，沈殿による分離ができない場合もある．たとえば，不純物が沈殿しない条件であっても，§6・1・5に示した共沈現象によって，沈殿物へ不純物が混入する可能性がある．同様に，理論上実現可能な分離であっても，沈殿速度が遅すぎて実際の分離には使用できない場合もある．また，沈殿物がコロイド懸濁液として形成される場合，凝集させることは困難で時間がかかることがある．特に少量の沈殿物を単離する場合は困難である．

19・2 蒸留による分離

蒸留は，不揮発性の干渉物質から揮発性の分析対象を分離するために広く使用されている．蒸留は，混合物中の物質の沸点の差に基づく分離法である．たとえば，さまざまな化学種からの窒素を含む分析対象を分離する方法がある．この分離では，窒素をアンモニアに変換し，これを塩基性溶液から蒸留する．ほかにも，二酸化炭素と硫黄を二酸化硫黄として分離する方法などがあげられる．

蒸留には多くの種類がある．非常に高い沸点の化合物には，**減圧蒸留** (vacuum distillation) が用いられる．対象とする化合物の蒸気圧まで圧力を低下させると沸騰が起こるため，高い沸点の化合物には温度を上げるよりも効果的であることが多い．**分子蒸留** (molecular distillation) はさらに非常に低い圧力 (<0.01 Torr) で分離を行うもので，低い温度で蒸留が行われるため熱分解などの留出物の損傷が最小限に抑えられる．**浸透気化** (pervaporation) は，通気性のない膜を通して部分的な揮発により混合物を分離する方法である．**フラッシュ蒸発** (flash evaporation) は，加熱，および加圧した液体を減圧チャンバーを通して分離する方法であり，減圧チャンバーで液体中のいくつかの分子が気化する．

表19・1 分離法

方　法	原　理
1) 機械的な相分離	
a. 沈殿および濾過	生成される化合物の溶解度の差
b. 蒸留	化合物の揮発性の差
c. 溶媒抽出	二つの非混和性液体における溶解度の差
d. イオン交換	反応物とイオン交換樹脂との相互作用の差
2) クロマトグラフィー	固定相を通る溶質の移動速度の差
3) 電気泳動	荷電物質の電場内移動速度の差
4) フィールドフロー分画	輸送方向に垂直に付加される場または勾配との相互作用の差

1) 用語　干渉物質は，分析シグナルやバックグラウンドを増強または減衰させることによって，分析時の系統誤差をひき起こす化学種である．

19・3 抽出による分離

混ざり合わない2種の溶媒に溶質（無機，有機化合物どちらでも）を入れると，それぞれの相への分布の度合い（分配のされ方）は大きく異なり，この違いを利用した分離方法は何十年間も使用されてきた．本節では，このような非混和性溶媒中での溶質の分配現象を，分離分析へ応用する方法について述べる．

19・3・1 抽出分離の原理

二つの非混和性溶媒相における溶質の分配は，**分配則**（distribution law）に従う平衡過程である．溶質Aが水相と有機相のいずれにも溶解できる場合，得られる平衡は次のように記述できる．

$$A_{aq} \rightleftharpoons A_{org}$$

ここで，下付きの添え字 aq は水相を，org は有機相をさす．理論上，二つの相における A の活量比は一定であり，A の総量とは無関係である．したがって任意の温度において，

$$K = \frac{(a_A)_{org}}{(a_A)_{aq}} \approx \frac{[A]_{org}}{[A]_{aq}} \quad (19・1)$$

ここで，$(a_A)_{org}$ および $(a_A)_{aq}$ は各相における A の活量で，[A] は A のモル濃度である．他の多くの平衡と同様，さまざまな条件下で，モル濃度は，特に大きな誤差を生じることなく，活量と置き換えられ，一般に，K の値は各溶媒中の A の溶解度の比で近似することができる．このとき平衡定数 K を **分配係数**（distribution coefficient）とよぶ．

分配係数は，一定回数の抽出後に溶液中に残っている分析対象の濃度計算に用いられる．また，抽出分離を最も効率的に行う方法を決定する判断材料にもなる．実際，(19・1) 式で表される単純な系について，有機溶媒を用いて抽出した後の水溶液中に残存する A の濃度（$[A]_i$）は，次式で表される（コラム19・1参照）．

$$[A]_i = \left(\frac{V_{aq}}{V_{org}K + V_{aq}} \right)^i [A]_0 \quad (19・2)$$

ここで，$[A]_i$ は，濃度 $[A]_0$ の水溶液 V_{aq} mL を V_{org} mL の有機溶媒で i 回抽出した後，水溶液中に残っている A の濃度である．例題19・1 に，この式を用いた最も効率的な抽出方法の決定手順を示す．

例題 19・1

有機溶媒と水との間のヨウ素 I_2 の分配係数は85である．50.0 mL の 1.00×10^{-3} M I_2 を以下の量の有機溶媒を用いて抽出した後，水相に残存する I_2 の濃度を求めよ．(a) 50.0 mL，(b) 25.0 mL で2回，(c) 10.0 mL で5回．

コラム 19・1　(19・2) 式の導出

(19・1) 式で記述される単純な系について考える．n_0 mmol の溶質 A を含む V_{aq} mL の水溶液を，水と混ざらない有機溶媒 V_{org} mL で抽出する．平衡状態では，n_1 mmol の A が水相に残存し，$(n_0 - n_1)$ mmol が有機相に移動する．二つの相における A の濃度は，

$$[A]_1 = \frac{n_1}{V_{aq}}$$

および，

$$[A]_{org} = \frac{(n_0 - n_1)}{V_{org}}$$

である．これらの数値を (19・1) 式に代入し，並び替えると，

$$n_1 = \left(\frac{V_{aq}}{V_{org}K + V_{aq}} \right) n_0$$

が得られる．同様に，同じ体積の溶媒で2回目の抽出を行った後に残る物質量 n_2 は，

$$n_2 = \left(\frac{V_{aq}}{V_{org}K + V_{aq}} \right) n_1$$

である．前式をこの式に代入すると，

$$n_2 = \left(\frac{V_{aq}}{V_{org}K + V_{aq}} \right)^2 n_0$$

同様にして，i 回の抽出後に水相に残る物質量 n_i は，以下の式で与えられる．

$$n_i = \left(\frac{V_{aq}}{V_{org}K + V_{aq}} \right)^i n_0$$

最後に，上の式は，以下の関係，

$$n_i = [A]_i V_{aq} \quad \text{および} \quad n_0 = [A]_0 V_{aq}$$

を代入することによって，水相中の A の初期濃度と最終濃度を関係づけた式に書き直すことができる．

$$[A]_i = \left(\frac{V_{aq}}{V_{org}K + V_{aq}} \right)^i [A]_0$$

すなわち，(19・2) 式となる．

解 答（例題 19・1 つづき）

(19・2) 式に代入すると以下のように計算できる．

(a) $[I_2]_1 = \left(\dfrac{50.0}{50.0 \times 85 + 50.0}\right)^1 \times 1.00 \times 10^{-3}$
$= 1.16 \times 10^{-5}$ M

(b) $[I_2]_2 = \left(\dfrac{50.0}{25.0 \times 85 + 50.0}\right)^2 \times 1.00 \times 10^{-3}$
$= 5.28 \times 10^{-7}$ M

(c) $[I_2]_5 = \left(\dfrac{50.0}{10.0 \times 85 + 50.0}\right)^5 \times 1.00 \times 10^{-3}$
$= 5.29 \times 10^{-10}$ M

最初の 50 mL の溶媒より，25 mL を 2 回または 10 mL を 5 回に分けて抽出した場合の方が，抽出効率が向上することがわかる．

図 19・1 より，抽出溶媒の全体量をより小さな体積に分けて抽出回数を増やしても，抽出の効率は急速に低下し，抽出回数が 5〜6 回以上になると，抽出効率はほとんど変わらないことがわかる．

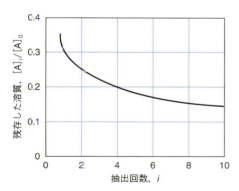

図 19・1 $K=2$ および $V_\text{aq}=100$ mL と仮定して計算した (19・2) 式のプロット．$V_\text{org}=100/i$ となるよう，有機溶媒の全体量は 100 mL とした．

19・3・2 無機化合物の抽出

無機化合物の分離に関しては，沈殿法よりも抽出法の方が有益であることが多い．抽出法で行う分液漏斗における相の平衡化および分離の過程は，沈殿法で通常行われる沈殿，沪過，洗浄の過程と比べ，簡便で迅速である．

a. キレートによる金属イオンの分離 多くの有機キレート試薬は弱酸で，金属イオンと反応してエーテル，炭化水素，ケトン，塩化物（クロロホルムと四塩化炭素など）のような有機溶媒に高い溶解性を示す非荷電性のキレートを生じる[1]．逆に，多くの非荷電性金属キレートは水に難溶である．同様に，キレート試薬自体は，多くの場合，有機溶媒への溶解性はかなり高いが，水への溶解は限定的である．

図 19・2 は，Zn^{2+} のような二価陽イオンを含む水溶液を，大過剰の 8-キノリノールを含む有機溶媒で抽出するときの平衡を示している（このキレート試薬の構造および反応については§6・3・3参照）．図には四つの平衡が示されている．最初の平衡は，有機相と水相との間の 8-キノリノール（HQ と表記する）の分配である．次に，HQ が酸解離し，水層中に H^+ と Q^- を生じる．第 3 の平衡は，MQ_2 を生じる錯形成反応である．第 4 は，二つの溶媒の間におけるキレート MQ_2 の分配である．第 4 の反応が平衡に到達しない場合，MQ_2 は水溶液から沈殿する．全体の平衡反応は，これらの四つの反応の総和であり，以下のように記述できる．

$$2HQ(\text{org}) + M^{2+}(\text{aq}) \rightleftharpoons MQ_2(\text{org}) + 2H^+(\text{aq})$$

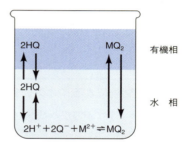

図 19・2 8-キノリノールを含む非混和性有機溶媒で水溶液中の陽イオン M^{2+} を抽出する場合の平衡

この反応の平衡定数は，

$$K' = \frac{[MQ_2]_\text{org}[H^+]_\text{aq}^2}{[HQ]_\text{org}^2[M^{2+}]_\text{aq}}$$

である．通常，有機相中の HQ は水相中の M^{2+} に対して多量に存在しているため，抽出中に $[HQ]_\text{org}$ は本質的に一定のままである．よって，平衡定数式を以下のように単純化できる．

$$K'[HQ]_\text{org}^2 = K = \frac{[MQ_2]_\text{org}[H^+]_\text{aq}^2}{[M^{2+}]_\text{aq}}$$

すなわち，

$$\frac{[MQ_2]_\text{org}}{[M^{2+}]_\text{aq}} = \frac{K}{[H^+]_\text{aq}^2}$$

したがって，二つの相における金属種の濃度比は，水相の

---

1) 試料抽出は，ふつう多量の溶媒で 1 回行うよりも，少量の溶媒に分けて何回か行う方がよい．
1) 塩素系溶剤は，健康への影響とオゾン層破壊の可能性の懸念から，使用が減少している．

水素イオン濃度の 2 乗に反比例することがわかる．平衡定数 K は，金属イオンにより大きく変化する．これらの差異を利用すると，水溶液の水素イオン濃度を緩衝液により一定とすれば，一方のイオンを完全に抽出し他の大部分のイオンを水相中に残存させることが可能となり，単一の陽イオンを選択的に抽出できる．

8-キノリノールを用いた優れた抽出による分離法がいくつも開発されている．また，同様の機序で作用するキレート試薬がほかにも存在する[2]．pH を制御した抽出は，金属イオンを分離するための強力なツールである．

b. 無機化合物の分離 多くの無機化合物は，適切な溶媒で抽出することによって分離が可能である．たとえば，6 M 塩酸溶液からエーテル抽出を 1 回行うと，水溶液中の Fe^{3+}，Sb^{5+}，Ti^{3+}，Au^{3+}，Mo^{6+}，Sn^{4+} などのイオンの 50% が有機相へ移行する．Al^{3+} や Co^{2+}，Pb^{2+}，Mn^{2+}，Ni^{2+} などの二価陽イオンなどは抽出されない．

U^{6+} は，1.5 M 硝酸を含む硝酸アンモニウム飽和溶液のエーテル抽出によって，鉛およびトリウムのような元素から分離できる．ビスマスおよび Fe^{3+} もこの溶媒から，ある程度抽出可能である．

19・4 イオン交換によるイオンの分離

イオン交換とは，多孔質で不溶性の固体に保持されたイオンが，固体と接する溶液中のイオンと交換する過程である[1]．粘土およびゼオライトのイオン交換特性は，1 世紀以上前から研究されてきた．合成イオン交換樹脂は，1930年代半ばに初めて製造され，その後，硬水の軟化，水の脱イオン化，溶液の精製，イオン分離に広く利用されている．

19・4・1 イオン交換樹脂

合成イオン交換樹脂は，一つの分子に多数のイオン性官能基を含む高分子量の重合体である．陽イオン交換樹脂は酸性基を含み，陰イオン交換樹脂は塩基性基をもつ．強酸性交換体は，高分子マトリックスに結合したスルホ基（—$SO_3^-H^+$）をもち（図 19・3），カルボキシ基（—COOH）をもつ弱酸性交換体に比べより広い用途をもつ．同様に，強塩基性陰イオン交換体は第四級アンモニウム基 [—$N(CH_3)_3^+OH^-$] を含み，弱塩基性交換体は第二級または第三級アミン基を含む．

陽イオン交換は，以下の平衡式で表される．

$$x\text{RSO}_3^-\text{H}^+ + \text{M}^{x+} \rightleftharpoons (\text{RSO}_3^-)_x\text{M}^{x+} + x\text{H}^+$$
　　　固体　　溶液　　　　固体　　　溶液

ここで，M^{x+} は陽イオンを表し，R はスルホ基一つを含む樹脂分子の一部を表す．強塩基性陰イオン交換体と陰イオン A^{x-} を含む類似の平衡は，

$$x\text{RN(CH}_3)_3^+\text{OH}^- + \text{A}^{x-} \rightleftharpoons [\text{RN(CH}_3)_3^+]_x\text{A}^{x-} + x\text{OH}^-$$
　　固体　　　　　溶液　　　　　固体　　　　　溶液

である．

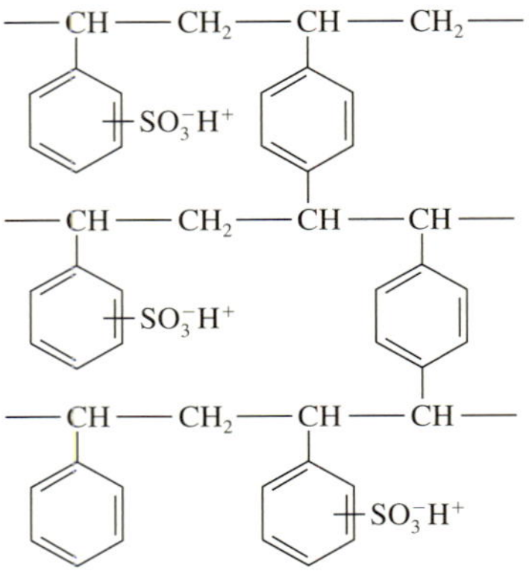

図 19・3　架橋ポリスチレンイオン交換樹脂の構造．$-SO_3^-H^+$ 基を $-COO^-H^+$，$-NH_3^+OH$，$-N(CH_3)_3^+OH$ 基で置き換えた同様の樹脂が使用される．

19・4・2 イオン交換平衡

質量作用の法則を用いて，イオン交換平衡を考察できる．たとえば，Ca^{2+} を含む希釈溶液をスルホ基をもつ樹脂で充塡したカラム（resin の res で表す）に通すと，以下の平衡が成り立つ．

$$\text{Ca}^{2+}(\text{aq}) + 2\text{H}^+(\text{res}) \rightleftharpoons \text{Ca}^{2+}(\text{res}) + 2\text{H}^+(\text{aq})$$

平衡定数 K' は，

$$K' = \frac{[\text{Ca}^{2+}]_{\text{res}}[\text{H}^+]_{\text{aq}}^2}{[\text{Ca}^{2+}]_{\text{aq}}[\text{H}^+]_{\text{res}}^2} \quad (19 \cdot 3)$$

で与えられる．これまで同様，[ ]の項は，二つの相における化学種のモル濃度（厳密にいえば活量）である．$[Ca^{2+}]_{res}$ および $[H^+]_{res}$ は，固相（樹脂相）中の二つのイオンのモル濃度である．ただし，固相は多くの固体とは対照的で，$[Ca^{2+}]_{res}$ と $[H^+]_{res}$ は 0 からある最大値（樹脂上のすべての負に帯電した場所が単一の化学種によって占有される場合）まで変化しうる．

イオン交換分離は，通常，一方のイオンが両方の相で優位になる条件下で行われる．たとえば，希薄な弱酸性溶液からの Ca^{2+} の除去においては，水相および樹脂相の両方で，Ca^{2+} 濃度は H^+ の濃度よりもはるかに低い．

$$[\text{Ca}^{2+}]_{\text{res}} \ll [\text{H}^+]_{\text{res}} \quad \text{および} \quad [\text{Ca}^{2+}]_{\text{aq}} \ll [\text{H}^+]_{\text{aq}}$$

---

1) イオン交換の過程では，イオン交換樹脂に保持されたイオンが，流入してきて樹脂と接触した溶液中のイオンと置き換わる．
2) たとえば以下を参照．J.A. Dean, "Analytical Chemistry Handbook", p. 2.24, McGraw-Hill, New York (1995).

結果として，H^- 濃度は両方の相において基本的に一定であり，(19・3) 式は次のように書き換えられる．

$$\frac{[Ca^{2+}]_{res}}{[Ca^{2+}]_{aq}} = K' \frac{[H^+]^2_{res}}{[H^+]^2_{aq}} = K \quad (19・4)$$

ここで，K は分配係数であり，抽出平衡 (19・1 式) を支配する定数と同様のものである．なお，(19・4) 式の K は，他のイオン (ここでは H^+) に対する Ca^{2+} の樹脂への親和性を表すことに注意してほしい．一般に，ある特定のイオンに対する K が大きい場合，樹脂相がそのイオンを保持する傾向が強く，K の値が小さい場合には樹脂相によるそのイオンの保持傾向が弱い．参照となるイオン (H^+ など) を選択することにより，任意の樹脂におけるさまざまなイオンの分配係数を比較できる．このような実験から，多価イオンが一価イオンよりもより強く保持されることが明らかになった．同じ価数における K の値の差は，水和イオンのサイズおよび他の特性と関連していると考えられる．したがって，典型的なスルホ基をもつ陽イオン交換樹脂では，一価イオンの K 値は $Ag^+>Cs^+>Rb^+>K^+>NH_4^+>Na^+>H^+>Li^+$ の順に減少する．二価陽イオンの場合，順序は $Ba^{2+}>Pb^{2+}>Sr^{2+}>Ca^{2+}>Ni^{2+}>Cd^{2+}>Cu^{2+}>Co^{2+}>Zn^{2+}>Mg^{2+}>UO_2^{2-}$ となる．

19・4・3 イオン交換法の応用

イオン交換樹脂には多くの用途がある．その一つとして，分析を妨げるイオンを排除するための利用がある．たとえば，Fe^{3+} や Al^{3+}，その他多くの陽イオンは，硫酸イオンの定量中に硫酸バリウムと共沈する傾向がある．硫酸塩を含む溶液を陽イオン交換樹脂に通すと，これらの妨害陽イオンが保持され，等価な数の水素イオンが放出される．硫酸イオンはカラムを素通りし，溶出液から硫酸バリウムとして沈殿させる．

イオン交換樹脂の別の有用な用途として，希薄溶液からのイオン濃縮がある．たとえば，多量の天然水中の微量の金属元素を陽イオン交換樹脂に吸着させ，つづいて少量の酸性溶液で処理することにより樹脂から遊離させることができる．その結果，原子吸光法または ICP 発光分析法で分析可能な十分に濃縮された溶液が得られる (第 17 章参照)．

また，ある未知試料に含まれる塩の総量は，その試料を酸性陽イオン交換体に通した際に遊離する水素イオンを滴定することによって定量できる．同様に，塩酸標準液は，既知質量の塩化ナトリウムを陽イオン交換樹脂に通し，得られた溶出液を既知容量に希釈することによって調製できる．樹脂を $-OH^-$ の形の陰イオン交換樹脂に代えれば，塩基標準液の調製も可能になる．イオン交換樹脂は，家庭用軟水器にも広く使用されている．第 20 章に示すように，イオン交換樹脂は，無機イオンおよび有機イオンの両方のクロマトグラフィーによる分離に大変有用である．

19・5 クロマトグラフィーによる分離

クロマトグラフィー (chromatography) は，混合物中に含まれるさまざまな化学成分の分離，同定，定量のために広く使用されている方法である．クロマトグラフィーほど強力で汎用的に用いられる分離方法はほかに存在しない[3]．本節では，すべてのクロマトグラフィーに適用される一般原則を説明する．第 20 章では，分離分析のためのクロマトグラフィーの応用のいくつかおよび関連する方法を扱う．

19・5・1 クロマトグラフィーの概要

クロマトグラフィーという用語 (図 19・4) は，その名前がいろいろなシステムや手法そのものに適用されているため，厳密に定義することは難しい．しかしながら，これらの方法はいずれも共通して，**固定相** (stationary phase) ◀1 および **移動相** (mobile phase) を使用する．混合物の成分 ◀2 を移動相の流れによって固定相を通して運び，移動相中の成分間の移動速度の差に基づき分離する．

図 19・4 クロマトグラフィーは，ロシアの植物学者ミハイル・ツヴェット (Mikhail Tswett, 1872〜1919) が 20 世紀に入ってすぐに発明した．彼は，クロロフィルやキサントフィルなどのさまざまな植物色素の溶液を，微粉砕炭酸カルシウムを充填したガラス製カラムに通すことによって分離し，分離された化合物がカラム上に色のついたバンドとして認められたことから，クロマトグラフィーと命名した (ギリシャ語で，*chroma* は "色"，*graphein* は "書く" を意味する)．

---

1) **用語** クロマトグラフィーにおける**固定相**とは，カラムまたは平面上に固定された相のことである．

2) **用語** クロマトグラフィーにおける**移動相**とは，固定相上または固定相内を通過する気体または液体であり，分析対象の混合物を含む．移動相は，超臨界流体であってもよい．

3) クロマトグラフィーに関する一般的な文献として以下がある．J.M. Miller, "Chromatography: Concepts and Contrasts, 2nd ed.", Wiley, New York (2005). "Chromatography: A Science of Discovery", ed. by R.L Wixom, C.W. Gehrke, Wiley, Hoboken, NJ (2010). "Chromatography: Fundamentals of Chromatography and Related Differential Migration Methods", ed. by E.F. Heftman, Elsevier, Amsterdam (2004). C.F. Poole, "The Essence of Chromatography", Elsevier, Amsterdam (2003). J. Cazes, R.P.W. Scott, "Chromatography Theory", Dekker, New York (2002). A. Braithwaite, F.J. Smith, "Chromatographic Methods, 5th ed.", Blackie, London (1996). R.P.W. Scott, "Techniques and Practice of Chromatography", Dekker, New York (1995). J.C. Giddings, "Unified Separation Science", Wiley, New York (1991).

19・5・2 クロマトグラフィー法の分類

クロマトグラフィー法は大きく次の2種類に分けられる．一つ目は**カラムクロマトグラフィー**（column chromatography）であり，狭い管に固定相が充填されていて，重力または加圧によって移動相が管の中を移動する．もう一つは**平面クロマトグラフィー**（planar chromatography）とよばれ，平板上または紙の細孔内に固定相が担持されており，毛細管現象または重力により，移動相が固定相の中を移動する．本節ではカラムクロマトグラフィーについてのみ説明する．表19・2の1列目に示すように，カラムクロマトグラフィーは，移動相の状態に基づいて，気体，液体，超臨界流体の三つのカテゴリーに分類される．また表の2列目から，固定相の特性と相平衡の種類によって2種類のガスクロマトグラフィーと5種類の液体クロマトグラフィーに分類されることがわかる．

19・5・3 カラムクロマトグラフィーによる溶出

図 19・5 (a) は，試料の二つの成分AおよびBが，**溶離**（elution）により充填カラムで分離される様子を示している．このカラムは細長いチューブの形状をしており，その内部は微細に粉砕された不活性固体の表面に，固定相を担持した担体が充填されている．移動相は，充填された固定相の担体の空隙を満たしている．まず，移動相中に成分AとBとの混合物を含む試料溶液を，時間 t_0 に図19・5 (a) に示すようにカラム上部に添加する．二つの成分は，それぞれ移動相と固定相間で分配される．そして，新しい移動相を連続的に注入することによって試料成分が強制的にカラム内を移動し，溶離が起こる．

溶離液（eluent）である新しい移動相の第1回目の注入により，移動相中の試料はカラムを下降し，そこで新たに移動相と固定相間の分配が起こる（時間 t_1）．一方，試料を添加した位置の固定相に吸着した試料は新たな移動相と

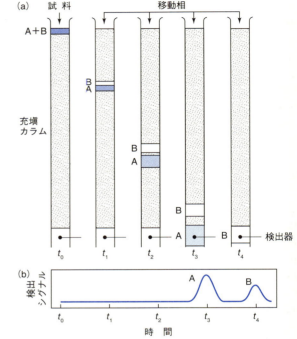

図 19・5 (a) カラム溶離クロマトグラフィーによる成分AとBの混合物の分離を示す図．(b) (a) に示す溶離のさまざまな段階における検出シグナル．

表 19・2 カラムクロマトグラフィーの分類

分類	具体的な方法	固定相	平衡の種類
1) ガスクロマトグラフィー（GC）	a. 気–液（GLC）	固体表面に吸着または結合した液体	気体と液体間の分配
	b. 気–固	固体	吸着
2) 液体クロマトグラフィー（LC）	a. 液–液または分配	固体表面に吸着または結合した液体	不混和性液体間の分配
	b. 液–固または吸着	固体	吸着
	c. イオン交換	イオン交換樹脂	イオン交換
	d. サイズ排除	担体の隙間に入り込んだ液体	分配/分子ふるい効果
	e. アフィニティー	固体表面に結合した，官能基に特異的な液体	表面液体と移動液体間の分配
3) 超臨界流体クロマトグラフィー（SFC）（移動相: 超臨界流体）		固体表面に結合した有機化合物	超臨界流体と結合された固定相の表面間との分配

---

1) 用語 **平面クロマトグラフィー**および**カラムクロマトグラフィー**は，同種の平衡に基づいている．
2) ガスクロマトグラフィーと超臨界流体クロマトグラフィーではカラムを使用しなければならない．平面クロマトグラフィーの移動相は，液体のみ使用可能である．
3) 用語 **溶離**とは，溶質が移動相の移動によって固定相を介して分離される過程である．カラムから出てくる移動相は**溶出液**（eluate）とよばれる．
4) 用語 **溶離液**は，試料成分を固定相を通して移動させるために使用される溶媒である．

の間で分配が起こる．

溶媒の注入により，試料は二つの相間で繰返し移動しながら，カラムの下方へ運ばれる．試料成分の移動は移動相でのみ起こるため，試料成分が移動する平均速度は，<u>移動相で費やす時間の割合</u>によって決まる．この割合は，固定相によって強く保持される試料成分（たとえば，図 19・5 の成分 B）では小さく，移動相に保持されやすい試料成分（成分 A）では大きくなる．理論上は，結果として生じる速度の差によって，混合物中の成分がカラムの縦方向にバンド（band）またはゾーン（zone）として分離される．分離された成分は，十分な量の移動相を注入してカラム出口から溶出させ［カラムから**溶離される**（eluted）という］，収集または検出することで単離できる（図 19・5 の時間 t_3 および t_4）．

a. クロマトグラム　試料成分濃度に応答する検出器をカラムの終端に配置し，そのシグナルを時間（または移動相の添加量）としてプロットすると，図 19・5(b) に示すような一連のピークが得られる．このようなプロットは，**クロマトグラム**（chromatogram）とよばれ，定性分析と定量分析の両方に利用される．時間軸上のピーク最大値の位置は，試料の成分を識別するために使用できる．ピーク面積は，各成分の濃度の尺度となる．

b. カラムの性能を向上させる方法　図 19・6 は，図 19・5(a) のカラム上の成分 A および B を含むバンドの時間 t_1 および t_2 における濃度プロファイルを示す[4]．成分 B は A よりも固定相により強く保持されるので，成分 B は移動中に停滞する．よって，カラムの下へ移動するにつれて，二つの成分間の距離が増加する．しかし，同時に，両方のバンドは広がり，分離装置としてのカラムの性能は低下する．バンドの広がりは避けられないが，バンドの分離よりも広がりがゆっくりになる条件（すなわち，分離がよりよい条件）をみつけることができる場合がある．たとえば図 19・6 に示すように，カラムが十分に長い場合には，溶質をきれいに分離できる．

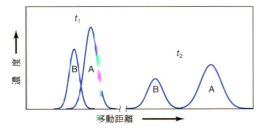

図 19・6　図 19・5 のカラム内を下降する溶質バンド A および B の二つの異なる時間における濃度プロファイル．t_1 と t_2 は図 19・5 に示す．

複数の化学的および物理的要因が，バンドの分離と広がりの速度に影響を及ぼす．その結果，1) バンドの分離速度を増加させるか，2) バンドの広がりの速度を減少させるかのいずれかを制御することによって分離の向上が実現できることが多い．これらの方法について図 19・7(b)(c) に示す．

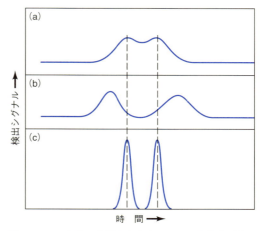

図 19・7　2 成分の分離を向上する二つの方法を示すクロマトグラム．(a) ピークが重複しているもとのクロマトグラム．(b) バンドの分離の向上による改善．(c) バンド幅の減少による改善．

試料成分が固定相を通って移動する相対速度に影響を及ぼす因子については，次の項で説明する．その後，バンド拡散に関わる要素について議論する．

19・5・4　溶質の移動速度

二つの試料成分，すなわち溶質を分離する際のカラムの分離効率は，二つの溶質が溶離される相対速度にある程度依存する．この相対速度は，それぞれの相における溶質濃度の比によって決定される．

a. 分配係数　すべてのクロマトグラフィーによる分離は，溶質が移動相と固定相とに分配される程度の差に基づいている．溶質 A の平衡は次式で表される

$$\text{A(移動相)} \rightleftharpoons \text{A(固定相)} \quad (19 \cdot 5)$$

この反応の平衡定数 K_c は**分配係数**とよばれ，

$$K_c = \frac{(a_A)_S}{(a_A)_M} \quad (19 \cdot 6)$$

---

1) **用語**　クロマトグラムは，溶出時間または溶出量に対する試料成分（溶質）濃度を表すプロットである．
2) **用語**　クロマトグラフィーにおける溶質の**分配係数**は，固定相中のモル濃度と移動相中のモル濃度との比に等しい．
4) 図 19・6 の濃度プロファイルにおける A と B のバンドの相対位置は，図 19・5(b) の A と B のバンドの位置から逆転しているように見える．二つの図の違いは，図 19・6 では横軸がカラムに沿った距離だが，図 19・5(b) では時間である点で，すなわち図 19・5(b) ではピークの前方は左にあり，後方は右にある．図 19・6 では，その逆になっている．

と定義される．ここで，$(a_A)_S$ は固定相における溶質 A の活量であり，$(a_A)_M$ は移動相における溶質 A の活量である．$(a_A)_S$ には，固定相における溶質の分析モル濃度である c_S を，$(a_A)_M$ には移動相における溶質の分析モル濃度である c_M を代用できることが多い．したがって，(19・6) 式は以下のように書き直せて，K_c は，

$$K_c = \frac{c_S}{c_M} \quad (19 \cdot 7)$$

となる．理論上は，分配係数は広範囲の溶質濃度にわたって一定であるため，c_S は c_M に比例することになる．

b. 保持時間 図 19・8 は，2 成分混合物の単純化したクロマトグラムである．左の小さなピークは，固定相によって保持されない溶質由来のものである．このピーク 1) が出現する試料注入後の経過時間 t_M は，一般的に**死時間**（dead time）または**排除時間**（void time）ともよばれる．死時間は，移動相の平均移動速度の尺度を表し，分析対象のピークを特定する重要なパラメーターである．すべての成分は，移動相で少なくとも時間 t_M を費やす．試料または移動相に t_M を測定するための適切な成分が存在していない場合，固定相に保持されない溶質を添加してもよい．図 19・8 の右側の大きなピークは，分析対象のピークであ

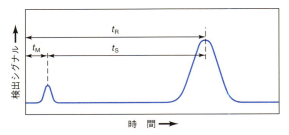

図 19・8 2 成分混合物の典型的なクロマトグラム．左の小さなピークはカラムに保持されない溶質を表し，溶出開始直後に検出器に到達する．したがって，その保持時間 t_M は，移動相の分子がカラムを通過するのに必要な時間にほぼ等しい．

る．試料注入後にこのバンドが検出器に到達するのに要する時間は**保持時間**（retention time）とよばれ，t_R で表される． 2) 分析対象は，固定相に時間 t_S の間保持されているため，保持時間は，

$$t_R = t_S + t_M \quad (19 \cdot 8)$$

となる．溶質が移動する平均速度 $\bar{v}$（通常 cm/s）は，

$$\bar{v} = \frac{L}{t_R} \quad (19 \cdot 9)$$

と表される．ここで，L は充填されたカラムの長さである．同様に，移動相分子の平均速度 u は，

$$u = \frac{L}{t_M} \quad (19 \cdot 10)$$

である．

c. 移動率と分配係数 溶質の移動速度とその分配係数の関係を記述するために，溶質の平均移動速度 $(\bar{v})$ を移動相の速度 (u) の割合として表す．

$$\bar{v} = u \times \text{溶質が移動相で費やす時間の割合}$$

一方，この割合は，任意の時点における移動相中の溶質の平均物質量をカラム中の溶質の総物質量で割ったものに等しい．

$$\bar{v} = u \times \frac{\text{移動相における溶質の物質量}}{\text{溶質の総物質量}}$$

移動相における溶質の総物質量は，移動相における溶質のモル濃度 c_M に相の体積 V_M を掛けたものに等しい．同様に，固定相における溶質の物質量は，固定相における溶質の濃度 c_S と相の体積 V_S の積に等しい．したがって，

$$\bar{v} = u \times \frac{c_M V_M}{c_M V_M + c_S V_S} = u \times \frac{1}{1 + (c_S V_S)/(c_M V_M)}$$

(19・7) 式をこの式に代入すると，溶質移動速度が分配係数ならびに固定相および移動相の体積の関数として表される．

$$\bar{v} = u \times \frac{1}{1 + (K_c V_S)/V_M} \quad (19 \cdot 11)$$

V_S と V_M は，カラムの調製法から推定できる．

d. 保持係数 **保持係数 k**（retention factor）は，カラム内の溶質の移動速度を比較するために広く用いられる重要な実験パラメーターである[5]．溶質 A の場合，保持係数 k_A は，

$$k_A = \frac{K_A V_S}{V_M} \quad (19 \cdot 12)$$

として定義され，ここで K_A は溶質 A の分配係数である．(19・12) 式を (19・11) 式に代入すると，

$$\bar{v} = u \times \frac{1}{1 + k_A} \quad (19 \cdot 13)$$

---

1) **用語 死時間** t_M は，未吸着物質がクロマトグラフィーカラムを通過するのにかかる時間のことである．すべての成分は，移動相で少なくともこの時間を費やす．分離は，成分が移動相中で費やす時間 (t_S) の差に基づいて行われる．
2) **用語 保持時間** t_R は，試料の注入からクロマトグラフィーカラムの検出器に溶質ピークが出現するまでの時間である．
3) **用語** 溶質 A の**保持係数** k_A は，A がカラムを移動する速度に関係する．"溶質が移動相中に存在する時間"に対する"固定相に保持される時間"である．
5) 古い文献では，この定数は容量係数とよばれ，k' と表されていた．しかし，1993 年に IUPAC 分析用語集委員会が，この定数を保持係数とし，k で記号化することを推奨した．

クロマトグラムから k_A を計算するために，(19・9) 式と (19・10) 式を (19・13) 式に代入する．

$$\frac{t_R}{t_M} = \frac{L}{t_M} \times \frac{1}{1+k_A} \quad (19・14)$$

この式を並べ替え，以下の式を得る．

$$k_A = \frac{t_R - t_M}{t_M} = \frac{t_S}{t_M} \quad (19・15)$$

図 19・8 に示すように，t_R と t_M はクロマトグラムから簡単に読み取れる．1 よりも大幅に小さい保持係数は，死時間に近い時間に溶質がカラムから溶出することを意味する．保持係数がおおむね 20～30 より大きい場合，溶離時間は極端に長くなる．混合物中の目的の溶質の保持係数が 1～5 の範囲内にある条件下で分離を行うことが理想的である．

ガスクロマトグラフィーでは，温度とカラム充填剤を変えることで保持係数を調整でき，液体クロマトグラフィーでは，移動相と固定相の組成を変えることで，同様に調整可能である（第 20 章参照）．

1) **e. 分離係数** 二つの溶質 A と B に対する，あるカラムの**分離係数** α (separation factor, selectivity factor) は，以下のように定義される．

$$\alpha = \frac{K_B}{K_A} \quad (19・16)$$

ここで，K_B はより強く保持された化学種 B の分配係数であり，K_A は保持されにくい，またはより早く溶出する化学種 A の分配係数である．この定義によれば，α は常に 1 より大きくなる．

2) (19・12) 式から $K_A = k_A/(V_S V_M)$，同様に $K_B = k_B/(V_S V_M)$ で，両式を (19・16) 式に代入すると，二つの溶質の分離係数と保持係数の関係が得られる．

$$\alpha = \frac{k_B}{k_A} \quad (19・17)$$

ここで，k_B と k_A はそれぞれ B と A の保持係数である．(19・15) 式を二つの溶質についてつくり，(19・17) 式に代入すると，実験により得られたクロマトグラムから α を求める式が得られる．

$$\alpha = \frac{(t_R)_B - t_M}{(t_R)_A - t_M} \quad (19・18)$$

§19・5・7 では，保持係数および分離係数がカラムの分離能にどのような影響を及ぼすかについて説明する．

19・5・5 バンドの広がりとカラム効率

溶質がクロマトグラフィーカラムを通過する際に生じるバンドの広がりの程度は，カラム効率に大きく影響する．カラム効率を定量的に定義する前に，バンドがカラムの下方向へ移動するに伴いバンドが広がる理由について考えてみる．

a. クロマトグラフィーの速度論 クロマトグラフィーの**速度論** (rate theory) では，カラムを通る分子の移動を"ランダム歩行"モデルの確率論に基づいて，溶出バンド[3]の形状および幅を定量的に表すことができる．速度論の詳細な議論は本書の範囲を超えているため，ここではバンドが広がる理由と，カラム効率に影響を与える因子について定性的に述べるに留める[6]．

本章および次章に示すクロマトグラムを見ると，溶出ピークがガウス曲線と非常によく似ていることがわかる．§3・3・2 で示したように，ガウス曲線を用いて表すことが正当なのは，一回の測定に付随する不確かさが，非常に多くの数の"個別には検出不可能なほどわずかで，正になるか負になるかの確率が等しいランダムな不確かさ"の合計であるという仮定が必要である．同様に，クロマトグラム上のバンドの典型的なガウス曲線の形状は，さまざまな分子がカラムを移動する際のランダムな動きの総和として現れるとみなすことができる．以降の説明では，試料を注入する際のバンドは十分に狭いため，溶出する試料のバンド幅には影響しないと仮定する．溶出するバンドの幅は注入直後のバンド幅より狭くなることはけっしてない．

単一の溶質分子が溶離中に固定相と移動相の間を数千回行き来する状態を考えてみる．いずれの段階でも滞留時間は非常に不規則である．一方の相から他相への移動はエネルギーを必要とし，分子はそのエネルギーを周囲から獲得しなければならない．したがって，任意の相における滞留時間は非常に短い場合も比較的長い場合もある．また，分子がカラムを進むのは分子が移動相に存在しているときのみである．結果として，たまたま長時間移動相に存在した粒子は速く移動し，一方，平均時間よりも長時間固定相に取込まれた粒子の移動は遅くなる．こうした個々の分子のランダムな過程により，分析対象となる分子の振舞いは平均速度を中心とした対称的な広がりとして表れる．

図 19・9 に示すように，クロマトグラムの中には不規則なピークもあり，**テーリング** (tailing) や**リーディング**

---

1) 用語 溶質 A および B の**分離係数** α は，より強く保持された溶質 (B) の分配係数と，それほど強く保持されない溶質 (A) の分配係数の比として定義される．
2) あるカラムにおける 2 種類の分析対象の分離係数は，このカラムにおける当該成分の分離能を表している．
3) ここでのランダム歩行とは，移動相中の分子がカラムを下方向に移動しつつ，固定相に一定の割合（確率）で分配されることをいう．
6) 詳細は J.C. Giddings, "Unified Separation Science", p. 94-96, Wiley, New York (1991) を参照．

(leading) とよばれる現象を示す．テーリングの場合，クロマトグラムの右側に現れるピークのすそが尾を引いており，左側は急激に上昇している．リーディングはその逆である．一般的に，テーリングおよびリーディングは，分配係数が濃度によって変化することに起因している．また，カラムに注入される試料量が多すぎる場合には，リーディングが生じる．こうした不規則なピークは，分離が不十分になり，溶出してくるまでの時間の再現性も悪いため望ましくない．以降の説明では，テーリングとリーディングは最小であると仮定する．

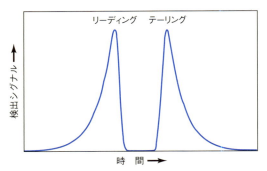

図 19・9　クロマトグラムのピークのリーディングとテーリングの模式図

b. カラム効率　クロマトグラフィーのカラム効率を定量的に表すために，1) **理論段高** H (plate height, height equivalent to a theoretical plate; HETP) と 2) **段数**または**理論段数** N (plate count または theoretical plates number) の二つが広く使用されており，次式のような関係がある．

$$N = \frac{L}{H} \qquad (19 \cdot 19)$$

ここで，L（通常は単位 cm）は充塡剤を含むカラムの長さである．理論段とは，移動相と固定相からなるカラムを等間隔で輪切りにしたときの，仮想的な微小体積のことをいい，輪切りにした 1 カラムの高さを理論段高と定義している．各理論段で，移動相と固定相間は平衡過程にある．

クロマトグラフィーのカラム効率は，理論段数 N が多く，理論段高 H が小さくなるにつれて向上する．カラムの種類や移動相と固定相の違いは，カラム効率に大きな影響を与える．理論段数を用いてカラム効率を表すと，数百から数十万変化するが，一方，理論段高は 1/10 から 1/1000 cm 以下になることも珍しくない．

§3・4・2で，ガウス曲線の幅は標準偏差 σ と分散 σ^2 によって表されることを述べた．クロマトグラフィーのバンドはガウス分布の形状であることが多く，クロマトグラムのピーク幅がカラム効率を反映しているため，カラムの単位長さ当たりの分散は，カラム効率の尺度として使用される．すなわち，カラム効率を表す理論段高 H は以下のように定義される．

$$H = \frac{\sigma^2}{L} \qquad (19 \cdot 20)$$

カラム効率のこの定義を図 19・10 に示す．図 19・10 (a) は充塡剤を含む L cm のカラムを示しており，図 19・10 (b) は分析対象のピークが充塡剤の終点に達する時点（すなわち，保持時間）における，カラムの長さに沿った分子の分布をプロットしている．曲線はガウス分布であり，$L+1\sigma$ および $L-1\sigma$ の位置は縦の破線で示す．ここで，L の単位は cm，σ^2 の単位は cm^2 である．したがって，H は cm 単位の直線距離を表す (19・20 式)．実際，理論段高 H は，L と $L-\sigma$ の間にある分析対象の一部を含むカラムの長さと考えられる．$\pm\sigma$ で囲まれたガウス曲線の下側面積は総面積の約 68% なので，定義されているように，理論段高には分析対象の 34% が含まれる．

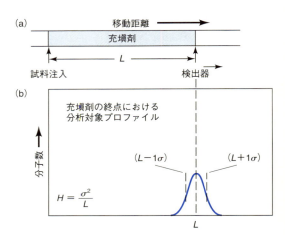

図 19・10　理論段高 $H=\sigma^2/L$ の定義．(a) において，カラム長 L は試料注入口から検出器までの距離として示す．(b) には試料分子のガウス分布を示す．

c. カラム内の理論段数の決定　理論段数 N および理論段高 H は，カラム性能を表す尺度として，文献や実験機器の取扱い説明書などで広く使用されている．図 19・11 に，クロマトグラムから N を決定する方法を示す．図から，ピークの保持時間 t_R と，ベースラインにおけるピーク幅 W（時間単位）を決定し，次式によって理論段数を計算する[7]．

$$N = 16\left(\frac{t_R}{W}\right)^2 \qquad (19 \cdot 21)$$

---

[7] 多くのクロマトグラフィー装置のデータ処理系では，ピーク高さの半分における幅 $W_{1/2}$（半値全幅または半値幅という）を記録する．その場合 $N=5.54\,(t_R/W_{1/2})^2$ となる．

コラム 19・2　理論段数と理論段高という用語の由来

1952年のノーベル賞は現代クロマトグラフィーの開発に携わった2人の英国人，マーティン (A. J. P. Martin) とシング (R. L. M. Synge) に授与された．彼らの理論研究では，1920年代初期に初めて開発された分別蒸留塔の分離を説明するモデルを採用している．分別蒸留は，性質の似た炭化水素を分離するために，石油産業で初めて使用された．蒸留塔は相互に連結したバブルキャッププレート (図19C・1) から構成されており，各プレートでは還流条件下で気液平衡が保たれている．

マーティンとシングは，クロマトグラフィーカラムを，化学平衡が維持されるバブルキャップのようなプレートが幾層にも重なって構成されているとみなした．この段モデルを用いると，溶質移動速度の差異に影響を及ぼす要因や，クロマトグラフのピークがガウス分布の形状となる理由が都合よく説明できる．しかし，段モデルは，溶出中にカラム全体にわたって平衡状態が成り立っているという基本的な仮定があるため，バンドの広がりを適切に説明できない．この仮定は，2相間の物質移動が速く，平衡に達するための十分な時間がないクロマトグラフィーカラムの動的状態では有効でない．

段モデルはクロマトグラフィーの描写として最良とは言い難く，1) 段や段高という用語は特別な意味をもたないこと，また，2) これらの用語は歴史的な理由のためだけに使用されており，物理的な意味があるわけではないので，カラム効率の指標としてこれらを表示することは意味がないことを強調しておく．しかし，クロマトグラフィーを用いる分野で，これらの用語は引続き用いられるであろう．

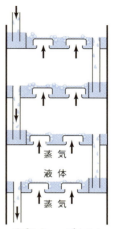

図 19C・1　分留カラム内のプレート

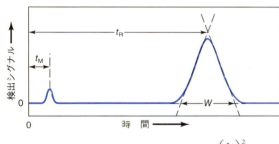

図 19・11　理論段数の決定法，$N = 16\left(\dfrac{t_R}{W}\right)^2$

19・5・6　カラム効率に影響を与える因子

バンド幅の広がりは，カラム効率の低下をまねく．溶質がカラムを通って移動する物質移動速度が遅いほど，カラム出口のバンド幅はより広くなる．物質移動速度に影響を与える因子のいくつかは制御することができ，分離効率を改善するために活用できる．

a. 移動相流速の影響　バンドの広がりの程度は，移動相が固定相と接触している時間の長さに依存し，これはさらに移動相の流速に依存する．この理由から，一般に，カラム効率の測定は移動相速度の関数として理論段高 H を測定することでなされる．このような測定から得られたデータの典型例を図19・12に液体クロマトグラフィーとガスクロマトグラフィー[1]について示した．いずれも，遅い線流速域で理論段高 H の最小値 (すなわち最大効率) を示すが，液体クロマトグラフィーで得られる最小値の流速は，通常，ガスクロマトグラフィーよりもはるかに遅い．その

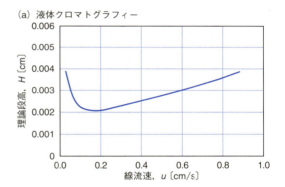
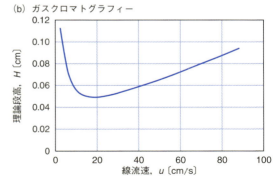

図 19・12　理論段高 H に対する移動相の線流速の影響

---

[1] **用語**　**線流速** (linear flow rate) および**体積流量** (volumetric flow rate) は，異なる物理量であるが関係式でつなぐことができる．線流速は，カラムの断面積当たりの体積流量となる．

ため通常の実験条件下で液体クロマトグラフィーを扱う場合，理論段高 H の最小値は出現しない．

一般に，液体クロマトグラムはガスクロマトグラムよりも遅い線流速で実験を行う．また，図 19・12 に示すように，液体クロマトグラフィーカラムの理論段高 H は，ガスクロマトグラフィーカラムの理論段高 H よりも 1 桁以上小さい．しかし，約 25～50 cm を超える長い液体クロマトグラフィーカラムには高圧が必要となり，現実的でない．対照的に，ガスクロマトグラフィーカラムは，長さが 50 m 以上であっても実験が行える．その結果，総理論段数，つまり全体のカラム効率は，通常，ガスクロマトグラフィーカラムの方が優れている．

19・5・7 カラムの分離度

カラムの**分離度** R_s (resolution) は，二つのバンドがバンドの広がりに対してどれだけ離れているかを示している．分離度は，カラムが二つの分析対象を分離する能力の定量的な指標となる．この用語の重要性を，図 19・13 に示す分離能の異なる三つのカラムを用いた際の化合物 A および B のクロマトグラムで説明する．各カラムの分離度は，

$$R_s = \frac{\Delta Z}{\frac{W_A}{2} + \frac{W_B}{2}} = \frac{2\Delta Z}{W_A + W_B} = \frac{2[(t_R)_B - (t_R)_A]}{W_A + W_B} \quad (19\cdot22)$$

と定義され，式中の記号はすべて図に定義されているとおりである．

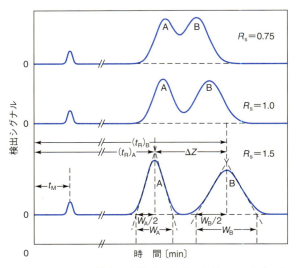

図 19・13 三つの異なる分離度における分離．ΔZ はピーク間距離，W_A と W_B はベースラインにおける A と B のピーク幅 ($W = 4\sigma$)，t_R は保持時間を表す．なおピークの高さを h とするとき，$(1/2)h$ におけるバンド幅はおよそ 2.35σ である．

図 19・13 から分離度 1.5 では A と B は本質的に完全に分離するが，分離度 0.75 では明らかに分離できていないことがわかる．分離度 1.0 では，バンド A には約 4% の B が含まれ，バンド B には約 4% の A が含まれている．分離度 1.5 で生じる重なりは約 0.3% である．カラムを長くすれば，どんな任意の固定相でも分離能は向上させることができ，理論段数を増やすことができる．しかしながら，理論段数が増えると，分離に必要な時間が増加する．

a．保持係数と分離係数が分離度に及ぼす影響　カラムの分離能とカラムに含まれる理論段数，さらにカラムに通す二種類の溶質の保持係数と分離係数に関して非常に有用な式が導出できる．図 19・13 の二つの溶質 A および B について分離度は次式で与えられる[8]．

$$R_s = \frac{\sqrt{N}}{4}\left(\frac{\alpha - 1}{\alpha}\right)\left(\frac{k_B}{1 + k_B}\right) \quad (19\cdot23)$$

ここで k_B はより遅く移動する化学種の保持係数であり，α は分離係数である．この式を変形して，期待される分離度に必要な理論段数を求めることができる．

$$N = 16R_s^2\left(\frac{\alpha}{\alpha - 1}\right)^2\left(\frac{1 + k_B}{k_B}\right)^2 \quad (19\cdot24)$$

b．保持時間に対する分離度の影響　前述のように，クロマトグラフィーの最終的な目標は，可能な限り短い実験時間で最高の分離能を得ることにある．しかし，これらの目標は相いれない傾向があり，何かを妥協する必要がある．図 19・13 の二つの化学種を R_s の分離能で溶出させるのに必要な時間 $(t_R)_B$ は，次式で与えられる．

$$(t_R)_B = \frac{16R_s^2 H}{u}\left(\frac{\alpha}{\alpha - 1}\right)^2\frac{(1 + k_B)^3}{(k_B)^2} \quad (19\cdot25)$$

ここで，u は移動相の線速度である．

> **例題 19・2**
>
> 物質 A および B の保持時間は，30.0 cm カラムでそれぞれ 16.40 分および 17.63 分である．保持されていない化合物は 1.30 分でカラムを通過する．A および B のピーク幅（ベースラインにおいて）はそれぞれ 1.11 分および 1.21 分である．(a) カラムの分離度，(b) カラムの平均の理論段数，(c) 理論段高，(d) 分離度 1.5 を得るために必要なカラムの長さ，(e) R_s 値 1.5 のカラムで物質 B が溶出する時間をそれぞれ求めよ．

---

8) D.A. Skoog, F.J. Holler, S.R. Crouch, "Principles of Instrumental Analysis, 6th ed.", p. 776-777, Brooks/Cole, Belmont, CA (2007) を参照．

解 答（例題 19・2 つづき）

(a) (19・22) 式を用いて求める．

$$R_s = \frac{2(17.63 - 16.40)}{1.11 + 1.21} = 1.06$$

(b) (19・21) 式から N を求める．

$$N = 16\left(\frac{16.40}{1.11}\right)^2 = 3493 \quad \text{および}$$

$$N = 16\left(\frac{17.63}{1.21}\right)^2 = 3397$$

$$N_{平均} = \frac{3493 + 3397}{2} = 3445$$

(c) $H = \dfrac{L}{N} = \dfrac{30.0}{3445} = 8.7 \times 10^{-3}$ cm

(d) k と α は，N と L が増加しても大きく変化しない．したがって，N_1 と N_2 を (19・23) 式に代入し，得られた式の一方をもう一方で割る．

$$\frac{(R_s)_1}{(R_s)_2} = \frac{\sqrt{N_1}}{\sqrt{N_2}}$$

ここで，下付きの添え字 1，2 はそれぞれもとのカラムと長いカラムを表す．N_1，$(R_s)_1$ および $(R_s)_2$ に適切な値を代入すると，

$$\frac{1.06}{1.5} = \frac{\sqrt{3445}}{\sqrt{N_2}}$$

$$N_2 = 3445\left(\frac{1.5}{1.06}\right)^2 = 6.9 \times 10^3$$

となる．よって，

$$L = NH = 6.9 \times 10^3 \times 8.7 \times 10^{-3} = 60 \text{ cm}$$

(e) $(R_s)_1$ と $(R_s)_2$ を (19・25) 式に代入し，得られた式の一方をもう一方で割り，値を代入する．

$$\frac{(t_R)_1}{(t_R)_2} = \frac{(R_s)_1^2}{(R_s)_2^2} = \frac{17.63}{(t_R)_2} = \frac{(1.06)^2}{(1.5)^2}$$

$$(t_R)_2 = 35 \text{ min}$$

したがって，分離度を改善するためには，カラムの長さ，ひいては分離時間を 2 倍にしなければならない．

章 末 問 題

19・1 分離過程に伴う大きな二つの段階をあげよ．

19・2 機械的な相分離に基づく分離法を三つあげよ．

19・3 以下の用語を定義せよ．
(a) 溶 離 (b) 移動相
(c) 固定相 (d) 分配係数
(e) 保持時間 (f) 保持係数
(g) 分離係数 (h) 理論段高

19・4 強酸性および弱酸性合成イオン交換樹脂の構造の違いを説明せよ．

19・5 クロマトグラフィーでバンドの広がりをもたらす要因をあげよ．

19・6 気-液クロマトグラフィーと液-液クロマトグラフィーの大きな違いを述べよ．

19・7 カラム内の理論段数を決定する方法を説明せよ．

19・8 カラムクロマトグラフィーにおいて 2 種類の物質の分離能を向上させる一般的な方法を二つ述べよ．

19・9 n-ヘキサンと水との間の X の分配係数は 8.9 である．50.0 mL の 0.200 M X を以下の量の n-ヘキサンで抽出処理した後，水相に残存する X の濃度を求めよ．
(a) 40.0 mL で 1 回 (b) 20.0 mL で 2 回
(c) 10.0 mL で 4 回 (d) 5.00 mL で 8 回

19・10 n-ヘキサンと水との間の Z の分配係数は 5.85 である．0.0550 M の Z の 25.0 mL を以下の量の n-ヘキサンで抽出した後，水中に残っている Z の割合（%）を求めよ．
(a) 25.0 mL で 1 回 (b) 12.5 mL で 2 回
(c) 5.00 mL で 5 回 (d) 2.50 mL で 10 回

19・11 問題 19・9 の X の濃度が 0.0500 M の溶液 25.0 mL を以下の量の n-ヘキサンで繰返し抽出した．水相の X の濃度を 1.00×10^{-4} M に減らすために必要な n-ヘキサンの総量を求めよ．
(a) 25.0 mL (b) 10.0 mL (c) 2.0 mL

19・12 問題 19・10 の Z の濃度が 0.0200 M の溶液 40.0 mL を以下の量の n-ヘキサンで繰返し抽出した．水相の Z の濃度を 1.00×10^{-5} M に減少させるために必要な n-ヘキサンの総量を求めよ．
(a) 50.0 mL (b) 25.0 mL (c) 10.0 mL

19・13 以下の方法で抽出を行った．50.0 mL の水から 99% の溶質の除去を可能にする最小の分配係数を求めよ．
(a) 25.0 mL のトルエンで 2 回抽出
(b) 10.0 mL のトルエンで 5 回抽出

19・14 0.0500 M の Q を含む水 30.0 mL を 10.0 mL の非混和性有機溶媒で 4 回抽出した．以下に示す溶質濃度以外のすべてが有機相に移ることを可能にする最小の分配係数を求めよ．
(a) 1.00×10^{-4} (b) 1.00×10^{-3} (c) 1.00×10^{-2}

19・15 純粋な化合物から 0.150 M の弱有機酸 HA の水溶液を調製し，三つの 100.0 mL メスフラスコに 50.0 mL ずつ移した．溶液 1 は 1.0 M $HClO_4$ を用いて 100.0 mL に希釈した．同様に，溶液 2 は 1.0 M NaOH で，溶液 3 は水で 100.0 mL に希釈した．それぞれから 25.0 mL を分注し，25.0 mL の n-ヘキサンで抽出した．溶液 2 の抽出物からは A 含有種は検出できず，このことから A^- が n-ヘキサンに溶解していないことが示された．溶液 1 からの

抽出物は ClO_4^- または $HClO_4$ を含有していなかったが，0.0454 M の HA が含まれていたことがわかった（過剰な NaOH 標準液と反応させ，HCl 標準液による逆滴定で定量した）．また，溶液3からの抽出物には，HA が 0.0225 M 含まれていたことがわかった．HA が有機溶媒中で会合または解離しないと仮定し，以下の数量を求めよ．

(a) 水と n-ヘキサン間の HA の分配比
(b) 抽出後の溶液3の水相中の HA および A^- の濃度
(c) 水中での HA の解離定数

19・16 以下の反応，

$$I_2 + 2SCN^- \rightleftharpoons I(SCN)_2^- + I^-$$

の平衡定数を決定するため，0.0100 M の I_2 水溶液 25.0 mL を 10.0 mL の $CHCl_3$ で抽出した．抽出後，分光光度測定により，水相の I_2 濃度は 1.12×10^{-4} M であることがわかった．次に I_2 濃度が 0.0100 M，KSCN 濃度が 0.100 M の水溶液を調製した．この溶液 25.0 mL を 10.0 mL の $CHCl_3$ で抽出した後，$CHCl_3$ 相中の I_2 濃度は分光光度測定から 1.02×10^{-3} M と求められた．

(a) $CHCl_3$ と H_2O 間の I_2 の分配係数を求めよ．
(b) 上式の平衡定数を求めよ．

19・17 天然水の総陽イオン含量の定量は，一般的には強酸性イオン交換樹脂上の水素イオンを陽イオンと交換することによって行う．25.0 mL の天然水試料を蒸留水で 100 mL に希釈し，陽イオン交換樹脂 2.0 g を添加した．攪拌後，混合物を沪過し，沪紙上に残った固体を 15.0 mL の水で3回洗浄した．沪液および洗浄液を滴定すると，0.0202 M NaOH を 15.3 mL 添加したときにブロモクレゾールグリーンで終点を得た．

(a) 正確に 1.00 L の試料中に存在する陽イオンの物質量（mmol）を求めよ．
(b) 陽イオンは $CaCO_3$ 由来と考えて，1 L 当たりの $CaCO_3$ の質量（mg）で結果を求めよ．

19・18 標準物質の NaCl から陽イオン交換樹脂を用いて，0.1500 M HCl を正確に 2.00 L 調製する方法を述べよ．

19・19 $MgCl_2$ および HCl を含有する水溶液 25.00 mL をブロモクレゾールグリーンを用いて滴定を行い，0.02932 M NaOH を 17.53 mL 添加したところで，終点を得た．その後，同じ溶液 10.00 mL を蒸留水で 50.00 mL に希釈し，強酸性イオン交換樹脂に通した．溶出液と洗液は，同じ終点に到達するのに 35.94 mL の NaOH 溶液を必要とした．試料水溶液中の HCl および $MgCl_2$ のモル濃度を求めよ．

19・20 内径 0.25 mm の中空カラムを用いてガスクロマトグラフィーを行った．体積流量が 0.95 mL/min であるとき，カラム出口における線流速（cm/s）を求めよ．

19・21 以下の液体クロマトグラフィーカラムを用いて分析を行う．

充填カラムの長さ	24.7 cm
体積流量	0.313 mL/min
V_M	1.37 mL
V_S	0.164 mL

A, B, C, D 種の混合物をこのカラムで分析したところ，以下のようなクロマトグラムが得られた．

	保持時間〔min〕	ベースラインにおけるピーク幅 W〔min〕
非保持物質	3.1	−
A	5.4	0.41
B	13.3	1.07
C	14.1	1.16
D	21.6	1.72

以下の値を求めよ．
(a) 各ピークからの理論段数
(b) 理論段数 N の平均および標準偏差
(c) カラムの理論段高

19・22 問題 19・21 のデータから，A, B, C, D について以下の値を求めよ．
(a) 保持係数
(b) 分配係数

19・23 問題 19・21 のデータから，B と C について以下の値を求めよ．
(a) 分解能
(b) 分離係数
(c) 分離能 1.5 で2種を分離するために必要なカラムの長さ
(d) (c) のカラムで2種を分離するために必要な時間

19・24 問題 19・21 のデータから C と D について以下の値を求めよ．
(a) 分離能
(b) 分離能 1.5 で2種を分離するために必要なカラムの長さ

19・25 以下は，40 cm の充填カラムでの気-液クロマトグラフィーによって得られたデータである．

化合物	t_R〔min〕	W〔min〕
空気	1.9	−
メチルシクロヘキサン	10.0	0.76
メチルシクロヘキセン	10.9	0.82
トルエン	13.4	1.06

次の値を計算せよ．
(a) データからの平均の理論段数
(b) (a) における平均値の標準偏差
(c) カラムの平均の理論段高

19・26 問題 19・25 を参照して，次の分離度を計算せよ．
(a) メチルシクロヘキセンとメチルシクロヘキサン
(b) メチルシクロヘキセンとトルエン
(c) メチルシクロヘキサンとトルエン

19・27 問題 19・25 のメチルシクロヘキサンとメチルシクロヘキセンの分離において，分離度 1.75 が要求される場合，
(a) 必要な理論段数を求めよ．
(b) 問題 19・25 と同じ充填剤を使用する場合，必要なカラム長を求めよ．

(c) (b)のカラム上のメチルシクロヘキセンの保持時間を求めよ．

19・28 問題 19・25 のカラムの V_S と V_M が 19.6 mL および 62.6 mL であり，カラムに保持されない空気のピークが 1.9 分後に現れるとき，次の値を求めよ．
(a) 各化合物の保持係数
(b) 各化合物の分配係数
(c) メチルシクロヘキサンおよびメチルシクロヘキセンの分離係数

19・29 化合物 M および N の水/ヘキサン分配係数は，5.99 および 6.16 ($F=[X]_{H_2O}/[X]_{hex}$，ここで X=M または X=N) であることが種々の研究から知られている．この二つの物質を水を吸着したシリカゲルを充塡したカラムを用い，ヘキサンで溶出する．充塡剤の V_S/V_M 比は 0.425 である．
(a) 各溶質の保持係数を求めよ．
(b) 分離係数を求めよ．
(c) 分離度 1.5 を得るのに必要な理論段数を求めよ．
(d) 充塡剤の理論段高が 1.5×10^{-3} cm である場合，必要なカラム長を求めよ．
(e) 流速が 6.75 cm/min である場合，2 種の溶出に必要な時間を求めよ．

19・30 問題 19・29 の計算を，$K_M=5.81$ および $K_N=6.20$ として計算し直せ．

19・31 発展問題 25 cm の液体クロマトグラフィーカラムから得られた 2 成分混合物のクロマトグラムを次の図に示す．体積流量は 0.40 mL/min である．

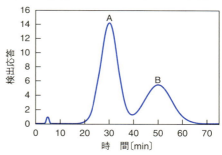

(a) 成分 A と成分 B が固定相に保持される時間を求めよ．
(b) A および B の保持時間を求めよ．
(c) A および B の保持係数を求めよ．
(d) 各ピーク幅と最大値の半分におけるピーク幅 (半値全幅) を求めよ．
(e) 二つのピークの分離度を求めよ．
(f) カラムの平均の理論段数を求めよ．
(g) 平均の理論段高を求めよ．
(h) 分離度 1.75 を得るために必要なカラム長を求めよ．
(i) (h) の分離度を得るために必要な時間を求めよ．
(j) カラム長を 25 cm に固定し，充塡剤を詰めたとする．ベースラインの高さでの完全な分離を達成するために分離度を向上させる方法を述べよ．
(k) (j) と同じカラムを用いて，より短時間でより高い分離が得られる方法を述べよ．

20 クロマトグラフィーと関連技術

クロマトグラフィーは，生化学，製薬化学，環境科学，食品科学，毒物学，法医学などでさまざまな用途に用いられている．本章では，分離分析で最も汎用されている二つのクロマトグラフィーである，ガスクロマトグラフィーと液体クロマトグラフィーについて説明する．ガスクロマトグラフィーでは，機器の構成，検出器，カラムと固定相の種類を扱う．一方，液体クロマトグラフィーには，その分離機構によって分配クロマトグラフィー，吸着クロマトグラフィー，イオン交換クロマトグラフィー，サイズ排除クロマトグラフィー，アフィニティークロマトグラフィーなどの種類がある．これらの理論および実践について述べる．

20・1 ガスクロマトグラフィー

ガスクロマトグラフィーでは，気化した試料の成分を，気体の移動相と，カラム中に保持された液体または固体の固定相との間で分配させることによって分離する[1]．ガスクロマトグラフィーを行う際には，試料を気化させ，クロマトグラフィーカラムに注入する．溶離は，不活性気体の移動相の流れによって行う．他の多くの種類のクロマトグラフィーとは対照的に，移動相は分析対象の分子と相互作用しない．移動相の機能は，分析対象をカラム中で移動させることのみである．

[1] ガスクロマトグラフィーには**気−液クロマトグラフィー**（gas-liquid chromatography, GLC）と**気−固クロマトグラフィー**（gas-solid chromatography, GSC）の2種類がある．気−液クロマトグラフィーはさまざまな科学分野で広く使用されており，単にガスクロマトグラフィー（gas chromatography, **GC**）と言った場合は気−液を指すことが多い．気−液クロマトグラフィーでは，気体状の移動相と，不活性固体充塡剤の表面またはキャピラリー管の壁に固定された液相との間で分析対象を分配することにより分離を行う．気−固クロマトグラフィーは，分析対象が固体の固定相に物理的に吸着することに基づく分離法である．気−固クロマトグラフィーでは，活性分子や極性分子が半永久的に保持されたり，溶出ピークが激しくテーリングしたりするため，その用途は限定的である．したがって，気−固クロマトグラフィーは，特定の低分子量の気体の分離を除いて，ほとんど利用されることはない．

20・1・1 GC 装 置

GC 装置は，市販されて以来，多くの変更や改良が加えられてきた．1970年代には，電子インテグレーター（クロマトグラフィーピーク面積を積分で求める機器）とコンピューターベースのデータ処理装置が普及し，1980年代には，カラム温度，流速，試料注入などの機器パラメーターの自動制御をコンピューターで行えるようになった．また，この1980年代には，より低価格の非常に高性能な機器が開発され，複雑な混合物の成分を比較的短時間で分離できる中空カラムが導入された（§20・1・2参照）．今日，約50の機器メーカーから，10万〜500万円の価格帯で約150種類の異なる型のGC装置が販売されている．典型的なGC装置の基本的な構成要素を図20・1に示した．各構成要素について以下に説明する．

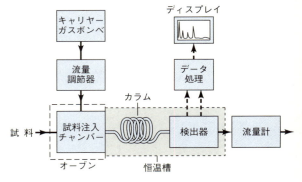

図20・1 一般的なGCのブロック図

[1] **用語** 気−液クロマトグラフィーでは，移動相は気体，固定相は吸着または化学結合によって不活性固体の表面上に保持される液体である．気−固クロマトグラフィーでは，移動相は気体，固定相は物理吸着によって分析対象を保持する固体である．気−固クロマトグラフィーでは，空気成分，硫化水素，一酸化炭素，窒素酸化物などの低分子量気体の分離や定量が可能である．
1) ガスクロマトグラフィーの取扱いについて，詳しくは以下参照．"Gas Chromatography", ed. by C. Poole, Elsevier, Amsterdam (2012). H. M. McNair, J. M Miller, "Basic Gas Chromatography, 2nd ed.", Wiley, Hoboken, NJ (2009). "Modern Practice of Gas Chromatography, 4th ed.", ed. by R.L. Grob, E.F. Barry, Wiley-Interscience, Hoboken, NJ (2004). R.P.W. Scott, "Introduction to Analytical Gas Chromatography, 2nd ed.", Marcel Dekker, New York (1997).

a. キャリヤーガスシステム　GCにおける移動相のガスはキャリヤーガス（carrier gas）とよばれ，化学的に不活性である必要がある．ヘリウムは最も一般的な移動相だが，アルゴン，窒素，水素が使用されることもある．これらのガスは高圧ボンベの形で入手できる．ガスの流速を制御するには，圧力調整器，ゲージ，流量計が必要である．

GCの流速は，ガス注入口の圧力を制御することにより調節される．ガスボンベの2段階圧力調整器と，クロマトグラフィーに取付けた圧力調整器または流量調節器が用いられる．注入口圧力は，通常，室内圧力より10〜50 psi（lb/in²），すなわち0.7〜3.4 barほど高く，充填カラムで25〜150 mL/min，中空キャピラリーカラムで1〜25 mL/minの流速を生じる．

いずれのクロマトグラフィーでも，カラムを通過する流速を測定することが望ましい．図20・2に示す古典的なせっけん膜流量計は，現在でも広く使用されている．せっけんや洗剤の水溶液を含むゴム球を圧搾すると，ガスの経路にせっけんの膜が形成される．この膜がビュレット上の二つの目盛りの間を移動するのに必要な時間を測定し，体積流量に変換する．一般には電子流量計が使用される．流量計は，図20・1に示すように末端に配置される．

図20・2　せっけん膜流量計

b. 試料注入システム　カラム効率を向上させるためには，適切な分量の試料を蒸気の"プラグ"として注入する必要がある．注入速度が遅い場合や，試料が多量の場合，溶出バンドが広がり，分離能が低下する．図20・3に示すような校正済みのマイクロシリンジを使用して，液体試料をゴムまたはシリコン製の隔壁（セプタム）を介して，カラム上部に配置されている加熱された試料口に注入する．この試料口（図20・4）は，通常，試料中で最も揮発性の低い成分の沸点よりも約50℃高い温度に保たれている．充填分析カラムで用いる一般的な試料の量は数十分の一μLから20 μLに及ぶ．キャピラリーカラムには，この

1/100以下の少量の試料が必要である．キャピラリーカラムは径が細いため，注入された試料の少量の既知分画（1：100〜1：500）を送達する（スプリット注入という）ことが必要となる場合が多く，残りは無駄になってしまう．キャピラリーカラムの使用を目的とした市販のGCには，スプリット注入のための装置が組込まれているが，充填カラムを使用するときはスプリットレス注入が可能である．

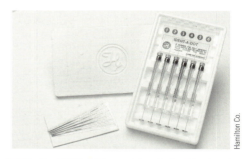

図20・3　試料注入用のマイクロシリンジのセット

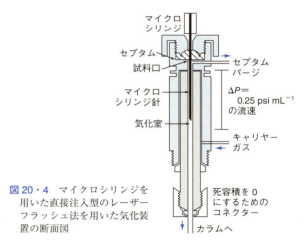

図20・4　マイクロシリンジを用いた直接注入型のレーザーフラッシュ法を用いた気化装置の断面図

c. GC検出器　これまでに，数十の検出器がGCに使用されてきた[2]．まず，GC検出器で最も望ましい特性について述べ，次に最も広く使用されている検出器について説明する．

i) 理想的な検出器の特性：GC検出器として，理想的な特性を以下にあげる．

1. 適切な感度．一般的な検出器の感度は $10^{-8} \sim 10^{-15}$ g 溶質/s の範囲にある
2. 優れた安定性と再現性
3. 溶質の数桁以上の範囲に及ぶ直線性
4. 室温から少なくとも400℃までの温度範囲

---

[2] L.A. Colon, L.J. Baird, "Modern Practice of Gas Chromatography 4th ed.", ed. by R.L. Grob, E.F. Barry, Ch. 6, Wiley-Interscience, Hoboken, NJ (2004).

5. 流量に依存しない短い応答時間
6. 高い信頼性と使いやすさ．可能な限り，検出器は経験の有無にかかわらず安全に操作できること
7. すべての溶質に対する応答の類似性，あるいは特定の溶質に対する容易に予測可能で選択的な応答
8. 試料の非破壊性

いうまでもなく，これらの特性のすべてを満たす検出器は現在のところ存在しない．一般的な検出器の一部を表20・1に示す．最も広く使用されている検出器を以下に説明する．

表20・1 GC 検出器

タイプ	適用可能な試料	検出下限
水素炎イオン化	炭化水素	1 pg/s
熱伝導度	汎用型検出器	500 pg/mL
電子捕獲	ハロゲン化合物	5 fg/s
質量分析計 (MS)	任意の化学種に対して調整可能	0.25〜100 pg
熱イオン化	窒素化合物およびリン化合物	0.1 pg/s (P) 1 pg/s (N)
電気伝導度 (ホール検出器)	ハロゲン，硫黄，窒素を含む化合物	0.5 pg Cl/s 2 pg S/s 4 pg N/s
光イオン化	紫外線によってイオン化された化合物	2 pg C/s
フーリエ変換 IR (FTIR)	有機化合物	0.2〜40 ng

ii) **水素炎イオン化検出器** (flame ionization detector, FID)：GC において最も広く使用され，一般に適用可能な検出器である．図20・5に示すような FID の場合，カラムからの溶出物は小さな空気/水素炎を通過する．ほとんどの有機化合物は，空気/水素炎の温度では熱分解され，イオンと電子を生成する．これらのイオンおよび電子を収集して生成される電流を測定することによって化合物を検出する．火炎の上に位置するバーナーチップとコレクター電極との間に数百 V を加えて，イオンと電子を収集する．そして，得られた電流（〜10^{-12} A）を高感度な電流計で測定する．

FID は感度が高く（〜10^{-13} g/s），直線性の応答範囲が広く（〜10^7），ノイズが低い．また，一般的に頑丈で使いやすい．水素炎イオン化検出器の欠点は，燃焼により試料が破壊されること，また水素ガスやコントローラーが必要となることである．

iii) **熱伝導度検出器** (thermal conductivity detector, TCD)：GC で用いられる最も初期型の検出器の一つで，依然として幅広い用途で使用されている．この装置は，ガスの熱伝導度に依存して変化する素子の温度変化を電気化学的に検出する．加熱素子として，細かい白金，金，タングステンワイヤー，あるいは小さなサーミスターなどが用いられる．この素子の電気抵抗は，ガスの熱伝導度に依存する．図20・6(a) に，TCD の温度感知素子の断面図の一例を示す．

TCD では四つの感熱抵抗素子が使用されることが多い．参照側は，試料注入チャンバーの前に，試料側は，カラム

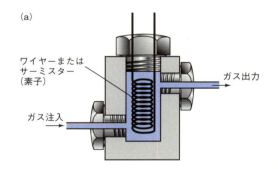

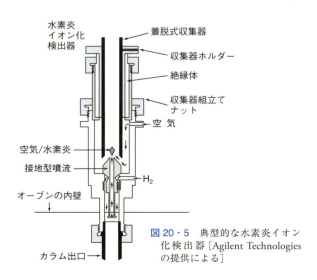

図20・5 典型的な水素炎イオン化検出器 [Agilent Technologies の提供による]

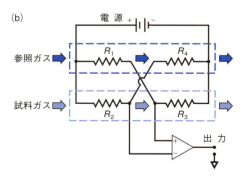

図20・6 (a) 熱伝導度検出器セルと，(b) 二つの試料検出器セル（R_2 および R_3）と二つの参照検出器セル（R_1 および R_4）の配置図 [F. Rastrelloa, P. Placidi, A. Scorzonia, E. Cozzanib, M. Messinab, I. Elmib, S. Zampollib, G.C. Cardinali, *Sensors and Actuators A*, **178**, 49 (2012), DOI: 10.1016/j.sna.2012.02.008. © 2012 Elsevier]

の直後に置かれている．あるいは，ガスの流れを分割してもよい．検出器は，図 20・6(b) に示すように，単純なブリッジ回路の二つのアームに組込まれているため，キャリヤーガスの熱伝導度は打消される．加えて，温度，圧力，電力の変動の影響が最小限に抑えられる．

ヘリウムおよび水素の熱伝導度は，ほとんどの有機化合物の熱伝導度よりも約 6～10 倍高い．したがって，少量の有機化合物であっても，カラム流出物の熱伝導度が比較的大きく低下し，検出器の温度が著しく上昇する．キャリヤーガスでに多くの試料成分の熱伝導度が非常に似ており，熱伝導度による検出には向かない．

TCD の利点は，簡便性，広いダイナミックレンジ（約 5 桁），有機・無機化合物に対する一般的応答，検出後の溶質の回収が可能な非破壊特性である．この検出器のおもな欠点は，比較的感度が低いこと（～10^8 g/s 溶質/mL キャリヤーガス）である．他の検出器の感度はこの 10^4～10^7 倍を超える．

iv) **電子捕獲検出器**（electron capture detector, ECD）：農薬やポリ塩化ビフェニルなどのハロゲン含有有機化合物に選択的に反応するため，環境試料の検出器として最も広く使用されている．この検出器では，カラムからの試料溶出液を放射性の β 線エミッター（通常はニッケル-63）に通す．エミッターから放出された電子は，キャリヤーガス（しばしば窒素）をイオン化し，熱電子を生成する．有機化合物が存在しない場合，このイオン化過程により電極間に一定の定常電流が生じる．一方，電子を捕獲するような電気陰性の官能基を含む有機化合物の存在下では，この電流は著しく減少する．ハロゲン，過酸化物，キノン，ニトロ基をもつ化合物などは，高感度で検出される．なおアミノ基，ヒドロキシ基，炭化水素基などの官能基には，検出器は反応しない．

電子捕獲検出器の感度は高く，（試料を消費する水素炎イオン化検出器とは対照的に）試料を著しく変化させないという利点がある．しかし，検出器の直線性の応答は狭く，約 2 桁に制限される．

v) **その他の GC 検出器**：その他のおもな GC 検出器には，熱イオン化検出器（thermionic detector），電気伝導度検出器（electrolytic conductivity detector）またはホール検出器（Hall detector），光イオン化検出器（photoionization detector）などがある．熱イオン化検出器は，FID と構造的に類似している．熱イオン化検出器では，窒素およびリン含有化合物はアルカリ金属塩が気化した炎中において電流を増加させる．熱イオン化検出器は，有機リン系農薬や医薬品の測定に広く使用されている．

電気伝導度検出器では，ハロゲン，硫黄，または窒素を含む化合物が，小さな反応管内で反応ガスと混合される．次に，生成物を液体に溶解し，電気伝導性の溶液を作製する．活性化合物の影響による電気伝導率の変化を測定する．光イオン化検出器では，分子は紫外線によって光イオン化される．生成したイオンおよび電子は，さらに，電極に収集され，得られた電流を測定する．光イオン化検出器は，光イオン化されやすい芳香族やその他の分子の測定にしばしば使用される．

GC は，分光法および電気化学のさまざまな技術と組合わせて用いられる．コラム 20・1 に紹介する GC/MS のほか，GC は赤外分光法や NMR 分光法などの複数の技術と組合わせて，複雑な混合物の成分を同定するための化学分野における強力なツールとなっている．これらの融合技術は，**ハイフネーテッド法**（hyphenated method）とよばれることもある[3]．

最新のハイフネーテッド法の多くは，分光学的方法によってクロマトグラフィーカラムからの溶出物を連続的にモニターするものである．異なる原理に基づく二つの技術の組合わせから，驚異的な選択性が得られることがある．

20・1・2 GC カラムと固定相

1950 年代初頭の先駆的な GC 研究では，細かく分割された不活性固体担体の表面上に，液体薄膜を吸着によって保持した固定相の充塡カラムが用いられていた．この初期に行われた理論的研究から，内径が数十分の一 mm のオープンカラムの方が，充塡カラムに比べ，速度およびカラム効率の両方において分離能が優れていることが明らかになった[4]．このような**キャピラリーカラム**（capillary column，毛管カラム）では，毛管の内部を均一に被覆した厚さ数十分の一 μm の液体の膜を固定相として用いた．さらに 1950 年代後半には**中空カラム**（open tubular column）が作製され，理論的に予測されたカラム効率が，いくつかの研究室で実験的に確認され，理論段数 30 万段以上のカラム効率が報告された[5]．

キャピラリーカラムは，このような卓越したカラム特性にもかかわらず，発明されてから 20 年以上の間は普及しなかった．それは，試料の容量が小さいこと，カラムが脆弱であること，試料の導入および検出器へのカラムの接続に伴う機械的問題，再現性のあるカラムコーティングの問題，調製不良によりカラム寿命が短いこと，カラムが詰まりやすいこと，特許により商業開発は単一メーカーに限定

---

3) ハイフネーテッド法については，以下を参照．C.L. Wilkins, *Science*, **222**, 291 (1983), DOI: 10.1126/science.6353577. C.L. Wilkins, *Anal. Chem.*, **59**, 571A (1989), DOI: 10.1021/ac00135a001.

4) 充塡カラムおよびキャピラリーカラム技術の詳細については，E.F. Barry, R.L. Grob, "Columns for Gas Chromatography", Wiley-Interscience, Hoboken, NJ (2007) 参照．

5) ギネスブックに登録されているように，1987 年，オランダの Chrompack International Corporation が，中空カラムの長さと理論段数の世界記録を樹立した．このカラムは石英ガラス製カラムであり，内部直径 0.32 mm，長さ 2100 m（1.3 マイル）の一体型カラムで，0.1 m のポリメチルシロキサン膜で被覆した．このカラムの 1300 m 断片の理論段数は 200 万段を超えた．

されていたこと（もとの特許は1977年に失効した）などが理由で普及が遅れた．キャピラリーGCは1979年に石英ガラス製キャピラリーが開発され，大きな進歩を遂げた．それ以来，さまざまな用途に対して多くの種類のキャピラリーカラムが市販されている[6]．

a. キャピラリーカラム　キャピラリーカラムの流路は開放系であることから中空カラムともよばれ，**WCOT** (wall-coated open tubular) と **SCOT** (support-coated open tubular) の2種類に分けられる．WCOTカラムは液体固定相の薄層でコーティングされたキャピラリーチューブである．SCOTカラムでは，液体固定相を吸着する珪藻土のような固体の支持薄膜（30 μm）がキャピラリーの内面にコーティングされている．SCOTカラムは，WCOTカラムの数倍の固定相を保持しているため，試料保持容量が大きい．一般に，SCOTカラムの効率はWCOTカラムの効率よりも低いが，充填カラムの効率よりははるかに高い（表20・2）．

表20・2　一般的なGCカラムの性質と特徴

	カラムの種類			
	FSOT[†1]	WCOT[†2]	SCOT[†3]	充填
長さ〔m〕	10～100	10～100	10～100	1～6
内径〔mm〕	0.1～0.3	0.25～0.75	0.5	2～4
効率〔理論段数/m〕	2000～4000	1000～4000	600～1200	500～1000
試料量〔ng〕	10～75	10～1000	10～1000	$10～10^6$
相対圧力	低い	低い	低い	高い
相対速度	高速	高速	高速	遅い
可撓(とう)性	有	無	無	無
化学的安定性	高い ──────────────→ 低い			

†1 石英ガラス製中空カラム
†2 壁被覆型中空カラム
†3 担体被覆型中空カラム（多孔質層中空カラム，PLOTともいう）

初期のWCOTカラムは，ステンレス鋼，アルミニウム，銅，またはプラスチック製であった．その後，ガラス製のものが登場した．多くの場合，カリガラスまたはホウケイ酸塩ガラスを，塩化水素（気体），濃塩酸（水溶液）またはフッ化水素カリウムで曝し，不活性表面を作製している．その後，エッチングにより表面を粗面化し，固定相をより強固に結合させる．

[1]▶　石英ガラス製キャピラリーは，金属酸化物をほとんど含まない特別に精製されたシリカを用いてつくられる．このキャピラリーは，ガラス製のものに比べ壁がはるかに薄い．そのためキャピラリーチューブを引く際にポリイミドで外壁をコーティングし，強度を高める．得られたカラムは非常に柔軟性があり，直径数cmのコイル状に折り曲げることが可能である．市販の石英ガラス製カラムは，ガラスカラムに比べて，物理的強度，試料成分に対する低い反応性，柔軟性など，いくつかの重要な利点がある．このため，古いタイプのWCOTガラスカラムに代わり，石英ガラス製カラムの使用が増えている．

b. 充填カラム　充填カラムは，ガラスまたは金属管製のものが多い．一般的なカラムの長さは2～3mであり，内径は2～4mmである．通常，このカラムは，温度制御されたオーブン内に配置するため，直径約15cmのコイル状にまとめられる．

i) 固体支持材料：充填カラム内の充填剤または固相担体は，可能な限り大きな表面積が移動相に曝されるように，液体固定相を保持する必要がある．理想的な担体は，機械的強度が高く，少なくとも1 m²/gの比表面積をもつ小さく均一な球状粒子からなる．さらに，原料は高温でも変化せず，液相が均一にゆきわたることが好ましい．これらの基準のすべてを完全に満たす物質は，いまだに見いだされていない．

最も古く，さらに最も広く使用されたGCの充填剤は，古代の湖と海に住んでいた数千種の単細胞植物の残骸からなる天然珪藻土であった（図20・7，走査型電子顕微鏡で得られた珪藻の拡大写真）．これらの支持体材料は，ジメチルクロロシランで化学的に処理され，表面層にメチル基を生成させることが多い．この処理は，充填剤が極性分子を吸着する傾向を低下させる．

図20・7　珪藻の顕微鏡写真（倍率5000倍）

ii) 担体の粒径：GCカラムの効率は，充填剤の粒子の直径が小さくなると急激に増加する．しかし，キャリヤーガスの必要流速を維持するのに必要な圧力差は，粒子の直径の2乗に反比例する．約50 psiを超える圧力差は使いにくいため，GCで使用される粒径には下限が存在する．その結果，通常の担体粒子は，60～80メッシュ（250～170 μm）または80～100メッシュ（170～149 μm）である．

---

[1]▶　用語　石英ガラス製中空カラム (fused-silica open tubular column, **FSOTカラム**) は現在，最も広く使用されているGCカラムである．
[6] キャピラリーカラムの詳細については E.F. Barry, "Modern Practice of Gas Chromatography, 4th ed.", ed. by R.L. Grob, E. F. Barry, Ch. 3, Wiley-Interscience, New York (2004) 参照．

表20・3　GC用の一般的な液体固定相

固定相	商品名	最高温度〔℃〕	一般的な使用例
ポリジメチルシロキサン	OV-1, SE-30	350	汎用非極性相，炭化水素，多核芳香族化合物，ステロイド，PCB
5%フェニルポリジメチルシロキサン	OV-3, SE-52	350	脂肪酸メチルエステル，アルカロイド，薬剤，ハロゲン化合物
50%フェニルポリジメチルシロキサン	OV-17	250	薬剤，ステロイド，農薬，グリコール
50%トリフルオロプロピルポリジメチルシロキサン	OV-210	200	塩素化芳香族化合物，ニトロ芳香族化合物，アルキル置換ベンゼン
ポリエチレングリコール	Carbowax 20 M	250	遊離酸，アルコール，エーテル，精油，グリコール
50%シアノプロピルポリジメチルシロキサン	OV-275	240	多価不飽和脂肪酸，樹脂酸，遊離酸，アルコール

c. 液体固定相　GCカラムにおける液体固定相の望ましい特性として，1) 低揮発性（理想的には，液体の沸点はカラムの最高動作温度よりも少なくとも100℃高いとよい），2) 熱安定性，3) 化学的不活性，および 4) 溶質の k および α（§19・5・4参照）が適切な範囲内に入るような溶媒特性があげられる．

GCの開発において，多くの液体が固定相として試されてきたが，現在，一般に使用されている種類は10種類程度である．適切な固定相の選択が，分離を成功させるうえできわめて重要であることが多い．文献，インターネット検索，またはクロマトグラフィー機器や周辺用品の販売元からの情報などを参考にし，固定相を選択するとよい．

分析対象の保持時間は分配係数に依存し，その分配係数は液体固定相の化学的性質と関連している．さまざまな試料成分をきれいに分離するためには，それらの分配係数が十分にかけ離れていなければならない．同時に，これらの係数は極端に大きくても非常に小さくてもよくない．なぜなら，分配係数が大きすぎると保持時間が非常に長くなり，逆に分配係数が小さいとピーク分離に要する時間が短くなり，分離が不完全になるからである．

適切なカラム滞留時間を得るためには，分析対象が固定相とある程度の相溶性（溶解性）を示さなければならない．分析対象と固定化された液体それぞれの極性が近ければ，"似ているもの同士は溶け合う"という原理が成り立つ．分子の双極子モーメントによって生じる分子の極性は，分子内の電荷分離によって生成される電場の尺度となる．極性の高い固定相は，$-CN$，$-CO$，$-OH$ などの官能基を含む．炭化水素タイプの固定相およびジアルキルシロキサンは無極性であるが，ポリエステル固定相は極性が高い．極性の高い分析対象には，アルコール，酸，アミンが含まれる．中程度の極性の溶質には，エーテル，ケトン，アルデヒドが含まれる．飽和炭化水素は無極性である．一般に，固定相の極性は試料成分の極性と一致していなければ

ならない．それらが一致する場合，溶離される順序は溶離剤の沸点によって決まる．

i) 広く使用される固定相の例：表20・3に，極性が低い方から順に充填カラムクロマトグラフィーと中空カラムクロマトグラフィーの両方で最も広く使用される固定相を示す．これら六つの液体は90%以上の試料に対して満足のいく分離が得られる．

表20・3に示した液体のうちの五つは，次の構造をもつポリジメチルシロキサンである．

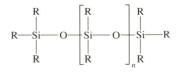

表の一番上のポリジメチルシロキサンは，$-R$ 基がすべてメチル基（$-CH_3$）であり，相対的に非極性の液体である．表に示す他のポリシロキサンでは，メチル基の一部が，フェニル基（$-C_6H_5$），シアノプロピル基（$-C_3H_6CN$），トリフルオロプロピル基（$-C_3H_6CF_3$）などの官能基で置き換えられている．表20・3で固定相の名称の前に示した%は，ポリシロキサン主鎖上のメチル基が，名称にある官能基と置換されている割合を示している．したがって，たとえば，5%フェニルポリジメチルシロキサンでは，ポリマー中のケイ素原子の5%（個数）にフェニル基が結合している．これらの置換により，液体の極性をある程度まで高くすることができる．表20・3の上から5番目に示したポリエチレングリコールは次の構造をもち，極性の高い物質を分離するために幅広く使用されている．

---

1) 一般的な有機官能基の極性は，低い方から順に，脂肪族炭化水素＜アルケン＜芳香族炭化水素＜ハロゲン化物＜硫化物＜エーテル＜ニトロ化合物＜エステル＜アルデヒド・ケトン＜アルコール＜アミン＜スルホン＜スルホキシド＜アミド＜カルボン酸＜水となる．

—HO—CH$_2$—CH$_2$—(O—CH$_2$—CH$_2$)$_n$—OH

20・1・3 GCの応用

GCは，揮発性が高く，摂氏数百℃の温度でも熱的に安定である化合物に対して使用可能である．多くの主要な化合物がこれらの性質をもつため，GCは，さまざまな種類の試料の成分の分離および定量に幅広く使用できる．いくつかの化合物のGCクロマトグラムを図20・8に示す．

a. 定性分析　GCは，有機化合物の純度を決定するために広く使用されている．汚染物質が存在する場合，クロマトグラムに余分なピークが現れる．これらの無関係なピークの曲線下側面積から，汚染物質の量を大まかに推定できる．この技術はまた，精製手順の有効性を評価するのにも有用である．

理論的には，混合物中の成分を同定するためには，GCの保持時間を活用できるはずである．しかし実際には，再現性の高い結果を得るにはさまざまな因子を制御する必要があり，GCデータの定性分析の適用可能性は，その因子の数に影響される．それにもかかわらず，GCは，混合物中に混入可能性のある化合物の標準物質があれば，その存在を確認するための優れた手段となりうる．混合物に汚染物質が混入している場合，その汚染物質を少量加えても，混合物のクロマトグラムに新しいピークは現れず，もともと存在していたピークの増強が観察されるはずである．異なるカラムや異なる温度でその効果が再現されれば，その確証はより確かなものとなる．他方，クロマトグラムは，混合物中の各化合物についての単一の情報（保持時間）しか与えないので，未知組成の複雑な試料に対し定性分析することは難しい．しかし，GCカラムを紫外分光計，赤外分光計，および質量分析計（MS）と直接連結した機器を用いることでその問題を克服できる（§20・1・1参照）．血液中の成分を同定するためにGCと組合わせた質量分析計の使用の例をコラム20・1に示す．

クロマトグラムは試料中の化合物を積極的に同定するのは難しいが，しばしば化合物が<u>存在しない</u>という確かな証拠となる．したがって，試料中に，同条件下で測定した汚染物質の標準物質と同じ保持時間のピークが認められない場合，問題の化合物が存在しない（または濃度が検出限界未満である）強固な証拠となる．

b. 定量分析　GCは，そのスピード，単純さ，コストの低さ，分離への幅広い適用性から大きく発展した．しかし，分離された物質について定量的な情報を提供できなかったら，GCはここまで広く使われるようになっていなかったかもしれない．

定量GCは，分析対象のピークの高さまたは面積のいずれかと，標準物質のピークとの比較に基づいて行う．適切な条件下では，これらのパラメーターはいずれも濃度に対して直線的に変化する．ピーク面積は，前述のピークの広がりの影響を受けない．したがって，ピークの高さよりも面積の方が優れている．しかし，ピークの高さは面積よりも容易に測定でき，狭いピークについてはより正

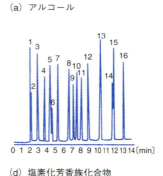
(a) アルコール

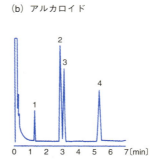
(b) アルカロイド

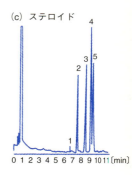
(c) ステロイド

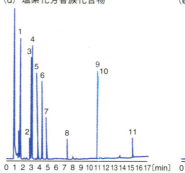
(d) 塩素化芳香族化合物

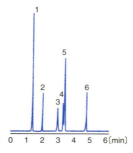
(e) 血中アルコール

(f) 菜種油

図20・8　中空カラムの典型的なクロマトグラム．それぞれ以下の充填剤でカラムを被覆した．(a) ポリジメチルシロキサン，(b) 5% フェニルポリジメチルシロキサン，(c) 50% フェニルポリジメチルシロキサン，(d) 50% トリフルオロプロピルジメチルシロキサン，(e) ポリエチレングリコール，(f) 50% シアノプロピルジメチルシロキサン　[J&W Scientificの厚意による]

コラム 20・1　血液中の薬物代謝物同定を目的とする GC/MS の利用[7]

昏睡状態の患者が発見され，傍で空の薬瓶が見つかったことから，処方薬であるグルテチミド（Doriden™，図 20C・1）を過剰服用した疑いがもちあがった．血漿抽出物のガスクロマトグラムには，図 20C・2 に示すように二つのピークが認められた．ピーク 1 の保持時間はグルテチミドの保持時間に対応したが，ピーク 2 に相当する化合物はわからなかった．患者が別の薬を服用した可能性が考えられた．しかし，患者が服用可能な他の薬や既知の乱用薬物でこの条件下におけるピーク 2 の保持時間に一致するものはなかった．したがって，患者を治療する前に GC/MS 分析法によりピーク 2 の化合物の同定およびピーク 1 の化合物の確認をする必要があった．

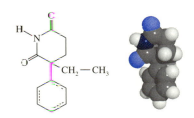

図 20C・1　グルテチミドの構造と分子モデル

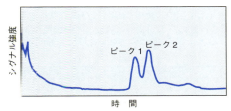

図 20C・2　薬物過剰服用者の血漿抽出物のガスクロマトグラム．ピーク 1 はグルテチミドの保持時間と一致したが，ピーク 2 に対応する化合物は GC/MS を行うまで不明であった．

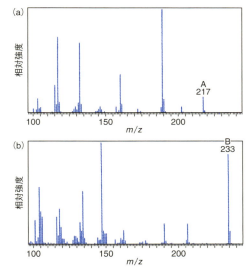

図 20C・3　(a) ピーク 1 の溶離中に得られた質量スペクトル．このスペクトルはグルテチミドのものと同一である．(b) ピーク 2 の溶離中に得られた質量スペクトル．いずれの場合も質量分析計内では電子イオン化法を用いた．二つの化合物の断片化によって異なるイオンが生成し，同定を容易にする．(a) における m/z 217 のピーク A はグルテチミドのモル質量に対応しており，分子イオン由来である．この質量スペクトルにより，クロマトグラムのピーク 1 がグルテチミドと同定できる．(b) のピーク B は，グルテチミドの m/z よりも正確に 16 大きい 233 に現れる．(b) の他のピークもまた，グルテチミドのスペクトルよりも 16 大きい．このことは，分子中に新たな酸素原子が存在することを示唆しており，図 20C・4 に示す 4-ヒドロキシ代謝物に対応している．

血漿抽出物の GC/MS 分析を行い，図 20C・3(a) に示す質量スペクトルにより，ピーク 1 がグルテチミドによるものであることを確認した．質量電荷比 (m/z) 217 の質量スペクトルのピークは，グルテチミド分子イオンの正確な m/z と一致し，質量スペクトルは，既知のグルテチミド試料のものと同一であった．しかし，ピーク 2 の質量スペクトルは，図 20C・3(b) に示すように，m/z 233 に分子イオンピークを示した．この数値は，グルテチミドの分子イオンの m/z と 16 異なる．GC ピーク 2 の質量スペクトルにおける他のピークも，グルテチミド分子の m/z と 16 異なり，グルテチミド分子の酸素の取込みが示唆された．この知見から，ピーク 2 がグルテチミドの 4-ヒドロキシ代謝産物によるものであると考えられた．

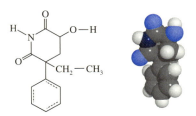

図 20C・4　グルテチミドの 4-ヒドロキシ代謝産物の構造と分子モデル

ついで，ピーク 2 の無水酢酸誘導体を合成したところ，図 20C・4 に示した代謝産物である 4-ヒドロキシ-2-エチル-2-フェニルグルタルイミドの酢酸塩と同一であることを確認した．この代謝産物は動物において毒性を示すことが知られていた．患者に血液透析を行い，この極性の高い代謝産物を極性の低いもとの薬物よりも先に除去した．その後すぐに，患者は意識を回復した．

---

[7] J.T. Watson, O.D. Sparkman, "Introduction to Mass Spectrometry, 4th ed.", p.29-32, Wiley, New York (2007).

確に測定できる．最新のGC機器には，相対ピーク面積の測定を行えるシステムが内蔵されている．そのような機器が利用できない場合は，手動で計算する必要がある．適度な幅の対称ピークでは，ピークの高さにピーク高さの半分における幅を掛けると簡便に面積が求められる．

i) **標準物質による校正（絶対検量線法）**：定量 GC で用いられる最も簡単な方法では，まず未知物質の組成に類似する一連の標準液を調製する（外部標準法については§4・5・1 参照）．ついで，標準液のクロマトグラムを得，ピークの高さまたは面積を濃度の関数としてプロットして検量線を作成する．検量線は，原点を通るよう作成し，これをもとに定量分析を行う．優れた確度を得るには，頻繁に校正する必要がある．

ii) **内部標準法**：定量 GC において最も優れた精度を得るためには，試料注入，流速，カラム条件の変化によって生じる不確かさを最小限に抑えられる**内部標準**（internal standard）を用いることである．この方法では，正確に測定した内部標準をすべての試料と標準液に導入し，内部標準ピーク面積（または高さ）に対する分析対象のピーク面積（または高さ）の比を分析パラメーターとして用いる（例題 20・1 参照）．この方法が適切に用いられるためには，内部標準のピークが試料中の他のすべての成分のピークから十分に分離されている必要があり，なおかつ分析対象のピーク付近に存在していなければならない．もちろん，内部標準は，分析試料中に存在してはならない．適切

な内部標準を用いた場合の精度は 0.5～1％ と報告されている．

例題 20・1

GC のピークは，さまざまな要因によって影響を受ける可能性があるが，内部標準法を使用することにより，これらの要因によるばらつきを埋め合わせることができる．この方法では，既知量の分析対象を含む混合物と未知濃度の分析対象の試料の両方に同量の内部標準を添加する．ついで，分析対象のピークの高さ（または面積）と内部標準のピークの高さ（または面積）との比を計算する．表に示すデータは各標準物質と未知試料に内部標準として関連する化合物を添加し，C_7 炭化水素の定量を行ったときのものである．

分析対象〔％〕	分析対象のピークの高さ	内部標準のピークの高さ
0.05	18.8	50.0
0.10	48.1	64.1
0.15	63.4	55.1
0.20	63.2	42.7
0.25	93.6	53.8
未知試料	58.9	49.4

内部標準に対する分析対象のピークの高さの比を表計算ソフトで求め，その比を分析対象濃度に対してプロットせよ．また，未知試料の濃度とその標準偏差を求めよ．

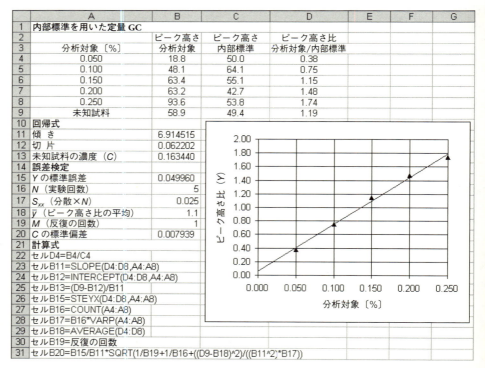

図 20・9　C_7 炭化水素の GC 測定のための内部標準法解説用スプレッドシート

解 答（例題 20・1 つづき）

表計算を図 20・9 に示す．図のように，データを列 A～C に入力する．セル D4～D9 では，高さの比をセル A22 に示されている式で計算する．図には，検量線のプロットも示す．回帰分析は，§4・5・1 で説明したのと同じ手法を使用して，セル B11～B20 で計算する．統計は，セル A23～A31 の数式によって計算する．未知試料中の分析対象の割合（%）は，0.163±0.008 であることがわかる．

20・2 高速液体クロマトグラフィー

高速液体クロマトグラフィー（high-performance liquid chromatography，**HPLC**）は，最も汎用性が高く，広く使用されている溶離クロマトグラフィーである．この技術は，さまざまな有機・無機化合物，生体中の化合物を分離，同定するために使用されている．液体クロマトグラフィーにおいて，移動相は，溶質の混合物として試料を含む液体溶媒である．HPLC は，分離のメカニズムまたは固定相の種類によって，以下のように分類される（図 20・10）．

1) **分配クロマトグラフィー**（partition chromatography），または**液-液クロマトグラフィー**（liquid-liquid chromatography）
2) **吸着クロマトグラフィー**（adsorption chromatography），または**液-固クロマトグラフィー**（liquid-solid chromatography）
3) **イオン交換クロマトグラフィー**（ion exchange chromatography），または**イオンクロマトグラフィー**（ion chromatography）
4) **サイズ排除クロマトグラフィー**（size-exclusion chromatography）
5) **アフィニティークロマトグラフィー**（affinity chromatography）
6) **キラルクロマトグラフィー**（chiral chromatography）

初期の液体クロマトグラフィーは，およそ内径 10～50 mm のガラスカラムと粒径 150～200 μm の充塡剤を用いて行っていた．充塡剤の粒径が小さくなると，理論段高が大幅に減少することが知られており，そのデータを図 20・11 に示す．これらのプロットでは，図 19・12(a) に示した最小値にも達していない．この違いは，液体中における物質の拡散がガス中よりもはるかに遅いため，理論段高への影響がきわめて低い流速でしか観察されないからである．

---

1) [用語] **高速液体クロマトグラフィー**（**HPLC**）は，液体移動相と非常に均一な構造体の固定相とを組合わせたクロマトグラフィーの一種である．十分な流速を得るためには，液体を数 MPa（メガパスカル）まで加圧する必要がある．

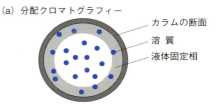

(a) 分配クロマトグラフィー — カラムの断面，溶質，液体固定相

(b) 吸着クロマトグラフィー — 固体固定相，溶質

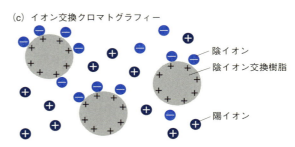

(c) イオン交換クロマトグラフィー — 陰イオン，陰イオン交換樹脂，陽イオン

(d) サイズ排除クロマトグラフィー — 小さな分子，大きな分子，多孔質粒子，遅い 速い

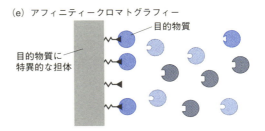

(e) アフィニティークロマトグラフィー — 目的物質，目的物質に特異的な担体

図 20・10 クロマトグラフィーの種類．(a) 分配クロマトグラフィーは，液-液界面の二相分配平衡に基づいて試料を分離する．(b) 吸着クロマトグラフィーは，液相の溶質と固体の固定相との親和性を利用して試料を分離する．(c) イオン交換クロマトグラフィーは，イオン交換樹脂を用いて電荷をもつ分子やイオンを分離する．(d) サイズ排除クロマトグラフィーは，多孔質粒子をカラム担体として，試料の粒径や形状に基づいて分離する．(e) アフィニティークロマトグラフィーは，カラム担体に結合した分子に対して，特異的な親和性（アフィニティー）をもつ物質を選択的に結合させ，その後に溶離させる．

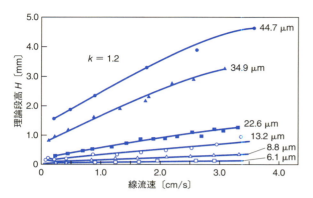

図 20・11 液体クロマトグラフィーの理論段高に及ぼす充填剤の粒径および流速の影響 [R. E. Majors, *J. Chromatrogr. Sci.*, Vol. 11, (2), 88-95 (1973), Fig 5 より. © Oxford University Press]

さまざまな種類の分析対象に対して，広く使用されているHPLCの種類を図20・12に示す．それぞれの液体クロマトグラフィーは，用途に応じて使い分けされる．たとえば，10,000を超える分子量をもつ分析対象の場合，二つのサイズ排除クロマトグラフィーのうちのいずれかが使用される．非極性化合物の場合はゲル浸透法，極性化合物またはイオン性化合物の場合はゲル沪過法が用いられる．イオン性化合物には，イオン交換クロマトグラフィーが用いられることが多い．非イオン性の小分子には多くの場合，分配クロマトグラフィーの一つである逆相クロマトグラフィーが適している．

1960年代後半に，粒子の直径（粒径）3～10 μmの充填剤を製造して使用する技術が開発された．この技術は，それまでの単純な装置よりもはるかに高い送圧力に耐える装置を必要とした．同時に，カラム溶出物を連続モニタリングする検出器も開発された．高速液体クロマトグラフィーという名前は，こうした新しい技術を単純なカラムクロマトグラフィーと区別するためにしばしば使用される[8]．単純なカラムクロマトグラフィーも試料を調製する目的では現在も広く利用されている．

20・2・1 HPLC機器

HPLCで一般的な3～10 μmの粒径の充填剤で適切な流速を得るためには，数百気圧の送圧力が必要となる．このような高圧にさらされるため，HPLCのための装置は，他の種類のクロマトグラフィーで用いられるものに比べ，とても精巧で高価である．図20・13に，代表的なHPLC機器の主要な構成要素を示す．

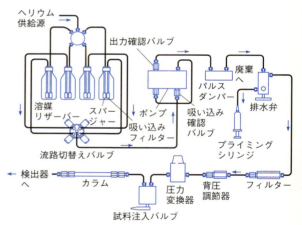

図 20・13 典型的なHPLC機器の構成要素 [PerkinElmer, Inc., Waltham, MA より]

a. 移動相リザーバーと溶媒処理システム HPLC機器には，それぞれが500 mL以上の溶媒を含む一つ以上のリザーバーが装備されている．液体から溶存ガスやちりを除去するための仕組みが装着されていることが多い．

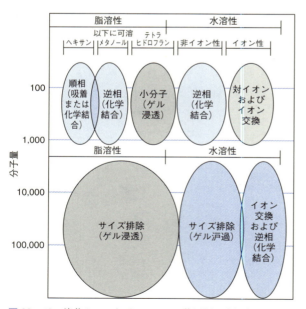

図 20・12 液体クロマトグラフィーの使用例．溶解度および分子量に基づいて各方法を選択する．小分子の場合，逆相法が適切であることが多い．図中下部は，高分子量に適した方法である（$M > 2000$）．["High Performance Liquid Chromatography, 2nd ed.", ed. by S. Lindsay, H. Barnes, © 1987, 1992 Thames Polytechnic, London, UK. Wiley, New York (1992)]

---

[8] HPLCについて，詳しくは以下参照．L.R. Snyder, J.J. Kirkland, J.W. Dolan, "Introduction to Modern Liquid Chromatography, 4th ed.", Wiley, Hoboken, NJ (2010). V. Meyer, "Practical High-Performance Liquid Chromatography, 5th ed.", Wiley Chichester, UK (2010).

単一の溶媒または組成の変わらない溶媒混合物による溶離は，**定組成溶離**(isocratic elution)とよばれる．一方，**グラジエント溶離**(gradient elution)では，極性が著しく異なる二つ（場合によってはそれ以上）の溶媒系が使用され，分離中に組成が変化する．二つの溶媒の比は，あらかじめプログラムされた方法で，場合によって連続的または段階的に変化する．図20・14 に示すように，グラジエント溶離により HPLC の分離能が向上することが多い．これは，GC において温度の制御により分離能が向上するのと同じである．二つ以上のリザーバーから連続的に変化する比率で液体を注入するために流路切替えバルブが搭載されている（図 20・13 参照）.

復型の2種類のポンプが使用されている．往復型は，ほぼすべての市販の機器で使用されている．シリンジ型ポンプは，流量の制御が容易なパルスのない溶液の送達が可能であるが，容量が比較的小さく (250 mL まで)，溶媒を交換しなければならないという問題点がある．一方，往復型ポンプは，ピストンの前後運動によって充填と空が繰返される小さな円筒形のチャンバーからなる．ポンプの動作により生じる脈流は，クロマトグラム上でベースラインノイズとして現れるため，抑制しなくてはならない．最新の HPLC 機器は，このような脈流を最小限に抑えるために，デュアルポンプヘッドまたは楕円形カムを使用している．往復型のポンプの利点は，小さな内部容積 (35〜400 μL)，高出力圧力（最大 70,000 Pa)，グラジエント溶離へのすぐれた適合性，カラムの背圧（カラム出口の圧力）および溶媒粘度にほとんど依存しない一定流量である．

c. 試料注入システム HPLC の試料注入法で最も一般的なのは，図 20・15 に示すようなサンプルループを用いたものである．ここの仕掛けは，HPLC 機器では非常に重要な部分であり，またループを交換することで 1〜100 μL またはそれ以上の範囲の試料量に対応可能である．サンプルループによる注入の再現性は，おおむね数十分の一％（相対誤差）である．多くの HPLC 機器には，自動インジェクターを備えたオートサンプラーが組込まれていて，自動インジェクターは，オートサンプラーの容器から体積を連続的に変化させ注入することができる．

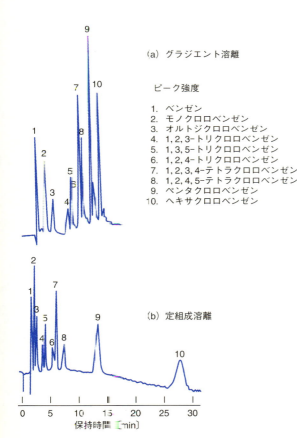

図 20・14 グラジエント溶離による分離効率の向上 [J.J. Kirkland, "Modern Practice of Liquid Chromatography", p. 88, Interscience, New York (1971). Chromatography Forum of the Delaware Valley より]

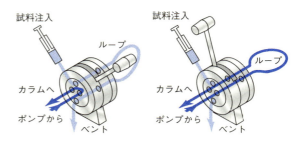

図 20・15 液体クロマトグラフィーの試料注入バルブ [Beckman Coulter, Fullerton, CA より]

d. HPLC カラム HPLC カラムは，通常，ステンレス鋼製チューブから構築されるが，ガラスチューブおよびポリエーテルエーテルケトン (PEEK) のようなポリマーチューブが使用されることもある．

i) **分析カラム**: カラムの長さは一般に 5〜25 cm，内径は 3〜5 mm で，直線状のものを使用する．充填剤の粒径

b. ポンプシステム HPLC のポンプには，1) 42,000 Pa までの加圧性能，2) パルス（脈流）のない出力，3) 0.1〜10 mL/min の流量，4) 0.5％（相対誤差）以下の流量再現性，5) さまざまな溶媒に対する耐腐食性が求められる．HPLC 機器には，おもにスクリュー駆動シリンジ型と往

1) **用語** HPLC における**定組成溶離**とは，溶媒組成が一定のものをさす．HPLC における**グラジエント溶離**は，溶媒の組成が連続的または一連の段階で変化するものをさす．

は 3 μm または 5 μm のものが多い．一般的に使用される
カラムは，長さが 10 cm または 15 cm，内径が 4.6 mm で，
5 μm の粒子が充填されているものである．このカラムの
場合は，40,000～70,000 理論段/m となる．

1980 年代には，内径 1～4.6 mm，長さ 3～7.5 cm のマ
イクロカラムが登場した．これらのカラムは，3 μm また
は 5 μm の粒子が充填されており，最高 100,000 理論段数/m
を含み，高速かつ溶媒消費を最小限に抑えるという利点が
ある．HPLC で使用する高純度の溶媒は高価なうえ，使
用後に処分するのにもコストがかかるため，後者の特性
は特に重要である．図 20・16 は，マイクロボア（微小口
径）カラムで分離を行う際の速度を示している．この例
では，長さ 5 cm，内径 1.0 mm のカラムを用いてヒト血漿
成分から高脂血症治療薬ロスバスタチンを分離した結果
を MS/MS でモニターした．カラムには 3 μm の粒子を充
填し，分離は 3 分未満で行った．

表20・4 HPLC 検出器の性能[a]

HPLC 検出器	市販品	質量LOD[†1]	ダイナミックレンジ[†2]（桁）
吸　光	有	10 pg	3～4
蛍　光	有	10 fg	5
電気化学	有	100 pg	4～5
示差屈折率	有	1 ng	3
電気伝導率	有	100 pg～1 ng	5
質量分析	有	<1 pg	5
FTIR	有	1 μg	3
光散乱	有	1 μg	5
光学活性	無	1 ng	4
元素選択性	無	1 ng	4～5
光イオン化	無	<1 pg	4

a) "Handbook of Instrumental Techniques for Analytical Chemistry", ed. by F. Settle, Prentice-Hall, Upper Saddle River, NJ (1997). E.S. Yeung, R.E. Synovec, *Anal. Chem.*, **58**, 1237A (1986), DOI: 10.1021/ac00125a002
†1 質量 LOD（検出限界）は，化合物，機器，HPLC 条件に依存するが，市販のシステムでの代表的な値を示す
†2 典型的な文献値

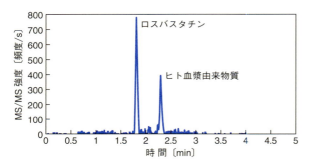

図 20・16　ヒト血漿関連成分からのロスバスタチンの高速グラジエント溶離による分離．カラム：長さ 5 cm×内径 1.0 mm，充填剤 Luna C18.3 μm．MS/MS によって m/z 488.2 および 264.2 をモニター［K. A. Oudhoff, T. Sangster, E. Thomas, I. D. Wilson, *J. Chromatogr. B*, **832**, 191 (2006). © 2006, Elsevier］

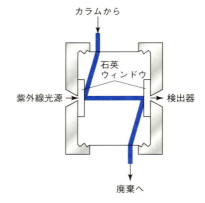

図 20・17　HPLC 用紫外・可視吸光検出器

ii) **カラム温度制御**：用途によっては，カラム温度を厳
密に制御する必要がなく，室温でカラム操作を行うことも
ある．しかしながら，一定のカラム温度を維持することに
より，より良好で再現性の高いクロマトグラムが得られる
ことも多い．市販されている最新の機器では，カラム温度
を室温付近から 150 ℃ まで数十分の一 ℃ 単位で制御可能
なヒーターが装備されている．カラムには，恒温槽から供
給されるウォータージャケット（冷却筒）を取付けて正確
な温度制御を行うことが可能である．

e. **HPLC 検出器**　すべての材料に適用可能な，高感
度で汎用性の高い HPLC の検出器は，現在のところ存在
しない．試料の性質によって異なる検出器が使用される．
表 20・4 に，一般的な検出器とその特性を示す[9]．

最も広く使用されている HPLC 検出器は，紫外線また
は可視光の吸収を検出するものである（図 20・17）．クロ
マトグラフィーカラム用に特別に設計された光度計や分光
光度計が市販されている．光度計では，多くの有機官能基
の吸収域と重なるため，水銀光源由来の 254 nm および
280 nm の輝線を利用することが多い．また，干渉フィル
ターを備えた重水素光源やタングステンフィラメント光源
も光吸収体を検出する簡便な方法である．最新の機器の中
には，複数の干渉フィルターを含むフィルターホイールが
装備されているものがある．分光光度検出器は，光度計よ
りも汎用性が高く，高性能な機器に広く使用されている．
最新の機器では，分析対象がカラムから溶出する際にスペ
クトル全体を表示できるダイオードアレイ検出器を使用し
ている．

9) HPLC 検出器について詳しくは，D.A. Skoog, F.J. Holler, S.R. Crouch, "Principles of Instrumental Analysis, 6th ed.", p.823-28, Brooks/Cole, Belmont, CA (2007) を参照．

コラム 20・2 　LC/MS および LC/MS/MS

液体クロマトグラフィー（LC）と質量分析法（MS）の組合わせは，分離と検出の理想的な融合の一つであろう．ガスクロマトグラフィーの場合と同様，LC カラムの溶出液中の化学種を質量分析計で同定できる．しかし，LC と MS の融合には大きな問題がある．LC カラムから溶出する物質は溶媒に溶解した状態であるが，質量分析を行うためには気化した試料が必要になる．第一段階として，溶媒を蒸発させなければならない．しかし，気化すると LC 溶媒は GC 中のキャリヤーガスの 10～1000 倍のガス容積を生じる．したがって，溶媒の大部分を除去しなければならない．そこで，溶媒除去および LC カラムの結合に関する問題を解決するための機器が開発された．最も一般的な方法は，低流量の大気圧イオン化技術を使用するものである．典型的な LC/MS システムの構成要素を図 20C・5 に示す．HPLC システムは，通常，流量が μL/分単位のナノスケールキャピラリーLC システムである．代表的に，従来の HPLC 条件の典型である 1～2 mL/分という速い流量でも結合可能な機器もある．イオン化は一般的にエレクトロスプレーイオン化法や大気圧化学イオン化法により行う（§18・4・2 参照）．HPLC と質量分析を組合わせることにより，選択した質量のみをモニターでき，未分解ピークの単離が可能となるため，高い選択性が得られる．LC/MS 技術は，従来の HPLC のように保持時間に頼るのではなく，特定の溶出液の質量スペクトルパターンを提供することができる（パターンの固有性を指紋になぞらえてフィンガープリンティングという）．この組合わせにより，分子量や構造情報，正確な定量分析が可能になる[11]．

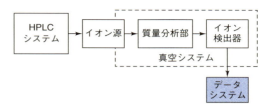

図 20C・5 　LC/MS システムの構成要素．LC カラムからの溶出液が，エレクトロスプレーイオン化法や大気圧化学イオン化法などの大気圧下で行われるイオン化法のイオン源に導入される．生成したイオンは質量分析部で分離され，イオン検出器により検出される．

しかし，複雑な混合物のなかには，LC と MS を組合わせても，十分な分解能が得られないものもある．近年，タンデム質量分析法として知られる方法を用い，二つ以上の質量分析部を組合わせることができるようになった．LC と組合わせたタンデム質量分析計は LC/MS/MS 装置とよばれる．タンデム質量分析計は，トリプル四重極型か四重極イオントラップ型の質量分析部であることが多い．

四重極型よりも高い分解能が必要な場合，タンデム MS 計における最終質量分析部を飛行時間型質量分析部にするとよい．また，セクター型質量分析部を組合わせてタンデム MS 計としてもよい．イオンサイクロトロン共鳴型およびイオントラップ型の質量分析計は，2 段階の質量分析だけでなく任意の n 段階にできる．そのような MS^n 計は，単一の質量分析部内で分析過程を連続的に繰返すことができる．これらの質量分析計は LC と組合わされ，LC/MS^n 機器とよばれる．

質量分析計（MS）と HPLC を組合わせると，図 20・16 の結果に示すような非常に強力な分析ツールとなる．このような LC/MS システムはコラム 20・2 で論じているように，HPLC カラムから溶離される分析対象を同定できる[10]．

また，分析対象となる分子によって誘起される溶液の屈折率の変化に基づく検出器もあり，非常に幅広い用途で使用されている．他の多くの検出器とは対照的に，屈折率検出器は選択性がなく，溶質の有無に応答する．屈折率検出器の欠点は，感度がやや低いことである．電位差測定，電気伝導率測定，ボルタンメトリー測定に基づく電気化学検出器も用いられている．電流測定を利用したアンペロメトリー検出器の例を図 20・18 に示す．

20・2・2 　分配クロマトグラフィー

分配クロマトグラフィー（partition chromatography）とは，最も広く使用されている HPLC の種類で，液体移動相と混和しない第二の液体を固定相とするクロマトグラフィーのことである．分配クロマトグラフィーには，物理吸着によって定位置に液体を保持するものと，化学結合に

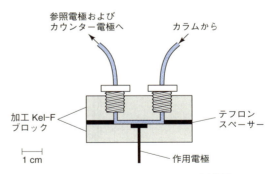

図 20・18 　HPLC のアンペロメトリー用薄層セル

---

10) W.M.A. Niessen, "Liquid Chromatography-Mass Spectrometry, 3rd ed.", CRC Press, Boca Raton (2006). R. E. Ardrey, "Liquid Chromatography-Mass Spectrometry: An Introduction", Wiley, Chichester, UK (2003).
11) 市販の LC/MS システムの概説については，以下参照．B.E. Erickson, *Anal. Chem.*, **72**, 711A (2000), DOI: 10.1021/ac0029758.

よって液体を保持するものがある（これを結合相クロマトグラフィーとよぶ）.

a. 分配クロマトグラフィーの充填剤　分配クロマトグラフィーは，移動相と固定相の相対的な極性に基づいて2種類に分類される．初期の液体クロマトグラフィーでは，トリエチレングリコールや水のように極性の高い固定相と，ヘキサンや i-プロピルエーテルのような比較的極性の低い溶媒の移動相を用いた．歴史的な理由から，このようなクロマトグラフィーは**順相クロマトグラフィー**（normal-phase chromatography）とよばれている．一方，**逆相クロマトグラフィー**（reversed-phase chromatography）では，非極性の固定相として炭化水素などを使用し，比較的極性の高い溶媒である水，メタノール，アセトニトリル（図20・19），テトラヒドロフランなどを移動相としている[12].

図20・19　アセトニトリル $CH_3C\equiv N$ の分子モデル．アセトニトリルは広く使用されている有機溶媒である．アセトニトリルの極性はメタノールより高く，水よりも低いため，液体クロマトグラフィーの移動相として用いられている．

順相クロマトグラフィーでは，最も極性の低い成分が最初に溶出し，移動相の極性を増加させると溶出時間は減少する．対照的に，逆相クロマトグラフィーでは，最も極性の高い成分が最初に溶出し，移動相の極性を増加させると溶出時間は長くなる．

おそらく現在用いられているHPLCのうち4分の3以上が，オクチルシリル基またはオクタデシルシリル基結合シリカゲルを化学結合型固定相とした逆相クロマトグラフィーである．この固定相の長鎖炭化水素は，粒子表面に対して垂直に結合し，また互いに平行に整列したブラシ状の非極性表面を形成する．これらの充填剤とともにメタノール，アセトニトリル，テトラヒドロフランなどの溶媒をさまざまな濃度で含む水溶液が移動相として一般に用いられる．

b. 応用例　図20・20は，化学結合型固定相を用いた結合相分配クロマトグラフィーの典型的な応用例で，ソフトドリンク添加物と有機リン系殺虫剤の分離を示している．表20・5には，分配クロマトグラフィーが適用可能なその他の試料をあげた．

表20・5　高速分配クロマトグラフィーの代表的な使用例

分野	分離される典型的な混合物
医薬品	抗生物質，鎮静剤，ステロイド，鎮痛剤
生化学	アミノ酸，タンパク質，炭水化物，脂質
食品	人工甘味料，抗酸化物質，アフラトキシン，食品添加物
工業用化学薬品	縮合環芳香族，界面活性剤，推進薬，染料
汚染物質	農薬，除草剤，フェノール，ポリクロロビフェニル（PCB）
科学捜査	薬，毒，血中アルコール，麻薬
臨床化学	胆汁酸，薬物代謝物，尿抽出物，エストロゲン

20・2・3　吸着クロマトグラフィー

吸着クロマトグラフィー（adsorption chromatography）は液-固クロマトグラフィーに分類され，20世紀初めにツヴェット（Tswett）が最初に導入した液体クロマトグラフィーの古典的な形式である．順相クロマトグラフィーと吸着クロマトグラフィーは似ている部分も多いため，前者に用いられた原理および技術の多くは後者にも適用されている．実際，多くの順相分離において，吸着/置換過程により保持が行われる．

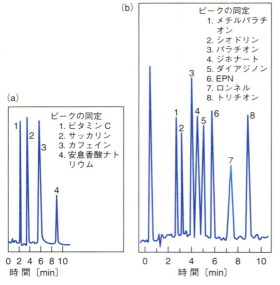

図20・20　結合相クロマトグラフィーの典型的な使用例．(a) ソフトドリンク添加物．カラム：極性（ニトリル）結合相充填剤を充填した 4.6×250 mm．6% HOAc/94% H_2O による定組成分離．流量：1.0 mL/min [DuPont ConAgra の関連会社である BTR Separations による]．(b) 有機リン系殺虫剤．カラム：5 μm C_8 結合相粒子を充填した 4.5×250 mm．グラジエント溶離：67% CH_3OH/33% H_2O から 80% CH_3OH/20% H_2O．流量：2 mL/min．どちらも検出器は吸光光度計（測定波長 254 nm）を使用．

---

1) **用語**　順相クロマトグラフィーの固定相は極性，移動相は非極性である．逆相クロマトグラフィーでは，これらの相の極性が反対である．順相クロマトグラフィーでは最も極性の低い分析対象が最初に溶出する．逆相クロマトグラフィーでは最も極性の低い分析対象は最後に溶出する．

12) 逆相HPLCについて詳しくは以下参照．L.R. Snyder, J.J. Kirkland, J.W. Dolan, "Introduction to Modern Liquid Chromatography, 3rd ed.", Chs. 6-7, Wiley, Hoboken, NJ (2010).

吸着クロマトグラフィーに使用される固定相は，細かく粉砕されたシリカゲルおよびアルミナのほとんどちらかである．シリカの方が吸着できる試料量が多いため，多くの場合シリカが用いられる．二つの物質の吸着特性は類似しており，いずれの保持時間も分析対象の極性が増加するにつれて長くなる．

化学結合型固定相が容易に入手可能で汎用性があるため，固体の固定相を用いた古典的な吸着クロマトグラフィーは，近年利用が減少し，順相クロマトグラフィーの方が好まれている．

20・2・4 イオン交換クロマトグラフィー

§19・4で，分離にイオン交換樹脂を利用する方法をいくつか説明したが，これらの樹脂は，電荷をもつイオンや分子の分離のための液体クロマトグラフィーの固定相として用いられている．1970年代半ばに，陰イオン交換樹脂または陽イオン交換樹脂を充填したHPLCカラムで，イオンの混合物を分離できることが初めて示された．イオン交換クロマトグラフィーの検出器には，吸光光度計や電気化学検出器などいくつかの種類がある[13]．

イオン交換クロマトグラフィーはおもにサプレッサー方式 (suppressor-based) とシングルカラム方式 (single-column) の2種類に大別できて，二つのタイプは溶離液の電解質の電気伝導度が分析対象の電気伝導度の測定を妨害するのを防ぐための方法が異なる．

a. サプレッサー方式のイオン交換クロマトグラフィー

電気伝導度検出器は，理想的な検出器の多くの特性をもつ．感度が高く，荷電物質に対する普遍性があり，そして，一般に濃度変化に対して予想どおり応答することがあげられる．さらに電気伝導度検出器は，操作が簡便で，構築および維持が安価でできる，小型化が容易で，通常，長期間のメンテナンスサービスが付帯している．1970年代半ばまで電気伝導度検出器がイオン交換クロマトグラフィーへ導入されなかったのは，多くの分析対象イオンの妥当な時間内の溶離には高い電解質濃度が必要であったためである．移動相成分の電解質濃度が高いと，電気伝導率が大きすぎて，分析対象イオンの電気伝導率がわからなくなる傾向があるため，検出器感度が大きく低下する．

1975年，イオン交換カラムの直後に**溶離液サプレッサーカラム** (eluent suppressor column) を導入することによって高電気伝導率の溶離液が起こす感度低下を回避できるようになった[14]．サプレッサーカラムには，第二のイオン交換樹脂が充填されていて，分析対象イオンの電気伝導率に影響を及ぼすことなく，溶離液のイオンを電気伝導率の低いイオン・分子種へ変換する．たとえば，陽イオンを分離して測定する場合，塩酸を溶離液に，サプレッサーカラムにはOH⁻を含む陰イオン交換樹脂を選択すると，サプ

レッサーカラム中の反応生成物は水になる．

H⁺(aq) + Cl⁻(aq) + 樹脂⁺OH⁻(s) → 樹脂⁺Cl⁻(s) + H₂O

分析対象の陽イオンはこの第2カラムによって保持されない．

陰イオン分離の場合，サプレッサー充填剤の陽イオン交換樹脂はH⁺を含むものとし，炭酸水素ナトリウムや炭酸ナトリウムを溶離液として用いる．サプレッサーカラムでは以下の反応が起きる．

Na⁺(aq) + HCO₃⁻(aq) + 樹脂⁻H⁺(s) →
    樹脂⁻Na⁺(s) + H₂CO₃(aq)

炭酸は大部分が解離しておらず，電気伝導率に大きくは寄与しない．

従来のサプレッサーカラムでは，充填剤をもとの酸または塩基の形態に戻すために定期的に（一般的には8～10時間ごとに）再生する必要があるという問題があった．しかし，1980年代に連続運転可能なマイクロメンブレンタイプのサプレッサーが登場した[15]．たとえば，炭酸ナトリウムや炭酸水素ナトリウムを除去したい場合，溶離液を一連の超薄膜型陽イオン交換膜に通し，一方，酸性の再生液をイオン交換膜を隔てて逆方向に連続的に流す．溶離液由来のナトリウムイオンは，イオン交換膜の内側表面の水素イオンと交換されて膜内に入り，膜の再生液側の表面へ移動し，再生液由来の水素イオンと交換される．再生液の水素イオンは逆方向に移動するため，電気的中性が維持される．マイクロメンブレンサプレッサーを用いた装置は，0.1 M NaOH溶液からほぼすべてのナトリウムイオンを溶離液の流速2 mL/minで除去できる．

図20・21に，サプレッサーカラムと電気伝導度検出器を用いたイオン交換クロマトグラフィーの二つの応用例を示す．どちらもイオン濃度の単位はppmである．試料の量は，一方を50 μLと他方を100 μLとした．この種の混合物を取扱える迅速かつ便利な方法がほかにないため，陰イオン分析においてサプレッサー方式は特に重要である．

b. シングルカラム方式のイオン交換クロマトグラフィー

サプレッサーカラムを必要としないイオン交換クロマトグラフィー機器も市販されている．これは，試料のイオンと主要な溶離液に含まれるイオンとの間のわずかな電気伝導率の差に基づいた方法で，わずかな差を増幅するため，

---

13) イオン交換クロマトグラフィーについての簡単な総説は以下参照．J.S. Fritz, *Anal. Chem.*, **59**, 335A (1987), DOI: 10.1021/ac00131a002. P.R. Haddad, *Anal. Chem.*, **73**, 266A (2001), DOI: 10.1021/ac012440u. 方法については以下参照．H. Small, "Ion Chromatography", Plenum Press, New York (1989). J.S. Fritz, D.T. Gjerde, "Ion Chromatography, 4th ed.", Wiley-VCH, Weinheim, Germany (2009).

14) H. Small, T. S. Stevens, W. C. Bauman, *Anal. Chem.*, **47**, 1801 (1975), DOI: 10.1021/ac60361a017.

15) J.S. Fritz, D.T. Gjerde, "Ion Chromatography, 4th ed.", Chs 6-7, Wiley-VCH, Weinheim, Germany (2009).

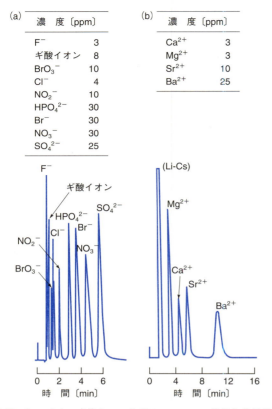

図 20・21 イオン交換クロマトグラフィーの一般的な使用例。(a) 陰イオン交換カラムを用いた陰イオンの分離。溶離液: 0.0028 M NaHCO$_3$/0.0023 M Na$_2$CO$_3$。試料量: 50 μL。(b) 陽イオン交換カラムを用いたアルカリ土類金属イオンの分離。溶離液: 0.025 M フェニレンジアミン二塩酸塩/0.0025 M HCl。試料量: 100 μL [Dionex, Inc., Sunnyvale CA の厚意による]

電解質濃度の低い溶液での溶離を可能にする低交換容量カラムが使用される。さらに、電気伝導率の低い溶離液を使用する。

シングルカラム方式のイオン交換クロマトグラフィーの利点は、サプレッサーカラム方式のような特別な装置が必要ないことである。しかし、サプレッサーカラム方式に比べ、陰イオンの定量感度はやや低い。

20・2・5 サイズ排除クロマトグラフィー

サイズ排除クロマトグラフィーは分子ふるいクロマトグラフィーともよばれ、特に高分子量の物質に有効な技術である[16]。サイズ排除クロマトグラフィーで用いられる充填剤は、溶質および溶媒分子が拡散できる均一な細孔が網状に通った小さな (～10 μm) シリカまたはポリマー粒子からなる。分析対象となる分子のカラム内平均滞留時間は、その分子サイズに依存する。充填剤の平均細孔径よりも著しく大きい分子は充填剤から排除されるため保持されず、移動相の速度でカラムを通過する。細孔よりも明らかに小さい分子は、網状の細孔全体に浸透することができるため、長時間保持されて、最後に溶出する。これらの中間の大きさの分子は、その粒径に応じて充填剤の細孔への浸透度が異なる。したがって、分子の粒径や、ときには形状が分画に直接影響する。サイズ排除クロマトグラフィーによる分離は、分析対象と固定相との間に化学的または物理的相互作用がない点で、他のクロマトグラフィー法と異なる。

a. カラム充填剤 サイズ排除クロマトグラフィー用の充填剤は数多く市販されており、水溶性移動相とともに用いられる親水性のものや、非極性有機溶媒とともに使用される疎水性のものがある。親水性充填剤を用いて行うクロマトグラフィーは**ゲル濾過** (gel filtration) とよばれ、疎水性充填剤を用いて行うクロマトグラフィーは**ゲル浸透** (gel permeation) とよばれる。いずれの種類の充填剤も、さまざまな細孔径を選択できる。市販の充填剤は、20～25倍の分子量範囲で試料を分離することができる。また分離される試料の平均分子量は、小さいものでは数百から大きいものでは数百万にまで及ぶ。

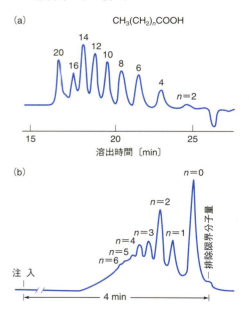

図 20・22 サイズ排除クロマトグラフィーの応用例。(a) 脂肪酸の分離。カラム: 基材はポリスチレン、7.5×600 mm。移動相: テトラヒドロフラン。(b) 市販のエポキシ樹脂の分析 (n=ポリマー中のモノマー単位の数)。カラム: 多孔質シリカ 6.2×250 mm。移動相: テトラヒドロフラン [DuPont ConAgra の関連会社である BTR Separations より]

16) この分野に関する論文は以下参照。A. Striegel, W.W. Yau, J.J. Kirkland, D.D. Bly, "Modern Size-Exclusion Chromatography: Practice of Gel Permeation and Gel Filtration Chromatography, 2nd ed.", Wiley, Hoboken, NJ (2009). C. S. Wu, ed., "Handbook of Size Exclusion Chromatography, 2nd ed.", Dekker, New York (2004). "Column Handbook for Size Exclusion Chromatography", ed. by C.S. Wu, Academic Press, San Diego (1999).

b. 応用例 図20・22は，サイズ排除クロマトグラフィーの典型的な応用例を示している．二つのクロマトグラムは，テトラヒドロフランを溶離液とし，疎水性充塡剤を用いて得た．図20・22(a)は，分子量116〜344の脂肪酸の分離を示す．図20・22(b)では，試料として各モノマー単位の分子量が280である市販のエポキシ樹脂を用いた（n＝モノマー単位の数）．

サイズ排除クロマトグラフィーの別の重要な応用として，大きなポリマーや天然物の分子量および分子量分布の迅速な定量があげられる．

20・2・6　高速液体クロマトグラフィーとガスクロマトグラフィーの比較

表20・6に，高速液体クロマトグラフィー（HPLC）とガスクロマトグラフィー（GC）の比較を示す．両方とも適用可能な場合，GCは速度が速く，機器が単純であるという利点がある．一方，HPLCは不揮発性物質（無機イオンを含む）および熱的に不安定な物質にも適用可能だが，GCでこれらの物質は扱えない．多くの場合，二つの方法は相補的である．

表20・6　高速液体クロマトグラフィーとガスクロマトグラフィーの比較

両方法の特徴
- 効率的で，高度に選択的で，広く適用可能
- 必要試料量が少ない
- 試料を破壊する必要がない
- 定量分析に容易に適合

HPLC の利点
- 不揮発性および熱的に不安定な化合物に対応
- 一般的に無機イオンに適用可能

GC の利点
- 単純で安価な機器
- 迅速
- きわめて優れた分離能（キャピラリーカラムにおいて）
- 質量分析部との連結が容易

章末問題

20・1 気–液クロマトグラフィーと気–固クロマトグラフィーの違いを述べよ．

20・2 気–固クロマトグラフィーが，気–液クロマトグラフィーほど広く使用されていない理由を述べよ．

20・3 気–固クロマトグラフィーで分離できる混合物をあげよ．

20・4 クロマトグラムとそれに含まれる情報を説明せよ．

20・5 クロマトグラムから信頼度の高い定性的データを取得するために制御すべき因子をあげよ．

20・6 クロマトグラムから信頼度の高い定量的データを取得するために制御すべき因子をあげよ．

20・7 以下の各 GC 検出器の基本原理を説明せよ．
 (a) 熱伝導度検出器
 (b) 水素炎イオン化検出器
 (c) 電子捕獲検出器
 (d) 熱イオン化検出器
 (e) 光イオン化検出器

20・8 問題20・7の各検出器のおもな利点とおもな欠点をあげよ．

20・9 以下のキャピラリーカラムの異なる点をあげよ．
 (a) PLOT カラム　(b) WCOT カラム　(c) SCOT カラム

20・10 GC の固定相が結合や架橋されていることが多い理由を述べよ．結合と架橋の意味も説明せよ．

20・11 GC の固定相液にはどのような性質が必要か述べよ．

20・12 ガラスまたは金属カラムと比べた石英ガラス製キャピラリーカラムの利点をあげよ．

20・13 GC に対する固定相の膜厚の影響を述べよ．

20・14 GC において，(a) バンドの広がり，(b) バンドの分離をひき起こす因子をそれぞれあげよ．

20・15 GC で分析した試料中の成分濃度を定量する方法の一つに面積校正法がある．この方法では，すべての試料構成成分が完全に溶離される必要がある．ついで，各ピークの面積を測定し，異なる溶出液に対する検出器の応答の差異についての補正を，求めた面積を経験的に決定された補正係数で割ることによって行う．分析対象の濃度は，すべてのピークの補正面積の総和に対するその補正面積の比から求められる．ピークが三つあるクロマトグラムについて，相対的な面積は，保持時間の短い方から順に 16.4, 45.2, 30.2 と求められた．相対的な検出器の応答がそれぞれ 0.60, 0.78, 0.88 であった場合，各化合物の割合（%）を求めよ．

20・16 ピーク面積と相対的な検出器の応答を用いて，試料中の5種の濃度を求める．問題20・15に記されている方法で面積を補正する．GCの五つのピークの相対的な面積を表に示す．また，相対的な検出器の応答も示す．混合物中の各成分の割合（%）を求めよ．

化合物	相対的なピーク面積	相対的な検出器の応答
A	32.5	0.70
B	20.7	0.72
C	60.1	0.75
D	30.2	0.73
E	18.3	0.78

20・17 例題20・1に示すデータについて、外部標準法と内部標準法を比較せよ。分析対象のピークの高さに対して分析対象の割合（%）をプロットし、内部標準結果を使用せずに未知試料の濃度を求めよ。結果は、内部標準法を使用すると正確性が増すか検討せよ。もし正確性が増すなら、考えられる理由を上げよ。

20・18 発展問題 シナモンの風味はシンナムアルデヒドという成分によるもので、精油中に存在し、強力な抗菌化合物でもある[17]。六つの精油成分と安息香酸メチルを内部標準として含む人工混合物のGC応答を図に示す。

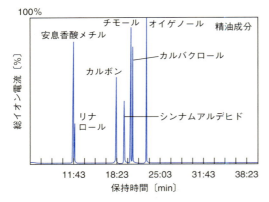

(a) 以下の図は、シンナムアルデヒドピーク付近の領域を拡大したものである。シンナムアルデヒドの保持時間を求めよ。

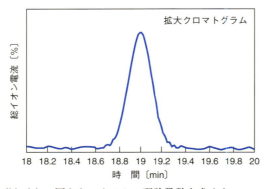

(b) (a)の図から、カラムの理論段数を求めよ。
(c) 溶融シリカ製カラムが、膜厚 0.25 μm、内径 0.25 mm×長さ 30 cm であるとき、(a)と(b)のデータから、理論段高を求めよ。
(d) 安息香酸メチルを内部標準として定量したところ、シンナムアルデヒド、オイゲノール、チモールの検量線について、次の結果が得られた。各成分の下の値は、成分のピーク面積を内部標準のピーク面積で割った値である。各成分の検量線の式を求めよ。
(e) (d)のデータから、検量線の感度が最も高い成分と最も低い成分を求めよ。
(f) (d)の3種の精油成分を含有する試料は、内部標準面積に比例して以下のピーク面積を示した。シンナム

問題20・18(d)の表

濃度 〔mg試料/ 200 μL〕	シンナムアルデヒド	オイゲノール	チモール
0.50		0.4	
0.65			1.8
0.75	1.0	0.8	
1.10		1.2	
1.25	2.0		
1.30			3.0
1.50		1.5	
1.90	3.1	2.0	4.6
2.50	4.0		5.8

アルデヒド 2.6、オイゲノール 0.9、チモール 3.8。試料中の3種の精油の濃度とその標準偏差を求めよ。

20・19 以下の各クロマトグラフィー法に最も適した物質の種類をあげよ。
(a) 気-液クロマトグラフィー
(b) 液-液分配クロマトグラフィー
(c) イオンクロマトグラフィー
(d) アフィニティークロマトグラフィー
(e) ゲル浸透クロマトグラフィー
(f) ゲル沪過クロマトグラフィー

20・20 以下の語句を定義せよ。
(a) 定組成溶離
(b) グラジエント溶離
(c) 順相充塡剤
(d) 逆相充塡剤
(e) 化学結合型固定相充塡剤
(f) サプレッサーカラム
(g) ゲル沪過
(h) ゲル浸透

20・21 逆相充塡剤を含むHPLCカラムから以下の化合物が溶出する順序を示せ。
(a) ベンゼン、ジエチルエーテル、n-ヘキサン
(b) アセトン、ジクロロエタン、アセトアミド

20・22 順相充塡HPLCカラムからの以下の化合物が溶出する順序を示せ。
(a) 酢酸エチル、酢酸、ジメチルアミン
(b) プロピレン、ヘキサン、ベンゼン、ジクロロベンゼン

20・23 吸着クロマトグラフィーと分配クロマトグラフィーの基本的な違いを説明せよ。

20・24 イオン交換クロマトグラフィーとサイズ排除クロマトグラフィーの基本的な違いを説明せよ。

20・25 ゲル沪過クロマトグラフィーとゲル浸透クロマトグラフィーの違いを説明せよ。

20・26 HPLCで分離可能だが、GCでは分離不可能な化合物をあげよ。

20・27 定組成溶離とグラジエント溶離のおもな違いを

---

17) M. Friedman, N. Kozukue, L.A. Harden, *J. Agric. Food Chem.*, **48**, 5702 (2000), DOI: 10.1021/jf000585g.

述べよ．これら二つの方法は，どんな種類の化合物に最も適しているだろうか．それぞれあげよ．

20・28 HPLC に使用される 2 種類のポンプについて説明せよ．それぞれの長所と短所をあげよ．

20・29 シングルカラムとサプレッサーカラムの違いを説明せよ．

20・30 表 20・1 の GC 検出器のうち HPLC に適したものをあげよ．HPLC に適していないものはその理由を述べよ．

20・31 GC の理想的な検出器を §20・1・1(c) で説明した．理想的な GC 検出器の八つの特徴のうち，HPLC 検出器にも当てはまる適用可能なものをあげよ．また，理想的な HPLC 検出器は，このほかにどんな特徴をもつか．

20・32 GC 分離と違い，温度は HPLC 分離にほとんど影響しないが，重要な役割を果たす場合がある．温度は以下の分離に，どのように，またなぜ影響するのだろうか．
(a) ステロイド混合物の逆相クロマトグラフィー分離
(b) 分離しにくい異性体混合物の吸着クロマトグラフィー分離

20・33 二つの成分を HPLC で分離したところ，保持時間が 22 秒異なった．最初のピークは 10.5 分で溶出し，ピーク幅はほぼ等しい．表計算を用いて，以下の分離度 R_s 値を得るために必要な理論段数の最小値を求めよ．

0.50, 0.75, 0.90, 1.0, 1.10, 1.25, 1.50, 1.75, 2.0, 2.5

またピーク 2 の幅がピーク 1 の 2 倍となったとき，結果はどのように変化するか考察せよ．

20・34 実験動物における薬物の経時変化の研究の一環として，ラット血漿中のイブプロフェンの分離と定量のための HPLC 法を開発した．いくつかの標準物質をクロマトグラフィーにかけ，以下の結果を得た．

イブプロフェン濃度〔μg/mL〕	ピーク面積
0.5	5.0
1.0	10.1
2.0	17.2
3.0	19.8
5.0	39.7
8.0	57.3
10.0	66.9
15.0	95.3

次に，10 mg/kg のイブプロフェン試料をラットに経口投与した．薬物投与後のさまざまな時点で血液試料を採取し，HPLC 分析にかけ，右上の表の結果を得た．

表の各時間について，血漿中イブプロフェン濃度を求め，時間に対してプロットせよ．% 単位で，ほとんどのイブプロフェンが失われている時間帯を，30 分間隔で

1 番目，2 番目，3 番目のようにあげよ．

時 間〔h〕	ピーク面積	時 間〔h〕	ピーク面積
0	0	3.0	24.2
0.5	91.3	4.0	21.2
1.0	80.2	6.0	18.5
1.5	52.1	8.0	15.2
2.0	38.5		

20・35 発展問題 便宜上，HPLC の理論段高 H を次の式で求められるとする．

$$H = \frac{B}{u} + C_S u + C_M u = \frac{B}{u} + Cu$$

ここで，$C = C_S + C_M$ とする．

(a) 微分を用いて，最小理論段高 H_{min} を与える最適速度 u_{opt} は，以下のように表されることを示せ．

$$u_{opt} = \sqrt{\frac{B}{C}}$$

(b) この関係式より，最小理論段高 H_{min} が以下の式で表されることを示せ．

$$H_{min} = 2\sqrt{BC}$$

(c) クロマトグラフィーの条件によって，C_S が C_M と比較して十分小さく，無視できる場合がある．充填 LC カラムの場合，C_M は次式で与えられる．

$$C_M = \frac{\omega d_p^2}{D_M}$$

ここで，ω は無次元定数であり，d_p はカラム充填物の粒径，D_M は移動相における拡散係数である．係数 B は次式で表すことができる．

$$B = 2\gamma D_M$$

ここで，γ は無次元定数である．u_{opt} と H_{min} を D_M，d_p，無次元定数 γ，ω を用いて表せ．

(d) 無次元定数 γ，ω がいずれも 1 のとき，u_{opt} と H_{min} は以下の式で表されることを示せ．

$$u_{opt} \approx \frac{D_M}{d_p} \quad \text{および} \quad H_{min} \approx d_p$$

(e) (d) の条件では，理論段高を 1/3 に減らせるか検討せよ．これらの条件下での最適速度を求めよ．同じ長さのカラムの理論段数 N を求めよ．

(f) (e) の条件において，理論段高を 1/3 に減らし，同じ数の理論段数を維持するための方法を述べよ．

(g) ここまでの問題では，バンドの拡散はすべてカラム内で起こると仮定している．LC ピークの幅に影響を及ぼす，カラム外バンド拡散の原因をさらに二つあげよ．

付録1　分析化学の参考文献

学術書

ここで言う"学術書"とは，分析化学の一つまたは複数の広範な領域を包括する学術的発行物を意味する．

D. Barcelo, series ed., "Comprehensive Analytical Chemistry", Elsevier, New York (1959-2010). 2012年現在，この書籍は58巻まで発刊されている．

N. H. Furman, F. J. Welcher, eds., "Standard Methods of Chemical Analysis, 6th ed.", Van Nostrand, New York (1962-1966). この書籍では，五つの部をおもに具体的な応用方法に費やしている．

I. M. Kolthoff, P. J. Elving, eds., "Treatise on Analytical Chemistry", Wiley, New York (1961-1986). Ⅰ部，第2版（14巻）は，理論について書かれている．Ⅱ部（17巻）は，無機および有機化合物の分析方法を扱っている．Ⅲ部（4巻）は工業分析化学を扱っている．

R. A. Meyers, ed., "Encyclopedia of Analytical Chemistry: Applications, Theory and Instrumentation", Wiley, New York (2000). 分析化学のすべての分野を網羅した15巻の参考書．この百科事典は2007年からオンライン出版されている．

B. W. Rossitor, R. C. Baetzold, eds., "Physical Methods of Chemistry, 2nd ed.", Wiley, New York (1986-1993). このシリーズは12巻から構成され，化学者によって行われたさまざまな物理的，化学的測定について書かれている．

P. Worsfold, A. Townshend, C. Poole, eds., "Encyclopedia of Analytical Science, 2nd ed.", Elsevier, Amsterdam (2005). 分析科学のすべての分野を網羅する10巻の参考書．この書籍は，印刷版とオンライン版で入手可能．

公式の分析方法

これらの出版物の多くは単巻で，一般企業の論文内で特定の物質を定量するための分析方法に関する有用な情報源となる．これらの方法はさまざまな科学学会によって確立されたもので，裁判所や仲裁のための基準として役立てられている．

"Annual Book of ASTM Standards", American Society for Testing Materials, Philadelphia. 80+巻からなるこの書籍は，毎年改訂され，物理分析と化学分析の両方の方法が記されている．3.05巻の "Analytical Chemistry for Metals, Ores and Related Materials（金属，鉱石および関連材料の分析化学）" と3.06巻の "Molecular Spectroscopy and Surface Analysis（分子分光法および表面分析）" は，特に有用な文献である．この書籍は，オンラインまたはCD-ROMで入手可能．

L. S. Clesceri, A. E. Greenberg, A. D. Eaton, eds., "Standard Methods for the Examination of Water and Wastewater, 20th ed.", American Public Health Association, New York (1998).

"Official Methods of Analysis, 18th ed.", Association of Official Analytical Chemists, Washington, DC (2005). この書籍は，薬物，食品，農薬，農業資材，化粧品，ビタミン，栄養素などの物質の分析に非常に有用な情報源である．オンライン版は，承認され準備が整い次第速やかに，新しい方法や改訂された方法が更新される．

C. A. Watson, "Official and Standardized Methods of Analysis, 3rd ed.", Royal Society of Chemistry, London (1994).

連載レビュー

以下は，分析化学の分野の一般的なレビューである．さらに，クロマトグラフィー，電気化学，質量分析などの分野における進捗に焦点を当てたレビューもある．

Analytical Chemistry. "Fundamental Reviews" と "Application Reviews," American Chemical Society, Washington, DC. 2010年まで，*Analytical Chemistry* 誌の6月15日号において，"Fundamental Reviews" は偶数年に，"Application Reviews" は奇数年に掲載されている．"Fundamental Reviews" は，分析化学の多くの分野における重要な発展について取扱っている．"Application Reviews" は，水分析，臨床化学，石油製品などの特定の分野に特化している．2011年には，両方のレビューが6月15日号に掲載された．2012年からは，年刊レビュー号が1月に発行され，最新の計測科学の発展に焦点を当てている．

Annual Review of Analytical Chemistry, Annual Reviews, Palo Alto, CA. 現代分析化学の重要な知見に関する権威あるレビュー記事．年刊レビューは，2008年以降毎年発行されている．

Critical Reviews in Analytical Chemistry, CRC Press, Boca Rotan, FL. この刊行物は四半期ごとに発行され，生化学物質の分析における新たな進展を網羅する詳細な記事が掲載されている．

Reviews in Analytical Chemistry, De Gruyter GMBH, Berlin. 分析化学分野のレビューに特化した雑誌．現代分析化学のすべての分野について，年間4巻が発行されている．

データ集

A. J. Bard, R. Parsons, T. Jordan, eds., "Standard Potentials in Aqueous Solution", Marcel Dekker, New York (1985).

J. A. Dean, "Analytical Chemistry Handbook", McGraw-Hill, New York (1995).

A. E. Martell, R. M. Smith, "Critical Stability Constants, 6 vols.", Plenum Press, New York (1974-1989).

G. Milazzo, S. Caroli, V. K. Sharma, "Tables of Standard Electrode Potential", Wiley, New York (1978).

先進的な分析方法および機器の教科書

J. N. Butler, "Ionic Equilibrium: A Mathematical Approach", Addison-Wesley, Reading, MA (1964).

J. N. Butler, "Ionic Equilibrium: Solubility and pH Calculations", Wiley, New York (1998).

G. D. Christian, J. E. O'Reilly, "Instrumental Analysis, 2nd ed.", Allyn and Bacon, Boston (1986).

W. B. Guenther, "Unified Equilibrium Calculations", Wiley, New York (1991).

H. A. Laitinen, W. E. Harris, "Chemical Analysis, 2nd ed.", McGraw-Hill, New York (1975).

F. A. Settle, ed., "Handbook of Instrumental Techniques for Analytical Chemistry", Prentice Hall, Upper Saddle River, NJ (1997).

D. A. Skoog, F. J. Holler, S. R. Crouch, "Principles of Instrumental Analysis, 6th ed.", Brooks/Cole, Belmont, CA (2007).

H. Strobel, W. R. Heineman, "Chemical Instrumentation: A Systematic Approach, 3rd ed.", Addison-Wesley, Boston (1989).

総 説

分析化学の専門分野に特化した何百もの総説が利用可能である。一般に、これらは専門家によって作成されており、優れた情報源となる。さまざまな分野の代表的な総説を以下に示す。

a. 重量法および滴定法

M. R. F. Ashworth, "Titrimetric Organic Analysis, 2 vols.", Interscience, New York (1965).

R. deLevie, "Aqueous Acid-Base Equilibria and Titrations", Oxford University Press, Oxford (1999).

L. Erdey, "Gravimetric Analysis", Pergamon, Oxford (1965).

J. S. Fritz, "Acid-Base Titration in Nonaqueous Solvents", Allyn and Bacon, Boston (1973).

W. F. Hillebrand, G. E. F. Lundell, H. A. Bright, J. I. Hoffman, "Applied Inorganic Analysis, 2nd ed.", Wiley, New York (1953, 再版 1980).

I. M. Kolthoff, V. A. Stenger, R. Belcher, "Volumetric Analysis, 3 vols.", Interscience, New York (1942-1957).

T. S. Ma, R. C. Ritner, "Modern Organic Elemental Analysis", Marcel Dekker, New York (1979).

L. Safarik, Z. Stransky, "Titrimetric Analysis in Organic Solvents", Elsevier, Amsterdam (1986).

E. P. Serjeant, "Potentiometry and Potentiometric Titrations", Wiley, New York (1984).

W. Wagner, C. J. Hull, "Inorganic Titrimetric Analysis", Marcel Dekker, New York (1971).

b. 有機分析

S. Siggia, J. G. Hanna, "Quantitative Organic Analysis via Functional Groups, 4th ed.", Wiley, New York (1979).

F. T. Weiss, "Determination of Organic Compounds: Methods and Procedures", Wiley-Interscience, New York (1970).

c. 分光法

D. F. Boltz, J. A. Howell, "Colorimetric Determination of Nonmetals, 2nd ed.", Wiley-Interscience, New York (1978).

J. A. C. Broekaert, "Analytical Atomic Spectrometry with Flames and Plasmas", Wiley-VCH, Weinheim: Cambridge University Press (2002).

S. J. Hill, "Inductively Coupled Plasma Spectrometry and Its Applications", CRC Press, Boca Rotan, Fl (1999).

J. D. Ingle, S. R. Crouch, "Spectrochemical Analysis", Prentice-Hall, Upper Saddle River, NJ (1988).

L. H. J. Lajunen, P. Peramaki, "Spectrochemical Analysis by Atomic Absorption and Emission, 2nd ed.", Royal Society of Chemistry, Cambridge (2004).

J. R. Lakowiz, "Principles of Fluorescence Spectroscopy", Plenum Press, New York (1999).

A. Montaser, D. W. Golightly, eds., "Inductively Coupled Plasmas in Analytical Atomic Spectroscopy, 2nd ed.", Wiley-VCH, New York (1992).

A. Montaser, ed., "Inductively Coupled Plasma Mass Spectrometry", Wiley, New York (1998).

E. B. Sandell, H. Onishi, "Colorimetric Determination of Traces of Metals, 4th ed., 2 vols.", Wiley, New York (1978-1989).

S. G. Schulman, ed., "Molecular Luminescence Spectroscopy, 2 parts", Wiley, New York (1985).

F. D. Snell, "Photometric and Fluorometric Methods of Analysis, 2 vols.", Wiley, New York (1978-1981).

d. 電気分析法

A. J. Bard, L. R. Faulkner, "Electrochemical Methods, 2nd ed.", Wiley, New York (2001).

P. T. Kissinger, W. R. Heinemann, eds., "Laboratory Techniques in Electroanalytical Chemistry, 2nd ed.", Marcel Dekker, New York (1996).

J. J. Lingane, "Electroanalytical Chemistry, 2nd ed.", Interscience, New York (1954).

D. T. Sawyer, A. Sobkowiak, J. L. Roberts, Jr., "Experimental Electrochemistry for Chemists, 2nd ed.", Wiley, New York (1995).

J. Wang, "Analytical Electrochemistry", Wiley, New York (2000).

e. 分離分析

K. Anton, C. Berger, eds., "Supercritical Fluid Chromatography with Packed Columns, Techniques and Applications", Dekker, New York (1998).

P. Camilleri, ed., "Capillary Electrophoresis: Theory and Practice", CRC Press, Boca Raton, FL (1993).

M. Caude, D. Thiebaut, eds., "Practical Supercritical Fluid Chromatography and Extraction", Harwood, Amsterdam (2000).

B. Fried, J. Sherma, "Thin Layer Chromatography, 4th ed.", Dekker, New York (1999).

J. C. Giddings, "Unified Separation Science", Wiley, New York (1991).

E. Katz, "Quantitative Analysis Using Chromatographic Techniques", Wiley, New York (1987).

M. McMaster, C. McMaster, "GC/MS: A Practical User's Guide", Wiley-VCH, New York (1998).

H. M. McNair, J. M Miller, "Basic Gas Chromatography", Wiley, New York (1998).

W. M. A. Niessen, "Liquid Chromatography-Mass Spectrometry, 2nd ed.", Dekker, New York (1999).

M. E. Schimpf, K. Caldwell, J. C. Giddings, eds., "Field-Flow Fractionation Handbook", Wiley, New York (2000).

R. P. W. Scott, "Introduction to Analytical Gas Chromatography, 2nd ed.", Marcel Dekker, New York (1997).

R. P. W. Scott, "Liquid Chromatography for the Analyst", Marcel Dekker, New York (1995).

R. M. Smith, "Gas and Liquid Chromatography in Analytical Chemistry", Wiley, New York (1988).

L. R. Snyder, J. J. Kirkland, J. W. Dolan, "Introduction to Modern Liquid Chromatography, 3rd ed.", Wiley, New York (2010).

R. Weinberger, "Practical Capillary Electrophoresis", Academic Press, New York (2000).

f. その他

R. G. Bates, "Determination of pH: Theory and Practice, 2nd ed.", Wiley, New York (1973).

R. Bock, "Decomposition Methods in Analytical Chemistry", Wiley, New York (1979).

G. D. Christian, J. B. Callis, "Trace Analysis", Wiley, New York (1986).

J. L. Devore, "Probability and Statistics for Engineering and the Sciences, 8th ed.", Brooks/Cole, Boston (2012).

J. L. Devore, N. R. Farnum, "Applied Statistics for Engineers and Scientists", Duxbury/Brooks/Cole, Pacific Grove, CA (1999).

H. A. Mottola, "Kinetic Aspects of Analytical Chemistry", Wiley, New York (1988).

D. Perez-Bendito, M. Silva, "Kinetic Methods in Analytical Chemistry", Halsted Press-Wiley, New York (1988).

D. D. Perrin, "Masking and Demasking Chemical Reactions", Wiley, New York (1970).

W. Rieman, H. F. Walton, "Ion Exchange in Analytical Chemistry", Pergamon, Oxford (1970).

J. Ruzicka, E. H. Hansen, "Flow Injection Analysis, 2nd ed.", Wiley, New York (1988).

J. T. Watson, O. D. Sparkman, "Introduction to Mass Spectrometry, 4th ed.", Wiley, Chichester (2007).

定期刊行物

科学雑誌には分析化学を扱ったものが多くあり、この分野における主要な情報限である。そのなかでも最も有名で最も広く読まれている雑誌をいくつか以下にあげる。雑誌名の太字部分は、*Chemical Abstracts* における省略形である。

Analyst
Anal**ytical and **Bioanal**ytical **Chemistry
***Anal**ytical **Biochem**istry*
***Anal**ytical **Chem**istry*
Analytica Chim**ica **Acta
Anal**ytical **Letters
***Appl**ied **Spectrosc**opy*
***Clin**ical **Chem**istry*
***Instrum**entation **Sci**ence and **Technol**ogy*
***Int**ernational **J**ournal of **Mass Spectrom**etry*
***J**ournal of the **Am**erican **Soc**iety for **Mass Spectrom**etry*
***J**ournal of the **Assoc**iation of **Off**icial **Anal**ytical **Chem**ists*
***J**ournal of **Chromatogr**aphic **Sci**ence*
***J**ournal of **Chromatogr**aphy*
***J**ournal of **Electroanal**ytical **Chem**istry*
***J**ournal of **Liq**uid **Chromatogr**aphy and Related Techniques*
J**ournal of **Microcolumn Separations
Microchemical Journal
Microchimica Acta
Separation Science
Spectrochimica Acta
Talanta
***TrAC—Trends Anal**ytical **Chem**istry*

付録2 溶解度積（25℃）

化合物	化学式	K_{sp}	備考
水酸化アルミニウム	$Al(OH)_3$	3×10^{-34}	
炭酸バリウム	$BaCO_3$	5.0×10^{-9}	
クロム酸バリウム	$BaCrO_4$	2.1×10^{-10}	
水酸化バリウム	$Ba(OH)_2\cdot 8H_2O$	3×10^{-4}	
ヨウ素酸バリウム	$Ba(IO_3)_2$	1.57×10^{-9}	
シュウ酸バリウム	BaC_2O_4	1×10^{-6}	
硫酸バリウム	$BaSO_4$	1.1×10^{-10}	
炭酸カドミウム	$CdCO_3$	1.8×10^{-14}	
水酸化カドミウム	$Cd(OH)_2$	4.5×10^{-15}	
シュウ酸カドミウム	CdC_2O_4	9×10^{-8}	
硫化カドミウム	CdS	1×10^{-27}	
炭酸カルシウム	$CaCO_3$	4.5×10^{-9}	方解石
	$CaCO_3$	6.0×10^{-9}	アラレ石
フッ化カルシウム	CaF_2	3.9×10^{-11}	
水酸化カルシウム	$Ca(OH)_2$	6.5×10^{-6}	
シュウ酸カルシウム	$CaC_2O_4\cdot H_2O$	1.7×10^{-9}	
硫酸カルシウム	$CaSO_4$	2.4×10^{-5}	
炭酸コバルト(II)	$CoCO_3$	1.0×10^{-10}	
水酸化コバルト(II)	$Co(OH)_2$	1.3×10^{-15}	
硫化コバルト(II)	CoS	5×10^{-22}	α
	CoS	3×10^{-26}	β
臭化銅(I)	$CuBr$	5×10^{-9}	
塩化銅(I)	$CuCl$	1.9×10^{-7}	
酸化銅(I)	Cu_2O†1	2×10^{-15}	
ヨウ化銅(I)	CuI	1×10^{-12}	
チオシアン酸銅(I)	$CuSCN$	4.0×10^{-14}	
水酸化銅(II)	$Cu(OH)_2$	4.8×10^{-20}	
硫化銅(II)	CuS	8×10^{-37}	
炭酸鉄(II)	$FeCO_3$	2.1×10^{-11}	
水酸化鉄(II)	$Fe(OH)_2$	4.1×10^{-15}	
硫化鉄(II)	FeS	8×10^{-19}	
水酸化鉄(III)	$Fe(OH)_3$	2×10^{-39}	
ヨウ素酸ランタン	$La(IO_3)_3$	1.0×10^{-11}	
炭酸鉛	$PbCO_3$	7.4×10^{-14}	
塩化鉛	$PbCl_2$	1.7×10^{-5}	
クロム酸鉛	$PbCrO_4$	3×10^{-13}	
酸化鉛	PbO†2	8×10^{-16}	黄色
	PbO†2	5×10^{-16}	赤色
ヨウ化鉛	PbI_2	7.9×10^{-9}	
シュウ酸鉛	PbC_2O_4	8.5×10^{-9}	$\mu=0.05$
硫酸鉛	$PbSO_4$	1.6×10^{-8}	
硫化鉛	PbS	3×10^{-28}	
リン酸アンモニウムマグネシウム	$MgNH_4PO_4$	3×10^{-13}	
炭酸マグネシウム	$MgCO_3$	3.5×10^{-8}	
水酸化マグネシウム	$Mg(OH)_2$	7.1×10^{-12}	
炭酸マンガン	$MnCO_3$	5.0×10^{-10}	
水酸化マンガン	$Mn(OH)_2$	2×10^{-13}	
硫化マンガン	MnS	3×10^{-11}	ピンク色
	MnS	3×10^{-14}	緑色
臭化水銀(I)	Hg_2Br_2	5.6×10^{-23}	
炭酸水銀(I)	Hg_2CO_3	8.9×10^{-17}	
塩化水銀(I)	Hg_2Cl_2	1.2×10^{-18}	
ヨウ化水銀(I)	Hg_2I_2	4.7×10^{-29}	
チオシアン酸水銀(I)	$Hg_2(SCN)_2$	3.0×10^{-20}	
酸化水銀(II)	HgO†3	3.6×10^{-26}	
硫化水銀(II)	HgS	2×10^{-53}	黒色
	HgS	5×10^{-54}	赤色
炭酸ニッケル	$NiCO_3$	1.3×10^{-7}	
水酸化ニッケル	$Ni(OH)_2$	6×10^{-16}	
硫化ニッケル	NiS	4×10^{-20}	α
	NiS	1.3×10^{-25}	β
ヒ酸銀	Ag_3AsO_4	6×10^{-23}	
臭化銀	$AgBr$	5.0×10^{-13}	
炭酸銀	Ag_2CO_3	8.1×10^{-12}	
塩化銀	$AgCl$	1.82×10^{-10}	
クロム酸銀	Ag_2CrO_4	1.2×10^{-12}	
シアン化銀	$AgCN$	2.2×10^{-16}	
ヨウ素酸銀	$AgIO_3$	3.1×10^{-8}	
ヨウ化銀	AgI	8.3×10^{-17}	
シュウ酸銀	$Ag_2C_2O_4$	3.5×10^{-11}	
硫化銀	Ag_2S	8×10^{-51}	
チオシアン酸銀	$AgSCN$	1.1×10^{-12}	
炭酸ストロンチウム	$SrCO_3$	9.3×10^{-10}	
シュウ酸ストロンチウム	SrC_2O_4	5×10^{-8}	
硫酸ストロンチウム	$SrSO_4$	3.2×10^{-7}	
塩化タリウム(I)	$TlCl$	1.8×10^{-4}	
硫化タリウム(I)	Tl_2S	6×10^{-22}	
炭酸亜鉛	$ZnCO_3$	1.0×10^{-10}	
水酸化亜鉛	$Zn(OH)_2$	3.0×10^{-16}	非晶質
シュウ酸亜鉛	ZnC_2O_4	8×10^{-9}	
硫化亜鉛	ZnS	2×10^{-25}	α
	ZnS	3×10^{-23}	β

たいていのデータは，A.E. Martell, R.M. Smith, "Critical Stability Constants", Vol. 3-6, Plenum, New York (1976-1989) より．ほとんどの場合，25℃における無限希釈溶液（イオン強度 $\mu=0$）の値を示す．

†1　$Cu_2O(s)+H_2O \rightleftharpoons 2Cu^++2OH^-$
†2　$PbO(s)+H_2O \rightleftharpoons Pb^{2+}+2OH^-$
†3　$HgO(s)+H_2O \rightleftharpoons Hg^{2+}+2OH^-$

付録3　酸解離定数（25 °C）

酸	化学式	K_1	K_2	K_3
酢酸	CH_3COOH	1.75×10^{-5}		
アンモニウムイオン	NH_4^+	5.70×10^{-10}		
アニリニウムイオン	$C_6H_5NH_3^+$	2.51×10^{-5}		
ヒ酸	H_3AsO_4	5.8×10^{-3}	1.1×10^{-7}	3.2×10^{-12}
亜ヒ酸	H_3AsO_3	5.1×10^{-10}		
安息香酸	C_6H_5COOH	6.28×10^{-5}		
ホウ酸	H_3BO_3	5.81×10^{-10}		
1-ブタン酸	$CH_3CH_2CH_2COOH$	1.52×10^{-5}		
炭酸	H_2CO_3	4.45×10^{-7}	4.69×10^{-11}	
	$CO_2(aq)$	4.2×10^{-7}	4.69×10^{-11}	
クロロ酢酸	$ClCH_2COOH$	1.36×10^{-3}		
クエン酸	$HOOC(OH)C(CH_2COOH)_2$	7.45×10^{-4}	1.73×10^{-5}	4.02×10^{-7}
ジメチルアンモニウムイオン	$(CH_3)_2NH_2^+$	1.68×10^{-11}		
エタノールアンモニウムイオン	$HOCH_2CH_2NH_3^+$	3.18×10^{-10}		
エチルアンモニウムイオン	$C_2H_5NH_3^+$	2.31×10^{-11}		
エチレンジアンモニウムイオン	$^+H_3NCH_2CH_2NH_3^+$	1.42×10^{-7}	1.18×10^{-10}	
ギ酸	$HCOOH$	1.80×10^{-4}		
フマル酸	$trans\text{-}HOOCCH{:}CHCOOH$	8.85×10^{-4}	3.21×10^{-5}	
グリコール酸	$HOCH_2COOH$	1.47×10^{-4}		
ヒドラジニウムイオン	$H_2NNH_3^+$	1.05×10^{-8}		
アジ化水素	HN_3	2.2×10^{-5}		
シアン化水素	HCN	6.2×10^{-10}		
フッ化水素	HF	6.8×10^{-4}		
過酸化水素	H_2O_2	2.2×10^{-12}		
硫化水素	H_2S	9.6×10^{-8}	1.3×10^{-14}	
ヒドロキシルアンモニウムイオン	$HONH_3^+$	1.10×10^{-6}		
次亜塩素酸	$HOCl$	3.0×10^{-8}		
ヨウ素酸	HIO_3	1.7×10^{-1}		
乳酸	$CH_3CHOHCOOH$	1.38×10^{-4}		
マレイン酸	$cis\text{-}HOOCCH{=}CHCOOH$	1.3×10^{-2}	5.9×10^{-7}	
リンゴ酸	$HOOCCHOHCH_2COOH$	3.48×10^{-4}	8.00×10^{-6}	
マロン酸	$HOOCCH_2COOH$	1.42×10^{-3}	2.01×10^{-6}	
マンデル酸	$C_6H_5CHOHCOOH$	4.0×10^{-4}		
メチルアンモニウムイオン	$CH_3NH_3^+$	2.3×10^{-11}		
亜硝酸	HNO_2	7.1×10^{-4}		
シュウ酸	$HOOCCOOH$	5.60×10^{-2}	5.42×10^{-5}	
過ヨウ素酸	H_5IO_6	2×10^{-2}	5×10^{-9}	
フェノール	C_6H_5OH	1.00×10^{-10}		
リン酸	H_3PO_4	7.11×10^{-3}	6.32×10^{-8}	4.5×10^{-13}
亜リン酸	H_3PO_3	3×10^{-2}	1.62×10^{-7}	
o-フタル酸	$C_6H_4(COOH)_2$	1.12×10^{-3}	3.91×10^{-6}	
ピクリン酸	$(NO_2)_3C_6H_2OH$	4.3×10^{-1}		
ピペリジニウムイオン	$C_5H_{11}NH^+$	7.50×10^{-12}		
プロピオン酸	CH_3CH_2COOH	1.34×10^{-5}		

付録3　酸解離定数 (25 °C)

酸	化学式	K_1	K_2	K_3
ピリジニウムイオン	$C_5H_5NH^+$	5.90×10^{-6}		
ピルビン酸	$CH_3COCOOH$	3.2×10^{-3}		
サリチル酸	$C_6H_4(OH)COOH$	1.06×10^{-3}		
コハク酸	$HOOCCH_2CH_2COOH$	6.21×10^{-5}	2.31×10^{-6}	
スルファミン酸	H_2NSO_3H	1.03×10^{-1}		
硫酸	H_2SO_4	大	1.02×10^{-2}	
亜硫酸	H_2SO_3	1.23×10^{-2}	6.6×10^{-8}	
酒石酸	$HOOC(CHOH)_2COOH$	9.20×10^{-4}	4.31×10^{-5}	
チオシアン酸	$HSCN$	0.13		
チオ硫酸	$H_2S_2O_3$	0.3	2.5×10^{-2}	
トリクロロ酢酸	Cl_3CCOOH	3		
トリメチルアンモニウムイオン	$(CH_3)_3NH^+$	1.58×10^{-10}		

ほとんどのデータは無限希釈での値である（イオン強度 $\mu=0$）[A. E. Martell, R. M. Smith, Critical Stability Constants, Vol. 1-6, New York Plenum Press (1974-1989)]

付録4　生成定数（25 ℃）

配位子・陰イオン	陽イオン	log K_1	log K_2	log K_3	log K_4	イオン強度
CH_3COO^-	Ag^+	0.73	−0.9			0.0
	Ca^{2+}	1.18				0.0
	Cd^{2+}	1.93	1.22			0.0
	Cu^{2+}	2.21	1.42			0.0
	Fe^{3+}	3.38†	3.1†	1.8−		0.1
	Hg^{2+}	log K_1K_2=8.45				0.0
	Mg^{2+}	1.27				0.0
	Pb^{2+}	2.68	1.40			0.0
NH_3	Ag^+	3.31	3.91			0.0
	Cd^{2+}	2.55	2.01	1.34	0.84	0.0
	Co^{2+}	1.99†	1.51	0.93	0.64	0.0
		log K_5=0.06	log K_6=−0.74			0.0
	Cu^{2+}	4.04	3.43	2.80	1.48	0.0
	Hg^{2+}	8.8	8.6	1.0	0.7	0.5
	Ni^{2+}	2.72	2.17	1.66	1.12	0.0
		log K_5=0.67	log K_6=−0.03			0.0
	Zn^{2+}	2.21	2.29	2.36	2.03	0.0
Br^-	Ag^+	$Ag^+ + 2Br^- \rightleftharpoons AgBr_2^-$		log K_1K_2=7.5		0.0
	Hg^{2+}	9.00	8.1	2.3	1.6	0.5
	Pb^{2+}	1.77				0.0
Cl^-	Ag^+	$Ag^+ + 2Cl^- \rightleftharpoons [AgCl_2]^-$		log K_1K_2=5.25		0.0
		$AgCl_2^- + Cl^- \rightleftharpoons [AgCl_3]^{2-}$		log K_3=0.37		0.0
	Cu^+	$Cu^+ + 2Cl^- \rightleftharpoons CuCl_2^-$		log K_1K_2=5.5†		0.0
	Fe^{3+}	1.48	0.65			0.0
	Hg^{2+}	7.30	6.70	1.0	0.6	0.0
	Pb^{2+}	$Pb^{2+} + 3Cl^- \rightleftharpoons [PbCl_3]^-$		log $K_1K_2K_3$=1.8		0.0
	Sn^{2+}	1.51	0.74	−0.3	−0.5	0.0
CN^-	Ag^+	$Ag^+ + 2CN^- \rightleftharpoons [Ag(CN)_2]^-$		log K_1K_2=20.48		0.0
	Cd^{2+}	6.01	5.11	4.53	2.27	0.0
	Hg^{2+}	17.00	15.75	3.56	2.66	0.0
	Ni^{2+}	$Ni^{2+} + 4CN^- \rightleftharpoons [Ni(CN)_4]^-$		log $K_1K_2K_3K_4$=30.22		0.0
	Zn^{2+}	log K_1K_2=11.07		4.98	3.57	0.0
EDTA	表12・4 (p.189) 参照					
F^-	Al^{3+}	7.0	5.6	4.1	2.4	0.0
	Fe^{3+}	5.18	3.89	3.03		0.0
OH^-	Al^{3+}	$Al^{3+} + 4OH^- \rightleftharpoons [Al(OH)_4]^-$		log $K_1K_2K_3K_4$=33.4		0.0
	Cd^{2+}	3.9	3.8			0.0
	Cu^{2+}	6.5				0.0
	Fe^{2+}	4.6				0.0
	Fe^{3+}	11.81	11.5			0.0
	Hg^{2+}	10.60	11.2			0.0
	Ni^{2+}	4.1	4.9	3		0.0
	Pb^{2+}	6.4	$Pb^{2+} + 3OH^- \rightleftharpoons [Pb(OH)_3]^-$		log $K_1K_2K_3$=13.9	0.0
	Zn^{2+}	5.0	$Zn^{2+} + 4OH^- \rightleftharpoons [Zn(OH)_4]^{2-}$		log $K_1K_2K_3K_4$=15.5	0.0

付録 4　生成定数 (25 ℃)

配位子・陰イオン	陽イオン	$\log K_1$	$\log K_2$	$\log K_3$	$\log K_4$	イオン強度
I^-	Cd^{2+}	2.28	1.64	1.0	1.0	0.0
	Cu^+	$Cu^+ + 2I^- \rightleftharpoons [CuI_2]^-$	$\log K_1K_2 = 8.9$			0.0
	Hg^{2+}	12.87	10.95	3.8	2.2	0.5
	Pb^{2+}	$Pb^{2+} + 3I^- \rightleftharpoons [PbI_3]^-$	$\log K_1K_2K_3 = 3.9$			0.0
		$Pb^{2+} + 4I^- \rightleftharpoons [PbI_4]^{2-}$	$\log K_1K_2K_3K_4 = 4.5$			0.0
$C_2O_4^{2-}$	Al^{3+}	5.97	4.96	5.04		0.1
	Ca^{2+}	3.19				0.0
	Cd^{2+}	2.73	1.4	1.0		1.0
	Fe^{3+}	7.58	6.23	4.8		1.0
	Mg^{2+}	3.42 (18℃)				
	Pb^{2+}	4.20	2.11			1.0
SO_4^{2-}	Al^{3+}	3.89				0.0
	Ca^{2+}	2.13				0.0
	Cu^{2+}	2.34				0.0
	Fe^{3+}	4.04	1.34			0.0
	Mg^{2+}	2.23				0.0
SCN^-	Cd^{2+}	1.89	0.89	0.1		0.0
	Cu^+	$Cu^+ + 3SCN^- \rightleftharpoons [Cu(SCN)_3]^{2-}$		$\log K_1K_2K_3 = 11.60$		0.0
	Fe^{3+}	3.02	0.62†			0.0
	Hg^{2+}	$\log K_1K_2 = 17.26$		2.7	1.8	0.0
	Ni^{2+}	1.76				0.0
$S_2O_3^{2-}$	Ag^+	8.82†	4.7	0.7		0.0
	Cu^{2+}	$\log K_1K_2 = 6.3$				0.0
	Hg^{2+}	$\log K_1K_2 = 29.23$		1.4		0.0

データは，A. E. Martell, R. M. Smith, "Critical Stability Constants", Vol. 3-6, Plenum Press, New York (1974-1989) より．
† 20℃

付録5　標準電極電位と式量電位

半反応式	標準電極電位 E^0 [V][a]	式量電位 $E^{0\prime}$ [V][b]	半反応式	標準電極電位 E^0 [V][a]	式量電位 $E^{0\prime}$ [V][b]
アルミニウム			**塩　素**		
$Al^{3+} + 3e^- \rightleftharpoons Al(s)$	-1.662		$Cl_2(g) + 2e^- \rightleftharpoons 2Cl^-$	$+1.359$	
アンチモン			$HClO + H^+ + e^- \rightleftharpoons \frac{1}{2}Cl_2(g) + H_2O$	$+1.63$	
$Sb_2O_5(s) + 6H^+ + 4e^- \rightleftharpoons 2SbO^+ + 3H_2O$	$+0.581$		$ClO_3^- + 6H^+ + 5e^- \rightleftharpoons \frac{1}{2}Cl_2(g) + 3H_2O$	$+1.47$	
ヒ　素			**クロム**		
$H_3AsO_4 + 2H^+ + 2e^- \rightleftharpoons H_3AsO_3 + H_2O$	$+0.559$	0.577 (1 M HCl, 1 M HClO$_4$)	$Cr^{3+} + e^- \rightleftharpoons Cr^{2+}$	-0.408	
			$Cr^{3+} + 3e^- \rightleftharpoons Cr(s)$	-0.744	
			$Cr_2O_7^{2-} + 14H^+ + 6e^- \rightleftharpoons 2Cr^{3+} + 7H_2O$	$+1.33$	
バリウム					
$Ba^{2+} + 2e^- \rightleftharpoons Ba(s)$	-2.906		**コバルト**		
ビスマス			$Co^{2+} + 2e^- \rightleftharpoons Co(s)$	-0.277	
$BiO^+ + 2H^+ + 3e^- \rightleftharpoons Bi(s) + H_2O$	$+0.320$		$Co^{3+} + e^- \rightleftharpoons Co^{2+}$	$+1.808$	
$BiCl_4^- + 3e^- \rightleftharpoons Bi(s) + 4Cl^-$	$+0.16$		**銅**		
臭　素			$Cu^{2+} + 2e^- \rightleftharpoons Cu(s)$	$+0.337$	
$Br_2(l) + 2e^- \rightleftharpoons 2Br^-$	$+1.065$	1.05 (4 M HCl)	$Cu^{2+} + e^- \rightleftharpoons Cu^+$	$+0.153$	
$Br_2(aq) + 2e^- \rightleftharpoons 2Br^-$	$+1.087^\dagger$		$Cu^+ + e^- \rightleftharpoons Cu(s)$	$+0.521$	
$BrO_3^- + 6H^+ + 5e^- \rightleftharpoons \frac{1}{2}Br_2(l) + 3H_2O$	$+1.52$		$Cu^{2+} + I^- + e^- \rightleftharpoons CuI(s)$	$+0.86$	
$BrO_3^- + 6H^+ + 6e^- \rightleftharpoons Br^- + 3H_2O$	$+1.44$		$CuI(s) + e^- \rightleftharpoons Cu(s) + I^-$	-0.185	
			フッ素		
			$F_2(g) + 2H^+ + 2e^- \rightleftharpoons 2HF(aq)$	$+3.06$	
カドミウム			**水　素**		
$Cd^{2+} + 2e^- \rightleftharpoons Cd(s)$	-0.403		$2H^+ + 2e^- \rightleftharpoons H_2(g)$	0.000	-0.005 (1 M HCl, 1 M HClO$_4$)
カルシウム					
$Ca^{2+} + 2e^- \rightleftharpoons Ca(s)$	-2.866		**ヨウ素**		
炭　素			$I_2(s) + 2e^- \rightleftharpoons 2I^-$	$+0.5355$	
$C_6H_4O_2(キノン) + 2H^+ + 2e^- \rightleftharpoons C_6H_4(OH)_2$	$+0.699$	0.696 (1 M HCl, 1 M HClO$_4$, 1 M H$_2$SO$_4$)	$I_2(aq) + 2e^- \rightleftharpoons 2I^-$	$+0.615^\dagger$	
			$I_3^- + 2e^- \rightleftharpoons 3I^-$	$+0.536$	
			$ICl_2^- + e^- \rightleftharpoons \frac{1}{2}I_2(s) + 2Cl^-$	$+1.056$	
$2CO_2(g) + 2H^+ + 2e^- \rightleftharpoons H_2C_2O_4$	-0.49		$IO_3^- + 6H^+ + 5e^- \rightleftharpoons \frac{1}{2}I_2(s) + 3H_2O$	$+1.196$	
			$IO_3^- + 6H^+ + 5e^- \rightleftharpoons \frac{1}{2}I_2(aq) + 3H_2O$	$+1.178^\dagger$	
セリウム			$IO_3^- + 2Cl^- + 6H^+ + 4e^- \rightleftharpoons ICl_2^- + 3H_2O$	$+1.24$	
$Ce^{4+} + e^- \rightleftharpoons Ce^{3+}$		$+1.70$ (1 M HClO$_4$), $+1.61$ (1 M HNO$_3$), 1.44 (1 M H$_2$SO$_4$)	$H_5IO_6 + H^+ + 2e^- \rightleftharpoons IO_3^- + 3H_2O$	$+1.601$	

付録5　標準電極電位と式量電位

半反応式	標準電極電位 E^0 [V]a)	式量電位 $E^{0\prime}$ [V]b)	半反応式	標準電極電位 E^0 [V]a)	式量電位 $E^{0\prime}$ [V]b)
鉄			**酸素**		
$Fe^{2+}+2e^-\rightleftharpoons Fe(s)$	-0.440		$H_2O_2+2H^++2e^-\rightleftharpoons 2H_2O$	$+1.776$	
$Fe^{3+}+e^-\rightleftharpoons Fe^{2+}$	$+0.771$	0.700 (1 M HCl), 0.732 (1 M HClO$_4$), 0.68 (1 M H$_2$SO$_4$)	$HO_2^-+H_2O+2e^-\rightleftharpoons 3OH^-$	$+0.88$	
			$O_2(g)+4H^++4e^-\rightleftharpoons 2H_2O$	$+1.229$	
$[Fe(CN)_6]^{3-}+e^-\rightleftharpoons [Fe(CN)_6]^{4-}$	$+0.36$	0.71 (1 M HCl), 0.72 (1 M HClO$_4$, 1 M H$_2$SO$_4$)	$O_2(g)+2H^++2e^-\rightleftharpoons H_2O_2$	$+0.682$	
			$O_3(g)+2H^++2e^-\rightleftharpoons O_2(g)+H_2O$	$+2.07$	
鉛					
$Pb^{2+}+2e^-\rightleftharpoons Pb(s)$	-0.126	-0.14 (1 M HClO$_4$), -0.29 (1 M H$_2$SO$_4$)	**パラジウム**		
			$Pd^{2+}+2e^-\rightleftharpoons Pd(s)$	$+0.987$	
$PbO_2(s)+4H^++2e^-\rightleftharpoons Pb^{2+}+2H_2O$	$+1.455$				
			白金		
$PbSO_4(s)+2e^-\rightleftharpoons Pb(s)+SO_4^{2-}$	-0.350		$[PtCl_4]^{2-}+2e^-\rightleftharpoons Pt(s)+4Cl^-$	$+0.755$	
			$[PtCl_6]^{2-}+2e^-\rightleftharpoons [PtCl_4]^{2-}+2Cl^-$	$+0.68$	
リチウム					
$Li^++e^-\rightleftharpoons Li(s)$	-3.045		**カリウム**		
			$K^++e^-\rightleftharpoons K(s)$	-2.925	
マグネシウム					
$Mg^{2+}+2e^-\rightleftharpoons Mg(s)$	-2.363		**セレン**		
			$H_2SeO_3+4H^++4e^-\rightleftharpoons Se(s)+3H_2O$	$+0.740$	
マンガン					
$Mn^{2+}+2e^-\rightleftharpoons Mn(s)$	-1.180		$SeO_4^{2-}+4H^++2e^-\rightleftharpoons H_2SeO_3+H_2O$	$+1.15$	
$Mn^{3+}+e^-\rightleftharpoons Mn^{2+}$		1.51 (7.5 M H$_2$SO$_4$)			
$MnO_2(s)+4H^++2e^-\rightleftharpoons Mn^{2+}+2H_2O$	$+1.23$		**銀**		
$MnO_4^-+8H^++5e^-\rightleftharpoons Mn^{2+}+4H_2O$	$+1.51$		$Ag^++e^-\rightleftharpoons Ag(s)$	$+0.799$	0.228 (1 M HCl), 0.792 (1 M HClO$_4$), 0.77 (1 M H$_2$SO$_4$)
$MnO_4^-+4H^++3e^-\rightleftharpoons MnO_2(s)+2H_2O$	$+1.695$				
$MnO_4^-+e^-\rightleftharpoons MnO_4^{2-}$	$+0.564$		$AgBr(s)+e^-\rightleftharpoons Ag(s)+Br^-$	$+0.073$	0.228 (1 M KCl)
			$AgCl(s)+e^-\rightleftharpoons Ag(s)+Cl^-$	$+0.222$	
水銀			$[Ag(CN)_2]^-+e^-\rightleftharpoons Ag(s)+2CN^-$	-0.31	
$Hg_2^{2+}+2e^-\rightleftharpoons 2Hg(l)$	$+0.788$	0.274 (1 M HCl), 0.776 (1 M HClO$_4$), 0.674 (1 M H$_2$SO$_4$)	$Ag_2CrO_4(s)+2e^-\rightleftharpoons 2Ag(s)+CrO_4^{2-}$	$+0.446$	
$2Hg^{2+}+2e^-\rightleftharpoons Hg_2^{2+}$	$+0.920$	0.907 (1 M HClO$_4$)	$AgI(s)+e^-\rightleftharpoons Ag(s)+I^-$	-0.151	
$Hg^{2+}+2e^-\rightleftharpoons Hg(l)$	$+0.854$		$Ag(S_2O_3)_2^{3-}+e^-\rightleftharpoons Ag(s)+2S_2O_3^{2-}$	$+0.017$	
$Hg_2Cl_2(s)+2e^-\rightleftharpoons 2Hg(l)+2Cl^-$	$+0.268$	0.244 (飽和 KCl), 0.282 (1 M KCl), 0.334 (0.1 M KCl)			
$Hg_2SO_4(s)+2e^-\rightleftharpoons 2Hg(l)+SO_4^{2-}$	$+0.615$		**ナトリウム**		
			$Na^++e^-\rightleftharpoons Na(s)$	-2.714	
ニッケル					
$Ni^{2+}+2e^-\rightleftharpoons Ni(s)$	-0.250		**硫黄**		
			$S(s)+2H^++2e^-\rightleftharpoons H_2S(g)$	$+0.141$	
窒素			$H_2SO_3+4H^++4e^-\rightleftharpoons S(s)+3H_2O$	$+0.450$	
$N_2(g)+5H^++4e^-\rightleftharpoons N_2H_5^+$	-0.23				
$HNO_2+H^++e^-\rightleftharpoons NO(g)+H_2O$	$+1.00$		$SO_4^{2-}+4H^++2e^-\rightleftharpoons H_2SO_3+H_2O$	$+0.172$	
$NO_3^-+3H^++2e^-\rightleftharpoons HNO_2+H_2O$	$+0.94$	0.92 (1 M HNO$_3$)	$S_4O_6^{2-}+2e^-\rightleftharpoons 2S_2O_3^{2-}$	$+0.08$	
			$S_2O_8^{2-}+2e^-\rightleftharpoons 2SO_4^{2-}$	$+2.01$	

付録5 標準電極電位と式量電位

半反応式	標準電極電位 E^0 [V][a]	式量電位 $E^{0\prime}$ [V][b]	半反応式	標準電極電位 E^0 [V][a]	式量電位 $E^{0\prime}$ [V][b]
タリウム			**ウラン**		
$Tl^+ + e^- \rightleftharpoons Tl(s)$	-0.336	-0.551 (1 M HCl), -0.33 (1 M HClO$_4$, 1 M H$_2$SO$_4$)	$UO_2^{2+} + 4H^+ + 2e^- \rightleftharpoons U^{4+} + 2H_2O$	$+0.334$	
$Tl^{3+} + 2e^- \rightleftharpoons Tl^+$	$+1.25$	0.77 (1 M HCl)	**バナジウム**		
スズ			$V^{3+} + e^- \rightleftharpoons V^{2+}$	-0.255	
			$VO^{2+} + 2H^+ + e^- \rightleftharpoons V^{3+} + H_2O$	$+0.337$	
$Sn^{2+} + 2e^- \rightleftharpoons Sn(s)$	-0.136	-0.16 (1 M HClO$_4$)	$V(OH)_4^+ + 2H^+ + e^- \rightleftharpoons VO^{2+} + 3H_2O$	$+1.00$	1.02 (1 M HCl, 1 M HClO$_4$)
$Sn^{4+} + 2e^- \rightleftharpoons Sn^{2+}$	$+0.154$	0.14 (1 M HCl)			
チタン			**亜鉛**		
$Ti^{3+} + e^- \rightleftharpoons Ti^{2+}$	-0.369		$Zn^{2+} + 2e^- \rightleftharpoons Zn(s)$	-0.763	
$TiO^{2+} + 2H^+ + e^- \rightleftharpoons Ti^{3+} + H_2O$	$+0.099$	0.04 (1 M H$_2$SO$_4$)			

a) G. Milazzo, S. Caroli, V. K. Sharma, "Tables of Standard Electrode Potentials", Wiley, London (1978).
b) E. H. Swift, E. A. Butler, "Quantitative Measurements and Chemical Equilibria", Freeman, New York (1972).
† これらの値は，1.00 M の Br$_2$ または I$_2$ 溶液に対応するため，仮想的な値である．25 ℃ でのこれら二つの化合物の溶解度はそれぞれ 0.18 M，0.0020 M である．過剰量の Br$_2$(l) または I$_2$(s) を含む飽和溶液では，半反応式 Br$_2$(l)+2e$^-\rightleftharpoons$2Br$^-$ または I$_2$(s)+2e$^-\rightleftharpoons$2I$^-$ での標準電極電位 (E^0) が用いられる．一方，Br$_2$，I$_2$ の不飽和溶液では，表に示した仮想的な標準電極電位が用いられる．

付録6 指数と対数の使い方

6A・1 指数表記

指数は，繰返しの掛け算または割り算の計算式を記述するために使用される．たとえば，3^5 は，

$$3 \times 3 \times 3 \times 3 \times 3 = 3^5 = 243$$

を意味する．このとき 3 を底，5 を指数とよび，3 を 5 乗すると 243 になる．

負の指数は繰返しの割り算を表す．たとえば，3^{-5} は，

$$\frac{1}{3} \times \frac{1}{3} \times \frac{1}{3} \times \frac{1}{3} \times \frac{1}{3} = \frac{1}{3^5} = 3^{-5} = 0.00412$$

を意味する．なお指数の符号を変更すると，数値の逆数，つまり，

$$3^{-5} = \frac{1}{3^5} = \frac{1}{243} = 0.00412$$

が得られる．

数値の 1 乗は数値そのものであり，すべての数値の 0 乗は 1 である．たとえば，以下のようになる．

$$4^1 = 4$$
$$4^0 = 1$$
$$67^0 = 1$$

a. 分数指数 分数指数は，数値の累乗根（ルート）を表している．243 の 5 乗根は 3 である．この計算は指数を用いて

$$(243)^{1/5} = 3$$

と表される．他の例として，次のようなものがある．

$$25^{1/2} = 5$$
$$25^{-1/2} = \frac{1}{25^{1/2}} = \frac{1}{5}$$

b. 掛け算と割り算における指数の組合わせ 同じ底をもつ指数の掛け算と割り算は，指数同士を足し算または引き算することによって行われる．たとえば，以下のようになる．

$$3^3 \times 3^2 = 3 \times 3 \times 3)(3 \times 3) = 3^{(3+2)}$$
$$= 3^5 = 243$$

$$3^4 \times 3^{-2} \times 3^0 = 3 \times 3 \times 3 \times 3 \left(\frac{1}{3} \times \frac{1}{3}\right) \times 1$$
$$= 3^{(4-2-0)} = 3^2 = 9$$

$$\frac{5^4}{5^2} = \frac{5 \times 5 \times 5 \times 5}{5 \times 5} = 5^{(4-2)} = 5^2 = 25$$

$$\frac{2^3}{2^{-1}} = \frac{(2 \times 2 \times 2)}{1/2} = 2^4 = 16$$

最後の式の指数は次の式で求められる．

$$3 - (-1) = 3 + 1 = 4$$

c. 累乗根の指数計算 指数の n 乗根を求めるには，指数を累乗根で割る．したがって，以下のようになる．

$$(5^4)^{1/2} = (5 \times 5 \times 5 \times 5)^{1/2} = 5^{(4/2)} = 5^2 = 25$$
$$(10^{-8})^{1/4} = 10^{(-8/4)} = 10^{-2}$$
$$(10^9)^{1/2} = 10^{(9/2)} = 10^{4.5}$$

6A・2 科学で用いる指数の表記法

科学や工学分野では，通常の 10 進表記法が扱いにくい，または扱えない非常に大きい数や非常に小さい数を使用しなければならない場面が多くある．たとえば，アボガドロ定数を 10 進表記法で表すには，数値 602 に続いて 21 個の 0 が必要になる．科学で用いる表記法では，一つの 10 進数と 10 の累乗の二つの数の掛け算として数値を表す．したがって，アボガドロ定数は 6.02×10^{23} と表記される．他の例を以下にあげる．

$$4.32 \times 10^3 = 4.32 \times 10 \times 10 \times 10 = 4320$$

$$4.32 \times 10^{-3} = 4.32 \times \frac{1}{10} \times \frac{1}{10} \times \frac{1}{10} = 0.00432$$

$$0.002002 = 2.002 \times \frac{1}{10} \times \frac{1}{10} \times \frac{1}{10} = 2.002 \times 10^{-3}$$

$$375 = 3.75 \times 10 \times 10 = 3.75 \times 10^2$$

この表記法では，次に示すように一つの数値をいくつかの形式で表すことができる．

$$4.32 \times 10^3 = 43.2 \times 10^2 = 432 \times 10^1$$
$$= 0.432 \times 10^4 = 0.0432 \times 10^5$$

指数の数字は，数値を科学で用いる表記法から 10 進表記法に変換するために小数点を移動させる桁数に等しい．指数が正の場合は小数点を右へ移動させ，負の場合は左へ移動させる．10 進数を科学で用いる表記法に変換するときは，逆の手順となる．

6A・3 科学で用いる表記法による計算

科学で用いる表記法は，計算の小数点の間違いを防ぐ効果がある．以下にいくつか例を示す．

a. 掛け算 小数部分の数値を掛けて指数を足す．したがって，以下のようになる

$$420{,}000 \times 0.0300 = (4.20 \times 10^5) \times (3.00 \times 10^{-2})$$
$$= 12.60 \times 10^3 = 1.26 \times 10^4$$

$$0.0060 \times 0.000020 = 6.0 \times 10^{-3} \times 2.0 \times 10^{-5}$$
$$= 12 \times 10^{-8} = 1.2 \times 10^{-7}$$

b. 割り算 小数部分の数値を割り，分子の指数から分母の指数を引く．たとえば，以下のようになる．

$$\frac{0.015}{5000} = \frac{15 \times 10^{-3}}{5.0 \times 10^3} = 3.0 \times 10^{-6}$$

c. 足し算と引き算 科学で用いる表記法の足し算または引き算では，すべての数値を共通の 10 の累乗で表した後，小数部分を足すまたは引く．したがって，以下のように計算する．

$$2.00 \times 10^{-11} + 4.00 \times 10^{-12} - 3.00 \times 10^{-10}$$
$$= 2.00 \times 10^{-11} + 0.400 \times 10^{-11} - 30.0 \times 10^{-11}$$
$$= -27.6 \times 10^{-11} = -2.76 \times 10^{-10}$$

d. 指数表記で書かれた数値を累乗表記にする 数値の各部分は別々に累乗で表記する．たとえば，

$$(2 \times 10^{-3})^4 = (2.0)^4 \times (10^{-3})^4 = 16 \times 10^{-(3 \times 4)}$$
$$= 16 \times 10^{-12} = 1.6 \times 10^{-11}$$

e. 指数表記で書かれた数値を累乗根表記にする 数値は，10 の指数が累乗根によって均等に割り切れるように表記する．したがって，

$$(4.0 \times 10^{-5})^{1/3} = \sqrt[3]{40 \times 10^{-6}} = \sqrt[3]{40} \times \sqrt[3]{10^{-6}}$$
$$= 3.4 \times 10^{-2}$$

6A・4 対数

本書では，対数と真数の計算機能付きの電子計算機を使用することを前提としている（ほとんどの計算機では，真数のキーは 10^x と表示されている）．しかし，対数の原理とその基本的な性質を理解していることが望ましい．以下に説明する．

数値の対数（または log）とは，その数値を得るために何らかの数（底という．通常は 10）を何乗すればよいかを示した数である．すなわち，本書では log は底が 10 の指数を表す．指数に関する説明から，log に関して以下の結論を導くことができる．

1) 積の対数は，掛け算内の個々の数字の対数の和となる．

$$\log(100 \times 1000) = \log 10^2 + \log 10^3 = 2 + 3 = 5$$

2) 商の対数は，個々の数字の対数の差となる．

$$\log(100/1000) = \log 10^2 - \log 10^3 = 2 - 3 = -1$$

3) 指数の対数は，その指数と数値の対数の積となる．

$$\log(1000)^2 = 2 \times \log 10^3 = 2 \times 3 = 6$$
$$\log(0.01)^6 = 6 \times \log 10^{-2} = 6 \times (-2) = -12$$

4) 数値の累乗根の対数は，その数値の対数を累乗根で割った商となる．

$$\log(1000)^{1/3} = \frac{1}{3} \times \log 10^3 = \frac{1}{3} \times 3 = 1$$

以下は，これらの法則を使用した例である．

$$\log 40 \times 10^{20} = \log 4.0 \times 10^{21} = \log 4.0 + \log 10^{21}$$
$$= 0.60 + 21 = 21.60$$

$$\log 2.0 \times 10^{-6} = \log 2.0 + \log 10^{-6}$$
$$= 0.30 + (-6) = -5.70$$

〈参　考〉

場合によっては，最後の例に示す引き算のステップを省き，log を負の整数と正の小数として記述する方が都合のよいときもある．つまり，

$$\log 2.0 \times 10^{-6} = \log 2.0 + \log 10^{-6} = \overline{6}.30$$

最後の二つの例は，数値の対数が，小数点の左側にある整数部分（指標）と右側にある小数部分（仮数）の二つの部分の和であることを示している．指標は 10 の累乗の対数であり，その数値が 10 進表記法で表されるときのもとの数の小数点の位置を示す．仮数は，0.00 と 9.99 の間の範囲の数値の対数である．仮数は常に正であることに留意してほしい．結果として，最後の例の指標は −6，仮数は +0.30 である．

付録7 規定度と当量を用いた容量分析計算

溶液の**規定度** (normality) は 1 L の溶液に含まれる溶質の当量数，または 1 mL の溶液に含まれる溶質のミリ当量数を表す．**当量** (equivalent) やミリ当量は，モルやミリモルのように化学種の物質の量を表す単位である．しかし当量やミリ当量は，いかなる滴定においても以下の条件が成り立つ場合に定義される．

溶液中の分析対象のミリ当量数 =
　　　加えた標準物質のミリ当量数　　(A7・1)

または，

溶液中の分析対象の当量数 =
　　　加えた標準物質の当量数　　(A7・2)

この等価性を利用すると，容量分析計算を行うとき §8・3・3 で述べたような化学量論比の導出を毎回行う必要がなくなる．その代わり当量やミリ当量の定義に従って化学量論を考慮する．

7A・1 当量とミリ当量の定義

1 当量に含まれる物質の量は，物質量（モル）とは異なり，関与する反応によって異なる．したがって化合物 1 当量当たりの質量（**グラム当量** gram equivalent とよぶ）は，その化合物が直接または間接的に関与する化学反応と関係づけなければ計算できない．同様に溶液の規定度を定めるには，その溶液の使用方法を知る必要がある．

a. 酸塩基反応における当量　酸塩基反応に関与する物質の当量とは，その反応において水素イオン 1 mol と反応する，または水素イオン 1 mol を供給する物質（分子，イオン，NaOH などの対イオン）の量のことである[1]．1 ミリ当量は 1 当量の 1/1000 である．

グラム当量とモル質量 (M) の関係は，強酸・強塩基，あるいは水素イオンまたは水酸化物イオン 1 個が反応に関わる酸塩基に対しては単純明快である．たとえば水酸化カリウム，塩酸，酢酸はそれぞれ反応に関与する水素イオンや水酸化物イオンを 1 個しかもたないので，そのグラム当量はモル質量に等しい．水酸化バリウムには水酸化物イオンが 2 個あり，どんな酸塩基反応においても 2 個の水素イオンと反応するので，当量はモル質量の 1/2 である．

$$\text{Ba(OH)}_2 \text{のグラム当量} = \frac{M_{\text{Ba(OH)}_2}}{2}$$

解離しやすさの異なる 2 個以上の水素イオンや水酸化物イオンをもつ酸あるいは塩基の場合，状況は複雑になる．たとえばリン酸のもつ 3 個のプロトンのうち，ある指示薬を用いて最初の 1 個のみを滴定する．

$$\text{H}_3\text{PO}_4 + \text{OH}^- \rightarrow \text{H}_2\text{PO}_4^- + \text{H}_2\text{O}$$

別の指示薬を用いると，水素イオンが 2 個反応した後のみ色が変化する．

$$\text{H}_3\text{PO}_4 + 2\text{OH}^- \rightarrow \text{HPO}_4^{2-} + 2\text{H}_2\text{O}$$

最初の滴定反応の場合，リン酸のグラム当量はモル質量に等しい．2 番目の反応の場合，グラム当量はモル質量の 1/2 になる（H_3PO_4 の場合，3 個目のプロトンを滴定することは現実的ではないので，モル質量の 1/3 になる当量計算が必要になることはほとんどない）．これらの反応のどれが関係するのかがわからなければ，リン酸の当量を明確に定義することはできない．

b. 酸化還元反応における当量　酸化還元反応に関与する物質の当量とは，直接あるいは間接的に 1 mol の電子を生成または消費する物質の量のことである．グラム当量の数値は，目的の物質のモル質量をその反応に関連する酸化数の変化で割ったものと便宜的に定められる．例として，過マンガン酸イオンによるシュウ酸の酸化を考えよう．

$$5\text{C}_2\text{O}_4^{2-} + 2\text{MnO}_4^- + 16\text{H}^+ \rightarrow 10\text{CO}_2 + 2\text{Mn}^{2+} + 8\text{H}_2\text{O}$$
$$(A7 \cdot 3)$$

この反応でマンガンの酸化状態は +Ⅶ から +Ⅱ に変化するので，酸化数の変化は 5 であり，MnO_4^- と Mn^{2+} のグラム当量はモル質量の 1/5 となる．$\text{C}_2\text{O}_4^{2-}$ の炭素原子の酸化状態はそれぞれ +Ⅲ から +Ⅳ に変化し，全部で 2 個の電子を生成する．したがって，$\text{Na}_2\text{C}_2\text{O}_4$ のグラム当量はモル質量の 1/2 である．反応で生じた CO_2 の当量も求められる．この分子には炭素原子が 1 個しか含まれておらず，また炭素の酸化数の変化は 1 なので，CO_2 のグラム当量はモル質量と等しい．

物質のグラム当量を見積もるにあたって，考慮するのは滴定中の酸化数の変化のみであることに注意しよう．たとえば Mn_2O_3 を含む試料のマンガン含量を，(A7・3) 式で与えられる反応に基づいた滴定によって定量すると仮定する．Mn_2O_3 中のマンガンが酸化数 +Ⅲ をもつということは，グラム当量の決定に何の役割も果たさない．そこで，滴定の開始前には，適切な処理によってすべてのマンガンが +Ⅶ に酸化された状態にあると仮定する必要がある．

---

[1] IUPAC は当量単位を酸塩基反応における H^+ 1 個の移動，酸化還元反応における電子 1 個の移動，イオンの電荷数 1 に等しい大きさに相当すると定義している．例: 1/2 H_2SO_4, 1/5 KMnO_4, 1/3 Fe^{3+}. DOI: 10.1351/goldbook.E02192.

Mn_2O_3 中の各マンガンは滴定により +Ⅶ から +Ⅱ の状態に還元される．したがってグラム当量は Mn_2O_3 のモル質量を $2 \times 5 = 10$ で割ったものになる．

酸化還元反応と同様に，酸化剤または還元剤のグラム当量も不変ではない．たとえば過マンガン酸カリウムはある条件下で反応し，MnO_2 を生じる．

$$MnO_4^- + 3e^- + 2H_2O \rightarrow MnO_2(s) + 4OH^-$$

この反応におけるマンガンの酸化状態の変化は +Ⅶ から +Ⅳ であり，過マンガン酸カリウムのグラム当量はそのモル質量を（先の例の 5 の代わりに）3 で割った数に等しい．

c. 沈殿反応，錯形成反応における当量 沈殿反応，錯形成反応に関与する物質の当量とは，1 価陽イオン 1 mol と反応する，または反応によって 1 価陽イオン 1 mol を与える物質の量のことである．同様に 2 価陽イオンなら 1/2 mol，3 価陽イオンなら 1/3 mol となる．この定義でいう陽イオンは必ず反応に<u>直接関わる陽イオン</u>であり，その化合物に含まれる陽イオンとは限らないことに注意が必要である．

例題 7A・1

$AlCl_3$ と $BiOCl$ のそれぞれについて，$AgNO_3$ による沈殿滴定で定量したときのグラム当量を定義せよ．

$$Ag^+ + Cl^- \rightarrow AgCl(s)$$

解 答

この例におけるグラム当量は，各化合物の沈殿に関わる<u>銀イオン</u>の物質量に基づく．Ag^+ 1 mol が，$AlCl_3$ 1/3 mol から生じる Cl^- 1 mol と反応するので，次のように書ける．

$$AlCl_3 \text{のグラム当量} = \frac{M_{AlCl_3}}{3}$$

$BiOCl$ 1 mol 当たり Ag^+ 1 mol とだけ反応するので，

$$BiOCl \text{のグラム当量} = \frac{M_{BiOCl}}{1}$$

定義上もとになるのは滴定に関わる陽イオン，すなわち Ag^+ なので，Bi^{3+}（または Al^{3+}）が 3 価であることは当量と何の関係もない点に注意してほしい．

7A・2 規定度の定義

溶液の**規定度** c_N は溶液 1 mL に含まれる溶質のミリ当量数，あるいは溶液 1 L に含まれる溶質の当量数であり，単位 N で表す．したがって 0.20 N 塩酸溶液は 1 mL 当たり 0.20 ミリ当量 (meq)，1 L あたり 0.20 当量 (eq) の HCl を含む．

溶液の規定度は (2・2) 式に類似した式で定義される．化学種 A を含む溶液の規定度 $c_{N(A)}$ は次の式で与えられる．

$$c_{N(A)} = \frac{\text{A のミリ当量数}}{\text{溶液の体積}(mL)} \quad (A7・4)$$

$$c_{N(A)} = \frac{\text{A の当量数}}{\text{溶液の体積}(L)} \quad (A7・5)$$

7A・3 便利な関係式

規定度を用いる場合は第 8 章の (8・1) 式と (8・2) 式，(8・3) 式と (8・4) 式に似た 2 組の関係式を適用する．

A の量 = A のミリ当量数

$$= \frac{\text{A の質量}(g)}{\text{A のミリグラム当量}(g/meq)} \quad (A7・6)$$

$$\text{A の量} = \text{A の当量数} = \frac{\text{A の質量}(g)}{\text{A のグラム当量}(g/eq)} \quad (A7・7)$$

A の量 = A のミリ当量数

$$= V(mL) \times c_{N(A)}(meq/mL) \quad (A7・8)$$

$$\text{A の量} = \text{A の当量数} = V(L) \times c_{N(A)}(eq/L) \quad (A7・9)$$

7A・4 標準液の規定度の計算

例題 7A・2 に調製した標準液から規定度を計算する方法を示す．

例題 7A・2

一次標準物質の固体を用いて 0.1000 N Na_2CO_3 (105.99 g/mol) 5.000 L を調製する方法を述べよ．この溶液を用いて滴定を行い，次の反応が起こると仮定する．

$$CO_3^{2-} + 2H^+ \rightarrow H_2O + CO_2$$

解 答

(A7・9) 式を適用し，必要な Na_2CO_3 の当量数を求める．

Na_2CO_3 の当量数

$= V_{溶液}(L) \times c_{N(Na_2CO_3)}(eq/L)$

$= 5.000 \text{ L} \times 0.1000 \text{ eq/L} = 0.5000 \text{ eq } Na_2CO_3$

(A7・7) 式を変形し，

Na_2CO_3 の質量

$= Na_2CO_3$ の当量数 × Na_2CO_3 のグラム当量

ここで Na_2CO_3 1 mol 当たり 2 当量の Na_2CO_3 が含まれるので，

Na_2CO_3 の質量

$= 0.5000 \text{ eq } Na_2CO_3 \times \dfrac{105.99 \text{ g } Na_2CO_3}{2 \text{ eq } Na_2CO_3}$

$= 26.50 \text{ g}$

ゆえに Na_2CO_3 26.50 g を水に溶解させ，5.00 L に希釈する．

炭酸イオンが2個のプロトンと反応するので，0.10 N 溶液を調製するのに必要な炭酸ナトリウムの質量は 0.10 M 溶液の調製に必要な量のちょうど 1/2 であることに注意する．

7A・5　規定度で表した滴定データの取扱い

a. 滴定データによる規定度の計算　例題 7A・3，7A・4 に標定に関するデータからの規定度の計算方法を示す．これらの例題は第 8 章の例題 8・4，8・5 と同じである．

例題 7A・3

ブロモクレゾールグリーンを指示薬として正確に HCl 溶液 50.00 mL を 0.03926 N $Ba(OH)_2$ で滴定したところ，終点に達するまで 29.71 mL を要した．HCl 溶液の規定度を計算せよ．

$Ba(OH)_2$ のモル濃度は規定度の 1/2 であることに注意する．すなわち，

$$c_{Ba(OH)_2} = 0.03926 \frac{meq}{mL} \times \frac{1\,mmol}{2\,meq} = 0.01963\,M$$

解　答

計算はミリ当量数で行うので，次のように書く．

HCl のミリ当量数 = $Ba(OH)_2$ のミリ当量数

(A7・8) 式に代入して標準となるミリ当量数が得られる．

$Ba(OH)_2$ のミリ当量数
$= 29.71\,mL\,Ba(OH)_2 \times 0.03926 \frac{meq\,Ba(OH)_2}{mL\,Ba(OH)_2}$

HCl のミリ当量数を求めるため，

HCl のミリ当量数
$= (29.71 \times 0.03926)\,meq\,Ba(OH)_2 \times \frac{1\,meq\,HCl}{1\,meq\,Ba(OH)_2}$

ここで (A7・8) 式を用いると，以下のように規定度を求められる．

HCl のミリ当量数 $= 50.00\,mL \times c_{N(HCl)}$
$= (29.71 \times 0.03926 \times 1)\,meq\,HCl$

$$c_{N(HCl)} = \frac{(29.71 \times 0.03926 \times 1)\,meq\,HCl}{50.00\,mL\,HCl}$$
$$= 0.02333\,N$$

例題 7A・4

純物質の $Na_2C_2O_4$ (134.00 g/mol) 0.2121 g を含む溶液を滴定するのに $KMnO_4$ 溶液 43.31 mL を要した．$KMnO_4$ 溶液の規定度はいくらか．化学反応は次のとおりである．

$2MnO_4^- + 5C_2O_4^{2-} + 16H^+ \rightarrow 2Mn^{2+} + 10CO_2 + 8H_2O$

解　答（例題 7A・4 つづき）

定義より，滴定の当量点は以下のとおり．

$Na_2C_2O_4$ のミリ当量数 = $KMnO_4$ のミリ当量数

(A7・8) 式と (A7・6) 式をこの関係に代入し，

$$V_{KMnO_4} \times c_{N(KMnO_4)} = \frac{Na_2C_2O_4\,の質量\,(g)}{Na_2C_2O_4\,のミリグラム当量\,(g/meq)}$$

$$43.31\,mL\,KMnO_4 \times c_{N(KMnO_4)}$$
$$= \frac{0.2121\,g\,Na_2C_2O_4}{0.13400\,g\,Na_2C_2O_4/2\,meq}$$

$$c_{N(KMnO_4)} = \frac{0.2121\,g\,Na_2C_2O_4}{43.31\,mL\,KMnO_4 \times 0.1340\,g\,Na_2C_2O_4/2\,meq}$$
$$= 0.073093\,meq/mL\,KMnO_4 = 0.07309\,N$$

ここで得られた規定度は例題 8・5 で計算したモル濃度の 5 倍であることに注意する．

b. 滴定データによる分析対象の定量計算　以下の例で，規定度を使用する場合の分析対象濃度の計算法を説明する．例題 7A・5 は第 8 章の例題 8・6 と同じであることに注意する．

例題 7A・5

鉄鉱石の試料 0.8040 g を酸に溶かし，鉄を還元して Fe^{2+} にする．この溶液を 0.1121 N (0.02242 M) $KMnO_4$ 溶液で滴定したところ，終点に達するまでに 47.22 mL を要した．(a) Fe (55.847 g/mol) の割合 (%)，(b) Fe_3O_4 (231.54 g/mol) の割合 (%) について，この分析の結果から計算せよ．分析対象と滴定試薬との反応は次式で表せる．

$MnO_4^- + 5Fe^{2+} + 8H^+ \rightarrow Mn^{2+} + 5Fe^{3+} + 4H_2O$

解　答

(a) 当量点では以下のとおり．

$KMnO_4$ のミリ当量数 = Fe^{2+} のミリ当量数
$= Fe_3O_4$ のミリ当量数

(A7・8) 式，(A7・6) 式より，

$$V_{KMnO_4}(mL) \times c_{N(KMnO_4)}(meq/mL)$$
$$= \frac{Fe^{2+}\,の質量\,(g)}{Fe^{2+}\,のミリグラム当量\,(g/meq)}$$

この式に数値を代入し，変形すると，

Fe^{2+} の質量
$= 47.22\,mL\,KMnO_4 \times 0.1121 \frac{meq}{mL\,KMnO_4} \times \frac{0.055847\,g}{1\,meq}$

Fe^{2+} のミリグラム当量はそのミリモル質量に等しいこ

(例題 7A・5 つづき)
とに注意する．鉄の割合 (%) は，

Fe^{2+} の割合(%)

$$= \frac{(47.22 \times 0.1121 \times 0.055847) \text{ g Fe}^{2+}}{0.8040 \text{ g 試料}} \times 100\%$$

$= 36.77\%$

(b) この例では，

$KMnO_4$ のミリ当量数 $= Fe_3O_4$ のミリ当量数

したがって

$V_{KMnO_4}(\text{mL}) \times c_{N(KMnO_4)}(\text{meq/mL})$

$$= \frac{Fe_3O_4 \text{ の質量 (g)}}{Fe_3O_4 \text{ のミリグラム当量 (g/meq)}}$$

この式に数値を代入し，変形すると，

Fe_3O_4 の質量

$$= 47.22 \text{ mL} \times 0.1121 \frac{\text{meq}}{\text{mL}} \times 0.23154 \frac{\text{g Fe}_3\text{O}_4}{3 \text{ meq}}$$

化合物は滴定前に Fe^{2+} 1個当たり 1 電子の変化を受け $3Fe^{2+}$ に変換するので，Fe_3O_4 のミリグラム当量はそのミリモル質量の 1/3 であることに注意する．そこで Fe_3O_4 の割合 (%) は，

Fe_3O_4 の割合(%)

$$= \frac{(47.22 \times 0.1121 \times 0.23154/3) \text{ g Fe}_3\text{O}_4}{0.8040 \text{ g 試料}} \times 100\%$$

$= 50.81\%$

この例題の解は例題 8・6 とまったく同じである．

例題 7A・6

$(NH_4)_2C_2O_4$ と不活性な化合物を含む試料 0.4755 g を水に溶かし，KOH で塩基性にした．遊離 NH_3 を蒸留して 0.1007 N (0.05030 M) H_2SO_4 50.00 mL に回収した．過剰な H_2SO_4 は 0.1214 N NaOH 11.13 mL で逆滴定した．試料中の窒素 N (14.007 g/mol) と $(NH_4)_2C_2O_4$ (124.10 g/mol) の割合 (%) を計算せよ．

解答

当量点では酸と塩基のミリ当量数が等しい．しかしこの滴定の場合，関係する塩基は NaOH と NH_3 の 2 種類ある．すなわち，

H_2SO_4 のミリ当量数
$= NH_3$ のミリ当量数 $+$ NaOH のミリ当量数

変形すると，

NH_3 のミリ当量数 $=$ N のミリ当量数
$= H_2SO_4$ のミリ当量数 $-$ NaOH のミリ当量数

(A7・6) 式，(A7・8) 式を H_2SO_4 と N のミリ当量数にそれぞれ代入すると，

$$\frac{\text{N の質量 (g)}}{\text{N のミリグラム当量 (g/meq)}}$$

$$= 50.00 \text{ mL H}_2\text{SO}_4 \times 0.1007 \frac{\text{meq}}{\text{mL H}_2\text{SO}_4} -$$

$$11.13 \text{ mL NaOH} \times 0.1214 \frac{\text{meq}}{\text{mL NaOH}}$$

N の質量 $= (50.00 \times 0.1007 - 11.13 \times 0.1214)$ meq
$\times 0.014007$ g N/meq

N の割合(%)

$$= \frac{(50.00 \times 0.1007 - 11.13 \times 0.1214) \times 0.014007 \text{ g N}}{0.4755 \text{ g 試料}} \times 100\%$$

$= 10.85\%$

$(NH_4)_2C_2O_4$ のミリ当量数は NH_3 と N のミリ当量数に等しいが，$(NH_4)_2C_2O_4$ のミリグラム当量はそのモル質量の 1/2 に等しい．すなわち，以下のとおりである．

$(NH_4)_2C_2O_4$ の質量

$= (50.00 \times 0.1007 - 11.13 \times 0.1214)$ meq
$\times 0.12410$ g/2 meq

$(NH_4)_2C_2O_4$ の割合(%)

$$= \frac{(50.00 \times 0.1007 - 11.13 \times 0.1214) \times 0.06205 \text{ g}(NH_4)_2C_2O_4}{0.4755 \text{ g 試料}} \times 100\%$$

$= 48.07\%$

付録8 元素の標準液調製に用いられる化合物

元素	化合物	分子量	溶媒†	備考
アルミニウム	Al	26.9815386	熱希 HCl	①
アンチモン	$KSbOC_4H_4O_6 \cdot \frac{1}{2}H_2O$	333.94	H_2O	③
ヒ素	As_2O_3	197.840	希 HCl	⑨②④
バリウム	$BaCO_3$	197.335	希 HCl	
ビスマス	Bi_2O_3	465.958	HNO_3	
ホウ素	H_3BO_3	61.83	H_2O	④⑤
臭素	KBr	119.002	H_2O	①
カドミウム	CdO	128.410	HNO_3	
カルシウム	$CaCO_3$	100.086	希 HCl	⑨
セリウム	$(NH_4)_2Ce(NO_3)_6$	548.218	H_2SO_4	
クロム	$K_2Cr_2O_7$	294.185	H_2O	⑨④
コバルト	Co	58.933195	HNO_3	①
銅	Cu	63.546	希 HNO_3	①
フッ素	NaF	41.9881725	H_2O	②
ヨウ素	KIO_3	214.000	H_2O	⑨
鉄	Fe	55.845	熱 HCl	①
ランタン	La_2O_3	325.808	熱 HCl	⑥
鉛	$Pb(NO_3)_2$	331.2	H_2O	①
リチウム	Li_2CO_3	73.89	HCl	①
マグネシウム	MgO	40.304	HCl	
マンガン	$MnSO_4 \cdot H_2O$	169.01	H_2O	⑦
水銀	$HgCl_2$	271.49	H_2O	②
モリブデン	MoO_3	143.96	1 M NaOH	
ニッケル	Ni	58.6934	熱 HNO_3	①
リン	KH_2PO_4	136.09	H_2O	
カリウム	KCl	74.55	H_2O	①
	$KHC_8H_4O_4$	204.22	H_2O	⑨④
	$K_2Cr_2O_7$	294.182	H_2O	⑨④
ケイ素	Si	28.085	濃 NaOH	
	SiO_2	60.083	HF	⑩
銀	$AgNO_3$	169.872		
ナトリウム	NaCl	58.44	H_2O	⑨
	$Na_2C_2O_4$	133.998	H_2O	⑨④
ストロンチウム	$SrCO_3$	147.63	HCl	①
硫黄	K_2SO_4	174.25	H_2O	
スズ	Sn	118.71	HCl	
チタン	Ti	47.867	H_2SO_4, 1:1	①
タングステン	$Na_2WO_4 \cdot 2H_2O$	329.85	H_2O	⑧
ウラン	U_3O_8	842.079	HNO_3	④
バナジウム	V_2O_5	181.878	熱 HCl	
亜鉛	ZnO	81.38	HCl	①

本表は B.W. Smith, M.L. Parsons, *J. Chem. Educ.*, **50**, 679 (1973), DOI: 10.1021/ed050p679 をもとに作成した. 特に定めのないかぎり, 化合物は 110 ℃ で一定の質量になるように乾燥させなければならない.
† 特に定めのないかぎり, 酸は分析用の濃酸を示す.
① §8・1・2に示した一次標準物質の基準によくあてはまる. ② 毒性が高い.
③ 110 ℃ で 1/2 H_2O を失う. 乾燥後の分子量は 324.92 となる. 乾燥した化合物の質量はデシケーターから取出した直後に秤量しなければならない.
④ 米国国立標準技術研究所 (NIST) 認証の一次標準物質が使用できる.
⑤ H_3BO_3 は, 試薬瓶から直接秤量しなければならない. この化合物は 100 ℃ で加熱すると 1 mol の H_2O を失い, 一定の質量へと乾燥させるのは困難である.
⑥ CO_2 と H_2O を吸収する. 使用する直前に強熱させなければならない.
⑦ 水分を失わずに, 110 ℃ で乾燥させる.
⑧ 110 ℃ ですべての水分子と CO_2 を失い, 乾燥後の分子量は 293.82 となる. 乾燥後, デシケーター内で保存する.
⑨ 一次標準物質. ⑩ HF は毒性が高く, ガラスを溶かす.

付録9　誤差伝播方程式の導出

ここでは，さまざまな種類の計算結果の標準偏差を求めるための式を導出する．

9A・1　測定誤差の伝播

一般的な分析計算結果は，通常，複数の独立した測定値をもとにしているため，データそれぞれがもつ不確かさが最終結果の正味の偶然誤差に寄与する．このような不確かさが分析結果にどのような影響を与えるかを求めるため，結果 y が実験から生じる変数 a, b, c, … に依存すると仮定する．ここで，この三つの変数はランダムかつ独立に変化するものとする．言い換えれば，y は a, b, c, … の関数である．よって，次のように表すことができる．

$$y = f(a, b, c, \cdots) \quad (A9 \cdot 1)$$

誤差 dy_i は，一般に，平均からの偏差 $(y_i - \bar{y})$ として求められ，それぞれ対応する誤差 da_i, db_i, dc_i, … の大きさと符号に依存する．

$$dy_i = (y_i - \bar{y}) = f(da_i, db_i, dc_i, \cdots)$$

a, b, c, … の誤差の関数としての誤差 dy は，(A9・1)式の全微分をとることによって導き出せる．つまり，

$$dy = \left(\frac{\partial y}{\partial a}\right)_{b,c,\cdots} da + \left(\frac{\partial y}{\partial b}\right)_{a,c,\cdots} db + \left(\frac{\partial y}{\partial c}\right)_{a,b,\cdots} dc + \cdots \quad (A9 \cdot 2)$$

N 回の反復測定における y の標準偏差と a, b, c の標準偏差との関係を求めるために (3・8) 式を使用する．すなわち，(A9・2)式を2乗して，$i=1$ から $i=N$ までを合計し，$(N-1)$ で割った結果の平方根をとる．まず，(A9・2)式の2乗は以下のような式になる．

$$(dy)^2 = \left[\left(\frac{\partial y}{\partial a}\right)_{b,c,\cdots} da + \left(\frac{\partial y}{\partial b}\right)_{a,c,\cdots} db + \left(\frac{\partial y}{\partial c}\right)_{a,b,\cdots} dc + \cdots\right]^2 \quad (A9 \cdot 3)$$

次にこの式の $i=1$ から $i=N$ までの極限の合計を求める．

ここで，(A9・2)式を2乗するにあたり，右辺は 1) 2乗項と 2) 交差項の2種類の項に区別できる．2乗項は以下の形をとる．

$$\left(\frac{\partial y}{\partial a}\right)^2 da^2, \left(\frac{\partial y}{\partial b}\right)^2 db^2, \left(\frac{\partial y}{\partial c}\right)^2 dc^2, \cdots$$

2乗項は常に正になるため，けっして相殺しあうことはない．反対に交差項は正にも負にもなりうる．以下は交差項の一例である．

$$\left(\frac{\partial y}{\partial a}\right)\left(\frac{\partial y}{\partial b}\right) dadb, \left(\frac{\partial y}{\partial a}\right)\left(\frac{\partial y}{\partial c}\right) dadc, \cdots$$

da, db, dc が独立した偶然誤差を表している場合，一部の交差項は負の値をとり，その他は正の値をとる．よって，このような項の合計は N が大きくなるほど 0 に近づくはずである．

交差項は互いに相殺しあう傾向があるため，(A9・3)式の $i=1$ から $i=N$ までの和は2乗項からのみ成り立つと考えることができる．よって，和は以下のような式となる．

$$\Sigma (dy_i)^2 = \left(\frac{\partial y}{\partial a}\right)^2 \Sigma (da_i)^2 + \left(\frac{\partial y}{\partial b}\right)^2 \Sigma (db_i)^2 + \left(\frac{\partial y}{\partial c}\right)^2 \Sigma (dc_i)^2 + \cdots \quad (A9 \cdot 4)$$

$N-1$ ですべてを割ると，

$$\frac{\Sigma (dy_i)^2}{N-1} = \left(\frac{\partial y}{\partial a}\right)^2 \frac{\Sigma (da_i)^2}{N-1} + \left(\frac{\partial y}{\partial b}\right)^2 \frac{\Sigma (db_i)^2}{N-1} + \left(\frac{\partial y}{\partial c}\right)^2 \frac{\Sigma (dc_i)^2}{N-1} + \cdots \quad (A9 \cdot 5)$$

しかし，(3・8) 式から，

$$\frac{\Sigma (dy_i)^2}{N-1} = \Sigma \frac{(y_i - \bar{y})^2}{N-1} = s_y^2$$

であることがわかる．ここで，s_y^2 は y の分散である．同様にして，

$$\frac{\Sigma (da_i)^2}{N-1} = \frac{\Sigma (a_i - \bar{a})^2}{N-1} = s_a^2$$

となる．したがって，(A9・5)式は，変数の分散を用いて記述できる．

$$s_y^2 = \left(\frac{\partial y}{\partial a}\right)^2 s_a^2 + \left(\frac{\partial y}{\partial b}\right)^2 s_b^2 + \left(\frac{\partial y}{\partial c}\right)^2 s_c^2 + \cdots \quad (A9 \cdot 6)$$

9A・2　計算結果の標準偏差

ここでは，5種類の算術計算から得られる結果の標準偏差を求めるための関係式を (A9・6) 式から導く．

a. 足し算と引き算　三つの測定値 a, b, c から数値 y を以下の計算式により求める場合を考えてみる．

付録9 誤差伝播方程式の導出

$$y = a + b - c$$

これらの数値の標準偏差を s_y, s_a, s_b, s_c とする．(A9・6)式を適用すると，以下の式が導かれる．

$$s_y^2 = \left(\frac{\partial y}{\partial a}\right)_{b,c}^2 s_a^2 + \left(\frac{\partial y}{\partial b}\right)_{a,c}^2 s_b^2 + \left(\frac{\partial y}{\partial c}\right)_{a,b}^2 s_c^2$$

三つの測定値に関する y の偏微分は，

$$\left(\frac{\partial y}{\partial a}\right)_{b,c} = 1 \quad \left(\frac{\partial y}{\partial b}\right)_{a,c} = 1 \quad \left(\frac{\partial y}{\partial c}\right)_{a,b} = -1$$

したがって，y の分散が，

$$s_y^2 = (1)^2 s_a^2 + (1)^2 s_b^2 + (-1)^2 s_c^2 = s_a^2 + s_b^2 + s_c^2$$

と与えられるので，計算結果の標準偏差は，

$$s_y = \sqrt{s_a^2 + s_b^2 + s_c^2} \quad (A9・7)$$

によって与えられる．したがって，和または差の絶対標準偏差は，和または差を構成する測定値の絶対標準偏差を2乗して和をとり，その平方根に等しい．

b. 掛け算と割り算 ここでは，以下の場合を考えることにする．

$$y = \frac{ab}{c}$$

a, b, c に関する y の偏微分は

$$\left(\frac{\partial y}{\partial a}\right)_{b,c} = \frac{b}{c} \quad \left(\frac{\partial y}{\partial b}\right)_{a,c} = \frac{a}{c} \quad \left(\frac{\partial y}{\partial c}\right) = -\frac{ab}{c^2}$$

となる．これを(A9・6)式に代入すると，

$$s_y^2 = \left(\frac{b}{c}\right)^2 s_a^2 + \left(\frac{a}{c}\right)^2 s_b^2 + \left(\frac{ab}{c^2}\right)^2 s_c^2$$

この式をもとの式の2乗 ($y^2 = a^2b^2/c^2$) で割ると，

$$\frac{s_y^2}{y^2} = \frac{s_a^2}{a^2} + \frac{s_b^2}{b^2} + \frac{s_c^2}{c^2}$$

または，

$$\frac{s_y}{y} = \sqrt{\left(\frac{s_a}{a}\right)^2 + \left(\frac{s_b}{b}\right)^2 + \left(\frac{s_c}{c}\right)^2} \quad (A9・8)$$

となる．したがって，積と商の相対標準偏差は，積または商を構成する測定値の相対標準偏差を2乗して和をとり，その平方根に等しい．

c. 指数の計算 以下の計算について考えてみる．

$$y = a^x$$

この場合，(A9・6)式は

$$s_y^2 = \left(\frac{\partial a^x}{\partial y}\right)^2 s_a^2$$

または，

$$s_y = \frac{\partial a^x}{\partial y} s_a$$

の形式をとる．ここで，

$$\frac{\partial a^x}{\partial y} = xa^{(x-1)}$$

したがって，

$$s_y = xa^{(x-1)} s_a$$

そして，もとの方程式 ($y = a^x$) で割ると，

$$\frac{s_y}{y} = \frac{xa^{(x-1)} s_a}{a^x} = x \frac{s_a}{a} \quad (A9・9)$$

が得られる．したがって，指数計算の相対誤差は，底 a の相対誤差に指数をかけたものと等しくなる．

数値を累乗する際に伝播する誤差は，掛け算において伝播する誤差とは異なることに注意しなければならない．たとえば，4.0(±0.2)の2乗の誤差を考えてみる．結果 (16.0) の相対誤差は，(A9・9)式によって与えられる．

$$s_y/y = 2 \times (0.2/4) = 0.1 \quad \text{すなわち} \quad 10\%$$

次に，y が独立して測定された二つの数の積であり，偶然にも $a = 4.0(\pm 0.2)$, $b = 4.0(\pm 0.2)$ であった場合を考える．この場合，積 $ab = 16.0$ の相対誤差は，(A9・8)式によって与えられる．

$$s_y/y = \sqrt{(0.2/4)^2 + (0.2/4)^2} \quad \text{すなわち} \quad 7\%$$

このように明らかに異なる相対誤差が得られたのは，二つの測定値を掛け算する場合，測定値の誤差の符号が互いに同じであることもあれば，異なることもあるからである．誤差の符号が同じであるときの相対誤差は，誤差の符号が必ず同じになる（すなわち前者の，一つの測定値を2乗する）場合の相対誤差と同一である．一方，二つの測定値の誤差が互いに異なる場合は，相対誤差は互いに打ち消し合う傾向がある．したがって，二つの測定値を掛け算する場合の相対誤差は，最大値 (10%) と 0 の間になる．

d. 対数の計算 以下の計算について考えてみる．

$$y = \log_{10} a$$

この場合，(A9・6)式は次のようになる．

$$s_y^2 = \left(\frac{\partial \log_{10} a}{\partial y}\right)^2 s_a^2$$

ここで,

$$\frac{\partial \log_{10} a}{\partial y} = \frac{0.434}{a}$$

したがって,

$$s_y = 0.434 \frac{s_a}{a} \qquad (A9 \cdot 10)$$

となる.つまり,対数の<u>絶対標準偏差</u>は,その測定値の<u>相対標準偏差</u>によって決定される.

e. 真数の計算　以下の関係式を考えてみる.

$$y = \mathrm{antilog}_{10} a = 10^a$$

$$\left(\frac{\partial y}{\partial a}\right) = 10^a \log_e 10 = 10^a \ln 10 = 2.303 \times 10^a$$

$$s_y^2 = \left(\frac{\partial y}{\partial a}\right)^2 s_a^2$$

すなわち,

$$s_y = \frac{\partial y}{\partial a} s_a = 2.303 \times 10^a s_a$$

この式をもとの関係式で割ると,

$$\frac{s_y}{y} = 2.303 s_a \qquad (A9 \cdot 11)$$

となる.つまり,真数の<u>相対標準偏差</u>は,その測定値の<u>絶対標準偏差</u>によって決定される.

付録10　標準添加法

校正に用いる標準物質の組成は，分析する試料の組成とほとんど同一であることが望ましい．これは，分析対象の濃度だけでなく，試料マトリックス中の他の成分の濃度についても同様である．標準物質の組成を試料組成に近づけることで，試料のさまざまな成分が吸光度に与える影響を最小限に抑えられる．たとえば，金属イオン由来の多くの呈色錯体の吸光度は，硫酸イオンおよびリン酸イオンの存在下で減少する．これは，これら陰イオンが金属イオンと無色の錯体を形成する傾向があるため，結果として発色反応が不完全で，試料の吸光度が低下するためである．こうした硫酸塩とリン酸塩のマトリックス効果は，試料中に存在する両イオンの濃度と同程度の量を標準液に加えることで打消される．しかし，土壌，鉱物，植物灰などの複雑な物質を分析する場合，試料の組成に適合する標準物質を作成することは不可能または非常に困難なことが多い．このような場合，標準添加法は，マトリックス効果を打消すのに効果的である．

標準添加法にはいくつかの様式がある．そのうち多点標準添加法は，吸光分光分析において用いられることが多く，以下で説明する．多点標準添加法では，等量の分割試料に数滴の標準液を加える．ついで，各溶液を，吸光度測定前に一定量に希釈する．試料の量が限られている場合には，未知の試料をまず測定し，ついで標準物質を逐次的に加えることによって標準添加が行える．測定はもとの溶液と各標準物質の添加後に行う．一方，一点標準添加法では，二つの分割試料の一方にのみ標準液を加え，多点標準添加法と同様の手順で吸光度を測定する．時間と試料を節約できる利点があるが，ランベルト–ベールの法則に従うかどうかの確認が行えない．そのため，結果の取扱いには注意を要する．

未知の濃度 c_x である溶液の複数の同一分割量 V_x を，体積 V_t のメスフラスコに移すと仮定する．これらの各フラスコに，既知の濃度 c_s である分析対象の標準液 V_s mL を加える．ついで発色試薬を添加し，各溶液を一定体積 V_t まで希釈する．反応溶液がランベルト–ベールの法則に従うと，溶液の吸収は以下のように表される．

$$A_t = \frac{\varepsilon b V_s c_s}{V_t} + \frac{\varepsilon b V_x c_x}{V_t}$$
$$= kV_s c_s + kV_x c_x \quad (A10 \cdot 1)$$

ここで，k は $\varepsilon b/V_t$ に等しい定数である．V_s の関数としての A_t のプロットは，以下の式で表される直線となる．

$$A_t = mV_s + b$$

ここで，傾き m と切片 b は，

$$m = kc_s \quad \text{および} \quad b = kV_x c_x$$

で与えられる．最小二乗法（§4・5・1参照）を用いて，m と b を決定する．未知の濃度 c_x は，これらの二つの量の比と V_x と c_s の既知の値から計算できる．すなわち，

$$\frac{m}{b} = \frac{kc_s}{kV_x c_x}$$

を並び替え，

$$c_x = \frac{bc_s}{mV_x} \quad (A10 \cdot 2)$$

となる．c_s，V_s，V_t の誤差が m と b の誤差に対して無視できると仮定すると，c_x の標準偏差を推定できる．結果の相対分散 $(s_c/c_x)^2$ は，m と b の相対分散の和，すなわち，

$$\left(\frac{s_c}{c_x}\right)^2 = \left(\frac{s_m}{m}\right)^2 + \left(\frac{s_b}{b}\right)^2$$

ここで，s_m と s_b は傾きと切片の標準偏差である．この方程式の平方根をとることで，濃度の標準偏差 s_c を求められる．

$$s_c = c_x \sqrt{\left(\frac{s_m}{m}\right)^2 + \left(\frac{s_b}{b}\right)^2} \quad (A10 \cdot 3)$$

> **例題 10A・1**
>
> 天然水試料をピペットで 10.00 mL ずつ 50.00 mL のメスフラスコ数本に移した．11.1 ppm の Fe^{3+} を含有する標準液 0.00，5.00，10.00，15.00，20.00 mL をそれぞれに加え，ついで過剰のチオシアン酸イオンを加えて赤色錯体 $[Fe(SCN)]^{2+}$ を得た．一定容量まで希釈した後，緑色フィルターを備えた光度計で測定した．五つの溶液の吸光度は，それぞれ 0.240，0.437，0.621，0.809，1.009（厚さ 0.982 cm セル）であった．(a) 天然水試料中の Fe^{3+} 濃度を求めよ．(b) 傾き，切片，および Fe 濃度の標準偏差を求めよ．
>
> **解　答**
>
> (a) この問題では，c_s=11.1 ppm，V_x=10.00 mL，V_t=50.00 mL である．図 10A・1 に示すデータのプロットは，ランベルト–ベールの法則に従っていることを示している．図の直線式は，例題 4・12 に示す手順にて同様に求められ，m=0.03820，b=0.2412 となる．すなわち，
> $$A_t = 0.03820 V_s + 0.2412$$

(例題 10A・1 つづき)

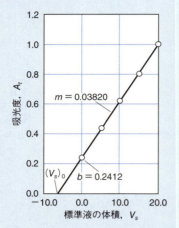

図 10A・1 [Fe(SCN)]$^{2+}$ 錯体による
Fe^{3+} 定量のための標準添加法

これらの値を (A10・2) 式に代入すると,

$$c_x = \frac{(0.2412)(11.1 \text{ ppm Fe}^{3+})}{(0.03820 \text{ mL}^{-1})(10.00 \text{ mL})} = 7.01 \text{ ppm Fe}^{3+}$$

(b) (4・24) 式と (4・25) 式から, 傾きと切片の標準偏差が求められる. すなわち, $s_m = 3.07 \times 10^{-4}$, および $s_b = 3.76 \times 10^{-3}$ となる. (A10・3) 式に代入すると,

$$s_c = 7.01 \text{ ppm Fe}^{3+} \times$$

$$\sqrt{\left(\frac{3.07 \times 10^{-4}}{0.03820}\right)^2 + \left(\frac{3.76 \times 10^{-3}}{0.2412}\right)^2}$$

$$= 0.12 \text{ ppm Fe}^{3+}$$

が得られる.

時間と試料を節約するために, 試料の画分二つのみを使用して標準添加法を行うことが可能である. その場合, 二つの試料のうちの一つに標準液 V_s mL を 1 回添加すると,

$$A_1 = \varepsilon b c_x$$

$$A_2 = \frac{\varepsilon b V_x c_x}{V_t} + \frac{\varepsilon b V_s c_s}{V_t}$$

ここで, A_1 および A_2 は試料および試料+標準液の吸光度であり, V_t は $V_x + V_s$ である. εb について最初の方程式を解き, 2 番目の方程式に代入して c_x について解くと,

$$c_x = \frac{A_1 c_s V_s}{A_2 V_t - A_1 V_x} \quad (A10・4)$$

一点標準添加法は, 本質的には多点標準添加法に比べてリスクが高い. 一点標準添加法では直線性の確認は行えず, 結果は単一測定の信頼性に大きく依存する.

例題 10A・2

リン酸を定量するために, モリブデンブルー法による一点標準添加法を用いた. 2.00 mL の尿試料をモリブデンブルー試薬で処理したところ, 波長 820 nm の光を吸収する化合物を得た. 次にその試料を 100 mL に希釈した. この溶液の分割試料 25.00 mL の吸光度は 0.428 を示した (溶液 1). 別の分割試料 25.00 mL に 0.0500 mg のリン酸を含む溶液 1.00 mL を添加すると, 吸光度は 0.517 (溶液 2) であった. 以上のデータを用いて, もとの尿試料 1 mL 当たりのリン酸の質量 (mg) を求めよ.

解 答

(A10・4) 式に代入して,

$$c_x = \frac{A_1 c_s V_s}{A_2 V_t - A_1 V_x}$$

$$= \frac{(0.428)(0.0500 \text{ mg PO}_4^{3-}/\text{mL})(1.00 \text{ mL})}{(0.517)(26.00 \text{ mL}) - (0.428)(25.00 \text{ mL})}$$

$$= 0.0078 \text{ mg PO}_4^{3-}/\text{mL}$$

となる. これは希釈した試料の濃度である. もとの尿試料の濃度を得るためには, 100.00/2.00 を掛ける必要がある. よって,

$$\text{リン酸濃度} = 0.0078 \frac{\text{mg}}{\text{mL}} \times \frac{100.00 \text{ mL}}{2.00 \text{ mL}}$$

$$= 0.390 \text{ mg/mL}$$

章末問題の解答

第2章

2·1 (a) 原子，イオン，分子または電子のような化学種において以下の量を 1 mmol（ミリモル）という．

$$6.02 \times 10^{23} \frac{粒子}{mol} \times 10^{-3} \frac{mol}{mmol} = 6.02 \times 10^{20} \frac{粒子}{mmol}$$

(c) ミリモル質量とは 1 mmol の化学種に含まれる質量(g)である．

2·2 $1\,L = \frac{1000\,mL}{1\,L} \times \frac{1\,cm^3}{mL} \times \left(\frac{m}{100\,cm}\right)^3 = 10^{-3}\,m^3$

$1\,M = \frac{1\,mol}{L} \times \frac{L}{10^{-3}\,m^3} = \frac{1\,mol}{10^{-3}\,m^3}$

2·3 (a) 320 MHz　(c) 84.3 mol　(e) 8.96 mm

2·4 O については，15.999 u = 15.999 g/mol であるため，1 u = 1 g/mol となり 1 g = 1 mol u

2·5 3.22×10^{22} Na$^+$ イオン

2·7 (a) 0.251 mol　　　(b) 3.07 mmol
(c) 0.0650 mol　　(d) 5.20 mmol

2·9 (a) 111 mmol　　(b) 2.44 mmol
(c) 7.30×10^{-2} mmol　(d) 103.5 mmol

2·11 (a) 2.31×10^4 mg　(b) 9.87×10^3 mg
(c) 1.00×10^5 mg　(d) 2.71×10^6 mg

2·13 (a) 1.92×10^3 mg　(b) 246 mg

2·14 (a) 2.25 g　(b) 2.60×10^{-3} g

2·15 (a) pNa = 0.384, pCl = 1.197, pOH = 1.395
(c) pH = 0.398, pCl = 0.222, pZn = 1.00
(e) pK = 5.94, pOH = 6.291, pFe(CN)$_6$ = 6.790

2·16 (a) 4.9×10^{-5} M　(c) 0.26 M
(e) 2.4×10^{-3} M　(g) 5.8 M

2·17 (a) pNa = pBr = 1.533　(c) pBa = 2.26, pOH = 1.96
(e) pCa = 2.06, pEa = 2.18

2·18 (a) 0.0955 M　(c) 1.70×10^{-8} M
(e) 4.5×10^{-13} M　(g) 0.733 M

2·19 (a) [Na$^+$] = 4.29×10^{-2} M, [SO$_4^{2-}$] = 2.87×10^{-3} M
(b) pNa = 1.320, pSO$_4$ = 2.543

2·21 (a) 1.04×10^{-2} M　(b) 1.04×10^{-2} M
(c) 3.12×10^{-2} M　(d) 0.288% (w/v)
(e) 0.78 mmol　(f) 407 ppm
(g) 1.983　(h) 1.506

2·23 (a) 0.281 M　(b) 0.843 M　(c) 68.0 g

2·25 (a) 23.8 g のエタノールを水で溶解し，最終的な体積が 500 mL となるようにする．
(b) 23.8 g のエタノールを 476.2 g の水と混合する．
(c) 23.8 mL のエタノールを水で溶解し，最終的な体積が 500 mL となるようにする．

2·27 市販の 86% (w/w) H$_3$PO$_4$ 300 mL を水で希釈し，750 mL にする．

2·29 (a) 6.37 g AgNO$_3$ を水で溶解し，最終的な体積を 500 mL とする．

(b) 47.5 mL の 6.00 M HCl を水で希釈し，1.00 L にする．
(c) 2.98 g の K$_4$[Fe(CN)$_6$] を水に溶解し，最終的な体積を 400 mL とする．
(d) 216 mL の 0.400 M BaCl$_2$ を水で希釈し，600 mL にする．
(e) 20.3 mL の 71.0% (w/w) HClO$_4$ を水で希釈し，2.00 L にする．
(f) 1.7 g の Na$_2$SO$_4$ を水に溶解し，最終的な体積を 9.00 L とする．

2·31 5.01 g

2·33 (a) 9.214×10^{-2} g　(b) 3.12×10^{-2} M

2·35 (a) 1.5 g　(b) 0.064 M

2·37 2.93 L

2·40 (a) 弱電解質とは，水に溶解した際，一部のみがイオン化するものである．例として，H$_2$CO$_3$ があげられる．
(c) ブレンステッド-ローリー塩基の共役酸とは，ブレンステッド-ローリー酸がプロトンを受取った際に生成される化学種のことである．たとえば，塩基 NH$_3$ の共役酸は NH$_4^+$ である．
(e) 両性溶媒は酸としても塩基としても作用する．水がその例である．
(g) 自己プロトリシスとは溶媒の自己解離により，共役酸と共役塩基の両方が生成することである．水に溶解した酢酸がその一例である．
(i) ルシャトリエの原理は，"化学平衡にある系の平衡を決める因子を変動させると，新しい平衡の位置は変動の影響を緩和する方向へ常に移動する"と述べている．

2·41 (a) 両性溶質とは酸としても塩基としても作用する化学種のことである．H$_2$PO$_4^-$ がその例としてあげられる．
(b) 一連の酸(または塩基)がその中で完全に解離する溶媒では，酸(または塩基)としての強度が等しくなる．これを水平化効果という．たとえば水中では HCl や HClO$_4$ は完全に解離し，H$_3$O$^+$ の強さに水平化される．

2·42 希釈溶液における水濃度はそのほかの反応物に比べて非常に大きいので，一定と考えることができる．そのため，水濃度は平衡反応には関与するものの，平衡定数の表式には現れてこない．一方，純粋な固体では，固体中の化学種の濃度は一定である．第2相として固体が存在している限り，平衡に与える影響は一定で，平衡反応に関与するが，平衡反応の表式には現れてこない．

2·43

	酸	共役塩基
(a)	HOCl	OCl$^-$
(c)	NH$_4^+$	NH$_3$
(e)	H$_2$PO$_4^-$	HPO$_4^{2-}$

2·45 (a) $2H_2O \rightleftharpoons H_3O^+ + OH^-$
(c) $2CH_3NH_2 \rightleftharpoons CH_3NH_3^+ + CH_3NH^-$

2・46 (a) $K_b = \dfrac{K_w}{K_a} = \dfrac{1.00 \times 10^{-14}}{2.3 \times 10^{-11}} = \dfrac{[C_2H_5NH_3^+][OH^-]}{[C_2H_5NH_2]}$
$= 4.3 \times 10^{-4}$

(c) $K_a = \dfrac{[CH_3NH_2][H_3O^+]}{[CH_3NH_3^+]} = 2.3 \times 10^{-11}$

(e) $K_a = \dfrac{[H_3O^+]^3[AsO_4^{3-}]}{[H_3AsO_4]}$
$= K_{a1}K_{a2}K_{a3} = 2.0 \times 10^{-21}$

2・47 (a) $K_{sp} = [Cu^+][Br^-]$ (b) $K_{sp} = [Hg^{2+}][Cl^-][I^-]$
(c) $K_{sp} = [Pb^{2+}][Cl^-]^2$

2・49 (b) $K_{sp} = 4.4 \times 10^{-11}$ (d) $K_{sp} = 3.5 \times 10^{-10}$

2・52 (a) 7.04×10^{-8} M (b) 1.48 M

2・54 (a) 0.0225 M (b) 1.6×10^{-2} M
(c) 1.7×10^{-6} M (d) 1.5×10^{-2} M

2・56 (a) $PbI_2 > BiI_3 > CuI > AgI$
(b) $PbI_2 > CuI > AgI > BiI_3$
(c) $PbI_2 > BiI_3 > CuI > AgI$

2・59 (a) $[H_3O^+] = 1.34 \times 10^{-3}$ M, $[OH^-] = 7.5 \times 10^{-12}$ M
(c) $[OH^-] = 6.37 \times 10^{-3}$ M, $[H_3O^+] = 1.57 \times 10^{-12}$ M
(e) $[OH^-] = 5.66 \times 10^{-6}$ M, $[H_3O^+] = 1.77 \times 10^{-9}$ M
(g) $[H_3O^+] = 5.24 \times 10^{-4}$ M, $[OH^-] = 1.91 \times 10^{-11}$ M

2・60 (a) $[H_3O^+] = 1.58 \times 10^{-2}$ M
(b) $[H_3O^+] = 8.26 \times 10^{-9}$ M (e) $[H_3O^+] = 2.11 \times 10^{-4}$ M

第3章

3・1 (a) 偶然誤差は平均値周辺にデータが散らばる原因となり,系統誤差はデータセットの平均値が真の値からずれる原因となる.
(c) 絶対誤差は測定値と真の値の差であり,相対誤差は絶対誤差を真の値で割ったものである.

3・2 [系統誤差] 1) 1 m よりもやや長いまたは短い 1 m 定規, 2) 目盛りを常に同じ角度から読み取る
[偶然誤差] 1) 3 m を測るときの定規を置く位置のばらつき, 2) 定規の最小目盛を読み取るときのばらつき

3・4 1) 校正していないてんびん, 2) 測定用バイアルに付着した指紋, 3) 試料が大気中から吸収した水分

3・5 1) 適切に校正されていないピペット, 2) 校正温度とは異なる温度, 3) 角度をつけて読み取ったメニスカス

3・7 定誤差と比例誤差の両方

3・8 (a) -0.08% (c) -0.27%

3・9 (a) 33 g (c) 4.2 g

3・10 (a) 0.060% (b) 0.30% (c) 0.12%

3・11 (a) -1.3% (c) -0.13%

3・12

	平均値	中央値	平均からの偏差	平均偏差
(a)	0.0106	0.0105	0.0004, 0.0002, 0.0001	0.0002
(c)	190	189	2, 0, 4, 3	2
(e)	39.59	39.65	0.24, 0.02, 0.34, 0.09	0.17

3・13 (a) 平均の標準偏差はデータセットの標準偏差を測定値で割ったもの.
(c) 分散は標準偏差の二乗である.

3・14 (a) 母集団またはデータの分布を特徴づける数量をパラメーターという.試料から推定したパラメーターを統計値という.

3・15 (a) 標本標準偏差 s は標本データのもので,母集団標準偏差 σ は全母集団に対するものである.ここで,μ は母集団平均である.

$$s = \sqrt{\dfrac{\sum_{i=1}^{N}(x_i - \bar{x})^2}{N-1}} \quad \text{および} \quad \sigma = \sqrt{\dfrac{\sum_{i=1}^{N}(x_i - \mu)^2}{N}}$$

3・17 結果が 0 と $+1\sigma$ の間となる確率は 0.342, 1σ と 2σ の間になる確率は 0.136 である.

3・19

	(a) 平均値	(b) 中央値	(c) 広がり	(d) 標準偏差	(e) 変動係数 [%]
A	9.1	9.1	1.0	0.37	4.1
C	0.650	0.653	0.108	0.056	8.5
E	20.61	20.64	0.14	0.07	0.32

3・20

	絶対誤差	相対誤差 [ppt]
A	0.1	11.1
C	0.0195	31
E	0.03	1.3

3・21

	s_y	変動係数 [%]	y
(a)	0.03	-1.4	$-2.08 (\pm 0.03)$
(c)	0.085×10^{-16}	1.42	$5.94 (\pm 0.08) \times 10^{-16}$
(e)	0.00520	6.9	$7.6 (\pm 0.5) \times 10^{-2}$

3・22

	s_y	変動係数 [%]	y
(a)	2.83×10^{-10}	4.25	$6.7 (\pm 0.3) \times 10^{-9}$
(c)	0.1250	12.5	$14 (\pm 2)$
(e)	25	50	$50 (\pm 25)$

3・23

	s_y	変動係数 [%]	y
(a)	6.51×10^{-3}	0.18	-3.699 ± 0.006
(c)	0.11	0.69	15.8 ± 0.1

3・24 (a) $s_y = 1.565 \times 10^{-12}$, CV = 2.2%, $y = 7.3(\pm 0.2) \times 10^{-11}$

3・25 $s_V = 0.145$, $V = 5.2(\pm 0.1)$ cm^3

3・27 CV = 0.6%

3・29 (a) $c_X = 2.029 \times 10^{-4}$ M (b) $S_{c_X} = 2.22 \times 10^{-6}$
(c) CV = 1.1%

3・30 (a) $s_1 = 0.096$, $s_2 = 0.077$, $s_3 = 0.084$, $s_4 = 0.090$, $s_5 = 0.104$, $s_6 = 0.083$
(b) 0.088

3・32　3.5

第4章

4・1　平均値の分布は単一の結果の分布の範囲よりも狭い．よって，五つの測定値の平均値の標準誤差は単一の結果の標準偏差よりも小さい．

4・4

	A	C	E
$\bar{x}$	2.86	70.19	0.824
s	0.24	0.08	0.051
95% CI	2.86±0.30	70.19±0.20	0.824±0.081

95%信頼区間とは真の平均が95%の確率で存在する区間のことである．

4・5　データセットAの95%CI 2.86±0.26，データセットCの95%CI 70.19±0.079，データセットEの95%CI 0.824±0.088

4・7　(a) 99% CI 18.5±9.3 μg Fe/mL,
　　　　 95% CI 18.5±7.1 μg Fe/mL
　　(b) 99% CI 18.5±6.6 μg Fe/mL,
　　　　 95% CI 18.5±5.0 μg Fe/mL
　　(c) 99% CI 18.5±4.6 μg Fe/mL,
　　　　 95% CI 18.5±3.5 μg Fe/mL

4・9　95% CI では $N≈11$，99% CI では $N≈18$

4・11　(a) 95% CI 3.22±0.15 meq Ca/L
　　　(b) 95% CI 3.22±0.06 meq Ca/L

4・13　(a) 11

4・15　二つの成分については有意な違いがあるが，残りの三つに有意差はない．したがって，被告は合理的な疑義を主張する根拠をもっている可能性がある．

4・17　95%の信頼水準で5.6の値を棄却できない．

4・19　帰無仮説 H_0: $\mu_{現在}=\mu_{以前}$, 対立仮説 H_a: $\mu_{現在}>\mu_{以前}$. 第一種過誤は，H_0 が真であるのに棄却することであり，すなわち本当は汚染物質のレベルが以前と変わりないのに以前のレベルより高いと決定してしまうことである．第二種過誤は，H_0 が偽であるのに受入れることであり，すなわち本当は汚染物質のレベルが以前よりも高いのに，以前のレベルから変化がないと決定してしまうことである．

4・20　(a) H_0: $\mu_{ISE}=\mu_{EDTA}$, H_a: $\mu_{ISE}\neq\mu_{EDTA}$. 両側検定．第一種過誤は方法間に違いがないのに，違いがあると判断することである．第二種過誤は方法間に違いがあるのに，違いがないと判断することである．
　　(c) H_0: $\sigma_X^2=\sigma_Y^2$, H_a: $\sigma_X^2<\sigma_Y^2$. 片側検定．第一種過誤は，$\sigma_X^2=\sigma_Y^2$ なのに $\sigma_X^2<\sigma_Y^2$ と決定することである．第二種過誤は，$\sigma_X^2<\sigma_Y^2$ であるのに $\sigma_X^2=\sigma_Y^2$ であると決定することである．

4・21　(a) $t<t_{棄却限界}$ であるので，95%信頼水準で有意差はない．
　　(b) 95%信頼水準で有意差がある．
　　(c) 試料間のばらつきが大きいと，底と表面の標準偏差 s の値が大きくなり，平均値における違いを隠してしまうため．

4・23　99〜99.9%の信頼水準において，二つの方法で調製された窒素が異なると結論づけられる．この結論が間違っている確率は0.16%である．

4・25　(a)

変動の要因	SS	df	MS	F
ジュース間	4×7.715 =30.86	5−1=4	0.913×8.45 =7.715	8.45
各ジュース内	25×0.913 =22.825	30−5=25	0.913	
合計	30.86+22.82 =50.68	30−1=29		

　　(b) H_0: $\mu_{メーカー1}=\mu_{メーカー2}=\mu_{メーカー3}=\mu_{メーカー4}=\mu_{メーカー5}$,
　　　H_a: 少なくとも二つの含量間に違いがある．
　　(c) 平均アスコルビン酸含量は95%信頼水準で異なる．

4・27　(a) H_0: $\mu_{分析者1}=\mu_{分析者2}=\mu_{分析者3}=\mu_{分析者4}$, H_a: 少なくとも2人の分析者間で結果が異なる．
　　(b) 95%信頼水準において分析者間で異なる．
　　(c) 分析者2と分析者1と分析者4の間に有意差があるが，分析者3とは有意差がない．分析者3と分析者1との間に有意差があるが，分析者4とは有意差がない．

4・29　(a) H_0: $\mu_{ISE}=\mu_{EDTA}=\mu_{原子吸光}$, H_a: 少なくとも二つの方法間に違いがある．
　　(b) 三つの方法が95%の信頼水準で異なる結果を与えると結論できる．
　　(c) 原子吸光法とEDTA滴定との間に有意差がある．EDTA滴定とISE法との間，および原子吸光法とISE法との間に有意差はない．

4・31　(a) 95%信頼水準では棄却不可．(b) 95%信頼水準で棄却可能．

4・35　(b) $y=-29.74x+92.86$
　　(c) $pCa_{未知試料}=2.608$, SD=0.079, RSD=0.030

4・37　(a) $m=0.07014$, $b=0.008286$
　　(b) $s_m=0.00067$, $s_b=0.004039$, SE=0.00558
　　(c) 95% CI$_m$ 0.07014±0.0019,
　　　 95% CI$_b$ 0.0083±0.0112
　　(d) $c_{未知試料}=5.77$ mM, $s_{未知試料}=0.09$,
　　　 95% CI$_{未知試料}$ 5.77±0.24 mM

4・39　(b) $m=-8.456$, $b=10.83$, SE=0.0459
　　(c) 38.7±1.1 kcal/mol

第5章

5・1　微量成分のミクロ分析

5・3　ステップ1: 母集団を特定，ステップ2: 大口試料の採集，ステップ3: 測定用に大口試料を小さくする．

5・5　0.76%

5・7　(a) 1225　(b) 3403　(c) 10,000　(d) 122,500

5・9　(a) 8714 個　(b) 650 g　(c) 0.32 mm

5・11　(a) 平均濃度は日によって有意に異なる．
　　(b) 79.19
　　(c) 試料採取の分散を減少させる．

5・13　8

第6章

6・1 (a) コロイド沈殿物は，大きさが 10^{-4} cm 未満の固体粒子からなる．結晶沈殿物は，少なくとも 10^{-4} cm 以上の大きさの固体粒子からなる．結晶沈殿物は急速に沈降するが，コロイド沈殿物は溶液中に懸濁したままである．
(c) 沈殿は，化学物質の溶解度積を超えたときに溶液から固相が形成されることである．共沈は，通常は可溶性の化合物が沈殿生成中に溶液から沈殿することである．
(e) 吸蔵は，化合物が急速な結晶生成中に形成されたくぼみ内に閉じ込められる共沈の一種である．混晶形成は，不純物イオンが結晶格子中のイオンを置換する共沈の一種である．

6・2 (a) 熟成は，沈殿物が形成された溶液 (母液) の存在下で沈殿物を加熱する過程である．熟成により沈殿物の純度および沪過性能が改善される．
(c) 再沈殿では，沪過した固体沈殿物を再溶解し，再沈殿させる．再溶解後の溶液中の不純物の濃度はより低くなるので，再沈殿後の沈殿物中の共沈不純物はより少なくなる．
(e) 対イオン層は，荷電粒子を取巻く溶液の層で，粒子上の表面電荷を相殺するために必要な反対電荷のイオンを含んでいる．
(g) 過飽和は，溶液が飽和溶液よりも高い溶質濃度を含む不安定な状態のことである．過飽和は，過剰な溶質の沈殿によって緩和される．

6・3 キレート試薬は，二つ以上の電子対供与性基をもち，その基が陽イオンと錯体を形成するときに五員環または六員環が形成されるような有機化合物である．

6・5 (a) 正電荷　(b) 吸着した Ag^+　(c) NO_3^-

6・7 ペプチゼーションでは，沈殿物と接触する溶液の電解質濃度が低下しているために，凝結したコロイドがもとの分散状態に戻ってしまう．凝結したコロイドを純水の代わりに電解質溶液で洗浄することにより，ペプチゼーションを回避できる．

6・9 (a) SO_2 の質量 = $BaSO_4$ の質量 $\times \dfrac{M_{SO_2}}{M_{BaSO_4}}$

(c) In の質量 = In_2O_3 の質量 $\times \dfrac{2M_{In}}{M_{In_2O_3}}$

(e) CuO の質量 = $Cu_2(SCN)_2$ の質量 $\times \dfrac{2M_{CuO}}{M_{Cu_2(SCN)_2}}$

(i) $Na_2B_4O_7 \cdot 10H_2O$ の質量
= B_2O_3 の質量 $\times \dfrac{M_{Na_2B_4O_7 \cdot 10H_2O}}{2M_{B_2O_3}}$

6・10 60.59%
6・12 1.076 g
6・14 0.178 g
6・17 17.23%
6・19 44.58%
6・21 38.74%
6・23 0.550 g
6・25 (a) 0.239 g　(b) 0.494 g
6・27 4.72% Cl^- および 27.05% I^-
6・29 0.764 g
6・31 (a) 0.369 g　(b) 0.0149 g

第7章

7・1 (a) 活量 a_A は，溶液中の化学種 A の実効的な濃度で，理想溶液のふるまいをするとき濃度に等しい．活量係数 γ_A は，化学種 A のモル濃度を活量に変換するのに必要な係数で，$a_A = \gamma_A [A]$ の式で定義される．
(b) 熱力学的平衡定数は，各化学種が他の化学種によって影響を受けない理想的な系について活量を用いて表した平衡定数である．濃度平衡定数は活量を濃度で代用した平衡定数であるから，溶質の化学種が互いに及ぼし合う影響を含む．そのため熱力学的平衡定数はイオン強度に依存しない定数であるが，濃度平衡定数はイオン強度に依存する．

7・3 (a) イオン強度は減少するはずである．
(b) イオン強度は変化しない．
(c) イオン強度が増加するはずである．

7・5 水は中性分子であり，その活量は低〜中程度のイオン強度ではその濃度に等しい．一方，溶解イオンは，イオン周りのイオン雰囲気により化学的実効性のいくらかが失われて，その活量はその濃度よりも低くなるため，活量係数がイオン強度の増加とともに減少する．

7・7 多価イオンは一価イオン以上に理想状態から外れているため．

7・9 (a) 0.12　(c) 2.4
7・10 (a) 0.22　(c) 0.08
7・12 (a) 1.8×10^{-12}　(c) 1.1×10^{-10}
7・13 (a) 5.5×10^{-6} M　(b) 7.6×10^{-6} M
(c) 2.8×10^{-13} M　(d) 1.5×10^{-7} M
7・14 (a) (1) 1.4×10^{-6} M　(2) 1.0×10^{-6} M
(b) (1) 2.1×10^{-3} M　(2) 1.3×10^{-3} M
(c) (1) 2.9×10^{-5} M　(2) 1.0×10^{-5} M
(d) (1) 1.4×10^{-5} M　(2) 2.0×10^{-6} M
7・15 (a) (1) 2.2×10^{-4} M　(2) 1.8×10^{-4} M
(b) (1) 1.7×10^{-4} M　(2) 1.2×10^{-4} M
(c) (1) 3.3×10^{-8} M　(2) 6.6×10^{-9} M
(d) (1) 1.3×10^{-3} M　(2) 7.8×10^{-4} M
7・16 (a) -19%　(c) -40%　(e) -48%
7・17 (a) -45%

7・21 和または差を含む式においては，濃度が 0 であると仮定すると，適切な結果が導かれる．一方，平衡定数式では 0 を掛けたり割ったりすると無意味な結果につながる．

7・23 電荷均衡の式は，陽イオンと陰イオンの濃度について，"正電荷の物質量 (mol)/L = 負電荷の物質量 (mol)/L" のように表す．Ba^{2+} のような二価イオンの場合，電荷濃度はモル濃度の 2 倍，Fe^{3+} についてはモル濃度の 3 倍になる．したがって，電荷均衡の式においては，常にモル濃度に電荷を掛け合わせる．

章末問題の解答

7・24 (a) $0.20 = [HF] + [F^-]$
(c) $0.10 = [H_3PO_4] + [H_2PO_4^-] + [HPO_4^{2-}] + [PO_4^{3-}]$
(e) $0.0500 + 0.100 = [HClO_2] + [ClO_2^-]$
(g) $0.100 = [Na^+] = [OH^-] + 2[Zn(OH)_4^{2-}]$
(i) $[Pb^{2+}] = 1/2([F^-] + [HF])$

7・26 (a) 2.3×10^{-5} M   (c) 2.2×10^{-4} M
7・27 (a) 1.9×10^{-5} M   (c) 3.1×10^{-5} M
7・28 (a) 1.5×10^{-5} M   (b) 1.5×10^{-7} M
7・30 (a) 4.7 M
7・31 5.1×10^{-4} M
7・33 (a) $Cu(OH)_2$ が先に沈殿する.
(b) 9.8×10^{-10} M
(c) 9.6×10^{-3} M
7・35 (a) 8.3×10^{-5} M   (b) 1.4×10^{-11} M
(c) 1.3×10^4 (d) 1.3×10^4
7・37 3.754 g
7・39 (a) 0.0101 M, 49%
(b) 7.14×10^{-3} M, 70%

第8章

8・1 (a) ミリモルとは要素粒子（原子，イオン，分子，電子など）の量を表す単位で，1ミリモルは 6.02×10^{20} 個の粒子を含む.
(c) 化学量論比とは化学平衡反応における二つの化学種のモル比.
8・3 (a) 滴定の当量点とは，十分な量の滴定試薬が加えられて，化学量論的に当量の分析対象と滴定試薬が存在する点. 終点とは当量点の合図になる物理的変化が観察できる点.
8・5 (a) $\dfrac{1 \text{ mol } H_2NNH_2}{2 \text{ mol } I_2}$
(c) $\dfrac{1 \text{ mol } Na_2B_4O_7 \cdot 10H_2O}{2 \text{ mol } H^+}$
8・7 (a) 0.235   (b) 11.34
(c) 0.820   (d) 1.00
8・9 (a) 1.51 g   (b) 0.00302 g
(c) 0.058 g   (d) 0.0776 g
8・11 3.03 M
8・13 (a) 23.70 g の $KMnO_4$ を水に溶かし 1.00 L に希釈.
(b) 濃試薬 9.00 M の 139 mL を 2.50 L に希釈.
(c) 2.78 g の MgI_2 を水に溶かし, 総体積 400 mL に希釈.
(d) 0.218 M の溶液 57.5 mL を 200 mL に希釈.
(e) 濃試薬 16.9 mL を 1.50 L に希釈.
(f) 42.4 mg の $K_4Fe(CN)_6$ を水に溶かし, 1.50 L に希釈.
8・15 0.1281 M
8・17 0.2790 M
8・19 0.1146 M
8・21 165.6 ppm
8・23 7.317%
8・25 0.6718 g
8・27 (a) 0.02966 M   (b) 47.59%
8・28 (a) 0.01346 M   (b) 0.01346 M

(c) 4.038×10^{-2} M   (d) 0.374%
(e) 1.0095 mmol   (f) 526 ppm

第9章

9・1 目の感度が限られているので，色の変化には指示薬の一方の化学種がもう一方のおよそ10倍以上になる必要がある. この変色は指示薬の $pK_a \pm 1$ の範囲に相当するので, 範囲全体では pH 2 となる.
9・3 (a) NH_3 溶液の初期 pH は NaOH 溶液よりも低い. 滴定試薬の最初の滴下によって NH_3 溶液の pH はすぐに低下し, その後横ばいになり, 滴定の中間部では pH がほぼ一定になる. それに対して NaOH 溶液に酸標準液を加えると, NaOH 溶液の pH は徐々に低下し当量点に達するまではほぼ直線状である. NH_3 溶液の当量点における pH は 7 よりかなり低く, NaOH 溶液では 7 である.
(b) 当量点を過ぎると, pH は過剰になった滴定試薬の量で決まる. したがって, 曲線のこの部分は NaOH と NH_3 の滴定曲線が同じになる.
9・5 温度, イオン強度, 有機溶媒やコロイド粒子の有無
9・6 (a) NaOCl   (c) メチルアミン
9・7 (a) ヨウ素酸   (c) ピルビン酸
9・9 3.19
9・11 (b) 13.26
9・12 (b) 11.26
9・13 0.078
9・15 7.04
9・18 溶液の緩衝能は 1.00 L の緩衝液の pH を 1.00 変化させるのに必要な強酸（または強塩基）の物質量と定義される.
9・20 すべての溶液は同じ pH の緩衝液であるが, (a) の緩衝能が最も高く, (c) が最も低い.
9・21 (a) $C_6H_5NH_3^+/C_6H_5NH_2$
(c) $C_2H_5NH_3^+/C_2H_5NH_2$ または $CH_3NH_3^+/CH_3NH_2$
9・22 19.6 g
9・24 387 mL
9・27 (a) 2.13   (b) 1.74
(c) 9.22   (d) 9.08
9・29 (a) 1.30   (b) 1.37
9・31 (a) 4.26   (b) 4.76   (c) 5.76
9・33 (a) 11.12   (b) 10.62   (c) 9.53
9・35 (a) 12.04   (b) 11.48   (c) 9.97
9・37 (a) 1.98   (b) 2.48   (c) 3.56
9・39 (a) 2.44   (b) 8.32
(c) 12.52   (d) 3.90
9・41 (a) 9.02   (b) 9.12
9・43 (a) 8.77   (b) 12.20
(c) 10.11   (d) 5.66
9・44 (a) 0.00   (c) −1.000
(e) −0.500   (g) 0.000
9・45 (a) −5.00   (c) −0.097
(e) −3.369   (g) −0.017

9・47　(b)　−0.141
9・49　クレゾールパープル（変色域 7.6 から 9.2，表 9・1）が適している．
9・51

体積〔mL〕	(a) pH	(c) pH
0.00	2.09	2.44
5.00	2.38	2.96
15.00	2.82	3.50
25.00	3.17	3.86
40.00	3.76	4.46
45.00	4.11	4.82
49.00	4.85	5.55
50.00	7.92	8.28
51.00	11.00	11.00
55.00	11.68	11.68
60.00	11.96	11.96

9・53

体積〔mL〕	(a) pH	(c) pH
0.00	2.51	4.26
5.00	2.62	6.57
15.00	2.84	7.15
25.00	3.09	7.52
40.00	3.60	8.12
45.00	3.94	8.48
49.00	4.66	9.21
50.00	7.28	10.11
51.00	10.00	11.00
55.00	10.68	11.68
60.00	10.96	11.96

9・54　(a)　$\alpha_0=0.215$, $\alpha_1=0.785$
　　　(c)　$\alpha_0=0.769$, $\alpha_1=0.231$
　　　(e)　$\alpha_0=0.917$, $\alpha_1=0.083$
9・55　0.105 M
9・57　空欄のデータを太字で示す．

酸	c_T	pH	[HA]	[A$^-$]	α_0	α_1
乳酸	0.120	**3.61**	**0.0768**	**0.0432**	0.640	**0.360**
ブタン酸	**0.162**	5.00	0.644	**0.0979**	0.397	0.604
スルファミン酸	0.250	1.20	**0.095**	0.155	0.380	0.620

第 10 章

10・1　NaHA はプロトン供与体であるだけでなく，H_2A の共役塩基でもある．この種の溶液で pH を計算するには，酸としての平衡および塩基としての平衡を両方考慮する必要がある．

10・4　化学種 HPO_4^{2-} は弱酸（$K_{a3}=4.5\times10^{-13}$）なので，第三当量点付近の pH 変化は小さすぎて観察できない．

10・5　(a)　中性　　(c)　中性　　(e)　塩基性　　(g)　酸性

10・6　ブロモクレゾールグリーン

10・8　H_3PO_4 はブロモクレゾールグリーンを指示薬として定量できる．フェノールフタレインを指示薬として滴定を行うと，NaH_2PO_4 の物質量に H_3PO_4 の 2 倍の物質量を加えた値が得られる．NaH_2PO_4 の物質量は二つの滴定の体積差から得られる．

10・9　(a)　クレゾールパープル　　(c)　クレゾールパープル　　(e)　ブロモクレゾールグリーン　　(g)　フェノールフタレイン

10・10　(a)　1.86　　(c)　1.64　　(e)　4.21

10・11　(a)　4.71　　(c)　4.28　　(e)　9.80

10・12　(a)　12.32　　(c)　9.70　　(e)　12.58

10・14　(a)　2.42　　(b)　7.51　　(c)　9.43　　(d)　3.66
　　　(e)　3.66

10・16　(a)　1.89　　(b)　1.54　　(c)　12.58　　(d)　12.00

10・18　(a)　[H_2S]/[HS^-]=0.010
　　　(b)　[BH^+]/[B]=8.5
　　　(c)　[$H_2AsO_4^-$]/[$HAsO_4^{2-}$]=9.1×10^{-3}
　　　(d)　[HCO_3^-]/[CO_3^{2-}]=21

10・21　第一当量点までは H_3PO_4 のみが滴定されるが，第一当量点から第二当量点の間は両方の化合物が滴定されるので，第一当量点の体積は第二当量点の総体積の 1/2 より小さくなければならない．

10・25　(a)　$\dfrac{[H_3AsO_4][HAsO_4^{2-}]}{[H_2AsO_4^-]^2} = 1.9\times10^{-5}$
　　　(b)　$\dfrac{[AsO_4^{3-}][H_2AsO_4^-]}{[HAsO_4^{2-}]^2} = 2.9\times10^{-5}$

10・27

	pH	D	α_0	α_1	α_2	α_3
(a)	2.00	1.112×10^{-4}	0.899	0.101	3.94×10^{-5}	
	6.00	5.500×10^{-9}	1.82×10^{-4}	0.204	0.796	
	10.00	4.379×10^{-9}	2.28×10^{-12}	2.56×10^{-5}	1.000	
(c)	2.00	1.075×10^{-6}	0.931	6.93×10^{-2}	1.20×10^{-4}	4.82×10^{-9}
	6.00	1.882×10^{-14}	5.31×10^{-5}	3.96×10^{-2}	0.685	0.275
	10.00	5.182×10^{-15}	1.93×10^{-16}	1.44×10^{-9}	2.49×10^{-4}	1.000
(e)	2.00	4.000×10^{-4}	0.250	0.750	1.22×10^{-5}	
	6.00	3.486×10^{-9}	2.87×10^{-5}	0.861	0.139	
	10.00	4.863×10^{-9}	2.06×10^{-12}	6.17×10^{-4}	0.999	

第 11 章

11・1　硝酸は酸化剤なので，還元可能な化学種と滴定中に反応することがある．

11・3　二酸化炭素は水分子との結合が強くないので，短時間煮沸すれば水溶液から揮発する．気体の HCl は水に溶かすと H_3O^+ と Cl^- に完全に解離し，これらは不揮発性である．

11・5　第一に，$KH(IO_3)_2$ は分子質量が安息香酸より大きい．これは相対質量の誤差が安息香酸より低いことを意味

章末問題の解答

する．第二に，$KH(IO_3)_2$ は安息香酸とは違って強酸である．

11・7 酸性側に変色域をもつ指示薬とともに NaOH 溶液を滴定に用いると，塩基溶液中の CO_3^{2-} が H_3O^+ 2 個を消費するので，水酸化物 2 個も同様に Na_2CO_3 を生成できない．

11・9 (a) KOH 1 g を水に溶かし，2.00 L に希釈する．
(b) $Ba(OH)_2 \cdot 8H_2O$ 6.3 g を水に溶かし，2.00 L に希釈する．
(c) 試薬 90 mL を 2.00 L に希釈する．

11・11 (a) 0.1077 M
(b) $s = 0.00061$, CV = 0.57%
(c) 1.0862 は 95% 信頼水準では棄却するが，99% 信頼水準では棄却されない．

11・13 誤差 −2.9%

11・15 (a) 0.01535 M (b) 0.04175 M (c) 0.03452 M

11・17

HCl (mL)	TRIS の 標準偏差	Na_2CO_3 の 標準偏差	$Na_2B_4O_7 \cdot 10H_2O$ の標準偏差
20.00	0.00004	0.00009	0.00003
30.00	0.00003	0.00006	0.00002
40.00	0.00002	0.00005	0.00001
50.00	0.00002	0.00004	0.00001

11・19 0.1214 g/100 mL

11・21 (a) 46.55% (b) 88.23% (c) 32.21%
(d) 10.00%

11・23 23.7%

11・25 7.216%

11・27 $MgCO_3$, 分子量は 84.31

11・29 3.35×10^3 円

11・31 6.323%

11・33 22.08%

11・35 3.93%

11・37 (a) 10.09% (b) 21.64% (c) 47.61%
(d) 35.81%

11・39 $(NH_4)_2SO_4$ は 15.23%, NH_4NO_3 は 24.39%

11・41 $NaHCO_3$ は 28.56%, Na_2CO_3 は 45.85%, H_2O は 25.59%

11・43 (a) 12.93 mL (b) 16.17 mL (c) 24.86 mL
(d) 22.64 mL

11・45 (a) NaOH 4.31 mg/mL
(b) $NaHCO_3$ 7.985 mg/mL と Na_2CO_3 4.358 mg/mL
(c) Na_2CO_3 3.455 mg/mL と NaOH 4.396 mg/mL
(d) Na_2CO_3 8.215 mg/mL
(e) $NaHCO_3$ 13.662 mg/mL

第 12 章

12・1 (a) 配位子は一つまたは複数の電子対供与基をもち，金属イオンと結合を形成する化学種．
(c) 四座キレート試薬は供与電子対を四つ，すべてが金属イオンと結合すると二つの環構造をつくることができる位置にもっている．
(e) 銀滴定は硝酸銀標準液との沈殿生成に基づいている．
(g) EDTA による置換滴定ではマグネシウムや亜鉛より安定な EDTA 錯体を形成する分析対象に対し，マグネシウムまたは亜鉛の EDTA 錯体を含む適当量の溶液を過剰に加え，遊離したマグネシウムイオンまたは亜鉛イオンをEDTA 標準液で滴定する．

12・3 1) 直接滴定は簡単で迅速だが標準液を一つ必要とする．2) 逆滴定は EDTA との反応が非常に遅い金属や，沈殿物ができる試料に対して利点がある．3) 置換滴定は直接滴定に利用できる適切な指示薬がないときに特に便利である．

12・4 (a) $Ag^+ + S_2O_3^{2-} \rightleftharpoons [Ag(S_2O_3)]^-$

$$K_1 = \frac{[Ag(S_2O_3)^-]}{[Ag^+][S_2O_3^{2-}]}$$

$[Ag(S_2O_3)]^- + S_2O_3^{2-} \rightleftharpoons [Ag(S_2O_3)_2]^{3-}$

$$K_2 = \frac{[Ag(S_2O_3)_2^{3-}]}{[Ag(S_2O_3)^-][S_2O_3^{2-}]}$$

12・5 全生成定数 β_n は個々の逐次生成定数の積に等しい．

12・7 ファヤンス法は直接滴定であるが，フォルハルト法は 2 種類の標準液と沪過過程を必要とする．

12・9 沈殿滴定の初期段階では格子イオンの一つが過剰になると，その電荷の符号が粒子全体の電荷の符号になる．当量点後には当量点前と反対に荷電したイオンが過剰になり，それが電荷の符号を決める．

12・11 (a) $\alpha_1 = \dfrac{K_a}{[H^+] + K_a}$

(b) $\alpha_2 = \dfrac{K_{a1}K_{a2}}{[H^+]^2 + K_{a1}[H^+] + K_{a1}K_{a2}}$

(c) $\alpha_3 = \dfrac{K_{a1}K_{a2}K_{a3}}{[H^+]^3 + K_{a1}[H^+]^2 + K_{a1}K_{a2}[H^+] + K_{a1}K_{a2}K_{a3}}$

12・13 $\beta_3' = (\alpha_2)^3 \beta_3 = \dfrac{[Fe(Ox)_3^{3-}]}{[Fe^{3+}](c_T)^3}$

12・15 $\beta_n = \dfrac{[ML_n]}{[M][L]^n}$

両辺の対数をとり，$\log \beta_n = \log[ML_n] - \log[M] - n\log[L]$
$pX = -\log[X]$ の表記を用いて右辺を変形すると，
$\log \beta_n = pM + npL - pML_n$

12・17 0.00918 M

12・19 (a) 32.28 mL (b) 14.98 mL (c) 32.28 mL

12・20 (a) 34.84 mL (c) 45.99 mL (e) 32.34 mL

12・21 3.244%

12・23 (a) 51.78 mL (c) 10.64 mL (e) 46.24 mL

12・25 (a) 44.70 mL (c) 14.87 mL

12・27 1.216%

12・29 184.0 ppm Fe^{3+}, 213.1 ppm Fe^{2+}

12・31 55.16% Pb, 44.86% Cd

12・33 83.75% ZnO, 0.230% Fe_2O_3

12・34 31.48% NaBr, 48.57% $NaBrO_3$

12・36 13.72% Cr, 56.82% Ni, 27.44% Fe

12・38 (a) 4.7×10^9 (b) 1.1×10^{12} (c) 7.5×10^{13}
12・42 (a) 570.5 ppm (b) 350.5 ppm (c) 185.3 ppm

第13章

13・1 (a) 酸化は化学種が一つ以上の電子を失う過程のこと.
(c) 塩橋は電気化学セルの異種の溶液同士が混ざるのを防ぎながら，電気的に接続させる装置.
(e) ネルンストの式は半電池の酸化還元反応に関与する化学種の濃度（厳密には活量）と電位との関係.

13・2 (a) 電極電位は目的の半電池を右側電極，標準水素電極を左側の参照電極として測定した電気化学セルの電位.
(c) 標準電極電位は目的の半反応を右側で起こし，標準水素電極を左側としたセルの電位で，半反応に関わる化学種はすべて活量が1と定められている.

13・3 (a) 酸化は物質が電子を失う過程のこと．酸化剤は電子の損失をひき起こす.
(c) カソードとは還元が起こる電極．右側電極は電池図式の右側にある電極のこと.
(e) 標準電極電位は標準水素電極を左側の参照電極とし，右側電極に関わる化学種がすべて単位活量をもつとしたときの電位．式量電位は反応物と生成物のモル濃度がすべて1Mで，溶液中の他の化学種が具体的に特定されているという点が異なる.

13・4 最初の標準電位はI_2で飽和した溶液に対する電位であり，$I_2(aq)$の活量は1よりかなり小さい．二つ目は$I_2(aq)$の活量が1の仮想的な半電池の電位である.

13・5 溶液を$H_2(g)$で飽和しておくため．それによって水素の活量と電極電位が一定に保たれ，電極電位の再現性が得られる.

13・7 (a) $2Fe^{3+} + Sn^{2+} \rightarrow 2Fe^{2+} + Sn^{4+}$
(c) $2NO_3^- + Cu(s) + 4H^+ \rightarrow 2NO_2(g) + 2H_2O + Cu^{2+}$
(e) $Ti^{3+} + [Fe(CN)_6]^{3-} + H_2O \rightarrow$
$\qquad TiO^{2+} + [Fe(CN)_6]^{4-} + 2H^+$
(g) $2Ag(s) + 2I^- + Sn^{4+} \rightarrow 2AgI(s) + Sn^{2+}$
(i) $5HNO_2 + 2MnO_4^- + H^+ \rightarrow$
$\qquad 5NO_3^- + 2Mn^{2+} + 3H_2O$

13・8 (a) 酸化剤 Fe^{3+}, $Fe^{3+} + e^- \rightleftharpoons Fe^{2+}$
還元剤 Sn^{2+}, $Sn^{2+} \rightleftharpoons Sn^{4+} + 2e^-$
(c) 酸化剤 NO_3^-, $NO_3^- + 2H^+ + e^- \rightleftharpoons NO_2(g) + H_2O$
還元剤 Cu, $Cu(s) \rightleftharpoons Cu^{2+} + 2e^-$
(e) 酸化剤 $[Fe(CN)_6]^{3-}$, $[Fe(CN)_6]^{3-} + e^- \rightleftharpoons [Fe(CN)_6]^{4-}$
還元剤 Ti^{3+}, $Ti^{3+} + H_2O \rightleftharpoons TiO^{2+} + 2H^+ + e^-$
(g) 酸化剤 Sn^{4+}, $Sn^{4+} + 2e^- \rightleftharpoons Sn^{2+}$
還元剤 Ag, $Ag(s) + I^- \rightleftharpoons AgI(s) + e^-$
(i) 酸化剤 MnO_4^-, $MnO_4^- + 8H^+ + 5e^- \rightleftharpoons Mn^{2+} + 4H_2O$
還元剤 HNO_2, $HNO_2 + H_2O \rightleftharpoons NO_3^- + 3H^+ + 2e^-$

13・9 (a) $MnO_4^- + 5VO^{2+} + 11H_2O \rightarrow$
$\qquad Mn^{2+} + 5V(OH)_4^+ + 2H^+$
(c) $Cr_2O_7^{2-} + 3U^{4+} + 2H^+ \rightarrow 2Cr^{3+} + 3UO_2^{2+} + H_2O$
(e) $IO_3^- + 5I^- + 6H^+ \rightarrow 3I_2 + 3H_2O$
(g) $HPO_3^{2-} + 2MnO_4^- + 3OH^- \rightarrow$
$\qquad PO_4^{3-} + 2MnO_4^{2-} + 2H_2O$
(i) $V^{2+} + 2V(OH)_4^+ + 2H^+ \rightarrow 3VO^{2+} + 5H_2O$

13・11
(a) $AgBr(s) + e^- \rightleftharpoons Ag(s) + Br^-$
$V^{2+} \rightleftharpoons V^{3+} + e^-$
$Ti^{3+} + 2e^- \rightleftharpoons Ti^+$
$[Fe(CN)_6]^{4-} \rightleftharpoons [Fe(CN)_6]^{3-} + e^-$
$V^{3+} + e^- \rightleftharpoons V^{2+}$
$Zn \rightleftharpoons Zn^{2+} + 2e^-$
$[Fe(CN)_6]^{3-} + e^- \rightleftharpoons [Fe(CN)_6]^{4-}$
$Ag(s) + Br^- \rightleftharpoons AgBr(s) + e^-$
$S_2O_8^{2-} + 2e^- \rightleftharpoons 2SO_4^{2-}$
$Ti^+ \rightleftharpoons Ti^{3+} + 2e^-$

(b),(c) 下の表に示す.

	E^0
$S_2O_8^{2-} + 2e^- \rightleftharpoons 2SO_4^{2-}$	2.01
$Ti^{3+} + 2e^- \rightleftharpoons Ti^+$	1.25
$[Fe(CN)_6]^{3-} + e^- \rightleftharpoons [Fe(CN)_6]^{4-}$	0.36
$AgBr(s) + e^- \rightleftharpoons Ag(s) + Br^-$	0.073
$V^{3+} + e^- \rightleftharpoons V^{2+}$	-0.256
$Zn^{2+} + 2e^- \rightleftharpoons Zn(s)$	-0.763

13・13 (a) 0.295 V (b) 0.193 V (c) -0.149 V
(d) 0.061 V (e) 0.002 V

13・16 (a) 0.75 V (b) 0.192 V (c) -0.385 V
(d) 0.278 V (e) 0.177 V (f) 0.86 V

13・18 (a) -0.281 V アノード
(b) -0.089 V アノード
(c) 1.016 V カソード
(d) 0.165 V カソード
(e) 0.012 V カソード

13・20 0.390 V
13・22 -0.96 V
13・24 -1.25 V
13・25 0.13 V

第14章

14・1 二つ以上の酸化還元対からなる系の電極電位は，系のすべての半電池反応の過程が平衡にあるときの電極電位.

14・2 (a) 平衡は，すべての試薬を加えた後，系が定常になった状態．当量は，化学量論量の滴定試薬が加えられたときに示す特定の平衡状態.

14・4 当量点前は，分析対象の標準電位と分析対象の濃度，生成物の濃度から電位の値を計算できる．当量点後は，滴定試薬の標準電極電位とその分析モル濃度から計算できる．当量点電位は，分析対象と滴定試薬両方の標準電極電位と化学量論関係から計算できる.

14・6 滴定試薬と分析対象が1:1以外の比率で反応する

14・8 (a) 0.420 V, 左側が酸化, 右側が還元.
(b) 0.019 V, 左側が酸化, 右側が還元.
(c) 0.416 V, 左側が酸化, 右側が還元.
(d) −0.393 V, 左側が還元, 右側が酸化.
(e) −0.204 V, 左側が還元, 右側が酸化.
(f) 0.726 V, 左側が酸化, 右側が還元.

14・9 (a) 0.615 V   (c) −0.333 V

14・11 (a) 2.2×10^{17} (c) 3×10^{22} (e) 9×10^{37}
(g) 2.4×10^{10}

14・14 (a) フェノサフラニン
(c) インジゴテトラスルホン酸またはメチレンブルー
(e) エリオグラウシン A
(g) なし

14・18 (a) $2Mn^{2+} + 5S_2O_8^{2-} + 8H_2O \rightarrow$
$10SO_4^{2-} + 2MnO_4^- + 16H^+$
(c) $H_2O_2 + U^{4+} \rightarrow UO_2^{2+} + 2H^+$
(e) $2MnO_4^- + 5H_2O_2 + 6H^+ \rightarrow$
$5O_2 + 2Mn^{2+} + 8H_2O$

14・19 Ag は Cl^- 存在下でのみ非常に良い還元剤となり, 還元に非常に便利である.

14・21 還元剤の標準液は空気酸化しやすい.

14・23 調製したばかりの過マンガン酸溶液には必ず二酸化マンガンが少量混入しており, 過マンガン酸イオンのさらなる分解を触媒する.

14・25 $K_2Cr_2O_7$ 溶液は Fe^{2+} 溶液の逆滴定に広く使われる. Fe^{2+} 溶液は還元剤標準液として酸化剤の定量に用いられる.

14・27 既知量の KIO_3 標準液をヨウ化物イオンを過剰に含む酸性溶液に導入すると, 次の反応の結果, 既知量の I_2 が生成する.

$$IO_3^- + 5I^- + 6H^+ \rightarrow 3I_2 + 3H_2O$$

14・29 デンプンは高濃度のヨウ素が存在すると分解して, 指示薬として十分に作用しない生成物をつくる. ヨウ素の濃度が非常に小さくなってからデンプンを添加することで, この反応を防ぐ.

14・30 (a) 0.1238 M   (c) 0.02475 M   (e) 0.03094 M

14・31 $KBrO_3$ 8.350 g を水に溶かし, 1.000 L に希釈する.

14・33 0.1147 M

14・35 81.71 %

14・37 0.0266 M

14・39 1.199 %

14・41 2.056 %

14・43 11.2 ppm

14・45 0.0426 mg/mL 試料

第 15 章

15・1 (a) 指示電極は分析対象のイオンや分子の活量変化に応答する電極で, 電位差測定に用いられる.
(c) 第一種の電極は金属電極であり, 溶液中のその金属の陽イオンの活量に応答する.

15・2 (a) 液間電位差は電解質組成の異なる二つの溶液の境界に生じる電位差.
(c) 不斉電位差はイオン感応性膜の両側のイオン濃度が同じときに膜を挟んで生じる電位差. この電位差は膜の内表面と外表面の相違によって生じる.

15・3 (a) 通常は電極電位測定より滴定のほうが正確な測定値が得られる. したがって, もし ppt レベルの正確さが必要ならば滴定を選ぶべきである.
(b) 電極電位は分析対象の活量に関連する. したがって, 知りたい量が活量ならば電位測定を選ぶ.

15・5 電位差は二つの表面それぞれの解離平衡の位置の違いから生じる. この平衡は次のように書ける.

$$\underset{膜}{H^+Gl^-} \rightleftharpoons \underset{溶液}{H^+} + \underset{膜}{Gl^-}$$

溶液に露出している表面は, もう片方の表面に比べて H^+ 濃度が高く, 正電荷を帯びる. 膜の片側の溶液が pH 一定のときには, この電荷の差, あるいは電位差が分析パラメーターとして役立つ.

15・7 誤差の原因は, 1) 強酸性溶液における酸誤差, 2) 強塩基性溶液におけるアルカリ誤差, 3) 校正用標準液のイオン強度が分析対象の溶液と異なるときに生じる誤差, 4) 標準緩衝液の pH の誤差, 5) イオン強度の低い溶液における再現性のない液間電位差, 6) 膜表面の脱水など.

15・9 pH 10〜12 の範囲かそれ以上の pH を示す溶液にガラス電極で pH を測定すると, アルカリ誤差が生じる. ガラス表面は, 塩基性イオンが存在すると水素イオンのみならずアルカリ金属イオンにも応答するようになる. 結果的に, pH 測定値は低くなる.

15・11 (a) 膜電極の界面電位差は, 膜選択的に結合する陽イオンまたは陰イオンの濃度が異なる二つの溶液が膜で仕切られているときに生じる電位差である.
(b) 固体 F^- 電極の膜は LaF_3 結晶であり, LaF_3 は水溶液に浸すと次式によって解離する.

$$LaF_3(s) \rightleftharpoons La^{3+} + 3F^-$$

界面電位差は, F^- 濃度の異なる二つの溶液を仕切る膜を挟んで生じる.

15・12 pH の直接電位差測定は試料中の水素イオンの平衡活量の尺度となる. 電位差滴定からは試料中の反応可能な水素イオン(解離型, 非解離型の両方)の量に対する情報が得られる.

15・15 (a) 0.354 V
(b) SCE $\| IO_3^- (x\,M)$, $AgIO_3$ (飽和) $| Ag$
(c) $(E_{cell} - 0.110)/0.0592$
(d) 3.31

15・17 (a) SCE $\| I^- (x\,M)$, AgI (飽和) $| Ag$
(b) SCE $\| PO_4^{3-} (x\,M)$, Ag_3PO_4 (飽和) $| Ag$

15・19 (a) 3.36   (c) 2.43

15・20 6.32

15・21 (a) 12.47, 3.42×10^{-13} M
(b) 5.47, 3.41×10^{-6} M

(c) (a) については pH 12.43～12.50 であるべきなので、a_{H^+} の範囲は $3.17×10^{-13}～3.70×10^{-13}$ M. (b) については pH 5.43～5.50 なので、a_{H^+} の範囲は $3.16×10^{-6}～3.69×10^{-6}$ M.

15・22　173.7 g/mol

15・26　$3.5×10^{-4}$ M

第16章

16・1　pH 5.3 では、溶液が波長領域 435～480 nm の青色光を吸収し、その補色（黄色）が透過するために黄色となる. pH 6.0 では、緑色の光 (500～560 nm) が吸収され、その補色（紫色）が透過するために紫色となる.

16・2　(a) 吸光度 A は透過率 T の負の対数である ($A=-\log T$).

16・3　直線からの逸脱は、多色光、未知の化学変化、迷光、および高濃度下の分子またはイオン間相互作用のために起こる.

16・6　(a) $1.13×10^{18}$ Hz　(c) $4.32×10^{14}$ Hz
(e) $1.53×10^{13}$ Hz

16・7　(a) 253.0 cm　(c) 286 cm

16・9　(a) $3.33×10^3～667$ cm^{-1}
(b) $1.00×10^{14}～2.00×10^{13}$ Hz

16・11　$\lambda=1.36$ m, $E=1.46×10^{-25}$ J

16・12　(a) 436 nm

16・13　(a) ppm^{-1} cm^{-1}　(c) $\%^{-1}$ cm^{-1}

16・14　(a) 92.1%　(c) 41.8%　(e) 32.7%

16・15　(a) 0.565　(c) 0.514　(e) 1.032

16・18　(a) $\%T=67.3$, $a=0.0211$ cm^{-1} ppm^{-1},
$c=4.07×10^{-5}$ M, $c_{ppm}=8.13$ ppm
(c) $\%T=30.2$, $a=0.0397$ cm^{-1} ppm^{-1},
$c=6.54×10^{-5}$ M, $c_{ppm}=13.1$ ppm
(e) $A=0.638$, $\%T=23.0$, $a=0.0187$ cm^{-1} ppm^{-1},
$c_{ppm}=342$ ppm
(g) $\%T=15.9$, $\varepsilon=3.17×10^3$ L mol^{-1} cm^{-1},
$a=0.0158$ cm^{-1} ppm^{-1}, $c=1.68×10^{-4}$ M
(i) $A=1.28$, $a=0.0489$ cm^{-1} ppm^{-1}, $b=5.00$ cm,
$c=2.62×10^{-5}$ M

16・21　(a) 0.238　(b) 0.476
(c) 0.578 および 0.334　(d) 0.539

16・23　(a) 0.528　(b) 29.6%　(c) $2.27×10^{-5}$ M

16・25　$A'=1.81$, 誤差 -13.6%

16・29　(a) 光電管は、単一の光放出表面（陰極）と、真空の外囲器内の陽極とからなる. 光電管は低い暗電流を示すが、固有の増幅をもたない. 固体ホトダイオードは、電子-正孔対を生成することによって入射光に応答する pn 接合半導体デバイスである. それらは光電管よりも感度が高いが、光電子増倍管より感度は低い.
(c) フィルターは、単一の帯域の波長を分離し、定量分析に適した低分解能の波長選択を行う. モノクロメーターは、定性分析および定量分析のために高い分解能をもつ. モノクロメーターでは、波長を連続的に変えられるが、フィルターではそのような操作はできない.

16・30　定量分析は、スペクトルの傾き $dA/d\lambda$ が比較的一定である最大波長で測定が通常行われるので、かなり広いスリットにも対応できる. 定性分析には、細いスリットが必要であり、その結果スペクトルの微細構造が得られる.

16・32　ヨウ素を用いると、ランプの寿命を延ばし、より高温で動作させることができる. ヨウ素は、フィラメントから昇華する気体状のタングステンと結合し、フィラメント上にタングステンを再堆積させ、ランプの寿命を延ばしている.

16・33　(a) 分光光度計は、連続的な波長可変とスペクトル取得のためのモノクロメーターを備え、光度計は固定波長での測定のためのフィルターを使用している. 分光光度計は、光度計よりも複雑で高価である.
(c) モノクロメーターとポリクロメーターはどちらもスペクトルを分散させるために回折格子を使用するが、モノクロメーターには出射スリットと検出器が一つしかなく、ポリクロメーターは複数の出射スリットと検出器を含む. モノクロメーターは一度に一つの波長しかモニターできないが、ポリクロメーターはいくつかの離散波長を同時にモニターできる.

16・35　(a) 0%T は、光が検出器に届かない状態で測定され、暗電流の尺度である.
(b) 100%T の調整は、光路内にブランクを挿入して行われ、セルおよび光学系の吸収損失または反射損失を相殺する.

16・37　フーリエ変換赤外分光計は、より高速な測定と高い感度、よりよい集光エネルギー、より正確で精度の高い波長設定、簡単な機械設計、迷光と赤外放射の排除という利点がある.

16・38　(a) $\%T=23.84$, および $A=0.623$
(c) $\%T=5.7$

16・39　(b) $A=0.509$　(d) $T=0.096$

16・41　光子検出器は、感光表面に光子が当たると電子が放出され、結果として電流または電圧が生じる. 熱検出器は、赤外線を吸収して温度が上昇するよう表面は暗色になっている. 熱検出器から得られる電気信号は、その大きさが温度、ひいては赤外線の強度に関連している.

16・43　吸光光度計と蛍光光度計は同じ構成要素からなる. 基本的な違いは、検出器の位置である. 蛍光光度計の検出器は、光源からの光線の方向に対して 90° の角度で配置されているため、透過光ではなく発光が検出される. さらに、フィルターは、散乱または他の非蛍光過程から生じる光を励起光から除去するために、検出器の前に配置されることが多い. 透過光を検出する吸光光度計では、検出器は、光源、フィルター、検出器と一列に配置されている.

16・45　(a) 変換器は、光強度、pH、質量、温度などの数値を電気信号に変換し、増幅した後に処理を行い、最終的にもとの量の大きさに比例する数値に変換する.

第17章

17・1　(a) 分光光度計は格子またはプリズムを使用して狭い波長のバンドを作成し、光度計はフィルターを使用す

る．分光光度計は，より広い汎用性をもち，全スペクトルが得られる．光度計は単純で頑丈で費用が低コストであり，光のスループットが高い．

17・3 電解質濃度，pH，温度，溶媒の性質，干渉物質

17・4 $c_{min} = 2.1 \times 10^{-5}$ M, $c_{max} = 9.7 \times 10^{-5}$ M

17・6 $c_{min} = 5.2 \times 10^{-4}$ M, $c_{max} = 2.4 \times 10^{-3}$ M

17・8 (a) $A = 0.611$, $T = 0.245$ (c) $T = 0.060$

17・9 (b) $A = 0.503$ (d) $T = 0.099$

17・12 吸光度は，終点まで滴定溶液の体積に対してほぼ直線的に減少する．終点後は，吸光度は滴定体積に依存しなくなる．

17・15 0.200 ppm Fe

17・17 132 ppm Co および 248 ppm Ni

17・19 (a) $A = 0.492$ (c) $A = 0.190$

17・20 (a) $A = 0.301$ (b) $A = 0.413$ (c) $A = 0.491$

17・21 A: pH = 5.60, C: pH = 4.80

17・24 (a) [P] = 2.08×10^{-2} M, [Q] = 4.90×10^{-5} M
(c) [P] = 8.36×10^{-5} M, [Q] = 6.10×10^{-5} M
(e) [P] = 2.11×10^{-4} M, [Q] = 9.64×10^{-5} M

17・25 (b) $A = 0.0399 c_{Fe} - 0.001008$
(c) $s_m = 1.2 \times 10^{-4}$, $s = 2.7 \times 10^{-3}$

17・27 (a) 1:1 錯体 (b) 1.4×10^4 L mol^{-1} cm^{-1}

17・29 (a) 1:1 錯体
(b) $\varepsilon = 1400 \pm 200$ L mol^{-1} cm^{-1}
(c) $K_f = 3.78 \times 10^5$

17・31 (1) 740 cm^{-1} C—Cl 伸縮
(2) 1270 cm^{-1} CH$_2$ 振動
(3) 2900 cm^{-1} 脂肪族 C—H 伸縮

17・32 (a) 蛍光は，光の吸収によって励起された原子または分子が，その後基底状態に戻る際に光子として過剰エネルギーを放出するホトルミネセンスの過程である．
(c) 内部転換は，励起電子状態に重畳する低エネルギー振動準位から低電子状態に重畳する高エネルギー振動準位への分子の無放射緩和である．
(e) ストークスシフトは，蛍光を励起するために使用される光の波長と放出される蛍光の波長との間の差である．

17・36 フィルター型蛍光光度計は，通常，光源，励起波長を選択するためのフィルター，セル，発光フィルター，変換器/読み出し装置からなる．分光蛍光光度計には，分光器であるモノクロメーターが二つある．

17・38 蛍光光度計の方が感度は高い．それは，フィルターにより多くの励起光が試料に到達し，より多くの光が変換器に到達するためである．さらに，蛍光光度計は，分光蛍光光度計よりも実質的に安価で頑丈であり，日常的な定量および選択分析用途に特に適している．

17・39 (b) $I_{rel} = 22.3 c_{ADH} + 0.0004$
(d) 0.510 μM NADH
(e) 0.016

17・41 キニン 33 mg

17・42 原子発光分析法では，光源が試料そのものである．分析対象の原子はプラズマ，炎，電熱，電気アークやスパークのエネルギーにより励起される．信号は，対象波長における光源の発光強度である．原子吸光分析法では，光源は通常，ホロカソードランプのような線幅の狭い源であり，信号は吸光度である．後者は，光源の放射エネルギーと原子化された試料を通過した後の放射エネルギーから計算される．原子蛍光分析法では，外部光源が使用され，通常は光源に対して直角に放射された蛍光が測定される．信号は放出された蛍光の強度である．

17・43 原子発光分析法では，分析信号は，比較的少数の励起原子またはイオンによって生成されるが，原子吸光分析法では，信号は，より多くの数の未励起原子またはイオンによる吸収から生じる．炎の状態がわずかに変化するだけで，励起された分子数は劇的に影響を受けるが，未励起分子数には大きな変化はない．

17・45 0.504 ppm Pb

第 18 章

18・1 (a) 1 ドルトンは 1 u (統一原子質量単位) であり，$^{12}_{6}$C 原子の質量の 1/12 に等しい．
(c) 原子量は，単位なしで表された原子の質量である．
(e) 飛行時間型質量分析部では，ほぼ同じ運動エネルギーをもつイオンが無電界領域を通過する．電界のない領域の終わりにある検出器にイオンが到達するのに要する時間は，イオンの質量に反比例する．

18・3 ICP トーチは原子化とイオン化の両方を起こす装置として働く．

18・5 干渉には，分光干渉とマトリックス干渉がある．分光干渉では，干渉物質は分析対象と同じ m/z をもつ．マトリックス干渉は，干渉物質が化学的または物理的に相互作用して分析対象の信号を変化させるような高濃度で起こる．

18・7 二重収束型質量分析計の分解能が高いため，相対的に低分解能の四重極型質量分析計を使用する場合よりも，目的のイオンをバックグラウンドイオンからより良好に分離することができる．二重収束型質量分析計の信号対バックグラウンド比が高いほど，四重極型質量分析計よりも検出限界が低くなる．

18・9 EI 源で使用される電子ビームの高エネルギーは，化学結合を破壊するのに十分であるため，フラグメントイオンを生成する．

第 19 章

19・1 物質の移動とその成分の空間内再分配．

19・3 (a) 溶離とは，新たな移動相を添加し，分析対象をクロマトグラフィーカラムで分離する工程のことである．
(c) 固定相は固定された固相または液相である．また，移動相は固定相上または固定相の中を通過する．
(e) 保持時間とは，カラムへ注入してから検出器で検出されるまでの時間である．
(g) 二つの化合物に対するカラムの分離係数 α は，$\alpha = K_B/K_A$ の方程式で与えられる．ここで，K_B は，より強く保持される化合物 B の分配係数であり，K_A は，弱く保持されるまたはより急速に溶離される化合物 A の分配係数である．

19・5　バンドの広がりの原因としては，粒子直径が大きい固定相，大きなカラム直径，低温（ガスクロマトグラフィーでのみ重要），厚い固定化された液体層（液体固定相の場合），非常に速いまたは非常に遅い流速などがあげられる．

19・7　溶質の保持時間 t_R をベースラインにおけるピーク幅 W から求める．また，理論段数 N を $N=16(t_R/W)^2$ から求める．

19・9　(a) 0.0246 M　(b) $9.62×10^{-3}$ M
(c) $3.35×10^{-3}$ M　(d) $1.23×10^{-3}$ M

19・11　(a) 75 mL　(b) 50 mL　(c) 24 mL

19・13　(a) $K=18.0$　(b) $K=7.56$

19・14　(a) $K=91.9$

19・15　(a) $K=1.53$
(b) $[HA]_{aq}=0.0147$ M，$[A^-]=0.0378$ M
(c) $K_a=9.7×10^{-2}$

19・17　(a) 12.36 mmol 陽イオン/L
(b) 619 mg $CaCO_3$/L

19・19　HCl 0.02056 M および $MgCl_2$ 0.0424 M

19・22　(a) $k_A=0.74$，$k_B=3.3$，$k_C=3.5$，$k_D=6.0$
(b) $K_A=6.2$，$K_B=27$，$K_C=30$，$K_D=50$

19・27　(a) $N=6400$　(b) $L=94$ cm　(c) $t_R=26$ min

19・29　(a) $k_M=2.55$，$k_N=2.62$　(b) $α=1.03$
(c) $9.03×10^4$　(b) 135 cm　(e) $(t_R)_N=73$ min

第20章

20・1　気-液クロマトグラフィーの固定相は担体上に固定化された液体である．試料成分の保持には，気相と液相との間の分配平衡が影響する．気-固クロマトグラフィーの固定相は物理的吸着によって分析対象を保持する固体表面である．分離には吸着平衡が影響する．

20・3　気-固クロマトグラフィーは，主として，低分子量の気体状の化合物，たとえば二酸化炭素，一酸化炭素，窒素酸化物を分離するために使用される．

20・4　クロマトグラムは，時間に対する検出器応答のプロットである．ピーク位置，保持時間は，溶出する化合物の同定に使われる．ピーク面積は化合物の濃度と相関する．

20・6　試料注入量，キャリヤーガス流量，カラムの状態は，定量GCの精度を上げるために制御する必要がある因子である．内部標準物質を用いることにより，これら因子のばらつきの影響を最小限に抑えることができる．

20・8　(a) 熱伝導度検出器の利点：汎用性，直線性を示す範囲の広さ，簡便さ，非破壊性．欠点：低感度．
(b) 水素炎イオン化検出器の利点：高感度，直線性を示す範囲の広さ，低騒音，耐久性，使いやすさ，応答性が流量にほぼ非依存．欠点：破壊性．
(c) 電子捕獲検出器の利点：ハロゲン含有化合物やその他の化合物に対し選択的に感度が高い，非破壊性．欠点：直線性を示す範囲が狭い．
(d) 熱イオン化検出器の利点：窒素とリンを含む化合物の感度が高く，直線性を示す範囲が良好．欠点：破壊性，適用できない化合物が多い．
(e) 光イオン化検出器の利点：多様性，非破壊性，直線性を示す範囲が広い．欠点：入手困難，高価．

20・10　液体の固定相は，一般に，熱安定性を向上させ，カラムから流出しないよう，結合や架橋されている．結合とは，固定相の単分子層を化学結合によって充填剤表面に結合させることである．架橋とは，カラム内で固定相を構成する分子間を，架橋剤という化学試薬で処理を行うことにより橋かけ結合で連結することである．

20・12　石英ガラス製カラムは，ガラスの中空カラムよりも高い物理的強度と柔軟性をもち，ガラスまたは金属カラムよりも分析対象に対して反応性が低い．

20・14　(a) バンドの広がりの原因としては，非常に高いまたは非常に低い流量，充填剤を構成する粒子が大きい，固定相が厚い，低温，遅い注入速度などがあげられる．
(b) 充填剤に小さな粒子を使用し，粒子表面への被覆が薄くなるように固定相の量を制限して，試料を急速に注入することにより，k が1〜10の範囲にあるような条件を維持することによって，バンドが分離しやすくなる．

20・16　A 21.1%，B 13.1%，C 36.4%，D 18.8%，E 10.7%

20・19　(a) やや揮発性で熱的に安定している物質
(c) イオン性の物質
(e) 非極性溶媒に可溶な高分子化合物

20・20　(a) 定組成溶離では，溶媒組成は溶離中一定に保たれる．
(c) 順相充填剤では，固定相はやや極性であり，移動相はやや非極性である．
(e) 化学結合型固定相充填剤において，液体の固定相は固体担体に化学的に結合することにより所定の位置に保持される．
(g) ゲル濾過は，充填剤が親水性であり，溶離液が水系溶媒であるサイズ排除クロマトグラフィーの一種である．高分子量の極性化合物を分離するために使用される．

20・21　(a) ジエチルエーテル，ベンゼン，n-ヘキサン

20・22　(a) 酢酸エチル，ジメチルアミン，酢酸

20・23　吸着クロマトグラフィーでは，試料成分と固体表面の吸着平衡に基づいて分離する．分配クロマトグラフィーでは，二つの非混和性液体間の分配平衡に基づき分離する．

20・25　ゲル濾過クロマトグラフィーは，充填剤が親水性であり，溶離液が水系溶媒であるサイズ排除クロマトグラフィーの一種である．高分子量の極性化合物を分離するために使用される．ゲル浸透クロマトグラフィーは，充填剤が疎水性であり，溶離液が有機溶媒であるサイズ排除クロマトグラフィーの一種である．高分子量の非極性種を分離するために使用される．

20・27　定組成溶離では，溶媒組成は溶離中保持される．定組成溶離は，多くの種類の試料に適用でき，最も簡便に実施できる方法である．グラジエント溶離では，2種類以

上の溶媒を使用し，分離が進むにつれて溶離液の組成が連続的または段階的に変化する．グラジエント溶離は，よく分離する化合物と過度に長い保持時間をもつ化合物とがともに存在する試料に最もよく使用される．

20・29 サプレッサーカラムは，クロマトグラフィーカラムに続いて使用し，溶出するイオンの大部分を非イオン性である分子種に変換することを目的としたカラムである．したがって，試料の電気伝導率の検出が可能である．シングルカラムでは，溶離液中のイオン濃度を低く保つことができるように，低容量イオン交換体が使用される．

20・30 表20・4と表20・1を比較すると，HPLCに適したGC検出器は質量分析計，FT-IR，場合によっては光イオン化検出器であることが示唆される．GCでは溶出する分析対象の成分が気体であるため，GC検出器の多くは，HPLCには適していない．

20・32 (a) ステロイド混合物を逆相クロマトグラフィーで分離する場合，分配係数が温度依存性であるため，選択性と，結果として分離能も，温度の影響を受ける可能性がある．

(b) 異性体混合物を吸着クロマトグラフィーで分離する場合，吸着平衡が温度依存性であるため，選択性と分離能が温度の影響を受ける可能性がある．

和 文 索 引

あ

I → 放射強度
ISFET → イオン選択性電界
効果トランジスター
ICP → 誘導結合プラズマ
ICP-MS → 誘導結合プラズマ
質量分析計
IUPAC 208
IUPAC 符号規約 208, 212
亜鉛アマルガム 232
アーク放電 315
アクリロニトリル 184
亜硝酸塩 175
アスパラギン酸 153
アスピリン 144
アセチルアセトン 187
アセチルサリチル酸 144
8-アセトキシキノリン 101
アセトニトリル 364
アト 11
アノード 206
アフィニティークロマト
グラフィー 340, 359
アボガドロ定数 12
アマルガム 317
アミノカルボン酸 187
アミノ基 176
アミノ酸 165
　　──の pK_a 値 153
アミロース 234
アームストロング 12
アラニン 153
アリザリンイエロー GG 140
アリザリンガーネット R 314
R_s → 分離度
RSD → 相対標準偏差
アルカリ誤差 256
アルシン 6
α → 水和イオンの有効直径
α → 分離係数
α → 有意水準
α 値 152, 166, 167
アレニウス 20
安息香酸 13, 172
暗電流 287
アンペア 11
アンモニウム塩 175

い，う

EI → 電子イオン化
ESR 275
硫　黄 174

イオン強度 110
イオンクロマトグラフィー 359
イオン源 327, 330
イオン検出器 327
イオン交換 335
　　──による分離 338
イオン交換クロマトグラフィー
340, 359, 365
イオン交換樹脂 338
イオン交換平衡 338
イオンサイクロトロン共鳴型
質量分析部 325
イオン積 109
イオン選択性電界効果トランジ
スター 260
イオン選択性電極 254, 259
イオントラップ型質量分析部
325
イオンメーター 262
ECD → 電子捕獲検出器
異常値 38, 40, 71, 72, 73
η → 屈折率
一元配置 ANOVA → 一要因
ANOVA
一次吸収 313
一次吸着層 97
一次標準液 130
一次標準物質 130
一要因 ANOVA 69, 70
EDTA 187
EDTA 錯体 189
EDTA 滴定 196
EDTA 滴定曲線 192, 194
移動相 339
移動相流速 345
移動率 342
ε → モル吸光係数
イムノアッセイ 122
イメージインテンシファイアー
289
陰イオン交換樹脂 338
インゲメルスの試料採取定数 86
インターフェログラム 292

ウィンクラー法 176

え

a → 吸光係数
A → 吸光度
ANOVA → 分散分析
ANOVA 表 70
AFS → 原子蛍光分析法
AOAC 6, 95
液-液クロマトグラフィー
340, 359

液間電位差 207, 250, 252
液-固クロマトグラフィー
340, 359
液晶ディスプレイ 291
液体クロマトグラフィー 340
液体固定相 355
液膜電極 257, 259
aq(水溶液) 18
液　絡 221
液絡のないセル 205
エクサ 11
s(固体) 18
s → 標本標準偏差
s^2 → 標本分散
s_{pooled} → プールされた標準偏差
S → 溶解度
SI 11
SI 基本単位 11
SI 組立単位 11
SRM → 標準物質
SS → 平方和
SHE → 標準水素電極
SFC → 超臨界流体クロマト
グラフィー
SCE → 飽和カロメル電極
SCOT 354
エステル基 176
エチレンジアミン四酢酸 → EDTA
$\bar{x}$ → 平均値
X 線 274, 275
H → 理論段高
H_0 → 帰無仮説
H_a → 対立仮説
HETP → 理論段高
HPLC → 高速液体クロマト
グラフィー
HPLC カラム 361
HPLC 検出器 362
N → 理論段数
NIST 42
NHE → 標準水素電極
NMR 275
NTA 188
FID → 水素炎イオン化検出器
FET → 電界効果トランジスター
FSOT 354
F 検定 67
FT-IR → フーリエ変換赤外
Fura-2 314
M → モル質量
MS → 質量分析法
MOSFET → 金属酸化物半導体
電界効果トランジスター
エリオクロムブラック T 195
l(液体) 18
LSD → 最小有意差
LC → 液体クロマトグラフィー

LC/MS 363
LC/MS/MS 363
LCD → 液晶ディスプレイ
塩化銀 97
塩化水素 18
塩　基 20, 158
　　──の強さ 22
塩基解離定数 28
塩基指示薬 139
塩基標準液 139, 171
塩　橋 204, 250
塩効果 111
塩　酸 169

お

応　答 69
大口試料 84, 85
オキシン → 8-キノリノール
オキソニウムイオン 21, 22
重み付き最小二乗法 74
オルドリン 12
オングストローム 11
温室効果 20
温　浸 98
温　度 11

か

開回路 205
回帰分析 74
回帰モデル 74
回転運動 283
回転遷移 282
外部標準校正 73
外部標準法 73
界　面 207
界面電位差 255
解離定数 25, 28, 150
ガウス曲線 43, 45, 46
　　──の下側面積 47, 48
ガウス分布 45
化学的逸脱 279
化学的沈殿 335
化学熱力学 24
化学発光 173, 276, 315
化学発光分光法 276
化学平衡 23, 109
化学量論 18
可逆セル 207
拡　散 89
核生成 96
確定誤差 → 系統誤差
確　度 38, 39
過　誤 67

和文索引

過酸化水素 283
過酸化ナトリウム 233
可視光吸収 283
可視光スペクトル 282
仮 数 53
ガスクロマトグラフィー
　　　　　340, 350, 367
ガス検出プローブ 260
仮説検定 62, 67
カソード 206
片側検定 63
偏 り 40
活 量 109, 216
活量係数 109, 111, 115
ガード桁 56
過飽和度 96
過飽和溶液 96
過マンガン酸イオン 236
過マンガン酸カリウム 235
ガラス 285
ガラス電極 254
ガラス電極電位 256
ガラス薄膜 254
カラムクロマトグラフィー 340
カラム効率 344
ガルバニセル 205, 206, 208
　──の放電 210
ガルバニ電池 → ガルバニセル
カールフィッシャー法 233
カルボキシ基 175
カルボニル基 177
カルマガイト 195
カロメル 251
カロメル電極 251
還元器 232
還元剤 104, 203
還元体 203
乾式灰化 6
干 渉 335
緩衝液 120, 143
干渉計 287
干渉縞 292
緩衝能 146
干渉パターン 292
干渉フィルター 287
干渉物質 4, 335
カンデラ 11
感 度 76
γ → 活量係数
γ 線 275
緩和過程 311

き

偽陰性 67
気-液クロマトグラフィー
　　　　　3=0.350
ギガ 11
機械的取込み 100
機器誤差 40, 41
棄却域 63
棄却限界値 63
　F 検定の── 68
　Q 検定の── 72
機器由来の逸脱 229, 230 231
危険率 → 有意水準
気-固クロマトグラフィー
　　　　　3=0.350

器差 → 機器誤差
基準ピーク 330
キセノンアークランプ 285
気相イオン化 330
気体電極 210
基底状態 276, 316
規定度 130, 383, 384
起電力 208
8-キノリノール 105, 187, 314
揮発重量法 95, 105, 106
帰無仮説 62
逆相クロマトグラフィー 364
逆滴定 129
逆バイアス 289
逆方向反応 24
キャピラリーカラム 353, 354
キャリヤーガス 351
吸光係数 278
吸光測定装置 284
吸光度 7, 277, 278
吸光分光法 276
吸湿性 254
吸 収 97
吸着 97
吸蔵 100
吸着クロマトグラフィー
　　　　　340, 359, 364
吸着指示薬 186
Q 検定 72
キュベット 290
強 酸 22
凝 集 97, 99
偽陽性 67
共 沈 99
共通イオン効果 27, 115
強電解質 20
強度放射 274
強 熱 101
共鳴蛍光 319
共鳴線 316
共鳴遷移 316
共役塩基 21
共役酸 21
共役酸塩基対 21, 29
　──の解離定数 28
共役対 21
極限値 109
極限法則 109, 279
キラルクロマトグラフィー 359
キレート 104, 181
キレート試薬 104, 301
キレート滴定 181, 183
キロ 11
キログラム 11
均一沈殿 101
均一沈殿法 101
銀-塩化銀電極 252
均質沈殿 101
銀 樹 204
金属イオン封鎖剤 190
金属キレート 104
金属酸化物半導体電界効果
　　　　　トランジスター 260
金属指示電極 253
金属指示薬 195

銀 対 211
銀滴定 184

く,け

偶然誤差 39, 42
屈折率 274
区分線形曲線 135
組電池 206
18-クラウン-6 182
クラウンエーテル 181
グラジエント溶離 361
グラム当量 130, 383
グリシン 165
グルコース 66
グルテチミド 357
グルベルグ 24
クレゾールパープル 140
クローバー 285, 286
グロー放電 328
クロマトグラフィー 335, 350
　──による分離 339
クロマトグラム 341
群間分散 70
群内分散 70
k → 保持係数
K_a → 酸解離定数
K_b → 塩基解離定数
K_n → 逐次生成定数
K_{sp} → 溶解度積
K_w → 水のイオン積
蛍 光 311
蛍光イムノアッセイ 123
蛍光光度計 313
蛍光錯形成試薬 314
蛍光スペクトル 312
蛍光測定装置 284
蛍光発光 311
蛍光分光法 277
ケイ酸塩ガラス 255, 285
傾斜比法 307
係数ラベル法 14
珪 藻 354
ケイ素構造 255
系統誤差 40
系統的方法論 115
系の電位 225
血液分析器 261
結果の信頼性評価 5
結合定数 123
結晶懸濁液 96
結晶沈殿物 98
ゲル浸透 366
ケルダール 173
ケルダール法 173
ケルビン 11
ゲル濾過 366
減圧蒸留 335
原子化 315
原子吸光 282
原子吸光分析法 316, 317
原子蛍光分析法 319
原子質量単位 324
原子質量定数 13
原子の質量分析法 327
原子発光分析法 316

原子分光分析法 315
原子分光法 315
検出器 287
検出限界 77
原子量 325
減 衰 277
元素分析 173, 174
検 定 3
検量線 7, 74

こ

光学機器 273
光学材料 284
光学フィルター 286, 287
光学分光法 273, 284
光学密度 278
光 源 285
抗 原 122
抗原抗体複合体 123
抗酸化剤 240
光 273, 275
光子計数 289
光子検出器 288
校 正 4, 5, 73
校正関数 74
校正感度 76
校正曲線 74
構造式 18
光 速 274
高速液体クロマトグラフィー
　　　　　359, 367
抗 体 122
光電管 288
光電子 288
光電子増倍管 288
光電子放出 288
光伝導 288
光伝導セル 288, 289
光電流 288
光 度 11
光度計 290
光度滴定曲線 305
公認分析化学者協会 → AOAC
光路長 277, 278
呼吸鎖 222
国際純正・応用化学連合 →
　　　　　IUPAC
国際単位系 11
誤 差 37
　──の種類 39
　──の伝播 51, 388
　──の平方和 70
個人誤差 40, 41
ゴセット 61
固体支持材料 354
固体膜電極 260
固定相 339
コロイド 96
　──の凝集 97
コロイド懸濁液 96
コロイド沈殿物 97
混晶形成 100

さ

座 181

和文索引

最小二乗法　74
最小有意差　71
サイズ排除クロマトグラフィー
　　　　　340, 359, 366
再沈殿　100
作業曲線　74
錯形成　181
錯形成試薬　121, 181, 183, 187
錯体　181
錯滴定　181
差動排気　328
サブセット　45
サプレッサー方式　365
サーモグラム　102
酸　20, 158
　　——の強さ　22
酸塩基指示薬　139, 140
酸塩基滴定　139, 158, 169
酸塩基反応　139
酸解離定数　28, 109, 374
酸化還元指示薬　229, 230
酸化還元滴定　129, 220
酸化還元滴定曲線　225
酸化還元反応　203
酸化還元平衡定数　223
酸化剤　203
酸化水銀(II)　170
酸化体　203
酸化電位　212
酸誤差　257
残差　75
酸指示薬　139
参照試料　130
参照電極　250, 251
酸性雨　147
酸標準液　139, 169
サンプラー　328
サンプリング → 試料採取
散乱損失　278

し

c → モル濃度
c_N → 規定度
g　18
CI　59
CID → 電荷注入デバイス
シアン化水素　184
ジエチルジチオカルバミン酸
　　　　　301
CL → 信頼水準
紫外・可視　274, 275
紫外・可視吸光分光法　298
紫外・可視光光度計　290
紫外・可視分光光度計　290
紫外線吸収　283
時間　11
時間領域　293
式量電位　216, 378
　　参照電極の——　251
σ → 母集団標準偏差
シグモイド曲線　135
次元解析　14
試験室間誤差　83
自己解離 → 自己プロトリシス
自己吸収　316
自己触媒　237
自己プロトリシス　22

GC → ガスクロマトグラフィー
GC/MS　357
死時間　342
GC 検出器　352
CCD → 電荷結合デバイス
指示電極　250, 253
指示薬　130, 139, 140
　　——の選択　142, 151
　　EDTA 滴定の——　195
四重極型質量分析部　325, 326
指数表記　381
cis-ブテン二酸　163
ジチゾン → ジフェニルチオ
　　　　　カルバゾン
実験計画法　68
実験式　18
実験室試料　4, 84, 87
実効帯域幅　287
実試料　83
質量　11
質量作用の効果　23
質量数　324
質量スペクトル　324
質量対温度曲線　102
質量電荷比　325
質量標準　12
質量分析計　325, 352
質量分析部　325, 326
質量分析法　324
　　原子の——　327
　　分子の——　329
CTD → 電荷転送デバイス
シトクロム　222
磁場セクター型質量分析部
　　　　　325, 326
自発的セル反応　206
指標　53
CV → 変動係数
ジフェニルチオカルバゾン
　　　　　187, 301
ジベンゾ-18-クラウン-6
　　　　　182, 187
四ホウ酸ナトリウム　170
ジメチルグリオキシム　105
ジャキノの優位性　293
弱酸　22
弱電解質　20
シュヴァルツェンバッハ　187
十億分率　16
周期　273
集合　98
シュウ酸　95, 119, 163
シュウ酸カルシウム　95
シュウ酸ジエチル　101
重水素ランプ　285, 286
臭素酸カリウム　235, 242
終点　129
充填カラム　354
自由度　48
周波数 → 振動数
重量　11
重量/体積%濃度　16
重量滴定　129
重量測定法　95
重量%濃度　16
重量分析法　2, 95
重力電池　207
熟成　98
主成分　82

ジュール　275
順相クロマトグラフィー　364
順方向反応　24
条件つき生成定数　183, 189
条件づき標準電位　216
消光　314
硝酸塩　175
硝酸銀　97
焦熱器　288
蒸留　335
　　——による分離　335
蒸留塔　345
少量成分　83
ジョーンズ還元器　232
シリコンホトダイオード
　　　　　288, 289
試料
　　——の構成成分　82
　　——のサイズ　82
試料採取　3, 82, 83
　　——の誤差　84
試料採取単位　83
試料処理　4, 89
試料マトリックス　42, 83
試料容器　290
シング　345
シングルカラム方式　365
シングルビーム方式　291
信号の平均化　309
伸縮振動　283
真数　53
振動緩和　311
浸透気化　335
振動状態　283
振動数　273
振動数領域　293
振動遷移　282
真の値　37
真の値として受入れられる値　39
真の逸脱　279
振幅　273
信頼区間　59, 60
信頼係数　76
信頼限界　59
信頼水準　60, 61

す

水銀ランプ　286
水酸化ナトリウム　171
水準　69
水素炎イオン化検出器　352
水素電極　250
水素ランプ　285, 286
推定値　38
推定値の標準偏差　75
水平化効果　13
水和イオンの有効直径　112, 113
数値の丸め方　55
スカム　198
スキマー　328
スチューデント t 検定　61
ストークスシフト　312
スパークイオン源　328
スパーク放電　315
スパージング　172
スペクトル　275, 276
スペクトル線　315

スペクトルバンドパス　287
スペクトログラム　286
スルファニルアミド　242
スルホニル基　176

せ

正規分布　43, 45
　　標準——　48
正極が右極則　208
生成定数　25, 182, 183, 376
　　EDTA 錯体の——　189
生成物　24
精度　38, 39
生物発光　276, 315
石英　285
石英ガラス　285
石英ガラス製中空カラム　354
赤外吸収スペクトル　308
赤外吸収ピーク　310
赤外線　274, 275
赤外線吸収　283
赤外線蒸気分析　310
赤外分光計　294
赤外分光法　308
ゼータ　11
せっけん膜流量計　351
絶対検量線法　358
絶対誤差　39
接頭語　11
z 検定　63
ゼプト　11
セミミクロ分析　82
セリウム(IV)　235
セル　290
セル電圧　208, 220, 262
全イオン強度調整用緩衝液　264
線光源　285
全生成定数　25, 182
選択係数　257, 259
選択性　182
選択的　4
選択的試薬　95
センチ　11
セントラルサイエンス　2
千分率　16
線流速　345

そ

相加平均　38
相関分析　74
双性イオン → 両性イオン
相対原子質量　325
相対誤差　39
相対質量　13
相対的過飽和度　96
相対度数　43
相対標準偏差　51, 85
相対分子質量　325
総平方和　70
測定　4
速度　274
速度論(クロマトグラフィーの)
　　　　　343
疎水性　258
組成式　18

和文索引

ゾーン 341

た

対イオン層 97
第一種過誤 67
第一種の電極 253
対応のある t 検定 66
大環状錯体 181
大誤差 40, 72
対称伸縮 283
対称面外変角 283
対称面内変角 283
対数関数 17
対数表記 17, 282
体積％濃度 10
体積流量 345
ダイナミックレンジ 75
第二種過誤 67
——の確率 67
第二種の電極 253
ダイノード 288
ダイノード型電子増倍管 327
対立仮説 62
多塩基酸 158
——の滴定曲線 161, 163
多価の塩基 163
——の滴定曲線 164
多価の酸 → 多塩基酸
多孔質層中空カラム 354
多重比較 68
多色光 280
脱マスキング剤 197
脱離イオン化 330
ダニエル電池 207
WCOT 354
ダブルビーム空間分離型分光光度計 291
ダブルビーム時間分離型分光光度計 291
ダブルビーム方式 291
単位 11
タングステンランプ 285
単座配位子 181
炭酸 158
炭酸塩 175
炭酸塩混合物 175
炭酸ナトリウム 164, 159
単色光 277
段数 344
担体被覆型中空カラム 354
タンパク質の定量 173
段モデル 345

ち, つ

チオアセトアミド 101
チオ硫酸イオン 233
チオ硫酸ナトリウム 233, 235
逐次解離定数 58
逐次近似法 31
逐次生成定数 55, 182
窒素 173
チモールフタレイン 140
チモールブルー 140
中央値 38

中空陰極ランプ → ホロカソードランプ
中空カラム 353
抽出効率 337
抽出による分離 336
柱状グラフ 44
中心値 38
中和 21
中和滴定 → 酸塩基滴定
超微量成分 83
超ミクロ分析 82
超臨界流体クロマトグラフィー 340
直流プラズマ 315, 328
チンダル現象 96
チンダル効果 96
沈殿試薬 95, 101, 104, 181
沈殿重量法 95
沈殿滴定 181, 184
沈殿による分離 335
沈殿物 95, 96
——の乾燥 101
対 211
ツヴェット 339

て

T → 透過率
TISAB → 全イオン強度調整用緩衝液
THAM 170
DL → 検出限界
t 検定 61, 64
　対応のある—— 66
　2 標本—— 66
　平均の差に関する—— 65
0％T 校正 291
100％T 校正 291
定誤差 41
TG → 熱重量分析
TCD → 熱伝導度検出器
ディスクリート方式 89
定性分析 1, 82
電磁波 273
0％T 調整 291
100％T 調整 291
定量 83
定量分析 1, 82
定量分析法 2
デカ 11
滴定 129
滴定曲線 134, 142, 143
　EDTA—— 192, 194
　強塩基による弱酸の—— 149
　強酸による弱塩基の—— 151
　キレート滴定の—— 184
　光度—— 305
　酸化還元—— 225
　多塩基酸の—— 161, 163
　多価の塩基の—— 164
　沈殿—— 186
滴定誤差 129
滴定試薬 169
滴定データ 132
滴定分析法 129
滴定法 129
デシ 11

データの統合（プール） 50
テトラフェニルホウ酸ナトリウム 105
テノイルトリフルオロアセトン 187
デバイ 112
デバイ-ヒュッケルの極限法則 112
デバイ-ヒュッケルの式 112
デュマ法 173
テラ 11
テーリング 343
電圧 205
電位 205
電位差 208
電位差測定 250, 262
電位差滴定 265
電界効果トランジスター 260
電解質 20, 109
電解重量法 95
電解析出 335
電解セル 206
電荷移動吸収 299
電荷移動錯体 300
電荷均衡の式 116, 142
電荷結合デバイス 289
電荷注入デバイス 289
電荷転送デバイス 289
電気泳動 335
電気化学 203
電気化学セル 204, 205
電気化学セル電圧 220
電気加熱 315
電気信号 287
電気伝導度検出器 352, 353
電気二重層 97, 98
電気分析法 2
電極 205
電極校正法 263
電極電位 208, 209, 210, 212
電子イオン化 330
電磁スペクトル 275
電子遷移 282
電子増倍管 327
電子捕獲検出器 352, 353
電池図式 207
電場セクター型質量分析部 325
てんびん 12
デンプン-ヨウ素溶液 231
電流 11
電流滴定 129
電量滴定 129

と

同位体 324
統一原子質量単位 13, 324
透過 278
透過光強度 278
透過パーセント 277
透過放射束 278
透過率 277, 278
統計処理 44
統計値 46
統計標本 45
同定 83
等電点 165

当量 130, 383
当量点 129
当量点電位 225
特異的 4
特異的試薬 95
独立分析 42
度数分布 44
$trans$-ブテン二酸 163
トリクロロ酢酸 15, 101
Tris 170
トリス（ヒドロキシメチル）アミノメタン 170
ドルトン 13, 324
トロナ 169

な 行

内部転換 311
内部標準 358
内部標準法 358
長さ 11
ナトロン 169
ナノ 11
二塩基酸 161
二クロム酸イオン 239
二クロム酸カリウム 235, 239
ニクロム線 285
二元配置 ANOVA 69
二項分布 45
二座配位子 181
二酸化炭素 158, 171
二次標準液 130
二次標準物質 130
二重収束型質量分析部 325
ニトリロ三酢酸 188
2 標本 t 検定 66
$\bar{\nu}$ → 波数
ν → 振動数
入射光強度 278
入射放射束 278
ニューマチックセル 288
尿素 101
熱イオン化検出器 352, 353
熱検出器 288, 289
熱重量分析 102
熱電対 288
熱伝導度検出器 352
熱分解曲線 102
熱力学的イオン積 109
熱力学的酸解離定数 109
熱力学的平衡定数 111
熱力学的溶解度積 109, 111
ネルンスト 213
ネルンストの式 212
ネルンスト白熱球 285, 286
ノイズ 303
濃度 14, 216
濃度イオン積 109
濃度平衡定数 111
濃度溶解度積 109, 111

は

バイアス 40

和文索引

配位化合物　104, 181
配位子　181
配位数　181
排除時間　342
ハイフネーテッド法　353
ハイポ　233
波数　274
外れ値 → 異常値
パーセント濃度　16
%(w/w) → 重量%濃度
%(w/v) → 重量/体積%濃度
%(v/v) → 体積%濃度
波長　273, 274
白金黒付き白金　210
発光測定装置　284
発光分光法　276
発色剤　298
バッチ方式　89
バッテリー　206
波動特性　273
バブルキャッププレート　345
パラメーター　46
バリノマイシン　258
パルス光源　285
ハロゲンランプ　285
範囲　43, 51
反射損失　278
半電池　205
バンド　341
半当量点　150
反応物　24
半反応　203
反復測定値　38

ひ

p → 周期
P → 放射束
ビアセチル　101
ピアソン　61
pイオン電極　254
pイオンメーター　262
ビウレット法　173
pH 感応性ガラス薄膜　254
pH 計算　159
pH 測定用ガラス電極　254
pH メーター　262
PLOT　354
光　273
光イオン化検出器　352, 353
光吸収分子　298
光変換器　287
ピケットフェンス法　14
ピコ　11
飛行時間型質量分析部　325, 326
比重　17
ヒストグラム　44
ビスマス酸ナトリウム　232
非対称伸縮　283
非対称面外変角　283
非対称面内変角　283
ビタミンE　240
ヒドロキシ基　177
ヒドロキシルアミン　101
ヒドロニウムイオン　21
ppm　16, 37
非光吸収分子種　301
ppt　16

ppb　16
非標識薬物　123
比表面積　99
ビームスプリッター　291, 292
百分率　16
百万分率　16, 37
秒　11
標識薬物　123
標準液　129, 130, 139, 169, 387
標準還元剤　233
標準酸化剤　235
標準状態　208
標準水素電極　210
標準正規分布　48
標準セル電圧　208
標準滴定試薬　129
標準電位　211
標準添加法　73, 264, 391
標準電極電位　211, 213, 214,
　　　　　　　215, 220, 378
標準物質　42, 73, 130
標準偏差　38
　　――の計算方法　51
　　回帰の――　75
　　推定値の――　75
　　相対――　51, 85
　　標本――　48
　　プールされた――　50
　　平均の――　49
　　母集団――　46
標定　73, 130, 169, 172
標本　3, 45
標本サイズ　45
標本の大きさ　45
標本標準偏差　48
標本分散　48, 50
標本平均　46
表面吸着　99
秤量　12
秤量形　102
微量成分　83
比例誤差　41
広がり　43, 51
1-ピロリジンジチオカルバミ
　　ン酸アンモニウム　187

ふ

ファウリング　266
ファヤンス　186
ファヤンス法　186
ν → 速度
フィードバックシステム　5
フィードバック制御　5
フィードバックループ　5
フィールドフロー分画　335
1,10-フェナントロリン　231
フェノールフタレイン
　　　　　　139, 140, 171, 175
フェノールレッド　140
フェムト　11
フェルゲットの利得　293
フェロイン　231
フォルハルト法　186
フォン・ワイマルン　96
不可逆セル　207
不確定誤差 → 偶然誤差
不活性酸化還元電極　254

不均一　3
複製試料　4, 38
不斉電位差　256
フタル酸水素カリウム　172
物質収支の式　115
物質量　11, 12, 13
ブテン二酸　163
負の偏り　65
フマル酸　163
フラグメントイオン　330
フラッシュ蒸発　335
フラバノール　314
ブランク　42
フーリエ変換赤外　295
フーリエ変換赤外分光計
　　　　292, 295, 309, 352
プール　50
プールされた標準偏差　50
ブレンステッド　20
ブレンステッド-ローリー理論
　　　　　　　　　　　20
プロセス制御　87
プロトン供与体　20
プロトン受容体　20
プローブ　314
ブロモクレゾールグリーン
　　　　　140, 169, 175
ブロモクレゾールパープル　140
ブロモチモールブルー　140
分解能(質量分析計の)　326
分光学　273
分光干渉　329
分光器　286
分光計　290
分光蛍光光度計　313
分光光度計　290
分光光度滴定　129, 305
分光光度法　306
分光装置　284
分光分析法　273
分光法　2, 276, 298
分散(dispersion)　89
分散(variance)　38, 48, 50
　　――の比較　67
分散型赤外分光計　294
分散分析　59
　　――による多重比較　68
分子イオン　329
分子吸光　282
分子式　18
分子蒸留　335
分子振動　283
分子の質量分析　329
分子量　325
分析　4, 83
分析感度　76
分析試料　1
分析対象　1
分析濃度　14, 216
分析方法の選択　3
分析モル濃度　14
分銅　12
分配クロマトグラフィー
　　　　340, 359, 363
分配係数　336, 341, 342
分配則　336
分離　335
分離係数　343
分離度　346

分離分析　335

へ

平均
　　標本――　46
　　母集団――　46
平均活量係数　112
平均からの偏差　38
平均原子質量　324
平均値　38
平均の差　65
平均の標準偏差　49
平均平方　70
平衡状態　23
平衡定数　24, 25, 109
　　酸化還元――　223
平衡定数式　23, 24
平衡濃度　14
平衡モル濃度　14
米国国立標準技術研究所 → NIST
平方和　70, 75
平面クロマトグラフィー　340
壁被覆型中空カラム　354
ヘクト　11
β → 緩衝能
β → 第二種過誤の確率
β_n → 全生成定数
ペタ　11
ベネデッティ-ピヒラー　86
ペプチゼーション　98
ヘム　105
ヘモグロビン　105
ペルオキソ二硫酸アンモニウム
　　　　　　　　　　　233
ベールの法則 → ランベルト-
　　　　　　ベールの法則
変角振動　283
変換器　287, 288
変色域　140
変色電位域　230
変数　46
ベンゾイン　314
ヘンダーソン・ハッセルバル
　　　　　　　　　ヒの式　144
2,4-ペンタンジオン　187
変調する　292
変動係数　38, 51

ほ

ポアソン分布　45
妨害物質 → 干渉物質
ホウ砂　170
放射強度　274
放射束　274
放射パワー　274
方法誤差　40, 42
飽和カロメル電極　251
母液　98
ボーデ　24
保持係数　342
保持時間　342
母集団　45
母集団標準偏差　46
母集団平均　46
補助還元剤　231, 232

補色　282
補助錯化剤　195
補助酸化剤　231, 232
補正分光蛍光光度計　313
ポテンシャルエネルギー　205
ホトダイオードアレイ　289
ホトルミネセンス分光法　277
炎（フレーム）　315
ポリクロメーター　286, 287
ポリジメチルシロキサン　355
ホール検出器　352, 353
ボルタ　206
ボルタセル　205
ボルタ電池 → ボルタセル
ホロカソードランプ　246
ボロメーター　288

ま 行

マイクロ　11
マイクロ波　275
マイクロ波導入プラズマ　328
マイケルソン干渉計　292
膜指示電極　254
膜電位　255
膜電極　254
マクロ分析　82
マスキング剤　187, 197
マーティン　345
マトリックス干渉　329
マトリックス効果　83
マルチチャンネル方式　294
丸め方（数値の）　55
丸め誤差　56
マレイン酸　16, 163, 156
マンデル　73

ミクロ分析　82

水のイオン積　24, 25
水の硬度　198
密度　17
μ → イオン強度
μ → 母集団平均
ミリ　11
ミリモル　12

無機錯形成試薬　183
無機沈殿試薬　104
無作為標本　84
無水マレイン酸　163
無放射緩和　311

迷光　281
メガ　11
メチルイエロー　140
メチルオレンジ　140, 169
メチルレッド　140
メートル　11
免疫測定法　122

毛管カラム　353
モノクロメーター　286
モーラー　14
モル　11, 12
モル質量　12
モル吸光係数　278
モル濃度　14, 130
モル比法　306
モール法　186
モル溶解度　27

や 行

有意水準　60
有機官能基分析　105, 106
有機錯形成試薬　187, 301
有機窒素定量法　173
有機沈殿試薬　104
有機発色団　299
有効数字　54, 143
有効電荷　98
誘導結合プラズマ　315, 316, 327
誘導結合プラズマ質量分析計
　　　　　　　　　327

陽イオン交換樹脂　338, 339
要因　69
溶液希釈率　17
溶液調製　4
溶解度　27, 96, 118
溶解度積　25, 26, 109, 373
溶解度積定数　26
溶出液　340
ヨウ素　235, 241
ヨウ素酸水素カリウム　172
溶媒抽出　335
溶離　340
溶離液　340
溶離液サプレッサーカラム　365
溶離される　341
容量滴定　129
用量-反応曲線　123
容量分析法　2
ヨクト　11
ヨタ　11
ヨーデン　85

ら〜わ

λ → 波長
乱数表　84
ランダム誤差 → 偶然誤差
ランベルト-ベールの法則
　　　　　　277, 278, 279

リットル　11
リーディング　343
リービッヒ　184
硫化水素　124
硫酸ジメチル　101
硫酸の解離　164
粒子成長　96
両側検定　63
量子　273
量子収率　312
両性　22
両性イオン　22, 153, 165
両性化合物　22
両性溶媒　22
理論段数　344
理論段高　344
りん光　311
りん光分光法　277
リン酸　158, 163
リン酸トリメチル　101
臨床現場での即時検査　261

ルシャトリエの原理　23

励起状態　276, 316
励起スペクトル　312
冷蒸気方式　317
レドックス反応　203
連続光源　285
連続スペクトル　285
連続フロー法　89
連続変化法　306

ローリー　20
ローリー法　173

ワット　274
ワルデン還元器　232

欧文索引

A, B

absolute error 39
absorbance 7, 277
absorption 97
absorption band 283
absorption filter 287
absorption spectroscopy 276
absorption spectrum 281
absorptivity 278
accuracy 38
acid 20
acid-base indicator 139
acid-base titration 139
acid dissociation constant 28
activity 109
activity coefficient 109, 111
adsorption 97
adsorption chromatography 364
adsorption indicator 187
affinity chromatography 359
AFS 319
aggregation 97
Aldrin, E. B. 12
alpha value 152
alternative hypothesis 62
amperometric titration 129
amphiprotic 22
amphiprotic solvent 22
amphoteric 22
amphoteric ion 22, 165
amplitude 273
analysis 83
analysis of variance 59
analyte 1
analytical concentration 14
analytical sensitivity 76
analyzed 83
anode 206
ANOVA 59
ANOVA table 70
antilogarithm 53
AOAC 6
argentometric titration 184
arithmetic mean 38
Armstrong, N. 12
Arrhenius, S. 20
assay 3
atomic absorption spectrometry 316
atomic fluorescence spectrometry 319
atomic mass spectrometry 327
atomic spectroscopy 315
atomic weight 325

atomization 315
atto 11
autocatalysis 237
autoprotolysis 22
auxiliary complexing agent 195
avarage 38
average atomic mass 324

back-titration 129
band 341
base 20
base dissociation constant 28
base peak 330
batch approach 89
battery 206
beam-splitter 291
Beer's law 277
Beneditti-Pichler, A. A. 86
bias 40
bidentate ligand 181
binding constant 123
bioluminescence 276, 315
biuret method 173
blank 42
boundary potential 255
Brønsted, J. N. 20
buffer 120
buffer capacity 146
buffer solution 143

C

calibration 5, 73
calibration curve 74
calibration function 74
calibration sensitivity 76
calomel electrode 251
capillary column 353
carrier gas 351
cathode 206
CCD 289
cell 290
cell without liquid junction 205
centi 11
characteristic 53
charge-balance equation 116
charge-coupled device 289
charge-injection device 289
charge-transfer complex 300
charge-transfer device 289
chelate 104, 181
chelating agent 104
chelatometric titration 181
chemical deviation 279
chemical equilibrium 23
chemical thermodynamics 24
chemiluminescence 276, 315

chemiluminescence spectroscopy 276
chiral chromatography 359
chromatogram 341
chromatography 339
chromophore 298
CI 59
CID 289
CL 60
coefficient of variation 38, 51
colloid 96
colloidal suspension 96
column chromatography 340
common-ion effect 27
complex 181
complex formation 181
complexation 181
complexometric titration 181
composition formula 18
concentration solubility product constant 111
conditional formation constant 183
confidence factor 76
confidence interval 59
confidence level 60
confidence limit 59
conjugate acid 21
conjugate acid-base pair 21
conjugate base 21
conjugate pair 21
constant error 41
continuous flow method 89
continuous source 285
continuous variation method 306
continuum source 285
coordination compound 104, 181
coordination number 181
coprecipitation 99
corrected spectrofluorometer 313
correlation analysis 74
coulometric titration 129
counter-ion layer 97
couple 211
critical value 63
crown ether 181
cryptand 181
crystalline suspension 96
CTD 289
cuvette 290
CV 51

D, E

dark current 287
dead time 342

Debye-Hückel equation 112
Debye-Hückel limiting law 112
Debye, P. 112
deca 11
deci 11
degree of freedom 48
density 17
dentate 181
desorption ionization 330
detection limit 77
detector 287
determinate error 40
determination 83
determined 83
deviation from the mean 38
differential pumping 328
diffusion 89
digestion 98
dimensional analysis 14
discrete approach 89
dispersion 89
distribution coefficient 336
distribution law 336
DL 76
dose-response curve 123
dry ashing 6
Dumas method 173
dynamic renge 76
dynode 288, 327

ECD 353
EDTA 187
effective bandwidth 287
effective formation constant 183
EI 330
electric double layer 97
electric potential 205
electrical signal 287
electroanalytical method 2
electrochemical cell 204
electrode 205
electrode potential 209
electrogravimetry 95
electrolyte 20
electrolytic cell 206
electrolytic conductivity derector 353
electromagnetic radiaiton 273
electron capture detector 353
electron ionization 330
electronic transition 282
eluate 340
eluent 340
eluent suppressor column 365
eluted 341
elution 340
emission spectroscopy 276

欧文索引

empirical formula 18
end point 129
equilibrium concentration 14
equilibrium-constant expression 23
equivalence point 129
equivalent 130, 383
error 37
error propagation 51
ethylenediaminetetraacetic acid 187
exa 11
excitation spectrum 312
excited state 276, 316
experimental design method 68
external standard calibration 73

F～H

factor 69
factor-label method 14
Fajans method 186
Fajans, K. 186
false negative 67
false positive 67
feedback loop 5
feedback system 5
Fellgett's advantage 293
femto 11
FET 260
FID 352
field effect transistor 260
flame ionization detector 352
flash evaporation 335
fluorescence 311
fluorescence emission 311
fluorescence immunoassay 123
fluorescence spectroscopy 277
fluorescence spectrum 312
fluorometer 313
formal potential 216
Fourier transform infrared 295
frequency 273
frequency domain 293
FSOT 354
F test 67
FT-IR 295
fused-silica open tubular column 354
galvanic cell 205
gas chromatography 350
gas electrode 210
gas-liquid chromatography 350
gas-phase ionization 330
gas-sensing probe 260
gas-solid chromatography 350
Gaussian curve 43
GC 350
gel filtration 366
gel permeation 366
giga 11
glass electrode 254
Globar 286
Gosset, W. 61
gradient elution 361
gram equivalent 383
gravimetric analytical method 95
gravimetric method 2
gravimetric titration 129

gravimetric titrimetry 95
gross error 40
gross sample 84
ground state 276, 316
Guldberg, C. 24
half cell 205
half-titration point 150
Hall detector 353
hecto 11
height equivalent to a theoretical plate 344
heterogeneous 3
high-performance liquid chromatography 359
histogram 44
homogeneous precipitation 101
HPLC 359
hydrophobic 258
hygroscopid 254
hyphenated method 353
hypo 233
hypothesis test 62

I～L

ICP 316, 327
ICP-MS 327
image intensifier 289
indeterminate error 39
indicator 130
indicator electrode 250
inductively coupled plasma 316, 327
Ingamells sampling constant 86
instrumental deviation 279
instrumental error 40
intensity 274
interface 207
interference 4, 335
interference filter 287
interference fringe 292
interference pattern 292
interferent 4, 335
interferogram 292
interferomater 287
internal conversion 311
internal standard 358
International System of Units 11
International Union of Pure and Applied Chemistry 208
ion chromatography 359
ion exchange chromatography 359
ion meter 262
ion-product constant for water 25
ion-selective electrode 254
ion-sensitive field effect transistor 260
ionic strength 110
irreversible cell 207
ISFET 260
isocratic elution 361
isoelectric point 165
IUPAC 208
Jacquinot's advantage 293
Jones reductor 232
joule 275

Karl Fischer method 243
kilo 11
Kjeldahl method 173
Kjeldahl, J. 173
laboratory sample 84
Lambert-Beer law 277
LCD 291
Le Châtelier's principle 23
leading 344
least significant difference 71
level 69
leveling effect 23
Liebig, J. 184
ligand 181
light 273
limiting law 109, 279
limiting value 109
line source 285
linear flow rate 345
linear segment curve 135
liquid crystal display 291
liquid junction 221
liquid-junction potential 207
liquid-liquid chromatography 359
liquid membrane electrode 257
liquid-solid chromatography 359
Lowry method 173
Lowry, J. M. 20
LSD 71

M

macro analysis 82
macrocyclic complex 181
major constituent 82
Mandel, J. 73
mantissa 53
Martin, A. J. P. 345
masking agent 187, 197
mass 11
mass-action effect 23
mass-balance equation 115
mass number 324
mass spectrometer 325
mass spectrometry 324
mass spectrum 324
mass-to-charge ratio 325
matrix effect 83
mean 38
mean square 70
mechanical entrapment 100
median 38
mega 11
membrane electrode 254
metal indicator 195
metaloxide-semiconductor field effect transistor 260
method error 40
method of least squares 74
Michelson interferometer 292
micro 11
micro analysis 82
milli 11
minor constituent 83
mixed-crystal formation 100
mobile phase 339
Mohr method 186
molar absorptivity 278

molar analytical concentration 14
molar concentration 14, 130
molar equilibrium concentration 14
molar extinction coefficient 278
molar mass 12
mole 12
mole-ratio method 306
monochromatic radiaiton 277
monochromator 286
MOSFET 260
mother liquor 98
MS 324
multiple comparison 68

N, O

nano 11
negative bias 65
Nernst glower 286
Nernst, W. 213
neutralization 21
NHE 210
NIST 42
noise 303
nonradiative relaxation 311
normal distribution 43
normal hydrogen electrode 210
normal-phase chromatography 364
normality 130, 383
NTA 188
nucleation 96
null hypothesis 62
nydronium ion 21
occlusion 100
one-tailed test 63
open circuit 205
open tubular column 353
optical atomic spectrometry 315
optical filter 286
optical spectroscopy 273
outlier 40
oxidant 203
oxidation-reduction reaction 203
oxidation-reduction titration 129
oxidizing agent 203
oxonium ion 21

P, Q

paired t test 66
parameter 46
particle growth 96
partition chromatography 363
parts per billion 16
parts per million 16
parts per thousand 16
Peason, K. 61
peptization 98
percent transmittance 277
period 273
personal error 40

pervaporation 335
peta 11
p-function 17
pH meter 262
phase boundary 207
phosphorescence 311
phosphorescence spectroscopy 277
photoconduction 288
photocurrent 288
photoelectron 288
photoemission 288
photoionization detector 353
photoluminescence spectroscopy 277
photometer 290
photomultiplier tube 288
photon 273
photon counting 289
picket fence method 14
pico 11
p-ion electrode 254
p-ion meter 262
planar chromatography 340
plate height 344
platinized platinum 210
PLOT 354
plus right rule 208
polychromatic light 280
polychromator 287
polyprotic acid 158
population 45
population mean 46
population standard deviation 46
potential of the system 225
potentiometric method 250
potentiometric titration 265
potentiometry 262
precipitation gravimetry 95
precision 38
primary absorption 313
primary adsorption layer 97
primary standard reference material 130
primary standard solution 130
proportional error 41
pulsed source 285

Q test 72
qualitative analysis 1
quantitative analysis 1
quantum 273
quantum yield 312
quenching 314

R

radiant power 274
random error 39
random sample 84
range 43, 51
rate theory 343
real deviation 279
real sample 83
redox reaction 203
redox titration 129
reducing agent 203
reductant 203
reductor 232
reference electrode 250

refractive index 274
regression analysis 74
regression model 74
rejection region 63
relative atomic mass 325
relative error 39
relative molecular mass 325
relative standard deviation 51
relative supersaturation 96
replicate samples 4
repreciptation 100
residual 75
resolution 346
resonance fluorescence 319
resonance line 316
resonance transition 316
response 69
retention factor 342
retention time 342
reverse bias 289
reversed-phase chromatography 364
reversible cell 207
rotational transition 282
RSD 51

S

salt bridge 204
salt effect 111
sample 45
sample matrix 42
sample mean 46
sample standard deviation 48
sample variance 48, 50
sampler 328
sampling 3
sampling unit 83
saturated calomel electrode 251
SCE 251
Schwarzenbach, G. 187
SCOT 354
secondary standard reference material 130
secondary standard solution 130
selective 4
selectivity 182
selectivity coefficient 257
selectivity factor 343
self-absorption 316
self-ionization 22
semimicro analysis 82
sensitivity 76
separation factor 343
sequestering agent 190
SHE 210
sigmoidal curve 135
signal averaging 309
significance level 60
significant figure 54
silver couple 211
silver-silver chloride electrode 252
single-column 365
size-exclusion chromatography 359
skimmer 328
slope-ratio method 307
solubility product 26
solubility-product constant 26

sparging 172
specific 4
specific gravity 17
specific surface area 99
spectra 281
spectral bandpass 287
spectral continuum 285
spectral line 315
spectrochemical analysis 273
spectrofluorometer 313
spectrogram 286
spectrometer 290
spectrophotometer 290
spectrophotometric titration 305
spectroscopic analysis 273
spectroscopic method 2
spectroscopy 273
spectrum 276, 281
spontaneous cell reaction 206
spread 43, 51
SRM 42
standard cell voltage 208
standard deviation 38
standard deviation about regression 75
standard deviation of the estimate 75
standard deviation of the mean 49
standard electrode potential 211
standard hydrogen electrode 210
standard material 73
standard reference material 42
standard solution 129
standard titrant 129
standardization 73
stationary phase 339
statistic 46
stoichiometry 18
Stokes shift 312
stray light 281
strong acid 22
strong electrolyte 20
structural formula 18
supersaturated solution 96
support-coated open tubular 354
suppressor-based 365
surface adsorption 99
Synge, R. L. M. 345
systematic error 40

T, U

T adjustment 291
T calibration 291
tailing 343
TCD 352
tera 11
TG 102
THAM 170
theoretical plate number 344
thermal conductivity detector 352
thermionic detector 353
thermogram 102
thermogravimetric analysis 102
thermogravimetry 102
time domain 293
TISAB 264
titration 129

titration curve 135
titration error 129
titration method 129
titrimetric method 129
total ionic strength adjustment buffer 264
trace constituent 83
transducer 287
transition potential 230
transmission factor 277
transmittance 277
Tris 170
Tswett, M. 339
t test 61
two-sample t test 66
two-tailed test 63
Tyndall effect 96
Tyndall phenomenon 96
type I error 67
type II error 67
ultramicro analysis 82
ultratrace constituent 83
unidentate ligand 181
unified atomic mass unit 324
universe 45

V〜Z

vacuum distillation 335
variable 46
variance 38, 48
velocity 274
vibrational relaxation 311
vibrational transition 282
void time 342
volatilization gravimetry 95
Volhard method 186
Volta, A. 206
voltage 205
voltaic cell 206
volumetric flow rate 345
volumetric method 2
volumetric titration 129
Von Weimarn 96

Waage, P. 24
Walden reductor 232
wall-coated open tubular 354
wavelength 273
wavenumber 274
WCOT 354
weak acid 22
weak electrolyte 20
weight 11
weighted least-squares analysis 74
Winkler method 176
working curve 74

yocto 11
yotta 11
Youden, W. J. 85

zepto 11
zetta 11
zone 341
z test 63
zwitterion 22

小澤岳昌
1969年 東京に生まれる
1998年 東京大学大学院理学系研究科
　　　　　博士課程 修了
現 東京大学大学院理学系研究科 教授
専門 分析化学
博士(理学)

第1版 第1刷 2019年 1月16日 発行
第2刷 2021年 8月20日 発行

スクーグ分析化学(原著第9版)

Ⓒ 2 0 1 9

訳　者　　小　澤　岳　昌
発行者　　住　田　六　連
発　行　　株式会社 東京化学同人
東京都文京区千石3丁目36-7(〒112-0011)
電　話　(03)3946-5311・FAX (03)3946-5317
URL : http://www.tkd-pbl.com/

印　刷　　株式会社 アイワード
製　本　　株式会社 松岳社

ISBN978-4-8079-0870-7
Printed in Japan
無断転載および複製物(コピー, 電子データなど)の無断配布, 配信を禁じます.

原 子 量 表（2021）

（元素の原子量は、質量数 12 の炭素（^{12}C）を 12 とし、これに対する相対値とする。
ただし、この ^{12}C は核および電子が基底状態にある結合していない中性原子を示す。）

多くの元素の原子量は通常の物質中の同位体存在度の変動によって変化する。そのような元素のうち 13 の元素については、原子量の変動範囲を $[a, b]$ で示す。この場合、元素 E の原子量 $A_r(E)$ は $a \leq A_r(E) \leq b$ の範囲にある。ある特定の物質に対してより正確な原子量が知りたい場合には、別途求める必要がある。その他の 71 元素については、原子量 $A_r(E)$ とその不確かさ（括弧内の数値）を示す。不確かさは有効数字の最後の桁に対応する。

原子番号	元素名	元素記号	原子量	脚注	原子番号	元素名	元素記号	原子量	脚注
1	水素	H	[1.00784, 1.00811]	m	60	ネオジム	Nd	144.242(3)	g
2	ヘリウム	He	4.002602(2)	g, r	61	プロメチウム*	Pm		
3	リチウム	Li	[6.938, 6.997]	m	62	サマリウム	Sm	150.36(2)	g
4	ベリリウム	Be	9.0121831(5)		63	ユウロピウム	Eu	151.964(1)	g
5	ホウ素	B	[10.806, 10.821]	m	64	ガドリニウム	Gd	157.25(3)	g
6	炭素	C	[12.0096, 12.0116]		65	テルビウム	Tb	158.925354(8)	
7	窒素	N	[14.00643, 14.00728]	m	66	ジスプロシウム	Dy	162.500(1)	g
8	酸素	O	[15.99903, 15.99977]	m	67	ホルミウム	Ho	164.930328(7)	
9	フッ素	F	18.998403163(6)		68	エルビウム	Er	167.259(3)	g
10	ネオン	Ne	20.1797(6)	g, m	69	ツリウム	Tm	168.934218(6)	
11	ナトリウム	Na	22.98976928(2)		70	イッテルビウム	Yb	173.045(10)	g
12	マグネシウム	Mg	[24.304, 24.307]		71	ルテチウム	Lu	174.9668(1)	g
13	アルミニウム	Al	26.9815384(3)		72	ハフニウム	Hf	178.486(6)	
14	ケイ素	Si	[28.084, 28.086]		73	タンタル	Ta	180.94788(2)	
15	リン	P	30.973761998(5)		74	タングステン	W	183.84(1)	
16	硫黄	S	[32.059, 32.076]		75	レニウム	Re	186.207(1)	
17	塩素	Cl	[35.446, 35.457]	m	76	オスミウム	Os	190.23(3)	g
18	アルゴン	Ar	[39.792, 39.963]	g, r	77	イリジウム	Ir	192.217(2)	
19	カリウム	K	39.0983(1)		78	白金	Pt	195.084(9)	
20	カルシウム	Ca	40.078(4)	g	79	金	Au	196.966570(4)	
21	スカンジウム	Sc	44.955908(5)		80	水銀	Hg	200.592(3)	
22	チタン	Ti	47.867(1)		81	タリウム	Tl	[204.382, 204.385]	
23	バナジウム	V	50.9415(1)		82	鉛	Pb	207.2(1)	g, r
24	クロム	Cr	51.9961(6)		83	ビスマス*	Bi	208.98040(1)	
25	マンガン	Mn	54.938043(2)		84	ポロニウム*	Po		
26	鉄	Fe	55.845(2)		85	アスタチン*	At		
27	コバルト	Co	58.933194(3)		86	ラドン*	Rn		
28	ニッケル	Ni	58.6934(4)	r	87	フランシウム*	Fr		
29	銅	Cu	63.546(3)	r	88	ラジウム*	Ra		
30	亜鉛	Zn	65.38(2)	r	89	アクチニウム*	Ac		
31	ガリウム	Ga	69.723(1)		90	トリウム*	Th	232.0377(4)	g
32	ゲルマニウム	Ge	72.630(8)		91	プロトアクチニウム*	Pa	231.03588(1)	
33	ヒ素	As	74.921595(6)		92	ウラン*	U	238.02891(3)	g, m
34	セレン	Se	78.971(8)	r	93	ネプツニウム*	Np		
35	臭素	Br	[79.901, 79.907]		94	プルトニウム*	Pu		
36	クリプトン	Kr	83.798(2)	g, m	95	アメリシウム*	Am		
37	ルビジウム	Rb	85.4678(3)	g	96	キュリウム*	Cm		
38	ストロンチウム	Sr	87.62(1)	g, r	97	バークリウム*	Bk		
39	イットリウム	Y	88.90584(1)		98	カリホルニウム*	Cf		
40	ジルコニウム	Zr	91.224(2)	g	99	アインスタイニウム*	Es		
41	ニオブ	Nb	92.90637(1)		100	フェルミウム*	Fm		
42	モリブデン	Mo	95.95(1)	g	101	メンデレビウム*	Md		
43	テクネチウム*	Tc			102	ノーベリウム*	No		
44	ルテニウム	Ru	101.07(2)	g	103	ローレンシウム*	Lr		
45	ロジウム	Rh	102.90549(2)		104	ラザホージウム*	Rf		
46	パラジウム	Pd	106.42(1)	g	105	ドブニウム*	Db		
47	銀	Ag	107.8682(2)	g	106	シーボーギウム*	Sg		
48	カドミウム	Cd	112.414(4)	g	107	ボーリウム*	Bh		
49	インジウム	In	114.818(1)		108	ハッシウム*	Hs		
50	スズ	Sn	118.710(7)	g	109	マイトネリウム*	Mt		
51	アンチモン	Sb	121.760(1)		110	ダームスタチウム*	Ds		
52	テルル	Te	127.60(3)	g	111	レントゲニウム*	Rg		
53	ヨウ素	I	126.90447(3)		112	コペルニシウム*	Cn		
54	キセノン	Xe	131.293(6)	g, m	113	ニホニウム*	Nh		
55	セシウム	Cs	132.90545196(6)		114	フレロビウム*	Fl		
56	バリウム	Ba	137.327(7)		115	モスコビウム*	Mc		
57	ランタン	La	138.90547(7)	g	116	リバモリウム*	Lv		
58	セリウム	Ce	140.116(1)	g	117	テネシン*	Ts		
59	プラセオジム	Pr	140.90766(1)		118	オガネソン*	Og		

*：安定同位体のない元素。これらの元素については原子量が示されていないが、ビスマス、トリウム、プロトアクチニウム、ウランは例外で、これらの元素は地球上で固有の同位体組成を示すので原子量が与えられている。

g：当該元素の同位体組成が通常の物質が示す変動幅を越えるような地質学的試料が知られている。そのような試料中では当該元素の原子量とこの表の値との差が、表記の不確かさを越えることがある。

m：不詳な、あるいは不適切な同位体分別を受けたために同位体組成が変動した物質が市販品中に見いだされることがある。そのため、当該元素の原子量が表記の値とかなり異なることがある。

r：通常の地球上の物質の同位体組成に変動があるために表記の原子量より精度の良い値を与えることができない。表中の原子量および不確かさは通常の物質に適用されるものとする。

© 2021 日本化学会　原子量専門委員会

一般的な化合物のモル質量

化合物	モル質量	化合物	モル質量
$AgBr$	187.772	$K_3Fe(CN)_6$	329.248
$AgCl$	143.32	$K_4Fe(CN)_6$	368.346
Ag_2CrO_4	331.729	$KHC_8H_4O_4$	204.222
AgI	234.7727	（フタル酸水素カリウム）	
$AgNO_3$	169.872	$KH(IO_3)_2$	389.909
$AgSCN$	165.95	K_2HPO_4	174.174
Al_2O_3	101.960	KH_2PO_4	136.084
$Al_2(SO_4)_3$	342.13	$KHSO_4$	136.16
As_2O_3	197.840	KI	166.0028
B_2O_3	69.62	KIO_3	214.000
$BaCO_3$	197.335	KIO_4	229.999
$BaCl_2 \cdot 2H_2O$	244.26	$KMnO_4$	158.032
$BaCrO_4$	253.319	KNO_3	101.102
$Ba(IO_3)_2$	487.130	KOH	56.105
$Ba(OH)_2$	171.341	$KSCN$	97.18
$BaSO_4$	233.38	K_2SO_4	174.25
Bi_2O_3	465.958	$La(IO_3)_3$	663.610
CO_2	44.009	$Mg(C_9H_6NO)_2$〔ビス（キノリン-	312.611
$CaCO_3$	100.086	8-オラト）マグネシウム〕	
CaC_2O_4	128.096	$MgCO_3$	84.313
CaF_2	78.075	$MgNH_4PO_4$	137.314
CaO	56.077	MgO	40.304
$CaSO_4$	136.13	$Mg_2P_2O_7$	222.551
$Ce(HSO_4)_4$	528.37	$MgSO_4$	120.36
CeO_2	172.114	MnO_2	86.936
$Ce(SO_4)_2$	332.23	Mn_2O_3	157.873
$(NH_4)_2Ce(NO_3)_6$	548.22	Mn_3O_4	228.810
$(NH_4)_4Ce(SO_4)_4 \cdot 2H_2O$	632.53	$Na_2B_4O_7 \cdot 10H_2O$	381.36
Cr_2O_3	151.989	$NaBr$	102.894
CuO	79.545	$NaC_2H_3O_2$	82.034
Cu_2O	143.091	$Na_2C_2O_4$	133.998
$CuSO_4$	159.60	$NaCl$	58.44
$Fe(NH_4)_2(SO_4)_2 \cdot 6H_2O$	392.13	$NaCN$	49.008
FeO	71.844	Na_2CO_3	105.988
Fe_2O_3	159.687	$NaHCO_3$	84.006
Fe_3O_4	231.531	$Na_2H_2EDTA \cdot 2H_2O$	372.238
HBr	80.912	Na_2O_2	77.978
$HC_2H_3O_2$（酢酸）	60.052	$NaOH$	39.997
$HC_7H_5O_2$（安息香酸）	122.123	$NaSCN$	81.07
$(HOCH_2)_3CNH_2$ (Tris)	121.135	Na_2SO_4	142.04
HCl	36.46	$Na_2S_2O_3 \cdot 5H_2O$	248.17
$HClO_4$	100.45	NH_4Cl	53.49
$H_2C_2O_4 \cdot 2H_2O$	126.064	$(NH_4)_2C_2O_4 \cdot H_2O$	142.111
H_5IO_6	227.938	NH_4NO_3	80.043
HNO_3	63.012	$(NH_4)_2SO_4$	132.13
H_2O	18.015	$(NH_4)_2S_2O_8$	228.19
H_2O_2	34.014	NH_4VO_3	116.978
H_3PO_4	97.994	$Ni(C_4H_7O_2N_2)_2$〔ビス（ジメチル	288.917
H_2S	34.08	グリオキシマト）ニッケル(II)〕	
H_2SO_3	82.07	$PbCrO_4$	323.2
H_2SO_4	98.07	PbO	223.2
HgO	216.59	PbO_2	239.2
Hg_2Cl_2	472.08	$PbSO_4$	303.3
$HgCl_2$	271.49	P_2O_5	141.943
KBr	119.002	Sb_2S_3	339.70
$KBrO_3$	166.999	SiO_2	60.083
KCl	74.55	$SnCl_2$	189.61
$KClO_4$	122.55	SnO_2	150.71
KCN	65.116	SO_2	64.06
K_2CrO_4	194.189	SO_3	80.06
$K_2Cr_2O_7$	294.182	$Zn_2P_2O_7$	304.70

データは，M.E. Wieser, T.B.Coplen, *Pure Appl. Chem.*, **83**(2), 359-96 (2011), DOI：10.1351/PAC-REP-10-09-14 より．